Die Entwicklung des Luftrechts bis zum Luftverkehrsgesetz von 1922

AF818639

Rechtshistorische Reihe

Herausgegeben von den Prof. Dres.
H.-J. Becker, W. Brauneder, P. Caroni, A. Cordes, B. Diestelkamp, G. Dilcher, J. Eckert,
H. Hattenhauer, R. Hoke, D. Klippel, G. Köbler, G. Landwehr, G. Lingelbach, M. Lipp, K. Muscheler,
H. Nehlsen, G. Otte, T. Repgen, St. Saar, K.O. Scherner, J. Schröder, R. Schröder,
W. Schubert, D. Schwab, E. Wadle, J. Weitzel, D. Willoweit

Band 286

Peter Lang
Frankfurt am Main · Berlin · Bern · Bruxelles · New York · Oxford · Wien

Kathrin Bethkenhagen

Die Entwicklung des Luftrechts bis zum Luftverkehrsgesetz von 1922

Peter Lang
Europäischer Verlag der Wissenschaften

Bibliografische Information Der Deutschen Bibliothek
Die Deutsche Bibliothek verzeichnet diese Publikation in der Deutschen Nationalbibliografie; detaillierte bibliografische Daten sind im Internet über <http://dnb.ddb.de> abrufbar.

Zugl.: Kiel, Univ., Diss., 2003

Die vorliegende Arbeit wurde von
Herrn Prof. Dr. Werner Schubert
zur Aufnahme in die Reihe empfohlen.

D 8
ISSN 0344-290X
ISBN 3-631-52427-7

© Peter Lang GmbH
Europäischer Verlag der Wissenschaften
Frankfurt am Main 2004
Alle Rechte vorbehalten.

Das Werk einschließlich aller seiner Teile ist urheberrechtlich geschützt. Jede Verwertung außerhalb der engen Grenzen des Urheberrechtsgesetzes ist ohne Zustimmung des Verlages unzulässig und strafbar. Das gilt insbesondere für Vervielfältigungen, Übersetzungen, Mikroverfilmungen und die Einspeicherung und Verarbeitung in elektronischen Systemen.

www.peterlang.de

Meinen Eltern!

Vorwort

Das Luftverkehrsgesetz von 1922 enthielt die erste einheitliche Regelung für den Luftverkehr in Deutschland. Nach zahlreichen Änderungen ist es auch heute noch von zentraler Bedeutung für das deutsche Luftrecht. Dennoch fehlte bisher eine umfassende Darstellung zur rechtshistorischen Entwicklung des Luftrechts in Deutschland.

Die vorliegende Arbeit wurde vom Fachbereich Rechtswissenschaften der Christian-Albrechts-Universität zu Kiel als Dissertation im Wintersemester 2003/04 angenommen.

Neben der herkömmlichen Literatur wurden zusätzlich Parlamentaria und bisher nicht ausgewertete archivalische Quellen berücksichtigt.

Mein besonderer Dank gebührt meinem Doktorvater, Herrn Prof. Dr. Werner Schubert, für die hilfreichen Anregungen und die fachkundige Betreuung der Arbeit. Bedanken möchte ich mich außerdem bei Herrn Prof. Dr. Hans Hattenhauer, der das Zweitgutachten erstellte.

Schließlich danke ich Lieselotte Bethkenhagen für das Entziffern schwer lesbarer Handschriften, Dietlinde Grauwinkel und Axel Harder für die bedingungslose Hilfe in computertechnischen Fragen sowie Wilhelm Henke und meinen Eltern, die mich zusätzlich sehr unterstützt haben.

Kiel, im Dezember 2003

Kathrin Bethkenhagen

Inhaltsübersicht

Inhaltsverzeichnis

Abkürzungsverzeichnis

ALR	Archiv für Luftrecht
CP	Christlich-föderalistische Partei
DDP	Deutsche Demokratische Partei
Deutsch-konservat. Partei	Deutsch-konservative Partei
DH	Deutsch-hannoversche Partei
DNV	Deutschnationale Volkspartei
DVP	Deutsche Volkspartei
F	Fiche
Fortschritt. Volkspartei	Fortschrittliche Volkspartei
Nat. lib. Partei	Nationalliberale Partei
NfL	Nachrichten für Luftfahrer, Luftfahrtabteilung des Reichsverkehrsministeriums (Hrsg.)
RRa	Reise-Recht aktuell
S	Sozialdemokratische Partei
US	Unabhängige Sozialdemokratische Partei
v	versus
WGL	Wissenschaftliche Gesellschaft für Luftfahrt
Z	Zentrum

Einführung

Die Nutzung von Ballonen, Luftschiffen, Flugzeugen und ähnlichen Luftfahrzeugen führte zu einer Fülle neuer Rechtsfragen, deren Lösung mit zunehmender Intensität des Luftverkehrs immer dringender wurde.

Es entstand das Luftrecht als neues Rechtsgebiet. Neben dem Begriff Luftrecht[1] sind auch die Begriffe Luftverkehrsrecht[2] und Luftfahrtrecht[3] gebräuchlich[4]. Teilweise wurde das Luftverkehrsrecht auch als Teilgebiet des Luftrechts[5] angesehen. Darüber hinaus findet man in frühen Darstellungen auch den Begriff Luftschiffahrtsrecht[6]. Aus Gründen der Einheitlichkeit wird hier der Ausdruck Luftrecht gebraucht.

Beginn des 20. Jahrhunderts wurde er von *Jurisch* als „alle Rechtsvorstellungen, welche auf Luft oder Gase Bezug haben"[7], verstanden. Neben bestimmten allgemeinen Grundsätzen[8] gehörten die Vorschriften über „Verunreinigungen der Luft"[9] und die Rechtsvorstellungen bezüglich solcher „Luft- oder Gasmengen, auf welche *Arbeit* verwendet worden ist"[10], zum Luftrecht. Gegenstand des Luftrechts war danach die Materie Luft.

Nach einer anderen Definition von *Weck* 1913 umfaßte das Luftrecht „alle Rechtssätze, die menschliches Verhalten in und an der Luft"[11] regelten. Es beinhaltete „die Atmung, die Benutzung der Luft als Sache, die Benutzung des Luft-

---

[1]*Abraham*, in: FS Meyer, S. 9 (9); *Busse*, S. 2; *Guldimann*, in: FS Ambrosini, S. 539 (541 ff.); *Hofmann/Grabherr*, § 1 Rd. 1; vgl. *Hollatz*, S. 4; *Köbler*, S. 253; *Kopp*, S. 1, in der Einleitung auch der Begriff "Luftfahrtrecht"; *Mellwitz*, S. 70; *Riese*, S. 11; *Riese*, in: FS Ambrosini, S. 155 (157); *Rinck*, S. 442 (442); *Reuss*, S. 11; *Schleicher/Reymann*, S. 60; *Abraham/Schleicher/Reymann*, Einl. Anm. 1; *Schwenk*, ZLW 1971, S. 260 (260 ff.); *Schwenk*, ZLW 1977, S. 103 (103); *Weck*, S. 3; *Wegerdt*, S. 7; *Wegerdt*, Deutsche Luftfahrtgesetzgebung, S. 4; *Wegerdt/Reuss*, S. 16.

[2]Giemulla-*Giemulla*, Rd. 3, Rd. 4, auch der Begriff Luftrecht; *Schwenk*, S. 2; Tilch-*Berz*, S. 941.

[3]*Kohler*, S. 1; *Kayser*, S. 11 der Einl., es wird auch der Begriff „Luftrecht" verwendet; vgl. *Tauber*, Der Titel des Vortrags; *Schreiber*, Weltwirtschaftliches Archiv 1927, Bd. 25, Heft I, Abhandlungen, S. 198 (198).

[4]*Schwenk*, S. 1, vgl. *Riese*, S. 11.

[5]Vgl. Bundesanstalt für Flugsicherung, I. A. 1; vgl. *Troitzsch*, RVerwBl. 1937, S. 329 (329/330); vgl. *Wüstendörfer*, S. 26/27.

[6]*Bodenheim*, S. 6; vgl. *Meurer*, S. 1, teilweise wird auch der Begriff „Luftrecht" verwendet.

[7]*Jurisch*, Zeitschrift für angewandte Chemie 1902, Heft 36, S. 893 (893); vgl. Jurisch, Zeitschrift für angewandte Chemie 1903, Heft 27, S. 641 (641).

[8]Vgl. *Jurisch*, Zeitschrift für angewandte Chemie 1902, Heft 36, S. 893 (893).

[9]*Jurisch*, Zeitschrift für angewandte Chemie 1902, Heft 36, S. 893 (894).

[10]*Jurisch*, Zeitschrift für angewandte Chemie 1903, Heft 27, S. 641 (642).

[11]*Weck*, S. 3.

raums bei Benutzung der Erdoberfläche, den Nachrichtenverkehr in der Luft [und] die Luftfahrt."[12]

Eine engere Betrachtungsweise liegt der 1964 aufgestellten Definition von *Alex Meyer* zugrunde. Er beschreibt das Luftrecht als „die Gesamtheit der rechtlichen Sondernormen [...], welche sich auf die Benutzung des mit Luftschichten angefüllten Raumgebietes oberhalb der Erdoberfläche durch Geräte beziehen, die sich kraft der Eigenschaften der Luft im Luftraum halten können u n d deren Unterstellung unter die Sondernormen des Luftrechts nach vernünftiger Verkehrsauffassung geboten erscheint."[13] Der Begriff Luftrecht beschränkt sich bei einer solchen Betrachtung „ausschließlich auf die mit der Verwendung von Luftfahrzeugen verbundenen Vorgänge."[14] In diesem Sinne wird der Begriff Luftrecht heute noch verwendet. Der Bearbeitung wird daher die engere Definition zugrunde gelegt.

Das Luftrecht ist „von sehr komplexer Natur"[15]; die meisten Normen dieser Materie beziehen sich auf die unterschiedlichsten Rechtsgbiete. Die einzelnen Rechtssätze können allgemein den Normen des privaten oder öffentlichen Rechts zugeordnet werden[16]. Diese beiden Gruppen lassen „sich wiederum in nationales und internationales Recht aufteilen"[17].

Gegenstand dieser Untersuchung ist die Entwicklung des Luftrechts im Deutschen Reich von seinen Anfängen bis zum Luftverkehrsgesetz von 1922. Dabei werden sowohl öffentlich-rechtliche als auch privatrechtliche Fragestellungen unter Berücksichtigung der internationalen Rechtsentwicklung berührt.

Aus der Verfassung des Deutschen Reichs von 1871 war zu folgern, daß die Zuständigkeit für das Luftfahrtwesen bei den einzelnen Bundesstaaten lag. Deshalb erstreckt sich die Untersuchung zunächst auf die auf regionaler und landesrechtlicher Ebene getroffenen Rechtssetzungen und der vornehmlich in Preußen bis zum Beginn der Ausarbeitung einer reichsgesetzlichen Regelung für den Verkehr mit Luftfahrzeugen. Die erste Verordnung, die in Preußen erlassen wurde, war die Polizeiverordnung vom 29. Juli 1910 für die Provinz Brandenburg und

---

[12] *Weck*, S. 3; ebenfalls eine weite Definiton: *Le Goff*, S. 4; *Le Goff*, Manuel de droit aérien, S. 48; zum Verständnis vom Luftrecht als Umweltrecht: *Sand*, ZLW 1971, S. 109 (133); zur Forderung der Zusammenfassung von Luf- und Weltraumrecht in einer Rechtsdisziplin: *Cooper*, ZLW 1964, S. 1 (1 ff.).

[13] *Meyer*, Luftrecht in fünf Jahrzehnten, S. 61, nähere Angaben zur Person im Anhang; ähnliche Definitionen bei: *Guldimann*, in: FS Ambrosini, S. 539 (542); *Oppikofer*, ALR 1931, S. 3 (4); *Riese*, S. 11; *Rinck*, S. 442 (442); vgl. *Schleicher/Reymann*, S. 60; Abraham/*Schleicher*/Reymann, Einl. Anm. 1; *Schwenk*, ZLW 1977, S. 103 (103); *Wegerdt*, Luftrecht, S. 5.

[14] *Schwenk*, S. 2; vgl. *Schwenk*, ZLW 1971, S. 260 (261).

[15] *Schwenk*, S. 3.

[16] *Schwenk*, S. 3.

[17] *Schwenk*, S. 3.

den Landespolizeibezirk Berlin[18]. Noch im gleichen Jahr erging mit der preußischen „Verfügung“ vom 22. Oktober 1910[19] die erste einheitliche Bestimmung für den Luftverkehr mit Flugzeugen, Luftschiffen, Frei- und Fesselballons[20] in Preußen. An dieser Regelung orientierten sich fast alle übrigen Bundesstaaten. Betrachtet werden die ersten regionalen und landesrechtlichen Bestimmungen für Flugzeuge und Luftschiffe. Die entsprechenden Regelungen für die Ballonfahrt werden in dieser Arbeit nicht untersucht.

Zu den zentralen Themen dieser Untersuchung gehört neben den Fragen, wer mit welchen Flugapparaten unter Einhaltung welcher Verkehrsvorschriften wo fliegen durfte, die Frage der Haftung des Luftfahrers.

Die Entwicklung des Luftrechts kann nicht unabhängig von der technischen Entwicklung der Flugkörper betrachtet werden. Auf sie wird daher zu Beginn der Arbeit (Teil 1) näher eingegangen. Im zweiten Teil der Arbeit werden allgemeine Fragen des Luftrechts behandelt. Es wird auf verschiedene Auffassungen zur staats- und völkerrechtlichen Bedeutung des Luftraums, auf die privatrechtliche Bedeutung des Luftraums und die Frage, ob der Grundstückseigentümer ein Ausschließungsinteresse bezüglich des Luftverkehrs gemäß § 905 S. 2 BGB hat, eingegangen. Den Hauptteil der Untersuchung - er ist in die rechtliche Entwicklung der Luftfahrt vor dem ersten Weltkrieg (Teil 3) und die sich daran anschließende Entwicklung bis zur Verabschiedung des deutschen Luftverkehrsgesetzes von 1922 (Teil 4) zeitlich unterteilt - bildet die Darstellung und Analyse der luftrechtlichen Normensetzung auf regionaler, landesrechtlicher und - nach entsprechenden verfassungsrechtlichen Neuregelungen - auf reichsrechtlicher Ebene. Den Abschluß der Arbeit (Teil 5) bildet eine Zusammenfassung mit einem Ausblick.

---

[18]Sonderausgabe des Amtsblatts der Königlichen Regierung zu Potsdam und der Stadt Berlin 1910, S. 365.

[19]MBliV 1910, S. 317 ff..

[20]Für die Ballonfahrt ergangene Regelungen werden im Rahmen dieser Arbeit nicht untersucht.

1. Teil: Die Entwicklung der Luftfahrt bis in die 20er Jahre des 20. Jahrhunderts

Im Folgenden wird ein Überblick über die Entwicklung der Luftfahrttechnik und des Luftverkehrs der Luftschiffe und Flugzeuge von den Anfängen bis in die 20er Jahre des 20. Jahrhunderts gegeben.

A. Die Entwicklung der Luftfahrt vor dem ersten Weltkrieg

I. Das Luftschiff

Der Entwicklung der Luftschiffahrt ging die der Ballonfahrt voraus. Den Brüdern Joseph und Stephan Montgolfier[21] gelang es am 5. Juni 1783[22] in Frankreich, einen unbemannten Heißluftballon bis zu einer Höhe von 20 Metern[23] aufsteigen zu lassen. Am 21. November 1783 erfolgte im Garten des Pariser Schlosses „La Muette" die erste bemannte Ballonfahrt. In der Folgezeit wurden die Ballons vor allem zu wissenschaftlichen[24], militärischen[25], sportlichen[26] und zu Unterhaltungszwecken[27] genutzt. Problematisch erwies sich jedoch, daß der Ballon nicht steuerbar war[28]. Daher wurden verschiedene Versuche unternommen, die fehlende Lenkbarkeit zu beheben[29]. Es entstand die Idee, die Luftschraube als Antriebskraft am Ballon zu benutzen[30]. Zunächst fehlte jedoch ein ausreichend leichter und kräftiger motorischer Antrieb[31].

Nach den ersten Ballonfahrten vergingen mehr als 100 Jahre, bevor ein Luftschiff die erste Fahrt auf einem vorgesehenen Kurs zurücklegen konnte. Das

---

[21] *Hackstetter-Wertheim*, S. 11 (19).

[22] *Hackstetter-Wertheim*, S. 11 (20); *Heimann*, S. 9; *Hildebrandt*, S. 13; *Nimführ*, S. 38; *Straub*, S. 21; anders: *Zastrow*, S. 38, dort wird der 4. Juni 1783 nachgewiesen.

[23] *Heimann*, S. 9.

[24] Vgl. *Hackstetter-Wertheim*, S. 11 (28 ff.); vgl. *Hildebrandt*, S. 285 ff.; vgl. *Schwipps*, S. 13 ff.; vgl. *Wustrack*, S. 68 (68).

[25] Vgl. *Hackstetter-Wertheim*, S. 11 (38 ff.); vgl. *von Kleist*, S. 285 (285 ff.).

[26] Vgl. *Bröckelmann*, S. 34 (34 ff.); vgl. *Hackstetter-Wertheim*, S. 11 (45 ff.); vgl. *Hildebrandt*, S. 345 ff..

[27] Vgl. *Neidhardt-Jensen/Berninger*, S. XVII/XVIII.

[28] Vgl. *Schwipps*, S. 13, S. 19.

[29] Vgl. *Donalis*, S. 194 (228 ff.); vgl. *Hildebrandt*, S. 139 ff.; vgl. *Nimführ*, S. 87 ff.; vgl. *Wissmann*, S. 131 ff..

[30] *Schwipps*, S. 19.

[31] Vgl. *Schwipps*, S. 20; vgl. König-*Braun*, S. 136.

Luftschiff „La France", von Renard und Krebs gebaut[32], war das erste, das am 9. August 1884[33] einen „wirklich freien und planmäßig gesteuerten [...]"[34] Flug unternahm. Es wurde durch einen Elektromotor angetrieben[35]. Dieser war jedoch für längere Fahrten viel zu schwer und zu schwach[36]. Einen entscheidenden Fortschritt für die weitere Entwicklung der Luftschiffahrt brachte der von Gottlieb Daimler 1883 erfundene Benzinmotor[37]. Das erste Zeppelin-Luftschiff war mit solchen Motoren ausgerüstet[38]. Es absolvierte seine Jungfernfahrt am 2. Juli 1900[39].

Bereits in der Anfangszeit wurden die Luftschiffe im wesentlichen nach drei verschiedenen Systemen gebaut. Nach der Art der Konstruktion wurden sie als „Prallschiffe" oder als „Starrschiffe" bezeichnet[40]. Bei den „Prallschiffen" wurde zusätzlich zwischen unstarren und halbstarren unterschieden[41]. Unabhängig von den unterschiedlichen Systemen hatten alle Luftschiffe einen mit Gas gefüllten Tragkörper sowie einen Antriebs- und Steuermechanismus[42]. Sie unterschieden sich voneinander vor allem durch die Existenz bzw. die Bauart eines Gerüsts, über das die Ballonhaut gespannt wurde und an das einzelne Gaszellen (sogenannte Ballonetts) und Gondeln gehängt werden konnten[43]. Im Gegensatz zu den starren Luftschiffen besaßen die prallen Luftschiffe kein solches Gerüst[44]. Bei ihnen wurde die Ballonform mittels Gasüberdruck im Innern des Ballons nahezu konstant gehalten[45]. Die Gondeln für die Motoren und die Besatzung wurden an

---

[32]Vgl. „Auswahl wichtiger Motorluftschiffe von den Anfängen bis zum Jahre 1908", in: Hans G. Knäusel, LZ 1 Der erste Zeppelin, Bonn 1985, zit. nach *Haaland*, S. 227.

[33]*Kettel*, S. 141; vgl. „Auswahl wichtiger Motorluftschiffe von den Anfängen bis zum Jahre 1908", in: *Hans G. Knäusel*, LZ 1 Der erste Zeppelin, Bonn 1985, zit. nach *Haaland*, S. 227; widersprüchlich: *von Parseval*, S. 6/7, dort werden 1888 und 1884 (in Abb. I.) angegeben.

[34]*Kettel*, S. 141.

[35]Vgl. *Kettel*, S. 141.

[36]*Von Parseval*, S. 7.

[37]Vgl. *Donalis*, S. 194 (36); vgl. *Schwipps*, S. 21; vgl. *Tanus*, S. 15/16.

[38]Vgl. „Auswahl wichtiger Motorluftschiffe von den Anfängen bis zum Jahre 1908", in: Hans G. Knäusel, LZ 1 Der erste Zeppelin, Bonn 1985, zit. nach *Haaland*, S. 228, m. w. N. zu Luftschiffen, die bis zum Jahre 1908 gebaut wurden.

[39]*Meyer*, Luftschiffe, S. 17; weitere Nachweise zur Luftschiffahrt: *Knäusel*, S. 120 ff.; *Haaland*, S. 21 Fn. 2, S. 22 Fn. 7.

[40]Vgl. „Die neuen Fachausdrücke der Luftfahrt", in: Deutsche Luftfahrt, zit. nach GStA PK, I. HA Rep. 84 a, Nr. 1987, Bl. 183 v; daneben auch andere Begriffe: *Hildebrandt*, S. 215, dort wird der Begriff „Starrluftschiffe" gebraucht und statt „Prallschiffe" die Bezeichnung „Ballonetluftschiffe"; *Bélafi*, S. 9, dort der Begriff „Pralluftschiffe".

[41]Vgl. „Die neuen Fachausdrücke der Luftfahrt", in: Deutsche Luftfahrt, zit. nach GStA PK, I. HA Rep. 84 a, Nr. 1987, Bl. 183 v.

[42]*Bélafi*, S. 9.

[43]*Bélafi*, S. 9.

[44]*Bélafi*, S. 9.

[45]*Bélafi*, S. 9/11.

Seilen am Ballon befestigt[46]. Für die halbstarren Luftschiffe war ein starres Kielgerüst charakteristisch, das die Formstabilität des Tragkörpers auch bei Gegenwind gewährleistete. Der Ballon konnte im Vergleich zum unstarren Typ mit etwas geringerem Gasinnendruck auskommen[47]. Die Gondeln wurden starr am gerüstlosen Tragkörper angebracht[48].
Nach dem unstarren System wurden von 1906 bis 1914 insgesamt 23[49] Luftschiffe vom Typ Parseval gebaut[50].

Das halbstarre System fand vor allem bei Luftschiffen für den militärischen Bereich Verwendung. Nachdem sich die preußische Militärbehörde im Jahre 1906[51] zum Bau eines Luftschiffs entschloß, wurden in der Folgezeit mehrere Luftschiffe nach diesem System errichtet[52].

Nach dem starren System wurden die Schütte-Lanz-Luftschiffe in der Maschinenfabrik in Rheinau (Baden) gebaut[53]. Das erste Schütte-Lanz-Luftschiff - S. L. I - startete am 17. Oktober 1911 zu seiner Jungfernfahrt[54]. S. L. 2 wurde 1913 gebaut[55]. Ebenfalls nach dem starren System wurden die Luftschiffe des Grafen Ferdinand von Zeppelin[56] errichtet[57]. Sie entwickelten sich in Deutschland zu den erfolgreichsten Lenkballons[58]. Bis zum Beginn des ersten Weltkriegs im August 1914 wurden insgesamt 25 Zeppelin-Luftschiffe gebaut[59].

Im Verlauf der Entwicklung kam es zu einer erheblichen Verbesserung der Leistungsfähigkeit der Luftschiffe. Das erste Zeppelin-Luftschiff machte im Jahre 1900 seine Jungfernfahrt. Es wurde durch zwei vierzylindrige Daimler-

---

[46]*Bélafi*, S. 11.
[47]*Bélafi*, S. 11.
[48]*Bélafi*, S. 11.
[49]*Meyer*, Luftschiffe, S. 112.
[50]Zu den Parseval-Luftschiffen PL. I - PL. 6: *von Parseval*, S. 49 ff..
[51]*Von Kleist*, S. 299.
[52]Vgl. *von Parseval*, S. 93 ff..
[53]Vgl. *Meyer*, Luftschiffe, S. 107.
[54]Vgl. Fahrtberichte des S. L. I, in: 756 NS D-a 57, zit. nach *Haaland*, S. 232, mit einer Bearbeitung von Haaland und m. w. N. zu anderen Fahrten.
[55]Vgl. *von Parseval*, S. 98; weitere Nachweise zu Schütte-Lanz-Luftschiffen: *Meyer*, Luftschiffe, S. 107 ff..
[56]Zu der Person des Grafen von Zeppelin (1838-1917): *Bélafi*, S. 40 ff..
[57]Vgl. *Schwipps*, S. 23.
[58]Vgl. *Meyer*, Luftschiffe, S. 15; vgl. *von Parseval*, S. 77, S. 78.
[59]*Wissmann*, S. 156; weitere Angaben zu den Zeppelin-Luftschiffen: *Eckener*, S. 269 (274 ff.), weitere Angaben zur Person im Anhang; Knäusel-*von Schiller*, S. 157 ff., Liste sämtlicher Bauten des Luftschiffbau Zeppelin; *Meyer*, Luftschiffe, S. 17 ff.; *von Parseval*, S. 8 ff.; weitere Angaben zu den verschiedenen Luftschiffsystemen: *Baunach*, S. 18 ff.; *Hartmann*, S. 140 (140 ff.); *Leberecht*, S. 170 ff.; *Nimführ*, S. 109 ff.; *von Zeppelin jr.*, S. 93 (93 ff.); *Wissmann*, S. 158 ff..

Reihenmotoren von je 14,2 PS[60] angetrieben und erlangte eine Geschwindigkeit von 32,4 km/h[61]. Bereits mehr als doppelt so schnell flog das 1913 in Betrieb genommene Zeppelin-Luftschiff LZ 17 „Sachsen". Mit drei Maybachmotoren von jeweils 170 PS erreichte es eine Geschwindigkeit von 77, 4 km/h[62].

In der Literatur wird der Begriff Luftverkehr unterschiedlich verwendet. Nach einer Definition des Brockhaus bedeutet Luftverkehr die Beförderung von Personen, Gütern und Post mit Luftfahrzeugen[63]. Eine allgemeinere Definition ergibt sich aus § 1 Abs. 1 LuftVG[64]. Danach ist unter Luftverkehr die „Benutzung des Luftraums durch Luftfahrzeuge" zu verstehen. Dieser Begriff erscheint zweckmäßiger, denn am Luftverkehr nehmen auch Flugkörper teil, die nicht auf die Beförderung von Personen oder Güter abzielen. Ein Beispiel hierfür sind die Sport- und Reklameflüge.

Schon vor dem ersten Weltkrieg wurden die ersten Luftschiffahrten unternommen. Die ersten Luftschiffe der verschiedenen Typen absolvierten zunächst lediglich Versuchs- bzw. Probefahrten[65]. Erst später wurden sie zu zivilen und militärischen[66] Zwecken genutzt. Dabei kam es zu der ersten Passagier- und Postbeförderung. Es existierte also bereits zu dieser Zeit ein Verkehr mit Luftschiffen im Sinne der beiden genannten Definitionen.

In der Versuchs- und Erprobungsphase unternahm das erste Zeppelin-Luftschiff insgesamt nur drei Fahrten, bevor es 1901 wegen Geldmangels abgewrackt wurde[67]. Die nächste Jungfernfahrt eines „Zeppelins" erfolgte fünf Jahre

---

[60] *Meyer*, Luftschiffe, S. 19.

[61] *Heimann*, S. 218.

[62] Vgl. Knäusel-*von Schiller*, S. 168, Liste sämtlicher Bauten des Luftschiffbau Zeppelin; die Zahlenangaben weichen in den verschiedenen Darstellungen voneinander ab; Angaben zu den Leistungen der übrigen Zeppelin-Luftschiffe: *Heimann*, S. 218/219; Knäusel-*von Schiller*, S. 157 ff., Liste sämtlicher Bauten des Luftschiffbau Zeppelin; *Knäusel*, S. 118/119; *Meyer*, Luftschiffe, S. 20 ff.; *Scherz*, Illustrierte Flug-Woche 1928, Heft 2, S. 34 (34), Tafel I; Angaben zu den Maschinenleistungen anderer Luftschifftypen: „Auswahl wichtiger Motorluftschiffe von den Anfängen bis zum Jahre 1908", in: Hans G. Knäusel, LZ 1 Der erste Zeppelin, Bonn 1985, zit. nach *Haaland*, S. 227 ff.; *Meyer*, Luftschiffe, S. 107 ff., *von Parseval*, S. 49, S. 53, S. 55, S. 71, S. 90, S. 94.

[63] *Brockhaus*, S. 596; ähnlich: *Hermann*, S. 633; *Mackensen*, S. 682; *Meyers* Enzyklopädisches Lexikon, S. 315; anders: *Wahrig-Burfeind*, S. 1034, dort wird der Begriff nur im Sinne einer gewerbsmäßigen Beförderung verstanden.

[64] Das ergab sich bereits aus § 1 Abs. 1 LuftVG 1922.

[65] Zu den ersten Probefahrten der Zeppeline: *Bélafi*, S. 77 ff.; *Heimann*, S. 13 ff.; *Meyer*, Luftschiffe, S. 17 ff.; *Straub*, S. 115; zu den ersten Fahrten des S. L. I: *Haaland*, S. 68 ff.; Fahrtberichte des S. L. I, in: 756 NS D-a 57, zit. nach *Haaland*, S. 232 ff., mit einer Bearbeitung von Haaland; zu den Probefahrten des PL. I: *von Parseval*, S. 51.

[66] Vgl. *Bélafi*, S. 100/101; vgl. *von Kleist*, S. 296 ff.; vgl. Knäusel-*von Schiller*, S. 159, S. 161, S. 164/165, S. 168 ff., Liste sämtlicher Bauten des Luftschiffbau Zeppelin; vgl. *Schwipps*, Riesenzigarren und fliegende Kisten, S. 50; vgl. *Wissmann*, S. 156.

[67] Vgl. Knäusel-*von Schiller*, S. 157, Liste sämtlicher Bauten des Luftschiffbau Zeppelin.

später, am 17. Januar 1906, mit LZ 2[68]. Es war zugleich die letzte Fahrt dieses Luftschiffs[69]. Noch im gleichen Jahr, am 9. Oktober 1906, konnte LZ 3 als drittes Zeppelin-Luftschiff seine erste Fahrt absolvieren[70]. Am 10. November 1908 wurde es nach einem Umbau vom Militär übernommen[71]. LZ 3 war damit der erste „Zeppelin", der nach einer Reihe von Probefahrten[72] einer zusätzlichen Nutzung zugeführt werden konnte.

Der Umfang der militärischen Verwendung der Luftschiffe im Vergleich zur zivilen wird deutlich, wenn man berücksichtigt, daß von den bis August 1914 gebauten 25 „Zeppelinen" zwölf in den Besitz des Heeres und drei in die Hände der Kriegsmarine gingen[73].

Die zivile Nutzung der Luftschiffe erfolgte zu verschiedenen Zwecken. Das 1909 konstruierte Parseval-Luftschiff PL. 6[74] flog im Winter 1910/1911[75] für die Stollwerck-Schokoladenfabrik Reklame[76]. Diese Verwendung war jedoch nicht besonders erfolgreich, da die Fahrten wegen des häufigen Nebels nicht regelmäßig genug stattfinden konnten[77].

Die erste zivile Luftverkehrsgesellschaft der Welt, die „Deutsche Luftschiffahrtsaktiengesellschaft" (Delag), wurde am 16. November 1909 mit staatlicher Unterstützung gegründet[78]. Sie erhielt ihren Sitz in Frankfurt am Main[79] und war eine Tochtergesellschaft der 1908 errichteten Luftschiffbau-Zeppelin GmbH[80]. Das Unternehmen wurde mit dem Ziel gegründet, ein Netz der zivilen Luftschiffahrt aufzubauen[81].

Die Delag richtete von 1910 bis zum Beginn des ersten Weltkriegs einen kleinen Luftschiffverkehr ein[82]. Ein regelmäßiger und umfassender Reiseverkehr konnte allerdings noch nicht betrieben werden[83]. Man beschränkte sich vielmehr auf Rundfahrten[84].

---

[68]Vgl. Knäusel-*von Schiller*, S. 157, Liste sämtlicher Bauten des Luftschiffbau Zeppelin.
[69]Vgl. Knäusel-*von Schiller*, S. 157, Liste sämtlicher Bauten des Luftschiffbau Zeppelin.
[70]Vgl. Knäusel-*von Schiller*, S. 159, Liste sämtlicher Bauten des Luftschiffbau Zeppelin.
[71]Vgl. *Heimann*, S. 22.
[72]Vgl. Knäusel-*von Schiller*, S. 159, Liste sämtlicher Bauten des Luftschiffbau Zeppelin.
[73]*Wissmann*, S. 156.
[74]Vgl. *von Parseval*, S. 71.
[75]*Von Parseval*, S. 76.
[76]*Meyer*, Luftschiffe, S. 112.
[77]*Von Parseval*, S. 76.
[78]Vgl. *Bélafi*, S. 104.
[79]Vgl. *Bélafi*, S. 104.
[80]Vgl. *Bélafi*, S. 99.
[81]*Bélafi*, S. 104.
[82]Vgl. *Heimann*, S. 23, S. 28.
[83]Vgl. Knäusel-*von Schiller*, S. 52, S. 54.
[84]Knäusel-*von Schiller*, S. 54.

Bis zum 31. Juli 1914 wurden sieben Luftschiffe eingesetzt, die die unterschiedlichsten Strecken beflogen[85]. Trotz des Verlustes von vier Luftschiffen kam keiner der Passagiere zu Schaden[86]. Bereits 1912 führte die Delag rund 400 Fahrten[87] durch, an denen annähernd 3000 zahlende Passagiere[88] teilnahmen. Bis zur Einstellung des Verkehrsdienstes 1914 wurden insgesamt 1588 Fahrten[89] durchgeführt, auf denen 33 722 Passagiere und Besatzungsmitglieder[90] befördert wurden und unter denen sich 10088[91] zahlende Passagiere befanden[92].

Die Delag beförderte mit ihren Luftschiffen nicht nur Passagiere, sondern auch Post. Dabei handelte es sich noch nicht um die Einrichtung des regulären Luftpostdienstes[93]. Dieser wurde in Deutschland erst 1919 eröffnet[94]. Mit der Einrichtung von Beförderungsdiensten leistete die Delag einen entscheidenden Beitrag für die Anfänge eines kommerziellen Luftschiffverkehrs[95].

Die Luftschiffahrten beschränkten sich damals nicht auf den nationalen Luftraum. In Ansätzen entwickelte sich bereits ein internationaler Luftschiffverkehr. So unternahm beispielsweise das Zeppelin-Luftschiff LZ 4 am 1. Juli 1908 mit zwölf Passagieren eine zwölfstündige Fahrt in die Schweiz[96]. Luftschiffe der Delag flogen unter anderem die Städte Kopenhagen und Wien an[97].

Anhaltspunkte für die Entwicklung der Intensität des Luftschiffverkehrs zu dieser Zeit liefert eine Betrachtung der Zahl der Fahrten derjenigen Zeppeline, die zu kommerziellen Beförderungszwecken der Delag eingesetzt wurden[98].

---

85 Vgl. *Scherz*, Illustrierte Flug-Woche 1928, Heft 2, S. 34 (37 ff.); zu den einzelnen Fahrten der Luftschiffe der Delag: *Bélafi*, S. 107 ff.; *Heimann*, S. 23 ff.; Knäusel-*von Schiller*, S. 52.

86 *Heimann*, S. 28.

87 Auszug aus dem Geschäftsbericht der Delag, zit. nach *Schwipps*, S. 34.

88 Auszug aus dem Geschäftsbericht der Delag, zit. nach *Schwipps*, S. 34.

89 *Knäusel*, S. 69.

90 *Heimann*, S. 28.

91 *Heimann*, S. 28.

92 Abweichende Daten zum Luftschiffverkehr der Delag bei: *Knäusel*, S. 69; *Meyer*, Luftschiffe, S. 30; *Scherz*, Illustrierte Flug-Woche 1928, Heft 3, S. 81 (81), Tafel 3; *von Schiller*, S. 62; das Zitat von Lehmann, zit. nach *Straub*, S. 123; unterschiedlich auch die Schätzungen: *Schwipps*, Riesenzigarren und fliegende Kisten, S. 49; *Wissmann*, S. 157.

93 *Kündelt*, Archiv für deutsche Postgeschichte 1962, Heft 1, S. 3 (3).

94 Vgl. *Kündelt*, Archiv für deutsche Postgeschichte 1962, Heft 1, S. 3 (3).

95 Weitere Angaben zur Delag und ihren Luftschiffen: *Bélafi*, S. 104/105; *Heimann*, S. 22 ff.; *Knäusel*, S. 68/69; *von Schiller*, S. 60 ff.; Knäusel-*von Schiller*, S. 51 ff.; *Schwipps*, S. 33/34; *Schwipps*, Riesenzigarren und fliegende Kisten, S. 49 ff.; *von Parseval*, S. 38 ff.; *Scherz*, Industrie-Bibliothek 1926, Nr. 6, S. 101 (101 ff.); *Dörr*, S. 21 (21 ff.).

96 Vgl. *Heimann*, S. 20.

97 Vgl. *Scherz*, Illustrierte Flug-Woche 1928, Heft 2, S. 34 (40).

98 Über die genauen Zahlen der vor dem ersten Weltkrieg jährlich durchgeführten Luftschiffahrten existieren keine statistischen Angaben. Die Untersuchung aller Fahrten der einzelnen Luftschiffe kann im Rahmen dieser Arbeit nicht vorgenommen werden.

So unternahmen die ersten drei Luftschiffe der Delag LZ 7 „Deutschland" (19.06.1910 bis 28.6.1910[99]) LZ 6 (Juni 1910 bis 12.9. 1910[100]) und LZ 8 „Ersatz-Deutschland" (30.03.1911 bis 16.05.1911[101]) für die Delag jeweils nur 7, 34 und 22 Fahrten[102]. LZ 10 „Schwaben" (26.06.1911 bis 28.06.1912[103]) unternahm dagegen 218[104] Fahrten, LZ 11 „Viktoria Luise" (14.02.1912 bis 31.07.1914[105]) machte 489[106] Fahrten, LZ 13 „Hansa" (30.07.1912 bis 31.07.1914[107]) absolvierte 399[108] Fahrten, und LZ 17 „Sachsen" (03.05.1913 bis 31.07.1914[109]) führte in nur 15 Monaten sogar 419[110] Fahrten durch[111]. Damit absolvierten die vier später eingesetzten Luftschiffe mit 1525 Fahrten innerhalb von knapp drei Jahren auch eine relativ größere Anzahl an Fahrten als ihre drei Vorgänger. Diese konnten innerhalb eines halben Jahres nur 63 Fahrten machen.

Zusammenfassend läßt sich feststellen, daß bereits vor dem ersten Weltkrieg ein Luftschiffverkehr mit ersten grenzüberschreitenden Fahrten existierte. Dabei wurde die zivile Nutzung der Luftschiffe schon kommerziell betrieben. Die vier seit Juni 1911 eingesetzten Luftschiffe der Delag unternahmen eine beachtliche Anzahl an Fahrten. Das zeigt, daß der Luftschiffverkehr von da an begann, zahlenmäßig an Bedeutung zu gewinnen. Es ergab sich somit schon vor dem ersten Weltkrieg die Notwendigkeit, rechtliche Regelungen für die Luftschiffahrt zu erlassen.

---

[99]Vgl. *von Schiller*, S. 183, Fahrtenstatistik der Delag von 1909 bis 31. Juli 1914.

[100]Vgl. *von Schiller*, S. 183, Fahrtenstatistik der Delag von 1909 bis 31. Juli 1914.

[101]Vgl. *von Schiller*, S. 183, Fahrtenstatistik der Delag von 1909 bis 31. Juli 1914.

[102]*Scherz*, Illustrierte Flug-Woche 1928, Heft 3, S. 81 (81), Tafel III; *von Schiller*, S. 183, Fahrtenstatistik der Delag von 1909 bis 31. Juli 1914; die Einsatzzeit und die Anzahl der Fahrten werden in anderen Darstellungen teilweise unterschiedlich angegeben.

[103]Vgl. *von Schiller*, S. 183, Fahrtenstatistik der Delag von 1909 bis 31. Juli 1914.

[104]*Scherz*, Illustrierte Flug-Woche 1928, Heft 3, S. 81 (81), Tafel III; *von Schiller*, S. 183, Fahrtenstatistik der Delag von 1909 bis 31. Juli 1914.

[105]Vgl. *von Schiller*, S. 183, Fahrtenstatistik der Delag von 1909 bis 31. Juli 1914.

[106]*Scherz*, Illustrierte Flug-Woche 1928, Heft 3, S. 81 (81), Tafel III; *von Schiller*, S. 183, Fahrtenstatistik der Delag von 1909 bis 31. Juli 1914.

[107]Vgl. *von Schiller*, S. 183, Fahrtenstatistik der Delag von 1909 bis 31. Juli 1914.

[108]*Scherz*, Illustrierte Flug-Woche 1928, Heft 3, S. 81 (81), Tafel III; *von Schiller*, S. 183, Fahrtenstatistik der Delag von 1909 bis 31. Juli 1914.

[109]Vgl. *von Schiller*, S. 183, Fahrtenstatistik der Delag von 1909 bis 31. Juli 1914.

[110]*Scherz*, Illustrierte Flug-Woche 1928, Heft 3, S. 81 (81), Tafel III; *von Schiller*, S. 183, Fahrtenstatistik der Delag von 1909 bis 31. Juli 1914.

[111]Die Einsatzzeit und die Anzahl der Fahrten werden in anderen Darstellungen teilweise unterschiedlich angegeben.

II. Das Flugzeug

Nach den ersten Luftschiffahrten wurden kurze Zeit später die ersten Flüge mit Motorflugzeugen unternommen. Während sich die Entwicklung der Ballon- und der Luftschiffahrt nach dem Grundsatz „Leichter als Luft"[112] vollzog, wurde beim Motorflugzeug nach dem Prinzip „Schwerer als Luft"[113] experimentiert. Dabei nutzte man das physikalische Prinzip des dynamischen Auftriebs und nicht - wie bei der Ballon- und Luftschiffahrt - das des statischen Auftriebs[114].

Den ersten Flügen, die kurz nach Beginn des 20. Jahrhunderts unternommen werden konnten, ging eine lange, intensive Phase des Experimentierens voraus[115]. Bedeutende Beiträge für die Entwicklung des Flugzeugs leistete George Cayley[116]. Er erforschte die Phänomene Auftrieb, Vortrieb und Flugstabilisierung und schuf auf diese Weise wesentliche Vorarbeiten für das Flugzeug[117]. Richtungweisend waren auch die Arbeiten Otto von Lilienthals[118]. Er orientierte sich vor allem am Schwingenflug der Vögel[119] und führte zahlreiche praktische Versuche mit seinen Gleitflugapparaten durch[120]. In der Folgezeit wurde weiter an der Entwicklung des Motorflugzeugs gearbeitet. Für August 1901 wird dem Deutschamerikaner Gustav Weißkopf ein kilometerweiter Flug in 70 Metern Höhe nachgesagt[121]. Nach eigenen Angaben soll ihm mit einer selbstgebauten Maschine in Fairfield, Connecticut, ein Flug von etwa 2 700 Metern gelungen sein[122].

Besonders bekannt wurden die Brüder Wilbur und Orville Wright. Ihnen gelang es am 17. Dezember 1903[123] in North Carolina, ein Motorflugzeug vom Boden zu starten[124]. Beim ersten Versuch soll sich das Flugzeug ungefähr 12 Sekunden in der Luft gehalten haben[125]. 1904 führten sie weitere Flüge mit einem

---

[112]Giemulla-*Giemulla*, Einl. S. 3.
[113]Giemulla-*Giemulla*, Einl. S. 3.
[114]Vgl. *Bélafi*, S. 10.
[115]Vgl. *Hofstaetter*, S. 2 ff.; vgl. *Supf*, S. 41 ff., S. 117 ff.; vgl. *Wissmann*, S. 32 ff., S. 178 ff., S. 182 ff..
[116]*Cayley* lebte von 1773 bis 1857; vgl. König-*Braun*, S. 132; vgl. *Hofstaetter*, S. 4, S. 6; vgl. *Wissmann*, S. 189 ff..
[117]König-*Braun*, S. 132.
[118]Vgl. Angelucci-*Schliephake*, S. 36; vgl. *Wissmann*, S. 251 ff.; Lilienthal lebte von 1848 bis 1896.
[119]König-*Braun*, S. 133.
[120]Vgl. *Schwipps*, S. 39/40; vgl. *Waßermann*, S. 9 (15 ff.).
[121]*Schwipps*, S. 46.
[122]König-*Braun*, S. 134.
[123]*Wissmann*, S. 279.
[124]Vgl. Tagebucheintragung von Orville Wright, zit. nach *Angelucci-Schliephake*, S. 67; vgl. *Supf*, S. 168.
[125]Vgl. Tagebucheintragung von Orville Wright, zit. nach *Angelucci-Schliephake*, S. 67.

verbesserten Typ durch[126]. Dabei konnten sie eine Flugzeit von fünf Minuten erreichen[127]. Ein Jahr später machten sie den ersten Flug mit einem Fluggast[128].

Auch in Europa bemühten sich in diesen Jahren etliche Flugpioniere um die Entwicklung des Flugzeugs[129]. Ihren Ausgangspunkt hatte die Motorflugbewegung in Frankreich. In Deutschland galt zu dieser Zeit das Hauptinteresse den Luftschiffen.

Zu den erfolgreichsten Aviatikern gehörten der in Paris lebende Brasilianer Alberto Santos-Dumont und der Franzose Louis Blériot[130]. Diesem gelang es im Juli 1909, den Ärmelkanal zu überfliegen[131].

Die ersten Konstrukteure von Motorflugzeugen orientierten sich am Vogelflug[132], am Flugdrachen[133] oder an den Wirkungen der Luftschraube[134]. Daraus ergab sich eine Einteilung in Schrauben-[135], Drachen- und Schwingenflieger[136]. Die Schraubenflieger hatten zwei oder mehrere Schrauben mit vertikaler Achse, die für die erforderliche Hubkraft sorgten[137]. Die Schwingenflieger hatten vogelflügelartig geformte Tragflächen[138]. Durch eine auf- und abwärtsgehende Bewegung der Tragflächen wurden sowohl die Hebewirkung als auch die Vorwärtsbewegung erreicht[139]. Mit den Schrauben- und Schwingenfliegern konnten jedoch keine besonderen Flugleistungen erreicht werden. Die Drachenflieger waren Flugzeuge mit starren Tragflächen und Luftschrauben[140]. Sie erlangten die größte praktische Bedeutung. Hatten sie nur eine Tragfläche, wurden sie als Eindek-

---

[126]Vgl. *Wissmann*, S. 281/282.
[127]Vgl. *Wissmann*, S. 282.
[128]*Hofstaetter*, S. 36.
[129]König-*Braun*, S. 134.
[130]Vgl. *Wissmann*, S. 286/287, S. 292/293; Angaben zu anderen Flugpionieren und ihren Konstruktionen: vgl. *Supf*, S. 171 ff.; vgl. *Wissmann*, S. 283 ff.; *Angelucci-Schliephake*, S. 68 ff..
[131]Vgl. *Wentscher*, S. 16 (17).
[132]Vgl. *Moedebeck*, S. 16.
[133]*Wissmann*, S. 177.
[134]Vgl. *Moedebeck*, S. 17 ff..
[135]Vgl. „Die neuen Fachausdrücke der Luftfahrt", in: Deutsche Luftfahrt, zit. nach GStA PK, I. HA Rep. 84 a, Nr. 1987, Bl. 183 v.
[136]Vgl. „Die neuen Fachausdrücke der Luftfahrt", in: Deutsche Luftfahrt, zit. nach GStA PK, I. HA Rep. 84 a, Nr. 1987, Bl. 183 v; es wurden auch andere Bezeichnungen verwendet: *Moedebeck*, S. 16, dort wird der Begriff „Flügelflugzeuge" gebraucht; *Rumpler*, S. 328, dort die Bezeichnung „Ruderflieger".
[137]Vgl. *Rumpler*, S. 326 (329).
[138]*Rumpler*, S. 326 (328).
[139]Vgl. *Rumpler*, S. 326 (328).
[140]*Wissmann*, S. 177.

ker[141] bezeichnet. Bei zwei übereinander liegenden Tragflächen als Doppeldekker[142].

Besonders bekannt wurden der von Blériot konstruierte Eindecker „Blériot XI[143]" und die von dem Österreicher Etrich - nach Vorarbeiten mit Wels[144] - in Zusammenarbeit mit Illner errichtete „Etrich-Taube"[145]. Etrich übertrug die Herstellungsrechte den Rumpler-Werken in Johannisthal bei Berlin[146], wo die „Etrich-Rumpler-Taube" entstand[147].

Die „Taube" entwickelte sich in Deutschland mit ihren verschiedenen Bauformen[148] zum berühmten und beliebten[149] Motorflugzeugtyp der Vorkriegszeit[150].

Bedeutende Doppeldecker wurden in der Anfangszeit von den französischen Brüdern Voisin gebaut[151].

Nach dem ersten Flug der Gebrüder Wright im Jahre 1903 konnte die Leistungsfähigkeit der Flugzeuge in relativ kurzer Zeit stark verbessert werden. Das erste Flugzeug der Wrights war mit einem 12 PS starken, wassergekühlten Vierzylinder-Viertaktmotor[152] ausgerüstet. Dagegen wurde das Flugzeug, das 1914 in Johannisthal bei Berlin einen Flugdauerrekord von über 24 Stunden aufstellte, bereits mit einem 100 PS starken Motor angetrieben[153]. Die Steigerung der Motorleistung ermöglichte auch höhere Geschwindigkeiten. So lag der Geschwindig-

---

[141]Vgl. *Rumpler*, S. 326 (321).
[142]Vgl. *Rumpler*, S. 326 (335/336), dort die Abbildung.
[143]Vgl. *Angelucci-Schliephake*, S. 71.
[144]Vgl. Manuskripte und Abhandlungen des Naturwissenschaftlichen Vereins in Hamburg 1897, Bd. 15, zit. nach *Supf*, S. 197.
[145]Vgl. Manuskripte und Abhandlungen des Naturwissenschaftlichen Vereins in Hamburg 1897, Bd. 15, zit. nach *Supf*, S. 197; vgl. *Wissmann*, S. 295.
[146]*Angelucci-Schliephake*, S. 74; vgl. Manuskripte und Abhandlungen des Naturwissenschaftlichen Vereins in Hamburg 1897, Bd. 15, zit. nach *Supf*, S. 197.
[147]*Hofstaetter*, S. 43.
[148]*Hofstaetter*, S. 43.
[149]*Supf*, S. 196.
[150]*Kettel*, S. 207; weitere Nachweise zu den Eindeckern: *Supf*, S. 458, S. 460 ff.; vgl. *Supf* Bd. II, S. 142 ff., S. 600 ff..
[151]Vgl. *Angelucci-Schliephake*, S. 69; vgl. *Moedebeck*, Fliegende Menschen, S. 79/80; hier wird der Begriff „Zweidecker" verwendet; weitere Nachweise zu den Doppeldeckern: *Angelucci-Schliephake*, S. 72 ff.; *Supf*, S. 458 ff.; *Supf* Bd. II, S. 134 ff., S. 600 ff.; Angaben zu weiteren Flugzeugkonstruktionen: *Moedebeck*, Fliegende Menschen, S. 80 ff.; *Angelucci-Schliephake*, S. 69 ff., S. 73; *Wissmann*, S. 300.
[152]*Wissmann*, S. 280.
[153]Vgl. *Angelucci-Schliephake*, S. 79, in anderen Darstellungen werden geringfügig abweichende Zahlenangaben gemacht.

keitsrekord 1908 bei 44 km/h, während der Franzose Maurice Prevost fünf Jahre später einen Rekord von 204 km/h aufstellte[154].

Vor dem ersten Weltkrieg begann auch der Luftverkehr mit Flugzeugen. Nach einer reinen Versuchs- und Erprobungsphase[155] wurden die Flugzeuge zu zivilen und militärischen[156] Zwecken verwendet. Die zivile Nutzung beschränkte sich in erster Linie auf den Flugsport[157]. Schau- und Kunstflüge wurden zu Unterhaltungszwecken veranstaltet[158]. Der erste deutsche Flugtag wurde am 28. Juni 1908 in der Stadt Kiel durchgeführt[159]. Der Däne Ellehammer war damals der einzige Flieger, der an der Flugvorführung teilnahm[160]. Im folgenden Jahr kam es zu weiteren bedeutenden Flugveranstaltungen[161]. Die deutsche Beteiligung an den Wettbewerben war zunächst sehr gering, und die fliegerischen Leistungen der deutschen Piloten waren noch unbedeutend[162]. So nahmen an der im Jahre 1909 zum ersten Mal in Johannisthal bei Berlin durchgeführten Flugwoche neun ausländische Piloten, aber nur ein deutscher Pilot teil[163]. Die große Überlegenheit ausländischer - insbesondere französischer - Piloten zeigt folgender Vergleich: Während der Franzose Henri Farmen bei der im August 1909 in Reims[164] durchgeführten Flugwoche in etwas mehr als drei Stunden 180 km zurücklegte[165], gelang es Hans Grade am 30. November 1909[166], den „Lanz-Preis der Lüfte" für die erste mit einem deutschen Flugzeug geflogene geschlossene Acht[167] zu gewinnen.

In den folgenden Jahren wurden viele weitere Flugveranstaltungen organisiert[168]. Die fliegerischen Leistungen deutscher Piloten verbesserten sich[169]. Dennoch blieben sie hinter der ausländischen Konkurrenz zurück[170]. Eine Wende

---

[154]Vgl. *Angelucci-Schliephake*, S. 79, in anderen Darstellungen werden geringfügig abweichende Zahlenangaben gemacht.
[155]Vgl. *Supf*, S. 227 ff., S. 237 ff..
[156]Vgl. *Supf*, S. 284, S. 317 ff., S. 375 ff., S. 432/433; vgl. *Supf* Bd. II, S. 94 ff..
[157]Vgl. *Supf*, S. 283.
[158]Vgl. *Supf*, S. 253 ff., S. 264 ff.; *Supf* Bd. II, S. 207 ff.; vgl. *Wissmann*, S. 298/299.
[159]Vgl. *Fölz*, S. 11.
[160]Vgl. *Supf*, S. 208; vgl. *Wissmann*, S. 298.
[161]Vgl. *Supf*, S. 252 ff., S. 264 ff.; vgl. *Wissmann*, S. 298 ff..
[162]Vgl. *Supf*, S. 258/259, S. 270; vgl. *Wissmann*, S. 299/300.
[163]Vgl. *Supf*, S. 268; vgl. *Wissmann*, S. 299; weitere Angaben zur geringen Wettbewerbsbeteiligung: *Supf*, S. 257 ff.; *Wissmann*, S. 300.
[164]Vgl. *Heimann*, S. 31.
[165]Vgl. *Heimann*, S. 31/32.
[166]*Wissmann*, S. 301; anders: *Heimann*, S. 31, dort wird der Oktober angegeben.
[167]*Heimann*, S. 32.
[168]Vgl. *Supf*, S. 283, S. 289 ff., S. 292 ff., S. 300 ff., S. 334, S. 338 ff., S. 394, S. 404 ff., S. 478 ff..
[169]Vgl. *Supf*, S. 477.
[170]Vgl. *Supf*, S. 476/477.

vollzog sich im Jahre 1913. Am 21. April 1912 hatte Prinz Heinrich von Preußen die Bevölkerung zur Nationalflugspende aufgerufen[171]. Insgesamt wurden 7 647 950,48 Mark[172] gesammelt. Hauptsächlich wurden die Gelder dazu verwendet, die Ausbildung von Flugzeugführern[173], die Flugzeugindustrie, die Flugtechnik und die Flugwissenschaft[174] systematisch zu unterstützen[175], wobei militärische Überlegungen bei der Vergabe der Gelder eine große Rolle spielten[176].

Durch die Nationalflugspende erhielt die Luftfahrt in Deutschland einen großen Aufschwung. Sie entwickelte sich zu einem leistungsfähigen Industriezweig[177]. Die schnelle Entwicklung machte sich auch bei den Flugwettbewerben bemerkbar. Waren bis zum Ende des Jahres 1912 die Weltrekorde fast ausschließlich von französischen Piloten aufgestellt worden[178], so konnten bis zum Sommer 1914 alle bedeutenden Rekorde - mit Ausnahme des Geschwindigkeitsrekords - von deutschen Piloten überboten werden[179]. Die zivile Verwendung des Flugzeugs beschränkte sich nun nicht mehr auf den Flugsport. In die Zeit vor den ersten Weltkrieg fallen die Anfänge eines Luftpostverkehrs mit Flugzeugen. In größerem Umfang wurde zum ersten Mal im Jahre 1912[180] Post befördert und zwar auf den Strecken Bork-Brück, Mannheim-Heidelberg, Frankfurt/Main-Darmstadt-Worms-Mainz-Frankfurt/Main, Pforzheim-Karlsruhe und Frankfurt/Main-Wiesbaden[181]. In der Folgezeit wurden auf anderen Routen weitere Flüge durchgeführt[182], ohne daß es jedoch zur Einrichtung eines regelmäßigen Postverkehrs kam.

Neben dem nationalen Luftverkehr entwickelten sich auch die ersten Ansätze eines internationalen Luftverkehrs. Mit zunehmender Leistungsfähigkeit der Flugzeuge konnten immer weitere Strecken zurückgelegt werden. Außerdem stellten verschiedene Preise einen Anreiz für die Piloten dar, längere Flüge durchzuführen[183]. Den ersten größeren Flug ins Ausland[184] unternahm Hellmuth

---

[171]Vgl. *Supf* Bd. II, S. 10; vgl. *Wissmann*, S. 302.
[172]*Supf* Bd II, S. 11.
[173]*Supf* Bd. II, S. 15.
[174]Vgl. *Supf* Bd. II, S. 24.
[175]Vgl. *Supf* Bd. II, S. 14, S.15 ff..
[176]Vgl. *Supf* Bd. II, S. 16/17, S. 21.
[177]Vgl. *Supf*, S. 596/597; vgl. *Supf* Bd. II, S. 130, S. 474/475.
[178]Vgl. Weltrekorde/Deutsche Rekorde, in Jahrbücher des Deutschen Luftfahrer-Verbandes, Aviaticus, Jahrbuch der Deutschen Luftfahrt 1931, zit. nach Supf, S. 476/477.
[179]Vgl. *Supf* Bd. II, S. 13.
[180]Das Zitat von *Hochstrate*, in: Rhein-Mainische Wirtschafts-Zeitung 1936, Nr. 14, S. 454, zit. nach *Kettel*, S. 218.
[181]Vgl. Das Zitat von *Hochstrate*, in: Rhein-Mainische Wirtschafts-Zeitung 1936, Nr. 14, S. 454, zit. nach *Kettel*, S. 218.
[182]Vgl. das Zitat von *Hochstrate*, in: Rhein-Mainische Wirtschafts-Zeitung 1936, Nr. 14, S. 454, zit. nach *Kettel*, S. 218.
[183]Vgl. Flugsport 1913, zit. nach *Supf* Bd. II, S. 49; vgl. *Supf* Bd. II, S. 53.
[184]*Supf* Bd. II, S. 230.

Hirth, als er im Rahmen einer Überlandflugwoche im Juni 1912 von Berlin über Breslau nach Wien flog und dabei 560 km zurücklegte[185]. Im Jahre 1913 gelang es schließlich Alfred Friedrich als erstem deutschen Flieger, von Johannisthal nach Paris zu fliegen[186].

Anhaltspunkte für die Entwicklung des Umfangs des Flugverkehrs liefert eine Betrachtung der bis zum Sommer des Jahres 1914 ausgestellten Flugzeugführerzeugnisse: Von 1910 bis zum Ausbruch des ersten Weltkriegs konnten 817 Flieger das Zeugnis des Deutschen Luftfahrerverbandes erwerben[187]. Berücksichtigt man, daß davon 472 Führerzeugnisse, also mehr als die Hälfte aller erteilten Zeugnisse, erst in den letzten eineinhalb Jahren vor Kriegsbeginn erteilt wurden[188], so ist das ein Indiz dafür, daß der Flugverkehr erst seit 1913, also zwei Jahre später als der Verkehr mit Luftschiffen, zunehmend Bedeutung erlangte.

Abschließend läßt sich feststellen, daß schon vor dem ersten Weltkrieg die Anfänge eines nationalen und internationalen Motorflugverkehrs entstanden. Militärische Motive haben dabei zur Beschleunigung seiner Entwicklung beigetragen. Eine kommerzielle Personenbeförderung gab es - anders als bei den Luftschiffen - noch nicht. Die zivile Nutzung des Flugzeugs beschränkte sich auf die sportliche Verwendung und die Beförderung von Post in kleinem Umfang.

Die zunehmende Bedeutung des Motorflugverkehrs und die mit der technischen Neuentwicklung verbundenen Gefahren - so ereignete sich beispielsweise im Jahre 1913 in Deutschland 39 Flugunfälle mit tödlichem Ausgang[189]- ließen bereits vor dem ersten Weltkrieg auch für den Verkehr mit Flugzeugen gesetzliche Regelungen erforderlich werden.

B. Die Entwicklung der Luftfahrt während und unmittelbar nach dem ersten Weltkrieg

Während des Kriegs war die Zivilluftfahrt verboten. Der erste Weltkrieg beschleunigte die technische Entwicklung der Luftfahrzeuge und führte zu einer erheblichen Steigerung der Flugleistungen[190]. Die im ersten Weltkrieg und kurz nach Kriegsende entstandenen technischen Neuerungen im Bereich des Flugzeugbaus gehen in erster Linie auf Hugo Junkers zurück, wurden in den zwanziger Jahren von anderen Konstrukteuren aufgegriffen und setzten sich dann lang-

---

[185]Vgl. *Supf*, S. 486; weitere Angaben zu diesem Flug: *Supf*, S. 410/411.
[186]Vgl. *Supf* Bd. II, S. 51/53; weitere Angaben zu Auslandsflügen: *Supf* Bd. II, S. 53, S. 56, S. 230.
[187]Vgl. *Supf* Bd. II, S. 583.
[188]Vgl. *Supf* Bd. II, S. 579, S. 583.
[189]Vgl. *Hilsmann*, S. 91 ff., Tabelle über tödliche verunglückte Flieger.
[190]Fischer, S. 22 ff..

sam durch[191]. Es handelte sich dabei „um Metallflugzeuge aus Dural(uminium) sowie um Eindecker und Tiefdecker mit freitragenden 'dicken' Flügeln."[192]

Die Militärflugzeuge wurden nach dem ersten Weltkrieg nach geringen Umbaumaßnahmen als Verkehrsflugzeuge eingesetzt[193]. Eine erste planmäßige Flugverbindung wurde von Berlin nach Weimar, dem Tagungsort der Nationalversammlung, in Betrieb genommen[194]. Im Jahre 1919 wurden weitere regelmäßig beflogenen Verbindungen auf den Flughäfen Berlin-Johannisthal, Hamburg-Fuhlsbüttel, Hannover-Linden und München-Oberwiesenfeld eingerichtet[195]. Ähnlich verlief die Entwicklung im Luftschiffwesen. Auch die Luftschiffe wurden während des Kriegs militärisch genutzt, technisch verbessert und im zivilen Luftverkehr eingesetzt.

Der Luftverkehr nahm immer mehr zu. Die Zahl der beförderten Personen von rund 2 042 im Jahre 1919 stieg auf 7 733 im Jahre 1922 an. Die tägliche Flugleistung erhöhte sich von 3 060 km im Jahre 1920 auf 9 860 km im Jahre 1922[196].

---

[191]König-*Braun*, S. 139.

[192]König-*Braun*, S. 139; vgl. *Fischer*, S. 23.

[193]Der Einsatz von Militärluftfahrzeugen in der Zivilluftfahrt erwies sich in der Folgezeit als nicht wirtschaftlich (*Fischer*, S. 23).

[194]Vgl. *Fischer*, S. 20.

[195]*Verein zur Bewahrung von Stätten deutscher Luftfahrtgeschichte e.V.*, S. 13.

[196]*Reichsverkehrsministorium*, S. 87.

2. Teil: Allgemeine Fragestellungen des Luftrechts

A. Die verschiedenen Auffassungen zur staats- und völkerrechtlichen Bedeutung des Luftraums als Grundlage für die Entwicklung eines Luftverkehrsrechts zu Beginn des 20. Jahrhunderts

Zu Beginn des 20. Jahrhunderts, als die technischen Möglichkeiten des Luftverkehrs noch sehr eng begrenzt waren und der Verlauf der Entwicklung der Luftfahrt noch nicht absehbar war, wurden unterschiedliche Auffassungen über die staats- und völkerrechtlichen Stellung des Luftraums vertreten. Es ging um die Frage, ob und inwieweit der Staat die Gebietshoheit über seinen Luftraum hatte, also Lufthoheit besaß. Die Lufthoheit gibt einem Staat die Herrschaftsgewalt an der Luftsäule über seinem Gebiet. Sie berechtigt ihn, alle im Luftraum belegenen Rechtsverhältnisse selbständig unter Ausschließung der übrigen Staaten hoheitlich zu regeln. Für den internationalen Luftverkehr bedeutet das beispielsweise, daß Luftfahrzeuge, die staatsfremdes Gebiet überfliegen wollen, die Bedingungen des fremden Staats erfüllen müssen. Das setzt regelmäßig das Vorliegen einer Erlaubnis des Überflugstaats voraus, z. B. aufgrund eines zwischenstaatlichen Abkommens oder einer Regierungserlaubnis[197]. Zwar wurde nicht bezweifelt, daß sich die Staatsgewalt auf alle Vorgänge im Luftraum erstreckte, die unmittelbar im Zusammenhang mit der Erde standen[198]. In der Literatur hat man dies zu Beginn des 20. Jahrhunderts im Interesse eines ungehinderten internationalen Luftverkehrs vielfach nicht einfach übertragen wollen. Einigkeit bestand insoweit, daß der Luftraum - wie auch heute noch[199] - über staatenlosem Gebiet und dem offenen Meer grundsätzlich frei war[200].

I. Die Freiheit der Luft beschränkt durch das Selbsterhaltungsrecht des Staates

Der Franzose *Paul Fauchille*, der zu seiner Zeit bedeutendste Theoretiker auf dem Gebiet des Luftrechts, stellte im Jahre 1902 die Sätze auf: „*L'air est libre. Les États n'ont sur lui en temps de paix et en temps de guerre que les droits nécessaires à leur conservation.*"[201]

---

[197] Vgl. *Schleicher*, Einl. S. 6.
[198] Vgl. dazu *Sturm*, Beiträge zur Erläuterung des Deutschen Rechts 1911, 55. Bd., S. 522 (526).
[199] Giemulla-*Giemulla*, § 1 Rd. 10.
[200] *Grünwald*, S. 26.
[201] *Fauchille*, Annuaire de l'institut de droit international 1902, XIX. vol., S. 19 (32).

Ausgehend von der Notwendigkeit internationalen Luftverkehrs vertrat er die Auffassung, daß der Luftraum frei sei und nicht Objekt von Eigentums- und Souveränitätsrechten sein könne, da er sich von Natur aus dazu nicht eigne. Der Luftraum der Erdatmosphäre könne nicht materiell in Besitz genommen werden. Folglich könne kein Eigentum an ihm erworben werden. Ebensowenig könne eine Souveränität über ihn ausgeübt werden. Die Ausübung souveräner Herrschaft setze nämlich die Möglichkeit der Inbesitznahme einer Sache voraus[202].

Die Freiheit des Luftraumes sei allerdings bis zu einer gewissen horizontalen Ebene durch das Grundrecht des Staates auf Selbsterhaltung beschränkt. In Friedenszeiten sollte dem Staat eine Zone bis zur Höhe von 1500 Metern zustehen[203]. Bei klaren Sichtverhältnissen könnten bestenfalls bis zu dieser Höhe verwertbare fotografische Aufnahmen von militärischen Verteidigungsanlagen gemacht werden. Zum Schutz vor Spionage und damit zu seiner Selbsterhaltung müsse es dem Staat erlaubt sein, den Luftverkehr innerhalb der Zone unter 1500 Metern über seinem Territorium einzuschränken oder zu verbieten[204].

Gegen diese Auffassung führte *Grünwald* an, daß diejenigen staatlichen Interessen ungeschützt blieben, die nicht unmittelbar aus dem Selbsterhaltungsrecht folgten[205]. *Heilborn* vertrat sogar die Ansicht, daß es keine staatlichen Selbsterhaltungsrechte gebe[206].

II. Die unbeschränkte Gebietshoheit des Staates über den Luftraum

Eine weitere Auffassung[207] räumte dem Staat die unbeschränkte Gebietshoheit oberhalb des durch die Staatsgrenzen umschriebenen Raumes ein. Dieser Ansicht lag die Überlegung zugrunde, daß zum Schutze jedes Staates diesem uneingeschränkt die Hoheit über seinem Gebiet zustehen müsse[208]. Als Vertreter dieser Auffassung hielt *Meurer* im Interesse eines uneingeschränkten Luftverkehrs Souveränitätsbeschränkungen langfristig für erforderlich[209].

Daneben vertraten *Sturm* und *Tauber*[210] einen anderen Ansatz. Für das Deutsche Reich folge die Hoheit des Staates über den Luftraum aus § 905 BGB. Danach erstreckt sich das Recht des Grundstückseigentümers auch auf den Raum

[202] *Fauchille*, Annuaire de l'institut de droit international 1902, XIX. vol., S. 19 (32).
[203] *Fauchille*, Revue générale de droit international public 1901, t. VIII, S. 414 (435 ff.).
[204] *Fauchille*, Revue générale de droit international public 1901, t. VIII, S. 414 (434 ff.).
[205] *Grünwald*, Archiv des öffentlichen Rechts 1909, 24. Bd., S. 190 (194).
[206] *Heilborn*, S. 298/299.
[207] *Fleischmann*, S. 5; *von Liszt*, S. 81; *Meurer*, S. 8; *Zitelmann*, S. 23; *Peucker*, S. 39; *Eswein*, S. 36.
[208] *Von Liszt*, S. 81 Fn. 2.
[209] *Meurer*, S. 13.
[210] *Tauber*, S. 8.

über der Oberfläche. Nach *Sturm* müsse das, was für alle Grundstückseigentümern gelte, auch im Ganzen für den Staat zutreffen[211].

III. Die beschränkte Gebietshoheit

Eine weitere Auffassung[212] räumte dem Staat - entsprechend der Unterscheidung von Küstenmeer und hoher See[213] - über dem Luftraum eine beschränkte Gebietshoheit ein. Jenseits der Gebietshoheit sollte Luftfreiheit gelten[214]. Einige Vertreter dieser Ansicht legten eine konkrete Höhe fest, bis zu der sie reichen sollte. Es wurde vertreten, daß in Friedenszeiten eine Grenze von 1000 m von der höchsten Erhebung des Bodens maßgeblich sein sollte[215]. *Von Bar* setzte eine Grenze von 1000 bis 1500 Metern fest. *Rolland* befürwortete eine Grenze von 330 Metern. Der Eiffelturm als höchstes und bekanntestes Bauwerk sei 300 Meter hoch. 30 Meter müßten für die Errichtung eines Telegraphenmastes frei bleiben[216]. Andere vertraten die Auffassung, die Gebietshoheit sei durch die Kanonenschußweite[217] bzw. die Schußweite der „Handfeuergewehre"[218] beschränkt[219]. *Gareis* stellte darauf ab, bis zu welcher Höhe der Luftraum mit menschlichen Mitteln beherrschbar sei[220]. Die Gegner dieser Auffassung lehnten die Festsetzung einer bestimmten Höhe aus praktischen Erwägungen ab[221]. Außerdem wurde angeführt, im Selbsterhaltungsinteresse könne es kein Staat dulden, daß über ihm ein schrankenloser Luftverkehr stattfinde. Dies gelte vor allem für neutrale Staaten in Kriegszeiten, in denen die Freigabe des Luftraums auch die Duldung von Kampfhandlungen bedeuten würde[222].

IV. Der Luftraum als beschränkte Eigentumssphäre des Staates

Grünwald dagegen unterteilte den Luftraum in eine Eigentums- und Interessenssphäre. Der Luftraum über einem Staat sei dessen Eigentumssphäre[223] und damit völkerrechtlich als Teil des Grundstaates anzusehen[224]. Dagegen sei der

---

211 *Sturm*, Beiträge zur Erläuterung des Deutschen Rechts 1911, 55. Bd., S. 522 (530).
212 *Meyer*, S. 24.
213 *Schleicher*, Einl. S. 5.
214 *Von Bar*, S. 338.
215 *Von Holtzendorff*, S. 230; *Rivier*, S. 123.
216 *Rolland*, Revue générale de droit international public 1906, t. XIII, S. 75.
217 *Bluntschli*, S. 355; *Hilty*, Archiv des öffentlichen Rechts 1905, 19. Bd., S. 87 (92).
218 *Rivier*, S. 131.
219 *Adler*, S. 80.
220 *Gareis*, S. 72; vgl. *von Ullmann*, S. 289.
221 *Meyer*, S. 15.
222 *Hilty*, Archiv des öffentlichen Rechts 1905, 19. Bd., S. 87 (88).
223 *Grünwald*, S. 35, 61.
224 *Grünwald*, S. 61.

Luftraum über den Küstengewässern dessen Interessensphäre[225]. Das Eigentum dürfe jedoch nicht weiter ausgeübt werden, als die Interessen des Staates dies erforderten. Der Staat dürfe den internationalen Verkehr nur soweit beschränken, wie die dringenden Interessen des Grundstaates dies verlangten[226]. Damit sollte verhindert werden, daß die technischen Errungenschaften deshalb nicht genutzt werden konnten, weil ein Staat den internationalen Verkehr über seinem Gebiet untersagte[227]. Es sollte zum Gegenstand internationaler Erörterungen gemacht werden, die Interessen festzulegen[228]. Dieser Auffassung lag die Überlegung zugrunde, daß das, was gemäß § 905 BGB für ein einzelnes Grundstück gelte, auch für das Staatsgebiet Gültigkeit haben müsse. Der Staat habe daher an dem Raum über seinem Gebiet ein durch die Interessen der übrigen Staaten modifiziertes Eigentumsrecht[229].

V. Zusammenfassung

Abgesehen von den Vertretern einer unbeschränkten Gebietshoheit beabsichtigten alle Theorien - wie bereits *Meurer* feststellte[230] - letztlich das gleiche, nämlich einen Ausgleich zwischen den unterschiedlichen Interessen der einzelnen Staaten und den Verkehrsinteressen der internationalen Luftfahrt herbeizuführen. Verschieden waren dabei die Ausgangspunkte. Ein Teil der Literatur ging von der Freiheit des Luftraums aus und sah die staatlichen Interessen durch die Anerkennung von Selbsterhaltungsrechten gewahrt. Umgekehrt dazu ging ein anderer Teil in der Literatur davon aus, daß der Staat am Luftraum Hoheits- bzw. Eigentumsrechte hatte, die im Interesse der Verkehrsfreiheit eingeschränkt werden müßten. In der Praxis setze sich die Theorie von der unbeschränkten Gebietshoheit des Staates über den Luftraum und damit der Grundsatz der Lufthoheit durch. Danach blieb es Aufgabe des nationalen Gesetzgebers, Regelungen für den Luftverkehr zu treffen.

Der Grundsatz der Lufthoheit wurde in verschiedenen nationalen Gesetzen geregelt[231]. Das Luftverkehrsgesetz von 1922[232] setzte ihn als gegeben voraus. Des weiteren wurde er in bedeutende multinationale öffentlich-rechtliche Abkommen übernommen, z. B. in Art. 1 des Pariser Luftverkehrsabkommens vom 13. Okto-

---

[225] *Günwald*, S. 61.
[226] *Grünwald*, S. 61.
[227] *Grünwald*, S. 32.
[228] *Grünwald*, Archiv des öffentlichen Rechts 1909, 24. Bd., S. 190 (197).
[229] *Grünwald*, S. 35.
[230] *Meurer*, S. 13.
[231] Vgl. die Aufzählung bei: *Ter-Nedden*, S. 6 Fn. 4.
[232] RGBl. 1922 I, S. 681 ff.; vgl. Begründung zu den §§ 28 bis 33 der Reichstagsvorlage des Entwurfs eines Luftverkehrsgesetzes von 1914 (Verh. des RT, 13. Leg.-Per., 1. Session 1912/14, Bd. 303, Ds. Nr. 1338).

ber 1919[233] und in Art. 1 und 2 des daraus hervorgegangenen Abkommens von Chicago vom 7. Dezember 1944[234]. Auch heute noch gilt der Grundsatz der Lufthoheit als allgemein anerkannter Grundsatz des Völkerrechts[235].

B. Die privatrechtliche Bedeutung des Luftraums

Die privatrechtliche Beziehung des Luftraums zu dem darunter liegenden Grundstückseigentum war bereits vor Inkrafttreten des § 905 BGB umstritten und wird auch heute noch nicht einheitlich beurteilt. Bei dem Streit geht es um die Frage, ob und inwieweit dem Grundstückseigentümer Eigentum an dem über seinem Grundstück befindlichen Luftraum zusteht oder das Eigentum auf Grund und Boden beschränkt ist und dem Grundstückseigentümer als Ausfluß seines Eigentums Rechte eigentumsähnlicher Art bzw. bestimmte Befugnisse am Luftraum zustehen.

I. Die privatrechtliche Bedeutung des Luftraums vor Inkrafttreten des BGB

Gestützt auf verschiedene Stellen der Digesten[236] und die von den Glossatoren überlieferte Auffassung vom Eigentum am Luftraum usque ad sidera oder usque ad coelum[237] wurde von den Vertretern des gemeinen Rechts ein Eigentum am Luftraum anerkannt[238].

Nach *Thibaut* erstreckte sich das Eigentum nicht nur auf die Substanz der Hauptsache, sondern auch auf seine Accessionen. Zu einem Grundstück gehöre auch die darüber befindliche Luftsäule[239]. *Arndts* vertrat die Auffassung, daß sich das Eigentum auch auf den Raum über dem Grundstück erstreckte, „soweit der Natur der Sache nach [...] die ausschließliche Herrschaft eines Einzelnen sich

---

[233]Convention portant réglementation de la Navigation Aérienne, signée à Paris le 13 Octobre 1919, zit. nach *Société des nations* 1922, S. 173 (174 ff.).

[234]Die Bundesrepublik Deutschland trat dem Abkommen erst später bei: Vertrag vom 7. Dezember 1944; RGBl. 1965 II, S. 411 ff..

[235]Giemulla-*Giemulla*, § 1 Rd. 2; vgl. *Ter-Nedden*, S. 6, m. w. N..

[236]Z. B.: - D 43, 24, 21, 2: „in opere novo tam soli quamcaeli mensura facienda est."
- D 43, 24, 22, 4: „si quis projectum aut stillicidiumin sepulchrum immiserit, etiamsi ipsum monumentum non tangeret, recte cum eo agi, quod in sepulchro vi aut clam factum sit, quiasepulchri sit non solum in locus, qui recipiat humationem, sed omne supra id caelum." (Corpus iuris civilis, zit. nach *Mommsen)*; vgl. auch *Goeke*, S. 62 ff..

[237]*Monich*, Jherings Jahrb. 1898, 38. Bd., S. 155 (161); vgl. auch *Goeke*, S. 75 ff..

[238]*Windscheid-Kipp*, § 139; *Dernburg*, § 198 S. 464.

[239]*Thibaut*, § 559 S. 8.

geltend machen kann und bezüglich der Benutzung des Grundstücks irgendwie von praktischem Interesse [war]"[240].

Der gemeinrechtliche Standpunkt wurde in verschiedene Gesetze übernommen, z. B. in die §§ 26, 65, 123, 132, 141 I 8 ALR, § 297 Östereichisches Allgemeines Bürgerliches Gesetzbuch, Art. 552 Code civil und § 218 Sächsisches Bürgerliches Gesetzbuch. Gegen die Auffassung, daß bereits im römischen Recht ein Eigentum am Luftraum anerkannt wurde, wandte sich *Gesterding* mit der Begründung, es gebe im römischen Recht keinen Anhaltspunkt dafür, daß der Eigentümer eines Grundstücks auch Eigentum an dem darüber befindlichen Luftraum bzw. der „Luftsäule" habe. Nach dem römischen Recht sei die Luft res communis[241]. Außerdem habe die „Schule der Philosophen" den Raum für etwas wesenloses erklärt[242]. *Monich* war der Auffassung das „gemeinrechtliche Dogma vom Recht des Grundeigenthümers am Luftraum" sei auf ein Mißverständis der Quellen zurückzuführen, das außerdem zur Normierung in früheren Kodifikationen geführt habe[243].

II. Die privatrechtliche Bedeutung des Luftraums nach Inkrafttreten des BGB

Für das Deutsche Reich schaffte § 905 BGB[244] die maßgebliche Regelung. Aus dem Wortlaut läßt sich nicht eindeutig entnehmen, ob durch die Vorschrift ein Eigentum des Grundstückseigentümers an dem darüber befindlichen Luftraum anerkannt wird oder ob das Recht am Luftraum nur Ausfluß des Inhalts des Eigentums am Grundstück ist. Auch die Entstehungsgeschichte des § 905 BGB ist nicht eindeutig[245]. Nach der Begründung der Vorlage des Entwurfs eines bürgerlichen Gesetzbuchs von Johow zu § 86 Abs. 1[246] war der Luftraum über einem Grundstück nicht als dessen Bestandteil anzusehen und damit auch nicht Gegenstand des Eigentums. Er müsse aber - so die Begründung - der Herrschaft des Eigentümers unterliegen, da dieser die Oberfläche sonst nicht unbeschränkt nut-

---

[240] *Arndts*, § 130 S. 197/198; vgl. auch *Goeke*, S. 116.
[241] *Gesterding*, S. 448.
[242] *Gesterding*, S. 448/449.
[243] *Monich*, Jherings Jahrb. 1898, 38. Bd., S. 155 (172).
[244] § 905 BGB: „Das Recht des Eigentümers eines Grundstücks erstreckt sich auf den Raum über der Oberfläche und auf den Erdkörper unter der Oberfläche. Der Eigentümer kann jedoch Einwirkungen nicht verbieten, die in solche Höhe oder Tiefe vorgenommen werden, daß er an der Ausschließung kein Interesse hat."
[245] Dagegen stützten *Strecker* (Planck-*Strecker*, § 905 Anm. 1) und *Bielenberg* (*Bielenberg*, S. 11/12) ihrer Ansicht - mit unterschiedlichen Argumenten - auf die Entstehungsgeschichte des § 905 BGB, ohne sich auf eine ausdrückliche Begründung der Gesetzgeber berufen zu können.
[246] § 86: „Bei Grundstücken erstreckt sich das Eigenthum auch auf den Luftraum über der Oberfläche und auf den Erdkörper unter derselben."

zen könne[247]. Dem Eigentümer werde daher ein ausschließendes Recht zur Beherrschung des Luftraums zugeschrieben[248]. Die Fassung des ersten Entwurfs eines bürgerlichen Gesetzbuchs[249], die fast wörtlich in § 905 S. 1 BGB übernommen wurde, entsprach nach den Motiven[250] zwar dem „gemeinen Rechte und den modernen Gesetzgebungen". Nach den Protokollen der Kommission für die zweite Lesung wurde dagegen vorgeschlagen: „Vielleicht werde man besser von der Erstreckung der Befugnisse des Eigentümers sprechen, um dem formellen Einwande zu begegnen, daß durch die Vorschrift ein Eigentum an einem Raume anerkannt werde."[251] Schließlich entschied sich der Gesetzgeber - wie bereits *Niemeyer*[252] und *Hilsmann*[253] feststellten - gegen eine Regelung, die ausdrücklich ein Eigentum am Luftraum anerkannte. Auch unmittelbar nach Inkrafttreten des Bürgerlichen Gesetzbuchs bestand weiterhin Streit über die privatrechtliche Bedeutung des Luftraums. Dazu wurden drei Auffassungen vertreten.

1. Der Luftraum im Eigentum des Grundstückseigentümers

Nach einer Auffassung[254] gehörte die Luftsäule über einem Grundstück bis ins Unendliche dem Eigentümer des Grundstücks. In § 905 S. 1 BGB wurde eine diesbezügliche Klarstellung gesehen. Für § 905 S. 2 BGB bedeutete diese Auslegung, daß sich die Herrschaft des Grundstückseigentümers so weit erstreckte, wie er ein Interesse an der Ausschließung hatte. Die Regelung begründete danach eine Duldungspflicht. *Zitelmann* verglich den Luftraum mit einer dahinströmenden Flußwelle, an der Privateigentum möglich sei[255]. Nach *Strecker* gehörte der Luftraum zum Eigentum des Grundstücks, da die Ausübung einer vollständigen Herrschaft über das Grundstück sonst nicht möglich sei[256].

---

[247] *Schubert*, S. 642.
[248] *Schubert*, S. 643.
[249] § 849: „Das Recht des Eigenthümers eines Grundstückes erstreckt sich auf den Raum über der Oberfläche und auf den Erdkörper unter derselben." (Entwurf von 1888, zit. nach Mugdan, S. XV).
[250] Motive zu dem Entwurfe eines Bürgerlichen Gesetzbuches für das Deutsch Reich, S. 263.
[251] Protokolle der Kommission für die zweite Lesung des Entwurfs des Bürgerlichen Gesetzbuches, S. 122.
[252] *Niemeyer*, S. 29 (39 Fn. 24), weitere Angaben zur Person im Anhang.
[253] *Hilsmann*, S. 41.
[254] Vgl. *Grünwald*, S. 32 ff.; *Kohler*, S. 4; *Crome*, S. 261; *Bodenheim*, S. 8; Planck-*Strecker*, § 905 Anm. 1.
[255] *Zitelmann*, S. 20 ff..
[256] Planck-*Strecker*, § 905 Anm. 1.

2. *Der Luftraum im beschränkten Eigentum des Grundstückseigentümers*

Nach anderer Auffassung[257] erstreckte sich das Eigentum nur bis zu einem bestimmten Interessensbereich in den Luftraum. Nach *von Lyncker* war § 905 BGB so auszulegen, daß sich das Eigentum am Grundstück auf den Raum über der Oberfläche erstreckte und in solchen Höhen erlosch, in denen der Eigentümer an der Ausschließung kein Interesse mehr hatte[258].

3. *Der Luftraum als eigentumsunfähiges Objekt*

Dagegen wurde auch die Ansicht vertreten, daß es kein Eigentum an dem über dem Grundstück befindlichen Luftraum gebe[259]. § 905 S. 1 BGB war danach wörtlich zu verstehen. Nach *Hilsmann* sei dieses Recht am Luftraum nichts weiter als eine Ausstrahlung des Eigentumsrechts am Grundstück, ein Recht eigentumsähnlicher Art[260]. *Bielenberg* bezeichnete die Rechte des Eigentümers am Luftraum als Strahlenrechte, die vom Grundstück als Reflexrechte ausstrahlen würden[261]. Nach *Endemann* legte § 905 S. 1 BGB die „grundsätzlich vor jedem Eingriff [in das Grundstückseigentum] zu sichernde Rechtssphäre"[262] fest.

Nach *Meyer* war sowohl nach gemeinem Recht als auch nach dem Bürgerlichen Gesetzbuch Eigentum nur an körperlichen Sachen, d. h. an Sachen, die sinnlich wahrnehmbar seien, möglich[263]. Der Luftraum sei ein körperlicher Raum an dem kein dingliches Recht und damit auch kein Eigentum begründet werden könne[264]. Aber nicht nur der Luftraum, sondern auch die Luft habe nach *Hilsmann* keine Eigentumsqualität[265]. Argumentiert wurde auch mit dem Wortlaut des § 905 S. 1 BGB. So führte *Meyer* aus, § 905 S. 1 BGB begründe eindeutig kein Eigentum am Luftraum, indem er von der Erstreckung des Rechts des Eigentums spreche und nicht davon, daß sich das Eigentum am Grundstück auf den Raum über der Oberfläche erstrecke[266]. Nach dieser Ansicht begrenzte § 905 S. 2 BGB das sich aus dem Recht „eigentumsähnlicher Art", den „Strahlenrechten" bzw. der Befugnis des Grundstückseigentümers am Luftraum ergebende Verbietungsrecht.

---

257 *Dernburg*, § 198 S. 464 Fn. 4; *Schroeder*, Der Luftflug, S. 42/43.

258 *Von Lyncker*, S. 41/42.

259 *Sturm*, Beiträge zur Erläuterung des Deutschen Rechts 1911, 55. Bd., S. 522 (526); *Gesterding*, S. 448 ff.; *Warschauer*, S. 24, S. 26.

260 *Hilsmann*, S. 39/40, S. 44.

261 *Bielenberg*, S. 19.

262 *Endemann*, S. 455 Fn. 8.

263 *Meyer*, S. 12.

264 *Meyer*, S. 12; vgl. *Monich*, Jherings Jahrb. 1898, 38. Bd., S. 155 (157); vgl. *Werenberg*, Jahrb. für die Dogmatik 1863, 6. Bd., S. 1 (20); vgl. *Endemann*, S. 275 Fn. 7.

265 *Hilsmann*, S. 43; übereinstimmend: *Matthiaß*, DJZ 1905, Nr. 9, Sp. 431 (432, 433).

266 *Meyer*, S. 13.

4. *Zusammenfassung*

Vor Inkrafttreten des Bürgerlichen Gesetzbuchs wurde vereinzelt bestritten, daß sich nach dem römischen Recht das Eigentum am Grundstück auch auf den darüber liegenden Luftraum erstreckte. Diese Auffassung kam jedoch in verschiedenen Regelungen des gemeinen Rechts zum Ausdruck. Nach Inkafttreten des § 905 BGB wurden, da der Wortlaut der Vorschrift und auch seine Entstehungsgeschichte[267] mehrdeutig waren, verschiedene Auffassungen zur Eigentumsqualität des Luftraums vertreten. Unterschiedliche Ansichten bestehen auch heute noch[268]. Die verschiedenen insbesondere zu Beginn des 20. Jahrhunderts vertretenen Auffassungen kommen zu unterschiedlichen rechtsdogmatischen Lösungen. Es muß berücksichtigt werden, daß - wie bereits *Meyer* ausführte - weder die Luft als Gasgemisch noch der Luftraum als körperloser Raum körperliche Gegenstände und damit Sachen i. S. des § 90 BGB sind. An ihnen kann also kein dingliches Recht und damit Eigentum begründet werden. Die Eigentumsqualität des Luftraums aus § 905 BGB abzuleiten, ist ebenfalls abzulehnen. Nach dem Wortlaut des § 905 S. 1 BGB könnte man zwar annehmen, daß er die Erstrekkung des Grundeigentums in den Raum über dem Erdboden klarstellt und damit Eigentum am Luftraum fingiert. Andererseits stellt das Gesetz nicht ausdrücklich klar, daß mit dem „Recht des Eigentümers eines Grundstücks" das Eigentum gemeint ist.

C. Ausschließungsinteresse bezüglich des Luftverkehrs i. S. des § 905 S. 2 BGB

Neben der bereits dargestellten Streitfrage, ob § 905 BGB Eigentum am Luftraum über einem Grundstück begründete, bestand Streit darüber, ob und inwieweit der Grundstückseigentümer ein Ausschließungsinteresse i. S. des § 905 S. 2 BGB bezüglich des Überfliegens seines Grundstücks hatte mit der Folge, daß ihm ein Verbietungsrecht aus § 905 S. 1 BGB zustand und er damit einen Anspruch auf Beseitung der Eigentumsstörung bzw. auf deren künfige Unterlassung gemäß §§ 905 S. 1, 1004 Abs. 1 BGB geltend machen konnte[269].

---

[267]Dagegen Planck-*Strecker*, § 905 Anm. 1, und *Bielenberg*, S. 11/12, ohne ihre Argumentation auf eine ausdrückliche Begründung des Gesetzgebers stützen zu können.

[268]Unter Berufung auf § 905 S. 1 BGB wird ein Eigentum des Grundstückseigentümers am Luftraum anerkannt von: Müko-*Säcker* § 905 Rd. 1; Soergel-*Bauer* § 905 Rd. 1; Staudinger-*Gursky*, § 1004 Rd. 169; dagegen: Staudinger-*Roth* § 905 Rd. 2.

[269]§ 905 BGB: „Das Recht des Eigentümers eines Grundstücks erstreckt sich auf den Raum über der Oberfläche und auf den Erdkörper unter der Oberfläche. Der Eigentümer kann jedoch Einwirkungen nicht verbieten, die in solche Höhe oder Tiefe vorgenommen werden, daß er an der Ausschließung kein Interesse hat."

Nach einer Ansicht lagen die Voraussetzungen für ein Ausschließungsinteresse des Grundstückseigentümers i. S. des § 905 S. 2 BGB im Hinblick auf den Luftverkehr über seinem Grundstück immer vor. Allein die Möglichkeit, daß durch ein überfliegendes Luftfahrzeug ein Schaden angerichtet werden könne, also das Vorliegen einer bloßen Gefährdung, begründete nach *Tauber* ein Ausschließungsinteresse i. S. des § 905 S. 2 BGB[270]. Nach dieser Ansicht hatten die Grundstückseigentümer theoretisch die Möglichkeit, die Luftfahrt gemäß §§ 905 S. 1, 1004 Abs. 1 BGB gänzlich zu untersagen. Im Interesse der Entwicklung der Luftfahrt forderte *Tauber* daher eine Änderung des § 905 BGB mit Inkrafttreten eines Luftverkehrsgesetzes. Ein „Verbotsrecht" der Grundstückseigentümer dürfe nur dann gewährt werden, wenn es durch ein besonderes Interesse gerechtfertigt sei[271]. Nach *Sturm* ergab sich das Ausschließungsinteresse des Grundstückseigentümers daraus, „nicht mit Leib und Gut [...] durch Luftwürfe gefährdet" zu werden[272]. Er forderte daher den Erlaß eines neuen Schutzgesetzes für Grundstückseigentümer[273]. Auch nach *Warschauer* hatte der Grundstückseigentümer immer ein Ausschließungsinteresse hinsichtlich des Luftverkehrs über seinem Grundstück i. S. des § 905 S. 2 BGB. Die Regelung des § 905 S. 1 BGB gebe jedem Grundstückseigentümer ein „Einspruchsrecht" gegenüber der Luftfahrt, das lediglich durch das Schikaneverbot des § 226 BGB begrenzt werde[274]. Zur Vermeidung dieses unbilligen Ergebnisses forderte er den Erlaß einer gesetzlichen Regelung, die dem Eigentümer nur ausnahmsweise bei einer erheblichen Gefährdung seiner Interessen ein Einspruchsrecht gewähren sollte. Das Vorliegen eines Interesses sei - unabhängig von der Höhe eines Fluges - unter Berücksichtigung der Sicherheit des Betriebes, der Verhältnisse des Grundstücks und sonstiger Erwägungen zu prüfen[275]. Damit könne der erforderliche Schutz gegen „leichtsinnige und frevelhafte" Luftfahrt sichergestellt werden[276].

Von den Vertretern dieser Ansicht kam *Kohler* zu einem anderen Ergebnis. Er ging ebenfalls davon aus, daß der Grundstückseigentümer stets ein Ausschließungsinteresse gegenüber dem Luftverkehr i. S. des § 905 S. 2 BGB hatte, befürwortete aber dennoch grundsätzlich einen freien Luftverkehr. Nach *Kohler* war die Anwesenheit von Luftfahrzeugen in großen Höhen nie interessenlos. § 905 BGB sei streng genommen nicht zutreffend. Der Eigentümer müsse sich gewisse Störungen gefallen lassen, wenn ein starkes Kulturbedürfnis die Einwir-

---

[270] *Tauber*, S. 13, vgl. S. 9.
[271] *Tauber*, S. 13/14; *Tauber*, Deutsche Zeitschrift für Luftschiffahrt 1914, XVIII. Jahrg., Nr. 6, S. 128 (128).
[272] *Sturm*, Beiträge zur Erläuterung des Deutschen Rechts 1911, 55. Bd., S. 522 (526).
[273] *Sturm*, Beiträge zur Erläuterung des Deutschen Rechts 1911, 55. Bd., S. 522 (526).
[274] *Warschauer*, S. 31.
[275] *Warschauer*, S. 31/32.
[276] *Warschauer*, S. 32.

kungen erforderlich mache. Damit würden Individualeigentum und Gesamtkultur versöhnt[277].

Nach anderer Ansicht[278] begründete die Gefährlichkeit des Luftverkehrs noch kein Ausschließungsinteresse i. S. des § 905 S. 2 BGB und damit auch keinen Anspruch auf Beseitung der Eigentumsstörung bzw. auf deren künfige Unterlassung gemäß §§ 905 S. 1, 1004 Abs. 1 BGB. Danach war der Luftverkehr über fremden Grundstücken in ausreichender Höhe zunächst frei. Nach *Hilsmann* sei es erforderlich, daß das Luftfahrzeug durch Geruch, Geräusch oder direkte Gefährdung eine Belästigung für das Grundstück darstelle[279]. *Erythropel* vertrat die Auffassung, die Vorschrift des § 905 BGB sei vorläufig nicht änderungsbedürftig. Der Grundstückseigentümer könne das Überfliegen in solchen Höhen nicht untersagen, wo er an einem „Verbotsrecht“[280] kein wirtschaftliches Interesse mehr habe. Soweit ein derartiges Interesse fehle und das Überfliegen für den Grundstückseigentümer eine Beeinträchtigung darstelle, könne durch gesetzgeberische Maßnahmen, z. B. durch Überflugverbote, ausreichend Schutz gewährt werden[281]. *Zitelmann* war der Meinung, § 905 BGB berücksichtige sowohl die Interessen der Luftfahrt als auch die der Grundstückseigentümer in ausreichender Weise[282]. Das Interesse des Eigentümers an der Unterlassung einer Handlung gemäß § 905 S. 2 BGB sei nicht schon dadurch gegeben, daß die Handlung ihn bloß gefährde, sondern dadurch, daß sie ihn durch ihre eigenen unmittelbaren Folgen wirklich schädige[283].

Die Rechtsprechung des Reichsgerichts vertrat in ihrem Urteil vom 1. Juli 1920[284] den Standpunkt, daß das Grundstück, das in höheren Luftschichten, in die die „schutzwürdige und schutzbedürftige Interessensphäre des Eigentümers nicht hineinreich[e]“, überflogen werde, keine Beeinträchtigung und keine unzulässige Einwirkung i. S. der §§ 1004, 905 S. 2 BGB erleide[285]. Es bestehe bei Höhenflügen theoretische jederzeit die Gefahr eines Absturzes, die überflogenen Grundstücke seinen daher gefährdet. Der Grundstückseigentümer könne das Eindringen in den von „den berechtigten Eigentumsinteressen begrenzten Tiefenraum“ nach § 905 S. 1 BGB verbieten. In diesen Fällen wurde also von der Rechtsprechung ein Ausschließungsinteresse des Grundstückseigentümers i. S.

---

[277] *Kohler*, S. 10.
[278] *Meurer*, S. 14/15.
[279] *Hilsmann*, S. 45.
[280] *Erythropel*, Jahrbuch der Wisschenschaftlichen Gesellschaft für Flugtechnik 1914, 11. Bd., S. 81 (84)
[281] *Erythropel*, Jahrbuch der Wisschenschaftlichen Gesellschaft für Flugtechnik 1914, 11. Bd., S. 81 (84/85).
[282] *Zitelmann*, S. 32.
[283] *Zitelmann*, S. 35.
[284] RGZ 100, 69 (69 ff.).
[285] RGZ 100, S. 69 (73).

des § 905 S. 2 BGB anerkannt. Das Verbietungsrecht trat nach ihrer Ansicht hinter den Interessen der Luftfahrt zurück[286].

Zusammenfassend ist festzuhalten, daß in Literatur und Rechtsprechung verschiedene Anforderungen an das Vorliegen eines Ausschließungsinteresses i. S. des § 905 S. 2 BGB gestellt wurden. Nach der ersten Ansicht hatten die Grundstückseigentümer theoretisch die Möglichkeit, den Luftverkehr generell zu untersagen. Dennoch forderten die Vertreter dieser Ansicht ebenso wie die meisten Vertreter der übrigen Positionen eine neue Regelung bzw. Änderung des § 905 BGB, die sowohl die Interessen des Grundstückseigentümer als auch die der Luftfahrer berücksichtigte. Grundsätzlich wurde von allen ein freier Luftverkehr befürwortet. Eine Lösung brachte schließlich das Luftverkehrsgesetz von 1922.

---

[286] RGZ 100, S. 69 (74).

3. Teil: Die Entwicklung luftrechtlicher Regelungen bis zum ersten Weltkrieg

Die ersten spezialgesetzlichen Regelungen für die Luftfahrt ergingen bereits im 18. und 19. Jahrhundert. Es handelte sich dabei vielfach um Polizeiverordnungen. Sie betrafen zunächst nur die Ballonfahrt[287]. Erst zu Beginn des 20. Jahrhunderts, nach dem Bau der ersten Luftschiffe und Flugzeuge, wurden auch für diese Vorschriften erlassen.

In Deutschland lag die Kompetenz für den Abschluß internationaler Luftverkehrsabkommen nach der Verfassung von 1871[288] beim Reich (vgl. Art. 11). Für den nationalen Zivilluftverkehr war in der Verfassung keine ausdrückliche Zuständigkeit des Reichs vorgesehen (vgl. Art. 2 S. 1 1. Hs. i. V. mit Art. 4). Der Aufsicht und Gesetzgebung des Deutschen Reichs unterlagen grundsätzlich die gewerbepolizeilichen Bestimmungen (Art. 4 Ziff. 1). Bei der Durchführung gewerbsmäßiger Schaustellungen durch Luftfahrzeuge waren z. B. die §§ 33 b und 55 Nr. 4 GewO einschlägig. Die gewerbsmäßige Beförderung von Luftfahrzeugen innerhalb von Ortschaften unterlag gemäß § 37 GewO der Regelung durch die Ortspolizeibehörden[289]. Soweit es sich bei dem Erlaß von Regelungen für den Luftverkehr um Haftpflicht- oder Strafvorschriften handelte, hätte sich eine Zuständigkeit des Reichs nach Art. 4 Ziff. 13[290] begründen lassen können[291]. Der Gesetzgebung der Bundesstaaten unterlag in erster Linie die Regelung allgemeiner polizeirechtlicher Angelegenheiten. Von den bestehenden reichsrechtlichen Regelungen des Bürgerlichen Rechts kam neben den deliktsrechtlichen Bestimmungen der §§ 823 ff. BGB den eigentumsrechtlichen Bestimmunungen der §§ 903 bis 905 BGB besondere Bedeutung zu. Von den Bestimmungen des Strafgesetzbuchs waren insbesondere die Vorschriften gegen Abwurf, Sachbeschädigung, fahrlässige Körperverletzung und fahrlässige Tötung zu beachten[292].

Der wichtigste Bundesstaat war Preußen. Er war der erste, der - im Oktober 1910 - eine einheitliche Regelung für Flugzeuge, Luftschiffe und Ballons erließ.

---

[287]Vgl. *Achtnich*, ZLW 1965, S. 97 (100); MBliV 1892, S. 211 ff.; vgl. *Troitzsch*, ALR 1940, S. 113 (115 Fn. 4).

[288]RGBl. 1871, S. 63 ff..

[289]Vgl. Begründung der Reichstagsvorlage-LuftVG 1914 (Verh. des RT, 13. Leg.-Per., 1. Session 1912/14, Bd. 303, Ds. Nr. 1338).

[290]Art. 4 Ziff. 13: „Der Beaufsichtigung des Reichs und der Gesetzgebung desselben unterliegen die nachstehenden Angelegenheiten: 13) die gemeinsame Gesetzgebung über das gesamte bürgerliche Recht, das Strafrecht und das gerichtliche Verfahren."

[291]Zu der Zulässigkeit landesgesetzlicher Haftpflichtregelungen, vgl. Art. 105 EGBGB (Begründung der Reichstagsvorlage-LuftVG 1914, Verh. des RT, 13. Leg.-Per., 1. Session 1912/14, Bd. 303, Ds. Nr. 1338).

[292]Vgl. Begründung der Reichstagsvorlage-LuftVG 1914 (Verh. des RT, 13. Leg.-Per., 1. Session 1912/14, Bd. 303, Ds. Nr. 1338).

In der Provinz Brandenburg befand sich mit dem Flugplatz Johannisthal bei Berlin das bedeutendste deutsche Zentrum des Flugsports der Vorkriegszeit[293]. Dies dürfte der entscheidende Grund dafür gewesen sein, daß auf regionaler Ebene die erste Polizeiverordnung für die Provinz Brandenburg und den Landespolizeibezirk Berlin erlassen wurde. Sie trat am 29. Juli 1910 in Kraft und enthielt ausschließlich Regelungen für Flugzeuge.

A. Die Entwicklung in Preußen

I. Die Polizeiverordnung, betreffend den Aufstieg mit Flugmaschinen zu Schauflügen auf Flugplätzen und zu Ueberlandflügen, für die Provinz Brandenburg und den Landespolizeibezirk Berlin vom 29. Juli 1910

1. Die Ausarbeitung und Erlaß der Verordnung

Die Polizeiverordnung für die Provinz Brandenburg und den Landespolizeibezirk Berlin vom 29. Juli 1910[294] enthielt für diese Region die ersten Regelungen, die „den Aufstieg mit Flugmaschinen zu Schauflügen auf Flugplätzen und zu Ueberlandflügen" betrafen. Sie bezog sich ausschließlich auf Flugzeuge und richtete sich sowohl an die Veranstalter als auch an die Teilnehmer derartiger Flüge und enthielt insgesamt fünf Bestimmungen.

Die Ausarbeitung der Polizeiverordnung war nicht durch staatliche Stellen, sondern durch eine private Initiative der *Flug- und Sportplatzgesellschaft Berlin-Johannisthal* veranlaßt worden. Die Gesellschaft wandte sich, vertreten durch *von Tschudi*[295] und *Arco*, am 7. Juli 1910 an den Polizeipräsidenten von Berlin und forderte diesen auf, Fliegern, die kein nach den Bestimmungen der *Fédération Aéronautique Internationale* erteiltes Zeugnis besaßen, Überlandflüge und insbesonders auch die Beteiligung an Schauflügen zu verbieten[296]. Zur Begründung des Erfordernisses einer Erlaubnispflicht führte die *Flug- und Sportplatzgesellschaft Berlin-Johannisthal* an, daß diejenigen, die ihr Können noch nicht unter Beweis gestellt hätten, Leben, Gesundheit und Eigentum unbeteiligter Dritter in besonderer Weise gefährden würden. Außerdem machte sie geltend, daß die

[293]Vgl. *Supf*, S. 325; *Supf* Bd. II, S. 18; weitere Angaben zum Flugplatz Johannisthal sind dem Anhang zu entnehmen.
[294]Sonderausgabe des Amtsblatts der Königlichen Regierung zu Potsdam und der Stadt Berlin 1910, S. 365; die Verordnung ist im Anhang abgedruckt.
[295]Weitere Angaben zur Person sind dem Anhang zu entnehmen.
[296]GStA PK, I. HA Rep. 120 Tn, Nr. 1 Bd. 1, Bl. 160; weitere Angaben zur Organisation im Anhang wiedergegeben.

ungeübten Flieger kein Bewußtsein für die möglichen Gefahren des Flugsports hätten[297]. Diese entstünden dadurch, daß Schauflüge auch auf Plätzen durchgeführt werden könnten, die zum einen durch ihre Größe und Beschaffenheit des Bodens dafür nicht geeignet seien und zum anderen keine ausreichende Absperrung des Publikums zuließen[298]. Im übrigen verwies die Gesellschaft auf die Gefahren durch Brände und Explosionen des Motors, durch Benzinzündungen und auf die Gefahr von Unfällen durch abstürzende Propeller, durch Flügelbrüche und reißende Drahtseile[299].

Ein nach den *Bestimmungen der Fédération Aéronautique Internationale erteiltes* Zeugnis hielt die *Flug- und Sportplatzgesellschaft Berlin-Johannisthal* deshalb für erforderlich, weil es eine gewisse Gewähr für die Leistungen des Fliegers und seines Flugzeugs bieten würde[300]. Sie räumte ein, daß in Deutschland zur Zeit nur wenige Luftfahrer ein derartiges Zeugnis vorweisen könnten[301], wies aber darauf hin, daß sich viele in der Ausbildung befänden und noch im Sommer ein Anstieg der Zahl der geprüften Flieger zu erwarten sei[302].

Zwar bestand nach den Bestimmungen des *Deutschen Luftschiffer-Verbandes*[303] bereits seit dem 1. Januar 1910 eine verbandsinterne Erlaubnispflicht für Luftfahrer[304], für die die Regelungen der Fédération Aéronautique Internationale maßgeblich waren[305]. Diese galt jedoch nur gegenüber Mitgliedern.

Die *Flug- und Sportplatzgesellschaft Berlin-Johannisthal* hielt es für notwendig, von staatlicher Seite eine allgemeine Führerscheinpflicht festzusetzen. Zur Begründung hieß es, daß gegen die Bestimmungen der Fédération Aéronautique Internationale in letzter Zeit mehrfach verstoßen worden sei, wodurch Unbeteiligte im Ausland bereits erheblich geschädigt worden seien[306].

Aufgrund der Bitte der *Flug- und Sportplatzgesellschaft Berlin-Johannisthal* erarbeitete der Polizeipräsident von Berlin den Entwurf einer Polizeiverordnung[307]. Er entschloß sich dazu, obwohl er sich noch kurz vorher, am 30. Juni 1910, öffentlich gegen den Erlaß gesetzlicher Regelungen ausgesprochen hatte. Seine ablehnende Haltung hatte er damit begründet, daß er die Entwicklung des Flugsports, die er auch im Interesse der Landesverteidigung für bedeutsam halte,

---

[297] GStA PK, I. HA Rep. 120 Tn, Nr. 1 Bd. 1, Bl. 159.
[298] GStA PK, I. HA Rep. 120 Tn, Nr. 1 Bd. 1, Bl. 159/160.
[299] GStA PK, I. HA Rep. 120 Tn, Nr. 1 Bd. 1, Bl. 160.
[300] GStA PK, I. HA Rep. 120 Tn, Nr. 1 Bd. 1, Bl. 159.
[301] GStA PK, I. HA Rep. 120 Tn, Nr. 1 Bd. 1, Bl. 159; vgl. GStA PK, I. HA Rep. 120 Tn, Nr. 1 Bd. 1, Bl. 163: bis zum 7. Juli 1910 erwarben 14 Personen dieses Zeugnis.
[302] GStA PK, I. HA Rep. 120 Tn, Nr. 1 Bd. 1, Bl. 159.
[303] Weitere Angaben zur Organisation sind dem Anhang zu entnehmen.
[304] Die seit dem 1. Januar 1910 geltenden Bestimmungen sind dem Anhang zu entnehmen.
[305] Vgl. GStA PK, I. HA Rep. 120 Tn, Nr. 1 Bd. 1, Bl. 159, Bl. 162 a.
[306] GStA PK, I. HA Rep. 120 Tn, Nr. 1 Bd. 1, Bl. 159.
[307] Vgl. BLHA, Rep. 3B I Pol Nr. 1937.

nicht hemmen wolle[308]. Mit seiner Bitte an die Organisatoren von Flugveranstaltungen dafür Sorge zu tragen, daß Flüge über der Stadt Berlin unterbleiben sollten, hatte er gehofft, auf den Erlaß polizeilicher Vorschriften verzichten zu können[309].

Durch das Schreiben der *Flug- und Sportplatzgesellschaft Berlin-Johannisthal* ließ sich der Polizeipräsident dennoch dazu bewegen, den Entwurf einer gesetzlichen Regelung auszuarbeiten. Nachdem er dies getan hatte, übersandte er ihn an den Oberpräsidenten der Provinz Brandenburg. Er wies darauf hin, daß in der Zeit vom 7. bis zum 14. August in Johannisthal eine bedeutende Flugveranstaltung stattfinden werde, und bat darum, die Verordnung noch vorher zu erlassen[310].

Der *Oberpräsident der Provinz Brandenburg* reagierte in einer ersten Stellungnahme ablehnend auf den Entwurf. Er begründete dies damit, daß eine gesetzliche Regelung für die weitere Entwicklung der Flugkunst wenig förderlich sei. Außerdem wies er auf eine Ungleichbehandlung der Flugzeuge gegenüber den Luftschiffen hin[311].

Dem wurde entgegengehalten, daß die Luftschiffe im Unterschied zu den Flugzeugen bisher nur selten abgestürzt seien. Im übrigen bedürfe es keiner sofortigen Regelung der Luftschiffahrt, da für diese bereits Verhandlungen auf internationaler Ebene im Gange seien[312]. Die Bedenken des Oberpräsidenten waren aber letztlich nicht ausschlaggebend. So erließ er selbst wenig später die Polizeiverordnung[313].

Im Zusammenhang mit dem Erlaß der Verordnung ist folgendes erwähnenswert: Im Preußischen Ministerium der öffentlichen Arbeiten war man zeitgleich damit befaßt, die erste landeseinheitliche Regelung für das Luftfahrtwesen auszuarbeiten.

Daher hatte das Preußische Ministerium versucht, das Inkrafttreten der Polizeiverordnung nur wenige Stunden vor ihrer Veröffentlichung noch zu verhindern[314]. Dies scheiterte jedoch daran, daß das Gesuch des Ministeriums zu spät im Oberpräsidium eintraf[315].

---

308 Motorluftschiff-Korrespondenz 30.06.1910, zit. nach BLHA, Rep. 30 Berlin C, Nr. 20710 Bl. 40.

309 Motorluftschiff-Korrespondenz 30.06.1910, zit. nach BLHA, Rep. 30 Berlin C, Nr. 20710 Bl. 40.

310 BLHA, Rep. 3B I Pol Nr. 1937.

311 BLHA, Rep. 30 Berlin C, Nr. 20710 Bl. 63.

312 BLHA, Rep. 30 Berlin C, Nr. 20710 Bl. 64.

313 Es kann nur noch vermutet werden, daß die in Kraft getretene Verordnung lediglich in zwei inhaltlich unbedeutenden Punkten vom Entwurf des Polizeipräsidenten abwich; vgl. BLHA, Rep. 3B I Pol Nr. 1937; vgl. BLHA, Rep. 30 Berlin C, Nr. 20710 Bl. 64 v; vgl. Bl. 63.

314 GStA PK, I. HA Rep. 120 Tn, Nr. 1 Bd. 1, Bl. 88.

315 GStA PK, I. HA Rep. 120 Tn, Nr. 1 Bd. 1, Bl. 151/151 v.

Mit der Regelung einer *Erlaubnispflicht für Luftfahrer* (§ 1) wurde der Forderung der Flug- und Sportplatzgesellschaft Berlin-Johannisthal entsprochen. Auch das *Verbot des Überfliegens der Schranken von Flugplätzen* (§ 3 S. 2) ist auf die Flug- und Sportplatzgesellschaft Berlin-Johannisthal zurückzuführen. Sie hatte in ihrem Schreiben an den Polizeipräsidenten zusätzlich auf die Gefahren für Unbeteiligte durch das Überschreiten der Grenzen abgesperrter Flugplätze hingewiesen. Aufgrund der geringen Betriebssicherheit der Flugzeuge könne davon ausgegangen werden, daß die Hälfte aller Flüge unfreiwillig beendet werde. In dem Moment, in dem die Grenzen der Flugbahn überschritten würden, entstünden für die Unbeteiligten bedeutende Gefahren[316]. Diese Umstände machten also auch aus Sicht der Behörden den Erlaß eines Flugverbots notwendig.

Die Polizeiverordnung hatte folgenden Inhalt: Der Aufstieg mit Flugzeugen zu Schauflügen auf Flugplätzen und zu Überlandflügen war danach nur denjenigen gestattet, die sich im Besitz eines Führerzeugnisses nach den Bestimmungen der Fédération Aéronautique Internationale befanden (§ 1). Die Veranstalter von Schau- oder Überlandflügen hatten die beabsichtigten Flüge mindestens drei Tage vorher bei der zuständigen Ortspolizeibehörde anzumelden (§ 2 Abs. 1). Außerdem mußten die Flieger spätestens 24 Stunden vor Beginn des Fluges ihr Führerzeugnis persönlich bei der zuständigen Ortspolizeibehörde vorlegen (§ 2 Abs. 2). Schließlich wurde es verboten, auf Überlandflügen geschlossene Ortschaften zu überfliegen (§ 3 S. 1). Bei Schauflügen durften die Schranken des Flugplatzes nicht überflogen werden (§ 3 S. 2). Verstöße gegen die Verordnung wurden mit einer Strafe von 60 Mark geahndet, soweit nicht nach sonstigen gesetzlichen Vorschriften eine höhere Strafe vorgesehen war (§ 4). Die Verordnung war mit dem Hinweis versehen, daß die Polizeibehörden befugt und angewiesen waren, Zwangsmaßnahmen anzuwenden, um weiteren Gefährdungen des Publikums durch Flüge vorzubeugen[317].

Über die weiteren Gründe, die zur Ausarbeitung der Verordnung führten, enthalten die Aufzeichnungen der Behörden keine Angaben. Diese können noch der zeitgenössischen Presse entnommen werden. Aus Äußerungen der Behörden gegenüber den Deutschen Nachrichten nach Inkrafttreten der Verordnung geht hervor, daß die gesetzgeberische Tätigkeit vermutlich durch zwei weitere Gründe veranlaßt wurden.

Es sollte eine offene zivilrechtliche Frage vorläufig entschärft werden. Sie betraf die Haftung des Fliegers für die von ihm verursachten Schäden. Ausgelöst wurde die Diskussion im wesentlichen durch einen Unfall in Frankreich[318]. Auf einem französischen Flugplatz war eine Frau durch ein über die Zuschauertribüne fliegendes Flugzeug verletzt worden. Sowohl der Luftfahrer als auch der Ver-

---

[316]GStA PK, I. HA Rep. 120 Tn, Nr. 1 Bd. 1, Bl. 158.
[317]Zusatz unter der Verordnung.
[318]Vgl. Deutsche Nachrichten 05.08.1910, zit. nach BLHA, Rep. 30 Berlin C, Nr. 20713.

anstalter wurden im zivilrechtlichen Prozeß nicht zum Schadensersatz verurteilt. Zur Begründung des Urteils wurde angeführt, daß dem Flieger „kein Fehler“ nachzuweisen sei. Schließlich sei er durch die atmosphärischen Einflüsse bei seinem Flug über die Tribünen so tief herabgedrückt worden, daß es zu dem Unfall kommen konnte[319].

Einer Stellungnahme der Behörden gegenüber den Deutschen Nachrichten ist zu entnehmen, daß es mit dem Erlaß der Verordnung denjenigen erleichtert werden sollte, die durch einen Flugunfall eine Rechtsgutsverletzung erlitten hatten, Schadensersatz auf dem Zivilrechtswege zu erhalten. So wiesen die Behörden darauf hin, daß nach dem deutschen Recht die Schuld- und Veranlassungsfrage bei Verletzungen durch Flugapparate problematisch sei. Der Luftfahrer könne unter anderem geltend machen, nicht rechtswidrig, d. h. nicht auf „verbotenen Wegen", geflogen zu sein[320]. Durch die Androhung einer Geldstrafe von 60 Mark sei es den Behörden nach den Angaben der *Deutschen Nachrichten* darum gegangen, zu warnen und eine rechtliche Schwierigkeit vorläufig zu überwinden[321]. Die Absicht der Behörden wird deutlicher, wenn man sich die rechtliche Situation des unbeteiligten Dritten näher vergegenwärtigt.

Für den Geschädigten konnte es aus zwei Gründen äußerst schwierig werden, Ersatz für erlittene Körper- bzw. Eigentumsverletzungen zu erhalten. Hatte der Luftfahrer unverschuldet eine Rechtsgutsverletzung herbeigeführt, bestand für ihn - abgesehen von § 904 S. 2 BGB - keine Ersatzmöglichkeit. Dafür fehlte eine rechtliche Grundlage. Eine besondere Haftung für Luftfahrer sah das geltende Recht nicht vor. Soweit der Luftfahrer schuldhaft gehandelt hatte, mußte der Geschädigte im Rahmen des § 823 Abs. 1 BGB den Nachweis des Verschuldens erbringen, was in der Praxis kaum möglich gewesen sein dürfte. Durch die Regelung rechtswidriger Handlungen in der Polizeiverordnung stellte das Fliegen als solches unter bestimmten Bedingungen eine unerlaubte Handlung dar. In Fällen einer Rechtsgutsverletzung konnte ein fahrlässiges Verhalten des Luftfahrers leicht begründet werden. Über § 823 Abs. 1 BGB konnte der Geschädigte damit grundsätzlich Schadensersatz erhalten. Weitere Möglichkeiten konnten sich aus § 823 Abs. 2 BGB ergeben. Das Verbot des Überfliegens geschlossener Ortschaften (vgl. § 3 S. 1 der Verordnung) war nicht nur zum Schutze der Allgemeinheit, sondern auch des Einzelnen erlassen worden und damit ein Schutzgesetz i. S. des § 823 Abs. 2 BGB[322]. Die Polizeiverordnung stärkte also die zivilrechtliche Posi-

---

[319]*Hildebrandt*, in: Berliner Lokal Anzeiger 05.08.1910, zit. nach BLHA, Rep. 30 Berlin C, Nr. 20713.

[320]Deutsche Nachrichten 05.08.1910, zit. nach BLHA, Rep. 30 Berlin C, Nr. 20713.

[321]Deutsche Nachrichten 05.08.1910, zit. nach BLHA, Rep. 30 Berlin C, Nr. 20713.

[322]Zu den Voraussetzungen von Schutzgesetzen i. S. des § 823 Abs. 2 BGB: RGZ 73, S. 30 (32); zur Anerkennung polizeilicher Verbote als Schutzgesetz i.S. des § 823 Abs. 2 BGB: RGZ 55, S. 316 (317 ff.).

tion des unbeteiligten Dritten. Die Behörden entschärften mit der neuen Regelung eine zivilrechtliche Problematik vorläufig.

Nach dem Bericht der Deutschen Nachrichten wurde der Erlaß der Polizeiverordnung noch aus einem weiteren Grund veranlaßt. Danach befürchteten die Behörden, daß bei der demnächst in Johannisthal beginnenden Flugwoche Flieger die Flugbahn verlassen und - wie es bereits schon vorgekommen war[323] - Flüge über die Stadt Berlin durchführen könnten. Je zahlreicher und häufiger solche Flüge bei dem noch nicht hinreichenden Stand der Flugtechnik unternommen würden, desto größer sei die Gefahr für das Publikum. Daher hielten es die Behörden für notwendig, Überstadtflüge zu verbieten[324]. So erklärt sich, warum es dem Polizeipräsidenten darauf ankam, die Polizeiverordnung noch vor dem Beginn der Flugwoche in Johannisthal zu erlassen.

2. *Die Reaktionen in der Presse und der Internationalen Vereinigung selbständiger Aviatiker auf die Verordnung*

Die Reaktionen in der Presse und der Internationalen Vereinigung selbständiger Aviatiker zeigen, wie die ersten gesetzlichen Bestimmungen für Flugzeuge in der Öffentlichkeit aufgenommen wurden und welche praktischen Schwierigkeiten mit der Anwendung einzelner Vorschriften verbunden waren. Die Verordnung wurde entweder insgesamt befürwortet[325], abgelehnt[326] oder nur in einzelnen Punkten[327] angegriffen. Als Befürworter der Verordnung hob *Hildebrandt* im *Berliner Tageblatt* hervor, daß sie gerade für diejenigen, die bei einem Absturz verletzt würden, hilfreich sei[328]. In einem redaktionellen Artikel derselben Zeitung hatte die Verordnung dagegen „wegen der Rigorosität der an die Flieger gestellten Anforderungen Kopfschütteln erregt"[329]. Die *Deutsche Zeitschrift für Luftschiffahrt* hielt die Verordnung für zu weitreichend. Sie sah darin ein Hindernis für die fliegerische Betätigung der Luftfahrer[330]. *Von Tschudi* bemängelte,

---

[323]Berliner Abendpost 04.08.1910, zit. nach BLHA, Rep. 30 Berlin C, Nr. 20713.

[324]Deutsche Nachrichten 05.08.1910, zit. nach BLHA, Rep. 30 Berlin C, Nr. 20713.

[325]*Hildebrandt*, in: Berliner Lokal Anzeiger 05.08.1910, zit. nach BLHA, Rep. 30 Berlin C, Nr. 20713; Vossische Zeitung 04.08.1910, zit. nach BLHA, Rep. 30 Berlin C, Nr. 20713.

[326]Berliner Neueste Nachrichten 03.08.1910, zit. nach BLHA, Rep. 30 Berlin C, Nr. 20713; *Harms*, in: Berliner Tageblatt 06.08.1910, zit. nach BLHA, Rep. 30 Berlin C, Nr. 20713.

[327]Berliner Abendpost 04.08.1910, zit. nach BLHA, Rep. 30 Berlin C, Nr. 20713; *von Pustau*, in: Tägliche Rundschau 05.08.1910, zit. nach BLHA, Rep. 30 Berlin C, Nr. 20713; Vorwärts 04.08.1910, zit. nach BLHA, Rep. 30 Berlin C, Nr. 20713.

[328]*Hildebrandt*, in: Berliner Lokal Anzeiger 05.08.1910, zit. nach BLHA, Rep. 30 Berlin C, Nr. 20713.

[329]Berliner Tageblatt 03.08.1910, zit. nach BLHA, Rep. 30 Berlin C, Nr. 20713.

[330]Vgl. „Verbot der Ueberstadtflüge", in: Deutsche Zeitschrift für Luftschiffahrt 1910, XIV. Jahrg., Nr. 16, S. 10 (10).

daß die Verordnung vor dem Hintergrund der Arbeiten der preußischen Ministerialbehörden zu früh ergangen sei[331].

Das *Erfordernis eines Führerzeugnisses* für Schauflüge auf Flugplätzen und zu Überlandflügen[332] wurde in der Öffentlichkeit zum einen zustimmend aufgenommen[333], zum anderen aber auch für überflüssig gehalten. So war *Harms*, der Redakteur des Berliner Tageblattes, der Meinung, daß die bereits nach den Bestimmungen des Deutschen Luftschifferverbandes bestehende Erlaubnispflicht ausreiche, da die meisten deutschen Luftschiffervereine den Verbandsvorschriften unterlägen und die Privatgesellschaften diese bei der Veranstaltung von Schauflügen als verbindlich anerkennen würden[334].

Ablehnung[335] rief die *dreitägige Anmeldefrist für Veranstalter von Schau- und Überlandflügen*[336] und die Meldepflicht der Flieger 24 Stunden vor Beginn des Fluges[337] hervor. Diese Regelungen wurden als Hindernis für die weitere Entwicklung der Luftfahrt angesehen[338]. Die Überlandflüge würden sich nach dem Bericht des *Vorwärts* nicht für vorherige Anmeldungen eignen, weil sie von Wind, Wetter, Motor und vielen anderen Zufälligkeiten abhängig seien[339]. Die Vorlagepflicht der Piloten wurde von *Harms* als „Zwang"[340] bezeichnet. Er wies darauf hin, daß der Fall eintreten könne, daß ein Flieger gehindert werde, 24 Stunden vor Veranstaltungsbeginn am Flugort einzutreffen und dann zum eigenen, aber auch zum Schaden des Ausrichters an den Flügen nicht mehr teilnehmen könne[341].

Die *Internationale Vereinigung selbständiger Aviatiker* hielt die Vorlagepflicht für eine „beträchtliche Belastung"[342] des Flugzeugführers. Im Hinblick auf eine größere Praktikabilität schlug sie in einem Schreiben vom 4. August 1910 vor, daß bei der für einen häufig benutzten Aufstiegsort zuständigen Ortspolizeibehörde ein Register der auf dem Flugplatz ansässigen Luftfahrer zu

---

[331] *Von Tschudi*, in: Berliner Tageblatt 03.08.1910, zit. nach BLHA, Rep. 30 Berlin C, Nr. 20713.

[332] § 1 der Verordnung.

[333] Vorwärts 04.08.1910, zit. nach BLHA, Rep. 30 Berlin C, Nr. 20713.

[334] *Harms*, in: Berliner Tageblatt 06.08.1910, zit. nach BLHA, Rep. 30 Berlin C, Nr. 20713.

[335] *Von Pustau*, in: Tägliche Rundschau 05.08.1910, zit nach BLHA, Rep. 30 Berlin C, Nr. 20713.

[336] § 2 Abs. 1 der Verordnung.

[337] § 2 Abs. 2 der Verordnung.

[338] Vgl. Berliner Neueste Nachrichten 03.08.1910, zit. nach BLHA, Rep. 30 Berlin C, Nr. 20713; vgl. Vorwärts 04.08.1910, zit. nach BLHA, Rep. 30 Berlin C, Nr. 20713.

[339] Vorwärts 04.08.1910, zit. nach BLHA, Rep. 30 Berlin C, Nr. 20713.

[340] *Harms*, in: Berliner Tageblatt 06.08.1910, zit. nach BLHA, Rep. 30 Berlin C, Nr. 20713.

[341] *Harms*, in: Berliner Tageblatt 06.08.1910, zit. nach BLHA, Rep. 30 Berlin C, Nr. 20713.

[342] BLHA, Rep. 30 Berlin C, Nr. 20710 Bl. 91; GStA PK, I. HA Rep. 120 Tn, Nr. 1 Bd. 1, Bl. 155 v.

führen sei. Um der Vorlagepflicht des § 2 Abs. 2 der Verordnung zu genügen, sollten die Flieger ihr Führerzeugnis einmal persönlich vorlegen und sich dabei registrieren lassen. Gleichzeitig sollten sie die beabsichtigten Überlandflüge anmelden. Kurz vor der tatsächlichen Ausführung des Fluges sei dann die Polizeibehörde unter Namensnennung des Piloten telefonisch zu benachrichtigen[343]. Die *Internationale Vereinigung selbständiger Aviatiker* wollte auf diese Weise zugleich den Interessen der Behörden und denen der Luftfahrer gerecht werden[344]. Auf Veranlassung des Oberpräsidenten der Provinz Brandenburg sollte die Vorschrift von den Behörden entsprechend dem Vorschlag der privaten Vereinigung angewendet werden[345].

Das *Verbot des Überfliegens geschlossener Ortschaften*[346] wurde im Interesse der Sicherheit der Allgemeinheit überwiegend für erforderlich gehalten[347].

Von der *Berliner Abendpost* wurde das Verbot befürwortet. Es sei aufgrund der technischen Entwicklung gut möglich, daß ein Flugzeug während eines Fluges über Berlin abstürze[348]. *Hildebrandt* argumentierte im Berliner Lokalanzeiger, daß das Verbot zwar aus der Sicht der Piloten eine Einschränkung bedeute. Schließlich werde, so führte er aus, durch die Überstadtflüge das größte Interesse des Publikums geweckt, wodurch die beste Werbung für die Luftfahrer und die Firmen ihrer Flugzeuge entstünde. Dennoch biete die Möglichkeit, Überlandflüge über der Provinz Brandenburg durchzuführen, hinreichend Ersatz[349].

Hildebrandt verwies auch auf die Argumentation der Franzosen. Er führte aus, daß der Aéro Club de France eine Luftverkehrsordnung[350] ausgearbeitet habe, die

---

343 BLHA, Rep. 30 Berlin C, Nr. 20710 Bl. 91; GStA PK, I. HA Rep. 120 Tn, Nr. 1 Bd. 1, Bl. 155/155 v.

344 BLHA, Rep. 30 Berlin C, Nr. 20710 Bl. 91; GStA PK, I. HA Rep. 120 Tn, Nr. 1 Bd. 1, Bl. 156.

345 BLHA, Rep. 30 Berlin C, Nr. 20710 Bl. 99.

346 § 3 S. 1 der Verordnung.

347 *Von Pustau*, in: Tägliche Rundschau 05.08.1910, zit. nach BLHA, Rep. 30 Berlin C, Nr. 20713; Vorwärts 04.08.1910, zit. nach BLHA, Rep. 30 Berlin C, Nr. 20713; vgl. Vossische Zeitung 04.08.1910, zit. nach BLHA, Rep. 30 Berlin C, Nr. 20713; anders: vgl. Berliner Neueste Nachrichten 03.08.1910, zit. nach BLHA, Rep. 30 Berlin C, Nr. 20713.

348 Berliner Abendpost, zit nach BLHA, Rep. 30 Berlin C, Nr. 20713.

349 *Hildebrandt*, in: Berliner Lokal Anzeiger 05.08.1910, zit. nach BLHA, Rep. 30 Berlin C, Nr. 20713.

350 Die Vereinsregelung enthielt folgende Hauptpunkte: „Jeder Führer muß sich im Besitze eines amtlichen Ausweisattestes befinden, das nur nach einer abgelegten Prüfung erteilt wird. Über das Ausweichen werden besondere Vorschriften erlassen. Eine Stadt darf von einem Aeroplane nicht ohne Erlaubnis einer Behörde überflogen werden. Jeder Aeroplan muß in sichtbarer Schrift, bei Nacht in leuchtenden Buchstaben seine Nummer tragen. Bauwerke über 50 m Höhe müssen beleuchtet werden und zwar müssen fortlaufend in Abständen von 50 zu 50 Metern Lichtquellen angebracht sein. Der Eiffelturm müßte also sechsfach beleuchtet werden. Dächer auf Bahnhöfen müssen in weißen, nachts beleuchteten Schildern den Namen

ein ähnliches Verbot enthalte. Es sei deshalb von den Franzosen befürwortet worden, weil sie meinten, daß ein schwerer Unglücksfall mehr schade als jede Reklame der wohlgelungensten Flüge über Ortschaften nütze. Außerdem hätten sie die Befürchtung gehabt, daß nach einigen Unfällen ein strenges Haftpflichtgesetz, wie beispielsweise für das Auto, in Kraft gesetzt werden könne[351].

Ablehnend äußerte sich dagegen die *Deutsche Zeitschrift für Luftschiffahrt*. Nach ihrer Auffassung würden die Piloten durch das Verbot des Überfliegens geschlossener Ortschaften dazu gezwungen werden, sich auf Flugplätzen niederzulassen, wo sie teure Schuppenmieten bezahlen müßten. Es sei zu erwarten, daß die Flieger dann vorrangig auf Flugplätzen fliegen würden, wo sie immer wieder die gleichen Bahnen unter den gleichen Witterungsverhältnissen fliegen würden mit der Folge, daß ihre Leistungen sinken würden[352].

Die Einführung einer *Geldstrafe von 60 Mark*[353] wurde unterschiedlich bewertet. Nach der *Berliner Abendpost* wurde sie für zu niedrig erachtet, um die Flieger von einer Zuwiderhandlung gegen die Verordnung abzuhalten[354]. Von der *Vossischen Zeitung* wurde hervorgehoben, daß die Strafe in keinem angemessenen Verhältnis zu dem Vorteil stünde, der dem Flieger aus der Durchführung eines Überstadtfluges erwachse. Etwas anderes sei es, wenn eine Gefängnisstrafe verhängt werde oder das Führerzeugnis entzogen werde[355].

Gegen diese Argumentation wandte sich *Hildebrandt*. Er wies darauf hin, daß es durch die Regelung strafbarer Verbote möglich sei, erfolgreich auf dem Zivilrechtswege gegen den Flieger vorzugehen. Es sei gleichgültig, ob der Pilot eine Strafe von lediglich 60 Mark zahlen müßte, entscheidend sei vielmehr, daß er zivilrechtlich belangt werden könne[356].

In der *Berliner Abendpost* wurde die Praktikabilität von *Zwangsmaßnahmen* zur Vorbeugung weiterer Gefahren des Publikums[357] deshalb in Frage gestellt, weil es noch kein fliegendes Schutzmannskorps gebe, um unbeobachtet aufgestiegene Piloten zu stellen[358].

---

des Ortes zeigen. Im übrigen wird der Grundsatz der Freiheit des Luftverkehres aufgestellt." (*Warschauer*, S. 44).

[351] *Hildebrandt*, in: Berliner Lokal Anzeiger 05.08.1910, zit. nach BLHA, Rep. 30 Berlin C, Nr. 20713.

[352] Vgl. „Verbot der Ueberstadtflüge", in: Deutsche Zeitschrift für Luftschiffahrt 1910, XIV. Jahrg., Nr. 16, S. 10 (10).

[353] § 4 der Verordnung.

[354] Berliner Abendpost 04.08.1910, zit. nach BLHA, Rep. 30 Berlin C, Nr. 20713.

[355] Vossische Zeitung 04.08.1910, zit. nach BLHA, Rep. 30 Berlin C, Nr. 20713.

[356] *Hildebrandt*, in: Berliner Lokal Anzeiger 05.08.1910, zit. nach BLHA, Rep. 30 Berlin C, Nr. 20713.

[357] Zusatz unter der Verordnung.

[358] Berliner Abendpost 04.08.1910, zit. nach BLHA, Rep. 30 Berlin C, Nr. 20713.

3. *Zusammenfassung*

Die Polizeiverordnung stellte für die Provinz Brandenburg und den Landespolizeibezirk Berlin die erste spezialgesetzliche Regelung für den Verkehr mit Flugzeugen dar.

Für Luftfahrer wurde erstmals auf Drängen der *Flug- und Sportplatzgesellschaft Berlin-Johannisthal* das Erfordernis eines Führerzeugnisses gesetzlich festgelegt. Die internen Bestimmungen des *Deutschen Luftschifferverbandes* sahen bereits eine Erlaubnispflicht vor. In der Praxis wurde aber gegen diese Regelungen häufig verstoßen, wodurch erhebliche Gefahren für die Allgemeinheit und die Luftfahrer entstanden waren. Daraus ergab sich die Notwendigkeit einer gesetzlichen Regelung.

Die Behörden erarbeiteten noch keine eigenen Bestimmungen für den Erwerb von Führerzeugnissen. Sie legten aber fest, daß die Regelungen einer internationalen Privatorganisation, der *Fédèration Aéronautique Internationale*, allgemein verbindlich sein sollten.

Das Flugzeug mußte noch keinen besonderen technischen Anforderungen genügen. Aufgrund der unvollkommenen technischen Entwicklung war es 1910 ohnehin nur in den wenigsten Fällen möglich, ein Urteil über die Verkehrstauglichkeit der Flugapparate abzugeben.

Im Interesse der öffentlichen Sicherheit schränkte die Verordnung die grundsätzlich bestehende Möglichkeit ein, an jedem beliebigen Ort aufzusteigen und zu landen.

Als unangemessene Beeinträchtigung für eine flexible fliegerische Betätigung wurde die Melde- und Vorlagepflicht (§ 2 der Verordnung) angesehen. Diesem Einwand entsprach der *Oberpräsident der Provinz Brandenburg* dadurch, daß die Bestimmung entsprechend dem Vorschlag der *Internationalen Vereinigung selbständiger Aviatiker* - Einführung einer allgemeinen Registriermöglichkeit mit telefonischer Anmeldung - gehandhabt werden sollte.

Die Reaktionen der Öffentlichkeit deuten an, welche Schwierigkeiten für die Polizei bestanden haben dürften, Zwangsmaßnahmen zum vorbeugenden Schutz des Publikums anzuwenden.

Die Initiative zur Ausarbeitung der Polizeiverordnung war nicht von staatlicher, sondern von privater Seite ausgegangen. Der Polizeipräsident von Berlin hatte sogar noch kurz vorher eine gesetzliche Regelung öffentlich abgelehnt. Das zeigt, daß die Behörden die Entwicklung der Luftfahrt durch gesetzliche Maßnahmen nicht behindern wollten.

Abgesehen von dem aktuellen Anlaß der im August 1910 beginnenden Flugwoche in Johannisthal und der Forderung des Deutschen Luftschifferverbandes nach einer gesetzlichen Führererlaubnispflicht ergab sich aus anderen wichtigen Gründen die Notwendigkeit, die Verordnung zu erlassen. Durch die unzureichende Betriebssicherheit der Flugzeuge und die zunehmende fliegerische Betätigung wurde für die Allgemeinheit die zunächst äußerst geringe Gefahr, durch herabstürzende Flugzeuge erhebliche Personen- und Sachschäden zu erleiden, zunehmend größer. Mit dem Erlaß von Flugverboten und der Regelung einer Führererlaubnis sollte diesen Gefahren begegnet werden. Dabei kam es den Behörden nicht nur darauf an, präventiv tätig zu werden, sondern man wollte zugleich auch die zivilrechtliche Position des unbeteiligten Dritten im Schadensfall, insbesondere bei unverschuldeten Flugunfällen, stärken. Bei der späteren Ausarbeitung eines reichseinheitlichen Luftverkehrsgesetzes sollte die Frage nach der Einführung einer besonderen Haftpflicht für Luftfahrtschäden zu den zentralen Themen der Beratungen gehören.

II. Die preußische „Verfügung" vom 22. Oktober 1910, betreffend die staatlichen Maßnahmen gegenüber der Luftschiffahrt und dem Flugwesen

1. Die Entstehung der „Verfügung"

Mit der „Verfügung" vom 22. Oktober 1910[359] wurden zum ersten Mal für ganz Preußen Bestimmungen für den Luftverkehr erlassen.

Über die inhaltliche Ausgestaltung der „Verfügung" wurde in zwei Beratungen am 26. Juli und am 11. August 1910 verhandelt. Vorausgegangen waren ein Schriftwechsel zwischen dem Reichsamt des Innern mit drei verschiedenen preußischen Ministerien und eine Beratung am 18. Juli 1910.

Im April 1910 verständigte sich das *Reichsamt des Innern* mit dem *Preußischen Ministerien der öffentlichen Arbeiten*, dem *Preußischen Ministerium für Handel und Gewerbe* und dem des *Innern* darauf, daß künftige Regelungen für den Verkehr mit Luftfahrzeugen reichseinheitlich ergehen müßten[360]. Den Erlaß solcher Bestimmungen hielt das *Reichsamt des Innern* aber noch für verfrüht. Zum einen wollte man die Ergebnisse bereits laufender internationaler Verhandlungen auf der Pariser Luftschiffahrts-Konferenz abwarten, zum anderen war man der Meinung, daß die Entwicklung der Luftfahrt noch nicht weit genug fortgeschritten sei, um einheitliche Regelungen festlegen zu können[361]. Ein Abwarten wurde im Reichsamt des Innern solange für vertretbar gehalten, wie die Befugnisse der Polizeibehörden der einzelnen Bundesstaaten zur Abwehr der mit der Luftschiffahrt verbundenen Gefahren ausreichten[362]. Man ging allerdings davon aus, daß es im Bereich der gewerbsmäßigen Luftschiffahrt in absehbarer Zeit

[359]MBliV 1910, S. 317 ff., die „Verfügung" ist im Anhang abgedruckt.
[360]Vgl. GStA PK, I. HA Rep. 120 Tn, Nr. 1 Bd. 1, Bl. 22 ff.; GStA PK, I. HA Rep. 120 Tn, Nr. 1 Bd. 1, Bl. 26.
[361]GStA PK, I. HA Rep. 120 Tn, Nr. 1 Bd. 1, Bl. 22 v.
[362]GStA PK, I. HA Rep. 120 Tn, Nr. 1 Bd. 1, Bl. 22 v.

notwendig werden könnte, einheitliche Bestimmungen zu erlassen[363]. Aus diesem Grund wurden die drei preußischen Minister gebeten, bei dem Erlaß künftiger Maßnahmen auf diesem Gebiet darauf zu achten, daß diese einer späteren reichsgesetzlichen Regelung nicht entgegen stehen sollten[364].

Wenig später ereigneten sich in Preußen zwei Luftschiffunfälle. Auf der Eröffnungsfahrt des ersten Luftschiffs der Delag, am 28. Juni 1910, wurde LZ 7 „Deutschland" durch eine Windböe in die Bäume des Teutoburger Waldes gedrückt, so daß seine Außenhaut zerriß. Von den Passagieren und Besatzungsmitgliedern wurde niemand verletzt[365]. Zu einem weiteren Unglück kam es am 13. Juli 1910[366]. Das Luftschiff „Erbslöh" platzte kurz nach seinem Aufstieg in Leichlingen[367] bei Solingen. Fünf Menschen kamen dabei ums Leben[368].

Diese beiden Unglücksfälle veranlaßten den Preußischen Minister der öffentlichen Arbeiten, *von Breitenbach*, am 14. Juli 1910 eine Beratung für den 18. Juli 1910 über den Erlaß luftrechtlicher Bestimmungen für Preußen einzuberufen[369].

Einen Tag später, am 15. Juli 1910, wandte sich der *Deutsche Luftschifferverband* an das *Preußische Staatsministerium* mit der Bitte, Schauflüge nur dann polizeilich genehmigen zu lassen, wenn die teilnehmenden Luftfahrer ein Zeugnis des Deutschen Luftschifferverbandes besäßen[370]. Dies sei notwendig, weil die Zahl der Schauflüge in letzter Zeit erheblich angestiegen sei und sich zu diesen immer mehr Luftfahrer ohne die erforderlichen Kenntnisse engagieren ließen, wodurch erhebliche Gefahren für die Allgemeinheit entstünden[371]. Der Zeitpunkt des Schreibens deutet darauf hin, daß der Deutsche Luftschifferverband von den Bestrebungen, den Luftverkehr in Preußen einheitlich zu regeln, Kenntnis erlangt hatte und sich mit seiner Forderung als geeignete Organisation für die Erteilung von Führerzeugnissen empfehlen wollte.

Eine erste Beratung wurde am 18. Juli 1910 im Ministerium der öffentlichen Arbeiten abgehalten[372]. Gegenstand der kommissarischen Beratung war die Fra-

---

[363]GStA PK, I. HA Rep. 120 Tn, Nr. 1 Bd. 1, Bl. 22 v.
[364]GStA PK, I. HA Rep. 120 Tn, Nr. 1 Bd. 1, Bl. 22 v/23.
[365]Münsterischer Anzeiger, zit. nach *Heimann*, S. 24.
[366]Rheinisch-Westfälische Zeitung 15.07.1910, zit. nach GStA PK, I. HA Rep. 120 Tn, Nr. 1 Bd. 1, Bl. 48 v.
[367]Rheinisch-Westfälische Zeitung 15.07.1910, zit. nach GStA PK, I. HA Rep. 120 Tn, Nr. 1 Bd. 1, Bl. 48.
[368]GStA PK, I. HA Rep. 120 Tn, Nr. 1 Bd. 1, Bl. 55.
[369]GStA PK, I. HA Rep. 120 Tn, Nr. 1 Bd. 1, Bl. 55 ff..
[370]GStA PK, I. HA Rep. 120 Tn, Nr. 1 Bd. 1, Bl. 87 v.
[371]GStA PK, I. HA Rep. 120 Tn, Nr. 1 Bd. 1, Bl. 87.
[372]Vertreten waren: das Ministerium der öffentlichen Arbeiten durch *von Coels* (Unterstaatssekretär), *Zimmermann* (Wirklicher Geheimer Oberbaurat) und *Kirschstein* (Geheimer Regierungsrat), das Handelsministerium durch *Jaeger* (Geheimer Oberregierungsrat) und *Huber* (Geheimer Regierungsrat), das Ministerium des Innern durch *Kothe* (Regierungsassessor), das Kriegsministerium durch *Sachs* (Oberleutnant) und das Reichsamt des Innern durch *Lewald* (Geheimer Oberregierungsrat, nähere Angaben zur Person im Anhang).

ge, ob und welche Maßnahmen ergriffen werden sollten, um die mit der Luftschiffahrt verbundenen Gefahren für die Beteiligten selbst und für die Allgemeinheit zu verringern[373].

Zu der Frage, ob überhaupt Maßnahmen auf Landesebene ergriffen werden sollten, wies *Lewald*, der Vertreter des Reichsamts des Innern, darauf hin, daß die Reichsregierung erst nach Abschluß der voraussichtlich bis November 1910 andauernden internationalen Verhandlungen auf der Pariser Luftschiffahrts-Konferenz gesetzgeberisch tätig werden würde[374]. Aufgrund der Zunahme von Unfällen hielt dagegen *von Coels* eine Regelung für Preußen schon vorher für erforderlich[375].

In einer späteren Beratung sollte erörtert werden, ob und inwieweit die von den Vereinen an die Flugapparate und die Führer zu stellenden Anforderungen zu ergänzen seien, ob deren für die Abnahme und Prüfung bestehenden Sportkommissionen behördliche Vertreter beigeordnet werden sollten und inwieweit das Überfliegen bewohnter Ortschaften zukünftig erlaubt sein sollte[376].

Bei der Entscheidung über die zu treffenden Maßnahmen wollte man die Erfahrungen bedeutender Vereine und Gesellschaften der Luftfahrt nutzen und deshalb ihre Vertreter zu der Beratung einladen.

a) Die Beratung vom 26. Juli 1910

Noch vor der ersten inhaltlichen Beratung über die „Verfügung“ am 26. Juli 1910 war das *Ministerium der öffentlichen Arbeiten* vom *Reichsamt des Innern* über die auf der internationalen Luftschiffahrts-Konferenz in Paris bei einem ersten Zusammentreffen beschlossenen Bestimmungen informiert worden. Sie betrafen die „Inbetriebnahme von Flugfahrzeugen und die Patente ihrer Führer“[377]. Nach diesen Bestimmungen mußten alle, die einen Flugapparat führen wollten, zwei Berechtigungen erwerben. Mit dem einen Zeugnis hatten sie ihre persönliche Eignung zum Führen eines Flugapparates nachzuweisen und mit dem anderen die Flugtauglichkeit ihres Luftfahrzeugs.

In der Beratung vom 26. Juli 1910[378] wurde über künftige Maßnahmen zur Regelung des Luftverkehrs verhandelt. Bezüglich der *Flugzeuge* standen drei

[373]GStA PK, I. HA Rep. 120 Tn, Nr. 1 Bd. 1, Bl. 58.
[374]GStA PK, I. HA Rep. 120 Tn, Nr. 1 Bd. 1, Bl. 58.
[375]GStA PK, I. HA Rep. 120 Tn, Nr. 1 Bd. 1, Bl. 58.
[376]GStA PK, I. HA Rep. 120 Tn, Nr. 1 Bd. 1, Bl. 58.
[377]GStA PK, I. HA Rep. 120 Tn, Nr. 1 Bd. 1, Bl. 77/78, Wiedergabe der Bestimmungen im Anhang.
[378]An ihr nahmen teil: für das Ministerium der öffentlichen Arbeiten *von Coels* (Unterstaatssekretär), *Kirschstein* (Geheimer Regierungsrat) und *Homann* (Eisenbahn-, Bau- und Betriebsinspektor), für das Handelsministerium *Jaeger* (Geheimer Oberregierungsrat) und *Huber* (Geheimer Regierungsrat), für das Ministerium des Innern *Kothe* (Regierungsassessor), für das Kriegsministerium *Sachs* (Oberleutnant) und für das Reichsamt des Innern *Lewald*

Themen im Mittelpunkt der Beratung, nämlich über welchen Gebieten der Luftverkehr zulässig sein sollte, ob eine Führererlaubnis anzuordnen war und ob eine Betriebserlaubnis eingeführt werden sollte.

Zunächst diskutierten die Teilnehmer der Beratung darüber, über *welchen Gebieten* der Luftverkehr erlaubt sein sollte. *Von Tschudi* sprach sich im Interesse der Entwicklung der Luftfahrt dagegen aus, das Fliegen generell nur auf bestimmten Plätzen zuzulassen[379]. Zur Begründung wies er darauf hin, daß es in Deutschland mit den Flugplätzen in München und in Johannisthal nur zwei vollkommen abgesperrte Flugplätze gebe[380]. Auch im Interesse der öffentlichen Sicherheit hielt er eine solche Beschränkung nicht für erforderlich. Es gebe eine große Zahl abgelegener Plätze, auf denen jederzeit oder nur zu bestimmten Stunden Flugversuche durchgeführt werden könnten, ohne dadurch die öffentliche Sicherheit zu gefährden[381].

Im weiteren Verlauf der Beratung wurde darüber verhandelt, inwieweit den Luftfahrern dennoch bestimmte Beschränkungen auferlegt werden sollten. Unterschieden wurde zwischen denjenigen, die noch kein Führerzeugnis erworben hatten, und den Inhabern solcher Zeugnisse. *Von Tschudi* machte den Vorschlag, denjenigen, die noch kein Führerzeugnis besaßen, Flugversuche nur auf den von den örtlichen Polizeibehörden freigegebenen Plätzen zu gestatten[382]. *Von Kehler* und *Eschenbach* stimmten diesem Vorschlag zu[383]. Man hielt es für notwendig, den Polizeibehörden entsprechende Anweisungen zu erteilen[384]. Für die Luftfahrer, die bereits ein Führerzeugnis besaßen, einigte man sich auf zwei unterschiedliche Verbote:

Für das Aufsteigen und Überfliegen von bewohnten Gebieten sollte ein präventives Verbot mit Erlaubnisvorbehalt gelten. *Von Tschudi* sprach sich dafür aus, das Aufsteigen und Überfliegen von bewohnten Ortschaften und den dazugehörigen Bezirken allgemein zu verbieten. Soweit einzelne Luftfahrer dennoch

---

(Geheimer Oberregierungsrat) teil. Außerdem waren der Deutsche Luftschifferverband, vertreten durch *Eschenbach* (Justizrat), der Kaiserliche Aero-Club und die Motorluftschiff-Studiengesellschaft, vertreten durch *von Kehler* (Hauptmann d. R.), die Flug- und Sportplatzgesellschaft Berlin-Johannisthal, vertreten durch *von Tschudi* (Major a. D.) und die Luftschiffbau-Zeppelin GmbH, vertreten durch *Colsmann* (Direktor), anwesend.

379 GStA PK, I. HA Rep. 120 Tn, Nr. 1 Bd. 1, Bl. 103; GStA PK, I. HA Rep. 77, Tit. 863 Nr. 1 Bd. 2.

380 GStA PK, I. HA Rep. 120 Tn, Nr. 1 Bd. 1, Bl. 103; GStA PK, I. HA Rep. 77, Tit. 863 Nr. 1 Bd. 2.

381 GStA PK, I. HA Rep. 120 Tn, Nr. 1 Bd. 1, Bl. 103 v; GStA PK, I. HA Rep. 77, Tit. 863 Nr. 1 Bd. 2.

382 GStA PK, I. HA Rep. 120 Tn, Nr. 1 Bd. 1, Bl. 103 v; GStA PK, I. HA Rep. 77, Tit. 863 Nr. 1 Bd. 2.

383 GStA PK, I. HA Rep. 120 Tn, Nr. 1 Bd. 1, Bl. 103 v; GStA PK, I. HA Rep. 77, Tit. 863 Nr. 1 Bd. 2.

384 GStA PK, I. HA Rep. 120 Tn, Nr. 1 Bd. 1, Bl. 103 v; GStA PK, I. HA Rep. 77, Tit. 863 Nr. 1 Bd. 2.

in diesen Gebieten Flüge durchführen wollten, sollten sie eine besondere polizeiliche Genehmigung einholen müssen[385]. Einer solchen Regelung stimmten alle Teilnehmer zu. Man war der Ansicht, daß ein absolutes Verbot schwer zu kontrollieren und auch nicht erforderlich sei. Außerdem könne es die Entwicklung der Luftfahrt behindern[386].

Im übrigen wurde es für notwendig gehalten, die Luftfahrer vor dem Überflug größerer Ortschaften auf mögliche Gefahren hinzuweisen[387].

Ein absolutes Verbot sollte für das Überfliegen von gefährlichen Anlagen gelten. Flüge über Sprengstoffabriken, Petroleumlager, Gasanstalten, ähnliche feuergefährliche Anlagen und Grundstücke, die mit elektrischen Hochspannungsleitungen überzogen waren, sollten untersagt werden[388].

Anschließend wurde über die *Führererlaubnis* für Luftfahrer beraten. Für den Erwerb eines Führerzeugnisses sollten die Bestimmungen des Deutschen Luftschifferverbandes[389] maßgeblich sein, die *Eschenbach* erläuterte. In zwei Punkten wurden die Bestimmungen jedoch für ergänzungsbedürftig gehalten: Die Luftfahrer sollten auf den vorgeschriebenen Rundflügen zeigen, daß sie in der Lage waren, sowohl Links- als auch Rechtskurven zu fliegen[390]. Außerdem sollte das Führerzeugnis neben der Fähigkeit zu fliegen auch die charakterliche Eignung des Luftfahrers dokumentieren[391]. Dabei handelte es sich um eine Anforderung, die bereits auf dem ersten Treffen der Pariser Luftschiffahrts-Konferenz beschlossen worden war[392].

Bei der Frage, wer die Befugnis zur Vergabe der Führerzeugnisse erhalten sollte, hielt man es für notwendig, daß die Zeugnisse im ganzen Deutschen Reich nur von einer einzigen Stelle, und zwar vom Vorstand des Deutschen Luftschifferverbandes, ausgestellt werden sollten[393]. Um eine staatliche Kontrolle bei der Vergabe der Führerzeugnisse zu gewährleisten, einigte man sich auf zwei Maßnahmen. Die Zeugnisse sollten von staatlicher Seite mit einem Vermerk versehen

---

[385]GStA PK, I. HA Rep. 120 Tn, Nr. 1 Bd. 1, Bl. 104; GStA PK, I. HA Rep. 77, Tit. 863 Nr. 1 Bd. 2.
[386]GStA PK, I. HA Rep. 120 Tn, Nr. 1 Bd. 1, Bl. 104; GStA PK, I. HA Rep. 77, Tit. 863 Nr. 1 Bd. 2.
[387]GStA PK, I. HA Rep. 120 Tn, Nr. 1 Bd. 1, Bl. 104/104 v; GStA PK, I. HA Rep. 77, Tit. 863 Nr. 1 Bd. 2.
[388]GStA PK, I. HA Rep. 120 Tn, Nr. 1 Bd. 1, Bl. 104 v; GStA PK, I. HA Rep. 77, Tit. 863 Nr. 1 Bd. 2.
[389]Im Anhang sind die Verbandsbestimmungen des Deutschen Luftschifferverbandes über „Führerzeugnisse für Luftfahrer" (Juli 1910) wiedergegeben.
[390]GStA PK, I. HA Rep. 120 Tn, Nr. 1 Bd. 1, Bl. 105 v; GStA PK, I. HA Rep. 77, Tit. 863 Nr. 1 Bd. 2.
[391]GStA PK, I. HA Rep. 120 Tn, Nr. 1 Bd. 1, Bl. 106; GStA PK, I. HA Rep. 77, Tit. 863 Nr. 1 Bd. 2.
[392]Vgl. GStA PK, I. HA Rep. 120 Tn, Nr. 1 Bd. 1, Bl. 78.
[393]GStA PK, I. HA Rep. 120 Tn, Nr. 1 Bd. 1, Bl. 105; GStA PK, I. HA Rep. 77, Tit. 863 Nr. 1 Bd. 2.

werden. In Preußen sollte hierfür der Polizeipräsident in Berlin zuständig sein. Es wurde klargestellt, daß der Staat mit der Eintragung eines Vermerks keine Gewähr für den Inhalt der Zeugnisse übernehme[394]. Außerdem sollten die Behörden ein Verzeichnis über die erteilten Zeugnisse anlegen. Jeder Führerscheinentzug durch den Deutschen Luftschifferverband sollte den staatlichen Stellen mitgeteilt werden[395].

Man einigte sich darauf, daß das Führerzeugnis nur dazu legitimieren sollte, mit dem Flugzeugtyp zu fliegen, mit dem die Prüfung abgelegt worden war[396]. Mit einem anderen sollte das Fliegen erst zulässig sein, nachdem das Führerzeugnis auch auf diesen erweitert worden war[397].

Es bestand Einigkeit darüber, die Durchführung bestimmter Flüge nicht allen Luftfahrern zu gestatten. Schau- und Passagierflüge sollten nur von denjenigen durchgeführt werden dürfen, die ein Führerzeugnis besaßen[398]. Mit dieser Forderung wurde zugleich der Bitte des Deutschen Luftschifferverbandes vom 15. Juli 1910 entsprochen.

Als nächstes wurde über die *Anordnung einer Betriebserlaubnis* für Flugzeuge beraten. Anders als nach den Beschlüssen der Pariser Luftschiffahrts-Konferenz einigte man sich nach längerer Diskussion darauf, von einer Prüfung und Abnahme der Flugzeuge abzusehen. Man befinde sich noch in einer Versuchsphase. Die Erfahrungen hätten gezeigt, daß Flugzeuge, die allen Anforderungen der Technik zu entsprechen schienen, versagten, während sich andere, die Anlaß zu Bedenken gegeben hätten, als flugtauglich erweisen würden[399].

Auch eine *Kennzeichenpflicht* für Flugzeuge wurde nicht für erforderlich gehalten. Aufgrund der verhältnismäßig geringen Zahl ließe sich ihre Identität zur Zeit noch ohne Probleme feststellen[400].

Im Anschluß daran wurde über die *Luftschiffe* beraten. Man war der Meinung, daß besondere Maßnahmen nur für Passagierfahrten angeordnet werden sollten[401]. Als Passagier sollte vorläufig jeder unbeteiligte Dritte angesehen wer-

---

[394] GStA PK, I. HA Rep. 120 Tn, Nr. 1 Bd. 1, Bl. 105 v; GStA PK, I. HA Rep. 77, Tit. 863 Nr. 1 Bd. 2.

[395] GStA PK, I. HA Rep. 120 Tn, Nr. 1 Bd. 1, Bl. 105 v; GStA PK, I. HA Rep. 77, Tit. 863 Nr. 1 Bd. 2.

[396] GStA PK, I. HA Rep. 120 Tn, Nr. 1 Bd. 1, Bl. 104 v/105; GStA PK, I. HA Rep. 77, Tit. 863 Nr. 1 Bd. 2.

[397] GStA PK, I. HA Rep. 120 Tn, Nr. 1 Bd. 1, Bl. 105; GStA PK, I. HA Rep. 77, Tit. 863 Nr. 1 Bd. 2.

[398] GStA PK, I. HA Rep. 120 Tn, Nr. 1 Bd. 1, Bl. 106; GStA PK, I. HA Rep. 77, Tit. 863 Nr. 1 Bd. 2.

[399] GStA PK, I. HA Rep. 120 Tn, Nr. 1 Bd. 1, Bl. 106; GStA PK, I. HA Rep. 77, Tit. 863 Nr. 1 Bd. 2.

[400] GStA PK, I. HA Rep. 120 Tn, Nr. 1 Bd. 1, Bl. 104 v; GStA PK, I. HA Rep. 77, Tit. 863 Nr. 1 Bd. 2.

[401] GStA PK, I. HA Rep. 120 Tn, Nr. 1 Bd. 1, Bl. 106/106 v; GStA PK, I. HA Rep. 77, Tit. 863 Nr. 1 Bd. 2.

den[402]. Als nächstes standen zwei Themen im Mittelpunkt der Beratung: die Führerzeugnisse für Luftschiffführer und die Anordnung einer Betriebserlaubnis.

Zunächst ging es um die *Führerzeugnisse*. Nach den Beschlüssen der Pariser Luftschiffahrts-Konferenz sollte die Führerscheinpflicht uneingeschränkt gelten[403]. Im *Ministerium der öffentlichen Arbeiten* war man entsprechend einem Vorschlag der Vertreter der privaten Organisationen einstimmig dafür, eine solche Pflicht nur für Passagierfahrten einzuführen[404]. Außerdem sollte darauf hingewirkt werden, daß alle an der Führung des Luftschiffs beteiligten Personen, wie der Höhen- und der Seitensteuermann, ein Führerzeugnis besäßen[405]. Im übrigen sollte die Bedienungsmannschaft der Motoren ihre Sachkenntnis durch ein besonderes, von den Polizeibehörden auszustellendes Zeugnis nachweisen[406].

Die *Befugnis zur Erteilung der Führerzeugnisse* sollte - wie bei den Flugzeugen - der Vorstand des Deutschen Luftschifferverbandes erhalten[407]. Seine Bestimmungen sollten für die Ausstellung der Führerzeugnisse maßgeblich sein. Damit blieben die von der Luftschiffbau-Zeppelin GmbH noch vor der Verhandlung geäußerte Bedenken unberücksichtigt. Die Gesellschaft hatte sich vorab dagegen ausgesprochen, Vereinen die Befugnis zur Erteilung der Führerzeugnisse zu übertragen, weil sie dies zum damaligen Zeitpunkt noch für verfrüht hielt[408]. Außerdem hatte sie die Regelung des Deutschen Luftschifferverbandes abgelehnt, nach der der Erwerb eines Führerzeugnisses für Ballonfahrer Voraussetzung für die Erteilung des Luftschiffführerzeugnisses war. Die *Luftschiffbau-Zeppelin GmbH* hatte ihre Haltung damit begründet, daß sowohl die Bestimmungen für die Freiballonfahrt als auch die von den Freiballonfahrern gesammelten Erfahrungen auf die Luftschiffahrt nicht übertragbar seien. Im übrigen hatte sie darauf hingewiesen, daß Graf Zeppelin eine Ausbildung der Luftschiffführer seines Systems im Freiballonfahren nicht für notwendig halte[409].

Hinsichtlich des Geltungsbereichs einigte man sich in der Beratung entsprechend einem Vorschlag der Vertreter der privaten Organisationen darauf, daß das

---

[402]GStA PK, I. HA Rep. 120 Tn, Nr. 1 Bd. 1, Bl. 106 v; GStA PK, I. HA Rep. 77, Tit. 863 Nr. 1 Bd. 2.

[403]GStA PK, I. HA Rep. 120 Tn, Nr. 1 Bd. 1, Bl. 78.

[404]GStA PK, I. HA Rep. 120 Tn, Nr. 1 Bd. 1, Bl. 106 v; GStA PK, I. HA Rep. 77, Tit. 863 Nr. 1 Bd. 2.

[405]GStA PK, I. HA Rep. 120 Tn, Nr. 1 Bd. 1, Bl. 106 v/107; GStA PK, I. HA Rep. 77, Tit. 863 Nr. 1 Bd. 2.

[406]GStA PK, I. HA Rep. 120 Tn, Nr. 1 Bd. 1, Bl. 107; GStA PK, I. HA Rep. 77, Tit. 863 Nr. 1 Bd. 2.

[407]Vgl. GStA PK, I. HA Rep. 120 Tn, Nr. 1 Bd. 1, Bl. 106 v; GStA PK, I. HA Rep. 77, Tit. 863 Nr. 1 Bd. 2.

[408]GStA PK, I. HA Rep. 120 Tn, Nr. 1 Bd. 1, Bl. 72.

[409]GStA PK, I. HA Rep. 120 Tn, Nr. 1 Bd. 1, Bl. 72.

Führerzeugnis jeweils nur für ein bestimmtes Konstruktionssystem der Luftschiffe ausgestellt werden sollte[410].

Nach der Beratung über die Führerzeugnisse wurde über die *Anordnung einer Betriebserlaubnis* verhandelt. Anders als die Vertreter der Pariser Luftschiffahrts-Konferenz[411] konnten sich die Teilnehmer der Beratung nicht auf die Einführung einer Betriebserlaubnis einigen.

Aus einem späteren Schreiben von *von Coels* geht hervor, welche Gründe im einzelnen dafür ausschlaggebend gewesen sein dürften, daß in der Beratung am 26. Juli 1910 die Einführung einer Konstruktions- und Materialprüfung für Luftschiffe abgelehnt wurde. Die Luftschiffe der verschiedenen Hersteller seien so unterschiedlich, daß für eine Prüfung nicht genügend Beamte mit entsprechender Sachkenntnis zur „Verfügung" stünden. Vielmehr verfügten nur die firmeneigenen Mitarbeiter über ausreichende Kenntnisse, um deren Betriebssicherheit verläßlich beurteilen zu können[412]. Da die Mitarbeiter bereits vor jeder Fahrt eine Prüfung vornähmen, würde eine Kontrolle durch staatliche Behörden keine größere Sicherheit schaffen, sondern lediglich eine Verantwortlichkeit der Behörden begründen[413].

Der in der Beratung zusätzlich erörterte Vorschlag, die Luftschiffe nicht durch eine staatliche Prüfungskommission, sondern von Vertretern privater Gesellschaften überprüfen zu lassen, wurde - wie dem Schreiben von *von Coels* zu entnehmen ist - aus zwei Gründen abgelehnt: Zum einen hätten auch die Vertreter der einzelnen Vereine nicht die erforderlichen Spezialkenntnisse über Luftschiffe anderer Firmen. Zum anderen seien sie aus Konkurrenzinteressen befangen, um aussagekräftige Prüfungen vorzunehmen[414].

Das Problem, eine sachverständige und gleichzeitig neutrale Kommission mit ausreichenden Spezialkenntnissen einzurichten, sowie das mit einer staatlichen Prüfung verbundene Risiko, sich seitens des preußischen Staates haftbar zu machen, dürften also dazu geführt haben, daß in der Beratung am 26. Juli 1910 die Einführung einer Prüfung der Betriebssicherheit der Luftschiffe durch staatliche Stellen abgelehnt wurde.

Um dennoch eine gewisses Urteil über die Verkehrstauglichkeit der Luftschiffe abgeben zu können, einigten sich die Vertreter in der Beratung vom 26. Juli 1910 darauf, daß die Veranstalter von Passagierfahrten ein Revisionsbuch führen sollten. Der Leiter des Luftschiffs habe in das Revisionsbuch einzutragen, wann und auf welche Art und Weise die einzelnen Teile des Luftschiffs auf ihre Ge-

---

[410]GStA PK, I. HA Rep. 120 Tn, Nr. 1 Bd. 1, Bl. 106 v; GStA PK, I. HA Rep. 77, Tit. 863 Nr. 1 Bd. 2.

[411]GStA PK, I. HA Rep. 120 Tn, Nr. 1 Bd. 1, Bl. 78.

[412]GStA PK, I. HA Rep. 120 Tn, Nr. 1 Bd. 1, Bl. 118.

[413]GStA PK, I. HA Rep. 120 Tn, Nr. 1 Bd. 1, Bl. 118/118 v.

[414]GStA PK, I. HA Rep. 120 Tn, Nr. 1 Bd. 1, Bl. 118 v.

brauchstauglichkeit überprüft worden seien[415]. Auf Verlangen sei das Buch den Ortspolizeibehörden vorzuzeigen[416]. Über den näheren Inhalt des Revisionsbuchs sollte in einer weiteren Beratung verhandelt werden[417].

Keine Zustimmung fand der Vorschlag, vor der Durchführung einer Passagierfahrt die Vorlage eines ausgefüllten Fragebogens über den Zustand des Luftschiffs zu verlangen. Zur Begründung wurde ausgeführt, daß die Öffentlichkeit in diesem Fall eine Überprüfung der einzelnen Angaben fordern würde, was sich aber aufgrund des Mangels an geeigneten Sachverständigen zur Zeit noch nicht realisieren ließe[418].

b) Die Beratung vom 11. August 1910

Auf Einladung des Ministeriums der öffentlichen Arbeiten wurde am 11. August 1910 eine weitere Beratung abgehalten[419]. Ziel der Besprechung war es, den auf der Grundlage der ersten Beratung ausgearbeiteten Entwurf der „Verfügung"[420] auf seine inhaltliche Akzeptanz zu überprüfen. Der Entwurf gliederte sich in drei Abschnitte. In den ersten beiden Abschnitten wurden spezielle Anordnungen für Flugzeuge und Luftschiffe geregelt. Der dritte Abschnitt enthielt Anordnungen über Freiballons, deren Behandlung nicht Gegenstand dieser Untersuchung ist. Die Bestimmungen für Flugzeuge betrafen die Durchführung von Flügen und das

---

[415]GStA PK, I. HA Rep. 120 Tn, Nr. 1 Bd. 1, Bl. 107/107 v; GStA PK, I. HA Rep. 77, Tit. 863 Nr. 1 Bd. 2.

[416]GStA PK, I. HA Rep. 120 Tn, Nr. 1 Bd. 1, Bl. 107; GStA PK, I. HA Rep. 77, Tit. 863 Nr. 1 Bd. 2.

[417]GStA PK, I. HA Rep. 120 Tn, Nr. 1 Bd. 1, Bl. 107 v; GStA PK, I. HA Rep. 77, Tit. 863 Nr. 1 Bd. 2.

[418]GStA PK, I. HA Rep. 120 Tn, Nr. 1 Bd. 1, Bl. 107 v; GStA PK, I. HA Rep. 77, Tit. 863 Nr. 1 Bd. 2.

[419]An ihr nahmen teil: für das Ministerium der öffentlichen Arbeiten *von Coels* (Unterstaatssekretär), *Tull* (Geheimer Regierungsrat), *Kirschstein* (Geheimer Regierungsrat) und *Homann* (Eisenbahn-, Bau- und Betriebsinspektor), für das Handelsministerium *Jaeger* (Geheimer Oberregierungsrat), für das Ministerium des Innern *Meineke* (Regierungsrat), für das Kriegsministerium *Herwarth von Bittenfeld* (Hauptmann), für das Aeronautische Observatorium in Lindenberg *Assmann* (Geheimer Regierungsrat und Direktor des Observatoriums in Lindenberg), für das Oberpräsidium in Potsdam *von Gagern* (Regierungsassessor), für die Regierung in Potsdam *Fischer* (Regierungsrat), für das Polizeipräsidium Berlin *Schmölders* (Regierungsrat), für das Reichsamt des Innern *Lewald* (Geheimer Oberregierungsrat) und *Glasser* (Geheimer Regierungsrat), für den Deutschen Luftschifferverband *Eschenbach* (Justizrat), *Hildebrandt* (Hauptmann a. D.) und *Bamler* (Professor), für den Kaiserlichen Aero-Club und die Motorluftschiff-Studien-Gesellschaft *von Kehler* (Hauptmann d. R.), für die Flug- und Sportplatzgesellschaft Berlin-Johannisthal *von Tschudi* (Major a. D.), für den Verein Deutscher Flugtechniker *Huth* (Oberlehrer und Ingenieur) und für die Luftschiffbau-Zeppelin GmbH *Colsmann* (Direktor der Gesellschaft).

[420]GStA PK, I. HA Rep. 77, Tit. 863 Nr. 1 Bd. 2.

Führerzeugnis für Flugzeugführer. Für Luftschiffe wurden Anordnungen über das Führerzeugnis und die Führung eines Revisionsbuchs getroffen.

Der Entwurf fand im wesentlichen die Zustimmung aller Teilnehmer. Nur einzelne Punkte waren Gegenstand der Diskussion. Zuerst wurde über die Bestimmungen für Flugzeuge beraten.

Ein *allgemeines Verbot des Überfliegens geschlossener Ortschaften*, wie es die Polizeiverordnung für die Provinz Brandenburg und den Landespolizeibezirk Berlin vom 29. Juli 1910 vorsah[421], wurde in Übereinstimmung mit dem Vertreter des Oberpräsidiums in Potsdam abgelehnt. Der Vertreter machte deutlich, daß er auf ein allgemeines Verbot keinen Wert lege[422]. Er hielt es zum gegenwärtigen Zeitpunkt für ausreichend, örtliche und zeitliche Beschränkungen im Einzelfall zu erlassen[423]. Von allen Teilnehmern wurde der Entwurf der „Verfügung" befürwortet[424]. Er sah im Unterschied zum Beschluß der Beratung vom 18. Juli 1910 kein präventives Verbot mit Erlaubnisvorbehalt vor, sondern ordnete an, „[v]on einem allgemeinen Verbot des Ueberfliegens bewohnter Ortschaften [...] abzusehen"[425], ohne den Erlaß von besonderen Verboten damit auszuschließen.

Ergänzend zu der vorausgegangenen Beratung wurde es für notwendig gehalten, daß die Polizeibehörden sowohl den Deutschen Luftschifferverband als auch bestimmte Fachzeitschriften[426] über erlassene allgemeine Anordnungen informierten, insbesondere über solche, die das Aufsteigen der Luftfahrer außerhalb geschlossener Ortschaften verboten oder von einer besonderen Erlaubnis abhängig machten[427]. Einigkeit bestand darüber, daß die dadurch entstehenden Kosten nicht von den Polizeibehörden getragen werden sollten[428].

Damit das Polizeipräsidium in Berlin die Möglichkeit hatte, die Richtigkeit eines Führerzeugnisses beurteilen zu können, sollte der Vorstand des Deutschen Luftschifferverbandes verpflichtet werden, den Behörden jede Erteilung, Erweiterung und Entziehung der Führerzeugnisse mitzuteilen[429].

---

[421] § 3 S. 1.

[422] GStA PK, I. HA Rep. 120 Tn, Nr. 1 Bd. 1, Bl. 219; GStA PK, I. HA Rep. 77, Tit. 863 Nr. 1 Bd. 2.

[423] GStA PK, I. HA Rep. 120 Tn, Nr. 1 Bd. 1, Bl. 219/220; GStA PK, I. HA Rep. 77, Tit. 863 Nr. 1 Bd. 2.

[424] GStA PK, I. HA Rep. 120 Tn, Nr. 1 Bd. 1, Bl. 220; GStA PK, I. HA Rep. 77, Tit. 863 Nr. 1 Bd. 2.

[425] A.3. S.1 des Entwurfs.

[426] Deutsche Zeitschrift für Luftschiffahrt; Die Luftflotte; Zeitschrift für Flugtechnik und Motorluftschiffahrt; Luftschiffahrt, Flugtechnik und Sport (Bielefeld); Im Reich der Lüfte; Der Luftverkehr; Flugsport Frankfurt am Main.

[427] GStA PK, I. HA Rep. 120 Tn, Nr. 1 Bd. 1, Bl. 217/217 v; GStA PK, I. HA Rep. 77, Tit. 863 Nr. 1 Bd. 2.

[428] GStA PK, I. HA Rep. 120 Tn, Nr. 1 Bd. 1, Bl. 217 v; GStA PK, I. HA Rep. 77, Tit. 863 Nr. 1 Bd. 2.

[429] GStA PK, I. HA Rep. 120 Tn, Nr. 1 Bd. 1, Bl. 220; GStA PK, I. HA Rep. 77, Tit. 863 Nr. 1 Bd. 2.

Bei der anschließenden Beratung über die *Luftschiffe* bestimmten zwei Themen die Diskussion: Die Befugnis zur Erteilung der Führerzeugnisse für Luftschiffführer und die Erweiterung des Anwendungsbereichs der Anordnungen, die für Passagierfahrten erlassen werden sollten.

Colsmann, der Direktor der Luftschiffbau-Zeppelin GmbH, verlangte für seine Gesellschaft eine Ausnahme von der Regelung, nach der allein dem Deutschen Luftschifferverband die Befugnis zur Erteilung der Führerzeugnisse übertragen werden sollte[430]. Er forderte, daß die Vergabe von Führerzeugnissen an die Führer von Zeppelin-Luftschiffen durch die Luftschiffbau-Zeppelin GmbH erfolgen sollte[431]. Zur Begründung trug er vor, daß die Mitglieder der Motorflugkommission des Deutschen Luftschifferverbandes keine ausreichenden Kenntnisse über Zeppelin-Luftschiffe besäßen[432]. Dieses Ansinnen wurde jedoch von den anderen Sitzungsteilnehmern abgelehnt. Man befürchtete, daß dann auch andere Gesellschaften eine Sonderregelung beanspruchen würden[433]. Es wurde der Luftschiffbau-Zeppelin GmbH jedoch in Aussicht gestellt, sich durch eigene Mitglieder in der Motorflugkommission des Deutschen Luftschifferverbandes vertreten zu lassen[434]. Daraufhin erklärte sich *Colsmann* zum Einlenken bereit. Er wollte sich aber eine Stellungnahme bis zur Ausarbeitung einer reichsgesetzlichen Regelung vorbehalten[435].

Die Anordnungen, die für Passagierfahrten bestimmt werden sollten, sollten auch für solche Fahrten gelten, an denen Führeraspiranten teilnahmen[436].

Zum Schluß wurde über allgemeine Themen beraten. Erneut stand die Einführung einer Konstruktions- und Materialprüfung für Flugzeuge und Luftschiffe zur Diskussion. Mit einer bereits in der ersten Beratung vorgebrachten Argumentation wurde sie wiederum abgelehnt. So wurde ausgeführt, daß es durch die große Zahl immer neuer Flugapparate nicht möglich sei, die Flugtauglichkeit auf der Grundlage theoretischer Erwägungen im voraus zu bestimmen. Erst bei der

---

[430]Vgl. B.1. des Entwurfs.

[431]GStA PK, I. HA Rep. 120 Tn, Nr. 1 Bd. 1, Bl. 220/220 v; GStA PK, I. HA Rep. 77, Tit. 863 Nr. 1 Bd. 2.

[432]GStA PK, I. HA Rep. 120 Tn, Nr. 1 Bd. 1, Bl. 220 v; GStA PK, I. HA Rep. 77, Tit. 863 Nr. 1 Bd. 2.

[433]GStA PK, I. HA Rep. 120 Tn, Nr. 1 Bd. 1, Bl. 220 v; GStA PK, I. HA Rep. 77, Tit. 863 Nr. 1 Bd. 2.

[434]GStA PK, I. HA Rep. 120 Tn, Nr. 1 Bd. 1, Bl. 220 v; GStA PK, I. HA Rep. 77, Tit. 863 Nr. 1 Bd. 2.

[435]GStA PK, I. HA Rep. 120 Tn, Nr. 1 Bd. 1, Bl. 221; GStA PK, I. HA Rep. 77, Tit. 863 Nr. 1 Bd. 2.

[436]GStA PK, I. HA Rep. 120 Tn, Nr. 1 Bd. 1, Bl. 221; GStA PK, I. HA Rep. 77, Tit. 863 Nr. 1 Bd. 2.

praktischen Erprobung zeige sich die Verkehrssicherheit der einzelnen Apparate[437].

Eine nach dem Entwurf vorgesehene Visierung der Führerzeugnisse durch das Polizeipräsidium in Berlin wurde mit der Begründung abgelehnt, daß der damit verbundene Zweck, den Führerzeugnissen einen gewissen öffentlichen Glauben zu verleihen, bereits dadurch erreicht werde, daß die Zeugnisse vom Deutschen Luftschifferverband ausgestellt bzw. visiert werden würden[438].

Zur Vermeidung von Spionagetätigkeiten schlug der Vertreter des *Kriegsministeriums* vor, sowohl das Überfliegen von Festungen als auch Flüge mit Luftschiffen und Flugzeugen in einem Umkreis von 10 km von einer Erlaubnis der Militärbehörden abhängig zu machen[439]. In einem bereits vor der Verhandlung an das *Ministerium der öffentlichen Arbeiten* gerichteten Schreiben des *Kriegsministeriums* hieß es zur Begründung, daß die Möglichkeit, in Festungen zu landen oder diese zu überfliegen, die Gefahr mit sich brächte, daß militärische Geheimnisse ausspioniert würden. Diese Gefahr sei dann besonders groß, wenn ausländische Passagiere an den Fahrten teilnähmen[440].

Als letztes einigte man sich in der Beratung vom 11. August 1910 darauf, daß Fahrzeuge der Militärverwaltung vom Anwendungsbereich der „Verfügung“ ausgenommen werden sollten[441].

c) Zum Dissens über die Befugnis zur Erteilung von Führerzeugnissen

Auch nach der Beratung vom 11. August 1910 wurde die Regelung, nach der dem Deutschen Luftschifferverband die ausschließliche Befugnis zur Erteilung der Führerzeugnisse übertragen werden sollte, kritisiert. Neben der Luftschiffbau-Zeppelin GmbH, die ihre ablehnende Haltung gegen eine derartige Anordnung schon mehrmals zum Ausdruck gebracht hatte, wandte sich mit dem Deutschen Fliegerbund auch eine Flugzeugvereinigung gegen diese Regelung. Der *Deutsche Fliegerbund* sah die Interessen der Flugzeugbewegung durch den Deutschen Luftschifferverband nicht ausreichend vertreten[442]. Der Deutsche Luftschifferverband würde sich vorrangig dem Ballon- und Luftschiffsport widmen[443]. Deshalb hätten sich im Deutschen Fliegerbund ausschließlich reine Flug-

---

[437]GStA PK, I. HA Rep. 120 Tn, Nr. 1 Bd. 1, Bl. 222; GStA PK, I. HA Rep. 77, Tit. 863 Nr. 1 Bd. 2.
[438]GStA PK, I. HA Rep. 120 Tn, Nr. 1 Bd. 1, Bl. 222; GStA PK, I. HA Rep. 77, Tit. 863 Nr. 1 Bd. 2.
[439]GStA PK, I. HA Rep. 120 Tn, Nr. 1 Bd. 1, Bl. 222; GStA PK, I. HA Rep. 77, Tit. 863 Nr. 1 Bd. 2.
[440]GStA PK, I. HA Rep. 120 Tn, Nr. 1 Bd. 1, Bl. 153.
[441]GStA PK, I. HA Rep. 120 Tn, Nr. 1 Bd. 1, Bl. 222 v; GStA PK, I. HA Rep. 77, Tit. 863 Nr. 1 Bd. 2.
[442]GStA PK, I. HA Rep. 120 Tn, Nr. 1 Bd. 1, Bl. 215.
[443]GStA PK, I. HA Rep. 120 Tn, Nr. 1 Bd. 1, Bl. 216.

zeugvereine zusammengeschlossen. Der Deutsche Fliegerbund, zu dessen Mitgliedern nach eigenen Angaben sämtliche bedeutende Flieger und Konstrukteure Deutschlands zählten[444], war der Auffassung, daß er besser als der Deutsche Luftschifferverband beurteilen könne, was nach der Flugtechnik möglich und für die Förderung des Flugzeugs als Verkehrsmittel erforderlich sei[445]. Er forderte deshalb, eine Vertretung in der Motorflugkommission des Deutschen Luftschifferverbandes zu erhalten[446].

Von der *Luftschiffbau-Zeppelin GmbH* wurde erneut bemängelt, daß die Bestimmungen der Motorflugkommission des Deutschen Luftschifferverbandes nicht dazu geeignet seien, die Fähigkeit zum Führen von Zeppelin-Luftschiffen zu prüfen[447].

Seitens des *Ministeriums der öffentlichen Arbeiten* wollte man die Anordnung unverändert beibehalten. Da man aufgrund der mangelnden Sachkenntnis der Behörden selbst nicht in der Lage sei, Führerzeugnisse für Luftfahrer auszustellen, habe man eine außenstehende Stelle damit betrauen müssen[448]. Zur Sicherstellung eines gewissen Maßes an staatlicher Kontrolle und Einflußnahme sei es notwendig, nur einer Stelle die Befugnis zur Vergabe von Führerzeugnissen zu übertragen. Würde man einer Gesellschaft eine Ausnahmestellung einräumen, könnten Vertreter anderer Gesellschaften ebenfalls eine solche Regelung beanspruchen. Bei der Vergabe von Luftschiffführerzeugnissen befürchtete man außerdem eine Interessenkollision, falls die Vertreter der einzelnen Luftschiffsysteme Führerzeugnisse an die Luftschiffführer ihrer eigenen Systeme ausstellen dürften[449].

Die Diskussion um diese Anordnung verzögerte das Wirksamwerden der „Verfügung" um mehrere Wochen. Während das *Ministerium der öffentlichen Arbeiten* die Forderung des Deutschen Fliegerbundes nach einer Vertretung in der Motorflugkommission mit der Begründung ablehnte, daß es dem Deutschen Luftschifferverband nicht zugemutet werden könne, einem Nichtmitglied seines Verbandes ein Stimmrecht in der Motorflugkommission zu gewähren[450], versuchte es, die Luftschiffbau-Zeppelin GmbH durch Zugeständnisse zur Aufgabe ihres Widerstandes zu bewegen. Damit sollte zugleich verhindert werden, daß bei der Ausarbeitung reichsgesetzlicher Bestimmungen erneut über diese Regelung diskutiert werden würde[451].

Wie bereits in der zweiten Beratung vorgeschlagen, wurde der Gesellschaft eine Vertretung in der Motorflugkommission angeboten. Auf diese Weise könne

---

[444]GStA PK, I. HA Rep. 120 Tn, Nr. 1 Bd. 1, Bl. 216.
[445]GStA PK, I. HA Rep. 120 Tn, Nr. 1 Bd. 1, Bl. 216.
[446]GStA PK, I. HA Rep. 120 Tn, Nr. 1 Bd. 1, Bl. 216 v.
[447]GStA PK, I. HA Rep. 120 Tn, Nr. 1 Bd. 1, Bl. 182.
[448]GStA PK, I. HA Rep. 120 Tn, Nr. 1 Bd. 1, Bl. 187/187 v.
[449]GStA PK, I. HA Rep. 120 Tn, Nr. 1 Bd. 1, Bl. 187 v.
[450]GStA PK, I. HA Rep. 120 Tn, Nr. 1 Bd. 1, Bl. 218/218 v.
[451]GStA PK, I. HA Rep. 120 Tn, Nr. 1 Bd. 1, Bl. 187 v/188.

sie zum einen die Vergabe der Führerzeugnisse an Zeppelin-Luftschiffführer kontrollieren; zum anderen erhalte sie damit die Möglichkeit, die Aufstellung und Änderung der Bestimmungen über die Erteilung von Führerzeugnissen zu beeinflussen[452].

Nach einem längeren Hin und Her, bei dem die Gesellschaft ein Einlenken immer wieder von neuen Forderungen abhängig machte[453] und das Ministerium der öffentlichen Arbeiten als Mittler zwischen ihr und dem Deutschen Luftschifferverband fungierte[454], konnte ein Einvernehmen dadurch erzielt werden, daß die Luftschiffbau-Zeppelin GmbH eine vierstimmige Vertretung in der 15 Stimmen umfassenden Motorflugkommission erhielt[455]. Im *Ministerium der öffentlichen Arbeiten* hielt man damit jeden Grund zum Widerspruch gegen die Bestimmungen seitens der Gesellschaft für erledigt[456] und erließ am 22. Oktober 1910 die „Verfügung".

2. *Der Inhalt der „Verfügung" und Zusammenfassung*

Im Jahre 1910 befand sich das Flugzeug- und Luftschiffahrtswesen noch im Anfangsstadium seiner Entwicklung. In Frankreich waren bereits internationale Verhandlungen im Gange. Aus diesen Gründen hielt man es im *Reichsamt des Innern* zu dieser Zeit noch für verfrüht, eine nach Art der Materie gebotene reichseinheitliche Regelung für den Verkehr mit Luftfahrzeugen auszuarbeiten. Durch den Unfall von zwei Luftschiffen sah sich das *Preußische Ministerium der öffentlichen Arbeiten* jedoch im Oktober 1910 dazu veranlaßt, eine Verfügung für die Luftfahrt zu erlassen. Sie war die erste luftverkehrsrechtliche Regelung eines Bundesstaates im Deutschen Reich. Mit der „Verfügung" wollte man zunächst nur vorläufige Grundsätze aufstellen, um die in dem frühen Entwicklungsstadium der Luftfahrt auftretenden Gefahren im Interesse der Allgemeinheit und der Beteiligten selbst zu verringern, ohne dadurch die technische Weiterentwicklungen zu behindern.

Nach Verhandlungen mit verschiedenen preußischen Ministerien, dem Reichsamt des Innern und unter Beteiligung der Interessenvertreter des Flugwesens arbeitete das *Preußische Ministerium der öffentlichen Arbeiten* zusammen mit dem *Reichsamt des Innern* und *von Tschudi* einen Entwurf aus, der nach kurzen Beratungen mit einigen Änderungen und Ergänzungen, aber ohne grundlegende Umgestaltung als „Verfügung" erlassen wurde.

Danach waren an die Führer von Flugzeugen und Luftschiffen bestimmte Anforderungen zu stellen. Während grundsätzlich für alle Flugzeugführer eine Er-

---

[452]GStA PK, I. HA Rep. 120 Tn, Nr. 1 Bd. 1, Bl. 188.
[453]GStA PK, I. HA Rep. 120 Tn, Nr. 1 Bd. 1, Bl. 190, Bl. 195, Bl. 209 v, Bl. 212.
[454]GStA PK, I. HA Rep. 120 Tn, Nr. 1 Bd. 1, Bl. 188, Bl. 203 ff., Bl. 206.
[455]Vgl. GStA PK, I. HA Rep. 120 Tn, Nr. 1 Bd. 1, Bl. 210 ff., Bl. 214.
[456]GStA PK, I. HA Rep. 120 Tn, Nr. 1 Bd. 1, Bl. 211.

laubnispflicht angeordnet wurde (A.5. S. 1), hatten die Luftschiffer - entsprechend dem Vorschlag von Vertretern privater Organisationen - nur bei der Durchführung von Passagierfahrten und Fahrten mit Führeraspiranten ein Führerzeugnis vorzuweisen (B.a.1. S. 1). Es war lediglich darauf hinzuwirken, daß alle übrigen an der Führung des Luftschiffs beteiligten Personen (Höhensteuermann, Seitensteuermann usw.) ein Führerzeugnis besaßen. Darüber hinaus mußte jeder der für die Bedienung des Motors zuständigen Besatzung bei solchen Fahrten im Besitz eines von einem Sachverständigen zur Prüfung von Kraftfahrzeugführern ausgestellten Zeugnisses sein (B.a. 1. S. 5).

Die Flugzeug- und Luftschiffführerzeugnisse mußten vom Vorstand des Deutschen Luftschifferverbandes ausgestellt sein (A.5. S. 1/B.a.1. S. 1). Die Befugnis zur Erteilung der Führerzeugnisse wurde damit einer privaten Organisation übertragen, da von staatlicher Seite sah man sich aufgrund fehlender Sachkenntnisse noch nicht in der Lage, Führerzeugnisse auszustellen[457]. Im Deutschen Luftschifferverband war die Motorflugkommission für die Aufstellung und Kontrolle der verbandsinternen Prüfungsbestimmungen und für die Durchführung der Prüfungen zuständig. Nach längeren Verhandlungen erhielt die Luftschiffbau-Zeppelin GmbH eine vierstimmige Vertretung in der 15 Stimmen umfassenden Motorflugkommission. Keine Vertretung erhielten dagegen Repräsentanten der im Deutschen Fliegerbund zusammengeschlossenen Flugzeugvereine. Die Führerzeugnisse enthielten keine allgemeine Berechtigung zum Führen von Flugzeugen und Luftschiffen, sie erlaubten den Luftfahrern lediglich, mit jenen Typen zu fliegen, auf die sie ausgestellt waren (A.5. S. 2 und S. 3/B.a.1. S. 4). Zu Sicherstellung einer gewissen staatlichen Kontrolle bei der Vergabe der Flugzeugführerzeugnisse hatte der Vorstand des Deutschen Luftschifferverbandes den Polizeipräsidenten in Berlin jede Erteilung, Ausdehnung und jeden Entzug eines Führerzeugnisses mitzuteilen (A.8. S. 1). Bei Schau- und Passagierflügen von Flugzeugen hatten die Polizeibehörden darauf zu achten, daß diejenigen, die diese Flüge durchführten, ein Führerzeugnis gemäß A.5. S. 1 besaßen. Für die ausländischen Luftfahrer sah die „Verfügung“ eine Sonderregelung vor. Für sie galt die „Verfügung“ mit der Maßgabe, daß an die Stelle der unter A.5. S. 1 und B.a.1. S. 1 bezeichneten Zeugnisse die vom Vorstand des Deutschen Luftschifferverbandes anerkannten ausländischen Zeugnisse traten (D.1.). Es wurde davon abgesehen, eine staatliche Prüfung der Betriebssicherheit für die Flugzeuge (A.6.) und Luftschiffe anzuordnen. Dafür dürften entsprechend einem Schreiben von *von Coels*, einem Vertreter des Preußischen Ministeriums der öffentlichen Arbeiten, zwei Gründe ausschlaggebend gewesen sein[458]. Zum einen hielt man es für problematisch, eine sachverständige und zugleich auch neutrale Kommission zur Prüfung der verschiedenen Konstruktionstypen, deren Verkehrstauglichkeit am besten von

---

457 GStA PK, I. HA Rep. 120 Tn, Nr. 1 Bd. 1, Bl. 187/187 v.
458 GStA PK, I. HA Rep. 120 Tn, Nr. 1 Bd. 1, Bl. 118/118 v.

den firmeneigenen Mitarbeitern beurteilt werden konnte, zu bilden[459]. Zum anderen war man der Meinung, daß in Anbetracht der Tatsache, daß die Mitarbeiter der einzelnen Firmen vor jeder Fahrt eine Prüfung vornähmen, eine staatliche Kontrolle keine größere Sicherheit, sondern nur eine Verantwortlichkeit der Behörden begründen würde[460]. Dieses Haftungsrisiko wollte man aber noch nicht übernehmen.

Für die Luftschiffe sollte eine gewisse Gewähr für die Flugtauglichkeit dadurch sichergestellt werden, daß die Veranstalter von Passagierfahrten ein Revisionsbuch führen sollten. Darin hatten die Führer der Luftschiffe einzutragen, wann und auf welche Art und Weise die einzelnen Teile auf ihre Verkehrssicherheit überprüft worden waren (B.a.2.). Die Verfasser der „Verfügung" übernahmen damit nicht den bei der ersten Zusammenkunft auf der Pariser Luftschiffahrts-Konferenz gefaßten Beschluß, nach dem die Luftfahrer sowohl ihre persönliche Eignung als auch die Flugtauglichkeit ihres Fahrzeugs durch eine Erlaubnis nachweisen mußten.

Desweiteren enthielt die „Verfügung" verschiedene Anordnungen zur Regelung des Verkehrs mit Flugzeugen und Luftschiffen. Sie betrafen die Frage, über welchen Gebieten das Fliegen zulässig sein sollte. Bei den Flugzeugen wurde zwischen Führerzeugnisinhabern und denjenigen, die noch kein Zeugnis erworben hatten, differenziert. Für Flugschüler sollte das Fliegen nicht nur auf speziellen Übungsplätzen, sondern auch dort zugelassen werden, wo die öffentliche Sicherheit nicht gefährdet werden konnte (A.1.).

Den Inhabern eines Führerzeugnisses sollte es grundsätzlich erlaubt sein, außerhalb geschlossener Ortschaften zu fliegen. Es wurde davon abgesehen, ein generelles Verbot des Überfliegens bewohnter Ortschaften anzuordnen (A.3. Abs. 1). Ein grundsätzliches Verbot wurde lediglich für Flüge über militärische Festungsanlagen oder innerhalb eines Umkreises von 10 km von diesen bestimmt. Ausnahmslos zu untersagen waren Flüge über feuergefährliche Anlagen und über Hochspannungsleitungen (A.3. Abs. 2).

Für Luftschiffe mit Passagieren wurden dagegen lediglich Fahrten über Befestigungen und in deren Umkreis von 10 km ohne besondere Genehmigung untersagt (B.a.3.).

Darüber hinaus legte die „Verfügung" allgemein fest, daß die Polizeibehörden dem Deutschen Luftschifferverband und näher bezeichneten Fachzeitschriften (Anl. c) alle ihrerseits erlassenen Anordnungen mitzuteilen hatten, ohne daß ihnen dadurch Kosten entstehen durften (D.3.). Die „Verfügung" stellte klar, daß Luftfahrzeuge der Militärverwaltung nicht unter ihren Anwendungsbereich fielen (D.2.).

---

[459]GStA PK, I. HA Rep. 120 Tn, Nr. 1 Bd. 1, Bl. 118.
[460]GStA PK, I. HA Rep. 120 Tn, Nr. 1 Bd. 1, Bl. 118/118 v.

III. Die Polizeiverordnung vom 1. Oktober 1910 für die Provinz Brandenburg und Polizeiverordnung vom 6. Oktober 1910 für den Landespolizeibezirk Berlin

Schon vor dem Erlaß der „Verfügung" war auf regionaler Ebene ein Teil des Entwurfs der „Verfügung" in Form von Verordnungen in Kraft gesetzt worden. Es handelte sich hierbei um die Polizeiverordnung vom 1. Oktober 1910 für die Provinz Brandenburg[461] und um die Polizeiverordnung vom 6. Oktober 1910 für den Landespolizeibezirk Berlin[462]. Beide Verordnungen ersetzten die Polizeiverordnung vom 29. Juli 1910[463], die für beide Gebiete erlassen worden war.

Veranlaßt wurde diese Rechtsänderung auf regionaler Ebene kurz vor dem Erlaß der preußischen „Verfügung" durch eine Flugwoche, die vom 9. bis 16. Oktober 1910 in Johannisthal durchgeführt werden sollte. Die *Flug- und Sportplatzgesellschaft Berlin-Johannisthal* hatte das Ministerium der öffentlichen Arbeiten darum gebeten, die im Entwurf vorliegenden Vorschriften der „Verfügung" für Flugzeuge noch vor Beginn der Flugveranstaltung in Kraft zu setzen[464], da sie befürchtete, daß die maßgeblichen Bestimmungen der Polizeiverordnung vom 29. Juli 1910 die Durchführung der Flugwoche behindern könnten[465].

Es ist anzunehmen, daß sich die Gesellschaft damit hauptsächlich auf zwei Regelungen der Polizeiverordnung vom 29. Juli 1910 bezogen haben wird, nämlich die für die Veranstalter von Schauflügen geltende dreitägigen Anmeldepflicht für beabsichtigte Flüge[466] und die Meldepflicht für Flieger 24 Stunden vor Beginn ihres Fluges[467]. Für diese Vermutung spricht, daß gerade diese beiden Bestimmungen für die Durchführung von Flugveranstaltungen als besonders hinderlich angesehen wurden und im Entwurf der preußischen „Verfügung" nicht vorgesehen waren.

Aufgrund der Bitte der Flug- und Sportplatzgesellschaft Berlin-Johannisthal ordnete das *Preußische Ministerium der öffentlichen Arbeiten* an, die Polizeiverordnung vom 29. Juli 1910 den Vorschriften des Entwurfs der preußischen „Verfügung" anzupassen[468]. In den daraufhin erlassenen Verordnungen vom 1. und vom 6. Oktober 1910 wurden fast ausnahmslos die für Flugzeuge aufgestellten Bestimmungen des Entwurfs der preußischen „Verfügung" übernommen. Ab-

---

461 Sonderausgabe des Amtsblatts der Königlichen Regierung zu Potsdam und der Stadt Berlin 1910, S. 457; die Verordnung ist im Anhang wiedergegeben.
462 Sonderausgabe des Amtsblatts der Königlichen Regierung zu Potsdam und der Stadt Berlin 1910, S. 467; die Verordnung ist im Anhang wiedergegeben.
463 Sonderausgabe des Amtsblatts der Königlichen Regierung zu Potsdam und der Stadt Berlin 1910, S. 365.
464 GStA PK, I. HA Rep. 120 Tn, Nr. 1 Bd. 1, Bl. 122.
465 Vgl. GStA PK, I. HA Rep. 120 Tn, Nr. 1 Bd. 1, Bl. 122.
466 § 2 S. 1 Verordnung vom 29. Juli 1910.
467 § 2 S. 2 Verordnung vom 29. Juli 1910.
468 BLHA, Rep. 30 Berlin C, Nr. 20710 Bl. 102.

weichend von dem Entwurf der „Verfügung“ wurde in beiden Verordnungen das Überfliegen bewohnter Ortschaften geregelt. Es wurde nicht allgemein erlaubt, sondern von der Erteilung einer besonderen polizeilichen Erlaubnis abhängig gemacht[469]. Für den Landespolizeibezirk Berlin wurde darauf verzichtet, Fluganfängern zusätzlich die Möglichkeit einzuräumen, unter bestimmten Voraussetzungen auch außerhalb von Flugplätzen zu fliegen[470].

IV. Zusammenfassung der Rechtsentwicklung in Preußen bis zum Beginn der Ausarbeitung eines reichseinheitlichen Luftverkehrsgesetzes

Bis zum Beginn mit den Vorarbeiten einer reichsgesetzlichen Regelung ergingen mit der Polizeiverordnung für die Provinz Brandenburg und den Landespolizeibezirk Berlin vom 29. Juli 1910, der Polizeiverordnung vom 1. Oktober 1910 für die Provinz Brandenburg, der Polizeiverordnung vom 6. Oktober 1910 für den Landespolizeibezirk Berlin und der preußischen „Verfügung“ vom 22. Oktober 1910 insgesamt vier luftrechtliche Regelungswerke in Preußen. In Anbetracht dessen, daß die erste Verordnung - insbesondere für die Durchführung von Flugveranstaltungen - als unzureichend empfunden wurde, ersetzte man sie durch die beiden im Oktober 1910 ergangenen Verordnungen. Diese entsprachen im wesentlichen der noch im selben Monat erlassenen preußischen „Verfügung“. Die Rechtslage in Preußen wurde damit zeitweise fast ausschließlich durch die Rechtsgedanken der „Verfügung“ vom 22. Oktober 1910 bestimmt.

Um die Entwicklung der Luftfahrt nicht zu behindern und in Erwartung einer reichseinheitlichen Regelung nach Abschluß der ersten internationalen Luftschiffahrts-Konferenz in Paris waren die preußischen Behörden insgesamt noch äußerst zurückhaltend, rechtliche Bestimmungen für den Luftverkehr zu erlassen. Sie glaubten, daß in dieser Entwicklungsphase das Interesse der allgemeinen Sicherheit in ausreichender Weise durch Polizeiverordnungen und Verfügungen sowie durch die verbandsinternen Bestimmungen der Vereine und Verbände zur Überwachung der Wettbewerbe und Sportflüge gewahrt werden konnte.

Bezüglich der inhaltlichen Ausgestaltung der ersten luftrechtlichen Bestimmungen läßt sich feststellen, daß der Regelungsumfang der Vorschriften noch sehr gering war. Es handelte sich hauptsächlich um Verkehrsvorschriften, deren Übertretung teilweise mit Geldstrafen geahndet wurde. Fragen der Haftpflicht wurden noch nicht normiert.

Die preußische „Verfügung“ übertrug dem Deutschen Luftschifferverband, der zentralen Stelle der Flugsportbewegung in Deutschland, die die Befugnis zur Erteilung der Führerzeugnisse. Von staatlicher Seite wurde damit einer privaten Organisation eine der wichtigsten Aufgaben für die Luftfahrt übertragen. Der Deutsche Luftschifferverband erhielt damit die Möglichkeit, die Vergabe der

---

[469] § 3 S. 1 Verordnung vom 1. Oktober 1910, § 3 S. 1 Verordnung vom 6. Oktober 1910.
[470] Vgl. A.1. Entwurf der „Verfügung“.

Führerzeugnisse in Preußen in Übereinstimmung mit seinen verbandsinternen Bestimmungen zu regeln. Die Verbandsregelungen des Deutschen Luftschifferverbandes waren für das Deutsche Reich weitestgehend maßgeblich, da gesetzliche Bestimmungen noch fehlten und der größte Teil aller deutschen Luftfahrtvereinigungen im Deutschen Luftschifferverband organisiert war. Im übrigen war der Deutsche Luftschifferverband ein Mitglied der Fédération Aéronautique Internationale, einer Vereinigung der nationalen Verbände. Internationale Vereinbarungen bezüglich der Führerzeugnisse konnten dadurch problemlos im Deutschen Reich Gültigkeit erlangen.

Mit der Übertragung staatlicher Befugnisse an eine private Organisation gewährleisteten die preußischen Behörden nicht nur ein hohes Maß an nationaler, sondern auch an internationaler Einheitlichkeit bezüglich der Führerzeugnisse für Luftschiffe und Flugzeuge.

Bezüglich der Rechtssetzungen für Flugzeuge orientierten sich die ersten Bestimmungen fast ausschließlich an den Vorschlägen privater Vereinigungen des Flugsports. Besonders hervorzuheben ist in diesem Zusammenhang die Flug- und Sportplatzgesellschaft Berlin-Johannisthal. Sie wurde durch von Tschudi vertreten. Seine Ideen wurden nicht nur in die erste Polizeiverordnung vom 29. Juli 1910 aufgenommen, sondern finden sich auch in vielen Regelungen der preußischen „Verfügung" vom 22. Oktober 1910 wieder. Er leistete damit einen entscheidenden Beitrag für die Entwicklung des Luftrechts.

Anderen Einflüssen unterlag dagegen die Rechtsentwicklung für die Luftschiffe. Hier wurde die inhaltliche Konzeption der ersten preußischen Regelungen nur geringfügig von privaten Vereinigungen beeinflußt. Zwei Unfälle veranlaßten die Behörden, selbst einzelne Bestimmungen auszuarbeiten.

B. Zur Rechtslage in den übrigen Bundesstaaten

Im Januar 1911 hatte der Reichskanzler die Bundesregierungen gebeten, den Anordnungen der preußischen „Verfügung" vom 22. Oktober 1910[471] entsprechende Vorschriften für den Verkehr mit Luftfahrzeugen zu erlassen[472]. Dieser Anregung folgten die meisten Bundesstaaten bis zum Januar 1912 im wesentlichen[473]. Nur Waldeck, Lippe-Detmold und Schaumburg-Lippe hatten davon abgesehen, luftrechtliche Bestimmungen zu erlassen[474]. Eine eigenständige Regelung beabsichtigte dagegen die bayerische Regierung, die bereits für spezielle Flugfahrten,

---

[471]MBliV 1910, S. 317 ff..

[472]GStA PK, I. HA Rep. 77, Tit. 863 Nr. 1 Bd. 2.

[473]GStA PK, I. HA Rep. 120 Tn, Nr. 1 Bd. 3, Bl. 2, Bl. 4/4 v.

[474]Vgl. GStA PK, I. HA Rep. 120 Tn, Nr. 1 Bd. 3, Bl. 2, Bl. 4 v.

zum Beispiel für Schauflüge[475], Regelungen getroffen hatte. In Ermangelung ausreichender Rechtsgrundlagen - so enthielt Art. 44 des bayerischen Polizeistrafgesetzbuchs lediglich die Ermächtigung zum Erlaß polizeilicher Anordnungen zur Aufrechterhaltung der öffentlichen Ruhe, Ordnung und Sicherheit im Falle von Menschenansammlungen beim Aufstieg oder der Landung von Flugzeugen - plante das Königliche Bayerische Staatsministerium des Innern eine Ergänzung des Polizeistrafgesetzbuchs, um auf dieser Grundlage die notwendigen Vorschriften erlassen zu können. Dabei sollte die preußische „Verfügung" Anhaltspunkte für die neuen Bestimmungen bieten. Aus Gründen der Rechtseinheitlichkeit[476] wollte auch Bayern nur teilweise eine eigene Regelung[477] schaffen[478].

Die Orientierung der übrigen Bundesstaaten an der preußischen „Verfügung" führte zu einer weitgehend einheitlichen rechtlichen Behandlung des Luftverkehrs in Deutschland.

In der Folgezeit erhielt der deutsche Luftverkehr durch die Errichtung von sogennanten „verbotenen Zonen" zusätzliche Beschränkungen. Von 1913 an wurden im Wege zahlreicher Polizeiverordnungen[479] vorrangig Flüge in der Umgebung von Festungsanlagen ohne Erlaubis der zuständigen Militärbehörden verboten. Die Festsetzung der „verbotenen Zonen" entsprach den Wünschen des Reichskriegsministers[480]. Auch in anderen Ländern wie Österreich-Ungarn[481] und Frankreich[482] wurden ähnliche Zonen eingerichtet.

[475]Erlaß des Königlich-Bayerischen Staatsministeriums des Innern vom 11. Oktober 1911, zit. nach *Juristische Kommission des Aero-Clubs von Deutschland*, S. 14 ff..

[476]GStA PK, I. HA Rep. 120 Tn, Nr. 1 Bd. 3, Bl. 5.

[477]Vgl. GStA PK, I. HA Rep. 120 Tn, Nr. 1 Bd. 3, Bl. 5.

[478]Als weitere luftrechliche Regelung erging für Sachsen: Gesetz, betr. die Ausdehnung des Gesetzes vom 26. November 1855 über die bei Anlegung der Werrabahn erforderlichen zwangsweisen Eigentumsabtretungen und der Nachträge dazu, vom 15. April 1913, zit. nach *Juristische Kommission des Aero-Clubs von Deutschland*, S. 17.

[479]Fundstellennachweise in: GStA PK, I. HA Rep. 120 Tn, Nr. 1 Bd. 2; Bl. 122 ff.; Karten der verbotenen Zonen in: BA Berlin-Li., R 5, Nr. 3852; BA Berlin-Li., R 5, Nr. 3852 a.

[480]Vgl. Verbotene Zonen gemäß Festsetzung der Militärverwaltung vom Jahre 1913, zit. nach *Juristische Kommission des Aero-Clubs von Deutschland*, S. 18/19.

[481]Kundmachung des Ministeriums des Innern vom 20. Januar 1913, betr. die Feststellung der Verbotszonen für Luftfahrzeuge, zit. nach *Juristische Kommission des Aero-Clubs von Deutschland*, S. 68 ff..

[482]Dekret des Präsidenten der Französischen Republik vom 24. Oktober 1913, betr. das Ueberfliegen von Verbotszonen, zit. nach *Juristische Kommission des Aero-Clubs von Deutschland*, S. 132/133.

C. Die internationale Entwicklung des Luftrechts vor dem ersten Weltkrieg

Bereits vor der Ausarbeitung eines reichseinheitlichen Luftverkehrsgesetzes hatte man auf internationaler Ebene begonnen, ein multinationales Abkommen für den Luftverkehr zu entwerfen. Die Pariser Luftschiffahrts-Konferenz war die erste Zusammenkunft von 18 Staaten[483] mit dem Ziel, ein einheitliches internationales Luftrecht zu schaffen[484]. Im Anschluß an verschiedene vom 18. Mai bis in den Juni des Jahres 1910 abgehaltene Treffen, beschloß die Konferenz einen Entwurf für ein internationales Luftverkehrsabkommen (Projet d`une convention internationale relative à la navigation aérienne)[485]. Dieser enthielt 55 Artikel nebst Anhang. Der Entwurf war in sieben Kapitel untergliedert: Kapitel I. (Nationalität der Luftfahrzeuge und Meldepflicht[486]), Kapitel II. (Zulassungsbescheinigungen und Eignungszeugnisse), Kapitel III. (Zulassung des Luftverkehrs innerhalb der Grenzen und oberhalb eines Staatsgebiets), Kapitel IV. (Regelungen für Start, Landung und Flug), Kapitel V. (Zoll und Fracht), Kapitel VI. (Öffentliche Luftfahrzeuge), Kapitel VII. (Schlußvorschriften). Der Anhang enthielt drei Teile: A. (Nationalitäts- und Zulassungszeichen), B. (Eigenschaften der Luftfahrzeuge), C. (Regeln für den Luftverkehr). Zu einem endgültigen Vertragsschluß kam es nicht. Dieser war an der Frage der Lufthoheit gescheitert. England hatte sich nicht darauf festlegen wollen, Flüge von Luftfahrzeugen aus anderen Staaten über seinem Gebiet zu dulden[487]. Die einzelnen Staaten begannen daher in der Folgezeit, nationale Regelungen auszuarbeiten.

Bis zum ersten Weltkrieg schloß das Deutsche Reich nur ein Abkommen für den Verkehr mit Luftschiffen, Flugzeugen und anderen Luftfahrzeugen ab und zwar mit Frankreich im Jahre 1913[488]. Für den gegenseitigen Luftverkehr mit Frankreich wurde für deutsche Luftfahrzeuge neben einer Führererlaubnispflicht auch eine Betriebserlaubnispflicht geregelt[489]. Es war die erste Betriebserlaubnispflicht für Luftfahrzeuge des Deutschen Reichs. Die Zuständigkeit für die Ver-

---

[483]Vertreten waren folgende Staaten: Deutschland, Österreich-Ungarn, Belgien, Bulgarien, Dänemark, Spanien, Frankreich, England, Italien, Monaco, Niederland, Portugal, Rumänien, Rußland, Serbien, Schweden, Schweiz und die Türkei. An den Verhandlungen waren von deutscher Seite vertreten: *Kriege, Lewald, Hergesell, Göppert* und *von Bittenfeld*. Von den Teilnehmern der übrigen Staaten sind der französicher Vertreter *Fauchille* und *Meili* als Vertreter der Schweiz zu nennen.

[484]Vgl. BA Berlin-Li., R 5, Nr. 3852; vgl. *Volkmann*, S. 14, m. w. N..

[485]BA Berlin-Li., R 30.01, Nr. 7001, Bl. 122.

[486]Die Angaben in Klammern sind Übersetzungen der Verfasserin.

[487]BA Berlin-Li., R 30.01, Nr. 7001, Bl. 187 v; GStA PK, I. HA Rep. 84 a, Nr. 1987, Bl. 84 v.

[488]Vertrag vom 29. Juli 1913; RGBl. 1913, S. 601 ff..

[489]II. 1./2. des Abkommens.

gabe der erforderlichen Zulassungsscheine erhielt der Deutsche Luftschifferverband[490].

D. Die Rechtsprechung des Reichsgerichts zur Haftpflicht der Luftfahrer

Bis zum Beginn des ersten Weltkriegs erging mit dem Urteil des VI. Zivilsenats vom 11. Januar 1912[491] nur eine Entscheidung des Reichsgerichts zur Haftpflicht der Luftfahrer. Der Entscheidung lag folgender Sachverhalt zugrunde: Am 5. August 1908 mußte das Luftschiff (LZ 4) des Grafen Zeppelin aufgrund eines Motorschadens bei Echterdingen zwischenlanden. Das auf dem Landeplatz verankerte Luftschiff wurde von eine starken Windboe losgerissen. Es trieb mehrere Kilometer in geringer Höhe über den Boden, bis es verbrannte. Dabei wurde der Kläger, der als Zuschauer die Zwischenlandung beobachtet hatte, von dem Kettenanker erfaßt und so schwer am Bein verletzt, daß es amputiert werden mußte. Der Kläger (G.B.) warf dem Beklagten (Graf Zeppelin) vor, den Unfall durch Fahrlässigkeit verursacht zu haben. Seine auf Schadensersatz gerichtete Klage wurde in beiden Vorinstanzen abgewiesen. Auch die vom Kläger eingelegte Revision hatte keinen Erfolg, da weder dem Beklagten noch sonstigen bei dem Betrieb beschäftigten Personen ein Verschulden nachgewiesen werden konnte. Das Reichsgericht sah weder die Voraussetzungen des § 823 Abs. 1 BGB noch die des § 831 BGB als erfüllt an.

Zu dem Verhalten des Beklagten führte es aus, daß dieser aufgrund der bestehenden Umstände zu besonderer Vorsicht verpflichtet gewesen sei[492]. Trotzdem habe er bei den Vorbereitungen der Fahrt und auch bei der Notlandung die in Verkehr erforderliche Sorgfalt i. S. des § 276 Abs. 1 S. 2 BGB beachtet. So habe er die Fahrt nach den damals bestehenden Erfahrungen sorgsam vorbereitet und bei bestem Wetter in der begründeten Annahme durchgeführt, daß sie reibungslos ablaufe[493]. Die von dem Beklagten unmittelbar nach der Notlandung vorgenommene Absperrung des Landeplatzes mit Seilen, Helfern und Militärmannschaften gegen schaulustige Zuschauer sei ordnungsgemäß durchgeführt worden[494]. Im übrigen sei auch das Luftschiff ordnungsgemäß vertaut worden[495]. Der

[490]Sonderausgabe der Deutschen Luftfahrerzeitschrift, S. 17 ff., zit nach BA Berlin-Li., R 30.01, Nr. 7003, Bl. 12; dazu auch „Bestimmungen über die Ausstellung der Zulassungsscheine und Kennzeichnung der Luftfahrzeuge“ des Deutschen Luftfahrerverbandes, in: Sonderausgabe der Deutschen Luftfahrerzeitschrift, S. 21, zit nach BA Berlin-Li., R 30.01, Nr. 7003, Bl. 12; dies., zit. nach BA Berlin-Li., R 5, Nr. 3845.

[491]RGZ 78, S. 171 (171 ff.).

[492]RGZ 78, S. 171 (172).

[493]RGZ 78, S. 171 (174).

[494]RGZ 78, S. 171 (175/176).

[495]RGZ 78, S. 171 (174).

Beklagte habe davon ausgehen dürfen, daß es einer plötzlich auftretenden starken Windböe standhalten werde[496]. So gab es nach der Auffassung des Reichsgerichts keinen sicheren Beweis dafür, daß das Luftschiff solchen Windböen auch bei best möglicher Verankerung hätte standhalten können. Das Losreißen des Luftschiffs sei vielmehr als „Ereignis" höherer Gewalt anzusehen[497].

Das Reichsgericht sprach sich dagegen aus, allein aus dem Betrieb eines Luftfahrtunternehmens - als einem gefährlichen Unternehmen - ein Verschulden des Beklagten i. S des § 823 Abs. 1 BGB herzuleiten[498]. Im übrigen lehnte es eine Anwendung anderer gesetzlicher Bestimmungen, z. B. über die Haftung ohne Verschulden, insbesondere des § 833 BGB über die Haftung des Tierhalters, der Grundsätze des Reichshaftpflichtgesetzes vom 7. Juni 1871[499] und des Gesetzes über den Verkehr mit Kraftfahrzeugen vom 3. Mai 1909[500], auf die Luftfahrt ab[501]. Aufgrund ihres Ausnahmecharakters seien dies Regelungen auf die „eigenartigen Verhältnisse der Luftfahrt" auch nicht entsprechend anwendbar[502].

Nach der Rechtsprechung des Reichsgerichts bestimmte sich die Haftpflicht der Luftfahrer - soweit vertragliche Bestimmungen fehlten - also ausschließlich nach den allgemeinen deliktsrechtlichen Regelungen des Bürgerlichen Gesetzbuchs[503].

---

[496] RGZ 78, S. 171 (175).
[497] RGZ 78, S. 171 (175).
[498] Vgl. RGZ 78, S. 171 (172).
[499] RGBl. 1871, S. 207 ff.; bereits das preußische Gesetz über die Eisenbahnunternehmungen vom 3. November 1838 (Preuß. G. S. 1838, S. 505 ff.) regelte sowohl für Personen- als auch für Sachschäden eine Gefährdungshaftung, von der sich die Eisenbahngesellschaft nur durch den Nachweis eigener Schuld des Beschädigten oder durch den Nachweis, daß der Unfall durch einen unabwendbaren äußeren Zufall verursacht worden war, befreien konnte. Dabei war die gefährliche Natur der Unternehmung selbst nicht als ein vom Schadensersatz befreiender Zufall anzusehen. Mit dem Inkrafttreten des Reichshaftpflichtgesetzes galt dieses Gesetz nicht mehr für Personenschäden. Für derartige Schäden ging das Reichaftpflichtgesetz etwaigen landesrechtlichen Regelungen vor.
[500] RGBl. 1909, S. 437 ff..
[501] RGZ 78, S. 171 (172).
[502] RGZ 78, S. 171 (172).
[503] Bezeichnend für die Entscheidung war, daß sich der Unfall mit einem bereits notgelandeten und nicht in Fahrt befindlichem Luftschiff ereignete.

E. Die Gefährdungshaftung im Luftverkehr

I. Das Prinzip der Gefährdungshaftung und seine Begründung für den Luftverkehr

Bis zum Inkrafttreten des Luftverkehrsgesetzes im Jahre 1922 richtete sich die Haftung des Luftfahrers für außervertragliche Beschädigungen von Personen und Sachen nach den allgemeinen Regelungen des Bürgerlichen Gesetzbuchs, insbesondere nach den deliktsrechtlichen Bestimmungen der §§ 823 ff. BGB und dem § 904 S. 2 BGB. Nach § 823 BGB haftete der Luftfahrer nur dann, wenn ihm ein Verschulden zur Last fiel. Im Rahmen der vermuteten Verschuldenshaftung des § 831 BGB hatte der Luftfahrer die von seinen Bediensteten angerichteten Schäden zu ersetzen. Er hatte aber die Möglichkeit, sich durch den regelmäßig leicht zu führenden Exkulpationsbeweis von seiner Haftung zu befreien. Soweit der Luftfahrer im Notstand handelte, war außerdem § 904 S. 2 BGB zu beachten, der jedoch nur für Einwirkungen auf Sachen eine verschuldensunabhängige Ersatzpflicht regelt. Bei der Ausarbeitung eines reichseinheitlichen Luftverkehrsgesetzes stellte sich von Anfang an die Frage, ob und nach welchen Grundsätzen für den Luftverkehr spezielle Haftpflichtbestimmungen zu den Regelungen des Bürgerlichen Gesetzbuchs normiert werden sollten. Der Betrieb des Luftfahrzeugs stellte eine neuartige Gefahr für die Allgemeinheit dar. Die fliegerische Betätigung war nur unter Gefährdung von Menschen und Sachen möglich. Ihre besondere Gefährlichkeit ergab sich aus der Unvorhersehbarkeit und Unabwendbarkeit der Gefahren, vor allem für betriebsfremde Personen[504]. Diese Gefahren traten besonders bei einer Notlandung, einem Absturz oder dem Abwurf von Ballast in Erscheinung[505] und konnten zu schwerwiegenden Personen- und Sachschäden führen. Andererseits hatten sowohl die Luftfahrer als auch die Allgemeinheit ein Interesse an der Entwicklung und Betätigung der Luftfahrt. Die Aufgabe bestand daher darin, einen Ausgleich der unterschiedlichen Interessen herbeizuführen. Zu berücksichtigen waren dabei insbesondere die Beweisschwierigkeiten des Geschädigten, die aus der schwierigen Kontrollierbarkeit und Verfolgbarkeit der Geschehensabläufe in großen Flughöhen resultierten[506], die Realisierbarkeit des Schadens, die Sicherung der wirtschaftlichen Leistungsfähigkeit der Luftfahrt[507], die Überlegung, daß der Luftfahrtunternehmer den wirtschaftlichen Nutzen des Betriebs hatte, und die Erwägung, daß der Grundstückseigentümer den Überflug

[504] Vgl. Verh. d. 31. DJT, S. 958.
[505] Vgl. Verh. d. 31. DJT, S. 958.
[506] Vgl. Verh. d. 31. DJT, S. 958.
[507] Zur wirtschaftlichen Situation: vgl. *Hilsmann* S. 73 ff.; der zu dem Ergebnis kommt, daß das Flugzeug- und Luftschiffgewerbe vor dem ersten Weltkrieg kaum Gewinne erwirtschaften konnte.

seines Grundstücks grundsätzlich nicht verbieten konnte[508]. Es bot sich an, eine besondere Haftpflichtregelung der Luftfahrer nach den Grundsätzen der Gefährdungshaftung zu regeln. Die Gefährdungshaftung ist als Grundlage einer eigenständigen Haftung im Unterschied zu dem aus dem römischen Recht[509] in das Bürgerliche Gesetzbuch aufgenommenen Verschuldensprinzip erst seit dem preußischen Eisenbahngesetz von 1838[510] allgemein anerkannt[511]. Der heute gebrauchte Begriff „Gefährdungshaftung"" wurde von *Rümelin*[512] geprägt. Die Gefährdungshaftung ist eine objektive, verschuldensunabhängige Haftung, die auf dem Prinzip der Einstandspflicht für die Beherrschung einer besonderen Gefahr beruht[513]. Sie bildet heute einen Unterfall der Erfolgshaftung, wonach der Schuldner auch ohne Verschulden allein für einen eingetretenen rechtswidrigen Erfolg haftet[514]. Die Erfolgshaftung ist aus der archaischen Erfolgshaftung hervorgegangen[515]. Sie unterscheidet sich trotz des gleichlautenden Begriffs von dieser jedoch grundlegend. Für die archaische Erfolgshaftung war allein der äußerlich sichtbare Erfolg der tatsächlichen Schädigung maßgeblich, ohne Rücksicht darauf, ob dem Schädiger durch die Schadensersatzpflicht größeres Unrecht angetan wurde, als er selbst dem Geschädigten zugefügt hatte[516]. Anders als für die heutige Erfolgshaftung war es unerheblich, ob nach modernem Recht Rechtfertigungsgründe oder haftungsbefreiende Gründe für den Schädiger vorlagen. Es kam auch nicht darauf an, ob ein adäquater Zusammenhang zwischen Tat und eingetretenem Erfolg vorlag[517].

Die erste Regelung einer Gefährdungshaftung enthielt § 25 des preußischen Eisenbahngesetzes[518] mit folgender Fassung: „Die Gesellschaft ist zum Ersatz verpflichtet für allen Schaden, welcher bei der Beförderung auf der Bahn, an den auf derselben beförderten Personen und Gütern, oder auch an anderen Personen und deren Sachen, entsteht und sie kann sich von dieser Verpflichtung nur durch den Beweis befreien, daß der Schade entweder durch die eigene Schuld des Beschädigten, oder durch einen unabwendbaren äußeren Zufall bewirkt worden ist. Die gefährliche Natur der Unternehmung selbst ist als ein solcher, von dem Schadensersatz befreiender, Zufall nicht zu betrachten."

---

[508] Vgl. *Hilsmann*, S. 71.
[509] *Von der Mühll*, S. 8.
[510] Preuß. G. S. 1838, S. 505 ff..
[511] *Deutsch*, Jura 1983, S. 617 (617).
[512] Vgl. *von der Mühll*, S. 21 Fn. 37.
[513] *Deutsch*, S. 363; vgl. *Larenz*, § 84 2 a); *Fikentscher*, Einl. § 109.
[514] Zur Zeit der Entstehung des Luftverkehrsgesetzes wurden die Begriffe „Erfolgs-„ und „Zufallshaftung" gleichbedeutend mit dem Begriff Gefährdungshaftung verwendet.
[515] Vgl. dazu *von der Mühll*, S. 7 ff..
[516] *Von der Mühll*, S. 12/13.
[517] *Von der Mühll*. S. 13.
[518] Preuß. G. S. 1838, S. 505 ff..

Anknüpfungspunkt der Haftpflicht war keine rechtswidrige und schuldhafte Handlung des Schädigers, sondern der Umstand, daß der Schädiger eine gefährdende Anlage derart in den Verkehr brachte, daß Dritte notwendigerweise mit ihr in Berührung kommen und dadurch Schaden erleiden konnten[519]. Diese Regelung wurde in der Folgezeit auf andere technische Einrichtungen ähnlicher Art, z. B. auf Trambahnen, Dampfschiffe, elektrische Schnellbahnen und Automobile entsprechend angewendet[520]. Weitere spezialgesetzliche Bestimmungen waren auch in § 1 RHPfG[521] für Eisenbahnen, in § 833 S. 1 BGB und in § 7 KFG[522] geregelt.

In der Literatur und von Vereinigungen, wie dem *Deutschen Juristentag* und dem *Comité juridique international de l'aviation*, war nahezu ausnahmslos eine besondere Haftpflichtregelung für die Luftfahrt gefordert worden[523]. Nur vereinzelt wurde die bestehende Rechtslage für ausreichend erachtet bzw. ein Abwarten der technischen Entwicklung für erforderlich gehalten. So lehnten *Buhrback*[524], *Zitelmann*[525], *Hauke*[526] und *Niemeyer*[527], die beide trotz ihrer ablehnenden Haltung Vorschläge für eine Rechtsänderung machten, besondere Haftpflichtbestimmungen für die Luftfahrt ab. *Zitelmann* sprach sich dafür aus, die Entwicklung der Luftfahrt noch abzuwarten. Eine analoge Anwendung der für Eisenbahnen und Kraftfahrzeuge aufgestellten Gefährdungshaftungstatbestände lehnte er ab. Der Grund der Sonderbehandlung der Eisenbahnen und Autos resultiere daraus, daß sie sich auch räumlich in den allgemeinen Verkehr eingefügt hätten und von Natur aus eine Gefahr dafür bilden würden. Dagegen sei der Luftverkehr räumlich frei und die Luftfahrzeuge würden keine besondere Gefahr für den allgemeinen Verkehr darstellen. Die Gefahren zählten vielmehr zu denen, die dem Einzelnen überall drohen würden. Außerdem sprach sich *Zitelmann* gegen eine analoge Anwendung der seerechtlichen Bestimmungen auf die Luftfahrt aus. Danach habe der Reeder für alle Schäden einzustehen, die eine Person der Schiffsbesatzung einem Dritten schuldhaft in Ausführung ihrer Dienstverrichtungen zufüge, ohne daß sich der Reeder der Haftung durch den Nachweis entziehen könne, daß er die Besatzungsmannschaft vorsichtig ausgewählt habe. Das

---

[519]Giemulla-*Giemulla*, § 33 Rd. 2.
[520]*Esser*, RVerwBl. 1938, S. 999 (1003).
[521]RGBl. 1871, S. 207 ff..
[522]RGBl. 1909, S. 437 ff..
[523]*Bodenheim*, S. 28; *Wolff*, S. 49 Fn. 1, m. w. N.; *Fackeldey*, S. 66; *Lange*, S. 72; Wember, S. 105; *Runkel*, S. 79 Fn. 1, m. w. N.; *Hilsmann*, S. 71 Fn. 2, m. w. N..
[524]*Buhrback*, S. 42, S. 45, S. 50/51.
[525]*Zitelmann*, S. 39/40.
[526]*Hauke*,S. 39; er befürwortete eine vermutete Verschuldenshaftung mit umgekehrter Beweislast.
[527]*Niemeyer*, S. 29 (56).

Bedürfnis für die Übertragung dieses Grundsatzes auf die Luftfahrt sei nicht größer als in anderen Fällen, in denen man davon abgesehen habe[528].

Die Forderung, einer Gefährdungshaftung im Luftverkehr, wurde vor allem auf folgende Argumente gestützt: Es wurde angeführt, daß die gesetzgeberischen Erwägungen, die im Automobilwesen zur Regelung einer Gefährdungshaftung geführt hätten - d. h. die Überlegung, daß derjenige, der eine gefährliche Maschine in den Verkehr bringe und in Betrieb habe, auch für die aus dieser Gefahr entstandenen Schäden einstehen müsse - auch für die Luftfahrt zuträfen[529]. Zur Begründung der besonderen Gefährlichkeit der Luftfahrzeuge hatte *Wolff* angeführt, das Luftfahrzeug überfliege nach jedem Aufstieg „fremdes Eigentum und den Verkehr von Menschen“[530]. Daraus ergebe sich unmittelbar eine Gefährdung von Leib und Gut[531]. Auf der Grundlage statistischer Untersuchungen kam *Hilsmann* zu dem Ergebnis, daß die Allgemeinheit konkret und in besonderem Maße durch die Luftfahrt gefährdet werde[532]. Außerdem wurde aus der Überlegung, daß dem Grundstückseigentümer zum Ausgleich für die ihm auferlegte Pflicht, den Luftverkehr über seinem Grundstück zu dulden, ein verschuldensunabhängiger Ersatzanspruch gewährt werden müsse, die Forderung nach einer allgemeinen verschuldensunabhängigen Ersatzpflicht hergeleitet[533]. Zur Begründung führte *Kohler* aus, auch derjenige, der sich auf fremden Eigentum aufhalte, nehme am Schutz des Eigentums teil und verdiene daher den gleichen Schutz wie der Grundstückseigentümer. Dies habe auch für „öffentliches Eigentum“ zu gelten[534]. *Kohler* forderte eine vollkommene über die Regelung des § 831 BGB hinausgehende Haftung des Luftfahrzeughalters für die in seinem Dienste stehenden Personen[535].

Als weiteres Argument wurde die besondere Beweisnot des Geschädigten, die sich aus den besonderen Verhältnissen der Luftfahrt ergab, angeführt[536].

Konkrete Lösungsvorschläge für eine gesetzliche Regelung wurden in der Literatur von *Schroeder*[537], der in einem von ihm entworfenen Luftgrundgesetz ein eigenes Haftungssystem aufstellte, von *von Gizycki*[538], *Meyer*[539], *Wolff*[540], *Hils-*

---

[528] *Zitelmann*, S. 39/40.
[529] *Tauber*, S. 22; vgl. *Schroeder*, S. 12 ff., S. 28 ff..
[530] *Wolff*, S. 54.
[531] *Wolff*, S. 54.
[532] *Hilsmann*, S. 88; seine statistischen Erhebungen beziehen sich auf den Zeitraum vor dem ersten Weltkrieg; dagegen: *Weck*, S, 266; abwartend: *Niemeyer*, S. 29 (55/56).
[533] *Tauber*, S. 23; *Warschauer*, S. 32.
[534] *Kohler*, S. 14.
[535] *Kohler*, S. 13.
[536] *Wolff*, S. 54/55; *Hilsmann*, S. 76/77.
[537] *Schroeder*, S. 28 ff..
[538] *Von Gizycki*, S. 41: § 1: „Wird bei dem Betriebe eines Luftfahrzeuges ein Mensch getötet, der Körper oder die Gesundheit eines Menschen verletzt oder eine Sache beschädigt, so ist

mann[541], *Sperl*, *Niemeyer*, vom *Deutschen Juristentag* und dem *Comité juridique international de l'aviation*[542], das auf seinem ersten Kongreß in Paris im Jahre

---

der Halter des Fahrzeugs verpflichtet, dem Verletzten den daraus entstehenden Schaden zu ersetzen.
Die Ersatzpflicht ist ausgeschlossen, wenn der Unfall durch höhere Gewalt oder durch eigenes Verschulden des Verletzten verursacht ist und sowohl der Halter als der Führer des Fahrzeugs jede nch den Umständen des Falles gebotenen Sorgfalt beobachtet hat.
Wird das Fahrzeug ohne Wissen und Willen des Fahrzeughalters von einem anderen in Betrieb gesetz, so ist dieser an Stelle des Halters zum Ersatze des Schadens verpflichtet."
§ 2: „Die Vorschriften des § 1 finden keine Anwendung, wenn zur Zeit des Unfalls der Verletzte oder die beschädigte Sache durch das Fahrzeug befördert wurden oder der Verletzte bei dem Betriebe des Fahrzeugs tätig war."

[539] Er hatte sich für folgende Regelung ausgesprochen, die er dem dritten Kongreß des Comité juridique international de l'aviation, der am 25., 26. und 27. September 1913 in Frankfurt am Main durchgeführt wurde, vorgelegt hatte: „Wird durch den Betrieb eines Luftfahrzeugs ein Schaden angerichtet, so ist der Halter des Luftfahrzeugs verpflichtet, ihn zu ersetzen.
Die Ersatzpflicht ist ausgeschlossen, wenn die Beschädigung weder durch das Verhalten des Halters oder einer von ihm zu einer Verrichtung bestellten Person in Ausführung dieser Verrichtung noch durch fehlerhafte Beschaffenheit des Fahrzeugs oder Versagen seiner Verrichtungen verursacht worden ist." Zusätzlich sollte gelten, daß in Fällen, in denen das Fahrzeug ohne Wissen und Willen des Fahrzeughalters von einem anderen in Betrieb gesetzt wurde, dieser an Stelle des Halters haftete. Bei mitwirkendem Verschulden des Verletzten sollte eine Schadensverteilung möglich sein. Die verschärfte Haftpflicht sollte keine Anwendung finden, wenn zur Zeit des Unfalls der Verletzte oder die beschädigte Sache durch das Fahrzeug befördert wurde oder der Verletzte beim Betrieb des Fahrzeugs tätig war. (*Meyer*, JW 1913, S. 971 (972).

[540] *Wolff*, S. 61: „§ 1 Wird bei dem Betriebe eines Luftfahrzeugs ein Mensch getötet, der Körper oder die Gesundheit eines Menschen verletzt oder eine Sache beschädigt, so ist der Halter des Fahrzeugs verpflichtet, dem Verletzten den daraus entstehenden Schaden zu ersetzen.
Die Ersatzpflicht ist ausgeschlossen, wenn der Unfall durch das Verhalten eines nicht beim Betriebe beschäftigten Dritten oder des Verletzten oder durch ein Ereignis herbeigeführt worden ist, das nicht auf die Beschaffenheit des Fahrzeugs oder ein Versagen seiner Verrichtungen zurückzuführen ist, und sowohl der Halter als der Führer des Luftfahrzeugs jede nach den Umständen des Falles gebotene Sorgfalt beobachtet hat.
Wird das Fahrzeug ohne Wissen und Willen des Halters von einem anderen in Betrieb gesetzt, so ist dieser an Stelle des Halters zum Ersatze des Schadens verpflichtet."

[541] *Hilsmann*, S. 90; entsprechend zu § 7 KFG wurde vorgeschlagen: „Wird bei dem Betrieb eines Luftfahrzeuges ein Mensch getötet, der Körper oder die Gesundheit eines Menschen verletzt, oder eine Sache beschädigt oder zerstört, so ist der Halter des Luftfahrzeuges verpflichtet, dem Verletzten den daraus entstehenden Schaden zu ersetzen.
Die Ersatzpflicht ist ausgeschlossen:
1. wenn das schädigende Ereignis auf das Verschulden
a) des Verletzten selbst,
b) seines Angestellten oder
c) eines Dritten, der nicht im Betrieb des schädigenden Luftfahrers beschäftigt ist,
zurückzuführen ist.

1911[543] und auf seinem dritten Kongreß, im September 1913 in Frankfurt am Main[544] über die Haftpflicht der Luftfahrer beriet[545], entwickelt. Allen Vorschlägen war die Forderung nach einer beschränkten Gefährdungshaftung gemeinsam.

---

2. wenn - ohne daß die Voraussetzungen der Ziffer 1 vorliegen - die besonderen Betriebsgefahren der Luftfahrt den entstandenen Schaden nicht verursacht haben.
Ist das Verhalten des Verletzten oder desjenigen, der die tatsächliche Gewalt über die beschädigte Sache ausübt, bei der Entstehung des Schadens als mitverursachend anzusehen, so kann unter Würdigung aller Umstände auf Ersatz eines Teils des durch den Luftfahrer angerichteten Schadens erkannt werden.
Hat das Verhalten eines Tieres den Schaden verursacht, so haftet der Halter des Luftfahrzeugs, wenn das Verhalten des Tieres auf die mit dem Betrieb des Luftfahrzeuges verbundenen Gefahren zurückzuführen ist und der Tierhalter auch bei Beobachtung der größten Sorgfalt den Schaden nicht abwenden konnte."

[542]Nähere Angaben zu der Vereinigung sind dem Anhang zu entnehmen.

[543]An dem Kongreß nahmen von deutscher Seite folgende Personen teil: *Meyer* (weitere Angaben zur Person im Anhang), *Niemeyer* (Vorsitzender der Rechtskommission des Deutschen Luftschifferverbandes) und *Andreae* (Direktor der Delag).

[544]Von deutscher Seite waren neben Vertretern verschiedener Behörden unter anderem beteiligt: *Meyer*, *Niemeyer* (Geheimer Regierungsrat) *Dronke* (Reichsjustizamt, weitere Angaben im Anhang), *Meurer* und *Zitelmann*.

[545]In Paris (1911) war folgende Bestimmung beschlossen worden:
Art. 11 Code de l'air: „Jede Landung verpflichtet zum Ersatz des dadurch verursachten Schadens. Sollte jedoch die Beschädigung durch eigenes Verschulden des Beschädigten mitentstanden sein, so kann der Urheber des Schadens nach Maßgabe dieses Verschuldens ganz oder zum Teil von der Schadensersatzpflicht befreit werden." (zit. *Meyer*, JW 1911, S. 670 (671)).
In Frankfurt am Main (1913) hatte man sich nach längere Diskussion auf folgende Bestimmungen des Code de l'air geeinigt:
Art. 27: „Wird durch ein Luftfahrzeug Personen oder Sachen auf der Erdoberfläche ein Schaden zugefügt, so ist der Halter des Luftfahrzeugs zum Ersatze des Schadens verpflichtet. Das Recht der verletzten Person, denjenigen in Anspruch zu nehmen, welcher nach allgemeinem bürgerlichen Recht für den Schaden verantwortlich ist, bleibt unberührt."
Art. 28: „Dem zum Schadensersatz verpflichteten Halter steht ein Regreßanspruch gegen den nach allgemeinem bürgerlichen Recht verantwortlichen Urheber des Schadens zu."
Art. 29: „Ist der Schaden ganz oder teilweise auf ein Verhalten der verletzten Person zurückzuführen, so kann das Gericht den Halter ganz oder teilweise von der Ersatzpflicht befreien."
Art. 30: „Der Halter kann die Einrede der höheren Gewalt geltend machen."
Art. 31: „Die Vorschriften des Art. 27 finden keine Anwendung, wenn zur Zeit des Unfalls die verletzte Person oder die beschädigte Sache durch das Luftfahrzeug befördert wurde oder wenn der Verletze bei dem Betriebe des Fahrzeugs tätig war." (zit. nach *Meyer*, JW 1913 S. 971 (971/972)).

II. Zur Position des Deutschen Juristentages

Der *31. Deutschen Juristentages* von 1912 (Wien) hatte zur Haftungsfrage eine eigene Stellungnahme abgegeben. Die Grundlage dafür bildeten die Gutachten von *Prof. Dr. Sperl* und *Justizrat Dr. Niemeyer.*

Sperl befürwortete in seinem Gutachten den Erlaß spezieller Haftpflichtbestimmungen für den Ersatz von Luftfahrtschäden. Das nach den allgemeinen Bestimmungen des Deliktsrechts des Bürgerlichen Gesetzbuchs geltende Verschuldensprinzip erachtete er für unzureichend. Es führe dazu, daß die Luftfahrtschäden fast ausnahmslos von der Allgemeinheit getragen werden müßten, während sie dem mit einem neuen Verkehrsmittel auftretenden Unternehmer weitgehend abgenommen würden. Auch aus praktischen Gründen lehnte er eine ausschließliche Ersatzpflicht der an der Luftfahrt beteiligten Personen nach dem Verschuldensprinzip ab. Es sei äußerst schwierig, die Unglücksursache eines schädigenden Ereignisses zu ermitteln. Der Luftfahrer selbst werde sie nicht kennen oder nicht zugeben und der aus „luftiger Höhe" plötzlich Verletzte werde sie auch nicht ermitteln können. Somit werde es dem Geschädigten regelmäßig nicht gelingen, den Nachweis des Verschuldens zu erbringen[546].

Sperl forderte die Regelung einer Ersatzpflicht für Schäden, die unbeteiligten Personen durch die Luftfahrt unverschuldet zugefügt würden nach den Grundsätzen der „Erfolgshaftung". Aus rechtlichen Erwägungen sei es geboten, daß derjenige, der einen die Allgemeinheit gefährdenden Betrieb in den Alltagsverkehr einführt, für die sich daraus ergebenden Gefahren einzustehen habe. Dem Unternehmer sei bekannt, daß mit dem Betrieb eines Luftfahrzeugs unvermeidliche Gefahren verbunden seien. Dies sei auch der Allgemeinheit bekannt. Dennoch werde der Betrieb erlaubt, da wichtige Interessen dies erforderten. Wer diese offen erkannten Gefahren in den Verkehr bringe, habe auch für die daraus entstandenen Schäden einzustehen. Die Gefährdung sei der Haftungsgrund. Eine Anwendung der Grundsätze der „Erfolgs"- bzw. Gefährdungshaftung auf die Unternehmer gefährdender Betriebe sei auch aus wirtschaftlichen Gesichtspunkten geboten. Die durch den Betrieb entstandenen Schäden seien eine normale Folge der Betriebstätigkeit. Der Unternehmer habe das „risque professionel"[547] zu tragen[548]. Im übrigen berief sich Sperl auf das „Prinzip des kleinsten Schadens"[549]. Aus Gründen sozialer Gerechtigkeit sei es geboten, daß bei Schäden, die unverschuldet verursacht würden, unter dem Verursacher und dem Betroffenen jener den Schaden zu tragen habe, der ihn aufgrund seines Vermögens besser tragen

---

[546] *Sperl*, S. 62 (78).
[547] *Sperl*, S. 62 (79 Fn. 17).
[548] *Sperl*, S. 62 (79).
[549] *Sperl*, S. 62 (82).

könne[550]. Zu berücksichtigen sei auch die Überlegung, daß derjenige, der vorrangig im eigenen Interesse handle, die Gefahren tragen müsse, die in der Sphäre Unbeteiligter auf seine Kosten entstünden. Zwar habe auch der einzelne Unbeteiligte ein mittelbares Interesse an der Luftfahrt. Dem komme er aber in ausreichender Weise dadurch entgegen, daß er sich eine Gefährdung durch die Luftfahrt gefallen lasse[551].

Das Schadensersatzrecht habe auch erzieherische Wirkungen[552]. Wenn der Luftfahrer auch ohne Verschulden für die entstandenen Luftfahrtschäden einstehen müsse, sei dies ein Ansporn für die Entwicklung von technischen Verbesserungen der Luftfahrzeuge und von Schutzvorkehrungen. Der Geschädigte hingegen sei regelmäßig aus technischen und ökonomischen Gründen nicht in der Lage, Schutzvorrichtungen zu schaffen[553]. Außerdem habe der Luftfahrer die Möglichkeit, sich gegen Luftfahrtschäden zu angemessenen Prämien zu versichern. Den Schaden endgültig auf einen unbeteiligten Dritten abzuwälzen könne dagegen zur Vernichtung von Existenzen führen[554].

Die Ausgestaltung besonderer Haftpflichtbestimmungen sei in der Weise vorzunehmen, daß der Eigentümer des Luftfahrzeugs, der Unternehmer und der Fahrzeugführer alle Schäden solidarisch ersetzen sollten, die durch die Bewegung des Luftfahrzeugs oder durch eine von ihr ausgelöste Kraft entstünden. Von dieser Haftung sollten die Luftfahrzeugführer oder Mitfahrer ausgenommen sein, die im Dienste und Auftrag des Eigentümers des Unternehmens oder des Fahrzeugführers handeln würden[555].

Nach Auffassung von Sperl dürfte das Prinzip der Gefährdungshaftung allerdings nicht uneingeschränkt gelten. So habe die Haftung zu entfallen, wenn oder soweit der Geschädigte selbst oder eine nicht im Dienst oder in der Verantwortung des Luftfahrers stehende Person den Schaden schuldhaft herbeigeführt habe[556]. Dieser Rechtsgedanke kam bereits in § 1 RHPfG[557] und § 25 preußisches Eisenbahngesetz[558] zum Ausdruck. Die Haftung müsse auch dann entfallen, wenn der Luftfahrer beweisen könne, der Schaden sei nur durch solche Elementarereignisse herbeigeführt worden, die als außergewöhnliche, weder vorhersehbare, noch erfahrungsgemäß mit dem Betrieb der Luftfahrt verbundene Kraft-

---

[550] *Sperl*, S. 62 (82); dagegen führt *Hilsmann* die geringe Kapitalkraft der Luftfahrer bzw. der Luftschiff- und der Flugzeugbetriebe an. Er befürwortet den Gesichtspunkt sozialer Schadensverteilung daher nur für Freiballonfahrer (vgl. *Hilsmann*, S. 74/75).

[551] *Sperl*, S. 62 (80).

[552] Zustimmend: *Hilsmann*, S. 75.

[553] *Sperl*, S. 62 (80/81).

[554] *Sperl*, S. 62 (81).

[555] *Sperl*, S. 62 (97).

[556] *Sperl*, S. 62 (97).

[557] RGBl. 1871, S. 207 ff..

[558] Preuß. G. S. 1838, S. 505 ff..

einwirkungen anzusehen seien[559]. Bei den Eisenbahnen hätten „unabwendbarer äußerer Zufall“ gemäß § 25 preußisches Eisenbahngesetz[560] und „höhere Gewalt“ nach § 1 RHPfG[561] von der Ersatzpflicht befreit. Nach § 7 Abs. 2 KFG[562] befreie ein „unabwendbares Ereignis“ den Kraftfahrzeughalter von seiner Ersatzpflicht. Die Erfahrungen hätten gezeigt, daß von derartigen „übermenschlichen Gewalten“ auch in der Luftfahrt verhängnisvolle Schäden angerichtet werden könnten. Sie würden außerdem eine häufige Unfallursache darstellen. Soweit derartige Natureinwirkungen allerdings zu den normalen, erfahrungsgemäß häufig zu erwartenden Ereignissen der Luftfahrt gehörten, seien sie den spezifischen Betriebsgefahren der Luftfahrt zuzurechnen und müßten von demjenigen getragen werden, der einen Betrieb ausübe, der mit derartigen Gefahren verbunden sei. Die konkrete Gefahr lasse sich zwar im voraus nicht berechnen und sei auch nicht absehbar, aber das Eintreten solcher Gefahren als Eigenart der Luftfahrt könne als abstrakte Gefahr vorausgesehen werden. Etwas anderes habe für solche Naturereignisse zu gelten, die in der Luftfahrt als ungewöhnliche, nicht in Rechnung zu stellende, außergewöhnliche Krafteinwirkungen erscheinen würden. Für die einer „vis major“ der Elemente zuzuschreibenden Schäden könne der Luftfahrer nicht ersatzpflichtig gemacht werden[563]. Sperl räumte aber ein, daß sich gegen diese Ansicht begründete Einwendungen geltend machen ließen: Der Schaden wäre nicht eingetreten, wenn das Luftschiff nicht gefahren wäre[564]; das Luftschiff sei in den Rechtskreis eines Unbeteiligten eingetreten und habe durch Auslösung „elementarer Bewegungen“ den Anlaß zur Entstehung des Schadens gegeben[565].

Im Hinblick auf die wirtschaftliche Absicherung von möglichen Schadensersatzleistungen forderte Sperl eine Vereinigung aller Luftfahrer in Zwangsberufsgenossenschaften, die gesetzlich verpflichtet sein müßten, alle unbeteiligten Personen aus der Luftfahrt entstandenen Schäden zu ersetzen. Durch internationalen Vertrag sollten sich die Zwangsgenossenschaften der einzelnen europäischen Länder zu einem einheitlichen Ersatz- und Versicherungsverband zusammenschließen[566].

Ein weiteres Gutachten für den 31. Deutschen Juristentag verfaßte *Niemeyer*. Anders als Sperl hielt er den Erlaß spezieller Haftpflichtbestimmungen für den Ersatz von Luftfahrtschäden zum gegenwärtigen Zeitpunkt noch nicht für erforderlich. Er sprach sich dafür aus, die Gefahrentwicklung und -minderung im

---

[559] *Sperl*, S. 62 (97).
[560] Preuß. G. S. 1838, S. 505 ff..
[561] RGBl. 1871, S. 207 ff..
[562] RGBl. 1909, S. 437 ff..
[563] *Sperl*, S. 62 (86).
[564] *Sperl*, S. 62 (86/87).
[565] *Sperl*, S. 62 (87).
[566] *Sperl*, S. 62 (97).

Luftverkehr noch abzuwarten[567]. So sei das Luftfahrzeug weit davon entfernt, ein Massentransportmittel zu sein[568]. Es sei daher verfrüht, ein abschließendes Urteil darüber abzugeben, ob und inwieweit die Luftfahrt „nach den Erfahrungen des täglichen Lebens ein für das Verkehrsleben gefährlicher, Gefahren in sich schließender Betrieb" sei[569]. Er lehnte es ab, eine Regelung der Gefährdungshaftung im Luftverkehr mit der Vergleichbarkeit der Verhältnisse im Eisenbahn- und Automobilwesen zu begründen. Die Automobilgesetzgebung sei auf einen starken Widerstand „weiter Volkskreise" gegen den „Automobilunfug" und auf eine nicht auf Juristenkreise beschränkten Forderung nach gesetzgeberischen Maßnahmen zur Einschränkung der Automobilgefahren und erweiterten Haftpflichtregelungen der Automobilbesitzer zurückzuführen, der eine starke Bewegung der Automobilinteressen gegenüber gestanden habe. Demgegenüber erfreue sich die Luftfahrt großer Beliebtheit in weiten Bevölkerungskreisen. Die Interessenvertreter der Luftfahrt würden sich gegen den Erlaß strengerer Haftpflichtregelungen nicht sträuben. Im übrigen habe die Praxis bisher noch nicht zu unbefriedigenden Prozeßergebnissen geführt[570]. Die Anwendung einer Gefährdungshaftung rechtfertige sich für das Automobilwesen daraus, daß die Autos räumlich in den allgemeinen Verkehr gestellt und für diesen spezifische Gefahren darstellen würden. Die Luftfahrt finde jedoch - anders als der Eisenbahn- und Automobilbetrieb - nicht auf Verkehrsstraßen statt und könne sich neben- und übereinander vollziehen.

Die Gefahren der Luftfahrt träfen - von den Beteiligten abgesehen - nicht den allgemeinen Verkehr, sondern den Einzelnen. Es sei daher zu prüfen, ob die dem Einzelnen von der Luftfahrt drohenden Gefahren so sehr über das Maß des Gewöhnlichen hinaus gehen würden, daß sie eine sondergesetzliche Regelung herausfordern würden. Über den Umfang der spezifischen Luftfahrtgefahren gebe es noch keine ausreichenden Erfahrungen[571]. Die Freiballone seien gegenwärtig am sichersten. Bestandteile, die sich loslösen und gegen den Willen oder ohne Verschulden des Luftfahrers abstürzen könnten - wie Propeller, Flügel usw. - hätten die Ballone nicht[572]. Unfreiwillige Abstürze durch Platzen der Ballone seien so außergewöhnlich, daß dabei kaum von einer spezifischen Gefahr der Freiballone gesprochen werden könne. Nach der Statistik der deutschen Freiballonfahrten gebe es nur einen Fall, in dem der Absturz eines Ballons durch Blitzschlag verursacht worden sei[573]. Im übrigen seien die mit der Ballonfahrt angerichteten Schä-

[567] *Niemeyer*, S. 29 (56).
[568] *Niemeyer*, S. 29 (59).
[569] *Niemeyer*, S. 29 (55/56).
[570] *Niemeyer*, S. 29 (50).
[571] *Niemeyer*, S. 29 (52).
[572] *Niemeyer*, S. 29 (52).
[573] *Niemeyer*, S. 29 (53).

den, wie Landungsauswurfschäden und Schäden aus unsachgemäßer Bedienung des Ballons, nach §§ 823 ff. BGB und § 904 S. 2 BGB zu ersetzen[574].

Dagegen hätten die Luftschiffe schon mehrere aufsehenerregende Unfälle verursacht. Als besonders gefährlich hätten sich dabei Luftschiffe des starren Systems erwiesen. Das Zeppelin-Luftschiff LZ 4 sei bei Echterdingen verbrannt, das Zeppelin-Luftschiff LZ 5 sei bei Weilburg gestrandet und das Zeppelin-Luftschiff LZ 7 „Deutschland" sei im Teutoburger Wald verunglückt[575]. Niemeyer ging aber davon aus, daß die technische Fortentwicklung dieser Luftschiffe ihre Gefährlichkeit vermindern würde[576]. Als weitaus gefahrloser hätten sich die Luftschiffe des halbstarren und des unstarren Systems erwiesen. Lediglich zwei Unfälle hätten bisher großes Aufsehen erregt: Der aufgrund eines vermeidbarern Bedienungsfehlers erfolgte Absturz des Luftschiffs „Erbslöh" am 23. Januar 1910 in Leichlingen[577] und der Absturz des französischen Luftschiffs „Republique"[578], der durch ein von einem abgesprungenen Propeller verursachtes Leck im Ballon ausgelöst wurde[579]. Die geringe Zahl der Unfälle berechtigte nach Niemeyers Ansicht nicht dazu, von einer besonderen Gefahr der Luftschiffe dieser beiden Systeme zu sprechen[580].

Am gefährlichsten sei das Flugzeug. Die Gefahr eines unfreiwilligen Absturzes und die Gefahr von Personenverletzungen bei Start und Landung seien gegenwärtig noch außerordentlich groß. Dabei sei zu berücksichtigen, daß sich die überwiegende Zahl der Unfälle auf den Flugplätzen abspiele und nur in wenigen Fällen unbeteiligte Personen durch einen Luftfahrtunfall zu Schaden gekommen seien. Im übrigen vermindere sich gegenwärtig mit der Vervollkommnung der Technik die relative Zahl der Unfälle. Das zeige die Unfallstatistik[581]. Vor diesem Hintergrund hielt es Niemeyer noch für verfrüht, abschließend zu beurteilen, ob die Luftfahrt „nach den Erfahrungen des täglichen Lebens ein für das Verkehrsleben gefährlicher, Gefahren in sich schließender Betrieb" sei, der eine Gefährdungshaftung erfordere[582].

Niemeyer räumte jedoch ein, für eine künftige Änderung des geltenden Schadenersatzrechts spräche die Beweisnot des Geschädigten. Kleine Fehler und Mängel des Fahrzeugs oder seiner Teile oder Fehler bei der Bedienung des Fahrzeugs in der Luft seien von dem Geschädigten noch schwieriger als bei einem Autounfall zu beweisen. Gegenüber derartigen Unfällen sei es für den Luftfahrer noch einfacher, sich vom Unfallort zu entfernen und vorhandene Defekte zu be-

---

[574] *Niemeyer*, S. 29 (52).
[575] Vgl. 3. Teil A. II. 1..
[576] *Niemeyer*, S. 29 (53).
[577] *Niemeyer*, S. 29 (54); vgl. auch 3. Teil A. II. 1..
[578] Entsprechend Orginaltext.
[579] *Niemeyer*, S. 29 (54 Fn. 52).
[580] *Niemeyer*, S. 29 (54).
[581] *Niemeyer*, S. 29 (54).
[582] *Niemeyer*, S. 29 (56); vgl. auch *Weck*, S. 266; dagegen: *Hilsmann*, S. 88.

streiten[583]. Nach Niemeyers Vorschlag könne die Erweiterung der Haftpflicht der Luftfahrer eventuell auf eine Beseitigung des Beweisnotstands des Geschädigten beschränkt werden. Er schlug daher eine Umkehr der Beweislast vor: Danach habe der Luftfahrzeughalter für die bei seinem Betrieb entstandenen Personen- oder Sachschäden zu haften, sofern er nicht beweise, daß der Schaden nicht durch sein Verschulden oder das einer von ihm zur Führung bestellten Person entstanden sei[584].

Sollte man sich jedoch für eine Ausdehnung der „Zufallshaftung" auf Luftfahrzeuge entscheiden, sollte nach Niemeyers Ansicht folgende Regelung gelten: In Anlehnung an § 7 Abs. 2 KFG sollte dem haftpflichtigen Luftfahrer die Einrede gestattet werden, daß der Unfall durch ein unabwendbares Ereignis, das nicht auf einer fehlerhaften Beschaffenheit des Luftfahrzeugs oder dem Versagen seiner Vorrichtungen beruhe, oder durch eigenes Verschulden des Verletzten verursacht worden sei[585].

Eine Einschränkung der „Zufallshaftung" erachtete Niemeyer für unerläßlich. Es sei nicht einzusehen, die im allgemeinen den Verkehr nicht störende Luftfahrt einer strengeren Haftpflicht zu unterwerfen als das Automobil, das die Verkehrsstraßen geradezu beherrsche[586]. Als Haftungsausschluß den Begriff der „höheren Gewalt" des § 1 RHPfG[587] zu übernehmen lehnte Niemeyer ab. Nach der Rechtsprechung des Reichsgerichts[588] seien darunter alle „außerhalb des Betriebes einwirkende Ereignisse, die nach menschlichen Erfahrungen nicht vorauszusehen sind und deren Eintritt bei den zweckmäßigen Einrichtungen durch menschliche Kraft und Sorgfalt nicht abgewendet werden können" zu verstehen. Sturm und Gewitter, die typischerweise unter den Begriff der „höheren Gewalt" fielen, seien spezifische dem Wesen der Luftfahrt eigene Betriebsgefahren. Es sei unbillig, für derartige Ereignisse im Luftverkehr einen Haftungsausschluß zu regeln. Vielmehr sei es zweckmäßig, die Ausschließungsfälle dem weitreichenden Begriff des „unabwendbaren Ereignisses" des Kraftfahrzeuggesetzes zu unterstellen[589].

Auf der Grundlage der Gutachten von *Sperl* und *Niemeyer* befürwortete der 31. Deutsche Juristentag eine eigenständige Haftpflichtregelung für den Verkehr mit Luftfahrzeugen nach den Grundsätzen der Gefährdungshaftung[590]. Er hielt ein weiteres Abwarten der technischen Luftfahrtentwicklung für verfehlt. Die technischen Verbesserungen könnten an dem Rechtsgrund nichts ändern, daß für die Betriebsgefahren der Luftfahrt grundsätzlich auch ohne Verschulden gehaftet

---

583 *Niemeyer*, S. 29 (51).
584 *Niemeyer*, S. 29 (61).
585 *Niemeyer*, S. 29 (61).
586 *Niemeyer*, S. 29 (58).
587 RGBl. 1871, S. 207 ff..
588 RGZ 60, S. 304 (307).
589 *Niemeyer*, S. 29 (57).
590 Vgl. Verh. d. 31. DJT, S. 962.

werden müsse[591]. Die Haftung sollte jedoch ausgeschlossen sein, wenn der Schaden durch höhere Gewalt verursacht wurde, wobei „höhere Gewalt“ anders als in § 1 RHPfG zu definieren sei. Nicht unter den Begriff der höheren Gewalt sollten die der Luftfahrt eigentümlichen Gefahren fallen. Außerdem sollte - entsprechend der Forderung des Referenten *Kipp*[592] - gegenüber den Grundstückseigentümern, deren Grundstücke oder Luftraum für die Luftfahrt entsprechend den gesetzlichen Regelungen in Anspruch genommen würden, eine Berufung auf höhere Gewalt generell ausgeschlossen sein. Zur wirtschaftlichen Absicherung von Schadensleistungen[593] wollte man die Bildung von Zwangsgenossenschaften zur Tragung der Schadensersatzleistungen unter Regreß auf die haftpflichtigen Betriebe und eine Vereinigung dieser Genossenschaften zu einer internationalen Gesamtorganisation durch internationalen Vertrag durchsetzen[594].

Zusammenfassend kann festgehalten werden, daß nach allen Vorschlägen eine beschränkte Gefährdungshaftung für den Luftfahrzeughalter geregelt werden sollte. Unterschiedlicher Art waren die vorgeschlagenen Haftungsausschlußgründe. Die meisten Regelungen wiesen große Ähnlichkeiten zum Kraftfahrzeuggesetz, insbesondere zu den §§ 7 und 8 Nr. 1 KFG[595] sowie dem § 1 Abs. 2 der Reichstagsvorlage des Entwurfs eines Gesetzes über den Verkehr mit Kraftfahrzeugen vom 24. Oktober 1908[596] auf. Eine Haftungsbefreiung durch „höhere Gewalt“ i. S. des § 1 RHPfG[597] wurde ausdrücklich von *Wolff*[598], *Hilsmann*[599], *Meyer*[600], *Sperl*[601] *und Niemeyer*[602] abgelehnt[603], da man fürchtete, eine zu umfassende Haftungserleichterung für den Luftfahrzeughalter zu begründen. Dem versuchte der Beschluß des 31. Deutschen Juristentages dadurch zu begegnen, daß er den Begriff der „höheren Gewalt“ zwar in seinen Vorschlag aufnahm, aber ausdrücklich definierte, daß die der Luftfahrt eigentümlichen Gefahren von ihm ausgenommen waren. Die Übernahme des „unabwendbaren Ereignisses“

---

[591] Verh. d. 31. DJT, S. 960.
[592] Verh. d. 31. DJT, S. 960.
[593] Verh. d. 31. DJT, S. 961.
[594] Verh. d. 31. DJT, S. 962.
[595] RGBl. 1909, S. 437 ff..
[596] Verh. des RT, 12. Leg.-Per., 1. Session 1907/09, Bd. 248, Ds. Nr. 988; im Folgenden als Reichstagsvorlage-KFG 1908 bezeichnet.
[597] RGBl. 1871, S. 207 ff..
[598] *Wolff*, S. 60.
[599] *Hilsmann*, S. 89.
[600] Vgl. *Meyer*, JW 1913, S. 971 (972).
[601] Vgl. *Sperl*, S. 62 (86).
[602] *Niemeyer*, S. 29 (57).
[603] Das Comité juridique international de l'aviation hatte in Art. 30 Code de l'air die Einrede „höheren Gewalt“ beschlossen (vgl. *Meyer*, JW 1913, S. 971 (972)); ebenfalls dafür *von Gizycki*, S. 40.

i. S. des § 7 Abs. 2 KFG[604] wurde von *Wolff*[605] und *Hilsmann*[606] abgelehnt[607]. Zur Begründung führte *Wolff* den schwer verständlichen Wortlaut der Regelung an[608]. Als „sonstige Haftungsausschlußgründe" sah der überwiegende Teil der vorgeschlagenen Regelungen einen Haftungsausschluß bzw. eine Haftungserleichterung bei Verschulden oder Mitverschulden des Geschädigten oder eines unbeteiligten Dritten vor[609]. Darüber hinaus gab es unterschiedliche Auffassung zu der Frage, ob die Gefährdungshaftung des Luftfahrzeughalters auch gegenüber den durch das Luftfahrzeug beförderten Personen und Sachen zur Anwendung kommen sollte[610]. Als Befürworter der Regelung argumentierte *Wolff* mit der relativ höheren Zahl der verletzten Luftfahrzeuginsassen gegenüber den auf der Erde verletzten Personen[611]. Unter dem Gesichtspunkt, daß die Luftfahrzeuge gegenwärtig noch keine Massentransportmittel darstellen würden, liege nach *Niemeyer* in der Benutzung eine freiwillige Übernahme der Gefahren[612].

F. Regierungsentwurf zu einem Luftverkehrsgesetz und die Beratungen im Bundesrat und Reichstag (1912-1914)

I. Die Vorarbeiten zur Kodifikation eines reichseinheitlichen Luftverkehrsgesetzes

Mit der fortschreitenden Entwicklung der Luftfahrt und der zunehmenden Bedeutung der Flugapparate als Verkehrsmittel wuchs für die Bevölkerung die Gefahr, durch den Betrieb von Flugzeugen verletzt zu werden. In Anbetracht dessen und aufgrund der Tatsache, daß die Regelungen des Bürgerlichen Gesetzbuchs - wie bereits für das Automobil - als unzureichend empfunden wurden, hielt man im *Reichsjustizamt* den Erlaß einer nationalen gesetzlichen Regelung für den Luftverkehr für notwendig, um einen gerechten Ausgleich zwischen den Betroffenen im Schadensfalle herbeizuführen[613]. Auch im *Reichsamt des Innern* wurde eine derartige Regelung für erforderlich gehalten[614]. Bereits im Juni 1911 stellte

---

[604] RGBl. 1909, S. 437 ff..
[605] *Wolff*, S. 60.
[606] *Hilsmann*, S. 88.
[607] Anders *Niemeyer*, S. 29 (57).
[608] *Wolff*, S. 60.
[609] Vgl. dazu auch § 1 RHPfG und § 9 KFG.
[610] Dafür: *Wolff*, S. 64/65; dagegen: *Niemeyer*, S. 29 (59); *Sperl*, S. 62 (97); *Meyer*, JW 1913, S. 971 (972); Art. 31 Code de l'air; *von Gyzicki*, S. 41.
[611] *Wolff*, S. 64/65.
[612] *Niemeyer*, S. 29 (59).
[613] Vgl. BA Berlin-Li., R 30.01, Nr. 7001, Bl. 146/147.
[614] BA Berlin-Li., R 30.01, Nr. 7001, Bl. 158.

das *Reichsjustizamt* einen Fragebogen nebst Erläuterungen auf, aus dem sich ergab, daß Fragen der Haftpflicht und der Erlaß von Verkehrs- und Strafvorschriften einer Erörterung bedürften[615]. Auf dieser Grundlage entwarf das *Reichsamt des Innern* einen umfangreichen Fragenkatalog[616]. Er wurde zum Gegenstand der ersten kommissarischen Beratung am 5. Februar 1912 und gliederte sich in folgende Schwerpunkte:

1. Gesetzlicher Regelungsbedarf für die Materie der Luftfahrt.
2. Bedeutung des Luftraums in staats- und privatrechtlicher Hinsicht.
3. Regelung von Verkehrsvorschriften.
   a) Normierung einer Betriebs- und einer Führererlaubnis.
   b) Festlegung der Verkehrsvorschriften per Verordnung oder durch Gesetz?
4. Regelungen für Luftschiffahrtsunternehmungen.
5. Regelung der Haftpflicht.
6. Strafbestimmungen, Enteignungsrecht, Zollvorschriften, Personenstand, Kriegs- und Naturleistungsgesetz.

II. Die kommissarische Beratung vom 5. Februar 1912 im Reichsamt des Innern

Zu einer ersten Beratung über eine reichsgesetzliche Regelung für den Luftverkehr kam es am 5. Februar 1912 im Reichsamt des Innern[617].

Zu Beginn der Beratung trug der Vorsitzende *Lewald* vor, daß auf der Pariser Luftschiffahrts-Konferenz keine Einigung über eine internationale Regelung für die Luftfahrt hätte erzielt werden können[618]. Infolgedessen hielt der Vorsitzende eine Beratung über den Erlaß einer einheitlichen nationalen Regelung für erforderlich[619]. Ziel der Zusammenkunft war es, auf der Grundlage des im Reichsamt des Innern ausgearbeiteten Fragebogens eine Verständigung darüber herbeizuführen, inwieweit die Vertreter der einzelnen Ministerien die Ausarbeitung einer

---

615 BA Berlin-Li., R 30.01, Nr. 7001, Bl. 149 ff..

616 BA Berlin-Li., R 30.01, Nr. 7001, Bl. 178 g ff.; GStA PK, I. HA Rep. 120 Tn, Nr. 1 Bd. 2 Bl. 176 ff..

617 Vertreten waren: das Reichsamt des Inneren durch *Lewald*, *Dammann* (weitere Angaben zur Person im Anhang), *Albert* und *Jung*, das Auswärtige Amt durch *Simons* (weitere Angaben zur Person im Anhang), *Göppert* und *Müffling*, das Reichsjustizamt durch *Bumke* und *Dronke*, das Reichsmarineamt durch *Lübbert*, *Filitz* und *Rosenberger*, das Preußische Ministerium der öffentlichen Arbeiten durch *Zimmermann* und *Tull*, das Ministerium des Innern durch *von Gröning*, das Kriegsministerium durch *Schiedecke* und *Mielke*, das Justizministerium durch *Koettgen* und das Handelsministerium durch *Neuhaus* und *Bürgers*.

618 BA Berlin-Li., R 30.01, Nr. 7001, Bl. 187 v; GStA PK, I. HA Rep. 84 a, Nr. 1987, Bl. 84 v.

619 BA Berlin-Li., R 30.01, Nr. 7001, Bl. 187 v; GStA PK, I. HA Rep. 84 a, Nr. 1987, Bl. 84 v.

reichsgesetzlichen Regelung befürworteten[620]. Darüber hinaus sollte geklärt werden, ob eine schnelle Regelung geboten und inwieweit eine allgemeine Regelung oder nur die Regelung einzelner Teile vorzunehmen war[621].

Der *Vorsitzende* machte darauf aufmerksam, daß bereits in Frankreich im November 1911 durch Dekret des französischen Präsidenten[622] eine Verordnung für den Luftverkehr vorbehaltlich einer gesetzlichen Regelung erlassen worden sei[623]. Die Ausarbeitung einer reichsgesetzlichen Regelung wurde von allen Teilnehmern der Beratung befürwortet[624]. Für unverzichtbar wurde die Anhörung von Sachverständigen und Vertretern der Industrie gehalten[625]. Der *Vorsitzende* verwies darauf, daß sowohl bei der Vorbereitung der Pariser Luftschiffahrts-Konferenz als auch auf der Konferenz selbst Sachverständige angehört worden seien, deren Beiträge als Material künftiger Beratungen dienen könnten[626].

Das *Auswärtige Amt* vertrat die Auffassung, daß bei der Ausgestaltung eines künftigen Reichsgesetzes unbedingt darauf geachtet werden müsse, daß die Regelung den Abschluß internationaler Abkommen nicht erschwere[627]. Es wurde daher für zweckmäßig gehalten, den im Jahre 1910 auf der Pariser Luftschiffahrts-Konferenz ausgearbeiteten Entwurf eines internationalen Abkommens als Grundlage für eine nationale Regelung zu nehmen[628]. Nach der Ansicht des *Auswärtigen Amts* sei es schließlich nicht ausgeschlossen, daß der Entwurf unabhängig von dem ergebnislosen Verlauf der Pariser Luftschiffahrts-Konferenz in absehbarer Zeit Gegenstand einer internationalen Einigung werden könnte[629]. Im übrigen vermeide ein derartiges Vorgehen auch die Gefahr, daß der Abschluß eines internationalen Abkommens die Änderung einer gerade erlassenen nationalen Regelung erforderlich mache[630].

Dieser Gefahr sollte zusätzlich durch eine möglichst leicht änderbare Regelung begegnet werden. Das *Auswärtige Amt* schlug vor, in der reichsgesetzlichen Regelung das Luftrecht nur in seinen Grundzügen zu regeln und dem Bundesrat die Regelung von Ausführungsbestimmungen zu übertragen. Dadurch könne verhin-

---

[620] BA Berlin-Li., R 30.01, Nr. 7001, Bl. 187 v/188; GStA PK, I. HA Rep. 84 a, Nr. 1987, Bl. 84 v/85.
[621] BA Berlin-Li., R 30.01, Nr. 7001, Bl. 188; GStA PK, I. HA Rep. 84 a, Nr. 1987, Bl. 85.
[622] Zit. nach GStA PK, I. HA Rep. 84 a, Nr. 1987, Bl. 75 ff..
[623] BA Berlin-Li., R 30.01, Nr. 7001, Bl. 188; GStA PK, I. HA Rep. 84 a, Nr. 1987, Bl. 85.
[624] BA Berlin-Li., R 30.01, Nr. 7001, Bl. 188 ff.; GStA PK, I. HA Rep. 84 a, Nr. 1987, Bl. 85 ff..
[625] BA Berlin-Li., R 30.01, Nr. 7001, Bl. 190; GStA PK, I. HA Rep. 84 a, Nr. 1987, Bl. 87.
[626] BA Berlin-Li., R 30.01, Nr. 7001, Bl. 188 v; GStA PK, I. HA Rep. 84 a, Nr. 1987, Bl. 85 v.
[627] BA Berlin-Li., R 30.01, Nr. 7001, Bl. 188 v; GStA PK, I. HA Rep. 84 a, Nr. 1987, Bl. 85 v.
[628] BA Berlin-Li., R 30.01, Nr. 7001, Bl. 188 v; GStA PK, I. HA Rep. 84 a, Nr. 1987, Bl. 85 v.
[629] BA Berlin-Li., R 30.01, Nr. 7001, Bl. 188 v; GStA PK, I. HA Rep. 84 a, Nr. 1987, Bl. 85 v.
[630] BA Berlin-Li., R 30.01, Nr. 7001, Bl. 188 v; GStA PK, I. HA Rep. 84 a, Nr. 1987, Bl. 85 v.

dert werden, daß jede Änderung im Gesetzgebungsverfahren herbeigeführt werden müsse[631].

Im übrigen sprach sich das Auswärtige Amt dafür aus, daß bei der Regelung des ausländischen Luftverkehrs über deutschem Gebiet von dem Grundsatz der Gegenseitigkeit ausgegangen werden sollte. Die Gegenseitigkeit dürfe jedoch nur insoweit angenommen werden, wie sie vom Reichskanzler ausdrücklich festgestellt worden sei[632].

Dann erläuterte *Dammann*, ein Vertreter des Reichsamts des Innern, die Rechtslage in den einzelnen Bundesstaaten. Diese hätten grundsätzlich die Möglichkeit, den Luftverkehr durch Polizeiverordnungen zu regeln. Die geforderte Rechtsvereinheitlichung könne - wie z. B. bei der Regelung des Autoverkehrs - über eine Verständigung im Bundesrat erzielt werden[633]. Nach der Auffassung des *Reichsamts des Innern* sei diese Vorgehensweise jedoch aus verschiedenen Gründen abzulehnen. So sei eine einheitliche Regelung des Luftverkehrs auf diese Art und Weise äußerst umständlich und gewährleiste keine abschließende, insbesondere die Interessen der Militärverwaltung ausreichend berücksichtigende, Regelung. Im übrigen stünden auch die gesetzlichen Bestimmungen der Gewerbeordnung einer solchen Regelung entgegen, was sich bereits bei der Regelung des Autoverkehrs gezeigt hätte. Das Reichsamt des Innern sprach sich daher für den Erlaß einer reichsgesetzlichen Regelung aus. So könne gewährleistet werden, daß der Luftverkehr einheitlich und erschöpfend geregelt werde. Übergangsweise müßten die Bundesstaaten mit den bestehenden Ermächtigungen auskommen. So böten neben dem Polizeirecht auch die §§ 33 b, 37 und 55 Ziffer 4 der Gewerbeordnung eine geeignete Handhabe[634].

Das *Kriegsministerium* und das *Reichsmarineamt* hielten eine Regelung der Verkehrsvorschriften für besonders dringlich[635]. Abschließend war der *Vorsitzende* der Meinung, daß die Ausarbeitung einer reichsgesetzlichen Regelung umgehend in Angriff genommen werden müsse. Der privatrechtliche Teil sollte vom Reichsjustizamt entworfen werden, während das Reichsamt des Innern für den übrigen Teil zuständig sein sollte. Der Vorsitzende hoffte, daß dem Reichstag im nächsten Jahr eine Gesetzentwurf für die Regelung des Luftverkehrs vorgelegt werden könnte[636].

Im Folgenden fand eine Aussprache über einzelne Punkte des im Reichsamt des Innern erstellten Fragebogens statt.

Bezüglich der Frage, welche *öffentlich-rechtlichen Grundsätze für den Luftraum* gelten sollten, sprach sich *Dammann* für die Anerkennung einer uneinge-

---

[631]BA Berlin-Li., R 30.01, Nr. 7001, Bl. 188 v; GStA PK, I. HA Rep. 84 a, Nr. 1987, Bl. 85 v.
[632]BA Berlin-Li., R 30.01, Nr. 7001, Bl. 189; GStA PK, I. HA Rep. 84 a, Nr. 1987, Bl. 86.
[633]BA Berlin-Li., R 30.01, Nr. 7001, Bl. 189 v; GStA PK, I. HA Rep. 84 a, Nr. 1987, Bl. 86 v.
[634]BA Berlin-Li., R 30.01, Nr. 7001, Bl. 189 v; GStA PK, I. HA Rep. 84 a, Nr. 1987, Bl. 86 v.
[635]BA Berlin-Li., R 30.01, Nr. 7001, Bl. 190; GStA PK, I. HA Rep. 84 a, Nr. 1987, Bl. 87.
[636]BA Berlin-Li., R 30.01, Nr. 7001, Bl. 190; GStA PK, I. HA Rep. 84 a, Nr. 1987, Bl. 87.

schränkten Gebietshoheit des Staates aus. Nach seiner Auffassung sei es das Recht jedes einzelnen Staates, die Gebietshoheit zu beschränken oder unbeschränkt zu belassen. Ein allgemeines Recht zum Durchfliegen des Luftraums bzw. ein allgemeines Wegerecht für Luftfahrzeuge existiere nicht. Der Grundsatz der uneingeschränkten Gebietshoheit des Staates über den Luftraum sollte bei der gesetzlichen Regelung berücksichtigt werden, ohne daß er ausdrücklich normiert würde. Dieser Meinung schlossen sich die übrigen Teilnehmer der Sitzung an.

Ausgehend von § 905 BGB, nach dem sich das Recht des Grundstückseigentümers auch auf den Luftraum erstreckt und wonach er solche Einwirkungen nicht untersagen kann, die in einer Höhe vorgenommen werden, an deren Ausschließung er kein Interesse haben kann, sprach sich *Dammann* gegen die Anerkennung der Luftfreiheit in privatrechtlicher Hinsicht aus. Vielmehr müsse unter Berücksichtigung der Rechte der Grundstückseigentümer ein gerechter Ausgleich zwischen deren Interessen und dem Grundsatz der Verkehrsfreiheit geschaffen werden. Deshalb schlug er vor, Vorschriften zu erlassen, die den Luftverkehr über dem Grundstückseigentum ausdrücklich regeln sollten. Diese Regelungen sollten Ausdruck des Prinzips der Anerkennung der Rechte der Grundstückseigentümer sein, ohne dieses Prinzip jedoch ausdrücklich zu nennen. Nach den festzulegenden Regelungen sei den Eigentümern von einer bestimmten Höhe an ein schutzwürdiges Interesse an ihrem Grundstück abzusprechen oder die Bedeutung der Flugapparate höher zu bewerten als die Interessen der Eigentümer. Im übrigen sollten Einwirkungen aus der Höhe auf die Erde - wie das Abwerfen von Ballast oder Absturz - als das Grundstück zu berührende Handlungen anzusehen sein, für die eine verschärfte Schadensersatzpflicht gelten sollte[637]. Diesen Ausführungen stimmten die übrigen Teilnehmer zu[638]. Außerdem bestand Einigkeit darüber, daß für den Luftraum über dem Küstenmeer das gleiche wie für den Luftraum über dem Festland, also eine uneingeschränkte Gebietshoheit des Staates, gelten sollte[639]. Eine Diskussion über die Einführung eines Führerzeugnisses für Luftfahrer und einer Betriebserlaubnis sollte einer späteren Beratung vorbehalten bleiben[640].

Die Teilnehmer der Konferenz sprachen sich dafür aus, daß die reichsgesetzliche Regelung für alle Luftfahrzeuge Gültigkeit erlangen sollte. Sie hielten eine Definition der verschiedenen Flugapparate für notwendig[641].

Alle Anwesenden hielten den Erlaß *besonderer Vorschriften für Luftfahrtunternehmungen* für erforderlich[642]. Entsprechend der Anregung von *Tull*, einem Vertreter des Preußischen Ministeriums der öffentlichen Arbeiten, sollte für die

---

[637] BA Berlin-Li., R 30.01, Nr. 7001, Bl. 191; GStA PK, I. HA Rep. 84 a, Nr. 1987, Bl. 88.
[638] BA Berlin-Li., R 30.01, Nr. 7001, Bl. 191; GStA PK, I. HA Rep. 84 a, Nr. 1987, Bl. 88.
[639] BA Berlin-Li., R 30.01, Nr. 7001, Bl. 191; GStA PK, I. HA Rep. 84 a, Nr. 1987, Bl. 88.
[640] BA Berlin-Li., R 30.01, Nr. 7001, Bl. 191; GStA PK, I. HA Rep. 84 a, Nr. 1987, Bl. 88.
[641] BA Berlin-Li., R 30.01, Nr. 7001, Bl. 191; GStA PK, I. HA Rep. 84 a, Nr. 1987, Bl. 88.
[642] BA Berlin-Li., R 30.01, Nr. 7001, Bl. 191; GStA PK, I. HA Rep. 84 a, Nr. 1987, Bl. 88.

Errichtung und den Betrieb von Flughäfen eine staatliche Genehmigung notwendig sein[643].

Anschließend ging es um die *Haftpflicht* der Luftfahrer. Vom *Reichsjustizamt* wurde ausgeführt, daß die fortschreitende Entwicklung der Luftfahrt eine zunehmende Gefährdung für unbeteiligte Dritte darstellen würde. Es sei daher zu erwarten, daß Schadensersatzforderungen aus Betriebsunfällen mit Flugapparaten in zunehmendem Maße zum Gegenstand gerichtlicher Auseinandersetzungen werden würden, wie dies in Frankreich mehrfach der Fall gewesen sei. Ausgehend von den beim Automobil gesammelten Erfahrungen, die zu einer speziellen Haftpflichtregelung geführt hatten, sei davon auszugehen, daß auch für die Materie der Luftfahrt die Vorschriften des Bürgerlichen Gesetzbuchs ausreichen würden, um einen gerechten Ausgleich zwischen den Betroffenen herbeizuführen.

Das Reichsjustizamt hielt aus diesem Grund eine Erörterung über die Einführung besonderer Haftpflichtregelungen für notwendig. Es sprach sich jedoch gegen den schnellen Erlaß einer Regelung. Es handele sich um eine komplizierte Materie, die eine umfassende Anhörung der Vertreter der betroffenen Interessengruppen notwendig mache. Es sei zu erwägen, ob die Frage der Haftpflicht einer separaten Regelung vorzubehalten sei, um zu verhindern, daß die Kodifizierung anderer dringender Rechtsfragen verzögert werde[644]. Diese Auffassung teilte das *Preußische Justizministerium*. Schließlich existierten weder ausreichende Erfahrungen noch geeignete Materialien zur Regelung dieser neuen und schwierigen Materie[645].

Gegen eine separate Regelung der Haftpflicht sprachen sich die übrigen Vertreter aus. Schließlich habe es sich sowohl bei der Eisenbahn als auch beim Auto bewährt, die Haftpflicht zusammen mit den übrigen Vorschriften zu regeln. Verwiesen wurde dabei auf das preußische Eisenbahngesetz vom 3. November 1838[646]. Im übrigen wurde argumentiert, daß die für die Eisenbahn und das Auto getroffenen Haftpflichtregelungen ausreichend Material böten, um die Haftpflicht für Schäden durch Flugapparate zu regeln. Im übrigen wurde auf den Zusammenhang zwischen dem Verkehrsrecht und den Haftpflichtbestimmungen verwiesen. Durch die Normierung strenger Verkehrsvorschriften könnten Unfälle verhindert werden, so daß entsprechend mildere Haftpflichtregelungen erlassen werden könnten[647]. Abschließend verständigten sich die Beteiligten mehrheitlich darauf, daß die Regelung der Haftpflicht kurzfristig in Angriff genommen werden sollte[648].

---

[643] BA Berlin-Li., R 30.01, Nr. 7001, Bl. 191 v; GStA PK, I. HA Rep. 84 a, Nr. 1987, Bl. 88 v.
[644] BA Berlin-Li., R 30.01, Nr. 7001, Bl. 192; GStA PK, I. HA Rep. 84 a, Nr. 1987, Bl. 89.
[645] BA Berlin-Li., R 30.01, Nr. 7001, Bl. 192; GStA PK, I. HA Rep. 84 a, Nr. 1987, Bl. 89.
[646] Preuß. G. S. 1838, S. 505 ff..
[647] BA Berlin-Li., R 30.01, Nr. 7001, Bl. 192 v; GStA PK, I. HA Rep. 84 a, Nr. 1987, Bl. 89 v.
[648] BA Berlin-Li., R 30.01, Nr. 7001, Bl. 192 v; GStA PK, I. HA Rep. 84 a, Nr. 1987, Bl. 89 v.

Auf die Punkte Strafbestimmungen, Enteignungsrecht, Zollbehandlung, Personenstand, Kriegs- und Naturalleistungsgesetz sollte in einer späteren Beratung eingegangen werden.

III. Der erste Entwurf eines Gesetzes über den Verkehr mit Luftfahrzeugen (August 1912)

Im Anschluß an die Beratung vom 5. Februar 1912 erstellte das *Reichsamt des Innern* den ersten Teil (Verkehrsvorschriften) und den dritten Teil (Strafvorschriften) eines Gesetzentwurfes über den Verkehr mit Luftfahrzeugen nebst einer Erläuterung zu den Verkehrsvorschriften[649]. Der zweite Teil (Haftpflicht) entstand im *Reichsjustizamt*[650]. Unter Vornahme geringfügiger Änderungen[651] faßte das Reichsamt des Innern die drei Teile zum ersten einheitlichen Gesetzentwurf über den Verkehr mit Luftfahrzeugen nebst einer Erläuterung der Verkehrsvorschriften[652] zusammen. Dazu legte das Reichsamt des Innern den Entwurf einer Ausführungsverordnung[653] vor. Entsprechend einem Vorschlag des *Auswärtigen Amts* sollte der Bundesrat nach § 11 des Gesetzentwurfs ermächtigt werden, Anordnungen zur Regelung des Verkehrs mit Luftfahrzeugen zu erlassen. Der Entwurf der Ausführungsverordnung hatte lediglich die Funktion, die Richtlinien der beabsichtigten Anordnungen festzulegen[654].

Die Notwendigkeit einer reichsgesetzlichen Regelung wurde damit begründet, daß sich die bisherige Praxis, nach der es den einzelnen Bundesstaaten überlassen war, im Rahmen ihrer landesrechtlichen Bestimmungen Regelungen für den Luftverkehr aufzustellen, als unzureichend erwiesen hatte, den Besonderheiten der Luftfahrt Rechnung zu tragen; daher war im Interesse des Luftverkehrs, der durch die Luftfahrt gefährdeten Allgemeinheit und im Interesse der Landesverteidigung die bestehende Rechtslage durch eine reichsgesetzliche Regelung zu ergänzen[655].

Der Gesetzentwurf gliederte sich in drei Teile. Zur Verhütung von Schäden stellte der erste Teil Verkehrsvorschriften auf (§§ 1 bis 13). Der zweite Teil enthielt besondere zivilrechtliche Haftpflichtbestimmungen zum Ausgleich im

---

[649] BA Berlin-Li., R 30.01, Nr. 7001, Bl. 209 ff.; GStA PK, I. HA Rep. 120 Tn, Nr. 1 Bd. 3, Bl. 52 ff..

[650] GStA PK, I. HA Rep. 120 Tn, Nr. 1 Bd. 3, Bl. 73 ff..

[651] BA Berlin-Li., R 30.01, Nr. 7002, Bl. 1 a.

[652] BA Berlin-Li., R 30.01, Nr. 7002, Bl. 2 ff.; GStA PK, I. HA Rep. 120 Tn, Nr. 1 Bd. 3, Bl. 87 ff.; der Gesetzentwurf ist im Anhang abgedruckt.

[653] BA Berlin-Li., R 30.01, Nr. 7002, Bl. 17 ff.; GStA PK, I. HA Rep. 120 Tn, Nr. 1 Bd. 3, Bl. 102 ff.; der Verordnungsentwurf ist im Anhang wiedergegeben.

[654] BA Berlin-Li., R 30.01, Nr. 7002, Bl. 44v/45.

[655] Vgl. BA Berlin-Li., R 30.01, Nr. 7002, Bl. 10; vgl. GStA PK, I. HA Rep. 120 Tn, Nr. 1 Bd. 3, Bl. 95; vgl. GStA PK, I. HA Rep. 84 a, Nr. 1987, Bl. 116.

Schadensfall (§§ 14 bis 27) und der dritte Teil umfaßte Strafvorschriften zur Sanktionierung von Übertretungen der Verkehrsvorschriften (§§ 28 bis 37).

Eine zusätzliche Untergliederung in Unterabschnitte enthielt der erste Teil: der erste Abschnitt regelte Bestimmungen über Luftfahrzeuge und ihre Führer (A.), der zweite enthielt eine Regelung für Aufstieg[656]-, Landungs- und Flugplätze (B.), der dritte betraf Luftfahrtunternehmen (C.) und der letzte (D.) stellte gemeinsame Bestimmungen auf.

Der Entwurf regelte verschiedene Genehmigungstatbestände. Für den Verkehr außerhalb von Flugplätzen stellte er erstmals eine einheitliche Zulassungspflicht für Luftfahrzeuge auf. Für die Führer von Luftfahrzeugen sah er eine Erlaubnispflicht vor. Im Unterschied zu der preußischen „Verfügung" vom 22. Oktober 1910 wurde die Vergabe der Führerscheine staatlichen Stellen übertragen. Gleiches galt für die Zulassungsbescheinigungen für Luftfahrzeuge.

Der Gesetzentwurf regelte eine Zulassungs- und Führererlaubnispflicht (§§ 1 und 3). Desweiteren sah der Gesetzentwurf eine Genehmigungspflicht für Aufstieg-, Landungs- und Flugplätze vor (§ 8). Außerdem regelte er eine Erlaubnispflicht für diejenigen, deren Flugplätze ein gewerbliches Unternehmen darstellten (§ 9). Damit war das Reichsamt des Innern den Vorschlägen des Preußischen Ministeriums der öffentlichen Arbeiten gefolgt. Ebenfalls genehmigungspflichtig war die gewerbsmäßige Beförderung von Personen und Sachen durch Luftfahrzeuge. Im Unterschied zu den Bestimmungen des Bürgerlichen Gesetzbuchs sah der Entwurf - wie das KFG[657] für den Halter eines Automobils (§ 7 Abs. 1 KFG) - eine Gefährdungshaftung für den Halter eines Luftfahrzeugs vor. Darüber hinaus regelte er entsprechend zu § 18 KFG eine vermutete Verschuldenshaftung für die Führer der Luftfahrzeuge. Durch die Festlegung von Haftungshöchstsummen wurde die Schadensersatzpflicht im Interesse des Schädigers begrenzt. In den Haftpflichtbestimmungen wurden fast wörtlich die §§ 7 bis 20 der Haftpflichtbestimmungen des Automobilgesetzes übernommen. Die Strafvorschriften regelten Geld-, Haft- oder Zuchthausstrafen für Übertretungen der Verkehrsvorschriften.

Der zu dem Gesetzentwurf erstellte *Entwurf einer Ausführungsverordnung* gliederte sich in fünf Teile: der erste enthielt allgemeine Bestimmungen (A.), der zweite stellte Bestimmungen für den Verkehr außerhalb von Flugplätzen auf (B.). Er regelte das Verfahren über die Erteilung der Zulassung, die Kennzeichnung der Luftfahrzeuge und über die Erteilung der Führererlaubnis. Im übrigen enthielt er Regelungen für Luftfahrtunternehmen, Bestimmungen für den Verkehr der Luftfahrzeuge und für Flugveranstaltungen. Der dritte Teil (C.) betraf den Verkehr außerhalb von Flugplätzen, der vierte (D.) den internationalen Verkehr und der letzte Teil (E.) regelte Übergangsbestimmungen. Die ersten Bestimmungen des Entwurfs waren weitestgehend nach dem Vorbild der Verordnung über den

---

[656]Bezeichnung des Entwurfs.
[657]RGBl. 1909, S. 437 ff..

Verkehr mit Kraftfahrzeugen[658] ausgearbeitet worden[659]. Ein Vergleich des Entwurfs der Ausführungsverordnung mit dem auf der Pariser Luftschiffahrts-Konferenz beschlossenen Entwurf eines internationalen Abkommens[660] läßt außerdem gewisse Übereinstimmungen erkennen. Der internationale Entwurf sah die Vergabe von Nationalitätszeichen, eine entsprechende Eintragung in ein Register und die Ausstellung einer Bescheinigung vor (vgl. Art. 2 ff. i.V. mit Anhang A, Art. 6 und 7). Er regelte die Pflicht, das Luftfahrzeug mit dem zugewiesenen Kennzeichen zu versehen (Art. 10). Dementsprechend sollte nach dem Entwurf der Ausführungsverordnung das Kennzeichen den Buchstaben „D" mit einer Unterscheidungsnummer enthalten, unter der das Fahrzeug in einer polizeilichen Liste geführt werden sollte, und es sollte eine Bescheinigung erteilt werden (§ 7 Abs. 2, § 8 Abs. 2). Außerdem enthielt sie die Verpflichtung zur Anbringung eines Kennzeichens (§ 8 Abs. 2 und Abs. 3). Art. 18 des internationalen Entwurfs regelte den Grundsatz der Gegenseitigkeit. Eine diesen Grundsatz enthaltende Bestimmung sah § 60 des Entwurfs einer Ausführungsverordnung vor. Danach konnten ausländische Luftfahrer mit ihrer landeseigenen Zulassung, dem ausländischen Kennzeichen und dem ausländischen Führerzeugnis im Deutschen Reich verkehren, soweit deutschen Luftfahrern ein gleiches Recht im Ausland eingeräumt worden war. Der in dem Entwurf des internationalen Abkommens aufgestellten Pflicht, alle erforderlichen Genehmigungen an Bord des Luftfahrzeugs zu haben und ein Bordbuch zu führen (Art. 25), entsprach die im Entwurf der Ausführungsverordnung aufgestellte Verpflichtung des Luftfahrzeugführers, den Führerschein und die Zulassung beim Fliegen außerhalb von Flugplätzen mit sich zu führen (vgl. § 17). Die Pflicht zur Führung eines Bordbuchs, ergab sich aus § 34 des Entwurfs der Ausführungsverordnung. Beide Entwürfe regelten eine Aufbewahrungsfrist des Bordbuchs von zwei Jahren nach Vornahme der letzten Eintragung und eine Vorlagepflicht (§ 34/Art. 28). Im Unterschied zum Entwuf eines internationalen Abkommens, das den Transport von explosiven Stoffen, Waffen, Kriegsmunition und Brieftauben im internationalen Verkehr verbot (Art. 35), erklärte der Entwuf der Ausführungsverordnung die Beförderung dieser Gegenstände für genehmigungspflichtig (§ 35). Der Entwuf eines internationalen Abkommens überließ es den einzelnen Staaten, die Mitnahme von Fotoapperaten und Funkgerät zu regeln (vgl. Art. 36 und 38). Der Entwuf der Ausführungsverordnung regelte dafür eine Genehmigungspflicht (§ 35). Für die Lichterführung und die Abgabe von Schallsignalen, das Ausweichen und die Notzeichen sah der Entwurf der Ausführungsverordnung (vgl. § 39 bis 50) ähnliche Regelungen wie

---

[658]Bekanntmachung vom 3. Februar 1910 (RGBl. 1910, S. 389 ff.).

[659]Vgl. z. B. die Übereinstimmung der §§ 3, 5,6, 7, 8, 14 und 15 der Verordnung über den Verkehr mit Kraftfahrzeugen mit den §§ 3, 6, 7, 8, 15, 16, 17, 18 und 19 des Entwurfs der Ausführungsverordnung.

[660]BA Berlin-Li., R 30.01, Nr. 7001, Bl. 122 ff..

die Anlage des Entwurfs des internationalen Abkommens (vgl. I. bis IV. der Anlage B) vor.

IV. Die kommissarische Beratung des Reichsamts des Innern mit anderen Reichsämtern und den beteiligten preußischen Ministerien vom 18. November 1912

Am 18. November 1912 fand im Reichstagsgebäude eine Beratung über die Nationalflugspende und den Entwurf eines Gesetzes über den Verkehr mit Luftfahrzeugen statt. Es war die erste interministerielle Verhandlung, in der über den Gesetzentwurf diskutiert wurde[661].

Der Vorsitzende *Lewald* trug vor, daß dem Reichsjustizamt und dem Reichsamt des Innern die Aufgabe übertragen worden sei, einen Gesetzentwurf über den Verkehr mit Luftfahrzeugen auszuarbeiten. In der damaligen Beratung habe die überwiegende Mehrheit der Kommissare eine gesetzliche Regelung dringend für erforderlich gehalten, die in absehbarer Zeit zur Vorlage gebracht werden sollte. Falls der Gesetzentwurf von allen Teilnehmern befürwortet werde, sollte er im Januar 1913 mit verschiedenen Sachverständigen erörtert werden. Mit dieser Vorgehensweise beabsichtigte man, den Gesetzentwurf noch in der gegenwärtigen Session dem Bundesrat und dem Reichstag vorlegen zu können[662].

Es wurde darauf hingewiesen, daß der Gesetzentwurf eine Verfassungsänderung enthalte und daher im Bundesrat der im Artikel 78 vorgesehenen Mehrheit bedürfe[663]. Zweck der Beratung war es, einzelne Bestimmungen des Gesetzentwurfes zu erörtern. Über den Entwurf der Ausführungsverordnung sollte noch nicht verhandelt werden[664].

---

[661]An der kommissarischen Beratung nahmen teil: für das Reichsamt des Innern *Lewald* als Vorsitzender (Ministerialdirektor), *Dammann* (Geheimer Oberregierungsrat), *Albert* (Geheimer Oberregierungsrat) und *Trautmann* (Gerichtsassessor), für das Reichsjustizamt *Struckmann* (Geheimer Oberregierungsrat) und *Dronke* (Geheimer Regierungsrat), für das Auswärtige Amt *Simons* (Geheimer Legationsrat) und *von Müffling* (Legationsrat), für das Reichsmarineamt *Kranzbühler* (Kapitän zur See), *Metzing* (Korvettenkapitän) und *Rosenberger* (Oberkriegsgerichtsrat), für das Preußische Ministerium der öffentlichen Arbeiten *Zimmermann* (Wirklicher Geheimer Oberbaurat) und *Tull* (Geheimer Oberregierungsrat), für das Ministerium des Innern *von Groening* (Geheimer Regierungsrat), für das Handelsministerium *Neuhaus* (Geheimer Regierungsrat) und *Bürgers* (Regierungsassessor), für das Justizministerium *Koettgen* (Geheimer Oberjustizrat), für das Kriegsministerium *Mielcke* (Wirklicher Geheimer Kriegsrat), *Sachs* (Referent in der Verkehrsabteilung), *Wagenführ* (Hauptmann in der Fliegertruppe) und *Schoof* (Hauptmann im Luftschifferbataillon 3) und für den Generalstab der Armee *Thomsen* (Major im Großen Generalstab).

[662]BA Berlin-Li., R 30.01, Nr. 7002, Bl. 44 v; BA Berlin-Li., R 5, Nr. 3859.

[663]BA Berlin-Li., R 30.01, Nr. 7002, Bl. 45; BA Berlin-Li., R 5, Nr. 3859.

[664]BA Berlin-Li., R 30.01, Nr. 7002, Bl. 45; BA Berlin-Li., R 5, Nr. 3859.

Die Bezeichnung des Entwurfs: „Gesetz über den Verkehr mit Luftfahrzeugen" wurde von allen Teilnehmern befürwortet[665], obwohl sie nur einen Teil des Gesetzinhalts deckte. Im Anschluß daran wurde über einzelne Bestimmungen des Gesetzentwurfs beraten. Die Vertreter des *Reichsamts des Innern* wiesen darauf hin, daß der § 1 des Entwurfs den Grundgedanken der gesetzlichen Regelung enthalte. Aus der Verpflichtung des Staates, seine eigenen Interessen und die seiner Bürger vor den neuartigen Gefahren der Luftfahrt zu schützen, ergebe sich die Notwendigkeit, für den Verkehr außerhalb von Flugplätzen gesetzliche Bestimmungen zu erlassen. Für den Verkehr innerhalb von Flugplätzen solle eine Regelung durch eine Bundesratsverordnung getroffen werden[666]. Vom Reichsamt des Innern wurde darauf hingewiesen, daß eine gesetzliche Regelung nicht für alle Luftfahrzeuge gelten solle, sondern nur für diejenigen, die aufgrund ihrer Größe und Fortbewegungsmöglichkeit eine besondere Gefahr darstellten[667].

Anschließend einigte man sich auf die Beseitigung einer sprachlichen Ungenauigkeit im Gesetzentwurf. So zählten nach den vom Reichsamt des Innern aufgestellten Verkehrs- und Strafvorschriften Freiballone, Luftschiffe und Flugzeuge zu den Luftfahrzeugen[668], während in den vom Reichsjustizministerium aufgestellten Haftpflichtbestimmungen der Begriff „Luftfahrzeuge" im weiteren Sinne unter Einschluß der luftfahrzeugähnlichen Apparate, d. h. der Fesselballone, Drachen, Fallschirme und Gleitflugzeuge, definiert wurde[669]. Diese Ungenauigkeit sollte dadurch aufgehoben werden, daß ein neu einzufügender § 27 a den Hinweis enthalten sollte, daß die Haftpflichtregelungen sowohl für Luftfahrzeuge als auch für luftfahrzeugähnliche Apparate gelten sollten[670].

Vom *Auswärtigen Amt* und seitens des *Kriegsministeriums* wurden einschränkende Bestimmungen für Ausländer gefordert. Die beiden Ministerien äußerten Bedenken dagegen, Ausländer zur Prüfung zuzulassen und ihnen einen Rechtsanspruch auf Erteilung der Führererlaubnis zu geben[671]. § 6 des Gesetzentwurfs sollte dahingehend geändert werden, daß der Rekurs in solchen Fällen unzulässig sein sollte, in denen die Versagung oder die Entziehung der Erlaubnis „wegen Gefährdung der Landessicherheit"[672] vorgenommen worden war.

Das *Kriegsministerium* erklärte sich mit dem in § 8 vorgesehenen Verfahren für die Anlage militärischer Flugplätze einverstanden[673].

Nach § 9 Abs. 2 waren für die Erteilung staatlicher Genehmigungen an Luftfahrtunternehmen, die einen länderübergreifenden Verkehr betreiben wollten,

---

665 BA Berlin-Li., R 30.01, Nr. 7002, Bl. 45; BA Berlin-Li., R 5, Nr. 3859.
666 BA Berlin-Li., R 30.01, Nr. 7002, Bl. 45; BA Berlin-Li., R 5, Nr. 3859.
667 BA Berlin-Li., R 30.01, Nr. 7002, Bl. 45; BA Berlin-Li., R 5, Nr. 3859.
668 § 1 Gesetzentwurf.
669 § 14 Gesetzentwurf.
670 BA Berlin-Li., R 30.01, Nr. 7002, Bl. 45 v; BA Berlin-Li., R 5, Nr. 3859.
671 BA Berlin-Li., R 30.01, Nr. 7002, Bl. 45 v; BA Berlin-Li., R 5, Nr. 3859.
672 BA Berlin-Li., R 30.01, Nr. 7002, Bl. 45 v; BA Berlin-Li., R 5, Nr. 3859.
673 BA Berlin-Li., R 30.01, Nr. 7002, Bl. 46; BA Berlin-Li., R 5, Nr. 3859.

diejenigen Zentralbehörden zuständig, deren Gebiet beim Aufstieg, bei der Landung oder bei der Zwischenlandung betroffen wurde. Das *Reichsamt des Innern* wies darauf hin, daß diese Regelung für Unternehmen gedacht sei, die einen regelmäßigen und dauerhaften Verkehr zwischen verschiedenen Bundesstaaten betrieben. In Anbetracht dessen, daß es zur Zeit nur wenige Unternehmen gebe, die diese Voraussetzungen erfüllten, sei diese Bestimmung zwar hinderlich, zur Vermeidung von Eingriffen in die Exekutivgewalt der Bundesstaaten jedoch erforderlich[674].

Zur Schaffung eines Ausgleichs zwischen den gegensätzlichen Interessen des Reichs und der Bundesstaaten wurde im Anschluß an Artikel 41 der Reichsverfassung[675] angeregt, § 10 dahingehend zu erweitern, daß das Reich nicht nur das Recht erhalten sollte, bestehende Luftfahrtunternehmen zu erwerben, sondern darüber hinaus auch selbst zu schaffen oder zu konzessionieren, soweit das im Interesse der Landesverteidigung, der Förderung der Luftfahrt oder des Allgemeinwohls erforderlich sei[676].

Die Haftpflichtregelungen waren noch nicht Gegenstand der Diskussion, da es für notwendig gehalten wurde, diesen Themenkomplex eingehend mit Sachverständigen zu beraten[677]. Das *Reichsjustizministerium* hielt eine Regelung der Haftpflicht für „nicht unbedenklich und vielleicht verfrüht“[678]. Es bekräftigte damit seinen bereits in der Beratung vom 5. Februar 1912 dargelegten Standpunkt.

Bei den Strafvorschriften wurden einige Änderungen beschlossen. Danach sollten die §§ 29, 33 und 37 gestrichen werden. In einem neu zu fassenden § 33 sollte das Überfliegen sogenannter „verbotener Zonen“ bestraft werden. Für die §§ 35 und 36 wurden Neuformulierungen vorgelegt, die - wie die endgültige Fas-

---

[674]BA Berlin-Li., R 30.01, Nr. 7002, Bl. 46; BA Berlin-Li., R 5, Nr. 3859.

[675]Art. 41: „Eisenbahnen, welche im Interesse der Vertheidigung Deutschlands oder im Interesse des gemeinsamen Verkehrs für nothwendig erachtet werden, können kraft eines Reichsgesetzes auch gegen den Widerstand der Bundesglieder, deren Gebiet die Eisenbahnen durchschneiden, unbeschadet der Landeshoheitsrechte, für Rechnung des Reichs angelegt oder an Privatunternehmer zur Ausführung konzessioniert und mit dem Expropriationsrechte ausgestattet werden.
Jede bestehende Eisenbahnverwaltung ist verpflichtet, sich den Anschluß neu angelegter Eisenbahnen auf Kosten der letzteren gefallen zu lassen.
Die gesetzlichen Bestimmungen, welche bestehenden Eisenbahn-Unternehmungen ein Widerspruchsrecht gegen die Anlegung von Parallel- oder Konkurrenzbahnen einräumen, werden, unbeschadet bereits erworbener Rechte, für das ganze Reich hierdurch aufgehoben. Ein solches Widerspruchsrecht kann auch in den künftig zu ertheilenden Konzessionen nicht weiter verliehen werden.“

[676]BA Berlin-Li., R 30.01, Nr. 7002, Bl. 46; BA Berlin-Li., R 5, Nr. 3859.

[677]BA Berlin-Li., R 30.01, Nr. 7002, Bl. 46 v; BA Berlin-Li., R 5, Nr. 3859.

[678]BA Berlin-Li., R 30.01, Nr. 7002, Bl. 46 v; BA Berlin-Li., R 5, Nr. 3859.

sung der übrigen Strafvorschriften - das Reichsamt des Innern und das Reichsjustizamt noch beraten sollten[679].

Abschließend wurde entsprechend dem Vorschlag des Vorsitzenden beschlossen, sowohl den Gesetzentwurf als auch den Entwurf der Ausführungsverordnung in einer weiteren Beratung mit Vertretern der betroffenen Interessengruppen zu erörtern[680].

V. Die Anhörung von Sachverständigen am 6. Januar 1913

Am 6. Januar 1913 wurde im Reichstagsgebäude erstmals mit Sachverständigen und Interessenvertretern der Luftfahrt über eine reichsgesetzliche Regelung für den Verkehr mit Luftfahrzeugen beraten[681]. Gegenstand der Beratung waren der

---

[679]BA Berlin-Li., R 30.01, Nr. 7002, Bl. 46 v; BA Berlin-Li., R 5, Nr. 3859.

[680]Vgl. BA Berlin-Li., R 30.01, Nr. 7002, Bl. 46 v/47; BA Berlin-Li., R 5, Nr. 3859.

[681]BA Berlin-Li., R 30.01, Nr. 7002, Bl. 88 ff.; GStA PK, I. HA Rep. 84 a, Nr. 1987, Bl. 219 ff.; GStA PK, I. HA Rep. 120 Tn, Nr. 1 Bd. 3, Bl. 191 ff.; von staatlicher Seite waren in der Beratung vertreten: das Reichsamt des Innern durch *Lewald* (Ministerialdirektor), *Damman* (Geheimer Oberregierungsrat), *Albert* (Geheimer Oberregierungsrat) und *Trautmann* (Gerichtsassessor), das Reichsjustizamt durch *Struckmann* (Geheimer Oberregierungsrat), *Dronke* (Geheimer Regierungsrat) und *Brunst* (Amtsricher), das Auswärtige Amt durch *von Müffling* (Legationsrat), das Reichsmarineamt durch *Kranzbühler* (Kapitän zur See), *Metzing* (Korvettenkapitän) und *Rosenberger* (Marine-Oberkriegsgerichtsrat), das Preußische Ministerium der öffentlichen Arbeiten durch *Zimmermann* (Wirklicher Geheimer Oberbaurat) und *Tull* (Geheimer Oberregierungsrat), das Handelsministerium durch *Neuhaus* (Geheimer Regierungsrat) und *Bürgers* (Regierungsassessor), das Justizministerium durch *Koettgen* (Geheimer Oberjustizrat), das Kriegsministerium durch *Mielcke* (Wirklicher Geheimer Kriegsrat), *Sachs* (Hauptmann), *Wagenführ* (Hauptmann in der Fliegertruppe) und *Schoof* (Hauptmann im Luftschifferbataillon 3). Das Protokoll wurde *von Feder* (Rechnungsrat im Reichsamt des Innern) geführt.

Folgende Personen waren als Sachverständige und Interessenvertreter der Luftfahrt anwesend: Von *Abereron* (Major, Mühlheim a. Rhein), *Andreae* (Rechtsanwalt, Frankfurt a. M.), *Assmann* (Geheimer Regierungsrat, Direktor des Observatoriums in Lindenberg, Kreis Beeskow), *Bendemann* (Direktor der Deutschen Versuchsanstalt für Luftfahrt, Königswusterhausen), *Berlin Julius* (Großkaufmann, Nürnberg), *Colsmann* (Direktor der Delag Friedrichshafen), *de la Croix* (Rittergutsbesitzer, Rittergut Haasel b. Linderoder N. L.), *Eckener* (Friedrichshafen), *Euler August* (Frankfurt a. M., weitere Angaben zur Person im Anhang), *von der Goltz* (Generalleutnant z. D., Exellenz, Berlin, Präsident des Deutschen Luftfahrerverbandes), *von Gorissen Ellery* (Vorsitzender des Bundes deutscher Flugzeugführer, Johannisthal bei Berlin), *Hergesell* (Geheimer Regierungsrat, stellvertretender Präsident des Deutschen Luftfahrerverbandes, Straßburg i. E.), *Hildebrandt* (Hauptmann a. D., Berlin), *Joseph* (Rechtsanwalt, Frankfurt a. M.), *von Kehler* (Hauptmann d. R., Charlottenburg), *Mardersteig* (Rechtsanwalt, Weimar), *Meyer* (Gerichtsassessor, Frankfurt a. M.), *von Nieber* (Generalleutnant z. D. Exellenz, Ehrenvorsitzender des Deutschen Luftfahrerverbandes, Charlottenburg), *Niemeyer* (Justizrat, Essen a. Ruhr), *von Parseval* (Major, z. D., Charlottenburg), *Pöschel* (Rektor der Fürsten- und Landesschule St. Afra, Meißen), *Rasch* (Generalsekretär des Deutschen Luftfahrerverbandes, Berlin), *Rieß von Scheuernschloß* (Generalleutnant z. D. Exellenz, Präsident des Vereins

entsprechend den Beschlüssen der Beratung vom 5. November 1912 abgeänderte Entwurf eines Luftverkehrsgesetzes und dessen zugehörige Ausführungsverordnung. Zu Beginn der Beratung wies der *Vorsitzende* darauf hin, daß auf der Pariser Luftschiffahrts-Konferenz im Jahre 1910 keine Einigung über eine internationale Regelung habe erzielt werden können. Verschiedene Staaten - wie England[682], Frankreich[683] und Österreich-Ungarn[684] - hätten daher eigene Bestimmungen erlassen. In den Niederlanden sei man gerade damit beschäftigt, eine gesetzliche Regelung auszuarbeiten[685].

Anschließend erläuterte der Vorsitzende die Rechtslage in Deutschland[686]. Alle Sachverständigen waren der Auffassung, daß das geltende Recht nicht ausreiche, um der Eigenart des neuen Verkehrsmittels gerecht zu werden. Sie hielten daher eine gesetzliche Regelung für den Luftverkehr dringend für erforderlich und begrüßten die in den „Grundzügen"[687] für den Verkehr ausgearbeiteten Bestimmungen. Dann fand eine Erörterung einzelner Bestimmungen statt. Eine Beschränkung des § 1 auf zur Aufnahme von Menschen bestimmte Luftfahrzeuge wurde mit der Begründung abgelehnt, daß auch zum Transport von Menschen ungeeignete Flugapparate - wie die voraussichtlich in Zukunft verkehrenden, durch drahtlose Telegraphie gelenkten Luftschiffe und Drachen - eine vergleich-

---

Deutsche Versuchsanstalt für Luftfahrt, Berlin), *Schaps* (Oberlandesgerichtsrat, Hamburg), *Schütte* (Professor an der Technischen Hochschule zu Danzig, Danzig), *Graf von Sierstorpff Adelbert* (Vizepräsident des Kaiserlichen Automobil-Clubs, Berlin), *Sperling* (Generalsekretär des Vereins Deutscher Motorfahrzeugindustrieller, Berlin), *Weißwange* (Arzt, Dresden) und *Graf von Zeppelin* (General der Kavallerie z. D., Generaladjudant, Exellenz, Friedrichshafen).

[682]Aerial Navigation Act 1911, zit. nach *Juristische Kommission des Aero-Clubs von Deutschland*, S. 113; vgl. auch Aerial Navigation Act 1913, zit. nach *Juristische Kommission des Aero-Clubs von Deutschland*, S. 114.

[683]Dekret des französischen Präsidenten vom November 1911, zit. nach GStA PK, I. HA Rep. 84 a, Nr. 1987, Bl. 75 ff..

[684]Verordnung des Handelsministers im Einvernehmen mit dem Minister des Innern vom 22. Oktober 1912, zit. nach *Juristische Kommission des Aero-Clubs von Deutschland*, S. 66, die Verordnung machte die gewerbsmäßige Ausübung der Luftschiffahrt von einer Konzession abhängig; Verordnung des Ministeriums des Innern vom 20. Dezember 1912, betr. polizeiliche Maßnahmen gegen die Gefährdung der staatlichen und persönlichen Sicherheit durch Luftfahrzeuge, zit nach *Juristische Kommission des Aero-Clubs von Deutschland*, S. 67/68.

[685]BA Berlin-Li., R 30.01, Nr. 7002, Bl. 88; GStA PK, I. HA Rep. 84 a, Nr. 1987, Bl. 219; GStA PK, I. HA Rep. 120 Tn, Nr. 1 Bd. 3, Bl. 191.

[686]BA Berlin-Li., R 30.01, Nr. 7002, Bl. 88; GStA PK, I. HA Rep. 84 a, Nr. 1987, Bl. 219; GStA PK, I. HA Rep. 120 Tn, Nr. 1 Bd. 3, Bl. 191.

[687]Der entsprechend den Beschlüssen der Beratung vom 5. November 1912 abgeänderte Entwurf eines Luftverkehrsgesetzes und dessen Ausführungsverordnung erhielten die Bezeichnung: „Grundzüge für die Regelung des Verkehrs mit Luftfahrzeugen" und „Grundzüge für eine Verordnung über den Verkehr mit Luftfahrzeugen".

bare Gefahr darstellten[688]. Desweiteren bemängelten andere Teilnehmer der Beratung die einheitliche Behandlung der Freiballons, Luftschiffe und Flugzeuge[689]. Die grundsätzlich vorgesehene Verweisung von Probefahrten der Luftfahrzeuge auf Flugplätze wurde aufgrund der zu erwartenden Geschwindigkeit der Flugzeuge und in Anbetracht dessen, daß es für Luftschiffe unmöglich war, sich innerhalb der Grenzen eines Flugplatzes zu halten, für undurchführbar gehalten[690]. Es sollte wenigstens statt von „Flugplätzen" von „zugelassenen Verkehrszonen" gesprochen werden[691].

Im übrigen wurde von einigen Teilnehmern die Regelung eines *Landungsrechts* auf fremden Grundstücken gefordert[692]. Dagegen wandten sich andere mit der Begründung, daß die Fassung in den „Grundzügen", die keine ausdrückliche Stellungnahme enthalte, vorzugswürdig sei. Schließlich würden die Bestimmungen des § 904 BGB ausreichen, aus denen sich ein Notlandungsrecht ergebe[693].

Nach § 3 sollte die Befugnis zur Vergabe der *Führerzeugnisse* nicht dem Deutschen Luftfahrerverband, sondern staatlichen Behörden übertragen werden. Dieses Vorhaben wurde unterschiedlich bewertet. Von einer Seite wurde es mit der Begründung, daß Selbstverwaltung besser als staatliche Bevormundung sei, für rückschrittlich erachtet[694]. Andere dagegen befürworteten diese Regelung. So müsse es sogar dem Interesse des Verbandes entsprechen, daß der Staat aufgrund seiner größeren Autorität Regeln für die Erteilung der Führerzeugnisse festlege und sich des Verbandes als gutachterlicher Stelle bediene[695].

Zu § 4 wurde darauf hingewiesen, daß die Abnahme von *Führerscheinprüfungen* dann besondere Schwierigkeiten verursache, wenn die Probanden die Prüfung auf neuen Luftfahrzeugkonstruktionen absolvieren würden[696].

---

[688]BA Berlin-Li., R 30.01, Nr. 7002, Bl. 88 v; GStA PK, I. HA Rep. 84 a, Nr. 1987, Bl. 219 v; GStA PK, I. HA Rep. 120 Tn, Nr. 1 Bd. 3, Bl. 191 v.

[689]BA Berlin-Li., R 30.01, Nr. 7002, Bl. 88 v; GStA PK, I. HA Rep. 84 a, Nr. 1987, Bl. 219 v; GStA PK, I. HA Rep. 120 Tn, Nr. 1 Bd. 3, Bl. 191 v.

[690]BA Berlin-Li., R 30.01, Nr. 7002, Bl. 88 v; GStA PK, I. HA Rep. 84 a, Nr. 1987, Bl. 219 v; GStA PK, I. HA Rep. 120 Tn, Nr. 1 Bd. 3, Bl. 191 v.

[691]BA Berlin-Li., R 30.01, Nr. 7002, Bl. 88 v; GStA PK, I. HA Rep. 84 a, Nr. 1987, Bl. 219 v; GStA PK, I. HA Rep. 120 Tn, Nr. 1 Bd. 3, Bl. 191 v.

[692]BA Berlin-Li., R 30.01, Nr. 7002, Bl. 88 v; GStA PK, I. HA Rep. 84 a, Nr. 1987, Bl. 219 v; GStA PK, I. HA Rep. 120 Tn, Nr. 1 Bd. 3, Bl. 191 v.

[693]BA Berlin-Li., R 30.01, Nr. 7002, Bl. 88 v; GStA PK, I. HA Rep. 84 a, Nr. 1987, Bl. 219 v; GStA PK, I. HA Rep. 120 Tn, Nr. 1 Bd. 3, Bl. 191 v.

[694]BA Berlin-Li., R 30.01, Nr. 7002, Bl. 88 v; GStA PK, I. HA Rep. 84 a, Nr. 1987, Bl. 219 v; GStA PK, I. HA Rep. 120 Tn, Nr. 1 Bd. 3, Bl. 191 v.

[695]BA Berlin-Li., R 30.01, Nr. 7002, Bl. 89; GStA PK, I. HA Rep. 84 a, Nr. 1987, Bl. 220; GStA PK, I. HA Rep. 120 Tn, Nr. 1 Bd. 3, Bl. 192.

[696]BA Berlin-Li., R 30.01, Nr. 7002, Bl. 89; GStA PK, I. HA Rep. 84 a, Nr. 1987, Bl. 220; GStA PK, I. HA Rep. 120 Tn, Nr. 1 Bd. 3, Bl. 192.

Vermißt wurde die Regelung eines *Flaggenrechts*. Man war der Auffassung, daß ein in ein Register eingetragenes Luftfahrzeug das Recht zur Führung der Reichsflagge erhalten sollte[697].

Das in § 8 eingeräumte *Widerspruchsrecht* der Marine- und Militärbehörden wurde für zu weitgehend erachtet. Es sollte lediglich aus Gründen der Landesverteidigung zulässig sein[698]. Vermißt wurde ein Recht auf Entziehung einer einmal erteilten Genehmigung[699].

Im übrigen wurde gefordert, auch die „Luftwarten" dem Anwendungsbereich des § 8 zu unterstellen[700].

Desweiteren beanstandeten einige Sachverständige die *Konzessionspflicht* für Luftfahrtunternehmer. Dagegen befürworteten sie ein *Recht auf Entziehung* der Genehmigung für Aufstieg-, Landungs- und Flugplätze. Nach ihrer Auffassung sollte dieses Recht auch für bereits errichtete Flugpätze gelten[701].

Darüber hinaus wurde die Schaffung eines *Enteignungsrechts* für Flugplatzanlagen gefordert[702].

Der zweite Abschnitt *„Haftpflicht"* wurde nur allgemein erörtert. Über die einzelnen Vorschriften sollte eine kleine Gruppe von Sachverständigen in einer späteren Verhandlung beraten[703]. Die überwiegende Mehrheit der Sachverständigen sprach sich gegen eine Gefährdungshaftung für Luftfahrzeughalter und damit gegen eine Verschärfung der Haftpflicht gegenüber den Vorschriften des Bürgerlichen Gesetzbuchs aus. Zur Begründung wurde ausgeführt, daß eine derartige Regelung bei dem gegenwärtigen Stande der Flugtechnik verfrüht sei, im übrigen kein Bedürfnis dafür vorliege und auch von der Allgemeinheit keine Sonderbestimmung gefordert werde. Außerdem würde eine strengere Haftpflichtregelung die weitere Entwicklung des Flugwesens gefährden[704].

Eine kleine Minderheit der Sachverständigen befürwortete dagegen eine strengere Haftpflichtregelung für den Luftverkehr. Es sei damit zu rechnen, daß das Reichsgericht früher oder später seine Auffassung über die Haftung der Halter

---

[697]BA Berlin-Li., R 30.01, Nr. 7002, Bl. 89; GStA PK, I. HA Rep. 84 a, Nr. 1987, Bl. 220; GStA PK, I. HA Rep. 120 Tn, Nr. 1 Bd. 3, Bl. 192.

[698]BA Berlin-Li., R 30.01, Nr. 7002, Bl. 89; GStA PK, I. HA Rep. 84 a, Nr. 1987, Bl. 220; GStA PK, I. HA Rep. 120 Tn, Nr. 1 Bd. 3, Bl. 192.

[699]BA Berlin-Li., R 30.01, Nr. 7002, Bl. 89; GStA PK, I. HA Rep. 84 a, Nr. 1987, Bl. 220; GStA PK, I. HA Rep. 120 Tn, Nr. 1 Bd. 3, Bl. 192.

[700]BA Berlin-Li., R 30.01, Nr. 7002, Bl. 89; GStA PK, I. HA Rep. 84 a, Nr. 1987, Bl. 220; GStA PK, I. HA Rep. 120 Tn, Nr. 1 Bd. 3, Bl. 192.

[701]BA Berlin-Li., R 30.01, Nr. 7002, Bl. 89; GStA PK, I. HA Rep. 84 a, Nr. 1987, Bl. 220; GStA PK, I. HA Rep. 120 Tn, Nr. 1 Bd. 3, Bl. 192.

[702]BA Berlin-Li., R 30.01, Nr. 7002, Bl. 89; GStA PK, I. HA Rep. 84 a, Nr. 1987, Bl. 220; GStA PK, I. HA Rep. 120 Tn, Nr. 1 Bd. 3, Bl. 192.

[703]Vgl. BA Berlin-Li., R 30.01, Nr. 7002, Bl. 89 v; GStA PK, I. HA Rep. 84 a, Nr. 1987, Bl. 220 v; GStA PK, I. HA Rep. 120 Tn, Nr. 1 Bd. 3, Bl. 192 v.

[704]BA Berlin-Li., R 30.01, Nr. 7002, Bl. 89 v; GStA PK, I. HA Rep. 84 a, Nr. 1987, Bl. 220 v; GStA PK, I. HA Rep. 120 Tn, Nr. 1 Bd. 3, Bl. 192 v.

von Luftfahrzeugen ändern und die dadurch entstehende Rechtsunsicherheit unerträglich werde. Es wurde für billig gehalten, dem Halter die besonderen Betriebsgefahren der Luftfahrt aufzuerlegen. Für die vorgeschlagene Sonderregelung spreche insbesondere, daß der Umfang der Haftung im Interesse der Luftfahrzeughalter auf eine Höchstsumme beschränkt werde[705]. Keine Bedenken wurden gegen die *Straf- und Schlußvorschriften* erhoben.

VI. Die Sachverständigenberatung vom 7. Januar 1913 über eine Regelung der Haftpflicht der Luftfahrzeuge und der luftfahrzeugähnlichen Apparate

In der Beratung vom 7. Januar 1913[706] verhandelten Vertreter verschiedener Ministerien mit einer kleinen Gruppe von Sachverständigen über die bereits erörterte Frage, ob eine besondere Haftpflichtregelung für den Luftverkehr erlassen werden sollte. Außerdem fand eine Aussprache über einzelne Regelungen der „Grundzüge“ zur Haftpflicht der Luftfahrer statt. Zu der bereits in der Beratung vom 6. Januar 1913 diskutierte Grundsatzfrage, ob der Verkehr mit Luftfahrzeugen einer besonderen Haftpflichtregelung bedürfe, wurden verschiedene Ansichten vertreten[707].

Niemeyer, Joseph, Eckener, Pöschel, Rasch und *Euler* lehnten eine Sonderregelung zum gegenwärtigen Zeitpunkt ab[708]. Es bestünde kein Bedürfnis für eine solche Regelung[709]. Nach ihrer Ansicht sei das geltende Recht völlig ausreichend. So habe die Anwendung der allgemeinen Haftpflichtbestimmungen des

---

[705] BA Berlin-Li., R 30.01, Nr. 7002, Bl. 89 v; GStA PK, I. HA Rep. 84 a, Nr. 1987, Bl. 220 v; GStA PK, I. HA Rep. 120 Tn, Nr. 1 Bd. 3, Bl. 192 v.

[706] An der Beratung nahmen teil: für das Reichsjustizamt *Hoffmann* als Vorsitzender (Wirklicher Geheimer Rat, nähere Angaben zur Person im Anhang), *Struckmann* (Geheimer Oberregierungsrat), *Dronke* (Geheimer Regierungsrat), *Brunst* (Amtsrichter), für das Reichsamt des Innern *Trautmann* (Gerichtsassessor), für das Preußische Justizministerium *Koettgen* (Geheimer Oberjustizrat), für das Preußische Ministerium der öffentlichen Arbeiten *Tull* (Geheimer Oberregierungsrat) und für das Preußische Kriegsministerium *Mielcke* (Wirklicher Geheimer Kriegsrat). Als Sachverständige waren vertreten: *Andreae* (Rechtsanwalt in Frankfurt a. M.), *Berlin* (Großkaufmann in Nürnberg), *Eckener* (Friedrichshafen), *Euler* (Frankfurt a. M.), *Hergesell* (Geheimer Regierungsrat und stellvertretender Präsident des deutschen Luftfahrerverbandes in Straßburg), *Joseph* (Rechtsanwalt in Frankfurt a. M.), *Meyer* (Gerichtsassessor in Frankfurt a. M.), *Niemeyer* (Rechtsanwalt und Justizrat in Essen), *Pöschel* (Rektor der Fürstenschule in Meißen), *Rasch* (Generalsektretär des deutschen Luftfahrerverbandes in Berlin) und *Schaps* (Oberlandesgerichtsrat in Hamburg).

[707] BA Berlin-Li., R 30.01, Nr. 7002, Bl. 109 v; GStA PK, I. HA Rep. 84 a, Nr. 1987, Bl. 227 v; GStA PK, I. HA Rep. 120 Tn, Nr. 1 Bd. 3, Bl. 201 v.

[708] BA Berlin-Li., R 30.01, Nr. 7002, Bl. 109 v; GStA PK, I. HA Rep. 84 a, Nr. 1987, Bl. 227 v; GStA PK, I. HA Rep. 120 Tn, Nr. 1 Bd. 3, Bl. 201 v.

[709] BA Berlin-Li., R 30.01, Nr. 7002, Bl. 109 v/110; GStA PK, I. HA Rep. 84 a, Nr. 1987, Bl. 227 v/228; GStA PK, I. HA Rep. 120 Tn, Nr. 1 Bd. 3, Bl. 201 v/202.

Bürgerlichen Gesetzbuchs bei Schäden, die durch Luftfahrzeuge verursacht wurden, nicht zu unbilligen Ergebnissen geführt. Als weiterer Grund wurde die fehlende Vergleichbarkeit zwischen den Kraft- und Luftfahrzeugen angeführt. Die Kraftfahrzeuge hätten sich mitten in den Verkehr gestellt und diesen gefährdet. Die Bevölkerung habe die Kraftfahrzeuge verabscheut. Der Gesetzgeber habe eine Regelung der Haftpflicht für den Verkehr mit Kraftfahrzeugen auch deshalb in Angriff genommen, weil dies von der Allgemeinheit gefordert worden sei. Außerdem sei die Entwicklung des Automobilwesens damals bereits abgeschlossen gewesen. Etwas anderes gelte für die Luftfahrt. Die Flugzeuge würden sich außerhalb des allgemeinen Verkehrs aufhalten. Sie erfreuten sich allgemeiner Sympathie in der Bevölkerung. Im übrigen sei die Entwicklung des Flugwesens noch nicht abgeschlossen und nur wenige würden zum gegenwärtigen Zeitpunkt eine Verschärfung der Haftpflichtregelungen fordern.

Im übrigen würde jede Verschärfung der Haftpflicht die weitere Entwicklung der Luftfahrt gefährden. Das Interesse des einzelnen müsse daher gegenüber dem allgemeinen Interesse an einer ungehinderten Entwicklung der Luftfahrt zurücktreten[710].

Schaps, Meyer und *Berlin* befürworteten dagegen eine schnelle Sonderregelung. Sie argumentierten mit der günstigen politischen Situation. Es sei damit zu rechnen, daß das Reichsgericht seine Auffassung über die Haftpflicht der Luftfahrzeuge früher oder später ändern werde[711]. *Schaps, Meyer* und *Berlin* waren außerdem der Auffassung, daß wenn das Reichsgericht seine Auffassung ändere, ein Zustand der Rechtsunsicherheit entstünde, der mit der Zeit unerträglich werde[712]. Zum gegenwärtigen Zeitpunkt sei damit zu rechnen, daß der Reichstag einer besonderen Haftpflichtregelung zustimmen werde, die für die Halter nicht zu streng und daher günstig sei[713]. Im übrigen vertraten sie die Auffassung, daß der schnelle Erlaß einer Sonderregelung im Interesse der Luftfahrzeughalter liege. Sobald durch den Unfall eines Luftfahrzeugs ein größerer Schaden verursacht worden sei und sich das geltende Recht als unzureichend erwiesen habe, müsse damit gerechnet werden, daß sich die Einstellung in der Bevölkerung gegenüber dem Flugwesen ändern werde. Es werde eine deutlich schärfere Haftpflichtregelung gefordert werden und die Regierung und der Reichstag müßten diesem Begehren dann Rechnung tragen[714].

---

[710]BA Berlin-Li., R 30.01, Nr. 7002, Bl. 110; GStA PK, I. HA Rep. 84 a, Nr. 1987, Bl. 228; GStA PK, I. HA Rep. 120 Tn, Nr. 1 Bd. 3, Bl. 202.

[711]Vgl. 3. Teil D.; RGZ 78, S. 171 (171 ff.).

[712]BA Berlin-Li., R 30.01, Nr. 7002, Bl. 110; GStA PK, I. HA Rep. 84 a, Nr. 1987, Bl. 228; GStA PK, I. HA Rep. 120 Tn, Nr. 1 Bd. 3, Bl. 202.

[713]BA Berlin-Li., R 30.01, Nr. 7002, Bl. 110 v; GStA PK, I. HA Rep. 84 a, Nr. 1987, Bl. 228 v; GStA PK, I. HA Rep. 120 Tn, Nr. 1 Bd. 3, Bl. 202 v.

[714]BA Berlin-Li., R 30.01, Nr. 7002, Bl. 110 v; GStA PK, I. HA Rep. 84 a, Nr. 1987, Bl. 228 v; GStA PK, I. HA Rep. 120 Tn, Nr. 1 Bd. 3, Bl. 202 v.

Im einzelnen wurde über die Haftung des Luftfahrzeughalters (§ 14 der „Grundzüge"), den Ausschluß des Haftpflichtanspruchs gegen den Luftfahrzeughalter (§ 15 der „Grundzüge"), die Auswirkung der §§ 14 und 15 auf die Prämien der Versicherungen, die festgelegten Haftungshöchstsummen (§ 19 der „Grundzüge"), die Schadensverteilung zwischen mehreren Luftfahrzeughaltern (§ 23 der „Grundzüge"), die Gleichstellung der Luftfahrzeuge und luftfahrzeugähnlichen Apparate bezüglich der Haftung (§ 27 der „Grundzüge") und über die Einführung eines Landerechts beraten.

Meyer und *Andreae* regten an, in § 14 Abs. 1 die Worte „bei dem Betrieb" durch den Ausdruck „durch den Betrieb" zu ersetzen. Sie hielten die erste Fassung für zu weitreichend. Im übrigen sei nicht abzusehen, welche Bedeutung die Rechtsprechung dieser Wendung geben werde[715].

Im Anschluß daran ging es um den Begriff „Halter" in § 14 Abs. 1. Von *Schaps* und *Joseph* wurden unterschiedliche Einwände erhoben. *Schaps* forderte eine einschränkende Auslegung des Begriffs „Halter" für bestimmte Freiballonvereine. Er begründete dies mit einer zum Automobilgesetz ergangenen Entscheidung des Reichsgerichts, nach der derjenige als „Halter" anzusehen sei, der ein Fahrzeug „für eigene Rechnung in Gebrauch hat und [...] diejenige umfassende Verfügungsgewalt über das Fahrzeug besitzt, welche ein solcher Gebrauch voraussetzt"[716]. Es sei zu erwarten, daß diese Begriffsbestimmung auch für die Halter der Luftfahrzeuge übernommen werde. Dann seien aber auch Sportvereine, die sich ohne Gewinnerzielungsabsichten mit der Ausbildung von Freiballonführern befaßten, als „Halter" anzusehen[717]. Nach der Ansicht von *Schaps* sei es unbillig, diese Vereine für die durch die Fahrer verursachten Schäden einer strengeren Haftpflicht, als der in § 831 BGB geregelten, zu unterwerfen[718]. Er forderte daher eine Ausnahmeregelung für diese Vereine[719]. Der Vorschlag von *Schaps* wurde von *Niemeyer, Andreae, Dronke* und *Koettgen* abgelehnt. *Niemeyer* und *Andreae* führten dazu aus, daß die Sportvereine, die sich ohne Gewinnerzielungsabsichten mit der Ausbildung von Freiballonführern befaßten, bisher immer für die entstandenen Schäden aufgekommen seien und daß das Ausmaß der Schäden stets gering gewesen sei. Im übrigen hätten die Vereine die Möglichkeit, sich zu günstigen Bedingungen gegen diese Schäden zu versichern. Als letztes wiesen sie darauf hin, daß sie es für bedenklich hielten einzelne Be-

---

[715]BA Berlin-Li., R 30.01, Nr. 7002, Bl. 104; GStA PK, I. HA Rep. 84 a, Nr. 1987, Bl. 222; GStA PK, I. HA Rep. 120 Tn, Nr. 1 Bd. 3, Bl. 196.

[716]RGZ 78, S. 179 (183).

[717]BA Berlin-Li., R 30.01, Nr. 7002, Bl. 104 v; GStA PK, I. HA Rep. 84 a, Nr. 1987, Bl. 222 v; GStA PK, I. HA Rep. 120 Tn, Nr. 1 Bd. 3, Bl. 196 v.

[718]BA Berlin-Li., R 30.01, Nr. 7002, Bl. 104 v/105; GStA PK, I. HA Rep. 84 a, Nr. 1987, Bl. 222 v/223; GStA PK, I. HA Rep. 120 Tn, Nr. 1 Bd. 3, Bl. 196 v/197.

[719]BA Berlin-Li., R 30.01, Nr. 7002, Bl. 105; GStA PK, I. HA Rep. 84 a, Nr. 1987, Bl. 223; GStA PK, I. HA Rep. 120 Tn, Nr. 1 Bd. 3, Bl. 197.

griffe zu ändern, wenn die Haftpflichtbestimmungen des Automobilgesetzes übernommen würden[720].

Ergänzend machten *Dronke* und *Koettgen* darauf aufmerksam, daß der Begriff „Halter" von der Rechtsprechung festgelegt worden sei, und es demzufolge nicht ratsam sei, einen neuen Begriff einzuführen oder den Begriff gesetzlich zu beschränken[721].

Der zweite Einwand gegen den Begriff „Halter" in § 14 Abs. 1 wurde von *Joseph* erhoben. Es sei nach seiner Auffassung zweifelhaft, wer als „Halter" zum Schadensersatz verpflichtet sei, wenn ein in Reparatur gegebenes Luftfahrzeug auf den nach Abschluß der Ausbesserungsarbeiten vorgenommenen Fahrten einen Schaden verursache[722]. Zu *Josephs* Vorschlag wurde bemerkt, daß die Fabrik, die Reparaturarbeiten im Rahmen von Testflügen durchführe, als „Halter" anzusehen sei[723].

Nach der Diskussion über den Begriff „Halter" fand eine längere Aussprache über den in § 14 Abs. 2 geregelten Ausschluß der Haftung des Luftfahrzeughalters statt. Darüber hinaus wurde von einigen Sachverständigen die Regelung zusätzlicher Haftungsausschlußgründe gefordert. Fast alle Sachverständigen lehnten die Regelung des § 14 Abs. 2 ab. Sie hielten die Bestimmung für zu eng[724].

Nach § 14 Abs. 2 S. 1 der „Grundzüge" sollte die Ersatzpflicht ausgeschlossen sein, „wenn der Unfall durch ein unabwendbares Ereignis verursacht" wurde. Als unabwendbar galt ein Ereignis „insbesondere dann, wenn der Unfall auf das Verhalten des Verletzten oder eines Dritten, der weder durch das Fahrzeug befördert wurde, noch bei dem Betriebe des Fahrzeugs beschäftigt war, oder auf das Verhalten eines Tieres zurückzuführen [war] und sowohl der Halter als die bei dem Betriebe des Fahrzeugs beschäftigten Personen jede nach den Umständen des Falles gebotene Sorgfalt beobachtet [hatten]. Als unabwendbar [galt] ein Ereignis nicht, wenn es auf einem Fehler in der Beschaffenheit des Fahrzeugs oder auf einem Versagen seiner Verrichtungen oder auf einer Einwirkung von Naturkräften beruht[e], mit der nach dem Wesen der Luftfahrt gerechnet werden mußte."[725]

[720]BA Berlin-Li., R 30.01, Nr. 7002, Bl. 105; GStA PK, I. HA Rep. 84 a, Nr. 1987, Bl. 223; GStA PK, I. HA Rep. 120 Tn, Nr. 1 Bd. 3, Bl. 197.
[721]BA Berlin-Li., R 30.01, Nr. 7002, Bl. 105; GStA PK, I. HA Rep. 84 a, Nr. 1987, Bl. 223; GStA PK, I. HA Rep. 120 Tn, Nr. 1 Bd. 3, Bl. 197.
[722]BA Berlin-Li., R 30.01, Nr. 7002, Bl. 105; GStA PK, I. HA Rep. 84 a, Nr. 1987, Bl. 223; GStA PK, I. HA Rep. 120 Tn, Nr. 1 Bd. 3, Bl. 197.
[723]BA Berlin-Li., R 30.01, Nr. 7002, Bl. 105; GStA PK, I. HA Rep. 84 a, Nr. 1987, Bl. 223; GStA PK, I. HA Rep. 120 Tn, Nr. 1 Bd. 3, Bl. 197.
[724]BA Berlin-Li., R 30.01, Nr. 7002, Bl. 105; GStA PK, I. HA Rep. 84 a, Nr. 1987, Bl. 223; GStA PK, I. HA Rep. 120 Tn, Nr. 1 Bd. 3, Bl. 197.
[725]§ 14 Abs. 2 S. 2 und 3 „Grundzüge".

Entschließe man sich für eine verschärfte Haftung des Luftfahrzeughalters, könne nur die in § 1 Abs. 2 der Reichstagsvorlage-KFG 1908[726] vorgesehene Regelung in Betracht kommen, nach der dem Halter die Beweislast auferlegt werde, daß der Schaden weder durch sein Verschulden, ein Verschulden einer von ihm zur Führung des Fahrzeugs bestellten oder ermächtigten Person oder durch die fehlerhafte Beschaffenheit des Fahrzeugs oder ein Versagen seiner Verrichtungen verursacht worden ist [727].

Niemeyer vertrat dagegen die Auffassung, daß es für die durch die Landung eines Luftfahrzeugs verursachten Schäden keiner besonderen gesetzlichen Regelung bedürfe, da der Luftfahrzeughalter in solchen Fällen nach den Vorschriften des Bürgerlichen Gesetzbuchs hafte. In Fällen, in denen die Landung durch einen Notstand verursacht worden sei, gewähre § 904 S. 2 BGB den Eigentümern einen verschuldensunabhängigen Schadensersatzanspruch. Lande der Luftfahrzeughalter dagegen freiwillig auf fremden Grundstücken, liege ein vorsätzlicher Eingriff in fremdes Eigentum vor mit der Folge, daß der Halter nach § 823 Abs. 1 BGB hafte. *Niemeyer* lehnte es ab, dem Luftfahrzeughalter die Beweislast dafür aufzuerlegen, daß ein Dritter den Unfall herbeigeführt habe, da es für ihn praktisch nicht möglich sein werde, diesen Beweis zu erbringen[728].

Ein weiterer Aspekt gegen die Regelung des § 14 Abs. 2 wurde von *Meyer* angeführt. Er hielt die Regelung für zu kasuistisch. Außerdem bemängelte er, daß daraus nicht hervorginge, wie der Luftfahrzeughalter hafte, wenn das den Unfall verursachende Ereignis gleichzeitig sowohl die Voraussetzungen des § 14 Abs. 2 S. 2 als auch die des § 14 Abs. 2 S. 3 erfülle[729].

Im Anschluß daran forderten *Andreae, Eckener* und *Euler* die Einführung eines weiteren Haftungsausschlußgrundes. Nach ihrer Auffassung sollte die Haftung des Halters für Schäden, die durch die Einwirkung der Luftfahrzeuge auf die Psyche - insbesondere bei Tieren - entstünden, durch eine zusätzliche Regelung ausgeschlossen werden[730]. Sie wiesen darauf hin, daß es bereits mehrfach vorgekommen sei, daß auf der Weide stehende Tiere durch vorbeifliegende Luftschiffe erschreckt worden seien und sich auf der Flucht schwer verletzt hätten. Sobald aber der Halter eines Luftfahrzeugs für derartige „Reflexschäden" einstehen müsse, werde den Luftfahrtunternehmen der weitere Betrieb quasi unmög-

---

[726] Verh. des RT, 12. Leg.-Per., 1. Session 1907/09, Bd. 248, Ds. Nr. 988.

[727] BA Berlin-Li., R 30.01, Nr. 7002, Bl. 105/105 v; GStA PK, I. HA Rep. 84 a, Nr. 1987, Bl. 223/223 v; GStA PK, I. HA Rep. 120 Tn, Nr. 1 Bd. 3, Bl. 197/197 v.

[728] BA Berlin-Li., R 30.01, Nr. 7002, Bl. 105 v; GStA PK, I. HA Rep. 84 a, Nr. 1987, Bl. 223 v; GStA PK, I. HA Rep. 120 Tn, Nr. 1 Bd. 3, Bl. 197 v.

[729] BA Berlin-Li., R 30.01, Nr. 7002, Bl. 105 v; GStA PK, I. HA Rep. 84 a, Nr. 1987, Bl. 223 v; GStA PK, I. HA Rep. 120 Tn, Nr. 1 Bd. 3, Bl. 197 v.

[730] BA Berlin-Li., R 30.01, Nr. 7002, Bl. 105 v/106; GStA PK, I. HA Rep. 84 a, Nr. 1987, Bl. 223 v/224; GStA PK, I. HA Rep. 120 Tn, Nr. 1 Bd. 3, Bl. 197 v/198.

lich gemacht[731]. Die Notwendigkeit einer zusätzlichen Regelung begründeten *Andreae, Eckener* und *Euler* damit, daß entsprechend der Regelung des § 14 Abs. 2 S. 2 mit einer Haftung für sogenannte „Reflexschäden" zumindest dann gerechnet werden müsse, wenn die Grundstückseigentümer den Luftfahrzeughaltern das Überfliegen ihrer Grundstücke untersagt hätten, und jene trotzdem die Grundstücke überfliegen würden und dadurch einen Schaden der oben bezeichneten Art verursachten. Den Luftfahrzeughaltern könne in diesen Fällen der Vorwurf gemacht werden, daß sie die erforderliche Sorgfalt außer acht gelassen hätten, so daß ein Haftungsausschluß nach § 14 Abs. 2 S. 2 ausscheide. Im Interesse der Entwicklung der Luftfahrt könne es den Luftfahrzeughaltern nicht zugemutet werden, derartige Verbote zu berücksichtigen. Auf diese Art und Weise würde man ihnen das Fliegen über weite Strecken tatsächlich unmöglich machen[732].

Andreae machte dazu den Vorschlag, die Haftung des Halters auf solche Schäden zu beschränken, die durch die unmittelbare körperliche Einwirkung eines Luftfahrzeugs bzw. von Luftfahrzeugteilen entstünden[733].

Dronke vertrat dagegen die Auffassung, daß bei Übertretung eines Überflugverbots der Haftungsausschluß nach § 14 Abs. 2 S. 2 nicht eingreife[734]. Er argumentierte mit dem Recht zur freien Luftfahrt. So sei ein Verbot der Grundstückseigentümer, ihre Grundstücke zu überfliegen, nach den Bestimmungen der „Grundzüge" ohne Bedeutung. Die „Grundzüge" würden ein Recht zur freien Luftfahrt aufstellen, indem sie den Verkehr mit Luftfahrzeugen nur von der Erfüllung bestimmter Voraussetzungen abhängig machten[735].

Anschließend forderte *Eckener* eine weitere Regelung, nach der der Halter eines Luftfahrzeugs nicht für solche Schäden haften sollte, die durch herbeiströmende Zuschauer verursacht wurden. Er verwies darauf, daß bei Luftschiffunfällen denjenigen Grundstückseigentümern, deren Grundstücke in der Nähe einer Unfallstelle gelegen hätten, durch schaulustige Zuschauer erhebliche Schäden entstanden seien[736]. *Joseph* machte dazu den Vorschlag, die Idee von Rechtsanwalt Mardersteig zu übernehmen und das Laufen über unbestellte Äcker zu be-

[731] BA Berlin-Li., R 30.01, Nr. 7002, Bl. 106; GStA PK, I. HA Rep. 84 a, Nr. 1987, Bl. 224; GStA PK, I. HA Rep. 120 Tn, Nr. 1 Bd. 3, Bl. 198.

[732] BA Berlin-Li., R 30.01, Nr. 7002, Bl. 106; GStA PK, I. HA Rep. 84 a, Nr. 1987, Bl. 224; GStA PK, I. HA Rep. 120 Tn, Nr. 1 Bd. 3, Bl. 198.

[733] BA Berlin-Li., R 30.01, Nr. 7002, Bl. 106; GStA PK, I. HA Rep. 84 a, Nr. 1987, Bl. 224; GStA PK, I. HA Rep. 120 Tn, Nr. 1 Bd. 3, Bl. 198.

[734] BA Berlin-Li., R 30.01, Nr. 7002, Bl. 106; GStA PK, I. HA Rep. 84 a, Nr. 1987, Bl. 224; GStA PK, I. HA Rep. 120 Tn, Nr. 1 Bd. 3, Bl. 198.

[735] BA Berlin-Li., R 30.01, Nr. 7002, Bl. 106/106 v; GStA PK, I. HA Rep. 84 a, Nr. 1987, Bl. 224/224 v; GStA PK, I. HA Rep. 120 Tn, Nr. 1 Bd. 3, Bl. 198/198 v.

[736] BA Berlin-Li., R 30.01, Nr. 7002, Bl. 106 v; GStA PK, I. HA Rep. 84 a, Nr. 1987, Bl. 224 v; GStA PK, I. HA Rep. 120 Tn, Nr. 1 Bd. 3, Bl. 198 v.

strafen[737]. Im Interesse der Luftschiffer lehnte *Dronke* den Vorschlag von *Joseph* jedoch ab. So seien die Luftschiffer im Falle eines Unfalls gerade auf die Hilfe der Anwohner angewiesen[738]. Im übrigen machte er darauf aufmerksam, daß die von *Eckener* geforderte Ausnahmeregelung nicht notwendig sei. Schließlich würden die Luftfahrer schon nach den „Grundzügen" für derartige Schäden nicht haften[739].

Die Regelung des § 14 Abs. 2 S. 3 der „Grundzüge" nach der ein Ereignis dann nicht als unabwendbar anzusehen war, wenn es „auf einer Einwirkung von Naturkräften beruht, mit der nach dem Wesen der Luftfahrt gerechnet werden mußte", wurde von *Euler, Joseph* und *Eckener* im Interesse der Entwicklung der Luftfahrt abgelehnt. Zur Begründung führte *Euler* aus, daß man den Luftfahrern, die beim Fliegen ständig mit dem Auftreten von Windböen rechnen müßten, ein zu hohes Haftungsrisiko aufbürde, wenn sie für jeden durch eine Böe entstandenen Schaden einstehen müßten. Gleiches gelte im übrigen auch für Gefahren, die sich aus der Bildung von Luftlöchern ergäben[740].

In diesem Zusammenhang wies *Joseph* auf den Unfall des Zeppelin-Luftschiffs LZ 10 „Schwaben" hin. Dieser habe sich aufgrund von Reibungselektrizität ereignet[741]. Niemand habe bisher an diese Gefahr gedacht. Nach der Fassung der „Grundzüge" sei es zweifelhaft, ob sich der Halter des Luftschiffs in diesem Fall schadensersatzpflichtig gemacht habe[742].

Eckener machte den Vorschlag, in § 14 Abs. 2 S. 3 den Ausdruck „mit der nach dem Wesen der Luftfahrt gerechnet werden mußte" durch die Worte „mit der nach dem derzeitigen Stande der Wissenschaft und Praxis gerechnet werden kann" zu ersetzen[743].

Anschließend wurde darüber beraten, ob der in § 15 geregelte Ausschluß des Haftpflichtanspruchs gegen den Luftfahrzeughalter auch auf andere Personen ausgedehnt werden sollte. *Dronke* hielt es für notwendig, darüber zu diskutieren, ob den Besuchern von Flugplätzen dieser Anspruch versagt werden sollte. Im Reichsjustizamt habe man vor allem im Interesse der Soldaten, die zur Hilfelei-

---

[737]BA Berlin-Li., R 30.01, Nr. 7002, Bl. 106 v; GStA PK, I. HA Rep. 84 a, Nr. 1987, Bl. 224 v; GStA PK, I. HA Rep. 120 Tn, Nr. 1 Bd. 3, Bl. 198 v.

[738]BA Berlin-Li., R 30.01, Nr. 7002, Bl. 106 v; GStA PK, I. HA Rep. 84 a, Nr. 1987, Bl. 224 v; GStA PK, I. HA Rep. 120 Tn, Nr. 1 Bd. 3, Bl. 198 v.

[739]BA Berlin-Li., R 30.01, Nr. 7002, Bl. 106 v; GStA PK, I. HA Rep. 84 a, Nr. 1987, Bl. 224 v; GStA PK, I. HA Rep. 120 Tn, Nr. 1 Bd. 3, Bl. 198 v.

[740]BA Berlin-Li., R 30.01, Nr. 7002, Bl. 106 v; GStA PK, I. HA Rep. 84 a, Nr. 1987, Bl. 224 v; GStA PK, I. HA Rep. 120 Tn, Nr. 1 Bd. 3, Bl. 198 v.

[741]BA Berlin-Li., R 30.01, Nr. 7002, Bl. 106 v/107; GStA PK, I. HA Rep. 84 a, Nr. 1987, Bl. 224 v/225; GStA PK, I. HA Rep. 120 Tn, Nr. 1 Bd. 3, Bl. 198 v/199.

[742]BA Berlin-Li., R 30.01, Nr. 7002, Bl. 107; GStA PK, I. HA Rep. 84 a, Nr. 1987, Bl. 225; GStA PK, I. HA Rep. 120 Tn, Nr. 1 Bd. 3, Bl. 199.

[743]BA Berlin-Li., R 30.01, Nr. 7002, Bl. 107; GStA PK, I. HA Rep. 84 a, Nr. 1987, Bl. 225; GStA PK, I. HA Rep. 120 Tn, Nr. 1 Bd. 3, Bl. 199.

stung auf Flugplätze abkommandiert wurden, von einer solchen Regelung abgesehen[744]. *Joseph* sprach sich dafür aus, den Anspruchsausschluß auf die Zuschauer von Flugveranstaltungen und auf die zu solchen Veranstaltungen zwecks Hilfeleistung abkommandierten Soldaten auszudehnen. Zur Zeit würde die Militärverwaltung die Entsendung von Hilfstruppen davon abhängig machen, daß sich die Unternehmen zum Ersatz aller Schäden verpflichteten und sich außerdem gegen diese versicherten. Dadurch seien den Unternehmen erhebliche Kosten entstanden[745].

Niemeyer, Eckener und *Euler* sprachen sich jedoch dagegen aus, die Versagung des Haftpflichtanspruchs auch auf die Flugplatzbesucher auszudehnen. Sie argumentierten mit den Einbußen aus dem dann zu erwartenden Publikumsrückgang. Es sei davon auszugehen, daß das Interesse des Publikums an den Schauflügen abnehmen werde, wenn den Zuschauern dieser Anspruch versagt werde. Außerdem sei zu berücksichtigen, daß die Verletzungsgefahr nur äußerst gering sei. Die Regelung eines weiteren Anspruchsausschlusses sei daher nicht sachdienlich[746].

Anschließend wurde die Auswirkung der §§ 14 und 15 auf die Prämien der Versicherungen erörtert. *Niemeyer* erwartete einen erheblichen Anstieg der Versicherungsprämien, falls die Regelungen als Gesetz erlassen würden. Zur Begründung verwies er auf die Entwicklung beim Auto. Nach dem Inkrafttreten des Automobilgesetzes seien die Versicherungsprämien zunächst stark angestiegen. Den Haltern der Kraftfahrzeuge sei es aufgrund ihrer großen Zahl und durch ihren Zusammenschluß gelungen, die Prämien wieder zu drücken. Damit sei bei den Haltern der Luftfahrzeuge nicht zu rechnen[747]. Dieser Auffassung schloß sich *Rasch* an. Er führte dazu aus, daß die Versicherungsgesellschaften schon jetzt eine Versicherung von Luftschiffen häufig abgelehnt hätten und daß es in Zukunft erheblich schwieriger werde, eine Versicherung abzuschließen[748].

Joseph machte darauf aufmerksam, daß die Prämien schon jetzt sehr hoch seien. Er bezog sich dabei auf zwei Flugveranstaltungen. So habe sich 1909 die Internationale Luftfahrtausstellung (Ila) in Frankfurt für vier Monate gegen einen Gesamtschaden bis zu 1 Mio. RM versichert und dafür eine Prämie von 10 000 RM bezahlen müssen. Bei einem Überlandflug am Oberrhein habe für die Versi-

[744]BA Berlin-Li., R 30.01, Nr. 7002, Bl. 107; GStA PK, I. HA Rep. 84 a, Nr. 1987, Bl. 225 v/226; GStA PK, I. HA Rep. 120 Tn, Nr. 1 Bd. 3, Bl. 199.

[745]BA Berlin-Li., R 30.01, Nr. 7002, Bl. 107; GStA PK, I. HA Rep. 84 a, Nr. 1987, Bl. 226; GStA PK, I. HA Rep. 120 Tn, Nr. 1 Bd. 3, Bl. 199.

[746]BA Berlin-Li., R 30.01, Nr. 7002, Bl. 107; GStA PK, I. HA Rep. 84 a, Nr. 1987, Bl. 226; GStA PK, I. HA Rep. 120 Tn, Nr. 1 Bd. 3, Bl. 199.

[747]BA Berlin-Li., R 30.01, Nr. 7002, Bl. 108; GStA PK, I. HA Rep. 84 a, Nr. 1987, Bl. 226; GStA PK, I. HA Rep. 120 Tn, Nr. 1 Bd. 3, Bl. 200.

[748]BA Berlin-Li., R 30.01, Nr. 7002, Bl. 108/108 v; GStA PK, I. HA Rep. 84 a, Nr. 1987, Bl. 226/226 v; GStA PK, I. HA Rep. 120 Tn, Nr. 1 Bd. 3, Bl. 200/200 v.

cherung über einen Gesamtschaden bis zu 30 000 RM eine Prämie von 2 700 RM bezahlt werden müssen[749].

Danach wurde über die in § 19 festgelegten Haftungshöchstsummen beraten. Zunächst wies *Dronke* darauf hin, daß die festgesetzten Summen nur für die in den „Grundzügen" geregelten Fälle gelten sollten, so daß der Luftfahrer unbeschränkt nach den Vorschriften des Bürgerlichen Gesetzbuchs hafte, wenn er schuldhaft gehandelt habe[750].

Anschließend fand eine Diskussion über die Höhe der Versicherungssummen statt. *Joseph* hielt die in § 19 Nr. 2 vorgesehene Haftungshöchstsumme von 150 000 RM im Falle der Tötung oder der Verletzung eines Menschen durch ein und dasselbe Ereignis für zu gering[751]. *Niemeyer* forderte eine Erhöhung der in § 19 Nr. 3 vorgesehenen Summe von 10 000 RM für Sachschäden, die durch Luftschiffe verursacht wurden[752]. *Eckener* lehnte dagegen eine Erhöhung der Haftungssummen ab. Zur Begründung trug er vor, daß jede Erhöhung zu einem erheblichen Anstieg der Versicherungssummen führe[753].

Zum Schluß der Diskussion einigten sich die Beteiligten darauf, die nach den „Grundzügen" vorgesehenen Regelungen unverändert beizubehalten. Außerdem sprachen sie sich - wie in den „Grundzügen" vorgesehen[754] - dafür aus, daß sowohl für die Luftfahrzeuge als auch für die luftfahrzeugähnlichen Apparate die gleichen Haftungshöchstsummen gelten sollten[755].

Eckener machte den Vorschlag, in § 23 Abs. 1 S. 1 (Schadensverursachung durch mehrere Luftfahrzeuge) vor dem Wort „verursacht" das Wort „unmittelbar" einzufügen[756]. Dagegen wandte sich *Dronke* mit der Begründung, daß die Schadensverteilung des § 23 auch dann zur Geltung kommen müsse, wenn der Schaden von zwei Luftfahrzeugen verursacht werde, wobei das eine unmittelbar und das andere nur mittelbar den Schaden verursacht habe[757].

---

[749] BA Berlin-Li., R 30.01, Nr. 7002, Bl. 108 v; GStA PK, I. HA Rep. 84 a, Nr. 1987, Bl. 226 v; GStA PK, I. HA Rep. 120 Tn, Nr. 1 Bd. 3, Bl. 200 v.

[750] BA Berlin-Li., R 30.01, Nr. 7002, Bl. 108 v; GStA PK, I. HA Rep. 84 a, Nr. 1987, Bl. 226 v; GStA PK, I. HA Rep. 120 Tn, Nr. 1 Bd. 3, Bl. 200 v.

[751] BA Berlin-Li., R 30.01, Nr. 7002, Bl. 108 v; GStA PK, I. HA Rep. 84 a, Nr. 1987, Bl. 226 v; GStA PK, I. HA Rep. 120 Tn, Nr. 1 Bd. 3, Bl. 200 v.

[752] BA Berlin-Li., R 30.01, Nr. 7002, Bl. 108 v; GStA PK, I. HA Rep. 84 a, Nr. 1987, Bl. 226 v; GStA PK, I. HA Rep. 120 Tn, Nr. 1 Bd. 3, Bl. 200 v.

[753] BA Berlin-Li., R 30.01, Nr. 7002, Bl. 108 v; GStA PK, I. HA Rep. 84 a, Nr. 1987, Bl. 226 v; GStA PK, I. HA Rep. 120 Tn, Nr. 1 Bd. 3, Bl. 200 v.

[754] § 27 i.V. mit § 19.

[755] BA Berlin-Li., R 30.01, Nr. 7002, Bl. 109; GStA PK, I. HA Rep. 84 a, Nr. 1987, Bl. 227; GStA PK, I. HA Rep. 120 Tn, Nr. 1 Bd. 3, Bl. 201.

[756] BA Berlin-Li., R 30.01, Nr. 7002, Bl. 109; GStA PK, I. HA Rep. 84 a, Nr. 1987, Bl. 227; GStA PK, I. HA Rep. 120 Tn, Nr. 1 Bd. 3, Bl. 201.

[757] BA Berlin-Li., R 30.01, Nr. 7002, Bl. 109; GStA PK, I. HA Rep. 84 a, Nr. 1987, Bl. 227; GStA PK, I. HA Rep. 120 Tn, Nr. 1 Bd. 3, Bl. 201.

Im Zusammenhang mit § 27 wurde eine Anwendung der Haftpflichtbestimmungen der "Grundzüge" auf die als luftfahrzeugähnlichen Apparate definierten Gleitflugzeuge und Drachen diskutiert. Alle Sachverständigen lehnten es ab, diese Bestimmungen auch auf Gleitflugzeuge anzuwenden. Sie begründeten dies mit der Ungefährlichkeit der Gleitflugzeuge für die Allgemeinheit und ihrer großen Bedeutung für die Ausbildung der Flieger[758]. Bezüglich der Drachen befürworteten die Anwesenden eine Anwendung der Haftpflichtregelungen der „Grundzüge". Sowohl für die Luftfahrt als auch für die Allgemeinheit würden die Drachen eine besondere Gefahr darstellen[759]. Diese ergebe sich nach *Koettgens* Ausführung daraus, daß beim Aufstieg der Drachen Drähte von bis zu 20 000 Metern Länge verwendet würden[760].

Eckener forderte eine zusätzliche Regelung, nach der Stationen, die Drachen zu wissenschaftlichen Zwecken aufsteigen ließen, verpflichtet werden sollten, den Aufstieg vorher bekanntzugeben[761].

Alle Teilnehmer der Beratung sprachen sich dafür aus, Kinderspielzeuge nicht als luftfahrzeugähnliche Apparate anzusehen[762]. Im übrigen wurde die Einführung eines *Landerechts* für Luftfahrer diskutiert. Dazu wurden drei Meinungen vertreten. *Niemeyer, Andreae, Euler* und *Hergesell* sprachen sich für die Regelung eines Landerechts aus. Das in § 904 BGB enthaltene Notlandungsrecht sei - abgesehen davon, daß es eine Interessenabwägung erforderlich mache - nicht ausreichend. Die Anwendung dieser Vorschrift scheide besonders bei Freiballonen aus, da diese meistens freiwillig landen würden[763]. Zur Begründung des gegenwärtigen Regelungsbedarfs wiesen sie darauf hin, daß die Mehrheit der Bevölkerung zur Zeit irrtümlich davon ausginge, daß den Luftfahrern ein allgemeines Landerecht zustehen würde, so daß ihnen das Landen regelmäßig nicht erschwert werde. Es sei jedoch zu befürchten, daß sich diese Einstellung mit dem Bekanntwerden der tatsächlichen Rechtslage ändern werde[764].

Meyer und *Eckener* lehnten dagegen die Einführung eines Landerechts ab. Nach ihrer Auffassung sei die Vorschrift des § 904 BGB vollkommen ausrei-

---

[758]BA Berlin-Li., R 30.01, Nr. 7002, Bl. 109 v; GStA PK, I. HA Rep. 84 a, Nr. 1987, Bl. 227 v; GStA PK, I. HA Rep. 120 Tn, Nr. 1 Bd. 3, Bl. 201 v.

[759]BA Berlin-Li., R 30.01, Nr. 7002, Bl. 109 v; GStA PK, I. HA Rep. 84 a, Nr. 1987, Bl. 227 v; GStA PK, I. HA Rep. 120 Tn, Nr. 1 Bd. 3, Bl. 201 v.

[760]BA Berlin-Li., R 30.01, Nr. 7002, Bl. 109 v; GStA PK, I. HA Rep. 84 a, Nr. 1987, Bl. 227 v; GStA PK, I. HA Rep. 120 Tn, Nr. 1 Bd. 3, Bl. 201 v.

[761]BA Berlin-Li., R 30.01, Nr. 7002, Bl. 109 v; GStA PK, I. HA Rep. 84 a, Nr. 1987, Bl. 227 v; GStA PK, I. HA Rep. 120 Tn, Nr. 1 Bd. 3, Bl. 201 v.

[762]BA Berlin-Li., R 30.01, Nr. 7002, Bl. 109 v; GStA PK, I. HA Rep. 84 a, Nr. 1987, Bl. 227 v; GStA PK, I. HA Rep. 120 Tn, Nr. 1 Bd. 3, Bl. 201 v.

[763]BA Berlin-Li., R 30.01, Nr. 7002, Bl. 107; GStA PK, I. HA Rep. 84 a, Nr. 1987, Bl. 225; GStA PK, I. HA Rep. 120 Tn, Nr. 1 Bd. 3, Bl. 199.

[764]BA Berlin-Li., R 30.01, Nr. 7002, Bl. 107; GStA PK, I. HA Rep. 84 a, Nr. 1987, Bl. 225; GStA PK, I. HA Rep. 120 Tn, Nr. 1 Bd. 3, Bl. 199.

chend[765]. Zur Begründung wiesen sie darauf hin, daß eine Notlandung für den Luftfahrer immer lebensgefährlich sei, so daß das Interesse des Luftfahrers gegenüber dem des Grundstückseigentümerss stets überwiege[766]. Auch *Trautmann* hielt die Einführung eines Landerechts für entbehrlich. Nach seiner Meinung enthielt § 51 der „Grundzüge für eine Verordnung über den Verkehr mit Luftfahrzeugen" ein Recht zur Landung[767]. Dem entgegnete *Schaps,* daß § 51 nur die Landung innerhalb von Ortschaften beschränke und im übrigen der Bundesrat zur Regelung eines allgemeinen Landerechts nicht befugt sei[768].

Einen vermittelnden Vorschlag machte der *Vorsitzende.* Er sprach sich für die Regelung eines eingeschränkten Landerechts aus. Danach sollten die Luftfahrer das Recht erhalten, außerhalb von Ortschaften und befriedeten Besitztümern zu landen. Die Einführung eines allgemeinen Landerechts lehnte er mit der Begründung ab, daß damit zugleich die Schadensersatzpflicht für die den Grundstückseigentümern durch eine Landung zugefügten Schäden erweitert werden müsse[769]. Auch *Niemeyer* hielt für den Fall der Regelung eines Landerechts eine Ausdehnung der Schadensersatzpflicht für erforderlich. Der Luftfahrer sollte dann über § 823 BGB hinaus für alle Schäden einstehen müssen, die dem Grundstückseigentümer durch die Landung entstünden[770].

VII. Die kommissarische Beratung vom 8. Februar 1913 über die Regelung der Haftpflicht der Luftfahrzeuge und der luftfahrzeugähnlichen Apparate

Auf Einladung des Reichsjustizamts wurde am 8. Februar 1913 eine weitere kommissarische Beratung abgehalten[771]. Auf der Grundlage der Ergebnisse der

---

[765] BA Berlin-Li., R 30.01, Nr. 7002, Bl. 107; GStA PK, I. HA Rep. 84 a, Nr. 1987, Bl. 225; GStA PK, I. HA Rep. 120 Tn, Nr. 1 Bd. 3, Bl. 199.

[766] BA Berlin-Li., R 30.01, Nr. 7002, Bl. 107/107 v; GStA PK, I. HA Rep. 84 a, Nr. 1987, Bl. 225/225 v; GStA PK, I. HA Rep. 120 Tn, Nr. 1 Bd. 3, Bl. 199/199 v.

[767] BA Berlin-Li., R 30.01, Nr. 7002, Bl. 107 v; GStA PK, I. HA Rep. 84 a, Nr. 1987, Bl. 225 v; GStA PK, I. HA Rep. 120 Tn, Nr. 1 Bd. 3, Bl. 199 v.

[768] BA Berlin-Li., R 30.01, Nr. 7002, Bl. 107 v; GStA PK, I. HA Rep. 84 a, Nr. 1987, Bl. 225 v; GStA PK, I. HA Rep. 120 Tn, Nr. 1 Bd. 3, Bl. 199 v.

[769] BA Berlin-Li., R 30.01, Nr. 7002, Bl. 107 v; GStA PK, I. HA Rep. 84 a, Nr. 1987, Bl. 225 v; GStA PK, I. HA Rep. 120 Tn, Nr. 1 Bd. 3, Bl. 199 v.

[770] BA Berlin-Li., R 30.01, Nr. 7002, Bl. 107 v; GStA PK, I. HA Rep. 84 a, Nr. 1987, Bl. 225 v; GStA PK, I. HA Rep. 120 Tn, Nr. 1 Bd. 3, Bl. 199 v.

[771] An der Beratung nahmen teil: vom Reichsjustizamt *Hoffmann* als Vorsitzender (Wirklicher Geheimer Rat, Direktor im Reichsjustizamt), *Struckmann* (Geheimer Oberregierungsrat), *Dronke* (Geheimer Regierungsrat) und *Brunst* (Amtsrichter), vom Auswärtigen Amt *Simons* (Geheimer Legationsrat) und *Freiherr von Müffling* (Legationsrat), vom Reichsamte des Innern *Dammann* (Geheimer Oberregierungsrat) und *Trautmann* (Gerichtsassessor), vom Preußischen Justizministerium *Koettgen* (Geheimer Oberjustizrat), vom Preußischen Ministerium

Sachverständigenberatung vom 7. Januar 1913 erläuterten die Vertreter verschiedener Ministerien ihren Standpunkt zu der Frage, ob für den Luftverkehr eine besondere Haftpflichtregelung aufgestellt werden sollte. Die Mehrheit der Sachverständigen hatte in den beiden vorausgegangenen Beratungen eine solche Regelung abgelehnt. Außerdem wurde über eine vom Reichsjustizamt vorgeschlagene Neufassung des § 14 Abs. 2 der „Grundzüge" beraten. Im übrigen wurde erneut die Einführung eines Landerechts diskutiert.

Die Mehrheit der Vertreter der Ministerien befürwortete eine besondere Haftpflichtregelung für den Luftverkehr. Ablehnend äußerten sich jedoch zunächst das *Preußische Justizministerium* und das *Preußische Kriegsministerium.*

Koettgen erläuterte den Standpunkt des preußischen Justizministers. Dieser sei der Auffassung, daß es keiner besonderen Haftpflichtregelung für den Luftverkehr bedürfe. Er wandte sich gegen die Argumentation, daß die Regelung von Verkehrsvorschriften zugleich auch eine Regelung besonderer Haftpflichtbestimmungen erfordere. Seine ablehnende Haltung begründete er mit dem Entwicklungsstand des Flugwesens. Die technische Entwicklung sei noch nicht abgeschlossen. Es gäbe daher keine geeignete tatsächliche Grundlage für eine gesetzliche Regelung. Außerdem habe der preußische Justizminister die Befürchtung geäußert, daß die Luftfahrzeughalter, gegen die schon jetzt vielfach übertrieben hohe Ansprüche geltend gemacht würden, bei einer strengen Haftpflichtregelung in noch stärkerem Maße als bisher in Anspruch genommen werden könnten. Des weiteren habe er sich dagegen gewandt, aus der besonderen Gefahr, die der Betrieb eines Luftfahrzeugs mit sich bringe, die Notwendigkeit einer besonderen Haftpflichtregelung abzuleiten. Es gäbe viele andere Verkehrsmittel, wie das Fahrrad, für die keine besonderen Haftpflichtbestimmungen aufgestellt worden seien. Außerdem stünden nach der Auffassung des preußischen Justizministers einer verschärften Haftpflichtregelung wichtige wirtschaftliche und insbesondere nationale Bedenken im Interesse der Landesverteidigung entgegen. Wenn die zur Vertretung dieser Interessen zuständigen Ressorts, insbesondere das Handelsministerium und die Militär- und Marineressorts, mit einer Sonderregelung einverstanden wären, sei der Justizminister jedoch bereit, seine Bedenken gegen eine Haftpflichtregelung zu überprüfen und gegebenenfalls auch zurückzunehmen[772].

Mielcke, als Vertreter des Preußischen Kriegsministeriums, sprach sich ebenfalls gegen eine besondere Haftpflichtregelung aus, obwohl er in der vorausgegangenen Beratung eine Sonderregelung befürwortet hatte. Seinen Meinungswechsel begründete er mit dem seiner Ansicht nach richtungsweisenden Urteil des Reichsgerichts[773]. Die Rechtslage sei zunächst unklar gewesen. Durch das

---

des Innern *Gröning* (Geheimer Regierungsrat) und vom Preußischen Kriegsministerium *Mielcke* (Wirklicher Geheimer Kriegsrat).

[772]BA Berlin-Li., R 30.01, Nr. 7002, Bl. 118 a v/b.

[773]Vgl. 3. Teil D.; RGZ 78, S. 171 (171 ff.).

Urteil zu Gunsten der Luftfahrzeughalter sei sie jedoch klargestellt worden. Die Militärverwaltung lege daher keinen Wert mehr auf eine gesetzliche Regelung[774]. Außerdem lehnte *Mielcke* sowohl im Interesse der Luftfahrtindustrie als auch in Interesse der Landesverteidigung eine verschärfte Haftpflichtregelung ab. Die Luftfahrtindustrie könne schon jetzt nicht ohne staatliche Zuschüsse auskommen. Eine erhebliche Verschärfung der Haftpflichtregelungen werde sie voraussichtlich nicht ertragen können. Im übrigen sei eine sich gut entwickelnde Luftfahrtindustrie auch im Interesse der Landesverteidigung unbedingt erforderlich. Es müsse daher alles vermieden werden, was ihren Bestand gefährden könne[775].

Im Gegensatz zu den vorausgegangenen Stellungnahmen vertrat das *Reichsjustizamt* die Auffassung, daß mit einer gesetzlichen Regelung für den Verkehr der Luftfahrzeuge zugleich auch eine besondere Haftpflichtregelung in Kraft gesetzt werden müsse[776]. Es sei jedoch bereit, den Gegnern einer solchen Regelung durch eine Änderung der „Grundzüge" entgegenzukommen[777].

Für den Erlaß einer besonderen Haftpflichtregelung führte der Vorsitzende *Hoffmann* als Vertreter des *Reichsjustizamts* die günstige politischen Situation an. Es sei zu erwarten, daß der Reichstag bei der Vorlage eines Luftverkehrsgesetzes auch eine besondere Haftpflichtregelung fordern werde. Zur Zeit erfreue sich das Luftfahrzeug allgemeiner Sympathie. Daher habe er die Hoffnung, daß der Reichstag einer verhältnismäßig milden Haftpflichtregelung zustimmen werde. Er rechne damit, daß eine strengere Haftpflichtregelung gefordert werde, wenn sich erst einmal ein schwerer Unfall ereignet habe[778].

Dammann schloß sich dieser Argumentation an. Er wies darauf hin, daß sich das Reichsamt des Innern von Anfang an dafür ausgesprochen habe, mit einer Regelung des Luftverkehrs zugleich auch eine besondere Haftpflichtregelung - wie im Automobilgesetz - vorzunehmen[779]. Er ging ebenfalls davon aus, daß der Reichstag bei der Vorlage eines Luftverkehrsgesetzes zugleich auch eine Regelung der Haftpflicht fordern werde[780]. Zur Begründung verwies er auf eine Äußerung des Abgeordneten *Belzer*, der sich in der Reichstagssitzung vom 6. Februar 1913[781] unter Zustimmung anderer Abgeordneter für eine solche Sonderregelung ausgesprochen habe[782].

Der Argumentation von *Mielcke*, daß der Bestand der Luftfahrtindustrie durch eine strenge Haftpflichtregelung gefährdet werden könne, begegnete er mit der

[774]BA Berlin-Li., R 30.01, Nr. 7002, Bl. 118 b/118 b v.
[775]BA Berlin-Li., R 30.01, Nr. 7002, Bl. 118 b v.
[776]BA Berlin-Li., R 30.01, Nr. 7002, Bl. 118 a.
[777]BA Berlin-Li., R 30.01, Nr. 7002, Bl. 118 a/118 a v.
[778]BA Berlin-Li., R 30.01, Nr. 7002, Bl. 118 b v.
[779]BA Berlin-Li., R 30.01, Nr. 7002, Bl. 118 b v.
[780]BA Berlin-Li., R 30.01, Nr. 7002, Bl. 118 b v/118 c.
[781]Verh. des RT, 13. Leg.-Per., 1. Session 1912-1913, Bd. 287, S. 3540 (3541), Sten. Ber. der 105. Sitzung vom 6. Februar 1913.
[782]BA Berlin-Li., R 30.01, Nr. 7002, Bl. 118 b v/118 c.

Forderung nach einer stärkeren finanziellen Unterstützung der Luftfahrtindustrie durch den Reichstag. Im übrigen könnten weitere finanzielle Mittel durch eine Sammlung in der Bevölkerung aufgebracht werden. Als letztes argumentierte Dammann mit der Unzulänglichkeit der bestehenden Rechtslage. Er hielt es für unbillig, daß der Luftfahrzeughalter für ein Verschulden der bei dem Betrieb beschäftigten Personen zur Zeit nur nach § 831 BGB hafte[783].

Von *Gröning*, ein Vertreter des Preußischen Ministeriums des Innern, befürwortete ebenfalls eine besondere Haftpflichtregelung. Auch er erwartete, daß der Reichstag eine Regelung der Haftpflicht fordern und gegebenenfalls selbst vornehmen werde. Eine solche Regelung werde voraussichtlich strenger ausfallen, als wenn dem Reichstag vorher bestimmte Vorschläge gemacht würden[784].

Auch das *Auswärtige Amt* befürwortete eine besondere Haftpflichtregelung für den Luftverkehr. *Simons* führte an, daß sich das Auswärtige Amt auf der Pariser Luftschiffahrts-Konferenz für den Grundsatz einer möglichst weitreichenden Freiheit der Luft ausgesprochen habe. Dieser Grundsatz sei nur dann praktikabel, wenn die Luftfahrzeughalter zugleich für die eigentliche Betriebsgefahr einstehen müßten. Er verwies auf die Beweisschwierigkeiten für den Geschädigten nach der derzeitigen Rechtslage. In Deutschland könne es vorkommen, daß bei einem schweren Unfall der Halter eines ausländischen Luftfahrzeugs deshalb nicht in Anspruch genommen werden könne, weil es dem Geschädigten nicht möglich ist, den Nachweis des Verschuldens zu erbringen. Das Auswärtige Amt habe sich daher immer für eine besondere Haftpflichtregelung eingesetzt. Darüber hinaus halte es die Rechtslage unabhängig von der Rechtsprechung des Reichsgerichts weiterhin für regelungsbedürftig. Es sei zu erwarten, daß das Reichsgericht seine Auffassung früher oder später ändern werde. Habe sich das bestehende Recht im Falle eines schweren Unfalls erst einmal als unzureichend erwiesen, werde von der Bevölkerung eine deutlich schärfere Regelung gefordert werden[785].

Dronke hielt es für zweifelhaft, daß das Reichsgericht seine Rechtsprechung beibehalten werde, wenn eine reichsgesetzliche Regelung für den Luftverkehr ohne eine Haftpflichtregelung erlassen werde. Durch die verkehrsrechtlichen Regelungen werde das Recht anerkannt, fremde Grundstücke zu überfliegen[786]. Zum Ausgleich für die gesetzliche Aberkennung eines Untersagungsrechts schlug Dronke vor, den Grundstückseigentümern einen verschuldensunabhängigen

[783] BA Berlin-Li., R 30.01, Nr. 7002, Bl. 118 c.
[784] BA Berlin-Li., R 30.01, Nr. 7002, Bl. 118 c.
[785] BA Berlin-Li., R 30.01, Nr. 7002, Bl. 118 c v.
[786] BA Berlin-Li., R 30.01, Nr. 7002, Bl. 118 c v.

Schadensersatzanspruch - angelehnt an die Entscheidung des Reichsgerichts RGZ 58, S. 130 (136) vom 11. Mai 1904[787] - zu gewähren[788].

---

[787]Durch Funkenflug einer vorbeifahrenden Lokomotive war es auf einem anliegenden Grundstück zu einem Brandschaden gekommen. Das Reichsgericht hatte der auf Schadensersatz gerichteten Klage ohne den Nachweis eines Verschuldens stattgegeben. Zunächst hatte es eine Anwendung des § 26 GewO und des § 25 des preußischen Eisenbahngesetzes vom 3. November 1838 (Preuß. G. S., S. 505 ff.) abgelehnt. § 26 GewO lautete folgendermaßen: „Soweit die bestehenden Rechte zur Abwehr benachteiligender Einwirkungen, welche von einem Grundstück aus auf ein benachbartes Grundstück geübt werden, dem Eigentümer oder Besitzer des letzteren eine Privatklage gewähren, kann diese Klage einer mit obrigkeitlicher Genehmigung errichteten gewerblichen Anlage gegenüber niemals auf Einstellung des Gewerbebetriebs, sondern nur auf Herstellung von Einrichtungen, welche die benachteiligende Einwirkung ausschließen, oder, wo solche Einrichtungen untunlich oder mit einem gehörigen Betriebe des Gewerbes unvereinbar sind, auf Schadloshaltung gerichtet werden."
Das Reichsgericht lehnte sowohl eine direkte als auch eine analoge Anwendung dieser Vorschrift ab, da sie nach § 6 Abs. 1 GewO auf Eisenbahnunternehmungen nicht anwendbar sei und die preußische Gesetzgebung von ihrer sich aus Art. 125, 218 EGBGB ergebenden Befugnis, die Gewerbeordnung auch auf Eisenbahnunternehmen auszudehnen, bisher keinen Gebrauch gemacht habe.
§ 25 des preußischen Eisenbahngesetzes vom 3. November 1838 (Preuß. G. S., S. 505 ff.) verpflichtete die Gesellschaft „zum Ersatz [...] für allen Schade, welcher bei der Beförderung auf der Bahn, an den auf derselben beförderten Personen und Gütern, oder auch an anderen Personen und deren Sachen, [entstanden war] und sie [konnte] sich von dieser Verpflichtung nur durch den Beweis befreien, daß der Schaden entweder durch die eigene Schuld des Beschädigten, oder durch einen unabwendbaren äußeren Zufall bewirkt worden [war]. Die gefährliche Natur der Unternehmung selbst [war] als ein solcher, von dem Schadensersatz befreiender, Zufall nicht zu betrachten." Seine ablehnende Haltung hatte das Reichsgericht damit begründet, daß es sich bei der Lokomotive um eine Kleinbahn gehandelt habe und nicht geltend gemacht worden sei, daß auf diese nach § 1 Abs. 3 des Gesetzes über Kleinbahnen und Privatanschlußbahnen vom 28. Juli 1892 (Preuß. G. S. 1892, S. 225 ff.) das preußische Eisenbahngesetz vom 3. November 1838 von dem Minister für anwendbar erklärt worden sei.
Das Reichsgericht leitete jedoch aus verschiedenen Vorschriften eine vom Verschulden der Beklagten unabängige Verpflichtung zum Schadensersatz zum Ausgleich für die ihm durch Sondervorschriften versagte Möglichkeit, die Beseitigung der Eigentumsstörung oder deren künftige Unterlassung gerichtlich durchzusetzen, her. Im vorliegenden Fall war es dem Kläger aufgrund der staatlichen Genehmigung und der ihr gegenüberstehenden Verpflichtung zur Fortsetzung des konzessionierten Betriebs verwehrt gewesen, auf Einstellung des Eisenbahnbetriebs, auf Beseitigung der Eisenbahnanlage oder auf eine gefahrverringernde Verbesserung des Betriebs zu klagen. Das Reichsgericht vertrat die Auffassung, daß in Fällen, in denen dem Grundstückseigentümer das so wesentliche Recht, Eingriffe in sein Eigentum abzuwehren, entzogen ist, nur durch Anerkennung eines vom Verschulden unabhängigen Schadensersatzanspruchs ausreichend Ersatz gewährt werden könne. Der Grundstückseigentümer könne grundsätzlich ohne die ihm von staatlicher Seite auferlegte Beschränkung ohne den Nachweis eines Verschuldens auf Beseitigung der Eigentumsbeeinträchtigung nach § 1004 BGB klagen. Es sei daher unbillig, den mit der Beschränkung seines Eigentums belasteten Grundstückseigentümer in Fällen eines nicht nachweisbaren Verschuldens schutzlos zu belassen. Dieses Prinzip, das für das Deutsche Reich und auch für Preußen gelte, sei im Bürgerlichen Gesetz-

Des weiteren wies *Dronke* darauf hin, daß auch Tull, ein Mitarbeiter des Preußischen Ministeriums der öffentlichen Arbeiten, den Erlaß einer Haftpflichtregelung unterstützen werde, falls eine abgemilderte Regelung als im Entwurf vorgeschlagen, insgesamt befürwortet werde. Im übrigen hätten der *Landeskulturrat* in Sachsen und die *Landwirtschaftskammer* in Schleswig-Holstein eine Regelung der Haftpflicht gefordert[789].

Aufgrund der Tatsache, daß die Mehrheit aller beteiligten Ressorts eine Regelung der Haftpflicht befürwortete und auch das Preußische Justizministerium seine Bereitschaft zum Einlenken erklärt hatte, teilte *Mielcke* mit, daß auch das Preußische Kriegsministerium bereit sei, seine ablehnende Haltung aufzugeben[790].

Als nächstes machte *Dronke* den Vorschlag, § 14 Abs. 2 der „Grundzüge" in Anlehnung an § 1 Abs. 2 der Reichstagsvorlage-KFG 1908[791] durch folgende Vorschrift zu ersetzen: „Die Ersatzpflicht ist ausgeschlossen, wenn der Unfall weder durch ein Verschulden des Fahrzeughalters oder einer bei dem Betriebe beschäftigten oder in dem Fahrzeug beförderten Person noch durch einen Fehler in der Beschaffenheit des Fahrzeugs oder durch ein Versagen seiner Verrichtungen verursacht worden ist." Bei dieser Fassung werde dem Luftfahrzeughalter der Entlastungsbeweis auferlegt. Für die durch ein Luftfahrzeug Geschädigten werde die Beweislast damit anders als nach dem geltenden Recht verteilt. Diese Fassung sei gegenüber der Regelung der „Grundzüge" abgemildert, da der Luftfahrzeughalter nicht für solche Unfälle einstehen müsse, die auf einer Einwirkung von Naturkräften beruhten. Des weiteren wies *Dronke* auf den Unterschied zu § 1 Abs. 2 der Reichstagsvorlage-KFG 1908[792] hin, nach dem die Ersatzpflicht ausgeschlossen sein sollte, „wenn der Schaden weder durch ein Verschulden des Fahrzeughalters oder einer von ihm zur Führung des Fahrzeugs bestellten oder ermächtigten Person noch durch fehlerhafte Beschaffenheit des Fahrzeugs oder Versagen seiner Verrichtungen verursacht worden ist." Die vorgeschlagene Regelung ginge über die des Automobilgesetzes in doppelter Hinsicht hinaus, da der Luftfahrzeughalter für ein Verschulden der Fahrgäste und aller bei dem Betrieb beschäftigten Personen einstehen müsse[793].

---

buch nicht ausdrücklich geregelt, komme aber in verschiedenen Einzelvorschriften wie zum Beispiel in § 904 BGB, in § 26 GewO und auch in Art. 9 der preußischen Verfassungsurkunde zum Ausdruck. Aus der mehrfachen Äußerung dieses gesetzgeberischen Willens könne auf das Bestehen eines allgemein gültigen Rechtsgrundsatzes geschlossen werden (RGZ 58, S. 130 (132 ff.); vgl. dazu auch RGZ 17, S. 103 (103 ff.)).

[788]BA Berlin-Li., R 30.01, Nr. 7002, Bl. 118 d.

[789]BA Berlin-Li., R 30.01, Nr. 7002, Bl. 118 c v.

[790]BA Berlin-Li., R 30.01, Nr. 7002, Bl. 118 d.

[791]Verh. des RT, 12. Leg.-Per., 1. Session 1907/09, Bd. 248, Ds. Nr. 988; im Folgenden als KFG-Entwurf von 1908 bezeichnet.

[792]Verh. des RT, 12. Leg.-Per., 1. Session 1907/09, Bd. 248, Ds. Nr. 988.

[793]BA Berlin-Li., R 30.01, Nr. 7002, Bl. 118 a v.

Das *Preußische Justizministerium* hielt die von Dronke vorgeschlagene Änderung des § 14 Abs. 2 gegenüber der alten Fassung der „Grundzüge" für vorzugswürdig[794].

Auch *Mielcke* erklärte sich mit der vorgeschlagenen Änderung grundsätzlich einverstanden. Er wandte sich jedoch dagegen, den Luftfahrzeughalter für das Verschulden der Fahrgäste einstehen zu lassen. Zur Begründung führte er aus, daß dem Luftfahrzeughalter der Entlastungsbeweis nicht zugemutet werden könne, da der Beweis nur durch den Nachweis der Schadensursache erbracht werden könne[795].

Dammann erhob keine Bedenken dagegen, den Luftfahrzeughalter auch für das Verschulden der Fahrgäste haften zu lassen[796].

Abschließend machte *Hoffmann* den Vorschlag, die Haftung des Halters auf eigenes Verschulden und das Verschulden der bei dem Betrieb beschäftigten Personen zu beschränken[797]. Dieser Vorschlag fand die Zustimmung aller Beteiligten.

Zum Schluß warf *Koettgen* die bereits in der Beratung vom 7. Januar 1913 diskutierte Frage auf, ob für die Luftfahrer ein Landerecht eingeführt werden sollte. Dazu wurden unterschiedliche Auffassungen vertreten. *Mielcke* war für die Regelung eines Landerechts, *Dronke* und *Dammann* lehnten eine solche Regelung dagegen ab. Nach ihrer Auffassung sei die Vorschrift des § 904 BGB völlig ausreichend[798]. Außerdem wiesen sie darauf hin, daß sie die mit einer solchen Regelung notwendigerweise verbundene Ausdehnung der Haftung des Luftfahrzeughalters für die bei der Landung verursachten Schäden für bedenklich hielten[799]. Als letztes argumentierten sie mit dem abnehmenden tatsächlichen Bedürfnis für eine solche Regelung. Dieses resultiere aus der zunehmenden Zahl der Flugplätze[800]. Abschließend einigten sich die Teilnehmer der Beratung darauf, daß § 904 S. 2 BGB neben den Vorschriften des Luftverkehrsgesetzes angewendet werden sollte[801].

---

794 BA Berlin-Li., R 30.01, Nr. 7002, Bl. 118 b.
795 BA Berlin-Li., R 30.01, Nr. 7002, Bl. 118 d.
796 BA Berlin-Li., R 30.01, Nr. 7002, Bl. 118 c.
797 BA Berlin-Li., R 30.01, Nr. 7002, Bl. 118 d.
798 BA Berlin-Li., R 30.01, Nr. 7002, Bl. 118 d.
799 BA Berlin-Li., R 30.01, Nr. 7002, Bl. 118 d v.
800 BA Berlin-Li., R 30.01, Nr. 7002, Bl. 118 d/118 d v.
801 BA Berlin-Li., R 30.01, Nr. 7002, Bl. 118 d v.

VIII. Die kommissarische Beratung über die Regelung der Haftpflicht der luftfahrzeugähnlichen Apparate vom 18. März 1913

Gegenstand der kommissarischen Beratung vom 18. März 1913[802], war die Frage, ob für die luftfahrzeugähnlichen Apparate die selben Haftpflichtregelungen wie für die Luftfahrzeuge gelten sollten. Dies sah § 27 der „Grundzüge" vor. Bereits in der Beratung vom 7. Januar 1913 war diese Frage von den beteiligten Sachverständigen erörtert worden.

Einleitend wies *Dronke* darauf hin, daß die Sachverständigen in der Beratung vom 7. Januar 1913 gegen die vom Reichsjustizamt in § 27 der „Grundzüge" vorgeschlagenen Gleichstellung der Luftfahrzeuge und luftfahrzeugähnlichen Apparate bezüglich der Haftpflicht nur im Hinblick auf die Gleitflugzeuge Bedenken erhoben hätten. Eine Gleichstellung der Gleitflugzeuge sei mit der Begründung abgelehnt worden, daß es dafür kein Bedürfnis gebe. Andererseits hätten die Sachverständigen für die Drachen der Observatorien übereinstimmend eine Verschärfung der Haftpflicht gefordert, da die Drachen sowohl für den Luftverkehr als auch für die Allgemeinheit eine große Gefahr darstellen würden[803].

Vom *Reichsjustizamt* wurde in der Beratung eine abweichende Behandlung der luftfahrzeugähnlichen Apparate abgelehnt. Soweit es erforderlich sei, eine Haftpflichtregelung für die Drachen, Fesselballone oder Fallschirme zu treffen, werde es sich empfehlen, bei der vorgeschlagenen einheitlichen Regelung für alle luftfahrzeugähnlichen Apparate zu bleiben[804].

Im Anschluß daran erläuterte *Assmann*, der Direktor des aeronautischen Observatoriums in Lindenberg (Kreis Beeskow)[805], die Gefahr, die für die Allgemeinheit von den zur Erforschung der höheren Luftschichten im aeronautischen Observatorium in Lindenberg verwendeten unbemannten Freiballonen, Drachen und Fesselballonen ausginge. Die unbemannten Freiballone würden mit an Fallschirmen versehenen Registrierapparaten aufsteigen. Wenn die Ballonhülle platze, weil sich das Gas infolge der erreichten Höhe zu stark ausgedehnt habe, würden die Registierapparate auf die Erde fallen und eine Gefahr für Personen und

[802]An der Beratung nahmen teil: für das Reichsjustizamt *Struckmann* (Geheimer Oberregierungsrat), *Dronke* (Geheimer Regierungsrat) und *Brunst* (Amtsrichter), für das Reichsamt des Innern *Dammann* (Geheimer Oberregierungsrat) und *Trautmann* (Gerichtsassesor), für das Preußische Justizministerium *Koettgen* (Geheimer Oberjustizrat) und für das Preußische Ministerium der geistlichen und Unterrichtsangelegenheiten *Trendelenburg* (Amtsrichter) und *Assmann* (Geheimer Regierungsrat und Direktor des Observatoriums in Lindenberg).

[803]BA Berlin-Li., R 30.01, Nr. 7002, Bl. 126 a.

[804]BA Berlin-Li., R 30.01, Nr. 7002, Bl. 126 a/126 a v.

[805]Das Observatorium wurd 1899 gegründet (Berlin Reinickendorf). Sein Standort wurde dann nach Lindenberg verlegt. Dort erfolgte am 16. Oktober 1905 die Einweihung. Das Observatorium besteht auch heute noch als Meteorologisches Observatorium Lindenberg (MOL) und ist Teil des Geschäftsbereichs Forschung und Entwicklung des Deutschen Wetterdienstes.

Sachen darstellen. Diese Gefahr sei jedoch verhältnismäßig gering, da die Registrierapparate mit einem Gewicht von einem Kilogramm nicht besonders schwer seien und ihnen aufgrund der geringen Fallgeschwindigkeit von vier bis fünf Metern pro Sekunde leicht ausgewichen werden könne[806].

Die Drachen ließe man an bis zu 20 000 Meter langen Drähten steigen[807]. Bei Aufstiegen in solche Höhen würden neben dem mit einem Registrierapparat versehenen Hauptdrachen noch weitere Zwischendrachen steigen gelassen, die den Verbindungsdraht zu tragen und zu heben hätten[808]. Es gebe in Deutschland nur wenige Observatorien - wie die Observatorien in Lindenberg, Großborstel bei Hamburg, Friedrichshafen und ein im Bau befindliches Observatorium bei Frankfurt und das Unternehmen des Hauptmanns Hildebrandt in Rostock -, die Drachen steigen ließen[809]. Die Drachen stellten mit ihren dünnen Drähten eine Gefahr für den Verkehr mit Flugzeugen dar, der die Flugzeuge dadurch entgehen könnten, daß sie die wenigen Aufstiegsorte der Drachen mieden. Für die Bevölkerung seien die Drachen erst dann gefährlich, wenn der Draht reiße und der frei fliegende Drache den herabhängenden Draht nachsichschleife. Dieser Fall trete ein, wenn sich mehrere miteinander verbundene Drachen von dem festen Haltepunkt losrissen. Dagegen sei der Abriß eines einzelnen Drachen nahezu ungefährlich. Schließlich würden die Drachen, die ein großes Gewicht hätten, aufgrund ihrer großen Tragflächen nur mit einer geringen Fallgeschwindigkeit zu Boden gehen. Außerdem würde die Allgemeinheit durch Drachen, die entlang der Erde eingezogen würden, gefährdet werden. Für den Autoverkehr sei die Gefahr besonders groß. Daher seien die größeren Straßen in der Umgebung des Lindenberger Observatoriums in einem Umfang von zehn Kilometern durch Schutzdrähte gesichert worden[810]. Die Fesselballone, die nur dann verwendet würden, wenn man die Drachen infolge ungünstiger Windverhältnisse nicht steigen lassen könnte, seien für die Allgemeinheit ungefährlich[811].

Des weiteren gab *Assmann* einen kurzen Überblick über die Unfälle, die sich bisher im aeronautischen Observatorium in Lindenberg ereignet hatten. In einem Fall sei einem Jungen durch den Draht eines über die Erde schleifenden Drachen der Fuß zerschnitten worden[812]. Weitere Unfälle seien dadurch entstanden, daß das Vieh auf den Feldern Drähte von losgerissenen Drachen verschluckt habe[813]. Zu Unfälle mit Fuhrwerken sei es bei den ungefähr 6 875 durchgeführten Aufstiegen mit Drachen bezeichnenderweise nicht gekommen[814]. Im übrigen erwar-

---

806 BA Berlin-Li., R 30.01, Nr. 7002, Bl. 126 a v.
807 BA Berlin-Li., R 30.01, Nr. 7002, Bl. 126 a v.
808 BA Berlin-Li., R 30.01, Nr. 7002, Bl. 126 a v/126 b.
809 BA Berlin-Li., R 30.01, Nr. 7002, Bl. 126 b.
810 BA Berlin-Li., R 30.01, Nr. 7002, Bl. 126 b.
811 BA Berlin-Li., R 30.01, Nr. 7002, Bl. 126 b v.
812 BA Berlin-Li., R 30.01, Nr. 7002, Bl. 126 b/126 b v.
813 BA Berlin-Li., R 30.01, Nr. 7002, Bl. 126 b v.
814 BA Berlin-Li., R 30.01, Nr. 7002, Bl. 126 b.

tete *Assmann*, daß der Drachenbetrieb durch die Errichtung von Überlandzentralen in Zukunft gefährlicher werde[815]. Durch eine Sicherung der Hochspannungsleitungen mit Schutzdrähten ließe sich diese Gefahr jedoch verringern[816]. Insgesamt befürwortete er die vom Reichsjustizamt vorgeschlagene Regelung des § 27 der „Grundzüge"[817].

Trendelenburg, ein Vertreter des Preußischen Ministeriums der geistlichen und Unterrichtsangelegenheiten, sprach sich in einer persönlichen Stellungnahme für eine Gleichstellung der Luftfahrzeuge und luftfahrzeugähnlichen Apparate bezüglich der Haftpflicht aus, soweit die luftfahrzeugähnlichen Apparate das Recht erhielten, fremde Grundstücke zu überfliegen. Nach der gegenwärtigen Rechtslage sei es zweifelhaft, ob ein Observatorium das Recht habe, Drachen über fremde Grundstücke fliegen zu lassen. Aufgrund der unklaren Rechtslage halte er eine Regelung für außerordentlich wichtig. Nach Trendelenburgs Auffassung werde für die Luftfahrzeuge durch die Verkehrsvorschriften des ersten Abschnitts der „Grundzüge" ein Luftverkehrsrecht über fremden Grund und Boden geschaffen. Soweit dieses Recht auch den luftfahrzeugähnlichen Apparaten gewährt werde, befürwortete er eine Gleichstellung der Luftfahrzeuge und luftfahrzeugähnlichen Apparate bezüglich der Haftpflicht[818]. Eine Einschränkung wurde für die Drachen gefordert. Für sie sollte keine verschärfte Haftpflicht gelten. Für notwendig erachtet wurde lediglich das Luftverkehrsrecht für Drachen[819]. Auch *Koettgen*, der Vertreter des Preußischen Justizministeriums, befürwortete die Regelung des § 27 der „Grundzüge". Er hielt es für erforderlich, daß für die Drachen das Recht zum Überfliegen fremder Grundstücke geregelt werde, da die gegenwärtige Rechtslage unklar sei[820]. Wenn man den Drachen ein Überflugsrecht einräume, müsse man sie auch hinsichtlich der Haftpflicht mit den Luftfahrzeugen, denen ein solches Recht gewährt werden solle, gleichstellen[821]. Im übrigen begründete er seine Meinung mit der Gefährlichkeit der Drachen für die Allgemeinheit und mit der Forderung der Öffentlichkeit nach einer Verschärfung der Haftpflicht der Drachen[822].

Die *Vertreter des Reichsjustizamts* führten dazu aus, daß durch die verkehrsrechtlichen Vorschriften im ersten Abschnitt der „Grundzüge" ein grundsätzliches Recht zum Überfliegen fremder Grundstücke geschaffen werde. Dieses lasse die zivilrechtlichen Vorschriften über die Rechte aus dem Eigentum unberührt. Im Unterschied zu dem öffentlichen Recht gewähre § 905 BGB nur in bestimmten Fällen ein Untersagungsrecht. Für die luftfahrzeugähnlichen Apparate ergebe

---

815 BA Berlin-Li., R 30.01, Nr. 7002, Bl. 126 b v.
816 BA Berlin-Li., R 30.01, Nr. 7002, Bl. 126 b v.
817 BA Berlin-Li., R 30.01, Nr. 7002, Bl. 126 c.
818 BA Berlin-Li., R 30.01, Nr. 7002, Bl. 126 b v.
819 BA Berlin-Li., R 30.01, Nr. 7002, Bl. 126 b.
820 BA Berlin-Li., R 30.01, Nr. 7002, Bl. 126 c v.
821 BA Berlin-Li., R 30.01, Nr. 7002, Bl. 126 c v/126 d.
822 BA Berlin-Li., R 30.01, Nr. 7002, Bl. 126 d.

sich dieses Recht aus § 11 Nr. 7 der „Grundzüge" in Verbindung mit besonderen aufgrund dieser Regelung erlassenen Bestimmungen. Für Drachen könne nur das Recht geschaffen werden, sie über fremde Grundstücke fliegen zu lassen. Dagegen sollte ihnen nicht das Recht gewährt werden, sie auf fremden Grundstücken aufsteigen zu lassen oder sie über fremde Grundstücke hinweg einzuholen[823].

Dammann, ein Vertreter des Reichsamts des Innern, sprach sich gegen eine Gleichstellung der Luftfahrzeuge und luftfahrzeugähnlichen Apparate bezüglich der Haftpflicht aus[824]. Darüber hinaus machte er den Vorschlag, die Haftpflichtregelungen nur auf bestimmte Luftfahrzeuge anzuwenden und zwar auf solche, die zur Aufnahme von Menschen dienten. Er begründete dies mit dem Sinn und Zweck des § 14 der „Grundzüge". So sei diese Vorschrift zur Vermeidung von Beweisschwierigkeiten zum Schutze des bei einem Luftfahrzeugunfall Geschädigten erlassen worden. Bei Unfällen mit Luftfahrzeugen, die nicht zur Aufnahme von Menschen dienten, ließe sich der Ersatzpflichtige leicht feststellen. Beweisschwierigkeiten ergäben sich nur bei Schäden, die durch zur Aufnahme von Menschen bestimmte Luftfahrzeuge und luftfahrzeugähnliche Apparate verursacht würden[825]. Außerdem begründete Dammann seine ablehnende Haltung damit, daß die luftfahrzeugählichen Apparate nicht besonders leicht von den Kinderspielzeugen abzugrenzen seien und daß eine Anwendung der Haftptlichtregelungen auf diese äußerst unpassend sei[826]. Im übrigen wies er auf die geringe praktische Bedeutung des § 27 der „Grundzüge" für die luftfahrzeugähnlichen Apparate - insbesondere für die Drachen - hin. Die meisten von ihnen hervorgerufenen Unfälle seien auf Naturereignisse zurückzuführen. In solchen Fälle bestünde aber auch nach den Vorschriften der "Grundzüge" keine Ersatzpflicht[827].

Abschließend erklärten die *Vertreter des Reichsjustizministeriums*, daß sie noch einmal intern über eine Gleichstellung der Luftfahrzeuge und der luftfahrzeugähnlichen Apparate bezüglich der Haftpflicht beraten wollten. Sie räumten ein, daß eine Abgrenzung des Kinderspielzeugs von den luftfahrzeugähnlichen Apparaten schwierig sei, und daß die Haftpflichtregelungen auf diese sinnvollerweise nicht angewendet werden sollten. Andererseits hielten sie es für erforderlich, mit der Regelung verkehrsrechtlicher Bestimmungen für die luftfahrzeugähnlichen Apparate zugleich auch eine Regelung der Haftpflicht vorzunehmen. Es sei zu befürchten, daß das Reichsgericht wie bei der Haftung der Kleinbahnen für Funkenflugschäden[828] auch für die luftfahrzeugähnlichen Apparate

[823]BA Berlin-Li., R 30.01, Nr. 7002, Bl. 126 c.
[824]BA Berlin-Li., R 30.01, Nr. 7002, Bl. 126 c/126 c v.
[825]BA Berlin-Li., R 30.01, Nr. 7002, Bl. 126 c v.
[826]BA Berlin-Li., R 30.01, Nr. 7002, Bl. 126 c v.
[827]BA Berlin-Li., R 30.01, Nr. 7002, Bl. 126 c v.
[828]RGZ 17, S. 103 (103 ff.); RGZ 58, S. 130 (130 ff.).

eine Haftpflicht begründen werde, die über die vorgeschlagene Regelung der „Grundzüge" hinausreiche[829].

IX. Die Überarbeitung der „Grundzüge über eine Regelung des Verkehrs mit Luftfahrzeugen" zum „Entwurf eines Gesetzes über den Verkehr mit Luftfahrzeugen"

Auf der Grundlage der vom 6. Januar 1913 bis zum 18. März 1913 durchgeführten Beratungen wurden die „Grundzüge über eine Regelung des Verkehrs mit Luftfahrzeugen" überarbeitet[830]. Der nun wieder als „Entwurf eines Gesetzes über den Verkehr mit Luftfahrzeugen" bezeichnete Gesetzestext[831] enthielt insgesamt nur wenige Änderungen und Ergänzungen[832] gegenüber den „Grundzügen". Bedeutsam waren im wesentlichen die Änderungen über die Haftpflicht der Luftfahrzeughalter in § 14 Abs. 1 und Abs. 2. In § 14 Abs. 1 wurde die Haftpflicht entsprechend dem von *Dammann*, einem Vertreter des Reichsamts des Innern, in der Beratung vom 18. März 1913 geäußerten Vorschlag auf solche Luftfahrzeuge beschränkt, die zur Aufnahme von Menschen bestimmt waren. Damit erübrigte sich jede weitere Diskussion über eine Gleichstellung der Luftfahrzeuge und luftfahrzeugähnliche Apparate hinsichtlich der Haftpflicht. Die Vorschrift des § 27 der „Grundzüge" wurde in den geänderten Gesetzentwurf daher nicht übernommen.

§ 14 Abs. 2 erhielt eine Neufassung. Danach sollte die Ersatzpflicht ausgeschlossen sein, „wenn der Unfall weder durch ein Verschulden des Fahrzeughalters oder einer bei dem Betriebe beschäftigten Person noch durch einen Fehler in der Beschaffenheit des Fahrzeugs oder durch ein Versagen seiner Verrichtungen verursacht worden ist."[833] Diese Fassung enthielt fast vollständig den von *Dronke*, einem Vertreter des Reichsjustizamts, in der Beratung vom 8. Februar 1913 geäußerten Änderungsvorschlag[834], der sich an § 1 Abs. 2 der Reichstagsvorlage-KFG 1908[835] orientierte. *Dronkes* Vorschlag erfuhr nur insofern eine Einschränkung, als daß der Luftfahrzeughalter nicht für ein Verschulden seiner Fahrgäste

---

[829]BA Berlin-Li., R 30.01, Nr. 7002, Bl. 126 d.
[830]BA Berlin-Li., R 30.01, Nr. 7002, Bl. 149.
[831]BA Berlin-Li., R 30.01, Nr. 7002, Bl. 150 ff..
[832]§ 1 Abs. 1 erhielt einer vereinfachende Formulierung, § 3 Abs. 3 wurde nicht übernommen, § 8 Abs. 1 erhielt eine geringfügige inhaltliche Änderung, § 11 Nr. 5 wurde erweitert: der Bundesrat wurde ermächtigt, auch über die Zulassung von Ausländern „zur Ausübung" der im Gesetzentwurf vorgesehenen Berechtigungen Bestimmungen zu erlassen, § 14 Abs. 1 und 2 wurden geändert, § 27 wurde aufgehoben, in § 13 wurde ausdrücklich vorsätzliches und fahrlässiges Verhalten bestraft, § 34 wurde neu eingefügt.
[833]BA Berlin-Li., R 30.01, Nr. 7002, Bl. 152 v.
[834]Vgl. 3. Teil F. VII.; BA Berlin-Li., R 30.01, Nr. 7002, Bl. 118 a v.
[835]Verh. Des RT, 12. Leg.-Per., 1. Session 1907/09, Bd. 248, Ds. Nr. 988.

einstehen mußte. Dies war bereits von *Mielcke*, vertretend für das Preußische Kriegsministerium, in der Beratung vom 8. Februar 1913 gefordert worden[836].

X. Die abschließende kommissarische Beratung vom 4. Juni 1913 über eine gesetzliche Regelung für den Verkehr mit Luftfahrzeugen

Am 4. Juni 1913 fand im Reichsamt des Innern eine letzte kommissarische Beratung über den „Entwurf eines Gesetzes über den Verkehr mit Luftfahrzeugen" statt[837].

Zu Beratungsbeginn wurde übereinstimmend beschlossen, dem Gesetz die Überschrift „Luft-Verkehr-Gesetz" zu geben[838]. Die Wahl eines kurzen Titels sei nicht nur praktisch, sondern würde auch einer allgemeinen Anordnung entsprechen[839].

Dann wurde über die Änderung einzelner Verkehrsvorschriften des umgearbeiteten Gesetzentwurfs diskutiert. Es wurde vorgeschlagen, in *§ 3* ausdrücklich darauf hinzuweisen, daß § 37 GewO, der die Ortspolizeibehörden zum Erlaß weitergehender Anordnungen ermächtigte, von der Regelung des § 3 unberührt bleibe, wie dies bereits in der Fassung des § 3 Abs. 2 der „Grundzüge" vorgesehen war[840]. Von anderer Seite wurde diese Änderung für überflüssig gehalten. Über die §§ 9 und 11 des Gesetzentwurfs sei es möglich, in einer Ausführungsverordnung des Bundesrats die Anwendbarkeit des § 37 GewO ausdrücklich zu

---

[836]Vgl. 3. Teil F. VII.; BA Berlin-Li., R 30.01, Nr. 7002, Bl. 118 d.

[837]An der Beratung nahmen teil: für das Reichsamt des Innern *Lewald* (Ministerialdirektor), *Dammann* (Geheimer Oberregierungsrat), *Albert* (Geheimer Oberregierungssrat), *Schwarzkopf* (Gerichtsassessor) und *Trautmann* (Gerichtsassessor), für das Reichsjustizamt *Struckmann* (Geheimer Oberregierungsrat), *Dronke* (Geheimer Regierungsrat) und *Brunst* (Amtsrichter), für das Preußische Ministerium der öffentlichen Arbeiten *Zimmermann* (Wirklicher Geheimer Oberbaurat) und *Tull* (Geheimer Oberregierungsrat), für das Preußische Ministerium für Handel und Gewerbe *Neuhaus* (Geheimer Regierungsrat) und *Bürgers* (Regierungsassessor), für das Preußische Ministerium des Innern *von Gröning* (Geheimer Regierungsrat), für das Preußische Ministerium der geistlichen und Unterrichtsangelegenheiten *Assmann* (Geheimer Regierungsrat und Direktor des aerologischen Institut in Lindenberg) und *Trendelenburg* (Amtsrichter), für das Preußische Justizministerium *Koettgen* (Geheimer Oberjustizrat), für das Preußische Kriegsministerium *Mielcke* (Wirklicher Geheimer Kriegsrat), *Sachs* (Hauptmann im Kriegsministerium), *Wagenführ* (Hauptmann der Fliegertruppe) und *Schoof* (Hauptmann im Luftschiffer-Bataillon Nr. 3), für das Auswärtige Amt *Simons* (Geheimer Legationsrat) und für das Reichspostamt *Scheda* (Geheimer Postrat) und *Jacobs* (Geheimer Postrat). Außerdem war anwesend: *von Eucken-Addenhausen* (großherzogl. oldenburgischer Wirklicher Geheimer Rat, außerordentlicher Gesandter und bevollmächtigter Minister, Bevollmächtigter zum Bundesrat).

[838]GStA PK, I. HA Rep. 120 Tn, Nr. 1 Bd. 3, Bl. 268.

[839]GStA PK, I. HA Rep. 120 Tn, Nr. 1 Bd. 3, Bl. 268/269.

[840]GStA PK, I. HA Rep. 120 Tn, Nr. 1 Bd. 3, Bl. 269.

regeln[841]. Dieser Einwand wurde für zutreffend gehalten. Übereinstimmend wurde daher beschlossen, von einer Ergänzung des § 3 des umgearbeiteten Gesetzentwurfs abzusehen[842].

Es wurde angeregt, in *§ 7* neben den Militär- und Marineverwaltungen auch der Postverwaltung die gleiche Ausnahmestellung zu gewähren. Der Vertreter des Staatssekretärs des *Reichspostamts* erklärte, daß er dem Reichsamt des Innern nach einer Rücksprache mit seinem Chef mitteilen werde, ob dieser an einer solchen Regelung interessiert sei[843].

Zu *§ 8 Abs. 1* wurde einer vereinfachende Neuformulierung zugestimmt[844]. Zu *§ 10 Abs. 2* wurde darauf hingewiesen, daß die Absätze 1 und 2 rechtlich ganz verschiedene Bestimmungen enthalten würden. Es wurde für bedenklich gehalten, die wichtige Bestimmung des Absatzes 2 durch ein - wie in Absatz 1 geregelt - Reichsenteignungsrecht zu belasten. Es wurde daher angeregt, in Absatz 2 die Worte „und mit dem Enteignungsrecht ausgestattet" zu streichen[845]. Dieser Änderung wurde allgemein zugestimmt[846]. Des weiteren wurde der Vorschlag allgemein befürwortet, in Absatz 2 die Formulierung „auch gegen den Widerspruch der Bundesglieder" durch die Worte „auch ohne Zustimmung der Bundesglieder" zu ersetzen[847].

Zur Sicherstellung der Rechte der Reichspost- und Telegraphenverwaltung wurde auf Anregung eines Vertreters des Reichspostamts die Einführung eines *§ 10 a* beschlossen[848]. Vom *Preußischen Ministerium* der geistlichen und Unterrichtsangelegenheiten wurde gefordert, auf der Grundlage des *§ 11 Nr. 7* eine Bestimmung zu erlassen, nach der den aerologischen Stationen der Schutz des § 26 GewO[849] eingeräumt werden sollte. Es sei notwendig, derartigen Stationen

---

[841]GStA PK, I. HA Rep. 120 Tn, Nr. 1 Bd. 3, Bl. 269.

[842]GStA PK, I. HA Rep. 120 Tn, Nr. 1 Bd. 3, Bl. 269.

[843]GStA PK, I. HA Rep. 120 Tn, Nr. 1 Bd. 3, Bl. 269.

[844]Der Vorschlag lautete: „Die Anlage von Aufstieg-, Landungs- und Flugplätzen bedarf der Genehmigung der zuständigen Behörde. Vor der Erteilung der Genehmigung sind die Militär- und Marinebehörden zu hören; wird von ihnen aus Gründen der Landessicherheit Widerspruch erhoben, so ist die Genehmigung zu versagen. Die §§ 17 bis 19 a und der § 26 GewO finden entsprechende Anwendung. Sollen Flugplätze gewerblichen Zwecken dienen, so kann die Genehmigung auch dann versagt werden, wenn ein Bedürfnis für den Betrieb eines Flugplatzunternehmens nicht vorliegt." (GStA PK, I. HA Rep. 120 Tn, Nr. 1 Bd. 3, Bl. 269/269 v).

[845]GStA PK, I. HA Rep. 120 Tn, Nr. 1 Bd. 3, Bl. 269 v.

[846]GStA PK, I. HA Rep. 120 Tn, Nr. 1 Bd. 3, Bl. 269 v.

[847]GStA PK, I. HA Rep. 120 Tn, Nr. 1 Bd. 3, Bl. 269 v.

[848]Die neue Vorschrift sollte unter den Abschnitt C „Luftfahrtunternehmen" mit folgendem Inhalt eingefügt werden: „Die aus den §§ 48-50 der Reichsverfassung der Reichspost- und Telegraphenverwaltung zustehenden Rechte bleiben unberührt". (GStA PK, I. HA Rep. 120 Tn, Nr. 1 Bd. 3, Bl. 269 v).

[849]§ 26 GewO: „Soweit die bestehenden Rechte zur Abwehr benachteiligender Einwirkungen, welche von einem Grundstück aus auf ein benachbartes Grundstück geübt werden, dem Eigentümer oder Besitzer des letzteren eine Privatklage gewähren, kann diese Klage einer mit

diesen Schutz zu gewähren, um sicher zu stellen, daß sie ihre im Rahmen von meteorologischen Studien eingesetzten und häufig an bis zu 20 000 Metern langen Drähten befestigten Drachen über fremde Grundstücke steigen lassen konnten[850]. Von anderer Seite wurde bezweifelt, daß § 26 GewO ein derartiges Recht enthalte. Es wurde vorgeschlagen, die Frage von einer besonderen Unterkommission prüfen zu lassen. Zu diesem Zweck sollte der Unterkommission von den Vertretern des Preußischen Ministeriums der geistlichen und Unterrichtsangelegenheiten ein formulierter Vorschlag unterbreitet werden[851].

Es wurde allgemein befürwortet, in dem Gesetzentwurf besondere Haftpflichtbestimmungen zu regeln. Der Vertreter des *Preußischen Kriegsministeriums* erklärte, daß von seinem Ministerium gegen eine Regelung der Haftpflicht kein Widerspruch mehr erhoben werde[852]. Dieser Position schloß sich der Vertreter des Preußischen Justizministeriums an[853].

Zur Strafbestimmung *des § 31* wurde vom *Preußischen Kriegsministerium* folgende Änderung angeregt: „Wer vorsätzlich oder fahrlässig verbotene Gebiete überfährt, in denen Fesselballone oder zu photographischen Zwecken luftfahrzeugähnliche Apparate aufläßt, wird, sofern nicht reichsgesetzlich eine höhere Strafe verwirkt ist, mit einer Geldstrafe bis zu fünftausend Mark oder mit Gefängnis bestraft.“[854] Eine endgültige Neufassung wollte das Reichsamt des Innern nach Rücksprache mit dem Preußischen Kriegsministerium vorlegen[855].

XI. Die Regierungsvorlage zum Gesetz über den Verkehr mit Luftfahrzeugen

Nachdem der „Entwurf eines Gesetzes über den Verkehr mit Luftfahrzeugen" noch einmal geringfügig geändert worden war[856], erklärten alle beteiligten Mini-

---

obrigkeitlicher Genehmigung errichteten gewerblichen Anlage gegenüber niemals auf Einstellung des Gewerbebetriebs, sondern nur auf Herstellung von Einrichtungen, welche die benachteiligende Einwirkung ausschließen, oder, wo solche Einrichtungen untunlich oder mit einem gehörigen Betriebe des Gewerbes unvereinbar sind, auf Schadloshaltung gerichtet werden.“

[850]GStA PK, I. HA Rep. 120 Tn, Nr. 1 Bd. 3, Bl. 270.

[851]GStA PK, I. HA Rep. 120 Tn, Nr. 1 Bd. 3, Bl. 270.

[852]GStA PK, I. HA Rep. 120 Tn, Nr. 1 Bd. 3, Bl. 270.

[853]GStA PK, I. HA Rep. 120 Tn, Nr. 1 Bd. 3, Bl. 270.

[854]GStA PK, I. HA Rep. 120 Tn, Nr. 1 Bd. 3, Bl. 270 v.

[855]Vgl. GStA PK, I. HA Rep. 120 Tn, Nr. 1 Bd. 3, Bl. 270 v.

[856]Die Formulierung der §§ 1 bis 10, 12, 14, 17 bis 30 und der §§ 33, 34 wurde geringfügig geändert. Unwesentliche inhaltliche Änderungen erfuhren § 8 Abs. 2, indem er auch die §§ 51 und 147 Abs. 3 GewO für anwendbar erklärte, § 10 Abs. 2, in dem darauf verzichtet wurde, daß Luftfahrtunternehmen auch mit dem „Enteignungsrecht ausgestattet“ werden konnten und § 32, der zusätzlich auch das Aufsteigen lassen von Fesselballonen oder von luftfahrzeugähnlichen Apparaten zu fotografischen Zwecken unter Strafe stellte. Neu eingefügt wurden die §§ 11 und 12 Nr. 8. Nicht übernommen wurde § 34. Die Begründung des Gesetzentwurfs un-

sterien ihr Einverständnis mit dem Entwurf und dessen Begründung[857]. Damit lag ein Regierungsentwurf für ein reichseinheitliches Luftverkehrsgesetz vor[858]. Nach der Begründung des Gesetzentwurfs wurde der Erlaß einer reichsgesetzlichen Regelung im Interesse der durch die Luftfahrt bedrohten Allgemeinheit, im Interesse des mit neuartigen Gefahren verbundenen Luftverkehrs, im Interesse der Landessicherheit sowie im Hinblick auf die schnelle Entwicklung der Luftfahrt und einer zu erwartenden internationalen Regelung[859] dringend für erforderlich gehalten[860]. So hatte das Deutsche Reich nach dem Scheitern einer internationalen Verständigung auf der Pariser Luftschiffahrts-Konferenz im Jahre 1910 mit dem Deutsch-Französischen Abkommen über den Luftverkehr vom 29. Juli 1913[861] die erste zwischenstaatliche Regelung erhalten. In absehbarer Zeit sei mit dem Abschluß weiterer internationaler Vereinbarungen zu rechnen. Voraussetzung dafür sei das Bestehen nationaler Regelungen in den einzelnen Staaten[862].

Der Entwurf wies große Übereinstimmungen mit dem KFG auf. Teilweise reichte er bis an den Wortlaut der Reichstagsvorlage-KFG 1908[863] heran. Die Begründung des Luftverkehrsgesetzentwurfs stimmte weitestgehend - einige Passagen sogar wörtlich - mit der Begründung der Reichstagsvorlage-KFG 1908[864] überein. Dafür dürften die große Übereinstimmungen vieler Bestimmungen des Luftverkehrsgesetzentwurfs mit denen der Reichstagsvorlage-KFG 1908[865], insbesondere mit der in § 1 Abs. 1 und Abs. 2 geregelten Haftpflicht, die das KFG nicht vorsah, ausschlaggebend gewesen sein.

Der Gesetzentwurf gliederte sich in vier Abschnitte. Der erste enthielt in den §§ 1 bis 14 Verkehrsvorschriften. Davon waren die §§ 1, 3, 4, 5, 6, 12 und 13 den Verkehrsvorschriften der §§ 1 bis 6 KFG[866] nachgebildet. Der zweite Abschnitt enthielt Haftpflichtbestimmungen: in den §§ 15 bis 27, die den §§ 7 bis

---

terschied sich grundlegend von den Erläuterungen zum ersten Teil des Gesetzentwurfs vom 21. August 1912 (BA Berlin-Li., R 30.01, Nr. 7002, Bl. 10 ff.; GStA PK, I. HA Rep. 120 Tn, Nr. 1 Bd. 3, Bl. 95 ff.).

[857]BA Berlin-Li., R 30.01, Nr. 7002, Bl. 183/183 v; GStA PK, I. HA Rep. 84 a, Nr. 1987, Bl. 275/275 v; GStA PK, I. HA Rep. 120 Tn, Nr. 1 Bd. 4, Bl. 4/4 v ff..

[858]BA Berlin-Li., R 30.01, Nr. 7002, Bl. 184 ff.; GStA PK, I. HA Rep. 120 Tn, Nr. 1 Bd. 4, Bl. 5.

[859]BA Berlin-Li., R 30.01, Nr. 7002, Bl. 191 v; GStA PK, I. HA Rep. 120 Tn, Nr. 1 Bd. 4, Bl. 12 v.

[860]BA Berlin-Li., R 30.01, Nr. 7002, Bl. 192/192 v; GStA PK, I. HA Rep. 120 Tn, Nr. 1 Bd. 4, Bl. 13/13 v.

[861]Vertrag vom 29. Juli 1913; RGBl. 1913, S. 601 ff..

[862]BA Berlin-Li., R 30.01, Nr. 7002, Bl. 192; GStA PK, I. HA Rep. 120 Tn, Nr. 1 Bd. 4, Bl. 13.

[863]Verh. des RT, 12. Leg.-Per., 1. Session 1907/09, Bd. 248, Ds. Nr. 988.

[864]Verh. des RT, 12. Leg.-Per., 1. Session 1907/09, Bd. 248, Ds. Nr. 988.

[865]Verh. des RT, 12. Leg.-Per., 1. Session 1907/09, Bd. 248, Ds. Nr. 988.

[866]Den §§ 2, 4, 5 und 6 KFG lagen die § 14 bis 17 der Reichstagsvorlage-KFG 1908 zugrunde.

20 KFG[867] - abgesehen vom Haftungsausschlußgrund der Luftfahrzeughalterhaftpflicht (§ 7 Abs. 2) - entsprachen. Der dritte Abschnitt umfaßte in den §§ 28 bis 33 Strafvorschriften, von denen die §§ 28 bis 31 des Gesetzentwurfs den §§ 21 bis 25 der insgesamt 26 Strafvorschriften[868] des Kraftfahrzeuggesetzes nachgebildet waren. Der vierte Abschnitt regelte in den §§ 34 und 35 Schlußvorschriften .

In Übereinstimmung mit den Bestimmungen zu den Regelungen über den Verkehr mit Kraftfahrzeugen, legte der Gesetzentwurf lediglich den Rahmen der gesetzlichen Regelung fest und ermächtigte den Bundesrat, Einzelheiten der Verkehrsbestimmungen durch eine den gegebenen Verhältnissen leicht anzupassende Bundesratsverordnung zu regeln. Besondere Bedeutung für die Rechtseinheitlichkeit hatte § 12 Nr. 2, der dem § 6 Nr. 2 KFG[869] nachgebildet war. Hiernach sollte der Bundesrat ermächtigt sein, „alle sonstigen zur Erhaltung der öffentlichen Ordnung und Sicherheit erforderlichen Anordnungen über den Verkehr mit Luftfahrzeugen außerhalb der Flugplätze“ zu erlassen. § 14 übertrug die Bestimmung der nach dem Gesetzentwurf und der geplanten Ausführungsverordnung zuständigen Behörden den Zentralbehörden. Nach der Begründung galten als Zentralbehörden grundsätzlich die Landeszentralbehörden und Reichszentralbehörden nur, soweit eine Zuständigkeit von Marinebehörden vorgesehen war[870].

Grundgedanke des Entwurfs - enthalten in § 1 - war die Schaffung eines freien Verkehrsrechts durch den Luftraum im Gebiet des Deutschen Reichs. Der Gesetzgeber stand damit vor der Aufgabe, einen Ausgleich zwischen den Interessen der Luftfahrer an einer möglichst uneingeschränkten Nutzung des Luftraums und dem Schutzbedürfnis der Allgemeinheit und des einzelnen gegenüber den mit dem neuen Verkehrsmittel verbundenen Gefahren zu schaffen. Nach der Begründung des Entwurfs beabsichtigte man, diesem Anliegen durch die Regelung strenger Verkehrsvorschriften, die die Gefahren für die Allgemeinheit verringern sollten, und durch eine den Verhältnissen angepaßte, aber eher milde Haftpflichtregelung Rechnung zu tragen.

Die geplante Gesetzesbestimmung hatte im übrigen Auswirkungen auf die Rechte des Grundstückseigentümers aus § 905 BGB. Nach Meinung der Gesetzesverfasser würde der einzelne durch die Verkehrsregelungen und die besonderen Haftpflichtbestimmungen unter Berücksichtigung der Interessen der Allgemeinheit ausreichend vor den Gefahren der Luftfahrt geschützt werden. Damit würde für den Grundstückseigentümer im Rahmen des § 905 S. 2 BGB im allgemeinen kein berechtigtes Interesse mehr bestehen, die Benutzung des Luft-

---

867 Den §§ 7 Abs. 1 und Abs. 3 KFG und den §§ 8 bis 19 KFG entsprachen die §§ 1 Abs. 1 und Abs. 3 und die §§ 2 bis 13 der Reichstagsvorlage-KFG 1908.

868 Den §§ 21 bis 25 KFG entsprachen die §§ 18 bis 22 der Reichstagsvorlage-KFG 1908.

869 Diese Regelung entsprach der des § 17 Nr. 2 Reichstagsvorlage-KFG 1908.

870 BA Berlin-Li., R 30.01, Nr. 7002, Bl. 202; GStA PK, I. HA Rep. 120 Tn, Nr. 1 Bd. 4, Bl. 23.

raums über seinem Grundstück zu verbieten. Für die zugelassenen Luftfahrzeuge und ihre behördlich geprüften Führer ergebe sich damit - soweit sie die Voraussetzungen des geplanten Gesetzes einhielten - die Befugnis zur freien „Durchfahrt“ durch den Luftraum[871].

Nach dem Gesetzentwurf sollten nur solche Luftfahrzeuge, die durch ihre Größe und durch ihre große Fortbewegungsmöglichkeit eine besondere neuartige Gefahr für die Allgemeinheit darstellten, einer gesetzlichen Regelung unterstellt werden[872]. Der Anwendungsbereich des geplanten Gesetzes war daher auf Luftfahrzeuge, die zur Aufnahme von Menschen bestimmt waren, beschränkt. Dazu zählten Freiballone, Luftschiffe und Flugzeuge. Für Luftfahrzeuge, die nicht zur Aufnahme von Menschen bestimmt waren, und für luftfahrzeugähnliche Apparate sollte der Bundesrat ermächtigt werden, entsprechende Anordnungen zu erlassen (vgl. § 12 des Gesetzentwurfs).

Der Gesetzentwurf stellte unterschiedlich hohe Anforderungen an die Teilnahme am Lufverkehr. Diejenigen, die am Verkehr außerhalb von Flugplätzen teilnehmen wollten, mußten sich ebenso wie ihr Fahrzeug einer strengen Prüfung unterwerfen. Dabei wurde von den Luftfahrzeugen entsprechend dem Stand der Technik eine größtmögliche Verkehrssicherheit verlangt. Darüber hinaus wurden an die körperliche, technische und moralische Eignung der Führer hohe Anforderungen gestellt[873].

Grundsätzlich genehmigungsfrei war das Fliegen innerhalb von Flugplätzen gemäß § 1 Abs. 1 des Entwurfs. Dem Bundesrat blieb es überlassen, die erforderlichen Verkehrsbestimmungen zu treffen (vgl. § 12 Nr. 4 des Gesetzentwurfs).

Die §§ 3 und 4 des Entwurfs über die Erlaubnispflicht für Luftfahrer waren den §§ 2 Abs. 1, 2 und 3 KFG nachgebildet.

Der Entwurf enthielt in § 5 eine Regelung über den Entzug der Führererlaubnis. Entsprechend den §§ 33 a bis 35 GewO übertrug die Regelung in Übereinstimmung mit § 4 KFG[874] die Zuständigkeit für den Entzug der Erlaubnis nicht den Gerichten, sondern den Behörden. Gegen die Versagung der Führererlaubnis war der Rekurs gemäß § 6[875] zulässig, der keine aufschiebende Wirkung hatte.

Besondere Bestimmungen für Aufstieg- und Landungsplätze wurden nicht für erforderlich gehalten. Die Begründung des Gesetzentwurfs ging davon aus, daß die lenkbaren Luftschiffe grundsätzlich von den dazu vorgesehenen Plätzen auf-

---

[871]BA Berlin-Li., R 30.01, Nr. 7002, Bl. 196; GStA PK, I. HA Rep. 120 Tn, Nr. 1 Bd. 4, Bl. 17 v.

[872]BA Berlin-Li., R 30.01, Nr. 7002, Bl. 192 v; GStA PK, I. HA Rep. 120 Tn, Nr. 1 Bd. 4, Bl. 13 v.

[873]Vgl. BA Berlin-Li., R 30.01, Nr. 7002, Bl. 198; GStA PK, I. HA Rep. 120 Tn, Nr. 1 Bd. 4, Bl. 19.

[874]§ 4 KFG war bereits in § 15 der Reichstagsvorlage-KFG 1908 geregelt worden.

[875]Die Regelung entsprach nahezu wörtlich der des § 5 KFG, die fast unverändert der des § 16 der Reichstagsvorlage-KFG 1908 nachgebildet war.

steigen und auch dort landen würden[876]. Im Falle einer unvorhergesehenen Landung waren die allgemeinen Notstandsbestimmungen des Bürgerlichen Gesetzbuchs maßgeblich.

Darüber hinaus stellte der Gesetzentwurf in Ergänzung zu den Bestimmungen der Gewerbeordnung besondere Anforderungen an Luftfahrten, die zu gewerblichen Zwecken ausgeführt oder ausgenutzt wurden[877].

Der Gesetzentwurf beschränkte den Anwendungsbereich der Haftpflichtbestimmungen auf Schadensfälle, die sich bei dem Betrieb eines zur Aufnahme von Menschen bestimmten Luftfahrzeugs ereigneten. Nach der Begründung des Gesetzentwurfs war dieser Ausdruck nicht gleichbedeutend mit dem Ausdruck „bei der Fahrt eines Luftfahrzeugs". Ein Schaden sei vielmehr auch dann „bei dem Betrieb" entstanden, wenn er bei den Vorbereitungen eines Aufstiegs, bei dem Verbringen des Fahrzeugs in seine Halle, beim Festmachen eines auf freiem Feld gelandeten Fahrzeugs oder bei weiteren ähnlichen Anlässen eintrete[878]. In Übereinstimmung mit § 1 der Reichstagsvorlage-KFG 1908[879] und § 18 KFG regelte der Gesetzentwurf sowohl für den Halter als auch für den Führer eines Luftfahrzeugs eigenständige, über die allgemeinen Bestimmungen des Bürgerlichen Gesetzbuchs hinausgehende Haftpflichtregelungen. Unter Übernahme der für den Halter eines Kraftfahrzeugs durch das Reichsgericht klar gestellten Definition[880] war nach der Begründung des Gesetzentwurfs derjenige als Halter anzusehen, der das Fahrzeug für eigene Rechnung in Gebrauch hatte und diejenige umfassende Verfügungsgewalt über das Fahrzeug besaß, die ein solcher Gebrauch voraussetzte. Dagegen sei es gleichgültig, ob der als Halter in Anspruch genommene Eigentümer des Fahrzeugs war oder es als Nießbraucher, Pächter, Mieter oder Entleiher verwendete. Danach war derjenige, dem die Benutzung eines Luftfahrzeugs entweder entgeltlich oder unentgeltlich überlassen wurde, nicht als Halter anzusehen. Nach der geplanten Regelung des § 15 sollte die Rechtsstellung des Halters dadurch unberührt bleiben. Der Halter sollte damit auch für solche Schäden haften, die bei der Nutzung des Fahrzeugs durch eine andere Person verursacht wurden[881]. Der gesetzgeberische Wille für diese Regelung läßt sich aus der Begründung zu der gleichlautenden Regelung des § 1 der Reichstagsvorlage-KFG

[876]BA Berlin-Li., R 30.01, Nr. 7002, Bl. 196; GStA PK, I. HA Rep. 120 Tn, Nr. 1 Bd. 4, Bl. 17.

[877]BA Berlin-Li., R 30.01, Nr. 7002, Bl. 193; GStA PK, I. HA Rep. 120 Tn, Nr. 1 Bd. 4, Bl. 14.

[878]BA Berlin-Li., R 30.01, Nr. 7002, Bl. 202 v; GStA PK, I. HA Rep. 120 Tn, Nr. 1 Bd. 4, Bl. 23 v.

[879]Verh. des RT, 12. Leg.-Per., 1. Session 1907/09, Bd. 248, Ds. Nr. 988.

[880]RGZ 78, S. 179 (183); Bereits durch den die Haftung des Tierhalters regelnden § 833 BGB war der Begriff des Halters in die Rechtssprache eingeführt und von der Rechtsprechung ausgelegt worden; vgl. dazu RGZ 52, S. 11 (118).

[881]Vgl. auch die Begründung zu § 1 der Reichstagsvorlage-KFG 1908 (Verh. des RT, 12. Leg.-Per., 1. Session 1907/09, Bd. 248, Ds. Nr. 988).

von 1908 entnehmen. Aus Gründen der Billigkeit sei es gerechtfertigt, den Halter so umfassend haften zu lassen, da die Verwendung auf seinem Willen beruhe. Außerdem beabsichtigte man damit, für den Geschädigten eine größere Gewähr dafür zu schaffen, sich an einen zahlungsfähigen Schuldner halten zu können[882]. Soweit das Fahrzeug ohne Wissen und Wollen des Fahrzeughalters in Bewegung gesetzt wurde, wurde nach der Begründung zu § 1 der Reichstagsvorlage-KFG 1908[883] eine Haftung des Halters für unbillig erachtet. Dieser Gedanke wurde in § 15 Abs. 3 des Entwurfs übernommen.

Anspruchsberechtigter war nach § 15 des Entwurfs der Verletzte. Nach der Begründung des Gesetzentwurfs galt als Verletzter - wie in § 7 KFG und den §§ 833, 836, 845, 849 BGB - nicht nur der unmittelbar, sondern auch der mittelbar Geschädigte. Für den Fall der Tötung und der Körperverletzung wurde der Kreis der Ersatzberechtigten in den §§ 18 und 19 näher bestimmt. Bei Sachbeschädigungen bedürfe es dagegen keiner Begrenzung, da als Verletzter nur derjenige in Betracht kommen könne, der in seinen Rechten verletzt worden sei[884]. Die §§ 18 bis 21 regelten in Übereinstimmung zu den §§ 10 bis 13 KFG, die sich wiederum an den §§ 3 und 7 des Reichshaftpflichtgesetzes[885] orientierten, den Umfang der Ersatzpflicht. Wie auch diese beiden Regelungen blieb der Gesetzentwurf in Bezug auf den Umfang des Ersatzes mittelbarer Schäden zum Teil hinter den Bestimmungen der §§ 842, 843, 844 (a. F.)[886], 845, 846, § 847 (a. F.)[887] BGB über

---

[882]Verh. des RT, 12. Leg.-Per., 1. Session 1907/09, Bd. 248, Ds. Nr. 988.
[883]Verh. des RT, 12. Leg.-Per., 1. Session 1907/09, Bd. 248, Ds. Nr. 988.
[884]BA Berlin-Li., R 30.01, Nr. 7002, Bl. 202 v/203; GStA PK, I. HA Rep. 120 Tn, Nr. 1 Bd. 4, Bl. 23 v/24.
[885]RGBl. 1871, S. 207 ff..
[886]§ 844 BGB a. F.: „Im Falle der Tötung hat der Ersatzpflichtige die Kosten der Beerdigung demjenigen zu ersetzen, welchem die Verpflichtung obliegt, diese Kosten zu tragen.
Stand der Getötete zur Zeit der Verletzung zu einem Dritten in einem Verhältnisse, vermöge dessen er diesem gegenüber kraft Gesetzes unterhaltspflichtig war oder unterhaltspflichtig werden konnte, und ist dem Dritten infolge der Tötung das Recht auf den Unterhalt entzogen, so hat der Ersatzpflichtige dem Dritten durch Entrichtung einer Geldrente insoweit Schadensersatz zu leisten, als der Getötete während der mutmaßlichen Dauer seines Lebens zur Gewährung des Unterhalts verpflichtet gewesen sein würde; die Vorschriften des § 843 Abs. 2 bis 4 finden entsprechende Anwendung. Die Ersatzpflicht tritt auch dann ein, wenn der Dritte zur Zeit der Verletzung erzeugt, aber noch nicht geboren war."
§ 844, Abs. 2 Satz 2 geänd. mWv 1. August 2002 durch Art. 2 G v. 19. Juli 2002 (BGBl. 2002 I, S. 2674 ff.) Übergangsvorschrift in Art. 229 § 8 EGBGB.
[887]§ 847 BGB a. F.: „Im Falle der Verletzung des Körpers oder der Gesundheit sowie im Falle der Freiheitsentziehung kann der Verletzte auch wegen des Schadens, der nicht Vermögensschaden ist, eine billige Entschädigung in Geld verlangen.
Ein gleicher Anspruch steht einer Frauenperson zu, gegen die ein Verbrechen oder Vergehen wider die Sittlichkeit begangen oder die durch Hinterlist, durch Drohung oder durch Mißbrauch eines Abhängigkeitsverhältnisses zur Gestattung der außerehelichen Beiwohnung bestimmt wird."

die Schadensersatzpflicht aus unerlaubten Handlungen zurück. So hatte der Ersatzpflichtige nach § 842 BGB vielmehr alle Nachteile zu ersetzen, die der Unfall für den Erwerb oder das Fortkommen des Verletzten herbeiführte, wie z. B. den Schaden, den der Verletzte auch bei einer nur vorübergehenden Beeinträchtigung dadurch erlitt, daß er seine Erwerbsfähigkeit einbüßte oder die Aussicht, eine solche zu erlangen, verlor. Außerdem hatte ein Dritter, dem der Verletzte kraft Gesetzes zur Leistung von Diensten im Haushalt oder Gewerbe verpflichtet war, die Möglichkeit, im Rahmen des § 843 BGB gegen den Schädiger vorzugehen. Darüber hinaus konnte der Verletzte nach § 847 BGB (a. F.)[888] eine billige Entschädigung in Geld für Nichtvermögensschäden verlangen.

Die im Entwurf vorgesehene Regelung war nach der Begründung des Gesetzentwurfs gerechtfertigt, da sich die Bestimmungen auf einen vom Nachweis des Verschuldens unabhängigen Schadensersatzanspruch bezögen[889].

Für den Fall, daß ein Schaden durch mehrere Luftfahrzeuge verursacht wurde, regelte § 24[890] abweichend von den Bestimmungen des Bürgerlichen Gesetzbuchs eine Ausgleichspflicht der Fahrzeughalter untereinander. Nach den Vorschriften des Bürgerlichen Gesetzbuchs hafteten die Luftfahrzeughalter für einen durch mehrere Luftfahrzeuge, die zur Aufnahme von Menschen bestimmt waren, verursachten Schaden gegenüber dem Verletzten nach § 840 Abs. 1 BGB als Gesamtschuldner. Im Verhältnis zueinander hatten die Fahrzeughalter nach § 426 BGB den Schaden stets zu gleichen Teilen zu tragen. Eine derartige Haftung wurde nach der Begründung des Gesetzentwurfs den tatsächlichen Verhältnissen nicht gerecht und entsprach auch nicht der Billigkeit. Durch die dem § 17 KFG nachgebildete Regelung erhalte der Richter die Möglichkeit, die Schadenshöhe der Fahrzeughalter im Verhältnis zueinander dem Einzelfall entsprechend festzusetzen[891]. Nach der Begründung zu § 11 der Reichstagsvorlage-KFG 1908 sollte vermieden werden, daß in Fällen, in denen bei einem Zusammenstoß von zwei Autos beide Fahrzeuge und zugleich auch ein Fußgänger verletzt wurden, das überwiegende Verschulden seitens des einen Autofahrers nur bei der Schadensberechnung der beiden Autofahrer, nicht aber bei der Ausgleichung des dem Fußgänger zu leistenden Schadensersatzes berechnet werden konnte. Dies sei dadurch zu erreichen, wenn im Anschluß an § 254 BGB für alle in Betracht kommenden Fälle im Verhältnis der beteiligten Automobilhalter untereinander

---

§ 847 aufgeh. mWv 1. August 2002 durch Art. 2 G v. 19. Juli 2002 (BGBl. 2002 I, S. 2674 ff.) Übergangsvorschrift in Art. 229 § 8 EGBGB, siehe dazu § 253 Abs. 2 BGB.

[888] § 847 aufgeh. mWv 1. August 2002 durch Art. 2 G v. 19. Juli 2002 (BGBl. 2002 I, S. 2674 ff.) Übergangsvorschrift in Art. 229 § 8 EGBGB, siehe dazu § 253 Abs. 2 BGB.

[889] BA Berlin-Li., R 30.01, Nr. 7002, Bl. 203 v/204; GStA PK, I. HA Rep. 120 Tn, Nr. 1 Bd. 4, Bl. 24 v/25.

[890] § 24 entsprach der Regelung des § 11 Reichstagsvorlage-KFG 1908 (vgl. § 17 KFG).

[891] BA Berlin-Li., R 30.01, Nr. 7002, Bl. 204/204 v; GStA PK, I. HA Rep. 120 Tn, Nr. 1 Bd. 4, Bl. 25/25 v.

eine den Umständen entsprechende freie Schadensverteilung gewährleistet werde[892].

Der Haftpflicht des Luftfahrzeughalters gemäß § 15 des Entwurfs lag das Prinzip der Betriebs- bzw. Gefährdungshaftung zugrunde. Die Übernahme der Grundsätze des Reichshaftpflichtgesetzes[893] über die Haftung des Eisenbahnunternehmers oder des KFG[894] wurde nach der Begründung des Gesetzentwurfs abgelehnt, da sich die Betriebsformen und Bedingungen eines Luftfahrzeugs grundlegend von denen der Eisenbahnen und Kraftfahrzeuge unterscheiden würden. Bei einer formalen Gleichstellung des Luftfahrzeughalters mit dem Eisenbahnunternehmer oder dem Halter eines Kraftfahrzeugs würde der Luftfahrzeughalter tatsächlich schärfer zur Verantwortung gezogen und wirtschaftlich ungleich stärker belastet werden. So sei die Haftung des Eisenbahnunternehmers nach § 1 RHPfG[895] sowohl bei eigenem Verschulden des Verletzten oder Getöteten als auch dann ausgeschlossen, wenn der Unfall durch höhere Gewalt verursacht wurde. Dabei seien als höhere Gewalt die von außen einwirkenden und damit nicht in der gefährdenden Natur des Unternehmens liegenden Ereignisse zu verstehen, die für einen einsichtigen Menschen nicht vorhersehbar seien und durch menschliche Kraft und Sorgfalt nicht abgewendet werden könnten.

Die Anwendung dieser Grundsätze auf die Luftfahrt würde aber zu einer weitaus strengeren Haftpflicht des Luftfahrzeughalters im Vergleich zum Eisenbahnunternehmer führen. So könne ein Naturereignis wie ein plötzlich auftretender Sturm, das bei dem Betrieb einer Eisenbahn entweder als unbeachtlich oder als höhere Gewalt angesehen werden könne, bei dem Betrieb eines Luftfahrzeugs regelmäßig nicht als höhere Gewalt betrachtet werden, da bei der Luftfahrt mit derartigen Ereignissen gerechnet werden müsse. Die Übernahme dieser Regelung für den Luftverkehr hätte bedeutet, den Luftfahrzeughalter letztlich nahezu für alle durch Naturereignisse verursachten Unfälle einstehen zu lassen. Zu einem ähnlichen Ergebnis würde die Übertragung des die Haftpflicht des Kraftfahrzeughalters beherrschenden Grundsatzes führen, nach der sich der Kraftfahrzeughalter durch den Nachweis des unabwendbaren Ereignisses, d. h. des äuße-

---

[892] Verh. des RT, 12. Leg.-Per., 1. Session 1907/09, Bd. 248, Ds. Nr. 988; die §§ 24 Abs. 1 S. 2 und Abs. 2 regelten in Anlehnung an § 17 Abs. 1 S. 2 und Abs. 2 KFG weitere Anwendungsfälle des in § 24 Abs. 1 S. 2 aufgestellten Grundsatzes. Nach § 24 Abs. 1 S. 2 sollte er auch dann gelten, wenn die Fahrzeughalter nach den allgemeinen Vorschriften des Bürgerlichen Gesetzbuchs hafteten. Im übrigen regelte § 24 Abs. 2 die Anwendbarkeit dieses Grundsatzes auch in den Fällen, in denen neben dem Halter auch ein anderer für den Schaden ersatzpflichtig war.

[893] RGBl. 1871, S. 207 ff..

[894] RGBl. 1909, S. 437 ff..

[895] § 1 RHPfG: „Wenn bei dem Betriebe einer Eisenbahn ein Mensch getötet oder körperlich verletzt wird, so haftet der Betriebs-Unternehmer für den dadurch entstandenen Schaden, sofern er nicht beweist, daß der Unfall durch höhere Gewalt oder durch eigenes Verschulden des Getöteten oder Verletzten verursacht ist."

ren vom Betrieb unabhängigen Ereignisses, entlasten könne[896], da die Witterungsverhältnisse gerade zu den typischen Gefahren des Luftfahrtbetriebes zählten. Wenn man den Wortlaut beider Regelungen übernehme, erhalte der Luftfahrzeughalter einen Entlastungsgrund, der praktisch nur selten zuträfe. Für eine so weitreichende Haftpflicht bestand nach der Begründung des Gesetzentwurfs jedoch kein Interesse[897].

Auch unter dem Gesichtspunkt der wirtschaftlichen Leistungsfähigkeit der Luftfahrtunternehmen ergebe sich keine andere Bewertung. Es sei billig, die mit einigen Vorrechten ausgestatteten Eisenbahnunternehmen bei ihrer tatsächlichen wirtschaftlichen Monopolstellung, ihrer Größe und ihrer regelmäßig starken Kapitalkraft unbedingt für Schäden, die ihr Betrieb verursache, haften zu lassen. Dagegen seien den Luftfahrzeughaltern keine Vorrechte eingeräumt, sie würden weder eine Monopolstellung einnehmen noch seien ihre Betriebe im allgemeinen besonders umfangreich. Im übrigen sei ihre Kapitalkraft regelmäßig nicht besonders groß. Auch aus diesen Erwägungen lasse sich eine gesteigerte Haftpflicht der Luftfahrzeughalter nicht rechtfertigen. Zu berücksichtigen sei auch, daß es sich bei den Eisenbahnbetrieben und zum großen Teil auch bei den Kraftfahrzeugen um gewerbliche Unternehmungen handle. Dort sei es gerechtfertigt, diejenigen für die schädlichen Einwirkungen eines Naturereignisses einstehen zu lassen, die sie zu Erwerbszwecken in ihren Dienst stellten. Anders seien die Verhältnisse in der Luftfahrt, bei der die ideellen Zwecke und insbesondere die Vorbereitung zur Landesverteidigung im Vordergrund stünden[898].

Für die schließlich in § 15 des Gesetzentwurfs geregelte Haftpflicht des Luftfahrzeughalters, deren Bestimmung sich eng an § 1 der Reichstagsvorlage-KFG 1908[899] anlehnte, waren unter Berücksichtigung der der Luftfahrt eigenen Gefahren und der Verantwortlichkeit des Halters letztlich drei Gesichtspunkte maßgeblich.

---

[896] § 7 Abs. 1 und 2 KFG: „Wird bei dem Betrieb eines Kraftfahrzeugs ein Mensch getötet, der Körper oder die Gesundheit eines Menschen verletzt oder eine Sache beschädigt, so ist der Halter des Fahrzeugs verpflichtet, dem Verletzten den daraus entstehenden Schaden zu ersetzten.
Die Ersatzpflicht ist ausgeschlossen, wenn der Unfall durch ein unabwendbares Ereignis verursacht wird, das weder auf einem Fehler in der Beschaffenheit des Fahrzeugs noch auf einem Versagen seiner Verrichtungen beruht. Als unabwendbar gilt ein Ereignis insbesondere dann, wenn es auf das Verhalten des Verletzten oder eines nicht bei dem Betriebe beschäftigten Dritten oder eines Tieres zurückzuführen ist und sowohl der Halter als der Führer des Fahrzeugs jede nach den Umständen des Falles gebotene Sorgfalt beobachtet hat."

[897] BA Berlin-Li., R 30.01, Nr. 7002, Bl. 194; GStA PK, I. HA Rep. 120 Tn, Nr. 1 Bd. 4, Bl. 15.

[898] BA Berlin-Li., R 30.01, Nr. 7002, Bl. 194/194 v; GStA PK, I. HA Rep. 120 Tn, Nr. 1 Bd. 4, Bl. 15/15 v.

[899] Verh. des RT, 12. Leg.-Per., 1. Session 1907/09, Bd. 248, Ds. Nr. 988.

Eine besondere Gefahr des Betriebs eines Luftfahrzeugs resultierte daraus, daß bereits kleine Unachtsamkeiten des Führers und seiner Betriebsmannschaft, an die eine besondere Sorgfalt bei der Überprüfung der Betriebsvorrichtungen vor der Fahrt, umfangreiche Kenntnisse der Wind- und Wetterverhältnisse und ein besonderes Maß an Vorsicht, Geistesgegenwart und Geschick während der Fahrt verlangt wurden, zu gefährlichen Unfällen führen konnten[900]. Regelmäßig werde in solchen Fällen nicht angenommen werden können, daß sich der Luftfahrzeughalter bei der Auswahl und Beaufsichtigung seiner Angestellten eines fahrlässigen Verhaltens schuldig gemacht habe. Nach geltendem Recht hatte der Luftfahrzeughalter die Möglichkeit, sich durch den Exkulpationsbeweis nach § 831 Abs. 1 S. 2 BGB von seiner Haftung zu befreien. Soweit dies gelang, konnte der Geschädigte nur noch Ansprüche gegen die regelmäßig nicht sehr zahlungsfähigen Führer und sonstigen Angestellten geltend machen. Aus Billigkeitsgründen war es nach der Begründung des Gesetzentwurfs jedoch geboten, daß derjenige, der sich ein Verkehrsmittel zu nutze mache, dessen Handhabung ein ungewöhnliches Maß an Fähigkeiten, Kenntnissen, Gewissenhaftigkeit und Geistesgegenwart erfordere, weitestgehend dafür einstehen müsse, daß die Personen, deren er sich bei dem Betrieb bediene, die erforderlichen Eigenschaften besäßen und sich in einzelnen Fällen bewährten[901]. Aus diesem Grund wurde dem Luftfahrzeughalter durch die Regelung des § 15 des Gesetzentwurfs die Möglichkeit des § 831 Abs. 1 S. 2 BGB genommen.

Ferner konnten bereits kleine Material- und Konstruktionsfehler oder auch Störungen in den Verrichtungen der Luftfahrzeuge zu einem Absturz oder einer Notlandung führen. Derartige Fehler stellten damit eine besondere Gefahr für die Allgemeinheit dar. Bei Luftschiffen und Flugzeugen bestand zusätzlich die Gefahr einer Explosion. Gegenüber diesen Betriebsgefahren war es nach der Begründung des Gesetzentwurfs gerechtfertigt, den Luftfahrzeughalter für die Betriebssicherheit seines Luftfahrzeugs ohne Rücksicht auf Verschulden einstehen zu lassen[902]. Außerdem waren nach der Begründung des Gesetzentwurfs die Beweisschwierigkeiten des Geschädigten für die getroffene Regelung ausschlaggebend. Die Flughöhe und die Geschwindigkeit, mit der ein schädigendes Ereignis ablaufe, würden es dem Geschädigten in den meisten Fällen unmöglich machen, die Einzelheiten eines Unfalls zu beweisen. Daher sei es unbillig, dem Geschädigten die Folgen eines Beweisnotstands aufzuerlegen, der nicht durch ihn, sondern durch die Eigenart des Betriebes eines Luftfahrzeugs bedingt sei. Es müsse daher genügen, wenn der Verletzte den ursächlichen Zusammenhang des Scha-

---

[900]Vgl. BA Berlin-Li., R 30.01, Nr. 7002, Bl. 194 v; GStA PK, I. HA Rep. 120 Tn, Nr. 1 Bd. 4, Bl. 15 v.

[901]BA Berlin-Li., R 30.01, Nr. 7002, Bl. 195; GStA PK, I. HA Rep. 120 Tn, Nr. 1 Bd. 4, Bl. 16.

[902]BA Berlin-Li., R 30.01, Nr. 7002, Bl. 195; GStA PK, I. HA Rep. 120 Tn, Nr. 1 Bd. 4, Bl. 16.

dens mit dem Betrieb des Luftfahrzeugs nachweise und der in Anspruch genommene Luftfahrzeughalter darzulegen habe, daß keiner der Haftungsfälle vorliege[903].

Während der Gesetzentwurf zum einen die Haftung des Halters eines zur Aufnahme von Menschen bestimmten Luftfahrzeugs gegenüber den Vorschriften des Bürgerlichen Gesetzbuchs verschärfte, beschränkte er zum anderen den Umfang der Haftung nach § 20 durch die Festsetzung von Haftungshöchstsummen. Diese Beschränkung galt - wie § 26 klarstellte - dann nicht, wenn der Luftfahrzeughalter wegen nachgewiesenen eigenen Verschuldens oder weil er den Entlastungsbeweis nach § 831 Abs. 1 S. 2 BGB nicht hatte erbringen können, nach den Vorschriften des Bürgerlichen Gesetzbuchs über die unerlaubten Handlungen haftete oder sich nach § 904 S. 2 BGB ersatzpflichtig machte.

Mit der Festsetzung von Haftungshöchstsummen beabsichtigte man sicherzustellen, daß sich die Luftfahrzeughalter ohne verhältnismäßig hohe Kosten gegen die geplante Haftungsverschärfung versichern konnten[904]. Für den Geschädigten erhöhte sich damit zugleich die Wahrscheinlichkeit, die erlittenen Schäden auch tatsächlich ersetzt zu bekommen. Die von den Luftfahrzeughaltern insbesondere für Flugzeuge und Luftschiffe zu zahlenden Versicherungsprämien seien bereits nach dem gegenwärtigen Recht außerordentlich hoch. Mit der Einführung einer verschärften Haftpflicht der Luftfahrzeughalter sei bei einer betragsmäßig unbeschränkten Haftung mit einem so starken Anstieg der Versicherungsprämien zu rechnen, daß sie nur noch von wenigen Luftfahrzeughaltern aufgebracht werden könnten. Dagegen sei bei der Festlegung von Haftungshöchstsummen ein erträglicher Anstieg der Versicherungsprämien zu erwarten[905]. Die in § 20 Nr. 1 und Nr. 2 geregelten Höchstgrenzen für Personenschäden entsprachen denen des § 6 Nr. 1 und Nr. 2 KFG[906]. Nach der Begründung der Reichstagsvorlage-KFG 1908 waren sie im Anschluß an die Prämientarife der Haftpflichtgesellschaften festgesetzt worden[907] und so bemesse, daß sie erheblich über dem Durchschnitt der bis dahin gezahlten Entschädigungssummen lagen[908]. In Übereinstimmung mit § 12 KFG regelten die §§ 20 Nr. 1 und Nr. 2 zwei verschiedene Höchstgrenzen: je nach dem, ob Schadensersatz durch Zahlung einer Geldrente oder durch eine Ka-

---

903 BA Berlin-Li., R 30.01, Nr. 7002, Bl. 195; GStA PK, I. HA Rep. 120 Tn, Nr. 1 Bd. 4, Bl. 16

904 Vgl. BA Berlin-Li., R 30.01, Nr. 7002, Bl. 195 v; GStA PK, I. HA Rep. 120 Tn, Nr. 1 Bd. 4, Bl. 16 v.

905 BA Berlin-Li., R 30.01, Nr. 7002, Bl. 195 v; GStA PK, I. HA Rep. 120 Tn, Nr. 1 Bd. 4, Bl. 16 v.

906 Diese Bestimmung war bereits in § 12 Nr. 1 und Nr. 2 der Reichstagsvorlage-KFG 1908 geregelt worden.

907 Begründung zu den §§ 4 bis 7 (Verh. des RT, 12. Leg.-Per., 1. Session 1907/09, Bd. 248, Ds. Nr. 988).

908 Allgemeiner Teil (I. Haftpflicht) der Begründung der Reichstagsvorlage-KFG 1908 (Verh. des RT, 12. Leg.-Per., 1. Session 1907/09, Bd. 248, Ds. Nr. 988).

pitalabfindung geleistet werden mußte. Bereits die §§ 843 Abs. 2 bis 6 BGB sahen eine solche Unterscheidung vor.

Die Bildung einer Zwangsgenossenschaft, einer Vereinigung sämtlicher Luftfahrzeughalter, die dem Geschädigten als alleiniger Träger der Haftpflicht gegenüber stehen sollte, wurde nach der Begründung des Gesetzentwurfs aus den gleichen Gründen wie für den Kraftfahrzeughalter abgelehnt. Die Einbeziehung ausländischer Fahrzeuge, die am nationalen Verkehr teilnehmen wollten, in eine Zwangsgenossenschaft sei nur sehr schwer möglich. Im übrigen existiere zu wenig statistisches Material für die Bildung der Gefahrenklassen und die Berechnung der Beiträge. Außerdem sei die in Betracht kommende Zahl der Mitglieder sehr klein und nicht besonders finanzkräftig. Aus diesen Gründen befürchtete man, daß die Kosten einer für das gesamte Reich gegründeten Zwangsgenossenschaft in keinem angemessenen Verhältnis zu ihrem Nutzen stehen und ihre Mitglieder unverhältnismäßig stark belasten würden, zumal weitere Kosten dadurch zu erwarten seien, daß sich die Mitglieder der Zwangsgenossenschaft zusätzlich gegen die aus dem Rückgriffsrecht der Genossenschaft entstehenden Verbindlichkeiten privat versichern müßten[909].

Von den geplanten Haftungsgrundsätzen regelte der Gesetzentwurf in § 16 eine Ausnahme. Danach sollte die beabsichtigte Haftungsverschärfung des Luftfahrzeughalters nicht für diejenigen gelten, die das Fahrzeug zur eigenen Beförderung oder zur Beförderung ihrer Sachen nutzten oder bei dem Betrieb des Fahrzeugs tätig waren. Nach der Begründung des Gesetzentwurfs sei es Sinn und Zweck der verschärften Haftung des Luftfahrzeughalters, die Allgemeinheit vor den ihr „aufgedrängten Gefahren" des Luftverkehrs zu schützen. Ebenso wie § 8 KFG nehme der Gesetzentwurf daher Fälle, in denen der Verletzte die Gefahr freiwillig übernommen habe, von der verschärften Haftpflichtregelung aus[910]. Die Haftpflicht des Luftfahrzeughalters richtete sich in solchen Fällen nach den allgemeinen Bestimmungen des Bürgerlichen Gesetzbuchs.

In § 17 wurde wie auch in § 9 KFG Anwendung des § 254 BGB außer Zweifel gestellt. Darüber hinaus stellte die Regelung klar, daß im Falle einer Sachbeschädigung das eigene Verschulden des Verletzten dem Verschulden dessen gleich stand, der die tatsächliche Gewalt über die Sache ausübte[911].

Gegenüber der dreijährigen Verjährungsfrist des § 852 Abs. 1 BGB (a. F.)[912] verkürzte § 22 in Übereinstimmung mit § 14 KFG[913] die Verjährungsfrist für

---

[909] BA Berlin-Li., R 30.01, Nr. 7002, Bl. 196; GStA PK, I. HA Rep. 120 Tn, Nr. 1 Bd. 4, Bl. 17; Allgemeiner Teil (I. Haftpflicht) der Begründung der Reichstagsvorlage-KFG 1908 (Verh. des RT, 12. Leg.-Per., 1. Session 1907/09, Bd. 248, Ds. Nr. 988).

[910] BA Berlin-Li., R 30.01, Nr. 7002, Bl. 203/203 v; GStA PK, I. HA Rep. 120 Tn, Nr. 1 Bd. 4, Bl. 24/24 v.

[911] Vgl. auch die Begründung zu § 3 Reichstagsvorlage-KFG 1908 (Verh. des RT, 12. Leg.-Per., 1. Session 1907/09, Bd. 248, Ds. Nr. 988).

[912] § 852 BGB a. F.: „Der Anspruch auf Ersatz des aus einer unerlaubten Handlung entstandenen Schadens verjährt in drei Jahren von dem Zeitpunkt an, in welchem der Verletzte von

Ansprüche aus dem Gesetzentwurf auf zwei Jahre. Bereits § 8 RHPfG[914] regelte eine Verjährungsfrist von zwei Jahren. Anders als nach dieser Regelung, die für den Beginn der Verjährung auf den Zeitpunkt des Unfalls abstellte, also einen objektiven Maßstab zugrunde legte, sah der Gesetzentwurf ebenso wie das Kraftfahrzeuggesetz einen objektiv-subjektiven Maßstab vor, indem er auf die Kenntnis des Ersatzberechtigten abstellte und unabhängig von dessen Kenntnis zusätzlich eine dreißigjährige Frist vorsah.

Im übrigen regelte der Gesetzentwurf in § 23 - wie auch § 15 KFG - eine Ausschlußfrist von zwei Monaten, in der der Ersatzberechtigte dem Ersatzpflichtigen seinen Schaden mitzuteilen hatte. Nach der Begründung des Gesetzentwurfs war dies angebracht, da nach der geplanten Regelung dem Haftpflichtigen die Beweispflicht bezüglich der Unfallursachen obliege und er daher ein berechtigtes Interesse an einer schnellen Sachverhaltsfeststellung habe[915].

Was die Haftpflicht des Führers eines Luftfahrzeugs betraf, so sah der Entwurf - soweit der Führer nicht aufgrund nachgewiesenen eigenen Verschuldens bereits nach den Vorschriften des Bürgerlichen Gesetzbuchs haftete - in Anschluß an § 18 KFG ebenfalls eine gegenüber den Vorschriften des Bürgerlichen Gesetzbuchs verschärfte Haftung vor. Nach der Begründung des Entwurfs bestünden für den Verletzten gegenüber dem Führer eines Luftfahrzeugs die gleichen Beweisschwierigkeiten wie gegenüber dem Halter. Aus diesem Grund verschärfe der Entwurf die Haftung des Führers, indem er dem Führer die Beweislast dafür auferlege, daß der Schaden nicht durch sein Verschulden entstanden war. Nach der Begründung des Gesetzentwurfs war der Führer regelmäßig am besten in der Lage, die Umstände des Falles darzulegen. Im übrigen sei die geplante Bestimmung geeignet, das Verantwortungsbewußtsein der Führer zu erhöhen[916]. Soweit der

---

dem Schaden und der Person des Ersatzpflichtigen Kenntnis erlangt, ohne Rücksicht auf diese Kenntnis in dreißig Jahren von der Begehung der Handlung an.
Schweben zwischen dem Ersatzpflichtigen und dem Ersatzberechtigten Verhandlungen über den zu leistenden Schadensersatz, so ist die Verjährung gehemmt, bis der eine oder der andere Teil die Fortsetzung der Verhandlungen verweigert.
Hat der Ersatzpflichtige durch die unerlaubte Handlung auf Kosten des Verletzten etwas erlangt, so ist er auch nach der Vollendung der Verjährung zur Herausgabe nach den Vorschriften über die Herausgabe einer ungerechtfertigten Bereicherung verpflichtet."

913 Diese Regelung entsprach der des § 8 Reichstagsvorlage-KFG 1908.

914 § 8 RHPfG: „Die Forderungen auf Schadenersatz (§§ 1 bis 3) verjähren in zwei Jahren vom Tage des Unfalls an. Gegen denjenigen, welchem der Getötete Unterhalt zu gewähren hatte (§ 3 Nr. 1), beginnt die Verjährung mit dem Todestage. Die Verjährung läuft auch gegen Minderjährige und diesen gleichgestellte Personen von denselben Zeitpunkten an, mit Ausschluß der Wiedereinsetzung."

915 BA Berlin-Li., R 30.01, Nr. 7002, Bl. 204; GStA PK, I. HA Rep. 120 Tn, Nr. 1 Bd. 4, Bl. 25.

916 BA Berlin-Li., R 30.01, Nr. 7002, Bl. 205; GStA PK, I. HA Rep. 120 Tn, Nr. 1 Bd. 4, Bl. 26.

Führer eines Luftfahrzeugs nach § 25 verschärft haftete, sollte sich der Umfang seiner Haftung nach den Bestimmungen des Luftverkehrsgesetzes richten.

Nach der Begründung des Gesetzentwurfs waren die bestehenden Strafbestimmungen im allgemeinen ausreichend[917], da ihre Anwendbarkeit auf Handlungen, die im Luftraum über deutschem Gebiet vorgenommen wurden, nach dem Standpunkt des Gesetzentwurfs, nach dem sich die Staatshoheit auch auf den Luftraum erstreckte, außer Zweifel stand[918]. Es bestand daher nur für bestimmte Fälle die Notwendigkeit, spezieller *Strafbestimmungen*. Mit den §§ 28 bis 31 des dritten Abschnitts die den §§ 21, 23, 24 und 25 KFG nachgebildet waren, beabsichtigte man lediglich, den Verkehrsvorschriften durch Strafandrohungen Nachdruck zu verleihen. Der § 28 des Entwurfs übernommen aus § 21 KFG sollte einen Verstoß gegen die den Luftverkehr regelnden polizeilichen Anordnungen als Übertretung ahnden. Die §§ 29 und 30 entsprachen den §§ 23 und 24 KFG. § 31 entsprach nahezu wörtlich der Bestimmung des § 25 KFG[919]. § 32 war vorrangig zum Schutze der Landesverteidigung erlassen worden. § 33 sollte den an Bedeutung zunehmenden Luftverkehr - ähnlich wie die Eisenbahnen und die Schiffahrt - vor rechtswidrigen Angriffen schützen[920].

XII. Die Behandlung des Gesetzentwurfs im Bundesrat

Am 1. November 1913 legte Delbrück, stellvertretend für den Reichskanzler, dem Bundesrat den Gesetzentwurf vor. Dieser billigte am 13. November 1913 die bereits erfolgte Überweisung der Vorlage des Entwurfs eines Gesetzes über den Verkehr mit Luftfahrzeugen - Nr. 139 der Drucksachen des Bundesrats[921] - an seine vereinigten Ausschüsse für Handel und Verkehr (IV) und für Justizwesen (VI)[922].

---

917 BA Berlin-Li., R 30.01, Nr. 7002, Bl. 205 v; GStA PK, I. HA Rep. 120 Tn, Nr. 1 Bd. 4, Bl. 26 v.

918 BA Berlin-Li., R 30.01, Nr. 7002, Bl. 205 v/206; GStA PK, I. HA Rep. 120 Tn, Nr. 1 Bd. 4, Bl. 26 v/27.

919 Diese Bestimmung enthielt bereits § 22 der Reichstagsvorlage-KFG 1908.

920 BA Berlin-Li., R 30.01, Nr. 7002, Bl. 206; GStA PK, I. HA Rep. 120 Tn, Nr. 1 Bd. 4, Bl. 27.

921 Ds. zu den Verh. des BR, 1913, Bd. 2,2; der Entwurf ist im Anhang abgedruckt; gegenüber dem Regierungsentwurf enthielt die Bundesratsvorlage drei kleine Formulierungsänderungen im allgemeinen Teil der Begründung und in der Begründung zu § 24.

922 Protokolle über die Verh. des BR, 1913, § 1214.

1. *Die Behandlung der Gesetzesvorlage in den Bundesratsausschüssen für Handel und Verkehr (IV) und für Justizwesen (VI)*

In der Ausschußsitzung vom 2. Dezember 1913 beantragte der Berichterstatter von Eucken-Addenhausen in erster Lesung, neun eher redaktionelle Änderungen des Gesetzentwurfs[923].

Am 4. Dezember 1913 berieten die vereinigten Bundesratsausschüsse für Handel und Verkehr (IV) und für Justizwesen (VI) erneut in erster Lesung über den Entwurf eines Luftverkehrsgesetzes - Nr. 139 der Drucksachen des Bundesrats. Berichterstatter war der großherzogliche oldenburgische Bevollmächtigte von *Eucken-Addenhausen*. Vorsitzender war *Lewald*, der Direktor des Reichsamts des Innern.

Anwendungsbereich der gesetzlichen Regelung: Zu § 1 schlug der bayerische Bevollmächtigte zum Bundesrat von *von Strößenreuther* vor, anstelle des Ausdrucks „Luftfahrzeuge, die zur Aufnahme von Menschen bestimmt sind", eine allgemeinere Fassung zu wählen[924]. Dieser Vorschlag fand jedoch keine Zustimmung. Von einem *Kommissar des Reichsamts des Innern* wurde dazu klargestellt, daß der Entwurf auch auf die zur Verfrachtung von Gütern gebauten Luftfahrzeuge anwendbar sei, da diese zur Aufnahme des Führers und der Bedienungsmannschaft, also zur Aufnahme von Menschen, bestimmt seien[925].

Führerzeugnis und Flugerlaubnis: Zu § 2 stellte *Sachsen* den Antrag, die Zulassung der Luftfahrzeuge zeitlich zu beschränken. Dagegen wandten sich die *Vertreter der Reichsleitung*, da es unmöglich sei, für die verschiedenen Luftfahrzeugarten einheitliche Vorschriften zu treffen. Es sei zweckmäßiger, diese Frage durch die vom Bundesrat nach § 12 zu erlassenden Ausführungsvorschriften zu regeln. Eine derartige Regelung sei bereits beabsichtigt, da es unerläßlich sei, die

---

923 Die Anträge lauteten:
„1. In § 8 Abs. 1 Satz 1 ist statt „Behörden" zu setzen „Behörde".
2. Im Entwurf und in der Begründung ist allgemein statt „Militärbehörden" „Militärverwaltung" zu setzen [und statt] „Heeresbehörden", „Heeresverwaltung".
3. Im § 8 Abs. 2 wird der zweite Satz ein besonderer Absatz (Abs. 3).
4. Im letzten Absatz des § 8 werden zwischen den Worten „einem" und „Widersprüche" die Worte eingefügt: „aus Gründen der Landessicherheit erhobenen".
5. Im § 9 Abs. 2 Zeile 2 ist hinter dem Worte „Bundesstaaten" das Wort „gemeinsam" einzufügen.
6. Dem § 9 ist als neuer Absatz (Abs. 3) anzufügen: „Elsaß-Lothringen gilt hierbei als Bundesstaat".
7. Im § 11 ist statt „Telegraphenverwaltung" zu setzen „Telegraphenverwaltungen".
8. Im § 12 Nr. 7 ist statt des Wortes „Apparate" das Wort „Geräte" zu setzen und in der Klammer hinter dem Worte „Gleitflugzeuge" einzufügen „u. dergl.".
9. Die Überschrift soll lauten: „Entwurf eines Luftverkehrsgesetzes"." (BA Berlin-Li., R 30.01, Nr. 7003, Bl. 4/4 v; GStA PK, I. HA Rep. 120 Tn, Nr. 1 Bd. 4, Bl. 80/80 v.).

924 BayHStA MJu 16713, Schriftstück vom 4. Dezember 1913.

925 BayHStA MJu 16713, Schriftstück vom 4. Dezember 1913.

Fahrzeuge von Zeit zu Zeit einer erneuten Prüfung zu unterziehen. Im übrigen sprachen sich die *Vertreter der Reichsleitung* gegen den bayerischen Vorschlag aus, entsprechend zu § 5 auch für Luftfahrzeuge nicht nur eine dauernde, sondern auch eine zeitlich begrenzte Ausschließung vom Verkehr zu regeln. Zur Begründung wurde ausgeführt, daß es in Fällen, in denen ein Luftfahrzeug nicht mehr als vollständig betriebssicher angesehen werden könne und vom Verkehr ausgeschlossen werden müsse, dann dem Besitzer überlassen bleiben müsse, einen neuen Zulassungsantrag nach Vornahme der Verbesserungen zu stellen[926].

Zu § 3 teilte der *Vertreter des Reichsamts des Innern* auf eine Anfrage mit, daß in die Ausführungsbestimmungen eine Regelung aufgenommen werden sollte, nach der der Flugzeugführer usw. den Erlaubnisschein mit sich zu führen und auf Verlangen den zuständigen Beamten vorzuzeigen habe. Im übrigen sollte entsprechend der Forderung *Bayers* in den Ausführungsvorschriften eine Definition für Flugplätze, Aufstiegs- und Landungsplätze aufgenommen werden.

Zu § 4 bezweifelten die *Vertreter Württembergs und Braunschweigs* die Durchführbarkeit der Bestimmung. Danach durften Übungsflüge außerhalb von Flugplätzen nicht ohne Begleiter durchgeführt werden. Im Interesse der allgemeinen Sicherheit hielt der *Vertreter des Reichsamts des Innern* diese Bestimmung jedoch für erforderlich. Nach den bisherigen Erfahrungen sei es unmöglich, alle Flugschüler auf den bestehenden Flugplätzen vollständig auszubilden[927].

Zu § 5 wurde die von *Bayern* geforderte Ergänzung, nach welcher der Führerschein im Falle des Nichtgebrauchs erlöschen sollte, von der Reichsleitung abgelehnt, da eine Kontrolle über den tatsächlichen Gebrauch sehr schwierig sei und im übrigen davon ausgegangen werde müsse, daß der Führerscheininhaber selbst weitere Fahrten unterlassen werde, wenn er sich nicht mehr sicher fühle[928].

Zuständigkeiten des Reichs, der Länder oder des Deutschen Luftfahrerverbandes: Zu § 7 forderte *Sachsen* neben der *Heeres-*, *Marine-* und *Postverwaltung* auch noch allgemein „andere Verkehrsverwaltungen des Reiches oder eines Bundesstaates" zu berücksichtigen. Dem widersprachen der *Vorsitzende* und ein *Vertreter des Preußischen Ministeriums der öffentlichen Arbeiten*, da es dafür kein Bedürfnis gebe und auch nach dem KFG nur die genannten Verwaltungen ausgenommen seien[929].

Als selbstverständlich wurde es bezeichnet, daß die gemäß § 12 zuständigen Behörden bezüglich der näheren Einrichtung und Beaufsichtigung von Flugplätzen weitere Anordnungen treffen konnten, auch wenn die nach § 8 zuständige Behörde die Anlage eines solchen Platzes genehmigt hatte. Von den *Vertretern des Reichsamts des Innern* blieb es unbestritten, daß die Marinebehörden gemäß § 8 Abs. 1 S. 2 vor Erteilung der Genehmigung nur dann einzuvernehmen waren,

---

[926]BayHStA MJu 16713, Schriftstück vom 4. Dezember 1913.
[927]BayHStA MJu 16713, Schriftstück vom 4. Dezember 1913.
[928]BayHStA MJu 16713, Schriftstück vom 4. Dezember 1913.
[929]BayHStA MJu 16713, Schriftstück vom 4. Dezember 1913.

wenn sie als unbeteiligt anzusehen waren, und daß diese Voraussetzung regelmäßig bei der Anlage von Flugplätzen im Binnenlande nicht erfüllt sei. Näheres dazu sollte in den Ausführungsvorschriften geregelt werden[930].

Zu § 9 Abs. 2 forderte der großherzogl. sächsische Bevollmächtigte *Paulsen* eine ausschließliche Zuständigkeit des Reichskanzlers und nicht der Zentralbehörden derjenigen Bundesstaaten, deren Luftraum beim Überfliegen berührt werde[931].

Gegen einen derartigen Eingriff in die „polizeilichen Hoheitsrechte" der Bundesstaaten erhob *von Strößenreuther*, heftigen Widerspruch[932].

Zu § 10 Abs. 1 stellte der *Vorsitzende* klar, es sei nicht beabsichtigt, dem Reich auch ein Enteignungsrecht für Luftfahrtunternehmen der Bundesstaaten einzuräumen[933]. Zu § 10 Abs. 2 hatte das *Bayerische Staatsministerium des Innern* mit Rücksicht auf die bayerische Militärhoheit gefordert, daß die Errichtung von Luftfahrtunternehmen zum Zwecke der Reichsverteidigung der Einwilligung Bayerns bedürfe[934]. Gegen die Stimmen *Bayerns* und *Sachsens* wurde § 10 vorläufig angenommen.

In der Ausschußsitzung vom 12. Januar 1914 beantragte *Sachsen*[935] für die zweite Lesung des Entwurfs eines Luftverkehrsgesetzes eine Änderung der §§ 7, 9, 10 und 11.

Zu § 7 wurde folgende Fassung beantragt:

„Die Vorschriften des § 6 gelten nicht, wenn die Heeres- und Marineverwaltung, die Postverwaltung oder eine andere Verkehrsverwaltung des Reichs oder eines Bundesstaats jemandem, den sie als Führer von Luftfahrzeugen verwenden, die Fahrerlaubnis versagen oder entziehen."[936]

Sachsen beabsichtigte mit seinem Antrag, auch den Bundesstaaten das Vorrecht des § 7 einzuräumen. Die Verkehrsverwaltungen der einzelnen Bundesstaaten dürften nicht schlechter als die Postverwaltungen gestellt werden. Im übrigen be-

---

[930]Im übrigen wurde zu § 8 gefordert: Entsprechend zum sonstigen Sprachgebrauch sollte in der zweiten Zeile anstelle von „Behörden" das Wort „Behörde" verwendet werden. Der Antrag Bayerns, statt „Militärbehörde" das Wort „Heeresbehörde" zu setzen, wurde mehrheitlich abgelehnt, da dieser Ausdruck derzeit noch ungebräuchlich sei. In § 8 Abs. 3 sollte am Ende der ersten Zeile eingefügt werden, „aus Gründen der Landessicherheit erhoben", da der Rekurs nur in diesem Fall unzulässig sein sollte. (BayHStA MJu 16713, Schriftstück vom 4. Dezember 1913).

[931]BayHStA MJu 16713, Schriftstück vom 4. Dezember 1913.

[932]BayHStA MJu 16713, Schriftstück vom 4. Dezember 1913.

[933]BayHStA MJu 16713, Schriftstück vom 4. Dezember 1913.

[934]BayHStA MJu 16713, Schriftstück vom 28. Nov. 1913.

[935]Berichterstatter war von Eucken-Addenhausen.

[936]GStA PK, I. HA Rep. 120 Tn, Nr. 1 Bd. 4, Bl. 100.

stünde grundsätzlich die Möglichkeit, daß ein Bundesstaat große Luftfahrtunternehmen gründe und dabei auch die Ausbildung der Flieger übernehme[937].

Zu § 9[938] wurde folgende Fassung beantragt:

„(1) Die gewerbsmäßige Beförderung von Personen oder Sachen durch Luftfahrzeuge (Luftfahrtunternehmen) unterliegt nicht der Gewerbeordnung für das Deutsche Reich.
(2) Luftfahrtunternehmen bedürfen der Genehmigung der zuständigen Behörde. Die Genehmigung kann insbesondere von der Leistung einer Sicherheit abhängig gemacht werden.
(3) Beschränken sich die Fahrten auf den Bereich eines Bundesstaats, so wird die zur Genehmigung zuständige Behörde von dem Bundesstaate bestimmt. Erstrecken sich die Fahrten über den Bereich mehrerer Bundesstaaten, so sind zur Genehmigung gemeinsam zuständig die Bundesstaaten, deren Gebiet bei Aufstieg und Landung berührt wird. Beginnen oder enden die Fahrten im Ausland, so ist zur Genehmigung die Zustimmung des Reichskanzlers erforderlich."[939]

Sachsen hielt es für erforderlich, jede gewerbsmäßige Beförderung durch Luftfahrzeuge vom Anwendungsbereich der Gewerbeordnung auszunehmen und diesen Betrieb bezüglich seiner Zulassung und Ausgestaltung mit anderen großen Verkehrsunternehmen, insbesondere mit den Eisenbahnen, gleichzustellen[940]. Auch wenn sich die Entwicklung des Luftverkehrs noch nicht absehen lasse, sei es geboten, schon jetzt die Bestimmungen mit Weitblick zu treffen. Daher müsse in der gesetzlichen Regelung ausdrücklich klargestellt werden, daß die Gewerbeordnung nicht zur Anwendung komme. Mit dem dritten Absatz beabsichtigte *Sachsen*, den Bundesstaaten eine möglichst große Freiheit zur Bestimmung der Genehmigungsbehörden einzuräumen. Entgegen der Fassung des Gesetzentwurfs habe man den Ausdruck „Zentralbehörden" vermieden, um klarzustellen, daß damit nicht die Zentralbehörden im Sinne der Reichsgewerbeordnung gemeint seien[941].

Enteignungsrecht und Recht zur Errichtung von Luftfahrtunternehmen des Reichs: Zu § 10[942] wurde folgende Fassung beantragt:

---

[937] GStA PK, I. HA Rep. 120 Tn, Nr. 1 Bd. 4, Bl. 100/100 v.

[938] § 9 Bundesratsvorlage: „Die gewerbsmäßige Beförderung von Personen oder Sachen durch Luftfahrzeuge (Luftfahrtunternehmen) bedarf der Genehmigung der Behörde; die Genehmigung kann von der Leistung einer Sicherheit abhängig gemacht werden.
Erstrecken sich die Fahrten über den Bereich mehrerer Bundesstaaten, so sind zur Genehmigung die Zentralbehörden der Bundesstaaten zuständig, deren Gebiet bei Aufstieg und Landung berührt wird. Beginnen oder enden die Fahrten im Ausland, so kann das Unternehmen die Genehmigung nur mit Zustimmung des Reichskanzlers erhalten."

[939] GStA PK, I. HA Rep. 120 Tn, Nr. 1 Bd. 4, Bl. 100 v.

[940] GStA PK, I. HA Rep. 120 Tn, Nr. 1 Bd. 4, Bl. 100 v.

[941] GStA PK, I. HA Rep. 120 Tn, Nr. 1 Bd. 4, Bl. 101.

[942] § 10 Bundesratsvorlage: „Hat ein Luftfahrtunternehmen nach der Entscheidung des Reichskanzlers eine solche Bedeutung für den öffentlichen Verkehr, daß es den allgemeinen

„(1) Das Reich ist berechtigt, Luftfahrtunternehmen, die nicht von einem Bundesstaate betrieben werden, jeder Zeit gegen Entschädigung zu erwerben. Die Entschädigung wird nach dem Werte bemessen, den die dem Unternehmen gewidmeten Sachen und Rechte zur Zeit des Erwerbs haben. Die Höhe der Entschädigung wird im Rechtsweg festgesetzt, soweit sich die Beteiligten nicht einigen. Die Besitzergreifung wird durch die Beschreitung des Rechtswegs nicht aufgehalten. Die Entschädigungsklage kann nur bis zum Ablauf eines Jahres nach der Besitzergreifung erhoben werden.
(2) Das in Absatz 1 bestimmte Recht steht dem Bundesstaate zu, der das Unternehmen genehmigt hat, wenn das Reich von dem Rechte keinen Gebrauch macht. Haben mehrere Bundesstaaten genehmigt, so steht ihnen das Recht gemeinsam zu (§ 9 Abs. 3).“[943]

Sachsen wies auf eine Unklarheit in § 10 der Bundesratsvorlage hin, der eine Entschädigung gegen den „vollen“ Wert des Luftfahrtunternehmens vorsah, ohne diesen Begriff näher zu bestimmen. Es könne nicht davon ausgegangen werden, daß dieser Begriff aus § 30 des preußischen Eisenbahngesetzes[944] übernommen worden sei, da § 31 preußisches Eisenbahngesetz anders als der Gesetzentwurf eine Begriffsdefinition enthalte. Demzufolge müsse der Begriff nach dem Zivilrecht bestimmt werden. Für die Geschädigten ergebe sich damit die Möglichkeit, äußerst umfangreiche Ersatzansprüche geltend zu machen. Um dies zu verhindern, habe Sachsen in seinem Gesetzesvorschlag ausdrücklich klargestellt, nach welchem Wert die Entschädigung zu berechnen sei.

Sachsen wies darauf hin, daß die Eisenbahngesetze der einzelnen Bundesstaaten regelmäßig einen Unterschied zwischen dem bloßen Sachwert des Unternehmens, d. h. dem Zeitwert der zu dem Unternehmen gehörigen beweglichen und unbeweglichen Sachen und dem Verkehrswert, der dem kapitalisierten Reinertrag entspreche, machten und daß sie als Entschädigung meistens den Verkehrswert bei Erwerb vor Ablauf der Verleihungszeit vorsehen würden. Sachsen betonte, daß es eine Vergütung des Verkehrswertes bei Erwerb nach Ablauf der

---

Verkehrsunternehmen des Reichs oder der Bundesstaaten gleichgestellt werden kann, so kann der Reichskanzler den Erwerb des Unternehmens für das Reich gegen Ersatz des vollen Wertes beanspruchen. Das gleiche Recht steht, wenn das Reich keinen Anspruch erhebt, den Zentralbehörden der Bundesstaaten gemeinsam zu, deren Behörden das Untnehmen genehmigt haben (§ 9 Abs. 2). Die Höhe der Entschädigung wird im Rechtsweg festgesetzt, soweit sich die Beteiligten nicht einigen.
Luftfahrtunternehmen, die im Interesse der Verteidigung des Reichs oder im Interesse des gemeinsamen Verkehrs oder der Förderung der Luftfahrt für notwendig erachtet werden, können vom Reichskanzler mit Zustimmung des Bundesrats auch ohne Einwilligung der Bundesglieder, deren Gebiet sie durchfahren, unbeschadet der Landeshoheitsrechte für Rechnung des Reichs angelegt oder Privatunternehmern zur Ausführung übertragen werden.
Elsaß-Lothringen gilt hierbei als Bundesstaat.“

[943] GStA PK, I. HA Rep. 120 Tn, Nr. 1 Bd. 4, Bl. 101.

[944] Preuß. G. S. 1838, S. 505 ff..

Genehmigungszeit für wenig sinnvoll erachte[945]. Es sei unerläßlich, in der gesetzlichen Regelung gewisse allgemeine Entschädigungsgrundsätze aufzustellen und dem Bundesrat allenfalls die Regelung einzelner Bestimmungen zu übertragen. Derartig wichtige materiellrechtliche Grundsätze dürften nicht in einer Ausführungsverordnung geregelt werden.

Mit der in § 10 Abs. 2 vorgeschlagenen Fassung beabsichtigte Sachsen, daß der Übergang eines Luftfahrtunternehmens auf das Reich oder einen Bundesstaat sofort erfolgen könne und nicht durch langwierige Entschädigungsprozesse aufgehalten werde[946].

Als nächstes forderte Sachsen das in § 10 Abs. 2 der Bundesratsvorlage geregelte Recht des Reichs zum eigenen Betrieb von Luftfahrtunternehmen in einem neuen § 11 zu regeln[947]. Außerdem sprach es sich für eine Streichung des § 11 der Bundesratsvorlage[948] aus, da der Anwendungsbereich dieser Vorschrift auf den Abschnitt C beschränkt sei und die Bestimmungen der §§ 9 und 10 die Rechte der Post- und Telegraphenverwaltung aus den Artikeln 48 bis 50 und 52 der Reichsverfassung nicht berühren würden[949]. Im übrigen sei zu berücksichtigen, daß dem Interesse der Postverwaltung, eigene Luftfahrtunternehmen ohne bundesstaatliche Genehmigung betreiben zu können, dadurch Rechnung getragen werde, daß das Reich nach § 10 Abs. 2 S. 2 berechtigt sei, Luftfahrtunternehmen auch gegen den Willen eines Bundesstaates „im Interesse des gemeinsamen Verkehrs" einzurichten. Außerdem stünde es außer Zweifel, daß die Bestimmungen über das Postregal in den §§ 1 und 2 des Reichspostgesetzes vom 28. Oktober 1871[950] durch die §§ 9 und 10 der Bundesratsvorlage unberührt blieben. Eine Aufhebung des § 11 der Bundesratsvorlage hielt Sachsen auch zur Vermeidung von Mißverständnissen für erforderlich. Es war der Meinung, daß es - gestützt auf Artikel 52 Abs. 2 der Reichsverfassung - allgemein anerkannt sei, daß Vorrechte der Post, die sich auf die Beförderung von Post in Luftfahrtunternehmen bezögen, nur durch ein Reichsgesetz geregelt werden könnten. Daher müsse es vermieden werden, daß durch eine Bezugnahme des Gesetzentwurfs auf Artikel 52 der Reichsverfassung der Anschein erweckt werde, daß die Luftfahrtunternehmen bezüglich der Vorrechte der Post den Eisenbahnen gleichgestellt werden könnten[951].

---

[945] GStA PK, I. HA Rep. 120 Tn, Nr. 1 Bd. 4, Bl. 101 v.
[946] GStA PK, I. HA Rep. 120 Tn, Nr. 1 Bd. 4, Bl. 102.
[947] GStA PK, I. HA Rep. 120 Tn, Nr. 1 Bd. 4, Bl. 101 v.
[948] GStA PK, I. HA Rep. 120 Tn, Nr. 1 Bd. 4, Bl. 102.
[949] GStA PK, I. HA Rep. 120 Tn, Nr. 1 Bd. 4, Bl. 102/102 v.
[950] RGBl. 1871, S. 437 ff..
[951] GStA PK, I. HA Rep. 120 Tn, Nr. 1 Bd. 4, Bl. 102 v.

Zu § 11[952] *wurde beantragt:*

„§ 11. Luftfahrtunternehmen, die im Interesse der Verteidigung des Reichs oder im Interesse des gemeinsamen Verkehrs für notwendig erachtet werden, können vom Reichskanzler mit Zustimmung des Bundesrats auch ohne Einwilligung der Bundesstaaten, deren Gebiet sie durchfahren, unbeschadet der Landeshoheitsrechte für Rechnung des Reichs angelegt oder Privatunternehmern zur Ausführung übertragen werden.
§ 11 a. Elsaß-Lothringen gilt im Sinne der §§ 9 bis 11 als Bundesstaat."[953]

Die vorgeschlagene Fassung des § 11 lehnte sich eng an Artikel 41 der Reichsverfassung an[954].

In der Ausschußsitzung vom 16. Januar 1914 wurde die erste Lesung über den Gesetzentwurf beginnend mit § 12 fortgesetzt. Vorsitzender der Sitzung war Lewald. Auf Anfrage des bayerischen Bevollmächtigten erwiderte *Dammann*, es sei noch nicht klar, ob dem Deutschen Luftfahrerverband Zuständigkeiten zur Ausführung des Gesetzes übertragen werden sollten[955]. Grundsätzlich sei der Vollzug des Gesetzes Sache der Landesregierungen. Es sei jedoch sicher, daß der Deutsche Luftfahrerverband nicht die auschließliche Zuständigkeit zur Durchführung von Abnahmeprüfungen erhalten werde. Dies sei mit dem Worlaut der §§ 1 bis 4, die die jeweilige Mitwirkung von „Behörden" vorsähen, unvereinbar[956].

Haftpflicht des Luftfahrzeughalters: Zur Haftpflicht des Luftfahrzeughalters regte von *von Stößenreuther* an, in § 15 Abs. 2 das Wort „Verschulden" durch das Wort „Verhalten" zu ersetzen. Dieser Antrag wurde jedoch übereinstimmend abgelehnt. Verhalten bezeichne Handlungen und Unterlassungen. Nehme man die geforderte Änderung vor, werde die Haftpflicht zu stark ausgedehnt. Sie werde zur reinen „Erfolgshaftung". Eine so weitreichende Haftung sei nach dem Entwurf nicht beabsichtigt[957]. Dann erklärte der *sächsische Bevollmächtigte*, seine Regierung sei der Auffassung, die Haftpflicht könne am zweckmäßigsten auf der Grundlage von Zwangsgenossenschaften geregelt werden. Ihre Einführung sei daher anzustreben[958]. Dem wurde entgegnet, die Erfahrungen im Automobilwesen hätten gezeigt, daß die Bildung von Zwangsgenossenschaften kaum praktikabel sei[959]. Im übrigen machte *Sachsen* geltend, durch den Luftverkehr entstünden häufig bedeutende Flurschäden. Die Haftungshöchstsummen seien unzu-

[952]§ 11 Bundesratsvorlage: „Die Rechte der Post- und Telegraphenverwaltung aus den Artikeln 48 bis 50 und Artikel 52 der Reichsverfassung bleiben unberührt."
[953]GStA PK, I. HA Rep. 120 Tn, Nr. 1 Bd. 4, Bl. 102.
[954]Vgl. GStA PK, I. HA Rep. 120 Tn, Nr. 1 Bd. 4, Bl. 102.
[955]BayHStA MJu 16713, Schriftstücke vom 16. Januar 1914.
[956]BayHStA MJu 16713, Schriftstücke vom 16. Januar 1914.
[957]BayHStA MJu 16713, Schriftstücke vom 16. Januar 1914.
[958]BayHStA MJu 16713, Schriftstücke vom 16. Januar 1914.
[959]BayHStA MJu 16713, Schriftstücke vom 16. Januar 1914.

reichend, um einen angemessenen Ausgleich zu schaffen[960]. Dazu wurde angeführt, nach der Rechtsprechung sei die Haftung des Halters regelmäßig in solchen Fällen ausgeschlossen, in denen der Schaden durch das Zusammendrängen von Menschen entstanden sei. Im übrigen könne durch polizeiliche Regelungen ausreichend Schutz gewährleistet werden[961].

In der Ausschußsitzung vom 21. Januar 1914 wurden sieben weitere Anträge für die zweite Lesung des Entwurfs eines Luftverkehrsgesetzes im Bundesrat gestellt[962]. Der Berichterstatter war von Eucken-Addenhausen. Die Anträge hatten vorrangig redaktionellen Charakter[963].

In der Ausschußsitzung vom 22. Januar 1914 beantragte *Bayern* zwei Änderungen für die zweite Lesung des Entwurfs eines Luftverkehrsgesetzes.

Nach dem ersten Antrag sollte § 10 folgende Fassung erhalten:

„Ist ein Luftfahrtunternehmen nach der Entscheidung des Reichskanzlers der Verteidigung des Reichs dienlich, so kann der Reichskanzler mit Zustimmung des Bundesrats den Erwerb des Unternehmens für das Reich gegen Ersatz des vollen Wertes beanspruchen. Erstrecken sich die Fahrten eines Luftfahrtunternehmens über den Bereich mehrerer Bundesstaaten und hat dieses Unternehmen nach der Entscheidung des Reichskanzlers eine solche Bedeutung für den öffentlichen Verkehr, daß es den allgemeinen Verkehrsunternehmen des Reichs oder der Bundesstaaten gleichgestellt werden kann, so können die Zentralbehörden der Bundesstaaten, deren Behörden das Unternehmen genehmigt haben (§ 9), gemeinsam den Erwerb des Unternehmens für die Staaten gegen Ersatz des vollen Wertes beanspruchen. Tun sie dies nicht,

960 BayHStA MJu 16713, Schriftstücke vom 16. Januar 1914.

961 BayHStA MJu 16713, Schriftstücke vom 16. Januar 1914.

962 Aus den zur Verfügung stehenden Quellen geht der Antragsteller nicht hervor.

963 Die Anträge lauteten:
„1. Im § 7 sind einzuschalten zwischen dem Worte „die" und dem Worte „Fahrerlaubnis" die Worte „von ihnen erteilte".
2. Im Entwurf des Gesetzes und in der Begründung ist allgemein statt „Militär - Behörde", „Militär - Verwaltung" zu setzen: „Heeres - Behörde", „Heeresverwaltung" (s. S. 4 § 8 Z. 3 und 10; S. 6 § 14 Z. 3 und in der Begr. S. 22 Z. 8 und 10; S. 23 Z. 4).
3. Im § 9 Abs. 1 am Ende ist der Punkt durch einen Strichpunkt zu ersetzen und dann fortzufahren: „37 der Gewerbeordnung findet keine Anwendung."
4. Im § 12 Nr. 5 ist das Wort „wie" durch die Worte „unter welchen Voraussetzungen" zu ersetzen.
5. Der § 14 ist folgendermaßen zu fassen: „Die Zentralbehörden bestimmen die Zuständigkeit für die durch dieses Gesetz und durch die Ausführungsbestimmungen des Bundesrats den Behörden übertragenen Obligenheiten.
6. Im § 24 Abs. 1 am Ende sind die Worte: „Haftpflicht des anderen" zu ersetzen durch die Worte: „Haftpflicht, die für einen anderen von ihnen eintritt".
7. In dem ersten Absatz der §§ 29, 30 sind die Vorschriften unter Nr. 3 zu streichen; die Zahl „4" ist durch die Zahl „3" zu ersetzen. Im zweiten Absatz der §§ 29, 30 ist statt „Nr. 1 bis 3" zu setzen „Nr. 1, 2"." (BA Berlin-Li., R 30.01, Nr. 7003, Bl. 6/6 v; GStA PK, I. HA Rep. 120 Tn, Nr. 1 Bd. 4, Bl. 104/104 v).

oder können sie sich über den Wert nicht einigen, so steht das gleiche Recht dem Reichskanzler zu.
Die Höhe der Entschädigung wird im Rechtswege festgesetzt, soweit sich die Beteiligten nicht einigen. Die Besitzergreifung wird durch die Beschreitung des Rechtswegs nicht aufgehoben."[964]

Im Unterschied zu § 10 Abs. 1 S. 1 der Bundesratsvorlage bezog sich die Regelung des § 10 Abs. 1 S. 1 des bayerischen Vorschlags auch auf Luftfahrtunternehmen der Bundesstaaten[965].

Außerdem sollte folgender § 10 a in den Gesetzentwurf aufgenommen werden:

„Luftfahrtunternehmen, die im Interesse der Verteidigung des Reichs oder im Interesse des gemeinsamen Verkehrs für notwendig erachtet werden, können vom Reichskanzler mit Zustimmung des Bundesrats auch ohne Einwilligung der Bundesglieder, deren Gebiet sie durchfahren, unbeschadet der Landeshoheitsrechte für Rechnung des Reiches angelegt oder Privatunternehmen zur Ausführung übertragen werden."[966]

Entsprechend dem zweiten Antrag sollte § 13 folgende Fassung erhalten:

„Gegenwärtiges Gesetz und darin vorgesehene Anordnungen des Bundesrats kommen in Bayern nach näherer Bestimmung des Bündnisvertrages vom 23. November 1870 (Bundesgesetzblatt 1212 S. 9) unter III §§ 4 und 5, in Württemberg nach näherer Bestimmung des Bündnisvertrags vom 25. November 1870 (Bundesgesetzblatt 1870 S. 654) unter Artikel 2 Nr. 4 zur Anwendung."[967]

Die Beschlüsse der ersten Lesung hatten überwiegend nur redaktionelle Bedeutung[968].

---

[964] BA Berlin-Li., R 30.01, Nr. 7003, Bl. 7 v; GStA PK, I. HA Rep. 120 Tn, Nr. 1 Bd. 4, Bl. 106 v.

[965] Anders die Auslegung von Seidleins (Bayerisches Staatsministerium für Verkehrsangelegenheiten) zu § 10 Abs. 1 Bundesratsvoralge; er meint in seinem Schreiben vom 15. Dezember 1913, die Regelung ermögliche bereits die Enteignung sowohl von privaten als auch von bundesstaatlichen Luftfahrtunternehmen (BayHStA MJu 16713).

[966] BA Berlin-Li., R 30.01, Nr. 7003, Bl. 7 v; GStA PK, I. HA Rep. 120 Tn, Nr. 1 Bd. 4, Bl. 106 v; vgl. auch BayHStA MJu 16713, Schriftstück vom 16. Januar 1914.

[967] BA Berlin-Li., R 30.01, Nr. 7003, Bl. 7 v; GStA PK, I. HA Rep. 120 Tn, Nr. 1 Bd. 4, Bl. 106 v; vgl. auch BayHStA MJu 16713, Schriftstück vom 16. Januar 1914.

[968] Die Beschlüsse lauteten:
„1. Im § 8 Abs. 1 S.1 ist statt des Wortes „Behörden" zu setzen das Wort „Behörde".
2. Im § 8 Abs. 3 werden zwischen den Worten: „einem" und „Widerspruche" die Worte eingefügt: „aus Gründen der Landessicherheit erhobenen".
3. Im § 9 Abs. 2 Z. 2 ist hinter dem Worte „Bundesstaaten" das Wort „gemeinsam" einzufügen.

Am 28. Januar 1914 wurde der Gesetzentwurf im Reichsamt des Innern in zweiter Lesung beraten. Vorsitzender der Beratung war Lewald. § 7 wurde mit geringen Abweichungen entsprechend dem Antrag *Sachsens* angenommen. Er entsprach damit dem § 6 Abs. 2 KFG. § 10 wurde mit geringen Änderungen entsprechend dem bayerischen Antrag angenommen. Es wurde beschlossen, einen neuen § 11 in den Entwurf aufzunehmen[969]. Seine Fassung entsprach dem Antrag *Bayerns*[970], der sich gegenüber dem Antrag *Sachsens* aus der Ausschußsitzung vom 12. Januar 1914 durchgesetzt hatte, da er den Interessen des Reichs und der Bundesstaaten in gleicher Weise Rechnung trug[971]. § 11 des Regierungsentwurfs wurde unter Ablehnung des sächsischen Antrags auf Streichung in der Fassung der Beschlüsse der ersten Lesung angenommen. Seitens der *Reichspost* wurde dargelegt, daß mit Rücksicht auf die Interessen der Postverwaltung von dieser Regelung nicht abgesehen werden könne[972].

---

4. Dem § 9 ist als neuer Absatz (Abs. 3) anzufügen: „Elsaß-Lothringen gilt hierbei als Bundesstaat".
5. Im § 11 ist statt dem Worte „Telegraphenverwaltung" das Wort zu setzen „Telegraphenverwaltungen".
6. Im § 12 Nr. 7 ist statt des Wortes „Apparate" das Wort „Geräte" zu setzen; die Worte in der zweiten Klammer sind folgendermaßen zu fassen: „Fesselballone, Drachen, Fallschirme, Gleitflugzeuge u. dgl.".
7. Im § 12 Abs. 2 sind hinter dem Worte „Landeszentralbehörden" die Worte „oder die von ihnen bezeichneten Behörden" einzuschalten.
8. Im § 14 ist das Wort „niedere" durch das Wort „untere" zu ersetzen.
9. In den §§ 32, 33 sind die Worte: „Apparate, Apparat, Apparats" durch die Worte: „Geräte, Gerät, Geräts" zu ersetzen." (GStA PK, I. HA Rep. 120 Tn, Nr. 1 Bd. 4, Bl. 100/100 v).

[969] Er erhielt eine gegenüber dem § 10 Abs. 2 der Bundesratsvorlage geänderte Fassung.

[970] Antrag auf Einfügung eines § 10 a, Ausschußsitzung vom 22. Januar 1914.

[971] BayHStA MJu 16713, Schriftstück vom 28. Januar 1914.

[972] BayHStA MJu 16713, Schriftstück vom 28. Januar 1914; zu den übrigen Änderungen: Die §§ 1, 2, 4 ,5 ,6, wurden ohne Diskussion unverädert angenommen. § 8 wurde unter Berücksichtigung eines anonymen und nicht überlieferten Antrags angenommen. § 9 wurde unter Ablehnung eines anonymen, nicht überlieferten Antrags und des Antrags Sachsen angenommen. § 12 wurde unter Berücksichtigung eines anonymen Antrags angenommen. Unberücksichtigt blieb die Anregung Bayerns zu den §§ 3 und 12 Nr. 5. Es wurde beschlossen, in die Schlußvorschriften des Entwurfs einen neuen § 35 mit dem Wortlaut: „Elsaß-Lothringen gilt im Sinne der §§ 9 bis 11 als Bundesstaat" aufzunehmen. Die Regelung war zuvor in § 10 Abs. 3 der Bundesratsvorlage geregelt gewesen. Außerdem wurde beschlossen, einen neuen § 36 einzufügen. Seine Fassung entsprach mit geringen Änderungen dem Antrag Bayerns zu § 13 aus der Sitzung vom 22. Januar 1914. Die übrigen Bestimmungen wurden ohne wesentliche Änderungen angenommen.

2. *Die Zustimmung des Bundesrats zur Gesetzesvorlage - Nr. 139 der Drucksachen des Bundesrats -*

In der 5. Bundesratssitzung vom 29. Januar 1914 wurde mehrheitlich beschlossen, der geänderten Fassung eines Luftverkehrsgesetzes und seiner Begründung[973], die Zustimmung zu erteilen[974].

Der geänderte Gesetzestext enthielt drei wesentliche Neuerungen: Das Vorrecht des § 7 wurde entsprechend dem in der Ausschußsitzung vom 12. Januar 1914 gestellten Antrag *Sachsens* auch auf andere Verkehrsverwaltungen ausgedehnt. Die §§ 10 und 11 erhielten die von *Bayern* in der Ausschußsitzung vom 22. Januar 1914 geforderte Fassung[975].

XIII. Der Gesetzentwurf im Reichstag

Am 12. März 1914 beriet der Reichstag[976] erstmals den vom Bundesrat beschlossenen Gesetzentwurf[977] auf der Grundlage der Vorlage Nr. 1338 der Drucksachen des Reichstags[978] in erster Lesung. Die Vertreter der Parteien nahmen die erste Lesung zum Anlaß, ihre grundsätzliche Haltung zu der Gesetzesvorlage darzule-

---

[973]Protokolle über die Verh. des BR, 1914, Anlage zum Protokoll vom 29. Januar 1914; geringfügige Änderungen erfuhren die §§ 2, 8, 9, 13 Nr. 3, 24 und 33, § 13 Nr. 7 wurde geringfügig erweitert, nicht übernommen wurden die §§ 29 Nr. 3 und 30 Nr. 3; die Anlage enthielt keine Begründung zum Gesetzestext.

[974]Protokolle über die Verh. des BR, 1914, § 92; Berichterstatter war von Eucken-Addenhausen.

[975]Zu den §§ 10 und 10 a.

[976]Verh. des RT, 13. Leg.-Per., 1. Session, 1912/14, Bd. 294, S. 8043 (8057), Sten. Ber. der 234. Sitzung vom 12. März 1914; als Kommissare des Bundesrats waren angemeldet: *Dammann* (Geheimer Oberregierungsrat), *Albert* (Geheimer Oberregierungsrat), *Simons* (Geheimer Legationsrat), *Dronke* (Geheimer Regierungsrat), *von Gröning* (preußischer Geheimer Regierungsrat), *Tull* (preußischer Geheimer Oberregierungsrat), *Zimmermann* (preußischer Wirklicher Geheimer Oberbaurat a. D.), *Mielcke* (preußischer Wirklicher Geheimer Kriegsrat), *von Gall* (preußischer Major), *Wentrup* (preußischer Major), *Oschmann* (Oberleutnant und Abteilungschef im Preußischen Kriegsministerium) und *Scheda* (Geheimer Postrat); Schriftführer war der Abgeordnete *Bärwinkel*.

[977]Vor Eröffnung der ersten Beratung wies der Vorsitzende Dove auf zwei Fehler in der Drucksache Nr. 1338 hin. In § 10 Zeile 1 und 2 seien nach dem Wort „Reichskanzlers" die Worte „der Verteidigung des Reichs" einzufügen und in 24 Abs. 1 müsse das letzte Wort nicht „eineritt" sondern „eintritt" heißen.

[978]Verh. des RT, 13. Leg.-Per., 1. Session 1912/14, Bd. 303, Ds. Nr. 1338; Wiedergabe des Entwurfs im Anhang; der Gesetzentwurf entsprach der Anlage zum Protokoll der Bundesratssitzung vom 29. Januar 1914 (Protokolle über die Verh. des BR, 1914); gegenüber der in den Bundesrat eingebrachten Gesetzesvorlage - Nr. 139 der Drucksachen des Bundesrats - enthielt die Begründung der Reichstagsvorlage geringfügige Änderungen im allgemeinen Teil und in der Begründung zu den §§ 1, 2, 3, 7, 8, 13, 15 und zu den §§ 18 bis 21; unwesentliche inhaltliche Änderungen erfuhr die Begründung zu den §§ 7, 8, 9, 10, 11 und § 15.

gen. Alle Redner erkannten die Notwendigkeit an, die durch die Luftfahrt entstandenen neuartigen Verhältnisse durch ein besonderes Gesetz einheitlich zu regeln[979]. Während die Verkehrsvorschriften des Entwurfs kaum beanstandet wurden, wurde fast allgemein eine schärfere Haftpflicht des Luftfahrzeughalters gefordert[980]. Zu Beginn der Beratung legte *Lewald*, Direktor im Reichsamt des Innern, die Position der Reichsregierung zu dem Gesetzentwurf dar. Anschließend folgten Stellungnahmen der Vertreter verschiedener Parteien.

Lewald führte aus, daß der Stand der Luftfahrtbewegung im Deutschen Reich bereits schon jetzt den Erlaß einer gesetzlichen Regelung erforderlich mache. Was die gegenwärtige Rechtslage betreffe, so lägen neben der preußischen „Verfügung" vom 22. Oktober 1910, die eine Anweisung an die Polizeibehörden mit bestimmten Verhaltensrichtlinien zu Luftfahrten enthalte, keine weiteren staatlichen Vorschriften vor. Mit Hilfe der Verbandsbestimmungen des Deutschen Luftfahrerverbandes[981] sei eine den Umständen entsprechend gute Regelung geschaffen worden. Jetzt sei der Zeitpunkt gekommen, eine einheitliche staatliche Regelung festzusetzen[982], wie dies in anderen Staaten bereits geschehen sei. In England sei im Jahre 1911 mit dem Aerial Navigation Act[983] ein Gesetz erlassen

---

979 In der 105. Reichstagssitzung vom 6. Februar 1913 war erstmals kurz über die Notwendigkeit eines reichseinheitlichen Luftverkehrsgesetzes beraten worden (Verh. des RT, 13. Leg.-Per., 1. Session 1912-1913, Bd. 287, S. 3540 (3540 ff.), Sten. Ber. der 105. Sitzung vom 6. Februar 1913).

980 In der 105. Reichstagssitzung vom 6. Februar 1913 wurde erstmals allgemein über die Einführung einer Gefährdungshaftung in den Luftverkehr diskutiert (Verh. des RT, 13. Leg.-Per., 1. Session 1912-1913, Bd. 287, S. 3540 (3540 ff.), Sten. Ber. der 105. Sitzung vom 6. Februar 1913).

981 Die vom Deutschen Luftfahrerverband bis zum Beginn des Jahres 1914 erlassenen Bestimmungen faßte im wesentlichen die „5. Luftverkehrsordnung" des Deutschen Luftfahrerverbandes vom 1. Januar 1914 zusammen. Das Regelwerk enthielt 104 Bestimmungen, die sich in folgende 10 Abschnitte unterteilten: Luftfahrzeuge im öffentlichen Betriebe, Luftfahrzeuge bei Probefahrten, Führer von Luftfahrzeugen, Führerzeugnisse, Fahrtbestimmungen, Fotografische Apparate, Verbotene Zonen, Flugplätze und Flugfelder, Verleihung des Schutzrechtes an Flugplätze, Strafbestimmungen. Sie setzte die Bestimmungen über die Erwerbung der Freiballonführerzeugnisse vom 8. Oktober 1911, der Luftschiffführerzeugnisse vom 8. Oktober 1911, der Flugzeugführerzeugnisse vom 8. Oktober 1911, die Bestimmungen über Flugplätze und Flugfelder vom 15. Dezember 1912, die Verordnung zur Regelung des Verkehrs mit Flugzeugen vom 1. Februar 1913 und die Bestimmungen für die Ernennung von Flugprüfern vom 1. April 1913 außer Kraft. Ihre ersten Änderungen und Ergänzungen traten am 17. Februar 1914 in Kraft. Neben diesen Bestimmungen beschloß der ordentliche Luftfahrertag jedes Jahr erneut Vorschriften für die Wettbewerbe. Sie wurden gesondert als Freiballon- und Flugsportbestimmungen herausgegeben (Die Regelung des Luftverkehrs, in: Sonderausgabe der Deutschen Luftfahrer-Zeitschrift, zit. nach BA Berlin-Li., R 30.01, Nr. 7003, Bl. 12; *Juristische Kommission des Aero-Clubs von Deutschland*, S.19 ff.).

982 Verh. des RT, 13. Leg.-Per., 1. Session 1912/14, Bd. 294, S. 8043 (8044), Sten. Ber. der 234. Sitzung vom 12. März 1914.

983 Aerial Navigation Act, 1911, in: BA Berlin-Li., R 30.01, Nr. 7001, Bl. 157.

worden, das in erster Linie fremde Luftfahrzeuge von der englischen Küste fernhalten sollte. In Frankreich seien im Jahre 1911 durch Dekret des Präsidenten[984] Verkehrsvorschriften erlassen worden, die 1913 revidiert worden seien, und nun hätten die Franzosen den Erlaß einer gesetzlichen Regelung in Angriff genommen. In Österreich-Ungarn habe man im Jahre 1913[985] eine Ministerialverordnung erlassen. Das verspätete Tätigwerden in Deutschland sei darauf zurückzuführen, daß man zunächst vergeblich das Zustandekommen einer internationalen Regelung auf der Pariser Luftschiffahrts-Konferenz abgewartet habe. Das erste vom Deutschen Reich abgeschlossene internationale Abkommen sei das Deutsch-Französische Abkommen[986] gewesen, das im August 1913 in Kraft getreten sei[987]. Im übrigen sei man im Reichsamt des Innern weiterhin bestrebt, eine internationale Regelung herbeizuführen[988].

Zu der Genehmigungspflicht für Luftfahrtunternehmen (§ 9) führte Lewald aus, daß diese in Erwartung der Gründung weiterer Unternehmen getroffen worden sei. Entgegen der Auffassung des Justizrats Mardersteig, einem Praktiker und anerkannten wissenschaftlichen Vertreter des Luftverkehrs, der sich für eine Konzessionserteilung allein durch das Reich unter Vernachlässigung der föderativen Grundsätze ausgesprochen habe, sei die Reichsregierung der Meinung, daß die Regelung des Gesetzentwurfs, die grundsätzlich den betroffenen Einzelstaaten die Befugnis zur Konzessionserteilung verleihe, gelungen sei.

Die Vorschrift des § 13, die dem Bundesrat umfassende Vollmachten zur Regelung des Luftverkehrs verlieh, wurde von Lewald befürwortet. Er begründete dies mit der Überschaubarkeit des Luftfahrtwesens, den noch unzureichenden Erfahrungen auf diesem Gebiet, den ständig neuen Erfindungen und mit den Erfahrungen im Automobilwesen. Für dieses sei die Bundesratsverordnung bereits dreimal geändert worden und müsse nun insgesamt überarbeitet werden. Im übrigen erforderten die Vorschriften über die Prüfung, Zulassung und Kennzeichnung der Fahrzeuge und Führer, über die Ausbildung der Maschinisten und Steuerleute, aber auch über die Zulassung ausländischer Luftfahrzeuge und über die Voraussetzungen, unter denen Ausländer die Berechtigungen des Luftverkehrsgesetzes erwerben könnten, eine flexible Regelung[989]. Außerdem sei die im Gesetzentwurf vorgesehene Konzessionierung der Aufstieg-, Landungs- und Flugplätze zu begrüßen. Einige Flugplätze seien aus rein spekulativen Gründen errichtet worden oder auf zu kleinen Plätzen oder an Stellen, an denen sie eine Ge-

[984] Zit. nach *Meyer*, S. 40 ff..
[985] RGBl. für die im Reichsrate vertretenen Königreiche und Länder 1913, S. 15 ff..
[986] Vertrag vom 29. Juli 1913; RGBl. 1913, S. 601 ff..
[987] Verh. des RT, 13. Leg.-Per., 1. Session 1912/14, Bd. 294, S. 8043 (8044), Sten. Ber. der 234. Sitzung vom 12. März 1914.
[988] Verh. des RT, 13. Leg.-Per., 1. Session 1912/14, Bd. 294, S. 8043 (8045), Sten. Ber. der 234. Sitzung vom 12. März 1914.
[989] Verh. des RT, 13. Leg.-Per., 1. Session 1912/14, Bd. 294, S. 8043 (8045), Sten. Ber. der 234. Sitzung vom 12. März 1914.

fahr für die Flieger, das Publikum und ihre Umgebung darstellten. Aus Gründen der militärischen Rücksichtnahme dürften diese Plätze auch nicht so angelegt werden, daß sie eine Gefahr für das Reich darstellten[990].

Zu den Haftpflichtbestimmungen gab Lewald nur eine allgemeine Stellungnahme ab. Er berichtete, daß Graf Zeppelin in einer ihm zugegangenen Stellungnahme die Haftpflichtbestimmungen des Gesetzentwurfs gebilligt habe. Er erteilte denjenigen, die eine strengere Regelung forderten, eine Absage und warf ihnen vor, die eigentlichen Gefahren der Luftfahrt zu überschätzen. Bei dem Betrieb der Delag im Jahre 1913 hätten sich so gut wie keine Unfälle ereignet und auf dem Flughafen Johannisthal, von dem aus im letzten Jahr „363" Flieger an „336" Tagen „36 000" Flüge auf einer Strecke von „327 000" km Luftweg zurückgelegt hätten, habe der Prozentsatz der Unfälle bezogen auf die Zahl aller durchgeführten Flüge „0,3" betragen. Im übrigen sei die Zahl der Unfälle in den letzten Jahren ständig zurückgegangen. Zu berücksichtigen sei auch die schwache wirtschaftliche Lage der Unternehmen[991]. So habe die Delag eine ihre Verluste ausweisende Eingabe gemacht, nach der sie ihren Betrieb im Falle einer strengeren Haftpflichtregelung einstellen müßte. Es sei daher - wie Lewald ausführte - das Ziel einer gesetzlichen Regelung, einen Ausgleich zwischen den Gefahren für die Allgemeinheit und dem Interesse an der Entwicklung des Flugwesens sowie seiner wirtschaftlichen Funktionsfähigkeit zu finden[992].

Der Abgeordnete *Landsberg* (S) warf den Verfassern des Gesetzentwurfs einen „Mangel an Phantasie"[993] vor. Schon jetzt seien Ansätze der künftigen Entwicklung des Flugwesens erkennbar. Daher hätte bei der Regelung der Haftpflicht eine über die vorgeschlagene Regelung hinausgehende Bestimmung getroffen werden müssen[994]. Er bekräftigte die Notwendigkeit einer internationalen Regelung. Bezüglich der Verkehrsvorschriften forderte Landsberg, den Luftfahrzeughaltern das Recht einzuräumen, sowohl gegen die Versagung aufgrund mangelnder Verkehrssicherheit als auch gegen die Rücknahme einer bereits erteilten Zulassung des Luftfahrzeugs den Verwaltungsrechtsweg zu beschreiten[995]. Außerdem hielt er die Regelung des § 6, die den Rekurs gegen eine Entziehung der Führererlaubnis ohne aufschiebende Wirkung zuließ, für unzureichend. Es sei

---

[990]Verh. des RT, 13. Leg.-Per., 1. Session 1912/14, Bd. 294, S. 8043 (8045), Sten. Ber. der 234. Sitzung vom 12. März 1914.

[991]Verh. des RT, 13. Leg.-Per., 1. Session 1912/14, Bd. 294, S. 8043 (8045), Sten. Ber. der 234. Sitzung vom 12. März 1914.

[992]Verh. des RT, 13. Leg.-Per., 1. Session 1912/14, Bd. 294, S. 8043 (8046), Sten. Ber. der 234. Sitzung vom 12. März 1914.

[993]Verh. des RT, 13. Leg.-Per., 1. Session 1912/14, Bd. 294, S. 8043 (8046), Sten. Ber. der 234. Sitzung vom 12. März 1914.

[994]Verh. des RT, 13. Leg.-Per., 1. Session 1912/14, Bd. 294, S. 8043 (8046, 8049), Sten. Ber. der 234. Sitzung vom 12. März 1914.

[995]Verh. des RT, 13. Leg.-Per., 1. Session 1912/14, Bd. 294, S. 8043 (8046), Sten. Ber. der 234. Sitzung vom 12. März 1914.

auch nicht geregelt, wer sich im Falle eines irrtümlichen Entzugs der Erlaubnis gegenüber dem Betroffenen schadensersatzpflichtig mache. Der Rekurs sollte daher entweder aufschiebende Wirkung haben, was Landsberg in Anbetracht dessen, daß die Erteilung der Führererlaubnis von besonderen Qualifikationen abhängig gemacht wurde, für unbedenklich hielt, oder es sei zusätzlich ein besonderer Schadensersatzanspruch vorzusehen, um die Polizeibehörden auf diese Weise von einem Entzug der Erlaubnis ohne ausreichenden Grund abzuhalten[996].

Im übrigen forderte er, in der Bestimmung des § 13, die den Bundesrat zum Erlaß von Vorschriften über Steuerleute, Maschinisten und die sonstige Mannschaft ermächtigte, festzulegen, daß damit auch die Arbeitsverhältnisse dieser Personen gemeint seien, da es für die Sicherheit des Flugwesens von großer Bedeutung sei, daß diese Verhältnisse geregelt seien und daß insbesondere die Mannschaften keine übermäßige Arbeitszeit, regelmäßige Pausen und einen angemessenen Lohn hätten[997].

Die Haftpflichtbestimmungen hielt Landsberg für den schwächsten Teil des Gesetzentwurfs. Er kritisierte ihre „sklavisch[e]“ Ausrichtung an den Vorschriften des Automobilgesetzes und ihre sprachliche Unverständlichkeit für den Laien[998]. Er forderte eine Haftpflichtregelung, nach der der Führer des Luftfahrzeugs lediglich nach den Vorschriften des Bürgerlichen Gesetzbuchs haften sollte, da es unangebracht sei, ihn mit dem Nachweis zu belasten, daß er den Unfall nicht verschuldet habe. Dagegen sollte der Halter eines Luftfahrzeugs nach seiner Auffassung bis zur Grenze der höheren Gewalt für den vollen Schaden, der durch ein Luftfahrzeug verursacht wurde, einstehen müssen, da die Gefahren von seinem Unternehmen ausgingen, und er die Vorteile daraus ziehe[999]. Es sei nicht damit zu rechnen, daß durch eine derartig scharfe Haftpflichtregelung der Bestand der Luftfahrtindustrie gefährdet werde. Dies habe die Entwicklung im Eisenbahn- und Automobilwesen gezeigt. Trotz der Regelung besonderer Bestimmungen - geregelt im preußischen Eisenbahngesetz[1000] und im Kraftfahrzeuggesetz[1001] -, sei die Entwicklung dieser Verkehrszweige nicht gehemmt worden[1002]. Im übrigen schaffe eine strenge Haftpflichtregelung - wie die vorgeschlagene - den Anreiz, die Technik zu verbessern und Schutzvorrichtungen zu entwickeln. Als

---

[996]Verh. des RT, 13. Leg.-Per., 1. Session 1912/14, Bd. 294, S. 8043 (8047), Sten. Ber. der 234. Sitzung vom 12. März 1914.

[997]Verh. des RT, 13. Leg.-Per., 1. Session 1912/14, Bd. 294, S. 8043 (8047), Sten. Ber. der 234. Sitzung vom 12. März 1914.

[998]Verh. des RT, 13. Leg.-Per., 1. Session 1912/14, Bd. 294, S. 8043 (8047), Sten. Ber. der 234. Sitzung vom 12. März 1914.

[999]Verh. des RT, 13. Leg.-Per., 1. Session 1912/14, Bd. 294, S. 8043 (8049), Sten. Ber. der 234. Sitzung vom 12. März 1914.

[1000]Preuß. G. S. 1838, S. 505 ff..

[1001]RGBl. 1909, S. 437 ff..

[1002]Verh. des RT, 13. Leg.-Per., 1. Session 1912/14, Bd. 294, S. 8043 (8048), Sten. Ber. der 234. Sitzung vom 12. März 1914.

weiteres Argument führte Landsberg an, daß die meisten Luftfahrzeuge im Eigentum des Reichs stünden und dieses zum Ersatz des vollen Schadens in der Lage sein müsse[1003]. Zur Verringerung des Haftungsrisikos der Unternehmer befürwortete Landsberg die Einführung einer Zwangsgenossenschaft oder einer Zwangshaftpflichtversichung[1004].

Der Abgeordnete *Bender* (S) forderte lediglich eine Ergänzung des Gesetzentwurfs um zwei Verkehrsvorschriften. Es sei zu bestimmen, daß die Ausbildung der Flieger nur in staatlichen oder kommunalen Fliegerschulen erfolgen dürfe.

Bisher würden die Flieger in privaten Fliegerschulen ausgebildet. Im Automobilwesen, für das eine solche Regelung nach dem KFG nicht vorgesehen sei, habe dies dazu geführt, daß die Führerprüfungen von schlecht ausgebildeten Fahrern abgelegt würden[1005]. Die Person des Fliegers müsse dem Publikum aber eine gewisse Gewähr für seine Sicherheit geben[1006]. Zur Vermeidung von Mißständen, wie sie sich im Automobilwesen gebildet hätten, zur Verringerung der Zahl der Unfälle und zur Verbesserung der Sicherheit im Luftfahrtwesen sei eine derartige Regelung in den Gesetzentwurf aufzunehmen, zumal in Fliegerkreisen die Schaffung staatlicher Flugschulen Unterstützung finde[1007].

Außerdem forderte Bender, eine Bestimmung in den Gesetzentwurf aufzunehmen, die den Bundesrat verpflichte, Vorschriften über die Dauer der täglich zulässigen Arbeitszeit für die bei der Luftfahrt beschäftigten Personen zu erlassen[1008]. Zwar ermächtige die Regelung des § 13 Nr. 4 des Gesetzentwurfs den Bundesrat, Vorschriften über Steuerleute, Maschinisten und die sonstige Mannschaft zu erlassen, diese Ermächtigung bezöge sich nach der Begründung des Gesetzentwurfs[1009] aber nur auf den Erlaß von Prüfungsbestimmungen und solche über besondere Bescheinigungen[1010]. Außerdem bekräftigte Bender seine Forderung damit, daß der Bundesrat nach der Gewerbeordnung zwar berechtigt sei, in Fällen, in denen durch übermäßig lange Arbeitszeit das Leben und die Gesundheit der beschäftigten Personen gefährdet werde, Arbeitszeitvorschriften zu

---

1003 Verh. des RT, 13. Leg.-Per., 1. Session 1912/14, Bd. 294, S. 8043 (8049), Sten. Ber. der 234. Sitzung vom 12. März 1914.

1004 Verh. des RT, 13. Leg.-Per., 1. Session 1912/14, Bd. 294, S. 8043 (8048), Sten. Ber. der 234. Sitzung vom 12. März 1914.

1005 Verh. des RT, 13. Leg.-Per., 1. Session 1912/14, Bd. 294, S. 8043 (8059), Sten. Ber. der 234. Sitzung vom 12. März 1914.

1006 Verh. des RT, 13. Leg.-Per., 1. Session 1912/14, Bd. 294, S. 8043 (8058), Sten. Ber. der 234. Sitzung vom 12. März 1914.

1007 Verh. des RT, 13. Leg.-Per., 1. Session 1912/14, Bd. 294, S. 8043 (8059), Sten. Ber. der 234. Sitzung vom 12. März 1914.

1008 Verh. des RT, 13. Leg.-Per., 1. Session 1912/14, Bd. 294, S. 8043 (8059, 8060), Sten. Ber. der 234. Sitzung vom 12. März 1914.

1009 Vgl. Verh. des RT, 13. Leg.-Per., 1. Session 1912/14, Bd. 303, Ds. Nr. 1338, S. 20.

1010 Verh. des RT, 13. Leg.-Per., 1. Session 1912/14, Bd. 294, S. 8043 (8059), Sten. Ber. der 234. Sitzung vom 12. März 1914.

erlassen, daß er aber von dieser „Kann-Vorschrift“, obwohl dies im einzelnen notwendig gewesen wäre, nur selten Gebrauch gemacht habe[1011].

Im übrigen wollte er sich mit seiner Fraktion dafür einsetzen, daß in den Entwurf noch weitere Bestimmungen zum Schutz für das Leben und die Gesundheit der bei der Luftfahrt beschäftigten Personen aufgenommen werden würden[1012].

Auch die *Zentrumsfraktion* befürwortete den Gesetzentwurf und bedauerte das Scheitern einer internationalen Regelung. Der Abgeordnete *Belzer* (Z) war der Auffassung, daß bei dem Erlaß einer reichseinheitlichen Regelung das Interesse der Landesverteidigung und Landessicherheit im Vordergrund stehen müsse, da nicht weniger als 90 % aller Luftfahrzeuge im Eigentum oder im Dienst des Reiches stünden[1013].

Die Verkehrsvorschriften des Entwurfs hielt er für geeignet, die gegenwärtigen Gefahren des Luftverkehrs zu verringern. Er erachtete es für diskussionswürdig, ob auch Fallschirme als Luftfahrzeuge i. S. des § 1 des Gesetzentwurfs angesehen werden sollten, da er von sachverständiger Seite erfahren habe, daß die Fallschirme aufgrund einer verbesserten Technik häufiger als bisher verwendet würden[1014].

Zu den von Landsberg bezüglich der Entziehung der Führererlaubnis erhobenen Bedenken forderte er lediglich, daß bei einem Entzug der Führererlaubnis gegenüber Inländern der Beschluß unbedingt die Tatsachen angeben müsse, auf denen die Verfügung beruhe[1015]. Außerdem forderte er, in § 13 des Entwurfs eine Bestimmung aufzunehmen, die den Bundesrat ausdrücklich ermächtige, Vorschriften über Leuchtfeuer zu erlassen, da sich ihr Einsatz auf Nachtfahrten bewährt habe[1016].

Den Abschnitt über die Haftpflicht hielt Belzer für den „wichtigsten“, aber auch für den „verfehltesten“ Teil des Entwurfs. Er sprach sich für eine weitergehende Haftpflichtregelung entsprechend dem Beschluß des Deutschen Juristentages in Wien aus dem Jahre 1912[1017] aus. Vor dem Hintergrund, daß 90% aller Luftfahrzeuge im Reichseigentum stünden, sei das Reich dazu verpflichtet, in

[1011] Verh. des RT, 13. Leg.-Per., 1. Session 1912/14, Bd. 294, S. 8043 (8060), Sten. Ber. der 234. Sitzung vom 12. März 1914.
[1012] Verh. des RT, 13. Leg.-Per., 1. Session 1912/14, Bd. 294, S. 8043 (8060), Sten. Ber. der 234. Sitzung vom 12. März 1914.
[1013] Verh. des RT, 13. Leg.-Per., 1. Session 1912/14, Bd. 294, S. 8043 (8050), Sten. Ber. der 234. Sitzung vom 12. März 1914.
[1014] Verh. des RT, 13. Leg.-Per., 1. Session 1912/14, Bd. 294, S. 8043 (8050), Sten. Ber. der 234. Sitzung vom 12. März 1914.
[1015] Verh. des RT, 13. Leg.-Per., 1. Session 1912/14, Bd. 294, S. 8043 (8050), Sten. Ber. der 234. Sitzung vom 12. März 1914.
[1016] Verh. des RT, 13. Leg.-Per., 1. Session 1912/14, Bd. 294, S. 8043 (8050), Sten. Ber. der 234. Sitzung vom 12. März 1914.
[1017] Verh. d. 31. DJT, S. 962.

Unglücksfällen eine angemessene Entschädigung zu zahlen[1018]. Seine Auffassung stützte er auch auf Art. 58 der Reichsverfassung, nach dem die Kosten und Lasten des gesamten Kriegswesens des Reichs - und zum Kriegswesen zähle auch das Luftfahrtwesen - von allen Bundesstaaten und ihren Angehörigen gleichmäßig zu tragen seien, so daß eine Bevorzugung einzelner Bundesstaaten oder Bevölkerungsschichten nicht zulässig sei[1019]. Er befürwortete es, daß Passagieren gemäß § 16 des Entwurfs der Haftpflichtanspruch des § 15 versagt werde, da zur Zeit regelmäßig nur wenige Personen befördert würden und eine Rechtsänderung später noch vorgenommen werden könne[1020]. Bezüglich der Haftungssummen forderte er, höhere Höchstbeträge festzusetzen. Außerdem schlug er die Regelung einer differenzierten Haftung der einzelnen Luftfahrzeuge aufgrund ihrer unterschiedlichen Gefährlichkeit vor[1021]. Abschließend sprach er sich für die Bildung einer Zwangsgenossenschaft als Grundlage einer befriedigenden Haftpflichtregelung aus[1022].

Nach der Auffassung des Abgeordneten *Quarck* (Nat.lib. Partei) müßten sich die gesetzgeberischen Maßnahmen darauf beschränken, dem Schutzbedürfnis der Allgemeinheit vor den Gefahren des Luftverkehrs, den Verkehrsinteressen der Luftfahrt und dem Bedürfnis des Staates, die Entwicklung der Luftfahrt zu steuern, Rechnung zu tragen[1023]. Diesen Anforderungen werde der Gesetzentwurf gerecht[1024]. Es wurde von Quarck und seiner Fraktion begrüßt, Einzelheiten in einer Bundesratsverordnung regeln zu lassen, da damit die Ausgestaltung der Verkehrsvorschriften flexibler gehandhabt werden könne[1025]. Sie bemängelten jedoch, daß weder aus der Begründung des Gesetzentwurfs noch aus den Ausführungen der Regierungsvertreter die nähere Vorgehensweise des Bundesrats zu entnehmen sei. Das betreffe insbesondere die Frage, ob und inwieweit er dafür sorgen wolle, durch amtliche Organisationen oder halbamtliche Institute eine gewisse Einheitlichkeit der Handhabung der Verkehrsvorschriften und eine Zentra-

---

[1018] Verh. des RT, 13. Leg.-Per., 1. Session 1912/14, Bd. 294, S. 8043 (8050), Sten. Ber. der 234. Sitzung vom 12. März 1914.
[1019] Verh. des RT, 13. Leg.-Per., 1. Session 1912/14, Bd. 294, S. 8043 (8050), Sten. Ber. der 234. Sitzung vom 12. März 1914.
[1020] Verh. des RT, 13. Leg.-Per., 1. Session 1912/14, Bd. 294, S. 8043 (8051), Sten. Ber. der 234. Sitzung vom 12. März 1914.
[1021] Verh. des RT, 13. Leg.-Per., 1. Session 1912/14, Bd. 294, S. 8043 (8051), Sten. Ber. der 234. Sitzung vom 12. März 1914.
[1022] Verh. des RT, 13. Leg.-Per., 1. Session 1912/14, Bd. 294, S. 8043 (8051), Sten. Ber. der 234. Sitzung vom 12. März 1914.
[1023] Verh. des RT, 13. Leg.-Per., 1. Session 1912/14, Bd. 294, S. 8043 (8051/8052), Sten. Ber. der 234. Sitzung vom 12. März 1914.
[1024] Verh. des RT, 13. Leg.-Per., 1. Session 1912/14, Bd. 294, S. 8043 (8052), Sten. Ber. der 234. Sitzung vom 12. März 1914.
[1025] Verh. des RT, 13. Leg.-Per., 1. Session 1912/14, Bd. 294, S. 8043 (8052), Sten. Ber. der 234. Sitzung vom 12. März 1914.

lisation der Kontrolle zu garantieren[1026]. Quarck und seine Fraktion hielten es für erforderlich, darauf zu achten, daß durch die Vorschriften des Bundesrats keiner privaten Vereinigung, möge sie sich auch noch so verdient um die Luftfahrt gemacht haben, eine Monopolstellung eingeräumt werde[1027].

Was die Regelung der Haftpflicht betraf, begrüßte Quarck die Übernahme des Prinzips der Gefährdungshaftung in den Gesetzentwurf[1028]. Anders als die Abgeordneten Landsberg und Belzer, hielt er eine zurückhaltende Regelung im Interesse der Entwicklung des Luftverkehrswesens unbedingt für erforderlich, da sie den Fliegern den Anreiz biete, „sich wagemutig zu verhalten" und ihre Leistungen weiter zu steigern. Im übrigen habe die Landesverteidigung an einer erfolgreichen fliegerischen Betätigung das größte Interesse. Den Betrag der aus dem Automobilgesetz übernommenen Haftungshöchstsummen hielt Quarck für zu niedrig. Entsprechend dem Beschluß des Deutschen Juristentages in Wien aus dem Jahre 1912[1029], befürwortete er im Interesse der Haftpflichtigen eine internationale Zwangsgenossenschaft [1030]. Sein Vorschlag wich damit von der Begründung des Entwurfs ab, nach der ein Zusammenschluß der in- und ausländischen Luftfahrzeughalter für nur sehr schwer möglich gehalten wurde[1031].

Eine Haftung des Luftfahrzeughalters gegenüber Passagieren und Bediensteten nach den Vorschriften des Bürgerlichen Gesetzbuchs (§ 16) befürwortete er unter der Voraussetzung, daß die Verkehrsvorschriften ausreichend sicher gestaltet würden[1032]. Außerdem befürchtete er, daß diese Vorschrift die Hilfsbereitschaft des Publikums oder der Militärmannschaften, die zum Halten und Bergen eines Luftschiffs herangezogen würden, beeinträchtigen könne, da sie eine Haftung der „bei dem Betriebe des Fahrzeugs" Tätigen vorsah, ohne diesen Personenkreis ausdrücklich von ihrem Anwendungsbereich auszuschließen[1033].

Quarck kiritisierte die Regelung des § 9 Abs. 2, der für Luftfahrtunternhemen, die mehrere Bundesstaaten überflogen, eine Konzessionserteilung der betroffenen

---

[1026] Verh. des RT, 13. Leg.-Per., 1. Session 1912/14, Bd. 294, S. 8043 (8052), Sten. Ber. der 234. Sitzung vom 12. März 1914.

[1027] Verh. des RT, 13. Leg.-Per., 1. Session 1912/14, Bd. 294, S. 8043 (8052), Sten. Ber. der 234. Sitzung vom 12. März 1914.

[1028] Verh. des RT, 13. Leg.-Per., 1. Session 1912/14, Bd. 294, S. 8043 (8052), Sten. Ber. der 234. Sitzung vom 12. März 1914.

[1029] 3. Teil E. II..

[1030] Verh. des RT, 13. Leg.-Per., 1. Session 1912/14, Bd. 294, S. 8043 (8052), Sten. Ber. der 234. Sitzung vom 12. März 1914.

[1031] Verh. des RT, 13. Leg.-Per., 1. Session 1912/14, Bd. 303, Ds. Nr. 1338, S. 17/18.

[1032] Verh. des RT, 13. Leg.-Per., 1. Session 1912/14, Bd. 294, S. 8043 (8052), Sten. Ber. der 234. Sitzung vom 12. März 1914.

[1033] Verh. des RT, 13. Leg.-Per., 1. Session 1912/14, Bd. 294, S. 8043 (8052/8053), Sten. Ber. der 234. Sitzung vom 12. März 1914.

Bundesstaaten vorsah, und forderte zur Vermeidung von Streitigkeiten und aus Gründen der Praktikabilität eine „primäre Reichszuständigkeit“[1034].

Der Abgeordnete *Oertel* (Deutsch-konservat. Partei) befürwortet vorrangig eine internationale Regelung für den Luftverkehr. Da jedoch eine solche Regelung noch nicht abzusehen sei, hielt er den Erlaß einer nationalen Regelung zum gegenwärtigen Zeitpunkt für erforderlich[1035]. Auch er war in Übereinstimmung mit dem Abgeordneten Belzer der Auffassung, daß die Landessicherheit und die Landesverteidigung im Rahmen einer gesetzlichen Regelung besonders berücksichtigt werden müßten. Schließlich sei die äußere Sicherheit Voraussetzung für die Durchführung eines Luftverkehrs[1036].

Die Verkehrsbestimmungen hielt Oertel für gelungen. Sie seien „im allgemeinen zweckmäßig, verständlich, nützlich [und] angemessen“[1037]. Er begrüßte die in § 1 vorgesehene Beschränkung der gesetzlichen Regelung auf zur Aufnahme von Menschen bestimmte Luftfahrzeuge und lehnte die von Belzer vorgeschlagene Einbeziehung von Fallschirmen in die gesetzliche Regelung ab, da der Bundesrat die Möglichkeit habe, gegebenenfalls im Wege der Verordnung die notwendigen Bestimmungen zu erlassen[1038].

Anders als der Abgeordnete Quarck, hielt Oertel die Vorschriften über die Luftfahrtunternehmen für gelungen, da sie dem Föderalismus Rechnung trügen[1039]. Die Haftpflichtregelungen hielt er in Übereinstimmung mit seinen Vorrednern für änderungsbedürftig. Er kritisierte die geringen Beträge der Haftungshöchstsummen im Verhältnis zu dem Schadensausmaß, das durch ein Luftfahrzeug grundsätzlich herbeigeführt werden könne, und bezweifelte, daß durch die vorgeschlagene Einführung von Zwangsgenossenschaften die gegen die Haftpflichtbestimmungen erhobenen Bedenken beseitigt würden[1040].

Auch der Abgeordnete *Siehr* (Fortschritt. Volkspartei) befürwortete den Erlaß einer reichseinheitlichen Regelung für den Luftverkehr[1041] und begrüßte es, daß der Entwurf nur wenige gesetzliche Regelungen festlegte und die Ausführungs-

---

[1034]Verh. des RT, 13. Leg.-Per., 1. Session 1912/14, Bd. 294, S. 8043 (8053), Sten. Ber. der 234. Sitzung vom 12. März 1914.
[1035]Verh. des RT, 13. Leg.-Per., 1. Session 1912/14, Bd. 294, S. 8043 (8053), Sten. Ber. der 234. Sitzung vom 12. März 1914.
[1036]Verh. des RT, 13. Leg.-Per., 1. Session 1912/14, Bd. 294, S. 8043 (8054), Sten. Ber. der 234. Sitzung vom 12. März 1914.
[1037]Verh. des RT, 13. Leg.-Per., 1. Session 1912/14, Bd. 294, S. 8043 (8054), Sten. Ber. der 234. Sitzung vom 12. März 1914.
[1038]Verh. des RT, 13. Leg.-Per., 1. Session 1912/14, Bd. 294, S. 8043 (8054), Sten. Ber. der 234. Sitzung vom 12. März 1914.
[1039]Verh. des RT, 13. Leg.-Per., 1. Session 1912/14, Bd. 294, S. 8043 (8054), Sten. Ber. der 234. Sitzung vom 12. März 1914.
[1040]Verh. des RT, 13. Leg.-Per., 1. Session 1912/14, Bd. 294, S. 8043 (8054), Sten. Ber. der 234. Sitzung vom 12. März 1914.
[1041]Verh. des RT, 13. Leg.-Per., 1. Session 1912/14, Bd. 294, S. 8043 (8055), Sten. Ber. der 234. Sitzung vom 12. März 1914.

bestimmungen einer Verordnung des Bundesrats überließ. Aus konstitutionellen Gründen sei es zwar grundsätzlich bedenklich, dem Bundesrat eine Blankovollmacht, wie sie der Gesetzentwurf vorsah, zu erteilen. Da die Entwicklung des Luftfahrtwesens noch nicht abgeschlossen sei und die bisher gesammelten Erfahrungen äußerst gering seien, sei jedoch eine leicht korrigierbare Bundesratsverordnung gegenüber einer gesetzlichen Regelung für das Luftrecht vorzuziehen[1042]. Jedoch kritisierte Siehr die den Bundesrat ermächtigende Bestimmung des § 13, soweit sie den Erlaß einzelner Anordnungen, insbesondere solche über die Prüfung und Zulassung sowie über die Kennzeichnung der Fahrzeuge, anderen Behörden - vor allem auch den Landeszentralbehörden oder denen von ihnen bezeichneten Behörden - übertrug. Damit würde die Rechtseinheitlichkeit gefährdet und die Entwicklung des Flugwesens gehemmt. Im übrigen werde es das Zustandekommen einer internationalen Regelung erschweren, wenn unterschiedliche nationale Bestimmungen später wieder beseitigt werden müßten[1043].

Dazu stellte *Lewald* klar, daß man mit der dem Bundesrat in § 13 des Gesetzentwurfs erteilten Befugnis, den Erlaß einzelner Anordnungen anderen Behörden, insbesondere auch den Landeszentralbehörden, zu übertragen, die nationale Rechtseinheitlichkeit nicht gefährden wolle. Der Bundesrat solle die Möglichkeit haben, dort, wo es im Einzelfall zweckmäßig erscheine - wie bei Schauflügen - , allgemeine Bestimmungen zu erlassen, während die zuständigen Landeszentralbehörden spezielle Regelungen treffen könnten[1044].

In dem durch § 10 dem Reich und den Bundesstaaten eingeräumten Zwangsenteignungsrecht sahen *Siehr* und seine Fraktion eine Behinderung für die Entwicklung der Luftfahrtunternehmen. Die Möglichkeit einer Enteignung hemme die Investitionsfreudigkeit der Unternehmer[1045]. Was die Haftpflichtbestimmungen anging, begrüßte es Siehr, daß der Entwurf grundsätzlich das Prinzip der Gefährdungshaftung vorsähe[1046]. Er befürwortete es, daß der Geschädigte nach dem Entwurf nur den ursächlichen Zusammenhang des Schadens mit dem Betrieb der Luftfahrt nachzuweisen habe und ihm damit die bisherigen Beweisschwierigkeiten erspart blieben[1047]. Siehr war jedoch der Meinung, daß die Gefährdungshaftung durch den für den Luftfahrzeughalter in § 14 Abs. 2 vorgesehenen Entla-

---

[1042] Verh. des RT, 13. Leg.-Per., 1. Session 1912/14, Bd. 294, S. 8043 (8056), Sten. Ber. der 234. Sitzung vom 12. März 1914.

[1043] Verh. des RT, 13. Leg.-Per., 1. Session 1912/14, Bd. 294, S. 8043 (8056), Sten. Ber. der 234. Sitzung vom 12. März 1914.

[1044] Verh. des RT, 13. Leg.-Per., 1. Session 1912/14, Bd. 294, S. 8043 (8058), Sten. Ber. der 234. Sitzung vom 12. März 1914.

[1045] Verh. des RT, 13. Leg.-Per., 1. Session 1912/14, Bd. 294, S. 8043 (8058), Sten. Ber. der 234. Sitzung vom 12. März 1914.

[1046] Verh. des RT, 13. Leg.-Per., 1. Session 1912/14, Bd. 294, S. 8043 (8056), Sten. Ber. der 234. Sitzung vom 12. März 1914.

[1047] Verh. des RT, 13. Leg.-Per., 1. Session 1912/14, Bd. 294, S. 8043 (8056/8057), Sten. Ber. der 234. Sitzung vom 12. März 1914.

stungsbeweis zu stark eingeschränkt werde, da die Geschädigten in sämtlichen Fällen von Notlandungen und unverschuldeten Unfällen ersatzlos bleiben würden. Diese Fallkonstellationen seien aber gerade die häufigsten im Luftfahrtwesen. Im übrigen hätte auch der Geschädigte des Falles bei Echterdingen nach der Regelung des Gesetzentwurfs keinen Schadensersatz verlangen können, da Graf Zeppelin leicht den Entlastungsbeweis hätte führen können. Das natürliche Rechtsgefühl gebiete es aber, in Fällen, in denen durch die Entwicklung eines neuen Verkehrsmittels das Publikum stark gefährdet werde, eine verschärfte Haftpflicht im Sinne einer vollständigen Schadenshaftung zu regeln. Siehr machte daher den Vorschlag, den Beschluß des Deutschen Juristentages in Wien aus dem Jahre 1912 zu übernehmen. Falls dies von der Kommission abgelehnt werde, sei zu erwägen, im Falle einer Notlandung neben dem Führer auch den Halter nach § 904 S. 2 BGB haften zu lassen. Für den Erlaß einer strengeren Haftpflichtregelung spräche auch, daß die zur Zeit positive Haltung in der landwirtschaftlichen Bevölkerung umschlagen werde, wenn die Zahl der nicht erstatteten Schäden aufgrund milder Haftpflichtbestimmungen zunähme[1048]. Siehr hielt eine Festsetzung von Haftungshöchstsummen grundsätzlich für erforderlich. Die Luftfahrzeughalter erhielten damit die Möglichkeit, sich zu erträglichen Bedingungen zu versichern. Er war der Auffassung, daß die festgesetzten Haftungshöchstsummen zu gering seien[1049]. Anders als im Gesetzesentwurf vorgesehen sprach er sich gegen eine summenmäßige Haftungsbegrenzung für im Eigentum des Reichs oder der Bundesstaaten stehende Luftfahrzeuge aus und forderte deren volle Haftpflicht[1050]. Eine Einführung von Zwangsgenossenschaften lehnte Siehr unter Berufung auf die Begründung des Gesetzentwurfs ab[1051].

Abschließend beschloß der Reichstag, den Gesetzentwurf an eine Kommission mit 21 Mitgliedern zu überweisen[1052].

Die 28. Kommission[1053] hielt nach einer ersten konstituierende Sitzung am 19. März 1914[1054] am 24. März 1914 eine zweite Sitzung über den Luftverkehrsgesetzentwurf ab.

[1048]Verh. des RT, 13. Leg.-Per., 1. Session 1912/14, Bd. 294, S. 8043 (8057), Sten. Ber. der 234. Sitzung vom 12. März 1914.

[1049]Verh. des RT, 13. Leg.-Per., 1. Session 1912/14, Bd. 294, S. 8057, Sten. Ber. der 234. Sitzung vom 12. März 1914.

[1050]Verh. des RT, 13. Leg.-Per., 1. Session 1912/14, Bd. 294, S. 8043 (8058), Sten. Ber. der 234. Sitzung vom 12. März 1914.

[1051]Verh. des RT, 13. Leg.-Per., 1. Session 1912/14, Bd. 294, S. 8043 (8057/8058), Sten. Ber. der 234. Sitzung vom 12. März 1914.

[1052]Verh. des RT, 13. Leg.-Per., 1. Session 1912/14, Bd. 294, S. 8043 (8060), Sten. Ber. der 234. Sitzung vom 12. März 1914.

[1053]Der Kommission gehörten an: *Giese* (Deutsch-konservat. Partei), *Oertel* (Deutsch-konservat. Partei) und *Schiele* (Deutsch-konservat. Partei), *Bell* (Z), *Belzer* (Z), *Neuhaus (Z)*, *Panty* (Z), *von und zu Sandizell* (Z) und *Trendel* (Z), *Chlapowski* (Polen), *Heck* (Nat. lib. Partei), *Held* (Nat. lib. Partei) *Quarck* (Nat. lib. Partei), *Bruckhoff* (Fortschritt. Volkspartei),

Zu Beratungsbeginn verlas der Vorsitzende *Chlapowski* den Antrag Nr. 1 des Abgeordneten *Belzer* (Z):

„Die Kommission wolle beschließen: die verbündeten Regierungen zu ersuchen, der Kommission folgendes Material vorzulegen:

1. die gesetzgeberischen Akte und die Verordnungen, die in anderen Staaten über den Luftverkehr geschaffen worden sind (mit deutschen Übersetzungen),
1. eine Statistik der verschiedenen Luftfahrzeuge, die in Deutschland in Betrieb sind, und der Flugplätze, die benutzt werden,
2. eine Zusammenstellung der Unglücksfälle, die durch den Luftverkehr bisher verursacht wurden und der Beträge, die für die entstandenen Schäden bezahlt worden sind."[1055]

Landsberg zog einen Ergänzungsantrag zu Ziffer 2[1056] zurück[1057], und zum Schluß wurde der Antrag *Belzers* (Nr. 1) unter Berücksichtigung eines Ergänzungsantrags zu Ziffer 3[1058] einstimmig angenommen[1059].

Nach der Überweisung an die 28. Kommission ist der Gesetzentwurf - Nr. 1338 der Drucksachen des Reichstags - infolge der Schließung des Reichstags unerledigt geblieben[1060].

Siehr (Fortschritt. Volkspartei), *Bender* (S), *Erdmann* (S), *Göhre* (S), *Landsberg* (S), *Schulz* (S) und *Schumann* (S) (Verh. des RT, 13. Leg.-Per., 1. Session 1912/14, Ds. Nr. 3 bb (unveröffentlicht durch Parlamentaria), zit. nach BA Berlin-Li., R 30.01, Nr. 7002, Bl. 25).

[1054]Dem Konstituierungsprotokoll ist lediglich die Wahl *Chlapowskis* (Polen) zum Vorsitzenden, die Wahl *Siehrs* (Fortschritt. Volkspartei) zum stellvertretenden Vorsitzenden und die Wahl *Schieles* (Deutsch-konservat. Partei), *Trendels* (Z) und *Landsbergs* (S) zum Schriftführer zu entnehmen (BA Berlin-Li., R 01.01, Nr. 2989, Bl. 198).

[1055]BA Berlin-Li., R 01.01, Nr. 2989, Bl. 203.

[1056]Ergänzungsantrag zu Ziffer 2: „Nr. 2 (*Bender* (S), *Landsberg* (S), *Schulz* (S), *Schumann* (S)) Die Kommission wolle beschließen: in dem Antrag *Belzer* (Z) (Nr. 1) unter Ziffer 2 hinter „in Betrieb sind" einzufügen die Worte: „unter Mitteilung der Zahl der dem Reich gehörenden"." (BA Berlin-Li., R 01.01, Nr. 2989, Bl. 207).

[1057]BA Berlin-Li., R 01.01, Nr. 2989, Bl. 204.

[1058]Ergänzungsantrag zu Ziffer 3: „Nr. 3 (*Bender* (S), *Landsberg* (S), *Schulz* (S), *Schumann*(S)) Die Kommission wolle beschließen: In dem Antrag *Belzer* (Z) (Nr. 1) unter Ziffer 3 hinter „bezahlt worden sind" die Worte einzufügen: „es ist in jedem Falle anzugeben, von welcher Art das beteiligte Luftfahrzeug gewesen ist"." (BA Berlin-Li., R 01.01, Nr. 2989, Bl. 207).

[1059]Vgl. BA Berlin-Li., R 01.01, Nr. 2989, Bl. 204 v/205; über weitere Tätigkeiten der 28. Kommission konnte nichts ermittelt werden.

[1060]Verh. des RT, 13. Leg.-Per., 1. Session 1912/14, Bd. 296, S. 946.

XIV. Die Reaktionen in der Öffentlichkeit auf den Entwurf eines Luftverkehrsgesetzes von 1914

Der dem Reichstag im Jahre 1914 vorgelegte Gesetzentwurf[1061] rief in der hier ausgewerteten Tagespresse und den rechtswissenschaftlichen Fachzeitschriften unterschiedliche Reaktionen hervor[1062]. Am heftigsten diskutiert wurden die Haftpflicht des Luftfahrzeughalters[1063] und die Festsetzung von Haftungshöchstsummen[1064].

1. Allgemeine Reaktionen

Die *Deutsche Tageszeitung* hielt eine reichsgesetzliche Regelung für den Luftverkehr für unerläßlich[1065]. Diese Ansicht wurde auch von der *Neuen Preußischen Zeitung* vertreten. Die Notwendigkeit eines reichseineitlichen Gesetzes ergebe sich aus der großen Zahl der Unfälle, die sich beim Aufstieg, bei der Landung oder beim Fliegen in den letzten Jahren ereignet hätten[1066]. Dagegen wurde von den *Münchener Neuesten Nachrichten* eine gesetzliche Regelung für den Luftverkehr gegenwärtig noch abgelehnt. Die Luftfahrt befinde sich noch im Anfangsstadium ihrer Entwicklung, mit dem Erlaß gesetzlicher Bestimmungen beginne ein Reglementieren, das für die Entwicklung der Luftfahrt hinderlich sei. Die Luftfahrt könne auch nicht mit dem Automobilwesen verglichen werden. Das Auto habe sich mit seiner Schnelligkeit und Gefahr in die Öffentlichkeit gedrängt, während die Entwicklung der Luftfahrt und ihre Gefährlichkeit heute noch nicht abzusehen sei[1067].

2. Die Verkehrsregelungen

Von der *Norddeutschen Allgemeinen Zeitung* und von *Quarck*[1068] wurde es begrüßt, daß der Gesetzentwurf nach dem Vorbild des Kraftfahrzeuggesetzes lediglich den Rahmen und die Grundlagen festlege und daß eine den sich ändernden

---

[1061] Verh. des RT, 13. Leg.-Per., 1. Session 1912/14, Bd. 303, Ds. Nr. 1338.

[1062] Verschiedene Verfasser waren bereits am Gesetzgebungsprozeß beteiligt.

[1063] § 15 Entwurf.

[1064] § 20 Entwurf.

[1065] Deutsche Tageszeitung 09.02.1914, zit. nach BA Berlin-Li., R 30.01, Nr. 7009.

[1066] Neue Preußische Zeitung 18.02.1914, zit. nach BA Berlin-Li., R 30.01, Nr. 7009.

[1067] Münchener Neueste Nachrichten 08.02.1914, zit. nach BA Berlin-Li., R 30.01, Nr. 7009.

[1068] *Quarck*, in: National-Zeitung 18.02.1914, zit. nach BA Berlin-Li., R 30.01, Nr. 7009; *Quarck* (Nat. lib.Partei) hatte sich bereits in der Reichstagssitzung vom 12. März 1914 zu dem Gesetzentwurf geäußert.

Verhältnissen leicht anzupassende Bundesratsverordnung[1069] die Einzelheiten der Verkehrsegelungen vorgeben sollte[1070].

Vor dem Hintergrund der umstrittenen Auslegung des § 905 BGB zu der Frage, inwieweit der Grundstückseigentümer das Überfliegen seines Grundstücks verbieten konnte[1071], hielt *Tauber* den kurzen Hinweis in der Begründung (I. Allgemeiner Teil) des Gesetzentwurfs für unzureichend. Danach ergebe sich aus § 905 BGB, daß das Durchfahren des Luftraums über fremden Grundstücken gestattet sei, sofern es mit einer den berechtigten Interessen des Grundeigentümers Rechnung tragenden Sicherheit und in ausreichender Höhe erfolge[1072]. *Tauber* forderte eine Bestimmung in den Entwurf aufzunehmen, die ausdrücklich klarstellte, daß nicht die der Allgemeinheit durch das Überfliegen drohende Gefährdung ausreiche, um ein Verbot des Überfliegens zu rechtfertigen, daß ein Verbotsrecht vielmehr nur dann gegeben sei, wenn im konkreten Fall ein „besonders naheliegendes Interesse" dies rechtfertige[1073].

Die *Münchener Neuesten Nachrichten* befürworteten von den Verkehrsvorschriften lediglich die Regelung einer Führererlaubnis und einer Betriebserlaubnis sowie die grundsätzliche Beschränkung der Ausbildung der Flieger auf Flugplätze[1074]. Diese Regelungen seien geeignet, die Zahl der Flugunfälle zu verringern[1075].

Quarck hielt die für Luftfahrtunternehmen getroffene Regelung des § 9 des Entwurfs für unzureichend. Sie würde die Interessen der Landesverteidigung nicht ausreichend berücksichtigen und der Gestaltung eines großzügigen bundesstaatenübergreifenden Luftverkehrs entgegenstehen, indem Fahrten über mehrere Bundesstaaten hinweg der gemeinsamen Genehmigung der betroffenen Bundesstaaten bedürften[1076].

Mardersteig forderte in der Deutschen Tageszeitung, nach französischem Vorbild in den Gesetzentwurf eine Genehmigungspflicht für die Mitnahme fotografischer und Fernverbindungsapparate in Luftfahrzeugen aufzunehmen. Außerdem sprach er sich dafür aus, die Errichtung einer für die öffentlichen Sicherheit des Luftverkehrs und für das ganze Reich zuständigen Reichszentralstelle zu regeln. Der Luftverkehr sei vom Standpunkt der Landesverteidigung, der öffentlichen Sicherheit, des Verkehrsinteresses sowie der künftigen Ertragsmöglichkeiten ein stark aufblühender Verkehrszweig und von so großer Bedeutung, daß es unerläßlich sei, ein so ungeheures Arbeits- und Wirtschaftsgebiet mit unab-

---

[1069] § 13 Gesetzentwurf.
[1070] Norddeutsche Allgemeine Zeitung 08.02.1914, zit. nach BA Berlin-Li., R 30.01, Nr. 7009.
[1071] 2. Teil C..
[1072] Verh. des RT, 13. Leg.-Per., 1. Session 1912/14, Bd. 303, Ds. Nr. 1338.
[1073] *Tauber*, Deutsche Zeitschrift für Luftschiffahrt 1914, XVIII. Jahrg., Nr. 6, S. 128 (128).
[1074] §§ 1, 3 und 4 Gesetzentwurf.
[1075] Münchener Neueste Nachrichten 08.02.1914, zit. nach BA Berlin-Li., R 30.01, Nr. 7009.
[1076] *Quarck*, in: National-Zeitung 18.02.1914, zit. nach BA Berlin-Li., R 30.01, Nr. 7009.

sehbaren Entwicklungsmöglichkeiten weiterhin ohne einheitliche Führung zu belassen[1077].

Niemeyer hielt in der Deutschen Juristen-Zeitung eine Zentralisierung aller Zuständigkeiten, die die Luftfahrt betrafen, in einem „Reichsluftamt" gegenüber der in einzelnen Bestimmungen des Entwurfs zum „zum Ausdruck kommenden 'Erdenschwere des Partikularismus'" für vorzugswürdig. Dies würde sowohl die Interessen der Luftfahrt als auch die der Allgemeinheit in stärkerem Maße berücksichtigen[1078]. Er erachtete die in § 9 Abs. 2 vorgesehenen Zuständigkeiten der Länder für sehr unpraktisch, da die Luftfahrtunternehmen an keine festen Fluglinien gebunden seien. Außerdem bevorzugte er ein „prinzipale[s] Enteignungsrecht" des Reichs gegenüber der Regelung des Entwurfs (§ 11)[1079].

3. *Die Haftpflicht des Luftfahrzeughalters*

Von der *Norddeutschen Allgemeinen Zeitung* wurde die Haftpflicht des Luftfahrzeughalters[1080] im Interesse der Allgemeinheit und der „Wehrhaftmachung" Deutschlands befürwortet[1081]. Auch die *Deutsche Tageszeitung* befürwortete die Regelung. Sie würde das Interesse an einer ungehinderten Entwicklung der Luftfahrt ausreichend berücksichtigen und genügend Ersatzmöglichkeiten für die Geschädigten sicherstellen[1082].

Weber hielt in den Münchener Neuesten Nachrichten die Haftpflichtregelung des Luftfahrzeughalters ebenfalls für ausreichend. Die sich im Luftraum abspielenden Vorgänge ließen sich einerseits nur sehr schwer beobachten und von außenstehenden Personen bezeugen. Die Insassen würden bei einem Flugzeugabsturz meistens getötet und das Fahrzeug werde regelmäßig zerstört. Andererseits sei der vom Fahrzeughalter geforderte Entlastungsbeweis nur sehr schwer zu erbringen. Diese bis zur Unmöglichkeit reichenden Beweisschwierigkeiten würden einen etwaigen Mangel der materiellen Haftpflichtbestimmungen in ausreichender Weise beseitigen[1083].

Auch von der *Neuen Preußischen Zeitung* wurde die Regelung befürwortet. Die meisten Unfälle würden sich bei widrigem Wetter ereignen. Der Entlastungsbeweis werde bei Naturereignissen leicht zu führen sein. Die Geschädigten hätten praktisch nur geringe Aussichten, ihre Schäden ersetzt zu bekommen. Es

---

[1077] *Mardersteig*, in: Deutsche Tageszeitung 11.03.1914, zit. nach BA Berlin-Li., R 30.01, Nr. 7009; *Mardersteig* (Rechtsanwalt, Weimar) war bereits als Sachverstädiger an der Beratung vom 6. Januar 1913 zur Aufstellung des Regierungsentwurfs eines Luftverkehrsgesetzes beteiligt.

[1078] *Niemeyer*, DJZ 1914, Nr. 7, Sp. 466 (471).

[1079] *Niemeyer*, DJZ 1914, Nr. 7, Sp. 466 (471).

[1080] § 15 Gesetzentwurf.

[1081] Norddeutsche Allgemeine Zeitung 08.02.1914, zit. nach BA Berlin-Li., R 30.01, Nr. 7009.

[1082] Deutsche Tageszeitung 09.02.1914, zit. nach BA Berlin-Li., R 30.01, Nr. 7009.

[1083] Münchener Neueste Nachrichten 25.02.1914, zit. nach BA Berlin-Li., R 30.01, Nr. 7009.

sei der Allgemeinheit jedoch zuzumuten, diese Schäden im Interesse der Entwicklung der Luftfahrt zu tragen. Eine schärfere Haftpflichtregelung werde dazu führen, daß die privaten Luftfahrtgesellschaften das Haftungsrisiko nicht mehr übernehmen könnten[1084].

Niemeyer sprach sich in der Kölnischen Zeitung für die Haftpflichtregelung des § 15 des Gesetzentwurfs aus. Der Entwurf umgrenze eindeutig die Gefahrenquellen, für die der Luftfahrzeughalter auch ohne Verschulden einzustehen habe und beseitige zugleich den Beweisnotstand des Geschädigten durch Umkehr der Beweislast. Darüber hinaus argumentierte Niemeyer mit der Praktikabilität der Regelung. Eine Auseinandersetzung mit den Einzelheiten und Ursachen der Luftfahrtunfälle habe gezeigt, daß diese Unfälle, soweit sie mit Schäden verbunden gewesen seien, fast ausnahmslos zu einer Schadensersatzpflicht nach § 15 des Entwurfs geführt hätten. Im übrigen habe die Luftfahrt keine mit den Eisenbahnen zu vergleichenden Privilegien und auch keine wirtschaftliche Monopolstellung. Sie stehe auch nicht wie der Automobilismus beherrschend im Verkehr. Die Pioniere würden vielmehr gewaltige Opfer bringen und hätten nur in ganz wenigen Fällen Dritte geschädigt. Sie hätten der Allgemeinheit nur gedient. Eine Haftungsverschärfung durch die Regelung einer reinen „Erfolgshaftung" würde die Luftfahrtindustrie und die Luftfahrer entmutigen und die Entwicklung der Luftfahrt hemmen. Dies sei auch im Interesse der Landesverteidigung abzulehnen[1085].

Im übrigen befürworteten auch *Andreae*[1086] (Juristische Wochenschrift), *Tauber*[1087] (Juristische Wochenschrift), *Meyer*[1088] (Frankfurter Zeitung) und *Freudenthal*[1089] (Berliner Tageblatt) die Haftpflichtregelungen des Entwurfs.

Dagegen wurde sie vom *Bayreuther Tageblatt* abgelehnt und eine reine Gefährdungshaftung des Luftfahrzeughalters gefordert. Die Regelung des § 15 des Gesetzentwurfs führe dazu, daß der Luftfahrzeughalter solche Schäden nicht ersetzen müsse, die dadurch verursacht würden, daß das Luftfahrzeug vom Wind herabgedrückt werde. Er müsse also nicht für „höhere Gewalt" einstehen. Außerdem könne der Luftfahrer im Prozeß immer eine haftungsausschließende „höhere Gewalt" geltend machen. Für die Gerichte sei es äußerst schwierig zu überprüfen,

---

[1084] Neue Preußische Zeitung 04.03.1914, zit. nach BA Berlin-Li., R 30.01, Nr. 7009.

[1085] *Niemeyer*, in: Kölnische Zeitung 22.03.1914, zit. nach BA Berlin-Li., R 30.01, Nr. 7009; GStA PK, I. HA Rep. 84 a, Nr. 1993, Bl. 6; *Niemeyer* (Rechtsanwalt und Justizrat in Essen) war als Sachverstädiger an verschiedenen Beratungen zur Aufstellung des Regierungsentwurfs eines Luftverkehrsgesetzes beteiligt.

[1086] *Andreae*, JW 1914, S. 275 (275).

[1087] *Tauber*, JW 1914, S. 277 (278).

[1088] *Meyer*, in: Frankfurter Zeitung 01.03.1914, zit. nach BA Berlin-Li., R 30.01, Nr. 7009; *Meyer* (Gerichtsassessor in Frankfurt a. M.) war als Sachverstädiger an verschiedenen Beratungen zur Aufstellung des Regierungsentwurfs des Luftverkehrsgesetzes beteiligt.

[1089] *Freudenthal*, in: Berliner Tageblatt 18.02.1014, zit. nach BA Berlin-Li., R 30.01, Nr. 7009; ders., zit. nach GStA PK, I. HA Rep. 84 a, Nr. 1993, Bl. 3.

ob die Voraussetzung dafür tatsächlich vorlägen. Das *Bayreuther Tageblatt* befürwortete daher eine uneingeschränkte Gefährdungshaftung des Luftfahrzeughalters[1090].

Auch von der *Frankfurter Zeitung*[1091] und dem *Hannoverschen Courier*[1092] wurde die Haftpflicht des Luftfahrzeughalters für unzureichend erachtet.

Zu § 16, der die Regelung des § 15 ausschloß, wenn „zur Zeit des Unfalls der Verletzte oder die beschädigte Sache durch das Fahrzeug befördert wude oder der Verletzte bei dem Betriebe des Fahrzeugs tätig war", forderte *Tauber* in der Deutschen Zeitschrift für Luftschiffahrt, den Haftungsausschluß auch auf alle diejenigen Personen zu erstrecken, die im Luftfahrzeug befördert werden sollen oder deren Beförderung gerade beendet sei und die bei der Vorbereitung zur Fahrt oder bei der Landung zu Schaden gekommen seien[1093].

4. Die Haftungshöchstsummen

Von der *Norddeutschen Allgemeinen Zeitung* wurde die Einführung von Haftungshöchstsummen im Gesetzentwurf[1094] für unerläßlich erachtet. Der Luftfahrer erhalte damit die Möglichkeit, sich ohne unverhältnismäßig hohe Kosten zu versichern[1095]. Gebilligt wurde von ihr auch die Höhe der Haftungshöchstsummen. Einerseits würden sie die Entwicklung der Luftfahrt nicht behindern und andererseits den Geschädigten meistens ausreichend Ersatz sichern[1096].

Niemeyer wies in der Kölnischen Zeitung zusätzlich darauf hin, daß dem Geschädigten bei einer fehlenden Haftungsbegrenzung ein auf hunderttausende von Reichsmark ergehendes Urteil praktisch nichts nutzen würde. Viele Luftfahrer seien finanziell nicht in der Lage, hohe Schadenssummen zu zahlen[1097]. Auch vom *Bayreuther Tageblatt*[1098], der *Neuen Preußischen Zeitung*[1099] und *Meyer*[1100] in der Frankfurter Zeitung wurde die Regelung gebilligt.

Dagegen lehnte die *Frankfurter Zeitung* eine summenmäßige Haftungsbeschränkung ab[1101]. Diese Auffassung wurde auch von *Freudenthal* im Berliner

---

1090 Bayreuther Tageblatt 12.02.1914, zit. nach BA Berlin-Li., R 30.01, Nr. 7009.

1091 Frankfurter Zeitung 17.02.1914, zit. nach BA Berlin-Li., R 30.01, Nr. 7009.

1092 Hannoverscher Courier 26.02.1914, zit. nach BA Berlin-Li., R 30.01, Nr. 7009; ders., zit nach GStA PK, I. HA Rep. 84 a, Nr. 1993, Bl. 5.

1093 *Tauber*, Deutsche Zeitschrift für Luftschiffahrt 1914, XVIII. Jahrg., Nr. 10, S. 227 (227).

1094 § 20 Getzentwurf.

1095 Norddeutsche Allgemeine Zeitung 08.02.1914, zit. nach BA Berlin-Li., R 30.01, Nr. 7009.

1096 Norddeutsche Allgemeine Zeitung 08.02.1914, zit. nach BA Berlin-Li., R 30.01, Nr. 7009.

1097 *Niemeyer*, in: Kölnische Zeitung 22.03.1914; ders., zit. nach GStA PK, I. HA Rep. 84 a, Nr. 1993, Bl. 6.

1098 Bayreuther Tageblatt 12.02.1914, zit. nach BA Berlin-Li., R 30.01, Nr. 7009.

1099 Neue Preußische Zeitung 04.03.1914, zit. nach BA Berlin-Li., R 30.01, Nr. 7009.

1100 *Meyer*, in: Frankfurter Zeitung 01.03.1914, zit. nach BA Berlin-Li., R 30.01, Nr. 7009.

1101 Frankfurter Zeitung 17.02.1914, zit. nach BA Berlin-Li., R 30.01, Nr. 7009.

Tageblatt vertreten. Die aus dem Kraftfahrzeuggesetz in § 20 des Entwurfs übernommenen Höchstsummen seien unzureichend, um in Fällen eines Massenunglücks allen Beteiligten ausreichend Ersatz zu gewähren. Die Festsetzung der zu zahlenden Schadenssummen sei vielmehr von den Gerichten vorzunehmen[1102].

Bodenheim erachtete in der Deutschen Zeitschrift für Luftschiffahrt die Höhe der Haftungsbeträge ebenfalls für unzureichend[1103]. Er schlug die Schaffung einer Haftpflicht-Versicherungsgenossenschaft vor, die nicht unmittelbar gegenüber dem Geschädigten, sondern nur dem in Anspruch genommenen Luftfahrzeughalter bzw. -führer einen Rückgriff gewähre. Die Genossenschaft sollte einen Zusammenschluß aller inländischen Luftfahrzeughalter und -führer bilden. Ausländern sei der Beitritt freizustellen.

Die geringe Zahl der zu erwartenden Mitglieder und ihre finanzielle Schwäche seien durch eine Beteiligung des Reichs und der Länder an der Haftpflicht-Versicherungsgenossenschaft auszugleichen. Die sich daraus ergebenden staats-, verwaltungs- und versicherungsrechtlichen Schwierigkeiten ließen sich nach Bodenheims Ansicht überwinden[1104].

[1102] *Freudenthal*, in: Berliner Tageblatt 18.02.1014, zit. nach BA Berlin-Li., R 30.01, Nr. 7009; ders., zit. nach GStA PK, I. HA Rep. 84 a, Nr. 1993, Bl. 3.

[1103] *Bodenheim*, Deutsche Zeitschrift für Luftschiffahrt 1914, XVIII. Jahrg., Nr. 17/18, S. 389 (390).

[1104] *Bodenheim*, Deutsche Zeitschrift für Luftschiffahrt 1914, XVIII. Jahrg., Nr. 17/18, S. 389 (391).

4. Teil: Die Entwicklung luftrechtlicher Regelungen nach dem ersten Weltkrieg

A. Überblick

Die im Krieg gesammelten Erfahrungen, die rasante Entwicklung der Luftfahrt und der nach dem Krieg wieder einsetzende Luftverkehr - teilweise wurden die Militärluftfahrzeuge nach einigen Umbaumaßnahmen im zivilen Luftverkehr eingesetzt[1105] - stellten den Gesetzgeber vor veränderte technische, wirtschaftliche und auch politische Rahmenbedingungen[1106]. Damit ergab sich die Notwendigkeit, neue gesetzliche Regelungen zu schaffen und die bereits begonnenen Maßnahmen für ein reichseinheitliches Luftverkehrsgesetz den veränderten Umständen anzupassen.

Der Versailler Vertrag[1107], der am 28. Juni 1919 zwischen den Alliierten und dem Deutschen Reich zur Beendigung des ersten Weltkriegs geschlossen wurde und am 10. Januar 1920 in Kraft trat, das zu seiner Durchsetzung am 5. Mai 1921 von den Alliierten gestellte Londoner Ultimatum[1108] und die von den Alliierten in der Note vom 14. April 1922 aufgestellten Begriffsbestimmungen[1109], die für das Deutsche Reich Vorgaben zur Unterscheidung der Zivilluftfahrt von der nach Art. 198 des Versailler Vertrags verbotenen Militärluftfahrt enthielten, führten zu weitreichenden Beschränkungen des Luftverkehrs[1110]. Zu einschneidenden Erleichterungen kam es im Jahre 1926 durch die Pariser Vereinbarungen über die Luftfahrt[1111]. In technischer Hinsicht erhielt die deutsche Zivilluftfahrt von da an wieder die Möglichkeit, mit den übrigen Staaten der Welt in Wettbewerb zu treten[1112].

Neben Art. 198 hatten die Art. 199 bis 202 des Versailler Vertrags, die Artikel 313 bis 320, die in erster Linie Vorgaben für die Behandlung der alliierten Luftfahrzeuge im deutschen Zivilluftverkehr enthielten, und darüber hinaus die Art. 42, 43, 170, 179 und 180 des Versailler Vertrags besondere Bedeutung für den Luftverkehr.

[1105]Vgl. 1. Teil B..

[1106]Zu der Möglichkeit der Versicherung von Luftfahrtschäden vor und während des Kriegs: *Luttenberger*, Deutsche Zeitschrift für Luftschiffahrt 1916, XX. Jahrg., Nr. 23/24, S. 370.

[1107]Vertrag vom 28. Juni 1919; RGBl. 1919 I, S. 687 ff..

[1108]Zit. nach *Rönnefarth/Euler*, S. 65/66.

[1109]Zit. nach *Hildebrandt*, S. 129 (131 ff.).

[1110]Vgl. dazu auch *Fischer*, S. 25 ff.; zu dem Verbot von Polizeifliegerstaffeln: vgl. auch *Hildebrandt*, S. 129 (129 ff.); zum Vergleich der Stärke der deutschen Zivilluftfahrt mit England und Frankreich: GStA PK, I. HA Rep. 120 Tn, Nr. 1 Bd. 7, Bl. 26 v ff..

[1111]Pariser Luftfahrtvereinbarungen vom 21. Mai 1926, zit. nach *Busse*, S. 211 ff..

[1112]*Schleicher*, Einl. S. 1.

B. Die nationale Entwicklung des Luftrechts bis zum Inkrafttreten eines reichseinheitlichen Luftverkehrsgesetzes im Jahre 1922

Bis zum Inkrafttreten der ersten Regelungen des Luftverkehrsgesetzes[1113] am 1. September 1922 ergingen folgende reichsrechtliche Bestimmungen mit Auswirkung auf den nationalen, zivilen Luftverkehr[1114]:

- die Verordnung, betreffend die vorläufige Regelung der Luftfahrt, vom 26. November 1918[1115],
- der Erlaß über die Errichtung des Reichsluftamts vom 4. Dezember 1918[1116],
- die Verordnung, betreffend die vorläufige Regelung des Luftfahrtrechts, vom 7. Dezember 1918[1117],
- das Gesetz über Enteignungen und Entschädigungen aus Anlaß des Friedensvertrags zwischen Deutschland und den alliierten und assoziierten Mächten vom 31. August 1919[1118],
- das Ausführungsgesetz zum Friedensvertrage vom 31. August 1919[1119],
- das Gesetz, betreffend die vorläufige Regelung der Luftfahrt, vom 3. Januar 1920[1120],
- die Verordnung, betreffend vorläufige Regelung des Luftverkehrs, vom 31. März 1920[1121],

---

[1113]RGBl. 1922 I, S. 681 ff.; Gesetzestext ist im Anhang wiedergegeben.

[1114]Folgende Bestimmungen lagen bereits zum 2. Mai 1919 als Entwurf vor: Entwurf einer Verordnung über die Zulassung öffentlicher Flugveranstaltungen vom 2. Mai 1919,
Entwurf einer Muster- und Stückprüfungsordnung vom 2. Mai 1919,
Entwurf einer Verordnung über die Prüfung, Zulassung und Kennzeichnung von Luftfahrzeugen zum Verkehr außerhalb der Flugplätze vom 2. Mai 1919,
Entwurf einer Verordnung über Prüfung und Zulassung von Bemannung der Luftfahrzeuge mit mechanischem Antrieb vom 2. Mai 1919,
Entwurf einer Verordnung über Beschaffenheit, Ausstattung, Kennzeichnung, Betrieb und Kontrolle der Flugplätze vom 2. Mai 1919,
Entwurf einer Verordnung über die Zulassung öffentlicher Flugveranstaltungen vom 2. Mai 1919,
Entwurf einer Verordnung über Kennzeichnung an der Erde vom 2. Mai 1919,
Entwurf einer Verordnung über den Verkehr mit Luftfahrzeugen mit mechanischem Antrieb innerhalb und außerhalb der Flugplätze vom 2. Mai 1919 (R 43 I/732, F 2 Nr. 59, 63/64; R 43 I/732, F 3 Nr. 69, 75, 78).

[1115]RGBl. 1918 II, S. 1337.

[1116]RGBl. 1918 II, S. 1400.

[1117]RGBl. 1918 II, S. 1407 ff..

[1118]RGBl. 1919 II, S. 1527 ff..

[1119]RGBl. 1919 II, S. 1530 ff..

[1120]RGBl. 1920 I, S. 14.

[1121]RGBl. 1920 I, S. 455/456.

- die Verordnung, betreffend die vorläufige Regelung der Luftfahrt, vom 30. April 1920[1122],
- die Richtlinien für die Festsetzung von Entschädigungen aus Anlaß der Durchführung der Bestimmungen der Artikel 169, 192, 202 und 238 des Friedensvertrags mit Ausnahme der Entschädigung für Vieh (Abrüstungs-Entschädigungsrichtlinien) vom 27. Mai 1920[1123],
- die Bekanntmachung vom 24. Juni 1920[1124],
- das Gesetz über die Entwaffung der Bevölkerung vom 7. August 1920[1125],
- die dritte Ausführungsbestimmung zu dem Gesetz über die Entwaffung der Bevölkerung vom 7. August 1920 (Reichs-Gesetzbl. S. 1553) vom 5. September 1920[1126],
- das Gesetz, betreffend Anmeldepflicht des zur Durchführung des Artikel 202 des Friedensvertrags beschlagnahmten Luftfahrzeuggeräts, vom 30. Dezember 1920[1127],
- die Bekanntmachung, betreffend Beschlagnahme des auszuliefernden Luftfahrzeuggeräts, vom 30. Dezember 1920[1128],
- das Gesetz zur Durchführung der Artikel 169, 192, 202 und 238 des Friedensvertrags vom 26. März 1921[1129],
- das Gesetz über Beschränkung des Luftfahrzeugbaues vom 29. Juni 1921[1130],
- das Gesetz über Anmeldung des zur Durchführung des Artikels 202 des Friedensvertrags beschlagnahmten Luftfahrzeuggeräts vom 9. Juli 1921[1131],
- die Bekanntmachung, betreffend Erfassung des auszuliefernden Luftfahrzeuggeräts, vom 9. Juli 1921[1132]
- die Verordnung über Beschlagnahme von Luftfahrzeuggerät vom 9. Juli 1921[1133],
- die Verordnung über Luftfahrzeugbau vom 5. Mai 1922[1134],
- die Bestimmungen zum Gesetz über die Beschränkung des Luftfahrzeugbaues vom 10. August 1922[1135] und

[1122]RGBl. 1920 I, S. 857.
[1123]RGBl. 1920 I, S. 1111 ff..
[1124]Deutscher Reichsanzeiger und Preußischer Staatsanzeiger vom 24.06.1920, Nr. 137.
[1125]RGBl. 1920 II, S. 1553 ff..
[1126]RGBl. 1920 II, S. 1637 ff..
[1127]RGBl. 1921 I, S. 43/44.
[1128]RGBl. 1921 I, S. 44 ff..
[1129]RGBl. 1921 I, S. 448.
[1130]RGBl. 1921 I, S. 789/790; vgl. auch Verordnung zur Änderung der Verordnung über Luftfahrzeugbau vom 29. September 1923 (RGBl. 1923 I, S. 927).
[1131]RGBl. 1921 I, S. 850/851.
[1132]RGBl. 1921 I, S. 851 ff..
[1133]RGBl. 1921 I, S. 853 ff..
[1134]RGBl. 1922 I, S. 476 ff..
[1135]RGBl. 1922 I, S. 711/712.

- der Vertrag zwischen dem Deutschen Reich und dem Verband Deutscher Luftfahrzeug-Industrieller GmbH[1136].

I. Die wichtigsten Bestimmungen behördlicher Zuständigkeiten

Mit der Verordnung des Rates der Volksbeauftragten[1137], betreffend die vorläufige Regelung der Luftfahrt, vom 26. November 1918[1138], wurden dem Reichsamt des Innern, einem noch zu errichtenden Reichsluftamt, dem Kriegsministerium und dem Verwertungsamt für Heeres- und andere reichseigene Güter Zuständigkeiten auf dem Gebiet der Luftfahrt übertragen.

Das Reichsamt des Innern wurde ermächtigt, die Verhältnisse der Luftfahrt provisorisch bis zum Erlaß einer gesetzlichen Regelung zu ordnen. Zur Ausführung dieser Aufgaben hatte es ein Reichsluftamt zu errichten. Das Kriegsministerium wurde ermächtigt, zur Sicherung der Anordnungen eine militärische Flugüberwachung zu schaffen. Zu dieser Regelung war von *Everling* ausgeführt worden, sie lasse das Kriegsministerium als Vollzugsorgan des Reichsamts des Innern erscheinen. Im übrigen könne die Schaffung einer militärischen Flugüberwachung als Militarisierung der Luftfahrt aufgefaßt werden, soweit man die Überlegung berücksichtige, daß diese Aufgaben von den Orts- und Grenzpolizeibehörden ausgeführt werden könnten[1139].

Das Verwertungsamt für Heeres- und andere reichseigene Güter erhielt nach der Verordnung die Aufgabe, die Liquidierung der Militärluftfahrt unter Beteiligung der militärischen Beschaffungsstellen und des Reichsluftamts vorzunehmen.

Durch die Verordnung des Rates der Volksbeauftragten erhielt das Reich erstmals die Zuständigkeit für alle Angelegenheiten der Zivilluftfahrt. Die Übergangsregelung war auch deshalb von Bedeutung, weil die Zivilluftfahrt damit - von der durch das Kriegsministerium zu errichtenden militärischen Flugüberwachung abgesehen - nicht der Zuständikeit der Militärbehörden unterstellt wurde[1140].

Am 4. Dezember 1918 wurde das Reichsluftamt durch den Erlaß über die Errichtung des Reichsluftamts[1141] geschaffen. Rechtsgrundlage des Erlasses war die Verordnung, betreffend die vorläufige Regelung der Luftfahrt, vom 26. Novem-

---

[1136] RGBl. 1922 I, S. 712/713.

[1137] Der Rat der Volksbeauftragten war die kurz vor Kriegsende provisorisch gebildete „Reichsregierung", die am 9. November die Reichsleitung an Stelle des Reichskanzlers übernahm (*Huber*, S. 6).

[1138] RGBl. 1918 II, S. 1337.

[1139] *Everling*, Deutsche Zeitschrift für Luftschiffahrt 1919, XXIII. Jahrg., Nr. 1/2, S. 16 (17).

[1140] Vgl. auch *Fischer*, S. 33.

[1141] RGBl. 1918 II, S. 1400.

ber 1918[1142]. Das Reichsluftamt erhielt die Aufgabe, die Angelegenheiten der Luftfahrt selbständig zu ordnen mit der Maßgabe, daß das Luftfahrtrecht vom Reichsamt des Innern unter Mitwirkung des Reichsluftamts geregelt wurde[1143]. Die Leitung des Reichsluftamts wurde August Euler übertragen. Er galt als Verfechter eines freien Wettbewerbs[1144] und hatte sich während seiner Amtszeit stets für einen vom militärischen Bereich unabhängigen zivilen Luftverkehr eingesetzt[1145]. An Eulers Stelle[1146] trat zu Beginn des Jahres 1921 Traugott Bredow[1147].

Bezeichnend für die revolutionären Ereignisse war, daß das Reichsluftamt von einem anderen Reichsamt errichtet worden war. Bisher hatte man „Reichsamt" als Zentralbehörde bezeichnet, d. h. als Behörde, der keine andere Behörde übergeordnet war[1148]. Auffällig war außerdem, daß der Erlaß einem Unterstaatssekretär die Leitung eines Reichs-amts übertrug. Eine Aufgabe, die bisher - wie *Everling* ausführte - leitenden Amtsträgern, z. B. Staatssekretären, vorbehalten war[1149]. Beachtlich war darüber hinaus, daß das Reichsluftamt die Angelegenheiten der Luftfahrt selbständig zu bearbeiten hatte[1150], für den Bereich des Luftrechts jedoch eine Zuständigkeit des Reichsamts des Innern unter Mitwirkung des Reichsluftamts vorgesehen war[1151].

Die vom Rat der Volksbeauftragten dem Reich zugewiesene Zuständigkeit auf dem Gebiet der Luftfahrt blieb auch durch die von der Nationalversammlung am

---

1142 RGBl. 1918 II, S. 1337.

1143 Zu den dem Reichsluftamt verbleibenden Zuständigkeiten: *Everling*, Deutsche Zeitschrift für Luftschiffahrt 1919, XXIII. Jahrg., Nr. 1/2, S. 16 (17); *Everling*, Deutsche Zeitschrift für Luftschiffahrt 1919, XXIII. Jahrg., Nr. 3/4, S. 12 (14/15).

1144 *Fischer*, S. 38; vgl. auch *Everling*, Deutsche Zeitschrift für Luftschiffahrt 1919, XXIII. Jahrg., Nr. 3/4, S. 12 (14/15); in verschiedenen Sitzungen des Reichsluftamts war mehrfach über eine Verstaatlichung der Luftfahrt, die Errichtung gemischt-wirtschaftlicher Unternehmen oder einen freien Wettbewerb im Luftverkehr diskutiert worden (BA Berlin-Li., R 43 I /731, F 6 Nr. 208 ff.; BA Berlin-Li., R 30.01, Nr. 7004, Bl. 9 ff.).

1145 *Fischer*, S. 32 ff.; vgl. auch *Everling*, Deutsche Zeitschrift für Luftschiffahrt 1919, XXIII. Jahrg., Nr. 3/4, S. 12 (15).

1146 Zu den Ursachen und Gründen für das Ausscheiden Eulers zu diesem frühen Zeitpunkt: *Fischer*, S. 33 ff..

1147 Nach seiner Tätigkeit als Oberregierungsrat im Reichsmarineamt war er Wirklicher Oberregierungsrat im Preußischen Ministerium der öffentlichen Arbeiten. Seine Nachfolge trat am 1. April 1924 Ernst Brandenburg an; weitere Angaben zu der Person Brandenburgs: *Fischer*, S. 34.

1148 *Everling*, Deutsche Zeitschrift für Luftschiffahrt 1919, XXIII. Jahrg., Nr. 1/2, S. 16 (16).

1149 *Everling*, Deutsche Zeitschrift für Luftschiffahrt 1919, XXIII. Jahrg., Nr. 1/2, S. 16 (16).

1150 Vgl. auch *Everling*, Deutsche Zeitschrift für Luftschiffahrt 1919, XXIII. Jahrg., Nr. 1/2, S. 16 (17).

1151 Vgl. *Everling*, Deutsche Zeitschrift für Luftschiffahrt 1919, XXIII. Jahrg., Nr. 1/2, S. 16 (16).

11. August 1919 beschlossene Weimarer Verfassung (WRV)[1152] unangetastet. Nach Art. 7 Nr. 19 WRV[1153] behielt das Reich die Gesetzgebungszuständigkeit für das gesamte nationale Verkehrswesen. Solange und soweit das Reich von seiner Gesetzgebungszuständigkeit keinen Gebrauch machte, behielten die Länder nach Art. 12 Abs. 1 S. 1 WRV[1154] das Recht der Gesetzgebung. Für den internationalen Luftverkehr hatte das Reich gemäß Art. 6 Nr. 1 WRV die Zuständigkeit.

Das Gesetz, betreffend die vorläufige Regelung der Luftfahrt, vom 3. Januar 1920[1155] erweiterte die bestehenden behördlichen Zuständigkeiten. Es ermächtigte die Reichsregierung, die Bearbeitung der die Luftfahrt betreffenden Angelegenheiten auch anderen Behörden als den in der Verordnung, betreffend die vorläufige Regelung der Luftfahrt, vom 26. November 1918[1156] genannten, zu übertragen. Das Erfordernis, die bereits bestehenden Zuständigkeitsregelungen zu erweitern, ergab sich nach der Begründung des gleichlautenden Entwurfs eines Gesetzes, betreffend die vorläufige Regelung der Luftfahrt, vom 26. November 1918[1157] aus der Tatsache, daß man beabsichtigte, die Angelegenheiten des Luftfahrtwesens einem neu zu errichtenden Reichsverkehrsministerium zu übertragen[1158]. Außerdem wurde es für zweckmäßig erachtet, die dafür erforderlich werdende Neuordnung der behördlichen Zuständigkeiten nicht gesetzlich festzulegen, sondern weiterhin der Entscheidung der Reichsregierung zu übertragen. Für die beabsichtigte Regelung bedurfte es eines Reichsgesetzes, da die Verordnung vom 26. November 1918 Gesetzeskraft hatte und der Grundsatz der formellen Gesetzeskraft dies erforderte[1159].

Die Gründung des Reichsverkehrsministeriums erfolgte am 9. Januar 1920. Es erhielt auch die Zuständigkeit für den Luftverkehr. Durch das Gesetz, betreffend die vorläufige Regelung der Luftfahrt, vom 3. Januar 1920[1160] und den Erlaß des Reichspräsidenten, betreffend die Errichtung und den Geschäftskreis des Reichsverkehrsministeriums, vom 9. Januar 1920[1161] wurde dem Reichsverkehrsministerium das Reichsamt für Luft- und Kraftfahrwesen als selbständige Abteilung

---

[1152] RGBl. 1919 I, S. 1383 ff..
[1153] RGBl. 1919 I, S. 1383 ff..
[1154] RGBl. 1919 I, S. 1383 ff..
[1155] RGBl. 1920 I, S. 14.
[1156] RGBl. 1918 II, S. 1337.
[1157] RGBl. 1918 II, S. 1337.
[1158] Verhandlungen der verfassungsgebenden Deutschen Nationalversammlung, Bd. 340, Ds. Nr. 1622.
[1159] Verhandlungen der verfassungsgebenden Deutschen Nationalversammlung, Bd. 340, Ds. Nr. 1622.
[1160] RGBl. 1920 I, S. 14.
[1161] Zit. nach *Busse*, S. 144/145.

III angegliedert[1162]. Das Reichsamt für Luft- und Kraftfahrwesen war am 6. Dezember 1919 aus dem Reichsluftamt hervorgegangen.

II. Die Verordnung, betreffend die vorläufige Regelung des Luftrechts, vom 7. Dezember 1918

Noch vor dem Ende des ersten Weltkriegs wurden die bereits vor Kriegsbeginn angefangenen Arbeiten an einer reichseinheitlichen Regelung für den Luftverkehr auf *Preußens* Wunsch wieder aufgenommen. Im Preußischen Ministerium der öffentlichen Arbeiten erwartete man, daß die Luftfahrt nach Beendigung des Kriegs eine noch größere Gefahr als vorher für die Allgemeinheit darstellen würde, da mit einem starken Anwachsen der Luftfahrtindustrie und mit einer Zunahme der fliegerischen Betätigung, insbesondere der Sportfliegerei, zu rechnen sei[1163]. Es kam hinzu, daß in Preußen Bestimmungen über die Zulassung der Luftfahrzeuge und deren Führer fehlten, nachdem dem Deutschen Luftfahrerverband die ihm übertragenen Befugnisse zur Regelung des Luftverkehrs am 1. Oktober 1914 vom Preußischen Ministerium der öffentlichen Arbeiten und vom Preußischen Ministerium des Innern entzogen worden waren[1164]. Hintergrund für diese Maßnahme war die Tatsache, daß nach dem Austritt wichtiger Mitglieder der Verband nicht mehr als Repräsentant der Luftfahrtinteressen galt[1165]. Aus diesen Gründen hielt man in Preußen den Erlaß gesetzlicher Regelungen für die Luftfahrt unmittelbar nach Beendigung des Krieges für unumgänglich. Für den Fall, daß bis dahin keine reichseinheitlichen Bestimmungen erlassen würden, beabsichtigte man den Erlaß einer eigenständigen Regelung[1166].

Das *Reichsamt des Innern* wollte eine Regelung des Luftverkehrs durch Polizeiverordnungen der Einzelstaaten möglichst verhindern[1167] und leitete daher die erforderlichen Maßnahmen ein. Eine erste - sogleich näher zu besprechende - Beratung über eine Regelung für den Luftverkehr fand am 10. März 1917 im Reichsamt des Innern statt. In der Beratung einigten sich die Teilnehmer darauf, eine Regelung durch eine Verordnung aufgrund des § 3 des Ermächtigungsgesetzes vom 4. August 1914[1168] zu erlassen. Eine weitere Beratung fand ebenfalls im Reichsamt des Innern am 30. Oktober 1918 statt, bevor am 7. Dezember 1918 mit der Verordnung[1169], betreffend die vorläufige Regelung der Luftfahrt, eine erste reichseinheitliche Regelung für das Deutsche Reich in Kraft treten konnte.

[1162] Vgl. dazu *Fischer*, S. 33/34.
[1163] Vgl. BA Berlin-Li., R 30.01, Nr. 7003, Bl. 57.
[1164] Vgl. BA Berlin-Li., R 30.01, Nr. 7003, Bl. 58.
[1165] BA Berlin-Li., R 30.01, Nr. 7003, Bl. 61 v; GStA PK, I. HA Rep. 84 a, Nr. 1988 Bl. 125 v.
[1166] BA Berlin-Li., R 30.01, Nr. 7003, Bl. 58 v.
[1167] BA Berlin-Li., R 30.01, Nr. 7003, Bl. 58.
[1168] RGBl. 1914, S. 327/328.
[1169] RGBl. 1918 II, S. 1407 ff..

1. Die kommissarische Beratung vom 10. März 1917 über eine Regelung des Luftverkehrs

Zu Beginn der Beratung[1170] gab der Vorsitzende *Lewald* einen kurzen Überblick über die bestehende Lage. Er führte aus, daß der zivile Luftverkehr in Deutschland während des Kriegs verboten worden sei. Nach Beendigung des Belagerungszustands entfalle die Befugnis der Militärbefehlshaber, Verbotsanordnungen zu erlassen, der Luftverkehr werde dann wieder in gleicher Weise wie vor dem Krieg zulässig sein, falls bis dahin keine andere Regelung getroffen werde. Zur Zeit werde der Luftverkehr in den einzelnen Bundesstaaten durch Anordnungen, die zur Sicherung der „verbotenen Zonen" erlassen worden seien, geregelt[1171].

Seitens des *Reichsamts des Innern* rechnete man mit einer Zunahme der fliegerischen Betätigung nach Beendigung des Kriegs. Viele Flieger kämen aus dem Krieg zurück oder würden aus dem Heer entlassen werden. Die Flugzeugindustrie werde bemüht sein, sowohl ihre alten, von der Heeresverwaltung nicht abgenommenen Flugzeuge als auch neue Fluggeräte zu verkaufen. Schon jetzt seien Bestrebungen erkennbar, größere Luftfahrtunternehmen zu gründen[1172]. Dabei herrsche eine rege Konkurrenz zwischen den einzelnen Unternehmen. Zwischen den Luftfahrtorganisationen sei bereits ein harter Verdrängungswettbewerb zu beobachten[1173]. Bezüglich einer Luftverkehrsregelung forderte das *Reichsamt des Innern* den Erlaß einer reichseinheitlichen Bestimmung noch vor Kriegsende[1174]. Es lehnte es ab, diese Aufgabe den Interessenvertretern der Luftfahrt zu übertragen. Auch eine polizeiliche Regelung durch die einzelnen Bundesstaaten hielt es

---

[1170]An der Beratung nahmen teil: für das Reichsamt des Innern *Lewald* (Direktor) als Vorsitzender und *Dammann* (Geheimer Oberregierungsrat), für das Reichsjustizamt *Dronke* (Geheimer Oberregierungsrat), für das Auswärtigen Amt *Siedler* (Legationsrat), für das Reichspostamt *Jacobs* (Geheimer Oberpostrat) und *Triloff* (Postrat), für das Reichsmarineamt *Starke* (Konteradmiral z. D.) und *von Müller-Berneck* (Korvettenkapitän z. D.) für das Preußische Ministerium der öffentlichen Arbeiten *Tull* (Geheimer Oberregierungsrat), für das Preußische Ministerium des Innern *Roedenbeck* (Geheimer Oberregierungsrat), für das Preußische Ministerium für Handel und Gewerbe *Jaeger* (Geheimer Oberregierungsrat), für das Preußische Kultusministerium *Hergesell* (Geheimer Regierungsrat) und *Trendelenburg* (Regierungsrat), für das Preußische Kriegsministerium *Sachs* (Major) und *Kirchner* (Hauptmann), für den kommandierenden General der Luftstreitkräfte *Thomsen* (Chef des Generalstabs) und als Protokollführer *Feder* (Rechnungsrat).

[1171]BA Berlin-Li., R 30.01, Nr. 7003, Bl. 62; GStA PK, I. HA Rep. 84 a, Nr. 1988 Bl. 126; GStA PK, I. HA Rep. 120 Tn, Nr. 1 Bd. 5, Bl. 210.

[1172]BA Berlin-Li., R 30.01, Nr. 7003, Bl. 62; GStA PK, I. HA Rep. 84 a, Nr. 1988 Bl. 126; GStA PK, I. HA Rep. 120 Tn, Nr. 1 Bd. 5, Bl. 210.

[1173]BA Berlin-Li., R 30.01, Nr. 7003, Bl. 62/62 v; GStA PK, I. HA Rep. 84 a, Nr. 1988 Bl. 126/126 v; GStA PK, I. HA Rep. 120 Tn, Nr. 1 Bd. 5, Bl. 210/210 v.

[1174]BA Berlin-Li., R 30.01, Nr. 7003, Bl. 62 v; GStA PK, I. HA Rep. 84 a, Nr. 1988 Bl. 126 v; GStA PK, I. HA Rep. 120 Tn, Nr. 1 Bd. 5, Bl. 210 v.

mit den Interessen des Luftverkehrs für unvereinbar. Es forderte daher - wie in einem der Beratung vorausgegangenen Schriftwechsel mit Preußen - , eine reichsgesetzliche Regelung zu erlassen. In Ermangelung ausreichender Erfahrungen und aufgrund noch nicht klar geregelter Verhältnisse sprach es sich dagegen aus, den Entwurf eines Gesetzes über den Verkehr mit Luftfahrzeugen aus dem Jahre 1914 oder eine davon abgeänderte Fassung dem Bundesrat und dem Reichstag vorzulegen. Es forderte, eine provisorische Regelung durch eine Bundesratsverordnung auf der Grundlage des § 3 des Ermächtigungsgesetzes vom 4. August 1914[1175] zu erlassen. Die Bundesratsverordnung sollte lediglich das Notwendigste festlegen und folgende Punkte regeln:

1. Prüfung der Fahrzeuge,
2. Prüfung der Führer,
3. Regelung des Verkehrs auf Flugplätzen,
4. Zulassung von Flugveranstaltungen,
5. Zulassung von Luftfahrtunternehmen,
6. Regelung verbotener Zonen,
7. Mitführung von photographischen Apparaten usw.[1176].

Tull, der Vertreter des Preußischen Ministeriums der öffentlichen Arbeiten, führte aus, daß auch die Preußische Regierung den Erlaß einer klaren luftverkehrsrechtlichen Regelung unmittelbar nach Beendigung des Kriegs für notwendig erachte. Anderenfalls sehe sie sich dazu gezwungen, eine provisorische Regelung für Preußen zu erlassen, obwohl sie grundsätzlich der Auffassung sei, daß eine einzelstaatliche Regelung nur ein zusätzlicher Notbehelf sein könne. Für eine Entscheidung in der Sache sei im wesentlichen die Stellungnahme der Heeresverwaltung maßgeblich[1177].

Vom *Reichsjustizamt* wurde ebenfalls eine provisorische Regelung des Luftverkehrs aufgrund des Ermächtigungsgesetzes vom 4. August 1914[1178] durch eine Bundesratsverordnung befürwortet. Diese Art der Regelung sei jedoch nach den Ausführungen des Vertreters des Reichsjustizamts *Dronke* insofern nachteilig, als der Reichstag jederzeit die Möglichkeit habe, die Aufhebung der Verordnung zu verlangen. Damit würde erneut ein unsicherer Zustand eintreten[1179].

Für den kommandierenden General der Luftstreitkräfte führte *Thomsen* aus, daß man aufgrund der im Krieg gesammelten Erfahrungen die Zulassung eines

[1175]RGBl. 1914, S. 327/328.
[1176]BA Berlin-Li., R 30.01, Nr. 7003, Bl. 62 v/63; GStA PK, I. HA Rep. 84 a, Nr. 1988 Bl. 126 v/127; GStA PK, I. HA Rep. 120 Tn, Nr. 1 Bd. 5, Bl. 210 v/211.
[1177]BA Berlin-Li., R 30.01, Nr. 7003, Bl. 63; GStA PK, I. HA Rep. 84 a, Nr. 1988 Bl. 127; GStA PK, I. HA Rep. 120 Tn, Nr. 1 Bd. 5, Bl. 211.
[1178]RGBl. 1914, S. 327/328.
[1179]BA Berlin-Li., R 30.01, Nr. 7003, Bl. 63; GStA PK, I. HA Rep. 84 a, Nr. 1988 Bl. 127; GStA PK, I. HA Rep. 120 Tn, Nr. 1 Bd. 5, Bl. 211.

freien zivilen Luftverkehrs nach dem Krieg für unvereinbar mit der Gewährleistung der militärischen Sicherheit halte[1180]. Im Interesse des nationalen Luftschutzes reiche es nicht aus, die zum Schutz militärischer Interessen geschaffenen „verbotenen Zonen“ aufrechtzuerhalten. Vielmehr müsse jeder zivile Luftverkehr verboten werden. Eine sich daraus ergebende Beeinträchtigung wirtschaftlicher Interessen der Luftfahrtindustrie sei in Kauf zu nehmen. Es müsse damit gerechnet werden, daß auch nach dem Krieg die Heeres- und Marineverwaltung Hauptabnehmer der Luftfahrtindustrie bleiben werde. Die Einrichtung staatlicher Flugzeugfabriken nach dem Krieg sei nicht beabsichtigt. Inwieweit die privaten Fabriken die Möglichkeit erhalten sollten, Probeflüge durchzuführen, müsse gesondert überprüft werden. An Sportflugzeugen habe die Heeresverwaltung kein Interesse. Der Sportbetrieb sei daher einer speziellen Kontrolle zu unterstellen[1181]. Auch das Preußische Kriegsministerium war nach der von *Sachs* vorgetragenen Auffassung der Meinung, daß unmittelbar nach dem Krieg eine reichsgesetzliche Regelung für den Luftverkehr erlassen werden müsse[1182].

Das *Reichsmarineamt* forderte ebenfalls den Erlaß einer schnellen reichsgesetzlichen Regelung im Wege einer Bundesratsverordnung, um den Erlaß von Verbotsvorschriften nach Beendigung der Befugnisse der Militärbefehlshaber zu verhindern[1183]. Anders als *Thomsen* vertrat *Starke*, das Reichsmarineamt vertretend, die Auffassung, daß die Luftfahrzeugindustrie nicht allein durch die Aufträge der Heeres- und Marineverwaltung aufrechterhalten werden könne und daß ihr deshalb soviel Betätigungsspielraum gewährt werden müsse, wie es die Interessen des nationalen Luftschutzes zuließen[1184].

Jaeger, der Vertreter des Preußischen Ministeriums für Handel und Gewerbe, hielt es ebenfalls für bedenklich, die Interessen der Luftfahrzeugindustrie durch die beabsichtigte Regelung zu sehr zu beschränken, da die Heeresverwaltung damit letztlich ihre eigenen Interessen schädige[1185].

[1180] BA Berlin-Li., R 30.01, Nr. 7003, Bl. 63/63 v; GStA PK, I. HA Rep. 84 a, Nr. 1988 Bl. 127/127 v; GStA PK, I. HA Rep. 120 Tn, Nr. 1 Bd. 5, Bl. 211/211 v.

[1181] BA Berlin-Li., R 30.01, Nr. 7003, Bl. 63 v; GStA PK, I. HA Rep. 84 a, Nr. 1988 Bl. 127 v; GStA PK, I. HA Rep. 120 Tn, Nr. 1 Bd. 5, Bl. 211 v.

[1182] BA Berlin-Li., R 30.01, Nr. 7003, Bl. 63 v; GStA PK, I. HA Rep. 84 a, Nr. 1988 Bl. 127 v; GStA PK, I. HA Rep. 120 Tn, Nr. 1 Bd. 5, Bl. 211 v.

[1183] BA Berlin-Li., R 30.01, Nr. 7003, Bl. 64; GStA PK, I. HA Rep. 84 a, Nr. 1988 Bl. 128; GStA PK, I. HA Rep. 120 Tn, Nr. 1 Bd. 5, Bl. 212.

[1184] BA Berlin-Li., R 30.01, Nr. 7003, Bl. 64; GStA PK, I. HA Rep. 84 a, Nr. 1988 Bl. 128; GStA PK, I. HA Rep. 120 Tn, Nr. 1 Bd. 5, Bl. 212.

[1185] BA Berlin-Li., R 30.01, Nr. 7003, Bl. 64; GStA PK, I. HA Rep. 84 a, Nr. 1988 Bl. 128; GStA PK, I. HA Rep. 120 Tn, Nr. 1 Bd. 5, Bl. 212.

Als Vertreter des Preußischen Ministeriums der geistlichen und Unterrichtsangelegenheiten forderte *Hergesell*, die Interessen der wissenschaftlichen Forschung bei der geplanten Regelung nicht unberücksichtigt zu lassen[1186].

Zusammenfassend stellte der Vorsitzende *Lewald* fest, daß in absehbarer Zeit eine reichseinheitliche Regelung des Luftverkehrs herbeigeführt werden müsse, da die Interessen der Heeresverwaltung nach Beendigung des Kriegs anders nicht geschützt werden könnten[1187]. Er schlug vor, eine solche Regelung im Wege einer Bundesratsverordnung aufgrund des § 3 des Ermächtigungsgesetzes[1188] vorzunehmen. Die Grundzüge dafür sollten im Reichsamt des Innern erarbeitet werden[1189]. Diesem Vorschlag stimmten die übrigen Teilnehmer zu.

2. *Die Erstellung eines Referentenentwurfs*

Im Anschluß an die Beratung vom 10. März 1917 wurde im Reichsamt des Innern ein Verordnungsentwurf erstellt[1190]. Bezeichnend dafür war, daß er anders als die Reichstagsvorlage des Entwurfs eines Luftverkehrsgesetzes von 1914[1191] dem Reichskanzler und den Militärbehörden umfassende Zuständigkeiten erteilte und ihnen damit entscheidende Einflußmöglichkeiten auf die Zivilluftfahrt ermöglichte. So wurde beispielsweise der Reichskanzler ermächtigt, Ausführungsandordnungen zu erlassen (§ 32), zur Ausführung der Verordnung eine Reichsstelle für die Luftfahrt zu errichten (§ 33) und Luftfahrtunternehmen mit „hinzutretender Zustimmung der örtlich beteiligten Landeszentralbehörden" zu genehmigen (§ 18). An Zulassungsprüfungen hatten grundsätzlich Vertreter der Militärbehörden mitzuwirken (§ 3). Der Entwurf wurde nach den Ausführungen des Reichsamts des Innern jedoch noch einmal mit dem Ziel umgearbeitet, die Bestimmungen noch stärker an denen der Reichstagsvorlage des Entwurfs eines Luftverkehrsgesetzes aus dem Jahre 1914[1192] auszurichten. Damit sollte die Verabschiedung des Verordnungsentwurfs erleichtert werden, da diese Vorschriften bereits schon einmal die Zustimmung des Bundesrats und im allgemeinen auch die des Reichstags erhalten hatten[1193].

[1186] BA Berlin-Li., R 30.01, Nr. 7003, Bl. 64; GStA PK, I. HA Rep. 84 a, Nr. 1988 Bl. 128; GStA PK, I. HA Rep. 120 Tn, Nr. 1 Bd. 5, Bl. 212.

[1187] BA Berlin-Li., R 30.01, Nr. 7003, Bl. 64/64 v; GStA PK, I. HA Rep. 84 a, Nr. 1988 Bl. 128/128 v; GStA PK, I. HA Rep. 120 Tn, Nr. 1 Bd. 5, Bl. 212/212 v.

[1188] RGBl. 1914, S. 327/328.

[1189] BA Berlin-Li., R 30.01, Nr. 7003, Bl. 64 v; GStA PK, I. HA Rep. 84 a, Nr. 1988 Bl. 128 v; GStA PK, I. HA Rep. 120 Tn, Nr. 1 Bd. 5, Bl. 212 v.

[1190] BA Berlin-Li., R 30.01, Nr. 7003, Bl. 76 ff..

[1191] Verh. des RT, 13. Leg.-Per., 1. Session 1912/14, Bd. 303, Ds. Nr. 1338.

[1192] Verh. des RT, 13. Leg.-Per., 1. Session 1912/14, Bd. 303, Ds. Nr. 1338.

[1193] BA Berlin-Li., R 30.01, Nr. 7003, Bl. 87; vgl. auch *Fischer*, S. 129, insoweit ungenau: ein Verordnungsentwurf aus dem Frühjahr 1918 wird als neue „Fassung" des Vorkriegsentwurfs eines Luftverkehrsgesetzes bezeichnet.

Abgelehnt wurden zwei Verordnungsentwürfe der Militärbehörden. Nach dem ersten Entwurf sollten die Militärbehörden fast alle Zuständigkeiten zur Erteilung der vorgesehenen Genehmigungen erhalten[1194]. Ein Inkrafttreten dieser Regelung hätte bedeutet, daß die Zivilluftfahrt weitestgehend einer militärischen Kontrolle unterstellt worden wäre. Der zweite Entwurf schwächte den Einfluß der militärischen Stellen ab, indem er grundsätzlich die Zivilbehörden für zuständig erklärte und den Militärbehörden lediglich in bestimmten Fällen die Möglichkeit gewährte, der Erteilung bestimmter Genehmigungen zu widersprechen[1195]. Aus zwei Gründen hielten es die Militärbehörden für erforderlich, auch die Zivilluftfahrt ihrer Kontrolle zu unterstellen: zum einen sollten alle Fragen im Zusammenhang mit der Luftfahrt möglichst einheitlich durch eine zentrale Stelle geregelt werden[1196]. Zum anderen sei eine derartige Regelung im Interesse der Landesverteidigung unerläßlich. So sei es aufgrund des technischen Fortschritts möglich, Flughöhen über 500 m zu erreichen. Die Luftfahrt sei daher schwer zu kontrollieren. Im übrigen ließen sich durch Lichtbildaufnahmen Landesgeheimnisse einfacher als bisher auskundschaften. Dies alles erfordere auch nach dem Krieg umfassende Schutzvorkehrungen vor Luftspionage[1197].

3. *Die kommissarische Beratung vom 30. Oktober 1918*

Am 30. Oktober 1918 berieten die Vertreter verschiedener Ministerien im Reichsamt des Innern über den von diesem überarbeiteten Entwurf einer Bundesratsverordnung für den Luftverkehr[1198].

[1194] GStA PK , I. HA Rep. 120 Tn, Nr. 1 Bd. 5, Bl. 248 ff..

[1195] Vgl. § 4 Abs. 1, § 7 Abs. 2 und § 8 Abs. 2 des Entwurfs (GStA PK, I. HA Rep. 120 Tn, Nr. 1 Bd. 5, Bl. 281 ff.).

[1196] GStA PK , I. HA Rep. 120 Tn, Nr. 1 Bd. 5, Bl. 247 v.

[1197] GStA PK , I. HA Rep. 120 Tn, Nr. 1 Bd. 5, Bl. 246/246 v.

[1198] BA Berlin-Li., R 30.01, Nr. 7003, Bl. 90 ff.; GStA PK , I. HA Rep. 120 Tn, Nr. 1 Bd. 5, Bl. 395; GStA PK, I. HA Rep. 84 a, Nr. 1988, Bl. 181; an der Beratung nahmen teil: für das Reichsamt des Innern *Dammann* als Vorsitzender (Direktor) und *Bruns* (Geheimer Regierungsrat), für das Auswärtige Amt *von Wangenheim* (Generalkonsul), für das Reichsmarineamt *Starke* (Konteradmiral z. D.), *von Müller-Berneck* (Korvettenkapitän z. D.) und *Damm* (Admiralitätsrat), für das Reichsschatzamt *Schulze* (Geheimer Oberregierungsrat), für das Reichsjustizamt *Dronke* (Geheimer Oberregierungsrat), für das Reichspostamt *Wachenfeld* (Wirklicher Geheimer Oberpostrat) und *Lerche* (Geheimer Baurat), für das Reichswirtschaftsamt *Konepacki-Kaonopath* (Assessor), für das Kriegsministerium *Grünwaldt* (Wirklicher Geheimer Kriegsrat), *Sachs* (Major) und *Kirchner* (Major), für die Oberste Heeresleitung und für den Kommandierenden General der Luftstreitkräfte: *von Oppeln-Bronikowski* (Major im Generalstab), vom Ministerium der öffentlichen Arbeiten *Bredow* (Wirklicher Geheimer Oberregierungsrat), vom Ministerium der geistlichen und Unterrichtsangelegenheiten (Kultusministerium) *Nentwig* (Geheimer Oberregierungsrat), *Hergesell* (Geheimer Regierungsrat), *Krüns* (Geheimer Regierungsrat), vom Ministerium des Innern *Roedenbeck* (Geheimer Ober-

Der Verordnungsentwurf hatte ausschließlich den Verkehr mit Luftschiffen und Flugzeugen zum Gegenstand seiner Regelung. Er enthielt 14 Bestimmungen und gliederte sich in folgende fünf Abschnitte:

A. Luftfahrzeuge und ihre Führer,
B. Aufstieg-, Landungs- und Flugplätze,
C. Flugveranstaltungen,
D. Luftfahrtunternehmen und
E. Gemeinsame Vorschriften.

Der Entwurf regelte eine Zulassungspflicht für Flugzeuge und Luftschiffe für den Verkehr außerhalb von Flugplätzen (§ 1) und den Ausschluß zugelassener Fahrzeuge vom Verkehr (§ 3), eine Erlaubnispflicht für Luftfahrer für den Verkehr außerhalb von Flugplätzen (§ 4 Abs. 1), die Erteilung der entsprechenden Erlaubnis (§ 4 Abs. 2) und deren Entzug (§ 5). Eine Genehmigungspflicht für Aufstieg-, Landungs- und Flugplätze und für Luftfahrtunternehmen (§ 8) und eine Strafvorschrift bei Zuwiderhandlungen gegen die Verordnung oder die vom Reichskanzler oder von den Landeszentralbehörden erlassenen Anordnungen (§ 12). Im Unterschied zur Reichstagsvorlage des Entwurfs eines Gesetzes über den Verkehr mit Luftfahrzeugen aus dem Jahre 1914[1199] sah der Verordnungsentwurf eine Genehmigungspflicht für Flugveranstaltungen (§ 7) vor, nahm das Ballonwesen von seinem Regelungsbereich aus, übertrug dem Reichskanzler die Befugnis, über eine Anwendung der Verordnungsbestimmungen auf Frei- und Fesselballone zu entscheiden (§ 9), die erforderlichen Ausführungsbestimmungen zu erlassen (§ 10), und bestimmte die Errichtung einer Zentralstelle durch den Reichskanzler zur Durchführung der Verordnungsbestimmungen (§ 11 Abs. 1). Dem Reichskanzler war es vorbehalten, die Zuständigkeiten der Zentralstelle im „einzelnen" festzulegen (§ 11 Abs. 1). Im übrigen hatten die Zentralbehörden die Zuständigkeiten festzulegen (§ 11 Abs. 2). Verglichen mit der Reichstagsvorlage eines Luftverkehrsgesetzes von 1914 stärkte der Verordnungsentwurf die Zuständigkeit des Reichs gegenüber den Länder in besonderem Maße.

Der Verordnungsentwurf wurde grundsätzlich als geeignete Verhandlungsgrundlage anerkannt[1200]. Vorbehalte äußerten das *Reichsmarineamt, militärische Stellen* und das *Kultusministerium*. Das *Reichsmarineamt* wollte dem Entwurf nur zustimmen, soweit die Marineverwaltung vor Eingriffen nichtmilitärischer Behörden bei der Errichtung und dem Weiterbetrieb ihrer Flugplätze geschützt

---

regierungsrat), vom Justizministerrium *Giese* (Landrichter) und vom Ministerium für Handel und Gewerbe *Neizel* (Gewerbeassessor).

[1199]Verh. des RT, 13. Leg.-Per., 1. Session 1912/14, Bd. 303, Ds. Nr. 1338.

[1200]BA Berlin-Li., R 30.01, Nr. 7003, Bl. 90 v; GStA PK , I. HA Rep. 120 Tn, Nr. 1 Bd. 5, Bl. 395 v; GStA PK, I. HA Rep. 84 a, Nr. 1988, Bl. 181 v.

werde[1201]. Die militärischen Stellen erwarteten, daß ihnen ein maßgeblicher Einfluß auf die Ausführung der Verordnung, insbesondere durch Mitwirkung in der Zentralstelle für Luftverkehr zwecks Wahrung der militärischen Interessen, eingeräumt werde. Im übrigen forderten sie, daß die Vorschriften der Verordnung nicht auf die militärische Luftfahrt angewendet werden sollten[1202]. Das *Kultusministeriums* behielt sich seine Zustimmung insoweit vor, daß der Luftfahrt besondere Erleichterungen zu wissenschaftlichen Zwecken eingeräumt würden[1203]. Der Vorsitzende *Dammann* führte dazu aus, daß es sich bei der späteren Beratung der Ausführungsvorschriften zeigen werde, inwieweit die vorgebrachten Wünsche berücksichtigt werden könnten. Es sei selbstverständlich, daß die militärischen Interessen gewahrt werden müßten. Dies müsse in der Verordnung nicht besonders hervorgehoben werden[1204].

Anschließend wurden folgende Themen allgemein erörtert: die Haftpflicht der Luftfahrer, die Freizügigkeit des nationalen Luftverkehrs über deutschem Gebiet, die in dem Verordnungsentwurf vorgesehene Sonderbehandlung der Ballone, die Prüfungen der Luftfahrzeuge und deren Führer, die Errichtung einer Zentralstelle für den Luftverkehr, die Behandlung des ausländischen Luftverkehrs und die Flugpolizei.

Bezüglich der Regelung der Haftpflicht bemerkte der *Vorsitzende*, daß es nicht angängig sei, eine derartig schwierige Materie in einer Notverordnung ohne Mitwirkung des Reichstags zu regeln. Der Reichstag habe 1914 eine sehr weitreichende Haftpflichtregelung gefordert. Zur Behandlung dieser Forderung seien Kenntnisse über die gegenwärtige Gefährlichkeit der Luftfahrt für die Allgemeinheit unerläßlich. Aus diesem Grund habe man bereits das Kriegsministerium um Bekanntgabe seines Materials über die im Krieg bei der militärischen Luftfahrt im Inland entstandenen Schäden gebeten. Man beabsichtige auch, beim Reichsmarineamt und eventuell bei den Flugzeugfabriken solche Unterlagen zu erfragen[1205]. Seitens des Vorsitzenden wurde es für vertretbar gehalten, die Regelung der Haftpflicht in Anbetracht der bestehenden Verschuldenshaftung des Bürgerlichen Gesetzbuchs noch hinauszuschieben. Dafür spräche auch, daß durch strenge Prüfungen der Führer und der Fahrzeuge die Sicherheit erhöht werde und daß im übrigen beabsichtigt sei, für Luftfahrtunternehmen, die eine besondere Gefahrenquelle darstellten, in den Genehmigungsbestimmungen be-

---

[1201]BA Berlin-Li., R 30.01, Nr. 7003, Bl. 90 v; GStA PK , I. HA Rep. 120 Tn, Nr. 1 Bd. 5, Bl. 395 v; GStA PK, I. HA Rep. 84 a, Nr. 1988, Bl. 181 v.

[1202]BA Berlin-Li., R 30.01, Nr. 7003, Bl. 90 v; GStA PK , I. HA Rep. 120 Tn, Nr. 1 Bd. 5, Bl. 395 v; GStA PK, I. HA Rep. 84 a, Nr. 1988, Bl. 181 v.

[1203]BA Berlin-Li., R 30.01, Nr. 7003, Bl. 91; GStA PK , I. HA Rep. 120 Tn, Nr. 1 Bd. 5, Bl. 396; GStA PK, I. HA Rep. 84 a, Nr. 1988, Bl. 182.

[1204]BA Berlin-Li., R 30.01, Nr. 7003, Bl. 91; GStA PK , I. HA Rep. 120 Tn, Nr. 1 Bd. 5, Bl. 396; GStA PK, I. HA Rep. 84 a, Nr. 1988, Bl. 182.

[1205]BA Berlin-Li., R 30.01, Nr. 7003, Bl. 91; GStA PK , I. HA Rep. 120 Tn, Nr. 1 Bd. 5, Bl. 396; GStA PK, I. HA Rep. 84 a, Nr. 1988, Bl. 182.

sondere Vorschriften über die Haftung aufzustellen[1206]. Diesen Ausführungen schloß sich der *Vertreter des Reichsjustizamts* an[1207].

Dann wurde über die Zulässigkeit des Luftverkehrs über deutschem Gebiet beraten. Zu erwägen - so der *Vorsitzende* - sei die Freigabe des Luftraums über deutschem Gebiet außerhalb bestimmter Verbotszonen oder eine Beschränkung der Luftfahrt auf bestimmte Flugstrecken[1208]. Letztere Möglichkeit hielt der *Vorsitzende* jedenfalls zum gegenwärtigen Zeitpunkt für vorzugswürdig. Durch die Notwendigkeit der Benutzung von Flugplätzen sei die Luftfahrt von sich aus in hohem Maße routenmäßig festgelegt. Das gelte insbesondere für die gewerblich betriebene Luftfahrt. Im übrigen könne bei einer Beschränkung des Luftverkehrs auf bestimmte Strecken flexibler auf die Gefahr einer vom Ausland trotz des Friedenschlusses ausgehenden Luftspionage reagiert werden als bei einer grundsätzlichen Freigabe des inländischen Luftraums[1209].

Von den *militärischen Stellen* wurden die Ausführungen des Vorsitzenden befürwortet. Sie verwiesen darauf, daß die Zahl der durch Verbotszonen zu schützenden Objekte stark gestiegen sei und es sich nicht mehr um einzelne Befestigungen, sondern um größere Grenzstellungen, zahlreiche Fabriken und andere Anlagen von größter militärischer Bedeutung handle[1210]. Für die Einrichtung von festen Flugstrecken spräche im übrigen auch die Sicherheit des Luftverkehrs[1211].

Dagegen traten die *Vertreter des Reichsmarineamts* und *des Kultusministeriums* für eine grundsätzliche Freiheit der Luftfahrt unter Aufrechterhaltung möglichst kleiner Verbotszonen ein[1212]. Eine Einschränkung forderten sie jedoch für den Verkehr aus dem Ausland. Für diesen müßten bestimmte Flugrouten eingerichtet werden[1213]. Nach ihrer Auffassung sei die möglichst uneingeschränkte Nutzung des Luftraums unerläßliche Voraussetzung für den Luftsport, der wiederum Grundvoraussetzung für die Weiterentwicklung der Luftfahrt sei[1214]. Auch

---

[1206]BA Berlin-Li., R 30.01, Nr. 7003, Bl. 91/91 v; GStA PK , I. HA Rep. 120 Tn, Nr. 1 Bd. 5, Bl. 396/396 v; GStA PK, I. HA Rep. 84 a, Nr. 1988, Bl. 182/182 v.

[1207]BA Berlin-Li., R 30.01, Nr. 7003, Bl. 91 v; GStA PK , I. HA Rep. 120 Tn, Nr. 1 Bd. 5, Bl. 396 v; GStA PK, I. HA Rep. 84 a, Nr. 1988, Bl. 182 v.

[1208]BA Berlin-Li., R 30.01, Nr. 7003, Bl. 91 v; GStA PK , I. HA Rep. 120 Tn, Nr. 1 Bd. 5, Bl. 396 v; GStA PK, I. HA Rep. 84 a, Nr. 1988, Bl. 182 v.

[1209]BA Berlin-Li., R 30.01, Nr. 7003, Bl. 91 v; GStA PK , I. HA Rep. 120 Tn, Nr. 1 Bd. 5, Bl. 396 v; GStA PK, I. HA Rep. 84 a, Nr. 1988, Bl. 182 v.

[1210]BA Berlin-Li., R 30.01, Nr. 7003, Bl. 91 v/92; GStA PK , I. HA Rep. 120 Tn, Nr. 1 Bd. 5, Bl. 396 v/397; GStA PK, I. HA Rep. 84 a, Nr. 1988, Bl. 182 v/183.

[1211]BA Berlin-Li., R 30.01, Nr. 7003, Bl. 92; GStA PK , I. HA Rep. 120 Tn, Nr. 1 Bd. 5, Bl. 397; GStA PK, I. HA Rep. 84 a, Nr. 1988, Bl. 183.

[1212]BA Berlin-Li., R 30.01, Nr. 7003, Bl. 92; GStA PK , I. HA Rep. 120 Tn, Nr. 1 Bd. 5, Bl. 397; GStA PK, I. HA Rep. 84 a, Nr. 1988, Bl. 183.

[1213]BA Berlin-Li., R 30.01, Nr. 7003, Bl. 92; GStA PK , I. HA Rep. 120 Tn, Nr. 1 Bd. 5, Bl. 397; GStA PK, I. HA Rep. 84 a, Nr. 1988, Bl. 183.

[1214]BA Berlin-Li., R 30.01, Nr. 7003, Bl. 92; GStA PK , I. HA Rep. 120 Tn, Nr. 1 Bd. 5, Bl. 397; GStA PK, I. HA Rep. 84 a, Nr. 1988, Bl. 183.

der *Vertreter des Arbeitsministeriums* sprach sich für eine möglichst freie Nutzungsmöglichkeit des Luftraums aus[1215].

Dann warf *Hergesell*, das Preußische Ministerium der geistlichen und Unterrichtsangelegenheiten vertretend, die Frage auf, inwieweit ein Recht auf Benutzung des Luftraums über fremden Grundstücken bestünde, und forderte, dieses Recht für die Nutzung der Luftfahrt zu wissenschaftlichen Zwecken in der Verordnung sicherzustellen[1216]. Darauf erwiderte der *Vorsitzende*, die Verordnung könne nicht mit einer ausdrücklichen Entscheidung dieser umstrittenen Frage des Luftrechts belastet werden[1217].

Alle Teilnehmer der Beratung befürworteten die in § 9 des Entwurfs vorgesehene Sonderbehandlung der Ballone, nach der es dem Reichskanzler überlassen bleiben sollte zu bestimmen, inwieweit die Vorschriften der Verordnung auch für Frei- und Fesselballone gelten sollten. *Hergesell* wies auf die Bedeutung der Ballonfahrt zur Erforschung der Atmosphäre sowie zum Studium der Luftelektrizität und der Sonnenstrahlung hin[1218]. Es wurde angeregt, in § 9 des Verordnungsentwurfs noch weitere Luftgeräte aufzuführen. So seien beispielsweise tödliche Verletzungen und Brandschäden auch durch leichtsinnig herbeigeführte Explosionen gelandeter Registrierballone verursacht worden[1219]. Auf eine Anfrage von *Hergesell* erwiderte der *Vorsitzende*, daß noch nicht abschließend geklärt worden sei, inwieweit die Prüfung der Ballone und der Ballonführer weiterhin dem Deutschen Luftfahrerverband überlassen werden könne[1220].

Anschließend wurde über die Prüfung der Betriebssicherheit der Luftfahrzeuge beraten. Nach den Ausführungen des *Vorsitzenden* beabsichtigte man, diese Aufgabe der Deutschen Versuchsanstalt für Luftfahrt zu übertragen. Diese sollte die Durchführung der Musterprüfungen[1221] übernehmen. Nachbauprüfungen, Prüfungen auf Musterfähigkeit und Flugfähigkeit der Fahrzeuge, sollten hingegen von Sachverständigen, die die Landesregierungen auszuwählen hätten, durchgeführt werden[1222]. Dieser Vorschlag wurde vom *Reichsmarineamt* und

[1215]BA Berlin-Li., R 30.01, Nr. 7003, Bl. 92; GStA PK , I. HA Rep. 120 Tn, Nr. 1 Bd. 5, Bl. 397; GStA PK, I. HA Rep. 84 a, Nr. 1988, Bl. 183.

[1216]BA Berlin-Li., R 30.01, Nr. 7003, Bl. 91 v; GStA PK , I. HA Rep. 120 Tn, Nr. 1 Bd. 5, Bl. 396 v; GStA PK, I. HA Rep. 84 a, Nr. 1988, Bl. 182 v.

[1217]BA Berlin-Li., R 30.01, Nr. 7003, Bl. 91 v; GStA PK , I. HA Rep. 120 Tn, Nr. 1 Bd. 5, Bl. 396 v; GStA PK, I. HA Rep. 84 a, Nr. 1988, Bl. 182 v.

[1218]BA Berlin-Li., R 30.01, Nr. 7003, Bl. 92 v; GStA PK , I. HA Rep. 120 Tn, Nr. 1 Bd. 5, Bl. 397 v; GStA PK, I. HA Rep. 84 a, Nr. 1988, Bl. 183 v.

[1219]BA Berlin-Li., R 30.01, Nr. 7003, Bl. 92 v; GStA PK , I. HA Rep. 120 Tn, Nr. 1 Bd. 5, Bl. 397 v; GStA PK, I. HA Rep. 84 a, Nr. 1988, Bl. 183 v.

[1220]BA Berlin-Li., R 30.01, Nr. 7003, Bl. 92 v; GStA PK , I. HA Rep. 120 Tn, Nr. 1 Bd. 5, Bl. 397 v; GStA PK, I. HA Rep. 84 a, Nr. 1988, Bl. 183 v.

[1221]Musterprüfungen: Prüfungen bei denen das erste Stück jeder neuen Bauart in grundsätzlicher Hinsicht in allen Einzelheiten beurteilt wurde (BA Berlin-Li., R 43 I /731, F 6 Nr. 177 v).

[1222]BA Berlin-Li., R 30.01, Nr. 7003, Bl. 93; GStA PK , I. HA Rep. 120 Tn, Nr. 1 Bd. 5, Bl. 398; GStA PK, I. HA Rep. 84 a, Nr. 1988, Bl. 184.

vom *Kriegsministerium* abgelehnt. Sie forderten, die Befugnis zur Durchführung der Prüfungen den bei der Heeres- und Marineverwaltung vorhandenen Prüfstellen zu übertragen. Anderenfalls sollten staatliche Prüfstellen eingerichtet werden. Die Deutsche Versuchsanstalt[1223] sei keine geeignete Stelle, da sie von der Industrie abhängig sei und nicht die erforderlichen Ausrüstungen zur Durchführung aller Prüfungen besitze. So könnten Wasserflugzeuge in Adlershof nicht geprüft werden[1224]. Dem entgegnete der Vorsitzende, daß der Fortbestand der militärischen Prüfstellen ungewiß sei. Im übrigen werde die Unabhängigkeit der Deutschen Versuchsanstalt wirtschaftlich durch die zur Unterhaltung der Anstalt von den Behörden zu zahlenden Beträge und personell durch die vorgesehene Übertragung der Prüfungsbefugnisse auf eine bei der geplanten Zentralstelle zu bildende Prüfungskommission sichergestellt[1225].

Dazu machte der *Vertreter des Reichsschatzamts* den Vorschlag, die Prüfungsabteilung der Deutschen Versuchsanstalt für Luftfahrt zu verstaatlichen. Es sei zu erwarten, daß ihre Unterhaltung mit erheblichen Kosten verbunden sein werde. Weitere Kosten könnten durch die Zentralisierung der Fahrprüfungen bei der Versuchsanstalt entstehen[1226]. Dazu verwies der *Vorsitzende* auf die zu erhebenden Prüfungsgebühren[1227]. Abschließend machte *Bruns* den Vorschlag, der Versuchsanstalt lediglich die Funktion eines dienendes Organs zur Durchführung der Fahrzeugmusterprüfung einzuräumen. Durch ihre personelle Zusammensetzung könnte sie die Befähigung zur technischen Beurteilung der Fahrzeuge und des Prüfungsverfahrens erhalten[1228]. Etwas anderes müsse für die Musterprüfung von Bauteilen - wie Propellern, Stielen, und Motoren - gelten. Die Durchführung dieser Prüfungen sollte der Versuchsanstalt oder auch bestimmten Universitätsinstituten zu eigenen Rechten übertragen werden mit der Folge, daß die von ihnen als Muster erklärten Bauteile von den Fabriken, die die Mustererklärung erwirkt hätten, nachgebaut und mit eigener Stempelung oder Bescheinigung als mustermäßig bezeichnet werden dürften[1229].

Als nächstes wurde über die Prüfung der Luftfahrer beraten. Dazu führte der *Vorsitzende* aus, daß die Ausbildung der Luftfahrer von konzessionierten Fahr-

---

[1223]Vgl. dazu die kurze Angabe im Anhang: C. E. unter „Flugplatz Johannisthal".

[1224]BA Berlin-Li., R 30.01, Nr. 7003, Bl. 93; GStA PK , I. HA Rep. 120 Tn, Nr. 1 Bd. 5, Bl. 398; GStA PK, I. HA Rep. 84 a, Nr. 1988, Bl. 182 v.

[1225]BA Berlin-Li., R 30.01, Nr. 7003, Bl. 93; GStA PK , I. HA Rep. 120 Tn, Nr. 1 Bd. 5, Bl. 398; GStA PK, I. HA Rep. 84 a, Nr. 1988, Bl. 184.

[1226]BA Berlin-Li., R 30.01, Nr. 7003, Bl. 93; GStA PK , I. HA Rep. 120 Tn, Nr. 1 Bd. 5, Bl. 398; GStA PK, I. HA Rep. 84 a, Nr. 1988, Bl. 184.

[1227]BA Berlin-Li., R 30.01, Nr. 7003, Bl. 93; GStA PK , I. HA Rep. 120 Tn, Nr. 1 Bd. 5, Bl. 398; GStA PK, I. HA Rep. 84 a, Nr. 1988, Bl. 184.

[1228]BA Berlin-Li., R 30.01, Nr. 7003, Bl. 93/93 v; GStA PK , I. HA Rep. 120 Tn, Nr. 1 Bd. 5, Bl. 398/398 v; GStA PK, I. HA Rep. 84 a, Nr. 1988, Bl. 184/184 v.

[1229]BA Berlin-Li., R 30.01, Nr. 7003, Bl. 93 v; GStA PK , I. HA Rep. 120 Tn, Nr. 1 Bd. 5, Bl. 398 v; GStA PK, I. HA Rep. 84 a, Nr. 1988, Bl. 184 v.

schulen durchgeführt werden sollte. Diese könnten neben der praktischen Ausbildung der Luftfahrer auch die erforderlichen technischen Kenntnisse über die Fahrzeuge vermitteln. Die Prüfungen würden dann einheitlich von Kommissionen der Zentralstelle durchgeführt werden. Sie seien, mit gewissen Erleichterungen, an den Maßstäben der militärischen Prüfungen zu messen[1230]. Seitens des *Reichsmarineamts* und des *Kriegsministeriums* wurde es für notwendig erachtet, die militärischen Führerzeugnisse auch für die zivile Luftfahrt anzuerkennen[1231].

Anschließend erläuterte der *Vorsitzende* die geplante Errichtung einer Zentralstelle für die Luftfahrt. Er sprach sich für die Eingliederung dieser Stelle in das Reichsamt des Innern mit insgesamt vier Abteilungen aus. Diese sollten jeweils für Fahrzeuge, für Besatzung, für Veranstaltungen mit Luftfahrzeugen und Luftfahrtunternehmen und für Flugvorschriften und Flugplätze zuständig sein[1232]. Zu den Mitgliedern der Zentralstelle sollten auch Vertreter der Militärbehörden gehören[1233]. *Der Vertreter des Reichsschatzamts* forderte eine nicht zu starke Zentralisierung. Neben der Zentralstelle sollte auch den Landeszentralbehörden ein Teil der Zuständigkeiten übertragen werden[1234]. Dem erwiderte der *Vorsitzende*, daß eine starke Zentralisierung im Interesse einer einheitlichen Behandlung der Luftfahrt notwendig und im übrigen auch vom Reichstag im Jahre 1914 gefordert worden worden sei[1235]. Auch die *Vertreter des Reichspostamts* forderten eine uneingeschränkte Zentralisierung[1236]. *Bruns* wies darauf hin, daß die Forderung nach einer völligen Zentralisation zu einer Zeit erhoben worden sei, als man davon ausging, daß sich das Deutsche Reich auch noch nach dem Kriege gegen militärische Auseinandersetzungen besonders würde schützen müssen. Davon könne unter den gegebenen Umständen aber nicht - wie auch immer der Frieden aussehen werde - ausgegangen werden. Er stellte klar, daß der in der Verordnung verwendete Begriff „Behörde" sowohl für die Zentralstelle als auch für die Landesbehörden Raum ließe. Letzteren könnte beispielsweise die Erteilung der Führerzeugnisse übertragen werden, während die Zentralstelle die Prüfung der Zeugnisse und die Ausarbeitung von Richtlinien für die Durchführung ärztlicher Un-

---

[1230] BA Berlin-Li., R 30.01, Nr. 7003, Bl. 93 v; GStA PK , I. HA Rep. 120 Tn, Nr. 1 Bd. 5, Bl. 398 v; GStA PK, I. HA Rep. 84 a, Nr. 1988, Bl. 184 v.

[1231] BA Berlin-Li., R 30.01, Nr. 7003, Bl. 93 v; GStA PK , I. HA Rep. 120 Tn, Nr. 1 Bd. 5, Bl. 398 v; GStA PK, I. HA Rep. 84 a, Nr. 1988, Bl. 184 v.

[1232] BA Berlin-Li., R 30.01, Nr. 7003, Bl. 93 v/94; GStA PK , I. HA Rep. 120 Tn, Nr. 1 Bd. 5, Bl. 398 v/399; GStA PK, I. HA Rep. 84 a, Nr. 1988, Bl. 184 v/185.

[1233] BA Berlin-Li., R 30.01, Nr. 7003, Bl. 94; GStA PK , I. HA Rep. 120 Tn, Nr. 1 Bd. 5, Bl. 399; GStA PK, I. HA Rep. 84 a, Nr. 1988, Bl. 185.

[1234] BA Berlin-Li., R 30.01, Nr. 7003, Bl. 94; GStA PK , I. HA Rep. 120 Tn, Nr. 1 Bd. 5, Bl. 399; GStA PK, I. HA Rep. 84 a, Nr. 1988, Bl. 185.

[1235] BA Berlin-Li., R 30.01, Nr. 7003, Bl. 94; GStA PK , I. HA Rep. 120 Tn, Nr. 1 Bd. 5, Bl. 399; GStA PK, I. HA Rep. 84 a, Nr. 1988, Bl. 185.

[1236] BA Berlin-Li., R 30.01, Nr. 7003, Bl. 94; GStA PK , I. HA Rep. 120 Tn, Nr. 1 Bd. 5, Bl. 399; GStA PK, I. HA Rep. 84 a, Nr. 1988, Bl. 185.

tersuchungen vornehmen könnte[1237]. Die militärischen Stellen befürworteten eine Aufteilung der Zuständigkeit nach wichtigen und weniger wichtigen Aufgaben[1238].

Auf Anfrage des *Vertreters des Kultusministeriums*, wie denn die Interessen seiner Behörde in der Zentralstelle berücksichtigt würden, erklärte der *Vorsitzende*, daß die Bildung eines der Zentralstelle anzuschließenden Beirats für Luftfahrt beabsichtigt sei, in dem alle wesentlichen Interessen Vertretung fänden[1239].

Dann wurde über die Behandlung ausländischer Luftfahrzeuge beraten. Dazu führte *Bruns* aus, daß man sich entscheiden müsse, ob ausländischen Luftfahrzeugen, soweit die Luftfahrer ein Führerzeugnis und eine Betriebserlaubnis ihres Heimatlandes vorweisen könnten, das Fliegen innerhalb des Deutschen Reichs erlaubt oder ob es ihnen bis zum Zustandekommen eines internationalen Abkommens untersagt werden sollte. Im Falle eines generellen Verbots sei man bereit, für verkehrswichtige Luftfahrtunternehmen Ausnahmen zuzulassen, soweit der betroffene Staat auch gegenüber deutschen Unternehmen konzessionsbereit sei[1240]. *Bruns* verwies darauf, daß in Norwegen und Schweden die Überlegungen dahin gingen, den gewerblichen Luftverkehr nur Inländern oder Gesellschaften mit überwiegend inländischem Kapital zu gestatten[1241]. Die Teilnahmer der Beratung sprachen sich grundsätzlich gegen die Zulassung ausländischer Luftfahrzeuge aus.

Danach erklärte der *Vorsitzende*, unter Zustimmung der übrigen Teilnehmer der Beratung, daß die Aufgaben der Flugpolizei entgegen früheren Überlegungen nicht den Militärbehörden übertragen werden sollten, da ihnen sowohl die erforderlichen Zuständigkeiten als auch die notwendige Ausrüstung fehlten. Diese Aufgabe sollte den Landesbehörden überlassen bleiben[1242].

Nach dieser allgemeinen Aussprache wurde über einzelne Bestimmungen des Verordnungsentwurfs beraten. Gegenstand waren die §§ 6, 8, 11 und 13.

Zu dem die Genehmigungsbedürftigkeit von Flugplätzen regelnden § 6 bekräftigte der *Vertreter des Reichsmarineamts* die Forderung, dieses vor Eingriffen

---

[1237] BA Berlin-Li., R 30.01, Nr. 7003, Bl. 94; GStA PK , I. HA Rep. 120 Tn, Nr. 1 Bd. 5, Bl. 399; GStA PK, I. HA Rep. 84 a, Nr. 1988, Bl. 185.

[1238] BA Berlin-Li., R 30.01, Nr. 7003, Bl. 94; GStA PK , I. HA Rep. 120 Tn, Nr. 1 Bd. 5, Bl. 399; GStA PK, I. HA Rep. 84 a, Nr. 1988, Bl. 185.

[1239] BA Berlin-Li., R 30.01, Nr. 7003, Bl. 94/94 v; GStA PK , I. HA Rep. 120 Tn, Nr. 1 Bd. 5, Bl. 399/399 v; GStA PK, I. HA Rep. 84 a, Nr. 1988, Bl. 185/185 v.

[1240] BA Berlin-Li., R 30.01, Nr. 7003, Bl. 94 v; GStA PK , I. HA Rep. 120 Tn, Nr. 1 Bd. 5, Bl. 399 v; GStA PK, I. HA Rep. 84 a, Nr. 1988, Bl. 185 v.

[1241] BA Berlin-Li., R 30.01, Nr. 7003, Bl. 94 v; GStA PK , I. HA Rep. 120 Tn, Nr. 1 Bd. 5, Bl. 399 v; GStA PK, I. HA Rep. 84 a, Nr. 1988, Bl. 185 v.

[1242] BA Berlin-Li., R 30.01, Nr. 7003, Bl. 94 v; GStA PK , I. HA Rep. 120 Tn, Nr. 1 Bd. 5, Bl. 399 v; GStA PK, I. HA Rep. 84 a, Nr. 1988, Bl. 185 v.

ziviler Behörden sicher zu schützen[1243]. Er empfahl folgende Ergänzung: „Wenn es sich um Flugplätze der Militär- und Marineverwaltung handelt, entscheidet nach Anhörung der obersten Militärbehörde der Reichskanzler."[1244] Dem hielt der *Vorsitzende* entgegen, daß die Betonung des militärischen Interesses an dieser Stelle der Verordnung zu unbeabsichtigten Ergebnissen bei der Auslegung anderer Vorschriften führen könne. Die Wahrung des militärischen Interesses sei daher durch entsprechende Regelungen in den Ausführungsvorschriften zu gewährleisten[1245]. *Von Oppeln* schloß sich dieser Auffassung an[1246].

Zu § 8 beantragte der *Vertreter des Reichsschatzamts* als notwendige Genehmigungsbedingung, daß andere gesetzliche Regelungen eine bereits erteilte Genehmigung von selbst abänderten[1247]. Dies sicherte der *Vorsitzende* zu[1248]. Der *Vertreter des Reichspostamts* wünschte folgenden Zusatz: „Unbeschadet den bayerischen und württembergischen Postreservaten. Bei fahrplanmäßigem Betrieb eines Unternehmens kann der Reichskanzler dem Unternehmen die Verpflichtung auferlegen, Postsachen gegen angemessene Vergütung zu befördern. Die Höhe der Vergütung und die weiteren Bestimmungen über die Postbeförderung werden vom Reichskanzler festgesetzt."[1249] *Bruns* rechnete damit, daß eine solche Regelung stark angegriffen und als mit der Rechtsgrundlage der Verordnung unvereinbar angesehen werde[1250]. Er schlug daher vor, in geeigneten Fällen die Postbeförderung zur Genehmigungsvoraussetzung zu machen[1251].

Von mehreren Seiten wurde gefragt, ob das in § 8 Abs. 2 vorgesehene Widerspruchsrecht der Zentralstelle diese auch zur Anordnung bestimmter Genehmigungsbedingungen ermächtige[1252]. Dies wurde allseits bejaht.

[1243]BA Berlin-Li., R 30.01, Nr. 7003, Bl. 94 v; GStA PK , I. HA Rep. 120 Tn, Nr. 1 Bd. 5, Bl. 399 v; GStA PK, I. HA Rep. 84 a, Nr. 1988, Bl. 185 v.

[1244]BA Berlin-Li., R 30.01, Nr. 7003, Bl. 94 v; GStA PK , I. HA Rep. 120 Tn, Nr. 1 Bd. 5, Bl. 399 v; GStA PK, I. HA Rep. 84 a, Nr. 1988, Bl. 185 v.

[1245]BA Berlin-Li., R 30.01, Nr. 7003, Bl. 94 v/95; GStA PK , I. HA Rep. 120 Tn, Nr. 1 Bd. 5, Bl. 399 v/400; GStA PK, I. HA Rep. 84 a, Nr. 1988, Bl. 185 v/186.

[1246]BA Berlin-Li., R 30.01, Nr. 7003, Bl. 95; GStA PK , I. HA Rep. 120 Tn, Nr. 1 Bd. 5, Bl. 400; GStA PK, I. HA Rep. 84 a, Nr. 1988, Bl. 186.

[1247]BA Berlin-Li., R 30.01, Nr. 7003, Bl. 95; GStA PK , I. HA Rep. 120 Tn, Nr. 1 Bd. 5, Bl. 400; GStA PK, I. HA Rep. 84 a, Nr. 1988, Bl. 186.

[1248]BA Berlin-Li., R 30.01, Nr. 7003, Bl. 95; GStA PK , I. HA Rep. 120 Tn, Nr. 1 Bd. 5, Bl. 400; GStA PK, I. HA Rep. 84 a, Nr. 1988, Bl. 186.

[1249]BA Berlin-Li., R 30.01, Nr. 7003, Bl. 95, GStA PK , I. HA Rep. 120 Tn, Nr. 1 Bd. 5, Bl. 400; GStA PK, I. HA Rep. 84 a, Nr. 1988, Bl. 186.

[1250]BA Berlin-Li., R 30.01, Nr. 7003, Bl. 95, GStA PK , I. HA Rep. 120 Tn, Nr. 1 Bd. 5, Bl. 400; GStA PK, I. HA Rep. 84 a, Nr. 1988, Bl. 186.

[1251]BA Berlin-Li., R 30.01, Nr. 7003, Bl. 95; GStA PK , I. HA Rep. 120 Tn, Nr. 1 Bd. 5, Bl. 400; GStA PK, I. HA Rep. 84 a, Nr. 1988, Bl. 186.

[1252]BA Berlin-Li., R 30.01, Nr. 7003, Bl. 95; GStA PK , I. HA Rep. 120 Tn, Nr. 1 Bd. 5, Bl. 400; GStA PK, I. HA Rep. 84 a, Nr. 1988, Bl. 186.

4. *Die Verordnung vom 7. Dezember 1918*

Nach der kommissarischen Beratung vom 30. Oktober 1918 war der Verordnungsentwurf des Reichsamts des Innern noch einmal geringfügig geändert worden. Es wurde davon abgesehen, die Verordnung als Bundesratsverordnung zu erlassen.

Am 7. Dezember 1918 trat die Verordnung, betreffend die vorläufige Regelung des Luftfahrtrechts[1253], in Kraft. Rechtsgrundlage war die vom Rat der Volksbeauftragten erlassene Verordnung, betreffend die vorläufige Regelung der Luftfahrt, vom 26. November 1918[1254].

Konkreter Anlaß für die Verordnung waren im wesentlichen zwei Umstände: Mit der Beendigung des Belagerungszustands entfiel das Verbot der Zivilluftfahrt. Im übrigen erwartete man im Reichsamt des Innern, daß bei der Liquidierung des militärischen Flugwesens viele Luftfahrzeuge zu günstigen Preisen veräußert würden. Zum Schutz der Allgemeinheit mache die zu erwartende fliegerische Betätigung den Erlaß luftverkehrsrechtlicher Regelungen unverzüglich erforderlich[1255]. Als zweiter Grund kam hinzu, daß das Reichsluftamt die Aufgabe hatte, das Reichsverwertungsamt bei der Liquidierung des militärischen Flugwesen zu unterstützen, was nach den Ausführungen des *Reichsamts des Innern* die grundsätzliche Regelung des Luftrechts voraussetze[1256].

Durch die Verordnung vom 7. Dezember 1918 wurden die bisher geltenden landesrechtlichen Bestimmungen für den Luftverkehr, z. B. die preußische „Verfügung“ vom 22. Oktober 1910, nach dem Grundsatz Reichsrecht bricht Bundesrecht (Art. 2 S. 1 Reichsverfassung) aufgehoben[1257].

Die Verordnung regelte in Übereinstimmung mit dem Referentenentwurf folgende Genehmigungstatbestände und deren Entzug: die Zulassungspflicht für Luftschiffe und Flugzeuge[1258] zum Verkehr außerhalb von Flugplätzen (§ 1) und den Ausschluß zugelassener Luftfahrzeuge vom Verkehr (§ 3), die Erlaubnispflicht

[1253] RGBl. 1918 II, S. 1407 ff..
[1254] RGBl. 1918 II, S. 1337.
[1255] GStA PK, I. HA Rep. 120 Tn, Nr. 1 Bd. 5, Bl. 412.
[1256] GStA PK, I. HA Rep. 120 Tn, Nr. 1 Bd. 5, Bl. 412 v.
[1257] Dagegen *Everling*: Er vertrat die Ansicht, die Verordnung vom 26. November 1918 würde alle geltenden bundesstaatlichen Regelungen für den Luftverkehr gänzlich aufheben (Deutsche Zeitschrift für Luftschiffahrt 1919, XXIII. Jahrg., Nr. 1/2, S. 16 (16)). Dies ist abzulehnen, da die Verordnung eine Zuständigkeitsregelung enthält. Im übrigen würde bis zum Erlaß der ersten luftrechtlichen Regelungen des Reichsamts des Innern unter Mitwirkung des Reichsluftamts vorübergehend ein rechtsfreier Raum entstehen.
[1258] Vgl. auch *Everling*, Deutsche Zeitschrift für Luftschiffahrt 1919, XXIII. Jahrg., Nr. 3/4, S. 12 (12).

für Luftfahrer zur Teilnahme am Verkehr außerhalb von Flugplätzen (§ 4[1259]) und deren Entzug (§ 5), die Genehmigungspflicht für Aufstieg-, Landungs-, und Flugplätze (§ 6), für Flugveranstaltungen (§ 7) und für Luftfahrtunternehmen (§ 8).

Im übrigen schrieb die Verordnung vor, daß die Luftfahrzeuge verkehrssicher sein mußten (§ 2). Außerdem enthielt die Verordnung Regelungen über noch zu erlassende Bestimmungen. Es sollte einer späteren Regelung vorbehalten bleiben, inwieweit die Vorschriften der Verordnung auf andere Luftfahrzeuge, also auch auf Freiballone, und luftfahrzeugähnliche Geräte und auf die militärische Luftfahrt angewendet werden sollten (§ 9). Für die Freiballone bedeutete das, daß bis zum Erlaß der Ausführungsbestimmungen, ohne persönliche Zulassung des Führers oder sachliche Zulassung des Ballons überall geflogen werden durfte[1260]. Die von Freiballlonen ausgehende Spionagegefahr ließ der Verordnungsgeber damit zunächst unberücksichtigt[1261].

Im übrigen sollten auch die zur Ausführung der §§ 1 bis 9 erforderlichen Bestimmungen, insbesondere die Regelungen über die Prüfung, Zulassung und Kennzeichnung der Luftfahrzeuge und die Regelungen über die Ausbildung, Prüfung und Zulassung der Führer, später erlassen werden (§ 10 Nr. 1). Dies galt ebenfalls für die sonstigen zur Erhaltung der öffentlichen Sicherheit und Ordnung erforderlichen Regelungen über den Verkehr der Luftfahrzeuge außerhalb von Flugplätzen (§ 10 Nr. 2[1262]), für Bestimmungen über den Verkehr innerhalb der Flugplätze (§ 10 Nr. 3), für Regelungen über räumliche Begrenzungen des Fliegens im Inland und für das Überqueren der Grenzen durch in- und ausländische Luftfahrzeuge (§ 10 Nr. 4).

Solange die nach § 10 Nr. 1 bis 4 erforderlichen Bestimmungen fehlten, erhielt das Reichsluftamt die ausschließliche Befugnis, den Verkehr mit Luftfahrzeugen im Einzelfall zuzulassen (§ 12). Vorbehalten blieb eine Regelung über die Verteilung der Zuständigkeiten zwischen dem Reichsluftamt und den von den Landeszentralbehörden zu bestimmenden Behörden (§ 11) zur Durchfühung der Bestimmungen.

In Übereinstimmung mit dem Referentenentwurf des *Reichsamts des Innern* enthielt die Verordnung noch keine speziellen Haftpflichtbestimmungen für die

---

[1259]Vgl. die Vermutung *Everlings*, Deutsche Zeitschrift für Luftschiffahrt 1919, XXIII. Jahrg., Nr. 3/4, S. 12 (14).

[1260]Vgl. *Everling*, Deutsche Zeitschrift für Luftschiffahrt 1919, XXIII. Jahrg., Nr. 3/4, S. 12 (12).

[1261]Anders die Regelung der Reichstagsvorlage-LuftVG 1914. Danach unterfielen auch Freiballone im Interesse der Sicherheit des Luftverkehrs und zum Schutz der Landessicherheit der geplanten gesetzlichen Regelung (§ 1 des Entwurfs; Allgemeiner Teil der Begründung, Verh. des RT, 13. Leg.-Per., 1. Session 1912/14, Bd. 303, Ds. Nr. 1338); vgl. auch *Everling*, Deutsche Zeitschrift für Luftschiffahrt 1919, XXIII. Jahrg., Nr. 3/4, S. 12 (12).

[1262]Die Bestimmung bildete die Grundlage zum Erlaß luftpolizeilicher Anordnungen (vgl. *Everling*, Deutsche Zeitschrift für Luftschiffahrt 1919, XXIII. Jahrg., Nr. 3/4, S. 12 (14)).

Luftfahrt. Sie brachte - anders als der Referentenentwurf - auch keine Strafbestimmungen.

Die Verordnung war die erste reichseinheitliche Regelung für den zivilen Luftverkehr vor Inkrafttreten des Luftverkehrsgesetzes im Jahre 1922. Sie stellte jedoch nur eine vorläufige Regelung dar. Die Grundlage bildete der Entwurf eines Luftverkehrsgesetzes aus dem Jahre 1914[1263]. Im übrigen ist zu bemerken, daß an den Sitzungen zur Ausarbeitung der Verordnung Preußen als einziger Bundesstaat beteiligt war.

III. Die Verordnung, betreffend die vorläufige Regelung des Luftverkehrs, vom 31. März 1920

Die deutsche Regierung war von der Interalliierten Luftfahrt-Überwachungs-Kommission[1264] aufgefordert worden, allgemeine Weisungen zur Ausführung des Art. 200 des Versailler Vertags[1265] zu erlassen[1266]. Art. 200 des Versailler Vertags[1267] sah vor, daß „[b]is zur völligen Räumung des deutschen Gebiets durch die alliierten und assoziierten Truppen [...] die Luftfahrzeuge der alliierten und assoziierten Mächte in Deutschland freie Fahrt im Luftraum sowie Durchflugs- und Landefreiheit haben [sollten]." Aus der Stellung des Art. 200 im Teil V. Abschnitt 3: „Bestimmungen über militärische und Seeluftfahrt" folgte, daß damit

---

[1263]Verh. des RT, 13. Leg.-Per., 1. Session 1912/14, Bd. 303, Ds. Nr. 1338: Der § 1 der Verordnung unterschied sich von dem § 1 Abs. 1 des Entwurfs eines Luftverkehrsgesetzes aus dem Jahre 1914 nur insoweit, als daß er für „lenkbare Luftfahrzeuge (Luftschiffe und Flugzeuge)" und nicht für „Luftfahrzeuge (Freiballone, Luftschiffe, Flugzeuge)" galt. Der § 3 der Verordnung entsprach wörtlich der Fassung des § 2 Abs. 1 des Entwurfs. Der § 4 der Verordnung war der Regelung des § 3 des Entwurfs nachgebildet. Im Unterschied zu der Regelung des § 3 Abs. 1 S. 2 des Entwurfs hieß es in § 4 Abs. 2 der Verordnung „sei" und nicht „ist". Außerdem wurde die Bestimmung des § 3 Abs. 2 1. Hs. des Entwurfs in die Verordnung nicht übernommen. Der § 5 der Verordnung entsprach wörtlich der Bestimmung des § 5 Abs. 1 des Entwurfs. Der § 6 S. 1 1. Hs. der Verordnung entsprach fast wörtlich der Regelung des § 8 S. 1 des Entwurfs. § 7 der Verordnung enthielt anders als der Entwurf eine Genehmigungspflicht für Luftfahrtveranstaltungen. Die §§ 8 Abs. 1 und Abs. 2 der Verordnung entsprachen wörtlich den Regelungen des § 9 Abs. 1 und Abs. 2 S. 1 des Entwurfs. Der § 9 der Verordnung war soweit er sich auf „andere Luftfahrzeuge" und luftfahrzeugähnliche Geräte" bezog der Regelung des § 13 Abs. 1 Nr. 7 des Entwurfs nachgebildet. Die Regelungen des § 10 Nr. 1 bis 3 der Verordnung entsprachen nahezu wörtlich den Bestimmungen des § 13 Abs. 1 Nr. 1 bis 3 des Entwurfs; vgl. auch *Everling*, Deutsche Zeitschrift für Luftschiffahrt 1919, XXIII. Jahrg., Nr. 3/4, S. 12 (12 ff.).

[1264]Den Vorsitz der Kommission hatte General *Mastermann*. Am 5. Mai 1922 wurde die Interalliierte Luftfahrt-Überwachungs-Kommission abgerufen. Die Nachfolge übernahm das Luftfahrt-Garantie-Komitee (Note der Alliierten vom 14. April 1922, zit. nach *Hildebrandt*, S. 129 (131)).

[1265]Vertrag vom 28. Juni 1919; RGBl. 1919 I, S. 687 ff..

[1266]Vgl. BA Berlin-Li., R 30.01, Nr. 7004, Bl. 111 a.

[1267]Vertrag vom 28. Juni 1919; RGBl. 1919 I, S. 687 ff..

den Heeresluftfahrzeugen der Alliierten ein freies Flug-, Durchgangs- und Landungsrecht gewährt werden sollte. Die Art. 313 ff. enthielten Regelungen über die Behandlung der nicht dem Heer angehördenden Luftfahrzeuge der Alliierten. Gemäß den Art. 313, 314, 315 i. V. mit Art. 316 war diesen Luftfahrzeugen ein Flug-, Durchgangs- und Landungsrecht insoweit einzuräumen, wie es für deutsche Luftfahrzeuge geregelt wurde.

Im Reichsamt für Luft- und Kraftfahrwesen hielt man den Erlaß einer weiteren Verordnung für notwendig[1268]. Dafür sprachen eine entsprechende Aufforderung der Interalliierten Luftschiffahrtskontrollkommission, die Tatsache, daß die bestehenden Bestimmungen, insbesondere die Verordnung, betreffend die vorläufige Regelung des Luftrechts, vom 7. Dezember 1918[1269], keine ausreichenden Bestimmungen zur Sicherstellung eines freien Flug-, Durchgangs- und Landungsrecht enthielten und daß der Erlaß einer endgültigen reichseinheitlichen Regelung für den Luftverkehr noch nicht abzusehen war.

Im Anschluß an die Ausarbeitung von zwei Verordnungsentwürfen[1270] erging die Verordnung, betreffend vorläufige Regelung des Luftverkehrs, vom 31. März 1920[1271]. Rechtsgrundlage der Verordnung war die Verordnung, betreffend die vorläufige Regelung der Luftfahrt vom 26. November 1918[1272], und das Gesetz, betreffend die vorläufige Regelung der Luftfahrt vom 3. Januar 1920[1273]. Die Verordnung regelte für die Besitzer von Grundstücken und Wasserflächen eine Duldungspflicht. Die Besitzer wurden verpflichtet, sowohl den Weiterflug als auch den Abtransport gelandeter Luftfahrzeuge zu dulden, „nachdem die Persönlichkeit des Halters und Führers des Luftfahrzeugs festgestellt worden" war (§ 1 S. 1). Die Feststellung erfolgte bei Luftfahrzeugen der Mächte, für die der Friedensvertrag vom 28. Juni 1919[1274] galt, durch Einsichtnahme in die von der Heimatbehörde des Luftfahrzeugs ausgestellten Ausweise der Besatzung (§ 1 S. 2). Die Verordnung enthielt die Befugnis, das Landen und Überfliegen bestimmter Gebiete und Grundstücke zu verbieten (§ 2 S. 1). Im Falle der Gewährung von Hilfe für gelandete und wiederaufsteigende Luftfahrzeuge war eine angemessene Vergütung zu zahlen (§ 3 S. 1). Außerdem enthielt die Verordnung erstmals die Verpflichtung zur Entrichtung von Flughafengebühren. Danach waren auf Flughäfen die ortsüblichen Gebühren zu zahlen. In Ermangelung derartiger Gebühren war eine angemessene Vergütung zu leisten (§ 3 S. 2). Schließlich regelte die Verordnung eine Anzeigepflicht für die Eigentümer und Besitzer von

---

[1268]BA Berlin-Li., R 30.01, Nr. 7004, Bl. 111 a ff..
[1269]RGBl. 1918 II, S. 1407 ff..
[1270]BA Berlin-Li., R 30.01, Nr. 7004, Bl. 111 d ff..
[1271]RGBl. 1920 I, S. 455/456.
[1272]RGBl. 1918 II, S. 1337.
[1273]RGBl. 1920 I, S. 14.
[1274]Vertrag vom 28. Juni 1919; RGBl. 1919 I, S. 687 ff..

Landeplätzen. Diese hatten die Polizeibehörden vor jeder Landung eines Luftfahrzeugs zu unterrichten (§ 4).

Das *Reichsamt für Luft- und Kraftfahrwesen* hatte davon abgesehen, Strafbestimmungen in die Verordnung aufzunehmen, da es die bestehenden Rechtsmittel und Strafbestimmungen für ausreichend erachtete und die Verordnung, die es als „Diktat" des Versailler Vertrages betrachtete, nicht strenger als von den Alliierten gefordert gestalten wollte. Soweit eine Behörde vorsätzlich gegen Verpflichtungen der Verordnung verstieß, bestünde die Möglichkeit, die handelnde Person, disziplinarrechtlich zu belangen. In Fällen, in denen ein Dritter, die von der zuständigen Behörde geforderten Hilfeleistungen verweigerte, wurde die Bestimmung des § 360 Ziffer 10 StBG für ausreichend erachtet[1275].

IV. Die Verordnung, betreffend die vorläufige Regelung der Luftfahrt, vom 30. April 1920

Die Verordnung, betreffend die vorläufige Regelung der Luftfahrt, vom 30. April 1920[1276] erging aufgrund der Verordnung des Rates der Volksbeauftragten, betreffend die vorläufige Regelung der Luftfahrt, vom 26. November 1918[1277] und aufgrund des Gesetzes über die vorläufige Regelung der Luftfahrt vom 3. Januar 1920[1278]. Danach konnte das Reichsamt für Luft- und Kraftfahrwesen Luftschiffe und Flugzeuge, die außerhalb von Lufthäfen verkehrten, ohne daß sie und ihre Führer vom Reichsamt für Luft- und Kraftfahrwesen zugelassen waren, zugunsten des Deutschen Reichs für verfallen erklären (§ 1 S. 1). Das Eigentum an den Fahrzeugen ging mit Zustellung der Erklärung an den Eigentümer, Besitzer, Halter oder Führer des Fahrzeugs auf das Reich über. Damit erloschen die Rechte eines Dritten (§ 1 S. 2).

V. Weitere gesetzliche Bestimmungen für den Luftverkehr von 1921/22

Art. 201 des Versailler Vertrags[1279] verbot für die Dauer von sechs Monaten nach Inkrafttreten des Vertrags Herstellung und Einfuhr sowohl von Luftfahrzeugen und ihrer Teile als auch von Luftfahrzeugmotoren und ihrer Teile. Von den Alliierten war am 22. Juni 1920 in Boulonge beschlossen worden, Herstellung und Einfuhr von Luftfahrzeuggerät dürften erst drei Monate nach dem Tag wieder aufgenommen werden, an dem von ihnen die vollständige Durchführung der

---

[1275]BA Berlin-Li., R 30.01, Nr. 7004, Bl. 111 b.

[1276]RGBl. 1920 I, S. 857.

[1277]RGBl. 1918 II, S. 1337.

[1278]RGBl. 1920 I, S. 14.

[1279]Vertrag vom 28. Juni 1919; RGBl. 1919 I, S. 687 ff.; von deutscher Seite hatte man sich zunächst auf den Standpunkt gestellt, Art. 201 (Abschnitt III.; Bestimmungen über militärische und Seeluftfahrt) beträfe nicht die Zivilluftfahrt; vgl. die Äußerung Eulers (BA Berlin-Li., R 43 I /731, F 6 Nr. 197).

Auslieferungspflicht (Art. 202 des Versailler Vertrags[1280]) anerkannt worden sei[1281]. Die Deutsche Regierung hatte dagegen das Bauverbot am 10. Juli 1920 für beendet gehalten. Die Entwaffnungsnote vom 29. Januar 1921 stellte unter Berufung auf den Beschluß von Boulonge einen Verstoß gegen Art. 201 des Versailler Vertrags fest, forderte die Durchführung der Entscheidung von Boulonge und die Anerkennung künftig von den Alliierten aufzustellender Begriffsbestimmugen zur Unterscheidung der Zivilluftfahrt von der nach Art. 198 des Versailler Vertrags verbotenen Militärluftfahrt[1282]. Diesen Forderungen fügte sich das Deutsche Reich mit der Annahme des Londoner Ultimatums vom 5. Mai 1921[1283]. Es wurde das *Gesetz über Beschränkung des Luftfahrzeugbaues* vom 29. Juni 1921[1284] erlassen[1285]. Dieses regelte bis auf weiteres ein Verbot der Herstellung und Einfuhr von Luftfahrzeugen und Luftfahrzeugmotoren, einschließlich ihrer Teile (§ 1 Abs. 1)[1286].

Kurz darauf erging die *Verordnung über Beschlagnahme von Luftfahrzeuggerät* vom 9. Juli 1921[1287]. Rechtsgrundlage der Verordnung waren die §§ 2 und 4 Abs. 2 des Gesetzes über die Beschränkung des Luftfahrzeugbaues vom 29. Juni 1921[1288]. Die Verordnung regelte die Beschlagnahme sämtlicher in Deutschland seit dem 10. Januar 1920 hergestellten Luftfahrzeuge und Luftfahrzeuggeräte (§ 1). Beide Bestimmungen führten zusätzlich zu weitreichenden Beeinträchtigungen für die Luftfahrt.

Am 1. Februar 1922 hatte der Botschafterrat beschlossen, die Dreimonatsfrist, nach deren Ablauf Herstellung und Einfuhr ziviler Luftfahrzeuggeräte wieder gestattet sei, beginne am 5. Februar 1922[1289]. In der Note vom 14. April 1922[1290] wurden dem Deutschen Reich schließlich die zur Unterscheidung der Zivilluftfahrt von der nach Art. 198 des Versailler Vertrags verbotenen Militärluftfahrt aufgestellten Begriffsbestimmungen mitgeteilt[1291]. Darauf erging die *Verordnung über Luftfahrzeugbau* vom 5. Mai 1922[1292], deren Rechtsgrundlage die Verord-

[1280]Vertrag vom 28. Juni 1919; RGBl. 1919 I, S. 687 ff..
[1281]BA Berlin-Li., R 601/825, F 1 Nr. 42.
[1282]BA Berlin-Li., R 601/825, F 1 Nr. 42.
[1283]C Ziff. 3 des Ultimatums, zit. nach *Rönnefarth/Euler*, S. 65/66; zu den im Anschluß an das Londoner Ultimatum erfolgten Notenwechseln: GStA PK, I. HA Rep. 84 a, Nr. 1989, Bl. 216; vgl. auch *Hildebrandt*, S. 129 (130/131).
[1284]RGBl. 1921 I, S. 789/790.
[1285]Vgl. auch GStA PK, I. HA Rep. 84 a, Nr. 1989, Bl. 216.
[1286]Vgl. dazu Deutschland in Erfüllung des Luftfahrt-Ultimatums, in: Luftfahrt 1921, XXV. Jahrg., Nr. 7, S. 117 (117/118).
[1287]RGBl. 1921 I, S. 853 ff..
[1288]RGBl. 1921 I, S. 789/790; dazu auch GStA PK, I. HA Rep. 84 a, Nr. 1989, Bl. 216.
[1289]BA Berlin-Li., R 601/825, F 1 Nr. 42.
[1290]Zit. nach *Hildebrandt*, S. 129 (131 ff.).
[1291]BA Berlin-Li., R 601/825, F 1 Nr. 42.
[1292]RGBl. 1922 I, S. 476 ff..

nung über Beschlagnahme von Luftfahrzeuggerät vom 9. Juli 1921[1293] bildete. Sie hob die Beschränkung des Luftfahrzeugbaus vom 29. Juni 1921 insoweit auf, als daß sie die Herstellung und die Einfuhr von Luftfahrzeugen unter bestimmten Voraussetzungen gestattete (Art. II S. 1 und III). Im übrigen ließ sie den Verkehr mit Luftfahrzeugen unter Berücksichtigung bestimmter technischer Voraussetzungen - z. B. durfte der Motor eines Einsitzers nicht mehr als 60 PS entwikkeln[1294] - wieder zu (Art. IV).

C. Die Rechtsprechung des Reichsgerichts zur Haftpflicht der Luftfahrer nach dem ersten Weltkrieg

Nach dem ersten Weltkrieg ergingen bis zum Inkrafttreten des Luftverkehrsgesetzes von 1922[1295] mit dem Urteil des V. Zivilsenats vom 18. Oktober 1919[1296] und dem Urteil des VI. Zivilsenats vom 1. Juli 1920[1297] zwei bedeutsame Entscheidungen des Reichsgerichts zur Haftpflicht der Luftfahrer.

Dem Urteil des V. Zivilsenats vom 18. Oktober 1919[1298] lag folgender Sachverhalt zugrunde: Der Kläger fühlte sich durch den Fluglärm einer angrenzenden Flugschule und durch das Überfliegen seines Grundstücks von Flugzeugen der Flugschule in der Benutzung seines Landsitzes in Wendig B. gestört. Er verlangte daher zunächst, die Beklagte zu verurteilen, den Betrieb der Flugschule zu unterlassen. Hilfsweise begehrte er, das Überfliegen seines Grundstücks sowie die auf sein Grundstück dringenden Einwirkungen zu unterlassen. Das Landgericht wies die Klage ab. Nachdem der Kläger Berufung eingelegt hatte, verkaufte er sein Grundstück. Er erzielte dafür einen um 100 000 M geringeren Kaufpreis. In zweiter Instanz verlangte er Schadensersatz in Höhe von 100 000 M von der Beklagten für die durch die Lärmeinwirkung entstandene Wertminderung seines Grundstücks.

Das Kammergericht hielt die Voraussetzungen eines Schadensersatzanspruchs nach § 823 Abs. 1 BGB für die durch den Fluglärm entstandene Wertminderung des Grundstücks für gegeben. Zur Feststellung der Schadenshöhe verwies es die Sache zurück an das Landgericht. Die Beklagte legte Revision ein. Der Kläger beantragte Anschlußrevision. Das Reichsgericht beseitigte die Zurückweisung in der ersten Instanz.

[1293] RGBl. 1921 I, S. 853.
[1294] A. 1. der Anlage zu Art. II. und IV..
[1295] RGBl. 1922 I, S. 681 ff..
[1296] RGZ 97, S. 25 (25 ff.).
[1297] RGZ 100, S. 69 (69 ff.).
[1298] RGZ 97, S. 25 (25 ff.).

Zunächst bestätigte das Reichsgericht die Auffassung des Berufungsgerichts, das in den vom Flugplatz gedämpft auf das Grundstück des Klägers dringenden Geräuschen keine wesentliche Beeinträchtigung i. S. des § 906 Abs. 1 BGB gesehen hatte. Im übrigen hielt es die Auffassung des Berufungsgericht für zutreffend, das nur den beim Überfliegen des Grundstücks der Beklagten in geringer Höhe verursachten Lärm als unzulässige Einwirkung auf das Grundstück der Beklagten angesehen und ein berechtigtes Interesse an der Ausschließung der Einwirkungen und damit ein Verbietungsrecht des Klägers nach § 905 S. 1 BGB anerkannt hatte[1299]. Das Vorliegen eines Verschuldens hielt es in Übereinstimmung mit dem Berufungsgericht für gegeben. So habe die Beklagte davon Kenntnis gehabt, daß ihre Flugschüler in geringer Höhe außerhalb ihres Flugplatzes fliegen und dabei eine starke Lärmbelästigung über den benachbarten Grundstücken hervorrufen würden. Trotz der unstreitigen Beschwerde des Klägers habe sie nichts zur Beseitigung der Störung getan[1300]. Nach der Auffassung des Reichsgerichts lag eine unerlaubte Handlung der Beklagten vor, wie sie bereits das Berufungsgericht angenommen hatte. Im übrigen bestätigte es die vom Berufungsgericht getroffene Feststellung eines Schadens. Der Kläger habe eine in Folge der Lärmbelästigung entstandene Wertminderung seines Grundstücks geltend gemacht. Diese sei bereits dadurch tatsächlich in Erscheinung getreten, daß er beim Grundstücksverkauf einen um 100 000 M geringeren Kaufpreis erzielt habe[1301].

Anders gelagert war die zweite Entscheidung des Reichsgerichts vom 1. Juli 1920[1302]. Hier hatte der VI. Zivilsenat über folgenden Fall zu entscheiden: Im Jahre 1918 wurde von der Beklagten eine Fliegerschule in G. betrieben. Die Beklagte hatte sich gegenüber der Militärverwaltung vertraglich verpflichtet, Bedienstete des Militärs im Führen von Luftfahrzeugen auszubilden. Zu diesen Personen gehörte der Unteroffizier K. Nachdem dieser bereits die Pilotenprüfung abgelegt hatte, mußte er noch die Bedingungen 11 bis 18 des Flugbuchs erfüllen. Am 18. September 1918 stürzten K und sein Begleiter mit einem Flugzeug der Beklagten in Bornim ab. Das Flugzeug durchschlug das Dach des Hauses Grenzstraße Nr. 6 und zerstörte verschiedene Einrichtungsgegenstände der Mietwohnung des Klägers. Für die beschädigten Einrichtungsgegenstände verlangte der Kläger Schadensersatz in Höhe von 6 506 M. Die Klage wurde vom Landgericht abgewiesen. Das Kammergericht erklärte sie ihrem Grunde nach für gerechtfertigt. Die Revision der Beklagten wurde vom Reichsgericht zurückgewiesen.

Zunächst lehnte es das Reichsgericht - anders als das Kammergericht - ab, dem Kläger einen Schadensersatzanspruch nach § 823 Abs. 1 BGB zuzusprechen.

[1299] Vgl. RGZ 97, S. 25 (27).
[1300] RGZ 97, S. 25 (27).
[1301] RGZ 97, S. 25 (28).
[1302] RGZ 100, S. 69 (69 ff.).

Im Gegensatz zum Berufungsgericht sprach sich das Reichsgericht dagegen aus, eine unerlaubte Handlung i. S. des § 823 Abs. 1 der Beklagten darin zu sehen, daß sie es unterlassen hatte, ihre Flugschüler daran zu hindern, Flüge außerhalb der Grenzen ihres Flugplatzes vorzunehmen. Das Verhalten der Beklagten sei insoweit anders als in der Entscheidung des V. Zivilsenats vom 18. Oktober 1919[1303] zu beurteilen. So sei K kein ungeübter Flieger gewesen, sondern habe den Flug als geprüfter Pilot durchgeführt. Die Flüge, die er vom Flugplatz der Beklagten aus gemacht habe, hätten dazu gedient, den K speziell für Einsätze im Militär auszubilden. Die im Verkehr erforderliche Sorgfalt würde es jedoch überspannen, Flüge derart ausgebildeter Personen zu verbieten. Außerdem hätten keine weiteren Feststellungen Anlaß dazu gegeben, an der persönlichen und fachlichen Eignung des K zu zweifeln, oder die auf eine besondere Gefahr des Flugs hindeuteten[1304]. Das Reichsgericht führte aus, daß selbst dann, wenn die Beklagte gegenüber dem K ein Überflugverbot hätte aussprechen müssen, nicht ersichtlich sei, daß das Unterlassen des Verbots für den Schaden des Klägers ursächlich geworden sei. Hinzukommen müsse, daß der Absturz auf ein unzulängliches Verhalten des K zurückzuführen sei. Derartige Feststellungen seien nicht erhoben worden. Das Landgericht habe es für nicht ausgeschlossen erklärt, daß der Unfall auch von einem erfahrenen Piloten oder durch ein plötzliches Naturereignis sowie einen Materialfehler des Flugzeuges entstanden sein könnte[1305]. Nach der Auffassung des Reichsgerichts fehlte es damit an einem ursächlichen Zusammenhang, so daß die Voraussetzungen des § 823 Abs. 1 BGB nicht vorlagen. Es reiche nicht aus, daß der Schaden durch ein zufälliges, vom Verhalten des K unabhängiges Ereignis, entstanden sei[1306].

Das Reichsgericht lehnte außerdem - entgegen der Auffassung des Berufungsgerichts - eine Entschädigungspflicht der Beklagten gemäß § 75 Einl. Preuß. ALR ab. Die Beklagte habe sich vertraglich verpflichtet, die Ausbildung von Fliegern für das Militär zu übernehmen. Sie sei damit für den Staat tätig geworden. Die Folgen einer Schädigung von Privatrechten bei Ausübung von staatlichen Hoheitsrechten würden grundsätzlich nur den Staat treffen[1307]. Dies gelte auch dann, wenn die Ausübung dieser Rechte einem anderen übertragen werde und dieser die Ausübung auch im eigenen Interesse unternommen habe[1308].

Das Reichsgericht erörterte dann, ob dem Kläger entsprechend einem gesetzlich nicht ausdrücklich geregelten, aber in ständiger Rechtsprechung anerkannten Rechtsgrundsatz Ersatz zu gewähren war[1309]. Es hatte - zuerst gestützt auf das

---

1303 RGZ 97, S. 25 (27).
1304 RGZ 100, S. 69 (70).
1305 RGZ 100, S. 69 (71).
1306 RGZ 100, S. 69 (71).
1307 RGZ 82, S. 77 (81).
1308 RGZ 100, S. 69 (72).
1309 Vgl. Fn. 792.

gemeine Recht[1310] und später aus Vorschriften des preußischen Rechts[1311], z. B. aus Art. 9 der preußischen Verfassungsurkunde[1312], und des Reichsrechts, so aus § 904 BGB und § 26 GewO, zur ergänzenden Auslegung des Bürgerlichen Gesetzbuchs - einen allgemeinen Rechtsgrundsatz aufgestellt. Danach war dem Eigentümer, dem durch besondere gesetzliche Regelungen das Recht, Eingriffe in sein Eigentum durch Abwehrklage nach § 1004 BGB abzuwehren, entzogen worden war, zum Ausgleich dafür ein vom Nachweis des Verschuldens unabhängiger Schadensersatzanspruch zu gewähren[1313]. Anstelle eines in solchen Fällen geforderten zum Schadensersatz verpflichtenden Verschuldens hatte das Reichsgericht in der Entscheidung RGZ 17, S. 103 (104) vom 7. Dezember 1886 als Haftungsgrund die Vornahme einer gefährdenden Handlung, der sich der Eigentümer aufgrund einer obrigkeitlichen Genehmigung nicht erwehren konnte, angesehen[1314].

In der in Rede stehenden Entscheidung erkannte das Reichsgericht erstmals die Anwendung dieses Grundsatzes bei Beschädigungen des Grundstücks durch Luftfahrzeuge auch für den Grundstückseigentümer bzw. Grundstücksmieter wie den Kläger, der „ebenso wie der Grundstückseigentümer die Störungen der Luftfahrt von seinen durch das abgestürzte Flugzeug betroffenen Einrichtungsgegenständen rechtlich nicht abwehren konnte und daher im Punkte Schadloshaltung dem Grundstückseigentümer gleich zu behandeln“[1315] war, an. Nach Auffassung des Reichsgerichts war es dem Grundstückseigentümer versagt, das Überfliegen seines Grundstücks in ausreichender Höhe zu verbieten, da er nach § 905 S. 2 BGB solche Einwirkungen nicht verbieten könne, an deren Auschließung er kein Interesse habe, auch wenn die Luftfahrt mit Gefahren, insbesondere der Gefahr eines jederzeitigen Absturzes, verbunden sei[1316]. Damit sei dem Grundstückseigentümer gegenüber dem Luftfahrer der Schutz des § 1004 BGB regelmäßig versagt. In Fällen, in denen ein Grundstück durch den Absturz eines Flugzeugs be-

---

[1310] RGZ 17, S. 103 (104).

[1311] RGZ 58, S. 130 (135); vgl auch RGZ 64, S. 183 (186).

[1312] Art. 9: „Das Eigenthum ist unverletzlich. Es kann nur aus Gründen des öffentlichen Wohls gegen vorgängige in dringenden Fällen wenigstens vorläufig festzustellende Entschädigung nach Maßgabe des Gesetzes entzogen oder beschränkt werden.“; zit. nach Arndt, S. 104.

[1313] Vgl. RGZ 17, S. 103 (104/105); RGZ 58, S. 130 (133 ff.); RGZ 92, S. 47 (49); RGZ 63, S. 374 (376); RGZ 64, S. 183 (186/187); RGZ 97, S. 290 (291); RGZ 59, S. 70 (74/75); RGZ 72, S. 85 (89); RGZ 70, S. 150 (152); RGZ 47, S. 98 (99/100); RGZ 30, S. 114 (116); RGZ 98, S. 347 (348).

[1314] Vgl. RGZ 6, S. 217 (221 ff.); vgl. RGZ 70, S. 150 (155); vgl. RGZ 97, S. 290 (293).

[1315] RGZ 100, S. 69 (75).

[1316] Das Reichsgericht schloß sich damit der Auffassung des Entwurfs eines Luftverkehrsgesetzes aus dem Jahre 1910 an (vgl. Allgemeiner Teil der Begründung: Verh. des RT, 13. Leg.Per., 1. Session 1912/14, BD 303, Ds. Nr. 1338).

schädigt werde, sei dem Grundstückseigentümer jedoch ein verschuldensunabhängiger Schadensersatzanspruch zu gewähren[1317].

Nach der Ansicht des Reichsgerichts sei bei Höhenflügen immer die Gefahr eines Absturzes gegeben. Die überflogenen Grundstücke seien also gefährdet. Zur Abwehr dieser Gefahren habe der Grundstückseigentümer nach § 905 S. 1 BGB das Recht, das Eindringen „in den von den berechtigten Eigentumsinteressen begrenzten Tiefenraum zu verbieten."[1318] Die Ausübung dieses Verbietungsrechts könne - soweit ein umfassender Schutz gegen die Luftfahrt erreicht werden solle - jedoch zu einer weitreichenden Einschränkung des Luftverkehrs führen[1319]. Es sei zu befürchten, daß ein Grundstückseigentümer im Interesse eines umfassenden Schutzes das Verbot, sein Grundstück zu überfliegen, vorsorglich auf alle Luftfahrzeuge in einem bestimmten Umkreis erweitere. Dieses Verbot könne er auch auf die benachbarten Grundstücke ausdehnen, da ein auf einem Nachbargrundstück beginnender Absturz auch sein Grundstück betreffen könnte. Die Ausweitung dieses Verbots würde nur an dem Schikaneverbot des § 226 BGB ihre gesetzliche Grenze finden. Im übrigen könnte dadurch eine Einstellung des gestatteten Luftverkehrs erzwungen werden, daß mehrere Grundstückseigentümer gemeinsam mit ihren Verboten gegen die Luftfahrt vorgingen. In Übereinstimmung mit dem Berufungsgericht vertrat das Reichsgericht die Auffassung, daß bei dieser Interessenkollision die Interessen der Grundstückseigentümer gegenüber denen der Luftfahrer zurückstehen müßten. Es müsse gewährleistet werden, daß der Luftverkehr als wirtschaftlich wertvolles Verkehrsmittel in den Grenzen berechtigter Freiheit ausgeübt werden könne und nicht durch die Ausübung der Rechte einzelner Grundsückseigentümer in einer für die Allgemeinheit unzulässigen Weise eingeschränkt werde. Den Grundstückseigentümern sei daher gegenüber den Luftfahrern das ihnen an sich nach § 905 S. 1 BGB zustehende Verbietungsrecht zu versagen. Werde ein Grundstück in großen oder geringen Höhen überflogen, unterscheide sich die Lage des Grundstückseigentümers nicht wesentlich von den Fällen, in denen der Grundstückseigentümer die Betriebsgefahren eines nach § 26 GewO staatlich genehmigten Gewerbebetriebes oder den Funkenflug einer Kleinbahn nach dem preußischen Kleinbahngesetz vom 28. Juli 1892[1320] erdulden müsse, ohne die Beseitigung der Gefahren im Wege der Klage verlangen zu können[1321]. Der in diesen Fällen angewendete Grundsatz müsse auch für Eigentumsstörungen gelten, die durch den Betrieb von Luftfahrzeugen verursacht würden. Schließlich müsse der Grundstückseigentümer das ihm nach

---

[1317]RGZ 100, S. 69 (73).
[1318]RGZ 100, S. 69 (73).
[1319]RGZ 100, S. 69 (73/74).
[1320]Preuß. G. S. 1892, S. 225 ff..
[1321]RGZ 100, S. 69 (74).

§ 905 S. 1 BGB zustehende Verbietungsrecht aufopfern und die Betriebsgefahren der Luftfahrt widerspruchslos hinnehmen[1322].

Zusammenfassend ist festzuhalten: In dem Urteil vom 18. Oktober 1919[1323] hatte der V. Zivilsenat des Reichsgerichts eine schuldhafte Eigentumsverletzung der Beklagten darin gesehen, daß sie es unterlassen hatte, die durch die Flüge ihrer Schüler über dem Grundstück des Klägers verursachten Lärmeinwirkungen zu verhindern. In der Entscheidung vom 1. Juli 1920[1324] verneinte der VI. Zivilsenat des Reichsgerichts das Vorliegen einer schuldhaften Schadensverursachung der Beklagten. Es stellte sich damit die Frage, ob die Beklagten nach anderen Grundsätzen ersatzpflichtig war. Das Reichsgericht erkannte in Erweiterung der bereits bestehenden Rechtsprechung zum Funkenflug der Lokomotiven und gewerblich genehmigter Anlagen einen Aufopferungsanspruch der Grundstückseigentümer gegenüber den Luftfahrern bzw. Luftfahrzeughaltern an. Dieser Anspruch beinhaltete auch den Grundgedanken einer Gefährdungshaftung der Luftfahrer. Der Anwendungsbereich dieser Rechtsprechung betraf lediglich das Verhältnis der Grundstückseigentümer zu den Luftfahrern bzw. Luftfahrzeughaltern. Es bestand aber darüber hinaus das Bedürfnis, eine sondergesetzliche Regelung für den Ersatz von Luftfahrtschäden zu schaffen[1325].

Die Anwendung dieses Grundsatzes auf die Luftfahrt war vom *Reichsjustizamt* bereits in der interministeriellen Beratung vom 8. Februar 1913[1326] über die Haftpflicht der Luftfahrer gefordert worden.

Das Reichsgericht folgte mit dieser Rechtsprechung der Auffassung von *Kipp*. Dieser hatte bereits im Jahre 1908 die Anwendung der zum Funkenflug der Lokomotiven aufgestellten Rechtsprechung auf die Luftfahrt gefordert. Eine Übertragung dieser Grundsätze auf die Luftfahrt gebiete die Gerechtigkeit, sei von einem weitreichenden Rechtsprinzip getragen und werde von der weitreichenden Logik der Einzelvorschriften verlangt[1327]. Diese Auffassung war überwiegend abgelehnt worden[1328]. Von *Bodenheim* wurde angeführt, der Eisenbahnunternehmer erhalte eine staatliche Konzession. Der Schaden, den der einzelne durch den Betrieb einer Eisenbahn erleide, beruhe auf einem Staatsakt. Eine analoge

[1322] RGZ 100, S. 69 (75).
[1323] RGZ 97, S. 25 (25 ff.).
[1324] RGZ 100, S. 69 (69 ff.).
[1325] Diese Rechtsauffassung wurde in der Entscheidung des V. Zivilsenats vom 15. Dezember 1920 (RGZ 101, S. 102 (102 ff.)), in der es um den Ersatz für einen bei der Explosion in einer Sprengstoffabrik auf einem Nachbargrundstück angerichteten Schaden ging, bestätigt.
[1326] Vgl. 3. Teil F. VII..
[1327] *Kipp*, JW 1908, S. 643 (645); dem zustimmend: *von Lyncker*, S. 47/48; *Meurer*, S. 16; *Groß*, S. 47.
[1328] *Goldfeld*, JW 1911, S. 565 (566); *Ludowieg*, JW 1909, S. 705 (705); *Runkel*, S. 53 ff.; *Meyer*, S. 45; *Bodenheim*, S. 27; *Tauber*, S. 15/16; *Linckelmann*, JW 1909, S. 8 (8/9).

Anwendung der Grundsätze des Enteignungsrechts erscheine daher zulässig. Anders sei es jedoch bei der Luftfahrt. Der Luftfahrer, der fremdes Eigentum überfliege, mache von der ihm gesetzlich gewährten Freiheit Gebrauch[1329]. *Meyer* argumentierte, das Überfliegen eines Grundstücks in angemessener Höhe sei nach geltendem Recht gestattet, es gebe keinen Grund, „für dies durchaus rechtmäßige Verhalten“[1330] eine besondere Schadensersatzpflicht zu regeln. Im übrigen führe *Kipps* Ansicht zu dem unbilligen Ergebnis, daß der Luftschiffer für Grundstücksbeschädigung stets hafte, selbst wenn ihn kein Verschulden träfe, während er bei der Tötung oder Verletzung einer Person nur für Verschulden zum Schadensersatz verpflichtet sei[1331]. Auch *Linckelmann* hatte sich gegen die Auffassung von *Kipp* gewandt und eine eigene Position entwickelt. Das geltende Recht sei ausreichend. Die actio negatoria in ihrer restitutorischen Funktion gewähre den erforderlichen Schutz. Auch wenn der Grundstückseigentümer den Überflug seines Grundstücks nicht verbieten könne und ihm damit der negatorische Abwehranspruch untersagt sei, gebe es keinen Grund, ihm zugleich den negatorischen Wiederherstellungsanspruch zu versagen. Der Grundstückseigentümer könne damit Beseitigung des durch eine Eigentumsbeeinträchtigung herbeigeführten widerrechtlichen Zustands verlangen. Es sei unerheblich, daß der Widerherstellungsanspruch im Unterschied zum Schadensersatzanspruch nicht unmittelbar auf Geld gerichtet sei. Im Verhältnis des Grundstückseigentümers zum Luftfahrer gewähre er den notwendigen Schutz[1332]. Diese Ansicht war in der Literatur verschiedentlich abgelehnt worden. *Wolff* führte aus, in der Praxis sei die restitutorische Wirkung der actio negatoria ausdrücklich verworfen worden, da sie, wie er unter Bezugnahme auf *Zitelmann* anführte, zu einer allgemeinen Haftung aus jeder unverschuldeten Schadensverursachung dem Eigentümer gegenüber führen und so den anerkannten Grundsätzen des geltenden Rechts (§ 823 BGB) widersprechen würde[1333].

D. Die internationale Entwicklung des Luftrechts bis zum Inkrafttreten des Luftverkehrsgesetzes von 1922

Im folgenden soll ein kurzer Überblick über die internationale Entwicklung des Luftrechts von 1918 bis zum Inkrafttreten des Luftverkehrsgesetzes von 1922[1334]

[1329] *Bodenheim*, S. 27; so auch *Ludowieg*, JW 1909, S. 705 (705); gegen diese Argumentation: *Runkel*, S. 53 ff.; *Wolff*, S. 35; *Linckelmann*, JW 1909, S. 8 (8/9).
[1330] *Ludowieg*, JW 1909, S. 705 (705).
[1331] *Meyer*, S. 45; vgl. *Bodenheim*, S. 27; vgl. *Tauber*, S. 15/16.
[1332] *Linckelmann*, JW 1909, S. 8 (8/9).
[1333] *Wolff*, S. 39; gegen *Linckelmann* auch: *Sturm*, Beiträge zur Erläuterung des Deutschen Rechts 1911, 55. Bd., S. 522 (533); *Bodenheim*, S. 26.
[1334] RGBl. 1920 I, S. 681 ff..

gegeben werden. Die vom Deutschen Reich in dieser Zeit abgeschlossenen Abkommen wurden in ihrer Entstehung und in ihrem Inhalt maßgeblich durch das Pariser Luftverkehrsabkommen vom 13. Oktober 1919[1335] - dem das Deutsche Reich nicht beitrat - beeinflußt. Das Abkommen war nach Kriegsende von den alliierten und assoziierten Mächten nahezu gleichzeitig und in engem Zusammenhang mit dem Versailler Vertrag[1336] ausgearbeitet worden. Es zeigt sich an verschiedenen Stellen, daß mit dem Abkommen die Grundlage eines Weltluftrechts geschaffen werden sollte. Die Art. 5 und 42 des Abkommens verdeutlichen, daß zugleich auch die deutsche Luftfahrt geschwächt werden sollte[1337]. So verbot Art. 5[1338] den Mitgliedern des Pariser Luftverkehrsabkommens[1339] grundsätzlich, einen Luftverkehr mit den Nichtmitgliedern des Abkommens zu betreiben. Durch Art. 42[1340] wurde dem Deutschen Reich und seinen Kriegsverbündeten eine Aufnahme in das Abkommen erschwert. Damit beabsichtigte man, die im Krieg neutral gebliebenen Staaten zum Beitritt zu bewegen und zugleich das

---

[1335]Convention portant réglementation de la Navigation Aérienne, signée à Paris le 13 Octobre 1919, zit. nach *Société des nations* 1922, S. 173 (174 ff.); grundlegend für das Pariser Luftverkehrsabkommens war der Entwurf eines internationalen Abkommens, ausgearbeitet auf der Pariser Luftschiffahrts-Konferenz im Jahre 1910 (BA Berlin-Li., R 30.01, Nr. 7002, Bl. 42 v ff., Bl. 122 ff.).

[1336]Vertrag vom 28. Juni 1919; RGBl. 1919 I, S. 687 ff..

[1337]*Ter-Nedden*, S. 1.

[1338]Art. 5: „Kein Vertragsstaat darf, außer mit besonderer und zeitweiliger Ermächtigung, Luftfahrzeugen, die nicht die Staatsangehörigkeit eines der Vertragsstaaten besitzen, den Verkehr über seinem Gebiet gestatten."; in der Folgezeit erhielt Art. 5 eine Neufassung, die bis Ende 1924 noch nicht von allen Staaten ratifiziert und daher nicht in Kraft treten konnte. Danach durften Vertragsstaaten unter bestimmten Voraussetzungen zeitlich unbegrenzt Luftfahrzeugen von Nichtvertragsstaaten den Verkehr über ihrem Gebiet gestatten (Art. 5, neuer Wortlaut, Convention portant réglementation de la Navigation Aérienne, signée à Paris le 13 Octobre 1919, zit. nach *Société des nations* 1922, S. 173 (174 ff.)).

[1339]Convention portant réglementation de la Navigation Aérienne, signée à Paris le 13 Octobre 1919, zit. nach *Société des nations* 1922, S. 173 (174 ff.).

[1340]Art. 42: „Staaten, die am Kriege 1914/1919 teilgenommen haben und nicht Signatarstaaten dieses Abkommens sind, können nur zum Beitritt zugelassen werden, wenn sie Mitglieder des Völkerbunds sind oder, bis zum ersten Januar 1923, wenn der Beitritt die Zustimmung derjenigen alliierten und assoziierten Mächte findet, die den Friedensvertrag mit dem betreffenden Staat unterzeichnet haben. Nach dem 1. Januar 1923 kann der Beitritt zugelassen werden, wenn er von mindestens drei Vierteln der Signatar- und beigetretenen Staaten auf Grund einer Abstimmung nach den Bestimmungen des Artikels 34 gebilligt wird.* [*Der letzte Satz des vorstehenden Absatzes ist wie folgt zu verstehen: 'Nach dem 1. Januar 1923 kann der Beitritt zugelassen werden, wenn er von mindestens drei Vierteln der Signatrastaaten gebilligt wird, die das Abkommen ratifiziert haben, und der Nichtsignatarstaaten, die ihm beigetreten sind; die Abstimmung erfolgt dabei nach den Bestimmungen des Artikels 34 des Abkommens.'] Beitrittsgesuche sind an die Regierung der französischen Republik zu richten, die sie den anderen Vertragsstaaten mitteilt. Falls der den Beitritt beantragende Staat nicht ohnehin zum Völkerbund zugelassen ist, sammelt die französische Regierung die Stimmen der beteiligten Mächte und teilt ihnen das Abstimmungsergebnis mit."

Deutsche Reich und seine ehemaligen Kriegsverbündeten vom Weltluftverkehr beliebig lange ausschließen zu können[1341]. Dieses Ziel wurde nicht erreicht. Die neutralen Staaten wollten, soweit sie Nachbarstaaten des Deutschen Reichs waren, nicht darauf verzichten, Luftverkehrsabkommen mit diesem abzuschließen. Dieser Möglichkeit hätten sie sich aufgrund des Art. 5 des Pariser Luftverkehrsabkommens durch einen Beitritt beraubt. Sie schlossen sich deshalb dem Pariser Luftverkehrsabkommen[1342] zunächst nicht an. Für das Deutsche Reich blieb damit die Möglichkeit bestehen, sowohl mit diesen Staaten als auch mit seinen ehemaligen Bündnispartnern internationale Abkommen zu schließen. Von 1918 bis zum Inkrafttreten des Luftverkehrsgesetzes von 1922[1343] schloß das Deutsche Reich insgesamt drei bilaterale öffentlich-rechtliche Abkommen für den Luftverkehr. Am 14. September 1920 mit der Schweiz[1344], am 25. April 1922 mit Dänemark[1345] und am 25. Juli 1922 mit den Niederlanden[1346]. Alle Abkommen stimmten inhaltlich im wesentlichen mit dem Pariser Luftverkehrsabkommen[1347] überein.

E. Das Luftverkehrsgesetz von 1922

I. Die Entstehung des Regierungsentwurfs zu einem Luftverkehrsgesetz

Die Verordnung, betreffend die vorläufige Regelung des Luftrechts, vom 7. Dezember 1918[1348] regelte erstmals reichseinheitlich den Verkehr mit Luftschiffen und Flugzeugen. Danach waren die zur Ausführung der Verordnung und die zur Ausübung der den Landesbehörden zugewiesenen Aufgaben erforderlichen Regelungen ergänzenden Bestimmungen vorbehalten (§ 10). Die Ausführungsbestimmungen waren notwendige Voraussetzung dafür, daß die Verordnung praktische Bedeutung erhielt. Solange diese grundlegenden Bestimmungen fehlten, hatte das Reichsluftamt die ausschließliche Befugnis, den Verkehr mit Luftfahrzeugen nach seinem Ermessen im Einzelfall zuzulassen (§ 12). Nach Maßgabe dieser Regelung arbeitete das Reichsluftamt vorläufige Grundsätze und Bestimmungen für die Zulassung von Luftfahrzeugen und deren Führer und für die Ge-

---

[1341] *Ter-Nedden*, S. 1/2.

[1342] Convention portant réglementation de la Navigation Aérienne, signée à Paris le 13 Octobre 1919, zit. nach *Société des nations* 1922, S. 173 (174 ff.).

[1343] RGBl. 1922 I, S. 681 ff..

[1344] Vertrag vom 14. September 1919; Reichszentralbl. 1921, S. 168 ff..

[1345] Vertrag vom 25. April 1922; RGBl. 1923 II, S. 215 ff..

[1346] Vertrag vom 24. Juli 1922; RGBl. 1929 II, S. 389.

[1347] Convention portant réglementation de la Navigation Aérienne, signée à Paris le 13 Octobre 1919, zit. nach *Société des nations* 1922, S. 173 (174 ff.).

[1348] RGBl. 1918 II, S. 1407 ff..

nehmigung von Luftfahrtunternehmen und Flugplätzen aus[1349]. In Erwartung einer endgültigen Regelung wurde die Zulassung nur auf „jederzeitigen Widerruf"[1350] erteilt. Außerdem forderte das Reichsluftamt den Abschluß einer Haftpflichtversicherung, die unter Vorgabe bestimmter Versicherungsgrenzen zur Bedingung machte, „daß die Gesellschaft für jeden Unfall haftete, auch wenn den Flugzeughalter oder Flugzeugführer an dem Unfall selber kein Verschulden traf."[1351] Flüge ins Ausland sollten rechtzeitig, d. h. acht Tage im voraus, beim Reichsluftamt angemeldet werden[1352].

Aufgrund der Verordnung vom 7. Dezember 1918 wurden von nun an wesentliche Fragen des Luftrechts anders als vor dem ersten Weltkrieg reichseinheitlich ohne Beteiligung der Länder geregelt. Mit dieser Zentralisierung der Luftfahrt waren Sachsen und Bayern nicht einverstanden. Bayern sah die Hoheitsreicht im Luftraum über seinem Staatsgebiet verletzt und verneinte die Gültigkeit der Verordnung[1353]. Die vom Reichsluftamt erteilten Zulssungen erkannte es nicht an und vergab landeseigene Genehmigungen[1354]. Auch Sachsen wehrte sich dagegen, die „vom Reichsluftamts vorgenommenen Zulassungen"[1355] anzuerkennen.

Schließlich erstellte das *Reichsamt des Innern* einen umfangreichen Entwurf mit 58 Ausführungsbestimmungen[1356] zu der Verordnung, betreffend die vorläufige Regelung des Luftfahrtrechts, vom 7. Dezember 1918[1357]. Über den Entwurf der Ausführungsbestimmungen wurde im *Reichsluftamt* in verschiedenen Besprechungen beraten. Sie veranlaßten *Euler*, den Unterstaatssekretär des Reichsluftamts, zu der Forderung, die Verordnung vom 7. Dezember 1918[1358] und den Entwurf der Ausführungsbestimmungen in einem Gesetz zusammenzufassen: Es

---

[1349]Vgl. BA Berlin-Li., R 43 I /731, F 5 Nr. 168 v/169; vgl. den Entwurf über „Grundsätze und Bedingungen für die Zulassung zum Luftverkehr": BA Berlin-Li., R 30.01, Nr. 7004, Bl. 55 ff.; zu späteren Änderungen der Zulassungsbedingungen: BA Berlin-Li., R 15.01, Nr. 14148, Bl. 199 ff.; vgl. auch die Richtlinien für die Überwachung des Luftverkehrs in Deutschland: GStA PK, I. HA Rep. 120 Tn, Nr. 1 Bd. 7, Bl. 16 ff..

[1350]BA Berlin-Li., R 43 I /731, F 5 Nr. 168 v; spätere Änderungen: BA Berlin-Li., R 15.01, Nr. 14148, Bl. 199 ff..

[1351]BA Berlin-Li., R 43 I /731, F 5 Nr. 169; zur Ansicht Bayerns: BA Berlin-Li., R 15.01, Nr. 14148, Bl. 199. ff..

[1352]BA Berlin-Li., R 43 I /731, F 6 Nr. 199 v.

[1353]Vgl. *Fischer*, S. 36; weiteres zur Frage der Zentralisierung: BA Berlin-Li., R 43 I /731, F 5 Nr. 172.

[1354]Vgl. *Fischer*, S. 36.

[1355]*Fischer*, S. 130.

[1356]BA Berlin-Li., R 30.01, Nr. 7003, Bl. 154 ff.; BA Berlin-Li., R 30.01, Nr. 7004, Bl. 20 b ff.; die Verordnung wies nur geringfügige Übereinstimmungen mit den „Grundzüge[n] für eine Verordnung für den Verkehr mit Luftfahrzeugen" aus dem Jahre 1912 auf (BA Berlin-Li., R 30.01, Nr. 7002, Bl. 56 ff.; GStA PK, I. HA Rep. 120 Tn, Nr. 1 Bd. 5, Bl. 143 ff.).

[1357]RGBl. 1918 II, S. 1407 ff..

[1358]RGBl. 1918 II, S. 1407 ff..

sei unzweckmäßig, diese „organisch zusammenhängende Materie“ in einem Gesetzentwurf und einer Verordnung zu regeln. Vielmehr müsse ein beide Regelungen verbindendes endgültiges Reichsgesetz für den Luftverkehr geschaffen werden. Die Ausgestaltung verschiedener Ausführungsbestimmungen des Entwurfs verdeutliche ihren nicht nur vorläufigen Charakter, und im übrigen seien keine Gründe ersichtlich, die gegen den Erlaß eines endgültigen einheitlichen Reichsgesetzes für den Luftverkehr sprächen[1359]. Auf der Grundlage der Verordnung, betreffend die vorläufige Regelung des Luftfahrtrechts, vom 7. Dezember 1918[1360], unter Berücksichtigung des Entwurfs einer Ausführungsbestimmung[1361] zu dieser Verordnung, der Reichtagsvorlage des Entwurfs eines Luftverkehrsgesetzes aus dem Jahre 1914[1362], der Grundzüge für eine Verordnung für den Verkehr mit Luftfahrzeugen aus dem Jahre 1912[1363] und des Gesetzes über den Verkehr mit Kraftfahrzeugen vom 9. Mai 1909[1364] erstellte *Euler* einen Entwurf für eine reichsgesetzliche Luftverkehrsregelung[1365]. Es war der erste Entwurf, der nach dem ersten Weltkrieg erarbeitet wurde. Damit wurde das Verfahren zum Erlaß eines Luftverkehrsgesetzes erneut in Gang gesetzt. Im Anschluß daran wurden sieben weitere Entwürfe erarbeitet, bevor der Regierungsentwurf eines Luftverkehrsgesetzes vorlag.

Veranlaßt wurden die Bestrebungen, eine endgültige reichsgesetzliche Regelung zu schaffen, noch durch weitere Überlegungen. Dies ergibt *Eulers* allgemeine Begründung des später erstellten fünften Entwurfs eines Luftverkehrsgesetzes. Danach würden Luftverkehrsschulen, Luftfahrtunternehmen, Flugplätze und auch die Luftfahrtindustrie derzeit einen hohen personellen und wirtschaftlichen Aufwand erfordern. Im Interesse einer ungehinderten Fortentwicklung der Luftfahrt bedürfe es daher einer endgültigen reichsgesetzlichen Regelung, die eine gewisse Rechtssicherheit gewährleiste. Hinzu kam die Überlegung, daß besondere, von den allgemeinen Bestimmungen des Bürgerlichen Gesetzbuchs abweichende Haftpflichtbestimmungen nur im Zusammenhang mit den Verkehrsbestimmungen erlassen werden könnten, da diese in untrennbarer Wechselwirkung zu den Haftpflichtregelungen stünden. Eine Änderung der zivilrechtlichen Haftpflichtbestimmungen im Verordnungswege war aber nach *Eulers* allgemeinen

---

1359 BA Berlin-Li., R 30.01, Nr. 7003, Bl. 138/139; BA Berlin-Li., R 30.01, Nr. 7004, Bl. 20 k.
1360 RGBl. 1918 II, S. 1407 ff..
1361 BA Berlin-Li., R 30.01, Nr. 7003, Bl. 154 ff.; BA Berlin-Li., R 30.01, Nr. 7004, Bl. 20 b ff..
1362 Verh. des RT, 13. Leg.-Per., 1. Session 1912/14, Bd. 303, Ds. Nr. 1338.
1363 BA Berlin-Li., R 30.01, Nr. 7002, Bl. 56 ff.; GStA PK, I. HA Rep. 120 Tn, Nr. 1 Bd. 5, Bl. 143 ff.; die „Grundzüge" wiesen gewisse Übereinstimmungen mit dem Entwurf eines internationalen Abkommens der Pariser-Luftschiffahrtskonferenz aus dem Jahre 1910 auf (BA Berlin-Li., R 30.01, Nr. 7001, Bl. 122 ff.).
1364 RGBl. 1909, S. 437 ff..
1365 BA Berlin-Li., R 30.01, Nr. 7003, Bl. 138 ff.; BA Berlin-Li., R 30.01, Nr. 7003, Bl. 162 ff.; BA Berlin-Li., R 30.01, Nr. 7004, Bl. 20 k ff..

Begründung zum fünften Gesetzentwurf aufgrund des Ermächtigungsgesetzes vom 26. November 1918[1366] verfassungsrechtlich bedenklich[1367].

Als weiterer Grund wurde die Erfüllung des Versailler Vertrags[1368], insbesondere der Art. 313 ff., angeführt. Der Friedensvertrag erfordere es, möglichst schnell gesetzliche Regelungen für den Luftverkehr zu erlassen[1369]. Das Deutsche Reich sei nach Art. 313 i. V. mit Art. 320 des Versailler Vertrags dazu verpflichtet, den Luftfahrzeugen der alliierten und assoziierten Mächte innerhalb des Deutschen Reichs und der deutschen Hoheitsgewässer bis zum 1. Januar 1923 die volle Flug- und Landungsfreiheit und dieselben Vergünstigungen wie deutschen Luftfahrzeugen zu gewähren. Im übrigen habe das Reich gemäß Art. 314 des Versailler Vertrags einen freien Durchgangsverkehr „[v]orbehaltlich der Erfüllung der von Deutschland etwa erlassenen Vorschriften, die aber in gleicher Weise auf deutsche Luftfahrzeuge und solche der alliierten und assoziierten Länder anwendbar sein müssen [...]" sowie nach Art. 315 des Versailler Vertrags ein Landungsrecht in Flughäfen sicherzustellen. Darüber hinaus habe Deutschland die Vorgaben des Art. 319 des Versailler Vertrags[1370] zu beachten[1371].

1. Der erste Entwurf des Reichsluftamts (ca. März 1919)

Der Entwurf[1372] nahm Freiballone - anders als nach dem dem Reichstag im Jahre 1914 vorgelegten Entwurf eines Luftverkehrgesetzes[1373], jedoch in Übereinstimmung mit der Verordnung-1918[1374] - von seinem Regelungsbereich aus. Dem Reichsluftamt wurde jedoch die Möglichkeit eingeräumt, die notwendig werdenden Bestimmungen im Verordnungswege zu erlassen (§ 8 Ziff. 4). Für die gesetzgeberische Zurückhaltung gegenüber dem Ballonwesen waren die geringe

[1366]RGBl. 1918 II, S. 1407 ff..
[1367]BA Berlin-Li., R 30.01, Nr. 7004, Bl. 125; BA Berlin-Li., R 15.01, Nr. 14148, Bl. 148; GStA PK, I. HA Rep. 84 a, Nr. 1989, Bl. 10.
[1368]Vertrag vom 28. Juni 1919; RGBl. 1919 I, S. 687 ff..
[1369]BA Berlin-Li., R 30.01, Nr. 7004, Bl. 125; BA Berlin-Li., R 15.01, Nr. 14148, Bl. 148 v; GStA PK, I. HA Rep. 84 a, Nr. 1989, Bl. 10.
[1370]Art. 319: „Deutschland sagt zu, durch geeignete Maßnahmen sicherzustellen, daß jedes über deutschem Gebiet fliegende Luftfahrzeug die Vorschirften, betreffend Lichter und Signale, die Flugvorschirften und deren Umsetzung beachtet, wie sie in dem von den alliierten und assoziierten Mächten abgeschlossenen Übereinkommen über die Luftfahrt festgelegt sind." (Vertrag vom 28. Juni 1919; RGBl. 1919 I, S. 687 ff.).
[1371]BA Berlin-Li., R 30.01, Nr. 7004, Bl. 125/125 v; BA Berlin-Li., R 15.01, Nr. 14148, Bl. 148/148 v; GStA PK, I. HA Rep. 84 a, Nr. 1989, Bl. 10/10 v.
[1372]BA Berlin-Li., R 30.01, Nr. 7003, Bl. 145 ff.; BA Berlin-Li., R 30.01, Nr. 7004, Bl. 20 m ff.; Wiedergabe des Entwurfs im Anhang.
[1373]Verh. des RT, 13. Leg.-Per., 1. Session 1912/14, Bd. 303, Ds. Nr. 1338.
[1374]Verordnung, betreffend die vorläufige Regelung des Luftfahrtrechts, vom 7. Dezember 1918; RGBl. 1918 II, S. 1407 ff..

Gefährlichkeit der Ballone und ihre mangelnde Eignung zu Spionagezwecken ausschlaggebend[1375].

Von den einzelnen Bestimmungen des Entwurfs enthielten die §§ 1 bis 6 folgende Genehmigungstatbestände: *§ 1* befaßt sich mit der Zulassung von Luftschiffen und Flugzeugen. Luftschiffe und Flugzeuge durften außerhalb von Flugplätzen nur mit Zulassung der zuständigen Behörde verkehren (§ 1 Abs. 1). Diese Regelung entsprach inhaltlich der des § 1 der Verordnung-1918[1376]. Die Zulassung durfte nur dann erteilt werden, wenn das Luftfahrzeug einem vom Reichsluftamt als verkehrssicher anerkannten Muster entsprach und einer Nachbauprüfung auf seine Flugfertigkeit durch einen seitens der höheren Verwaltungsbehörde bestellten Sachverständigen unterzogen worden war (§ 1 Abs. 2). Die Regelung des § 1 Abs. 2 wies gewisse Übereinstimmungen zu den §§ 1 Abs. 1 S. 1 und 2 Abs. 1 S. 2 des Entwurfs einer Ausführungsbestimmung[1377] zu der Verordnung-1918[1378] auf. Sobald ein zugelassenes Luftfahrzeug den Anforderungen der Verkehrssicherheit nicht mehr genügte, konnte die Zulassung zurückgenommen werden (§ 1 Abs. 3)[1379]. Der Entwurf regelte außerdem in *§ 2* eine Erlaubnispflicht der Luftschiff- und Flugzeugführer für den Verkehr außerhalb von Flugplätzen[1380]. Die Erlaubnis war zu erteilen, wenn der Bewerber das 21. Lebensjahr überschritten hatte, von einer staatlich genehmigten Luftfahrtschule ausgebildet worden war, die Prüfung vor der Prüfungskommission des Reichsluftamts abgelegt hatte und keine Tatsachen vorlagen, daß er zum Führen eines Luftfahrzeugs ungeeignet war. Ausnahmsweise konnte bei Vollendung des 16. Lebensjahres mit Zustimmung des gesetzlichen Vertreters von dem Erfordernis der Vollendung des 21. Lebensjahres abgesehen werden (§ 2 Abs. 2). Die Führererlaubnis konnte zurückgezogen werden, wenn Tatsachen festgestellt wurden, die die Annahme rechtfertigten, daß der Luftfahrzeugführer zum Führen eines Luftfahrzeugs nicht geeignet war (§ 2 Abs. 3)[1381]. Im übrigen sah der Entwurf vor, daß solche Personen, gegen die Tatsachen vorlagen, die sie als Mitglied einer Besatzungsmannschaft ungeeignet erschienen ließen, als Besatzungsmannschaft nicht eingesetzt werden durften (§ 2 Abs. 4).

[1375] Vgl. BA Berlin-Li., R 30.01, Nr. 7003, Bl. 144; BA Berlin-Li., R 30.01, Nr. 7004, Bl. 20 m.

[1376] RGBl. 1918 II, S. 1407 ff..

[1377] BA Berlin-Li., R 30.01, Nr. 7003, Bl. 154; BA Berlin-Li., R 30.01, Nr. 7004, Bl. 20 b.

[1378] RGBl. 1918 II, S. 1407 ff..

[1379] Diese Regelung entsprach im wesentlichen der des § 3 der Verordnung-1918, die wörtlich mit der Regelung des § 2 Abs. 1 der Reichstagsvorlage-LuftVG 1914 übereinstimmte.

[1380] § 2 Abs. 1: Diese Regelung entsprach fast wörtlich der Regelung des § 4 Abs. 1 der Verordnung-1918, die wiederum dem § 3 Abs. 1 S. 1 der Reichstagsvorlage-LuftVG 1914 nachgebildet war.

[1381] Diese Regelung entsprach im wesentlichen dem § 5 der Verordnung-1918, der wiederum wörtlich mit § 5 Abs. 1 der Reichstagsvorlage-LuftVG 1914 übereinstimmte und dem § 4 Abs. 1 1. Hs. KFG nachgebildet war.

Der Entwurf regelte ferner in *§ 3 Abs. 1* eine Genehmigungspflicht für Luftfahrschulen zur Ausbildung von Luftfahrzeugführern[1382]. Er enthielt in *§ 4* eine Genehmigungspflicht für Flugplätze und übertrug den Landeszentralbehörden die Zuständigkeit für die Erteilung der Genehmigung[1383]. Im übrigen regelte der Entwurf in *§ 5* eine Genehmigungspflicht für Luftfahrtunternehmen und übertrug ebenfalls den Landeszentralbehörden die Zuständigkeit für die Erteilung der Genehmigung[1384]. Zur Ermöglichung von *Einsprüchen Dritter gegen die Errichtung von Flugplätzen und Luftfahrtunternehmen* hatten die Landeszentralbehörden vor Erteilung der Genehmigungen ein Planauslegungsverfahren anzuordnen (§ 4 Abs. 2/§ 5 Abs. 2)[1385]. Der Entwurf enthielt zudem in *§ 6* eine Genehmigungspflicht für Zuverlässigkeits- und Wettbewerbsfahrten oder andere Flugveranstaltungen und übertrug den Landeszentralbehörden dafür die Zuständigkeit[1386]. Allgemeine Bestimmungen für den Luftverkehr sah *§ 7* vor. Luftfahrzeuge durften nur von zugelassenen Flugplätzen starten. Abgesehen von Notfällen, durften sie nur auf Flugplätzen und solchen Stellen landen, die als Landungsplätze gekennzeichnet waren (§ 7 Ziff. a). Die Eigentümer unbebauter Grundstücke, die sich zur Landung von Luftfahrzeugen eigneten, waren verpflichtet, die Kennzeichnung ihrer Grundstücke als Landeplätze und die Landung von Luftfahrzeugen zu dulden. Den durch eine Landung entstandenen Schaden hatte der Eigentümer des Luftfahrzeugs zu ersetzen. Auf nicht gekennzeichneten Plätzen durfte nur im Notfall gelandet werden. Für den durch die Notlandung entstandenen Schaden war der Eigentümer des Luftfahrzeugs in voller Höhe ersatzpflichtig (§ 7 Ziff. b). Das vorgesehene Landungsrecht war nach *Eulers*

1382 Der Entwurf einer Ausführungsbestimmung zu der Verordnung-1918 sah bereits eine entsprechende Genehmigungspflicht vor (vgl. § 11 Abs. 1 i. V. mit § 12 S. 1).

1383 Die Regelung des § 4 Abs. 1 S. 1 war der Regelung des § 6 S. 1 der Verordnung-1918, die aus § 8 Abs. 1 S. 1 der Reichstagsvorlage-LuftVG 1914 hervorgegangen war, nachgebildet. § 4 Abs. 1 S. 2 entsprach im wesentlichen dem 2. Halbsatz des § 28 des Entwurfs einer Ausführungsbestimmung zu der Verordnung-1918.

1384 Der § 5 Abs. 1 S. 1 war fast wörtlich dem § 8 Abs. 1 S. 1 der Verordnung-1918 nachgebildet, der dem § 9 Abs. 1 1. Hs. der Reichstagsvorlage-LuftVG entsprach. Der § 5 Abs. 1 S. 2 entsprach inhaltlich dem § 8 Abs. 2 der Verordnung-1918, der dem § 9 Abs. 2 S. 1 der Reichstagsvorlage-LuftVG 1914 nachgebildet war. Der § 5 Abs. 3 stimmte teilweise mit § 34 des Entwurfs einer Ausführungsbestimmung zu der Verordnung-1918 überein. Der § 5 Abs. 4 entsprach inhaltlich der Regelung des § 8 Abs. 3 der Verordnung-1918.

1385 Der § 4 Abs. 2 war dem § 29 Abs. 1 des Entwurfs einer Ausführungsbestimmung zu der Verordnung-1918 nachgebildet. Der § 5 Abs. 2 entsprach dem § 33 des Entwurfs einer Ausführungsbestimmung zu der Verordnung-1918.

1386 Eine derartige Genehmigungspflicht war in der Reichstagsvorlage-LuftVG 1914 nicht vorgesehen gewesen. Die Regelung des § 6 Abs. 1 entsprach im wesentlichen der Regelung des § 7 Abs. 1 der Verordnung-1918. Der § 6 Abs. 2 war der Regelung des § 7 Abs. 2 der Verordnung-1918 nachgebildet. Die Regelung des § 6 Abs. 3 enthielt inhaltlich teilweise die Bestimmung des § 32 S. 2 des Entwurfs einer Ausführungsbestimmung zu der Verordnung-1918. Der § 6 Abs. 4 entsprach inhaltlich der Regelung des § 7 Abs. 3 der Verordnung-1918.

Auffassung im Interesse eines der Allgemeinheit dienenden Luftverkehrs erforderlich. Die Bestimmung des § 39 S. 1 des Entwurfs einer Ausführungsbestimmung[1387] zu der Verordnung-1918[1388], nach der Luftfahrzeuge - abgesehen von Notfällen - nur an bestimmten Stellen aufsteigen und landen durften, sei - so *Euler* - völlig unzureichend. Die mit dem vorgesehenen Landungsrecht verbundenen Eigentumsbeschränkungen seien zumutbar. Schließlich habe man bereits für die Entwicklung des Eisenbahnverkehrs die Einziehung des Eigentums gegen Enteignung für erforderlich gehalten[1389].

Zur Orientierung der Luftfahrt konnte das Reichsluftamt die Kennzeichnung auf besonders geeigneten Gebäuden in Städten anordnen (§ 7 Ziff. c). Luftfahrzeuge bedurften zum Mitführen von Waffen, Munition, Sprengstoffen, Brieftauben und fotografischen Apperaten, „Funken-Telegraphie-" oder „Funken-Telefoniergeräten" einer besonderen Genehmigung des Reichsluftamts und der obersten Militärbehörde (§ 7 Ziff. d)[1390]. Das Aufsteigenlassen von Drachen (Windvögeln, Kinderspielzeug) an Drähten oder Bindfäden war in der Nähe der Flugplätze in einem Umkreis von 1 km verboten. Ansonsten war diese Betätigung nur erlaubt, wenn die Länge der Bindfäden oder Drähte 200 Meter nicht überstieg (§ 7 Ziff. e).

Nach *§ 8 Ziff. 1* war zuständige Behörde i. S. der §§ 1 bis 3 die oberste Verwaltungsbehörde. Die Landeszentralbehörden hatten zu bestimmen, welche Verwaltungsbehörden gemäß §§ 4 bis 6 zuständig sein sollten.

§ 8 Ziff. 2 übertrug dem Reichsluftamt die Befugnis, die zur Ausführung der §§ 1 bis 6 erforderlichen Anordnungen zu erlassen[1391]. Außerdem wurde dem Reichsluftamt die Befugnis übertragen, die Arbeitsverhältnisse der Führer und des Luftfahrzeugpersonals zu regeln (§ 8 Ziff. 3). Der Erlaß derartiger Bestimmungen war bereits vom sozialdemokratischen Abgeordneten *Bender* in der 234. Reichstagssitzung vom 12. März 1914[1392] gefordert worden.

[1387] § 39 S.1 des Entwurfs einer Ausführungsbestimmung: „Luftfahrzeuge dürfen nur von dafür vorgesehenen Plätzen aufsteigen und auf solchen, außer im Falle der Not, landen."

[1388] RGBl. 1918 II, S. 1407 ff..

[1389] BA Berlin-Li., R 30.01, Nr. 7003, Bl. 141; BA Berlin-Li., R 30.01, Nr. 7004, Bl. 20 l.

[1390] Diese Regelung wies große Ähnlichkeiten mit der Regelung des § 43 des Entwurfs einer Ausführungsbestimmung zu der Verordnung-1918 auf. Bereits der § 35 S. 1 der „Grundzüge für eine Verordnung für den Verkehr mit Luftfahrzeugen" aus dem Jahre 1912 enthielt eine vergleichbare Regelung.

[1391] Die Aufzählung entsprach zum Teil dem § 10 Nr. 1 bis 3 der Verordnung vom 7. Dezember 1918, der wiederum dem § 13 Abs. 1 Nr. 1 bis 3 des Entwurfs eines Reichsgesetzes für den Luftverkehr aus dem Jahre 1914 nachgebildet war, dem § 13 Nr. 4, Nr. 8 und Nr. 9 der Reichstagsvorlage-LuftVG 1914 und den Nummern 1 bis 2 und 5 bis 10 des § 46 des Entwurfs einer Ausführungsbestimmung zu der Verordnung vom 7. Dezember 1918.

[1392] Verh. des RT, 13. Leg.-Per., 1. Session 1912/14, Bd. 294, S. 8043 (8059/8060), Sten. Ber. der 234. Sitzung vom 12. März 1914.

Der Entwurf war so ausgestaltet, daß grundsätzliche Entscheidungen bezüglich der Verkehrsbestimmungen weitgehend festgelegt wurden, während ein großer Teil der Verkehrsregelungen in einer leicht änderbaren Form geregelt wurde. *Euler* verwies insoweit auf den dem Reichstag im Jahre 1914 vorgelegen früheren Entwurf eines Reichsgesetzes für den Luftverkehr[1393], der in § 13[1394] den Erlaß verschiedener Anordnungen im Wege einer Bundesratsverordnung vorgesehen hatte[1395].

Anders als die Verordnung-1918[1396] enthielt der von *Euler* angefertigte Gesetzentwurf eine Haftpflicht- und eine Strafbestimmung. Die Haftpflichtbestimmung des Entwurfs regelte in *§ 9* die Verpflichtung des Luftfahrzeughalters, den bei dem Betrieb des Luftfahrzeugs entstandenen Schaden zu ersetzen. Die Haftung war ausgeschlossen, „wenn der Beschädigte Schuld hat[te], die Beschädigung verursacht hat[te] oder der Schaden durch das Dazwischentreten eines Dritten herbeigeführt“[1397] wurde. Die Vorschrift des § 254 BGB war entsprechend anzuwenden[1398]. Zur Begründung führte *Euler* aus, er habe bei der Ausgestaltung der Haftpflichtregelung davon abgesehen, den Luftfahrzeughalter für alle Schäden uneingeschränkt einstehen zu lassen. Eine derart weitreichende Haftpflicht sei nicht einmal im Reichshaftpflichtgesetz oder in irgendeiner anderen Rechtsvorschrift geregelt. Sie würde auch den Abschluß einer Haftpflichtversicherung unmöglich machen[1399]. Er habe daher eine Erfolgshaftung unter Ausschluß der Fälle des Verschuldens des Geschädigten oder des Dazwischentretens eines Dritten geregelt. Die Regelung stellte für den Luftfahrzeughalter gegenüber der Haftpflichtregelung der Reichstagsvorlage-LuftVG 1914[1400] eine Verschärfung dar. *Euler* meinte, damit den Forderungen der überwiegenden Meinung zu entsprechen. Eine derartige Regelung sei insbesondere bei der ersten Lesung des Entwurfs eines Luftverkehrsgesetzes mehrfach gefordert worden[1401].

Unter Berücksichtigung der §§ 32 und 34 des Entwurfs einer Ausführungsbestimmung[1402] zu der Verordnung-1918[1403] machte *Eulers* Entwurf - im Unter-

---

[1393]Verh. des RT, 13. Leg.-Per., 1. Session 1912/14, Bd. 303, Ds. Nr. 1338.

[1394]Die Regelung von Ausführungsbestimmungen im Wege einer Verordnung erfolgte nach dem Vorbield des § 6 Abs. 1 KFG.

[1395]BA Berlin-Li., R 30.01, Nr. 7003 Bl. 139/140; BA Berlin-Li., R 30.01, Nr. 7004, Bl. 20 k v.

[1396]RGBl. 1918 II, S. 1407 ff..

[1397]§ 9 Abs. 1.

[1398]§ 9 Abs. 2: Diese Regelung entsprach im wesentlichen der Regelung des § 17 der Reichstagsvorlage-LuftVG 1914.

[1399]BA Berlin-Li., R 30.01, Nr. 7003, Bl. 142; BA Berlin-Li., R 30.01, Nr. 7004, Bl. 20 l v.

[1400]Verh. des RT, 13. Leg.-Per., 1. Session 1912/14, Bd. 303, Ds. Nr. 1338.

[1401]BA Berlin-Li., R 30.01, Nr. 7003, Bl. 142; BA Berlin-Li., R 30.01, Nr. 7004, Bl. 20 l v.

[1402]§ 32 des Entwurfs einer Ausführungsbestimmung: „Der Veranstalter hat bei der Antragstellung die Erklärung abzugeben, daß er für allen durch die Veranstaltung Nichtbeteiligter verursachten Schaden aufkommen und eine Haftpflichtversicherung darüber eingehen werde.

schied zu allen bisherigen Entwürfen - zur finanziellen Absicherung des Geschädigten[1404] den Abschluß einer Haftpflichtversicherung zur Voraussetzung für die Genehmigung von Luftfahrtunternehmen (§ 5 Abs. 3) und Flugveranstaltungen (§ 6 Abs. 3).

Die *Strafbestimmung* des *§ 10* des Entwurfs stellte Zuwiderhandlungen gegen die zur Aufrechterhaltung der Ordnung und Sicherheit zu erlassenden Anordnungen über den Verkehr mit Luftfahrzeugen und luftfahrzeugähnlichen Apparaten (§ 10 Abs. 1), das Führen von nicht zum Verkehr zugelassenen Luftfahrzeugen außerhalb von Flugplätzen und das vom Halter eines Luftfahrzeugs vorsätzliche bzw. fahrlässige Gestatten des Gebrauchs eines nicht zugelassenen Luftfahrzeugs (§ 10 Abs. 2) unter Strafe. Ebenfalls unter Strafe gestellt wurden das Führen eines Luftfahrzeugs außerhalb von Flugplätzen ohne Zulassung und solche Fälle, in denen der Luftfahrzeughalter vorsätzlich oder fahrlässig das Fahrzeug von einem nicht zugelassenen Luftfahrer führen ließ (§ 10 Abs. 3). Zu bestrafen war auch, wer vorsätzlich ein Luftfahrzeug beschädigte, zerstörte oder auf andere Weise unbrauchbar oder unzuverlässig machte oder die Fahrt eines solchen Luftfahrzeugs durch falsche Zeichen oder auf andere Weise in seiner zuverlässigen Wirkung störte und dadurch eine Gefahr für Menschenleben herbeiführte. Der Versuch war strafbar (§ 10 Abs. 4 S. 2). Wurde durch die Handlung eine schwere Körperverletzung oder der Tod eines Menschen verursacht, war eine Zuchthausstrafe, bei milderen Umständen eine noch festzustellende zeitige Gefängnisstrafe zu verhängen (§ 10 Abs. 4). Zu bestrafen war auch derjenige, der eine der bezeichneten Handlungen fahrlässig vornahm (§ 10 Abs. 5). Das Strafmaß legte der Entwurf noch nicht fest. Den Erlaß von Strafbestimmungen hielt *Euler* für unerläßlich, damit Übertretungen einzelner Bestimmungen nicht ohne Rechtswirkungen blieben[1405].

Die Genehmigung darf erst erteilt werden, wenn der Abschluß der Versicherung in der von der genehmigenden Behörde für angemessen erachteten Höhe nachgewiesen ist."

§ 34 des Entwurfs einer Ausführungsbestimmung: „Der Unternehmer hat bei Antragstellung zu erklären, daß er für allen durch das Unternehmen seinem Personal oder Nichtbeteiligten verursachten Schaden aufkommen und darüber eine Haftpflichtversicherung eingehen, auch den Fluggästen ermöglichen werde, durch Zahlung einer Prämie neben dem Fahrpreis eine Unfallversicherung in von ihnen gewünschter Höhe einzugehen. Die Genehmigung darf erst erteilt werden, wenn der Abschluss der Haftpflicht-Versicherung in der von der genehmigenden Behörde für angemessen erachteten Höhe und die Eröffnung der Unfallversicherung nachgewiesen ist." (BA Berlin-Li., R 30.01, Nr. 7003, Bl. 154 ff.; BA Berlin-Li., R 30.01, Nr. 7004, Bl. 20 b ff.).

[1403]RGBl. 1918 II, S. 1407 ff..

[1404]Vgl. BA Berlin-Li., R 30.01, Nr. 7003, Bl. 142; vgl. BA Berlin-Li., R 30.01, Nr. 7004, Bl. 20 l v.

[1405]BA Berlin-Li., R 30.01, Nr. 7003, Bl. 141; BA Berlin-Li., R 30.01, Nr. 7004, Bl. 20 l v; die einzelnen Strafbestimmungen waren bereits in den §§ 28, 29 Abs. 1 Nr. 1, 29 Abs. 2, 30 Abs. 1 Nr. 1 , 30 Abs. 2 und 33 der Reichstagsvorlage-LuftVG 1914 geregelt. Sie entsprachen mit Ausnahme des § 10 Abs. 4 und Abs. 5 den §§ 21, 23, 24 Abs. 1 Nr. 1 und Abs. 1 Nr. 2 KFG.

Nach der von *Euler* zu dem Gesetzentwurf ausgearbeiteten Begründung hatte man auf Regelungen für den internationalen Luftverkehr verzichtet, da es sinnvoller sei, eine internationale Einigung abzuwarten[1406]. Außerdem habe man davon abgesehen, in dem Entwurf - anders als in dem Entwurf einer Ausführungsbestimmung[1407] - Sonderbestimmungen für den militärischen Luftverkehr zu regeln, da sich die Bedürfnisse des Militärs bis zum Abschluß des Friedensvertrags noch nicht übersehen ließen[1408].

2. *Die Entwürfe zwei (5. April 1919), drei (30. April 1919) und vier (22. September 1919) des Reichsluftamts bzw. des Reichsamts für Luft- und Kraftfahrwesen*

Nachdem der erste von *Euler* vorgestellte Entwurf eines Gesetzes über den Luftverkehr mit verschiedenen Behörden und Sachverständigen erörtert worden war[1409], erstellte er den zweiten Entwurf eines „Reichsgesetzes zur Regelung des Luftverkehrs" vom 5. April 1919 nebst Begründung. Auf dieser Grundlage erarbeitete *Euler* den dritten Entwurf eines Luftverkehrsgesetzes vom 30. April 1919[1410], der erstmals eine Begründung der einzelnen Bestimmungen enthielt. Der Entwurf wurde den Landesregierungen übermittelt und wurde dort überwiegend zustimmend aufgenommen. Auch von ihrer Seite wurde der schnelle Erlaß einer reichsgesetzlichen Regelung für den Luftverkehr befürwortet. Zu dem Gesetzentwurf machten die Landesregierungen verschiedene Änderungsvorschläge. Weitere Vorschläge wurden von verschiedenen Behörden, wie dem Reichsjustizamt, dem Preußischen Justizministerium, dem Reichspostamt, dem Kriegsministerium und dem Polizeipräsidium (Berlin), vorgebracht. Sie waren Gegenstand einer Beratung des Reichsausschusses für Luftfahrt vom 20. September 1919[1411]. Die Beratung fand unter Beteiligung der Länder statt. Die vorgebrachten Änderungswünsche veranlaßten *das Reichsamt für Luft- und Kraftfahrwesen,* das aus dem Reichsluftamt hervorgetreten war, den vierten Entwurf eines Gesetzes für den Luftverkehr vom 22. September 1919 nebst einer Begründung zu den einzelnen Bestimmungen zu erstellen[1412].

[1406] BA Berlin-Li., R 30.01, Nr. 7003, Bl. 143; BA Berlin-Li., R 30.01, Nr. 7004, Bl. 20 l v/20 m.

[1407] BA Berlin-Li., R 30.01, Nr. 7003, Bl. 154 ff.; BA Berlin-Li., R 30.01, Nr. 7004, Bl. 20 b ff..

[1408] Z. B. § 10 (BA Berlin-Li., R 30.01, Nr. 7003, Bl. 154 ff.; BA Berlin-Li., R 30.01, Nr. 7004, Bl. 20 b ff.).

[1409] Zu diesen Beratungen fanden sich keine Unterlagen.

[1410] BA Berlin-Li., R 30.01, Nr. 7004, Bl. 25 ff..

[1411] BA Berlin-Li., R 30.01, Nr. 7004, Bl. 77; zu den Beratungen waren keine Unterlagen auffindbar.

[1412] BA Berlin-Li., R 30.01, Nr. 7004, Bl. 88 ff.; BA Berlin-Li., R 15.01, Nr. 14148, Bl. 100 ff.; GStA PK, I. HA Rep. 84 a, Nr. 1988, Bl. 388 ff..

a) *Luftverkehrsfreiheit*

Von Bedeutung war die ausdrückliche Regelung der Luftverkehrsfreiheit in § 1 des zweiten Entwurfs: „Der Luftverkehr (Benutzung des Luftraumes durch Luftfahrzeuge) ist frei, soweit er nicht durch dieses Gesetz und die zu seiner Ausführung von den zuständigen Behörden erlassenen Anordnungen beschränkt ist." Nach der Begründung des Gesetzentwurfs habe man mit dieser Bestimmung, die gleichlautenden Bestimmungen verschiedener europäischer Entwürfe, - insbesondere dem französischen Entwurf eines Gesetzes für den Luftverkehr („projet de loi sur la circulation aerienne")[1413] vom 7. Mai 1913 und dem Entwurf des *Comité juridique international de l'aviation*[1414] - entspräche, das zivilrechtliche „Passagerecht" durch den Luftraum über fremdem Grundstückseigentum ausdrücklich festlegen wollen. Damit sollte der in der Literatur bestehende Streit, darüber wie weit sich das in § 905 BGB geregelte Recht des Grundstückseigentümers in den Luftraum erstreckte, in Übereinstimmung mit der Begründung der Reichstagsvorlage-LuftVG 1914[1415] geregelt werden. Die Festsetzung einer bestimmten Flughöhe, in der das Überfliegen eines Grundstücks zulässig sein sollte, wollte man den Ausführungsbestimmungen vorbehalten[1416].

b) *Betriebserlaubnis*

Im Unterschied zum ersten Entwurf bestimmte der zweite, daß das Reichsluftamt von der Zulassungspflicht der Luftfahrzeuge Ausnahmen machen konnte (§ 2 S. 2).

Im vierten Entwurf wurde die Zulassungspflicht auch auf Luftfahrzeuge, die zu Ausbildungsflügen verwendet wurden oder innerhalb von Flugplätzen gewerbsmäßig Personen beförderten, ausgedehnt (§ 2 Abs. 2). Diese Änderung wurde im Interesse der Sicherheit der Flugschüler und Passagiere vorgenommen[1417]. Im Unterschied zum dritten Entwurf erhielten nun nicht mehr die höheren Verwaltungsbehörden der Länder, sondern das Reichsamt für Luft- und

---

[1413] § 1: „Die Luftfahrzeuge dürfen oberhalb des Geländes verkehren unter Voraussetzung der Beobachtung der Vorschriften dieses Gesetzes und aller anderen, die in Bezug auf dessen Innehaltung erlassen werden." (zit. nach *Juristische Kommission des Aero-Clubs von Deutschland*, S. 122).

[1414] Art. 1 Code de l'air: „Der Luftverkehr ist frei, vorbehaltlich des Rechts der Staaten, im Luftraum über ihren Gebieten gewisse noch zu bestimmende Maßregeln zu ergreifen, die sie zum Schutze ihrer eigenen Sicherheit sowie derjenigen ihrer Bewohner und deren Güter für nötig erachten." (zit. nach *Meyer*, JW 1911, S. 670 (671); vgl. *Premier congrès du Comité juridique international de l'aviation*, S. 89).

[1415] Verh. des RT, 13. Leg.-Per., 1. Session 1912/14, Bd. 303, Ds. Nr. 1338.

[1416] BA Berlin-Li., R 30.01, Nr. 7003, Bl. 172 v.

[1417] BA Berlin-Li., R 30.01, Nr. 7004, Bl. 86 v; BA Berlin-Li., R 15.01, Nr. 14148, Bl. 108 v; GStA PK, I. HA Rep. 84 a, Nr. 1988, Bl. 396.

Kraftfahrwesen die Zuständigkeit zur Erteilung der Zulassung. Diese Zentralisierung wurde zur Gewährleistung einer einheitlichen Vergabepraxis für erforderlich gehalten[1418].

c) Führererlaubnis

Bezüglich der Bestimmungen über Führerzeugnisse enthielt der zweite gegenüber dem ersten Entwurf folgende Änderungen: Mit dem Luftfahrzeugführer benötigte nun auch die „Bemannung" ein Führerzeugnis (§ 3 Abs. 1). Die Ausbildung dieser Personen mußte nicht mehr in staatlichen Luftfahrschulen durchgeführt werden (§ 3 Abs. 2).

Die Regelung des § 2 Abs. 2 S. 1 des ersten Entwurfs, die dem Führeraspiranten einen Rechtsanspruch auf Erteilung der Erlaubnis gab, wurde in § 3 Abs. 2 übernommen. Damit sollte dem Führer, der Zeit und Geld für seine Ausbildung aufwenden müsse, eine gesetzliche Garantie dafür gegeben werden, daß er bei Vorliegen der vorgeschriebenen Voraussetzungen den Führerschein auch erhalte[1419]. Im übrigen hatte man nach der Begründung des zweiten Entwurfs von der Forderung einer Rechtsschutzgarantie gegen unberechtigte Versagung oder Entziehung des Führerscheins noch abgesehen, da insoweit die Ausgestaltung der Verfassung abgewartet werden sollte[1420].

Anders als der dritte Entwurf legte der vierte Entwurf zur Gewährleistung einer einheitlichen Vergabepraxis fest[1421], daß nicht mehr die höheren Verwaltungsbehörden der Länder, sondern das Reichsamt für Luft- und Kraftfahrwesen zur Erteilung der Führerzeugnisse zuständig war.

d) Flugplätze

In § 5 Abs. 1 des dritten Entwurfs wurde nicht mehr wie in § 5 Abs. 1 S. 2 des zweiten Entwurfs geregelt, daß Flugplätze den vom Reichsluftamt zu erlassenden Vorschriften über ihre Größe, sonstige Beschaffenheit und Ausstattung entsprechen mußten. § 5 Abs. 3 S. 2 des dritten Entwurfs machte die Erteilung der Genehmigung allgemein von dem Vorliegen eines Bedürfnisses abhängig. Nach der Fassung des zweiten Entwurfs (§ 5 Abs. 3 S. 2) war ein Bedürfnis „für die Anlegung" erforderlich. Im dritten Entwurf wurde die Bestimmung des § 9 Ziff. 2 c gegenüber der gleichlautenden Bestimmung des Vorentwurfs dahingehend er-

---

[1418] BA Berlin-Li., R 30.01, Nr. 7004, Bl. 86 v; BA Berlin-Li., R 15.01, Nr. 14148, Bl. 108 v; GStA PK, I. HA Rep. 84 a, Nr. 1988, Bl. 396.
[1419] BA Berlin-Li., R 30.01, Nr. 7003, Bl. 172 v.
[1420] BA Berlin-Li., R 30.01, Nr. 7003, Bl. 172 v/173.
[1421] BA Berlin-Li., R 30.01, Nr. 7004, Bl. 86 v; BA Berlin-Li., R 15.01, Nr. 14148, Bl. 108 v; GStA PK, I. HA Rep. 84 a, Nr. 1988, Bl. 396.

gänzt, daß das Reichsluftamt zusätzlich die Zuständigkeit erhielt, Vorschriften über den Betrieb und die Kontrolle der Flugplätze zu erlassen.

e) Luftfahrtunternehmen/-veranstaltungen

Anders als im ersten Entwurf bestimmte der zweite, daß die Genehmigung für Luftfahrtunternehmen wahlweise den Abschluß einer Haftpflichtversicherung oder die Hinterlegung einer Kaution erforderte (§ 6 Abs. 5) und daß die Genehmigung von Flugveranstaltungen unabhängig von dem Nachweis einer Haftpflichtversicherung zu erteilen war (§ 7).

Mit der Versicherungspflicht bzw. der Pflicht einer Kautionshinterlegung sollte die wirtschaftliche Durchsetzung von Schadensersatzansprüchen der Geschädigten sichergestellt werden, obwohl *Euler* eine Sicherung dieser Ansprüche durch Zwangsversicherungsverbände der Luftverkehrsinteressenten für zweckmäßiger gehalten hatte[1422]. Im dritten Entwurf verzichtete man auf eine Versicherungspflicht oder die Verpflichtung zur Hinterlegung einer Kaution (§ 6).

Nach dem vierten Entwurf bedurften Luftfahrtunternehmen anders als nach dem dritten Entwurf für Fahrten, die sich über mehrere Länder erstreckten, nicht mehr grundsätzlich, sondern nur dann der Genehmigung der einzelnen Länder, wenn sie diese regelmäßig überflogen (§ 6 Abs. 1 S. 2). Im Interesse eines ungehinderten Luftverkehrs könne nur bei regelmäßig durchgeführten Fahrten ein Bedürfnis aller betroffenen Länder für die Erteilung der Genehmigung angenommen werden[1423]. Im Zusammenhang mit dieser Änderung wurde in § 6 eine Anzeigepflicht aufgenommen. Danach mußten Luftfahrtunternehmen den Landeszentralbehörden, deren Gebiet „planmässig" überflogen werden sollte, vor Fahrtantritt eine Anzeige machen (§ 6 Abs. 1 S. 3).

f) Landungsrecht/-schäden

Sowohl der erste Entwurf (§ 7 Ziff. a S. 2) als auch der zweite Entwurf (§ 8 Ziff. a Abs. 1 S. 2) regelten ein auf Flugplätze und besonders gekennzeichnete Plätze beschränktes Landungsrecht. Im zweiten Entwurf wurde zusätzlich eine Schadensersatzpflicht des Eigentümers eines Luftfahrzeugs für alle durch eine Landung entstandenen Schäden geregelt (§ 8 Ziff. a Abs. 2). Nach *Eulers* Begründung des zweiten Entwurfs habe man die Forderung nach einem allgemeinen Landungsrecht außerhalb geschlossener Ortschaften - abgesehen von dem nach § 904 S. 1 BGB bestehenden Notlandungsrecht - unberücksichtigt gelassen. Ein

---

[1422] BA Berlin-Li., R 30.01, Nr. 7003, Bl. 173 v.

[1423] BA Berlin-Li., R 30.01, Nr. 7004, Bl. 87; BA Berlin-Li., R 15.01, Nr. 14148, Bl. 109; GStA PK, I. HA Rep. 84 a, Nr. 1988, Bl. 397.

allgemeines Landungsrecht bringe die Gefahr des Mißbrauchs mit sich. Die Regelung des Entwurfs stelle daher eine zweckmäßige Regelung dar[1424].

Zusätzlich wurde im dritten Entwurf die Verpflichtung der Grundstückseigentümers geregelt (§ 8 Abs. 3 S. 1), den Weiterflug von Luftfahrzeugen, die auf ihrem Grundstück landeten, zu dulden. Der vierte Entwurf sah schließlich eine Ausdehnung des Landungsrechts auf alle Grundstücke und Wasserflächen vor, die außerhalb bewohnter Ortschaften lagen und nicht umfriedet waren, soweit kein Verbot erlassen worden war (§ 8 Abs. 1). Nach der Auffassung des *Reichsamts für Luft- und Kraftfahrwesen* und der Mehrheit der *Mitglieder des Reichsausschusses für Luftfahrt* war dieses weitreichende Landungsrecht für die Entwicklung der Luftfahrzeuge zu einem der Allgemeinheit dienenden Verkehrsmittel unentbehrlich. Die Schadensersatzpflicht werde die Luftfahrer dazu verleiten, nur auf solchen Grundstücken zu landen, auf denen keine Schäden angerichtet werden könnten[1425].

Zur Sicherung der Schadensersatzansprüche des Grundstückseigentümers oder Besitzers machte § 8 Abs. 2 des vierten Entwurfs die Verpflichtung des Grundstückseigentümers zur Duldung des Weiterflugs und des Abtransports eines gelandeten Luftfahrzeugs von der vorherigen Feststellung der Persönlichkeit des Halters und des Führers abhängig[1426].

g) Sonstige Verkehrsregelungen

Im Unterschied zum Erstentwurf regelte der zweite, daß staatlich genehmigte Observatorien und Drachenwarten, die dem wissenschaftlichen Studium der Atmosphäre und zur Sicherung des Luftverkehrs dienten, nicht unter das in § 8 Ziff. e Abs. 1 geregelte Verbot des Steigenlassens von Drachen fielen (§ 8 Ziff. e Abs. 2).

h) Weiteres zu den Zuständigkeiten

Anders als der Erstentwurf regelte der zweite, daß das Mitführen von Waffen, Munition und den übrigen in § 8 Ziff. d aufgeführten Geräten nicht mehr zusätzlich einer Genehmigung der obersten Militärbehörden bedurfte, sondern ausschließlich der des Reichsluftamts.

Der vierte Entwurf übertrug gemäß § 4 Abs. 1 die Zuständigkeit zur Erteilung der Genehmigung für die Ausbildung der „Bemannung" den Landeszentralbehörden und nicht mehr den höheren Verwaltungsbehörden der Länder. Zusätzlich

---

1424 BA Berlin-Li., R 30.01, Nr. 7003, Bl. 173.

1425 BA Berlin-Li., R 30.01, Nr. 7004, Bl. 87; BA Berlin-Li., R 15.01, Nr. 14148, Bl. 109; GStA PK, I. HA Rep. 84 a, Nr. 1988, Bl. 397.

1426 BA Berlin-Li., R 30.01, Nr. 7004, Bl. 87 v; BA Berlin-Li., R 15.01, Nr. 14148, Bl. 109 v; GStA PK, I. HA Rep. 84 a, Nr. 1988, Bl. 397 v.

wurde ein Anhörungsrecht des Reichsamts für Luft- und Kraftfahrwesen vor Erteilung dieser Genehmigung geregelt (§ 4 Abs. 4). Danach war die Genehmigung zu versagen, wenn das Reichsamt für Luft- und Kraftfahrwesen ein Bedürfnis für die Erteilung der Genehmigung verneinte. Damit wurden die Befugnisse des Reichsamts gestärkt.

Im Unterschied zu § 9 Ziff. 2 des dritten Entwurfs wurde in § 10 dem Reichsamt für Luft- und Kraftfahrwesen die Zuständigkeit zum Erlaß verschiedener Anordnungen nach Anhörung eines auf seinen Vorschlag vom Reichskanzler zu ernennenden Sachverständigenrates (Reichsausschusses für die Luftfahrt[1427]) übertragen. Die Vorschrift des § 9 Ziff. 2 a des dritten Entwurfs wurde im vierten Entwurf dahingehend erweitert, daß sie dem Reichsamt für Luft- und Kraftfahrwesen ausdrücklich auch die Regelung von Vorschriften über die Anforderungen an die Lehrbetriebe übertrug (§ 10 Ziff. a).

i) Haftpflicht

Im Unterschied zum Erstentwurf galt nach der in § 10 geregelten Haftpflichtbestimmung des zweiten Entwurfs die Schadensersatzpflicht des Luftfahrzeughalters nur für die bei „Betrieb eines Luftfahrzeugs" aus der Tötung oder Körperverletzung eines Menschen entstandenen Schäden (§ 10 Abs. 1). Außerdem wurde die Ersatzpflicht auch für denjenigen geregelt, der ohne Wissen und Wollen des Luftfahrzeughalters das Luftfahrzeug in Betrieb genommen hatte (§ 10 Abs. 4)[1428]. Im übrigen erlosch der Schadensersatzanspruch, wenn der Schadensfall nicht innerhalb von zwei Monaten nach seiner Entstehung dem Fahrzeughalter gemeldet worden war (§ 10 Abs. 5)[1429].

Im dritten Entwurf[1430] wurde die Haftpflichtregelung dahingehend erweitert, daß der Luftfahrer nicht nur für die bei dem Betrieb eines Luftfahrzeugs durch den Tod oder eine Körper- bzw. Gesundheitsverletzung entstandenen Schäden,

---

[1427] Dem Reichsausschuß für die Luftfahrt gehörten Personen an, die Euler während seiner Amtszeit als Unterstaatssekretär des Reichsluftamts zu seiner Unterstützung ehrenamtlich berufen hatte. Die Mitglieder konnten Einsicht in die Akten der Behörden nehmen und trafen sich ein- bis zweimal wöchentlich zu Sitzungen im Reichsluftamt. An diesen Sitzungen nahmen auch Vertreter der Länder teil. Zu den Mitgliedern des Reichsausschusses für die Luftfahrt gehörten: *Hergesell* (Geheimer Regierungsrat), *Niemeyer* (Justizrat), *Schütte* (Geheimer Rat), *von Tschudi* (Major a.D.), *Bendemann* (Professor), *Sperling*, *Kasinger* (Direktor), *Dietrich* (Direktor), *Joly* (Direktor) und *Eckener*; (Stand der Mitgliederliste August 1919); (BA Berlin-Li., R 43 I/732, F 1 Nr. 37).

[1428] Diese Bestimmung enthielten bereits § 7 Abs. 3 KFG und auch § 15 Abs. 3 der Reichstagsvorlage-LuftVG 1914.

[1429] Die Bestimmung war der Regelung des § 15 S. 1 KFG, die auch schon in § 23 S. 1 der Reichstagsvorlage-LuftVG 1914 übernommen worden war, nachgebildet.

[1430] Die Ausarbeitung der Haftpflichtbestimmungen des dritten Entwurfs (§§ 10 bis 15) fand unter Mitwirkung des Vereins Deutscher Motorfahrzeug-Industrieller (V. D. M. I.) statt (BA Berlin-Li., R 43 I /731, F 6 Nr. 185 v).

sondern auch für die durch Beschädigung einer Sache entstandenen Schäden einstehen mußte (§ 10 Abs. 1). Die Ersatzpflicht war nach der geänderten Fassung gemäß § 10 Abs. 2 ausgeschlossen, „wenn und soweit der Beschädigte selbst oder ein Dritter den Schaden verschuldet hat[te]." In Übereinstimmung mit dem zweiten Entwurf (§ 10 Abs. 3) war § 254 BGB entsprechend anzuwenden (§ 10 Abs. 3). Die Fassung des § 10 Abs. 4 entsprach der gleichlautenden Bestimmung des zweiten Entwurfs. Geringfügig abgeändert wurde die Bestimmung des § 10 Abs. 5 des zweiten Entwurfs. Nach § 10 Abs. 5 S. 1 der neuen Fassung erlosch der Schadensersatzanspruch, wenn eine Schadensmeldung gegenüber dem Luftfahrzeughalter unterblieb, innerhalb von drei Monaten und nicht wie nach dem zweiten Entwurf schon nach zwei Monaten. Die Änderung wurde mit dem Interesse des Schadensersatzverpflichteten an einer schnellen Feststellung des Schadens begründet[1431]. In Fällen, in denen der Fahrzeughalter unerreichbar war, konnte dieser Verpflichtung - anders als nach dem Vorentwurf - auch durch eine Meldung bei der Polizeibehörde genüge getan werden (§ 10 Abs. 5).

Die Begründung des dritten Gesetzentwurfs gibt Aufschluß darüber, warum man sich im Reichsamt für Luft- und Kraftfahrwesen für eine andere als in der Reichstagsvorlage-LuftVG 1914[1432] vorgesehene Haftpflichtregelung entschieden hatte: Eine reine Verschuldenshaftung sei abzulehnen, da es dem Geschädigten praktisch kaum möglich sein werde, ein Verschulden des Luftfahrers nachzuweisen. Die Beseitigung des Beweisnotstands durch Umkehr der Beweislast sei unzureichend, um die Allgemeinheit vor den spezifischen Gefahren der Luftfahrt zu schützen. Die Regelung des § 15 der Reichstagsvorlage-LuftVG 1914[1433] hatte bestimmt, daß der Luftfahrzeughalter grundsätzlich für die bei dem Betrieb eines Luftfahrzeugs entstandenen Schäden einzustehen hatte mit der Maßgabe, daß die Schadensersatzpflicht ausgeschlossen war, „wenn der Unfall weder durch Verschulden des Fahrzeughalters oder einer bei dem Betriebe beschäftigten Person noch durch einen Fehler in der Beschaffenheit des Fahrzeugs oder durch ein Versagen seiner Verrichtungen verursacht [wurde]." Diese Regelung habe man aufgrund der starken Kritik, die sie in der Öffentlichkeit und im Reichstag hervorgerufen habe, nicht übernommen. Vielmehr sei damals eine „unverklausulierte Erfolgshaftung" gefordert worden. Dieser Forderung habe man mit der neuen Regelung Rechnung tragen wollen. Im übrigen sei auch auf den internationalen Kongressen, die sich mit der Haftpflicht der Luftfahrer befaßt hätten, eine reine „Erfolgshaftung" zum Ausgleich für die Anerkennung der Verkehrsrechte der Luftfahrer als gerecht und notwendig anerkannt worden. Außerdem würden sowohl der französische als auch der schwedische Entwurf einer luftrechtlichen Regelung keinen anderen Standpunkt einnehmen[1434]. Die vorgesehene Bestim-

---

1431 BA Berlin-Li., R 30.01, Nr. 7004, Bl. 25.
1432 Verh. des RT, 13. Leg.-Per., 1. Session 1912/14, Bd. 303, Ds. Nr. 1338.
1433 Verh. des RT, 13. Leg.-Per., 1. Session 1912/14, Bd. 303, Ds. Nr. 1338.
1434 BA Berlin-Li., R 30.01, Nr. 7004, Bl. 25.

mung schloß die Haftung in den Fällen aus, in denen der Geschädigte selbst oder ein Dritter den Schaden „verschuldet" hatte.

Aus Billigkeitserwägungen wurden diese beiden Ausschlußgründe für zulässig erachtet. Es sei ungerecht - so die Begründung -, wenn ein Dritter unter Benutzung des Luftfahrzeugs als einer Gefahrenquelle oder durch Eingriff in einen Luftfahrzeugbetrieb einen Schaden angerichtet habe, einen anderen als diesen Dritten haften zu lassen[1435]. Der Begriff des Luftfahrzeughalters sei entsprechend der vom Reichsgericht[1436] zum Halter eines Kraftfahrzeugs gefundenen Definition auszulegen[1437]. Der Ausdruck „bei dem Betrieb eines Luftfahrzeugs" sei umfassend zu verstehen. Die Voraussetzungen für einen Schaden seien auch dann gegeben, wenn sich der Schaden bei den Vorbereitungen eines Aufstiegs, beim Verbringen des Fahrzeugs in seine Halle, bei der Verankerung auf freiem Feld oder bei ähnlichen Ereignissen ereignet habe[1438]. Die entsprechende Anwendung des § 254 BGB gebiete das System des geltenden Schadensersatzrechts. Es wurde für unbillig erachtet, den Luftfahrzeughalter in Fällen, in denen das Fahrzeug ohne dessen Wissen und Wollen in Betrieb gesetztworden sei, haften zu lassen. Vielmehr müsse derjenige für den Schaden einstehen, der das Fahrzeug in Betrieb gesetzt habe. Ergänzt wurde der dritte Entwurf um die Haftpflichtbestimmungen der §§ 11 bis 15, die - § 15 ausgenommen - weitestgehend denen der Reichstagsvorlage-LuftVG 1914[1439] entsprachen[1440]. Zur Sicherung der Schadensersatzansprüche der Geschädigten regelte der Entwurf in § 15 wahlweise eine Versicherungspflicht bzw. die Möglichkeit, eine entsprechende Sicherheit zu leisten. Im Unterschied zu den Vorentwürfen galt diese Verpflichtung für den Halter des Luftfahrzeugs vor seiner Zulassung, für den Unternehmer eines Flugplatzes, eines Luftfahrtunternehmens und für den Betreiber von öffentlichen Flugveranstaltungen vor Erteilung der Genehmigung.

In den vierten Entwurf wurde die Regelung des dritten Entwurfs, nach der sich für diejenigen, die das Luftfahrzeug zur Beförderung ihrer Person oder ihrer Sa-

---

[1435] BA Berlin-Li., R 30.01, Nr. 7004, Bl. 25.

[1436] RGZ 78, S. 179 (182/183).

[1437] BA Berlin-Li., R 30.01, Nr. 7004, Bl. 25.

[1438] BA Berlin-Li., R 30.01, Nr. 7004, Bl. 25.

[1439] Verh. des RT, 13. Leg.-Per., 1. Session 1912/14, Bd. 303, Ds. Nr. 1338.

[1440] § 11 bestimmte, daß für diejenigen, die das Luftfahrzeug zur Beförderung ihrer Person oder von Sachen benutzten, die Haftpflichtregelungen des Bürgerlichen Gesetzbuchs einschlägig waren. Die Vorschrift entsprach wörtlich der Regelung des § 16 der Reichstagsvorlage-LuftVG 1914 und geht auf die Regelung des § 8 Nr. 1 KFG zurück. § 12 regelte eine Beschränkung der Haftungshöchstsummen, deren Höchstbeträge noch nicht festgelegt wurden. § 13 regelte die Fälle, in denen der Schaden durch mehrere Luftfahrzeuge verursacht wurde. Die Bestimmung entsprach dem § 24 der Reichstagsvorlage-LuftVG 1914 und geht auf § 17 KFG zurück. § 14 des Entwurfs enthielt die Klarstellung, daß sich die Ersatzpflicht nach den allgemeinen Bestimmungen des Bürgerlichen Gesetzbuchs richtete, soweit der Schadensersatzanspruch nach diesen Bestimmungen geltend gemacht werden konnte. Dies war bereits in § 26 der Reichstagsvorlage-LuftVG 1914 und in § 16 KFG geregelt worden.

chen benutzten oder die bei dem Betrieb tätig waren, die Ersatzpflicht nach den allgemeinen Bestimmungen des Bürgerlichen Gesetzbuchs richtete[1441], nicht übernommen (§§ 11 i. V. mit § 14). Aufschluß über die Gründe für dieses Vorgehen liefert die Begründung zu dem später erstellten Entwurf vom 5. Dezember 1919. Darin wurde ausgeführt, daß ebenso wie beim Eisenbahnverkehr auch beim Luftverkehr diejenigen gegen die besonderen Gefahren des Verkehrsmittels geschützt werden müßten, die es nutzten bzw. diesem dienten. Der Gesichtspunkt, daß diese Personen die Gefahr freiwillig übernommen hätten und daher weniger schutzbedürftig seien, müsse hinter der Erwägung zurücktreten, daß eine solche Gefahrenübernahme die im Interesse der Allgemeinheit liegende Entwicklung des neuen Verkehrsmittels fördere[1442].

Die §§ 12 bis 15 des vierten Entwurfs regelten den Umfang der Ersatzpflicht[1443]. Die Haftungshöchstsummen wurden in Ergänzung des § 12 des Vorentwurfs und abweichend von § 20 der Reichstagsvorlage-LuftVG 1914[1444] in § 15 neu festgesetzt. Zusätzlich wurde der Entwurf gegenüber dem dritten Entwurf um Regelungen über das Nichterlöschen der in den Haftpflichtbestimmungen geregelten Ansprüche und über die Verjährung der dort geregelten Schadensersatzansprüche (§§ 16 Abs. 2 bis 4) erweitert[1445].

j) Strafbestimmungen

Anders als der erste Entwurf bestimmte der zweite, daß auch für die „Bemannung" das Bedienen eines Luftfahrzeugs außerhalb von Flugplätzen ohne Erlaubnisschein strafbar war (§ 11 Abs. 3).

3. Die Stellungnahme des Reichspostministeriums vom 23. Oktober 1919

Das *Reichspostministerium* sah seine Interessen durch die geplante luftverkehrsrechtliche Regelung betroffen und forderte fünf Änderungen des Gesetzentwurfs. Vorausgegangen war ein Meinungsaustausch des *Reichspostministeriums* mit dem *Bayerischen Staatsministerium* und dem *Württembergischen Ministerium der auswärtigen Angelegenheiten, (Verkehrsabteilung)*[1446].

[1441]Die Regelung enthielt bereits § 16 der Reichstagsvorlage-LuftVG 1914. Sie war aus § 8 Nr. 1 KFG übernommen worden.

[1442]BA Berlin-Li., R 30.01, Nr. 7004, Bl. 134; BA Berlin-Li., R 15.01, Nr. 14148, Bl. 157; GStA PK, I. HA Rep. 84 a, Nr. 1989, Bl. 19.

[1443]Sie stimmten mit den §§ 18 bis 21 der Reichstagsvorlage-LuftVG 1914 überein, die wiederum aus den §§ 10 bis 13 KFG übernommen worden waren.

[1444]Verh. des RT, 13. Leg.-Per., 1. Session 1912/14, Bd. 303, Ds. Nr. 1338.

[1445]Diese Bestimmungen entsprachen den §§ 23 S. 2 und 22 Abs. 1 bis 3 der Reichstagsvorlage-LuftVG 1914, übernommen aus den §§ 15 S. 2 und 14 KFG.

[1446]BA Berlin-Li., R 30.01, Nr. 7004, Bl. 181; BA Berlin-Li., R 15.01, Nr. 14148, Bl. 172; GStA PK, I. HA Rep. 84 a, Nr. 1989, Bl. 47.

Als erstes forderte das *Reichspostministerium*, in die Begründung des Gesetzentwurfs einen ausdrücklichen Hinweis darauf aufzunehmen, daß sich die Regelungen über das Postregal und die Postzwangspflicht[1447] auch auf den Luftverkehr beziehen würden[1448].

Als zweites wurde eine Änderung des § 6 des Entwurfs gefordert. Nach § 6 Abs. 1 des Entwurfs war die gewerbsmäßige Beförderung von Personen, Sachen und Nachrichten durch Luftfahrzeuge durch die Landeszentralbehörden zu genehmigen. Im *Reichspostministerium* ging man davon aus, daß unter Nachrichtenbeförderung die Beförderung von Briefen, Drucksachen und Zeitungen zu verstehen sei. Dadurch könne bei Privatunternehmen der Eindruck entstehen, daß die Genehmigung der Landeszentralbehörden auch die Erlaubnis enthalte, derartige Gegenstände zu befördern, unabhängig davon, ob mit der Beförderung in das Postregal oder in die Postzwangspflicht eingegriffen werde[1449]. Aus Klarstellungsgründen wurde daher gefordert, in § 6 Abs. 1 das Wort „Nachrichten" zu streichen[1450].

Als drittes bemängelte das *Reichspostministerium*, der Gesetzentwurf sei mit der verfassungsrechtlichen Stellung der Reichspost unvereinbar. Im übrigen wurde sie für unzulänglich erachtet, eine einheitliche Postbeförderungspflicht sicherzustellen. Nach der vorgesehenen Regelung habe die Postverwaltung - von privaten Vereinbarungen abgesehen - nur die Möglichkeit, die Landeszentralbehörden zu ersuchen, den Luftfahrtunternehmen eine Postbeförderungspflicht aufzuerlegen[1451]. Dadurch werde die Postverwaltung von den Landeszentralbehörden abhängig. Dies sei mit ihrer verfassungsrechtlichen Stellung unvereinbar[1452]. Außerdem sei zu befürchten, daß die einzelnen Länder eine solche Beförderungspflicht unterschiedlich regeln würden, so daß eine einheitlichen Tarifpraxis nicht gewährleistet werden könne[1453]. Es wurde daher gefordert, im Gesetzentwurf eine Postbeförderungspflicht für Luftfahrtunternehmen zu regeln. Die Reichspost sei zur Zeit noch darauf angewiesen, die Postbeförderung durch private Unternehmen auf der Grundlage privater Vereinbarungen durchführen zu lassen. Um

---

[1447] Vgl. § 1 Abs. 1 Gesetz über das Postwesen des Deutschen Reichs vom 28. Oktober 1871 (RGBl. 1871, S. 347 ff.).

[1448] BA Berlin-Li., R 30.01, Nr. 7004, Bl. 181 v; BA Berlin-Li., R 15.01, Nr. 14148, Bl. 172 v; GStA PK, I. HA Rep. 84 a, Nr. 1989, Bl. 47 v.

[1449] BA Berlin-Li., R 30.01, Nr. 7004, Bl. 181 v; BA Berlin-Li., R 15.01, Nr. 14148, Bl. 172 v; GStA PK, I. HA Rep. 84 a, Nr. 1989, Bl. 47 v.

[1450] BA Berlin-Li., R 30.01, Nr. 7004, Bl. 181 v; BA Berlin-Li., R 15.01, Nr. 14148, Bl. 172 v; GStA PK, I. HA Rep. 84 a, Nr. 1989, Bl. 47 v.

[1451] BA Berlin-Li., R 30.01, Nr. 7004, Bl. 182; BA Berlin-Li., R 15.01, Nr. 14148, Bl. 173; GStA PK, I. HA Rep. 84 a, Nr. 1989, Bl. 48.

[1452] BA Berlin-Li., R 30.01, Nr. 7004, Bl. 182/182 v; BA Berlin-Li., R 15.01, Nr. 14148, Bl. 173/173 v; GStA PK, I. HA Rep. 84 a, Nr. 1989, Bl. 48/48 v.

[1453] BA Berlin-Li., R 30.01, Nr. 7004, Bl. 182 v; BA Berlin-Li., R 15.01, Nr. 14148, Bl. 173 v; GStA PK, I. HA Rep. 84 a, Nr. 1989, Bl. 48 v.

den Aufbau eines Luftpostverkehrs zu erleichtern, müßten die Luftfahrtunternehmen verpflichtet werden - soweit sie einen fahrplanmäßigen Betrieb unterhielten -, auf Verlangen der Reichspost, Post gegen angemessene Vergütung zu befördern[1454]. Vom *Reichspostministerium* wurde daher vorgeschlagen, folgenden § 6 a in den Entwurf aufzunehmen: „Luftfahrtunternehmungen, die einen fahrplanmässigen Betrieb unterhalten, haben die Verpflichtung, auf Verlangen der Postverwaltung mit jeder fahrplanmässigen Luftfahrt, Postsendungen gegen angemessene Vergütung zu befördern.

Die Höhe der Vergütung und die weiteren Bestimmungen über die Beförderung werden im Reichspostgebiet vom Reichspostminister, in Bayern und Württemberg, solange dort selbständige Postverwaltungen bestehen, von den Zentralpostbehörden dieser Länder festgesetzt.

Die besonderen Bestimmungen für Bayern und Württemberg im Absatz 2 ergeben sich aus dem ihnen zustehenden Postreservat."[1455]

Als viertes wurde vom *Reichspostministerium* gefordert, im Hinblick auf die künftige Errichtung reichseigener Luftpostlinien im Gesetzentwurf ausdrücklich klarzustellen, daß deren Betrieb entgegen § 6 Abs. 1 des Entwurfs vom 30. April 1919[1456] keiner Genehmigung der Landeszentralbehörden bedürfe[1457]. Aus der staatsrechtlichen Stellung der Reichspost als einer einheitlichen Reichsverkehrsanstalt folge, daß die Errichtung und der Betrieb von Reichsverbindungen nicht von der Genehmigung der Landeszentralbehörden abhängig gemacht werden könne[1458]. In Gesetzgebung und Rechtsprechung sei anerkannt, daß der Betrieb der Postverwaltungen kein gewerbsmäßiger sei. Um auf eine Auslegung dieses Begriffs durch die Gerichte nicht angewiesen zu sein, müsse ausdrücklich darauf hingewiesen werden, daß die posteigenen Betriebe keinem Genehmigungszwang unterlägen[1459]. Es wurde vorgeschlagen, hinter den geforderten § 6 a folgendes zu setzen: „Die §§ 2, 5 und 6 finden auf Luftfahrtunternehmungen, die von der Post betrieben werden, keine Anwendung."[1460]

[1454]BA Berlin-Li., R 30.01, Nr. 7004, Bl. 182; BA Berlin-Li., R 15.01, Nr. 14148, Bl. 173; GStA PK, I. HA Rep. 84 a, Nr. 1989, Bl. 48.

[1455]BA Berlin-Li., R 30.01, Nr. 7004, Bl. 25.

[1456]BA Berlin-Li., R 30.01, Nr. 7004, Bl. 183 v/184; BA Berlin-Li., R 15.01, Nr. 14148, Bl. 174 v/175; GStA PK, I. HA Rep. 84 a, Nr. 1989, Bl. 49 v/50.

[1457]BA Berlin-Li., R 30.01, Nr. 7004, Bl. 183; BA Berlin-Li., R 15.01, Nr. 14148, Bl. 174; GStA PK, I. HA Rep. 84 a, Nr. 1989, Bl. 49.

[1458]BA Berlin-Li., R 30.01, Nr. 7004, Bl. 183 v; BA Berlin-Li., R 15.01, Nr. 14148, Bl. 174 v; GStA PK, I. HA Rep. 84 a, Nr. 1989, Bl. 49 v.

[1459]BA Berlin-Li., R 30.01, Nr. 7004, Bl. 183 v; BA Berlin-Li., R 15.01, Nr. 14148, Bl. 174 v; GStA PK, I. HA Rep. 84 a, Nr. 1989, Bl. 49 v.

[1460]Im Interesse größerer Klarheit hielt man diese Regelung gegenüber der Fassung des § 12 der Reichstagsvorlage-LuftVG 1914 die bestimmte, daß „die Rechte der Post- und Telegraphenverwaltungen aus den Artikeln 48 - 50 und Artikel 52 der Reichsverfassung [unberührt blieben]" und die dem § 6 der Verordnung, betreffend die Kraftfahrzeuglinien, vom 24. Januar 1919 (RGBl. 1919 I, S. 97) entsprach, für vorzugswürdig (BA Berlin-Li., R 30.01, Nr.

Als fünftes wurde gefordert, in § 8 Abs. 5 des Entwurfs vom 30. April 1919 das Wort „Funkgerät" zu streichen und hinter § 8 Abs. 5 folgenden Absatz zu setzen: „Zur Errichtung und zum Betrieb von Funktelegraphenanlagen ist im Reichspostgebiet die Genehmigung des Reichspostministers, in Bayern und Württemberg, solange dort selbständige Telegraphenverwaltungen bestehen, die Genehmigung der Zentralpostbehörden dieser Länder einzuholen."[1461]

Nach § 8 Abs. 5 des Entwurfs vom 30. April 1919 bedurfte das Mitführen von Funkgeräten durch Luftfahrzeuge der Genehmigung des Reichsluftamts. Das *Reichspostministerium* war der Meinung, daß diese Regelung nicht nur das bloße Mitführen, sondern auch die Verwendung von Funkgeräten zum Telegraphieren oder Fernsprechen erfasse. Das Reichsluftamt sei nicht dafür zuständig, derartige Genehmigungen zu erteilen. Funkstationen der Luftfahrtunternehmen würden unter die Zuständigkeit des Telegraphenregals fallen. Zur Errichtung und zum Betrieb dieser Stationen bedürfe es der Genehmigung des Reichs, deren Erteilung ressortmäßig dem Reichspostminister unterstehe. In Bayern und Württemberg bedürfe es der Genehmigung der Zentralbehörden[1462] dieser Länder[1463].

4. *Der fünfte Entwurf des Reichsamts für Luft- und Kraftfahrwesen vom 5. Dezember 1919*

In Abänderung und Ergänzung des vierten Entwurfs eines „Gesetzes für den Luftverkehr" vom 22. September 1919 wurde im *Reichsamt für Luft- und Kraftfahrwesen* der fünfte Entwurf eines Luftverkehrsgesetzes vom 5. Dezember 1919 erstellt[1464]. Der Entwurf entsprach der Fassung, wie sie in der Sitzung des *Reichsausschusses für die Luftfahrt* vom 4. Dezember 1919 einstimmig befürwortet worden war[1465].

Im Unterschied zum Vorentwurf stellte der neue Entwurf in § 2 ausdrücklich klar, daß Luftfahrzeuge im Sinne des Gesetzes nur solche mit mechanischem Antrieb versehene waren (Luftschiffe, Flugzeuge). Außerdem bestimmte der neue Entwurf, daß als Flugplatz im Sinne der gesetzlichen Bestimmung auch die

---

7004, Bl. 183 v; BA Berlin-Li., R 15.01, Nr. 14148, Bl. 174 v; GStA PK, I. HA Rep. 84 a, Nr. 1989, Bl. 49 v).

[1461]BA Berlin-Li., R 30.01, Nr. 7004, Bl. 183 v/184; BA Berlin-Li., R 15.01, Nr. 14148, Bl. 174 v/175; GStA PK, I. HA Rep. 84 a, Nr. 1989, Bl. 49 v/50.

[1462]§ 3 Abs. 2 und § 15 des Gesetzes über das Telegraphenwesen des Deutschen Reichs vom 6. April 1892 (RGBl. 1892, S. 467 ff. i.V. mit der zugehörigen Novelle vom 7. März 1908; RGBl. 1908, S. 79/80).

[1463]BA Berlin-Li., R 30.01, Nr. 7004, Bl. 183 v; BA Berlin-Li., R 15.01, Nr. 14148, Bl. 174 v; GStA PK, I. HA Rep. 84 a, Nr. 1989, Bl. 49 v.

[1464]BA Berlin-Li., R 30.01, Nr. 7004, Bl. 116 ff.; BA Berlin-Li., R 15.01, Nr. 14148, Bl. 120 ff.; GStA PK, I. HA Rep. 84 a, Nr. 1989, Bl. 3 ff.; der Entwurf ist im Anhang wiedergegeben.

[1465]BA Berlin-Li., R 30.01, Nr. 7004, Bl. 115; zu den Tätigkeiten des Reichsausschusses für die Luftfahrt ließen sich keine Unterlagen finden.

durch Verordnung des Reichsamts für Luft- und Kraftfahrwesen festzusetzenden Flugplatzzonen anzusehen waren (§ 3). Anders als bisher konnte ausnahmsweise die Vollendung des 19. Lebensjahres zur Erlangung der Führererlaubnis ausreichen (§ 5 Abs. 2). Nach der Begründung des Entwurfs hatte man die Regelung in Übereinstimmung mit Anhang E, B., Abschnitt V., Ziff. 3 b) des Pariser Luftverkehrsabkommens vom 13. Oktober 1919[1466] geregelt[1467].

Zusätzlich legte der neue Entwurf fest, daß bei Übungs- und Probefahrten, die mit einem Fluglehrer durchgeführt wurden, auch der Begleiter als Führer des Flugzeugs zu behandeln war (§ 5 Abs. 4)[1468]. Diese Regelung war der des § 3 Abs. 2 KFG nachgebildet[1469].

Der Entwurf übertrug die Zuständigkeit für die Erteilung der Erlaubnis zur Ausbildung der „Bemannung" dem Reichsamt für Luft- und Kraftfahrwesen und räumte den Landeszentralbehörden, die nach dem Vorentwurf nach Anhörung des Reichsamts für Luft- und Kraftfahrwesen zuständig waren (§ 4 Abs. 1), nur noch ein Anhörungsrecht ein (§ 6 Abs. 1). Damit wurden die Zuständigkeiten der Länder abgeschwächt. Nach der Begründung des Entwurfs wurden die Interessen der betroffenen Länder durch diese Änderung auch weiterhin sichergestellt[1470]. Anders als nach dem Vorentwurf (§ 4 Abs. 2/§ 4 Abs. 4) wurde davon abgesehen, als Versagungsgrund für die Erteilung der Genehmigung zur Ausbildung der „Bemannung", die Verneinung eines Bedürfnisses durch die anhörungsberechtigte Behörde in § 6 ausdrücklich zu regeln. Nach der Begründung des Gesetzentwurfs sei die Bedürfnisfrage vor Erteilung der Erlaubnis zu prüfen, da nur ein rentabel arbeitender Betrieb dem Lernenden eine gewisse Gewähr für eine gute Ausbildung bieten könne[1471].

Die Zuständigkeit für die Genehmigung von Luftfahrtunternehmen übertrug der Entwurf dem Reichsamt für Luft- und Kraftfahrwesen (§ 8 Abs. 1 S. 1) und nicht mehr den Zentralbehörden der Länder (§ 6 Abs. 1 des Vorentwurfs). Die Landeszentralbehörden der Länder, „deren Gebiet bei Aufstieg und Landung regelmäßig berührt" wurde, mußten allerdings vor Erteilung der Genehmigung angehört werden (§ 8 Abs. 1 S. 2). Mit dieser Änderung wurden die Befugnisse der

---

[1466] Convention portant réglementation de la Navigation Aérienne, signée à Paris le 13 Octobre 1919, zit. nach *Société des nations* 1922, S. 173 (174 ff.).

[1467] BA Berlin-Li., R 30.01, Nr. 7004, Bl. 127 v; BA Berlin-Li., R 15.01, Nr. 14148, Bl. 150 v; GStA PK, I. HA Rep. 84 a, Nr. 1989, Bl. 12 v.

[1468] Diese Regelung war dem § 3 Abs. 2 KFG nachgebildet. Bereits § 4 Abs. 2 der Reichstagsvorlage-LuftVG 1914 enthielt eine vergleichbare Regelung.

[1469] Bereits § 4 Abs. 2 der Reichstagsvorlage-LuftVG 1914 enthielt eine vergleichbare Regelung.

[1470] BA Berlin-Li., R 30.01, Nr. 7004, Bl. 128 v; BA Berlin-Li., R 15.01, Nr. 14148, Bl. 151 v; GStA PK, I. HA Rep. 84 a, Nr. 1989, Bl. 13 v.

[1471] BA Berlin-Li., R 30.01, Nr. 7004, Bl. 128 v; BA Berlin-Li., R 15.01, Nr. 14148, Bl. 151 v; GStA PK, I. HA Rep. 84 a, Nr. 1989, Bl. 13 v.

Länder zusätzlich eingeschränkt[1472]. Zur Vermeidung eines „wilden Wettbewerbs“[1473] und zur Gewährung eines den Interessen der Allgemeinheit entsprechenden Luftverkehrs sei eine Zulassungspflicht für Luftfahrtunternehmen - so die Begründung - erforderlich. Werde ein Land bei Aufstieg und Landung regelmäßig berührt, müsse es zweckmäßigerweise angehört werden. Für das planmäßige Überfliegen eines Landes reiche die vorgesehene Anzeigepflicht aus (§ 8 Abs. 1 S. 4)[1474].

Gegenüber der Regelung des § 10 Ziff. b des Vorentwurfs wurde § 15 b neu gefaßt.

a) *Landungsrecht/-schäden*

Die Regelung eines über § 904 S. 1 BGB hinausgehendes Notlandungsrecht (§ 11) wurde nach der Begründung des Gesetzentwurfs aus folgenden Erwägungen für erforderlich gehalten: Aus wirtschaftlichen und technischen Gründen sei es unmöglich, dem Luftverkehr die im Interesse seiner Entwicklung notwendige Zahl an öffentlichen Landeplätzen zur Verfügung zu stellen. Daher müsse Luftfahrern das Recht gewährt werden, auch außerhalb der Flugplätze auf den Grundstücken Dritter zu landen. Dies müsse um so mehr gelten, als Militärluftfahrzeugen der Alliierten gemäß Art. 200 des Versailler Vertrags dieses Recht eingeräumt werden müsse. Der sich daraus ergebenden Gefahr für die Allgemeinheit und den widerstreitenden Interessen der Grundstückseigentümer habe man dadurch Rechnung tragen wollen, daß das Landungsrecht nur außerhalb geschlossener Ortschaften auf nicht „befriedigten“ Grundstücken und Wasserflächen vorgesehen sei und daß die Landeszentralbehörden im Einzelfall Landeverbote erlassen könnten[1475]. Zur Gewährleistung eines gewissen Ausgleichs[1476] sah § 10 eine Schadensersatzpflicht des Luftfahrzeughalters für die durch die Landung, den Weiterflug oder den Abtransport eines Luftfahrzeugs entstandenen Schäden vor. Darüber hinaus regelte der fünfte Entwurf anders als der Vorentwurf eine vermutete Verschuldenshaftung für denjenigen, der die Führung des Fahrzeugs vertraglich für den Halter übernommen hatte (§ 10 Abs. 2). Nach der Begründung des Entwurfs sollten damit weitere Landungsschäden vermieden werden. Zur Beseitigung des regelmäßig zu erwartenden Beweisnotstands des

---

[1472] Zur Ablehnung Bayerns und Sachsens gegen die Beschränkung der Befugnisse der Länder: *Fischer*, S. 130.

[1473] BA Berlin-Li., R 30.01, Nr. 7004, Bl. 129; BA Berlin-Li., R 15.01, Nr. 14148, Bl. 152; GStA PK, I. HA Rep. 84 a, Nr. 1989, Bl. 14.

[1474] BA Berlin-Li., R 30.01, Nr. 7004, Bl. 129/129 v; BA Berlin-Li., R 15.01, Nr. 14148, Bl. 152/152 v; GStA PK, I. HA Rep. 84 a, Nr. 1989, Bl. 14/14 v.

[1475] BA Berlin-Li., R 30.01, Nr. 7004, Bl. 129 v/130; BA Berlin-Li., R 15.01, Nr. 14148, Bl. 152 v/153; GStA PK, I. HA Rep. 84 a, Nr. 1989, Bl. 14 v/15.

[1476] BA Berlin-Li., R 30.01, Nr. 7004, Bl. 130 v; BA Berlin-Li., R 15.01, Nr. 14148, Bl. 153 v; GStA PK, I. HA Rep. 84 a, Nr. 1989, Bl. 15 v.

Geschädigten müsse der Führer beweisen, daß er die im Verkehr erforderliche Sorgfalt beachtet habe und kein ursächlicher Zusammenhang zwischen einem etwaigen Verschulden und dem Schaden bestehe[1477].

Es wurde für zweckmäßiger erachtet, diese Schadensersatzpflicht des Luftfahrzeughalters und -führers im Zusammenhang mit dem Landungsrecht und nicht mit der „Betriebshaftpflicht" (§§ 14 ff.) zu regeln, da diese wesentlich anderen Grundsätzen unterstellt sei[1478].

b) Haftpflicht

In § 14 Abs. 3 wurde die Regelung des § 11 Abs. 3 des Vorentwurfs[1479] übernommen und ergänzt. Anstelle des Luftfahrzeughalters machte sich danach derjenige schadensersatzpflichtig, der das Fahrzeug ohne Wissen und Wollen des Fahrzeughalters und - als zusätzliche Voraussetzung - „in Kenntnis dieser Tatsache" benutzt oder mitbenutzt hatte[1480].

5. Stellungnahmen der Länder und des Aero-Clubs von Deutschland zum fünften Entwurf eines Luftverkehrsgesetzes vom 5. Dezember 1919

Es äußerten sich das Reichswehrministerium, das Preußische Ministerium der öffentlichen Arbeiten, das Bayerische Staatsministerium für Verkehrsangelegenheiten, das Ministerium des Innern (Dresden), der Senat der freien und Hansestadt Lübeck, die Senatskommission für die Reichs- und auswärtigen Angele-

---

[1477] BA Berlin-Li., R 30.01, Nr. 7004, Bl. 130 v; BA Berlin-Li., R 15.01, Nr. 14148, Bl. 153 v; GStA PK, I. HA Rep. 84 a, Nr. 1989, Bl. 15 v.

[1478] BA Berlin-Li., R 30.01, Nr. 7004, Bl. 130 v; BA Berlin-Li., R 15.01, Nr. 14148, Bl. 153 v; GStA PK, I. HA Rep. 84 a, Nr. 1989, Bl. 15 v.

[1479] Die Regelung entsprach der des § 15 Abs. 3 Reichstagsvorlage-LuftVG 1914[1479], übernommen aus § 7 Abs. 3 KFG.

[1480] Im übrigen erhielten die Haftpflichtregelungen folgende Änderungen: In Übereinstimmung mit § 11 Abs. 4 des Vorentwurfs erklärte § 14 Abs. 4 des neuen Entwurfs die Regelung des § 254 BGB für anwendbar. In Ergänzung des Vorentwurfs und in Übereinstimmung mit § 17 der Reichstagsvorlage-LuftVG 1914, der dem § 9 KFG entsprach, stellte § 14 Abs. 4 des neuen Entwurfs ausdrücklich klar, daß bei Sachbeschädigungen ein mitwirkendes Verschulden des Sachinhabers die gleiche Bedeutung hatte wie ein Verschulden des Verletzten.
Anders als nach § 13 des Vorentwurfs erweiterte der neue Entwurf in § 16 den Umfang der Schadensersatzpflicht bei Verletzungen der Person auch auf solche Vermögensnachteile, die der Geschädigte dadurch erlitt, daß „sein Fortkommen erschwert [war]." Die neue Fassung entsprach damit der Regelung des § 842 BGB.
Der § 22 des Entwurfs entsprach fast wörtlich der Bestimmung des § 26 der Reichstagsvorlage-LuftVG 1914, der wiederum dem § 16 KFG nachgebildet war. § 24 Abs. 1 des Entwurfs schloß im Interesse einer einheitlichen Rechtsprechung die Bestimmung über die Zuständigkeit eines obersten Landesgerichts im Sinne des § 8 GVG aus. Die Regelung entsprach der Bestimmung des § 19 KFG. Bereits § 20 Abs. 1 des Vorentwurfs sah diese Regelung vor.

genheiten (Hamburg), das Mecklenburgisch-Schwerinische Ministerium des Innern, das Staatsministerium (Braunschweig) und das Sächsische Staatsministerium (Weimar) zu einzelnen Bestimmungen des fünften Entwurfs eines Luftverkehrsgesetzes vom 5. Dezember 1919. Ferner gaben Rasch, ein Mitglied des Reichsausschusses für die Luftfahrt und das Polizeipräsidium (Berlin) eine eigene Stellungnahme ab.

Seitens des Bayerischen Staatsministeriums für Verkehrsangelegenheiten und des Ministeriums des Innern (Dresden) wurden Bedenken gegen die vorgesehene Verteilung der Zuständigkeiten erhoben. Das *Bayerische Ministerium für Verkehrsangelegenheiten* kritisierte, daß dem Reichsamt für Luft- und Kraftfahrwesen nicht nur die oberste Leitung und Aufsicht in Luftverkehrssachen und der Erlaß allgemeiner Anordnungen und Vorschriften übertragen werde, sondern daß es auch die Entscheidung und ausschlaggebende Mitwirkung in fast allen Bereichen des Gesetzvollzugs erhalten sollte. So sollte das Reichsamt für die Erteilung und Zurücknahme von Zulassungsscheinen an Flugzeugführer und deren Gehilfen (§ 5), für die Erteilung der Ausbildungsgenehmigung für Fluglehrer (§ 6) und für die Genehmigung von Luftfahrtunternehmen (§ 8) in erster und letzter Instanz zuständig sein. Außerdem bedurfte es seiner Zustimmung zur Genehmigung von Flugplätzen (§ 7) und öffentlichen Flugveranstaltungen (§ 9) durch die Landeszentralbehörden. Darüber hinaus übertrage der Entwurf auch Einzelfragen des Gesetzesvollzugs, wie die Genehmigung zum Mitführen von Brieftauben (§ 12 Ziff. b), ausschließlich dem Reichsamt für Luft- und Kraftfahrwesen. Die im Entwurf vorgesehene umfassende Zentralisierung der Gesetzesanwendung sei abzulehnen[1481]. Im übrigen könne eine gleichartige Gesetzesanwendung dadurch erreicht werden, daß die Verwaltungsbehörden der Länder die erforderlichen allgemeinen Anweisungen erhielten[1482].

Das *Ministerium des Innern* (Dresden) hielt dagegen eine Regelung der Luftfahrt durch das Reich aufgrund der Bedeutung des Luftverkehrs für unerläßlich. Dennoch gehe der Entwurf an einigen Stellen zu weit, indem er dem Reichsamt für Luft- und Kraftfahrwesen in den §§ 6, 7 und 8 und insbesondere beim Zulassungsverfahren Aufgaben übertrage, die eigentlich in die Zuständigkeit einer Unter- oder Mittelbehörde, nicht aber in die einer Reichszentralbehörde fallen würden[1483]. Zu § 3 forderte das *Ministerium des Innern* (Dresden) deshalb, die Zuständigkeit zur Festsetzung der Flugplatzzonen nicht wie in dem Entwurf vorgesehen dem Reichsamt für Luft- und Kraftfahrwesen, sondern den Zentralbe-

---

[1481] BA Berlin-Li., R 30.01, Nr. 7004, Bl. 138 v; BA Berlin-Li., R 15.01, Nr. 14148, Bl. 138 v; GStA PK, I. HA Rep. 84 a, Nr. 1989, Bl. 23 v.

[1482] BA Berlin-Li., R 30.01, Nr. 7004, Bl. 138 v/139; BA Berlin-Li., R 15.01, Nr. 14148, Bl. 138 v/139; GStA PK, I. HA Rep. 84 a, Nr. 1989, Bl. 23 v/24.

[1483] BA Berlin-Li., R 30.01, Nr. 7004, Bl. 139; BA Berlin-Li., R 15.01, Nr. 14148, Bl. 139; GStA PK, I. HA Rep. 84 a, Nr. 1989, Bl. 24.

hörden zu übertragen, da sie bereits nach § 7 Abs. 1 des Entwurfs für die Erteilung von Flugplatzgenehmigungen zuständig seien[1484].

Von dem *Senat der freien und Hansestadt Lübeck* wurde ausgeführt, daß die örtlichen Verhältnisse nur von den Landeszentralbehörden beurteilt werden könnten. Vor der Festsetzung von Flugplatzzonen sollten sie daher zumindest angehört werden[1485].

Vom *Preußischen Ministerium der öffentlichen Arbeiten* wurde es begrüßt, nur einer Behörde die Zuständigkeit zur Erteilung der Zulassung (§ 4 Abs. 1) und der Führererlaubnis (§ 5 Abs. 1) zu übertragen, da eine einheitliche Bearbeitung zweckmäßig und geboten sei. Das Reichsamt für Luft- und Kraftfahrwesen sei dafür jedoch ungeeignet. Es empfehle sich, diese Aufgaben einer besonderen Behörde unter dem Reichsamt für Luft- und Kraftfahrwesen mit der Stellung einer Provinzialinstanz zu übertragen. Außerdem schlug es vor, die §§ 4 und 5 des Entwurfs in Übereinstimmung mit den §§ 1 und 2 KFG zu regeln[1486].

Das *Reichswehrministerium* wünschte, in die Regelung des § 8 Abs. 1 S. 2 über Weiterflug und Landung eine Bestimmung aufzunehmen, nach der grundsätzlich die Feststellung der Herkunft der gelandeten Personen durch staatliche Organe erfolgen müsse, um damit eine Kontrolle des Luftverkehrs, insbesondere des ausländischen Luftverkehrs, sicherzustellen[1487].

Rasch, das Mitglied des Reichsausschusses für die Luftfahrt, die *Senatskommission für die Reichs- und auswärtigen Angelegenheiten*, das *Bayerische Staatsministerium für Verkehrsangelegenheiten* und das *Staatsministerium* (Braunschweig) verlangten, das in § 8 Abs. 2 vorgesehene Verfahren dem *Reichsamt für Luft- und Kraftfahrwesen* und nicht, wie bisher vorgesehen, den Landeszentralbehörden zu übertragen[1488]. Nach den Ausführungen des *Bayerischen Staatsministeriums für Verkehrsangelegenheiten* mache es keinen Sinn, dieses Verfahren den Landeszentralbehörden zu übertragen, wenn das Reichsamt für Luft- und Kraftfahrwesen für die Erteilung der Genehmigung nach § 8 Abs. 1 zuständig sei[1489].

Vom *Senat der freien und Hansestadt Lübeck* und vom *Ministerium des Innern* (Dresden) wurde das vor Erteilung der Genehmigung vorgesehene Ein-

---

1484 BA Berlin-Li., R 30.01, Nr. 7004, Bl. 138 v; BA Berlin-Li., R 15.01, Nr. 14148, Bl. 138 v; GStA PK, I. HA Rep. 84 a, Nr. 1989, Bl. 23 v.

1485 BA Berlin-Li., R 30.01, Nr. 7004, Bl. 138 v; BA Berlin-Li., R 15.01, Nr. 14148, Bl. 138 v; GStA PK, I. HA Rep. 84 a, Nr. 1989, Bl. 23 v.

1486 BA Berlin-Li., R 30.01, Nr. 7004, Bl. 139 v; BA Berlin-Li., R 15.01, Nr. 14148, Bl. 139 v; GStA PK, I. HA Rep. 84 a, Nr. 1989, Bl. 24 v.

1487 BA Berlin-Li., R 30.01, Nr. 7004, Bl. 142; BA Berlin-Li., R 15.01, Nr. 14148, Bl. 142; GStA PK, I. HA Rep. 84 a, Nr. 1989, Bl. 27.

1488 BA Berlin-Li., R 30.01, Nr. 7004, Bl. 141 v ff.; BA Berlin-Li., R 15.01, Nr. 14148, Bl. 141 v ff.; GStA PK, I. HA Rep. 84 a, Nr. 1989, Bl. 26 v ff..

1489 BA Berlin-Li., R 30.01, Nr. 7004, Bl. 141 v; BA Berlin-Li., R 15.01, Nr. 14148, Bl. 141 v; GStA PK, I. HA Rep. 84 a, Nr. 1989, Bl. 26 v.

spruchsrecht des Reichsamts für Luft- und Kraftfahrwesen (§ 9 Abs. 3) für zu weitreichend erachtet. Nach der Auffassung des *Senats der freien und Hansestadt Lübeck* sollte dem Reichsamt für Luft- und Kraftfahrwesen dieses Recht nur beim Vorliegen bestimmter Bedenken gegen die Flugveranstaltungen, z. B. aus Gründen der Landessicherheit, zustehen[1490]. Das *Ministerium des Innern* (Dresden) hielt ein Einspruchsrecht des Reichsamts für Luft- und Kraftfahrwesen für entbehrlich, wenn die Flugveranstaltung nach dem gleichen Muster am gleichen Ort wie bereits genehmigte Veranstaltungen stattfinden sollte[1491].

Das *Preußische Ministerium der öffentlichen Arbeiten* erachtete das in § 11 vorgesehene Landungsrecht für zu weitreichend. Es schlug vor, zu regeln, daß die Luftfahrer bei jeder Landung mit Ausnahme von Notlandungen auf dafür nicht vorgesehenen Plätzen - unabhängig von der Frage des Schadensersatzes - dem Besitzer des Grundstücks ein angemessenes Entgelt für die Benutzung des Grundstücks zahlen sollten. Außerdem sei zu erwägen, zur Durchsetzung des Entgelts und des Schadensersatzes ein vereinfachtes Verfahren unter Ausschluß des Rechtswegs festzulegen. Zur Sicherung dieser Rechte müsse dem Luftfahrzeughalter eine Meldepflicht bei der nächsten Polizei- oder Gemeindebehörde auferlegt werden[1492].

Das *Ministerium des Innern* (Dresden) war der Auffassung, die Landungsregelungen würden die Interessen der Luftfahrer einseitig zu ihren Gunsten berücksichtigen, und forderte daher, die Luftfahrzeughalter zur Feststellung ihrer Person zu verpflichten. Im Falle eines pflichtwidrigen Verhaltens könne der Luftfahrer dann nach § 25 des Entwurfs bestraft werden[1493].

Das *Bayerische Staatsministerium für Verkehrsangelegenheiten* hielt die Regelung des § 11 Abs. 2, die den Grundstückseigentümer zur Duldung des Weiterflugs und des Abtransports eines Luftfahrzeugs nach Schadensfeststellung verpflichtete, in den Fällen, in denen ausländische Luftfahrzeuge landeten, für bedenklich. Die Durchsetzung der Schadensersatzforderungen werde in diesen Fällen sehr erschwert. Es sei daher eine Schadensersatzpflicht des Reichs, auf das die Ersatzansprüche des Berechtigten überzugehen hätten, zu regeln[1494].

Das *Bayerische Staatsministerium für Verkehrsangelegenheiten* und das *Preußische Ministerium der öffentlichen Arbeiten* schlugen vor, im Interesse der Grundstückseigentümer in § 12 Ziff. a, der dem Reichsamt für Luft- und Kraft-

---

[1490]BA Berlin-Li., R 30.01, Nr. 7004, Bl. 142 v; BA Berlin-Li., R 15.01, Nr. 14148, Bl. 142 v; GStA PK, I. HA Rep. 84 a, Nr. 1989, Bl. 27 v.

[1491]BA Berlin-Li., R 30.01, Nr. 7004, Bl. 142 v; BA Berlin-Li., R 15.01, Nr. 14148, Bl. 142 v; GStA PK, I. HA Rep. 84 a, Nr. 1989, Bl. 27 v.

[1492]BA Berlin-Li., R 30.01, Nr. 7004, Bl. 142 v/143; BA Berlin-Li., R 15.01, Nr. 14148, Bl. 142 v/143; GStA PK, I. HA Rep. 84 a, Nr. 1989, Bl. 27 v/28.

[1493] BA Berlin-Li., R 30.01, Nr. 7004, Bl. 143; BA Berlin-Li., R 15.01, Nr. 14148, Bl. 143; GStA PK, I. HA Rep. 84 a, Nr. 1989, Bl. 28.

[1494]BA Berlin-Li., R 30.01, Nr. 7004, Bl. 143; BA Berlin-Li., R 15.01, Nr. 14148, Bl. 143; GStA PK, I. HA Rep. 84 a, Nr. 1989, Bl. 28.

fahrwesen die Befugnis erteilte, bestimmte Stellen zur „Ortung“ des Luftverkehrs kennzeichnen zu lassen, die Aufnahme einer Entschädigungspflicht des Reichs zu prüfen[1495].

Das *Ministerium des Innern* (Dresden) wünschte, in § 12 Ziff. a die Zustimmung der durch die Kennzeichnung betroffenen Länder zur Voraussetzung zu machen[1496].

Zu § 12 Ziff. b forderte das *Bayerische Staatsministerium für Verkehrsangelegenheiten*, daß Luftaufnahmen staatlicher Organe zu staatlichen Zwecken genehmigungsfrei sein müßten. Außerdem sollten die Post- und Telegraphenverwaltung die Zuständigkeit zur Genehmigung von Funktelegraphie aus Luftfahrzeugen erhalten[1497].

Allgemein abgelehnt wurde die Haftpflichtregelung des § 14 Abs. 2, nach der die Haftpflicht des Luftfahrzeughalters durch das Verschulden eines Dritten ausgeschlossen wurde, da es für den Geschädigten regelmäßig schwierig sein werde, den richtigen Anspruchsgegner zu ermitteln[1498].

Nach Meinung des *Sächsischen Staatsministeriums* sollte in § 14 Abs. 2 ausdrücklich klargestellt werden, daß als Dritter nicht derjenige anzusehen sei, der für den Halter die Führung des Luftfahrzeuges durch Vertrag übernommen habe[1499].

Von der *Senatskommission für die Reichs- und auswärtigen Angelegenheiten* wurde gefordert, in die Haftpflichtbestimmungen eine dem § 18 KFG nachgebildete Vorschrift über die Haftung des Luftfahrzeugführers aufzunehmen[1500].

Zu den Strafbestimmungen des § 26 bemängelte das *Polizeipräsidium* das Fehlen von Strafregelungen für folgende Verhaltensweisen:

a) für die Nichtablieferung der Zulassungsbescheinigung bei Ausschließung von Fahrzeugen und des Führers (bzw. Bedienungsscheine bei Entziehung desselben),
b) für die Fälschungen oder dergleichen von Kennzeichen,
c) für das Überfliegen verbotener Zonen,
d) für die Mitnahme fotografischer Apparate oder dergleichen ohne Erlaubnis,

---

[1495] BA Berlin-Li., R 30.01, Nr. 7004, Bl. 143 v; BA Berlin-Li., R 15.01, Nr. 14148, Bl. 143 v; GStA PK, I. HA Rep. 84 a, Nr. 1989, Bl. 28 v.

[1496] BA Berlin-Li., R 30.01, Nr. 7004, Bl. 143 v; BA Berlin-Li., R 15.01, Nr. 14148, Bl. 143 v; GStA PK, I. HA Rep. 84 a, Nr. 1989, Bl. 28 v.

[1497] BA Berlin-Li., R 30.01, Nr. 7004, Bl. 143 v; BA Berlin-Li., R 15.01, Nr. 14148, Bl. 143 v; GStA PK, I. HA Rep. 84 a, Nr. 1989, Bl. 28 v.

[1498] BA Berlin-Li., R 30.01, Nr. 7004, Bl. 144; BA Berlin-Li., R 15.01, Nr. 14148, Bl. 144; GStA PK, I. HA Rep. 84 a, Nr. 1989, Bl. 29.

[1499] BA Berlin-Li., R 30.01, Nr. 7004, Bl. 144/144 v; BA Berlin-Li., R 15.01, Nr. 14148, Bl. 144/144 v; GStA PK, I. HA Rep. 84 a, Nr. 1989, Bl. 29/29 v.

[1500] BA Berlin-Li., R 30.01, Nr. 7004, Bl. 145; BA Berlin-Li., R 15.01, Nr. 14148, Bl. 145; GStA PK, I. HA Rep. 84 a, Nr. 1989, Bl. 30.

e) für die Nichtanmeldung von Landungen außerhalb von Flugplätzen bei der Polizeibehörde.

Besondere Strafen hielt er auch für solche Fälle für erforderlich, in denen ein Flugzeugführer bei der Landung eine Person verletzt habe, sofort wieder aufsteige und den Verletzten vorsätzlich in hilfloser Lage zurücklasse oder wenn er kurz vor der Landung eine Person verletzt habe und, um sich der Feststellung zu entziehen, ohne zu landen wieder aufsteige[1501].

Die *Senatskommission für die Reichs- und auswärtigen Angelegenheiten* forderte eine Bestrafung derjenigen zu regeln, die innerhalb von Flugplätzen ein nicht zugelassenes Flugzeug zu Ausbildungszwecken oder gewerbsmäßiger Beförderung von Personen führen würden[1502]. Der *Aero-Club von Deutschland* bemängelte, daß ein Bordwart, wenn er sich als Führer eines Luftfahrzeugs ohne entsprechendes Führerzeugnis betätige, nach § 26 Ziff. 3 nicht bestraft werden könne[1503].

Das *Bayerische Staatsministerium für Verkehrsangelegenheiten* hielt eine Ausdehnung der Strafbestimmungen auf Fälle, in denen öffentliche Flugveranstaltungen (§ 9) abgehalten oder Luftfahrtunternehmen (§ 8) durchgeführt würden, ohne die erforderliche Genehmigung oder ohne Einhaltung der gestellten Bedingungen, für unverzichtbar[1504].

Zu § 27 Abs. 1[1505] schlugen das *Preußische Ministerium der öffentlichen Arbeiten* und das *Bayerische Staatsministerium für Verkehrsangelegenheiten* vor, die Strafandrohung stets von der Gefährdung von Menschenleben abhängig zu machen[1506]. Für Beschädigungen oder Zerstörungen von Luftfahrzeugen, mit de-

---

[1501] BA Berlin-Li., R 30.01, Nr. 7004, Bl. 145 v; BA Berlin-Li., R 15.01, Nr. 14148, Bl. 145 v; GStA PK, I. HA Rep. 84 a, Nr. 1989, Bl. 30 v.

[1502] BA Berlin-Li., R 30.01, Nr. 7004, Bl. 145 v; BA Berlin-Li., R 15.01, Nr. 14148, Bl. 145 v; GStA PK, I. HA Rep. 84 a, Nr. 1989, Bl. 30 v.

[1503] BA Berlin-Li., R 30.01, Nr. 7004, Bl. 145 v; BA Berlin-Li., R 15.01, Nr. 14148, Bl. 145 v; GStA PK, I. HA Rep. 84 a, Nr. 1989, Bl. 30 v.

[1504] BA Berlin-Li., R 30.01, Nr. 7004, Bl. 145 v/146; BA Berlin-Li., R 15.01, Nr. 14148, Bl. 145 v/146; GStA PK, I. HA Rep. 84 a, Nr. 1989, Bl. 30 v/31.

[1505] § 27 Abs. 1 fünfter Entwurf: „Wer vorsätzlich ein Luftfahrzeug beschädigt, zerstört oder auf andere Weise unbrauchbar oder unzuverlässig macht oder die Fahrt eines solchen Luftfahrzeuges durch falsche Zeichen oder auf andere Weise stört oder dadurch eine Gefahr für Menschenleben herbeiführt, wird mit Gefängnis nicht unter drei Monaten bestraft. Der Versuch ist strafbar."

[1506] BA Berlin-Li., R 30.01, Nr. 7004, Bl. 146; BA Berlin-Li., R 15.01, Nr. 14148, Bl. 146; GStA PK, I. HA Rep. 84 a, Nr. 1989, Bl. 31; der Vorschlag des Preußischen Ministeriums der öffentlichen Arbeiten zu § 27 Abs. 1 lautete: „Wer dadurch, dass er vorsätzlich ein Luftfahrzeug beschädigt, zerstört oder auf andere Weise unbrauchbar oder unzuverlässig macht, oder die Fahrt eines solchen Luftfahrzeugs durch falsche Zeichen oder auf andere Weise stört, eine Gefahr für Menschenleben herbeiführt, wird mit Gefängnis nicht unter 3 Monaten bestraft. Der Versuch ist strafbar."

nen keine Gefährdung von Menschenleben verbunden sei, erachtete das *Bayerische Staatsministerium für Verkehrsangelegenheiten* die Bestimmungen des allgemeinen Strafrechts über Sachbeschädigungen für ausreichend[1507].

[1507]BA Berlin-Li., R 30.01, Nr. 7004, Bl. 146; BA Berlin-Li., R 15.01, Nr. 14148, Bl. 146; GStA PK, I. HA Rep. 84 a, Nr. 1989, Bl. 31; von redaktioneller Bedeutung waren folgende Vorschläge: Das Bayerische Staatsministerium für Verkehrsangelegenheiten sprach sich gegen die Verwendung des Begriffs „Luftfahrzeuge" in § 2 aus und schlug vor, den in der Verordnung-1918 verendeten Begriff „lenkbare Luftfahrzeuge", der Luftschiffe und Flugzeuge erfaßte, zu verwenden (BA Berlin-Li., R 30.01, Nr. 7004, Bl. 138/138 v; BA Berlin-Li., R 15.01, Nr. 14148, Bl. 138/138 v; GStA PK, I. HA Rep. 84 a, Nr. 1989, Bl. 23/23 v). Vom Ministerium des Innern (Dresden), dem Senat der freien und Hansestadt Lübeck und von Rasch (Mitglied des Reichsausschusses für die Luftfahrt) wurde die Fassung des § 4 Abs. 2 für mißverständlich gehalten (BA Berlin-Li., R 30.01, Nr. 7004, Bl. 139/139 v; BA Berlin-Li., R 15.01, Nr. 14148, Bl. 139/139 v; GStA PK, I. HA Rep. 84 a, Nr. 1989, Bl. 24/24 v). Es bleibe - so Rasch - die Frage offen, ob Luftfahrzeuge zu Ausbildungszwecken innerhalb und außerhalb von Flugplätzen einer Zulassung bedürften. Rasch schlug vor, in § 4 Abs. 2 die Worte „innerhalb von Flugplätzen" vor die Worte „zu Ausbildungszwecken" zu setzen, um klarzustellen, daß § 4 Abs. 2 den Verkehr innerhalb von Flugplätzen regeln würde (BA Berlin-Li., R 30.01, Nr. 7004, Bl. 139 v; BA Berlin-Li., R 15.01, Nr. 14148, Bl. 139 v; GStA PK, I. HA Rep. 84 a, Nr. 1989, Bl. 24 v). Der Aero-Club von Deutschland forderte, in § 5 Abs. 2 auch das erforderliche Mindestalter für Orter aufzunehmen (BA Berlin-Li., R 30.01, Nr. 7004, Bl. 140; BA Berlin-Li., R 15.01, Nr. 14148, Bl. 140; GStA PK, I. HA Rep. 84 a, Nr. 1989, Bl. 25). Auf Vorschlag des Ministerium des Innern (Dresden) sollten in § 5 Abs. 2 anstelle der Worte „jedoch muß ihr gesetzlicher Vertreter zustimmen" die Worte „vorausgesetzt, daß der gesetzliche Vertreter zustimmt" gesetzt werden (BA Berlin-Li., R 30.01, Nr. 7004, Bl. 140; BA Berlin-Li., R 15.01, Nr. 14148, Bl. 140; GStA PK, I. HA Rep. 84 a, Nr. 1989, Bl. 25). Vom Preußische Ministerium der öffentlichen Arbeiten wurde geforderte, in § 7 eine Bestimmung über die Rücknahme der Genehmigung aufzunehmen (BA Berlin-Li., R 30.01, Nr. 7004, Bl. 141; BA Berlin-Li., R 15.01, Nr. 14148, Bl. 141; GStA PK, I. HA Rep. 84 a, Nr. 1989, Bl. 26). Zu § 9 forderte Rasch, ein Mitglied des Reichsausschusses für die Luftfahrt, eine Anzeigepflicht ähnlich wie in § 8 Abs. 1 S. 4 gegenüber jenen Landeszentralbehörden zu regeln, deren Gebiet bei einer Flugveranstaltung planmäßig überflogen werden sollte (BA Berlin-Li., R 30.01, Nr. 7004, Bl. 142; BA Berlin-Li., R 15.01, Nr. 14148, Bl. 142; GStA PK, I. HA Rep. 84 a, Nr. 1989, Bl. 27). Das Preußische Ministerium der öffentlichen Arbeiten machte den Vorschlag, in § 14 Abs. 1 den Begriff „entstandenen" Schaden durch „entstehenden" Schaden zu ersetzen (BA Berlin-Li., R 30.01, Nr. 7004, Bl. 144; BA Berlin-Li., R 15.01, Nr. 14148, Bl. 144; GStA PK, I. HA Rep. 84 a, Nr. 1989, Bl. 29).
Das Preußische Ministerium der öffentlichen Arbeiten zweifelte daran, daß die in § 18 des Entwurfs gegenüber § 20 der Reichstagsvorlage-LuftVG 1914 erhöhten Haftungshöchstbeträge die Geldentwertung ausreichend berücksichtigen würden. Es schlug eine weitere Erhöhung mit der Maßgabe vor, daß, wenn der Geldwert bis zu einer festzusetzenden Höhe angestiegen sei, eine Herabsetzung der Renten- und Kapitalbeträge vorbehalten bleibe. In § 18 Ziff. 2 sei ein angemessener Ausgleich zwischen dem Risiko des Luftfahrzeughalters und dem des Geschädigten dahingehend vorzunehmen, daß die Herabsetzung der Bezüge des Geschädigten nicht mehr als ein Viertel betragen dürfe (BA Berlin-Li., R 30.01, Nr. 7004, Bl. 144 v; BA Berlin-Li., R 15.01, Nr. 14148, Bl. 144 v; GStA PK, I. HA Rep. 84 a, Nr. 1989, Bl. 29 v).

6. *Der sechste Entwurf des Reichsamts für Luft- und Kraftfahrwesen vom 11. Februar 1920*

Der sechste der sechste Entwurf des Reichsamts für Luft- und Kraftfahrwesen vom 11. Februar 1920[1508] erhielt in der Regelung für Luftfahrtunternehmungen (§ 6 Abs. 3) folgenden Zusatz: „Luftfahrtunternehmungen, die einen fahrplanmäßigen öffentlichen Betrieb unterhalten, müssen auf Verlangen der Postverwaltung mit jeder fahrplanmäßigen Luftfahrt Postsendungen gegen angemessene Vergütung befördern."[1509] Nach der ergänzenden Begründung des Entwurfs hatte man die Änderung auf Anregung des *Reichspostministeriums* vorgenommen. Dieser Zusatz sei zweckmäßig, um die Dienstbarmachung privater Luftfahrtunternehmungen für den Reichspostdienst im Interesse der Allgemeinheit zu sichern[1510]. Die Änderung blieb allerdings hinter dem Vorschlag des *Reichspostministeriums* vom 23. Oktober 1919 zurück. Damals war gefordert worden, einen § 6 a in den Entwurf vom 22. September 1919 einzufügen, der in Abs. 1 für alle Luftfahrtunternehmungen, die einen fahrplanmäßigen Betrieb unterhielten, eine Postbeförderungspflicht vorsah[1511] und nicht nur für solche, die einen „fahrplanmäßigen öffentlichen Betrieb" unterhielten.

Die *Regelung über die Haftpflicht des Luftfahrzeughalters* (§ 12) erhielt zwei bedeutende Änderungen. Die nach dem Vorentwurf in § 14 Abs. 2 geregelten Haftungsausschlußgründe wurden in § 12 nicht übernommen. Es hätte sich dabei um Fälle aus dem Kreis der unabwendbaren Ereignisse gehandelt, die die grundsätzliche Haftung des Luftfahrzeughalters ausschließen sollten. Gegen die Regelung des Vorentwurfs sei geltend gemacht worden, daß es keinen Grund dafür gebe, anstelle einer reinen Erfolgshaftung eine kasuistische Regelung zu bestimmen. Im übrigen werde eine Durchsetzung des Ersatzanspruchs gegen den schuldigen Dritten praktisch kaum möglich sein[1512].

[1508] BA Berlin-Li., R 30.01, Nr. 7004, Bl. 159 ff.; BA Berlin-Li., R 15.01, Nr. 14148, Bl. 165 ff.; GStA PK, I. HA Rep. 84 a, Nr. 1989, Bl. 39 ff.; Redaktionelle Änderungen des sechsten Entwurfs sind im Anhang wiedergegeben.

[1509] Bereits § 36 des Entwurfs einer Ausführungsbestimmung (BA Berlin-Li., R 30.01, Nr. 7003, Bl. 154 ff.; BA Berlin-Li., R 30.01, Nr. 7004, Bl. 20 b ff.) zu der Verordnung vom 7. Dezember 1918 (RGBl. 1918 II, S. 1407 ff.) sah die Möglichkeit vor, Luftfahrtunternehmer zur Beförderung von Post zu verpflichten.

[1510] BA Berlin-Li., R 30.01, Nr. 7004, Bl. 180; BA Berlin-Li., R 15.01, Nr. 14148, Bl. 171; GStA PK, I. HA Rep. 84 a, Nr. 1989, Bl. 46.

[1511] BA Berlin-Li., R 30.01, Nr. 7004, Bl. 182 v; BA Berlin-Li., R 15.01, Nr. 14148, Bl. 173 v; GStA PK, I. HA Rep. 84 a, Nr. 1989, Bl. 48 v.

[1512] BA Berlin-Li., R 30.01, Nr. 7004, Bl. 180; BA Berlin-Li., R 15.01, Nr. 14148, Bl. 171; GStA PK, I. HA Rep. 84 a, Nr. 1989, Bl. 46.

Außerdem erhielt die Regelung § 12 Abs. 2 folgende Neufassung:

„Benutzt jemand das Fahrzeug vorsätzlich ohne Wissen und Willen des Fahrzeughalters, so ist er anstelle des Halters zum Ersatz des Schadens verpflichtet."

Damit wurde beabsichtigt, Unbilligkeiten und Unklarheiten, die sich aus § 7 Abs. 3 KFG[1513] ergeben hatten zu vermeiden. Nach der ergänzenden Begründung habe die Rechtsprechung zum KFG zu der unbilligen Konsequenz geführt, daß die Haftung des Halters auch in solchen Fällen gegeben sei, in denen das Fahrzeug, nachdem es einmal mit Willen und Wissen des Halters in Betrieb gesetzt worden sei, dann aber, nachdem der Betrieb nach seinem Willen ruhen sollte, von einem anderen gegen seinen Willen und ohne sein Wissen in Benutzung genommen sei. Dazu hätten insbesondere die Fälle des sogenannten Schwarzfahrens von Kraftfahrzeugführern gezählt, bei denen die Kraftwagen ohne Wissen und Wollen des Halters mißbraucht worden seinen. Diese Fälle könnten sich auch im Luftverkehr ergeben. Es entspreche der Billigkeit, in diesen Fällen anstelle des Halters nicht nur denjenigen haften zu lassen, der das Fahrzeug ohne Wissen und Willen des Halters in Betrieb gesetzt habe, sondern darüber hinaus auch denjenigen, der sich diese unzulässige Inbetriebsetzung zunutze mache, in dem er sich fahren lasse.

Mit der Aufnahme des Begriffs der Vorsätzlichkeit in die Regelung des § 12 Abs. 2 sollte zum Ausdruck gebracht werden, daß die Haftpflicht des Benutzers nur dann begründet sein sollte, wenn er wisse, daß das Fahrzeug ohne Wissen und Willen des Halters geführt worden sei. Mehrere Benutzer des Luftfahrzeugs würden im Rahmen der übrigen Bestimmungen des Gesetzes als Gesamtschuldner haften[1514].

7. *Beratungen im Reichsamt für Luft- und Kraftfahrwesen vom 15. April 1920 mit Vertretern des Reichs und der Länder über den sechsten Entwurf eines Luftverkehrsgesetzes vom 11. Februar 1920*

In der Sitzung vom 15. April 1920 berieten Vertreter des Deutschen Reichs und der Länder im Reichsamt für Luft- und Kraftfahrwesen über den Entwurf eines Luftverkehrsgesetzes vom 11. Februar 1920[1515].

[1513] § 7 Abs. 3 KFG: „Wird das Fahrzeug ohne Wissen und Willen des Fahrzeughalters von einem anderen in Betrieb gesetzt, so ist dieser an Stelle des Halters zum Ersatze des Schadens verpflichtet."; diese Bestimmung enthielt bereits § 15 Abs. 3 der Reichstagsvorlage-LuftVG 1914.

[1514] BA Berlin-Li., R 30.01, Nr. 7004, Bl. 180 v; BA Berlin-Li., R 15.01, Nr. 14148, Bl. 171 v; GStA PK, I. HA Rep. 84 a, Nr. 1989, 46 v.

[1515] BA Berlin-Li., R 30.01, Nr. 7004, Bl. 221; BA Berlin-Li., R 15.01, Nr. 14148, Bl. 209; GStA PK, I. HA Rep. 84 a, Nr. 1989 Bl. 68: an der kommissarischen Beratung nahmen teil:

Zunächst fand eine allgemeine Aussprache über die Verteilung der Zuständigkeiten zwischen dem Reich und den Ländern statt. Anschließend wurde über einzelne Bestimmungen des Gesetzentwurfs beraten.

a) Allgemeine Aussprache

Zu Beginn führte *Euler* für das Reichsamt für Luft- und Kraftfahrwesen aus, verschiedene Länder hätten den Wunsch geäußert, die *Zuständigkeiten* des Reichsamts für Luft- und Kraftfahrwesen zugunsten der Länder zu beschränken.

- für das *Reichsamt für Luft- und Kraftfahrwesen Euler* (Unterstaatssekretär), *Fisch* (Geheimer Regierungsrat), *Müller* (Geheimer Regierungsrat), *Langfeld* (Kapitänleutnant a. D.), *von Rottenburg* (Gerichtsassessor),
- für das *Reichsjustizministerium Conze* (Landgerichtsassessor),
- für das *Reichspostministerium Neugebauer* (Postrat), *Thilo* (Postrat), für das Reichswirtschaftsministerium *Gottschalk* (Regierungsbaumeister),
- für das Reichsfinanzministerium *Reuter* (Intendanturrat), *Wagner* (Gerichtsassessor),
- für das Reichsministerium des Innern *Krause* (Gerichtsassessor),
- für das Auswärtige Amt *Kraske* (Legationsrat),
- für das Reichswehrministerium *Weese* (Hauptmann), *Stahl* (Hauptmann), *Wilberg* (Hauptmann),
- für die Admiralität, Luftfahrtwesen *Faber* (Kapitänleutnant), *Dröseler* (Marinebaumeister),
- für den *Reichsausschuß für die Luftfahrt* und das Preußische Ministerium für Wissenschaft, Kunst und Volksbildung *Hergesell* (Geheimer Regierungsrat),
- für den Reichsausschuß für die Luftfahrt *von Tschudi* (Major a. D.), *Kasinger* (Direkor), *Santen* (Kapitänleutnant),
- für das Preußische Ministerium der öffentlichen Arbeiten *Bredow* (Wirklicher Geheimer Oberregierungsrat),
- für das Preußische Finanzministerium *Bank* (Geheimer Oberfinanzrat),
- für das Preußische Ministerium des Innern *Dunkelbeck* (Regierungsassessor),
- für das Preußische Ministerium für Wissenschaft, Kunst und Volksbildung *Jander* (Gerichtsassessor),
- für das Preußische Justizministerium *Strucksberg* (Landrichter), für die Sächsische Regierung *von Holtzendorff* (Ministerialdirektor),
- für das Sächsische Ministerium des Innern, Dresden, *Grahl* (Geheimer Regierungsrat),
- für das Württembergische Arbeitsministerium, *Klaiber* (Baurat), *Sindlinger* (Oberamtmann),
- für das Württembergische Ministerium der auswärtigen Angelegenheiten, Verkehrsabteilung, *Kober* (Baurat),
- für das Badische Ministerium des Auswärtigen *Fecht* (Ministerialrat),
- für Oldenburg und Schaumburg-Lippe *Scheer* (Staatsminister a. D.),
- für Mecklenburg-Schwerin *Tischbein* (Ministerialdirektor),
- für Braunschweig und Anhalt *Boden* (Gesandter),
- für Thüringen *Münzel* (Ministerialdirektor und Reichsbevollmächtigter),
- für Hamburg *Rittershausen* (Regierungsrat) und
- für Bremen *Passow* (Senator).

Die Tätigkeiten im Reichsluftamt bzw. des Reichsamts für Luft- und Kraftfahrwesen hatten zu einer kontinuierlichen Ausdehnung der Zuständigkeiten des Reichsministeriums geführt. So hatte das Reichsluftamt beispielsweise bereits im ersten Entwurf (§ 8 Ziff. b) die Zuständigkeit zum Erlaß der erforderlichen Ausführungsanordnungen erhalten. Der Vorkriegsentwurf hatte noch eine Zuständigkeit des Bundesrats vorgesehen. Im weiteren Verlauf der Verwaltungstätigkeiten wurden dem Reichsministerium auch in fast allen wichtigen Bereichen des Gesetzesvollzugs immer mehr entscheidende Befugnissse übertragen[1516]. Der sechste Gesetzentwuf hatte damit eine sehr zentralistisch ausgerichtete Struktur erhalten. Dieses Vorgehen war bereits in der Stellungnahme der Länder zum fünften Entwurf eines Luftverkehrsgesetzes, insbesondere von Bayern aber auch vom Ministerium des Innern (Dresden) scharf kritisiert worden[1517].

Euler wies darauf hin, daß seine Behörde nicht die Absicht habe, alle Fragen im Zusammenhang mit der Zulassung des Luftfahrers, der Luftfahrtunternehmen und der Flugveranstaltungen selbständig zu regeln. Er räumte ein, daß man bisher anders verfahren sei, indem man alle Zuständigkeitsfragen im Zusammenhang mit der Zulassung des Luftverkehrs zunächst zentral durch das Reichsamt für Luft- und Kraftfahrwesen geregelt habe[1518]. Für diese Vorgehensweise sei die politische Lage ausschlaggebend gewesen. Aufgrund der revolutionären Verhältnisse seien die Bundesstaaten nicht in der Lage gewesen, Fragen der Luftfahrt einheitlich zu regeln. Durch die Verordnung-1918[1519] sei dem Reichsamt für Luft- und Kraftfahrwesen die Aufgabe übertragen worden, Fragen der Luftfahrt selbständig zu regeln. Seitdem seien viele Bestimmungen erarbeitet worden, die heute als Entwurf vorlägen[1520]. Die Verfassung habe das Verhältnis zwischen dem Reich und den Ländern festgelegt. *Euler* forderte, den Ländern einen großen Teil der Zulassungsfragen und Kontrollarbeiten zu übertragen und ihnen im übrigen auch die Zulassung der Luftfahrzeugführer und der Luftfahrtunternehmen sowie die Genehmigung von Sportveranstaltungen zu überlassen. Dabei seien die Richtlinien, Gesetze und Ausführungsbestimmungen, die das Reich unter Mitwirkung des Reichsausschusses und der Länder erlassen werde, zu berücksichtigen[1521]. Dem Reichsamt für Luft- und Kraftfahrwesen sollte die Aufgabe verbleiben, bei Meinungsverschiedenheiten eine abschließende Entscheidung zu

---

[1516]Vgl. 4.Teil E. I. 5.: einen Überblick lieferen die Äußerungen Bayerns zu Beginn der Stellungnahme der Länder (BA Berlin-Li., R 30.01, Nr. 7004, Bl. 138 v; BA Berlin-Li., R 15.01, Nr. 14148, Bl. 138 v; GStA PK, I. HA Rep. 84 a, Nr. 1989, Bl. 23 v).

[1517]Vgl. 4.Teil E. I. 5.; BA Berlin-Li., R 30.01, Nr. 7004, Bl. 138 v/139; BA Berlin-Li., R 15.01, Nr. 14148, Bl. 138 v/139; GStA PK, I. HA Rep. 84 a, Nr. 1989, Bl. 23 v/24.

[1518]BA Berlin-Li., R 30.01, Nr. 7004, Bl. 221; BA Berlin-Li., R 15.01, Nr. 14148, Bl. 209; GStA PK, I. HA Rep. 84 a, Nr. 1989 Bl. 68.

[1519]RGBl. 1918 II, S. 1407 ff..

[1520]Vgl. 4. Teil B..

[1521]BA Berlin-Li., R 30.01, Nr. 7004, Bl. 225 v; BA Berlin-Li., R 15.01, Nr. 14148, Bl. 113 v; GStA PK, I. HA Rep. 84 a, Nr. 1989 Bl. 72 v.

treffen, alle internationalen Fragen, technische und Verkehrsfragen und schließlich die Bedürfnisfrage in Luftfahrtangelegenheiten zu regeln. Der Reichsausschuß sollte künftig die Funktion einer gutachterlichen Stelle für die Länder erhalten[1522]. *Euler* hielt eine klare Zuständigkeitsverteilung zwischen dem Reich und den Ländern auch aus einem weiteren Grund für unerläßlich: Durch den Versailler Vertrag sei die Militärluftfahrt praktisch abgeschafft worden. Das habe zur Folge, daß die Leistungsfähigkeit des gesamten Luftverkehrswesens von nun an ausschließlich durch die Zivilluftfahrt bestimmt werde. Es sei daher um so wichtiger, ein funktionsfähiges ziviles Luftfahrtwesen zu schaffen[1523].

Im ersten Weltkrieg hatte sich gezeigt, daß die Verwendungsmöglichkeit von Luftfahrzeugen für das Militär besondere Bedeutung hatte. Für das Deutsche Reich war die Schaffung einer leistungsfähigen Zivilluftfahrt damit notwendige Voraussetzung zur Errichtung einer starken Luftstreitmacht nach dem Wegfall der Beschränkungen des Versailler Vertrags[1524].

Von Tschudi, ein Vertreter des Reichsausschusses für die Luftfahrt, erklärte sich mit der von *Euler* vorgeschlagenen Regelung einverstanden[1525]. Außerdem drängte er darauf, daß die künftigen Regelungen für den Luftverkehr möglichst im Einklang mit dem Pariser Luftverkehrsabkommen vom 13. Oktober 1919[1526], dem das Deutsche Reich nicht beigetreten sei, stehen sollten. Dadurch werde ein Beitritt zum Pariser Luftverkehrsabkommen erleichtert. Ein Beitritt habe die Bedeutung einer „Brücke" zum Völkerbund. Widersprüchlichkeiten zu der internationalen Regelung könnten sich ergeben, wenn bestimmte Fragen nicht einheitlich durch das Reich, sondern von den Ländern geregelt würden[1527]. Im übrigen wies er darauf hin, daß zur Zeit auch in Frankreich auf der Grundlage des Pariser

---

[1522] BA Berlin-Li., R 30.01, Nr. 7004, Bl. 225 v/226; BA Berlin-Li., R 15.01, Nr. 14148, Bl. 213 v/214; GStA PK, I. HA Rep. 84 a, Nr. 1989 Bl. 72 v/73.

[1523] BA Berlin-Li., R 30.01, Nr. 7004, Bl. 222; BA Berlin-Li., R 15.01, Nr. 14148, Bl. 210; GStA PK, I. HA Rep. 84 a, Nr. 1989 Bl. 69; zu Eulers Bestrebungen, einen zivilen Luftverkehr frei von militärischer Konkurrenz zu gewährleisten: *Fischer*, S. 34.

[1524] Vgl. dazu *Fischer*, S. 24/25, S. 33 ff..

[1525] BA Berlin-Li., R 30.01, Nr. 7004, Bl. 226 v; BA Berlin-Li., R 15.01, Nr. 14148, Bl. 214 v; GStA PK, I. HA Rep. 84 a, Nr. 1989 Bl. 73 v.

[1526] Convention portant réglementation de la Navigation Aérienne, signée à Paris le 13 Octobre 1919, zit. nach *Société des nations* 1922, S. 173 (174 ff.); das Abkommen war unterzeichnet worden von Amerika, Belgien, Bolivien, Brasilien, dem Britischen Reich, China, Kuba, Ecuador, Frankreich, Griechenland, Guatemala, Haiti, dem Königreich Hedjaz, Honduras, Italien, Japan, Liberia, Nicaragua, Panama, Peru, Polen, Portugal, Rumänien, dem Staat Serbien-Kroatien-Slovenien, Siam, Tschechoslowakei und Uruguay.

[1527] BA Berlin-Li., R 30.01, Nr. 7004, Bl. 221 v; BA Berlin-Li., R 15.01, Nr. 14148, Bl. 209 v; GStA PK, I. HA Rep. 84 a, Nr. 1989 Bl. 68 v.

Luftverkehrsabkommens vom 13. Oktober 1919[1528] eine nationale Regelung für den Luftverkehr erarbeitet werde[1529].

Bredow sprach sich grundsätzlich dafür aus, daß das Reichsamt für Luft- und Kraftfahrwesen die grundlegenden Anordnungen erlassen sollte, z. B. verbindliche Anordnungen über die Feststellung zugelassener Luftfahrzeugtypen. Es sei fraglich, ob es zweckmäßig sei, die Durchführung der Zulassungsprüfung einer zentralen Stelle im Reich zu übertragen. Dabei dürfe nicht unberücksichtigt bleiben, ob bestimmte Aufgaben den Ländern übertragen werden könnten[1530]. Soweit sachliche Gründe gegen eine zentrale Zuständigkeitsverteilung sprächen, sei Preußen bereit, einer anderen Regelung zuzustimmen[1531].

Stellvertretend für die Sächsische Regierung sagte *Grahl* dem *Reichsamt für Luft- und Kraftfahrwesen* grundsätzlich die volle Unterstützung zu[1532]. Er kritisierte jedoch die Zuständigkeitsregelungen des Gesetzentwurfs[1533]. Es sei ein großer Fehler, daß das Reichsamt für Luft- und Kraftfahrwesen zunächst in allen Bereichen allein zuständig sein solle. Eine Reichszentralbehörde müsse unterscheiden zwischen regieren und verwalten. Das Regieren sei Aufgabe der Reichszentralbehörden, während es den Landeszentralbehörden obliege, zu verwalten[1534]. *Grahl* räumte ein, diese Aufgaben ließen sich im Luftfahrtwesen zweckmäßigerweise nicht immer eindeutig trennen. Er forderte aber, diese Grenze nicht gänzlich aufzuheben, wie dies im Gesetzentwurf geschehen sei[1535]. Die bisherige Auffassung des Reichsamts für Luft- und Kraftfahrwesen hielt *Grahl* aus zwei Gründen für nicht praktikabel. Zum einen prognostizierte er, daß das Reichsamt für Luft- und Kraftfahrwesen jeden Antrag standardmäßig abhandeln werde, ohne der Besonderheit des Einzelfalls gerecht zu werden, wenn es über alle Fragen im Zusammenhang mit der Zulassung zu entscheiden habe[1536]. Zum anderen war *Grahl* der Meinung, daß durch diese Regelung das Ansehen des

---

[1528] Convention portant réglementation de la Navigation Aérienne, signée à Paris le 13 Octobre 1919, zit. nach *Société des nations* 1922, S. 173 (174 ff.).

[1529] BA Berlin-Li., R 30.01, Nr. 7004, Bl. 221 v; BA Berlin-Li., R 15.01, Nr. 14148, Bl. 209 v; GStA PK, I. HA Rep. 84 a, Nr. 1989 Bl. 68 v.

[1530] BA Berlin-Li., R 30.01, Nr. 7004, Bl. 229/229 v; BA Berlin-Li., R 15.01, Nr. 14148, Bl. 217/217 v; GStA PK, I. HA Rep. 84 a, Nr. 1989 Bl. 76/76 v.

[1531] BA Berlin-Li., R 30.01, Nr. 7004, Bl. 229/229 v; BA Berlin-Li., R 15.01, Nr. 14148, Bl. 217/217 v; GStA PK, I. HA Rep. 84 a, Nr. 1989 Bl. 76/76 v.

[1532] BA Berlin-Li., R 30.01, Nr. 7004, Bl. 222 v; BA Berlin-Li., R 15.01, Nr. 14148, Bl. 210 v; GStA PK, I. HA Rep. 84 a, Nr. 1989 Bl. 69 v.

[1533] BA Berlin-Li., R 30.01, Nr. 7004, Bl. 222 v; BA Berlin-Li., R 15.01, Nr. 14148, Bl. 210 v; GStA PK, I. HA Rep. 84 a, Nr. 1989 Bl. 69 v.

[1534] BA Berlin-Li., R 30.01, Nr. 7004, Bl. 223; BA Berlin-Li., R 15.01, Nr. 14148, Bl. 211; GStA PK, I. HA Rep. 84 a, Nr. 1989 Bl. 70.

[1535] BA Berlin-Li., R 30.01, Nr. 7004, Bl. 223; BA Berlin-Li., R 15.01, Nr. 14148, Bl. 211; GStA PK, I. HA Rep. 84 a, Nr. 1989 Bl. 70.

[1536] BA Berlin-Li., R 30.01, Nr. 7004, Bl. 223; BA Berlin-Li., R 15.01, Nr. 14148, Bl. 211; GStA PK, I. HA Rep. 84 a, Nr. 1989 Bl. 70.

Reichsamts für Luft- und Kraftfahrwesen geschmälert werde. Es begebe sich in die Rolle eines „Gemeindevorstehers", wenn es alles selbst regeln wolle[1537]. Er forderte, den Ländern umfassendere Zuständigkeiten zu übertragen. Zusätzlich sollten sie die Möglichkeit erhalten, sich in technischen Angelegenheiten der Fach- und Sachkunde des Reichsausschusses für die Luftfahrt als mitwirkende Behörde bedienen zu können. Das Reichsamt für Luft- und Kraftfahrwesen sollte lediglich die Gesetze ausarbeiten und als Aufsichtsbehörde fungieren, die überwache, Anleitungen gebe und Richtlinien festlege[1538].

Münze, der Vertreter Thüringens, erhob große Bedenken gegen die vom Reichsamt für Luft- und Kraftfahrwesen und der Sächsischen Regierung vorgeschlagenen Änderungen. Die meisten Länder, insbesondere die kleinen, besäßen nur unzureichende Sachkenntnisse und würden nicht über die erforderliche Anzahl an Sachverständigen verfügen[1539]. Außerdem befürchtete er eine uneinheitliche Genehmigungspraxis der Länder. Es sei damit zu rechnen, daß eine Landesbehörde die Erteilung der Zulassung ablehne, während eine andere Landeszentralbehörde die Zulassung erteile[1540].

Fecht erklärte, die Badische Regierung sei mit einer umfassenden Zuständigkeit des Reichsamts für Luft- und Kraftfahrwesen einverstanden[1541].

Bezüglich der Regelung *besonderer Zuständigkeiten* hielt es *von Tschudi* für notwendig, die Zuständigkeit für die Erteilung der Fahrzeugzulassung zu erörtern[1542]. Er forderte, dem Reichsamt für Luft- und Kraftfahrwesen grundsätzlich diese Zuständigkeit zu übertragen. Den Ländern sollte es vorbehalten bleiben, die Prüfung von Luftfahrzeugen, die einem besonderen Fahrzeugtyp nachgebildet waren, vorzunehmen[1543]. Von Tschudi wies darauf hin, daß die meisten Länder bisher nicht genügend Erfahrungen auf diesem Gebiet gesammelt hätten. Sie müßten daher besondere Sachverständigenstellen errichten, die über die erforderlichen juristischen und praktischen Erfahrungen verfügen würden[1544].

[1537] BA Berlin-Li., R 30.01, Nr. 7004, Bl. 223 v; BA Berlin-Li., R 15.01, Nr. 14148, Bl. 211 v; GStA PK, I. HA Rep. 84 a, Nr. 1989 Bl. 70 v.

[1538] BA Berlin-Li., R 30.01, Nr. 7004, Bl. 224; BA Berlin-Li., R 15.01, Nr. 14148, Bl. 212; GStA PK, I. HA Rep. 84 a, Nr. 1989 Bl. 71.

[1539] BA Berlin-Li., R 30.01, Nr. 7004, Bl. 227 v; BA Berlin-Li., R 15.01, Nr. 14148, Bl. 215 v; GStA PK, I. HA Rep. 84 a, Nr. 1989 Bl. 74 v.

[1540] BA Berlin-Li., R 30.01, Nr. 7004, Bl. 228 v; BA Berlin-Li., R 15.01, Nr. 14148, Bl. 216 v; GStA PK, I. HA Rep. 84 a, Nr. 1989 Bl. 75 v.

[1541] BA Berlin-Li., R 30.01, Nr. 7004, Bl. 227; BA Berlin-Li., R 15.01, Nr. 14148, Bl. 215; GStA PK, I. HA Rep. 84 a, Nr. 1989 Bl. 74.

[1542] BA Berlin-Li., R 30.01, Nr. 7004, Bl. 226 v; BA Berlin-Li., R 15.01, Nr. 14148, Bl. 214 v; GStA PK, I. HA Rep. 84 a, Nr. 1989 Bl. 73 v.

[1543] BA Berlin-Li., R 30.01, Nr. 7004, Bl. 227; BA Berlin-Li., R 15.01, Nr. 14148, Bl. 215; GStA PK, I. HA Rep. 84 a, Nr. 1989 Bl. 74.

[1544] BA Berlin-Li., R 30.01, Nr. 7004, Bl. 227; BA Berlin-Li., R 15.01, Nr. 14148, Bl. 215; GStA PK, I. HA Rep. 84 a, Nr. 1989 Bl. 74.

Euler war der Meinung, sowohl die Typenprüfung als auch die Zulassung eines Typs seien grundsätzlich vom Reichsamt für Luft- und Kraftfahrwesen unter Hinzuziehung einer Sachverständigenstelle und der Deutschen Versuchsanstalt für Luftfahrt vorzunehmen. Die Erteilung der Zulassung für Serientypen, das Nachmessen der Buchstaben und ähnliche Detailprüfungen sollten dagegen den Ländern übertragen werden[1545]. Schließlich müßten die Luftfahrzeugunternehmen sonst zur Abnahme der Prüfung jedesmal nach Berlin reisen[1546]. Dem schloß sich *Hergesell,* ein Vertreter des Reichsausschusses für die Luftfahrt aus dem Preußischen Ministerium für Wissenschaft, Kunst und Volksbildung, an[1547]. *Kasinger*, ein Vertreter des Reichsausschusses für die Luftfahrt, vertrat die Auffassung, daß eine Übertragung von Zuständigkeiten bezüglich der Typenprüfungen auf die Länder für die Luftfahrtindustrie hinderlich sei[1548]. Er rechnete damit, daß die einzelnen Länder Fliegeroffiziere als Sachverständige einsetzen würden, die nicht genügend Kenntnisse hätten, um die technisch weiterentwickelten Luftfahrzeuge sachgerecht beurteilen zu können. Dazu sei nur die Deutsche Versuchsanstalt für Luftfahrt in der Lage, die sich von Anfang an mit der Konstruktion der Luftfahrzeuge befaßt habe und die die Bedürfnisse der Industrie am besten einschätzen könne[1549]. Er forderte, die Typisierung weiterhin von der Versuchsanstalt vornehmen zu lassen[1550].

Im übrigen forderte *Bredow,* unterstützt von *Sachsen*[1551], für das Deutsche Reich eine Beschwerdeinstanz für luftrechtliche Angelegenheiten zu schaffen[1552].

Von Tschudi und *Hergesell*[1553] sprachen sich dafür aus, daß das Reichsamts für Luft- und Kraftfahrwesen die Zuständigkeit für das *Ballonwesen* erhalten sollte. Das Reich habe nach der Verfassung nicht die Zuständigkeit für das Freiballonwesen. Dies sei vermutlich vergessen worden. Eine entsprechende Rege-

---

[1545]BA Berlin-Li., R 30.01, Nr. 7004, Bl. 231; BA Berlin-Li., R 15.01, Nr. 14148, Bl. 219; GStA PK, I. HA Rep. 84 a, Nr. 1989 Bl. 78.

[1546]BA Berlin-Li., R 30.01, Nr. 7004, Bl. 230 v; BA Berlin-Li., R 15.01, Nr. 14148, Bl. 218 v; GStA PK, I. HA Rep. 84 a, Nr. 1989 Bl. 77 v.

[1547]BA Berlin-Li., R 30.01, Nr. 7004, Bl. 229; BA Berlin-Li., R 15.01, Nr. 14148, Bl. 217; GStA PK, I. HA Rep. 84 a, Nr. 1989 Bl. 76.

[1548]BA Berlin-Li., R 30.01, Nr. 7004, Bl. 230 v; BA Berlin-Li., R 15.01, Nr. 14148, Bl. 218 v; GStA PK, I. HA Rep. 84 a, Nr. 1989 Bl. 77 v.

[1549]BA Berlin-Li., R 30.01, Nr. 7004, Bl. 230 v; BA Berlin-Li., R 15.01, Nr. 14148, Bl. 218 v; GStA PK, I. HA Rep. 84 a, Nr. 1989 Bl. 77 v.

[1550]BA Berlin-Li., R 30.01, Nr. 7004, Bl. 230 v; BA Berlin-Li., R 15.01, Nr. 14148, Bl. 218 v; GStA PK, I. HA Rep. 84 a, Nr. 1989 Bl. 77 v.

[1551]BA Berlin-Li., R 30.01, Nr. 7004, Bl. 225; BA Berlin-Li., R 15.01, Nr. 14148, Bl. 213; GStA PK, I. HA Rep. 84 a, Nr. 1989 Bl. 72.

[1552]BA Berlin-Li., R 30.01, Nr. 7004, Bl. 229 v; BA Berlin-Li., R 15.01, Nr. 14148, Bl. 217 v; GStA PK, I. HA Rep. 84 a, Nr. 1989 Bl. 76 v.

[1553]BA Berlin-Li., R 30.01, Nr. 7004, Bl. 228 v; BA Berlin-Li., R 15.01, Nr. 14148, Bl. 216 v; GStA PK, I. HA Rep. 84 a, Nr. 1989 Bl. 75 v.

lung sei jedoch erforderlich, um sich nicht in Widerspruch zum Pariser Luftverkehrsabkommen vom 13. Oktober 1919[1554] zu setzen[1555].

Grahl trug Bedenken der Sächsischen Regierung gegen *§ 11* des Entwurfs vor. Seine Regierung war der Meinung, daß die Bestimmung, nach der das Reichsamt für Luft- und Kraftfahrwesen nach Anhörung des Reichsausschusses für die Luftfahrt die Ausführungsbestimmungen erlassen könne, gegen Artikel 77 WRV verstoße[1556]. Nach Artikel 77 WRV habe die Reichsregierung, soweit nichts anderes bestimmt sei, mit Zustimmung des Reichsrats die erforderlichen allgemeinen Verwaltungsvorschriften zur Ausführung der Reichsgesetze zu erlassen, wenn die Ausführung der Reichsgesetze den Landesbehörden zustehe. Es könne nicht bestritten werden, daß beim Luftverkehr die Ausführung den Ländern obliegen müsse[1557].

Zusammenfassend bleibt festzuhalten, daß die Zuständigkeitsverteilung zwischen dem Reich und den Ländern umstritten war. Während die kleinen Länder Thüringen und Baden eine zentrale Zuständigkeit des Reichs forderten, befürworteten das Reichsamt für Luft- und Kraftfahrwesen und große Länder wie Preußen und Sachsen eine Zuständigkeitsverteilung auf das Reich und die Länder.

Nach überwiegender Ansicht sollte die Zulassung der Luftfahrzeuge im Interesse der Entwicklung der Luftfahrt grundsätzlich dem Reich übertragen werden. Den Ländern sollten nur bestimmte Zuständigkeiten, z. B. die Durchführung von Detailprüfungen, verbleiben.

Mehrfach wurde die Errichtung einer Beschwerdeinstanz im Reichsamt für Luft- und Kraftfahrwesen für technische und juristische Fragen gefordert.

Außerdem wurde die Forderung erhoben, die Bestimmungen des Gesetzentwurfs in Übereinstimmung mit den Regelungen des Pariser Luftverkehrsabkommens vom 13. Oktober 1919[1558] festzulegen. Man sprach sich daher, abweichend von Art. 7 Nr. 19 WRV[1559], für eine Zuständigkeit des Reichs bezüglich des Ballonwesens aus.

[1554]Convention portant réglementation de la Navigation Aérienne, signée à Paris le 13 Octobre 1919, zit. nach *Société des nations* 1922, S. 173 (174 ff.).

[1555]BA Berlin-Li., R 30.01, Nr. 7004, Bl. 226 v; BA Berlin-Li., R 15.01, Nr. 14148, Bl. 214 v; GStA PK, I. HA Rep. 84 a, Nr. 1989 Bl. 73 v.

[1556]BA Berlin-Li., R 30.01, Nr. 7004, Bl. 223 v/224; BA Berlin-Li., R 15.01, Nr. 14148, Bl. 211 v/212; GStA PK, I. HA Rep. 84 a, Nr. 1989 Bl. 70 v/71.

[1557]BA Berlin-Li., R 30.01, Nr. 7004, Bl. 224; BA Berlin-Li., R 15.01, Nr. 14148, Bl. 212; GStA PK, I. HA Rep. 84 a, Nr. 1989 Bl. 71.

[1558]Convention portant réglementation de la Navigation Aérienne, signée à Paris le 13 Octobre 1919, zit. nach *Société des nations* 1922, S. 173 (174 ff.).

[1559]RGBl. 1919 II, S. 1383 ff..

b) Beratung der einzelnen Bestimmungen

Im Anschluß an die allgemeine Aussprache begann die Beratung über die einzelnen Bestimmungen des Gesetzentwurfs. *Hergesell*, ein Vertreter des Reichsausschuß für die Luftfahrt und des Preußischen Ministeriums für Wissenschaft, Kunst und Volksbildung, forderte, in § 2 Abs. 1 zu regeln, daß auch Freiballone, Fesselballone, Drachen, Pilotballone usw. unter den Anwendungsbereich des Gesetzes fielen[1560]. Dem stimmten die übrigen Teilnehmer der Beratung zu. *Conze* sprach sich dafür aus, in § 2 eine Bestimmung über die Zurücknahme der Zulassung aufzunehmen[1561]. *Euler* machte folgenden Formulierungsvorschlag:

„[G]enügt ein zugelassenes Flugzeug den Ansprüchen des Verkehrs nicht mehr, so kann die Zulassung zurückgezogen werden."[1562]

Der Vorschlag wurde ohne Einwand angenommen. *Strucksberg* bat, in § 3 Abs. 3 statt der Zulassungsschein „kann" der Zulassungsschein „ist" zu entziehen zu setzen, um ein willkürliches Vorgehen der Behörden auszuschließen[1563]. Dagegen machte *Euler* geltend, ein Pilot könne 20 mal Pech haben und trotzdem ein guter Flieger sein[1564].

Zu § 4 forderte *Klaiber*, Strafvorschriften für die Fälle zu erlassen, in denen Luftfahrzeugpersonal ohne die im Entwurf vorgesehene Erlaubnis ausgebildet werde[1565].

Grahl forderte die Zuständigkeit der Länder zur Genehmigung der Ausbildung von Luftfahrzeugpersonal[1566].

Zu den *Regelungen der Flugplätze* trug *Klaiber* Bedenken der württembergischen Industrie gegen die Erteilung der Genehmigung in Abhängigkeit eines vom Reichsamt für Luft- und Kraftfahrwesen für vorliegend erachteten Bedürfnisses an Flugplätzen vor (§ 5 Abs. 4 S. 2). Zum gegenwärtigen Zeitpunkt sei nicht mit einem Überangebot an Flugplätzen zu rechnen. Es sei daher zweckmäßiger, ei-

---

[1560] BA Berlin-Li., R 30.01, Nr. 7004, Bl. 232 v; BA Berlin-Li., R 15.01, Nr. 14148, Bl. 220 v; GStA PK, I. HA Rep. 84 a, Nr. 1989 Bl. 79 v.

[1561] BA Berlin-Li., R 30.01, Nr. 7004, Bl. 233; BA Berlin-Li., R 15.01, Nr. 14148, Bl. 221; GStA PK, I. HA Rep. 84 a, Nr. 1989 Bl. 80.

[1562] BA Berlin-Li., R 30.01, Nr. 7004, Bl. 233; BA Berlin-Li., R 15.01, Nr. 14148, Bl. 221; GStA PK, I. HA Rep. 84 a, Nr. 1989 Bl. 80.

[1563] BA Berlin-Li., R 30.01, Nr. 7004, Bl. 233; BA Berlin-Li., R 15.01, Nr. 14148, Bl. 221; GStA PK, I. HA Rep. 84 a, Nr. 1989 Bl. 80.

[1564] BA Berlin-Li., R 30.01, Nr. 7004, Bl. 233; BA Berlin-Li., R 15.01, Nr. 14148, Bl. 221; GStA PK, I. HA Rep. 84 a, Nr. 1989 Bl. 80.

[1565] BA Berlin-Li., R 30.01, Nr. 7004, Bl. 233 v; BA Berlin-Li., R 15.01, Nr. 14148, Bl. 221 v; GStA PK, I. HA Rep. 84 a, Nr. 1989 Bl. 80 v.

[1566] BA Berlin-Li., R 30.01, Nr. 7004, Bl. 233 v; BA Berlin-Li., R 15.01, Nr. 14148, Bl. 221 v; GStA PK, I. HA Rep. 84 a, Nr. 1989 Bl. 80 v.

nem Unternehmen schon dann die Genehmigung zu erteilen, wenn von den Zulassungsbedingungen sowohl die technischen als auch die wirtschaftlichen Voraussetzungen erfüllt seien[1567]. *Von Tschudi* sprach sich für die Regelung des Entwurfs aus, da sonst die Gefahr gegeben sei, daß Flugplätze von schlechten, aber finanzkräftigen Unternehmern unterhalten würden, während gute Unternehmer, die nicht genügend finanzielle Mittel zur Verfügung hätten, vom Markt verdrängt würden. Es sei Aufgabe des Reichsamts für Luft- und Kraftfahrwesen, den Wettbewerb von Anfang an zu steuern[1568]. *Klaiber* hielt es schließlich für ausreichend, einen Hinweis in die Begründung aufzunehmen, daß die Bedürfnisfrage zu berücksichtigen sei[1569].

Außerdem machte *Wilberg* zu § 5 Abs. 4 S. 2 geltend, daß die Anlage eines Flugplatzes auch aus anderen Gründen, insbesondere denen der Landesverteidigung, unerwünscht sein könne[1570]. *Euler* sprach sich dafür aus, die Fassung des Entwurfs beizubehalten und den Behörden die Möglichkeit einzuräumen, ihre Wünsche gegenüber dem Reichsamt für Luft- und Kraftfahrwesen geltend zu machen[1571]. Von *Tschudi* erachtete diesen Vorschlag nur unter der Bedingung für ausreichend, daß an anderer Stelle geregelt werde, daß die Errichtung von Flugplätzen der Genehmigung des Reichsamts für Luft- und Kraftfahrwesen bedürfe[1572]. Schließlich erklärten sich alle Teilnehmer mit einem Vorschlag von *Bredow* einverstanden. Danach sollten Flughäfen nur mit Einwilligung des Reichsamts für Luft- und Kraftfahrwesen und mit Einwilligung der Landeszentralbehörden errichtet werden[1573].

Zur *Genehmigung von Luftfahrtunternehmungen* schlug *Conze* vor, die §§ 6 und 7 zusammenzufassen und das Reichsamt für Luft- und Kraftfahrwesen für zuständig zu erklären[1574]. *Neugebauer* hielt es mit der Stellung des Reichspostministeriums für unvereinbar, wenn es zur Errichtung von Luftpostlinien einer Genehmigung des Reichsamts für Luft- und Kraftfahrwesen bedürfe. Es sei Sache der Reichspostverwaltung, selbst über die Errichtung von Luftpostlinien zu

---

[1567] BA Berlin-Li., R 30.01, Nr. 7004, Bl. 234 v; BA Berlin-Li., R 15.01, Nr. 14148, Bl. 222 v; GStA PK, I. HA Rep. 84 a, Nr. 1989 Bl. 81 v.

[1568] BA Berlin-Li., R 30.01, Nr. 7004, Bl. 234 v/235; BA Berlin-Li., R 15.01, Nr. 14148, Bl. 222 v/223; GStA PK, I. HA Rep. 84 a, Nr. 1989 Bl. 81 v/82.

[1569] BA Berlin-Li., R 30.01, Nr. 7004, Bl. 235; BA Berlin-Li., R 15.01, Nr. 14148, Bl. 223; GStA PK, I. HA Rep. 84 a, Nr. 1989 Bl. 82.

[1570] BA Berlin-Li., R 30.01, Nr. 7004, Bl. 234; BA Berlin-Li., R 15.01, Nr. 14148, Bl. 222; GStA PK, I. HA Rep. 84 a, Nr. 1989 Bl. 81.

[1571] BA Berlin-Li., R 30.01, Nr. 7004, Bl. 234; BA Berlin-Li., R 15.01, Nr. 14148, Bl. 222; GStA PK, I. HA Rep. 84 a, Nr. 1989 Bl. 81.

[1572] BA Berlin-Li., R 30.01, Nr. 7004, Bl. 234; BA Berlin-Li., R 15.01, Nr. 14148, Bl. 222; GStA PK, I. HA Rep. 84 a, Nr. 1989 Bl. 81.

[1573] BA Berlin-Li., R 30.01, Nr. 7004, Bl. 236; BA Berlin-Li., R 15.01, Nr. 14148, Bl. 224; GStA PK, I. HA Rep. 84 a, Nr. 1989 Bl. 83.

[1574] BA Berlin-Li., R 30.01, Nr. 7004, Bl. 236; BA Berlin-Li., R 15.01, Nr. 14148, Bl. 224; GStA PK, I. HA Rep. 84 a, Nr. 1989 Bl. 83.

entscheiden[1575]. Das Reichspostministerium hielt einen ausdrücklichen Hinweis darauf für erforderlich, daß die Bestimmungen für Flughäfen und Luftfahrtunternehmen (§§ 5 und 6) auf die Reichspostverwaltung keine Anwendung fänden[1576]. Im Hinblick auf die Vergütung für Postbeförderungen forderte Neugebauer, in § 6 zu regeln, wer die Höhe der Vergütung bestimmen sollte. Er sprach sich dafür aus, diese Aufgabe dem Reichspostministerium zu übertragen[1577]. *Euler* schlug demgegenüber vor, daß sich das Reichspostministerium, das Reichsamt für Luft- und Kraftfahrwesen und die betroffenen Wirtschaftsunternehmen auf einen für alle maßgeblichen Tarif einigen sollten[1578]. *Thilo* bemängelte, daß die Reichspost bei einer derartigen Festsetzung der Tarife vom Reichsamt für Luft- und Kraftfahrwesen abhängig sei. Schließlich habe man dann nicht mehr die Möglichkeit, die Vorteile eines konkurrierenden Marktes auszunutzen und Unternehmen zu beauftragen, die die günstigsten Konditionen machen würden[1579]. *Neugebauer* forderte dagegen, die Tarife einheitlich gesetzlich zu regeln. Die Post könne dann abschätzen, welche Tarife sie an öffentliche Unternehmen zu entrichten habe[1580]. *Bredow* forderte, eine Stelle einzurichten, die über Tarifstreitigkeiten entscheide[1581]. *Rittershausen* lehnte dies ab. Die Regelung des § 6 Abs. 3 des Entwurfs sei völlig ausreichend. Danach werde der Unternehmer, der einen fahrplanmäßigen öffentlichen Betrieb unterhalte, zur Beförderung verpflichtet. Die Festsetzung einer angemessenen Vergütung bleibe im Streitfall den Gerichten überlassen[1582]. *Neugebauer* entgegnete, das Abwarten einer Gerichtsentscheidung würde viel zu lange dauern[1583]. Zu § 8, der ein Landungsrecht regelte, forderte *Grahl*, daß diejenigen, die landeten mißachteten, ihren Namen angeben sollten[1584]. Diese Forderung wurde von v*on Tschudi* befürwortet, der zusätzlich vorschlug zu re-

---

[1575]BA Berlin-Li., R 30.01, Nr. 7004, Bl. 236; BA Berlin-Li., R 15.01, Nr. 14148, Bl. 224; GStA PK, I. HA Rep. 84 a, Nr. 1989 Bl. 83.

[1576]BA Berlin-Li., R 30.01, Nr. 7004, Bl. 236/236 v; BA Berlin-Li., R 15.01, Nr. 14148, Bl. 224/224 v; GStA PK, I. HA Rep. 84 a, Nr. 1989 Bl. 83/83 v.

[1577]BA Berlin-Li., R 30.01, Nr. 7004, Bl. 236 v/237; BA Berlin-Li., R 15.01, Nr. 14148, Bl. 224 v/225; GStA PK, I. HA Rep. 84 a, Nr. 1989 Bl. 83 v/84.

[1578]BA Berlin-Li., R 30.01, Nr. 7004, Bl. 237; BA Berlin-Li., R 15.01, Nr. 14148, Bl. 225; GStA PK, I. HA Rep. 84 a, Nr. 1989 Bl. 84.

[1579]BA Berlin-Li., R 30.01, Nr. 7004, Bl. 237; BA Berlin-Li., R 15.01, Nr. 14148, Bl. 225; GStA PK, I. HA Rep. 84 a, Nr. 1989 Bl. 84.

[1580]BA Berlin-Li., R 30.01, Nr. 7004, Bl. 237 v; BA Berlin-Li., R 15.01, Nr. 14148, Bl. 225 v; GStA PK, I. HA Rep. 84 a, Nr. 1989 Bl. 84 v.

[1581]BA Berlin-Li., R 30.01, Nr. 7004, Bl. 237 v; BA Berlin-Li., R 15.01, Nr. 14148, Bl. 225 v; GStA PK, I. HA Rep. 84 a, Nr. 1989 Bl. 84 v.

[1582]BA Berlin-Li., R 30.01, Nr. 7004, Bl. 237 v; BA Berlin-Li., R 15.01, Nr. 14148, Bl. 225 v; GStA PK, I. HA Rep. 84 a, Nr. 1989 Bl. 84 v.

[1583]BA Berlin-Li., R 30.01, Nr. 7004, Bl. 237 v; BA Berlin-Li., R 15.01, Nr. 14148, Bl. 225 v; GStA PK, I. HA Rep. 84 a, Nr. 1989 Bl. 84 v.

[1584]BA Berlin-Li., R 30.01, Nr. 7004, Bl. 238; BA Berlin-Li., R 15.01, Nr. 14148, Bl. 226; GStA PK, I. HA Rep. 84 a, Nr. 1989 Bl. 85.

geln, gegenüber wem sich die Person auszuweisen habe[1585]. *Klaiber* verlangte, Verstöße gegen die Meldepflicht mit besonderen Strafen zu ahnden[1586]. *Bredow* schlug vor, Übertretungen der Meldepflicht mit dem Entzug des Zulassungsscheins zu ahnden[1587]. Dem stimmte *Grahl* für die Sächsische Regierung zu[1588].

Zu § 9, der den Ersatz von Landungsschäden regelte, wollte *Bredow* geklärt wissen, ob in Fällen, in denen Luftfahrzeuge außerhalb von Flugplätzen landeten, ohne dabei einen Schaden zu verursachen, der Eigentümer des betroffenen Grundstücks benachrichtigt werden müsse und ob dafür ein Entgelt zu entrichten sei[1589]. Nach den Ausführungen von *von Tschudi* bestand gegenüber den Grundstückseigentümern weder eine Benachrichtigungs- noch eine Entschädigungspflicht. Den Luftfahrzeugen der Alliierten müsse 15 Jahre lang ein freies Landungsrecht gewährt werden und dieses Recht sei auch deutschen Fliegern zu gewähren[1590].

Wilberg beantragte, in die Verkehrsvorschriften (§ 10) Regelungen über die Errichtung von Sperrgebieten aufzunehmen, und schlug folgende Fassung vor: „Bestimmte Gebiete können vorübergehend oder dauernd für den öffentlichen Luftverkehr ganz oder unter einer bestimmten Flughöhe durch die zuständige Reichsbehörde gesperrt werden (Flugspgerrgebiete)."[1591] *Euler* sagte zu, diese Fassung in den Entwurf aufzunehmen, soweit kein Widerspruch geäußert werde[1592].

Zu § 10 Ziff. a, der dem Reichsamt für Luft- und Kraftfahrwesen die Kennzeichung geeigneter Stellen als Landungsplätze erlaubte, wollte *Wagner* wissen, wie die Schadensersatzansprüche geregelt seien, und schlug vor, dieses näher gesetzlich festzulegen[1593]. *Kober* wies darauf hin, daß nach dem Wortlaut des

[1585]BA Berlin-Li., R 30.01, Nr. 7004, Bl. 238; BA Berlin-Li., R 15.01, Nr. 14148, Bl. 226; GStA PK, I. HA Rep. 84 a, Nr. 1989 Bl. 85.
[1586]BA Berlin-Li., R 30.01, Nr. 7004, Bl. 238; BA Berlin-Li., R 15.01, Nr. 14148, Bl. 226; GStA PK, I. HA Rep. 84 a, Nr. 1989 Bl. 85.
[1587]BA Berlin-Li., R 30.01, Nr. 7004, Bl. 238; BA Berlin-Li., R 15.01, Nr. 14148, Bl. 226; GStA PK, I. HA Rep. 84 a, Nr. 1989 Bl. 85.
[1588]BA Berlin-Li., R 30.01, Nr. 7004, Bl. 238; BA Berlin-Li., R 15.01, Nr. 14148, Bl. 226; GStA PK, I. HA Rep. 84 a, Nr. 1989 Bl. 85.
[1589] BA Berlin-Li., R 30.01, Nr. 7004, Bl. 238/238 v; BA Berlin-Li., R 15.01, Nr. 14148, Bl. 226/226 v; GStA PK, I. HA Rep. 84 a, Nr. 1989 Bl. 85/85 v.
[1590]BA Berlin-Li., R 30.01, Nr. 7004, Bl. 238 v; BA Berlin-Li., R 15.01, Nr. 14148, Bl. 226 v; GStA PK, I. HA Rep. 84 a, Nr. 1989 Bl. 85 v.
[1591]BA Berlin-Li., R 30.01, Nr. 7004, Bl. 238 v; BA Berlin-Li., R 15.01, Nr. 14148, Bl. 226 v; GStA PK, I. HA Rep. 84 a, Nr. 1989 Bl. 85 v.
[1592]BA Berlin-Li., R 30.01, Nr. 7004, Bl. 238 v; BA Berlin-Li., R 15.01, Nr. 14148, Bl. 226 v; GStA PK, I. HA Rep. 84 a, Nr. 1989 Bl. 85 v.
[1593]BA Berlin-Li., R 30.01, Nr. 7004, Bl. 239; BA Berlin-Li., R 15.01, Nr. 14148, Bl. 227; GStA PK, I. HA Rep. 84 a, Nr. 1989 Bl. 86.

Gesetzes an eine öffentliche Verpflichtung gedacht sei[1594]. Er forderte, daß für Verletzungen dieser Pflicht eine Entschädigung zu leisten sei[1595]. *Von Tschudi* führte aus, daß der Schaden zunächst vom Verein „Flug & Hafen" bezahlt werden solle und nicht vom Reichsamt für Luft- und Kraftfahrwesen, so daß sich formell nicht der Staat, sondern eine private Stelle mit dem Schädiger auseinanderzusetzen habe[1596]. *Kober* vertrat die Auffassung, daß die in § 10 Ziff. a für das Reichsamt für Luft- und Kraftfahrwesen geregelte Möglichkeit, bestimmte Stellen für die Luftfahrt zu kennzeichnen, eine Duldungspflicht der Grundstückseigentümer nach sich ziehe und forderte, den Grundstückseigentümern eine angemessene Entschädigung zu gewähren[1597]. *Euler* sagte zu, daß - soweit kein Widerspruch erhoben werde - die Worte „gegen angemessene Entschädigung" eingefügt würden[1598].

Wilberg hielt die Fassung des § 10 Ziff. b - soweit sie z. B. die Mitnahme von fotografischen Apparaten betraf - für zu allgemein gehalten und bat einzufügen: „nur mit Einwilligung des Reichsamts für Luft- und Kraftfahrwesen nach Anhörung des Reichswehrministeriums."[1599] *Euler* war der Auffassung, daß die bestehende Regelung des Entwurfs ausreiche. Schließlich erteile das Reichsamt für Luft- und Kraftfahrwesen die Einwilligung zum Mitführen fotografischer Apparate nur in besonderen Fällen. Im übrigen müsse von jeder zur Veröffentlichung bestimmten Aufnahme ein Bild an das Reichsamt für Luft- und Kraftfahrwesen übersandt werden[1600]. *Neugebauer* erhob erhebliche Bedenken gegen die Regelung des § 10 Ziff. b über die Mitnahme von Funkgeräten. Das Reichspostministerium sei dafür zuständig, über die Verwendung von funktelegrafischen Anlagen zu entscheiden[1601]. Daher beantragte er, in § 10 Ziff. b des Entwurfs zusätzlich zum Ausdruck zu bringen, daß es für die Mitnahme von Funkgeräten auch der Genehmigung des Reichspostministeriums bedürfe[1602]. Für den Fall, daß die-

---

1594 BA Berlin-Li., R 30.01, Nr. 7004, Bl. 239 v; BA Berlin-Li., R 15.01, Nr. 14148, Bl. 227 v; GStA PK, I. HA Rep. 84 a, Nr. 1989 Bl. 86 v.
1595 BA Berlin-Li., R 30.01, Nr. 7004, Bl. 239 v; BA Berlin-Li., R 15.01, Nr. 14148, Bl. 227 v; GStA PK, I. HA Rep. 84 a, Nr. 1989 Bl. 86 v.
1596 BA Berlin-Li., R 30.01, Nr. 7004, Bl. 239 v; BA Berlin-Li., R 15.01, Nr. 14148, Bl. 227 v; GStA PK, I. HA Rep. 84 a, Nr. 1989 Bl. 86 v.
1597 BA Berlin-Li., R 30.01, Nr. 7004, Bl. 239 v; BA Berlin-Li., R 15.01, Nr. 14148, Bl. 227 v; GStA PK, I. HA Rep. 84 a, Nr. 1989 Bl. 86 v.
1598 BA Berlin-Li., R 30.01, Nr. 7004, Bl. 239 v; BA Berlin-Li., R 15.01, Nr. 14148, Bl. 227 v; GStA PK, I. HA Rep. 84 a, Nr. 1989 Bl. 86 v.
1599 BA Berlin-Li., R 30.01, Nr. 7004, Bl. 238 v; BA Berlin-Li., R 15.01, Nr. 14148, Bl. 226 v; GStA PK, I. HA Rep. 84 a, Nr. 1989 Bl. 85 v.
1600 BA Berlin-Li., R 30.01, Nr. 7004, Bl. 238 v/239; BA Berlin-Li., R 15.01, Nr. 14148, Bl. 226 v/227; GStA PK, I. HA Rep. 84 a, Nr. 1989 Bl. 85 v/86.
1601 BA Berlin-Li., R 30.01, Nr. 7004, Bl. 239; BA Berlin-Li., R 15.01, Nr. 14148, Bl. 227; GStA PK, I. HA Rep. 84 a, Nr. 1989 Bl. 86.
1602 BA Berlin-Li., R 30.01, Nr. 7004, Bl. 239; BA Berlin-Li., R 15.01, Nr. 14148, Bl. 227; GStA PK, I. HA Rep. 84 a, Nr. 1989 Bl. 86.

ser Antrag angenommen werde, bestand *Wilberg* darauf, seinem Antrag zu § 10 Ziff. b zuzustimmen[1603]. Schließlich wurde ein Vermittlungsvorschlag von *Grahl* angenommen: „mit Einwilligung des Reichsamts für Luft- und Kraftfahrwesen und der sonst im Einzelfall zuständigen Behörde."[1604]

Wagner hielt es für erforderlich, in die allgemeinen Bestimmungen des Gesetzentwurfs (§ 11) sowohl für die in den §§ 2, 3, 4 und 6 vorgesehenen Zulassungen, Prüfungen, Ermächtigungen und Einwilligungen als auch für die in den §§ 5 und 7 vorgesehenen Einwilligungen und Erlaubniserteilungen Gebührentatbestände zu regeln[1605]. Die Teilnehmer der Beratung waren mit einer derartigen Regelung in den Ausführungsbestimmungen einverstanden[1606].

Dann wurde über die *Haftpflichtbestimmungen* beraten. *Conze* schlug vor, nur einzelne Fragen zu diskutieren: Die Haftung des Luftfahrzeugführers, die Haftung des Luftfahrzeughalters gegenüber den Flugpassagieren und die Höhe der Haftungshöchstsummen des § 16[1607].

Strucksberg führte aus, daß gegen das Prinzip der „Erfolgshaftung" keine Bedenken vorlägen[1608]. *Kasinger* trug vor, daß die Ausgestaltung der Haftung im Zusammenhang mit der Versicherungsfrage betrachtet werden müsse. Er beschäftige sich seit 1 ½ Jahren mit dem Problem einer Luftfahrtversicherung. Es gebe im Prinzip nur eine Versicherungsgesellschaft, die ein höheres Risiko als bis zu 500 000 M Maximalschaden trage[1609]. Er bat daher die summenmäßige Haftungsbegrenzung beizubehalten. Anderenfalls befürchtete er, daß die Versicherungsmöglichkeit entfalle[1610].

Anschließend wurde über die Haftung der Luftfahrzeugführer beraten. *Euler* führte aus, sein Ministerium wolle in dem Entwurf keine speziellen Bestimmungen über die Haftpflicht der Luftfahrer aufnehmen. Es sei unbillig, dem Führer, der quasi nur als Angestellter fungiere und bei jedem Flug sein Leben aufs Spiel setze, weiter als nach den allgemeinen Bestimmungen des Bürgerlichen Gesetz-

---

[1603]BA Berlin-Li., R 30.01, Nr. 7004, Bl. 239; BA Berlin-Li., R 15.01, Nr. 14148, Bl. 227; GStA PK, I. HA Rep. 84 a, Nr. 1989 Bl. 86.

[1604]BA Berlin-Li., R 30.01, Nr. 7004, Bl. 239; BA Berlin-Li., R 15.01, Nr. 14148, Bl. 227; GStA PK, I. HA Rep. 84 a, Nr. 1989 Bl. 86.

[1605]BA Berlin-Li., R 30.01, Nr. 7004, Bl. 239 v/240; BA Berlin-Li., R 15.01, Nr. 14148, Bl. 227 v/228; GStA PK, I. HA Rep. 84 a, Nr. 1989 Bl. 86 v/87.

[1606]BA Berlin-Li., R 30.01, Nr. 7004, Bl. 240; BA Berlin-Li., R 15.01, Nr. 14148, Bl. 228; GStA PK, I. HA Rep. 84 a, Nr. 1989 Bl. 87.

[1607]BA Berlin-Li., R 30.01, Nr. 7004, Bl. 240; BA Berlin-Li., R 15.01, Nr. 14148, Bl. 228; GStA PK, I. HA Rep. 84 a, Nr. 1989 Bl. 87.

[1608]BA Berlin-Li., R 30.01, Nr. 7004, Bl. 240 v; BA Berlin-Li., R 15.01, Nr. 14148, Bl. 228 v; GStA PK, I. HA Rep. 84 a, Nr. 1989 Bl. 87 v.

[1609]Vgl. dazu auch die im Jahre 1919 vom Verein Deutscher Motorfahrzeug-Industrieller (V. D. M. I.) mit zwei Versicherungen für den Luftverkehr vereinbarten Bedingungen (BA Berlin-Li., R 43 I /731, F 6 Nr. 186).

[1610]BA Berlin-Li., R 30.01, Nr. 7004, Bl. 240 v; BA Berlin-Li., R 15.01, Nr. 14148, Bl. 228 v; GStA PK, I. HA Rep. 84 a, Nr. 1989 Bl. 87 v.

buchs haften zu lassen[1611]. *Conze* machte folgenden Formulierungsvorschlag: „Die Ersatzpflicht ist ausgeschlossen, wenn der Schaden nicht durch ein Verschulden des Führers verursacht ist."[1612] Damit habe der Führer nur nachzuweisen, daß ihn kein Verschulden treffe. Die Tatsache, daß er im Falle eines Verschuldens hafte, sei selbstverständlich[1613]. Dem entgegnete *Euler*, der Luftfahrzeugführer werde immer begründen können, nicht schuldhaft gehandelt zu haben[1614].

Dann wurde über *Ansprüche der Flugpassagiere* beraten. *Conze* sprach sich dafür aus, daß die speziellen Haftungsbestimmungen des Gesetzentwurfs auch gegenüber den Flugpassagieren zu anwendung kommen sollten. Den Passagieren dürfe nicht entgegengehalten werden: „Ihr habt euch in Gefahr begeben, kommt ihr darin um, so ist das euere eigene Sache."[1615] Im übrigen hielt *Conze* es für diskussionswürdig, ob die Bestimmung zwingend oder vertraglich abdingbar sein sollte[1616]. *Von Tschudi* lehnte eine Regelung ab, die es verbot, die strenge Haftpflicht gegenüber Passagieren vertraglich auszuschließen[1617]. *Sindlinger* warf die Frage auf, wer den Schaden zu bezahlen habe, der bei der Landung von Dritten, z. B. durch das Zusammenströmen Neugieriger, verursacht werde, und machte den Vorschlag, den Luftfahrer für solche Schäden haften zu lassen[1618]. *Conze* hielt eine Lösung dieser Frage für besonders schwierig. Er lehnte jedenfalls eine Haftung der Luftfahrer für derartige Schäden ab[1619]. Schließlich sprachen sich die Anwesenden für eine Beibehaltung der Regelungen des Entwurfs aus[1620].

[1611] BA Berlin-Li., R 30.01, Nr. 7004, Bl. 240 v; BA Berlin-Li., R 15.01, Nr. 14148, Bl. 228 v; GStA PK, I. HA Rep. 84 a, Nr. 1989 Bl. 87 v.

[1612] BA Berlin-Li., R 30.01, Nr. 7004, Bl. 240 v; BA Berlin-Li., R 15.01, Nr. 14148, Bl. 228 v; GStA PK, I. HA Rep. 84 a, Nr. 1989 Bl. 87 v.

[1613] BA Berlin-Li., R 30.01, Nr. 7004, Bl. 240 v; BA Berlin-Li., R 15.01, Nr. 14148, Bl. 228 v; GStA PK, I. HA Rep. 84 a, Nr. 1989 Bl. 87 v.

[1614] BA Berlin-Li., R 30.01, Nr. 7004, Bl. 240 v; BA Berlin-Li., R 15.01, Nr. 14148, Bl. 228 v; GStA PK, I. HA Rep. 84 a, Nr. 1989 Bl. 87 v.

[1615] BA Berlin-Li., R 30.01, Nr. 7004, Bl. 241; BA Berlin-Li., R 15.01, Nr. 14148, Bl. 229; GStA PK, I. HA Rep. 84 a, Nr. 1989 Bl. 88.

[1616] BA Berlin-Li., R 30.01, Nr. 7004, Bl. 241; BA Berlin-Li., R 15.01, Nr. 14148, Bl. 229; GStA PK, I. HA Rep. 84 a, Nr. 1989 Bl. 88.

[1617] BA Berlin-Li., R 30.01, Nr. 7004, Bl. 241; BA Berlin-Li., R 15.01, Nr. 14148, Bl. 229; GStA PK, I. HA Rep. 84 a, Nr. 1989 Bl. 88.

[1618] BA Berlin-Li., R 30.01, Nr. 7004, Bl. 241; BA Berlin-Li., R 15.01, Nr. 14148, Bl. 229; GStA PK, I. HA Rep. 84 a, Nr. 1989 Bl. 88.

[1619] BA Berlin-Li., R 30.01, Nr. 7004, Bl. 241 v; BA Berlin-Li., R 15.01, Nr. 14148, Bl. 229 v; GStA PK, I. HA Rep. 84 a, Nr. 1989 Bl. 88 v.

[1620] BA Berlin-Li., R 30.01, Nr. 7004, Bl. 241 v; BA Berlin-Li., R 15.01, Nr. 14148, Bl. 229 v; GStA PK, I. HA Rep. 84 a, Nr. 1989 Bl. 88 v; im übrigen waren folgende eher redaktionelle Änderungen erörtert worden: Zu § 1 machte Conze den Vorschlag, Luftfahrzeuge im Sinne des Gesetzes in § 1 und nicht wie im Entwurf vom 11. Februar 1920 in § 2 zu definieren. Bredow sprach sich dafür aus, den § 1 mit der Formulierung des § 2 des Entwurfs vom 11. Februar 1920 beginnen zu lassen. Der neue § 1 sollte folgende Fassung erhalten: „Luftfahrzeuge im

c) Zusammenfassung wichtiger Beschlüsse und Änderungswünsche zu den Bestimmungen des Gesetzentwurfs

Zusammenfassend sind folgende Beschlüsse und Änderungswünsche festzuhalten:

- der Beschluß, in § 2 des Entwurfs eine Regelung über die Zurücknahme der Zulassung aufzunehmen,
- die Forderung des *Reichspostministeriums*, den Hinweis aufzunehmen, daß die §§ 5 (Flughäfen) und 6 (Luftfahrtunternehmungen) auf die Reichspost nicht anwendbar seien, da die Errichtung von Luftpostlinien ausschließlich eine Aufgabe der Reichspost sei,
- die Forderung des *Reichspostministeriums*, in § 6 die Höhe der Vergütung von Postbeförderungen festzulegen,
- die Forderung des *Reichswehrministeriums*, in § 10 die Errichtung von Sperrgebieten zu regeln,
- die Absicht, eine Entschädigungspflicht zum Ausgleich der sich aus der Kennzeichnung von Grundstücken gemäß § 10 Ziff. a ergebenden Duldungspflicht der Grundstückseigentümer entspechend der Anregeung des *Württembergischen Ministeriums der auswärtigen Angelegenheiten* aufzunehmen,
- der Beschluß, in § 10 Ziff. b entsprechend dem Vorschlag *Grahls*, vertretend für das sächsiche Ministerium des Innern (Dresden), darauf hinzuweisen, daß die Mitnahme von Funkgerät auch von den im Einzelfall zuständigen Behörden genehmigungspflichtig war,
- der Hinweis *Kasingers*, vertretend für den Reichsausschuß für die Luftfahrt, bei der Ausgestaltung der Haftpflichtregelung die Versicherungsbereitschaft der Versicherungsgesellschaften besonderes zu berücksichtigen,

---

Sinne dieses Gesetzes [...]. Der Luftverkehr ist frei [...]." Hergesell forderte dagegen, die in § 1 des Entwurfs vom 11. Februar 1920 in Klammern geschriebenen Worte „(Benutzung des Luftraums durch Luftfahrzeuge)" beizubehalten. Dem schloß sich Kasinger an. Wilberg schlug vor, das Wort „Luftverkehr" ganz weg zu lassen. Von Tschudi forderte folgende Fassung: „Die Luftfahrt ist frei [...]". Euler stellte abschließend fest, daß der § 1 wie folgt beginnen sollte: „Die Benutzung des Luftraums durch Luftfahrzeuge aller Art ist frei [...]"; (BA Berlin-Li., R 30.01, Nr. 7004, Bl. 232 v; BA Berlin-Li., R 15.01, Nr. 14148, Bl. 220 v; GStA PK, I. HA Rep. 84 a, Nr. 1989 Bl. 79 v). Bredow bat darum, in § 5 Abs. 2 des Entwurfs die Worte „und unterhalten" zu streichen und in § 5 Abs. 3 des Entwurfs, der den Landeszentralbehörden die Zuständigkeit zur Regelung des Verfahrens zur Anlage der Flugplätze übertrug, eine Zuständigkeit des Reichsamts für Luft- und Kraftfahrwesen zu regeln. Euler regte an, das Wort „unterhalten" zu streichen. Münzel war der Meinung, daß die Unterscheidung in § 5 Abs. 2 ihre Bedeutung habe. Das Wort „angelegt" beziehe sich auf neue und das Wort „unterhalten" auf alte Flughäfen (BA Berlin-Li., R 30.01, Nr. 7004, Bl. 234 v; BA Berlin-Li., R 15.01, Nr. 14148, Bl. 222 v; GStA PK, I. HA Rep. 84 a, Nr. 1989 Bl. 81 v). Conze schlug vor, den die Haftungshöchstsummen regelnden § 20 an den Schluß der Haftpflichtbestimmungen zu setzen (BA Berlin-Li., R 30.01, Nr. 7004, Bl. 241 v; BA Berlin-Li., R 15.01, Nr. 14148, Bl. 229 v; GStA PK, I. HA Rep. 84 a, Nr. 1989 Bl. 88 v).

- die Forderung des *Reichsamts für Luft- und Kraftfahrwesen*, den Luftfahrzeugführer unverändert nach den allgemeinen Vorschriften des Bürgerlichen Gesetzbuchs haften zu lassen und
- der Wunsch des *Reichsjustizministeriums*, die strenge Haftpflicht des Luftfahrzeughalters auch gegenüber den Fluggästen zu regeln.

8. *Der siebente Entwurf (28. April 1920), der achte Entwurf (3. Juli 1920) und der Regierungsentwurf des Reichsamts für Luft- und Kraftfahrwesen*

Unter Berücksichtigung der Stellungnahme der Länder zu dem in der Sitzung des Reichsausschusses für die Luftfahrt[1621] am 4. Dezember 1919 beschlossenen Entwurf eines Luftverkehrsgesetzes und den in der Beratung vom 15. April 1920 geäußerten Änderungsvorschlägen war der Entwurf eines Luftverkehrsgesetzes erneut überarbeitet worden. Es entstand der Entwurf eines „Gesetzes für den Luftverkehr" vom 28. April 1920[1622].

Zu dem Entwurf eines „Gesetzes für den Luftverkehr" vom 28. April 1920 wurden vom *Reichsfinanzministerium* im Schreiben vom 11. Juni 1920[1623] und vom *Reichsjustizministerium* im Schreiben vom 26. Juni 1920[1624] Änderungen beantragt. Unter Berücksichtigung eines großen Teils dieser Vorschläge und unter Vornahme eigener Änderungen wurde der Entwurf vom 28. April 1920 im Reichsamt für Luft- und Kraftfahrwesen erneut überarbeitet. Es entstand der achte Entwurf eines „Gesetzes für den Luftverkehr" vom 3. Juli 1920[1625]. Auf der Grundlage des achten Entwurfs wurde schließlich der Regierungsentwurf (RgE) eines „Luftverkehrsgesetzes" nebst Begründung erstellt[1626]. Diesen übersandte der *Verkehrsminister* am 11. Oktober 1920 der *Reichskanzlei* mit der Bitte, die Zustimmung der *Reichsregierung* herbeizuführen[1627]. Die Zustimmung wurde am 29. Oktober 1920 erteilt[1628]. Nach der allgemeinen Begründung hatte sich der Regierungsentwurf den gegenüber der Zeit der Entstehung des Entwurfs

[1621]Zu den Sitzungen waren keine Unterlagen auffindbar.
[1622]BA Berlin-Li., R 30.01, Nr. 7004, Bl. 213 ff.; die redaktionellen Änderungen gegenüber dem Vorentwurf sind im Anhang wiedergegeben: Redaktionelle Änderungen des siebenten Entwurfs.
[1623]BA Berlin-Li., R 30.01, Nr. 7004, Bl. 243 ff..
[1624]BA Berlin-Li., R 30.01, Nr. 7004, Bl. 249 ff..
[1625]BA Berlin-Li., R 30.01, Nr. 7004, Bl. 289 ff.; BA Berlin-Li., R 15.01, Nr. 14148, Bl. 238 ff.; GStA PK, I. HA Rep. 84 a, Nr. 1989, Bl. 92 ff.; die redaktionellen Änderungen gegenüber dem Vorentwurf sind im Anhang wiedergegeben: Redaktionelle Änderungen des achten Entwurfs.
[1626]BA Berlin-Li., R 601/825, F 1 Nr. 6 ff.; Wiedergabe des Regierungsentwurfs nebst redaktionellen Änderungen im Anhang.
[1627]BA Berlin-Li., R 601/825, F 1 Nr. 5.
[1628]BA Berlin-Li., R 43 I/1360, F 8 Nr. 260.

von 1914[1629] veränderten politischen, wirtschaftlichen und luftverkehrstechnischen Bedingungen anpassen müssen. Vorrangiges Ziel des geplanten Gesetzes war es, der Luftfahrt die für ihre Entwicklung erforderliche Rechtsgrundlage zu geben und darüber hinaus die Grundlage für zwischenstaatliche Vereinbarungen zu schaffen[1630].

a) Luftfahrzeuge i. S. des Entwurfs

Nach einer Neuregelung des siebenten Entwurfs (§ 1 Abs. 2) fielen auch nicht als Kraftfahrzeuge anzusehende Luftfahrzeuge, wie Ballone und Drachen, unter den Anwendungsbereich der gesetzlichen Regelung. Damit wurde einem Vorschlag von *Hergesell*, einem Mitglied des Reichsausschusses für die Luftfahrt, geäußert in der Sitzung am 15. April 1920[1631], entsprochen. Die Neuregelung machte eine Änderung des Art. 7 Nr. 19 WRV[1632] erforderlich, der nur den Verkehr mit Kraftfahrzeugen in der Luft der Gesetzgebung des Reichs unterstellte.

b) Betriebserlaubnis

Der siebente Entwurf enthielt erstmals entsprechend dem Vorschlag des *Preußischen Ministeriums der öffentlichen Arbeiten*, geäußert in der Stellungnahme der Länder[1633], eine Regelung über die Zurückziehung der Zulassung (§ 2 Abs. 5). Auf Veranlassung des *Reichsamts für Luft- und Kraftfahrwesen* wurde die Zulassungspflicht der Luftfahrzeuge im Regierungsentwurf (§ 2 Abs. 1 S. 1 RgE) auf „bemannte Fesselballone und bemannte Drachen" ausgedehnt[1634].

c) Führererlaubnis

Nach dem achten Entwurf galt die Führererlaubnispflicht anders als nach § 3 Abs. 1 des siebten Entwurfs, der die Erlaubnispflicht auf Luftschiffe, Flugzeuge und Freiballone beschränkte, grundsätzlich für die Führer aller Luftfahrzeuge i. S. des § 1 Abs. 2 des Entwurfs (§ 3 Abs. 1). Der Regierungsentwurf (§ 3 Abs. 1 S. 1 RgE) beschränkte dann die Erlaubnispflicht auf Luftschiffe, Flugzeuge, Freiballone, bemannte Fesselballone oder bemannte Drachen.

[1629] Verh. des RT, 13. Leg.-Per., 1. Session 1912/14, Bd. 303, Ds. Nr. 1338.
[1630] BA Berlin-Li., R 601/825, F 1 Nr. 14.
[1631] BA Berlin-Li., R 30.01, Nr. 7004, Bl. 232 v; BA Berlin-Li., R 15.01, Nr. 14148, Bl. 220 v; GStA PK, I. HA Rep. 84 a, Nr. 1989, Bl. 79 v.
[1632] RGBl. 1919 I, S. 1383 ff..
[1633] BA Berlin-Li., R 30.01, Nr. 7004, Bl. 139 v; BA Berlin-Li., R 15.01, Nr. 14148, Bl. 139 v; GStA PK, I. HA Rep. 84 a, Nr. 1989, Bl. 24 v.
[1634] BA Berlin-Li., R 30.01, Nr. 7004, Bl. 273/274.

Der Regierungsentwurf machte anders als der achte Entwurf (§ 3 Abs. 3) die Erteilung des Luftfahrerscheins für Luftschiffführer nicht von der Vollendung des 21., sondern der des 25. Lebensjahrs abhängig (§ 3 Abs. 3 RgE).

d) Registrierungspflicht

Der achte Entwurf machte erstmals neben der Zulassung auch die Eintragung in das Register der Luftfahrzeuge grundsätzlich zur Voraussetzung für die Teilnahme am Luftverkehr (§ 2 Abs. 1 S. 1). Nach den Ausführungen des *Reichsamts für Luft- und Kraftfahrwesen* hatte die Eintragung entsprechend den Bestimmungen des Pariser Luftverkehrsabkommens vom 13. Oktober 1919 (Art. 6)[1635] zu erfolgen[1636].

e) Flugplätze

Anders als nach § 5 Abs. 2 des sechsten Entwurfs bedurfte es nach dem siebten Entwurf zur Errichtung eines Flughafens nicht nur der Genehmigung der Landeszentralbehörden, sondern auch der des Reichsamts für Luft- und Kraftfahrwesen (§ 5 Abs. 1). Diese Änderung entsprach dem Vorschlag *Bredows*, vertretend für das *Preußische Ministerium der öffentlichen Arbeiten*, vorgetragen in der Sitzung vom 15. April 1920[1637]. § 5 Abs. 3 des sechsten Entwurfs, der die Durchführung eines besonderen Verfahrens zur Berücksichtigung der Interessen Dritter vor Erteilung der Genehmigung von Flughäfen vorsah, wurde in den siebenten Entwurf nicht übernommen. Nach der Begründung zum Regierungsentwurf (§ 5 RgE) sollte aber eine entsprechende Regelung in die Ausführungsbestimmungen aufgenommen werden[1638].

Im siebenten Entwurf wurde davon abgesehen, die Genehmigung von Flugplätzen von dem Vorliegen eines Bedürfnisses abhängig zu machen.

f) Luftfahrtunternehmen/-veranstaltungen

§ 6 Abs. 2 des siebenten Entwurfs regelte erstmals sowohl für Luftfahrtunternehmen als auch für Luftfahrtveranstaltungen einheitlich die Zurückziehung der

---

[1635] Convention portant réglementation de la Navigation Aérienne, signée à Paris le 13 Octobre 1919, zit. nach *Société des nations* 1922, S. 173 (174 ff.).

[1636] BA Berlin-Li., R 30.01, Nr. 7004, Bl. 251; BA Berlin-Li., R 15.01, Nr. 14148, Bl. 236; GStA PK, I. HA Rep. 84 a, Nr. 1989, Bl. 90; vgl. auch BA Berlin-Li., R 30.01, Nr. 7004, Bl. 247/248. Nach der Begründung des Regierungsentwurfs sollte eine Regelung über die Registrierung der Luftfahrzeuge in den Ausführungsbestimmungen erfolgen (BA Berlin-Li., R 601/825, F 1 Nr. 15 v; vgl. auch BA Berlin-Li., R 30.01, Nr. 7004, Bl. 273).

[1637] BA Berlin-Li., R 30.01, Nr. 7004, Bl. 236; BA Berlin-Li., R 15.01, Nr. 14148, Bl. 224; GStA PK, I. HA Rep. 84 a, Nr. 1989, Bl. 83.

[1638] BA Berlin-Li., R 601/825, F 1 Nr. 17.

Genehmigung. Eine derartige Regelung fehlte bisher für öffentliche Flugveranstaltungen.

Zur Sicherstellung der Rechte Dritter bei der Genehmigung von Luftfahrtunternehmen sollte nach der Begründung des Regierungsentwurf ein Planauslegungsverfahren in den Ausführungsbestimmungen geregelt werden (§ 6 RgE)[1639].

Auf Veranlassung des Reichsamts für Luft- und Kraftfahrwesen[1640] wurde im Regierungsentwurf festgelegt, daß die Landeszentralbehörden nach Anhörung des Reichsamts für Luft- und Kraftfahrwesen zur Genehmigung von Luftfahrtunternehmen und -veranstaltungen zuständig waren, soweit sich die Fahrten auf ein Land beschränkten (§ 6 Abs. 2 Nr. 1 RgE). Für Flüge über mehrer Länder oder ins Ausland wurde eine Zuständigkeit des Reichsamts für Luft- und Kraftfahrwesen nach Anhörung der Zentralbehörden der betroffenen Länder geregelt (§ 6 Abs. 2 Nr. 2).

g) Landungsrecht/-schäden

Der siebente Entwurf regelte das Landungsrecht (§ 7) in Übereinstimmung mit den §§ 1 und 2 der Verordnung, betreffend vorläufige Regelung des Luftverkehrs, vom 31. März 1920[1641], die die Vorgaben der Art. 200 und 313 i. V. mit 316 des Versailler Vertrags[1642] umsetzte.

Auf Anregung des *Ministeriums des Innern* (Dresden), geäußert in der Stellungnahme der Länder[1643], wurde die Besatzung in § 7 Abs. 2 S. 1 verpflichtet, die Feststellung der Person des Halters und des Führers des Luftfahrzeugs zu dulden.

Entsprechend dem Vorschlag des *Reichsjustizministeriums* aus der Sitzung vom 15. April 1920[1644] wurde im siebenten Entwurf auf eine besondere Regelung über den Ersatz von Landungsschäden verzichtet (§ 9 sechster Entwurf).

h) Luftsperrgebiete

Der siebente Entwurf regelte erstmals unter Berücksichtigung des Vorschlags des *Reichswehrministeriums*, vorgebracht in der Stellungnahme der Länder[1645], die

---

[1639]BA Berlin-Li., R 601/825, F 1 Nr. 17 v.
[1640]BA Berlin-Li., R 30.01, Nr. 7004, Bl. 272; vgl. 7004, Bl. 327 v.
[1641]RGBl. 1920 I, S. 455/456.
[1642]Vertrag vom 28. Juni 1919; RBGl. 1919 I, S. 687 ff..
[1643]BA Berlin-Li., R 30.01, Nr. 7004, Bl. 143; BA Berlin-Li., R 15.01, Nr. 14148, Bl. 143; GStA PK, I. HA Rep. 84 a, Nr. 1989, Bl. 28.
[1644]BA Berlin-Li., R 30.01, Nr. 7004, Bl. 241 v; BA Berlin-Li., R 15.01, Nr. 14148, Bl. 229 v; GStA PK, I. HA Rep. 84 a, Nr. 1989, Bl. 88 v.
[1645]BA Berlin-Li., R 30.01, Nr. 7004, Bl. 143 v; BA Berlin-Li., R 15.01, Nr. 14148, Bl. 143 v; GStA PK, I. HA Rep. 84 a, Nr. 1989, Bl. 28 v; vgl. auch BA Berlin-Li., R 30.01, Nr. 7004, Bl.

Errichtung von Luftsperrgebieten (§ 8). Bereits Art. 3 des Pariser Luftverkehrsabkommens[1646] berechtigte seine Vertragsstaaten, das Überfliegen bestimmter Gebiete zu verbieten.

i) *Enteignungsrecht*

Eine bedeutende Neuerung erhielt der achte Entwurf durch die Regelung eines Enteignungsrechts für die Luftfahrtunternehmen (§ 11). Seine Fassung entsprach dem Vorschlag des *Reichsjustizministeriums* aus dem Schreiben vom 26. Juli 1920[1647]. Das *Reichsamt für Luft- und Kraftfahrwesen* hatte die Regelung eines Enteignungsrechts vorrangig im Interesse der Anlage von Flugplätzen, die die Grundlage eines leistungs- und entwicklungsfähigen Luftverkehrs bilden würden, für erforderlich gehalten[1648].

Der Regierungsentwurf dehnte auf Anregung des *Württembergischen Staatsministeriums*[1649] das Enteignungsrecht des § 11 des Vorentwurfs auch auf „sonstige Rechte an Grundstücken" aus (§ 10 RgE).

j) *Entschädigungspflicht zum Ausgleich der Kennzeichnung von Grundstükken*

§ 9 des siebenten Entwurfs regelte anders als § 10 Ziff. a des sechsten Entwurfs eine Entschädigungspflicht der Behörden zum Ausgleich der ihnen eingeräumten Möglichkeit, Orte für die Luftfahrt zu kennzeichnen[1650].

k) *Zuständigkeiten*

Bezüglich der behördlichen Zuständigkeiten hatte das *Reichsamt für Luft- und Kraftfahrwesen*, nachdem der achte Entwurf erstellt worden war, klargestellt, daß diese grundsätzlich durch die Ausführungsverordnung festgelegt werden soll-

---

85 v; bereits § 13 Abs. 1 Nr. 2 der Reichtagsvorlage-LuftVG 1914 und § 10 Nr. 4 der Verordnung-1918 bestimmten die Regelung von Verbotszonen für den Luftverkehr.

[1646] Convention portant réglementation de la Navigation Aérienne, signée à Paris le 13 Octobre 1919, zit. nach *Société des nations* 1922, S. 173 (174 ff.).

[1647] BA Berlin-Li., R 30.01, Nr. 7004, Bl. 249 ff..

[1648] BA Berlin-Li., R 30.01, Nr. 7004, Bl. 245.

[1649] Vgl. BA Berlin-Li., R 30.01, Nr. 7004, Bl. 336.

[1650] Diese Änderung war in der Sitzung vom 15. April 1920 beschlossen worden (BA Berlin-Li., R 30.01, Nr. 7004, Bl. 239 v; BA Berlin-Li., R 15.01, Nr. 14148, Bl. 227 v; GStA PK, I. HA Rep. 84 a, Nr. 1989, Bl. 86 v). Bereits in der Stellungnahme der Länder hatte das Bayerische Staatsministerium für Verkehrsangelegenheiten eine derartige Regelung gefordert (BA Berlin-Li., R 30.01, Nr. 7004, Bl. 143 v; BA Berlin-Li., R 15.01, Nr. 14148, Bl. 143 v; GStA PK, I. HA Rep. 84 a, Nr. 1989, Bl. 28 v).

ten[1651]. Entsprechend „dem überwiegenden Wunsch der Länder“ [1652] sollten die Landeszentralbehörden oder die von ihr zu bestimmenden Behörden regelmäßig und das Reich nur in Ausnahmefällen zuständig sein[1653]. Die Zuständigkeit des Reichs sollte im Gesetz ausdrücklich geregelt werden. Das sollte auch gelten, wenn eine gemeinsame Zuständigkeit des Reichs und der Länder vorgesehen war. Dort, wo der Entwurf Zuständigkeiten der Landeszentralbehörden oder der von ihnen zu bestimmenden Behörden vorsah, sollte dies nicht ausdrücklich erwähnt werden[1654]. Daher wurden z. B. in § 1 Abs. 1 RgE die Worte „von den zuständigen Behörden“ des § 1 Abs. 1 des Vorentwurfs nicht übernommen. Entsprechende Änderungen erhielten die übrigen Bestimmungen des Regierungsentwurfs[1655].

Danach wurden den Landeszentralbehörden, deren Zuständigkeiten zunächst immer mehr eingeschränkt worden waren, wieder umfassendere Zuständigkeiten übertragen. Die Landeszentralbehörden erhielten wieder die Zuständigkeit für die Zulassung der Luftfahrzeuge und ihrer Führer (§§ 2 und 3 RgE), die Erteilung der Ausbildungserlaubnis für Luftfahrer (§ 4 RgE), sie erhielten mit dem Reichsamt für Luft- und Kraffahrwesen eine gemeinsame Zuständigkeit zur Genehmigung von Flugplätzen (§ 5 RgE), zur Genehmigung von Luftfahrtunternehmen- und -veranstaltungen nach Anhörung des Reichsamts für Luft- und Kraftfahrwesen, soweit diese auf ein Land beschränkt waren (§ 6 Abs. 2 Nr. 1 RgE), und zur Errichtung von Luftsperrgebieten (§ 8 RgE). Im übrigen richtete sich das Enteignungsverfahren (§ 10 RgE) bis zum Erlaß eines Reichsgesetzes nach den Landesgesetzen.

Seit dem siebenten Entwurf sollte das Reichsamt für Luft- und Kraftfahrwesen anders als nach § 13 des sechsten Entwurfs entsprechend einem Vorschlag des *Ministeriums des Innern* (Dresden)[1656] zum Erlaß der erforderlichen Ausführungsbestimmungen die Zustimmung des Reichsrats (§ 11) benötigen. Damit wurden die Kompetenzen der Länder außerdem erweitert.

Im achten Entwurf erhielt die Reichsregierung und nicht wie im Vorentwurf das Reichsamt für Luft- und Kraftfahrwesen die Zuständigkeit, mit Zustimmung des Reichsrats nach Anhörung des Reichsausschusses für die Luftfahrt, die erforderlichen Ausführungsbestimmungen zu erlassen (§ 12). Diese Änderung hatte das *Reichsjustizministerium* mit Rücksicht auf Art. 77 WRV[1657] in seinem Schreiben vom 26. Juni 1920 angeregt[1658].

[1651] BA Berlin-Li., R 30.01, Nr. 7004, Bl. 272.
[1652] BA Berlin-Li., R 30.01, Nr. 7004, Bl. 335.
[1653] BA Berlin-Li., R 30.01, Nr. 7004, Bl. 272.
[1654] BA Berlin-Li., R 30.01, Nr. 7004, Bl. 272 ff.
[1655] Z. B. die §§ 2 Abs. 1 und 4 Abs. 1 RgE.
[1656] BA Berlin-Li., R 30.01, Nr. 7004, Bl. 239 v; BA Berlin-Li., R 15.01, Nr. 14148, Bl. 227 v; GStA PK, I. HA Rep. 84 a, Nr. 1989, Bl. 86 v.
[1657] RGBl. 1919 I, S. 1383 ff..
[1658] BA Berlin-Li., R 30.01, Nr. 7004, Bl. 249 v.

Nach dem Regierungsentwurf (§ 11 RgE) erhielt anders als nach § 12 des Vorentwurfs der Reichspräsident und nicht der Reichskanzler die Zuständigkeit, die Mitglieder des Reichsausschusses für die Luftfahrt zu ernennen.

In der Begründung des Regierungsentwurfs (§ 9 RgE) wurde ausdrücklich klargestellt, daß die Reichstelegraphenverwaltung für die Erteilung der Genehmigung zum Mitführen von Funkgerät zuständig war[1659]. Diese Änderung entsprach dem Vorschlag des *Reichspostministeriums*, geäußert im Schreiben vom 16. September 1920[1660].

l) Haftpflicht

Im Regierungsentwurf stellte die Regelung des § 22 Abs. 1 S. 2 RgE eine Neuerung dar. Danach galt die Pflicht, vor der Zulassung der Luftfahrzeuge Sicherheit für Schadensersatzansprüche Dritter zu leisten, nicht für reichs- oder landeseigene Luftfahrzeughalter oder Luftfahrtunternehmer. Diese Änderung entsprach einer Forderung des *Reichspostministeriums*, vorgebracht im Schreiben vom 16. September 1920[1661].

II. Die Behandlung des Regierungsentwurfs im Reichsrat

Der Regierungsentwurf wurde in den Reichsrat eingebracht, der in der 83. Sitzung vom 4. November 1920 die bereits erfolgte Überweisung des Entwurfs eines Luftverkehrsgesetzes[1662] an den IV.[1663] und VII.[1664] Ausschuß[1665] billigte. Berichterstatter für diese Ausschüsse war der oldenburgische Vertreter *Scheer*. Zu den Beratungen lagen Anträge[1666] vor von Württemberg[1667], Braunschweig[1668] (8. Januar 1921), Preußen[1669] (17. Februar 1921), Sachsen[1670] (1. April 1921), Bayern[1671] (3. Mai 1921) und eine Eingabe des *Verbandes Deutscher Flugzeug-Industrieller GmbH*[1672] (6. Dezember 1920). Die Ausschußberatungen führten zu

---

[1659] BA Berlin-Li., R 601/825, F 1 Nr. 19.
[1660] BA Berlin-Li., R 30.01, Nr. 7004, Bl. 332.
[1661] BA Berlin-Li., R 30.01, Nr. 7004, Bl. 332.
[1662] Ds. des RR 1920, Nr. 285.
[1663] Rechtspflege.
[1664] Verkehr.
[1665] Ns. Verh. des RR 1920, S. 1132, § 1018 b.
[1666] Die Anträge sind im Anhang wiedergegeben.
[1667] BA Berlin-Li., R 30.01, Nr. 7005, Bl. 5 ff.; BayHStA, MJu 16713.
[1668] BA Berlin-Li., R 30.01, Nr. 7005, Bl. 13; GStA PK, I. HA Rep. 84 a, Nr. 1989, Bl. 148.
[1669] GStA PK, I. HA Rep. 84 a, Nr. 1989, Bl. 151 ff.; BayHStA, MJu 16713.
[1670] BayHStA, MJu 16713.
[1671] BA Berlin-Li., R 30.01, Nr. 7005, Bl. 28/28 v; BayHStA, MJu 16713.
[1672] BA Berlin-Li., R 30.01, Nr. 7005, Bl. 7 ff.; GStA PK, I. HA Rep. 84 a, Nr. 1989, Bl. 142 ff.; BayHStA, MJu 16713.

weiteren Modifikationen des Gesetzentwurfs. Die meisten Änderungen entsprachen den Anträgen *Preußens* und *Sachsens* und bezogen sich auf die Verkehrsbestimmungen. Von Bedeutung war dabei, daß die Reichsregierung verschiedene Zuständigkeiten und Rechte erhielt, die vorher dem Reichsamt für Luft- und Kraftfahrwesen vorbehalten waren. Die nach der Reichsratsvorlage in § 2 Abs. 2 geregelte Zuständigkeit des Reichsamts für Luft- und Kraftfahrwesen wurde der Reichsregierung übertragen. Nach § 5 Abs. 1 S. 1 erhielt die Reichsregierung neben den Landeszentralbehörden die Zuständigkeit zur Genehmigung von Luftfahrtunternehmen. § 5 Abs. 1 S. 1 des Regierungsentwurfs hatte noch eine gemeinsame Zuständigkeit des Reichsamts für Luft- und Kraftfahrwesen und der Landeszentralbehörden enthalten. Nach einem neu eingefügten § 5 Abs. 3 fanden die Regelungen des § 5 Abs. 1 und Abs. 2 auf Reichs- und Staatsbetriebe, die im öffentlichen Interesse eingerichtet wurden, keine Anwendung. Eine Neuerung stellte § 7 dar. Danach wurde der Unternehmer verpflichtet, die zur Errichtung von Polizeiflugwachen erforderlichen Räumlichkeiten in Flughäfen unentgeltlich zur Verfügung zu stellen. Diese Änderung entsprach den Anträgen *Preußens* - Nr. 1 - und *Sachsens*[1673]. Nach der Auffassung *Preußens* war es erforderlich, die Unternehmer von Flughäfen zur Bereitstellung der für eine polizeiliche Überwachung erforderlichen Räumlichkeiten zu verpflichten, soweit davon abgesehen werde, den Unternehmern die durch die polizeiliche Überwachung entstehenden Kosten aufzuerlegen[1674].

§ 8, der die Regelung des § 26 GewO auf Flughäfen für entsprechend anwendbar erklärte, wurde neu in den Entwurf aufgenommen. Die Fassung des § 8 S. 1 entsprach im wesentlichen dem Antrag *Sachsens*[1675].

In Ergänzung des § 6 Abs. 2 Nr. 1 der Reichsratsvorlage wurden die Landeszentralbehörden entsprechend dem Antrag *Preußens* - Nr. 3 - durch § 9 Abs. 2 Nr. 1 ermächtigt, die Zuständigkeit zur Genehmigung von Luftfahrtunternehmen und Luftfahrtveranstaltungen nachgeordneten Behörden zu übertragen. Da die von § 9 erfaßten Luftfahrtunternehmen und -veranstaltungen nur für räumlich begrenzte Bezirke von Bedeutung seien, hielt Preußen diese Erweiterung für erforderlich[1676]. Eine entsprechende Änderung hatte auch *Sachsen* gefordert[1677]. Anders als § 6 Abs. 1 Nr. 1 und Nr. 2 der Reichsratsvorlage, der in Nr. 1 ein Anhörungsrecht der Reichsregierung und in Nr. 2 eine Zuständigkeit des Reichsamts für Luft- und Kraftfahrwesen vorgesehen hatte, regelte § 9 Abs. 1 Nr. 1 und Nr. 2 entsprechende Rechte für die Reichsregierung. Für die Genehmigung von Ballonveranstaltungen wurde in § 9 Abs. 2 Nr. 3 eine neue Regelung aufgenommen. Diese Änderung entsprach einem Antrag *Sachsens*. Es hielt eine Son-

[1673]BayHStA, MJu 16713.
[1674]GStA PK, I. HA Rep. 84 a, Nr. 1989, Bl. 151; BayHStA, MJu 16713.
[1675]BayHStA, MJu 16713.
[1676]GStA PK, I. HA Rep. 84 a, Nr. 1989, Bl. 152; BayHStA, MJu 16713.
[1677]BayHStA, MJu 16713.

derregelung für Ballonveranstaltungen für erforderlich, da bei der Abfahrt aufgrund der Unlenkbarkeit der Ballone noch nicht vorherzusehen sei, welche Länder bei der Fahrt berührt würden[1678]. Entsprechend dem Antrag *Preußens* - Nr. 4 - erhielt § 9 Abs. 4 gegenüber der Regelung des § 6 Abs. 4 der Reichsratsvorlage hinter dem Wort „Reichsbetriebe" den Zusatz: „und Staatsbetriebe, die im öffentlichen Interesse eingerichtet werden".[1679] *Preußen* war der Meinung, Reichsbetriebe sollten von der Genehmigungspflicht nur dann befreit werden, wenn sie im öffentlichen Interesse eingerichtet würden. Im übrigen müsse das, was für Reichsbetriebe gelte, auch für Staatsbetriebe geregelt werden[1680].

Die Haftpflicht des Luftfahrzeughalters wurde entsprechend den Anträgen *Preußens* - Nr. 8 -[1681] und *Sachsens*[1682] dadurch verschärft, daß dieser sich im Falle einer unbefugten Fahrzeugnutzung neben dem Fahrer schadensersatzpflichtig machte, wenn er die Benutzung des Fahrzeugs durch sein Verschulden ermöglicht hatte (§ 15 Abs. 2)[1683].

Unberücksichtigt blieben der Antrag *Sachsens*[1684] und die Eingabe des *Verbandes Deutscher Flugzeug-Industrieller GmbH*[1685], in denen gefordert wurde, die strenge „Erfolgshaftung" gegenüber Mitfahrenden, Angestellten oder in Fällen, in denen durch das Luftfahrzeug beförderte Sachen beschädigt würden, entsprechend zu § 8 Nr. 1 KFG einzuschränken[1686]. In Anbetracht der schlechten wirtschaftlichen Situation der Luftfahrzeugindustrie war diese Änderung gefordert worden. Zur Begründung beider Anträge wurde ausgeführt, daß eine so weitreichende Haftung, wie sie der Entwurf vorsähe, zwar auch für Eisenbahnen geregelt sei. Diese würden anders als die Luftfahrtunternehmen wirtschaftlich so stark sein, daß sie hohe Schadensersatzzahlungen aufbringen könnten[1687]. Auch der Abschluß einer entsprechenden Versicherung würde nicht den gewünschten Ausgleich bringen, da die Versicherungsprämien unbezahlbar hoch seien[1688]. *Sachsen* und der *Verband Deutscher Flugzeug-Industrieller GmbH* lehnten es außderdem ab, die strenge „Erfolgshaftung" gegenüber Personen und Sachen

---

[1678]BayHStA, MJu 16713.
[1679]GStA PK, I. HA Rep. 84 a, Nr. 1989, Bl. 152; BayHStA, MJu 16713.
[1680]GStA PK, I. HA Rep. 84 a, Nr. 1989, Bl. 152; BayHStA, MJu 16713.
[1681]GStA PK, I. HA Rep. 84 a, Nr. 1989, Bl. 153; BayHStA, MJu 16713.
[1682]BayHStA, MJu 16713.
[1683]Vgl. auch den unberücksichtigten Antrag Württembergs: BA Berlin-Li., R 30.01, Nr. 7005, Bl. 5 v/6; BayHStA, MJu 16713.
[1684]BayHStA, MJu 16713.
[1685]BA Berlin-Li., R 30.01, Nr. 7005, Bl. 7 ff.; GStA PK, I. HA Rep. 84 a, Nr. 1989, Bl. 142 ff.; BayHStA, MJu 16713.
[1686]Eine entsprechende Regelung sah bereits § 16 der Reichstagsvorlage-LuftVG 1914 vor; vgl. auch § 11 des dritten Entwurfs vom 30. April 1919.
[1687]BA Berlin-Li., R 30.01, Nr. 7005, Bl. 7 v; GStA PK, I. HA Rep. 84 a, Nr. 1989, Bl. 142; BayHStA, MJu 16713.
[1688]BA Berlin-Li., R 30.01, Nr. 7005, Bl. 8; GStA PK, I. HA Rep. 84 a, Nr. 1989, Bl. 142 v; BayHStA, MJu 16713.

deswegen zu regeln, weil nach der Begründung zu § 12 des Gesetzentwurfs[1689] die Möglichkeit bestand, die Haftung vertraglich auszuschließen. Nach ihrer Ansicht sei diese Regelung für die Luftfahrtindustrie schädigend, weil dadurch der Eindruck mangelnder Sicherheit erweckt werde[1690].

In § 20 wurden die Haftungshöchstsummen unter Berücksichtigung der Geldentwertung gegenüber der Reichsratsvorlage (§ 17) entsprechend den Anträgen *Württembergs* - Nr. 7 -[1691], *Preußens* - Nr. 10 -[1692] und *Sachsens*[1693] verdoppelt.

Bei den Strafvorschriften wurde in § 26 die Höhe der Geldstrafe, die nach § 23 des Vorentwurfs bis zu 150 M betragen konnte, auf 3 000 M festgesetzt. Diese Änderung entsprach dem Antrag Bayerns - Nr. 3 -[1694].

Nach Abschluß der Ausschußarbeiten wurde in der 41. Reichsratssitzung vom 5. Juli 1921 in erster und zweiter Lesung einstimmig beschlossen, dem Entwurf eines Luftverkehrsgesetzes in einer gegenüber der Reichsratsdrucksache - Nr. 285[1695] - geänderten Fassung[1696] zuzustimmen[1697]. Der Beschluß erfolgte mit dem Hinweis, es handele sich um ein verfassungsänderndes Gesetz, da die Regelung nicht auf den Verkehr mit Kraftfahrzeugen in der Luft beschränkt sei und daher über Art. 7 Nr. 19 WRV[1698] hinausginge[1699].

III. Die Behandlung des Regierungsentwurfs im Reichstag

Am 8. Juli 1921 legte Reichsminister *Groener* dem Reichstag nach erfolgter Zustimmung des Reichsrats den Entwurf eines Luftverkehrsgesetzes nebst Begründung - Nr. 2504 der Drucksachen[1700] - zur Beschlußfassung vor[1701].

[1689] Ds. des RR 1920, Nr. 285.

[1690] BA Berlin-Li., R 30.01, Nr. 7005, Bl. 8; GStA PK, I. HA Rep. 84 a, Nr. 1989, Bl. 142 v; BayHStA, MJu 16713.

[1691] BA Berlin-Li., R 30.01, Nr. 7005, Bl. 6; BayHStA, MJu 16713.

[1692] BayHStA, MJu 16713; GStA PK, I. HA Rep. 84 a, Nr. 1989, Bl. 154.

[1693] BayHStA, MJu 16713.

[1694] BA Berlin-Li., R 30.01, Nr. 7005, Bl. 28 v; BayHStA, MJu 16713; die redaktionellen Änderungen sind im Anhang unter C. I. 7. wiedergegeben.

[1695] Ds. des RR 1920, Nr. 285.

[1696] Ns. Verh. des RR 1920, S. 537, Anlage zu § 627.

[1697] Ns. Verh. des RR 1921, S. 532, § 627.

[1698] RGBl. 1919 I, S. 1383 ff..

[1699] Ns. Verh. des RR 1921, S. 532, § 627.

[1700] Verh. des RT, I. Wahlperiode 1920/21, Bd. 368, Ds. Nr. 2504; gegenüber der im Reichsrat beschlossenen Fassung enthielt die Reichstagsvorlage insgesamt zwei redaktionelle Änderungen: in den §§ 4 und 19 Abs. 1.

[1701] Zu der Reichstagsvorlage: *Bodenheim*, DJZ 1922, Heft 13/14, Sp. 434 (436), der in der reinen „Erfolgshaftung" eine Gefährdung für die Entwicklung der Luftfahrt sah. Außerdem forderte er eine „elastisch" gestaltete Haftungsbegrenzung, die den jeweiligen Geldverhältnissen angepaßt werden könne; *Weitz*, Deutsche Zeitschrift für Luftschiffahrt 1914, XXVI. Jahrg., Nr. 1, S. 10 (10), er stellte kurz den Standpunkt der Luftfahrtindustrie dar: Von dieser

1. Die erste Lesung im Plenum am 27. September 1921

Die erste Beratung zum Gesetzentwurf fand in der 134. Sitzung am 27. September 1921 im Plenum statt[1702]. Darin beschloß der Reichstag lediglich, den Gesetzentwurf einem Ausschuß zur Vorberatung zu überweisen. Zu diesem Zweck wurde der 33. Ausschuß gebildet[1703].

2. Die Beschlüsse des 33. Ausschusses

Der 33. Ausschuß führte im Zeitraum vom 28. September 1921 bis zum 22. Juni 1922 drei Lesungen in insgesamt 14. Sitzungen zu dem Entwurf eines Luftverkehrsgesetzes - Nr. 2504 der Drucksachen[1704] - durch. Über den Verlauf einzel-

---

Seite werde die Haftpflichtregelung des Entwurfs kritisiert und die Regelung der Reichstagsvorlage-LuftVG 1914 gefordert. Im übrigen werde bemängelt, daß die gewerbsmäßige Ausbildung von Luftfahrern konzessionspflichtig und eine Versagung der Genehmigung bei fehlendem Bedürfnis vorgesehen sei (§ 4). Es werde befürchtet, daß Unternehmen des Reichs und der Länder, die keiner Konzessionspflicht unterlägen (§ 9 Abs. 4), zu einer „lähmenden" Konkurrenz für die Industrie werden könnten. Schließlich werde die Postbeförderungspflicht (§ 9 Abs. 5) abgelehnt, da man eine Überschreitung des Ladegewichts verbunden mit verkehrstechnischen Schwierigkeiten erwarte.

[1702] Verh. des RT, I. Wahlperiode 1920/21, Bd. 351, S. 4583 (4583), Sten. Ber. der 134. Sitzung vom 27. September 1921.

[1703] Zu den 14 Ausschußmitgliedern gehörten die Abgeordneten: *Barth* (DNV), *Budjuhn* (DNV), *Deermann* (CP), *Gildemeister* (DVP), *Herschel* (Z), *Hoffmann* (US), *Hünlich* (S), *von Kemnitz* (DVP), *Lübbring* (S), *Reyfes* (Z), *Schiele* (DNV), *Schirmer* (US), *Schumann* (S) und *Weiß* (DDP); weitere Sitzungsteilnehmer: als Kommissare der Reichsregierung:
für das Auswärtige Amt *Jahn* (Oberregierungsinspektor),
für das Reichsministerium des Innern *Krause* (Oberregierungsrat) und *von Asmuth* (Polizeihauptmann),
für das Reichsministerium für Ernährung und Landwirtschaft *Engel* (Regierungsrat),
für das Reichsarbeitsministerium *Melsbach* (Oberregierungsrat),
für das Reichswehrministerium *Wilberg* (Major) und *Hoth* (Hauptmann),
für das Reichsjustizministerium *Conze* (Ministerialrat),
für das Reichsfinanzministerium *Kühn* (Oberregierungsrat) und *Wagner* (Regierungsrat),
für das Reichspostministerium *Stenger* (Ministerialrat), *Klaus* (Ministerialrat), *Thilo* (Ministerialrat), *Küsgen* (Ministerialrat) und *Schneider* (Postrat),
für das Reichsverkehrsministerium *Bredow* (Ministerialdirektor), *Müller* (Ministerialrat, Geheimer Regierungsrat), *Fisch* (Ministerialrat, Geheimer Regierungsrat), *Langfeld* (Regierungsrat) und *Schleicher* (Gerichtsasssessor),
für das Preußische Ministerium für Handel und Gewerbe *Haaselau* (Oberregierungsrat) und *Stahn* (Oberregierungsrat) und
für das Preußische Ministerium des Innern *Dunkelbeck* (Regierungsrat) und *Knipfer* (Polizeihauptmann);
als Mitglieder des Reichsrats:
Rohmer (Bayerischer Staatsrat) und *Scheer* (Oldenburgischer Staatsminister).

[1704] Verh. des RT, I. Wahlperiode 1920/21, Bd. 368, Ds. Nr. 2504.

ner Diskussionen und die Gründe der vorgenommenen Änderungen geben die Sitzungsprotokolle des 33. Ausschusses nur wenig Aufschluß[1705]. Faßt man die Änderungen im Rahmen der Beratungen des 33. Ausschusses zusammen, so ergibt sich folgendes Bild: In den Entwurf wurde eine Registrierungspflicht der Luftfahrzeuge in Anlehnung an Art. 6 des Pariser Luftverkehrsabkommens vom 13. Oktober 1919[1706] aufgenommen (§ 1 a)[1707]. In § 2 Abs. 1 wurde - anders als bisher - die Zulassungspflicht auf alle Luftfahrzeuge ausgedehnt[1708]. Die Regelung entsprach damit der des Art. 11 des Pariser Luftverkehrsabkommens[1709]. In Übereinstimmung mit Art. 12 des Pariser Luftverkehrsabkommens[1710] sah § 3 Abs. 1 anders als bisher für alle Luftfahrer eine Führererlaubnispflicht vor[1711]. In § 4 Abs. 2 wurde die Erteilung der Genehmigung zur Ausbildung von Luftfahrern vom Nachweis einer Prüfung und nicht mehr von dem Vorliegen eines Bedürfnisses abhängig gemacht[1712]. Der Ausschuß war der Meinung, die Befähigung des Bewerbers könne durch den Nachweis einer schwierig ausgestatteten Prüfung ausreichend festgestellt werden. Die Untersuchung der Bedürfnisfrage, die leicht Anlaß zu Ungerechtigkeiten geben könne, sei daher entbehrlich[1713]. § 9 Abs. 3 S. 1 erhielt einen zusätzlichen Versagungstatbestand für die Genehmigung von Luftfahrtunternehmen und -veranstaltungen, der die Genehmigung von dem Vorliegen eines Bedürfnisses abhängig machte[1714]. § 9 Abs. 3 S. 2 regelte außerdem, daß die Genehmigung versagt werden konnte, wenn ein Unternehmer Luftfahrzeuge verwenden wollte, die nicht als sein Eigentum in die Luftfahrzeugrolle eingetragen waren[1715]. Eine Neuregelung stellte § 9 Abs. 5 S. 2 dar. Er bestimmte

---

[1705] Der Verlauf der Beratungen des 33. Ausschusses, die in den einzelnen Sitzungen eingebrachten Anträgen und die dort gefaßten Beschlüssen sind im Anhang wiedergegeben.

[1706] Convention portant réglementation de la Navigation Aérienne, signée à Paris le 13 Octobre 1919, zit. nach *Société des nations* 1922, S. 173 (174 ff.).

[1707] § 1 a Abs. 1 und Abs. 2 entsprachen dem Antrag Nr. 13 der Abgeordneten Weiß (DDP), Esser (Z), Deermann (CP), von Kemnitz (DVP) Schumann (S) und Maxin (DNV). § 1 a Abs. 3 entsprach dem Antrag Nr. 16 des Abgeordneten Weiß (DDP). § 1 a Abs. 4 entsprach einem Beschluß der 13. Sitzung vom 14. Juni 1922.

[1708] Diese Änderung entsprach den redaktionellen Änderungsvorschlägen der Reichsregierung zur dritten Lesung (zu § 2).

[1709] Convention portant réglementation de la Navigation Aérienne, signée à Paris le 13 Octobre 1919, zit. nach *Société des nations* 1922, S. 173 (174 ff.).

[1710] Convention portant réglementation de la Navigation Aérienne, signée à Paris le 13 Octobre 1919, zit. nach *Société des nations* 1922, S. 173 (174 ff.).

[1711] Seine Fassung entsprach teilweise dem Antrag Nr. 16 Nr. 3 des Abgeordneten Weiß (DDP) und den redaktionellen Änderungsvorschlägen zur dritten Lesung (zu § 3 Abs. 1).

[1712] Diese Änderung entsprach dem Antrag Nr. 38 des Abgeordneten Gildemeister (DVP).

[1713] Verh. des RT, I. Wahlperiode 1920/22, Bd. 375, Ds. Nr. 5218.

[1714] Diese Änderung entsprach dem Antrag Nr. 13 Nr. 3 der Abgeordneten Weiß (DDP), Esser (Z), Deermann (CP), von Kemnitz (DVP), Schumann (S) und Maxin (DNV).

[1715] Diese Neuerung entsprach den redaktionellen Änderungen zur dritten Lesung (zu § 9 Abs. 3).

Umfang und Vergütung der Postbeförderungspflicht. Schwierigkeiten bereitete eine Regelung über den Umfang und die Höhe der Vergütung. Schließlich einigte man sich darauf, sowohl dem Reichsverkehrsminister als auch dem Reichspostminister die Zuständigkeit zu übertragen[1716]. § 13 a wurde neu in den Entwurf aufgenommen und regelte ein Übernahmerecht des Reichs für „Luftfahrtunternehmen", „Eigentum" oder „das Recht der Ausnutzung von Anlagen" zur Personen- oder Frachtbeförderung mit Luftfahrzeugen gegen Entschädigung[1717]. Das Reich erhielt damit ein Enteignungsrecht[1718]. § 14 a wurde ebenfalls neu in den Entwurf aufgenommen. Er regelte Rechtsschutzmöglichkeiten gegen die Entscheidungen der Verwaltung[1719]. Nach § 14 benötigte die Reichsregierung zum Erlaß von Ausführungsbestimmungen von nun an auch die Zustimmung eines Reichstagsausschusses. Entgegen der Auffassung der Reichsregierung glaubte der Ausschuß, daß auf seine Mitwirkung in Anbetracht der unzureichenden Erfahrungen auf diesem neuartigen Gebiet nicht verzichtet werden könne[1720].

Am heftigsten umstritten waren die Regelungen der §§ 15 ff. über die *Haftpflicht*. Auf wesentliche Änderungen einigte man sich aber nicht. So wurde einerseits die reine „Erfolgshaftung" heftig kritisiert und gefordert, sie nur gegenüber unbeteiligten Personen und nicht gegenüber Fluggästen anzuwenden. Zudem sollte mindestens höhere Gewalt von der Haftung befreien[1721]. Zur Begründung wurde angeführt, strenge Haftpflichtbestimmungen könnten zu einer „Erdrosselung" der deutschen Luftfahrt führen, da sie die Luftverkehrsgesellschaften zum Abschluß von Haftpflichtversicherungen zwängen, was zu einer Verdoppelung der Flugpreise führen würde[1722]. Andererseits wurde gefordert, den vertraglichen Ausschluß der Haftpflicht durch die Aufnahme einer entsprechenden Regelung im Gesetz unmöglich zu machen, da - so die Begründung - strenge Haftpflichtbestimmungen am besten dazu geeignet seien, das Vertrauen des Publikums in den Luftverkehr zu stärken und diesen dadurch zu beleben[1723]. In § 19 Abs. 1 wurden die Haftungshöchstsummen stark heraufgesetzt[1724].

[1716]Verh. des RT, I. Wahlperiode 1920/22, Bd. 375, Ds. Nr. 5218.
[1717]Die Änderung entsprach den Anträgen Nr. 39 und Nr. 42 der Abgeordneten Schumann (S), Lübbring (S), Hünlich (S), Schirmer (US) und Hoffmann (US).
[1718]Vgl. Art. 156 und Art. 153 WRV.
[1719]Seine Fassung entsprach dem Vorschlag der Reichsregierung aus der 13. Sitzung vom 14. Juni 1922.
[1720]Diese Änderung entsprach dem Antrag Nr. 26 der Abgeordneten von Kemnitz (DVP) und Schumann (S).
[1721]Verh. des RT, I. Wahlperiode 1920/22, Bd. 375, Ds. Nr. 5218.
[1722]Verh. des RT, I. Wahlperiode 1920/22, Bd. 375, Ds. Nr. 5218.
[1723]Verh. des RT, I. Wahlperiode 1920/22, Bd. 375, Ds. Nr. 5218.
[1724]Die Änderung entsprach dem Antrag Nr. 11 der Abgeordneten Esser (Z), Weiß (DDP), Schumann (S) und Deermann (CP).

§§ 9 Abs. 3 wurde neu in den Entwurf eingefügt[1725]. Die Reichsregierung erhielt damit die Möglichkeit, die Haftungshöchstsummen im Falle einer Geldentwertung den veränderten Bedingungen anzupassen[1726].

3. *Der „Mündliche Bericht" des 33. Ausschusses*

Der 33. Ausschuß übermittelte dem Reichstag die Ergebnisse seiner Beratungen in Form eines sogenannten „Mündlichen Berichts" nebst einer Zusammenstellung der Beschlüsse der Ausschußsitzungen - Nr. 4576 der Drucksachen[1727]-. In dem am 22. Juni 1922 verabschiedeten „Mündlichen Bericht" beantragte der 33. Ausschuß:

„Der Reichstag wolle beschließen:

I. den vorliegenden Gesetzentwurf in der aus der nachfolgenden Zusammenstellung ersichtlichen Fassung **anzunehmen**;

II. folgende **Entschließung** anzunehmen:
   die Reichsregierung zu ersuchen, eine Vorlage zur Einrichtung eines Luftamtes zur Untersuchung von Luftunfällen einzubringen;

III. die zu dem Gesetzentwurf eingegangenen **Petitionen** durch die Beschlußfassung über diesen für **erledigt** zu erklären."[1728]

4. *Die zweite und dritte Lesung im Reichstag am 18. Juli 1922*

In der 254. Reichstagssitzung vom 18. Juli 1922 wurde in zweiter und dritter Lesung über den Entwurf eines Luftverkehrsgesetzes - Nr. 2504 der Drucksachen[1729] - beraten[1730]. Gegenstand der Beratungen war neben dem Gesetzentwurf

---

[1725] Die Regelung entsprach dem Antrag Nr. 44 der Abgeordneten Deermann (CP), Gildemeister (DVP), Allekotte (Z), Reyfes (Z), Weiß (DDP) und Schumann (S).

[1726] Die übrigen redaktionellen Änderungen sind im Anhang unter C. II. 8. wiedergegeben.

[1727] Verh. des RT, I. Wahlperiode 1920/21, Bd. 374, Ds. Nr. 4576.

[1728] Verh. des RT, I. Wahlperiode 1920/21, Bd. 374, Ds. Nr. 4576.

[1729] Verh. des RT, I. Wahlperiode 1920/21, Bd. 368, Ds. Nr. 2504.

[1730] Verh. des RT, I. Wahlperiode 1920/22, Bd. 356, S. 8686 (8686/8687, 8731), Sten. Ber. der 254. Sitzung vom 18. Juli 1922; an der Sitzung nahmen teil: vom Reichsverkehrsministerium *Bredow* (Ministerialdirektor), *Fisch* (Geheimer Regierungsrat) und *Müller* (Geheimer Regierungsrat), von der Friedensabteilung Auswärtiges Amt *von Lewinski* (Geheimer Regierungsrat), vom Reichsministerium des Innern *Krause* (Oberregierungsrat), vom Reichsfinanzministerium *Schulze* (Geheimer Oberregierungsrat) und *Wagner* (Regierungsrat), vom Reichsarbeitsministerium *Melzbach* (Oberregierungsrat), vom Reichjustizministerium *Conze* (Ministerialrat), vom Reichswehrministerium *Willberg* (Hauptmann), vom Reichspostministerium *Thilo* (Ministerialrat) und *Schneider* (Postrat), vom Reichsministerium für Ernährung und Landwirtschaft *Hoffmann* (Ministerialdirektor) und *Landwehr* (Assessor), vom Preußischen Ministerium für Handel und Gewerbe *Haaselau* (Oberregierungsrat) und vom Preußischen Ministerium des Innern *Dunkelbeck* (Regierungsrat).

auch der „Mündliche Bericht" - Nr. 4576 der Drucksachen[1731] - des 33. Ausschusses. Der Berichterstatter des 33. Ausschusses *von Kemnitz* (DVP) verzichtete jedoch auf eine Stellungnahme. Dann wurde der Gesetzentwurf - Nr. 2504 der Drucksachen[1732] - ohne Debatte beschlossen. Anschließend erfolgte die Annahme der Entschließung[1733] des 33. Ausschusses über die Errichtung eines Luftamts.

In der sich anschließenden dritten Lesung wurde folgende Änderung des Gesetzentwurfs beschlossen: Aufgrund der Neuaufnahme des § 1 a in den Entwurf wurde § 14 Ziff. 1 um diese Vorschrift ergänzt. Er erhielt folgende Fassung: „Vorschriften zur Ausführung der §§ 1 a bis 13 und des § 25"[1734].

In der Gesamtabstimmung wurde der Gesetzentwurf mit der erforderlichen verfassungsmäßigen Mehrheit beschlossen[1735]. Die eingegangenen Petitionen wurden durch die Beschlußfassung über den Gesetzentwurf für erledigt erklärt[1736].

IV. Das Inkrafttreten des Luftverkehrsgesetzes

Nachdem auch der Reichsrat den Gesetzentwurf ohne Einspruch gebilligt hatte[1737], wurde das Luftverkehrsgesetz am 1. August 1922[1738] verkündet. Es war vom Reichspräsidenten *Ebert* und vom Reichsverkehrsminister *Groener* unterzeichnet worden.

Die Regelung des § 34 bestimmte, daß die Vorschriften des zweiten Abschnitts mit dem 1. September 1922 in Kraft treten sollten und die übrigen Vorschriften mit dem 1. Oktober 1923 vorbehaltlich einer anderen Entscheidung der Reichsregierung. Von diesem Zeitpunkt an wurden alle aufgrund der Verordnung, betreffend die vorläufige Regelung der Luftfahrt, vom 26. November 1918[1739] erlassenen Vorschriften außer Kraft gesetzt[1740].

[1731]Verh. des RT, I. Wahlperiode 1920/21, Bd. 374, Ds. Nr. 4576.

[1732]Verh. des RT, I. Wahlperiode 1920/21, Bd. 368, Ds. Nr. 2504.

[1733]Vgl. Verh. des RT, I. Wahlperiode 1920/21, Bd. 374, Ds. Nr. 4576.

[1734]Verh. des RT, I. Wahlperiode 1920/22, Bd. 356, S. 8686 (8687), Sten. Ber. der 254. Sitzung vom 18. Juli 1922.

[1735]Das genaue Abstimmungsergebnis wurde nicht überliefert.

[1736]Verh. des RT, I. Wahlperiode 1920/22, Bd. 356, S. 8686 (8731), Sten. Ber. der 254. Sitzung vom 18. Juli 1922.

[1737]Ns. Vs. des RR 1922, S. 732/733, § 664 i.

[1738]RGBl. 1922 I, S. 681 ff.; gegenüber dem im Reichstag beschlossenen Gesetzentwurf hatte das Gesetz eine neue Paragraphierung erhalten. Sie beseitigte alle mit einem „a" versehenen Paragraphen; Gesetzestext im Anhang.

[1739]RGBl. 1918, S. 1337 ff..

[1740]Das Luftverkehrsgesetz von 1922 wurde fast wörtlich von der Freien Stadt Danzig und der Sarregierung übernommen (*Schleicher*, Einl. S. 3).

F. Zur Fortentwicklung des Luftrechts nach 1922

Die drei Teile des Luftverkehrsgesetzes traten zu verschiedenen Zeitpunkten in Kraft: Die Haftpflichtbestimmungen des zweiten Teils am 1. September 1922, alle übrigen Regelungen am 1. Oktober 1923. Der 1. Oktober 1923 war gewählt worden, um zugleich die erforderlichen Ausführungsbestimmungen in Kraft setzen zu können. Dazu kam es jedoch nicht. Gemäß § 17 LuftVG bedurften die Ausführungsbestimmungen der Zustimmung des Reichsrats und eines Ausschusses des Reichstags. Infolge der Reichstagsauflösung im Jahre 1924 fand der dem Reichsrat und Reichstag im Jahre 1923 vorgelegte Entwurf seine Erledigung[1741]. Zweimalige Neuwahlen im Jahre 1924 machten eine Wiedervorlage bei den gesetzgebenden Körperschaften unmöglich[1742]. Eine im Jahre 1925 abgeschlossenen Neubearbeitung war durch die Entwicklung der Luftfahrt bald überholt[1743], so daß 1927 und 1928 ein neuer Entwurf aufgestellt wurde, der unter dem 19. Juli 1930 als Verordnung über Luftverkehr[1744] veröffentlicht wurde und schließlich am 1. Oktober 1930 in Kraft trat[1745]. Mit weiteren Ausführungsbestimmungen trat die Verordnung über Segelflug- und Freiballonwesen[1746] am 20. Oktober 1930 in Kraft. Die Verordnung über Luftverkehr[1747] regelte die rechtlichen und technischen Voraussetzungen des behördlichen Zulassungsverfahrens. Von ihr wurden die Verkehrsregelungen im engeren Sinne festgelegt. So lange diese Ausführungsbestimmungen fehlten, war das Luftverkehrsgesetz nur teilweise durchführbar. Das wurde insbesondere bei Zuwiderhandlungen gegen die Zulassungsvorschriften deutlich[1748]. Die Übergangszeit wurde durch vorläufige Richtlinien des Reichsverkehrsministers zur Ausführung des Luftverkehrsgesetzes[1749], durch Polizeiverordnungen der Länder und durch eine Verwaltungsvereinbarung mit den Ländern überbrückt[1750].

Bis 1930 wurde das Luftverkehrsgesetz durch die Verordnung über die Änderung des Luftverkehrsgesetzes vom 5. Februar 1924[1751] und die Verordnung zur Änderung der Haftpflichthöchstsummen im Kraftfahrzeug- und im Luftverkehr vom 6. Februar 1924[1752] geändert. Ergänzend zum Luftverkehrsgesetz erging in

[1741] *Wegerdt*, Luftrecht, S. 7.
[1742] *Wegerdt*, Luftrecht, S. 7.
[1743] *Wegerdt*, Luftrecht, S. 7.
[1744] RGBl. 1930 I, S. 363 ff..
[1745] Zu den weiteren Gründen für das verzögerte Inkrafttreten der Verordnung: *Fischer*, S. 130/131.
[1746] RGBl. 1930 I, S. 507.
[1747] RGBl. 1930 I, S. 363 ff..
[1748] *Schleicher*, Einl. S. 2.
[1749] Zit. nach *Busse*, S. 145 ff..
[1750] *Schleicher*, Einl. S. 2/3.
[1751] RGBl. 1924 I, S. 43.
[1752] RGBl. 1924 I, S. 42/43.

dieser Zeit die Verordnung über Landungsaufforderung für Luftfahrzeuge vom 11. September 1924[1753]. Zu nennen sind auch:

- Beförderungsbedingungen im Luftverkehr[1754],
- Vorläufige Bestimmungen des Reichsministers der Finanzen über die Zollabfertigung im Luftverkehr[1755],
- Richtlinien zur Paßnachschau im Luftverkehr[1756],
- Vorschriften über Gewährung einer Entschädigung bei Ausübung des Dienstes an Bord im Fluge befindlicher Luftfahrzeuge vom 16. September 1926[1757] und
- die Verordnung über die Errichtung einer Behörde für den Flugsicherungsdienst im Reiche vom 23. Juli 1927[1758].

Im Zusammenhang mit dem Versailler Vertrag[1759] und seinen Auswirkungen ergingen nach 1922 folgende Neuregelungen und Übereinkommen: die Pariser Luftfahrtvereinbarungen vom 21. Mai 1926[1760], die Notenübersicht über die Pariser Luftfahrtvereinbarungen vom 21. Mai 1926[1761] und das Gesetz zur Durchführung der Art. 177, 178 und 198 des Vertrags von Versailles vom 8. Juli 1926[1762]. Auf der Grundlage des § 2 dieses Gesetzes ergingen mehrere Verordnungen: die Verordnung über Luftfahrzeugbau vom 13. Juli 1926[1763], die Verordnung über führerlose Flugzeuge und über Flugzeuge mit den technischen Merkmalen neuzeitlicher Jagdflugzeuge vom 13. Juli 1926[1764], die Verordnung über Beschränkung der Flugausbildung vom 13. Juli 1926[1765] und die Verordnung über Lichterführung in der Luftfahrt vom 13. Juli 1926[1766].

Für den internationalen Luftverkehr hatte das Deutsche Reich nach Inkrafttreten des Luftverkehrsgesetzes von 1922 mit folgenden Staaten zahlreiche Abkommen geschlossen: Österreich (1925)[1767], Schweden (1925)[1768], Frankreich (1926)[1769], Belgien (1926)[1770], der Tschechoslowakei (1927)[1771], Italien

[1753] RGBl. 1924 I, S. 706.
[1754] NfL 1927, S. 233, zit. nach *Busse*, S. 176 ff..
[1755] NfL 1927, S. 221, zit. nach *Busse*, S. 186 ff..
[1756] NfL 1923, S. 220, zit. nach *Busse*, S. 196/197.
[1757] R. Min. Bl. 1926, S. 925 ff..
[1758] RGBl. 1927 I, S. 237.
[1759] Vertrag vom 28. Juni 1919; RGBl. 1919 I, S. 687 ff..
[1760] Zit. nach *Busse*, S. 211 ff..
[1761] NfL 1926, S. 313, zit. nach *Busse*, S. 217 ff..
[1762] RGBl. 1926 I, S. 397.
[1763] RGBl. 1926 I, S. 463/464.
[1764] RGBl. 1926 I, S. 463.
[1765] RGBl. 1926 I, S. 464.
[1766] RGBl. 1926 I, S. 464.
[1767] Vertrag vom 19. Mai 1929; RGBl. 1925 II, S. 855 ff..
[1768] Vertrag vom 26. August 1925; RGBl. 1925 II, S. 857 ff..
[1769] Vertrag vom 22. Mai. 1916; RGBl. 1926 II, S. 740 ff..
[1770] Vertrag vom 29. Mai 1926; RGBl. 1926 II, S. 741, S. 747 ff..

(1927)[1772], Großbritannien (1927)[1773], Spanien (1927)[1774] und Norwegen (1929)[1775].

In der Zeit des Nationalsozialismus wurde das Luftverkehrsgesetz am 21. August 1936[1776] neu bekannt gemacht. Veranlaßt wurde dies durch verschiedene zuvor vorgenommene Änderungen des Gesetzes, beispielsweise durch das Gesetz zur Änderung des Luftverkehrsgesetzes vom 19. Dezember 1935[1777] und das zweite Gesetz zur Änderung und Ergänzung des Luftverkehrsgesetzes vom 29. Juli 1936[1778], sowie durch gesetzgeberische Maßnahmen im Bereich des Straf-, Staatsangehörigkeits-, Flaggen- und Zivilprozeßrechts[1779]. Trotz der vorgenommenen Änderungen blieb das Luftverkehrsgesetz im wesentlichen ein „Luftfahrtverwaltungs- und Luftfahrthaftpflichtgesetz"[1780]. Auch die Verordnung über Luftverkehr wurde neu bearbeitet und ebenso wie das Luftverkehrsgesetz am 21. August 1936[1781] in neuer Fassung verkündet. Es folgten weitere Änderungen der Verordnung über Luftverkehr sowie des Luftverkehrsgesetzes[1782].

Besondere Bedeutung kam dem 4. Gesetz zur Änderung des Luftverkehrsgesetzes vom 26. Januar 1943[1783] zu. Es änderte die Haftungsbestimmungen in Anlehnung an die Bestimmungen des Warschauer Abkommens vom 12. Oktober 1929[1784], dem ersten multilateralen Abkommen mit weltweiter Geltung, das die Haftung für Unfälle bei Beförderungen im internationalen Luftverkehr regelte und für die Haftung des Luftfrachtführers gegenüber den Reisenden im wesentlichen eine summenmäßig beschränkte vermutete Verschuldenshaftung mit umgekehrter Beweislast vor sah (Art. 17 ff.). Zusätzlich beeinflußt wurde die Neuregelung durch das Römer Abkommen vom 29. März 1933[1785], das eine Gefährdungshaftung für Luftfahrtschäden, die Personen und Güter auf der Erdoberflä-

---

[1771]Vertrag vom 22. Jannuar 1927; RGBl. 1927 II, S. 433 ff..
[1772]Vertrag vom 20. Mai 1927; RGBl. 1927 II, S. 939 ff..
[1773]Vertrag vom 3. November 1927; RGBl. 1927 II, S. 947 ff..
[1774]Vertrag vom 9. Dezember 1927; RGBl. 1928 II, S. 303 ff..
[1775]Vertrag vom 23. Januar 1929; RGBl. 1929 II, S. 394 ff..
[1776]RGBl. 1936 I, S. 653 ff..
[1777]RGBl. 1935 I, S. 1516.
[1778]RGBl. 1936 I, S. 582/583.
[1779]*Bodenschatz*, in: FS Meyer, S. 31 (38/39).
[1780]*Bodenschatz*, in: FS Meyer, S. 31 (39).
[1781]RGBl. 1936 I, S. 659 ff..
[1782]Vgl. *Bodenschatz*, in: FS Meyer, S. 31 (39).
[1783]RGBl. 1943 I, S. 69 ff..
[1784]Vertrag vom 12. Oktober 1929; RGBl. 1933 II, S. 1039 ff.; die Grundsätze des Abkommens traten für das Deutsche Reich mit Wirkung vom 29. Dezember 1933 in Kraft (II. der Bekanntmachung vom 3. November 1933, RGBl. 1933 II, S. 1039).
[1785]Das Römische Haftungsabkommen vom 29. Mai 1933 (zit. nach *Schleicher/Reymann*, S. 369 ff.) sollte einen weiteren Beitrag zur Rechtsvereinheitlichung auf dem Gebiet des internationlen Privatrechts leisten. Es konnte jedoch in der Folgezeit keine weitreichende Bedeutung erlangen. Das Abkommen wurde vom Deutschen Reich nicht ratifiziert.

che erlitten, bestimmte (Art. 2). Durch das Änderungsgesetz wurde der sachliche Anwendungsbereich des § 19 LuftVG auf die außervertragliche Haftung des Luftfahrzeughalters gegenüber unbeteiligten Dritten (§ 19 Abs. 1 S. 1 LuftVG) beschränkt. Für die Haftung aus dem Beförderungsvertrag wurde anders als bisher eine summenmäßig begrenzte vermutete Verschuldenshaftung mit umgekehrter Beweislast geregelt (§ 19 a ff. LuftVG). Im übrigen wurden die Luftfahrtunternehmen verpflichtet, ihrer Fluggäste zu versichern (§ 29 g LuftVG). Darüber hinaus wurde es verboten, die Haftung gemäß §§ 29 a bis e LuftVG auszuschließen oder zu beschränken (§ 29 f LuftVG). Diese Änderung wurde erforderlich, da in der Praxis Luftverkehrsgesellschaften, z. B. die Lufthansa[1786], die strenge Haftpflicht der §§ 19 ff. LuftVG zusammen mit der Verschuldenshaftung in ihren Beförderungsbedingungen durch sogenannte Enthaftungsklauseln gegenüber den Passagieren und Frachtversendern regelmäßig ausgeschlossen hatten[1787]. Das Luftverkehrsgesetz von 1922 hatte dies nicht untersagt. Das Reichsgericht erachtete die Enthaftungsklauseln in seiner Entscheidung vom 19. Mai 1927[1788] für zulässig, soweit sie weder Vorsatz noch sittenwidriges Verhalten betrafen[1789]. Der Schutz der Passagiere wurde dabei über Unfallversicherungen erreicht. Diese wurden entweder im Zusammenhang mit dem Flugticket erworben oder mußten gesondert abgeschlossen werden[1790].

Auch im Bereich der Luftfahrtverwaltung kam es zu Veränderungen. Die Bearbeitung von Luftfahrtfragen wurde am 2. Februar 1933 durch Verordnung[1791] aus dem Zuständigkeitsbereich des Reichsverkehrsministeriums dem Reichskommissar für die Luftfahrt übertragen. Er unterstand als oberste Reichsbehörde unmittelbar dem Reichskanzler. Die Verordnung vom 5. Mai 1933[1792] schaffte schließlich das Reichsluftfahrtministerium. Die staatlichen Hoheitsaufgaben auf dem Gebiet der Luftfahrt, die zum Teil der Zuständigkeit des Reichs, zum Teil auch der der Länder unterlagen, wurden durch das Gesetz über die Reichsluftfahrtverwaltung vom 15. Dezember 1933[1793] und die Verordnungen über den Aufbau der Reichsluftfahrtverwaltung vom 18. April 1934[1794], vom 26. März

---

[1786] Vgl. *Busse*, S. 10.

[1787] *Schleicher/Reymann*, S. 117; bereits 1930 wurde den Luftfahrtunternehmen der Abschluß einer Fluggast-Unfallversicherung für ihre Passagiere durch Auflage zwingend vorgeschrieben, um einen Ausgleich für den Haftungsausschluß zu schaffen (*Bodenschatz*, ZLW 1979, S. 353 (358)); zu den Beförderungsbedingungen: *Busse*, S. 11 .

[1788] RGZ 117, S. 102 (102 ff.).

[1789] RGZ 117, S. 102 (104); im übrigen mußte aus den Beförderungsbedingungen unmißverständlich zum Ausdruck kommen, daß der Haftungsausschluß in diesem Umfang bestand (RGZ 117, S. 102 (105)).

[1790] Vgl. *Busse*, S. 11 ff..

[1791] RGBl. 1933 I, S. 35.

[1792] RGBl. 1933 I, S. 241.

[1793] RGBl. 1933 I, S. 1077 ff..

[1794] RGBl. 1934 I, S. 310 ff..

1935[1795], vom 21. April 1936[1796] und vom 27. August 1936[1797] durch die als nachgeordnete Behörde des *Reichsministers der Luftfahrt* die Luftämter eingerichtet wurden, zusammengefaßt.

Nach dem zweiten Weltkrieg galt das Luftverkehrsgesetz nach Inkrafttreten des Grundgesetzes aufgrund der Art. 123, 124 i. V. mit Art 73 Nr. 6 GG als Bundesrecht fort, soweit es diesem nicht widersprach. Nach Art. 73 Nr. 6 GG erhielt der Bund die ausschließliche Gesetzgebungskompetenz für den Luftverkehr. Die für die Aufgaben der Zivilluftfahrt durch das Gesetz vom 30. November 1954[1798] errichtete Bundesoberbehörde ist das Luftfahrtbundesamt. Das Amt untersteht dem Bundesverkehrsminister. Es hat z. B. die Aufgabe der Musterzulassung von Luftfahrtgerät und der Führung der Luftfahrzeugrolle.

In der Frühzeit der Bundesrepublik Deutschland war das Luftverkehrsgesetz nahezu bedeutungslos, da den Alliierten die unbeschränkte Lufthoheit oblag[1799]. Erst am 5. Mai 1955 erhielt die Bundesrepublik die Lufthoheit über ihren Land- und Wassergebieten zurück[1800].

Das Luftverkehrsgesetz bildet auch heute noch die grundlegende nationale Regelung für das öffentliche und private deutsche Luftrecht. Von den weiteren Regelungen des nationalen Luftrechts sind die LuftVO[1801], LuftVZO[1802] und die LuftkostenO[1803] zu nennen. Vorläufer dieser Regelungen war die Verordnung über Luftverkehr vom 19. Juli 1930[1804].

Für das internationale öffentliche Luftrecht hat das am 7. Dezember 1944 abgeschlossene Abkommen von Chicago, dem die Bundesrepublik Deutschland mit Wirkung vom 8. Juni 1956 beitrat[1805], auch heute noch besondere Bedeutung. Es enthält die wichtigsten Grundsätze für den zivilen Luftverkehr. Seine Grundlage bildet das Pariser Luftverkehrsabkommen vom 13. Oktober 1919[1806]. Im Bereich des internationalen Luftprivatrechts ist das Warschauer Abkommen vom 12. Oktober 1929[1807], dem sich nur wenige Staaten noch nicht angeschlossen haben, mit seinen später ergangenen Zusatzabkommen, Protokollen und Zusatzproto-

---

[1795] RGBl. 1935 I, S. 479 ff..

[1796] RGBl. 1936 I, S. 383.

[1797] RGBl. 1936 I, S. 703.

[1798] BGBl. 1954 I, S. 354.

[1799] Vgl. *Bodenschatz*, in: FS Meyer, S. 31 (39/40).

[1800] Bekanntmachung über das Inkrafttreten des Protokolls vom 23. Oktober 1954 über die Beendigung des Besatzungsregimes in der Bundesrepublik Deutschland (BGBl. 1955 II, S. 628).

[1801] Amtliche Bezeichnung.

[1802] Amtliche Bezeichnung.

[1803] Amtliche Bezeichnung.

[1804] RGBl. 1930 I, S. 363 ff..

[1805] BGBl. 1956 II, S. 411 ff..

[1806] Convention portant réglementation de la Navigation Aérienne, signée à Paris le 13 Octobre 1919, zit. nach *Société des nations* 1922, S. 173 (174 ff.).

[1807] Vertrag vom 12. Oktober 1929; RGBl. 1933 II, S. 1039 ff..

kollen, die das Abkommen zum Teil abgeändert oder ergänzt haben, teilweise aber auch in Ermangelung der erforderlichen Ratifikationszahl wirkungslos geblieben sind, für die Bundesrepublik Deutschland weiterhin besonders bedeutsam[1808].

Neben den nationalen und internationalen Regelungen hat das Europarecht für den Luftverkehr zunehmend an Bedeutung gewonnen. Es schafft vorrangig zusätzliche Regelungen in Form von Richtlinien und Verordnungen und stellt den deutschen Gesetzgeber immer häufiger vor die Aufgabe, die bestehenden nationalen Regelungen dem europäischen Recht anzupassen. Für die Haftpflicht von Luftfahrtunternehmen kommt dabei der EG-Verordnung Nr. 2027/97 des Rates vom 9. Oktober 1997 über die Haftung von Luftfahrtunternehmen bei Unfällen[1809] besondere Bedeutung zu[1810]. Die Verordnung ist für die Europäische Union seit Oktober 1998 in Kraft. Sie regelt die Haftung für Personenschäden von Passagieren. Im Unterschied zum Warschauer Abkommen sieht sie eine Haftung für „Luftfahrtunternehmen" der Gemeinschaft und nicht für den „Luftfrachtführer" vor. Die Verordnung enthält eine zweistufige Haftungsregelung, deren Grundlage das IATA-Intercarrier-Agreement[1811] und das Warschauer Abkommen bilden. Nach der neuen Regelung unterliegen Luftfahrtunternehmen der Gemeinschaft, die eine Betriebsgenehmigung nach der EG-Verordnung Nr. 2407/92 des Rates vom 23. Juli 1992 über die Erteilung von Betriebsgenehmigungen an Luftfahrzeugen[1812] benötigen, auch bei rein nationalen Flügen für Personenschäden von Passagieren besonderen Haftungsregelungen. Es besteht eine Gefährdungshaftung bis zu einem Betrag von 100 000 Sonderziehungsrechten[1813] und darüber hinaus eine Haftung für vermutetes Verschulden ohne summenmäßige Haftungsbeschränkung (Art. 3 Abs. 1 Ziff. a und Abs. 2 EG-VO 2027/97). Ein Haftungsausschluß kommt bei alleinigem Verschulden oder Mitverschulden des Geschädigten in Betracht (Art. 3 Abs. 3 EG-VO 2027/97). Zur Sicherung der Ansprüche des Geschädigten ist der Abschluß einer Haftpflichtversicherung obligatorisch, die eine Mindestdeckung von 100 000 Sonderziehungsrechten und darüber hinaus eine Deckung bis zu einer „angemessenen Höhe" aufweisen muß (Art. 3 Abs. 1 b) EG-VO 2027/97 i. V. mit Art. 7 EG-VO 2407/92). Die §§ 44 ff.

[1808] Vgl. Giemulla-*Giemulla*, § 51 Rd. 1 ff.; vgl. *Bollweg*, ZLW 2000, S. 439 (440); nicht alle diese Regelungswerke wurden von der Bundesrepublik ratifiziert. Für die Bundesrepublik gilt das Warschauer Abkommen in der Fassung des Protokolls von Den Haag vom 28. September 1955 (BGBl. 1958 II, S. 291 ff.).

[1809] ABl. EG Nr. L 285 vom 9. Oktober 1997, S. 1 ff..

[1810] Vgl. *Niehuus*, S. 50 ff..

[1811] Das IATA-Intercarrier-Agreement (Intercarrier-Agreement on Passenger Liability) führte 1995 zu einer Haftungsverbesserung. Ihm hat sich bis heute der überwiegende Teil der weltweit operierenden Fluggesellschaften angeschlossen (*Bollweg*, ZLW 2000, S. 439 (400 Fn. 10 und 11).

[1812] ABl. EG Nr. L 240 vom 24. August 1992, S. 1 ff..

[1813] Am 30. Juni 2003 entsprach 1 SZR einem Betrag von 1, 23 Euro.

LuftVG des nationalen Rechts werden durch die Verordnung weitgehend verdrängt. Sie regeln die Haftung für Fluggäste und Gepäck aus dem Beförderungsvertrag. Es gilt eine vermutete Verschuldenshaftung des Luftfrachtführers (§ 44 Abs. 1 i. V. mit § 45 LuftVG), die summenmäßig begrenzet ist (§ 46 LuftVG). Für Luftfahrtunternehmen ist eine obligatorische Unfallversicherung der Fluggäste (§ 50 Abs. 1 LuftVG) vorgesehen. Zur Sicherung der Schadensersatzansprüche aus dem Beförderungsvertrag besteht für die Luftfahrtunternehmen darüber hinaus eine gesetzliche Versicherungspflicht (§ 50 Abs. 2 LuftVG), deren Vertragsinhalt sich nach § 103 LuftVZO richtet[1814]. Im übrigen besteht ein Anspruch auf Ersatz immaterieller Schäden gemäß § 253 Abs. 2 BGB nach § 47 i. V. mit § 36 S. 2 LuftVG. Daneben kann eine Haftung aus § 823 BGB in Betracht kommen (vgl. § 48 Abs. 1 S. 2 LuftVG).

Von den künftig zu erwartenden Neuregelungen ist die am 28. Mai 1999 in Montreal geschlossene „Convention for the Unification of Certain Rules for International Carriage by Air“ (Übereinkommen zur Vereinheitlichung bestimmter Vorschriften über die Beförderung im Internationalen Luftverkehr), bezeichnet als Montrealer Übereinkommen[1815], besonders hervorzuheben. Das Abkommen wird am 4. November 2003 in Kraft treten[1816]. Eine Ratifikation durch die Bundesrepublik Deutschland liegt noch nicht vor[1817]. Sie ist aber in absehbarer Zeit zu erwarten.

Die zahlreichen Reformen des Warschauer Abkommens führten zu einer „Zersplitterung des Luftprivatrechts, insbesondere des Haftungsrechts“[1818]. Hinzu kam außerdem, daß das Abkommen in vielen Bereichen nicht mehr den technischen, wirtschaftlichen und verbraucherschützenden Anforderungen des heutigen Luftverkehrs genügte[1819]. Diese Umstände führten zur Ausarbeitung des neuen internationalen Übereinkommens[1820]. Das Regelungswerk besteht aus 7 Kapiteln und 57 Artikeln. Grundlegende Bedeutung kommt dabei dem für die Haftung des Luftfrachtführers bei Personen-, Gepäck- oder Frachtschäden geregelten Haftungssystem zu (Art. 17 ff. MA). Inhaltlich orientiert es sich weitgehend am

---

[1814] Vgl. § 49 Abs. 1 S. 2 LuftVG für nicht-gewerbliche Flüge.

[1815] Amtliche deutsche Übersetzung, zit. nach ABl. EG Nr. L 194 vom 18. Juli 2001, S. 39 ff.; dazu: *Bollweg*, ZLW 2000, S. 339 (339 ff.); Schmid, RRa 1999, Heft 7, S. 131 (131/132).

[1816] Nach Art. 53 Abs. 6 MA war eine Zahl von 30 Ratifikationen für das Inkrafttreten des Abkommens erforderlich.

[1817] Stand: Oktober 2003.

[1818] *Bollweg*, ZLW 2000, S. 339 (441).

[1819] *Bollweg*, ZLW 2000, S. 339 (441/442); vgl. amtliche Begründung des Abkommens (zit. nach ABl. EG Nr. L 194 vom 18. Juli 2001, S. 39); vgl. *Mutschler*, S. 44.

[1820] Die vom 10. bis 28. Mai 1999 in Montreal abgehaltene Konferenz führte unter Beteiligung von 118 ICAO-Mitgliedstaaten und 12 Nichtregierungsorganisationen zur Annahme des Montrealer Abkommens; weiteres zur Entstehung des Abkommens: *Bollweg*, ZLW 2000, S. 339 (442).

IATA-Intercarrier-Agreement und weist große Übereinstimmungen zu der EG-Verordnung Nr. 2027/97[1821] auf.

Ebenso wie das Warschauer Abkommen enthält es eine Haftpflicht des Luftfrachtführers. Es sieht eine zweistufige Haftungsregelung für Unfälle, die sich an Bord eines Luftfahrzeugs oder beim Ein- oder Aussteigen ereignen und den Tod oder eine Körperverletzung des Reisenden zur Folge haben, vor. Bis zu einem Betrag von 100 000 Sonderziehungsrechten haftet der Luftfrachtführer für jeden Reisenden nach den Grundsätzen der Gefährdungshaftung und darüber hinaus gilt eine vermutete Verschuldenshaftung mit umgekehrter Beweislast ohne summenmäßige Beschränkung (Art. 17 Abs. 1, Art. 21 Abs. 2 MA). Ein teilweiser oder vollständiger Haftungsausschluß kommt nur bei alleinigem Verschulden oder Mitverschulden des Geschädigten in Betracht (Art. 20 MA). Im übrigen regelt das Abkommen eine Versicherungspflicht des Luftfrachtführers (Art. 51 MA). Im Vergleich zum Warschauer Abkommen wird die Rechtsstellung des Passagiers durch das neue Abkommen erheblich verbessert[1822].

Mit Inkrafttreten des Montrealer Abkommens wird die EG-Verordnung Nr. 2027/97[1823] in der durch die EG-Verordnung Nr. 889/2002 des Europäischen Parlaments und des Rates vom 13. Mai 2002 zur Änderung der EG-Verordnung Nr. 2027/97 des Rates über die Haftung von Luftfahrtunternehmen bei Unfällen[1824] abgeänderten Fassung wirksam. Es werden dann auch Sachschäden erfaßt sein. Durch das Montrealer Übereinkommen gerät neben dem europäischen Recht auch das nationale Recht unter Anpassungsdruck, so daß in den nächsten Jahren zusätzliche Änderungen des nationalen Luftrechts zu erwarten sein werden. Darüber hinaus ist beabsichtigt, auch für den Ersatz von Schäden gegenüber Dritten erstmals international eine einheitliche Regelung zu schaffen. In diesem Zusammenhang soll es zu weiteren Änderungen der für den Luftverkehr geltenden Haftpflichtregelungen kommen. Für die Haftung gegenüber Dritten sieht das Luftverkehrsgesetz auch heute noch eine Gefährdungshaftung vor (§ 33 LuftVG ff.), die in Abhängigkeit des Gewichts des jeweiligen Luftfahrzeugs summenmäßig begrenzt ist (§ 37 LuftVG). Nach § 253 Abs. 2 BGB besteht gemäß § 36 S. 2 LuftVG ein Schmerzensgeldanspruch. Eine Versicherungspflicht bzw. ein Pflicht zur Sicherheitsleistung folgt aus § 43 Abs. 1 S. 1 LuftVG[1825]. Im übrigen bleibt eine Haftung nach den allgemeinen Regelungen, insbesondere nach den §§ 823 ff. BGB, bestehen (§ 42 LuftVG).

[1821] ABl. EG Nr. L 285 vom 9. Oktober 1997, S. 1 ff..

[1822] Vgl. *Mutschler*, S. 44.

[1823] ABl. EG Nr. L 285 vom 9. Oktober 1997, S. 1 ff..

[1824] ABl. EG Nr. L 140 vom 23. Juli 1992, S. 2 ff..

[1825] Die Mindesthöhe der Versicherungssumme bestimmt § 103 Abs. 2 LuftVZO.

5. Teil: Zusammenfassung

Bis zum Beginn des ersten Weltkriegs entwickelten sich die ersten Ansätze eines nationalen und internationalen Luftverkehrs. Im Bereich der Zivilluftfahrt war die Entwicklung der Luftschiffe schon so weit fortgeschritten, daß diese bereits zur kommerziellen Personenbeförderung eingesetzt werden konnten. Die technische Entwicklung der Motorflugzeuge vollzog sich dagegen langsamer. Motorflugzeuge wurden im wesentlichen im Bereich des Flugsports, zu Schauflügen und Wettbewerben genutzt und in ganz geringem Umfang zum Transport von Luftpost eingesetzt. Ein großer Teil der zivilen Luftfahrtbewegung war in Vereinen und Verbänden organisiert. Der Deutsche Luftfahrerverband entwickelte sich von 1912 an zur zentralen Organisation der deutschen Luftfahrt und war bis zum ersten Weltkrieg über seine Sportkommission in der Fédération Aéronautique Internationale, einer bedeutenden internationalen Luftfahrtvereinigung, organisiert. Über die erlassenen Bestimmungen der Vereine und Verbände konnte schon früh national und international eine gewisse Einheitlichkeit der Luftfahrtbewegung, insbesondere im Bereich des Flugsports, hergestellt werden. Als weitere private Organisation war das *Comité juridique international de l'aviation* als internationale Vereinigung von Juristen mit seinen Bestrebungen nach internationaler Rechtseinheit von Bedeutung.

Schon im 18. und 19. Jahrhundert wurden für die Ballonfahrt vereinzelt gesetzliche Regelungen erlassen. Die eigentliche Entwicklung des Luftrechts begann erst Anfang des 20. Jahrhunderts. In der Literatur wurden in der Anfangszeit vor allem vier Fragen diskutiert: Auf dem Gebiet des öffentlichen Rechts war die Frage der staats- und völkerrechtlichen Bedeutung des Luftraums umstritten. Im Interesse eines ungehinderten internationalen Luftverkehrs forderte der Franzose *Fauchille* Freiheit des Luftraums, beschränkt durch Selbsterhaltungsrechte des Staates. Andere vertraten die Auffassung einer unbeschränkten Gebietshoheit des Staates oder einer beschränkten Gebietshoheit bzw. einer zu beschränkenden Eigentumssphäre am Luftraum. Durchsetzen konnte sich schließlich der Grundsatz der unbeschränkten Gebietshoheit über den Luftraum und damit der Grundsatz der Luftfhoheit. Die Reichstagsvorlage-LuftVG 1914 setzte ihn in ihrer Begründung[1826] als gegeben voraus. Davon wich auch das Luftverkehrsgesetz von 1922[1827] nicht ab. Eine ausdrückliche Klarstellung erhielt das Gesetz durch die im Rahmen des 11. Änderungsgesetzes vom 25. August 1998[1828] vorgenommene

[1826] Zu den §§ 28 bis 33; Verh. des RT, 13. Leg.-Per., 1. Session 1912/14, Bd. 303, Ds. Nr. 1338.
[1827] RGBl. 1922 I, S. 681 ff..
[1828] BGBl. 1998 II, S. 2432 ff..

Einfügung des § 1 c LuftVG[1829]. Der Grundsatz der Lufthoheit ist in verschiedenen anderen nationalen Gesetzen und bedeutenden internationalen Abkommen, z. B. dem Abkommen von Chicago vom 7. Dezember 1944[1830], enthalten. Er gilt heute als allgemein anerkannte Regelung des Völkerrechts.

Als zweite Frage wurde im Bereich des Zivilrechts die privatrechtliche Bedeutung des Luftraums diskutiert. Diese war bereits vor dem Inkrafttreten des Bürgerlichen Gesetzbuchs umstritten und wird auch heute noch im Zusammenhang mit der Auslegung des § 905 BGB unterschiedlich beurteilt. Es geht und ging darum, ob und inwieweit Grundstückseigentum auf Grund und Boden beschränkt ist, ob es sich auch auf den Luftraum erstreckt oder ob dem Grundstückseigentümer daraus bestimmte eigentumsähnliche Rechte bzw. besondere Befugnisse am Luftraum zustehen. So wurde - teilweise gestützt auf das römische Recht - von einer uneingeschränkten Eigentumsfähigkeit des Luftraums ausgegangen und in § 905 S. 1 BGB eine diesbezügliche Klarstellung gesehen. Andere vertraten die Auffassung einer beschränkten Eigentumsfähigkeit des Luftraums. § 905 BGB war danach so auszulegen, daß das Eigentum am Luftraum in solchen Höhen erlosch, in denen der Eigentümer an der Ausschließung kein Interesse mehr hatte. Schließlich wurde die Eigentumsfähigkeit des Luftraums gestützt auf den Wortlaut des § 905 S. 1 BGB und mit dem Argument der fehlenden Sachqualität des Luftraums verneint. Nach den Vertretern dieser Ansicht hatte der Grundstückseigentümer am Luftraum Rechte „eigentumsähnlicher Art", „Strahlenrechte" bzw. eine gegen fremde Eingriffe zu schützende „Rechtssphäre".

Als drittes war im Rahmen des § 905 S. 2 BGB umstritten, ob und inwieweit der Grundstückseigentümer ein Interesse an der Ausschließung des Luftverkehrs über seinem Grundstück hatte und damit einen Anspruch auf Beseitung der Eigentumsstörung bzw. auf deren künfige Unterlassung gemäß §§ 905 S. 1, 1004 Abs. 1 BGB geltend machen konnte.

Als viertes Problem wurde in der Literatur schon früh die Frage einer besonderen Haftpflichtregelung für den Luftverkehr, insbesondere eine verschuldensunabhängige Ersatzpflicht für Luftfahrtschäden, diskutiert. Überwiegend wurde eine Verschärfung der deliktsrechtlichen Regelungen der § 823 ff. BGB befürwortet. *Kipp* hatte dagegen vorgeschlagen, die zum Funkenflug der Lokomotiven entwickelte Rechtsprechung auf die Luftfahrt zu übertragen und dem Grundstückseigentümer einen Aufopferungsanspruch unter Berücksichtigung der Grundsätze der Gefährdungshaftung zu gewähren. Darüber hinaus sah *Linckelmann* in der actio negatoria in ihrer restitutorischen Funktion eine ausreichende Ersatzmöglichkeit. Die von *Kipp* vertretene Ansicht wurde schließlich von der

---

[1829] § 1 c LuftVG: „Die Berechtigung zum Verkehr im Luftraum der Bundesrepublik Deutschland haben nach Maßgabe des § 1 Abs. 1 [...]."

[1830] Vertrag vom 7. Dezember 1944; RGBl. 1965 II, S. 411 ff..

Rechtsprechung des Reichsgerichts im Jahre 1920[1831] übernommen. Durch die Haftpflichtbestimmungen des Luftverkehrsgesetzes wurde die Rechtsprechung bedeutungslos, soweit jedenfalls eine Ersatzpflicht für Schäden i. S. des § 19 LuftVG in Rede stand.

Die in der Literatur vorrangig vor dem ersten Weltkrieg diskutierten Probleme verdeutlichen, daß die allgemeinen Bestimmungen des öffentlichen Rechts und des Zivilrechts nur unzureichend auf den Luftverkehr ausgerichtet waren und den Erlaß spezialgesetzlicher Regelungen erforderlich machten. Die technischen Errungenschaften stellte den Gesetzgeber vor neue Aufgaben. Es ging darum, den Betrieb von Luftfahrzeugen zu gewährleisten und die Rechte und Pflichten der Luftfahrer festzulegen. Dem Schutzbedürfnis der Allgemeinheit, der Rechtsstellung des Grundstückseigentümers und der der Passagiere kam dabei besondere Bedeutung zu.

Das Deutsche Reich hatte nach der Reichsverfassung von 1871 nicht in allen Bereichen die Gesetzgebungsbefugnis für den nationalen Zivilluftverkehr. Für internationale Luftfahrtangelegenheiten folgte sie aus Art. 11 der Verfassung. Durch die Verordnung des Rates der Volksbeauftragten, betreffend die vorläufige Regelung der Luftfahrt, vom 26. November 1918[1832] erhielt das Reich erstmals die Gesetzgebungskompetenz für den gesamten Zivilluftverkehr. Die Weimarer Reichsverfassung wies dem Reich die Zuständigkeit sowohl für den nationalen Luftverkehr (Art. 7 Nr. 19 WRV[1833]), wovon zunächst das Ballonwesen ausgenommen war[1834], als auch für den internationalen Luftverkehr zu (Art. 6 Nr. 1 WRV).

Bereits vor dem ersten Weltkrieg erließen die einzelnen Bundesstaaten die ersten spezialgesetzlichen Regelungen für den Luftverkehr in Form von Polizeiverordnungen und Verfügungen. Von besonderer Bedeutung war die preußische „Verfügung" vom 22. Oktober 1910[1835], an der sich ein großer Teil der übrigen Bundesstaaten orientierte. Der Regelungsumfang dieser Verordnung war noch äußerst gering und beschränkte sich im wesentlichen auf eine Führererlaubnispflicht und Überflugverbote. Im Rahmen der Ausarbeitung der „Verfügung" war die Frage, welcher privaten Organisation die Befugnis zur Vergabe der Führerzeugnisse erteilt werden sollte, am heftigsten umstritten. Zur Gewährleistung einer reichseinheitlichen Vergabepraxis der Führerzeugnisse wurde dem *Deutschen Luftfahrerverband* die erforderliche Befugnis erteilt. Verstöße gegen die Anordnungen sollten die Behörden nach der Begründung der „Verfügung" vorrangig

---

[1831] RGZ 100, 69 (69 ff.).

[1832] RGBl. 1918 II, S. 1337.

[1833] RGBl. 1919 I, S. 1383 ff..

[1834] Die Zuständigkeit für das Ballonwesen erhielt das Reich durch eine Verfassungsänderung gemäß Art. 76 WRV im Rahmen des Gesetzgebungsverfahrens des Luftverkehrsgesetzes.

[1835] MBliV 1910, S. 317 ff..

durch Verfügungen an die Betroffenen ahnden. Von dem Erfordernis einer Betriebserlaubnis wurde noch abgesehen.

Das Verhalten der preußischen Behörden, das für die übrigen Bundesstaaten exemplarisch gewesen sein dürfte, war insgesamt von äußerster gesetzgeberischer Zurückhaltung und dem Bestreben nach nationaler Rechtsvereinheitlichung gekennzeichnet.

Neben den nationalen öffentlich-rechtlichen Regelungen für den Luftverkehr wurde vor dem ersten Weltkrieg im Jahre 1913 mit dem Deutsch-Französischen Abkommen[1836] die erste bilaterale Regelung für Luftschiffe, Flugzeuge und andere Luftfahrzeuge auf dem Gebiet des öffentlichen Rechts abgeschlossen.

Zusätzlich zu den gesetzlichen Regelungen leisteten die verbandsinternen Bestimmungen des Deutschen Luftschifferverbandes einen wesentlichen Beitrag zur Gewährleistung der fliegerischen Betätigung und zum Schutz der Betroffenen und der Allgemeinheit.

Schon früh erkannte man die Notwendigkeit, ein reichseinheitliches Luftverkehrsgesetz zu schaffen. Mit Rücksicht auf die Bedeutung einer internationalen Regelung wurden die Arbeiten für eine spezialgesetzliche Regelung im *Reichsjustizamt* und im *Reichsamt des Innern* erst im Jahre 1911 aufgenommen, nachdem auf der Pariser Luftschiffahrtskonferenz 1910 eine Einigung an der Frage der Lufthoheit gescheitert war. Dennoch hatten sich die teilnehmenden Staaten auf den Entwurf eines internationalen Abkommens einigen können. Grundgedanke der Arbeiten der Reichsbehörden war die Erkenntnis, daß mit der fortschreitenden technischen Entwicklung eine zunehmende Gefährdung der Allgemeinheit verbunden war und daß die Bestimmungen des Bürgerlichen Gesetzbuchs zum Ersatz von Luftfahrtschäden unzureichend waren. Der erste Entwurf eines Luftverkehrsgesetzes nebst Verordnung lag bereits im Jahr 1912 vor. Auch im Ausland wurden zur gleichen Zeit nationale Regelungen für den Luftverkehr entworfen, über die das *Comité juridique international de l'aviation* interessierte Länder informierte. Seine Mitglieder *Meyer* und *Niemeyer* waren zugleich auch an der Ausarbeitung eines reichseinheitlichen Luftverkehrsgesetzes beteiligt. Die Arbeiten der deutschen Behörden führten dazu, daß Ende 1913 dem Bundesrat und Anfang 1914 dem Reichstag der Entwurf eines Luftverkehrsgesetzes vorgelegt werden konnte. Infolge der Kriegsereignisse blieb der Entwurf unerledigt.

Nach der Wiederaufnahme der zivilen Luftfahrt erlangte der Luftverkehr sehr schnell größere Bedeutung als vor dem Krieg. Erstmals wurden auch die Flugzeuge zu einer planmäßigen Personenbeförderung eingesetzt. Kurze Zeit später wurde die Zivilluftfahrt im Deutschen Reich jedoch durch den Versailler Vertrag vorübergehend fast völlig stillgelegt.

[1836]Vertrag vom 29. Juli 1913; RGBl. 1913, S. 601 ff..

Im Jahre 1919 wurde das Reichsamt für Luft- und Kraftfahrwesen geschaffen, hervorgegangen aus dem 1918 errichteten Reichsluftamt. 1920 erfolgte die Errichtung des *Reichsverkehrsministeriums*, dem dann das *Reichsamt für Luft- und Kraftfahrwesen* als selbständige Abteilung angegliedert wurde.

Mit einer Verordnung vom 7. Dezember 1918[1837] erging die erste reichseinheitliche Regelung für den Luftverkehr. Diese stellte jedoch nur eine vorläufige Regelung dar. Sie wies große Übereinstimmung mit den Verkehrsbestimmungen der Reichstagsvorlage eines Luftverkehrsgesetzes von 1914[1838] auf. Die übrigen luftrechtlichen Regelungen, die bis zum Inkrafttreten des Luftverkehrsgesetzes im Jahre 1922 ergingen, regelten behördliche Zuständigkeiten oder wurden zur Erfüllung des Versailler Vertrags[1839] und im Zusammenhang mit dem Londoner Ultimatum erlassen. Auf Betreiben von *Euler*, dem Unterstaatssekretär des Reichsluftamts, wurden die Arbeiten zur Kodifizierung des Luftverkehrsgesetzes im Jahre 1919 erneut aufgenommen, veranlaßt durch die zunehmende wirtschaftliche Bedeutung der Luftfahrt, die Verpflichtungen aus dem Versailler Vertrag und das Erfordernis neuer gesetzlicher Haftpflichtbestimmungen.

Das umfangreiche Gesetzgebungsverfahren führte nach neun Entwürfen schließlich zum Luftverkehrsgesetz von 1922[1840]. Der Gesetzgeber gab damit dem nationalen Luftverkehr im Deutschen Reich die erforderlichen rechtlichen Grundlagen. Das Luftverkehrsgesetz enthielt drei Teile (Luftverkehr, Haftpflicht, Straf- und Schlußbestimmungen). Es regelte insbesondere in seinen Verkehrsbestimmungen den Luftverkehr nicht abschließend, sondern legte lediglich eine Reihe von Grundsätzen fest. Es wies im Entwurfsstadium strukturell und inhaltlich große Ähnlichkeiten zum KFG[1841] auf, das aus der Reichstagsvorlage-KFG 1908[1842] hervorgegangen war und dessen Begründung Anhaltspunkte zur Entstehungsgeschichte einzelner luftverkehrsrechtlicher Bestimmungen liefert. Im Verlauf des Gesetzgebungsverfahrens wurden die aus dem Kraftfahrzeuggesetz übernommenen Bestimmungen den Besonderheiten des Luftverkehrs angepaßt und abgeändert. Die Verkehrsvorschriften wurden immer mehr den Regelungen des Pariser Luftverkehrsabkommens vom 13. Oktober 1919[1843] angeglichen, dessen Grundlage der auf der Pariser Luftschiffahrtskonferenz im Jahre 1910 ausgearbeitete Entwurf eines internationalen Abkommens[1844] bildete.

Innerhalb der Verkehrsvorschriften kam der ausdrücklichen Regelung des Grundsatzes der Verkehrsfreiheit (§ 1 Abs. 1 LuftVG) besondere Bedeutung zu.

[1837] RGBl. 1918 II, S. 1407 ff..

[1838] Verh. des RT, 13. Leg.-Per., 1. Session 1912/14, Bd. 303, Ds. Nr. 1338.

[1839] Vertrag vom 28. Juni 1919; RGBl. 1919 I, S. 687 ff..

[1840] RGBl. 1922 I, S. 681 ff..

[1841] RGBl. 1909, S. 437 ff..

[1842] Verh. des RT, 12. Leg.-Per., 1. Session 1907/09, Bd. 248, Ds. Nr. 988.

[1843] Convention portant réglementation de la Navigation Aérienne, signée à Paris le 13 Octobre 1919, zit. nach *Société des nations* 1922, S. 173 (174 ff.).

[1844] BA Berlin-Li., R 30.01, Nr. 7002, Bl. 122 ff..

Grundsätzlich wurde damit der Luftverkehr über fremden Grundstücken ausdrücklich erlaubt. Für den Grundstückseigentümer bedeutete dies, daß er grundsätzlich verpflichtet war, den Luftverkehr über seinem Grundstück zu dulden. Durch die Regelung des Grundsatzes der Verkehrsfreiheit wurde die zivilrechtliche Streitfrage, ob und unter welchen Voraussetzungen ein Ausschließungsinteresse des Grundstückseigentümers gegenüber der Luftfahrt i. S. des § 905 S. 2 BGB anzuerkennen war, zugunsten der Luftfahrt entschieden. Der Grundstückseigentümer hatte also grundsätzlich, den Luftverkehr über seinem Grundstück zu dulden, selbst wenn ein Interesse an der Ausschließung i. S. des § 905 S. 2 BGB anerkannt wurde, z. B. wegen des Fluglärms oder bei Flügen in großer Höhe wegen der Möglichkeit herunterfallender Teile[1845]. Nach der Begründung zu § 1 der Reichstagsvorlage von 1921 sei Luftfahrt ohne die zweifelsfreie Sicherung des Luftverkehrs gegen eine Einengung durch den Grundstückseigentümer nicht möglich. Die nach § 1 Abs. 1 LuftVG vorgesehenen Beschränkungen der Luftverkehrsfreiheit seien nach der Begründung zu § 1 der Reichstagsvorlage von 1921 zum Schutz der Allgemeinheit erforderlich. Sie würden die für die Allgemeinheit mit der Luftfahrt verbundenen Gefahren auf ein Mindestmaß herabsetzen und die zugelassene Luftfahrt so gestalten, daß der Grundstückseigentümer kein als berechtigt anzuerkennendes Interesse mehr an ihrer Ausschließung habe[1846]. Zu den gesetzlichen Beschränkungen der Luftverkehrsfreiheit gehörten z. B. das grundsätzliche Verbot, innerhalb von Ortschaften zu landen, die Zulassungspflicht (§ 4 LuftVG), das Beförderungsverbot für gefährliche Sachen (§ 14 LuftVG) und die Genehmigungspflicht von Luftfahrtunternehmen (§ 11 LuftVG). Zum Ausgleich für die Verpflichtung des Grundstückseigentümers, die Benutzung des Luftraums durch Luftfahrzeuge zu dulden, bestand eine verschuldensunabhängige Ersatzpflicht des Luftfahrzeughalters nach den §§ 19 ff. LuftVG. Damit verlor der in dem Urteil des Reichsgerichts vom 1. Juli 1920[1847] ausgesprochene Rechtsgrundsatz seine Bedeutung, soweit es jedenfalls um den Ersatz luftfahrtbetriebsbedingter Personen- und Sachschäden ging[1848].

Im übrigen war in der Literatur nach Inkrafttreten des Luftverkehrsgesetzes umstritten, ob und in welchem Umfang diese Rechtsprechung über den Anwendungsbereich der §§ 19 ff. LuftVG weiterhin Gültigkeit hatte, z. B. bei Luftfahrtschäden, die nicht bei dem Betrieb eines Luftfahrzeugs entstanden waren[1849]. Von *Kayser* wurde ein Fortsetzung dieser Rechtsprechung aufgrund der §§ 19 ff. LuftVG verneint. Wenn der Gesetzgeber die Haftung für Luftfahrtschäden aus-

[1845] *Busse*, S. 59.

[1846] Verh. des RT, I. Wahlperiode 1920/21, Bd. 368, Ds. Nr. 2504; vgl. auch: Allgemeiner Teil der Begründung der Reichstagsvorlage-LuftVG 1914 (Verh. des RT, 13. Leg.-Per., 1. Session 1912/14, Bd. 303, Ds. Nr. 1338).

[1847] RGZ 100, 69 (69 ff.).

[1848] Vgl. RGZ 133, S. 342 (344 ff.); vgl. RGZ 158, S. 34 (36).

[1849] Vgl. dazu *Kayser*, S. 44/45.

drücklich auf Betriebsunfälle beschränke, stelle jede darüber hinausgehende Anwendung dieses Rechtsprinzips eine Rechtsbeugung dar[1850]. Dagegen wurde von *Bredow/Müller* eine Anwendung dieser Rechtsprechung über § 19 LuftVG hinaus ohne nähere Begründung befürwortet[1851].

Besondere Bedeutung für die Ausübung des Luftverkehrs hatte auch die Anerkennung eines umfassenden Landungsrechts nach § 12 Abs. 1 S. 1 LuftVG[1852]. Vor Inkrafttreten des Luftverkehrsgesetzes bestand lediglich ein Notlandungsrecht gemäß § 904 BGB. Nach § 12 Abs. 1 S. 1 LuftVG erhielt der Luftfahrer die Befugnis, darüber hinaus auch außerhalb geschlossener Ortschaften auf nicht eingefriedeten Grundstücken oder Wasserflächen zu landen. Der Grundstückseigentümer wurde verpflichtet, die Landung zu dulden und auf den Schutz der §§ 859, 903 BGB, 123 StGB und 31 LuftVG zu verzichten[1853]. Zum Ausgleich konnte der Grundstückseigentümer Schadensersatzansprüche nach den §§ 19 ff. LuftVG gelten machten[1854].

Sowohl § 1 LuftVG als auch § 12 Abs. 1 Abs. 1 LuftVG wurden als gesetzliche Belastung des Grundeigentums angesehen, d. h. als eine Eigentumsbeschränkung i. S. des Art. 153 Abs. 1 S. 2 WRV[1855] und nicht als Enteignung[1856].

Im Rahmen des gesamten Gesetzgebungsverfahrens und darüber hinaus auch im Prozeß der Verordnungsgebung ist die Zuständigkeitsverteilung zwischen dem Reich und verschiedenen Ländern außerordentlich umstritten gewesen. Dabei zeigte sich im Gesetzgebungsverfahren wiederholt eine Kooperation des Reichs mit Preußen[1857]. So war Preußen fast ausnahmslos als einziger Bundesstaat an den Vorarbeiten der Verwaltung zur Erstellung des ersten Regierungsentwurfs beteiligt gewesen, und auch nach dem ersten Weltkrieg hatte Preußen als einziges Land an den Sitzungen des Reichsamts des Innern zur Ausarbeitung der Verordnung vom 7. Dezember 1918[1858] teilgenommen.

Bereits bei der Aufstellung des Vorkriegsentwurfs hatten Bayern und Sachsen eine Verletzung ihrer Hoheitsrechte geltend gemacht. Insgesamt berücksichtigte der Entwurf die Interessen der Länder jedoch in ausreichender Weise. Die im Vorkriegsentwurf vorgesehenen Reichsenteignungsrechte (§ 10 Abs. 1 S. 1 und S. 3) und das Recht des Reichs, Luftfahrtunternehmen selbst zu schaffen oder

---

[1850] *Kayser*, S. 44/45.

[1851] *Bredow/Müller*, S. 178.

[1852] Das freie Landungsrecht beseitigte das Gesetz zur Änderung des Luftverkehrsgesetzes vom 19. Dezember 1935 (RGBl. 1935 I, S. 1516).

[1853] Vgl. *Kayser*, S. 41 ff..

[1854] Soweit die Voraussetzungen des § 823 BGB und die des § 19 LuftVG fehlten, erkannte *Busse* darüber hinaus eine Schadensersatzpflicht des Luftfahrers nach den vom Reichsgericht aufgestellten Grundsätzen (RGZ 100, 69 (69 ff.)) an (*Busse*, S. 91).

[1855] RGBl. 1919 I, S. 1383 ff..

[1856] *Schleicher*, § 12.

[1857] Vgl. auch *Fischer*, S. 129.

[1858] RGBl. 1918 II, S. 1407 ff..

einem Privatunternehmer zur Ausführung zu übertragen (§ 11) gaben dem Reich die Möglichkeit, den Wettbewerb im Luftverkehr zu regulieren und damit entscheidenden Einfluß auszuüben. Diese Einwirkungsmöglichkeiten schwächte der Entwurf durch zusätzlich geregelte Zustimmungserfordernisse des Bundesrats deutlich ab. Außerdem wurde der Bundesrat ermächtigt, die erforderlichen Ausführungsanordnungen zu erlassen. Damit erhielten die Länder entscheidenden Einfluß auf die Normensetzung. Im Bereich des Gesetzesvollzugs übertrug der Entwurf den Ländern ebenfalls nahezu alle wesentlichen Aufgaben. Sie erhielten beispielsweise die Zuständigkeit zur Genehmigung von Flugplätzen nach Anhörung der genannten Reichsbehörden (§ 8) und zur Genehmigung von Luftfahrtunternehmen (§ 9). Die Genehmigungskompetenz für Luftfahrtunternehmen stellte ebenfalls ein Mittel zur Kontrolle des Wettbewerbs dar. Aus der Sicht des Reichs und der Länder kam auch ihr besondere Bedeutung zu.

Die nach dem ersten Weltkrieg erstellten Gesetzentwürfe übertrugen dem Reichsamt für Luft- und Kraftfahrwesen immer mehr Zuständigkeiten, bis ihm fast alle wesentlichen Kompetenzen zustanden. Dagegen wurde insbesondere von Bayern und Sachsen heftig protestiert. Im Verlauf der weiteren Arbeiten wurden die Befugnisse der Länder wieder deutlich gestärkt. Entscheidende Zuständigkeiten verblieben jedoch beim Reich. Es behielt die Befugnis, die erforderlichen Ausführungsbestimmugen - allerdings nicht ohne die Zustimmung des Reichsrats und eines Ausschusses des Reichstags - zu erlasssen (§ 17 LuftVG). Ihm wurde gemeinsam mit den Landeszentralbehörden die Zuständigkeit zur Genehmigung von Flughäfen (§ 7 LuftVG) übertragen. Es erhielt die Zuständigkeit zur Genehmigung von Luftfahrtunternehmen und -veranstaltungen nach Anhörung der Zentralbehörden der betroffenen Länder, soweit sie einen länderüberschreitenden Verkehr oder Flüge ins Ausland durchführten (§ 11 Abs. 2 Ziff. 2 LuftVG). Außerdem wurde ein Enteignungsrecht des Reichs geregelt (§ 16 Abs. 1 LuftVG).

Bezüglich der Kompetenzverteilung zwischen dem Reich und den Ländern wies das Luftverkehrsgesetz von 1922 damit eine deutlich zentralistische Struktur auf.

Eine weitere Zentralisierung wurde dadurch bewirkt, daß der Reichsregierung und damit dem Reichsverkehrsminister im Rahmen der Tätigkeiten des Reichsrats Zuständigkeiten übertragen wurden, die zunächst das Reichsamt für Luft- und Kraftfahrwesen erhalten sollte.

Die zentralistische Struktur des Luftverkehrsgesetzes von 1922 erleichterte es dem Reich im Vergleich zum Vorkriegsentwurf, seine politischen, wirtschaftlichen und militärischen Zielsetzungen im zivilen Luftverkehr durchzusetzen[1859]. Zu berücksichtigen ist auch, daß eine national weitgehend einheitliche Behandlung des Luftverkehrs grundsätzlich nicht nur aus machtpolitischen Erwägungen, sondern auch aus sachlichen Gründen im Interesse einer ungehinderten Ent-

[1859]Vgl. *Fischer*, S. 43 ff..

wicklung der Luftfahrt, insbesondere im Hinblick auf eine internationale Regelung, notwendig war.

Die Haftpflichtregelungen wurden im gesamten Kodifikationsprozeß am ausführlichsten diskutiert. Der erste Entwurf eines Luftverkehrsgesetzes aus dem Jahre 1912 regelte in § 14[1860] eine besondere Haftpflicht des Luftfahrzeughalters in Anlehnung an § 7 KFG. Danach haftete der Luftfahrzeughalter für den bei dem Betrieb eines Luftfahrzeugs entstandenen Schaden. Nach § 14 Abs. 2 S. 2 konnte er sich durch den Nachweis eines „unabwendbaren Ereignisses" von der Haftung befreien. Gemäß § 14 Abs. 2 S. 3 war ein Ereignis nicht unabwendbar, wenn es auf einer Einwirkung von Naturkräften beruhte, mit denen „nach dem Wesen der Luftfahrt gerechnet werden mußte". Die Bestimmung des § 14 des ersten Entwurfs stieß im Rahmen der weiteren Beratungen auf großen Widerstand der hinzugezogenen Sachverständigen. Sie hielten den Haftungsausschlußgrund des § 14 Abs. 2 S. 2 für zu eng. Im Interesse der Entwicklung der Luftfahrt forderten sie, ihn durch eine dem § 1 Abs. 2 der Reichstagsvorlage-KFG 1908[1861] entsprechende Regelung zu ersetzen[1862]. Die von *Dronke* vorgeschlagene Neufassung des § 14 Abs. 2[1863] orientierte sich an § 1 Abs. 2 der Reichstagsvorlage-KFG 1908[1864]. Im Unterschied zur ursprünglichen Fassung war der geänderte Wortlaut des § 14 klarer und allgemein verständlicher, da er auf den Begriff des „unabwendbaren Ereignisses" mit seinen beispielhaften Aufzählungen

---

[1860] § 14: „Wird bei dem Betrieb eines Luftfahrzeugs [der Begriff hatte im Teil „II. Haftpflicht" des Entwurfs einen erweiterten Anwendungsbereich, indem er sich auch auf die luftfahrzeugähnlichen Apparate bezog] ein Mensch getötet, der Körper oder die Gesundheit eines Menschen verletzt oder eine Sache beschädigt, so ist der Halter des Fahrzeugs verpflichtet, dem Verletzten den daraus entstehenden Schaden zu ersetzen.
Die Ersatzpflicht ist ausgeschlossen, wenn der Unfall durch ein unabwendbares Ereignis verursacht wird. Als unabwendbar gilt ein Ereignis insbesondere dann, wenn der Unfall auf das Verhalten des Verletzten oder eines Dritten, der weder durch das Fahrzeug befördert wurde, noch bei dem Betriebe des Fahrzeugs beschäftigt war, oder auf das Verhalten eines Tieres zurückzuführen ist und sowohl der Halter als die bei dem Betriebe des Fahrzeugs beschäftigten Personen jede nach den Umständen des Falles gebotene Sorgfalt beobachtet haben. Als unabwendbar gilt ein Ereignis nicht, wenn es auf einen Fehler in der Beschaffenheit des Fahrzeugs oder auf einem Versagen seiner Vorrichtungen oder auf einer Einwirkung von Naturkräften beruht, mit der nach dem Wesen der Luftfahrt gerechnet werden mußte.
Wird das Fahrzeug ohne Wissen und Willen des Fahrzeughalters von einem anderen in Betrieb gesetzt, so ist dieser an Stelle des Halters zum Ersatz des Schadens verpflichtet." (BA Berlin-Li., R 30.01, Nr. 7002, Bl. 2; GStA PK, I. HA Rep. 120 Tn, Nr. 1 Bd. 3, Bl. 87 ff.).

[1861] Verh. des RT, 12. Leg.-Per., 1. Session 1907/09, Bd. 248, Ds. Nr. 988.

[1862] Vgl. 3. Teil F. VI..

[1863] Vgl. 3. Teil F. VII.: § 14 Abs. 2: „Die Ersatzpflicht ist ausgeschlossen, wenn der Unfall weder durch ein Verschulden des Fahrzeughalters oder einer bei dem Betriebe beschäftigten oder in dem Fahrzeug beförderten Person noch durch einen Fehler in der Beschaffenheit des Fahrzeugs oder durch ein Versagen seiner Verrichtungen verursacht worden ist." (BA Berlin-Li., R 30.01, Nr. 7002, Bl. 118 a v).

[1864] Verh. des RT, 12. Leg.-Per., 1. Session 1907/09, Bd. 248, Ds. Nr. 988.

verzichtete. Die neue Fassung schwächte die Haftpflicht des Luftfahrzeughalters ab, indem er nicht für durch Naturereignisse verursacht Schäden einstehen mußte. Außerdem erleichterte die negative Formulierung dem Luftfahrzeughalter den Entlastungsbeweis. Diese Regelung wurde weiterhin für unzureichend erachtet und man einigte sich auf eine zusätzliche Haftungserleichterung des Luftfahrzeughalters, in dem man sich für eine Haftungseinschränkung für eigenes Verschulden des Halters und das Verschulden der bei dem Betrieb beschäftigten Personen entschied[1865]. Die Regelung des § 14[1866] wurde dann in § 15 der Reichstagsvorlage-LuftVG 1914[1867] übernommen. Die Fassung verband das Verschuldensprinzip mit dem Gefährdungsprinzip, da der Halter auch ohne Verschulden für die Fehler des Materials bzw. das Versagen seiner Verrichtungen einstehen mußte. Mit der Umkehr der Beweislast sollte die regelmäßig auftretende Beweisnot des Geschädigten beseitigt werden. Zusätzlich wurde dadurch für den Luftfahrzeughalter eine unterschiedliche Beweislast vermieden, die sich nach geltendem Recht ergab, wenn er sich gleichzeitig nach § 823 BGB und § 831 BGB zu verantworten hatte[1868]. Darüber hinaus wurde die Haftung für den Luftfahrzeughalter im Unterschied zu § 831 BGB verschärft, da ihm die Möglichkeit genommen wurde, sich durch einen Exkulpationsbeweis von der Haftung zu befreien. Im übrigen blieb die Regelung hinter der des § 7 KFG[1869] und des § 1 RHPfG[1870] zurück, da das Vorliegen eines Haftungsausschlusses nicht auch „höhere Gewalt"

[1865]Vgl. 3. Teil F. VII.; dort der Änderungsvorschlag von Dronke.

[1866]§ 14: „Wird bei dem Betrieb eines Luftfahrzeugs, das zur Aufnahme von Menschen bestimmt ist, ein Mensch getötet, der Körper oder die Gesundheit eines Menschen verletzt oder eine Sache beschädigt, so ist der Halter des Fahrzeugs verpflichtet, dem Verletzten den daraus entstehenden Schaden zu ersetzen.
Die Ersatzpflicht ist ausgeschlossen, wenn der Unfall weder durch ein Verschulden des Fahrzeughalters oder einer bei dem Betriebe beschäftigten Person noch durch einen Fehler in der Beschaffenheit des Fahrzeugs oder durch ein Versagen seiner Vorrichtungen verursacht worden ist.
Wird das Fahrzeug ohne [...]." (Luftverkehrsgesetzentwurf ca. Mai 1913: BA Berlin-Li., R 30.01, Nr. 7002, Bl. 152/153).

[1867]§ 15 : „Wird bei dem Betrieb eines Luftfahrzeugs, das zur Aufnahme von Menschen bestimmt ist, jemand getötet oder sein Körper oder seine Gesundheit verletzt oder eine Sache beschädigt, so ist der Halter des Luftfahrzeugs verpflichtet, dem Verletzen den Schaden zu ersetzen.
Die Ersatzpflicht ist ausgeschlossen, wenn der Unfall weder durch Verschulden des Fahrzeughalters oder einer bei dem Betriebe beschäftigten Person noch durch einen Fehler in der Beschaffenheit des Fahrzeugs oder durch ein Versagen seiner Vorrichtungen verursacht worden ist.
Setzt jemand das Fahrzeug ohne Wissen und Willen des Fahrzeughalters in Betrieb, so ist er an Stelle des Halters zum Ersatze des Schadens verpflichtet." (Verh. des RT, 13. Leg.-Per., 1. Session 1912/14, Bd. 303, Ds. Nr. 1338).

[1868]Vgl. *Niemeyer*, S. 29 (51/52).

[1869]RGBl. 1909, S. 437 ff..

[1870]RGBl. 1871, S. 207 ff..

oder ein „unabwendbares Ereignis“ voraussetzte. Das wurde im Regierungsentwurf mit den ideellen Zwecken der Luftfahrt, insbesondere denen der Landesverteidigung und der außerdem bestehenden geringen wirtschaftlichen Bedeutung der Luftfahrt, begründet[1871]. In der ersten Lesung im Reichstag am 12. März 1914[1872] stießen die Haftpflichtbestimmungen der Reichstagsvorlage-LuftVG 1914 jedoch auf heftige Kritik. Überwiegend wurde eine schärfere Haftpflicht des Luftfahrzeughalters gefordert[1873]. Fast ausnahmslos hatten sich die Abgeordneten zudem für die Festsetzung höherer Haftungshöchstsummen[1874] und für die Bildung von Zwangsgenossenschaften ausgesprochen[1875]. In der ausgewerteten zeitgenössischen Tagespresse wurden die Haftpflichtbestimmungen des Gesetzentwurfs dagegen unterschiedlich aufgenommen.

Der erste Entwurf von *Euler* aus dem Jahre 1919[1876], der nach der Wiederaufnahme der Tätigkeiten zur Kodifikation eines Luftverkehrsgesetzes nach dem ersten Weltkrieg erstellt wurde, verschärfte die Haftpflicht des Luftfahrzeughalters deutlich. Er regelte in § 9 Abs. 1 eine Gefährdungshaftung unter Ausschluß der Fälle des Verschuldens des Beschädigten und des Dazwischentretens eines Dritten. Diese Fassung wurde im sechsten Entwurf vom 11. Februar 1920[1877] weiter verschärft. Darin verzichtete man in § 12 Abs. 1 vollständig auf die Regelung dieser Haftungsausschlußgründe. Die Bestimmung stand während der Tätigkeiten des 33. Reichstagsausschusses wiederholt zur Diskussion. Die Kritiker konnten sich jedoch nicht durchsetzen. Mit der Verabschiedung des Luftverkehrsgesetzes im Jahre 1922[1878] erlangte die Haftpflichtbestimmung in § 19 Abs. 1 Gesetzeskraft[1879]. Im übrigen galt die besondere Haftpflicht des Luftfahrzeughalters im Unterschied zu § 16 der Reichstagsvorlage des Entwurfs eines Luftverkehrsgesetzes von 1914[1880] und der Regelung des § 8 Nr. 1 KFG auch, soweit

[1871] BA Berlin-Li., R 30.01, Nr. 7002, Bl. 194/194 v; GStA PK, I. HA Rep. 120 Tn, Nr. 1 Bd. 4, Bl. 15/15 v.

[1872] Verh. des RT, 13. Leg.-Per., 1. Session, 1912/14, Bd. 294, S. 8043 (8057), Sten. Ber. der 234. Sitzung vom 12. März 1914.

[1873] Landsberg (S), Belzer (Z) und Siehr (Fortsch. Volkspartei); ohne ausdrückliche Stellungnahme Quarck (nationallieberale Part) und Oertel (Deutsch-konservat. Partei).

[1874] Belzer (Z) und Siehr (Fortschritt. Volkspartei), Quarck (Nat. lib. Partei) und Oertel (Deutsch-konservat. Partei).

[1875] Belzer (Z), Landsberg (S), Quarck (Nat. lib. Part.); dagegen Siehr (Fortschritt. Volkspartei).

[1876] BA Berlin-Li., R 30.01, Nr. 7003, Bl. 138 ff.; BA Berlin-Li., R 30.01, Nr. 7003, Bl. 162 ff.; BA Berlin-Li., R 30.01, Nr. 7004, Bl. 20 k ff..

[1877] BA Berlin-Li., R 30.01, Nr. 7004, Bl. 159 ff.; BA Berlin-Li., R 15.01, Nr. 14148, Bl. 165 ff.; GStA PK, I. HA Rep. 84 a, Nr. 1989, Bl. 39 ff..

[1878] RGBl. 1922 I, S. 681 ff..

[1879] Die Haftung des Halters für Unfälle von bei dem Betrieb beschäftigten Personen war durch die Vorschriften der Berufsunfallversicherung (§ 537 ff. RVO) sondergesetzlich geregelt (*Schleicher/Reymann*, § 19 Anm. 1c).

[1880] Verh. des RT, 13. Leg.-Per., 1. Session 1912/14, Bd. 303, Ds. Nr. 1338.

der Verletze oder die beschädigte Sache durch das Luftfahrzeug befördert wurden. Der Gesichtspunkt, daß der Betreffende die Gefahr freiwillig übernimmt, trat hinter der Erwägung zurück, daß die Gefahrübernahme die im Interesse der Allgemeinheit liegende Entwicklung der Luftfahrt fördere[1881].

Zusammenfassend kann somit im Hinblick auf die Haftpflicht des Luftfahrzeughalters im Luftverkehrsgesetz von 1922 festgehalten werden: Die meisten Vorschläge in der Literatur und auch die Reichstagsvorlage von 1914[1882], deren Regelung während des Verfahrens vor dem ersten Weltkrieg zweimal abgemildert wurde, sahen bereits eine beschränkte Gefährdungshaftung des Luftfahrzeughalters vor. Im Rahmen des nach dem ersten Weltkriegs erneut in Gang gesetzten Verfahrens wurden die Haftpflichtregelungen darüber hinaus deutlich verschärft. Letztlich entschied sich der Gesetzgeber für eine nahezu uneingeschränkte Haftung des Halters[1883] gegenüber den bei dem Betrieb Beschäftigten, den durch das Luftfahrzeug beförderten Personen und gegenüber unbeteiligten Dritten. Der Luftfahrzeughalter hatte auch für die nicht typischen Gefahren der Luftfahrt einzustehen. Seine Haftung ging über die des Kraftfahrzeughalters und die Regelung des § 1 RHPfG[1884] hinaus, indem sie auch die Haftung bei „unabwendbare[m] Ereignis" und „höhere [r] Gewalt" umfaßte.

Eine Haftung des Luftfahrzeughalters nach den Grundsätzen der Gefährdungshaftung erscheint sachgerecht. Infolge der rasanten technischen Entwicklung der Luftfahrt während des ersten Weltkriegs war abzusehen, daß sich die Luftfahrt zu einem allgemeinen nicht nur auf bestimmte Interessenkreise beschränkten Verkehrsmittel entwickeln würde. Die von einem Flugzeug zu jeder Zeit ausgehende Gefahr eines Absturzes mit der Folge von Tötung, schwerwiegenden Körperverletzungen und Sachbeschädigungen größeren Ausmaßes machen die Luftfahrt auch heute noch zu einer besonderen Gefahr für die Allgemeinheit, wofür derjenige, der diese gefährliche Betätigung erlaubter Weise ausübt und sich wirtschaftlich zunutze macht, auch ohne Verschulden einstehen muß. Die gefundene Regelung brachte das Prinzip der Gefährdungshaftung umfassend zur Anwendung. Sie wälzte die Risiken des Luftverkehrs in hohem Maße auf den Luftfahrzeughalter ab und trug damit dem besonderen Schutzbedürfnis der Betroffenen in ausreichender Weise Rechnung. Im Unterschied zur heutigen Rechtslage vermied die einheitliche Haftpflichtregelung grundsätzlich, daß die Passagiere gegenüber unbeteiligten Dritten im Einzelfall besser gestellt wurden[1885].

1881 BA Berlin-Li., R 601/825, F 1 Nr. 21/21 v.

1882 Verh. des RT, 13. Leg.-Per., 1. Session 1912/14, Bd. 303, Ds. Nr. 1338.

1883 Einschränkungen konnte sich allein bei sogenannten Schwarzfahrten i. S. des § 19 Abs. 2 S. 1 LuftVG und bei einem mitwirkenden Verschulden des Verletzen ergeben (§ 20 LuftVG).

1884 RGBl. 1871, S. 207 ff..

1885 Für den Ersatz von Schäden unbeteiligter Dritter besteht z. B. gemäß § 37 Abs. 2 LuftVG für Personenschäden jeweils eine Ersatzpflicht bis zu einem „Kapitalbetrag von 600000 Euro". Eine Verringerung der einzelnen Entschädigungen ist gemäß § 37 Abs. 3 LuftVG vorge-

Im Hinblick auf die Rechtsstellung der Passagiere wäre ein Verbot, die Haftung nach den §§ 19 ff. LuftVG im voraus vertraglich zu Beschränken, zu begrüßen gewesen.

Durch die neue Regelung wurden außerdem die wirtschaftlichen Interessen der Luftfahrt durch die Festlegung von Haftungshöchstsummen und die Versicherungs- bzw. Hinterlegungspflicht, durch die das Haftungsrisiko in erträglichen Grenzen gehalten und das Schadensrisiko kalkulierbar gemacht werden sollten, berücksichtigt. Im übrigen erhielten die Luftfahrtunternehmen damit die Möglichkeit, das wirtschaftliche Risiko, z. B. über den Flugpreis, auf die Fluggäste abzuwälzen und damit diejenigen zu beteiligen, die sich die technische Errungenschaft zunutze machten. Die Versicherungs- bzw. Hinterlegungspflicht schaffte außerdem eine gewisse Sicherheit für den Geschädigten, einen solventen Schuldner zu erhalten.

Im übrigen entsprach die strenge Haftpflicht zugleich auch dem Schutzbedürfnis des Grundstückseigentümers, der zum Ausgleich der grundsätzlich geltenden Verkehrsfreiheit (§ 1 LuftVG) nach § 19 ff. LuftVG Schadensersatzansprüche geltend machen konnte.

Insgesamt konnte mit der neuen Regelung ein angemessener Interessensausgleich zwischen dem Schutzbedürfnis der Allgemeinheit einerseits sowie den wirtschaftlichen und technischen Erfordernissen für die Fortentwicklung eines noch jungen Wirtschaftszweiges andererseits gefunden werden.

---

sehen, soweit die in § 37 Abs. 1 LuftVG vorgesehenen Haftungshöchstbeträge überschritten werden. Bei der Passagierhaftung besteht gemäß § 46 Abs. 1 LuftVG für den Ersatz von Personenschäden eine Ersatzpflicht bis zu einem „Kapitalbetrag von 600000 Euro". Eine Regelung, nach der sich die Entschädigungen für die Passagiere im Einzelfall verringern, sieht das Luftverkehrsgesetz nicht vor. Eine Besserstellung in einzelnen Fällen ergibt außerdem ein Vergleich der Haftpflicht unbeteiligter Dritter gemäß § 33 ff. LuftVG mit der Passagierhaftung nach Art. 3 der EG-Verordnung Nr. 2027/97 (ABl. EG Nr. L 285 vom 9. Oktober 1997, S. 1 ff.).

Anhang

A. Bestimmungen über Führerzeugnisse von 1910

I. Verbandsbestimmungen des Deutschen Luftschifferverbandes über "Führerzeugnisse für Flugmaschinen" (Januar 1910)[1886]

Seit dem 1. Januar 1910 geltende Bestimmungen des „Deutschen Luftschifferverbandes" für die Erteilung von Führerzeugnissen entsprechend den Bedingungen der „Fédération Aéronautique Internationale":

Vom 1. Januar 1910 ab können sich an den Wettbewerben, Wettfahrten oder Erprobungen von Flugzeugen, welche von Vereinen des Deutschen Luftschifferverbandes veranstaltet werden, nur solche Führer beteiligen, welche vor dem Meldeschluß im Besitze eines Führerzeugnisses für Flugzeuge von einer der Fédération Aéronautique Internationale angehörenden Sportmacht sind.

Der Vorstand stellt auf Vorschlag der Motorflugkommission Führerzeugnisse für Flugzeuge an solche Bewerber aus, welche das 18. Jahr überschritten, ein schriftliches Gesuch eingereicht und die nachfolgenden Bestimmungen erfüllt haben:

Der Bewerber muß mindestens drei geschlossene Rundflüge von je mindestens fünf km Länge, ohne den Boden zu berühren, ausgeführt haben. Der Bewerber ist verpflichtet, nach jedem Rundflug zu landen und seinen Motor anzuhalten. Die Landung und das Anhalten des Motors darf höchstens 150 m weit von dem Punkte erfolgen, welcher dem Bewerber vorher hierfür bezeichnet wurde. Die Gesuche müssen in zwei Exemplaren mit der Fotografie des Bewerbers, Angabe seines Vor- und Zunamens, seiner Adresse, seiner Nationalität, seines Geburtsortes und des Datums an den Vorsitzenden der Motorflugkommission gerichtet werden.

Der Vorstand hat das Recht, solche Zeugnisse ohne Angabe von Gründen zu erteilen, zu verweigern oder bereits erteilte Führerzeugnisse zeitweise oder ganz zurückzuziehen. Das Zeugnis in Paßform wird kostenlos abgegeben. Ein zurückgestellter Bewerber kann sich nach Ablauf von zwei Monaten wieder melden.

Der Deutsche Luftschifferverband lehnt jede Verantwortlichkeit für Unfälle, Schäden usw. ab, welche vor oder nach Erteilung des Führerzeugnisses den Flugzeugführern, ihren Flugzeugen, dritten Personen oder deren Eigentum durch die Flugtätigkeit zustoßen.

II. Verbandsbestimmungen des Deutschen Luftschifferverbandes über "Führerzeugnisse für Luftfahrer" (Juli 1910)[1887]

Folgende Bestimmungen für Flugzeug- und Luftschiffführer lagen bei der Beratung vom 26. Juli 1910 über den Erlaß einer preußischen Verfügung für den Luftverkehr vor:

Zeugnisse für Flugzeugführer:

Der Vorstand des Deutschen Luftschifferverbandes stellt auf Vorschlag der Motorflugkommission Führerzeugnisse für Flugzeuge an solche Bewerber aus, welche das 18. Jahr über-

---

[1886] *Vorreiter*, S. 469/470.

[1887] GStA PK, I. HA Rep. 120 Tn, Nr. 1 Bd. 1, Bl. 102, Anlage a); GStA PK, I. HA Rep. 120 Tn, Nr. 1 Bd. 1, Bl. 102 Anlage b).

schritten, ein schriftliches Gesuch eingereicht und die nachfolgenden Bestimmungen erfüllt haben:
Der Bewerber muß mindestens drei geschlossene Rundflüge von je mindestens fünf km Länge, ohne den Boden zu berühren, ausgeführt haben. Der Bewerber ist verpflichtet, nach jedem Rundflug zu landen und seinen Motor anzuhalten. Die Landung und das Anhalten des Motors darf höchstens 150 m weit von dem Punkte erfolgen, welcher dem Bewerber vorher hierfür bezeichnet wurde. Die Gesuche müssen in zwei Exemplaren mit der Fotografie des Bewerbers, Angabe seines Vor- und Zunamens, seiner Adresse, seiner Nationalität, seines Geburtsortes und des Datums an den Vorsitzenden der Motorflugkommission gerichtet werden.
Der Vorstand hat das Recht, solche Zeugnisse ohne Angabe von Gründen zu erteilen, zu verweigern oder bereits erteilte Führerzeugnisse zeitweise oder ganz zurückzuziehen. Das Zeugnis in Paßform wird kostenlos abgegeben. Ein zurückgestellter Bewerber kann sich nach Ablauf von zwei Monaten wieder melden.

Zeugnisse für Luftschiffführer:
Der Vorstand des Deutschen Luftschifferverbandes stellt auf Vorschlag der Motorflugkommission Führerzeugnisse für Luftschiffe an die Mitglieder des Deutschen Luftschifferverbandes aus, welche das 21. Jahr überschritten, ein schriftliches Gesuch eingereicht und die nachstehenden Bestimmungen erfüllt haben:
Der Bewerber muß bereits das Führerzeugnis für Freiballone besitzen. Er muß ferner sechs Fahrten in einem Luftschiff von mindestens je einer Stunde Dauer zu verschiedenen Tagen gemacht haben. Während dieser Fahrten muß der Bewerber in den zur Führung des Luftschiffs erforderlichen Handgriffen ausgebildet sein. Bei der sechsten Fahrt muß der Bewerber das Luftschiff selbst geführt haben. Der Bewerber muß für Abfahrten und Landungen von mindestens drei Fahrten Zeugnisse von mindestens zwei Personen beibringen, welche entweder Mitglieder der Motorflugkommission oder Luftschiffführer des Deutschen Luftschifferverbandes sein müssen.
Die Gesuche müssen in zwei Exemplaren mit der Fotografie des Bewerbers, Angabe seines Vor- und Zunamens, seiner Adresse, seiner Nationalität, seines Geburtsortes und Datums an den Vorsitzenden der Motorflugkommission gerichtet werden.
Der Vorstand hat das Recht, solche Zeugnisse unter Angabe von Gründen zu erteilen, zu verweigern oder erteilte Führerzeugnisse zeitweise oder ganz zurückzuziehen. Das Zeugnis in Paßform wird kostenlos abgegeben. Ein zurückgestellter Bewerber kann sich nach Ablauf von zwei Monaten wieder melden.

III. Die auf der Pariser Luftschiffahrts-Konferenz beschlossenen Bestimmungen (1910)[1888]

„Übersetzung der Bestimmungen über die Inbetriebnahme von Flugfahrzeugen und die Patente ihrer Führer...“

Jedes Flugfahrzeug muß mit dem Zeugnis seiner Fahrfähigkeit versehen sein.
Das Zeugnis wird nur nach Versuchen, die vor einer öffentlichen Behörde veranstaltet und von dieser als genügend anerkannt sind, ausgestellt. Statt der Behörde kann ein aeronautischer Verein hierzu vom Staat ermächtigt werden, indessen können derartige Vorgänge versuchs

[1888] GStA PK, I. HA Rep. 120 Tn, Nr.1 Bd. 1, Bl. 77/78; auf eine Wiedergabe der Anlage wurde verzichtet.

der Fahrfähigkeit nicht von Freiballons noch von Flugfahrzeugen verlangt werden, die einem Typus angehören, dessen Fahrfähigkeit bereits genügend festgestellt ist. Periodische oder nichtperiodische Besichtigungen werden, um den Zustand der Fahrfähigkeit der Luftfahrzeuge festzustellen, vor der öffentlichen Behörde oder den damit betrauten Vereinen vorgenommen.
Das Zeugnis über die Fahrfähigkeit muß folgende Bestimmungen enthalten: Name oder Firma und Domizil des Konstrukteurs, Ort und Jahr der Fabrikation, Nummer oder andere Identitätsmarke, die dem Apparat vom Konstrukteur gegeben ist, bei Luftschiffen und Flugfahrzeugen die Fotografie.
Endlich die charakteristischen Eigenschaften des Flugfahrzeuges gemäß den Vorschriften der Anlage B. Wird eine der in dem Zeugnis aufgeführten charakteristischen Eigenschaften der Fahrfähigkeit geändert, hat das Zeugnis seine Gültigkeit verloren.
Der Führer, der Maschinenleiter und diejenigen zu ihrer Vertretung berufenen Personen müssen mit Patenten versehen sein, die von dem Staat, dessen Nationalität das Luftfahrzeug besitzt, ausgestellt worden sind. Im Notfalle kann der Führer für seinen oder für den Ersatz des Maschinisten Personen annehmen, die Zeugnisse eines anderen Vertragsstaates besitzen. Die Zeugnisse werden ausgestellt für die Führung eines Freiballons, eines Luftschiffs oder eines Flugfahrzeugs. Die Zeugnisse werden nur nach vorgängigen theoretischen und praktischen Prüfungen, die die Eignung der Führer und Maschinisten dargetan haben, und die vor einer öffentlichen Behörde oder vor einer staatlich damit betrauten Vereinigung abgehalten sind, ausgestellt.
Zeugnisse dürfen nur Personen von 18 Jahren und von guter Führung erteilt werden.

B. Verordnungen, Verfügung und Entwürfe zum Luftverkehrsgesetz

I. Polizeiverordnung, betreffend den Aufstieg mit Flugmaschinen zu Schauflügen auf Flugplätzen und zu Ueberlandflügen, für die Provinz Brandenburg und den Landespolizeibezirk Berlin vom 29. Juli[1889]

§ 1. Der Aufstieg mit Flugmaschinen zu Schauflügen auf Flugplätzen und zu Ueberlandflügen ist nur solchen Personen gestattet, welche sich im Besitze eines Führerzeugnisses für Flugzeuge nach den Bestimmungen der Fédération Aéronautique Internationale befinden.

§ 2. Die Veranstalter von Schauflügen oder von Ueberlandflügen haben die beabsichtigten Flüge mindestens 3 Tage vorher der Ortspolizeibehörde, welche für den Flugplatz oder für den Ausgangsort der Ueberlandflüge zuständig ist, anzuzeigen.
Die Führerzeugnisse der beteiligten Flieger sind spätestens 24 Stunden vor Beginn des Fluges der zuständigen Ortspolizeibehörde durch die Flieger selbst vorzulegen.

§ 3. Bei Ueberlandflügen ist das Ueberfliegen von geschlossenen Ortschaften verboten. Bei Schauflügen dürfen die Schranken des Flugplatzes nicht überflogen werden.

§ 4. Zuwiderhandlungen gegen diese Verordnung werden, soweit nicht nach sonstigen gesetzlichen Vorschriften eine höhere Strafe verwirkt ist, mit Geldstrafe bis zu 60 Mark bestraft.

[1889] Sonderausgabe des Amtsblatts der Königlichen Regierung zu Potsdam und der Stadt Berlin 1910, S. 365.

§ 5. Diese Polizeiverordnung tritt mit ihrer Veröffentlichung in Kraft.

Potsdam, den 29. Juli 1910 Der Oberpräsident

II. Polizeiverordnung über den Aufstieg mit Flugmaschinen vom 1. Oktober 1910 für die Provinz Brandenburg[1890]

§ 1. Alle Personen, welche, abgesehen von den in den §§ 5, 6, und 7 dieser Verordnung geregelten Flugversuchen Flüge unternehmen wollen, bedürfen dazu eines „Zeugnisses für Flugzeugführer", welches von dem Vorstande des Deutschen Luftschifferverbandes, Berlin W. 9, Voßstraße 21, ausgestellt ist. Das Zeugnis ist den Polizeibeamten auf Aufforderung vorzulegen und während der Fahrt mitzuführen.

§ 2. Das Zeugnis muß darüber Auskunft geben, mit welcher Art (Typ) von Flugzeugen der Inhaber zu fliegen für befähigt erachtet worden ist. Das Aufsteigen mit einem anderen Typ als dem in dem Führerzeugnisse bezeichnten ist verboten, bis der betreffende Führer die Ausdehnung seines Zeugnisses auf den anderen Typ bei dem Vorstande des Deutschen Luftschifferverbandes eingeholt hat.

§ 3. Die ein Prüfungszeugnis besitzenden Flieger dürfen mit ihrem Flugzeug ohne besondere polizeiliche Erlaubnis nur außerhalb der bewohnten Ortschaften aufsteigen. Wo die besonderen Verhältnisse es nötig machen, können die Ortspolizeibehörden auch über die Grenzen der bewohnten Ortschaften hinaus einen Bezirk bestimmen, in welchem das Aufsteigen ohne besondere polizeiliche Erlaubnis verboten ist.

§ 4. Das Ueberfliegen von Sprengstoff-Fabriken, Petroleumlagern, Gasanstalten und ähnlichen feuergefährlichen Anlagen sowie von Grundstücken, die von elektrischen Hochspannungsanlagen netzartig überzogen sind, ist verboten.

§ 5. Flugversuche der nicht mit einem Führerzeugnisse ausgestatteten Personen sind nur an den für diese Zwecke hergerichteten und eingefriedigten Flugplätzen gestattet.

§ 6. Außerhalb der in § 5 bezeichneten Flugplätze können Flugversuche der nicht mit einem Führerzeugnisse versehenen Personen von der Ortspolizeibehörde für solche Oertlichkeiten gestattet werden, wo mit Rücksicht auf die Lage zu den Verkehrstraßen und den Umfang des Verkehrs eine Gefährdung der öffentlichen Sicherheit nicht zu befürchten ist. Die polizeiliche Erlaubnis kann nötigenfalls auf bestimmte Tagesstunden begrenzt oder durch gewisse Schutzmaßnahmen beschränkt werden.

§ 7. Den nicht mit einem Führerzeugnisse ausgestatteten Personen ist verboten, bei ihren Flügen unbeteiligte Passagiere oder Führeraspiranten mitzunehmen oder sich an öffentlich angekündigten Schauflügen zu beteiligen.

§ 8. Zuwiderhandlungen gegen diese Verordnung werden, soweit nicht nach sonstigen gesetzlichen Vorschriften eine höhere Strafe verwirkt ist, mit Geldstrafe bis zu 60 Mark bestraft.

[1890] Sonderausgabe des Amtsblatts der Königlichen Regierung zu Potsdam und der Stadt Berlin 1910, S. 457.

§ 9. Diese Polizeiverordnung tritt mit dem Tage ihrer Veröffentlichung in Kraft.

Potsdam, den 1. Oktober 1910 Der Oberpräsident

III. Polizeiverordnung über den Aufstieg mit Flugmaschinen vom 6. Oktober 1910 für den Landespolizeibezirk Berlin[1891]

§ 1. Alle Personen, welche, abgesehen von den in den §§ 5, 6, und 7 dieser Verordnung geregelten Flugversuchen Flüge unternehmen wollen, bedürfen dazu eines „Zeugnisses für Flugzeugführer", welches von dem Vorstande des Deutschen Luftschifferverbandes, Berlin W. 9, Voßstraße 21, ausgestellt ist. Das Zeugnis ist den Polizeibeamten auf Aufforderung vorzulegen und während der Fahrt mitzuführen.

§ 2. Das Zeugnis muß darüber Auskunft geben, mit welcher Art (Typ) von Flugzeugen der Inhaber zu fliegen für befähigt erachtet worden ist. Das Aufsteigen mit einem anderen Typ als dem in dem Führerzeugnisse bezeichneten ist verboten, bis der betreffende Führer die Ausdehnung seines Zeugnisses auf den anderen Typ bei dem Vorstande des Deutschen Luftschifferverbandes eingeholt hat.

§ 3. Die ein Prüfungszeugnis besitzenden Flieger dürfen mit ihrem Flugzeug ohne besondere polizeiliche Erlaubnis nur außerhalb der bewohnten Ortschaften aufsteigen. Wo die besonderen Verhältnisse es nötig machen, können die Ortspolizeibehörden auch über die Grenzen der bewohnten Ortschaften hinaus einen Bezirk bestimmen, in welchem das Aufsteigen ohne besondere polizeiliche Erlaubnis verboten ist.

§ 4. Das Ueberfliegen von Sprengstoff-Fabriken, Petroleumlagern, Gasanstalten und ähnlichen feuergefährlichen Anlagen sowie von Grundstücken, die von elektrischen Hochspannungsanlagen netzartig überzogen sind, ist verboten.

§ 5. Flugversuche der nicht mit einem Führerzeugnisse ausgestatteten Personen sind nur an den für diese Zwecke hergerichteten und eingefriedigten Flugplätzen gestattet.

§ 6. Den nicht mit einem Führerzeugnisse ausgestatteten Personen ist verboten, bei ihren Flügen unbeteiligte Passagiere oder Führeraspiranten mitzunehme oder sich an öffentlich angekündigten Schauflügen zu beteiligen.

§ 7. Zuwiderhandlungen gegen diese Verordnung werden, soweit nicht nach sonstigen gesetzlichen Vorschriften eine höhere Strafe verwirkt ist, mit Geldstrafe bis zu 60 Mark bestraft.

§ 8. Diese Polizeiverordnung tritt mit dem Tage ihrer Veröffentlichung in Kraft.

Berlin, den 6. Oktober 1910 Der Polizei-Präsident

[1891] Sonderausgabe des Amtsblatts der Königlichen Regierung zu Potsdam und der Stadt Berlin 1910, S. 467.

IV. Preußische „Verfügung“, betreffend die staatlichen Maßnahmen gegenüber den Luftschiffahrten und dem Flugwesen vom 22 Oktober 1910[1892] (Auszug: beschränkt auf Bestimmungen für Flugzeuge und Luftschiffe)

A) Flugwesen

1. Flugversuche der nicht mit einem Führer-Prüfungszeugnis ausgestatteten Personen sind außer an den für diesen Zwecke hergerichteten und eingefriedigten Flugplätzen da zuzulassen, wo mit Rücksicht auf die Lage zu den Verkehrsstraßen und dem Umfang des Verkehrs von derartigen nötigenfalls auf bestimmte Tagesstunden begrenzten oder durch gewisse Schutzmaßnahmen eingeschränkten Benutzung eine Gefährdung der öffentlichen Sicherheit nicht zu befürchten ist.

2. Flieger, die ein Prüfungszeugnis besitzen, werden im allgemeinen außerhalb der bewohnten Ortschaften überall mit ihrem Flugzeug aufsteigen dürfen. Wo aber die besonderen Verhältnisse es erforderlich machen, haben die Polizeibehörden auch über die grenzen hinaus einen Bezirk zu bestimmen, in welchem das Aufsteigen ohne Erlaubnis verboten ist.

3. Von einem allgemeinen Verbot des Überfliegens bewohnter Ortschaften ist abzusehen. Die Flieger sind aber vor dem Überfliegen größerer Ortschaften unter Hinweis auf die hierbei drohenden Gefahren zu warnen. Auch ist ihnen das Überfliegen von Sprengstoffabriken, Petroleumlagern, Gasanstalten und ähnlichen feuergefährlichen Anlagen, sowie von Grundstükken, die von elektrischen Hochspannungsanlagen netzartig überzogen sind, zu verbieten.

4. Eine besondere Kennzeichnung der Flugzeuge soll einstweilen nicht gefordert werden.

5. Alle Personen, welche Flüge, abgesehen von den unter Ziffer 1 bezeichneten Flugversuchen, an dazu geeigneten Stellen unternehmen wollen, bedürfen dazu eines „Zeugnisses für Flugzeugführer“, welches von dem Vorstande des Deutschen Luftschifferverbandes, Berlin W. 30, Nollendorfplatz 3, ausgestellt worden ist. Dieses Zeugnis muß darüber Auskunft geben, mit welcher Art (Typ) von Flugzeugen der Inhaber zu fliegen für befähigt erachtet worden ist. Das Aufsteigen mit einem anderen Typ als dem in dem Führerzeugnisses bezeichneten ist zu untersagen, bis der betreffende[n] Flieger die Ausdehnung seines Zeugnisses auf den anderen Typ bei dem Vorstande des Deutschen Luftschifferverbandes eingeholt hat.

6. Von einer Prüfung und Abnahme der Flugzeuge kann vorläufig noch abgesehen werden.

7. Die Polizeibehörden haben namentlich darauf zu achten, daß die Personen, welche Schauflüge und sog. Passagierflüge (Mitnehmen von unbeteiligten Dritten, Führeraspiranten usw.) ausführen, sich im Besitze des Flugzeugführerzeugnisses (Ziffer 5) befinden.

8. Der Vorstand des Deutschen Luftschifferverbandes wird von jedem Falle der Erteilung, Ausdehnung oder Entziehung des Flugzeugführerzeugnisses dem Polizeipräsidenten in Berlin Mitteilung machen, Bestehen hinsichtlich eines solchen Zeugnisses oder seines Inhabers Zweifel, so hat die Polizeibehörde sich um Auskunft an den Polizeipräsidenten in Berlin zu wenden.

[1892] MBliV 1910, S. 317 ff..

9. Im übrigen ist die Flug- und Sportplatz-Gesellschaft Berlin Johannisthal in Berlin W. 35, Potsdamer Str. 112, bereit, Auskünfte über Flieger und Flugzeuge zu erteilen.

B) Luftschiffahrt

a) Luftschiffen
1. Die Führer von Luftschiffen, in denen Fahrgäste (unbeteiligte Dritte, Führeraspiranten usw.) mitgenommen werden, müssen sich im Besitz eines von dem Vorstande des Deutschen Luftschifferverbandes ausgestellten „Zeugnisses für Luftschiffführer" befinden. In jedem derartigen Luftschiffe muß mindestens ein durch ein solches Zeugnis anerkannter Führer vorhanden sein. Es ist darauf hinzuwirken, daß möglichst alle an der Führung des Luftschiffes beteiligten Personen (Höhensteuermann, Seitensteuermann usw.) das Führerzeugnis erworben haben. Das Führerzeugnis muß für den Typ von Luftschiffen ausgestellt sein, welchen der Inhaber bei Fahrten mit Fahrgästen bedienen soll. Ferner muß in einem Luftschiff, das zu solchen Fahrten dient, die mit der Handhabung des Motors betraute Besatzung ihre Befähigung hierfür durch ein Zeugnis nachweisen, das von einem Sachverständigen zur Prüfung von Kraftfahrzeugführern ausgestellt worden ist.

2. Der Veranstalter der Fahrten mit Fahrgästen hat ein der Polizeibehörde auf Verlangen vorzulegendes Revisionsbuch zu führen, in welches der verantwortliche Leiter des Luftschiffes einzutragen hat, wann und wie die einzelnen Teile des Luftschiffes einer Prüfung auf ihre Brauchbarkeit und Zuverlässigkeit unterworfen sind. Das Revisionsbuch ist nach anliegendem Muster einzurichten.

Die Firma, von welcher es bezogen werden kann, wird von dem Deutschen Luftschifferverbande bekannt gemacht werden.

3. Auf die Veranstalter von Fahrten mit Fahrgästen finden die Vorschriften unter A 3 Abs. 2 entsprechende Anwendung.

C) Fesselballone [...]

D) Allgemeines

1. Für Ausländer treten an die Stelle der unter A 5, B a 1, b 1 und C 1 erwähnten Zeugnisse die entsprechenden, von dem Vorstande des Deutschen Luftschifferverbandes anerkannnten ausländischen Zeugnisse.

2. Die Bestimmungen unter A, B, und C finden keine Anwendung auf die Luftfahrzeuge der Militärverwaltung.

3. Die Polizeibehörden haben von den ihrerseits erlassenen Anordnungen allgemeiner Natur, namentlich von solchen, durch die aus besonderen Gründen das Aufsteigen von Flieger auch außerhalb geschlossener Ortschaften verboten oder von einer besonderen Erlaubnis abhängig gemacht wird, sowohl dem Deutschen Luftschifferverbande als auch den in der Anlage aufgeführten Fachblättern mitzuteilen. Kosten dürfen den Behörden durch die Veröffentlichung der Anordnungen in diesen Blättern nicht entstehen.

Von der Beifügung weiterer Abdrücke dieses Erlasses ist abgesehen, da der Erlaß in einer der nächsten Nummern des Reichs- und Staatsanzeigers veröffentlicht werden wird. Die nachgeordneten Behörden sind hierauf hinzuweisen.
Mit Bezug auf die Vorschrift unter A 8 ersuchen wir Ew. Hochwohlgeboren, über die Ihnen von dem Deutschen Luftschifferverbande zugehenden Mitteilungen, betreffend Erteilung, der Flugzeugführerzeugnisse, eine Liste zu führen und auf etwaige Anfragen der Polizeibehörden Auskunft zu erteilen.

Der Minister der öffentlichen Arbeiten
gez. v. Breitenbach

Der Minister des Innern
In Vertretung gez. Holtz

V. Entwurf der Referenten des Reichsamts des Innern und des Reichsjustizamts zu einem Gesetz über den Verkehr mit Luftfahrzeugen mit Begründung[1893] (ca. August 1912)

I. Verkehrsvorschriften:

A) Luftfahrzeuge und deren Führer.

§ 1. Luftfahrzeuge (Freiballone, Luftschiffe und Flugzeuge), die zur Aufnahme von Menschen bestimmt sind, dürfen außerhalb von Flugplätzen nur nach Zulassung seitens der zuständigen Behörde verkehren.
Die Zulassung gilt für das ganze Reich; ihr Nachweis ist durch eine Zulassungsbescheinigung zu erbringen.

§ 2. Genügt ein von der zuständigen Behörde zugelassenes Luftfahrzeug den an die Verkehrssicherheit zu stellenden Anforderungen nicht mehr, so kann es vom Verkehr außerhalb von Flugplätzen ausgeschlossen werden.
Die Ausschließung ist für das ganze Reich wirksam; die Zulassungsbescheinigung ist der Behörde abzuliefern.

§ 3. Wer außerhalb von Flugplätzen ein Luftfahrzeug führen will (Ballonführer, Luftschiffer, Flieger) bedarf der Erlaubnis der zuständigen Behörde. Die Erlaubnis ist zu erteilen, wenn der Nachsuchende seine Befähigung durch eine Prüfung dargetan hat und nicht Tatsachen vorliegen, welche die Annahme rechtfertigen, daß er zum Führen von Luftfahrzeugen ungeeignet ist.
Die Erlaubnis gilt für das ganze Reich, ihr Nachweis ist durch eine Bescheinigung (Führerschein) zu erbringen.

§ 4. Wer sich in der Führung von Luftfahrzeugen außerhalb von Flugplätzen übt, muß dabei von einer durch die zuständige Behörde zur Ausbildung von Führern ermächtigten Person begleitet sein. Das Gleiche gilt für Fahrten außerhalb von Flugplätzen, die bei Ablegung der Prüfung (§ 3) vorgenommen werden.

[1893] BA Berlin-Li., R 30.01, Nr. 7002, Bl. 2 ff.; GStA PK, I. HA Rep. 120 Tn, Nr. 1 Bd. 3, Bl. 87 ff..

Bei Übungs- und Prüfungsfahrten, die gemäß der Vorschrift des Abs. 1 stattfinden, gilt im Sinne dieses Gesetzes der Begleiter als Führer des Fahrzeugs.

§ 5. Werden Tatsachen festgestellt, welche die Annahme rechtfertigen, daß eine Person zum Führen von Luftfahrzeugen ungeeignet ist, so kann ihr die Erlaubnis dauernd oder für bestimmte Zeit durch die zuständige Behörde entzogen werden.
Die Entziehung der Erlaubnis ist für das ganze Reich wirksam; der Führerschein ist der Behörde abzuliefern.

§ 6. Gegen die Versagung der Erlaubnis zum Führen von Luftfahrzeugen ist, wenn sie aus anderen Gründen als wegen ungenügenden Ergebnisses der Befähigkeitsprüfung erfolgt, der Rekurs zulässig. Das gleiche gilt von der Entziehung der Erlaubnis; der Rekurs hat keine aufschiebende Wirkung.
Die Zuständigkeit der Behörden und das Verfahren bestimmen sich nach den Landesgesetzen und, soweit landesgesetzliche Vorschriften nicht vorhanden sind, nach den §§ 20, 21 der Gewerbeordnung.

§ 7. Soweit die Militär- und Marineverwaltungen Personen, die sie als Führer von Luftfahrzeugen verwendet haben, die Fahrererlaubis entziehen, finden die Vorschriften des § 6 keine Anwendung.

B) Aufstieg-, Landungs- und Flugplätze:

§ 8. Die Anlage von Aufstieg-, Landungs- und Flugplätzen bedarf der Genehmigung der zuständigen Behörde. Vor der Erteilung der Genehmigung sind die Militär- und Marinebehörden zu hören; bei deren Widerspruch ist die Genehmigung zu versagen. Im Übrigen finden der § 16 Abs. 1, die §§ 17 bis 19 a und der § 26 der Gewerbeordnung entsprechende Anwendung. Stellt ein Flugplatz ein gewerbliches Unternehmen dar, so bedarf auch der Unternehmer (Flugplatzunternehmer) der Genehmigung.
Gegen die Versagung der Genehmigung, soweit sie nicht wegen Widerspruchs der Militär- oder Marinebehörden erfolgt, ist der Rekurs zulässig. Die Vorschriften des § 6 Abs. 2 findet Anwendung.

C) Luftfahrtunternehmen:

§ 9. Die gewerbsmäßige Beförderung von Personen oder Sachen durch Luftfahrzeuge (Luftfahrtunternehmen) bedarf der Genehmigung der zuständigen Behörde; die Genehmigung kann von der Stellung einer Sicherheit abhängig gemacht werden.
Erstreckt ein Luftfahrtunternehmen seine Fahrten über den Bereich mehrerer Bundesstaaten, so sind zur Genehmigung die Zentralbehörden derjenigen Bundesstaaten zuständig, deren Gebiet bei Aufstieg, Landung oder Zwischenlandung berührt wird. Bei internationalen Linien darf die Genehmigung nur mit Zustimmung des Reichskanzlers erteilt werden.

§ 10. Hat ein Luftfahrtunternehmen nach Entscheidung des Reichskanzlers eine solche Bedeutung für den öffentlichen Verkehr gewonnen, daß es den allgemeinen Verkehrsunternehmen des Reichs oder eines Bundesstaats gleichgestellt werden kann, so kann der Reichskanzler den eigentümlichen Erwerb des Unternehmens für das Reich gegen Entschädigung des vollen Wertes beanspruchen. Das gleiche Recht steht, sofern das Reich keinen Anspruch erhebt, den Zentralbehörden derjenigen Bundesstaaten zu, durch deren Behörden die Genehmigung des Luftfahrtunternehmens erfolgt ist. Findet eine Verständigung über die Höhe der Entschädigung nicht statt, so wird letztere im Rechtswege festgesetzt. Als Bundesstaat im Sinne dieser Vorschrift gilt auch das Reichsland Elsaß-Lothringen.

D) Gemeine Bestimmungen:

§ 11. Der Bundesrat erläßt:
1. die zur Aufführung der vorstehenden Paragraphen erforderlichen Anordnungen,
2. die sonstigen zur Erhaltung der öffentlichen Ordnung und Sicherheit erforderlichen Anordnungen über den Verkehr mit Luftfahrzeugen, insbesondere über den Aufstieg, den Verkehr in der Luft und das Landen.
3. Vorschriften über den Verkehr innerhalb von Flugplätzen,
4. Vorschriften über Steuerleute, Maschinisten und die sonstige technische Bedienungsmannschaft,
5. Bestimmungen über die Zulassung ausländischer Luftfahrzeuge, sowie deren Führer und Bedienungsmannschaften,
6. Bestimmungen über Luftfahrzeuge, die nach § 1 einer Zulassung nicht bedürfen (Registrierballone usw.) und über luftfahrzeugähnliche Apparate (Fesselballone und Drachen sowie Fallschirme und Gleitflugzeuge),
7. die erforderlichen Übergangsvorschriften.

Der Bundesrat kann den Erlaß der Anordnungen gemäß Abs. 1 Nr. 1-7 anderen Behörden übertragen; soweit durch den Bundesrat oder durch die von ihm bezeichneten Behörden Anordnungen nicht erlassen worden sind, können solche durch die Landeszentralbehörden erlassen werden.

§ 12. Die Anordnungen des Bundesrats sind durch das Reichs-Gesetzblatt zu veröffentlichen. Sie kommen in Bayern nach näherer Bestimmung des Bündnisvertrags vom 23. November 1870 (Bundesgesetzblatt 1871 S. 9) unter III §§ 4, 5, in Württemberg nach näherer Bestimmung des Bündnisvertrags vom 25. November 1870 (Bundesgesetzblatt 1870 S. 654) unter Artikel 2 Nr. 4 zur Anwendung.

§ 13. Welche Behörden im Sinne dieses Gesetzes und der zur Ausführung dieses Gesetzes ergehenden Bundesratsverordnung als Polizei-, niedere und höhere Verwaltungs-, als Militär- und Marinebehörden anzusehen sind, bestimmen die Landeszentralbehörden.

II. Haftpflicht:

§ 14. Wird bei dem Betrieb eines Luftfahrzeugs[1894] ein Mensch getötet, der Körper oder die Gesundheit eines Menschen verletzt oder eine Sache beschädigt, so ist der Halter des Fahrzeugs verpflichtet, dem Verletzten den daraus entstehenden Schaden zu ersetzen.

Die Ersatzpflicht ist ausgeschlossen, wenn der Unfall durch ein unabwendbares Ereignis verursacht wird. Als unabwendbar gilt ein Ereignis insbesondere dann, wenn der Unfall auf das Verhalten des Verletzten oder eines Dritten, der weder durch das Fahrzeug befördert wurde, noch bei dem Betriebe des Fahrzeugs beschäftigt war, oder auf das Verhalten eines Tieres

---

[1894]Der Teil II. Haftpflicht (§§ 14 bis 27) wurde vom Reichsjustizamt ausgearbeitet. In diesem Teile wird der Begriff „Luftfahrzeug" in einem weiteren Sinne als in den Teilen I und III, nämlich unter Einschluß der luftfahrzeugähnlichen Apparate (Fesselballone, Drachen, Fallschirme und Gleitflugzeuge (vgl. § 11 Nr. 5)) verwendet.

zurückzuführen ist und sowohl der Halter als die bei dem Betriebe des Fahrzeugs beschäftigten Personen jede nach den Umständen des Falles gebotene Sorgfalt beobachtet haben. Als unabwendbar gilt ein Ereignis nicht, wenn es auf einen Fehler in der Beschaffenheit des Fahrzeugs oder auf einem Versagen seiner Vorrichtungen oder auf einer Einwirkung von Naturkräften beruht, mit der nach dem Wesen der Luftfahrt gerechnet werden mußte.
Wird das Fahrzeug ohne Wissen und Willen des Fahrzeughalters von einem anderen in Betrieb gesetzt, so ist dieser an Stelle des Halters zum Ersatz des Schadens verpflichtet.

§ 15. Die Vorschriften des § 14 finden keine Anwendung, wenn zur Zeit des Unfalls der Verletzte oder die beschädigte Sache durch das Fahrzeug befördert wurde oder der Verletzte bei dem Betriebe des Fahrzeugs tätig war.

§ 16. Hat bei der Entstehung des Schadens ein Verschulden des Verletzten mitgewirkt, so finden die Vorschriften des §§ 254 BGB. Anwendung: dem eigenen Verschulden des Verletzten steht im Falle der Beschädigung einer Sache das Verschulden desjenigen gleich, der die tatsächliche Gewalt über die Sache ausübt.

§ 17. Im Falle der Tötung ist der Schadensersatz durch Ersatz der Kosten einer versuchten Heilung sowie des Vermögensnachteils zu leisten, den der Getötete dadurch erlitten hat, daß während der Krankheit seine Erwerbsfähigkeit aufgehoben oder gemindert oder eine Vermehrung seiner Bedürfnisse eingetreten war. Der Ersatzpflichtige hat außerdem die Kosten der Beerdigung demjenigen zu ersetzen, dem die Verpflichtung obliegt, diese Kosten zu tragen.
Stand der Getötete zur Zeit der Verletzung zu einem Dritten in einem Verhältnisse, vermöge dessen er diesem gegenüber kraft Gesetzes unterhaltspflichtig war oder unterhaltspflichtig werden konnte, und ist dem Dritten infolge der Tötung das Recht auf Unterhalt entzogen, so hat der Ersatzpflichtige dem Dritten insoweit Schadensersatz zu leisten, als der Getötete während der mutmaßlichen Dauer seines Lebens zur Gewährung des Unterhalts verpflichtet gewesen sein würde. Die Ersatzpflicht tritt auch dann ein, wenn der Dritte zur Zeit der Verletzung erzeugt, aber noch nicht geboren war.

§ 18. Im Falle der Verletzung des Körpers oder der Gesundheit ist der Schadensersatz durch Ersatz der Kosten der Heilung sowie des Vermögensnachteils zu leisten, den der Verletzte dadurch erleidet, daß infolge der Verletzung zeitweise oder dauernd seine Erwerbsfähigkeit aufgehoben oder gemindert oder eine Vermehrung seiner Bedürfnisse eingetreten ist.

§ 19. Der Ersatzpflichtige haftet:
1. im Falle der Tötung oder Verletzung eines Menschen nur bis zu einem Kapitalbetrage von fünfzigtausend Mark oder bis zu einem Rentenbetrage von jährlich dreitausend Mark,
2. im Falle der Tötung oder Verletzung mehrerer Menschen durch dasselbe Ereignis, unbeschadet der in Nr. 1 bestimmten Grenze, nur bis zu einem Kapitalbetrage von insgesamt einhundertfünfzigtausend Mark oder bis zu einem Rentenbetrage von insgesamt neuntausend Mark,
3. im Falle der Sachbeschädigung, auch wenn durch dasselbe Ereignis mehrere Sachen beschädigt werden, nur bis zum Betrage von zehntausend Mark.
Übersteigen die Entschädigungen, die mehreren auf Grund desselben Ereignisses nach Abs. 1 Nr. 1, 3 zu leisten sind, insgesamt die in Nr. 2, 3 bezeichneten Höchstbeträge, so verringern sich die einzelnen Entschädigungen in dem Verhältnis, in welchem ihr Gesamtbetrag zu dem Höchstbetrage steht.

§ 20. Der Schadensersatz wegen Aufhebung oder Minderung der Erwerbsfähigkeit oder wegen Vermehrung der Bedürfnisse des Verletzten sowie der nach § 17 Abs. 2 einem Dritten zu gewährende Schadensersatz ist für die Zukunft durch Entrichtung einer Geldrente zu leisten. Die Vorschriften des § 843 Abs. 2 bis 4 des Bürgerlichen Gesetzbuchs und des § 708 Nr. 6 der Zivilprozeßordnung finden entsprechende Anwendung. Das Gleiche gilt für die dem Verletzten zu entrichtende Geldrente von der Vorschrift des § 850 Abs. 3 und für die dem Dritten zu entrichtende Geldrente von der Vorschrift des § 850 Abs. 1 Nr. 2 der Zivilprozeßordnung.
Ist bei der Verurteilung des Verpflichteten zur Entrichtung einer Geldrente nicht auf Sicherheitsleistung erkannt worden, so kann der Berechtigte gleichwohl Sicherheitsleistung verlangen, wenn die Vermögensverhältnisse des Verpflichteten sich erheblich verschlechtert haben, unter der gleichen Voraussetzung kann er eine Erhöhung der in dem Urteil bestimmten Sicherheit verlangen.

§ 21. Die in den §§ 14 bis 20 bestimmten Ansprüche auf Schadensersatz verjähren in zwei Jahren von dem Zeitpunkt an, in dem der Ersatzberechtigte von dem Schaden und der Person des Ersatzberechtigten Kenntnis erlangt, ohne Rücksicht auf diese Erkenntnis in dreißig Jahren von dem Unfall an.
Schweben zwischen dem Ersatzpflichtigen und dem Ersatzberechtigten Verhandlungen über den zu leistenden Schadensersatz, so ist die Verjährung gehemmt, bis der eine oder der andere Teil die Fortsetzung der Verhandlungen verweigert.
Im übrigen finden die Vorschriften des Bürgerlichen Gesetzbuchs über die Verjährung Anwendung.

§ 22. Der Ersatzberechtigte verliert die ihm auf Grund der Vorschriften dieses Gesetzes zustehenden Rechte, wenn er nicht spätestens innerhalb zweier Monate, nachdem er von dem Schaden und der Person des Ersatzpflichtigen Kenntnis erhalten hat, dem Ersatzpflichtigen den Unfall anzeigt. Der Rechtsverlust tritt nicht ein, wenn die Anzeige infolge eines von dem Ersatzberechtigten nicht zu vertretenden Umstandes unterblieben ist oder der Ersatzpflichtige innerhalb der bezeichneten Frist auf andere Weise von dem Schaden Kenntnis erhalten hat.

§ 23. Wird ein Schaden durch mehrere Luftfahrzeuge verursacht und sind die beteiligten Fahrzeughalter einem Dritten kraft Gesetzes zum Ersatze des Schadens verpflichtet, so hängt im Verhältnis der Fahrzeughalter zueinander die Verpflichtung zum Ersatze sowie der Umfang des zu leistenden Ersatzes von den Umständen, insbesondere davon ab, inwieweit der Schaden vorwiegend von dem einen oder dem anderen Teile verursacht worden ist. Das Gleiche gilt, wenn der Schaden einem der beteiligten Fahrzeughalter entstanden ist, von der Haftpflicht, die für einen anderen von ihnen eintritt.
Die Vorschriften des Abs. 1 finden entsprechende Anwendung, wenn neben dem Fahrzeughalter ein Dritter für den Schaden verantwortlich ist.

§ 24. In den Fällen des § 14 Abs. 1 ist auch der Führer des Luftfahrzeugs zum Ersatze des Schadens nach den Vorschriften der §§ 15 bis 22 verpflichtet. Die Ersatzpflicht ist ausgeschlossen, wenn der Schaden nicht durch ein Verschulden des Führers verursacht ist.
Ist in den Fällen des § 23 auch der Führer eines Fahrzeugs zum Ersatze des Schadens verpflichtet, so finden auf diese Verpflichtung in seinem Verhältnisse zu den Haltern und Führern der anderen beteiligten Fahrzeuge oder zu dem Dritten die Vorschriften des § 23 entsprechende Anwendung.

§ 25. Unberührt bleiben die reichsgesetzlichen Vorschriften, nach denen der Halter und Führer eines Luftfahrzeugs in weiterem Umfang als nach dem Vorschriften dieses Gesetzes für den bei dem Betriebe des Fahrzeugs entstehenden Schaden haftet oder nach denen ein anderer für diesen Schaden verantwortlich ist.

§ 26. In bürgerlichen Rechtsstreitigkeiten, in welchen durch Klage oder Widerklage ein Anspruch auf Grund der Vorschriften dieses Gesetzes geltend gemacht ist, wird die Verhandlung und Entscheidung letzter Instanz im Sinne des § 8 des Einführungsgesetzes zum Gerichtsverfassungsgesetze dem Reichsgerichte zugewiesen.

§ 27. Für Klagen, die auf Grund dieses Gesetzes erhoben werden, ist auch das Gericht zuständig, in dessen Bezirke der Unfall stattgefunden hat.

III. Strafvorschriften:

§ 28. Wer den zur Erhaltung der Ordnung uns Sicherheit über den Verkehr mit Luftfahrzeugen erlassenen polizeilichen Anordnungen zuwiderhandelt, wird mit Geldstrafe bis zu einhundertfünfzig Mark oder mit Haft bestraft.

§ 29. Wer besitzlos gewordene zur Aufnahme von Menschen oder zu wissenschaftlichen Zwecken bestimmte Luftfahrzeuge oder Teile davon auffindet, ist verpflichtet, von den aufgefundenen Gegenständen der nächsten Polizeibehörde Anzeige zu machen.
Wer dieser Vorschrift zuwiderhandelt, wird sofern nicht nach allgemeinen Strafgesetzen eine höhere Strafe verwirkt ist, mit Geldstrafe bis zu einhundertfünfzig Mark oder Haft bestraft.

§ 30. Mit Geldstrafe bis zu dreihundert Mark oder mit Gefängnis bis zu zwei Monaten wird bestraft:
1. wer außerhalb von Flugplätzen ein Luftfahrzeug führt, das nicht von der zuständigen Behörde zum Verkehr zugelassen ist,
2. wer außerhalb von Flugplätzen ein Luftfahrzeug führt, das von der zuständigen Behörde vom Verkehr ausgeschlossen worden ist,
3. wer innerhalb von Flugplätzen ein Luftfahrzeug führt, das von der zuständigen Behörde nicht zugelassen ist, obwohl es der Zulassung bedarf,
4. wer als Führer oder Halter eines Luftfahrzeugs die Zulassungsbescheinigung der Behörde, die das Fahrzeug vom Verkehr ausgeschlossen hat, auf ihr Verlangen nicht abliefert.
Die gleiche Strafe trifft den Halter eines nicht zum Verkehr zugelassenen oder vom Verkehr wieder ausgeschlossenen Luftfahrzeugs, wenn er vorsätzlich oder fahrlässig dessen Gebrauch gestattet.

§ 31. Mit Geldstrafe bis zu dreihundert Mark oder mit Gefängnis bis zu zwei Monaten wird bestraft:
1. wer außerhalb von Flugplätzen ein Luftfahrzeug führt, ohne einen Führerschein zu besitzen,
2. wer außerhalb von Flugplätzen ein Luftfahrzeug führt, obwohl im die Fahrerlaubnis entzogen ist,
3. wer innerhalb von Flugplätzen ein Luftfahrzeug führt, ohne einen Führerschein zu besitzen, obwohl der Besitz eines Führerscheins vorgeschrieben ist,
4. wer seinen Führerschein der Behörde, die ihm die Fahrerlaubnis entzogen hat, nicht abliefert.

Die gleiche Strafe trifft den Halter eines Luftfahrzeugs, wenn er vorsätzlich oder fahrlässig eine Person zur Führung des Luftfahrzeugs bestellt oder ermächtigt, die sich nicht durch einen Führerschein ausweisen kann oder der die Fahrerlaubnis entzogen ist.

§ 32. Mit Geldstrafe bis zu eintausend Mark oder mit Gefängnis bis zu sechs Monaten wird bestraft:
1. wer Aufstieg-, Landungs- oder Flugplätze ohne die Genehmigung der zuständigen Behörde in Benutzung nimmt,
2. wer einen Flugplatz ohne Genehmigung der zuständigen Behörde gewerblich verwertet,
3. wer ohne Genehmigung der zuständigen Behörde Personen oder Sachen gewerbsmäßig befördert.

§ 33. Der Führer eines Luftfahrzeugs, der in der Absicht, sich der Feststellung des Fahrzeugs oder seiner Person zu entziehen, trotz polizeilicher Aufforderung nicht landet, wird mit Geldstrafe bis zu dreihundert Mark oder mit Gefängnis bis zu zwei Monaten bestraft.
Er bleibt jedoch straflos, wenn seine Landung unmöglich war und er spätestens am drittfolgenden Tage nach der polizeilichen Aufforderung Anzeige bei einer inländischen Polizeibehörde erstattet und die Feststellung des Fahrzeugs und seiner Person bewirkt.

§ 34. Wer in rechtswidriger Absicht
1. ein Luftfahrzeug, für welches von der Polizeibehörde ein Kennzeichen nicht ausgegeben oder zugelassen worden ist, mit einem Zeichen versieht, welches geeignet ist, den Anschein der polizeilich angeordneten oder zugelassenen Kennzeichnung hervorzurufen,
2. ein Luftfahrzeug mit anderen als der polizeilich für das Fahrzeug ausgegebenen oder zugelassenen Kennzeichnung versieht,
3. das an einem Luftfahrzeug gemäß polizeilicher Anordnung angebrachte Kennzeichen verändert, beseitigt, verdeckt oder sonst in seiner Erkennbarkeit beeinträchtigt,

wird, sofern nicht nach den Vorschriften des Strafgesetzbuchs eine höhere Strafe verwirkt ist, mit Geldstrafe bis zu 500 Mark oder mit Gefängnis bis zu drei Monaten bestraft.
Die gleiche Strafe trifft Personen, die außerhalb von Flugplätzen von einem Luftfahrzeug Gebrauch machen, von dem sie wissen, daß die Kennzeichnung in der im Abs. 1 unter Nr. 1 bis 3 bezeichneten Art gefälscht, verfälscht oder unterdrückt worden ist.

§ 35. Wer vorsätzlich Luftfahrzeuge oder der Luftfahrt dienende Vorrichtungen zerstört, beschädigt oder unwirksam macht und dadurch das Leben oder die Gesundheit anderer gefährdet, wird mit Gefängnis nicht unter drei Monaten und, wenn eine schwere Körperverletzung oder der Tod eines Menschen verursacht worden ist, mit Zuchthaus nicht unter einem Jahr bestraft.

§ 36. Wer vorsätzlich ein zur Sicherung der Luftfahrt bestimmtes Zeichen zerstört, wegschafft oder unbrauchbar macht oder ein solches Zeichen seiner Dienstpflicht zuwider nicht aufstellt oder ein falsches Zeichen, welches geeignet ist, die Luftfahrt unsicher zu machen, aufstellt, wird mit Zuchthaus bis zu fünf Jahren bestraft.

§ 37. Wer vorsätzlich und rechtswidrig den Betrieb eines Luftfahrtunternehmens dadurch verhindert oder gefährdet, daß er Teile oder Zubehörungen beschädigt oder Veränderungen daran vornimmt, wird mit Gefängnis von einem Monat bis zu drei Jahren bestraft.
Gleiche Strafe trifft die zur Beaufsichtigung und Bedienung eines Luftfahrtunternehmens angestellten Personen, wenn sie durch Vernachlässigung der ihnen obliegenden Pflichten den

Erläuterungen

Zum Teil I (Verkehrsvorschriften) eines Gesetzentwurfs über den Verkehr mit Luftfahrzeugen.

I. Allgemeiner Teil.

Seit einer Reihe von Jahren haben sich die Luftfahrzeuge den Verkehr im Reiche der Luft erschlossen. Nachdem die technischen Schwierigkeiten grundsätzlich gelöst sind, werden die Luftfahrzeuge eine für die Zukunft steigende Bedeutung erlangen. Wie bei der Einführung von Eisenbahnen und in neuerer Zeit von Kraftfahrzeugen zeigt sich auch auf dem Gebiete des Luftverkehrs, daß neuartige Beförderungsmittel eine neue gesetzliche Regelung erfordern. In dieser Erkenntnis haben bereits England und Frankreich für den Verkehr mit Luftfahrzeugen Sondergesetze erlassen; in den Niederlanden liegt zur Zeit ein derartiger Gesetzentwurf den Generalstaaten zur Beratung und Beschlußfassung vor.
Deutschland ist bisher an die Frage einer einheitlichen Regelung des Luftverkehrs nicht herangetreten und hat es den einzelnen Bundesstaaten überlassen, im Rahmen der bestehenden Landesgesetze durch polizeiliche Anordnungen diesen Verkehr zu regeln. Dabei hat sich aber gezeigt, daß das geltende Recht nicht ausreicht, um der Eigenart dieses neuen Verkehrsmittels gerecht zu werden. Im Interesse des mit neuartigen Gefahren verbundenen Luftverkehrs, im Interesse der durch die Luftfahrt bedrohten Allgemeinheit und nicht zuletzt im Interesse der Landessicherheit muß das geltende Recht durch eine reichsrechtliche Regelung ergänzt werden. Der Weg für die beabsichtigte gesetzliche Regelung ist gegeben: zur Verhütung von Schädigungen bedarf es der Schaffung von Verkehrsvorschriften (Teil I) und von Strafnormen für deren Übertretung (Teil III), zur Regelung bei eingetretenen Schäden neuer zivilrechtlicher Haftpflichtbestimmungen (Teil II).

II. Besonderer Teil.

Obwohl der Gesetzentwurf nach obigen Ausführungen nicht nur Verkehrs- sondern auch zivil- und strafrechtliche Bestimmungen enthält, wurde die Bezeichnung: „Gesetzentwurf über den Verkehr mit Luftfahrzeugen" gewählt. Diese Bezeichnung ist nicht ganz zutreffend, da sie nur einen Teil des Inhalts deckt. Dennoch erscheint es unbedenklich, diese Bezeichnung zu wählen, da ja auch das „Gesetz über den Verkehr mit Kraftfahrzeugen" eine gleiche Unstimmigkeit aufweist, ohne daß sie bisher Bedenken hervorgerufen hätte. Vor allem aber würde jede andere kurze Bezeichnung dem Inhalt des Gesetzentwurfs noch weniger gerecht werden, da „Luftrecht" weder die Prüfung von Fahrzeugen und Führern noch die Haftpflichtregelung des auf der Erde entstandenen Schadens umfassen, „Luftfahrtgesetz" aber anderseits auf ein neues, in sich abgeschlossenes Recht hinweisen würde.

Zu § 1. Der § 1 setzt an die Spitze diejenigen Luftfahrzeuge, die einer Zulassungsgenehmigung durch die zuständige Behörde ausnahmslos unterworfen werden sollen; es sind dies nur zur Aufnahme von Menschen bestimmte Luftfahrzeuge, die außerhalb von Flugplätzen verkehren. Von dieser Regelung sind also ausgeschlossen:
1. Luftfahrzeuge aller Art, die nur innerhalb von Flugplätzen verkehren,
2. Luftfahrzeuge, die nicht zur Aufnahme von Menschen bestimmt sind (Registrierballone, Kinderspielzeuge usw.),

3. luftfahrzeugähnliche Apparate, die weder Freiballon, noch Luftschiffe, noch auch Flugzeuge sind (Fessselballone und Drachen sowie Fallschirme und Gleitflugzeuge).
Für diese drei Gruppen scheint eine unbedingte Zulassungsgenehmigung nicht in gleicher Weise wie bei den im § 1 genannten Luftfahrzeugen erforderlich; es genügt die Bestimmung des § 11, die den Bundesrat zum Erlasse besonderer Vorschriften für den Verkehr auch innerhalb von Flugplätzen (§ 11 Nr. 3) und für die nach § 1 nicht genehmigungspflichtigen Luftfahrzeuge und ihnen ähnliche Apparate § 11 Nr. 6 ermächtigt.
Ist ein Luftfahrzeug nach § 1 zugelassen, so muß ihn damit auch die Freizügigkeit innerhalb des ganzen Reichs gewährleistet sein vorbehaltlich einer nach § 11 Nr. 2 dem Bundesrat zustehenden allgemeinen Verkehrsbeschränkung zur Erhaltung der öffentlichen Ordnung und Sicherheit (Überfliegen von Festungen, Pulverfabriken, Starkstromnetzen u. dergl.). Außer der im § 1 vorgeschriebenen Zulassungsbescheinigung wird es erforderlich sein, ähnlich den Kraftfahrzeugen eine Kennzeichnung der Fahrzeuge vorzuschreiben. Die näheren Ausführungen sind ebenfalls dem Bundesrat überwiesen. (§11 Nr. 2).

Zu § 2. Der § 2 sieht die Zurücknahme einer von der zuständigen Behörde erteilten Zulassung zum Verkehr außerhalb von Flugplätzen vor. Im allgemeinen wird die Ausschließung eines einmal zugelassenen Fahrzeugs nur dann erfolgen, wenn es infolge seines Alters oder eingetretener Beschädigungen den bei der Zulassung gestellten Anforderungen nicht mehr genügt. Immerhin sind alle Fälle denkbar, wo es erforderlich sein wird, Fahrzeuge vom Verkehr auszuschließen, auch ohne daß sich an dem Fahrzeug seit der Zulassung etwas geändert oder verschlechtert hat. Solche Fälle werden vor allem dann gegeben sein, wenn neue technische Errungenschaften die Berechtigung größerer Anforderungen an die Verkehrssicherheit zulassen, oder zahlreiche Unglücksfälle höhere Anforderungen zu stellen zwingen und keine Möglichkeit vorliegt, die Fahrzeuge diesen neuen Anforderungen anzupassen. Die Ausschließung muß, da die Zulassung für das ganze Reich erfolgt war, ebenfalls für das ganze Reich wirksam sein.
Aus dem zu § 1 Gesagten ergibt sich aber, daß der Bundesrat auch die dort genannten nicht unter § 1 fallenden Gruppen nach § 11 Nr. 3 und 6 für zulassungspflichtig erklären und dafür besondere Normen aufstellen kann; zum Erlaß von Bestimmungen über eine vorläufige Zulassung ist er durch § 11 Nr. 1, zum Erlasse besonderer Bestimmungen über die Zulassung ausländischer Luftfahrzeuge durch § 11 Nr. 6 ermächtigt. Es kann zweifelhaft sein, ob § 2 auch die Möglichkeit der Ausschließung von Luftfahrzeugen gibt, die nach einer auf Grund der Bestimmungen des § 11 erlassenen Bundesratsverordnung zugelassen werden; in jedem Falle würde aber diese Ausschließung, da sie sich nur auf den Verkehr außerhalb von Flugplätzen erstrecken könnte, auch nicht ausreichen. Es ist vielmehr die Möglichkeit einer Ausschließung dem Bundesrat durch § 11 gegeben, da die Bestimmungen dieses Paragraphen bei dessen allgemeiner Fassung dahin aufzufassen sind, daß der Bundesrat in dem Umfang, in dem er über § 1 hinausgehende Zulassungsgenehmigungen vorschreiben darf, auch die Zurücknahme einer erteilten Zulassung regeln kann.

Zu § 3. Ähnlich den Führern von Kraftfahrzeugen muß auch für die Führer von Luftfahrzeugen, wenn sie außerhalb von Flugplätzen fahren wollen, eine Prüfung erfordert werden. Durch die Bestimmung, daß jeder Führer den Nachweis der Erlaubnis durch eine besondere Bescheinigung, den Führerschein, zu erbringen hat (§ 3 Abs. 2) in Verbindung mit der Strafvorschrift gegen denjenigen, der als Führer eines Luftfahrzeugs ohne Führerschein fährt oder als Luftfahrzeughalter die Führung des Fahrzeugs einer Person überläßt, die sich nicht durch einen Führerschein ausweisen kann (§ 17), wird eine ständige Kontrolle der Führer ermöglicht. Es bedarf nur der Führer der Erlaubnis, die durch Ablegung einer Prüfung erworben werden

soll. Wer unter Führer zu verstehen ist, sagt § 3, indem er einzeln: „Ballonführer, Luftschiffer und Flieger“ aufzählt. Es sind also nur die „Kapitäne“ darunter verstanden; will aber ein anderer den Kapitän auch nur zeitweilig vertreten, so muß auch er einen Führerschein besitzen. Für Steuerleute, Maschinisten und die sonstige technische Bedienungsmannschaft bleibt nach § 11 Nr. 4 dem Bundesrat der Erlaß besonderer Vorschriften vorbehalten; er kann auch für sie, falls es die Entwicklung der Luftfahrt erfordern sollte, Prüfungen vorschreiben. Nach § 11 Nr. 5 ist dem Bundesrat auch der Erlaß besonderer Bestimmungen über die Zulassung ausländischer Führer und Bedienungsmannschaften vorbehalten.
Ein „Führer-“ und eventl. ein „Bedienungsmannschaftsschein“ gilt für das ganze Reich.

Zu § 4. § 4 schreibt die im Interesse des Verkehrs notwendige Begleitung eines jeden sich außerhalb eines Flugplatzes Übenden mit einer zur Ausbildung von Führern ermächtigten Person vor. Das Gesetz scheidet dabei „Übungsfahrten“, d. h. solche die vor der Prüfung liegen und „Prüfungsfahrten“, die zum Zwecke der Erlangung des Führerscheins vorgenommen werden. Unter „Probefahrt“, ein Ausdruck, der für die Ausführungs-anordnungen vorbehalten wird, ist eine zum Zwecke der Zulassung des Fahrzeugs, d. h. zu seiner Erprobung vorgenommene Fahrt zu verstehen.
Aus § 4 ergibt sich, daß Übungs- und Prüfungsfahrten in einem nur zur Aufnahme einer Person geeigneten Luftfahrzeug stets nur auf Flugplätzen ausgeführt werden können, und daß es künftig nicht mehr gestattet ist -wie es jetzt von den Sportvereinen zur Erlangung des Freiballon-Führerzeugnisses verlangt wird- eine Alleinfahrt zur Erlangung des Zeugnisses vorzuschreiben.

Zu §§ 5, 6, und 7. Die Ablegung der Führerprüfung schließt nicht aus, daß der Führer sich nachträglich als untauglich oder unzuverlässig erweist oder die Befähigung, die er besessen hatte, wieder verliert. In diesen Fällen muß die Möglichkeit bestehen, dem Führer die erteilte Ermächtigung wieder zu entziehen. Nach dem Entwurf kann die Entziehung dauernd oder für bestimmte Zeit ausgesprochen werden (§ 5). Schon die letztere Maßnahme wird vielfach genügen, den Führer zum Gefühl seiner Pflicht zurückzurufen.
Die Entziehung nur in Verbindung mit einer Bestrafung wegen Übertretung der Vorschriften über den Verkehr mit Luftfahrzeugen eintreten zu lassen und sie demzufolge den Gerichten zu übertragen, empfiehlt sich nicht. Dem Bedürfnis der Sicherung des Verkehrs gegen ungeeignete Elemente würde damit nicht genügt, denn die Gründe, die eine Entziehung der Fahrerlaubnis notwendig machen, können sehr verschiedenartig sein und setzen keineswegs immer eine strafbare Zuwiderhandlung gegen die Verkehrsvorschriften voraus. Körperliche oder geistige Gebrechen, Trunksucht und dergl. mehr werden den Führer unter Umständen derart ungeeignet zur Ausführung seines Berufes erscheinen lassen, daß ihm die Fahrerlaubnis ohne Gefährdung der Sicherheit des Verkehrs nicht belassen werden kann. Der Entwurf überträgt daher im Anschluß an das Automobilgesetz (§ 4) die Entscheidung über die Entziehung der Fahrerlaubnis den Verwaltungsbehörden. Um der Entziehung volle Wirkung zu sichern, muß sie für das ganze Reich Geltung haben (§ 5 Abs. 2). Ferner wird dem Führer, um eine mißbräuchliche Verwendung des Führerscheins nach Entziehung der Fahrerlaubnis zu verhindern, unter Strafandrohung (§ 31 Abs. 1 Nr. 4) die Verpflichtung auferlegt, den Schein an die Behörde abzuliefern
(§ 5 Abs. 2). Bestraft wird auch der Führer, der nach Entziehung der Fahrerlaubnis ein Luftfahrzeug führt, sowie der Halter des Fahrzeugs, der einem solchen Führer sein Fahrzeug wissentlich überläßt (§ 31 Abs. 2).
Gegen die Entziehung findet nach § 6 der Rekurs statt, dem jedoch mit Rücksicht auf den Schutz des Publikums keine aufschiebende Wirkung eingeräumt werden kann. Auch gegen

die Versagung der Fahrerlaubnis findet der Rekurs statt, aber nur soweit sie aus anderen Gründen als wegen ungenügenden Ergebnisses der Befähigungsprüfung erfolgt ist. Hinsichtlich der für den Rekurs zuständigen Behörden und hinsichtlich des Verfahrens verweist der Entwurf in erster Linie auf die Landesgesetze. Soweit indessen die Landesgesetze das Rekursverfahren nicht allgemein geregelt haben und auch nicht für den vorliegenden Fall besonders regeln, sieht der Entwurf die Anwendung des in den §§ 20, 21 der Gewerbeordnung bestimmten Verfahrens vor.
Die näheren Bestimmungen über die Voraussetzungen des Nachweises der Befähigung zum Führen von Luftfahrzeugen werden durch § 11 Nr. 1 dem Bundesrat überwiesen. Für die Zulassung der Führer ausländischer Fahrzeuge wird es, sowohl was die Erteilung als was die Entziehung der Fahrerlaubnis anlangt, teilweise abweichender Bestimmungen bedürfen; ihr Erlaß wird durch § 11 Nr. 5 dem Bundesrat zugewiesen.
Nach § 7 haben die Militär- und Marineverwaltungen das Recht ihrerseits Fahrerlaubnisscheine ihrem Personal zu erteilen. Über die Gleichstellung derartiger Fahrerlaubnisscheine mit den Führerscheinen des § 3 Abs. 2 werden durch den Bundesrat nähere Anordnungen erlassen; ein Rekurs im Falle der Entziehung der Fahrerlaubnis kann natürlich gegenüber der Entscheidung der Militär- oder Marinebehörde nicht zulässig sein.

Zu § 8. Eine der wichtigsten Fragen der ganzen Luftfahrt ist die der Beschaffung geeigneter Aufstieg-, Landungs- und Flugplätze. Das Recht muß dem Rechnung tragen und dabei ausgleichend die Interessen der Luftfahrer und die der anderen Menschen berücksichtigen.
Die Frage der Landessicherheit und der Landesverteidigung muß dabei allen anderen Fragen vorangehen. Schon zu § 1 wurde ausgesprochen, daß der Bundesrat nach § 11 Nr. 2 ein Überfliegen von Festungen und dergl. verbieten könne; ein solches Verbot läßt sich aber nur dann mit voller Sicherheit durchführen, wenn die Anlage von Flug-, Aufstieg- und Landungsplätzen innerhalb oder in der Nähe von solchen für die Landessicherheit wichtigen Punkten gänzlich verboten werden kann. In wie weit eine solche Anlage schädlich ist, kann allein die zuständige Militär- oder Marinebehörde ermessen. Ihr mußte daher ein unbedingtes Einspruchsrecht gegen derartige Anlagen gewährt werden.
Außer der Militär- und Marineverwaltung kommen die Interessen der Nachbarn solcher Anlagen in Frage. Flugzeuge sind wenigstens heute noch an die windstillen Zeiten gebunden; ihre Hauptflugzeiten sind daher außer den abend- namentlich die ganz frühen Morgenstunden. Es ist nun sehr wohl denkbar, daß durch das laute surren der Motoren Nachbarn in ihrer Ruhe (Villenkolonie) und auch ihrem Erwerb (Sanatorien) gestört werden können. Ganz ähnlich liegt es auch bei Luftschiffen. Es wurde daher das Einspruchsverfahren der Reichs-Gewerbeordnung hier eingefügt; der Nachbarschaft ist Gelegenheit zum Widerspruch zu geben: über die Widersprüche, soweit sie nicht auf privatrechtlichen Titeln beruhen (§ 19 GewO), entscheidet die zuständige Behörde. Die behördliche Genehmigung hat nachdem ebenfalls angezogenen § 26 der Gewerbeordnung die bürgerlich-rechtliche Bedeutung, daß das negatorische Recht auf Wegschaffung nicht besteht, auch wenn eine Belästigung der Nachbarschaft eintritt, welche der Nachbareigentümer sonst nicht zu dulden hätte. Der Bestand der Anlage kann daher nicht mehr durch bürgerlichrechtliche Klage gefährdet werden, dagegen bleiben den Nachbarn alle Entschädigungsansprüche wegen übermäßiger Belästigung gewährt. Weit größere Bedeutung als die Aufstieg- und Landungsplätze (Ballonhallen, Flugzeugschuppen usw.) haben die Flugplätze. Sie haben nach der vorgeschlagenen rechtlichen Regelung eine ganz besondere Bedeutung auch deshalb, weil nach § 1 geschieden ist zwischen dem Verkehr innerhalb und dem außerhalb von Flugplätzen. Während beim Verkehr außerhalb von Flugplätzen im Interesse der Sicherheit der Allgemeinheit besondere Anforderungen an Flugzeuge und Führer gestellt werden müssen, ist der Verkehr innerhalb von

Flugplätzen grundsätzlich freier gestaltet und nur einer den jeweiligen Verhältnissen sich anpassenden Anordnung unterworfen; der Flugplatzunternehmer muß aber in seiner Person Garantien dafür bieten, daß er solche Anordnungen auch wirklich befolgt und auf die Befolgung durch die Luftfahrer hinwirkt. Es war daher außer der Genehmigungspflicht der Anlage eines Flugplätzes für den Fall, daß der Flugplatz ein gewerbliches Unternehmen darstellt, d. h. dem Unternehmer zur selbständigen Einnahmequelle (auch durch Vermieten seiner Flugzeuge zur Benutzung auf dem Flugplatz) dient, auch der Unternehmer selbst einer Genehmigung durch die zuständige Behörde zu unterwerfen.
Ein Rekursverfahren soll in beiden Fällen gegeben sein. Es wurde einheitlich mit dem im § 6 bei Entziehung oder Versagung der Fahrerlaubnis den Fahrzeugführer gegebenen Rekurs gestaltet und deshalb im § 8 Abs. 2 auf jene Bestimmung des § 6 Abs. 2 verwiesen.

Zu §§ 9 und 10. Die gewerbsmäßige Beförderung von Personen oder Sachen auf Luftfahrzeugen kommt heute eigentlich - was letztere anbetrifft - in nennenswertem Umfang kaum - was erstere anbetrifft - nur als Vergnügungs- und Sportfahrt vor. Man kann zweifelhaft sein, ob eine Regelung derartiger Luftfahrtunternehmen im jetzigen Zeitpunkt schon notwendig ist. Es erscheint diese Regelung bei der ungeahnt schnellen Entwicklung aller einmal eingeführter Verkehrsmittel aber zweckmäßig und möglich.
Auch hier soll der Luftfahrtunternehmer der Genehmigung durch die zuständige Behörde bedürfen. Auch wird es vorteilhaft sein, durch die Berechtigung, eine Sicherheit zu verlangen, und durch Nichteinführung des Rekursverfahrens der Behörde möglichst freie Hand zu lassen. Nach § 11 Nr. 1 steht dem Bundesrat zu, Ausführungsanordnungen zu erlassen. Er wird insbesondere darüber Bestimmungen zu treffen haben, für welche Rechtsansprüche die Hinterlegung der Sicherheit dienen soll, über ihre Höhe, weitere Erhöhung, Rückgabe u. dergl.
Die durch § 10 eingeführte Enteignungsmöglichkeit solcher Luftfahrtunternehmen, die nach ihrer Bedeutung den allgemeinen Verkehrsunternehmen des Reichs oder eines Bundesstaats gleichgestellt werden können, hat heute noch keinerlei Bedeutung; es gilt hier das zu § 9 Gesagte in noch weit höherem Maße. Dennoch erschien eine derartige Regelung, um für die Zukunft eine entsprechende Handhabe zu haben, zweckmäßig. Der Bundesrat wird die ihm nach § 11 Nr. 1 zustehenden Ausführungsanordnungen auch erst dann erlassen, wenn die Entwicklung der Luftfahrt dies erfordert. Soweit ein Luftfahrtverkehr von einer Gemeinde ausgeht und nach ununterbrochener Fahrt dahin zurückkehrt, oder selbst dann, wenn die Landung in einem anderen Gemeindebezirk erfolgt, kann nach § 37 der Gewerbeordnung die Ortspolizeibehörde innerhalb ihres Gebiets schon jetzt regelnd in einen solchen Luftfahrtverkehr eingreifen; denn dadurch, daß er über die Grenzen des Gemeindebezirks hinausgeht, hört er nach übereinstimmender Rechtsprechung nicht auf, ein Verkehr „im Orte“ zu sein.

Zu § 11. Schon aus dem Früheren ergibt sich, daß der Bundesrat nicht verpflichtet ist, die in § 11 Nr. 1-7 genannten Bestimmungen zu erlassen; er wird sie erlassen in sofern und insoweit die fortschreitende Entwicklung der Luftfahrt dazu Anlaß gibt.
Die erforderlichen Übergangsvorschriften, die der Bundesrat nach § 11 Nr. 7 zu erlassen hat, werden sich vorwiegend darauf erstrecken, die bisher sich im Verkehr befindenden Luftfahrzeuge und die von Vereinen und dergl. ausgegebenen Führerzeugnisse für eine gewisse Übergangszeit zuzulassen und erst allmählich der gesetzlichen Regelung zu unterwerfen, ebenso wird es mit Aufstieg-, Landungs- und Flugplätzen sowie mit bereits bestehenden Luftfahrtunternehmen sein.
Über die zu Nr. 1-7 genannten Bestimmungen ist bei der Begründung zu den früheren Paragraphen bereits gesprochen.

Zu § 12. § 12 schreibt im ersten Satze die Veröffentlichung der Anordnungen des Bundesrats (§ 11) durch das Reichs-Gesetzblatt vor, und zwar in vollem Umfang, nicht bloß auszugsweise und auch nicht unter bloßem Hinweis auf eine Veröffentlichung an anderer Stelle, ferner auch dann, wenn sie nicht sämtliche Bundesstaaten, sondern nur ein Teil derselben oder einen einzelnen betreffen. Wegen der Bedeutung für alle Bundesstaaten und auch für das Ausland erschien diese Veröffentlichung der bundesrätlichen Anordnungen im Reichs-Gesetzblatt geboten und die Veröffentlichung in den Landesblättern nicht genügend. Dagegen sind die Veröffentlichungen der Landeszentralbehörden (§ 11 Abs. 2) den Vorschriften der Landesgesetzgebung überlassen, weil jede maßgebende Bestimmung vom Bundesrat selber geregelt werden wird.
Der zweite Satz enthält die an sich selbstverständliche, aber vorsorglich hier noch besonders zum Ausdruck gebrachte Bestimmung, daß in Bayern und Württemberg die Anordnungen des Bundesrats nur noch näherer Bestimmung der Bündnisverträge, d. h. unter Berücksichtigung der Reservatrechte beider Staaten zur Anwendung kommen. Aus den angezogenen Bestimmungen der Bündnisverträge ergibt sich, daß auf dem Gebiete des Postwesens für Bayern und Württemberg und auf dem Gebiete des Militärwesens für Bayern Sonderbestimmungen für Luftfahrzeuge vom Bundesrat nicht erlassen werden können. Dieses Recht steht vielmehr den Landesbehörden zu. Die materiell-rechtlichen Bestimmungen des Luftfahrgesetzes finden aber auf diese Gebiete Anwendung. Denn das bezügliche Reservatrecht erstreckt sich nur auf die Regelung des Luftfahrzeugwesens im inneren Dienste der genannten Behörden, nicht auf die Regelung der Beziehungen der postalischen und militärischen Luftfahrzeuge zum Publikum.

Zu § 13. Durch § 13 wird die Bestimmung über die einzelnen zuständigen Behörden wegen der landesrechtlichen Verschiedenheit den Zentralbehörden der einzelnen Bundesstaaten zugewiesen.

VI. Entwurf des Reichsamts des Innern zu einer Verordnung über den Verkehr mit Luftfahrzeugen[1895] (ca. August 1912)

A. Allgemeine Bestimmungen. §§ 1-2.

B. Der Verkehr außerhalb von Flugplätzen. §§ 3-53.

I. Die Luftfahrzeuge. §§ 3-14.
1. Beschaffenheit. §§ 3-5.
2. Antrag auf Zulassung. § 6.
3. Die Zulassung zum Verkehr außerhalb von Flugplätzen und Kennzeichnung. §§ 7-14.
a. Endgültige Zulassung und Kennzeichnung. §§ 7-9.
b. Vorläufige Zulassung. § 10.
c. Erlöschen und Zurücknahme der Zulassung. §§ 11-14.

II. Die Führer und die Mannschaft. §§ 15-21.
1. Die Zulassung zum Führer. § 15.

[1895] BA Berlin-Li., R 30.01, Nr. 7002, Bl. 17 ff.; auf eine Wiedergabe der „Anlagen“ und „Muster“ wurde verzichtet.

Text des Entwurfs der Verordnung über den Verkehr mit Luftfahrzeugen.

A. Allgemeine Bestimmungen.

§ 1. Als Luftfahrzeuge im Sinne dieser Vorschriften gelten Freiballone, Luftschiffe und Flugzeuge ohne Rücksicht darauf, ob sie vom Lande oder von Wasser aufzusteigen und dort niederzugehen geeignet sind.
Ein Freiballon ist ein Luftfahrzeug, das durch Schaffung eines geringeren Eigengewichts als des Gewichts der von ihm verdrängten Luft in den Luftraum aufsteigt und ohne die Möglichkeit einer Eigenbewegung im Luftraum sich den Strömungen der Luft überläßt.
Ein Luftschiff ist ein Luftfahrzeug, das durch Schaffung eines geringeren Eigengewichts als des Gewichts der von ihm verdrängten Luft in den Luftraum aufsteigt und infolge Maschinenkraft die Möglichkeit einer Eigenbewegung in Luftraum besitzt.
Ein Flugzeug ist ein Luftfahrzeug, dessen Aufstieg und Fortbewegung durch Maschinenkraft erfolgt.

§ 2. Als luftfahrzeugähnliche Apparate im Sinne dieser Vorschriften gelten solche, deren Bewegung im wesentlichen auf eine Steig- und Fallbewegung (Vertikalbewegung) beschränkt ist, das sind Fesselballone und Drachen (Luftfesselgeräte) sowie Fallschirme und Gleitflieger (Luftfallgeräte).
Fesselballone sind mit einem Punkte der Erde durch Tau oder dergleichen verbundene Freiballone. Drachen sind ebenfalls mit einem Punkte der Erde verbundene Luftgeräte, die durch Ausnutzen der Kräfte des Windes in den Luftraum aufsteigen.
Fallschirme sind Luftgeräte, die durch Ausnutzen der Tragkraft der Luft die Fallgeschwindigkeit mildern. Gleitflieger sind Luftgeräte, die durch Ausnützen der Tragkraft der Luft und der Kräfte des Windes eine Bewegung im Luftraum ermöglichen.

B. Der Verkehr außerhalb von Flugplätzen.

I. Die Luftfahrzeuge.

1. Beschaffenheit.

§ 3. Luftfahrzeuge müssen verkehrssicher und insbesondere so gebaut, eingerichtet und ausgerüstet sein, daß Feuers- und Explosionsgefahr sowie jede vermeidbar Belästigung von Personen und Gefährdung von Personen und Sachen ausgeschlossen ist.

§ 4. Jedes zur Aufnahme von Menschen bestimmte Luftfahrzeug muß mit einem an einer sichtbaren Stelle des Fahrzeugs angebrachten Schilde versehen sein, das die Firma angibt, die das Fahrzeug fertiggestellt hat und die Fabriknummer des Fahrzeugs sowie die Firmen von denjenigen Fabriken, welche die wesentlichen Teile (Ballonstoff, Bespannungs- und Versteifungsmaterial, Fahrgestell, Motoren usw.) hergestellt haben, nebst den Fabriknummern der einzelnen Teile.

§ 5. Im übrigen gelten für die Beschaffenheit von Luftfahrzeugen, die zur Aufnahme von Menschen bestimmt sind, die besonderen Bestimmungen unter Nr. 1 (Vorschriften über Beschaffenheit) der Anlagen A (Freiballone), B (Luftschiffe) und C (Flugzeuge).

2. Antrag auf Zulassung.

§ 6. Wenn ein zur Aufnahme von Menschen bestimmtes Luftfahrzeug in Betrieb genommen werden soll, um außerhalb von Flugplätzen zu verkehren, so hat der Eigentümer bei der für seinen Wohnort zuständigen höheren Verwaltungsbehörde die Zulassung des Fahrzeugs schriftlich zu beantragen.
Der Antrag muß enthalten:

1. Name, Wohnort und Nationalität des Eigentümers; wird der Antrag von einem Ausländer gestellt, so ist dessen Identität durch eine von der Konsularbehörde seines Heimatlandes beglaubigte Urkunde festzustellen;
2. die Art des Fahrzeugs (Freiballon, Luftschiff, Flugzeug);
3. die Firma, die das Fahrzeug fertig gestellt hat, und die Fabriknummer des Fahrzeugs sowie die Firmen von denjenigen Fabriken, die die wesentlichen Teile (Ballonstoff, Bespannungs- und Versteifungsmaterial, Fahrgestell, Motoren usw.) hergestellt haben und die Fabriknummern der einzelnen Teile;
4. die Zweckbestimmung des Fahrzeugs (Sport, Personen- oder Sachbeförderung).

Dem Antrag ist das Gutachten eines von der höheren Verwaltungsbehörde eines Bundesstaats anerkannten Sachverständigen oder einer von der Zentralbehörde eines Bundesstaats zur Ausstellung derartiger Gutachten ermächtigten Stelle (Verein, Hochschule oder dergleichen) beizufügen. In diesem Gutachten ist zu bestätigen, daß das Fahrzeug den nach dieser Verordnung (§§ 3-5) und den Anlagen A, B und C unter Nr. 2 (Vorschriften über Beschaffenheit) zu stellenden Anforderungen genügt. Hinsichtlich des Raumgehalts und der konstruktiven Abmessungen der Ballonhülle sowie der Anzahl der Pferdestärken der Maschinen oder Motoren kann das Gutachten des Sachverständigen durch eine Bescheinigung der Firma ersetzt werden, welche die Ballonhüllen, Maschinen oder Motoren hergestellt hat. Das Gutachten hat der Antragsteller auf seine Kosten zu beschaffen.

Die höhere Verwaltungsbehörde ist befugt, auf Antrag einer zuverlässigen Firma, deren Sitz sich im Bezirke der Behörde befindet, nach einer auf Kosten der Firma vorgenommen Prüfung eine Bescheinigung unter dem Vorbehalte jederzeitigen Widerrufs darüber zu erteilen, daß eine fabrikmäßig gefertigte Gattung eines Luftfahrzeugs den nach Maßgabe dieser Anordnung (§§ 3 bis 5) und der Anlagen A, B und C unter Nr. 1 zu stellenden Anforderungen genügt (Typenprüfung). Die Typenbescheinigung gilt für das ganze Reich. Bei der Veräußerung eines Luftfahrzeugs, das einer derart zugelassenen Gattung angehört, kann die Firma dem Abnehmer eine mit laufender Nummer versehene Ausfertigung der Bescheinigung mit der Wirkung verabfolgen, daß sie das im Absatz 2 geforderte Gutachten ersetzt; die Übereinstimmung der Ausfertigung mit der Originalbescheinigung muß amtlich beglaubigt sein. Über die solchergestalt in den Verkehr gebrachten Fahrzeuge hat die Firma ein Verzeichnis zu führen.
Für die nach Abs. 2 und 3 vorzunehmenden Prüfungen und die auf Grund der Prüfung ausgestellten Bescheinigungen gelten die in den Anlagen A (Freiballone), B (Luftschiffe), C (Flugzeuge) unter Nr. 2 (Anweisungen über die Prüfung) beigefügten Vorschriften.

3. Die Zulassung zum Verkehr außerhalb von Flugplätzen und die Kennzeichnung der Luftfahrzeuge.

a. Endgültige Zulassung und Kennzeichnung.

§ 7. Die höhere Verwaltungsbehörde (§ 6 Abs. 1) entscheidet über den Antrag auf Zulassung eines Luftfahrzeugs zum Verkehr außerhalb von Flugplätzen. Die Zulassung gilt für das ganze Reich.
Bevor die höhere Verwaltungsbehörde die Zulassung erteilt, hat sie die beim Polizeipräsidium in Berlin errichtete Zentralstelle zu ersuchen, dem Fahrzeug ein polizeiliches Kennzeichen (§ 8) zuzuteilen. Die Zentralstelle erteilt dem Fahrzeug ein Kennzeichen, trägt es in eine Liste nach beiliegendem Muster 1 ein und macht hiervon der ersuchenden Behörde Mitteilung. Letztere trägt das Fahrzeug ihrerseits in eine Liste nach beiliegendem Muster 2 ein und teilt dem Antragsteller die Zulassung sowie das Kennzeichen mit und erteilt ihm eine Bescheinigung nach beiliegendem Muster 3.
Verkauft jemand sein zum Verkehr außerhalb von Flugplätzen zugelassenes Luftfahrzeug, so muß er die ihm erteilte Bescheinigung der ausstellenden Behörde zugleich mit einem die in § 6 Nr. 1 geforderten Angaben enthaltenen Antrage des Käufers, ihn als neuen Eigentümer in die Liste und Zulassungsbescheinigung einzutragen, zurückreichen. Die ausstellende Behörde hat den Wechsel des Eigentümers in ihrer Liste zu berichtigen. Danach hat sie dem Antragsteller eine neue Bescheinigung auszustellen und die alte unbrauchbar zu machen.
Hat der Käufer seinen Wohnsitz in dem Bezirk einer anderen höheren Verwaltungsbehörde, so hat die bisher zuständige Behörde das Fahrzeug in ihrer Liste zu löschen und die eingereichte Zulassungsbescheinigung nebst dem Antrag des Käufers und den über das Fahrzeug geführten Akten und Urkunden der nunmehr zuständigen Behörde zur Eintragung in deren Liste zu übersenden. Diese hat unter Vernichtung der alten eine neue Zulassungsbescheinigung auszustellen.
Verlegt der Eigentümer eines zum Verkehr außerhalb von Flugplätzen zugelassenen Luftfahrzeugs seinen Wohnsitz in den Bezirk einer anderen höheren Verwaltungsbehörde, so hat er die Zulassungsbescheinigung der ausstellenden Behörde mit dem Antrag auf Änderung der Liste und der Bescheinigung zurückzureichen. Das Verfahren des Abs. 4 findet im übrigen entsprechende Anwendung.

Beim Namenwechsel des Eigentümers ohne Personenwechsel sowie beim Wohnortwechsel innerhalb des Bezirks der zulassenden höheren Verwaltungsbehörde bedarf es nur einer einfachen Mitteilung, die in der Liste der höheren Verwaltungsbehörde in der Spalte „Veränderungen" kenntlich gemacht werden muß. Auf Verlangen des Eigentümers ist dieser Wechsel auch in der Zulassungsbescheinigung zu vermerken.
Jede Änderung in der Liste einer höheren Verwaltungsbehörde ist der Zentralstelle zum Zwecke der Berichtigung der bei der Zentralstelle geführten Liste umgehend mitzuteilen.

§ 8. Jedes außerhalb von Flugplätzen verkehrende Luftfahrzeug, das zur Aufnahme von Menschen bestimmt ist, muß das polizeiliche Kennzeichen (§ 7) tragen.
Dieses Kennzeichen besteht aus dem Buchstaben „D" und einer Unterscheidungsnummer, unter der das Fahrzeug in die polizeiliche Liste (§ 7 Abs. 2) eingetragen ist. Die Verteilung der Kennzeichen innerhalb des Reichsgebiets erfolgt nach dem beiliegenden „Plan für die Kennzeichnung der Luftfahrzeuge".
Der Eigentümer eines Luftfahrzeugs ist verpflichtet, das in der Zulassungsbescheinigung genannte polizeiliche Kennzeichen an seinem Luftfahrzeug, bevor er es in Betrieb setzt, anzubringen und deutlich erkennbar zu erhalten.
Das Kennzeichen ist in schwarzer Balkenschrift auf weißem, schwarz gerandetem Grunde auf dem Körper des Luftfahrzeugs selbst anzubringen. Der Buchstabe „D" und die Unterscheidungsnummer müssen in eine Reihe gestellt und durch einen waagrechten Strich voneinander getrennt werden. Die Abmessungen betragen: Randbreite mindestens 8 cm, Schrifthöhe 65 cm bei einer Strichstärke von 10 cm, Abstand zwischen den einzelnen Zeichen und von Rande 17 cm, Stärke des Trennungsstrichs 10 cm, Länge des Trennungsstrichs 20 cm, Höhe der weißen Grundfläche 1 m. Der Platz dafür ist so zu wählen, daß das Zeichen während der Fahrt möglichst von jeder Stelle eines auf der Erde stehenden Beobachters aus sichtbar ist; es ist daher mindestens auf beiden Seiten des Fahrzeugs je einmal, bei Freiluftballonen an zwei gegenüberliegenden Stellen in der Mitte der Ballonhülle anzubringen.

§ 9. Die Anbringung eines anderweiten zur Verwechslung mit dem polizeilichen Kennzeichen geeigneten Kennzeichens ist unzulässig.

b. Vorläufige Zulassung.

§ 10. Vorläufig zum Verkehr außerhalb von Flugplätzen können nur Luftschiffe während der Probefahrten zugelassen werden. Die Erlaubnis darf nur zuverlässigen Fabriken von der höheren Verwaltungsbehörde erteilt werden. Die Fabrik hat ihren Antrag ein auf ihre Kosten ausgestelltes Gutachten eines von der höheren Verwaltungsbehörde eines Bundesstaats anerkannten Sachverständigen oder einer von der Zentralbehörde eines Bundesstaats zur Ausstellung derartiger Gutachten ermächtigten Stelle (Verein, Hochschule oder dergl.) beizufügen, daß das Luftschiff probefahrt bereit ist. Für die von dem Sachverständigen vorzunehmende Prüfung und die auf Grund der Prüfung ausgestellte Bescheinigung gelten die in der Anlage B unter Nr. 5 (Anweisung über die Prüfung für Probefahrten) beigefügten Vorschriften.
Ein vorläufig zum Verkehr außerhalb von Flugplätzen zugelassenes Luftschiff bedarf eines Probefahrterlaubnisscheins der in Muster 5 vorgeschriebenen Art. Statt eines polizeilichen Kennzeichens hat es eine weiße Flagge von 3 m Länge und 1 m Breite am Heck zu führen. Außerdem ist von sämtlichen Probefahrten eine genaue Aufzeichnung zu machen und diese nach Beendigung der Probefahrten nebst dem Probefahrtserlaubnisschein der höheren Verwaltungsbehörde zu übergeben.

c. Erlöschen und Zurücknahme der Zulassung.

§ 11. Jeder Eigentümer eines zum Verkehr außerhalb von Flugplätzen zugelassenen Luftfahrzeugs hat am 1. Januar jeden Jahres der zuständigen höheren Verwaltungsbehörde mitzuteilen, ob das Luftfahrzeug innerhalb des letzten Jahres benutzt worden ist, ob es sich noch in betriebsfähigem Zustand befindet und ob es weiter benutzt werden soll.
Ist ein Luftfahrzeug innerhalb eines Jahres nicht benutzt worden oder soll es in Zukunft nicht mehr verwendet werden, so erlischt die Zulassungsbescheinigung.
Treten bei einem zum Verkehr außerhalb von Flugplätzen zugelassenen Luftfahrzeug Änderungen ein, die eine Berichtigung der Liste und der Zulassungsbescheinigung erforderlich machen, so erlischt die Zulassungsbescheinigung, sofern nicht vor der erneuten Inbetriebnahme der Eigentümer eine Berichtigung der Zulassungsbescheinigung unter Beifügung eines Ergänzungsgutachtens herbeiführt. Das Verfahren des § 6 Abs. 1, 3 und 5 und des § 7 Abs. 1 und 3 Satz 2 und 3 findet entsprechende Anwendung.
Das Erlöschen der Zulassungsbescheinigung tritt ferner nicht ein, wenn die Berichtigung der Liste und der Zulassungsbescheinigung nur wegen unerheblicher Änderungen erforderlich wäre, insbesondere bei Auswechselung einzelner Teile durch gleichartige, aber mit anderer Fabrikseriennummer versehene Teile: in diesem Falle findet das Verfahren des § 7 Abs. 5 entsprechende Anwendung.
Beim Erlöschen zu Zulassungsbescheinigung hat der Eigentümer die Bescheinigung der ausstellenden Behörde abzuliefern; unterbleibt die Ablieferung so ist die Bescheinigung einzuziehen. Das Fahrzeug ist sodann in der Liste der höheren Verwaltungsbehörde zu löschen; die Löschung ist zum Zwecke der Berichtigung der bei der Zentralstelle geführten Liste der Zentralstelle mitzuteilen.

§ 12. Die Polizeibehörde kann jederzeit auf Kosten des Eigentümers eine Untersuchung darüber veranlassen, ob ein Luftfahrzeug den nach Maßgabe dieser Verordnung (§§ 3 bis 5) und unter Nr. 1 (Vorschriften über Beschaffenheit) der Anlagen A (Freiballone), B (Luftschiffe) und C (Flugzeuge) zu stellenden Anforderungen entspricht.
Genügt ein Luftfahrzeug diesen Anforderungen nicht, so kann seine Ausschließung vom Verkehr außerhalb von Flugplätzen durch die höhere Verwaltungsbehörde verfügt werden.

§ 13. Wird infolge technischer Fortschritte die Gefahr der Luftfahrt verringert oder zeigt ein Luftfahrzeug im Gebrauch eine besondere Gefährlichkeit, so kann von der höheren Verwaltungsbehörde der Umbau eines derartigen Luftfahrzeugs im Sinne dieser technischen Fortschritte verlangt oder die Zulassung zurückgenommen werden.

§ 14. Auf die Luftfahrzeuge der Militär-, Marine- oder Postverwaltung finden die Bestimmungen der §§ 12 und 13 keine Anwendung.

II. Die Führer und die Mannschaft.

1. Die Zulassung zum Führer.

§ 15. Wer außerhalb von Flugplätzen ein Luftfahrzeug führen will, bedarf der Erlaubnis der zuständigen höheren Verwaltungsbehörde. Für die Führung von Freiballonen, Luftschiffen und Flugzeugen sind verschiedenartige Zeugnisse auszustellen; das für die eine Gattung von Luftfahrzeugen ausgestellte Zeugnis berechtigt nicht zur Führung eines Fahrzeugs einer ande-

ren Gattung. Bei Luftschiffen und Flugzeugen gilt da Gleiche für von einander abweichende Systeme.
Die erteilte Erlaubnis gilt für das ganze Reich; sie ist zu erteilen, wenn der Nachsuchende seine Befähigung durch eine Prüfung dargetan hat und nicht Tatsachen vorliegen, die die Annahme rechtfertigen, daß er zum Führen von Luftfahrzeugen ungeeignet ist.
Personen unter 21 Jahren ist das Führen von Luftfahrzeugen nicht gestattet. Personen über 18 Jahren kann die Erlaubnis von der höheren Verwaltungsbehörde ausnahmsweise und nur mit Zustimmung des gesetzlichen Vertreters erteilt werden.
Den Nachweis der Erlaubnis hat der Führer durch eine Bescheinigung (Führerschein) nach beiliegendem Muster 4 zu erbringen. Vor der Vornahme der Prüfung ist bei der Zentralstelle anzufragen, was etwa über den Antragsteller dort bekannt ist. Ergeben die Feststellungen, das er ungeeignet zum Führen eines Luftfahrzeugs ist, so ist ihm die Zulassung zur Prüfung zu versagen.
Vor jedem Falle der Versagung der Zulassung zur Prüfung, des Nichtbestehens der Prüfung oder der Erteilung des Führerscheins hat die höhere Verwaltungsbehörde umgehend der Zentralstelle Mitteilung zu machen. Das Gleiche gilt für die Fälle des § 20 dieser Verordnung. In den Fällen der Versagung des Nichtbestehens, der Entziehung und der Untersagung sind die Gründe kurz mitzuteilen.
Über die von ihr ausgestellten Führerscheine hat die höhere Verwaltungsbehörde eine Liste zu führen; die Nummer der Liste ist in dem Führerschein anzugeben.
Für die vorzunehmenden Prüfungen gelten die Vorschriften unter Nr. 4 (Vorschriften über die Prüfung von Führern) der Anlagen A (Freiballone), B (Luftschiffe), C (Flugzeuge).

2. Besondere Rechte des Führers.

§ 16. Die Mannschaft eines Luftfahrzeugs hat dem Führer während der Fahrt unbedingten Gehorsam zu leisten.

3. Besondere Pflichten des Führers.

§ 17. Der Führer hat den Führerschein (§ 15 Abs. 4) sowie die Bescheinigung über die Zulassung des Luftfahrzeugs (§ 7 Abs. 2) bei der Benutzung des Fahrzeugs außerhalb von Flugplätzen bei sich zu führen und auf Verlangen einem zuständigen Beamten vorzulegen.

§ 18. Der Führer ist dafür verantwortlich, daß das Luftfahrzeug mit dem nach dieser Verordnung vorgeschriebenen polizeilichen Kennzeichen versehen ist und sich in verkehrssicherem Zustand (§§ 3 bis 5; Anlagen A, B, C und unter Nr. 1 und Nr. 3 sowie § 34) befindet; er hat sich vor der Fahrt von dem Zustande des Fahrzeugs zu überzeugen.

§ 19. Der Führer ist zu besonderer Vorsicht in Leitung und Bedienung seines Fahrzeugs verpflichtet. Er darf das Fahrzeug nicht verlassen, solange es in Bewegung ist, und darf sich, soweit es sich um ein Luftschiff oder Flugzeug handelt, von diesem nicht entfernen, solange die Maschine oder der Motor läuft, auch muß er, falls er sich von dem Fahrzeug entfernt, die Vorrichtung (Anlage A, B, und C) in Wirksamkeit setzen, die verhindern soll, daß ein Unbefugter das Fahrzeug in Betrieb setzt.

4. Entziehung der Fahrerlaubnis.

§ 20. Werden Tatsachen festgestellt, die die Annahme rechtfertigen, daß eine Person zum Führen von Luftfahrzeugen ungeeignet ist oder daß sie durch das Führen eines Luftfahrzeugs die Landessicherheit gefährdet, so kann ihr die Fahrerlaubnis dauernd oder für bestimmte Zeit durch die für ihren Wohnort zuständige höhere Verwaltungsbehörde entzogen werden; nach der Entziehung ist der höheren Verwaltungsbehörde der Führerschein abzuliefern. Die Entziehung der Fahrerlaubnis ist für das ganze Reich wirksam. Im Falle der Entziehung der Fahrerlaubnis für bestimmte Zeit kann deren Wiedererteilung von der nochmaligen Ablegung einer Prüfung oder der Erfüllung sonstiger Bedingungen abhängig gemacht werden.
Personen, die nur während eines vorübergehenden Aufenthalts im dem Gebiete des Deutschen Reichs ein Luftfahrzeug führen, kann aus Gründen, die nach Abs. 1 die Entziehung der Fahrerlaubnis rechtfertigen, die Führung des Luftfahrzeugs durch Verfügung der zuständigen höheren Verwaltungsbehörde jederzeit untersagt werden. Die Untersagung ist für das ganze Reich wirksam.

5. Besondere Bestimmungen.

§ 21. Für die Erteilung der Erlaubnis zum Führen von Luftfahrzeugen der Militär- oder Marineverwaltung und für die Entziehung dieser Erlaubnis gelten die besonderen Vorschriften unter Ziffer.......der im § 15 Abs. 7 näher bezeichneten Anweisung (Anlagen A, B und C unter Nr. 4).

III. Luftfahrtunternehmen.

§ 22. Für Luftfahrtunternehmen gelten außer den allgemeinen Vorschriften (§§ 1-22) die nachstehenden besonderen Vorschriften der §§ 24 bis 33.

§ 23. Zur Errichtung und zum Betriebe eines Luftfahrtunternehmens bedarf es der Genehmigung der zuständigen Behörde. Dasselbe gilt für wesentliche Erweiterungen oder sonstige wesentliche Änderungen des Unternehmens, der Anlage oder des Betriebs.

§ 24. Zur Erteilung der Genehmigung ist zuständig:
1. falls sich das Luftfahrtunternehmen nicht über das Gebiet eines Bundesstaats erstreckt, die Landeszentralbehörde;
2. falls sich das Luftfahrtunternehmen über das Gebiet mehrerer Bundesstaaten erstreckt, die Zentralbehörden derjenigen Bundesstaaten, deren Gebiet bei Aufstieg, Landung oder Zwischenlandung berührt wird;
3. falls sich das Luftfahrtunternehmen über das Gebiet des Deutschen Reichs hinaus erstreckt, bedarf die Genehmigung der nach Nr. 1 und 2 zuständigen Zentralbehörden der Zustimmung des Reichskanzlers.

§ 25. Die Genehmigung wird auf Grund vorgängiger behördlicher Prüfung erteilt. Für die vorzunehmenden Prüfungen gelten die Vorschriften der als Anlage D beigefügten „Anweisung über die Prüfung und Genehmigung von Luftfahrtunternehmen“.

§ 26. Dem Antrag auf Erteilung der Genehmigung sind die zur Beurteilung des Unternehmens in technischer und finanzieller Hinsicht erforderlichen Unterlagen beizufügen.

§ 27. Bei der Genehmigung ist die Art und Höhe einer Sicherheitsstellung für die durch den Betrieb verursachten Beschädigungen Dritter nicht an der Luftfahrt beteiligter Personen und deren Sachen vorzuschreiben; auch sind über die Rückgabe der Sicherheit Bestimmungen zu treffen. Ferner kann in der Genehmigungsurkunde für die Ausführung der Linie und die Eröffnung des Betriebes eine Frist gesetzt und die Erlegung von Geldstrafen für den Fall ihrer Nichteinhaltung sowie Sicherheitsleistung hierfür gefordert werden.
Einer Sicherheitsleistung bedarf es in keinem Falle, wenn das Reich, ein Bundesstaat oder ein Kommunalverband Unternehmer ist.

§ 28. Die Genehmigung kann dauernd oder auf Zeit erteilt werden. Sie erfolgt unter dem Vorbehalt der Rechte Dritter, des Verlangens der Ergänzung, und Abänderung baulicher Anlagen oder des Luftfahrzeugparkes oder neuer Festlegung der Luftverkehrslinien.

§ 29. Die Genehmigung, die für eine Aktiengesellschaft, eine Kommanditgesellschaft auf Aktien oder eine Gesellschaft mit beschränkter Haftung behufs Eintragung in das Handelsregister ausgehändigt worden ist, tritt erst in Wirksamkeit, wenn der Nachweis der Eintragung in das Handelsregister geführt ist.

§ 30. Zur Eröffnung des Betriebs bedarf es der Erlaubnis der zur Erteilung der Genehmigung zuständigen Behörde. Die Erlaubnis ist zu versagen, sofern wesentliche in der Errichtungs- und Betriebsgenehmigung gestellte Bedingungen nicht erfüllt sind.

§ 31. Die Genehmigung kann zurückgenommen werden, wenn die Errichtung des Luftfahrtunternehmens oder die Eröffnung des Betriebs ohne genügenden Grund nicht ausgeführt, unterbrochen oder wiederholt gegen die Bedingungen der Genehmigung oder gegen die dem Unternehmen nach dieser Verordnung und der Genehmigungsurkunde obliegenden Verpflichtungen in wesentlicher Weise verstoßen wird.

§ 32. In der Genehmigungsurkunde sind auch darüber Bestimmungen zu treffen:
1. von welchem Zeitpunkt nach Eröffnung des Unternehmens an die Abtretung erfordert werden kann;
2. welche Frist zwischen dem Zeitpunkt, in dem dem Unternehmen die auf Übernahme des Unternehmens gerichtete Absicht angekündigt wird, und dem zur Übernahme bestimmten Zeitpunkt liegen muß;
3. nach welchen Gesichtspunkten die dem Unternehmen zu gewährende Entschädigung berechnet werden soll.

IV. Der Verkehr der Luftfahrzeuge.

1. Die Ausrüstung.

§ 33. Kein Luftfahrzeug darf außerhalb von Flugplätzen verkehren ohne die in den Anlagen A (Freiballone), B (Luftschiffe), C (Flugzeuge) unter Nr. 3 (Vorschriften über die Ausrüstung) genannte Ausrüstung zu besitzen.

§ 34. Alle bemerkenswerten Begebenheiten müssen den Spalten des Bordbuchs entsprechend in dieses, soweit möglich, während der Fahrt oder, im Falle der Behinderung nach der Fahrt binnen einer Frist von höchstens 12 Stunden eingetragen werden. Das Bordbuch ist zwei Jahre von der letzten Eintragung an aufzubewahren und auf Verlangen einer öffentlichen Behörde jederzeit vorzulegen.

§ 35. Die Beförderung von Explosivstoffen, Waffen und Kriegsmunition sowie von Brieftauben oder die Mitnahme von photographischen oder radiotelephonischen Apparaten bedarf der Genehmigung der höheren Verwaltungsbehörde. Über die Genehmigung ist eine Bescheinigung der im Muster 10 beigefügten Art zu erteilen und diese bei jeder Fahrt mitzuführen und einem zuständigen Beamten auf Verlangen vorzuzeigen.

2. Verbotene Zonen.

§ 36. Den Luftfahrzeugen ist es untersagt, in Ortschaften außer auf den besonders dazu von der Ortsbehörde bezeichneten Plätzen niederzugehen.

§ 37. Ohne besondere Erlaubnis ist es den Führern von Luftfahrzeugen untersagt, über verbotene Zonen zu fahren. Die Erlaubnis zum Überfahren verbotener Zonen kann nur durch die Militärverwaltung gegeben werden. Sie hat darüber dem Führer des betreffenden Luftfahrzeugs eine Bescheinigung auszustellen, die dieser bei derartigen Fahrten bei sich zu führen hat.
Der Führer eines Luftfahrzeugs, der ohne durch besondere Erlaubnis dazu ermächtigt zu sein, sich über einer verbotenen Zone aufhält, ist verpflichtet, sobald er dieses bemerkt, unverzüglich diese zu verlassen und, sofern er dazu aufgefordert wird, sobald als möglich niederzugehen.

§ 38. Über die Festsetzung der verbotenen Zonen, die verschiedenen Arten ihrer Kennzeichnung und der Benachrichtigung, daß ein Luftfahrzeug sich über einer verbotenen Zone befindet sowie der Aufforderung niederzugehen, gelten die in der Ablage E (Verbotene Zonen) beigefügten Vorschriften.

3. Vorschriften über Lichterführung und Schallsignale.

§ 39. Die Vorschriften über die Führung von Lichtern müssen bei jedem Wetter von Sonnenuntergang bis Sonnenaufgang befolgt werden; während dieser Zeit ist die Verwendung von anderen Lichtern und Scheinwerfern nur unter der Bedingung gestattet, daß diese nicht mit den hier vorgeschriebenen Lichtern verwechselt werden können.

§ 40. Ein in Fahrt befindliches Luftschiff, das eine Eigengeschwindigkeit besitzt, hat zu führen:
a) vorn ein helles weißes Licht, das seinen Schein ununterbrochen über einen Bogen von 220 Grad in der Fahrtrichtung, und zwar gleichmäßig nach rechts (Steuerbord) und links (Backbord) von seiner Mittellinie wirft;
b) an der rechten Seite ein grünes Licht. Dasselbe muß ununterbrochen leuchten und in horizontaler Richtung auf einen Bogen von 110 Grad so ausstrahlen, daß es 20 Grad nach rückwärts gesehen werden kann;
c) an der linken Seite ein rotes Licht, das in gleicher Weise wie das grüne nach links hin leuchtet;
d) die 3 vorbezeichneten Lichter (weiß, grün und rot) müssen in jeder zu ihrem Wirkungsbereiche senkrecht gelegenen Ebene nach unten unbegrenzt, nach oben mindestens bis zu 30 Grad sichtbar sein;

e) die grünen und roten Seitenlichter müssen so abgeblendet werden, daß sie von der entgegengesetzten Seite nicht gesehen werden können;
f) das weiße Licht muß auf eine Entfernung von wenigstens 4, das rote und grüne auf eine solche von wenigstens 2 km bei dunkler Nacht und klarer Luft sichtbar sein;
g) ein Luftschiff muß außerdem noch dauernd ein weißes Licht nach hinten zeigen.

§ 41. Die vorstehenden Bestimmungen über Lichter gelten auch für Flugzeuge mit der Einschränkung, daß diese nur eine Laterne vorn besitzen müssen, die nach vorn weißes, nach rechts grünes und nach links rotes Licht zeigt.

§ 42. Freiballone müssen eine Laterne mit einem weißen Licht gebrauchsfertig zur Hand haben und es bei Annäherung eines anderen Luftfahrzeugs zeigen.

§ 43. Bei Nebel, dickem Wetter, Schneefall oder heftigen Regengüssen, es mag Tag oder Nacht sein, müssen Luftschiffe ununterbrochen starke Schallsignale geben.
Unter denselben Verhältnissen haben sich gleicher Schallsignale die Freiballone zu bedienen, wenn sie in die Nähe von Motorluftfahrzeugen kommen.

4. Die Fahrt und das Ausweichen.

§ 44. Ein Motorluftfahrzeug darf niemals auf solche Weise fortbewegt werden, daß dadurch die öffentliche Ordnung, Ruhe oder Sicherheit gestört oder in Gefahr gebracht wird.

§ 45. Die Motorluftfahrzeuge haben stets den Freiballonen auszuweichen.

§ 46. Jedes Motorluftfahrzeug, das sich einem anderen nähert, gleichgültig in welcher Richtung, hat stets nach rechts auszuweichen, es sei denn, daß es einen Abstand von wenigstens 300 m hat und behält. Das Überfliegen eines anderen Luftfahrzeugs in gleicher Fahrtrichtung mit letzterem ist untersagt.

§ 47. Wenn ein Luftschiff freiwillig gestoppt hat, so hat es eine deutlich sichtbare schwarze Kugel zu zeigen. Es bleibt im übrigen auch in diesem Falle den Vorschriften für in Fahrt befindliche Luftfahrzeuge unterworfen.
Wenn es infolge von Havarien nicht mehr voll manövrierfähig ist, so hat es zwei deutlich sichtbare schwarze Kugeln zu zeigen, die senkrecht übereinander angebracht sind. In diesem Falle ist es als Freiballon anzusehen.
Bei Nacht zeigt ein Luftschiff in den beiden vorstehenden Fällen nur weißes Licht und wird den Freiballonen gleichgeachtet.

5. Landungs- und Notzeichen.

§ 48. Wenn ein Luftschiff sich zum Landen anschickt, hat es zu zeigen:
bei Tage unter der Gondel eine rote dreieckige Flagge,
bei Nacht unter Beibehaltung seiner vorschriftsmäßigen Lichter ein weißes Blink- oder Schwenklicht.

§ 49. Im Falle der Not sowohl über Land wie über Wasser hat ein Luftschiff zu zeigen:

bei Tage unter der Gondel eine rote dreieckige Flagge und die beiden übereinander befindlichen schwarzen Kugeln,
bei Nacht unter Auslöschung seiner Seitenlichter ein weißes Blink- oder Schwenklicht,
bei Tag und bei Nacht hat es außerdem Schallsignale abzugeben.

§ 50. Ein Freiballon hat im Falle der Not zu zeigen:
bei Tage unter dem Korbe eine dreieckige rote Flagge,
bei Nacht ein bewegtes weißes Licht.
Außerdem kann bei Tag wie bei Nacht von Schallsignalen Gebrauch gemacht werden.

6. Anwendung von Ballast[1896].

§ 51. Als Ballast darf nur ein Stoff verwendet werden, der keine Gefahr mit sich bringt, wie z. B. feiner Sand oder Wasser.

V. Vorschriften über Flugveranstaltungen außerhalb von Flugplätzen[1897].

§ 52. Jede Flugveranstaltung außerhalb von Flugplätzen bedarf der Genehmigung der Zentralbehörde, die ihre Befugnis auf die höhere Verwaltungsbehörde übertragen kann. Erstreckt sich der Flug über das Gebiet mehrerer Bundesstaaten, so sind die Zentralbehörden derjenigen Bundesstaaten zuständig, deren Gebiet bei Aufstieg, Landung oder festgesetzte Zwischenlandung berührt wird.
Die genehmigende Behörde hat die für den einzelnen Fall notwendigen Anordnungen darüber zu treffen, in welcher Weise die Absperrung der Zuschauer von den Aufstiegs- und Landungsplätzen zu erfolgen hat.

§ 53. Als Flugveranstaltung gilt auch der gewerbsmäßige Aufstieg von Fesselballonen. Sofern Dritten der Aufstieg gegen Entgelt gestattet wird, muß der Ballon von einem Führer (§§ 15-19) begleitet und zum Verkehr außerhalb von Flugplätzen zugelassen sein (§§ 3 bis 9 und § 33).

C. Der Verkehr innerhalb von Flugplätzen.

§ 54. Unter Flugplätzen sind eingefriedigte Plätze zu verstehen, auf denen die Zuschauerplätze von der Flug- und Laufbahn durch Schranken getrennt sind. Der Flugplatz darf keine Unebenheiten aufweisen und der Luftraum über dem Flugplatz muß frei von Drahtleitungen jeder Art sein.

§ 55. Ein Luftfahrzeug, das ausschließlich innerhalb von Flugplätzen verkehren soll, bedarf keiner Zulassung und keines polizeilichen Kennzeichens. Die Vorschriften der §§ 3 bis 9 und der §§ 11 bis 14 finden jedoch Anwendung, wenn das Flugzeug zur Beförderung Dritter gegen Entgelt, als Übungsfahrzeug oder zu Schau- und Wettbewerbsflügen dienen soll.

§ 56. Die Führer von Luftfahrzeugen, die ausschließlich innerhalb von Flugplätzen verkehren wollen, bedürfen keiner Prüfung. Die Vorschriften der §§ 15 bis 22 finden jedoch Anwen-

[1896] Originaltext.
[1897] Originaltext.

dung, wenn ein Führer Personen gegen Entgelt in das Fahrzeug aufnehmen, andere im Führen von Luftfahrzeugen unterrichten oder zu Schau- und Wettbewerbsflügen aufsteigen will.

§ 57. Für jeden Flugplatz ist eine Flugplatzordnung aufzustellen. Diese unterliegt der Genehmigung der Landeszentralbehörde, die ihre Befugnis auf die höhere Verwaltungsbehörde übertragen kann.
In der Flugplatzordnung sind insbesondere Bestimmungen zu treffen, über Freihalten der Laufbahn von unbefugten Personen, Tieren und anderen Hindernissen, über die Benutzung des Flugplatzes, über Erproben von Flugzeugen und Propellern, Abhaltungen von Probe- und Prüfungsflügen usw.
Die Flugplatzordnung muß in allen Flugzeugschuppen, Ballonhallen, Comptoiren usw. nebst den Unfallverhütungsvorschriften der Berufsgenossenschaft für Feinmechanik und Elektrotechnik an sichtbarer Stelle angebracht sein.

D. Der internationale Verkehr.

§ 58. Für den internationalen Verkehr mit Luftfahrzeugen gelten innerhalb des Reichsgebiets die Vorschriften der vorstehenden Paragraphen, soweit nicht nachfolgend etwas anderes bestimmt ist.

§ 59. Landet ein im Ausland aufgestiegenes Luftfahrzeug innerhalb der Grenzen des Deutschen Reichs, so muß der Führer unverzüglich die Polizeibehörde der Gemeinde, in deren Gebiet das Fahrzeug gelandet ist, von seiner Landung benachrichtigen. Die Polizeibehörde hat der zuständigen Steuerbehörde die Landung mitzuteilen und darüber zu wachen, daß, wenn erforderlich, die Ladung und Ausrüstung nicht entfernt wird, bevor die notwendigen Feststellungen getroffen sind.

§ 60. Für aus dem Ausland zu vorübergehendem Aufenthalt in das Gebiet des Deutschen Reichs gelangende außerdeutsche Luftfahrzeuge und deren Führer, die in ihrem Heimatstaate im wesentlichen gleichartiger Vorschriften über Prüfung und Kennzeichnung von Luftfahrzeugen und Prüfung von Luftfahrzeugführern unterliegen, gelten, wenn in dem betreffenden Staate deutschen Luftfahrzeugen und deren Führern ein gleiches Recht eingeräumt wird, folgende besonderen Bestimmungen:
a) Die Vorschriften über die Zulassung von Luftfahrzeugen zum Verkehr außerhalb von Flugplätzen finden auf diese Luftfahrzeuge keine Anwendung, sofern der Führer durch eine Bescheinigung der zuständigen Behörde oder einer hierzu behördlich ermächtigten Stelle des Auslandes nachweisen kann, daß das Fahrzeug den an dem betreffenden Orte gültigen polizeilichen Vorschriften entspricht; Bescheinigungen dieser Art müssen enthalten Namen, Wohnort und Nationalität des Eigentümers, die Art des Fahrzeugs (Freiballon, Luftschiff, Flugzeug) die Firma, die das Fahrzeug fertiggestellt hat, und die Fabriknummer des Fahrzeugs sowie die Firmen von denjenigen Fabriken, die die wesentlichen Teile (Ballonstoff, Bespannungs- und Versteifungsmaterial, Fahrgestell, Motoren usw.) hergestellt haben und die Fabriknummer der einzelnen Teile, die Zweckbestimmung des Fahrzeugs des Fahrzeugs (Sport-, Personen- oder Sachbeförderung), die Art der Kraftquelle, die Anzahl der Pferdestärken der Maschinen oder Motoren und das Eigengewicht des Fahrzeugs. Die Bescheinigungen müssen mit dem Anerkennungsvermerk einer deutschen Behörde versehen sein;
b) Die Luftfahrzeuge müssen an Stelle der durch §§ 7 und 8 dieser Verordnung vorgeschriebenen polizeilichen Kennzeichen das heimatliche Kennzeichen tragen;

c) Die durch § 15 dieser Verordnung vorgeschriebenen Führerscheine können für die Führer außerdeutscher Luftfahrzeuge durch entsprechende ausländische Zeugnisse ersetzt werden, sofern diese von einer deutschen Behörde mit einem Anerkennungsvermerke versehen ist.
Der Reichskanzler hat unter Zustimmung des Bundesrats im Reichsanzeiger diejenigen Staaten bekannt zu machen, für deren Fahrzeuge und Führer vorstehende Bestimmungen gelten. In der Bekanntmachung ist zugleich anzugeben, auf welche Arten von Luftfahrzeugen die vorstehenden Bestimmungen Anwendung finden.

§ 61. Für Flugveranstaltungen können ausländische Luftfahrzeuge und deren Führer auch ohne die Voraussetzungen des § 60 zum Verkehr außerhalb von Flugplätzen zugelassen werden; in solchem Falle ist ihnen eine für die Strecke und Dauer der Flugveranstaltung auszustellende Zulassungsbescheinigung und ein besonderes Kennzeichen zu erteilen, dessen Größe und Anbringung den Bestimmungen des § 8 entsprechen muß. Die Verteilung der Kennzeichen erfolgt nach dem beiliegenden „Plan für die Kennzeichnung der Luftfahrzeuge".
Zuständig für die Erteilung der Genehmigung und Kennzeichens ist:

1. sofern die Flugveranstaltung sich nicht über den Bereich eines Bundesstaates erstreckt, die Zentralbehörde dieses Staates, die ihre Befugnis auf die höhere Verwaltungsbehörde übertragen kann;
2. in allen anderen Fällen der Reichskanzler.

§ 62. Werden Luftfahrzeuge solcher Personen, die ihren Wohnsitz oder dauernden Aufenthalt im Gebiete des Deutschen Reichs haben, mit eigener Triebkraft aus dem Ausland zum dauernden Verbleib in das Inland eingeführt, so hat die Prüfung und Kennzeichnung der Fahrzeuge in Gemäßheit der Bestimmungen in den §§ 7 bis 9 dieser Verordnung innerhalb 30 Tagen nach dem Grenzübertritt oder nach der Ingebrauchnahme des Fahrzeugs im Inland zu erfolgen.

§ 63. Soll ein im Inland erworbenes, zum Verkehr noch nicht zugelassenes Kraftfahrzeug mit eigener Triebkraft in das Ausland zum dauernden Verbleib verbracht werden, so kann mit dem gemäß § 6 dieser Verordnung bei der zuständigen höheren Verwaltungsbehörde zu stellenden Antrag auf Zulassung des Fahrzeugs zum Verkehr außerhalb von Flugplätzen gleichzeitig der Antrag auf Ausstellung eines besonderen Kennzeichens gestellt werden.
Die Zulassung des Fahrzeugs erfolgt in diesem Falle nach den Vorschriften dieser Verordnung mit der Maßgabe, daß an Stelle der Zulassungsbescheinigung ein auf die Dauer von 30 Tagen ausgestellter Fahrausweis für die Fahrt von der Fabrik zu dem Auslandsorte tritt und daß das Fahrzeug nicht das Kennzeichen für inländische Luftfahrzeuge, sondern ein besonders geartetes Kennzeichen erhält, dessen Größe und Anbringung den Bestimmungen des § 8 entsprechen muß. Die Verteilung der Kennzeichen erfolgt nach dem beiliegenden „Plan für die Kennzeichnung der Luftfahrzeuge" und nicht in die Listen eingetragen wird.

E. Übergangsvorschriften[1898].

§ 64. Die für die Zulassung der Luftfahrzeuge vor dem..............................auf Grund der Vorschriften folgender Vereine erteilten Bescheinigungen behalten bis auf weiteres Gültigkeit. Die Inhaber solcher Bescheinigungen haben das Recht, bei der zuständigen höheren Verwaltungsbehörde die Ausstellung einer Zulassungsbescheinigung nach Muster B zu beantragen.

[1898]Originaltext.

Bei Ausstellung der neuen Bescheinigung hat die höhere Verwaltungsbehörde zu vermerken, daß es sich um eine vor dem .... erworbene Bescheinigung handelt.

§ 65. Die vor dem.................. auf Grund der Vorschriften folgender Vereine •

•

•

•

erteilten Zeugnisse zum Führen von Luftfahrtzeugen behalten bis zum .... Gültigkeit. Die Inhaber solcher Zeugnisse haben jedoch bis zum .... die Erteilung eines neuen Führerscheins bei der zuständigen höheren Verwaltungsbehörde gemäß § 15 zu beantragen. Für das Verfahren hinsichtlich der Zuteilung des neuen Führerscheins gelten die Vorschriften unter .... der im § 15 Abs. 4 näher bezeichneten Anweisung (Nr. 4 der Anlagen A, B und C).

§ 66. Die vor dem .... in Betrieb genommenen Flugplatzanlagen bedürfen einer Genehmigung gemäß § 8 des Gesetzes vom .... nicht. Entsprechen sie den Vorschriften des § 54 dieser Verordnung nicht, so kann die entsprechende Einrichtung von der höheren Verwaltungsbehörde verlangt werden.
Die Flugplatzunternehmer haben bis zum .... die Erteilung der Genehmigung bei der zuständigen höheren Verwaltungsbehörde gemäß § 8 Abs. 2 des Gesetzes vom .... zu beantragen.

§ 67. Diese Verordnung tritt am .... in Kraft.

VII. Bundesratsvorlage des Entwurfs eines Luftverkehrsgesetzes von 1913 - Nr. 139 der Drucksachen des Bundesrats -[1899]

Erster Abschnitt

Verkehrsvorschriften

A. Luftfahrzeuge und ihre Führer

§ 1. Luftfahrzeuge (Freiballone, Luftschiffe, Flugzeuge), die zur Aufnahme von Menschen bestimmt sind, dürfen außerhalb der Flugplätze nur verkehren, wenn die Behörde sie zugelassen hat.
Die Zulassung gilt für das ganze Reich; sie wird durch einen Zulassungsschein nachgewiesen.

§ 2. Genügt ein zugelassenes Luftfahrzeug den Anforderungen der Verkehrssicherheit nicht mehr, so kann die Behörde es vom Verkehr außerhalb der Flugplätze ausschließen.
Der Ausschluß gilt für das ganze Reich; der Zulassungsschein ist der Behörde abzuliefern.

§ 3. Wer außerhalb der Flugplätze ein Luftfahrzeug führen will (Freiballon-, Luftschiff-, Flugzeugführer), bedarf der Erlaubnis der Behörde. Die Erlaubnis ist zu erteilen, wenn der Bewer-

---

[1899]Ds. zu den Verh. des BR, 1913, Bd. 2,2; Verzicht auf Wiedergabe der Begründung, vgl. unten die nahezu identische Begründung der Reichstagsvorlage von 1914.

ber seine Befähigung durch eine Prüfung dartut und keine Tatsachen vorliegen, welche die Annahme rechtfertigen, daß er nicht geeignet ist, Luftfahrzeuge zu führen.
Die Erlaubnis gilt für das ganze Reich; sie wird durch einen Führerschein nachgewiesen.

§ 4. Wer sich außerhalb der Flugplätze in der Führung von Luftfahrzeugen übt, bevor er den Führerschein erhalten hat, muß einen Begleiter haben, der durch die Behörde ermächtigt ist, Führer auszubilden. Das Gleiche gilt, wenn bei der Prüfung Fahrten außerhalb der Flugplätze vorgenommen werden.
Bei den Übungs- und Prüfungsfahrten gilt im Sinne dieses Gesetzes der Begleiter als Führer des Fahrzeugs.

§ 5. Werden Tatsachen festgestellt, welche die Annahme rechtfertigen, daß eine Person nicht geeignet ist, Luftfahrzeuge zu führen, so kann die Behörde ihr die Erlaubnis dauernd oder für bestimmte Zeit entziehen.
Die Entziehung gilt für das ganze Reich; der Führerschein ist der Behörde abzuliefern.

§ 6. Wird die Erlaubnis zum Führen von Luftfahrzeugen aus anderen Gründen als wegen ungenügenden Ergebnisses der Prüfung oder Gefährdung der Landessicherheit versagt, so ist der Rekurs zulässig. Das Gleiche gilt, wenn die Erlaubnis entzogen wird; der Rekurs hat keine aufschiebende Wirkung.
Die Zuständigkeit der Behörden und das Verfahren bestimmen sich nach den Landesgesetzen und, soweit solche fehlen, nach den §§ 20, 21 der Gewerbeordnung.

§ 7. Die Vorschriften des § 6 gelten nicht, wenn die Heeres-, Marine- und Postverwaltungen jemandem, den sie als Führer von Luftfahrzeugen verwendet haben, die Fahrererlaubnis entziehen.

B. Aufstieg-, Landungs- und Flugplätze

§ 8. Aufstieg-, Landungs- und Flugplätze dürfen nur mit Genehmigung der Behörden angelegt werden. Vor der Erteilung der Genehmigung sind die Militär- und Marinebehörden zu hören; erheben sie aus Gründen der Landessicherheit Widerspruch, so ist die Genehmigung zu versagen.
Die §§ 17 bis 19 a, 26, 51 und der § 147 Abs. 3 der Gewerbeordnung sind entsprechend anzuwenden. Soll ein Flugplatz gewerblichen Zwecken dienen, so kann die Genehmigung auch dann versagt werden, wenn kein Bedürfnis für den Betrieb besteht.
Gegen die Versagung der Genehmigung ist, soweit sie nicht auf einem Widerspruche der Militär- und Marinebehörden beruht, der Rekurs zulässig. Die Vorschrift des § 6 Abs. 2 findet Anwendung.

C. Luftfahrtunternehmen

§ 9. Die gewerbsmäßige Beförderung von Personen oder Sachen durch Luftfahrzeuge (Luftfahrtunternehmen) bedarf der Genehmigung der Behörde; die Genehmigung kann von der Leistung einer Sicherheit abhängig gemacht werden.
Erstrecken sich die Fahrten über den Bereich mehrerer Bundesstaaten, so sind zur Genehmigung die Zentralbehörden der Bundesstaaten zuständig, deren Gebiet bei Aufstieg und Landung berührt wird. Beginnen oder enden die Fahrten im Ausland, so kann das Unternehmen die Genehmigung nur mit Zustimmung des Reichskanzlers erhalten.

§ 10. Hat ein Luftfahrtunternehmen nach der Entscheidung des Reichskanzlers eine solche Bedeutung für den öffentlichen Verkehr, daß es den allgemeinen Verkehrsunternehmen des Reichs oder der Bundesstaaten gleichgestellt werden kann, so kann der Reichskanzler den Erwerb des Unternehmens für das Reich gegen Ersatz des vollen Wertes beanspruchen. Das gleiche Recht steht, wenn das Reich keinen Anspruch erhebt, den Zentralbehörden der Bundesstaaten gemeinsam zu, deren Behörden das Unternehmen genehmigt haben (§ 9 Abs. 2). Die Höhe der Entschädigung wird im Rechtsweg festgesetzt, soweit sich die Beteiligten nicht einigen.
Luftfahrtunternehmen, die im Interesse der Verteidigung des Reichs oder im Interesse des gemeinsamen Verkehrs oder der Förderung der Luftfahrt für notwendig erachtet werden, können vom Reichskanzler mit Zustimmung des Bundesrats auch ohne Einwilligung der Bundesglieder, deren Gebiet sie durchfahren, unbeschadet der Landeshoheitsrechte für Rechnung des Reichs angelegt oder Privatunternehmern zur Ausführung übertragen werden.
Elsaß-Lothringen gilt hierbei als Bundesstaat.

§ 11. Die Rechte der Post- und Telegraphenverwaltung aus den Artikeln 48 bis 50 und Artikel 52 der Reichsverfassung bleiben unberührt.

D. Gemeinsame Vorschriften

§ 12. Der Bundesrat erläßt
1. die Anordnungen, die zur Ausführung der §§ 1 bis 11 erforderlich sind, insbesondere die über Prüfung, Zulassung und Kennzeichnung der Fahrzeuge und über Prüfung und Zulassung der Führer,
2. die sonstigen zur Erhaltung der öffentlichen Ordnung und Sicherheit erforderlichen Anordnungen über den Verkehr mit Luftfahrzeugen außerhalb der Flugplätze sowie Bestimmungen über verbotene Zonen,
3. Vorschriften über den Verkehr innerhalb der Flugplätze,
4. Vorschriften über Steuerleute, Maschinisten und die sonstige Mannschaft,
5. Vorschriften darüber, wie Ausländer die Berechtigungen dieses Gesetzes erwerben und ausüben können,
6. Vorschriften über die Zulassung der vom Ausland in das Reichsgebiet kommenden, hier nicht zugelassenen Luftfahrzeuge (ausländische Luftfahrzeuge) sowie ihrer Führer und Mannschaften,
7. Vorschriften über Luftfahrzeuge, die nach § 1 einer Zulassung nicht bedürfen (nicht zur Aufnahme von Menschen bestimmte Luftfahrzeuge) und über luftfahrzeugähnliche Apparate (Fesselballone und Drachen, Fallschirme und Gleitflugzeuge),
8. Anordnungen darüber, wie weit die Vorschriften des § 8 auf Luft- und Wetterwarten Anwendung finden,
9. die Übergangsvorschriften.

Der Bundesrat kann den Erlaß der Anordnungen gemäß Abs. 1 Nr. 1 bis 9 anderen Behörden übertragen; soweit er oder die von ihm bezeichneten Behörden keine Anordnungen erlassen, können die Landeszentralbehörden es tun.

§ 13. Die Anordnungen des Bundesrats sind durch das Reichs - Gesetzblatt zu veröffentlichen. Sie kommen in Bayern nach näherer Bestimmung des Bündnisvertrags vom 23. November 1870 (Bundes-Gesetzbl. 1871 S. 9) unter III §§ 4, 5, in Württemberg nach näherer

Bestimmung des Bündnisvertrags vom 25. November 1870 (Bundes-Gesetzbl. 1870 S. 654) unter Artikel 2 Nr. 4 zur Anwendung.

§ 14. Die Zentralbehörden bestimmen, welche Behörden für dieses Gesetz und für die Ausführungsverordnungen des Bundesrats als Polizei-, niedere und höhere Verwaltungs-, als Militär- und Marinebehörden anzusehen sind.

Zweiter Abschnitt

Haftpflicht

§ 15. Wird bei dem Betrieb eines Luftfahrzeugs, das zur Aufnahme von Menschen bestimmt ist, jemand getötet oder sein Körper oder seine Gesundheit verletzt oder eine Sache beschädigt, so ist der Halter des Fahrzeugs verpflichtet, dem Verletzten den Schaden zu ersetzen.
Die Ersatzpflicht ist ausgeschlossen, wenn der Unfall weder durch Verschulden des Fahrzeughalters oder einer bei dem Betriebe beschäftigten Person noch durch einen Fehler in der Beschaffenheit des Fahrzeugs oder durch ein Versagen seiner Verrichtungen verursacht worden ist.
Setzt jemand das Fahrzeug ohne Wissen und Willen des Fahrzeughalters in Betrieb, so ist er an Stelle des Halters zum Ersatze des Schadens verpflichtet.

§ 16. Die Vorschriften des § 15 finden keine Anwendung, wenn zur Zeit des Unfalls der Verletzte oder die beschädigte Sache durch das Fahrzeug befördert wurde oder der Verletzte bei dem Betriebe des Fahrzeugs tätig war.

§ 17. Hat bei der Entstehung des Schadens ein Verschulden des Verletzten mitgewirkt, so finden die Vorschriften des § 254 des Bürgerlichen Gesetzbuchs Anwendung; wird eine Sache beschädigt, so steht dem eigenen Verschulden des Verletzten das Verschulden dessen gleich, der die tatsächliche Gewalt über sie ausübt.

§ 18. Im Falle der Tötung ist der Schadenersatz durch Ersatz der Kosten einer versuchten Heilung sowie des Vermögensnachteils zu leisten, denn der Getötete dadurch erlitten hat, daß während der Krankheit seine Erwerbsfähigkeit aufgehoben oder gemindert war oder seine Bedürfnisse sich vermehrt hatten. Der Ersatzpflichtige hat außerdem die Kosten der Beerdigung demjenigen zu ersetzen, der verpflichtet ist, diese Kosten zu tragen.
Stand der Getötete zur Zeit der Verletzung zu einem Dritten in einem Verhältnis, vermöge dessen er diesem gegenüber Kraft Gesetzes unterhaltspflichtig war oder unterhaltspflichtig werden konnte, und ist dem Dritten infolge der Tötung das Recht auf Unterhalt entzogen, so hat der Ersatzpflichtige dem Dritten insoweit Schadenersatz zu leisten, als der Getötete während der mutmaßlichen Dauer seines Lebens zur Gewährung des Unterhalts verpflichtet gewesen sein würde. Die Ersatzpflicht tritt auch dann ein, wenn der Dritte zur Zeit der Verletzung erzeugt, aber noch nicht geboren war.

§ 19. Im Falle der Verletzung des Körpers oder der Gesundheit ist der Schadenersatz durch Ersatz der Kosten der Heilung sowie des Vermögensnachteils zu leisten, den der Verletzte dadurch erleidet, daß infolge der Verletzung zeitweise oder dauernd seine Erwerbsfähigkeit aufgehoben oder gemindert ist oder seine Bedürfnisse sich vermehrt haben.

§ 20. Der Ersatzpflichtige haftet,
1. wenn ein Mensch getötet oder verletzt wird, nur bis zu einem Kapitalbetrage von fünfzigtausend Mark oder bis zu einem Rentenbetrage von jährlich dreitausend Mark,
2. wenn mehrere durch dasselbe Ereignis getötet oder verletzt werden, unbeschadet der in Nr. 1 bestimmten Grenze nur bis zu einem Kapitalbetrage von insgesamt einhundertfünfzigtausend Mark oder bis zu einem Rentenbetrage von insgesamt neuntausend Mark,
3. wenn Sachen beschädigt werden, nur bis zum Betrage von zehntausend Mark.
Übersteigen die Entschädigungen, die mehreren auf Grund desselben Ereignisses nach Abs. 1 Nr. 1, 3 zu leisten sind, insgesamt die in Nr. 2, 3 bezeichneten Höchstbeträge, so verringern sich die einzelnen Entschädigungen in dem Verhältnis, in welchem ihr Gesamtbetrag zu dem Höchstbetrage steht.

§ 21. Der Schadenersatz für Aufhebung oder Minderung der Erwerbsfähigkeit oder für die Vermehrung der Bedürfnisse des Verletzten sowie der nach § 18 Abs. 2 einem Unterhaltsberechtigten zu gewährende Schadenersatz ist für die Zukunft durch eine Geldrente zu leisten.
Die Vorschriften des § 843 Abs. 2 bis 4 des Bürgerlichen Gesetzbuchs und des § 708 Nr. 6 der Zivilprozeßordnung sind entsprechend anzuwenden, ebenso bei der Geldrente des Verletzten die Vorschrift des § 850 Abs. 3 und bei der des Unterhaltsberechtigten die Vorschrift des § 850 Abs. 1 Nr. 2 der Zivilprozeßordnung.
Ist bei der Verurteilung des Verpflichteten zur Entrichtung einer Geldrente nicht auf Sicherheitsleistung erkannt worden, so kann der Berechtigte sie gleichwohl verlangen, wenn sich die Vermögensverhältnisse des Verpflichteten erheblich verschlechtert haben; unter der gleichen Voraussetzung kann er eine Erhöhung der in dem Urteil bestimmten Sicherheit verlangen.

§ 22. Die Ansprüche auf Schadenersatz nach den §§ 15 bis 21 verjähren in zwei Jahren, nachdem der Ersatzberechtigte von dem Schaden und der Person des Ersatzpflichtigen Kenntnis erlangt hat, ohne Rücksicht auf diese Kenntnis in dreißig Jahren von dem Unfall an.
Schweben zwischen dem Ersatzpflichtigen und dem Ersatzberechtigten Verhandlungen über den Schadenersatz, so ist die Verjährung gehemmt, bis der eine oder der andere Teil sich weigert, die Verhandlungen fortzusetzen.
Im übrigen richtet sich die Verjährung nach den Vorschriften des Bürgerlichen Gesetzbuchs.

§ 23. Der Ersatzberechtigte verliert die Rechte, die ihm nach diesem Gesetze zustehen, wenn er nicht spätestens zwei Monate, nachdem er von dem Schaden und der Person des Ersatzpflichtigen Kenntnis erhalten hat, diesem den Unfall anzeigt. Das Recht geht nicht verloren, wenn die Anzeige infolge eines Umstandes unterblieben ist, den der Ersatzberechtigte nicht zu vertreten hat, oder wenn der Ersatzpflichtige innerhalb der Frist auf andere Weise von dem Schaden Kenntnis erhalten hat.

§ 24. Wird ein Schaden durch mehrere Luftfahrzeuge der im § 15 bezeichneten Art verursacht und sind die Fahrzeughalter einem Dritten Kraft Gesetzes zum Ersatze des Schadens verpflichtet, so hängt im Verhältnis der Fahrzeughalter zueinander die Verpflichtung zum Ersatze sowie der Umfang des zu leistenden Ersatzes von den Umständen, insbesondere davon ab, inwieweit der Schaden vorwiegend von dem einen oder dem anderen Teile verursacht worden ist. Das Gleiche gilt, wenn der Schaden einem der Fahrzeughalter entstanden ist, von der Haftpflicht des anderen.
Die Vorschriften des Abs. 1 sind entsprechend anzuwenden, wenn neben dem Fahrzeughalter ein anderer für den Schaden verantwortlich ist.

§ 25. In den Fällen des § 15 Abs. 1 ist auch der Führer des Luftfahrzeugs zum Ersatze des Schadens nach den §§ 16 bis 23 verpflichtet. Die Ersatzpflicht ist ausgeschlossen, wenn der Schaden nicht durch ein Verschulden des Führers verursacht ist.
Ist neben dem Führer ein anderer zum Ersatze des Schadens verpflichtet, so sind die Vorschriften des § 24 Abs. 1 entsprechend anzuwenden.

§ 26. Unberührt bleiben die reichsgesetzlichen Vorschriften, nach denen der Halter oder Führer eines Luftfahrzeugs in weiterem Umfang als nach diesem Gesetze für den bei dem Betrieb entstehenden Schaden haftet oder nach denen ein anderer für den Schaden verantwortlich ist.

§ 27. Für Klagen, die auf Grund dieses Abschnitts erhoben werden, ist auch das Gericht zuständig, in dessen Bezirke der Unfall eingetreten ist.

Dritter Abschnitt

Strafvorschriften

§ 28. Wer den zur Erhaltung der Ordnung und Sicherheit über den Verkehr mit Luftfahrzeugen und luftfahrzeugähnlichen Apparaten erlassenen polizeilichen Anordnungen zuwiderhandelt, wird mit Geldstrafe bis zu einhundertfünfzig Mark oder mit Haft bestraft.

§ 29. Mit Geldstrafe bis zu dreihundert Mark oder mit Gefängnis bis zu zwei Monaten wird bestraft,
1. wer außerhalb der Flugplätze ein Luftfahrzeug führt, das zum Verkehre nicht zugelassen ist,
2. wer außerhalb der Flugplätze ein Luftfahrzeug führt, das vom Verkehr ausgeschlossen ist,
3. wer innerhalb eines Flugplatzes ein nicht zugelassenes Luftfahrzeug führt, obwohl es der Zulassung bedarf,
4. wer als Führer oder Halter eines Luftfahrzeugs der Behörde, die das Fahrzeug vom Verkehrs ausgeschlossen hat, trotz Aufforderung den Zulassungsschein nicht abliefert.
In den Fällen des Abs. 1 bis 3 trifft die gleiche Strafe den Halter des Fahrzeugs, wenn er vosätzlich oder fahrlässig dessen Gebrauch gestattet.

§ 30. Mit Geldstrafe bis zu dreihundert Mark oder mit Gefängnis bis zu zwei Monaten wird bestraft,
1. wer außerhalb der Flugplätze ein Luftfahrzeug führt, ohne einen Führerschein zu besitzen,
2. wer außerhalb der Flugplätze ein Luftfahrzeug führt, obwohl ihm die Fahrerlaubnis entzogen ist,
3. wer innerhalb eines Flugplatzes, ohne einen Führerschein zu besitzen, ein Luftfahrzeug führt, obwohl er eines Führerscheins bedarf,
4. wer seinen Führerschein der Behörde, die ihm die Fahrerlaubnis entzogen hat, trotz Auforderung nicht abliefert.

In den Fällen des Abs. 1 bis 3 trifft die gleiche Strafe den Halter des Fahrzeugs, wenn er vorsätzlich oder fahrlässig jemand zur Führung bestellt oder ermächtigt, der sich nicht durch einen Führerschein ausweisen kann oder dem die Fahrerlaubnis entzogen worden ist.

§ 31. Mit Geldstrafe bis zu fünfhundert Mark oder mit Gefängnis bis zu drei Monaten wird bestraft, soweit nicht in anderen Vorschriften eine schwerere Strafe angedroht ist, wer in rechtswidriger Absicht

1. ein Luftfahrzeug, für welches die Polizeibehörde ein Kennzeichen nicht ausgegeben oder zugelassen hat, mit einem Zeichen versieht, das geeignet ist, den Anschein der polizeilich angeordneten oder zugelassenen Kennzeichnung hervorzurufen,
2. ein Luftfahrzeug mit einem anderen als dem polizeilich dafür ausgegebenen oder zugelassenen Kennzeichen versieht,
3. das an einem Luftfahrzeuge nach polizeilicher Anordnung angebrachte Kennzeichen verändert, beseitigt, verdeckt oder sonst in seiner Erkennbarkeit beeinträchtigt.

Die gleiche Strafe trifft denjenigen, der von einem Luftfahrzeuge Gebrauch macht, von dem er weiß, daß die Kennzeichnung in der im Abs. 1 unter Nr. 1 bis 3 bezeichneten Art gefälscht, verfälscht oder unterdrückt worden ist.

§ 32. Wer vorsätzlich oder fahrlässig verbotene Zonen überfährt, in ihnen Fesselballone oder zu photographischen Zwecken luftfahrzeugähnliche Apparate aufläßt, wird, soweit nicht in anderen Vorschriften eine schwerere Strafe angedroht ist, mit Geldstrafe bis zu fünftausend Mark oder mit Gefängnis bestraft.

§ 33. Wer vorsätzlich ein Luftfahrzeug oder einen luftfahrzeugähnlichen Apparat, die zur Beförderung von Menschen dienen, beschädigt, zerstört oder auf andere Weise unbrauchbar macht oder die Fahrt eines solchen Fahrzeugs oder Apparats durch falsche Zeichen oder auf andere Weise stört und dadurch Gefahr für Menschenleben herbeiführt, wird mit Gefängnis nicht unter drei Monaten bestraft. Der Versuch ist strafbar.
Hat die Handlung eine schwere Körperverletzung oder den Tod eines Menschen verursacht, so ist die Strafe Zuchthaus, bei milderen Umständen Gefängnis nicht unter sechs Monaten.
Wer fahrlässig eine der im Abs. 1 bezeichneten Handlungen begeht, wird mit Geldstrafe bis zu zweitausend Mark oder mit Gefängnis bis zu einem Jahre und, wenn die Handlung den Tod eines Menschen verursacht hat, mit Gefängnis von einem Monat bis zu drei Jahren bestraft.

Vierter Abschnitt

Schlußvorschriften

§ 34. In bürgerlichen Rechtsstreitigkeiten, in denen durch Klage oder Widerklage ein Anspruch auf Grund dieses Gesetzes geltend gemacht ist, wird die Verhandlung und Entscheidung letzer Instanz im Sinne des § 8 des Einführungsgesetzes zum Gerichtsverfassungsgesetze dem Reichsgerichte zugewiesen.

§ 35. Dieses Gesetz tritt am   in Kraft.
Urkundlich usw.
gegeben usw.

VIII. Reichstagsvorlage des Entwurfs eines Luftverkehrsgesetzes von 1914[1900]

Erster Abschnitt

Verkehrsvorschriften

A. Luftfahrzeuge und ihre Führer

§ 1. Luftfahrzeuge (Freiballone, Luftschiffe, Flugzeuge), die zur Aufnahme von Menschen bestimmt sind, dürfen außerhalb der Flugplätze nur verkehren, wenn die Behörde sie zugelassen hat.
Die Zulassung gilt für das ganze Reich; sie wird durch einen Zulassungsschein nachgewiesen.

§ 2. Genügt ein zugelassenes Luftfahrzeug den Anforderungen der Verkehrssicherheit nicht mehr, so kann die Behörde es vom Verkehr außerhalb der Flugplätze ausschließen.
Der Ausschluß gilt für das ganze Reich; der Zulassungsschein ist der Behörde abzuliefern.

§ 3. Wer außerhalb der Flugplätze ein Luftfahrzeug führen will (Freiballon-, Luftschiff-, Flugzeugführer), bedarf der Erlaubnis der Behörde. Die Erlaubnis ist zu erteilen, wenn der Bewerber seine Befähigung durch eine Prüfung dartut und keine Tatsachen vorliegen, welche die Annahme rechtfertigen, daß er nicht geeignet ist, Luftfahrzeuge zu führen.
Die Erlaubnis gilt für das ganze Reich; sie wird durch einen Führerschein nachgewiesen.

§ 4. Wer sich außerhalb der Flugplätze in der Führung von Luftfahrzeugen übt, bevor er den Führerschein erhalten hat, muß einen Begleiter haben, der durch die Behörde ermächtigt ist, Führer auszubilden. Das Gleiche gilt, wenn bei der Prüfung Fahrten außerhalb der Flugplätze vorgenommen werden.
Bei den Übungs- und Prüfungsfahrten gilt im Sinne dieses Gesetzes der Begleiter als Führer der Fahrzeugs.

§ 5. Werden Tatsachen festgestellt, welche die Annahme rechtfertigen, daß eine Person nicht geeignet ist, Luftfahrzeuge zu führen, so kann die Behörde ihr die Erlaubnis dauernd oder für bestimmte Zeit entziehen.
Die Entziehung gilt für das ganze Reich; der Führerschein ist der Behörde abzuliefern.

§ 6. Wird die Erlaubnis zum Führen von Luftfahrzeugen aus anderen Gründen als wegen ungenügenden Ergebnisses der Prüfung oder Gefährdung der Landessicherheit versagt, so ist der Rekurs zulässig. Das Gleiche gilt, wenn die Erlaubnis entzogen wird; der Rekurs hat keine aufschiebende Wirkung.
Die Zuständigkeit der Behörden und das Verfahren bestimmen sich nach den Landesgesetzen und, soweit solche fehlen, nach den §§ 20, 21 der Gewerbeordnung.

§ 7. Die Vorschriften des § 6 gelten nicht, wenn die Heeres- und Marineverwaltung, die Postverwaltungen oder eine andere Verkehrsverwaltung des Reichs oder eines Bundesstaats je-

[1900]Verh. des RT, 13. Leg.-Per., 1. Session 1912/14, Bd. 303, Ds. Nr. 1338.

manden, den sie als Führer von Luftfahrzeugen verwenden, die von ihnen erteilte Fahrererlaubnis entziehen.

B. Aufstieg-, Landungs- und Flugplätze

§ 8. Aufstieg-, Landungs- und Flugplätze dürfen nur mit Genehmigung der Behörde angelegt werden. Vor der Erteilung der Genehmigung sind die Heeres- und Marinebehörden zu hören; erheben sie aus Gründen der Landessicherheit Widerspruch, so ist die Genehmigung zu versagen.
Die §§ 17 bis 19 a, 26, 51 und der § 147 Abs. 3 der Gewerbeordnung sind entsprechend anzuwenden. Soll ein Flugplatz gewerblichen Zwecken dienen, so kann die Genehmigung auch dann versagt werden, wenn kein Bedürfnis für den Betrieb besteht.
Gegen die Versagung der Genehmigung ist, soweit sie nicht auf einem aus Gründen der Landessicherheit erhobenen Widerspruche der Heeres- und Marinebehörden beruht, der Rekurs zulässig; die Vorschrift des § 6 Abs. 2 findet Anwendung.

C. Luftfahrtunternehmen

§ 9. Die gewerbsmäßige Beförderung von Personen oder Sachen durch Luftfahrzeuge (Luftfahrtunternehmen) bedarf der Genehmigung der Behörde; die Genehmigung kann von der Leistung einer Sicherheit abhängig gemacht werden.
Erstrecken sich die Fahrten über den Bereich mehrerer Bundesstaaten, so sind zur Genehmigung die Zentralbehörden der Bundesstaaten gemeinsam zuständig, deren Gebiet bei Aufstieg und Landung berührt wird. Beginnen oder enden die Fahrten im Ausland, so ist zur Genehmigung die Zustimmung des Reichskanzlers erforderlich.

§ 10. Ist ein Luftfahrtunternehmen nach der Entscheidung des Reichskanzlers dienlich, so kann der Reichskanzler mit Zustimmung des Bundesrats den Erwerb des Unternehmens für das Reich gegen Ersatz des vollen Wertes beanspruchen. Erstrecken sich die Fahrten eines Luftfahrtunternehmens über den Bereich mehrerer Bundesstaaten und hat dieses Unternehmen nach der Entscheidung des Reichskanzlers eine solche Bedeutung für den öffentlichen Verkehr, daß es den allgemeinen Verkehrsunternehmen des Reichs oder der Bundesstaaten gleichgestellt werden kann, so können die Zentralbehörden der Bundesstaaten, deren Behörden das Unternehmen genehmigt haben (§ 9), gemeinsam den Erwerb des Unternehmens für die Staaten gegen Ersatz des vollen Wertes beanspruchen. Tun sie dies nicht, so steht das gleiche Recht für das Reich dem Reichskanzler mit Zustimmung des Bundesrats zu.
Die Höhe der Entschädigung wird im Rechtswege festgesetzt, soweit sich die Beteiligten nicht einigen. Die Besitzergreifung wird durch die Beschreitung des Rechtswegs nicht aufgehalten.

§ 11. Luftfahrtunternehmen, die im Interesse der Verteidigung des Reichs oder im Interesse des gemeinsamen Verkehrs für notwendig erachtet werden, können vom Reichskanzler mit Zustimmung des Bundesrats auch ohne Einwilligung der Bundesstaaten, deren Gebiet sie durchfahren, ungeachtet der Landeshoheitsrechte für Rechnung des Reichs angelegt oder Privatunternehmern zu Ausführung übertragen werden.

§ 12. Die Rechte der Post- und Telegraphenverwaltungen aus den Artikeln 48 bis 50 und Artikel 52 der Reichsverfassung bleiben unberührt.

D. Gemeinsame Vorschriften

§ 13. Der Bundesrat erläßt
1. die Anordnungen, die zur Ausführung der §§ 1 bis 12 erforderlich sind, insbesondere die über Prüfung, Zulassung und Kennzeichnung der Fahrzeuge und über Prüfung und Zulassung der Führer,
2. die sonstigen zur Erhaltung der öffentlichen Ordnung und Sicherheit erforderlichen Anordnungen über den Verkehr mit Luftfahrzeugen außerhalb der Flugplätze sowie Bestimmungen über verbotene Zonen,
3. Vorschriften über den Verkehr innerhalb der Flugplätze,
4. Vorschriften über Steuerleute, Maschinisten und sonstige Mannschaft,
5. Vorschriften darüber, unter welchen Voraussetzungen Ausländer die Berechtigungen dieses Gesetzes erwerben und ausüben können,
6. Vorschriften über die Zulassung der vom Ausland in das Reichsgebiet kommenden, hier nicht zugelassenen Luftfahrzeuge (ausländische Luftfahrzeuge) sowie ihrer Führer und Mannschaften,
7. Vorschriften über Luftfahrzeuge, die nach § 1 einer Zulassung nicht bedürfen (nicht zur Aufnahme von Menschen bestimmte Luftfahrzeuge) und über luftfahrzeugähnliche Geräte (Fesselballone, Drachen, Fallschirme, Gleichflugzeuge u. dergl.),
8. Anordnungen darüber, wie weit die Vorschriften des § 8 auf Luft- und Wetterwarten Anwendung finden,
9. die Übergangsvorschriften.

Der Bundesrat kann den Erlaß der Anordnungen gemäß Abs. 1 Nr. 1 bis 9 anderen Behörden übertragen; soweit er oder die von ihm bezeichneten Behörden keine Anordnungen erlassen, können die Landeszentralbehörden oder die von ihnen bezeichneten Behörden es tun.
Die Anordnungen des Bundesrats sind durch das Reichs-Gesetzblatt zu veröffentlichen.

§ 14. Die Zentralbehörden bestimmen die Zuständigkeit für die durch dieses Gesetz und durch die Ausführungsbestimmungen des Bundesrats den Behörden übertragenen Obliegenheiten.

Zweiter Abschnitt

Haftpflicht

§ 15. Wird bei dem Betrieb eines Luftfahrzeugs, das zur Aufnahme von Menschen bestimmt ist, jemand getötet oder sein Körper oder seine Gesundheit verletzt oder eine Sache beschädigt, so ist der Halter des Luftfahrzeugs verpflichtet, dem Verletzen den Schaden zu ersetzen.
Die Ersatzpflicht ist ausgeschlossen, wenn der Unfall weder durch Verschulden des Fahrzeughalters oder einer bei dem Betriebe beschäftigten Person noch durch einen Fehler in der Beschaffenheit des Fahrzeugs oder durch ein Versagen seiner Vorrichtungen verursacht worden ist.
Setzt jemand das Fahrzeug ohne Wissen und Willen des Fahrzeughalters in Betrieb, so ist er an Stelle des Halters zum Ersatze des Schadens verpflichtet.

§ 16. Die Vorschriften des § 15 finden keine Anwendung, wenn zur Zeit des Unfalls der Verletzte oder die beschädigte Sache durch das Fahrzeug befördert wurde oder der Verletzte bei dem Betriebe des Fahrzeugs tätig war.

§ 17. Hat bei der Entstehung des Schadens ein Verschulden des Verletzten mitgewirkt, so finden die Vorschriften des § 254 des Bürgerlichen Gesetzbuchs Anwendung; wird eine Sache beschädigt, so steht dem eigenen Verschulden des Verletzten das Verschulden dessen gleich, der die tatsächliche Gewalt über sie ausübt.
Im Falle der Tötung ist der Schadenersatz durch Ersatz der Kosten einer versuchten Heilung sowie des Vermögensnachteils zu leisten, den der Getötete dadurch erlitten hat, daß während der Krankheit seine Erwerbsfähigkeit aufgehoben oder gemindert war oder seine Bedürfnisse sich vermehrt hatten. Der Ersatzpflichtige hat außerdem die Kosten der Beerdigung demjenigen zu ersetzen, der verpflichtet ist, diese Kosten zu tragen.

§ 18. Stand der Getötete zur Zeit der Verletzung zu einem Dritten in einem Verhältnis, vermöge dessen er diesem gegenüber Kraft Gesetzes unterhaltspflichtig war oder unterhaltspflichtig werden konnte, und ist dem Dritten infolge der Tötung das Recht auf Unterhalt entzogen, so hat der Ersatzpflichtige dem Dritten insoweit Schadenersatz zu leisten, als der Getötete während der mutmaßlichen Dauer seines Lebens zur Gewährung des Unterhalts verpflichtet gewesen sein würde. Die Ersatzpflicht tritt auch dann ein, wenn der Dritte zur Zeit der Verletzung erzeugt, aber noch nicht geboren war.

§ 19. Im Falle der Verletzung des Körpers oder der Gesundheit ist der Schadenersatz durch Ersatz der Kosten der Heilung sowie des Vermögensnachteils zu leisten, den der Verletzte dadurch erleidet, daß infolge der Verletzung zeitweise oder dauernd seine Erwerbsfähigkeit aufgehoben oder gemindert ist oder seine Bedürfnisse sich vermehrt haben.

§ 20. Der Ersatzpflichtige haftet,
1. wenn ein Mensch getötet oder verletzt wird, nur bis zu einem Kapitalbetrage von fünfzigtausend Mark oder bis zu einem Rentenbetrage von jährlich dreitausend Mark,
2. wenn mehrere durch dasselbe Ereignis getötet oder verletzt werden, unbeschadet der in Nr. 1 bestimmten Grenzen nur bis zu einem Kapitalbetrage von insgesamt einhundertfünfzigtausend Mark oder bis zu einem Rentenbetrage von insgesamt neuntausend Mark,
3. wenn Sachen beschädigt werden, nur bis zum Betrage von zehntausend Mark.

Übersteigen die Entschädigungen, die mehreren auf Grund desselben Ereignisses nach Abs. 1 Nr. 1, 3 zu leisten sind, insgesamt die in Nr. 2, 3 bezeichneten Höchstbeträge, so verringern sich die einzelnen Entschädigungen in dem Verhältnis, in welchem ihr Gesamtbetrag zu dem Höchstbetrage steht.

§ 21. Der Schadenersatz für Aufhebung oder Minderung der Erwerbsfähigkeit oder für Vermehrung der Bedürfnisse des Verletzten sowie der nach § 18 Abs. 2 einem Unterhaltsberechtigten zu gewährende Schadenersatz ist für die Zukunft durch eine Geldrente zu leisten.
Die Vorschriften des § 843 Abs. 2 bis 4 des Bürgerlichen Gesetzbuchs und des § 708 Nr. 6 der Zivilprozeßordnung sind entsprechend anzuwenden, ebenso bei der Geldrente des Verletzten die Vorschrift des § 850 Abs. 3 und bei der des Unterhaltsberechtigten die Vorschrift des § 850 Abs. 1 der Zivilprozeßordnung.
Ist bei der Verurteilung des Verpflichteten zur Entrichtung einer Geldrente nicht auf Sicherheitsleistung erkannt worden, so kann der Berechtigte sie gleichwohl verlangen, wenn sich die Vermögensverhältnisse des Verpflichteten erheblich verschlechtert haben; unter der gleichen Voraussetzung kann er eine Erhöhung der in dem Urteil bestimmten Sicherheit verlangen.

§ 22. Die Ansprüche auf Schadenersatz nach den §§ 15 bis 21 verjähren in zwei Jahren, nachdem der Ersatzberechtigte von dem Schaden und der Person des Ersatzpflichtigen Kenntnis erlangt hat, ohne Rücksicht auf diese Kenntnis in dreißig Jahren von dem Unfall an.
Schweben zwischen dem Ersatzpflichtigen und dem Ersatzberechtigten Verhandlungen über den Schadenersatz, so ist die Verjährung gehemmt, bis der eine oder der andere Teil sich weigert, die Verhandlungen fortzusetzen.
Im übrigen richtet sich die Verjährung nach den Vorschriften des Bürgerlichen Gesetzbuchs.

§ 23. Der Ersatzberechtigte verliert die Rechte, die ihm nach diesem Gesetze zustehen, wenn er nicht spätestens zwei Monate, nachdem er von dem Schaden und der Person des Ersatzpflichtigen Kenntnis erhalten hat, diesem den Unfall anzeigt. Das Recht geht nicht verloren, wenn die Anzeige infolge eines Umstandes unterblieben ist, den der Ersatzberechtigte nicht zu vertreten hat, oder wenn der Ersatzpflichtige innerhalb dieser Frist auf andere Weise von dem Schaden Kenntnis erhalten hat.

§ 24. Wird ein Schaden durch mehrere Luftfahrzeuge der im § 15 bezeichneten Art verursacht und sind die Fahrzeughalter einem Dritten Kraft Gesetzes zum Ersatze des Schadens verpflichtet, so hängt im Verhältnis der Fahrzeughalter zueinander die Verpflichtung zum Ersatze sowie der Umfang des zu leistenden Ersatzes von den Umständen, insbesondere davon ab, inwieweit der Schaden vorwiegend von dem einen oder dem anderen Teil verursacht worden ist. Das Gleiche gilt, wenn der Schaden einem der Fahrzeughalter entstanden ist, von der Haftpflicht, die für einen anderen von ihnen eintritt.
Die Vorschriften des Abs. 1 sind entsprechend anzuwenden, wenn neben dem Fahrzeughalter ein anderer für den Schaden verantwortlich ist.

§ 25. In den Fällen des § 15 Abs. 1 ist auch der Führer des Luftfahrzeugs zum Ersatze des Schadens nach den §§ 16 bis 23 verpflichtet. Die Ersatzpflicht ist ausgeschlossen, wenn der Schaden nicht durch ein Verschulden des Führers verursacht ist.
Ist neben dem Führer ein anderer zum Ersatze des Schadens verpflichtet, so sind die Vorschriften des § 24 Abs. 1 entsprechend anzuwenden.

§ 26. Unberührt bleiben die reichsgesetzlichen Vorschriften, nach denen der Halter oder Führer eines Luftfahrzeugs in weiterem Umfang als nach diesem Gesetze für den bei dem Betrieb entstehenden Schaden haftet oder nach denen ein anderer für den Schaden verantwortlich ist.

§ 27. Für Klagen, die auf Grund dieses Abschnitts erhoben werden, ist auch das Gericht zuständig, in dessen Bezirke der Unfall eingetreten ist.

Dritter Abschnitt

Strafvorschriften

§ 28. Wer den zur Erhaltung der Ordnung und Sicherheit über den Verkehr mit Luftfahrzeugen und luftfahrzeugähnlichen Apparaten erlassenen polizeilichen Anordnungen zuwiderhandelt, wird mit Geldstrafe bis zu einhundertfünfzig Mark oder mit Haft bestraft.

§ 29. Mit Geldstrafe bis zu dreihundert Mark oder mit Gefängnis bis zu zwei Monaten wird bestraft,

1. wer außerhalb der Flugplätze ein Luftfahrzeug führt, das zum Verkehre nicht zugelassen ist,
2. wer außerhalb der Flugplätze ein Luftfahrzeug führt, das vom Verkehr ausgeschlossen ist,
3. wer als Führer oder Halter eines Luftfahrzeugs der Behörde, die das Fahrzeug vom Verkehr ausgeschlossen hat, trotz Aufforderung den Zulassungsschein nicht abliefert.
In den Fällen des Abs. 1 Nr. 1, 2 trifft die gleiche Strafe den Halter des Fahrzeugs, wenn er vorsätzlich oder fahrlässig dessen Gebrauch gestattet.

§ 30. Mit Geldstrafe bis zu dreihundert Mark oder mit Gefängnis bis zu zwei Monaten wird bestraft,
1. wer außerhalb der Flugplätze ein Luftfahrzeug führt, ohne einen Führerschein zu besitzen,
2. wer außerhalb der Flugplätze ein Luftfahrzeug führt, obwohl ihm die Fahrerlaubnis entzogen ist,
3. wer seinen Führerschein der Behörde, die ihm die Fahrerlaubnis entzogen hat, trotz Aufforderung nicht abliefert.
In den Fällen des Abs. 1 Nr. 1, 2 trifft die gleiche Strafe den Halter des Fahrzeugs, wenn er vorsätzlich oder fahrlässig jemand zur Führung bestellt oder ermächtigt, der sich nicht durch einen Führerschein ausweisen kann oder dem die Fahrerlaubnis entzogen worden ist.

§ 31. Mit Geldstrafe bis zu fünfhundert Mark oder mit Gefängnis bis zu drei Monaten wird bestraft, soweit nicht in anderen Vorschriften eine schwerere Strafe angedroht ist, wer in rechtswidriger Absicht
1. ein Luftfahrzeug, für welches die Polizeibehörde ein Kennzeichen nicht ausgegeben oder zugelassen hat, mit einem Zeichen versieht, das geeignet ist, den Anschein der polizeilich angeordneten oder zugelassenen Kennzeichnung hervorrufen,
2. ein Luftfahrzeug mit einem anderen als dem polizeilich dafür ausgegebenen oder zugelassenen Kennzeichen versieht,
3. das an einem Luftfahrzeuge nach polizeilicher Anordnung angebrachte Kennzeichen verändert, beseitigt, verdeckt oder sonst in seiner Erkennbarkeit beeinträchtigt.
Die gleiche Strafe trifft denjenigen, der von einem Luftfahrzeuge Gebrauch macht, von dem er weiß, daß die Kennzeichnung in der im Abs. 1 unter Nr. 1 bis 3 bezeichneten Art gefälscht, verfälscht oder unterdrückt worden ist.

§ 32. Wer vorsätzlich oder fahrlässig verbotene Zonen überfährt, in ihnen Fesselballone oder zu photographischen Zwecken luftfahrzeugähnliche Geräte auflläßt, wird, soweit nicht in anderen Vorschriften eine schwerere Strafe angedroht ist, mit Geldstrafe bis zu fünftausend Mark oder mit Gefängnis bestraft.

§ 33. Wer vorsätzlich ein Luftfahrzeug oder ein luftfahrzeugähnliches Gerät die zur Beförderung von Menschen dienen, beschädigt, zerstört oder auf andere Weise unbrauchbar macht oder die Fahrt eines solchen Fahrzeugs oder Geräts durch falsche Zeichen oder auf andere Weise stört und dadurch Gefahr für Menschenleben herbeiführt, wird mit Gefängnis nicht unter drei Monaten bestraft. Der Versuch ist strafbar.
Hat die Handlung eine schwere Körperverletzung oder den Tod eines Menschen verursacht, so ist die Strafe Zuchthaus, bei mildernden Umständen Gefängnis nicht unter sechs Monaten.
Wer fahrlässig eine der im Abs. 1 bezeichneten Handlungen begeht, wird mit Geldstrafe bis zu zweitausend Mark oder mit Gefängnis bis zu einem Jahre und, wenn die Handlung den Tod eines Menschen verursacht hat, mit Gefängnis von einem Monat bis zu drei Jahren bestraft.

Vierter Abschnitt

Schlußvorschriften

§ 34. In bürgerlichen Rechtsstreitigkeiten, in denen durch Klage oder Widerklage ein Anspruch auf Grund dieses Gesetzes geltend gemacht ist, wird die Verhandlung und Entscheidung letzter Instanz im Sinne des § 8 des Einführungsgesetzes zum Gerichtsverfassungsgesetze dem Reichsgerichte zugewiesen.

§ 35. Elsaß-Lothringen gilt im Sinne dieses Gesetzes als Bundesstaat.

§ 36. Dieses Gesetz kommt in Bayern nach näherer Bestimmung des Bündnisvertrags vom 23. November 1870 (Bundesgesetzblatt 1871 S. 9) unter III §§ 4, 5, in Württemberg nach näherer Bestimmung des Bündnisvertrags vom 25. November 1870 (Bundesgesetzblatt 1870 S. 654) unter Artikel 2 Nr. 4 zur Anwendung.

§ 37. Dieses Gesetz tritt am   in Kraft.
Urkundlich usw.
Gegeben usw.

Begründung

I. Allgemeiner Teil

Seit einer Reihe von Jahren haben sich die Luftfahrzeuge den Verkehr im Reiche der Luft erobert. Nachdem die technischen Schwierigkeiten in der Hauptsache gelöst sind, hat die Luftfahrt eine von Jahr zu Jahr steigende Bedeutung erlangt. Bis zum Jahre 1905 war der Freiballon in Deutschland das einzige für die Fortbewegung von Menschen dienende Luftfahrzeug. Im Jahre 1906 führten die Fahrten des Grafen v. Zeppelin mit seinem Luftschiff starren Systems, im Jahre 1909 Versuche mit Flugzeugen in Deutschland zu den ersten praktischen Ergebnissen. Seitdem ist die Entwicklung überraschend schnell vorwärts gegangen. Am Ende des Jahres 1905 hatte Deutschland 268 Freiballonführer; ihre Zahl ist seitdem auf nahezu 1 000 gestiegen. Das erste Zeugnis für einen deutschen Flugzeugführer wurde am 1. Februar 1910 erteilt; inzwischen sind bereits annähernd 700 derartige Zeugnisse ausgestellt; auch die Zahl der Luftschiffführer ist ständig im Wachsen. Nicht minder rasch ist die Entwicklung im Luftfahrzeugbau. Aus der Werft des Grafen v. Zeppelin am Bodensee sind 21, aus den Werkstätten der Parsevalgesellschaft, um nur diese beiden größten Unternehmungen zu nennen, 18 Luftschiffe hervorgegangen. Die Zahl der Flugzeuge zählt nach mehreren Hunderten. Die wissenschaftliche Erforschung der Wind- und Wetterverhältnisse durch Luft- und Wetterwarten trägt zur Sicherung der Luftfahrt bei. Zur Vornahme von Versuchen und zu Übungszwecken sind eine Reihe von Flugplätzen angelegt; zur Ermöglichung weiter Fahrten über Land entstehen in allen deutschen Gauen Aufstieg- und Landungsplätze mit Hallen für Luftschiffe und Schuppen für Flugzeuge.

Das geltende Recht hat zwar mit diesem neuartigen Verkehre nicht rechnen können, immerhin werden seine Bestimmungen doch auch auf ihn Anwendung finden. So sind zunächst mehrere Bestimmungen des Bürgerlichen Gesetzbuchs auch für die Luftfahrt wichtig. Während nach § 903 B. G. B. der Eigentümer jede Einwirkung auf sein Eigentum ausschließen kann, muß er gemäß § 905 eine Einwirkung auf den Luftraum über seinem Grundstück dulden, die in solcher Höhe vorgenommen wird, daß er an der Ausschließung kein Interesse hat. Danach ist das Durchfahren des Luftraums über fremden Grundstücken gestattet, sofern es mit einer den berechtigten Interessen des Grundeigentümers Rechnung tragenden Sicherheit und in genügender Höhe erfolgt. Von besonderer Bedeutung für die Luftfahrt ist ferner die Bestimmung des § 904 B. G. B., wonach eine Einwirkung auf eine fremde Sache gestattet ist, wenn sie zur Abwendung einer gegenwärtigen Gefahr notwendig ist und der drohende Schaden gegenüber dem aus der Einwirkung dem Eigentümer entstehenden Schaden unverhältnismäßig groß sein würde. Da bei der Luftfahrt im Augenblick eine notwendig gewordenen Landung nicht nur das Fahrzeug, sondern oft auch das Leben oder die Gesundheit der Insassen gefährdet ist und demgegenüber ein durch die Landung entstehender Sachschade nicht in Betracht kommen kann, so ergibt sich aus dieser Vorschrift für den Luftfahrer ein Recht auf Notlandung. Anderseits ist der Luftfahrer in solchem Falle verpflichtet, den dem Eigentümer durch die Landung entstehenden Schaden in voller Höhe zu ersetzen. Hat nicht der Halter selbst, sondern der Führer eines Luftfahrzeugs bei seiner Notlandung eine fremde Sache beschädigt, so ist nach § 904 B. G. B. nur dieser dem Eigentümer ersatzpflichtig; jedoch wird der Führer auf Grund des zivilrechtlichen Verhältnisses, in dem er zum Halter steht, von diesem unter Umständen Ersatz seiner Aufwendungen verlangen können. Im übrigen bestimmt sich in Deutschland zur Zeit die Haftung für die bei dem Betrieb eines Luftfahrzeugs entstehenden Schäden nach den allgemeinen Grundsätzen. Hiernach ist, soweit nicht aus einem Beförderungs- oder Dienstvertrag oder aus einem sonstigen Vertragsverhältnis Ersatzansprüche hergeleitet werden können, der Halter eines Luftfahrzeugs ersatzpflichtig, wenn ihm persönlich ein Verschulden zur Last fällt (§ 823 B. G. B.). Ferner haftet er dann, wenn die von ihm zum Betriebe des Fahrzeugs bestellten Personen in Ausführung ihrer Verrichtungen einem Dritten widerrechtlich Schaden zufügen, in diesem Falle tritt jedoch die Ersatzpflicht nicht ein, wenn der Halter des Fahrzeugs beweist, daß er bei der Auswahl und Beaufsichtigung seiner Angestellten sowie bei Beschaffung der Betriebsvorrichtungen die im Verkehr erforderliche Sorgfalt beobachtet hat oder daß der Schaden auch bei Anwendung dieser Sorgfalt entstanden sein würde (§ 831 B. G. B.). Landesgesetzliche, über die reichsrechtliche Schadenersatzpflicht des Luftfahrzeughalters hinausgehende Haftpflichtbestimmungen, die nach Artikel 105 des Einführungsgesetzes zum Bürgerlichen Gesetzbuch zulässig sein würden, sind nicht erlassen.

Neben der zivilrechtlichen Haftpflicht kommen für den strafrechtlichen Schutz im besonderen die Vorschriften des Strafgesetzbuchs gegen Abwurf, Sachbeschädigung, fahrlässige Körperverletzung und fahrlässige Tötung in Betracht. Die Interessen der Landesverteidigung werden, wenn auch nicht hinreichend, durch das Reichsgesetz über den Verrat militärischer Geheimnisse vom 3. Juli 1893 (Reichs-Gesetzbl. S. 205 und die einschlägigen Bestimmungen des Strafgesetzbuchs) geschützt. Den Erwerb von Luftfahrzeugen für Kriegszwecke ermöglicht die Bestimmung des § 23 des Gesetzes über die Kriegsleistungen vom 13. Juni 1873 (Reichs-Gesetzbl. S. 129). Sofern mit Luftfahrzeugen gewerbsmäßige Schaustellungen vorgenommen werden, treten die Bestimmungen der §§ 33 b und 55 Nr. 4 der Gewerbeordnung in Geltung.

Die allgemeine polizeiliche Regelung der Luftfahrt obliegt zur Zeit den einzelnen Bundesstaaten; der Aufsicht und Gesetzgebung des Reichs unterliegen nur die gewerbepolizeilichen Vorschriften. Von dem Landespolizeirecht ist jedoch bisher kein umfassender Gebrauch gemacht, vielmehr sind von den Zentralbehörden der einzelnen Bundesstaaten lediglich allgemeine Richtlinien für den Verkehr mit Luftfahrzeugen aufgestellt und im Benehmen mit dem Deutschen Luftfahrerverbande durchgeführt worden. Insbesondere ist durch diesen Verband bislang die Prüfung der Freiballon-, Luftschiff- und Flugzeugführer vorgenommen worden; im übrigen hat der Verband es sich angelegen sein lassen, für seine Mitglieder verbindliche Luftverkehrsvorschriften zu erlassen und auch sonst der Entwicklung des deutschen Luftfahrtwesens die Wege zu weisen. Auf dem Wege der Gesetzgebung ist nur das Großherzogtum Sach-

sen vorgegangen, das im Interesse der Luftfahrt ein Enteignungsgesetz vom 15. April 1913 (Reg.-Bl. F. d. Großherzogtum Sachsen S. 877) geschaffen hat.
Bei der schnellen Entwicklung des Luftverkehrs in allen Kulturländern und dem engen Zusammenschluß aller an der Luftfahrt beteiligten Personen in Vereinen, die zumeist der Fédération Aéronautique Internationale angeschlossen sind, wurde schon vor einigen Jahren der Wunsch rege, den an keine Landesgrenzen gebundenen Verkehr durch die Lüfte international zu regeln. Demzufolge traten im Jahre 1910 Vertreter fast sämtlicher europäischer Staaten in Paris zur Herbeiführung einer internationalen Regelung des Luftverkehrs zusammen. Die Verhandlungen führten jedoch zu keinem abschließenden Ergebnis. Dagegen ist ein deutsch-französisches Abkommen über den Luftverkehr unter dem 26. Juli 1913 abgeschlossen, und es ist anzunehmen, daß dieser Weg der Regelung des Luftverkehrs zwischen Grenzstaaten, deren rechtliche und wirtschaftliche Entwicklung annähernd gleich ist, auch weiterhin sich als gangbar erweisen wird; dabei wird Vorbedingung für den Abschluß derartiger Abkommen das Vorhandensein eingehender luftverkehrsrechtlicher Anordnungen in den einzelnen Vertragsstaaten sein, wie denn auch bereits in sämtlichen Kulturstaaten eine nationale Regelung der Luftfahrt erstrebt und zum Teil schon durchgeführt worden ist. So hat England am 2. Juni 1911 ein Notgesetz und am 14. Februar 1913 ein Zusatzgesetz erlassen, die beide allerdings im wesentlichen nur eine Abwehr der ausländischen Luftfahrzeuge bezwecken. In einem Bundesstaate der Vereinigten Staaten von Amerika sind Luftfahrtgesetze ergangen, die neben Verkehrsanordnungen auch eine Regelung der Haftpflicht enthalten. Frankreich hat in einem Dekret vom 21. November 1911 Anordnungen für den Verkehr mit Luftfahrzeugen getroffen. Österreich hat durch Ministerialverordnungen aus den Jahren 1912 und 1913 Maßnahmen gegen die Gefährdung der staatlichen und persönlichen Sicherheit durch Luftfahrzeuge getroffen und die gewerbsmäßige Ausübung der Luftschiffahrt an eine Genehmigung gebunden. In den Niederlanden liegt zur Zeit ein Gesetzentwurf über die Regelung des Luftverkehrs den Generalstaaten zur Beschlußfassung vor. Frankreich beabsichtigt neuerdings in einem den Kammern zur Beratung vorgelegten Entwurf eines Gesetzes über die Luftfahrt eine einheitliche rechtliche Regelung.
Auch in Deutschland wird eine einheitliche reichsgesetzliche Regelung des Luftfahrtwesens verlangt. Im Herbste des Jahres 1912 sprach sich der in Wien tagende 31. Deutsche Juristentag für eine Regelung der Haftpflicht der Luftfahrer aus, im Februar 1913 wurde bei der Etatsberatung im Reichstag (Sten. Ber. 1912/13 S. 35/40) neben der Regelung des Luftverkehrs eine Verschärfung der Haftpflicht gefordert, und es wird zuzugeben sein, daß die Ausdehnung der Gesetzgebung des Reichs auf die Regelung des Luftverkehrs im Interesse der durch die Luftfahrt bedrohten Allgemeinheit, im Interesse des mit neuartigen Gefahren verbundenen Luftverkehrs und nicht zuletzt im Interesse der Landessicherheit dringend erforderlich erscheint. Der Weg für eine solche Regelung ist gegeben; zur Verhütung von Schädigungen bedarf es der Schaffung von Verkehrsvorschriften (Teil I) und von Strafnormen für deren Übertretung (Teil III), zur Regelung bei eingetretenen Schäden neuer zivilrechtlicher Haftpflichtbestimmungen (Teil II).
Die grundsätzliche Regelung des Luftverkehrs sowohl wie die der Haftpflicht wird sich jedoch nicht auf sämtliche Luftfahrzeuge, zu denen im weitesten Sinne auch Kinderspielzeuge gehören würden, zu erstrecken haben. Die Gesetzesbestimmungen werden vielmehr grundsätzlich nur auf solche Luftfahrzeuge anzuwenden sein, die durch ihre Größe und die Möglichkeit weiter Fortbewegung für die Allgemeinheit gewisse neuartige Gefahren oder welche die Sicherheit der sie benutzenden Personen gefährden können. Das unterscheidende Merkmal für die Abgrenzung der gesetzlichen Regelung wird demgemäß darin zu finden sein, daß nur die zur Aufnahme von Menschen bestimmten Luftfahrzeuge, zu denen Luftschiffe, Freiballone und Flugzeuge gehören, der allgemeinen Regelung unterworfen werden. Es konnte

dabei zweifelhaft erscheinen, ob auch der Freiballon dieser allgemeinen Regelung mit zu unterstellen ist, da ja die Freiballonfahrten schon seit Jahrzehnten ausgeführt werden, ohne daß ihre rechtliche Regelung von irgendeiner Seite bisher verlangt worden ist. Demgegenüber ist aber darauf hinzuweisen, daß erst durch das Aufkommen eines eigentlichen Luftverkehrs mit Motorluftfahrzeugen die Möglichkeit eines Zusammenstoßes im Luftraum gegeben und deshalb Verkehrsvorschriften für diesen Luftverkehr, in dem sich auch der Freiballon bewegt, erforderlich sind. Dazu kommt vor allem, daß die Landessicherheit gerade gegenüber dem Freiballon, der das Überfliegen von Festungen und anderer im Interesse der Landesverteidigung geheim zu haltender Anlagen nicht unbedingt vermeiden kann, gewisse Sicherheitsmaßregeln erfordert. Hinsichtlich aller anderen Luftgeräte, der Fesselballone, Drachen, Fallschirme, Gleitflugzeuge u. dergl., wird es genügen, wenn die Möglichkeit vorgesehen wird, im Verordnungsweg besondere Verkehrsanordnungen zu treffen.

Mit den Verkehrsvorschriften stehen die Haftpflichtbestimmungen in einem inneren Wechselverhältnisse. Sofern die Gefahren des Luftverkehrs für die Allgemeinheit durch strenge Verkehrsvorschriften nach Möglichkeit verringert werden, wird eine den Verhältnissen zwar Rechnung tragende, aber dennoch mildere Haftpflicht erträglich erscheinen. Diesen Weg will der Gesetzentwurf gehen. Er verweist deshalb die Erprobung neuer Konstruktionen und das Erlernen der Führung von Luftfahrzeugen, sofern nicht ausgebildete Führer zugleich an Bord sind, grundsätzlich auf Flugplätze. Wer aber zum Verkehr außerhalb der Flugplätze zugelassen werden will, soll sich und sein Fahrzeug strenger Prüfung unterwerfen. Dabei wird von den Luftfahrzeugen gemäß dem jeweiligen Stande der Technik eine größtmögliche Verkehrssicherheit verlangt, während an die moralische, körperliche und technische Geeignetheit des Führers weitgehende Anforderungen gestellt werden. Insbesondere werden bei dieser Regelung des Luftverkehrs dann erhöhte Ansprüche erhoben werden können, wenn die Luftfahrt gewerblich betrieben oder ausgenützt wird. Bei der schnellen Entwicklung auf allen Gebieten der Luftfahrt und der Möglichkeit internationaler Verständigungen erscheint es jedoch nicht angezeigt, die Einzelheiten einer derartigen Verkehrsregelung in schwer abzuändernde Normen gesetzlicher Bestimmungen festzulegen. Nach dem Vorbild des Gesetzes über den Verkehr mit Kraftfahrzeugen vom 3. Mai 1909 will der Entwurf des Luftverkehrsgesetzes daher lediglich den Rahmen und die rechtliche Grundlage dafür geben, daß auf dem Wege einer sich den gegebenen Verhältnissen leichter anpassenden Bundesratsverordnung die Einzelheiten der Verkehrsregelung jeweilig bestimmt werden können.

Wenn durch die hiernach vorgesehenen strengen Vorschriften die der Allgemeinheit durch die Luftfahrt drohenden Gefahren auf ein möglichst geringes Maß zurückgeführt werden, so wird anderseits für die Regelung der Haftpflicht eine Form gewählt werden können, die der weiteren im Interesse der Allgemeinheit und der Wehrhaftmachung Deutschlands liegenden Entwicklung der Luftfahrt nicht hinderlich ist. Es ist klar, daß die Regelung der Haftpflicht sich in den Bahnen der Betriebs- oder Gefährdehaftung zu bewegen hat. Jedoch wäre es unbillig, die Grundsätze der bestehenden Haftpflichtgesetze unverändert auf den Luftverkehr zu übertragen. Die Formen und Bedingungen des Betriebs eines Luftfahrzeugs sind von denen einer Eisenbahn oder eines Kraftfahrzeugs so verschieden, daß die formelle Gleichstellung mit dem Eisenbahnunternehmer oder dem Kraftfahrzeughalter den Halter eines Luftfahrzeugs tatsächlich weit schärfer heranziehen und ihn wirtschaftlich ungleich stärker belasten würde. Nach dem Gesetze vom 7. Juni 1871 haftet der Eisenbahnunternehmer für einen Unfall nicht, der durch höhere Gewalt verursacht worden ist. Als höhere Gewalt sind die von außen einwirkenden, also nicht in der gefährdenden Natur des Unternehmens liegenden Ereignisse zu verstehen, die nach menschlicher Einsicht nicht vorauszusehen sind und durch menschliche Kraft und Sorgfalt nicht abgewendet werden können. Der Kreis dieser Ereignisse ist für den Luftfahrer ein weit engerer als für den Eisenbahnunternehmer. Ein Naturereignis wie ein

plötzlich einsetzender Sturm, der im Betriebe der Eisenbahn entweder unschädlich oder als höhere Gewalt anzusehen ist, würde bei dem Betrieb eines Luftfahrzeugs kaum noch als höhere Gewalt betrachtet werden können, da bei der Luftfahrt mit solchen Ereignissen gerechnet werden muß. Der Halter eines Luftfahrzeugs würde bei dieser Regelung letzten Endes bei nahezu allen durch Naturereignisse verursachten Fällen zu haften haben. Kaum anders würde die Ausdehnung des die Haftpflicht der Kraftfahrzeuge beherrschenden Grundsatzes wirken. Der Begriff des unabwendbaren äußeren, d. h. vom Betrieb unabhängigen Ereignisses, durch dessen Nachweis sich der Halter eines Kraftfahrzeugs entlasten kann, wird bei Luftfahrzeugen kaum jemals zutreffen, da die Witterungseinflüsse gerade zu den eigentümlichen Gefahren des Luftbetriebs gehören. Beide Regelungen würden also dem Luftfahrzeughalter ihrem Wortlaut nach einem Entlastungsgrund geben, der praktisch fast niemals zuträfe, mit anderen Worten, der Halter würde außer bei eigenem Verschulden des Verletzten immer haften. Zu einer solchen Verschärfung der Haftung besteht keine Veranlassung. Zunächst darf, wie auch schon in der Begründung zu dem Entwurf eines Gesetzes über den Verkehr mit Kraftfahrzeugen (Drucks. des Reichstags 1907/09 Nr. 988) hervorgehoben ist, die Leistungsfähigkeit der in Betracht kommenden Unternehmungen nicht unberücksichtigt bleiben. Von diesem Gesichtspunkt aus erscheint es billig, die Eisenbahnunternehmungen bei ihrer Ausstattung mit mancherlei Vorrechten, bei der wirtschaftlichen Monopolstellung, die sie tatsächlich innehaben, bei dem großen Umfang ihrer Betriebe und bei ihrer regelmäßig sehr bedeutenden Kapitalkraft für den Schaden, den ihr Betrieb verursacht, unbedingt haften zu lassen. Dagegen läßt sich aus diesen Gründen eine dazu noch gesteigerte Haftpflicht der Luftfahrzeughalter nicht rechtfertigen. Es sind ihnen keinerlei Vorrechte eingeräumt und sie nehmen weder eine Monopolstellung ein, noch sind im allgemeinen ihre Betriebe von großem Umfang. Endlich ist auch ihre Kapitalkraft meist nicht erheblich. Im Zusammenhange damit steht, daß es sich bei Eisenbahnbetrieben und bei einem großen Teile der Kraftfahrzeuge um gewerbliche Unternehmungen handelt; hier kann mit Recht geltend gemacht werden, daß derjenige für die schädlichen Wirkungen einer Naturkraft einzustehen hat, der sie zu Erwerbszwecken in seinen Dienst stellt. Für die Luftfahrt muß man dagegen anerkennen, daß bei ihr die idealen Zwecke, insbesondere die Vorbereitung zur Landesverteidigung, im Vordergrund stehen.
Zu einer angemessenen Regelung gelangt man, wenn man untersucht, welche der eigentümlichen Gefahren des Betriebs der Luftfahrzeuge eine besondere Berücksichtigung erheischen, und wenn die Verantwortlichkeit des Halters dementsprechend bemessen wird, wie dies in ähnlicher Weise bei der Aufstellung des Entwurfs eines Gesetzes über den Verkehr mit Kraftfahrzeugen - Verhandlungen des Reichstags 1907/09 Bd. 248 S. 5593 ff. - versucht worden ist (Drucksache Nr. 988, vgl. die allgemeine Begründung dieses Entwurfs S. 5596).
Eine besondere Gefahr des Betriebs der Luftfahrzeuge ergibt sich daraus, daß ihre Handhabung sowohl an die Besatzung, wie auch an die sonstige Mannschaft, also auch an die sich nicht in dem Luftfahrzeug befindlichen Hilfspersonen, was Sorgfalt in der Prüfung der Betriebsvorrichtungen vor der Fahrt, Kenntnis der Wind- und Wetterverhältnisse sowie Vorsicht, Geschick und Geistesgegenwart während der Fahrt anlangt, ganz besonders hohe Anforderungen stellt. Läßt der Führer des Luftfahrzeugs oder eine andere bei dem Betriebe beschäftigte Person die erforderliche Sorgfalt außer acht, so kann dies leicht einen Unfall zur Folge haben. Dabei wird nur selten angenommen werden können, daß der Fahrzeughalter selbst sich einer Fahrlässigkeit bei der Auswahl und der Beaufsichtigung seiner Angestellten schuldig gemacht hat. Da aber nach § 831 B. G. B. ein in der letzteren Richtung geführter Entlastungsbeweis genügt, um den Fahrzeughalter von der Haftung zu befreien, so können die Verletzten nach dem geltenden Rechte in den bezeichneten Fällen einen Ersatzanspruch meist nur gegen die nicht zahlungsfähigen Führer und sonstigen Angestellten des Halters geltend machen. Dieses Ergebnis ist nicht befriedigend. Wer ein Verkehrsmittel gebraucht, dessen Handhabung ein so

bedeutendes Maß von Befähigung und Kenntnissen, Gewissenhaftigkeit und Geistesgegenwart erfordert, muß billigerweise auch die unbedingte Haftung dafür übernehmen, daß die Personen, deren er sich bei dem Betriebe bedient, die erforderlichen Eigenschaften besitzen und im einzelnen Falle bewähren.

Eine besondere Gefahr des Betriebs der Luftfahrzeuge liegt ferner darin, daß geringe Fehler in der Beschaffenheit des Materials oder in der Zusammensetzung der einzelnen Teile, kleine Störungen in ihren Verrichtungen zu einem Absturz des Fahrzeugs führen oder doch wenigstens den Luftfahrer zu einer sofortigen Landung zwingen können, bei der es ihm meist nicht möglich sein wird, Beschädigungen zu vermeiden. Dazu tritt bei Luftschiffen und Freiballonen sowie auch bei Flugzeugen die Explosionsgefahr. Gegenüber diesen Betriebsgefahren erscheint es gerechtfertigt, den Halter für die Betriebssicherheit seines Luftfahrzeugs ohne Rücksicht auf ein Verschulden aufkommen zu lassen.

Zu berücksichtigen ist endlich, daß dem Verletzten der Nachweis der Umstände, von denen die Haftung des Halters abhängt, sehr erschwert ist. Meist wird die Höhe, in der sich die Luftfahrzeuge bewegen, sowie die Geschwindigkeit des Herganges dem Verletzten den Beweis der Einzelheiten des Unfalls unmöglich machen. Es wäre unbillig, dem Geschädigten die Folgen eines Beweisnotstandes aufzuerlegen, der nicht durch ihn, sondern durch die Eigenart des Betriebs der Luftfahrzeuge herbeigeführt wird. Es muß daher genügen, wenn der Verletzte den ursächlichen Zusammenhang des Schadens mit dem Betriebe des Luftfahrzeugs nachweist. Sache des in Anspruch genommenen Halters ist es dann, darzutun, daß keiner der Haftungsfälle vorliegt.

Von diesen Gesichtspunkten aus ist in dem Entwurfe die Haftpflicht des Halters eines Luftfahrzeugs geregelt. Diese Regelung wird ausreichen, um dem Verletzten in allen Fällen, in denen billigerweise dem Halter die Verantwortlichkeit für einen Unfall auferlegt werden kann, den Anspruch auf Schadenersatz zu sichern, zumal der dem Halter obliegende Entlastungsbeweis nicht leicht zu führen sein wird.

Während die Haftung des Halters eines zur Aufnahme von Menschen bestimmten Luftfahrzeugs in der oben bezeichneten Weise verschärft wird, beschränkt der Entwurf auf der anderen Seite nach dem Vorgang des Kraftfahrzeuggesetzes den Umfang dieser Haftung durch die Festsetzung bestimmter Beträge, über die hinaus ein Haftpflichtiger nicht in Anspruch genommen werden kann. Ist der Halter dagegen nach dem Bürgerlichen Gesetzbuch wegen nachgewiesenen Verschuldens oder weil er den Entlastungsnachweis nach § 831 B. G. B. nicht hat führen können oder nach § 904 B. G. B. ersatzpflichtig, so hat er den Schaden ohne Einschränkung zu ersetzen. Die Begrenzung der Ersatzpflicht gibt den Luftfahrzeughaltern die Möglichkeit, sich ohne unverhältnismäßige Kosten gegen Schadensfälle zu versichern. Schon unter dem geltenden Rechte sind die Versicherungsprämien, die von den Luftfahrzeughaltern gezahlt werden müssen, insbesondere bei Luftschiffen und Flugzeugen, außerordentlich hoch. Durch die in dem § 15 vorgesehene Verschärfung der Ersatzpflicht würden bei einer in ihrem Betrag unbeschränkten Haftung die Prämien derart steigen, daß ein erheblicher Teil der Luftfahrzeughalter voraussichtlich nicht mehr in der Lage wäre, sie aufzubringen. Wird dagegen die besondere Haftung durch Höchstbeträge begrenzt, so wird die Steigerung, da sie nur bis zur Grenze dieser Beträge eintritt, darüber hinaus aber das bisherige geschäftliche Wagnis des Versicherers unverändert bleibt, immerhin erträglich sein. Die Höchstbeträge sind die gleichen, wie sie das Kraftfahrzeuggesetz vorsieht. Die Sätze erscheinen nicht zu hoch, um die Entwicklung zu hindern und werden anderseits dem weitaus überwiegenden Teile der Geschädigten einen ausreichenden Ersatz des Schadens sichern; es ist dabei zu berücksichtigen, daß bei einer Verletzung von Insassen der Luftfahrzeuge die Haftungsbestimmungen des Entwurfs überhaupt nicht zur Anwendung kommen. Ob diese Regelung auch

künftigen Zeiten entspricht, läßt sich zur Zeit nicht voraussehen und kann späterer Nachprüfung vorbehalten bleiben.
Wie bei der Regelung der Haftung der Kraftfahrzeughalter ist auch hier angeregt worden, die sämtlichen Fahrzeughalter zu einer Zwangsgenossenschaft zu vereinigen, die dem geschädigten Dritten als alleiniger Träger der Haftpflicht gegenübersteht. Die Gründe, die dafür maßgebend waren, die Bildung einer solchen Zwangsgenossenschaft für Kraftfahrzeuge abzulehnen, treffen indessen hier gleichfalls zu; es würde schwer möglich sein, die ausländischen Fahrzeughalter in die Zwangsgenossenschaft einzubeziehen, und es fehlen genügende Unterlagen für die Bildung der Gefahrenklassen und die Berechnung der Beiträge. Außerdem würde hier die Zahl und die finanzielle Schwäche der Beteiligten die Lasten der Zwangsgenossenschaft besonders fühlbar machen.
Wenn diese Regelung des Luftverkehrs und der Lufthaftpflicht durchgeführt ist, so ist unter Berücksichtigung der Interessen der Allgemeinheit das dem einzelnen füglich zuzugestehende Recht auf Sicherung gegen Schaden durch die Luftfahrt hinreichend gewahrt. Für den Eigentümer eines Grundstücks wird dann im allgemeinen ein berechtigtes Interesse, die Benutzung des Luftraums über seinem Grundstück zu verbieten, nach Durchführung der vorgesehenen Regelung nicht mehr bestehen, so daß die zugelassenen Luftfahrzeuge und ihre behördlich geprüften Führer, wenn sie die vom Gesetz aufgestellten Anforderungen beobachten, tatsächlich die Befugnis zur freien Durchfahrt durch den Luftraum haben werden.
Besondere Bestimmungen über ein Aufstieg- und Landungsrecht zu erlassen, erscheint nach Lage des geltenden Rechtes und der voraussichtlichen Entwicklung der Luftfahrt nicht erforderlich. Der Entwurf geht davon aus, daß lenkbare Luftfahrzeuge von den dafür bestimmten, behördlich genehmigten Plätzen aufsteigen und grundsätzlich auch dort landen sollen. Die ständig fortschreitende Technik wird die hierfür erforderliche Verkehrssicherheit in nicht zu ferner Zeit bringen, soweit nicht schon jetzt eine hinreichende Zuverlässigkeit hierfür gegeben sein sollte. Sofern aber das Versagen einer Vorrichtung eines Luftfahrzeugs oder die Ungunst der Witterung zu einer Landung außerhalb eines derartigen Platzes zwingt, so liegt der Fall der Not vor, auf den - wie oben bereits ausgeführt - die allgemeinen Notstandsbestimmungen des Bürgerlichen Gesetzbuchs Anwendung finden.

II. Besonderer Teil

Zu § 1. Der § 1 des Entwurfs enthält den Grundgedanken der geplanten Regelung des Luftverkehrs. Er gestattet einen freien Verkehr durch den Luftraum innerhalb des Gebiets des Reichs, macht ihn aber abhängig von Voraussetzungen, deren Innehaltung zum Schutze des Staates und seiner Angehörigen erforderlich ist. Dieses Schutzbedürfnis der Allgemeinheit besteht aber nur gegenüber den außerhalb der Flugplätze ausgeführten Luftfahrten.
Die näheren Bestimmungen über die Voraussetzungen für die nach § 1 erforderte Zulassung und über die Zuständigkeit der Behörden für die Erteilung und Entziehung dieser Genehmigung können ebensowenig wie die Voraussetzungen für die im § 3 vorgesehene Erteilung von Führerscheinen und deren Entziehung im Gesetze selbst getroffen werden. Der Entwurf überläßt daher diese sowie alle sonstigen zur Ausführung der §§ 1 bis 12 erforderlichen Anordnungen durch § 13 Nr. 1 bis 9 dem Bundesrate.
Dieser durch das Gesetz vorgeschriebenen Zulassungspflicht sind nicht unterworfen:
1. Luftfahrzeuge aller Art, die nur innerhalb der Flugplätze verkehren,
2. Luftfahrzeuge, die nicht zur Aufnahme von Menschen bestimmt sind (Registierballone, Kinderspielzeuge u. dergl.),
3. luftfahrzeugähnliche Geräte (Fesselballone, Drachen, Fallschirme, Gleitflugzeuge u. dergl.)

Für diese drei Gruppen genügen die Bestimmungen im § 13,welche die Möglichkeit geben, besondere Vorschriften für den Verkehr innerhalb der Flugplätze (§ 13 Nr. 3) und für die nach § 1 nicht genehmigungspflichtigen Luftfahrzeuge und luftfahrzeugähnliche Geräte (§ 13 Nr. 7) zu erlassen.
Ist ein Luftfahrzeug nach § 1 zugelassen, so muß ihm damit die Freizügigkeit innerhalb des ganzen Reichs vorbehaltlich der im § 13 Nr. 2 vorgesehenen Verkehrsbeschränkungen gewährleistet sein. Neben der im § 1 vorgeschriebenen Zulassungsgenehmigung wird eine Kennzeichnung der Luftfahrzeuge ähnlich der der Kraftfahrzeuge erforderlich sein. Die näheren Ausführungen hierüber sind gleichfalls einer besonderen Ausführungsverordnung durch § 13 Nr. 1 überlassen. Auch ist auf Grund dieser Bestimmung die Möglichkeit gegeben, zur Erprobung von Luftfahrzeugen Anordnungen für eine vorläufige Zulassung und Kennzeichnung zu treffen und derartige Erprobungsfahrten auf gewisse Gebiete zu beschränken.
Einer besonderen Regelung bedarf die Zulassung der vom Ausland in das Reichsgebiet kommenden, hier nicht zugelassenen Luftfahrzeuge (ausländische Luftfahrzeuge) zum Verkehr innerhalb des Deutschen Reichs. Diese Zulassung kann nicht gemäß § 1 erfolgen; vielmehr ist durch § 13 Nr. 6 die Zulassung ausländischer Luftfahrzeuge sowie ihrer Führer und Mannschaften der Ausführungsverordnung vorbehalten. In Ergänzung der durch § 13 Nr. 2 gegebenen Ermächtigung zur Festlegung verbotener Zonen wird es nach Nr. 6 in Frage kommen, für ausländische Luftfahrzeuge gegebenenfalls bestimmte Luftstraßen vorzuschreiben, die beim überschreiten der Reichsgrenzen eingehalten werden müssen. Im übrigen wird es Aufgabe der Staatsverträge sein, den Verkehr ausländischer Luftfahrzeuge im Inland, soweit die Gegenseitigkeit verbürgt ist, zu regeln.

Zu § 2. Der § 2 sieht die Rücknahme einer von der zuständigen Behörde erteilten Zulassung zum Verkehr außerhalb der Flugplätze vor. Im allgemeinen wird die Ausschließung eines einmal zugelassenen Fahrzeugs nur dann erfolgen, wenn es infolge seines Alters oder eingetretener Beschädigungen den bei der Zulassung gestellten Anforderungen nicht mehr genügt. Jedoch sind auch Fälle denkbar, wo es erforderlich sein wird, ein Fahrzeug vom Verkehr auszuschließen, auch ohne daß es seit der Zulassung geändert oder verschlechtert ist. Solche Fälle werden vor allem dann gegeben sein, wenn auf Grund neuer technischer Errungenschaften höhere Anforderungen an die Verkehrssicherheit gestellt werden können oder Unglücksfälle höhere Anforderungen zu stellen zwingen und keine Möglichkeit vorliegt, das Fahrzeug diesen neuen Anforderungen anzupassen. Die Ausschließung muß, da die Zulassung für das ganze Reich erfolgt war, ebenfalls für das ganze Reich wirksam sein.
Sofern ausländische Luftfahrzeuge auf Grund des § 13 Nr. 6 zum Verkehr innerhalb Deutschlands oder inländische Luftfahrzeuge gemäß § 13 Nr. 3 zum Verkehr innerhalb der Flugplätze oder endlich Luftfahrzeuge und luftfahrzeugähnliche Geräte, die nach der Bestimmung des § 1 nicht zulassungspflichtig sind, gemäß § 13 Nr. 7 zugelassen sind, ist durch die bezeichneten Vorschriften auch die Möglichkeit einer Rücknahme der erteilten Zulassung gegeben.

Zu § 3. Von Luftfahrzeugführern muß, wenn sie außerhalb von Flugplätzen Luftfahrzeuge führen wollen, eine Prüfung gefordert werden. Diese Prüfung hat sich nicht nur auf das Vorhandensein hinreichender technischer Kenntnisse zu erstrecken, sondern es muß eine Gewähr dafür vorhanden sein, daß der Bewerber auch physisch und moralisch geeignet ist, Luftfahrzeuge zu führen. Insbesondere wird vor Erteilung des Führerscheins darauf zu achten sein, daß durch den Bewerber keine Gefährdung der Landessicherheit zu befürchten ist. Wer unter „Führer“ zu verstehen ist, sagt § 3, indem er im einzelnen „Freiballon-, Luftschiff- und Flugzeugführer“ aufzählt; will ein anderer den Führer auch nur zeitweilig vertreten, so muß auch

er einen Führerschein besitzen. Für Steuerleute, Maschinisten und die sonstige Mannschaft bleibt der Erlaß besonderer Vorschriften nach § 13 Nr. 4 vorbehalten; auch für sie werden, falls es die Entwicklung der Luftfahrt erfordern sollte, Prüfungen und besondere Bescheinigungen vorzuschreiben sein.
Durch die Bestimmung, daß jeder Führer den Nachweis der Erlaubnis durch einen Führerschein zu erbringen hat (§ 3 Abs. 2), in Verbindung mit der Strafvorschrift gegen denjenigen, der als Führer eines Luftfahrzeugs ohne Führerschein fährt oder als Luftfahrzeughalter die Führung des Fahrzeugs einer Person überläßt, die sich nicht durch einen Führerschein ausweisen kann (§ 30), wird eine ständige Kontrolle der Führer ermöglicht.
Für die Führung jeder der drei verschiedenen Luftfahrzeugarten werden besondere Zeugnisse auszustellen sein. Inwieweit es aber erforderlich sein wird, für jede einzelne Gattung innerhalb dieser drei Gruppen besondere Zeugnisse auszustellen, wird von der weiteren technischen Entwicklung der Luftfahrzeuge, der Verschiedenartigkeit ihrer Steuerung und dergleichen abhängig sein. Diese Frage kann daher nur im Wege einer sich jeweilig schnell anpassenden Ausführungsverordnung geregelt werden. Bei Ausstellung von Zeugnissen für jede abweichende Gattung kann die Schwierigkeit entstehen, daß zur Führung eines neuartigen Fahrzeugs zunächst eine Person zugelassen werden muß, die für diese Gattung keinen Führerschein besitzt. Aber auch diese Schwierigkeit läßt sich leicht auf Grund des § 13 Nr. 1 durch Anordnungen über Ausstellung vorläufiger Führerscheine beseitigen, die in gleicher Weise wie die vorläufigen Zulassungsscheine für Luftfahrzeuge auf Fahrten innerhalb gewisser Gebiete beschränkt werden können.

Zu § 4. Der § 4 schreibt im Interesse der Sicherheit des Verkehrs außerhalb der Flugplätze vor, daß ein jeder, der sich in der Führung eines Luftfahrzeugs übt, bevor er den Führerschein erhalten hat, von einer zur Ausbildung von Führern ermächtigten Person begleitet sein muß. Diese Vorschrift bezieht sich auch auf diejenigen Personen, die bereits im Besitz eines Führerscheins einer anderen Gruppe von Luftfahrzeugen oder einer besonderen Gattung sind und nunmehr auch noch die Berechtigung für eine weitere Gruppe oder Gattung erhalten wollen; ebenso muß der Begleiter zur Ausbildung von Personen gerade für die in Frage kommende Gattung ermächtigt sein. Der Entwurf scheidet dabei „Übungsfahrten", d. h. solche, die vor der Prüfung liegen, und „Prüfungsfahrten", die zum Zwecke der Erlangung des Führerscheins vorgenommen werden.
Aus § 4 ergibt sich, daß Übungs- und Prüfungsfahrten in einem nur zur Aufnahme einer Person geeigneten Luftfahrzeuge stets nur auf Flugplätzen ausgeführt werden können, und daß es künftig nicht mehr gestattet ist - wie es jetzt von den Sportvereinen zur Erlangung des Freiballonführerzeugnisses verlangt wird -, eine Alleinfahrt zur Erlangung des Zeugnisses vorzuschreiben.

Zu § 5. Die Ablegung der Führerprüfung und Erlangung des Führerscheins schließt nicht aus, daß der Führer sich nachträglich als untauglich oder unzuverlässig erweist oder die Befähigung, die er besessen hatte, wieder verliert. In diesen Fällen muß die Möglichkeit bestehen, dem Führer die erteilte Ermächtigung wieder zu entziehen. Nach dem Entwurfe kann die Entziehung dauernd oder für bestimmte Zeit ausgesprochen werden.

Zu § 6. Gegen die Versagung der Erlaubnis zum Führen eines Luftfahrzeugs sowie gegen die Entziehung einer einmal erteilten Erlaubnis ist der Rekurs zulässig, dem jedoch mit Rücksicht auf den Schutz des Publikums keine aufschiebende Wirkung eingeräumt werden kann. Gegen die Versagung der Fahrerlaubnis findet der Rekurs jedoch nicht statt, wenn sie wegen ungenügenden Ergebnisses der Befähigungsprüfung erfolgt ist. Der Rekurs ist ferner niemals zulässig, wenn die Versagung oder die Entziehung der Fahrerlaubnis wegen Gefährdung der Landessicherheit erfolgt ist.

Zu § 7. Nach den Vorschriften der §§ 1 und 3 bedürfen auch die Luftfahrzeuge, die von der Heeres- und der Marineverwaltung, den Postverwaltungen oder von einer anderen Verkehrsverwaltung des Reichs oder eines Bundesstaats verwendet werden, der Zulassung und deren Führer der Fahrerlaubnis. Der Rekurs gegen die Entziehung eines für den Dienstbereich einer dieser Verwaltungen erteilten Führerscheins kann nicht in Frage kommen. Die näheren Bestimmungen über die Voraussetzungen zur Zulassung eines Luftfahrzeugs und zur Erteilung der Fahrerlaubnis sind - wie schon zu § 1 bemerkt - dem Bundesrat überlassen worden, der seinerseits berechtigt ist, den Erlaß entsprechender Anordnungen anderen Behörden zu übertragen.

Zu § 8. Eine der wichtigsten Fragen für die Luftfahrt ist die der Beschaffung geeigneter Aufstieg-, Landungs- und Flugplätze. Das Recht muß dem Rechnung tragen und ausgleichend die Interessen der Luftfahrer und die der Allgemeinheit berücksichtigen.
Die Frage der Landessicherheit und der Landesverteidigung muß dabei allen anderen Fragen vorangehen. Es wurde deshalb schon zu § 1 ausgesprochen, daß der Bundesrat nach § 13 Nr. 2 ein Überfliegen von Festungen und ähnlichen Anlagen verbieten könne; ein solches Verbot läßt sich aber nur dann mit voller Sicherheit durchführen, wenn die Anlage von Flug-, Aufstieg- und Landungsplätzen innerhalb oder in der Nähe der im Interesse der Landessicherheit verbotenen Zonen gänzlich untersagt werden kann. Inwieweit eine solche Anlage schädlich ist, können allein die zuständigen Heeres- oder Marinebehörden ermessen. Ihnen mußte daher ein unbedingtes Einspruchsrecht gegen derartige Anlagen gewährt werden.
Außer der Heeres- und Marineverwaltung kommen die Interessen der Nachbarn solcher Anlagen in Frage. Flugzeuge verkehren wenigsten heute noch überwiegend in den windstillen Tageszeiten; ihre Hauptflugzeit sind daher die Abendstunden und die ganz frühen Morgenstunden. Es ist nun sehr wohl denkbar, daß durch das laute Surren der Luftschrauben Nachbarn in ihrer Ruhe (Landhausbesitzer) und auch in ihrem Gewerbe (Besitzer von Heilanstalten) gestört werden können. Ganz ähnliche Störungen können auch durch die Luftschiffe herbeigeführt werden. Es wurde daher das Einspruchsverfahren der Gewerbeordnung hier vorgesehen; der Nachbarschaft ist Gelegenheit zum Widerspruche zu geben. Über die Widersprüche, soweit sie nicht auf privatrechtlichen Titeln beruhen (§ 19 der Gewerbeordnung), entscheidet die zuständige Behörde. Die behördliche Genehmigung hat nach dem ebenfalls angezogenen § 26 der Gewerbeordnung die Bedeutung, daß ein Recht auf Beseitigung der Anlage nicht besteht, auch wenn eine Belästigung der Nachbarschaft eintritt, die der Nachbareigentümer sonst nicht zu dulden hätte. Der Bestand der Anlage kann daher nicht mehr durch bürgerlichrechtliche Klage gefährdet werden; dagegen bleiben den Nachbarn alle Entschädigungsansprüche wegen übermäßiger Belästigung gewahrt.
Nach der vorgeschlagenen Regelung haben die Flugplätze auch deshalb eine besondere Bedeutung, weil der Gesetzentwurf grundsätzlich zwischen dem Verkehr innerhalb und dem außerhalb der Flugplätze scheidet. Während beim Verkehr außerhalb der Flugplätze im Interesse der Sicherheit der Allgemeinheit besondere Anforderungen an Flugzeuge und Führer gestellt werden müssen, soll der Verkehr innerhalb der Flugplätze grundsätzlich freier gestaltet werden. Sofern ein Flugplatz ein gewerbliches Unternehmen darstellt, d. h. dem Unternehmer zur selbständigen Einnahmequelle dient, muß der dauernde Bestand des Flugplatzes im Interesse der sich darauf ansiedelnden Industrie naoh Möglichkeit gesichert werden; es ist deshalb die Genehmigung jeder neuen derartigen Anlage auch von der Frage des Bedürfnisses

abhängig zu machen. Dabei kann gleichzeitig in der Genehmigungsurkunde die dauernde oder zeitlich beschränkte Verwendung zu diesem Zwecke gesichert werden.
Durch die Bezugnahme auf § 51 der Gewerbeordnung soll auch für nicht gewerbliche Anlagen die Möglichkeit gegeben werden, die fernere Benutzung eines genehmigten Aufstieg-, Landungs- oder Flugplatzes wegen überwiegender Nachteile und Gefahren für das Gemeinwohl gegen Ersatz des erweislichen Schadens zu untersagen. Die Bezugnahme des § 147 Abs. 3 der Gewerbeordnung soll die Handhabe dazu geben, derartige, ohne Genehmigung errichtete Anlagen wegzuschaffen oder die Erfüllung wesentlicher Bedingungen, unter denen die Genehmigung erteilt worden ist, zu erzwingen.
Das vorgesehene Rekursverfahren ist einheitlich mit dem im § 6 bei Entziehung oder Versagung der Fahrerlaubnis gegebenen Rekurse gestaltet; es ist deshalb im § 8 Abs. 2 auf jene Bestimmung des § 6 Abs. 2 verwiesen. Sofern die Versagung der Genehmigung auf einem aus Gründen der Landessicherheit erhobenen Widerspruche der Heeres- oder Marinebehörden beruht, ist ein Rekurs ausgeschlossen.

Zu § 9. Die gewerbsmäßige Beförderung von Personen oder Sachen auf Luftfahrzeugen kommt heute nur in geringem Umfang vor. Es kann daher fraglich erscheinen, ob die im Gesetzentwurfe vorgeschlagene Regelung im jetzigen Zeitpunkt notwendig und praktisch ist. Bei den mit der Luftfahrt noch immer verbundenen Gefahren und der schnellen Entwicklung aller einmal eingeführten Verkehrsmittel erscheint aber im Interesse der Sicherheit der Allgemeinheit eine behördliche Genehmigung derartiger Unternehmen zweckmäßig.
Bei Fassung des zweiten Absatzes dieses Paragraphen ist vor allem an solche Unternehmen gedacht, die der regelmäßigen und dauernden Verbindung von Orten dienen, die in verschiedenen Bundesstaaten liegen.

Zu §§ 10, 11. Die Vorschrift des § 10 gewährt dem Reiche das Recht, ein der Verteidigung des Reichs dienliches Luftfahrtunternehmen zu erwerben. Sofern ein Luftfahrtunternehmen zwar nicht der Verteidigung des Reichs dienlich ist, aber nach der Entscheidung des Reichskanzlers eine solche Bedeutung für den öffentlichen Verkehr hat, daß es den allgemeinen Verkehrsunternehmen des Reichs oder der Bundesstaaten gleichgestellt werden kann und seine Fahrten sich über den Bereich mehrerer Bundesstaaten erstrecken, so soll dieses Erwerbsrecht dem Reiche erst zustehen, wenn die beteiligten Bundesregierungen dieses Recht nicht für sich gemeinsam beanspruchen. Der § 11 gibt dem Reiche, ähnlich wie es durch Artikel 41 der Reichsverfassung vorgesehen ist, das Recht, falls es im Interesse der Verteidigung des Reichs oder im Interesse des gemeinsamen Verkehrs für notwendig erachtet wird, ein Luftfahrtunternehmen selbst zu schaffen oder einem Privatunternehmer zur Ausführung zu übertragen.

Zu § 13. Die zu Nr. 1 bis 7 genannten Bestimmungen sind im wesentlichen bei der Begründung zu den früheren Paragraphen bereits behandelt. Von besonderer Bedeutung ist die unter Nr. 8 dem Bundesrate gegebene Ermächtigung, Anordnungen darüber zu erlassen, wieweit die Vorschriften des § 8 des Gesetzentwurfs auf Luft- und Wetterwarten Anwendung finden. Es handelt sich hierbei um wenige, meist im staatlichen Eigentume stehende Anstalten, deren Wettervoraussagen für die Luftfahrt außerordentlich wichtig, deren Anlagen aber für die Luftfahrt anderseits nicht ungefährlich sind. Die Beobachtungen erfolgen zumeist mittels aufgelassener, oft an 20 000 m langem Drahte hängender Drachen. Es erscheint erforderlich, derartige Warten staatlicher Genehmigung zu unterwerfen und durch polizeiliche Anordnung von Sicherungsmaßnahmen einen Schutz gegen die von den Drähten ausgehenden Gefahren vorzusehen. Auf der anderen Seite müssen die Arbeiten dieser Warten ermöglicht und vor dem

Einspruch Dritter sichergestellt werden. Die entsprechende Anwendung des § 8 des Entwurfs würde gemäß dem dort angezogenen § 26 der Gewerbeordnung den Inhalt haben, daß gegenüber den von obrigkeitlich genehmigten Luft- oder Wetterwarten ausgehenden Einwirkungen durch aufgelassene Drachen, Fesselballone nebst Haltevorrichtungen und dergleichen Ansprüche dritter Eigentümer oder Besitzer nicht auf Einstellung des Betriebs, sondern nur auf Herstellung sichernder Einrichtungen, gegebenenfalls auf Schadenersatz gerichtet werden können.
Die nach § 13 Nr. 9 vom Bundesrate zu erlassenden Übergangsbestimmungen werden auch darüber Anordnungen zu treffen haben, inwieweit die Bestimmungen des § 8 auf bereits bestehende Luft- und Wetterwarten Anwendung finden sollen. Im übrigen werden die Übergangsvorschriften sich vorwiegend darauf erstrecken, die bisher sich im Verkehre befindenden Luftfahrzeuge und die vom Deutschen Luftfahrerverband ausgegebenen Führerzeugnisse für eine gewisse Übergangszeit zuzulassen und erst allmählich der gesetzlichen Regelung zu unterwerfen; ebenso wird es mit Aufstieg-, Landungs- und Flugplätzen sowie mit bereits bestehenden Luftfahrtunternehmen sein.

Zu § 14. Durch § 14 wird die Bestimmung der einzelnen nach dem Gesetz und der in Aussicht genommenen Ausführungsverordnung zuständigen Behörden den Zentralbehörden zugewiesen. Unter den Zentralbehörden sind grundsätzlich die Landeszentralbehörden zu verstehen; eine Reichszentralbehörde kommt hierbei lediglich in Betracht, soweit es sich um die Zuständigkeit von Marinebehörden handelt.

Zu § 15. Die Gründe, warum die Anwendung der Haftungsvorschriften des Entwurfs auf Schadensfälle beschränkt wird, die bei dem Betrieb eines zur Aufnahme von Menschen bestimmten Luftfahrzeugs eintreten, sind oben erwähnt. Daß das Fahrzeug zur Zeit des Unfalls Menschen beförderte, wird nicht gefordert. Auch sind die Vorschriften nicht auf Unfälle solcher Luftfahrzeuge beschränkt, die nach § 1 der Zulassung bedürfen, sie gelten vielmehr auch dann, wenn es sich um ein zur Aufnahme von Menschen bestimmtes Luftfahrzeug handelt, das nur innerhalb der Flugplätze verkehren soll, und daher einer Zulassung nicht bedarf.
Der Ausdruck „bei dem Betrieb eines Luftfahrzeugs“ bedeutet nicht dasselbe wie „bei der Fahrt eines Luftfahrzeugs“. Vielmehr ist ein Schaden bei dem Betrieb auch dann entstanden, wenn er bei den Vorbereitungen für einen Aufstieg, bei der Einbringung des Fahrzeugs in seine Halle, bei der Verankerung eines auf freiem Felde gelandeten Fahrzeugs oder bei anderen ähnliche Anlässen eintritt.
Die Haftung ist nach dem Vorgang des Kraftfahrzeuggesetzes dem Halter des Fahrzeugs auferlegt. Der Begriff des Halters ist durch die Rechtsprechung klargestellt. Wie das Reichsgericht in dem Urteil vom 15. Januar 1912 (Entsch. d. R. G. in Zivilsachen Bd. 78 S. 179) ausführt, ist als Halter anzusehen, wer das Fahrzeug für eigene Rechnung in Gebrauch hat und diejenige umfassende Verfügungsgewalt über das Fahrzeug besitzt, die ein solcher Gebrauch voraussetzt; dagegen ist es gleichgültig, ob der als Halter in Anspruch Genommene Eigentümer des Fahrzeugs ist oder ob er es als Nießbraucher, Pächter, Mieter oder Entleiher verwendet.
Als ersatzberechtigt bezeichnet der Entwurf den „Verletzten“. Verletzt ist nicht nur der, der an seinem Körper oder an seiner Gesundheit beschädigt worden ist, einschließlich des Getöteten, sondern auch der, dem durch eine Tötung, eine Körperverletzung oder die Beschädigung einer Sache ein zu ersetzender Schaden zugefügt ist; auch das Kraftfahrzeuggesetz (§ 7) und das Bürgerliche Gesetzbuch (§§ 833, 836, 845, 849) verwenden den Ausdruck „Verletzter“ in diesem doppelten Sinne. Für den Fall der Tötung und der Körperverletzung wird der Kreis der Ersatzberechtigten in den §§ 18, 19 näher bestimmt. Dagegen bedarf es für den Fall

einer Sachbeschädigung keiner Vorschrift darüber, wer als Verletzter und demgemäß als Ersatzberechtigter gilt. Als Verletzter kann hier nur derjenige in Frage kommen, der in einem Rechte verletzt ist.
Der Schaden, den der Halter des Luftfahrzeugs zu ersetzen hat, muß durch den Betriebsunfall verursacht sein. Der Wortlaut der Vorschrift läßt daran keinen Zweifel, auch wenn sie anders als § 7 des Kraftfahrzeuggesetzes „den Schaden" und nicht „den daraus entstehenden Schaden" als Gegenstand der Ersatzpflicht bezeichnet. Auch in den §§ 16 bis 27 finden sich sprachliche Vereinfachungen, die eine sachliche Abweichung von den entsprechenden Vorschriften des Kraftfahrzeuggesetzes und des Bürgerlichen Gesetzbuchs nicht enthalten sollen.
Der Abs. 2 des § 15 begrenzt die Fälle der Haftung des Fahrzeughalters nach den oben entwickelten Grundsätzen. Danach ist die Ersatzpflicht ausgeschlossen, wenn weder den Fahrzeughalter selbst noch eine bei dem Betriebe beschäftigte Person ein Verschulden trifft und wenn der Unfall auch nicht auf fehlerhafte Beschaffenheit des Fahrzeugs oder ein Versagen seiner Verrichtungen zurückzuführen ist. Der Halter muß dies beweisen, um sich von der Haftung aus einem Unfall zu befreien. Nicht ersatzpflichtig ist der Halter hiernach, wenn er dartut, daß der Unfall durch die Einwirkung äußerer Ereignisse auf ein an sich betriebssicheres Fahrzeug, insbesondere auch durch Handlungen dritter Personen, herbeigeführt worden ist, die nicht zu der Mannschaft des Luftfahrzeugs gehören.
Wird das Fahrzeug ohne Wissen und Willen des Halters von einem anderen in Betrieb gesetzt, so würde es der Billigkeit widersprechen, wenn man dem Halter die Haftung für einen Betriebsunfall auferlegen wollte. Der Entwurf erklärt deshalb in diesem Falle nach dem Vorgang des Kraftfahrzeuggesetzes nur denjenigen für verantwortlich, der das Fahrzeug unbefugt in Betrieb gesetzt hat (§ 15 Abs. 3).

Zu § 16. Die Vorschriften des Entwurfs bezwecken nur, die Allgemeinheit vor den ihr aufgedrängten Gefahren des Luftverkehrs zu schützen. Der § 16 des Entwurfs nimmt deshalb, ebenso wie der § 8 des Kraftfahrzeuggesetzes, die Fälle, in denen der Verletze die Gefahr freiwillig übernommen hat, von der Regelung aus. Demgemäß verbleibt es für die, welche das Fahrzeug zur Beförderung ihrer Personen oder ihrer Sachen benutzen oder bei dem Betriebe des Fahrzeugs tätig sind, bei den allgemeinen Grundsätzen des bürgerlichen Rechtes.

Zu § 17. Hat bei der Entstehung eines Schadens ein Verschulden des Verletzten mitgewirkt, so hängt nach § 254 des Bürgerlichen Gesetzbuchs die Verpflichtung zum Ersatze sowie der Umfang des zu leistenden Ersatzes von den Umständen, insbesondere davon ab, inwieweit der Schaden vorwiegend von dem einen oder dem anderen Teile verursacht worden ist. Dieser allgemeine Grundsatz muß auch gegenüber der besonderen Ersatzpflicht, die der Entwurf einführt, zur Anwendung kommen. Nach dem Vorgang des § 9 des Kraftfahrzeuggesetzes wird dies im § 17 außer Zweifel gestellt; zugleich wird die Frage, ob bei einer Sachbeschädigung einem mitwirkenden Verschulden des Sachinhabers die gleiche Bedeutung zukommt wie dem eigenen Verschulden des Verletzten - und zwar wiederum in Übereinstimmung mit dem genannten Gesetz - ausdrücklich bejaht.

Zu §§ 18 bis 21. Den Umfang der Ersatzpflicht regelt der Entwurf in Übereinstimmung mit den Vorschriften der §§ 10 bis 13 des Kraftfahrzeuggesetzes, die sich selbst wiederum an die Bestimmungen des Reichshaftpflichtgesetzes anschließen. Gleich diesen beiden Gesetzen bleibt der Entwurf in bezug auf den Umfang des Ersatzes mittelbarer Schäden in einigen Beziehungen hinter den Vorschriften des Bürgerlichen Gesetzbuchs über die Schadensersatzpflicht aus unerlaubten Handlungen zurück (§§ 842 bis 847). Dies ist auch hier dadurch ge-

rechtfertigt, daß ein von dem Nachweis eines Verschuldens des in Anspruch Genommenen unabhängiger Ersatzanspruch in Frage steht.
Die Gründe, aus denen die Haftpflicht durch die Festsetzung bestimmter Höchstbeträge begrenzt ist (§ 20), sind schon oben dargelegt. Sind bei einem Unfall mehrere Luftfahrzeuge beteiligt, so haftet jeder Halter bis zur gesetzlichen Höchstgrenze; der Gesamtbetrag der verfügbaren Haftsumme erhöht sich dann ohne Rücksicht auf die Zahl der Verletzten auf das Zwei- oder Mehrfache.

Zu §§ 22, 23. Die §§ 22, 23 entsprechen den §§ 14 und 15 des Kraftfahrzeuggesetzes. Der § 22 kürzt die Verjährungsfrist für die Ansprüche aus dem Entwurf auf zwei Jahre ab. Der § 23 sieht eine Ausschlußfrist von einem Monat vor, binnen deren der Ersatzberechtigte dem Gegner den Schaden mitzuteilen hat. Da nach dem Entwurfe die Beweispflicht in bezug auf die Ursachen des Unfalls dem Ersatzpflichtigen obliegt, hat dieser an der alsbaldigen Feststellung des Sachverhalts ein berechtigtes Interesse.

Zu § 24. Wird ein Schaden durch mehrere Luftfahrzeuge, die zur Aufnahme von Menschen bestimmt sind, z. B. durch den Zusammenstoß zweier solcher Fahrzeuge, verursacht, so haften die Fahrzeughalter nach § 840 Abs. 1 des Bürgerlichen Gesetzbuchs dem Verletzten als Gesamtschuldner; der Verletzte kann sich nach seinem Belieben bis zur vollen Befriedigung an den oder den anderen von ihnen oder an beide halten. Im Verhältnis zueinander würden die Fahrzeughalter nach § 426 des Bürgerlichen Gesetzbuchs den Schaden stets zu gleichen Teilen zu tragen haben. Eine solche Verteilung der Haftung wird aber den tatsächlichen Verhältnissen und den Anforderungen der Billigkeit nicht immer gerecht. Nach dem Vorgang des § 17 Abs. 1 des Kraftfahrzeuggesetzes gibt deshalb der Entwurf (§ 24 Abs. 1 Satz 1) dem Richter die Möglichkeit, in jedem einzelnen Falle alle in Betracht kommenden Umstände gegeneinander abzuwägen und danach den Anteil zu bestimmen, den jeder der Fahrzeughalter in ihrem Verhältnis zueinander zu tragen hat. Das Gleiche soll auch dann gelten, wenn der Schaden nicht einen Dritten, sondern einen der Flugzeughalter selbst getroffen hat (Abs. 1 Satz 2, zu vergleichen § 17 Abs. 1 Satz 2 des Kraftfahrzeuggesetzes).
Die Vorschrift über die Ausgleichung ist übrigens nicht auf die Fälle beschränkt, in denen die Halter von Luftfahrzeugen aus den besonderen Vorschriften des Entwurfs ersatzpflichtig sind, sie greift vielmehr auch dann Platz, wenn die Ersatzpflicht der Fahrzeughalter auf die allgemeinen Grundsätze des bürgerlichen Rechtes gestützt wird. Aber auch noch in anderen Richtungen erfordert die Vorschrift eine erweiterte Anwendung. Schon im § 17 Abs. 2 des Kraftfahrzeuggesetzes ist sie auf die Fälle ausgedehnt, in denen neben dem Fahrzeughalter eine Eisenbahn oder ein Tierhalter für den Schaden verantwortlich ist. Darüber hinaus gibt der § 24 Abs. 2 des Entwurfs in allen Fällen, in denen neben dem Halter eines zur Aufnahme von Menschen bestimmten Luftfahrzeugs ein anderer ersatzpflichtig ist, dem Richter die Möglichkeit, den Schaden unter die Ersatzpflichtigen auf Grund der Würdigung aller Umstände des Falles zu verteilen. Als anderer Ersatzpflichtiger kann hier sowohl ein Eisenbahnunternehmer, der Halter eines Kraftfahrzeugs, ein Tierhalter, der Halter eines Luftfahrzeugs, das nicht zur Aufnahme von Menschen bestimmt ist, oder eines luftfahrzeugähnlichen Geräts wie auch jeder sonst zum Schadensersatze Verpflichtete in Frage kommen. Auch dann findet die Vorschrift Anwendung, wenn neben dem Halter eines Luftfahrzeugs dessen Führer nach § 25 ersatzpflichtig ist.

Zu § 25. Der § 25 regelt die Ersatzpflicht des Führers eines zur Aufnahme von Menschen bestimmten Luftfahrzeugs im Anschluß an die Vorschriften des § 18 des Kraftfahrzeuggesetzes. Der Führer haftet schon nach den allgemeinen Vorschriften des Bürgerlichen Gesetzbuchs,

wenn ihm ein Verschulden nachgewiesen wird. Diesen Nachweis zu erbringen, bereitet dem Verletzten gegenüber dem Führer die gleichen Schwierigkeiten wie gegenüber dem Halter des Fahrzeugs. Der Entwurf verschärft deshalb die Haftung des Führers, indem er ihm die Beweislast dafür auferlegt, daß der Schaden nicht durch sein Verschulden entstanden ist. Der Führer wird in der Regel am besten in der Lage sein, die Umstände des Falles darzutun; auch ist die Bestimmung des Entwurfs geeignet, das Verantwortlichkeitsgefühl der Führer zu steigern. Wird der Führer nur deshalb ersatzpflichtig, weil er den ihm nach § 25 des Entwurfs obliegenden Entlastungsnachweis nicht führen kann, so bestimmen sich auch für ihn der Umfang und die nähere Ausgestaltung der Ersatzpflicht nach den §§ 16 bis 23 des Entwurfs. Dagegen fallen die dort vorgesehenen Beschränkungen der Haftpflicht weg, wenn er auf Grund der allgemeinen Vorschriften des bürgerlichen Rechts in Anspruch genommen wird (zu vergleichen § 26).
Die Gründe, die zu der Vorschrift des § 24 über die Ausgleichung unter mehreren Schadensersatzpflichtigen geführt haben, treffen auch dann zu, wenn neben dem Führer eines Luftfahrzeugs ein anderer für den Schaden verantwortlich ist. Durch den § 24 Abs. 2 werden von den hier in Betracht kommenden Fällen nur diejenigen getroffen, in denen der Führer neben dem Halter des eigenen oder eines anderen Fahrzeugs zum Schadenersatze verpflichtet ist. Der Abs. 2 des § 25 erklärt deshalb die Vorschriften des § 24 Abs. 1 auf den Führer in seinem Verhältnis zu anderen Ersatzpflichtigen allgemein für anwendbar.

Zu § 26. Die Beschränkungen der Ersatzpflicht, die der Entwurf vorsieht, beziehen sich, wie schon erwähnt, nur auf die Fälle, in denen die Haftung ausschließlich nach den Vorschriften des § 1 und des § 25 Abs. 1 begründet ist. Soweit ein Schadensersatzanspruch nach den allgemeinen Grundsätzen des bürgerlichen Rechts geltend gemacht werden kann, bestimmt sich auch der Umfang der Haftung nach diesen Grundsätzen. Der § 26 stellt dies nach dem Vorgang des § 16 des Kraftfahrzeuggesetzes außer Zweifel. In Betracht kommen insbesondere die Vorschriften über die Haftung aus unerlaubten Handlungen und der § 904 des Bürgerlichen Gesetzbuchs. Fällt dem Fahrzeughalter oder dem Führer nachweisbar ein persönliches Verschulden zur Last (zu vergleichen § 823 des Bürgerlichen Gesetzbuchs), so ist ihre Ersatzpflicht weder dem Betrage nach begrenzt, noch auf die in den §§ 18, 19 bezeichneten Schäden beschränkt; vielmehr haben sie darüber hinaus alle Nachteile zu ersetzen, die der Unfall für den Erwerb oder das Fortkommen des Verletzten herbeiführt (§ 842 des Bürgerlichen Gesetzbuchs). Auch kann der Verletzte unter den bezeichneten Voraussetzungen eine billige Entschädigung in Geld wegen des Schadens verlangen, der nicht in einem Vermögensschaden besteht (§ 847).

Zu § 27. Daß für Klagen, die auf Grund dieses Abschnitts erhoben werden, auch das Gericht zuständig ist, in dessen Bezirke der Unfall stattgefunden hat, kann schon aus § 32 der Zivilprozeßordnung hergeleitet werden. Da indessen in das Kraftfahrzeuggesetz eine ausdrückliche Vorschrift hierüber aufgenommen worden ist, empfiehlt es sich, zur Vermeidung von Zweifeln auch hier eine solche Bestimmung zu treffen.

Zu §§ 28 bis 33. Zum Erlasse besonderer Strafvorschriften besteht ein Bedürfnis nur in geringem Umfang. Im allgemeinen haben sich bis jetzt die bestehenden Vorschriften als ausreichend erwiesen. Daß diese auf Handlungen anwendbar sind, die im Luftraum über deutschem Gebiete begangen werden, steht nach dem grundsätzlichen Standpunkt des Entwurfs, wonach sich die Staatshoheit auch auf den Luftraum erstreckt, außer Zweifel. Die §§ 28 bis 32 beschränken sich deshalb darauf, den Verkehrsvorschriften durch Strafandrohungen Nachdruck zu verschaffen; die §§ 28 bis 31 sind den entsprechenden Vorschriften des Kraftfahrzeuggesetzes nachgebildet; der § 32 dient im wesentlichen den Interessen der Landesverteidigung. Darüber hinaus gewährt der § 33 dem an Bedeutung zunehmenden Luftverkehre Schutz gegen rechtswidrige Angriffe, ähnlich, wie ihn die Eisenbahnen und die Schiffahrt genießen; getroffen werden, wie die Fassung ergibt, nur solche Handlungen, durch die Menschen in Gefahr gebracht werden.

IX. Der erste Entwurf des Reichsluftamts zu einem Luftverkehrsgesetz[1901] (ca. März 1919)

Begründung zum Entwurf eines Gesetzes betr. die endgültige Regelung der Luftfahrt aufgrund der Beratung des Reichsausschusses für die Luftfahrt.

Aufgrund der Beratungen über den vom Reichsamt des Innern ausgearbeiteten Entwurf der Ausführungsbestimmungen zu der Verordnung über die vorläufige Regelung des Luftrechts vom 7. Dezember 1918 bin ich zu folgendem Ergebnis gekommen:
Der Entwurf geht über den Rahmen seiner Ausführungsbestimmungen zu der Verordnung vom 7. Dezember 1918 weit hinaus. Die Notwendigkeit ergänzender Bestimmungen zu der Verordnung vom 7. Dezember, wie sie in dem Entwurf vorgesehen sind, verkenne ich nicht. Ich halte es aber für untunlich, die organisch zusammengehörige Materie in verschiedene Gesetze auseinander zu reissen und bin deshalb der Meinung, dass die grundlegenden Bestimmungen des eingesandten Entwurfes mit den Bestimmungen der Verordnung vom 7. Dezember 1918 zu einem Gesetz organisch verbunden werden müssen, dass also an die Stelle der Verordnung vom 7. Dezember 1918 eine neue Verordnung bzw. ein neues Gesetz treten muss.
Dieser Forderung der zusammenfassenden Regelung des Luftfahrtrechtes kann nicht begegnet werden mit dem Einwande, dass es sich nur um eine vorläufige Regelung handele und dass diese organische Zusammenfassung im späteren endgültigen Gesetze vorbehalten bleiben könne: denn die Vorsehung von Luftfahrt-Schulen, von Luftfahrt-Unternehmungen, von Luftfahrt-Veranstaltungen, die Schaffung eines Luftverkehr-Flugplatznetzes etc. in dem Entwurf lässt erkennen, dass die jetzt notwendige Regelung immerhin für einen in seiner Länge zurzeit unabsehbaren Zeitraum gedacht ist. Es ist auch kein Grund ersichtlich, der für eine Hinausschiebung der von mir für notwendig gehaltenen erschöpfenden und gesetzestechnisch einwandfreien Regelung des Luftfahrtrechtes zurzeit im Wege stände. Änderungen und Ergänzungen würden auch für ein zurzeit möglichst vollkommenes und vollständiges Gesetz möglich sein. Der auch äusserlich in Erscheinung tretende Charakter eines Provisoriums würde auch grosse Schwierigkeiten für die sofortige Entwicklung der Luftfahrt im Gefolge haben.
Ich habe deshalb die Grundgedanken des Entwurfes, soweit ich ihnen von seinem Standpunkt aus zustimme und soweit sie auch die Zustimmung der von mir zur Begutachtung herangezogenen Kreise gefunden haben, in dem anliegenden Entwurf zusammengefasst, und zwar in der Art, dass ich diese Gedanken in die Verordnung vom 7. Dezember 1918 hineingearbeitet habe, sodass also an die Stelle der Verordnung vom 7. Dezember 1918 eine neue Verordnung bzw. ein neues Gesetz treten soll.
In dem mir übersandten Entwurf sind eine grosse Anzahl von Bestimmungen enthalten, die zweckmässigerweise nicht in schwer abzuändernde Normen gesetzlicher Bestimmung festgelegt werden, sondern dem beweglicheren Verordnungsrechte des Reichsluftamts vorbehal-

---

[1901] BA Berlin-Li., R 30.01, Nr. 7003, Bl. 138 ff.; BA Berlin-Li., R 30.01, Nr. 7003, Bl. 162 ff.; BA Berlin-Li., R 30.01, Nr. 7004, Bl. 20 k ff.

ten werden sollten. Ich verweise in dieser Beziehung auf den früheren Entwurf eines Reichsgesetzes für den Luftverkehr, der aus gleichen Erwägungen heraus die einschlägigen Anordnungen den durch den Bundesrat jeweilig zu erlassenden Ausführungsbestimmungen vorbehalten hat.
Es wird dort bekannt sein, dass die frühere Reichsregierung auch schon gleichzeitig mit der Vorlage des Entwurfes eines Reichsgesetzes für den Luftverkehr vertraulich die Grundzüge eines solchen Bundesratserlasses für eine Verordnung über den Verkehr mit Luftfahrzeugen vorgelegt hat. Auf den Inhalt dieser Verordnung, der dort bekannt sein wird, darf ich Bezug nehmen.
In dem anliegenden Entwurf sind demgemäss alle die Bestimmungen des von dortiger Stelle mir eingereichten Entwurfes ausgeschieden, welche nach diesen Erwägungen meines Erachtens nicht in das Gesetz gehören, sondern dem Verordnungsrecht des Reichsluftamts zweckmässigerweise vorbehalten werden.
Ich behalte mir vor, den Inhalt der zunächst in Ausführung des Gesetzes zu erlassenden Verordnungen vorzubereiten, sobald die Grundzüge des Gesetzes selbst festgelegt sind.
Meine Stellungnahme zu den Einzelheiten des dortseitigen Entwurfs, soweit sein Inhalt in das Gesetz aufgenommen werden muss, ergibt sich aus meinem Entwurf. Insbesondere halte ich materiell die Bestimmung des § 39 des dortseitigen Entwurfes für bedenklich. Auch ausserhalb der Not wird die Landung von Luftfahrzeugen auf dazu geeignetem Gelände (Wiesen, unbebauten Flachfeldern) im Interesse eines der Allgemeinheit dienenden Luftverkehrs notwendig werden, wenn der dadurch im Einzelfall angerichtete Schaden nicht im Verhältnis zu der Nützlichkeit des Flugverkehrs steht. Im Gegensatz zu dem § 39 des dortseitigen Entwurfs habe ich deshalb ein Landungsrecht gegen Schadensersatz unter bestimmten Voraussetzungen vorgesehen.
Der Eisenbahn-Verkehr fordert die Einziehung des Eigentums durch Enteignung. Warum soll nicht der Luftverkehr eine vorübergehende Beschränkung des Eigentumsrechtes notwendig machen? Auf die Einzelheiten des Entwurfs in dieser Beziehung verweise ich.
Unmöglich ist das Verbot des Wiederaufstieges nach erfolgter Notlandung ohne Zustimmung des Eigentümers. Die Überführung des Luftfahrzeuges zu Boden nach dem nächsten Aufstiegplatz, wie in dem Entwurf gefordert wird, würde unter Umständen viel grösseren Schaden hervorrufen oder unmöglich sein.
Die im meinem Entwurf vorgesehenen und dem dortseitigen Entwurf gänzlich fehlenden Strafvorschriften sind unerlässlich, wenn nicht das Gesetz in der Mehrzahl seiner Bestimmungen ohne Rechtswirkung sein soll.
Der Haftpflicht-Frage kann auch in einem provisorischen Gesetz nicht aus dem Wege gegangen werden. Ob durch eine Erklärung des Flugunternehmers, Schulhalters, Luftfahrzeughalters der Genehmigungsbehörde gegenüber, dass sie für allen entstehenden Schaden Dritten einstehen würden, für den Dritten ein klagbarer Antrag entstehend würde, ist zumindest zweifelhaft. Wenn man das unterstellt, so würde nach der dortseitigen Fassung des Entwurfes der Unternehmer, Schulhalter pp. für jeden Schaden haften, selbst wenn der Schaden durch eigenes Verschulden des Beschäftigten oder durch Dazwischentreten eines Dritten entstanden wäre. Eine solche weitgehende Haftung sieht bekanntlich nicht einmal das Reichs-Haftpflichtgesetz vor, ist auch in unserem modernen Rechtssystem selbst bei weitgehenster Erfolgshaftung nirgends vorgesehen, würde auch zu der Unmöglichkeit irgendeiner Haftpflicht-Versicherung führen.
Ich habe deshalb in meinem Entwurf an die Stelle der Schuldhaftung des geltenden Rechts die Erfolgshaftung unter Ausschluss der Fälle des Verschuldens des Beschäftigten oder des Dazwischentretens eines Dritten vorgesehen. Diese weitgehende Haftpflicht im Gegensatz zu dem Entwurf der früheren Reichsregierung entspricht meines Erachtens den Forderungen der

herrschenden Meinung, ist insbesondere auch bei der ersten Lesung des früheren Reichsentwurfes im Reichstage fast von allen Seiten im Gegensatz zu der im früheren Reichsentwurf geforderten beschränkteren Haftung gefordert worden.
Dagegen habe ich in meinem Entwurf zur finanziellen Sicherung des Geschädigten unter Zugrundelegung dieser Haftpflicht die Verpflichtung des Fahrzeughalters bzw. Eigentümers vorgesehen, sich gegen seine Schadensersatzpflicht vor Erteilung der Genehmigung zu versichern. Ich darf in diesem Zusammenhang noch darauf hinweisen, dass in dem dortseitigen Entwurf die Versicherungspflicht und die Erklärung zur Schadensersatzübernahme nur für Schulen, Unternehmungen und Veranstaltungen vorgesehen ist, während der Fahrzeughalter von dieser Verpflichtung frei gelassen ist. Die Allgemeinheit muss aber durch die Versicherungspflicht des Halters auch für die Schadensersatzansprüche aus den normalen Fahrten gesichert werden.
Vorläufig ganz ausser Betracht habe ich dem Entwurf diejenigen Bestimmungen gelassen, die sich auf den Verkehr mit dem Auslande beziehen. Mir scheint, dass die internationalen Regelungen, die zurzeit noch garnicht zu übersehen sind, im allgemeinen abgewartet werden müssen, bevor Sonderbestimmungen für den Luftverkehr in dieser Richtung möglich sind.
Auch die in dem dortseitigen Entwurf vorgesehenen Sonderbestimmungen für den militärischen Luftverkehr habe ich in dem Entwurf ausser Ansatz gebracht, weil sich zurzeit die Bedürfnisse in dieser Beziehung noch nicht übersehen lassen und der bevorstehende Friedensschluss in dieser Beziehung erst den Überblick über die Notwendigkeiten und Möglichkeiten zulässt. Erforderlichenfalls wird ein allgemeiner Vorbehalt in dem Gesetz in dieser Beziehung die nötigen Vorschriften reservieren können.
Die Luftfahrt-Beschränkungen der §§ 49 und 50 des dortseitigen Entwurfes halte ich für unannehmbar. Die heutige Entwicklung der Luftfahrt erfordert so weitgehende Beschränkungen, die letzen Endes auf eine unerträgliche Hemmung des Luftverkehrs und seiner Entwicklung hinauslaufen würden, nicht. Das Überfliegen von Ortschaften unter den sonst vorgesehenen Sicherungsmassregeln stellt keine Gefahr für die Allgemeinheit mehr da. Dass die Erkennung grösserer Volksansammlungen bei Märkten, Festen etc. für den Flieger ein in den meisten Fällen vorher garnicht erkennbarer Tatbestand ist, mag nebenbei bemerkt werden.
Durchaus einverstanden bin ich damit, dass der dortseitige Entwurf im Gegensatz zu dem Entwurf der früheren Reichsregierung den Freiballon aus dem Begriff des Luftfahrzeuges und aus dem Bereich der gesetzlichen Regelung seines Verkehrs ausschliesst. Dahingegen halte ich das auf eine gänzliche Unterdrückung des Freiballon-Sports hinauslaufende Verbot des § 54 des dortseitigen Entwurfes für unnötig und unzulässig. Die Harmlosigkeit des Freiballon-Sports ist in jahrzehntelanger Übung dargetan; er hat eine gesetzliche Regelung nie herausgefordert; er ist auch wegen seiner völligen Unwillkürlichkeit das ungeeignetste Mittel zu Spionagezwecken. Ich glaube deshalb, dass man die Regelung der Freiballonfahrt dem Reichsluftamt für den Fall vorbehalten soll, dass sich wider Erwarten die Regelung als notwendig in den einzelnen Punkten herausstellen sollte.

gez. August Euler

A. Luftfahrzeuge

§ 1. Lenkbare Luftfahrzeuge (Luftschiffe und Flugzeuge) dürfen ausserhalb der Flugplätze nur verkehren, wenn sie von der zuständigen Behörde zum Luftverkehr zugelassen sind.
Die Zulassung darf nur erfolgen, wenn das Flugzeug einem von dem Reichsluftamt als verkehrssicher anerkannten Muster entspricht und einer Nachprüfung auf seine Flugfertigkeit durch einen von der höheren Verwaltungsbehörde bestellten Sachverständigen unterzogen ist.

Genügt ein zugelassenes Luftfahrzeug den Anforderungen der Verkehrssicherheit nicht mehr, so kann die Zulassung zurückgenommen werden.

B. Führer und Besatzungsmannschaft

§ 2. Wer ausserhalb der Flugplätze ein Luftfahrzeug führen will (Luftschiff-Führer, Flugzeug-Führer) bedarf der Erlaubnis der zuständigen Behörde.
Die Erlaubnis ist zu erteilen, wenn der Bewerber das 21. Lebensjahr überschritten hat, in einer staatlich genehmigten Luftfahrt-Schule ausgebildet ist, die Prüfung vor der Prüfungs-Kommission des Reichsluftamts bestanden hat und keine Tatsachen vorliegen, welche die Annahme rechtfertigen, dass er sich nicht als Luftfahrzeug-Führer eignet. Von dem Erfordernis der Vollendung des 21. Lebensjahres kann bei Bewerbern, die das 16. Lebensjahr vollendet haben, ausnahmsweise unter Zustimmung des gesetzlichen Vertreters abgesehen werden.
Werden Tatsachen festgestellt, welche die Annahme rechtfertigen, dass ein Luftfahrzeugführer zum Führen von Luftfahrzeugen ungeeignet ist, so kann die erteilte Erlaubnis zurückgezogen werden.
Personen, gegen welche Tatsachen vorliegen, die geeignet sind, sie zur Verwendung als Besatzungsmannschaft eines Luftfahrzeuges ungeeignet erscheinen zu lassen, dürfen als solche nicht verwandt werden.

C. Luftfahrschulen

§ 3. Die Ausbildung von Luftfahrzeugführern darf nur in von der zuständigen Behörde genehmigten Luftfahrschulen erfolgen.
Die Genehmigung zum Betriebe eine Luftfahrschule darf nur erteilt werden, wenn keine Tatsachen vorliegen, welche den Bewerber für den Betrieb der Schule ungeeignet erscheinen lassen oder Mißstände aus dem Betrieb der Schule erwarten lassen, oder das Reichsluftamt das Bedürfnis für die Errichtung der Schule verneint.
Die Genehmigung kann zurückgezogen werden, wenn sich Tatsachen ergeben, welche die Annahme rechtfertigen, dass der Schulbetrieb unzuverlässig ist oder, wenn sich andere erhebliche Mißstände aus dem Schulbetrieb ergeben.

D. Flugplätze

§ 4. Flugplätze (Aufstieg-, Landungs- und Übungsplätze) dürfen nur mit Genehmigung der Landeszentralbehörde angelegt und unterhalten werden. Sie müssen den vom Reichsluftamt zu gebenden Vorschriften über ihre Grösse, sonstige Beschaffenheit und Ausstattung entsprechen.
Die Landeszentralbehörden ordnen das Verfahren, welches der Genehmigung vorauszugehen hat. Das Verfahren muss die öffentliche Auslegung der Pläne vorsehen.
Vor der Erteilung der Genehmigung oder ihrer Zurücknahme ist das Reichsluftamt zu hören. Die Genehmigung darf nicht erteilt werden, wenn das Reichsluftamt das Vorliegen eines Bedürfnisses für die Anlegung verneint.

E. Luftfahrt-Unternehmen

§ 5. Die gewerbsmässige Beförderung von Personen oder Sachen durch Luftfahrzeuge (Luftfahrt-Unternehmen) bedarf der Genehmigung der Landeszentralbehörde. Erstrecken sich die

Fahrten über den Bereich mehrerer Freistaaten, so ist die Genehmigung der Zentralbehörde aller Freistaaten erforderlich, deren Gebiet bei Aufstieg und Landung berührt wird.
In den von den Landeszentralbehörden zu ordnenden Verfahren, das der Erteilung der Genehmigung vorauszugehen hat, muss die öffentliche Bekanntmachung des Planes vorgesehen sein.
Die Genehmigung ist zeitlich zu beschränken und würde von dem Nachweis des Abschlusses einer Haftpflicht-Versicherung des Unternehmers gegen Schadensersatzansprüche Dritter aus dem Unternehmen in der von der Genehmigungsbehörde bestimmten Art und Höhe abhängig zu machen sein.
In jedem Falle ist die Genehmigung zu versagen, wenn das Reichsluftamt, welches vor der Erteilung der Genehmigung zu hören ist, widerspricht.

F. Flugveranstaltungen

§ 6. Zuverlässigkeits-, Wettbewerbsfahrten oder andere Flugveranstaltungen bedürfen der Genehmigung der Landeszentralbehörde.
Erstreckt sich die Veranstaltung über den Bereich mehrerer Freistaaten, so ist die Genehmigung der Zentralbehörde der Freistaaten erforderlich, deren Gebiet bei Aufstieg und Landung berührt wird.
Die Genehmigung ist von dem Nachweis einer Haftpflicht-Versicherung des Veranstalters gegen die aus der Veranstaltung gegen ihn entstehenden Schadensersatzansprüchen Dritter in der von der Genehmigungsbehörde zu bestimmenden Art und Höhe abhängig zu machen, sowie von der Erfüllung derjenigen Bedingungen, welche die Genehmigungsbehörde in jedem einzelnen Falle im Interesse der öffentlichen Sicherheit für geboten hält.
Die Genehmigung ist zu versagen, wenn das Reichsluftamt, welches vor der Genehmigungserteilung zu hören ist, widerspricht.

G. Allgemeine Bestimmungen

§ 7. a.) Die Luftfahrzeuge dürfen nur von zugelassenen Flugplätzen ihre Fahrt beginnen. Sie dürfen ausser im Falle der Not nur auf Flugplätzen und solchen Stellen landen, die als Landungsplätze gekennzeichnet sind.
b.) Der Eigentümer eines unbebauten Grundstücks, das sich nach seiner Beschaffenheit zur Landung von Luftfahrzeugen ohne, dass dadurch ein erheblicher Schaden zu befürchten wäre, eignet, ist verpflichtet, die Kennzeichnung solcher Flächen als Landungsplätze durch die Landeszentralbehörde und die Landung von Luftfahrzeugen auf den so gekennzeichneten Flächen zu dulden.
Der Eigentümer eines Luftfahrzeuges hat für den durch die Landung entstehenden Schaden vollen Ersatz zu leisten.
Auf nicht gekennzeichneten Plätzen dürfen Luftfahrzeuge nur im Falle der Not landen. Der Eigentümer hat für den durch die Notlandung entstandenen Schaden vollen Ersatz zu leisten.
c.) Das Reichsluftamt kann zum Zwecke der Orientierung für die Luftfahrt die Kennzeichnung von Städten auf hierzu besonders geeigneten Gebäuden anordnen.
d.) Luftfahrzeuge dürfen im Luftverkehr Waffen, Munition, Sprengstoffe, Brieftauben, photographische Apparate, Funken-Telegraphie- oder Funken-Telefoniegerät nur mitführen, auf Grund einer besonderen Genehmigung des Reichsluftamtes und der obersten Militärbehörde.
e.) Das Steigenlassen von Drachen, (Windvögel, Kinderspielzeug) an Drähten oder Bindfäden ist in einem Umkreise von 1 Kilometer in der Nähe der Flugplätze überhaupt verboten und im übrigen nur erlaubt, wenn die Bindfaden- oder Drahtlänge 200 Meter nicht übersteigt.

H. Gemeinsame Vorschriften

§ 8. 1.) Als zuständige Behörde im Sinne des § 1 (Zulassung von Luftfahrzeugen) und des § 2 (Zulassung von Luftschiffführern und Flugzeugführern, sowie des § 3 Genehmigung von Luft fahrschulen) gilt die oberste Verwaltungsbehörde. Welche Verwaltungsbehörden in den Fällen der §§ 4-6 zuständig sind, bestimmen die Landeszentralbehörden.
2.) Das Reichsluftamt erlässt die Anordnungen, die zur Ausführung der in den §§ 1-6 gegebenen Bestimmungen erforderlich sind, insbesondere die Anordnungen über Prüfung und Zulassung der Fahrzeuge (Musterprüfung) durch vom Reichsluftamt zu bestellende Sachverständige, Überprüfung der Nachbaustücke, ferner über Prüfung und Zulassung der Führer (Prüfungsordnung, Prüfungskommission und ärztliche Untersuchung) Erteilung und Einziehung des Führerscheins, die zur Aufrechterhaltung der öffentlichen Ordnung und Sicherheit erforderlichen Anordnungen über den Verkehr mit Luftfahrzeugen ausserhalb der Flugplätze, insbesondere die Vorschriften über die Erkundung der Wetterlage, Meldung von Abfahrt und Ankunft, die Einhaltung bestimmter Flughöhen, das Ausweichen im Fluge, die Signalgebung, die Führung von Bordbüchern und von Apparaten zur Kontrolle der Flugvorgänge, die Ausrüstung der Fahrzeuge mit Feuerlöschmitteln und mit Rettungseinrichtungen, die Meldung von Schadensfällen, die Vorschriften über Steuerleute, Maschinisten und sonstige Mannschaften, die Vorschriften inwieweit die Bestimmungen des Gesetzes auf Luft- und Wetterwarten Anwendung finden, das sonstige einer Regelung bedürftige Flugbetriebsverfahren, sowie die Übergangsvorschriften.
3.) Das Reichsluftamt regelt die Arbeitsverhältnisse der Führer und des gesamten Luftverkehrs-Personals im Rahmen der sozialen Gesetzgebung und unter Berücksichtigung der den Arbeitervertretungen zustehenden Berechtigungen.
4.) Das Reichsluftamt erlässt diejenigen Verordnungen, die zur Regelung des Verkehrs mit Freiballonen erforderlich werden sollten.

I. Haftpflicht

§ 9. Der Halter eines Luftfahrzeuges ist verpflichtet, den beim Betrieb des von ihm gehaltenen Luftfahrzeuges entstandenen Schaden zu ersetzen. Die Haftung ist ausgeschlossen, wenn der Beschädigte Schuld hat, die Beschädigung verursacht hat oder der Schaden durch das Dazwischengreifen eines Dritten herbeigeführt ist.
Der §   des B. G. B.[1902] findet entsprechende Anwendung.

J. Strafvorschriften

§ 10. Wer den zur Aufrechterhaltung der Ordnung und Sicherheit über den Verkehr mit Luftfahrzeugen und luftfahrzeug ähnlichen Apparaten erlassenen Anordnungen zuwiderhandelt, wird mit .... bestraft.
Mit .... wird bestraft, wer ausserhalb der Flugplätze ein Luftfahrzeug führt, das zum Verkehr nicht zugelassen ist, oder wer als Halter eines nicht zugelassenen Luftfahrzeugs dessen Gebrauch fahrlässig oder vorsätzlich gestattet.
Mit .... wird bestraft, wer ausserhalb der Flugplätze ein Flugzeug führt, ohne als Führer zugelassen zu sein, oder wer als Halter eines Luftfahrzeuges vorsätzlich oder fahrlässig einen nicht zugelassenen Führer das Fahrzeug führen lässt.

[1902]Originaltext.

Wer vorsätzlich ein Luftfahrzeug beschädigt, zerstört oder auf andere Weise unbrauchbar oder unzuverlässig macht, oder die Fahrt eines solchen Luftfahrzeuges durch falsche Zeichen oder auf andere Weise in seiner zuverlässigen Wirkung stört und dadurch eine Gefahr für Menschenleben herbeiführt, wird mit .... nicht unter .... bestraft. Der Versuch ist strafbar.
Hat die Handlung eine schwere Körperverletzung oder den Tod eines Menschen verursacht, so ist auf Zuchthausstrafe, bei milderen Umständen auf Gefängnis nicht unter .... Monaten zu erkennen.
Wer fahrlässig eine der gesagten Handlungen begeht, wird mit Geldstrafe bis zu .... oder mit Gefängnis bis zu .... und wenn die Handlung den Tod eines Menschen verursacht hat, mit Gefängnis von ..... bis zu ..... Jahren bestraft.

X. Der fünfte Entwurf (5. Dezember 1919)[1903]

§ 1. Der Luftverkehr (Benutzung des Luftraumes durch Luftfahrzeuge) ist frei, soweit er nicht durch dieses Gesetz und die zu seiner Ausführung von den hiernach zuständigen Behörden erlassenen Anordnungen beschränkt ist.

§ 2. Luftfahrzeuge im Sinne dieses Gesetzes sind nur die mit mechanischem Antrieb versehenen Luftfahrzeuge.

§ 3. Als Flugplatz im Sinne dieses Gesetzes gilt auch die durch Verordnung des Reichsamtes für Luft- und Kraftfahrwesen („Reichsamt") festgesetzte Flugplatzzone.

A. Luftfahrzeuge

§ 4. Außerhalb eines Flugplatzes darf ein Luftfahrzeug nur verkehren, wenn es von dem Reichsamt oder der von diesem zu bestimmenden Behörde zum Kraftverkehr zugelassen ist. Entsprechendes gilt für Luftfahrzeuge, die zu Ausbildungszwecken verwandt werden oder innerhalb von Flugplätzen gewerbsmäßig oder unbeteiligte Personen befördern.
Ausnahmen hiervon kann das Reichsamt zulassen.

B. Bemannung

§ 5. Wer ein Luftfahrzeug führt, das außerhalb der Flugplätze verkehrt, oder wer es in der Luft bestimmungsgemäß mitbedient, oder wer innerhalb der Flugplätze ein Luftfahrzeug, in dem Personen mitgeführt werden, fährt, oder in der Luft bestimmungsgemäß mitbedient, muß einen vom Reichsamt ausgestellten Zulassungsschein haben. Der Zulassungsschein wird erteilt, wenn der Bewerber das 21. Lebensjahr vollendet hat, die Prüfung vor der Prüfungsstelle, die das Reichsamt bestimmt, bestanden hat und keine Tatsachen vorliegen, welche die Annahme rechtfertigen, daß er sich nicht zum Führer oder zur Bedienung eines Luftfahrzeuges eigne.
Ausnahmsweise können auch Bewerber zugelassen werden, die das 18. Lebensjahr vollendet haben; jedoch muß ihr gesetzlicher Vertreter zustimmen.
Das Reichsamt kann den Zulassungsschein entziehen, wenn Tatsachen vorliegen, welche die Annahme rechtfertigen, daß der Inhaber nicht geeignet sei, ein Luftfahrzeug zu führen oder zu bedienen.

[1903] BA Berlin-Li., R 30.01, Nr. 7004, Bl. 116 ff.; BA Berlin-Li., R 15.01, Nr. 14148, Bl. 120 ff.; GStA PK, I. HA Rep. 84 a, Nr. 1989, Bl. 3 ff..

Bei Übungs- und Probefahrten, die in Begleitung eines Lehrers stattfinden, gilt im Sinne dieses Gesetzes der Begleiter als Führer des Flugzeuges.

C. Ausbildung der Bemannung

§ 6. Wer gewerbsmäßig Bemannung von Luftfahrzeugen ausbilden will, bedarf hierfür einer besonderen Ermächtigung, die das Reichsamt nach Anhörung der Zentralbehörde des Landes erteilt, in dem die Ausbildung erfolgen soll.
Die Erlaubnis ist zu versagen, wenn Tatsachen vorliegen, die den Bewerber für den Lehrbetrieb ungeeignet erscheinen lassen.
Die Erlaubnis kann zurückgezogen werden, wenn sich Tatsachen ergeben, welche die Annahme rechtfertigen, daß der Betrieb unzuverlässig sei.

D. Flugplätze

§ 7. Flugplätze dürfen nur mit Einwilligung der Landeszentralbehörde angelegt und unterhalten werden.
Die Landeszentralbehörde ordnet das Verfahren, das der Einwilligung vorausgeht; darin muß das öffentliche Auslegen der Pläne vorgesehen sein.
Das Reichsamt ist vor der Einwilligung oder ihrer Zurücknahme zu hören. Die Einwilligung ist zu versagen, wenn das Reichsamt das Bedürfnis verneint.

E. Luftfahrtunternehmungen

§ 8. Die gewerbsmäßige Beförderung von Personen und Sachen durch Luftfahrzeuge (Luftfahrtunternehmung) bedarf der Einwilligung des Reichsamtes. Dieses hat vor Erteilung der Einwilligung die Zentralbehörden der Länder zu hören, deren Gebiet bei Aufstieg und Landung regelmäßig berührt werden soll.
Die Einwilligung kann aus wichtigen Gründen zurückgezogen werden. Den Zentralbehörden derjenigen Länder, deren Gebiet planmäßig überflogen werden soll, ist vor Beginn des Unternehmens Anzeige zu machen.
Die Landeszentralbehörde ordnet das Verfahren, das der Einwilligung vorausgeht; darin muß die öffentliche Bekanntmachung des Planes vorgesehen sein.

F. Öffentliche Flugveranstaltungen

§ 9. Öffentliche Flugveranstaltungen bedürfen der Erlaubnis der Landeszentralbehörde. Erstreckt sich die Veranstaltung planmäßig über mehrere Länder des Reiches, so ist die Erlaubnis der Zentralbehörden der Länder erforderlich, deren Gebiet bei Aufstieg und Landung planmäßig berührt wird.
Vor Erteilung der Erlaubnis ist das Reichsamt zu hören; sie ist zu versagen, wenn das Reichsamt widerspricht.

G. Landungen

§ 10. Der Halter eines Luftfahrzeuges hat dem durch die Landung, dem Weiterflug oder die Abbeförderung des Luftfahrzeuges entstandenen Schaden zu ersetzen.
Die gleiche Haftung trifft denjenigen, der für den Halter des Flugzeuges seine Führung durch Vertrag übernommen hat. Diese Haftung tritt nicht ein, wenn er bei der Führung die im Ver-

kehr erforderliche Sorgfalt beachtet hat oder wenn der Schaden auch bei Anwendung dieser Sorgfalt entstanden sein würde.

§ 11. Luftfahrzeuge dürfen nur außerhalb geschlossener Ortschaften auf nicht befriedeten Grundstücken und Wasserflächen landen, soweit nicht für einzelne Grundstücke oder Wasserflächen von den Landeszentralbehörden ein Landungsverbot ergeht.
Der Besitzer eines Grundstücks oder einer Wasserfläche ist verpflichtet, den Weiterflug oder die Abbeförderung gelandeter Luftfahrzeuge zu dulden, nachdem die Persönlichkeit des Halters und Führers des Luftfahrzeuges festgestellt ist.

H. Verkehrsvorschriften

§ 12. a) Das Reichsamt kann Orte an dazu geeigneten Stellen zur Ortung für die Luftfahrt kennzeichnen lassen.
b) Luftfahrzeuge dürfen im Luftverkehr Waffen, Schiessbedarf, Sprengstoffe, Brieftauben, photographisches und Funkgerät nur mit Einwilligung des Reichsamtes mitführen.
c) Drachen an Drähten oder Fäden steigen zu lassen, ist in einem Umkreis von einem Kilometer in der Nähe der Flugplätze verboten und im übrigen nur zulässig, wenn die Haltemittel nicht über 200 m lang sind. Das gilt nicht für die vom Staate zugelassenen Wetter- und Drachenwarten, die zur Erforschung der Atmosphäre und zur Förderung der Sicherheit des Luftverkehrs dienen.

J. Allgemeine Bestimmungen

§ 13. Das Reichsamt erläßt nach Anhörung eines auf seine Vorschläge vom Reichskanzler zu ernennenden sachverständigen Rates („Reichsausschusses für die Luftfahrt"):
a) Vorschriften, die zur Ausführung der §§ 4 bis 18 erforderlich sind, insbesondere die über Prüfung, Zulassung und Kennzeichnung der Luftfahrzeuge und über Prüfung und Zulassung der Bemannung sowie über die Anforderungen an die Lehrbetriebe,
b) Vorschriften über den Verkehr von Luftfahrzeugen für die öffentliche Ordnung und Sicherheit erforderlich sind,
c) Vorschriften über Beschaffenheit, Ausstattung, Kennzeichnung, Betrieb und Überwachung der Flugplätze,
d) Vorschriften, die zur Sicherheit des Verkehrs mit Luftfahrzeugen für den Luftverkehr durch Freiballone erforderlich sind.

K. Haftpflicht

§ 14. Wird bei dem Betrieb eines Luftfahrzeuges jemand getötet, sein Körper oder seine Gesundheit verletzt, oder eine Sache beschädigt, so ist der Halter des Fahrzeugs verpflichtet, dem Verletzten den daraus entstandenen Schaden zu ersetzen.
Die Ersatzpflicht ist ausgeschlossen, wenn und soweit der Beschädigte selbst oder ein Dritter den Schaden verschuldet hat.
Wird das Fahrzeug ohne Wissen und Willen des Fahrzeughalters in Kenntnis dieser Tatsache von einem anderen benutzt oder mitbenutzt, so ist er an Stelle des Halters zum Ersatz des Schadens verpflichtet.
Hat bei der Entstehung des Schadens ein Verschulden des Verletzten mitgewirkt, so finden die Vorschriften des § 254 BGB. mit der Maßgabe Anwendung, daß im Falle der Beschädi-

gung einer Sache das Verschulden desjenigen, der die tatsächliche Gewalt über die Sache ausübt, dem Verschulden des Verletzten gleichsteht.

§ 15. Im Falle der Tötung ist der Schadenersatz durch Ersatz der Kosten einer versuchten Heilung sowie des Vermögensnachteiles zu leisten, den der Getötete dadurch erlitten hat, daß während der Krankheit seine Erwerbsfähigkeit aufgehoben oder gemindert oder eine Vermehrung seiner Bedürfnisse eingetreten war. Der Ersatzpflichtige hat außerdem die Kosten der Beerdigung demjenigen zu ersetzen, dem die Verpflichtung obliegt, diese Kosten zu tragen.
Stand der Getötete zur Zeit der Verletzung zu einem Dritten in einem Verhältnis, vermöge dessen er diesem gegenüber kraft Gesetzes unterhaltspflichtig war oder unterhaltspflichtig werden könnte, und ist dem Dritten infolge der Tötung das Recht auf Unterhalt entzogen, so hat der Ersatzpflichtige dem Dritten insoweit Schadenersatz zu leisten, als der Getötete während der mutmaßlichen Dauer seines Lebens zur Gewährung des Unterhalts verpflichtet gewesen sein würde. Die Ersatzpflicht tritt auch dann ein, wenn der Dritte zur Zeit der Verletzung erzeugt, aber nicht geboren war.

§ 16. Im Falle der Verletzung des Körpers oder der Gesundheit ist der Schadenersatz durch Ersatz der Kosten der Heilung sowie des Vermögensnachteiles zu leisten, den der Verletzte dadurch erleidet, daß infolge der Verletzung zeitweise oder dauernd deine Erwerbsfähigkeit aufgehoben oder gemindert oder eine Vermehrung seiner Bedürfnisse oder eine Erschwerung seines Fortkommens eingetreten ist.

§ 17. Der Schadenersatz wegen Aufhebung oder Minderung der Erwerbsunfähigkeit und wegen Vermehrung der Bedürfnisse des Verletzten sowie der nach § 15 Absatz 2 einem Dritten zu gewährende Schadenersatz ist für die Zukunft durch Entrichtung einer Geldrente zu leisten.
Die Vorschriften des § 843 Absatz 2 bis 4 des Bürgerlichen Gesetzbuches und des § 708 Nr. 6 der Zivilprozeßordnung finden entsprechende Anwendung. Das Gleiche gilt für die dem Verletzten zu entrichtende Geldrente von der Vorschrift des § 550 Absatz 3 und für die dem Dritten zu entrichtende Geldrente von der Vorschrift des § 850 Absatz 1 Nr. 2 der Zivilprozeßordnung.
Ist bei der Verurteilung des Verpflichteten zur Entrichtung einer Geldrente nicht auf Sicherheitsleistung erkannt worden, so kann der Berechtigte gleichwohl Sicherheitsleistung verlangen, wenn die Vermögensverhältnisse des Verpflichteten sich erheblich verschlechtert haben, unter der gleichen Voraussetzung kann er eine Erhöhung der in dem Urteile bestimmten Sicherheit verlangen.

§ 18. Der Ersatzpflichtige haftet:
1.) wenn jemand getötet oder verletzt wird, nur bis zu einem Kapitalbetrag von 100.000 M oder bis zu einem Rentenbetrag von jährlich 10.000 M,
2.) wenn mehrere durch dasselbe Ereignis getötet oder verletzt werden, unbeschadet der in Nr. 1 bestimmten Grenze nur bis zu einem Kapitalbetrag von insgesamt 500.000 M oder bis zu einem Rentenbetrag von jährlich insgesamt 50.000 M,
3.) wenn Sachen beschädigt werden, nur bis zu einem Betrag von 50.000 M.
Übersteigen die Entschädigungen, die mehreren auf Grund desselben Ereignisses nach Absatz 1 Nr. 1), 3) zu leisten sind, insgesamt die in Nr. 2), 3) bezeichneten Höchstbeträge, so verringern sich die einzelnen Entschädigungen in dem Verhältnis, in welchem ihr Gesamtbetrag zu dem Höchstbetrag steht.

§ 19. Die in den §§ 14 bis 18 bestimmten Ansprüche erlöschen, wenn der Schadensfall nicht innerhalb der nächsten 3 Monate dem Fahrzeughalter oder, falls dieser nicht zu erreichen ist, der Polizeibehörde angemeldet ist. Dieser Rechtsverlust tritt nicht ein, wenn die Anzeige infolge eines von dem Ersatzberechtigten nicht zu vertretenden Umstandes unterblieben ist, oder der Ersatzpflichtige innerhalb der im Absatz 1 bezeichneten Frist auf andere Weise von dem Schaden Kenntnis erhalten hat.
Die in den §§ 14 bis 18 bestimmten Ansprüche auf Schadenersatz verjähren in zwei Jahren von dem Zeitpunkt an, zu welchem der Ersatzberechtigte von dem Schaden und von der Person des Ersatzpflichtigen Kenntnis erlangt, ohne Rücksicht auf diese Kenntnis in 30 Jahren. Schweben zwischen dem Ersatzpflichtigen und dem Ersatzberechtigten Verhandlungen über den zu leistenden Schadenersatz, so ist die Verjährung gehemmt, bis der eine oder andere Teil die Fortsetzung der Verhandlungen verweigert.
Im übrigen finden die Vorschriften des Bürgerlichen Gesetzbuches über die Verjährung Anwendung.

§ 20. Die im § 10 dieses Gesetzes behandelte Schadensersatzpflicht des Luftfahrzeughalters gegenüber dem Grundstückseigentümer und Besitzer, auf dessen Grundstück ein Luftfahrzeug gelandet ist, bleibt durch die Bestimmungen der §§ 16 bis 18 unberührt.

§ 21. Wird ein Schaden durch mehrere Luftfahrzeuge verursacht, und sind die Flugzeughalter einem Dritten kraft Gesetzes zum Ersatz des Schadens verpflichtet, so hängt im Verhältnis der Fahrzeughalter zueinander die Verpflichtung zum Ersatz sowie der Umfang des zu leistenden Ersatzes von den Umständen, insbesondere davon ab, inwieweit der Schaden vorwiegend von dem einen oder anderen Teil verursacht worden ist. Das Gleiche gilt, wenn der Schaden einem der Fahrzeughalter entstanden ist, hinsichtlich der Haftpflicht, die einen anderen der Fahrzeughalter trifft.
Die Vorschriften des Absatzes 1 sind entsprechend anzuwenden, wenn neben dem Fahrzeughalter ein anderer für den Schaden verantwortlich ist.

§ 22. Unberührt bleiben die reichsgesetzlichen Vorschriften, nach denen der Halter eines Luftfahrzeugs im weiteren Umfang als nach diesem Gesetz für den bei dem Betrieb entstehenden Schaden haftet oder nach denen der Führer oder ein anderer für den Schaden verantwortlich ist.

§ 23. Zur Sicherung der Schadenersatzansprüche Dritter muß der Halter eines Luftfahrzeugs vor seiner Zulassung (§ 4) sowie der Unternehmer eines Flugplatzes (§ 7), eines Luftfahrtunternehmens (§ 8) und einer öffentlichen Flugveranstaltung (§ 8) vor Erteilung der Erlaubnis nachweisen, daß er entweder eine Haftpflichtversicherung abgeschlossen oder eine Sicherheit geleistet hat. Die Höhe der Haftpflichtversicherung oder der Sicherheit bestimmt das Reichsamt.

§ 24. In bürgerlichen Rechtsstreitigkeiten, in denen durch Klage oder Widerklage ein Anspruch auf Grund der Vorschrift dieses Gesetzes gelten gemacht ist, wird die Verhandlung mit Entscheidung letzter Instanz im Sinne des § 8 des Einführungsgesetzes zum Gerichtsverfassungsgesetz dem Reichsgericht zugewiesen.
Für Klagen, die auf Grund dieses Gesetzes erhoben werden, ist auch das Gericht zuständig, in dessen Bezirk das schädigende Ereignis stattgefunden hat.

L. Strafvorschriften

§ 25. Wer den Vorschriften zuwiderhandelt, die zur Aufrechterhaltung der Ordnung und Sicherheit über den Verkehr mit Luftfahrzeugen und luftfahrzeugähnlichen Geräten oder zur Sicherung dieses Verkehrs erlassenen sind, wird mit Geldstrafe bis zu 150 M oder mit Haft bestraft.

§ 26. Mit Geldstrafe bis zu 3.000 M oder mit Gefängnisstrafe bis zu einem Jahre wird bestraft:

1.) wer außerhalb der Flugplätze ein Luftfahrzeug führt, das nicht zugelassen ist;
2.) wer als Halter eines nicht zugelassenen Luftfahrzeuges es fahrlässig oder vorsätzlich gebrauchen läßt;
3.) wer außerhalb der Flugplätze ein Luftfahrzeug führt oder bestimmungsgemäß in der Luft bedient, ohne als Bemannung zugelassen zu sein;
4.) wer als Halter eines Luftfahrzeuges vorsätzlich oder fahrlässig einen nicht zugelassenen Führer das Luftfahrzeug führen oder nicht zugelassene Bemannung das Luftfahrzeug in der Luft bestimmungsgemäß mitbedienen läßt.

§ 27. Wer vorsätzlich ein Luftfahrzeug beschädigt, zerstört oder auf andere Weise unbrauchbar oder unzuverlässig macht oder die Fahrt eines solchen Luftfahrzeuges durch falsche Zeichen oder auf andere Weise stört oder dadurch eine Gefahr für Menschenleben herbeiführt, wird mit Gefängnis nicht unter drei Monaten bestraft. Der Versuch ist strafbar.
Hat die Handlung eine schwere Körperverletzung oder den Tod eines Menschen verursacht, so ist die Strafe Zuchthaus, bei milderen Umständen Gefängnis nicht unter sechs Monaten.
Wer fahrlässig eine dieser Handlungen begeht, wird mit Geldstrafe bis zu 1000 M oder mit Gefängnis bis zu sechs Monaten, und wenn die Handlung den Tod eines Menschen verursacht hat, mit Gefängnis von einem Monat bis zu fünf Jahren bestraft.

XI. Redaktionelle Änderungen vom sechsten Entwurf bis zum Regierungsentwurf

1. Redaktionelle Änderungen des sechsten Entwurfs (11. Februar 1920)

- Der § 2 des Vorentwurfs wurde an die Spitze des § 4 des Vorentwurfs gesetzt, und die Regelung wurde dann in § 2 des neuen Entwurfs aufgenommen.
- Die alte Fassung des § 3 wurde an die Spitze des § 7 der alten Fassung gestellt, und diese Regelung wurde dann in § 5 der neuen Fassung übernommen.
- Als Versagungsgrund für die Erteilung der Genehmigung zur Ausbildung der „Bemannung" sah § 4 Abs. 2 anders als § 6 des Vorentwurfs das Fehlen eines Bedürfnisses vor.
- Der § 11 des neuen Entwurfs enthielt gegenüber der alten Fassung des § 13 einen neuen Buchstaben b mit folgendem Inhalt: „die erforderlichen Bestimmungen für das Überfliegen der Reichsgrenzen durch Luftfahrzeuge".
- Entsprechend dem Vorschlag des Bayerischen Staatsministeriums für Verkehrsangelegenheiten erhielt § 24, der nach dem Vorentwurf in § 26 geregelt war, zusätzlich folgende Ziff. 5: „wer ohne die erforderliche Einwilligung oder ohne Einhaltung der dabei gestellten Bedingungen öffentliche Flugveranstaltungen (§ 7) unternimmt oder Luftfahrtunternehmungen (§ 6) betreibt."

2. Redaktionelle Änderungen des siebenten Entwurfs (28. April 1920)[1904]

- Die vom Sächsischen Ministerium des Innern (Dresden), dem Preußischen Ministerium der öffentlichen Arbeiten, vom Senat der Freien und Hansestadt Lübeck und von Rasch, vertretend für den Reichsausschuß für die Luftfahrt, in der Stellungnahme der Länder kritisierte Mehrdeutigkeit des § 4 Abs. 2 des Vorentwurfs[1905] beseitigte der § 2 Abs. 2 des neuen Entwurfs. Die §§ 2 Abs. 3 und Abs. 4 wurden neu eingefügt. Die in § 2 Abs. 4 des neuen Entwurfs verwendete Bezeichnung „Zulassungsschein" entsprach einem Vorschlag des Preußischen Ministeriums des Innern, geäußert in der Stellungnahme der Länder[1906].
- Die Fassung des neuen § 3 Abs. 2 entsprach dem Vorschlag von Rasch, geäußert in der Stellungnahme der Länder[1907]. Eine Ergänzung stellte § 3 Abs. 5, der dem § 2 Abs. 1 S. 2 1. Hs. KFG, der bereits in § 3 Abs. 2 1. Hs. der Reichstagsvorlage-LuftVG 1914 geregelt war, nachgebildet war. § 3 Abs. 6 erhielt einen neuen letzten Halbsatz, der dem § 4 Abs. 1 2. Hs. KFG entsprach und bereits in § 5 Abs. 2 2. Hs. der Reichstagsvorlage-LuftVG 1914 geregelt war.
- In § 4 Abs. 1 wurde das Wort „Ermächtigung" durch das Wort „Genehmigung" ersetzt.
- In § 5 Abs. 1, wurde der Begriff „Einwilligung", durch den Ausdruck „Genehmigung" ersetzt. Abs. 1 des § 5 des Vorentwurfs wurde als Abs. 2 in den neuen Entwurf gesetzt.
- § 6 des neuen Entwurfs faßte die Regelungen über Luftfahrtunternehmen und Luftfahrtveranstaltungen, geregelt in den §§ 6 und 7 des Vorentwurfs, entsprechend dem Vorschlag des Vertreters des Reichsjustizministeriums Conze aus der Sitzung vom 15. April 1920[1908] in einer Bestimmung zusammen.
- In § 7 Abs. 1, der dem § 11 des Vorentwurfs nachgebildet war, wurde der Ausdruck „befriedeten" durch den Begriff „eingefriedigten" ersetzt. Damit wurde dem Vorschlag des Sächsischen Staatsministeriums, vorgetragen in der Stellungnahme der Länder[1909], entsprochen.
- § 10 entsprach fast wörtlich der Bestimmung des § 10 Ziff. b des Vorentwurfs. Im Unterschied zu der alten Regelung wurde in § 10 des neuen Entwurfs das Wort „photographisches" Gerät nicht übernommen sondern durch den Begriff Lichtbildgerät ersetzt. An die Stelle des Begriffs „Einwilligung" wurde der Begriff „Genehmigung" gesetzt.
- In Erweiterung des Vorentwurfs gehörten nach § 11 Ziff. 1 zu den zu erlassenen Ausführungsbestimmungen nun auch Regelungen über die „für Prüfungen und Zulassungen zu erhebenden Gebühren". Die Aufnahme einer solchen Regelung war vom Reichsfinanzmi-

---

[1904]Es wird schon vorher eine andere Fassung dieses Entwurfs gegeben haben: vgl. BA Berlin-Li., R 30.01, Nr. 7004, Bl. 198 ff.

[1905]BA Berlin-Li., R 30.01, Nr. 7004, Bl. 139/139 v; BA Berlin-Li., R 15.01, Nr. 14148, Bl. 139/139 v; GStA PK, I. HA Rep. 84 a, Nr. 1989, Bl. 24/24 v.

[1906]BA Berlin-Li., R 30.01, Nr. 7004, Bl. 139 v; BA Berlin-Li., R 15.01, Nr. 14148, Bl. 139 v; GStA PK, I. HA Rep. 84 a, Nr. 1989, Bl. 24.

[1907]BA Berlin-Li., R 30.01, Nr. 7004, Bl. 140; BA Berlin-Li., R 15.01, Nr. 14148, Bl. 140; GStA PK, I. HA Rep. 84 a, Nr. 1989, Bl. 25.

[1908]BA Berlin-Li., R 30.01, Nr. 7004, Bl. 140; BA Berlin-Li., R 15.01, Nr. 14148, Bl. 140; GStA PK, I. HA Rep. 84 a, Nr. 1989, Bl. 25.

[1909]BA Berlin-Li., R 30.01, Nr. 7004, Bl. 143; BA Berlin-Li., R 15.01, Nr. 14148, Bl. 143; GStA PK, I. HA Rep. 84 a, Nr. 1989, Bl. 28.

nisterium vorgeschlagen worden[1910]. Gegenüber der Regelung des Vorentwurfs wurde die Reihenfolge der einzelnen Ziffern geändert. § 13 Ziff. b wurde zu § 11 Ziff. 3.

- Die Haftpflichtbestimmung des § 12 des Vorentwurfs wurde nach dem neuen Entwurf in den §§ 12 und 13 geregelt. In § 12 Abs. 1 hieß es nicht mehr: „den daraus entstandenen Schaden zu ersetzen", sondern: „den Schaden zu ersetzen."
- Entsprechend dem Vorschlag der Senatskommission für die Reichs- und auswärtigen Angelegenheiten, vorgebracht in der Stellungnahme der Länder[1911], wurde § 18 Abs. 1 um die Worte „von dem Unfall an" ergänzt.
- Die §§ 19 bis 24 entsprachen weitestgehend den Bestimmungen des Vorentwurfs. § 17 Abs. 1 und Abs. 2 des Vorentwurfs wurden mit unbedeutenden inhaltlichen Änderungen in § 19 des neuen Entwurfs übernommen. Der § 20 entsprach der Regelung des § 19 des Vorentwurfs. Die §§ 20 und 21 des Vorentwurfs wurden in die §§ 21 und 22 des neuen Entwurfs übernommen. Der § 22 Abs. 1 des neuen Entwurfs entsprach fast wörtlich der Regelung des § 21 S. 1 des alten Entwurfs. Der § 22 Abs. 2 S. 1 des neuen Entwurfs entsprach fast wörtlich der Regelung des § 21 S. 2 des Vorentwurfs. Neu eingefügt wurden die Regelungen des § 22 Abs. 2 S. 2 und die der Absätze 3 bis 5, die die bestehenden Regelungen über die Leistung einer Sicherheit ergänzten. Der § 23 des neuen Entwurfs enthielt fast wörtlich die Fassung des § 22 des Vorentwurfs. Von den Strafbestimmungen entsprach der § 24 dem § 25 des Vorentwurfs und der § 26 dem § 27 des Vorentwurfs. Nach § 25 Ziff. 6 machte sich anders als nach § 26 des Vorentwurfs nun auch derjenige strafbar, der sich der Verpflichtung des § 7 entzog, die Feststellung des Halters oder des Führers eines Luftfahrzeugs zu dulden. Diese Neuerung entsprach dem Vorschlag des Ministeriums des Innern (Dresden) geäußert in der Stellungnahme der Länder[1912].

3. Redaktionelle Änderungen des achten Entwurfs (3. Juli 1920)

- Die Regelung über Flughäfen (§ 5) erhielt entsprechend zu den §§ 2 Abs. 5, 3 Abs. 6, 4 Abs. 3 und 6 Abs. 2 einen neuen zweiten Absatz[1913].
- Von den Strafbestimmungen erhielten die §§ 26 und 27 verschiedene Änderungen: Anders als nach § 25 des Vorentwurfs wurde in § 26 Abs. 1 das Strafmaß für die vorsätzliche Begehung von „bis zu sechs Monaten" auf „zwei Jahre" heraufgesetzt. Die Änderungen in § 26 Ziff. 1 und Ziff. 3 waren notwendige Folge der in §§ 2 Abs. 1 und 3 Abs. 1 vorgenommenen Neuerungen. § 27 Abs. 3 erhielt hinter den Worten „eine schwere Körperverletzung" die ergänzende Klarstellung „(§ 224 des Reichsstrafgesetzbuchs)". § 27 Abs. 4 legte zum Teil andere Höchst- und Mindeststrafen als der Vorentwurf (§ 26 Abs. 3) fest.

4. Redaktionelle Änderungen des Regierungsentwurfs (RgE)

- Im Regierungsentwurf (§ 1 Abs. 2) wurde die Definition der Luftfahrzeuge gegenüber dem Vorentwurf präzisiert. Anders als im (§ 1 Abs. 2), der zu den Luftfahrzeugen auch ähnliche für den Luftraum bestimmte Geräte" zählte, fielen nach der Neuregelung „ähnli-

---

[1910] BA Berlin-Li., R 30.01, Nr. 7004, Bl. 239 v/240; BA Berlin-Li., R 15.01, Nr. 14148, Bl. 227 v/228; GStA PK, I. HA Rep. 84 a, Nr. 1989, Bl. 86 v/87.

[1911] BA Berlin-Li., R 30.01, Nr. 7004, Bl. 144 v/145; BA Berlin-Li., R 15.01, Nr. 14148, Bl. 144 v/145; GStA PK, I. HA Rep. 84 a, Nr. 1989, Bl. 29 v/30.

[1912] BA Berlin-Li, R 30.01, Nr. 7004, Bl. 145; BA Berlin-Li, R 15.01, Nr. 14148, Bl. 145; GStA PK, I. HA Rep. 84 a, Nr. 1989, Bl. 30.

[1913] Vgl. BA Berlin-Li., R 30.01, Nr. 7004, Bl. 247.

che für eine Bewegung im Luftraum bestimmte Geräte" unter den Begriff der Luftfahrzeuge.

- Der in § 2 Abs. 1 S. 1 des Vorentwurfs verwendete Begriff „fliegen" wurde entsprechend dem Vorschlag des Hessischen Ministeriums des Innern, vorgebracht im Schreiben vom 13. August 1920[1914], in § 2 Abs. 1 S. 1 RgE durch den Ausdruck „in Betrieb genommen werden" ersetzt. Nach den Ausführungen des Hessischen Ministeriums des Innern sei dieser Begriff anders als das Wort „fliegen", das üblicherweise nur für Flugzeuge verwendet werde, für alle genannten Luftfahrzeuge gebräuchlich[1915].
- In § 3 Abs. 5 S. 1 RgE wurde der Begriff „Reich" des § 3 Abs. 5 S. 1 des Vorentwurfs durch „Reichsgebiet" ersetzt. Der letzte Halbsatz des § 3 Abs. 5 S. 2 erhielt folgende Neufassung: „der Zulassungsschein ist in diesem Fall einzuziehen."
- Zur Betonung der gemeinsamen Zuständigkeit der Reichs- und Landesbehörden erhielt § 5 RgE auf Anregung des Württembergischen Staatsministeriums vor dem Wort „Genehmigung" den Zusatz „gemeinsamer"[1916].
- Auf wiederholtes Drängen des Reichspostministeriums, im Gesetz ausdrücklich zu regeln, welche Bestimmungen auf posteigene Betriebe keine Anwendung fänden[1917], erhielt § 6 einen neuen vierten Absatz (§ 6 Abs. 4 RgE). Seine Fassung entsprach dem Vorschlag des Reichspostministeriums, vorgebracht im Schreiben vom 16. September 1920[1918].
- Aus der Haftpflichtregelung des § 13 Abs. 2 des Vorentwurfs wurde das Wort „vorsätzlich" in § 12 Abs. 2 RgE nicht übernommen. Die Änderung entsprach der Forderung des Hessischen Ministeriums des Innern, vorgebracht im Schreiben vom 13. August 1920[1919]. Das Hessische Ministerium des Innern hatte geltend gemacht, es sei nicht ersichtlich, ob sich das Wort „vorsätzlich" auf die Benutzung des Fahrzeugs, auf den Ausdruck „ohne Wissen und Willen des Fahrzeughalters" oder aufgrund seiner Mittelstellung auf beides beziehe. Im übrigen stelle es eine unzureichende Einschränkung dar, wenn die Benutzung in dem Bewußtsein geschehen sein muß, daß der Fahrzeughalter davon nichts wisse und sie nicht wolle. Es müsse auch derjenige haften, der das Fahrzeug tatsächlich ohne Wissen und Willen des Fahrzeughalters aber in gutem Glauben an dessen Zustimmung benutze[1920].
- Nach der Haftpflichtbestimmung des § 14 Abs. 2 S. 1 RgE hieß es nicht mehr wie in § 14 Abs. 2 S. 1 des Vorentwurfs „vermöge dessen er diesem gegenüber kraft Gesetzes unterhaltspflichtig werden konnte", sondern „vermöge dessen er diesem gegenüber kraft Gesetzes unterhaltspflichtig war oder werden konnte". Auf Veranlassung des Hessischen Ministeriums des Innern wurde in der Begründung zu den §§ 14 bis 17 RgE ausdrücklich klargestellt, daß von einer Ausdehnung der Haftpflicht entsprechend der Regelung des § 845 BGB abgesehen worden sei[1921]. Eine derartige Bestimmung sah auch das KFG[1922] nicht vor.

1914 BA Berlin-Li., R 30.01, Nr. 7004, Bl. 283 ff..

1915 BA Berlin-Li., R 30.01, Nr. 7004, Bl. 283.

1916 Vgl. BA Berlin-Li., R 30.01, Nr. 7004, Bl. 336.

1917 BA Berlin-Li., R 30.01, Nr. 7004, Bl. 250 a; BA Berlin-Li., R 30.01, Nr. 7004, Bl. 33 v/334.

1918 BA Berlin-Li., R 30.01, Nr. 7004, Bl. 331 v.

1919 BA Berlin-Li., R 30.01, Nr. 7004, Bl. 284.

1920 BA Berlin-Li., R 30.01, Nr. 7004, Bl. 284.

1921 BA Berlin-Li., R 601/825, F 1 Nr. 21 v; dazu auch BA Berlin-Li., R 30.01, Nr. 7004, Bl. 328.

1922 RGBl. 1909, S. 437 ff..

- Auf Veranlassung des Hessischen Ministeriums des Innern[1923] wurde in der Begründung zu den §§ 14 bis 17 RgE das Verhältnis des § 16 Abs. 2 a. E. zu § 22 RgE klargestellt[1924]. Auf Anregung des Württembergischen Staatsministeriums erhielt § 16 Abs. 3 RgE einen neuen Satz 2[1925].
- In § 24 Abs. 1 RgE wurde auf Anregung des Justizministeriums vom 7. Oktober 1920 das Wort „vorsätzlich" einheitlich vorangestellt[1926]. Zur Vereinfachung wurde auf Vorschlag des Reichsjustizministeriums vom 7. Oktober 1920 das Wort „bestimmungsgemäß" in § 24 Abs. 1 Nr. 3 und Nr. 4 RgE nicht übernommen[1927].
- In § 25 Abs. 3 und Abs. 4 RgE wurde eine Formulierungsänderung vorgenommen.
- Die Regelung des § 26 RgE entsprach fast wörtlich der des § 24 des Vorentwurfs.

XII. Regierungsentwurf eines Luftverkehrsgesetzes (Oktober 1920)[1928]

Erster Abschnitt

Luftverkehr

A. Luftfahrzeuge und Luftfahrer

§ 1. Die Benutzung des Luftraums durch Luftfahrzeuge ist frei, soweit sie nicht durch dies Gesetz und die zu seiner Ausführung erlassenen Anordnungen beschränkt ist.
Luftfahrzeuge im Sinne dieses Gesetzes sind Luftschiffe, Flugzeuge, Ballone, Drachen und ähnliche für eine Bewegung im Luftraum bestimmte Geräte.

§ 2. Luftschiffe, Flugzeuge, Freiballone, bemannte Fesselballone und bemannte Drachen dürfen nur in Betrieb genommen werden, wenn sie zum Luftverkehr zugelassen sind. Dies gilt nicht von solchen Flügen innerhalb eines Flughafens, bei denen nur zum Betriebe des Luftfahrzeugs erforderliche Personen mitgeführt werden.
Ausnahmen kann das Reichsamt für Luft- und Kraftfahrwesen zulassen.
Die Zulassung eines Luftfahrzeugs gilt für das ganze Reichsgebiet; sie wird durch einen Zulassungsschein nachgewiesen. Sie ist zurückzuziehen, wenn ein Luftfahrzeug den Anforderungen der Verkehrssicherheit nicht mehr genügt; der Zulassungsschein ist in diesem Fall einzuziehen.

§ 3. Wer in der Luft ein Luftschiff, ein Flugzeug, einen Freiballon, einen bemannten Fesselballon oder einen bemannten Drachen führt oder bestimmungsgemäß bedient (Luftfahrer), bedarf der Erlaubnis. Das gilt nicht bei solchen Flügen innerhalb eines Flughafens, bei denen nur zum Betriebe des Luftfahrzeugs erforderliche Personen mitgeführt werden. Der Nachweis der Erlaubnis ist durch eine Bescheinigung (Luftfahrerschein) zu erbringen. Luftfahrer im Sinne dieses Gesetzes ist nur, wem ein Luftfahrerschein erteilt ist.

[1923] BA Berlin-Li., R 30.01, Nr. 7004, Bl. 285; vgl. auch BA Berlin-Li., R 30.01, Nr. 7004, Bl. 328.
[1924] BA Berlin-Li., R 601/825, F 1 Nr. 21 v.
[1925] Vgl. BA Berlin-Li., R 30.01, Nr. 7004, Bl. 338.
[1926] BA Berlin-Li., R 30.01, Nr. 7004, Bl. 327.
[1927] BA Berlin-Li., R 30.01, Nr. 7004, Bl. 327.
[1928] BA Berlin-Li., R 601/825, F 1 Nr. 6 ff..

Bei Übungs- und Prüfungsfahrten in Begleitung von Lehrern findet die Bestimmung des Absatzes 1, Satz 1 nur auf die Lehrer Anwendung.
Der Zulassungsschein wird erteilt, wenn der Bewerber seine Befähigung nachgewiesen, das 21. und, soweit es sich um Führer von Luftschiffen handelt, das 25. Lebensjahr vollendet hat und ferner keine Tatsachen vorliegen, die den Bewerber zu Führung oder Bedienung eines Luftfahrzeugs ungeeignet erscheinen lassen.
Mit Zustimmung des gesetzlichen Vertreters können auch Bewerber, die das 19. Lebensjahr vollendet haben, zugelassen werden, wenn besondere Umstände die Zulassung rechtfertigen.
Die Zulassung gilt für das ganze Reichsgebiet. Sie ist zurückzuziehen, wenn sich Tatsachen dafür ergeben, dass der Inhaber zur Führung oder Bedienung eines Luftfahrzeugs ungeeignet ist; der Zulassungsschein ist in diesem Fall einzuziehen.

§ 4. Wer gewerbsmässig Personen zu Luftfahrern ausbilden will, bedarf der Genehmigung.
Die Genehmigung wird versagt, wenn kein Bedürfnis besteht oder Tatsachen dafür vorliegen, dass der Bewerber für den Lehrbetrieb ungeeignet ist.
Die Genehmigung ist zurückzuziehen, wenn sich Tatsachen dafür ergeben, dass der Lehrbetrieb unzuverlässig ist.

B. Flughäfen

§ 5. Flughäfen dürfen nur mit gemeinsamer Genehmigung des Reichsamts für Luft- und Kraftfahrwesen und der Landeszentralbehörde oder der von diesen zu bestimmenden Behörden angelegt und unterhalten werden.
Die Genehmigung ist zurückzuziehen, wenn sich Tatsachen dafür ergeben, dass der Flughafen ungeeignet oder der Betrieb unzuverlässig ist.
Als Flughafen gilt auch die festgesetzte Flughafenzone.

C. Luftfahrtunternehmen und -veranstaltungen

§ 6. Unternehmen, die gewerbsmäßig Personen oder Sachen durch Luftfahrzeuge befördern (Luftfahrtunternehmen) und öffentliche Veranstaltungen im Dienste des Wettbewerbs oder der Schaulust, voran Luftschiffe, Flugzeuge oder Ballone beteiligt sind (Luftfahrtveranstaltungen), bedürfen der Genehmigung.
Die Genehmigung wird erteilt:
1. bei Luftfahrtunternehmen und Luftfahrtveranstaltungen, deren Luftfahrtbereich sich auf ein Land beschränkt, von der Zentralbehörde des Landes nach Anhörung des Reichsamts für Luft- und Kraftfahrwesen;
2. bei Luftfahrtunternehmen oder Luftfahrtveranstaltungen deren Luftfahrtbereich mehrere Länder oder das Ausland berührt, vom Reichsamt für Luft- und Kraftfahrwesen nach Anhörung der Zentralbehörden der berührten Länder.
Die Genehmigung ist zu versagen, wenn Tatsachen dafür vorliegen, dass die öffentliche Sicherheit oder Ordnung gefährdet werden könne; ergeben sich später solche Tatsachen, so ist die Genehmigung zurückzuziehen.
Die Vorschriften der §§ 5 und 6 finden auf Reichsbetriebe keine Anwendung.
Luftfahrtunternehmen mit einem fahrplanmässigen öffentlichen Betriebe müssen auf Verlangen der Postverwaltung mit jeder fahrplanmässigen Luftfahrt Postsendungen gegen angemessene Vergütung befördern.

D. Verkehrsvorschriften

§ 7. Luftfahrzeuge dürfen ausser in Flughäfen nur ausserhalb geschlossener Ortschaften auf nicht eingefriedeten Grundstücken und Wasserflächen landen. Für einzelne Gebiete, Grundstücke oder Wasserflächen kann ein Landungsverbot erlassen werden.
Die Besatzung ist verpflichtet, die Feststellung der Persönlichkeit des Halters und Führers des Luftfahrzeugs zu dulden. Nach Feststellung darf der Besitzer des Grundstücks oder der Wasserfläche den Weiterflug oder die Abbeförderung des Luftfahrzeugs nicht verhindern.

§ 8. Bestimmte Gebiete können vorübergehend oder dauernd für den Luftverkehr ganz oder unter einer bestimmten Flughöhe gesperrt werden (Luftsperrgebiete).

§ 9. Luftfahrzeuge dürfen im Luftverkehr Waffen, Schiessbedarf, Sprengstoffe, Brieftauben, Lichtbild- und Funkgerät nur mit Erlaubnis der jeweiligen zuständigen Reichsbehörden mitführen.

E. Enteignung

§ 10. Bei öffentlichen Bedürfnis können Eigentum sowie sonstige Rechte an Grundstücken für Zwecke der Luftfahrt durch Enteignung gegen angemessene Entschädigung entzogen oder beschränkt werden, wenn keine Einigung zwischen dem Unternehmer und dem Eigentümer des Grundstücks zustande kommt. Die Beschränkung kann auch in der Kennzeichnung von Orten für die Luftfahrt bestehen.
Bis zur Erlassung eines Reichsgesetzes bestimmt sich das Verfahren nach den Landesgesetzen.

F. Gemeinsame Bestimmungen

§ 11. Die Reichsregierung erlässt mit Zustimmung des Reichsrats nach Anhören eines vom Reichspräsidenten zu ernennenden sachverständigen Rats („Reichsausschuss für die Luftfahrt“)
1. Vorschriften zur Ausführung der §§ 2 bis 9,
2. Vorschriften für das Überfliegen der Reichsgrenzen,
3. die sonstigen zur Wahrung der öffentlichen Ordnung und Sicherheit erforderlichen Vorschriften über Verkehr und Betrieb von Luftfahrzeugen.

Zweiter Abschnitt

Haftpflicht

§ 12. Wird beim Betrieb eines Luftfahrzeugs jemand getötet, sein Körper oder seine Gesundheit verletzt oder eine Sache beschädigt, so ist der Halter des Fahrzeugs verpflichtet, den Schaden zu ersetzen.
Benutzt jemand das Fahrzeug ohne Wissen und Willen des Fahrzeughalters, so ist er anstelle des Halters zum Ersatze des Schadens verpflichtet.
Hat bei der Entstehung des Schadens ein Verschulden des Verletzen mitgewirkt, so finden die Vorschriften des § 254 des Bürgerlichen Gesetzbuchs mit der Massgabe Anwendung, dass im Falle der Beschädigung einer Sache das Verschulden desjenigen, der die tatsächliche Gewalt darüber ausübt, dem Verschulden des Verletzten gleichsteht.

§ 14. Im Falle der Tötung umfasst der Schadenersatz die Kosten einer versuchten Heilung sowie den Vermögensnachteil, den der Getötete dadurch erlitten hat, dass während der Krankheit seine Erwerbsfähigkeit aufgehoben oder gemindert oder seine Bedürfnisse vermehrt waren. Ausserdem sind die Kosten der Beerdigung demjenigen zu ersetzen, der sie zu tragen verpflichtet ist.
Stand der Getötete zur Zeit der Verletzung zu einem Dritten in einem Verhältnis, vermöge dessen er diesem gegenüber kraft Gesetzes unterhaltspflichtig war oder werden konnte, und ist dem Dritten infolge der Tötung das Recht auf Unterhalt entzogen, so hat der Ersatzpflichtige ihm soweit Schadenersatz zu leisten, wie der Getötete während der mutmasslichen Dauer seines Lebens zur Gewährung des Unterhalts verpflichtet gewesen sein würde. Die Ersatzpflicht tritt auch dann ein, wenn der Dritte zur Zeit der Verletzung erzeugt, aber noch nicht geboren war.

§ 15. Im Falle der Verletzung des Körpers oder der Gesundheit umfasst der Schadenersatz die Heilungskosten sowie den Vermögensnachteil, den der Verletzte dadurch erleidet, dass infolge der Verletzung zeitweise oder dauernd seine Erwerbsfähigkeit aufgehoben oder gemindert ist oder seine Bedürfnisse vermehrt oder sein Fortkommen erschwert sind.

§ 16. Der Schadenersatz wegen Aufhebung oder Minderung der Erwerbsfähigkeit und wegen Vermehrung der Bedürfnisse des Verletzten sowie der nach § 14 Absatz 2 eines Dritten zu gewährende Schadenersatz ist für die Zukunft durch Entrichtung einer Geldrente zu leisten.
Die Vorschriften des § 843 Absatz 2 bis 4 des Bürgerlichen Gesetzbuchs und des § 708 Nr. 6 der Zivilprozessordnung gelten entsprechend. Für die dem Verletzten zu entrichtende Geldrente gilt entsprechend § 850 Absatz 3 und für die dem Dritten zu entrichtende Geldrente § 850 Absatz 1 Nr. 2 der Zivilprozessordnung.
Bei Verurteilung zu einer Geldrente kann der Berechtigte nachträglich Sicherheitsleistung oder Erhöhung einer solchen verlangen, wenn sich die Vermögensverhältnisse des Verpflichteten erheblich verschlechtert haben. Diese Bestimmung gilt bei Schuldtiteln des § 794 Nr. 1, 2 und 5 der Zivilprozessordnung entsprechend.

§ 17. Der Ersatzpflichtige haftet:
1. wenn jemand getötet oder verletzt wird, nur bis zu 150 000 Mark Kapital oder bis zu 10 000 Mark Jahresrente,
2. wenn mehrere durch dasselbe Ereignis getötet oder verletzt werden, unbeschadet der Grenze in Nr. 1 nur bis zu insgesamt 500 000 Mark Kapital oder bis zu insgesamt 50 000 Mark Jahresrente,
3. wenn Sachen beschädigt werden, nur bis zu 50 000 Mark.
Übersteigen die Entschädigungen, die mehreren auf Grund desselben Ereignisses nach Absatz 1 Nr. 1 und 3 zu leisten sind, insgesamt die Höchstbeträge in Nr. 2 und 3, so verringern sich die einzelnen Entschädigungen in dem Verhältnis, wie ihr Gesamtbetrag zum Höchstbetrag steht.

§ 18. Die Schadenersatzansprüche nach §§ 12-16 verjähren in zwei Jahren, nachdem der Ersatzberechtigte von dem Schaden und der Person des Ersatzpflichtigen Kenntnis erhalten hat; ohne Rücksicht auf diese Kenntnis in dreissig Jahren vom Unfall an.
Schweben zwischen dem Ersatzpflichtigen und dem Ersatzberechtigten Verhandlungen über den Schadenersatz, so ist die Verjährung gehemmt, bis der eine oder andere Teil sich weigert, die Verhandlungen fortzusetzen.

Im übrigen richtet sich die Verjährung nach den Vorschriften des Bürgerlichen Gesetzbuchs.

§ 19. Der Ersatzberechtigte verliert die Rechte, die ihm nach diesem Gesetz zustehen, wenn er nicht spätestens zwei Monate, nachdem er von dem Schaden und der Person des Ersatzpflichtigen Kenntnis erhalten hat, diesem den Unfall anzeigt. Dieser Rechtsverlust tritt nicht ein, wenn die Anzeige infolge eines Umstands unterblieben ist, den der Ersatzberechtigte nicht zu vertreten hat, oder wenn der Ersatzpflichtige innerhalb der Frist auf andere Weise von Schaden Kenntnis erhalten hat.

§ 20. Wird ein Schaden durch mehrere Luftfahrzeuge verursacht und sind die Fahrzeughalter einem Dritten kraft Gesetzes zum Schadenersatz verpflichtet, so hängt im Verhältnis der Fahrzeughalter untereinander Pflicht und Umfang des Ersatzes von den Umständen, insbesondere davon ab, inwieweit der Schaden überwiegend von dem einen oder anderen verursacht worden ist. Dasselbe gilt, wenn der Schaden einem der Fahrzeughalter entstanden ist, bei der Haftpflicht, die einen anderen von ihnen trifft.
Die Vorschriften des Absatzes 1 sind entsprechend anzuwenden, wenn neben dem Fahrzeughalter ein anderer für den Schaden verantwortlich ist.

§ 21. Unberührt bleiben die reichsgesetzlichen Vorschriften, wonach für den beim Betrieb entstehenden Schaden der Halter in weiterem Umfang oder der Führer oder ein anderer haftet.

§ 22. Zur Sicherung der Schadensersatzansprüche Dritter muss der Halter eines Luftfahrzeugs vor der Zulassung (§ 2) sowie der Unternehmer eines Flughafens (§ 5), eines Luftfahrtunternehmens und einer öffentlichen Flugveranstaltung (§ 6) vor Erteilung der Genehmigung nachweisen, dass er in einer ihm bekannt zu gebenden Höhe eine Haftpflichtversicherung abgeschlossen oder durch Hinterlegung von Geld oder Wertpapieren Sicherheit geleistet hat. Dies gilt nicht, wenn Halter oder Unternehmer das Reich oder ein Land ist.
Die Sicherheit kann zur Befriedigung von Haftpflichtansprüchen verwandt werden:
1. wenn das Konkursverfahren über das Vermögen des Hinterlegers eröffnet wird, oder wenn er seine Zahlungen eingestellt hat;
2. wenn der Hinterleger allen oder einem grösseren Teile seiner Angestellten die fälligen Beträge nicht zahlt;
3. wenn der Hinterleger sein Unternehmen aufgibt.
Ist die Sicherheit durch die Befriedigung von Haftpflichtansprüchen verringert oder erschöpft, so ist sie auf Verlangen innerhalb eines Monats wieder auf den ursprünglichen Betrag zu bringen.
Die Rückgabe der Sicherheit kann erst dann verlangt werden, wenn das Unternehmen aufgegeben worden ist und seitdem drei Monate verstrichen sind. Der Anspruch beschränkt sich auf den Rest nach Deckung der Haftpflichtforderungen. Schon vor Ablauf der Frist kann die Rückgabe verlangt werden, wenn glaubhaft gemacht wird, dass keine Haftpflichtforderungen bestehen.

Dritter Abschnitt

Strafvorschriften und Schlussbestimmung

§ 23. Wer den zur Wahrung der öffentlichen Ordnung und Sicherheit erlassenen Vorschriften über Verkehr und Betrieb von Luftfahrzeugen zuwiderhandelt, wird mit Geldstrafe bis zu 150 Mark oder mit Haft bestraft.

§ 24. Mit Gefängnis bis zu zwei Jahren und Geldstrafe bis zu fünfzigtausend Mark oder mit einer dieser Strafen wird bestraft, wer vorsätzlich

1. ein Luftfahrzeug führt, das zulassungspflichtig (§ 2), aber nicht oder nicht mehr zugelassen ist;
2. als Halter ein zulassungspflichtiges (§ 2), aber nicht mehr zugelassenes Luftfahrzeug durch Dritte gebrauchen lässt;
3. ein Luftfahrzeug führt oder bedient, ohne die Erlaubnis (§ 3) zu haben oder nachdem sie zurückgezogen ist;
4. als Halter ein Luftfahrzeug durch eine erlaubnispflichtige Person (§ 3) führen oder bedienen lässt, ohne das ihr der Luftfahrerschein erteilt oder nachdem er ihr entzogen ist;
5. ohne Genehmigung oder entgegen den Bedingungen oder nach Zurückziehen der Genehmigung gewerbsmässig Personen zu Luftfahrern ausbildet (§ 4), Flughäfen (§ 5) anlegt oder unterhält, Luftfahrtunternehmen (§ 6) betreibt oder Luftfahrtveranstaltungen (§ 6) unternimmt;
6. sich der Verpflichtung nach § 7 Absatz 22, Satz 1 entzieht.

Wer in den Fällen der Nr. 1 bis 5 nur fahrlässig handelt, wird mit Gefängnis bis zu drei Monaten oder Geldstrafe bis zu dreitausend Mark oder Haft bestraft.

§ 25. Wer Menschenleben dadurch gefährdet, dass er vorsätzlich ein Luftfahrzeug beschädigt, zerstört oder sonst unbrauchbar oder unzuverlässig macht oder vorsätzlich die Fahrt eines Luftfahrzeugs durch falsche Zeichen oder sonst stört, wird mit Gefängnis nicht unter drei Monaten bestraft.

Der Versuch ist strafbar.

Ist infolge der Handlung eine schwere Körperverletzung (§ 224 des Reichsstrafgesetzbuchs) oder der Tod eines Menschen eingetreten, so ist die Strafe Zuchthaus, bei mildernden Umständen Gefängnis nicht unter sechs Monaten.

Ist eine dieser Handlungen fahrlässig begangen, so ist die Strafe Gefängnis bis zu sechs Monaten und Geldstrafe bis zu dreitausend Mark oder eine dieser Strafen, und wenn infolge der Handlung der Tod eines Menschen eingetreten ist, Gefängnis nicht unter einem Monat.

§ 26. In bürgerlichen Rechtsstreitigkeiten, in denen durch Klage oder Widerklage ein Anspruch auf Grund dieses Gesetzes geltend gemacht wird, wird die Handlung letzter Instanz im Sinne des § 8 des Einführungsgesetzes zum Gerichtsverfassungsgesetze dem Reichsgericht zugewiesen.

Für Klagen, die auf Grund dieses Gesetzes erhoben werden, ist auch das Gericht zuständig, in dessen Bezirke das schädigende Ereignis stattgefunden hat.

Begründung

Allgemeiner Teil

Am 31. Januar 1914 wurde ein vom Bundesrat beschlossener „Entwurf eines Luftfahrtgesetzes“ dem Reichstag vorgelegt. Dieser erkannte in der Sitzung vom 12. März 1914 die Notwendigkeit an, die durch die Luftfahrt entstandenen neuartigen Rechtsverhältnisse besonders zu regeln und überwies den Entwurf einer Kommission; über die Beratungen in dieser ist er nicht hinausgelangt.

Mit Kriegsende hörte die militärische Vorherrschaft in der Luftfahrt auf. Die Verordnung betreffend die vorläufige Regelung der Luftfahrt, vom 26. November 1918 (RGBl. S. 1337) schuf die Grundlage für die durch Erlass vom 4. Dezember 1918 (RGBl. S. 1400) erfolgte

Errichtung des Reichsluftamts. Diesem erteilte § 12 der Verordnung, betreffend die vorläufige Regelung des Luftfahrtrechts, vom 7. Dezember 1918 (RGBl. S. 1407) bis zur Erlassung der grundlegenden Bestimmungen zur Regelung der Luftfahrt die ausschliessliche Befugnis, „im Einzelfall Luftfahrt zuzulassen". Nach Massgabe dieser Verordnung hat das Reichsluftamt den Luftverkehr geregelt, indem es von Fall zu Fall die Bedingungen für seine Zulassung den allgemeinen Bedürfnissen anpasste.
Die Verordnung vom 7. Dezember 1918 hatte, wie erwähnt, die Erlassung grundlegender Bestimmungen, insbesondere über Prüfung und Zulassung der Luftfahrzeuge und ihrer Führer sowie über Kennzeichnung und Verkehr der Luftfahrzeuge ausserhalb und innerhalb der Flughäfen, vorbehalten. Solche Bestimmungen, durch die die beabsichtigte vorläufige Regelung des Luftfahrtrechts im Sinne der §§ 1-9 der Verordnung erst Bedeutung gewonnen hätte, sind bisher nicht erlassen worden.
Es erscheint nun nicht mehr angängig, den Weg vorläufiger Regelung weiter zu verfolgen und die Ausgestaltung des Luftfahrtrechts auf dem Weg ordentlicher Gesetzgebung länger hinauszuschieben. Luftfahrschulen, Flughäfen, Luftfahrtunternehmen erfordern, ebenso wie die Luftfahrzeugindustrie, den Aufwand bedeutender persönlicher und wirtschaftlicher Kräfte, die nicht auf der Grundlage eines nur vorläufigen Rechtszustands eingesetzt werden können. Einer nur vorläufigen Regelung des Luftfahrtrechts steht auch die Notwendigkeit entgegen, das Schadenersatzrecht in einer vom allgemeinen Recht abweichenden Weise zu gestalten. Endlich drängen zwischenstaatliche Rücksichten auf endgültige Regelung. Nach Artikel 313 ff. des Friedensvertrags haben bis zum 1. Januar 1923 innerhalb des deutschen Gebiets und der deutschen Hoheitsgewässer die Luftfahrzeuge der verbündeten Mächte volle Flug- und Landungsfreiheit und dieselben Vergünstigungen wie deutsche; ferner freien Durchgangsverkehr, auch das Landungsrecht in Flughäfen, und zwar alle diese Befugnisse bei Beobachtung der von Deutschland etwa erlassenen Vorschriften, die in gleicher Weise auf deutsche und die Luftfahrzeuge der verbündeten Mächte anwendbar sein müssen. Schliesslich ist Deutschland nach Artikel 319 aaO. verpflichtet, jedes über deutschem Gebiet fliegende deutsche Luftfahrzeug den Vorschriften über Lichter und Signale, über Flug, Luftverkehr und Flughäfen zu unterwerfen, wie sie im Luftfahrtübereinkommen der verbündeten Mächte festgelegt sind. Auch der Friedensvertrag lässt hiernach die gesetzliche Regelung als wünschenswert erscheinen.
Der vorliegende Entwurf musste sich den gegenüber der Zeit der Entstehung des Entwurfs von 1914 veränderten politischen, wirtschaftlichen und luftverkehrstechnischen Verhältnissen anpassen. Er will der Luftfahrt die für ihre Entwicklung unentbehrlichen Rechtsgrundlagen geben und besonders der zwischenstaatlichen Regelung der Luftfahrt, die ihrem Wesen entspricht, die Wege bahnen. Er betrifft alles für eine Bewegung im Luftraum bestimmte Gerät und weicht damit vom Entwurf des Jahres 1914 ab, der sich nur auf Luftschiffe, Flugzeuge und Freiballone bezog, er geht ferner über den Rahmen der Nummer 19 des Artikel 7 der Verfassung des Deutschen Reichs vom 11. August 1919 hinaus, die dem Reich die Gesetzgebung über den Verkehr mit Kraftfahrzeugen in der Luft zuweist. Eine solche Regelung ist zulässig nach Massgabe des Artikel 76 der Verfassung, sie ist notwendig im Hinblick auf die Erfordernisse des Luftverkehrs. Dass sich die gesetzliche Ausgestaltung nicht nur auf die mit mechanischem Antrieb versehenen Luftfahrzeuge beschränken dürfe, erkannte bereits der Entwurf des Jahres 1914 in Hinblick auf die Möglichkeit von Zusammenstössen solcher Fahrzeuge mit Freiballonen an. Was für diese gilt, muss in gleicher Weise von allen übrigen für eine Bewegung im Luftraum bestimmten Gerät gesagt werden. Ein Grund, die Freiballone anders zu behandeln als z. B. Gleitflugzeuge, Fallschirme, Drachen und die verschiedenen der wissenschaftlichen Erforschung der Luft dienenden Geräte, ist nicht zu erkennen. Der gesamte Luftverkehr im weiteren Sinne des Worts erfordert eine einheitliche Grundlage für sei-

ne rechtliche Behandlung, abgesehen davon, dass auch im Hinblick auf die internationale Luftfahrtkonvention eine Beschränkung der gesetzlichen Regelung auf Luftfahrzeuge mit mechanischem Antrieb sich verbietet.

Besonderer Teil

Zu § 1. Das Recht zur freien Benutzung des Luftraums durch Luftfahrzeuge ist die grundlegende Vorbedingung jeden Luftverkehrs. Seine Verweisung auf besondere Verkehrswege ist technisch unmöglich, seine Einschränkung etwa auf die Benutzung des Luftraums über den sonstigen Verkehrsstrassen würde auch für die Allgemeinheit das Gegenteil von Sicherung bedeuten.

Auch der frühere Entwurf wollte der Luftfahrt den freien Verkehr nicht versagen, hielt ihn vielmehr durch § 905 BGB. für genügend gewährleistet und unterliess es, den Grundsatz der Freiheit des Luftverkehrs in einer jeden Zweifel ausschliessenden Weise auszusprechen. Eine solche Festlegung ist aber notwendig angesichts der Tatsache, dass jedes Recht trotz der genannten gesetzlichen Bestimmung nicht unbestritten ist. Ohne die zweifelsfreie Sicherung des Luftverkehrs gegen Einengung durch Grundeigentümer ist Luftfahrt nicht möglich. Die Verkehrsfreiheit als Grundlage jeden Luftverkehrs entspricht gleichartigen Grundsätzen ausländischen Rechts.

Die Beschränkungen, die das Gesetz dem freien Luftverkehr auferlegt, finden ihre Begründung im Schutzbedürfnis der Allgemeinheit; sie werden die für die Öffentlichkeit mit der freien Luftfahrt verbundenen Gefahren für die Allgemeinheit auf das mögliche Mindestmass herabsetzen und die zugelassene Luftfahrt so gestalten, dass der Grundeigentümer kein als berechtigt anzuerkennendes Interesse mehr an ihrer Ausschliessung hat.

Der Entwurf von 1914 erfasste den Luftverkehr der Freiballone, Luftschiffe und Flugzeuge. Die Reichsverfassung vom 11. August 1919 hat der Gesetzgebung des Reichs (Artikel 7 Nr. 19) nur den Verkehr mit Kraftfahrzeugen in der Luft zugewiesen, so dass der Verkehr der nicht durch Maschinenkraft bewegten Fahrzeuge, Frei- und Fesselballone, Drachen und sonstige luftfahrzeugähnliche Geräte, im allgemeinen reichsgesetzlicher Zuständigkeit nicht untersteht. Absatz 2 des § 1 enthält somit den Vorschlag zu einer Verfassungsänderung, der im allgemeinen Teil bereits näher begründet wurde.

Zu § 2. Zum Schutz der Allgemeinheit wie auch derer, die sich der Luftverkehrsmittel bedienen, ist nötig, dass Luftfahrzeuge nur verkehren dürfen, wenn ihre Flugtüchtigkeit und Verkehrssicherheit geprüft und darauf ihre Zulassung zum Luftverkehr ausgesprochen ist. Die Ausführungsbestimmungen werden die Eintragung in eine Liste der zugelassenen Luftfahrzeuge regeln.

Das Erfordernis der Zulassung ist nicht für alle Luftfahrzeuge im Sinne des § 1 Absatz 2 aufzustellen, da die Öffentlichkeit nicht durch alle in gleichem Masse betroffen wird. Der Entwurf von 1914 verlangte sie für solche Luftschiffe, Flugzeuge und Freiballone, die von Menschen bemannt sind. Der vorliegende Entwurf geht darüber hinaus; der Zulassung bedürfen Luftschiffe, Flugzeuge und Freiballone schlechthin, ohne Rücksicht darauf, ob sie bemannt oder, was durch Ausgestaltung der drahtlosen Steuerung im Bereich der Möglichkeit liegt, unbemannt sind; die Einbeziehung des Freiballons erscheint schon in Anpassung an die internationale Konvention erforderlich (vgl. Anhang D, Erklärungen, Absatz 1 und Artikel 19), wonach auch Freiballone Flugtüchtigkeitszeugnisse haben müssen. Dagegen erscheint es im Hinblick auf die Erfordernisse der Sicherheit als ausreichend, Fesselballone und Drachen nur dann der Zulassungspflicht zu unterwerfen, wenn sie zur Aufnahme von Menschen bestimmt sind. Um die technische Versuchstätigkeit nicht zu unterbinden, sind von der Zulassungs-

pflicht diejenigen Luftfahrzeuge zu befreien, die sich innerhalb eines Flughafens halten und nur ihre Luftfahrermannschaft mit sich führen.
Absatz 2 sichert die Anpassung an die technischen Entwicklungsmöglichkeiten in der Erwägung, dass gewisse Probeflüge sich aus technischen Gründen nicht an Flughäfen binden lassen; die Zulassung von Ausnahmen kann allgemein für bestimmte Gruppen von Fahrzeugen oder für den Einzelfall erfolgen. Die Gleichmässigkeit in der Handhabung dieser Ausnahmebestimmung sowie ihre räumliche Auswirkung lassen es als erforderlich erscheinen, die Zulassung in solchen Ausnahmefällen der Reichsbehörde vorzubehalten.

Zu § 3. Führer und Bedienungsmannschaft eines Luftfahrzeugs, das nach § 2 der Zulassung bedarf, muss die erforderlichen Kenntnisse und Erfahrungen haben und durch Ablegung einer Prüfung dartun; worauf sie sich zu erstrecken hat und welche Anforderungen zu stellen sind, wird gemäss § 11 Nr. 1 zu bestimmen sein. Die zur Zulassung berufene Landesbehörde hat auch die Eignung in gesundheitlicher und moralischer Beziehung festzustellen. Vor Vollendung des 21. Lebensjahrs wird im allgemeinen die für einen Führer erforderliche Reife nicht vorhanden sein; nur ausnahmsweise mag sie früher, und zwar in Anpassung an die Bestimmungen der Internationalen Konvention für Luftfahrt, bereits mit dem 19. Lebensjahr, angenommen werden können. Eine grössere Reife, insbesondere in Behandlung und Anstellung der unterstellten Mannschaft, wird beim Führer eines Luftschiffs gefordert werden müssen.
Es ist notwendig, dass ein Lernender, auch ohne im Besitz des Zulassungsscheins als Luftfahrer zu sein, ein Luftfahrzeug führen oder bedienen darf. Diesem Erfordernis trägt Absatz 2 Rechnung.

Zu § 4. Zwecks Gewährleistung ordnungsgemässer Ausbildung der Luftfahrer und zur Vermeidung einer Ausbeutung Lernender ist der gewerbsmässige Lehrbetrieb dem Zulassungszwang zu unterwerfen. Die für die Genehmigung zuständige Landesbehörde wird die Fachkenntnis, Erfahrung und persönliche Zuverlässigkeit des Antragstellers zu prüfen haben.

Zu § 5. Die Flughäfen bilden grundsätzlich Ausgangs- und Endpunkt des gesamten Luftverkehrs; in ihnen erfolgt regelmässig die Erprobung von Luftfahrzeugen und Bemannung vor der Zulassung. Die Anlage muss deshalb unter dem Gesichtspunkt der Zweckmässigkeit für den gesamten Luftverkehr (Lage und Entfernung der einzelnen Flughäfen zueinander) und der technisch geeigneten Gestaltung erfolgen. Dabei müssen die Interessenten der ausserhalb der Luftfahrt stehenden Allgemeinheit, insbesondere der durch den Betrieb des Flughafens berührten Nachbarschaft, entsprechende Berücksichtigung finden. Der Entwurf sieht die Genehmigungspflicht für Neuanlage von Flughäfen wie für weitere Unterhaltung bereits bestehender vor.
Die Zweckmässigkeit der Anlage im Hinblick auf die Bedürfnisse des allgemeinen Luftverkehrs kann am besten von der die gesamten Luftverkehrsverhältnisse übersehenden Reichsstelle beurteilt werden. Die Berücksichtigung der örtlichen Interessen macht ein Zusammenwirken der Reichsbehörde mit der Behörde des Landes notwendig, und es erschien als zweckmässig, dies Zusammenwirken im Gesetz selbst festzulegen. Die Ausführungsbestimmungen werden einheitliche Grundsätze über die an die Ausstattung der Flughäfen im Interesse der allgemeinen Sicherheit zu stellenden Anforderungen (§ 11, Ziffer 1) aufstellen und das Verfahren regeln, das die Auslegung des Plans zur Ermöglichung von Einsprüchen versehen wird. Die Bestimmungen der Gewerbeordnung finden auf den Betrieb von Flughäfen insoweit keine Anwendung.
Wo der Entwurf den Luftverkehr auf Flughäfen verweist, ist die Beschränkung auf die Luftsäule über dem Flughafen undurchführbar. Technische Gründe machen eine gewisse Bewe-

gungsfreiheit über die Grenzen jener Luftsäule hinaus erforderlich. Für die Bewegung in der Luft muss deshalb eine Flughafenzone festgesetzt werden, deren Luftbereich als zum Flughafen gehörig anzusehen ist.
Bilden die Lufthäfen einschliesslich der für verkehrsreiche Luftstrecken (Luftstrassen) notwendig werdenden Zwischenlandeplätze die Voraussetzung und Grundlage eines leistungs- und entwicklungsfähigen Luftverkehrs, so wird bei dessen Anwachsen auch der planmässige Ausbau eines Lufthafennetzes sich als ebenso unerlässlich erweisen, wie für die Schiffahrt der von Hafenanlagen, für die Eisenbahn der eines Netzes von Fahrstrecken und Bahnhöfen. Um solchen Ausbau dem Allgemeinwohl dienender Verkehrsanlagen sicherzustellen, wird man, wie bei anderen Verkehrsmitteln, die Enteignung nicht entbehren können (vgl. § 10).

Zu § 6. Die gewerbsmässige Beförderung von Personen und Sachen durch Luftfahrzeuge (Luftfahrtunternehmen) wird in nicht ferner Zukunft im Verkehrsleben eine bedeutungsvolle Ergänzung der Verkehrsmittel bilden. Damit solche Luftfahrtunternehmen nicht im planlosen Wettbewerb einen sachgemässen Aufbau des Luftverkehrs verhindern, vielmehr in die Wege der Verkehrsinteressen der Allgemeinheit geleitet werden, müssen sie der Genehmigungspflicht unterworfen werden. Ihnen gleichgestellt sind solche dem Wettbewerb oder der Schaulust dienenden öffentlichen Veranstaltungen, die zulassungspflichtige Luftfahrzeuge verwenden.
Absatz 2 regelt die Zuständigkeit so, dass die Einheitlichkeit in der Handhabung dieser Bestimmung gewährleistet erscheint, ohne dass die Interessen der einzelnen Länder unberücksichtigt bleiben. Auch hier wird, entsprechend den Ausführungen zu § 5, die Auslegung des Plans zur Ermöglichung von Einsprüchen vorzusehen sein.
Die gewerbliche Beförderung mit Luftfahrzeugen und die Luftfahrtveranstaltungen finden hier ihre ausschließliche und erschöpfende Regelung; die Bestimmungen der Gewerbeordnung kommen insoweit nicht zur Anwendung.
Absatz 4 und 5 will den berechtigten Interessen der Reichsbetriebe, insbesondere der Reichspostverwaltung, Rechnung tragen.

Zu § 7. Die Landung der Luftfahrzeuge wird in der Regel in den Flughäfen und anderen besonders hergerichteten Plätzen erfolgen. Indes wird der Luftverkehr, wenn er der Allgemeinheit nützlich sein soll, nicht auf solche Landungsplätze beschränkt bleiben dürfen. Wirtschaftliche und technische Gründe machen es unmöglich, eine solche Anzahl von Landungsplätzen bereitzustellen, dass damit der Luftverkehr in seinen voraussichtlichen Anwendungsfällen den an ihn herantretenden Ansprüchen genügen könnte. Um ihnen gerecht zu werden, an denen das allgemeine Verkehrs- und Wirtschaftsleben beteiligt ist, wird man der Luftfahrt das Recht zugestehen müssen, auch ausserhalb von Flughäfen und Landungsplätzen auf fremdem Grundstück zu landen, unabhängig von dem schon durch § 905 BGB. gesicherten Rechte der Notlandungen; und dies um so mehr, als auf Grund des Friedensvertrags (Art. 200) die Meeresluftfahrtzeuge der verbündeten Mächte dieses Recht geniessen. Regelmässig wird auch kaum festzustellen sein, ob eine Landung gewollt oder unfreiwillig war. Den Interessen der Grundeigentümer und, soweit die Sicherung gegen Gefahr für Leib und Leben in Frage steht, auch der Allgemeinheit ist dadurch Rechnung getragen, dass die Landung nur ausserhalb geschlossener Ortschaften auf nicht eingefriedeten Grundstücken und Wasserflächen zulässig ist, und dass die Landesbehörde für einzelne Grundstücke oder Wasserflächen ein Landungsverbot erlassen kann. Dadurch können insbesondere auch wirtschaftlich wertvolle Anlagen vor Landungsschaden geschützt werden. Der Flugzeugführer wird auch schon im eigenen Interesse und in dem des Halters des Luftfahrzeugs darauf bedacht sein, nur in wirklich dringendem Falle nicht ohne Not da zu landen, wo er Schaden anrichten könnte. Das

Landungsrecht entspricht auch der bereits heut bestehenden vorläufigen Regelung, vgl. Verordnung, betreffend vorläufige Regelung des Luftverkehrs, vom 31. März 1920 (RGBl. S. 455).
Die Pflicht des Fahrzeughalters zum Ersatz des durch Landung, Weiterflug oder Abbeförderung des Luftfahrzeugs entstandenen Schadens ist eine selbstverständliche Forderung des Ausgleichs. Sie ergibt sich aus den allgemeinen Regeln des zweiten Abschnitts und bedurfte keiner besonderen Festlegung an dieser Stelle.
Die Verpflichtung des Besitzers eines Grundstücks oder einer Wasserfläche, den Weiterflug und die Abbeförderung gelandeter Luftfahrzeuge zu gestatten, ist eine notwendige Folge seiner Pflicht zur Duldung der Landung. Zwecks Sicherung etwaiger Schadenersatzansprüche kann der Besitzer verlangen, dass zuvor die Persönlichkeit des Halters und Führers festgestellt wird. Das wird grundsätzlich durch die vorgeschriebene Kennzeichnung des Luftfahrzeugs und die Urkunden möglich sein, die der Führer nach den zu erlassenden Anordnungen mitführen muss. Ein Recht, das Luftfahrzeug zur Durchsetzung des Schadenersatzes zuzückzuhalten, würde das Landungsrecht hinfällig machen und damit eine unerträgliche Fesselung des Luftverkehrs bedeuten, auch Nachteile bringen können, die vielfach ausser Verhältnis zu dem angerichteten Schaden stehen würden.

Zu § 8. Das Bedürfnis, im Interesse der öffentlichen Sicherheit Luftsperrgebiete festzusetzen, ist auch von der Internationalen Konvention für Luftfahrt (Art. 3) anerkannt. Ihm wird in Übereinstimmung mit der ausländischen Gesetzgebung Rechnung getragen.

Zu § 9. Die Verbotsvorschrift des § 9 ist im Hinblick auf die Interessen der allgemeinen Sicherheit und Landesverteidigung erforderlich und entspricht den Bestimmungen der internationalen Konvention. Die jeweils zuständigen Behörden, z. B. für die Mitführung von Funkgerät die Reichstelegraphenverwaltung, von Waffen, Schiessbedarf und Strengstoffen im allgemeinen die Herresverwaltung, werden in geeigneten Fällen die Erlaubnis erteilen.

Zu § 10. Was zu § 5 über die Notwendigkeit eines Enteignungsrechts ausgeführt wurde, gilt nicht nur in Bezug auf Flughäfen, sondern die Zwecke der Luftfahrt schlechthin. Die Anwendungsfälle für das Enteignungsrecht sind bei der im zuständigen Fluss befindlichen Entwicklung noch nicht in vollem Umfang zu übersehen. Ein wichtiger Sonderfall, die Kennzeichnung von Orten an dazu geeigneten Stellen für die Luftfahrt, ist besonders erwähnt. Für die Verwendbarkeit der Luftfahrt im Verkehrsleben ist die sichere Ortsfeststellung aus der Luft eine wesentliche Voraussetzung. Zur Erleichterung ist eine besondere Kennzeichnung notwendig, z. B. auf Dächern, nötigenfalls mit Erleuchtungsmöglichkeit, Kenntlichmachen von Geländeteilen, auf denen die Landung mit besonderen Gefahren verbunden ist u. a. m. Die so - vergl. bei der Seeschiffahrt die Seezeichen - erhöhte Sicherheit des Luftverkehrs vermindert gleichzeitig seine Gefahren für die Allgemeinheit. Auch die Kennzeichnung solcher Grundstücke, die für die Landung besonders geeignet sind, und auf denen durch die Landung zu befürchtende Schäden verhältnismässig gering sind, wie Heideland, Brachfelder, Wiesenland, wird unter gleichartigen Gesichtspunkten wünschenswert sein.
Ein solches Enteignungsrecht im Interesse des Verkehrswesens ist landesrechtlich mehrfach vorgesehen, z. B. im preussischen Gesetz über die Eisenbahnunternehmungen vom 3. November 1838 (G. S. S. 505) und auf dem Gebiete des Strombaus im preussischen Gesetz, betreffend die Befugnisse der Strombauverwaltung gegenüber den Uferbesitzern an öffentlichen Flüssen, vom 20. August 1883 (G. S. S. 333). Das preussische Gesetz über die Enteignung von Grundeigentum vom 11. Juni 1874 (G. S. S. 221) ermöglicht allgemein die Enteignung „aus Gründen des öffentlichen Wohles", worunter auch die Enteignung im Interesse eines

dem öffentlichen Wohl dienenden Verkehrsunternehmens fallen dürfte. Ähnliche Gesetze bestehen in anderen Ländern, doch wurde dieses Rechtsgebiet bisher reichsgesetzlich nicht berührt (vergl. EG. BGB. Art. 109). Nach Art. 7 Nr. 12 der Reichsverfassung steht dem Reich das Recht der Gesetzgebung über die Enteignung zu. Eine solche auf Grund Reichsgesetzes ist auch z. B. im Gesetz über Enteignung und Entschädigung aus Anlass des Friedensvertrags vom 31. August 1919 (RGBl. S. 1527) und im Reichsheimstättengesetz vom 10. Mai 1920 (RGBl. S. 962) vorgesehen.

Zu § 11. Die zu 1-3 genannten Bestimmungen sind im wesentlichen schon bei der Begründung der früheren Paragraphen behandelt. Es ist zweckmässig, sie, entsprechend bisherigem Gebrauch bei vorläufiger Regelung der Luftfahrt, in enger Fühlung mit den im Reichsausschuss vereinigten ehrenamtlichen Fachleuten der Industrie, des Verkehrs und anderer Zweige zu erlassen. So wird gewährleistet, dass den Bedürfnissen des Luftverkehrs und der Allgemeinheit Rechnung getragen wird. Es wird sich im besonderen um Vorschriften über Prüfung, Zulassung und Kennzeichnung der Luftfahrzeuge; Prüfung und Zulassung der Luftfahrer, Anforderungen an die Lehrbetriebe, Prüfungs- und Zulassungsgebühren sowie über Beschaffenheit, Ausstattung, Kennzeichnung, Betrieb und Überwachung der Flughäfen handeln.

Zu §§ 12 und 13. Schon der Entwurf des Jahres 1914 ging von der Anschauung aus, dass die Haftung nur für Verschulden nicht dem Bedürfnis entspreche, das sich aus den der Allgemeinheit aufgenötigten Gefahren des Luftverkehrs ergebe. Er sah im Anschluss an das Kraftfahrzeuggesetz die grundsätzliche Schadenersatzpflicht des Halters für den beim Betrieb eines Luftfahrzeugs entstandenen Schaden vor; sie sollte ausgeschlossen sein, wenn der Unfall weder durch Verschulden des Halters oder einer beim Betriebe beschäftigten Person, noch durch einen Fehler in der Beschaffenheit des Fahrzeugs oder durch ein Versagen seiner Verrichtungen verursacht worden ist. Diese Regelung stiess bei der ersten Lesung im Reichstag auf fast einmütigen Widerstand. Dort wie in der Presse wurde die unabgeschächte Erfolgshaftung verlangt.
Der vorliegende Entwurf stellt sich auf den Boden der reinen Erfolgshaftung, geht also über die Grundsätze der Gefährdungshaftung des Kraftfahrzeuggesetzes hinaus. Träger der Ersatzpflicht soll nach dem Vorgang des Kraftfahrzeuggesetzes der Halter des Fahrzeugs sein, d. h. wer es für eigene Rechnung in Gebrauch hat und diejenige umfassende Verfügungsgewalt darüber besitzt, die solch Gebrauch voraussetzt; dabei ist es gleichgültig, ob der Halter in Anspruch Genommene Eigentümer des Fahrzeugs ist oder ob er es als Niessbraucher, Pächter, Mieter oder Entleiher verwendet (Entscheidung R. G. in Zivilsachen Bd. 78 S. 179).
Der Ausdruck „beim Betrieb eines Luftfahrzeugs" bedeutet nicht dasselbe wie „bei der Fahrt eines Luftfahrzeugs". Vielmehr ist ein Schaden beim Betrieb auch dann entstanden, wenn er bei den Vorbereitungen für den Aufstieg, bei Einbringung des Fahrzeugs in die Halle, bei Verankerung eines auf freiem Felde gelandeten Fahrzeugs oder bei ähnlichen Anlässen auftritt. Der Grundsatz des § 254 BGB. soll auch gegenüber der besonderen Ersatzpflicht des Entwurfs zur Anwendung kommen; zugleich wird die Frage, ob bei einer Sachbeschädigung einem mitwirkenden Verschulden des Sachinhabers die gleiche Bedeutung zukommt wie dem eigen Verschulden des Verletzten, ausdrücklich bejaht.
Der frühere Entwurf nahm, entsprechend dem § 8 des Kraftfahrzeuggesetzes, von der Haftpflichtregelung die Fälle aus, in denen der Verletzte die besondere Gefahr freiwillig übernommen hat. Der vorliegende Entwurf weicht davon ab: Wenn die Luftfahrt sich in den allgemeinen Verkehr hineinstellt, dann müssen, ebenso wie im Eisenbahnverkehr, auch diejenigen gegen die besonderen Gefahren des Luftverkehrs geschützt werden, die sich des Luftfahrzeugs bedienen oder ihm dienen. Der Gesichtspunkt, dass sie die Gefahr freiwillig überneh-

men, muss er die Erwägung zurücktreten, dass solche Gefahrübernahme die im Interesse der Allgemeinheit liegende Entwicklung des neuen Verkehrsmittels fördert. Das Recht des Halters, seine Haftpflicht in den zulässigen Grenzen durch besondere Abmachung einzuschränken, wird dadurch nicht berührt.

Zu §§ 14-17. Die Ersatzpflicht ist in Anlehnung an die Vorschriften der §§ 10 ff. des Kraftfahrzeuggesetzes geregelt. Von einer noch weiteren Ausdehnung der Haftpflicht, etwa in Richtung der Bestimmung des § 845 BGB, ist angesichts der Ausgestaltung der Haftpflicht zur reinen Erfolgshaftung abgesehen worden. Die Bestimmung in § 16 Absatz 2 a. F. betrifft die Sicherheitsleistung für den einzelnen bereits eingetretenen Schadensfall, § 22 regelt die allgemeine Vorausbestellung einer Sicherheit für die möglichen Schäden.
Nach dem Vorbild des § 12 aaO. beschränkt der Entwurf den Umfang der Haftung durch Höchstsätze, soweit nicht wegen Verschuldens nach den Vorschriften des Bürgerlichen Gesetzbuchs der Schaden ohne Einschränkung zu ersetzen ist (vgl. § 21). Die Förderung des Abschlusses von Haftpflichtversicherungen war auch hier der Grund der Einschränkung (vergl. § 22). Die wirtschaftliche Sicherung des Durchschnitts der Schadenersatzansprüche ist so wertvoll, dass dagegen die Möglichkeit eines seltenen Deckungsausfalls in Kauf genommen werden kann.

Zu §§ 18 und 19. Die §§ 18 und 19 entsprechen den §§ 14 und 15 des Kraftfahrzeuggesetzes. Der Ersatzberechtigte hat binnen einer Ausschlussfrist von 2 Monaten dem Ersatzpflichtigen den Schadensfall mitzuteilen. Nach dem Entwurf liegt die Beweispflicht hinsichtlich der Ursachen des Unfalls dem Ersatzpflichtigen ob. Er hat deshalb ein berechtigtes Interesse an der alsbaldigen Feststellung des Tatbestands.

Zu § 20. § 20 entspricht dem § 24 des früheren Entwurfs. Die damalige Begründung trifft auch heute noch zu: Wird ein Schaden durch mehrere Luftfahrzeuge, z. B. durch den Zusammenstoss zweier, verursacht, so haften die Fahrzeughalter nach § 840 Abs. 1 BGB. dem Verletzten als Gesamtschuldner; im Verhältnis zueinander würden sie nach § 426 aaO. den Schaden stets zu gleichen Teilen zu tragen haben. Eine solche Verteilung der Haftung wird aber den tatsächlichen Verhältnissen und den Anforderungen der Billigkeit nicht immer gerecht. Nach dem Vorgang des § 17 Absatz 1 des Kraftfahrzeuggesetzes gibt deshalb der Entwurf dem Richter die Möglichkeit, in jedem einzelnen Fall alle in Betracht kommenden Umstände gegeneinander abzuwägen und danach den Anteil zu bestimmen, den jeder der Fahrzeughalter in ihrem Verhältnis zueinander zu tragen hat. Das Gleiche soll auch dann gelten, wenn der Schaden nicht einem Dritten, sondern einen der Fahrzeughalter selbst betroffen hat.
Die Vorschrift über die Ausgleichung ist nicht auf die Fälle beschränkt, in denen die Ersatzpflicht auf den besonderen Vorschriften des Entwurfs beruht, greift vielmehr auch dann Platz, wenn der Anspruch auf die allgemeinen Grundsätze des bürgerlichen Rechts gestützt wird. Auch noch in anderen Richtungen erfordert die Vorschrift eine erweiterte Anwendung. Schon im § 17 Absatz 2 des Kraftfahrzeuggesetzes ist sie auf die Fälle ausgedehnt, in denen neben dem Fahrzeughalter eine Eisenbahn oder ein Tierhalter für den Schaden verantwortlich ist. Darüber hinaus gibt § 20 Absatz 2 des Entwurfs in allen Fällen, in denen neben dem Halter eines Luftfahrzeugs ein anderer ersatzpflichtig ist, dem Richter die Möglichkeit, den Schaden unter die Ersatzpflichtigen auf Grund der Würdigung aller Umstände des Falls zu verteilen. Als anderer Ersatzpflichtiger kann hier sowohl ein Eisenbahnunternehmen, der Halter eines Kraftfahrzeugs, ein Tierhalter, der Halter eines Luftfahrzeugs, auch jeder sonst zum Schadenersatz Verpflichtete in Frage kommen.

Zu § 21. Die Beschränkungen der Ersatzpflicht, die der Entwurf vorsieht, beziehen sich nur auf die Fälle der Haftung nach § 12. Soweit ein Schadenersatzanspruch nach den allgemeinen Grundsätzen des bürgerlichen Rechts geltend gemacht werden kann, bestimmt sich auch der Umfang der Haftung nach diesen Grundsätzen. § 21 stellt dies nach dem Vorgang des § 16 des Kraftfahrzeuggesetzes ausser Zweifel. In Betracht kommen insbesondere die Vorschriften über die Haftung aus unerlaubten Handlungen. Fällt dem Fahrzeughalter oder dem Führer nachweisbar ein persönliches Verschulden zur Last (vgl. § 823 BGB.), so ist ihre Ersatzpflicht weder dem Betrage nach begrenzt, noch auf die in §§ 14 und 15 bezeichneten Schäden beschränkt; vielmehr haben sie darüber hinaus alle Nachteile zu ersetzen, die der Unfall herbeiführt. Auch kann der Verletzte unter den bezeichneten Voraussetzungen eine billige Entschädigung in Geld wegen des Schadens verlangen, der nicht Vermögensschaden ist (§ 847 BGB).
Der frühere Entwurf bestimmte im § 25 die Ersatzpflicht des Führers neben der des Halters und legte ihm den Beweis auf, dass der Schaden nicht durch sein Verschulden entstanden ist. Angesichts der unbeschränkten Erfolgshaftung des Halters erscheint die Haftung des Führers entbehrlich.

Zu § 22. Die Schadenersatzansprüche müssen im Interesse der Berechtigten sichergestellt werden; solange nicht der Weg zu Zwangsversicherungsgenossenschaften gefunden ist, wird das am zweckmässigsten zu erreichen sein durch die vorgeschlagene Verpflichtung des Halters oder Unternehmers, vor seiner Zulassung zum Luftverkehr eine Versicherung gegen Haftpflicht abzuschliessen oder Sicherheit zu leisten.
Die Bestimmung der Höhe der erforderlichen Sicherheit, ihre Verwaltung, Verwendung und Rückgabe ist Sache der Landesbehörde.

Zu §§ 23-25. Die Strafandrohung der §§ 23-24 sind den Bestimmungen des Kraftfahrzeuggesetzes nachgebildet.
§ 25 gewährt dem Luftverkehr Schutz gegen rechtswidrige Angriffe, ähnlich wie ihn die Eisenbahnen und die Schiffahrt geniessen. Mit Strafe bedroht werden nur solche Handlungen oder ihr Versuch, durch die Menschen in Gefahr gebracht werden.

Zu § 26. § 26 entspricht den §§ 19 und 20 des Kraftfahrzeuggesetzes und in seinem Absatz 1 dem Art. 6 EG. BGB. Die Zuständigkeit des Gerichts, in dessen Bezirk das schädigende Ereignis stattgefunden hat, für Klagen auf Grund dieses Gesetzes ist damit ausser Zweifel gestellt.

C. Die Beratungen der Regierungsvorlage zu einem Luftverkehrsgesetz in den Ausschüssen des Reichsrats und des Reichstags (1920 bis 1922)

I. Die Anträge und Eingaben zu den Beratungen der Reichsratsausschüsse IV und VII

1. Die Anträge Württembergs vom 6. Dezember 1920

1.: „§ 6 Abs. 4 ist zu streichen.“[1929]

[1929] BA Berlin-Li., R 30.01, Nr. 7005, Bl. 5; BayHStA, MJu 16713.

Er wurde folgendermaßen begründet: „Die Gründe, die in der Erläuterung zu § 5 für das Zusammenwirken des Reichsamts für Luft- und Kraftfahrwesen und der Landeszentralbehörde oder der von dieser bestimmten Behörden angeführt sind, sprechen auch für ein Zusammenwirken von Reichs- und Landesbehörden bei der Anlage und Unterhaltung von Flughäfen der Reichsbetriebe.“[1930]

2.: „In § 11 Abs. 1 sind die Worte mit Zustimmung des Reichsrats zu streichen. Es ist aber als Abs. 2 neu anzufügen: "Zur Erlassung dieser Vorschrift sowie zur Bestellung des Reichsausschusses für Luftfahrt" ist die Zustimmung des Reichsrats erforderlich.“[1931]
Er wurde folgendermaßen begründet: „In der Berliner Sitzung vom 15. April 1920 wurde angeregt und allgemein gebilligt, daß der Reichsausschuß für die Luftfahrt mit Zustimmung des Reichsrats bestellt werden solle. Um Abs. 1 nicht mit einer Wiederholung der Worte "mit Zustimmung des Reichsrats" zu belasten, empfiehlt es sich, sie in einen neuen Absatz herauszuziehen.“[1932]

3.: „In § 11 Ziffer 2 ist hinter "Reichsgrenzen" in Klammern einzusetzen "Zollgrenzen".“[1933]
Er wurde folgendermaßen begründet: „Die Einfügung soll darauf hinweisen, daß das Überfliegen der Reichsgrenzen im wesentlichen wegen der Zollfrage einer besonderen Regelung bedarf; sie soll außerdem andeuten, daß sich in den Vorschriften auch Bestimmungen für den Fall finden werden, wo Reichsgrenze und Zollgrenze auseinanderfallen.“[1934]

4.: „In § 12 Abs. 1 ist zu beginnen: "Wird beim Betrieb eines Luftfahrzeugs jemand getötet, sein Körper oder seine Gesundheit verletzt oder eine Sache beschädigt oder wird durch diesen Betrieb sonst ein Schaden verursacht, so ist [...]".“[1935]
Er wurde folgendermaßen begründet: „Die Billigkeit erfordert, daß der Halter des Luftfahrzeuges sämtlichen, auch den nur mittelbar durch den Betrieb verursachten Schaden ersetzt. Diese Schadenshaftung erfährt ihre Begrenzung dadurch, daß der Schaden in ursächlichem Zusammenhang mit dem Betriebe stehen muß; darüber, inwieweit der mittelbare Schaden, z. B. der durch das Zuströmen von Zuschauern zur Landungsstelle und die dabei vorkommenden rechtswidrigen Handlungen Dritter entstandene, noch als ein Schaden anzusehen ist, der durch den Betrieb des Luftfahrzeuges verursacht ist, muß die Entscheidung der Rechtsprechung und der Wissenschaft überlassen bleiben. Die Möglichkeit, daß für den mittelbaren Schaden auch Dritte haften, kann dem Ersatzberechtigten nicht genügen, da solche Ansprüche gegen Dritte nur selten zu verwirklichen sind.“[1936]

5.: „ In § 12 Abs. 2 werden statt der Worte "an Stelle des Halters" die Worte gesetzt: "neben dem Halter und wie dieser".“[1937]
Er wurde folgendermaßen begründet: „Der Ersatzberechtigte muß sich an den allein für ihn erkennbaren Halter des Fahrzeugs halten können; es ist ihm unmöglich, die unbefugte Benutzung eines Fahrzeugs zu erkennen. Der Halter hat die Pflicht, dafür Sorge zu tragen, daß kei-

---

[1930] BA Berlin-Li., R 30.01, Nr. 7005, Bl. 5; BayHStA, MJu 16713.
[1931] BA Berlin-Li., R 30.01, Nr. 7005, Bl. 5; BayHStA, MJu 16713.
[1932] BA Berlin-Li., R 30.01, Nr. 7005, Bl. 5/5 v; BayHStA, MJu 16713.
[1933] BA Berlin-Li., R 30.01, Nr. 7005, Bl. 5 v; BayHStA, MJu 16713.
[1934] BA Berlin-Li., R 30.01, Nr. 7005, Bl. 5 v; BayHStA, MJu 16713.
[1935] BA Berlin-Li., R 30.01, Nr. 7005, Bl. 5 v; BayHStA, MJu 16713.
[1936] BA Berlin-Li., R 30.01, Nr. 7005, Bl. 5 v; BayHStA, MJu 16713.
[1937] BA Berlin-Li., R 30.01, Nr. 7005, Bl. 5 v; BayHStA, MJu 16713.

ne unbefugte Benutzung stattfindet und haftet daher mit Recht, wenn trotzdem eine solche erfolgt.“[1938]

6.: „In der Begründung zu §§ 12 und 13 des Entwurfs ist in Abs. 3 hinter den Worten "bei Verankerung eines auf freiem Felde gelandeten Fahrzeugs" einzuschalten: "und bei dessen Abbeförderung".“[1939]
Er wurde folgendermaßen begründet: „Es wird zwar angenommen, daß die Abbeförderung des gelandeten oder gestrandeten Fahrzeugs zum "Betriebe des Luftfahrzeugs" (§ 12 Abs. 1 des Entwurfs) gehört; die Feststellung in der Begründung dürfte aber zweckmäßig sein.“[1940]

7.: „Die Haftungsgrenzen in § 17 des Entwurfs sind mit Rücksicht auf die außerordentliche Geldentwertung zu verdoppeln.“[1941]
Der Antrag wurde nicht begründet.

8.: „Für den Fall, daß die Streichung des § 19, die in erster Linie hiermit beantragt wird, nicht zu erreichen sein sollte, ist in § 19 Satz 1 in Zeile 2 das Wort "zwei" durch "drei" zu ersetzen und in Zeile 3 hinter dem Worte "diesem" einzuschalten: "oder der Ortsbehörde des Schadensfalles oder der Ortsbehörde seines Wohn- und Aufenthaltsortes".“[1942]
Er wurde folgendermaßen begründet: „Die kurze Ausschlußfrist von 2 Monaten gibt dem Halter die Möglichkeit böswilliger Einwendungen und ist eine ungerechtfertigte Härte gegenüber dem weniger geschäftsgewandten Teile der Bevölkerung; der Halter ist durch die kurze Verjährungsfrist des § 18 genügend geschützt; zum mindesten sollte die Ausschlußfrist auf drei Monate erhöht werden und die Unfallanzeige zur Wahrung der Ausschlußfrist auch bei der Ortsbehörde, auf deren Markung sich der Unfall ereignet hat, oder bei der Behörde des Ortes, in dem der Ersatzberechtigte wohnt oder sich aufhält, erfolgen können.“[1943]

9.: „ In den Strafbestimmungen sollten Zuwiderhandlungen gegen die nach § 12 Abs. 1 Nr. 2 zu erlassenen Vorschriften für das Überfliegen der Reichs- und Zollgrenzen mit empfindlicher Strafe gedroht werden, die bei der heutigen Geldentwertung über die Strafbestimmungen des § 23 des Entwurfs wesentlich hinauszugehen hätten.“[1944]
Der Antrag wurde nicht begründet.

2. *Die Eingabe des Verbandes Deutscher Flugzeug-Industrieller GmbH vom 6. Dezember 1920*

Vorschlag Nr. 1: „Zu § 7 zweite Zeile: Vor das Wort "Wasserfläche" muß nochmals das Wort "auf" gesetzt werden. Geschähe dies nicht, so könnte das einschränkende Adjektiv "nichteingefriedeten" auch auf Wasserflächen bezogen werden. Dies lag aber nicht in der Absicht der

[1938] BA Berlin-Li., R 30.01, Nr. 7005, Bl. 5 v/6; BayHStA, MJu 16713.
[1939] BA Berlin-Li., R 30.01, Nr. 7005, Bl. 6; BayHStA, MJu 16713.
[1940] BA Berlin-Li., R 30.01, Nr. 7005, Bl. 6; BayHStA, MJu 16713.
[1941] BA Berlin-Li., R 30.01, Nr. 7005, Bl. 6; BayHStA, MJu 16713.
[1942] BA Berlin-Li., R 30.01, Nr. 7005, Bl. 6; BayHStA, MJu 16713.
[1943] BA Berlin-Li., R 30.01, Nr. 7005, Bl. 6; BayHStA, MJu 16713.
[1944] BA Berlin-Li., R 30.01, Nr. 7005, Bl. 6 v; BayHStA, MJu 16713.

an der Ausarbeitung des Entwurfs Beteiligten, zu denen auch der Unterzeichnete gehört hat."[1945]
Der Antrag wurde nicht begründet.

Vorschlag Nr. 2: „Zu § 12 wird gebeten hinter den zweiten Absatz die Worte einzuschieben: "Die in Abs. 1 und 2 enthaltenen Vorschriften finden keine Anwendung, wenn zur Zeit des Unfalls der Verletzte oder die beschädigte Sache durch das Luftfahrzeug befördert wurde, oder der Verletzte bei dem Betriebe des Luftfahrzeugs tätig war"."[1946]
Der Vorschlag wurde folgendermaßen begründet: „Die von uns vorgeschlagene Fassung entsprach den Bestimmungen des Gesetzes über den Verkehr mit Kraftfahrzeugen vom 3. Mai 1909 (Reichs-Gesetzbl. S. 437). Die in diesem Gesetze vorgesehene Haftung enthält für Verkehrsmittel die schärfste Form der Haftung, wenn man von der für die Eisenbahn vorgesehenen Haftung absieht. Nach der Art des Verkehrsmittels dürfte kein Grund dafür vorliegen, für den Luftverkehr eine weitergehende Haftung gegenüber den Personen und Sachen, die zur Zeit des Unfalls durch das Fahrzeug befördert wurden, oder bei dem Betriebe des Fahrzeugs beschäftigt waren, auszusprechen. Wenn für die Eisenbahn eine solche weitergehende Haftung vorgesehen ist, so findet dies seine Begründung darin, daß hier wirtschaftlich besonders starke Organisationen den Verkehr betreiben und dabei die bestimmte Aussicht auf eine für derartige Verpflichtungen ausreichende Rentabilität des Betriebes besteht,. Im Luftverkehr kann mit einer Rentabilität für die ersten Jahre nicht gerechnet werden, da umfangreiche und außerordentlich kostspielige Versuche nötig sein werden, um den Betrieb so wirtschaftlich zu gestalten, daß die in Frage kommenden Unternehmen selbst in der Lage sind, allein die laufenden Unkosten des Betriebes zu bestreiten. Die Unternehmungen, die sich mit dem Luftverkehr bisher befaßten, haben bereits sehr große Verluste tragen müssen, so daß sie daran denken müssen, ihre Ausgaben, soweit dies irgend geht, einzuschränken. Diese Stellung des Luftverkehrs ist auch von Seiten der Reichsregierung und der gesetzgebenden Körperschaften anerkannt worden, indem in dem letzten Reichshaushalt eine Reichsbeihilfe für Zwecke des Luftverkehrs im Dienste der Post eingesetzt wurde. Wenn auch die Sicherheit der Luftverkehrsmittel durch die immer besser werdende Organisation soweit fortgeschritten ist, daß man damit rechnen kann, daß die Bestimmungen über die Haftpflicht nur in Ausnahmefällen zur Anwendung kommen, so können sich doch dabei, besonders wenn man an den Verkehr mit Riesenflugzeugen und Luftschiffen denkt, außerordentlich hohe Ansprüche gegenüber den Unternehmungen ergeben. Es ist daher wohl das Interesse begründet, daß der Entwurf in der vorgeschlagenen Weise abgeändert wird. Eine Versicherung würde nicht den gewünschten Ausgleich geben, da die Versicherungsprämien derartig hoch sind, daß die Unkosten hierfür für größere Verkehrsunternehmen einer Selbstversicherung gleichkommen werden. In der Begründung des Entwurfs ist allerdings darauf hingewiesen, daß der Luftverkehr in der Lage sei, die Haftpflicht vertraglich gegenüber den obengenannten Personen, etwa durch Unterzeichnung eines Reverses, auszuschließen. Wenn die Begründung selbst auf eine solche Möglichkeit hinweist, so möchten wir hieraus schließen, daß die Urheber des Entwurfs selbst die vorgesehene Haftung als zu weitgehend ansehen. Der vorgeschlagene Weg für einen Abschluß der Haftung erscheint aber im Interesse der Entwicklung des Luftverkehrs keineswegs zweckmäßig. Derartige Reverse werden auf den Aussteller stets den Eindruck mangelnder Sicherheit machen und der Entwicklung des Luftverkehrs damit entgegenarbeiten. Die Indu-

---

[1945] BA Berlin-Li., R 30.01, Nr. 7005, Bl. 7; GStA PK, I. HA Rep. 84 a, Nr. 1989, Bl. 142; BayHStA, MJu 16713.
[1946] BA Berlin-Li., R 30.01, Nr. 7005, Bl. 7; GStA PK, I. HA Rep. 84 a, Nr. 1989, Bl. 142; BayHStA, MJu 16713.

strie und die Verkehrsgesellschaften bitten daher dringend, sie nicht auf diesen Weg zu verweisen, sondern durch die oben vorgeschlagene Ausnahmebestimmung die strenge Erfolgshaftung für die angegebenen Personen auszuschließen."[1947]

3. *Der Antrag Braunschweigs vom 8. Januar 1921*

Der einzige Antrag Braunschweigs lautete: „Wettfahrten mit Ballonen werden mit ihrem Luftbereich in der Regel mehrere Länder berühren. Für solche Fahrten würde deshalb immer die Genehmigung des Reichsamts für Luft- und Kraftfahrwesen nach Anhörung der Zentralbehörden der berührten Länder einzuholen sein. Die Unlenkbarkeit der Ballone bringt es mit sich, daß bei der Abfahrt noch gar nicht feststeht, welche Länder berührt werden. Der Abs. 2 würde dazu führen, daß ein Ballonwettbewerb mit 3 Ballonen von Bielefeld aus dem Reichsamt nach Anhörung der Preußischen Zentralbehörde, ein Flugzeugwettbewerb von Bielefeld nach Königsberg mit 30 Flugzeugen nur von letzterer genehmigt zu werden brauchte. Eine so weitgehende Beschränkung der Ballonfahrten dürfte nicht nötig sein, wenn es sich um Fahrten im Inland handelt. Wenn das Reichsamt keine Genehmigung zu Fahrten in das Ausland erteilt hätte, würde der Ballonführer gezwungen sein, vor den Grenzen niederzugehen. Hinter Nr. 2 wäre demnach einzuschalten: "Ballonveranstaltungen im Inland bedürfen nur der Genehmigung der Zentralbehörde des Landes, in dessen Bereich sie veranstaltet werden.""[1948]

4. *Die Anträge Preußens vom 17. Februar 1921*

1.: „In § 5 ist zwischen Absatz 1 und Absatz 2 einzuschalten: Die zur Errichtung von Polizeiflugwachen auf den Flugplätzen erforderlichen Räumlichkeiten sind von dem Unternehmer bereitzustellen."[1949]
Zur Begründung wurde angeführt: „Es könnte in Frage kommen, den Unternehmern von Flughäfen die durch die polizeiliche Überwachung entstehenden Kosten aufzuerlegen. Wenn von einer soweit gehenden Belastung abgesehen wird, erscheint es jedenfalls geboten, ihm die Bereitstellung der für die polizeiliche Überwachung erforderlichen Räumlichkeiten aufzugeben."[1950]

2.: „Dem § 5 ist als 4. Absatz hinzuzufügen: Soweit die bestehenden Rechte zur Abwehr benachteiligender Einwirkungen, welche von einem Grundstück aus auf ein benachbartes Grundstück geübt werden, dem Eigentümer oder Besitzer des letzteren eine Privatklage gewähren, kann diese Klage einem gemäß Abs. 1 genehmigten Flughafen gegenüber niemals auf Einstellung der Betriebs, sondern nur auf Herstellung von Einrichtungen, welche die benachteiligende Einwirkung ausschließen, oder, wo solche Einrichtungen untunlich oder mit einem gehörigen Betrieb unvereinbar sind, auf Schadloshaltung gerichtet werden."[1951]
Zur Begründung hieß es: „Die Vorschriften des Abs. 4 entsprechen den Bestimmungen des § 26 der Gewerbeordnung. Der Schutz, der dadurch den obrigkeitlich genehmigten gewerblichen Unternehmungen gewährt ist, ist auch für obrigkeitlich genehmigte Flughäfen geboten,

---

[1947] BA Berlin-Li., R 30.01, Nr. 7005, Bl. 7 ff.; GStA PK, I. HA Rep. 84 a, Nr. 1989, Bl. 142 ff.; BayHStA, MJu 16713.
[1948] BA Berlin-Li., R 30.01, Nr. 7005, Bl. 13; GStA PK, I. HA Rep. 84 a, Nr. 1989, Bl. 148.
[1949] GStA PK, I. HA Rep. 84 a, Nr. 1989, Bl. 151; BayHStA, MJu 16713.
[1950] GStA PK, I. HA Rep. 84 a, Nr. 1989, Bl. 151; BayHStA, MJu 16713.
[1951] GStA PK, I. HA Rep. 84 a, Nr. 1989, Bl. 151; BayHStA, MJu 16713.

und zwar unabhängig davon, ob die Flughäfen gewerblichen oder öffentlichen Interessen dienen."[1952]

3.: „Im § 6 Abs. 2 Ziffer 1 ist hinter "Zentralbehörde des Landes" einzufügen "oder der von dieser zu bestimmenden Behörde"."[1953]
Zur Begründung hieß es: „Die unter § 6 fallenden Unternehmen und Veranstaltungen können nur für einen begrenzten räumlichen Bezirk von Bedeutung sein. Es empfiehlt sich daher, die Landeszentralbehörden zu ermächtigen, die Zuständigkeit zur Genehmigung aus § 6 nachgeordneten Behörden zu übertragen."[1954]

4.: „Im § 6 Abs. 4 ist hinter "Reichsbetriebe" einzufügen „und Staatsbetriebe, die im öffentlichen Interesse eingerichtet werden"."
Zur Begründung hieß es: „Reichsbetriebe werden jedenfalls von der Genehmigungspflicht nur befreit werden können, soweit sie im öffentlichen Interesse eingerichtet werden. Die Gründe, die für die Freilassung der Reichsbetriebe sprechen, müssen auch für Staatsbetriebe gelten."[1955]

5.: „§ 10 ist zu streichen."[1956]
Zur Begründung hieß es: „Im § 10 ist nicht bestimmt, wer über die Frage, ob der Fall des öffentlichen Bedürfnisses vorliegt, zu entscheiden hat. Eine solche Entscheidung ist auch nicht der Ausführungsanweisung (vgl. § 11) vorbehalten. Es wird angenommen, daß die Entscheidung den zuständigen Landesbehörden überlassen werden soll. Damit erübrigt sich aber § 10 überhaupt, da die Gewährung des Enteignungsrechts im Falle des öffentlichen Bedürfnisses in jedem Lande durch die zuständigen Behörden möglich sein wird."[1957]

6.: „Im § 11 Abs. 1 sind die Worte „nach Anhörung eines vom Reichspräsidenten zu ernennenden sachverständigen Rates ("Reichsausschuß für die Luftfahrt")" wegzulassen, dafür ist am Schluß als Ziffer 4 hinzuzufügen: „Vorschriften über die Bildung eines zur Mitwirkung in Angelegenheiten des Luftfahrtwesens berufenen Beirats. Der Beirat ist vor Erlaß der in den Absätzen 1 bis 3 erwähnten Vorschriften zu hören."[1958]
Zur Begründung hieß es: „Die Fassung erscheint übersichtlicher als die im Entwurfe gewählte. Die Bestimmungen über die Bildung des Beirats ist den Artikeln 93 und 98 der Reichsverfassung nachgebildet."[1959]

7.: „Entsprechend dem Antrag Württembergs - Nr. 3 - wird das Einverständnis damit erklärt, daß im § 11 Ziffer 2 auch die Zollgrenzen berücksichtigt werden. Es wird empfohlen zu sagen: „der Reichs- oder Zollgrenzen"."[1960]

[1952] GStA PK, I. HA Rep. 84 a, Nr. 1989, Bl. 151/152; BayHStA, MJu 16713.
[1953] GStA PK, I. HA Rep. 84 a, Nr. 1989, Bl. 152; BayHStA, MJu 16713.
[1954] GStA PK, I. HA Rep. 84 a, Nr. 1989, Bl. 152; BayHStA, MJu 16713.
[1955] GStA PK, I. HA Rep. 84 a, Nr. 1989, Bl. 152; BayHStA, MJu 16713.
[1956] GStA PK, I. HA Rep. 84 a, Nr. 1989, Bl. 152; BayHStA, MJu 16713.
[1957] GStA PK, I. HA Rep. 84 a, Nr. 1989, Bl. 152/153; BayHStA, MJu 16713.
[1958] GStA PK, I. HA Rep. 84 a, Nr. 1989, Bl. 153; BayHStA, MJu 16713.
[1959] GStA PK, I. HA Rep. 84 a, Nr. 1989, Bl. 153; BayHStA, MJu 16713.
[1960] GStA PK, I. HA Rep. 84 a, Nr. 1989, Bl. 153; BayHStA, MJu 16713.

8.: „Im § 12 ist dem 2. Abs. hinzuzufügen: Daneben bleibt der Halter zum Ersatz des Schadens verpflichtet, wenn die Benutzung des Fahrzeugs durch sein Verschulden ermöglicht worden ist."[1961]
Zur Begründung hieß es: „Der Antrag Württembergs - Nr. 4 - erscheint zu weitgehend. Der Halter wird nur soweit haftbar gemacht werden können, als ihn ein Verschulden an der Benutzung des Fahrzeugs trifft."[1962]

9.: „Im § 14 Abs. 1 ist hinter "vermehrt waren" hinzuzufügen "oder sein Fortkommen erschwert war". Ferner ist im § 16 Abs. 1 hinter "des Verletzten" hinzuzufügen "oder wegen Erschwerung seines Fortkommens"."[1963]
Zur Begründung hieß es: Die Hinzufügung dieser Worte erscheint gegenüber der Fassung in § 15 geboten, weil andernfalls die Auffassung aufkommen könnte, daß in den Fällen der §§ 14 und 16 die Erschwerung des Fortkommens bei der Festsetzung der Entschädigung außer Betracht bleiben soll."[1964]

10.: Die Haftungsgrenzen im § 17 des Entwurfs sind zu verdreifachen, mindestens aber zu verdoppeln."[1965]
Zur Begründung hieß es: „Das Sinken des Geldwertes würde an sich noch eine höhere Bemessung der Höchstgrenzen der Haftsummen erfordern. Eine Beschränkung der Erhöhung der Sätze ist aber erforderlich, weil andernfalls eine zu sehr gesteigerte Belastung des Luftverkehrs seine Entwicklung hindern würde."[1966]

11.: „Im § 19 ist statt "zwei Monate" zu setzen "drei Monate"."[1967]
Zur Begründung wurde angeführt: „Eine Verlängerung der Anmeldefrist erscheint wünschenswert."[1968]

5. Die Anträge Sachsens vom 1. April 1921

Zu § 2 Abs. 1 S. 2: „Wenn hier bestimmt werden soll, daß Flüge innerhalb eines Flughafens, bei denen nur zum Betriebe des Luftfahrzeugs erforderliche Personen mitgeführt werden, der Zulassung zum Luftverkehre nicht bedürfen sollen, so wird der Begriff "Flughafen" ohne genauere Begrenzung in der Praxis leicht zu Schwierigkeiten führen. Bei früheren Gelegenheiten hat das Reichsamt für Luft- und Kraftfahrwesen [...] den Begriff der Flugplatzzone dahin erklärt, daß darunter der Luftraum zu verstehen ist, von dem ein Flugzeug noch in der Lage ist, den Flugplatz im Gleitfluge zu erreichen. Da die Gleitflugweite von der Flughöhe abhängt und erstere für ein Grenzland wie Sachsen sehr wichtig ist, dürfte zu erwägen sein, den Begriff "Flughafen" im § 2 des Entwurfs genauer zu umgrenzen. Hierzu sei noch folgendes bemerkt: Flughöhe und Gleitflugweite verhält sich wie 1 : 8, d. h. auf 100 m Flughöhe kommen 8 km Gleitflugweite. Da sich die sächsisch - tschechoslowakische Grenze in ca. 30 - 35 km

[1961] GStA PK, I. HA Rep. 84 a, Nr. 1989, Bl. 153; BayHStA, MJu 16713.
[1962] GStA PK, I. HA Rep. 84 a, Nr. 1989, Bl. 153; BayHStA, MJu 16713.
[1963] GStA PK, I. HA Rep. 84 a, Nr. 1989, Bl. 153; BayHStA, MJu 16713.
[1964] GStA PK, I. HA Rep. 84 a, Nr. 1989, Bl. 153/154; BayHStA, MJu 16713.
[1965] GStA PK, I. HA Rep. 84 a, Nr. 1989, Bl. 154; BayHStA, MJu 16713.
[1966] GStA PK, I. HA Rep. 84 a, Nr. 1989, Bl. 154; BayHStA, MJu 16713.
[1967] GStA PK, I. HA Rep. 84 a, Nr. 1989, Bl. 154; BayHStA, MJu 16713.
[1968] GStA PK, I. HA Rep. 84 a, Nr. 1989, Bl. 154; BayHStA, MJu 16713.

Luftlinie von Dresden befindet, würde ein Flugzeug, dessen Führer in 5 000 m Höhe über der Grenze den Motor abstellt, bequem den Flugplatz Dresden - Kaditz erreichen, ohne nochmals Gas geben zu müssen; umgekehrt würde ein Flugzeug, das sich über Dresden in 5 000 m Höhe schraubt, im Gleitfluge in die Tschechoslowakei gelangen. Die Bedenklichkeit solcher Flugplatzzonenflüge ohne Erlaubnis einer Flugwache oder ohne Zulassung des betreffenden Flugzeugs zum Luftverkehre liegt für Sachsen als Grenzland auf der Hand, da die Flugwache, der ein derartiger Flugplatzzonenflug nicht gemeldet wird, machtlos einem etwa im Ausland geplanten schwarzen Fluge gegenübersteht. Selbst wenn die Flugwache beim Start eines solchen Flugzeugs anwesend ist, fehlte ihr jede Möglichkeit, die Nummer des Flugzeugs, den Führer und Halter festzustellen, weil Flugplatzzonenflüge ohne die Zulassungsbescheinigung nach dem Gesetzentwurf ausgeführt werden dürfen. Gewiß soll nicht verkannt werden, daß sogenannte schwarze Flüge auch dann ausgeführt werden können, wenn für jedes Flugzeug eine Zulassungsbescheinigung erforderlich wäre und jeder Flug der betreffenden Flugwache gemeldet werden müßte, immerhin würde aber dadurch die Schwierigkeit der Ausführung eines solchen Fluges erheblich vergrößert."[1969]

Zu § 5: „Fraglich kann sein, ob den Unternehmern von Flugplätzen die Kosten der polizeilichen Überwachung aufzuerlegen sind. Da dies - mindestens zur Zeit - zu weit geht, sind wenigstens die für die Flugplätze nötigen Räume von dem Unternehmer unentgeltlich bereitzustellen. Zu Abs. 4 wird der Zusatz beantragt: „Die Vorschrift des § 26 der Gewerbeordnung findet auf Flughäfen entsprechende Anwendung"."[1970]

Zu § 6 Abs. 1 und Abs. 2: „Wenn im § 6 unter 2 bestimmt ist, daß bei Luftfahrtveranstaltungen, deren Luftfahrtbereich mehrere Länder oder das Ausland berührt, das Reichsamt für Luft- und Kraftfahrwesen die Genehmigung nach Anhörung der Zentralbehörden der berührten Länder zu erteilen hat, so kann diese Bestimmung für Fahrten von Freiballonen nicht gelten, da bei Unlenkbarkeit solcher Ballone bei der Abfahrt noch nicht feststeht, welche Länder von der Fahrt eventuell berührt werden. Es dürfte sich demnach empfehlen, hinter Nr. 2 einzuschalten, daß Ballonveranstaltungen im Inland nur der Genehmigung der Zentralbehörde desjenigen Landes bedürfen, von dem aus die Fahrt angetreten wird. Weiter ist im § 6 vorgesehen, daß die Genehmigung von Luftfahrtveranstaltungen seitens der Zentralbehörde eines Landes in allen Fällen erst nach Anhörung des Reichsamts für Luft- und Kraftfahrwesen erfolgen kann. Dieser Weg erscheint mit Rücksicht darauf, daß nicht nur Entschließungen über eine Veranstaltung durch die Flugplatzunternehmungen oft sehr schnell gefaßt, sondern auch umständliche und kostspielige Vorbereitungen in kürstester Zeit getroffen werden müßten, sehr umständlich. Da doch nur zugelassene Plätze und nur Veranstaltungen durch zugelassene Flieger und Flugzeuge in Frage kommen, dürfte zu erwägen sein, ob nicht eine einmalige grundsätzliche Genehmigung der Landeszentralbehörde für alle Veranstaltungen einer gewissen Art (z. B. Schauflüge, Wettflüge usw.) - und zwar gleichgültig, ob innerhalb oder außerhalb des Flugplatzgeländes - erteilt werden kann. Sollte für bestimmte Veranstaltungen eine jedesmalige Genehmigung unbedingt notwendig erscheinen, so müßte sie von den örtlichen Behörden erteilt werden können. Empfehlenswert wäre, im Abs. 2 Ziffer 1 hinter "Zentralbehörde des Landes" die Worte einzufügen "oder der von dieser zu bestimmenden Behörde".[1971]

[1969]BayHStA, MJu 16713.
[1970]BayHStA, MJu 16713.
[1971]BayHStA, MJu 16713.

Zu § 6 Abs. 4: „Es wird beantragt, den Abs. 4 des § 6 zu streichen, wonach die Vorschriften der §§ 5 und 6 auf Reichsbetriebe keine Anwendung finden sollen. Es liegt kein Grund vor und würde auch der Sache schaden, wenn bei Einrichtung von Flughäfen für Reichsbetriebe die Zustimmung der Landeszentralbehörden nicht eingeholt zu werden brauchte.“[1972]

Zu § 7 Abs. 1: „Vor das Wort "Wasserfläche" muß nochmals das Wort "auf" gesetzt werden, da sonst das einschränkende Adjektiv "nicht eingefriedeten" auch auf Wasserfläche bezogen werden könnte.“[1973]

Zu § 10: „Der Anregung, den § 10 zu streichen, wird widersprochen. Da das Enteignungsrecht, wie auch in der Begründung zu § 10 [...] hervorgehoben ist, seither mit Rücksicht auf Artikel 109 des Einführungsgesetzes zum Bürgerlichen Gesetzbuch in der Hauptsache landesrechtlich geregelt ist, erscheint es nicht unzweckmäßig, wenn einheitlich für das Reichsgebiet bestimmt wird, daß die Enteignung für die Zwecke der Luftfahrt uns insbesondere zur Kennzeichnung von Orten für die Luftfahrt zulässig sein soll.“[1974]

Zu § 11 Abs. 1: „In diesem Paragraphen ist eine Bestimmung einzufügen, nach der auch zur Bestellung des Reichsausschusses für die Luftfahrt durch die Reichsregierung die Zustimmung des Reichsrats erforderlich ist. Abgesehen davon, daß in der Sitzung am 15. April 1920 angeregt und allgemein gebilligt wurde, daß auch die Bestellung des Reichsausschusses für die Luftfahrt der Zustimmung des Reichsrats bedürfe, würde durch eine solche Bestimmung eine erhöhte Gewähr dafür geschaffen, daß die Ausführungsvorschriften zu den §§ 2 bis 9 allenthalben auch den Landesinteressen entsprechen. Unter 2 des § 11 ist hinter "Reichsgrenzen" in Klammern einzusetzen "Zollgrenzen", da sich die Reichsgrenze und Zollgrenze nicht immer decken und das Überfliegen der Reichsgrenze in erster Linie wegen der Zollfrage besonders geregelt werden muß.“[1975]

Zu § 12 Abs. 1: „Hier ist die Frage sehr wichtig, ob - wie dies bei der Fassung des Entwurfs der Fall ist - der Halter des Fahrzeugs auch für den Schaden haftet, der einem Mitfahrenden oder Angestellten entsteht, und ob diese weitgehende Haftung imstande ist, den Luftverkehr wegen der etwaigen Folgen einer solchen Haftung zu erschweren. Wenn auch in der Begründung zu § 12 gesagt ist, daß das Recht des Halters, seine Haftungspflicht in den zulässigen Grenzen durch besondere Abmachung einzuschränken, durch die Bestimmung des § 12 nicht berührt wird, so ist hierbei doch immerhin zu beachten, daß derartige Reserve auf den Aussteller mehr oder weniger den Eindruck mangelnder Sicherheit machen und der Entwicklung des Luftverkehrs entgegenarbeiten werden. Wenn in der Begründung auf die Möglichkeit der Ausstellung solcher Reserve hingewiesen wird, so kann hieraus mit Unrecht geschlossen werden, daß die Verfasser des Entwurfs die vorgesehene Haftung selbst als zu weitgehend ansehen. Wenn für die Eisenbahnen eine solche weitgehende Haftung vorgesehen ist, so findet dies ihre Begründung darin, daß hier - im Gegensatze zu der noch schwachen finanziellen Fundierung des Luftverkehrs - stärkere Organisationen den Verkehr betreiben und diesen infolgedessen die weitergehende Haftung selbstverständlich leichter fällt als dem noch jungen, unausgebauten Luftverkehr. Wenn auch die Sicherheit der Luftverkehrsmittel durch die immer besser werdende Organisation usw. soweit fortgeschritten ist, daß man damit rechnen

[1972]BayHStA, MJu 16713.
[1973]BayHStA, MJu 16713.
[1974]BayHStA, MJu 16713.
[1975]BayHStA, MJu 16713.

kann, daß die Bestimmungen über die Haftpflicht nur in seltenen Ausnahmefällen zur Anwendung kommen werden, so können sich doch - besonders wenn man an den Verkehr mit Riesenflugzeugen denkt - außerordentlich hohe Ansprüche gegenüber den Unternehmungen ergeben. Selbstverständlich könnten entsprechende Versicherungen hierbei sehr ausgleichend wirken, doch würden die Versicherungsprämien derart hoch zu bemessen sein, daß die hierdurch entstehenden Unkosten für größere Verkehrsunternehmungen einer Selbstversicherung gleichkommen würden. Daß die Angestellten des Unternehmens durch Versicherungen gedeckt würden, so daß also bei einer Haftung für diese die Unternehmer den Schaden nicht selbst tragen würden, sei anderseits der Vollständigkeit halber erwähnt. Die Sächsische Regierung beantragt nach alledem, hinter dem zweiten Absatz zu § 12 die Worte einzuschalten: die im Abs. 1 und 2 enthaltenen Vorschriften finden keine Anwendung, wenn zur Zeit des Unfalls der Verletzte oder die geschädigte Sache durch das Luftfahrzeug befördert wurde oder der Verletzte bei dem Betriebe des Luftfahrzeugs tätig war. (Wegen der Höhe der Haftung siehe das zu § 17 Gesagte.) Ebenso wird beantragt, dem § 12 Abs. 2 den Satz anzufügen: Daneben haftet auch der Fahrzeughalter, wenn er die Benutzung durch sein Verschulden ermöglicht hat."[1976]

Zu § 16 Abs. 2 und Abs. 3:
„Im § 16 Abs. 2 sind in Übereinstimmung mit § 13 Abs. 2 des Gesetzes über den Verkehr mit Kraftfahrzeugen vom 3. Mai 1909 (Reichs-Gesetzbl. S. 440, 441) die Vorschriften des § 843 Abs. 2 des Bürgerlichen Gesetzbuchs für entsprechend anwendbar erklärt. Bei Verurteilung zu einer Geldrente kann daher auf Verlangen des Berechtigten gleichzeitig auf Sicherheitsleistung erkannt werden. Wenn demgegenüber im § 16 Abs. 3 bestimmt ist, daß der Berechtigte nachträglich Sicherheitsleistung oder Erhöhung einer solchen verlangen kann, wenn sich die Vermögensverhältnisse des Verpflichteten erheblich verschlechtert haben, so soll der Sinn dieser Vorschrift offenbar nicht der sein, die Vorschrift im Abs. 2 einzuschränken und ein Recht auf Sicherheitsleistung überhaupt erst zuzulassen, wenn sich nach Erlaß des Urteils die Vermögensverhältnisse des Verpflichteten erheblich verschlechtert haben, sondern vielmehr in Übereinstimmung mit § 13 Abs. 3 des Gesetzes über den Verkehr mit Kraftfahrzeugen der, daß bei eingetretener Verschlechterung der Vermögensverhältnisse des Verpflichteten auch noch nachträglich Sicherheitsleistung oder Erhöhung einer solchen verlangt werden kann, wenn entweder im Urteil nicht auf Sicherheitsleistung erkannt worden ist oder die im Urteil bestimmte Sicherheit nicht genügt. Um diesen Sinn klarzustellen, wird es sich, wenn nicht der Wortlaut des § 16 Abs. 3 dem des § 13 Abs. 3 des Gesetzes über den Verkehr mit Kraftfahrzeugen überhaupt enger angepaßt werden soll, mindestens empfehlen, zwischen den Worten "der Berechtigte"und "nachträglich" noch das Wort "auch" einzuschalten."[1977]

„§ 16 Abs. 2, 3 behandelt die Sicherheitsleistung, die im Einzelfalle vom Ersatzberechtigten verlangt werden kann, § 22 dagegen die allgemeine Sicherheit, die im voraus für die möglichen künftigen Schadensfälle zu hinterlegen ist (vgl. die Begründung zu §§ 14 bis 17 S. 16). Ist aber diese allgemeine Sicherheit hinterlegt, so dürfte zu einer besonderen Sicherheitsleistung im Einzelfalle kaum noch ein ausreichendes Bedürfnis bestehen, zumal, da die Tatsachen, von denen nach § 22 Abs. 2 die Anwendung der hinterlegten Sicherheit zur Befriedigung von Haftpflichtansprüchen abhängig ist, in der Hauptsache die üblichen Anzeichen einer erheblichen Verschlechterung der Vermögensverhältnisse zu bilden pflegen und demnach zugleich das Verlangen nach einer Sicherheitsleistung im Sinne von § 16 Abs. 3 begründen

[1976] BayHStA, MJu 16713.
[1977] BayHStA, MJu 16713.

würden. Jedenfalls kann es für den Fahrzeughalter zu einer wirtschaftlichen Gefahr werden, wenn er neben der allgemeinen Sicherheit noch in jedem Einzelfall eine besondere Sicherheit leisten soll. Die Anforderungen an den Fahrzeughalter in dieser Richtung zu überspannen, liegt aber nicht im Interesse einer gedeihlichen Entwicklung des Luftfahrtwesens, die ohnehin schon durch die im Entwurfe vorgesehene reine Erfolgshaftung trotz der im § 17 unternommenen ziffermäßigen Begrenzung der Haftpflicht gefährdet erscheint. Es wird daher vorgeschlagen, dem § 16 noch als Abs. 4 die folgende Vorschrift anzufügen: Eine Sicherheitsleistung nach Abs. 2 oder 3 kann nicht verlangt werden, wenn der Verpflichtete im voraus Sicherheit (§ 22) hinterlegt hat. Wird gleichwohl noch ein besonderer Schutz der Ersatzberechtigten für erforderlich gehalten, so kann angeordnet werden, daß die hinterlegte Sicherheit im Sinne von § 22 auch dann zur Befriedigung verwendet werden darf, wenn der Hinterleger die fälligen Rentenansprüche des Berechtigten nicht befriedigt. In diesem Falle wäre etwa § 22 Abs. 2 Ziffer 2 durch den Zusatz zu ergänzen "oder fällige Rentenansprüche" (§ 16) nicht befriedigt.“[1978]

Zu § 17: „Nach Abs. 1 Ziffer 3 soll der Ersatzpflichtige, wenn Sachen beschädigt werden, nur bis zu 50 000 M haften. Wie aus Abs. 2 und dem § 12 Abs. 1 Ziffer 3 des Gesetzes über den Verkehr mit Kraftfahrzeugen, dem diese Vorschrift nachgebildet ist, hervorgeht, sollen diese 50 000 M die äußerste Grenze der Haftpflicht auch dann bilden, wenn mehrere Sachen derselben Personen oder verschiedener Personen beschädigt werden. Um diesen Sinn zu verdeutlichen, empfiehlt es sich, zwischen den Worten "bis zu" und 50 000 M noch das Wort "insgesamt" einzuschalten.“[1979]

Zu § 19: „Der von anderer Seite beantragten Streichung des § 19 kann von hier aus nicht zugestimmt werden, da dieser § dem schutzwürdigen Interesse des Ersatzpflichtigen dient (vgl. Begründung Seite 17). Dagegen empfiehlt es sich, die Frist von 2 Monaten auf 3 auszudehnen und in Zeile 3 hinter die Worte "diesem" einzuschalten "oder der Ortsbehörde des Schadensfalls oder der Ortsbehörde seines Wohn- und Aufenthaltsorts, die hiervon dem Ersatzpflichtigen unverzüglich Mitteilung zu machen haben". Dieser Antrag rechtfertigt sich damit, daß dem Ersatzpflichtigen möglichst bald Gewißheit darüber verschafft werden muß, ob und welche Ersatzansprüche gegen ihn geltend gemacht werden, und daß ihm gleichzeitig ermöglicht wird, eine tunlichst baldige Feststellung des Schadens herbeizuführen.“[1980]

Zu § 22: „Die Bestimmung, daß der Nachweis des Abschlusses einer Haftpflichtversicherung oder die Hinterlegung einer Sicherheit dann nicht nötig ist, wenn der Halter oder Unternehmer das "Reich" oder ein "Land" ist, ist auszudehnen auf den Fall, daß eine "Gemeinde" Halter oder Unternehmer ist; daß es sich hierbei nicht um kleine leistungsfähige Gemeinden handeln wird, ist nach Lage der Sache anzunehmen.“[1981]

Zu § 23: „Im Hinblick auf die Geldentwertung wird beantragt, das Strafmaß - insbesondere auch für das Überfliegen der Reichs- und Zollgrenzen (§ 11) - wesentlich zu erhöhen.“[1982]

[1978]BayHStA, MJu 16713.
[1979]BayHStA, MJu 16713.
[1980]BayHStA, MJu 16713.
[1981]BayHStA, MJu 16713.
[1982]BayHStA, MJu 16713.

6. *Die Anträge Bayerns vom 3. Mai 1921*

Antrag Nr. 1 zu § 6 lautete: „Wenn auch der Entwurf sich bemüht, den Bedenken gegen die Zusammenfassung aller auch der untergeordneten Fragen der Luftfahrt beim Reichsamt für Luft- und Kraftfahrwesen Rechnung zu tragen und mehrfach eine erweiterte und entscheidende Mitwirkung der Länder vorsieht, so erscheinen doch in der Zuständigkeitsregelung nach § 6 die Interessen der Länder nicht als genügend gewahrt. Abs. 2 dieser Vorschrift knüpft den Betrieb von Luftfahrtunternehmungen, deren Luftfahrtbereich sich auf ein Land beschränkt, an die Genehmigung der Landeszentralbehörde nach Anhörung des Reichsamts für Luft- und Kraftfahrwesen; über die Zulassung von Unternehmungen, die mehrere Länder oder das Ausland berühren, soll umgekehrt das Reichsamt nach Anhörung der Länder Entscheidung treffen. Das hierdurch den Ländern eingeräumte Recht der Mitwirkung in eigener Zuständigkeit wird praktisch nahezu ohne Bedeutung sein. Die Gebiete der Gliedstaaten, Preußen vielleicht ausgenommen, sind räumlich zu wenig ausgedehnt, als daß ein auf ihren Bereich beschränktes Luftfahrtunternehmen mit Aussicht auf Bestand und Gewinn ins Leben gerufen werden könnte. Luftfahrtunternehmungen werden nur auf großen Strecken in einen rentierenden Wettbewerb mit anderen Verkehrsmitteln treten können. Die berechtigten Interessen der Länder werden bei dieser Sachlage nur gewahrt werden können, wenn ihnen bei der die Regel bildenden Genehmigung nach Ziffer 2 [...] eine entscheidende Einflußnahme gesichert wird. Diese ist nur dann gewährleistet, wenn die Genehmigung durch das Reichsamt nicht von der im Entwurfe vorgesehenen, das Reichsamt nicht bindenden Anhörung, sondern von dem Einverständnisse der Landeszentralbehörden abhängig gemacht wird. Umgekehrt wäre in Ziffer 1 dem Reichsamt das gleiche Recht einzuräumen."[1983]

Antrag Nr. 2 zu § 9 lautete: „Hinsichtlich der Mitführung von Lichtbildgerät sind die mit der Landesvermessung befaßten Zentralbehörden der Länder wesentlich interessiert. An Stelle des Wortes "Reichsbehörden" wäre daher zu setzen "Reichs- und Landesbehörden"."[1984]

Antrag Nr. 3 zu § 25 lautete: „Die im § 23 vorgesehene Geldstrafe bis zu 150 M ist unter den gegebenen Verhältnissen völlig unzulänglich; sie ist angemessen, auf etwa 3 000 M, zu erhöhen."[1985]

7. *Ergebnis der Reichsratsberatungen*

- Inhaltliche Änderungen der Reichsratsvorlage

Die inhaltlichen Änderungen sind oben auf S. 270 ff. zusammengestellt.

- Redaktionelle Änderungen der Reichsratsvorlage

- § 2 Abs. 1 S. 2 erhielt hinter den Worten „eines Flughafens" folgenden Zusatz: „(§ 5)".
- § 3 Abs. 3 bis 5 wurden redaktionell geändert.
- In § 5 Abs. 1 S. 1 hieß es nicht mehr „angelegt und unterhalten", sondern „beibehalten oder angelegt". § 5 Abs. 2 wurde gegenüber dem Vorentwurf sprachlich vereinfacht. § 5

[1983] BA Berlin-Li., R 30.01, Nr. 7005, Bl. 28/28 v; BayHStA, MJu 16713.
[1984] BA Berlin-Li., R 30.01, Nr. 7005, Bl. 28 v; BayHStA, MJu 16713.
[1985] BA Berlin-Li., R 30.01, Nr. 7005, Bl. 28 v; BayHStA, MJu 16713.

Abs. 3 des Vorentwurfs, der Flughafenzonen mit Flughäfen gleichstellte, wurde in § 6 integriert. Durch diese Änderungen wurde klargestellt, daß die Regelung des § 2 Abs. 1 S. 2 nicht für Flughafenzonen galt.

- In § 9 Abs. 4 hieß es entgegen § 6 Abs. 4 des Vorentwurfs nicht mehr „[d]ie Vorschriften der §§ 5 und 6 [...]", sondern „[d]ie vorstehenden Vorschriften [...]."
- In § 10 Abs. 1 S. 2 wurde das Wort „auf" vor dem Wort „Wasserflächen" eingefügt. Diese Ergänzung entsprach den Anträgen Sachsens und des Verbandes Deutscher Flugzeug-Industrieller GmbH[1986]. Die Antragsteller beabsichtigten damit klarzustellen, daß sich das einschränkende Adjektiv „nicht eingefriedeten" nicht auch auf Wasserflächen bezog.
- In § 12 wurde die Zuständigkeit anders als nach § 9 des Vorentwurfs nicht mehr den zuständigen Reichsbehörden sondern den jeweils „zuständigen Behörden" übertragen. Diese Änderung wurde durch den Antrag Bayerns - Nr. 2 - veranlaßt.
- In § 13 Abs. 1 S. 1 wurde nicht mehr wie in § 10 Abs. 1 S. 1 von „dem Eigentümer des Grundstücks", sondern von „dem Berechtigten" gesprochen.
- § 14 erhielt in Absatz 1 eine neue Nummer vier und einen neuen zweiten Absatz. In § 14 Abs. 1 Nr. 1 wurde in Ergänzung des § 11 Nr. 1 des Vorentwurfs auch „§ 25" aufgeführt. In Übereinstimmung mit den Anträgen Preußens - Nr. 7 - und Sachsens, denen der Antrag Württembergs - Nr. 3 - zugrunde lag, wurden in § 14 Abs. 1 Nr. 2 neben den Reichsgrenzen auch die Zollgrenzen berücksichtigt.
- § 19 Abs. 3 S. 1 wurde gegenüber dem § 16 Abs. 3 S. 1 des Vorentwurfs um das Wort „auch" vor den Worten „nachträgliche Sicherheitsleistung" ergänzt. Diese Änderung entsprach dem Antrag Sachsens.
- In Übereinstimmung mit dem Antrag Preußens - Nr. 9 - wurden die §§ 17 Abs. 1 und 19 Abs. 1 gegenüber den §§ 14 Abs. 1 und 16 Abs. 1 des Vorentwurfs ergänzt. § 17 Abs. 1 S. 1 erhielt den Zusatz: „oder sein Fortkommen erschwert war." § 19 Abs. 1 erhielt den Zusatz: „oder wegen Erschwerung seines Fortkommens [...]." Preußen beabsichtigte damit klarzustellen, daß in den Fällen der §§ 17 und 19 die Erschwerung des Fortkommens bei der Festsetzung der Entschädigung zu berücksichtigen war.
- § 20 Abs. 1 Nr. 3 erhielt gegenüber der Regelung des § 17 Abs. 1 Nr. 3 des Vorentwurfs den Zusatz „insgesamt", Diese Änderung entsprach dem Antrag Sachsens. Damit sollte nach Sachsens Auffassung klargestellt werden, daß die Haftungshöchstgrenze bei Sachbeschädigungen auch dann gelte, wenn mehrere Sachen derselben Personen beschädigt würden. Dies ergebe sich aus Absatz 2 der Regelung und aus § 12 Abs. 1 Nr. 3 KFG.
- Die Anmeldefrist des § 19 S. 1 des Vorentwurfs wurde in § 22 S. 1 entsprechend den Anträgen Preußens - Nr. 11 - Sachsens und Württembergs - Nr. 8 - um einen Monat verlängert. Die Worte „vom Schaden" des § 19 S. 2 des Vorentwurfs wurden in § 22 S. 2 durch die Worte „vom Unfall" ersetzt.
- In § 25 Abs. 4 S. 1 wurde die Frist von drei Monaten auf vier Monate heraufgesetzt.
- Der § 26 erhielt in seinem ersten Halbsatz gegenüber dem § 23 des Vorentwurfs eine präzisere Fassung.

[1986] Wiedergabe der Anträge und aller weiteren im Anhang: C. I. 1. bis 6..

II. Die Beratungen des 33. Ausschusses des Reichstags über den Entwurf eines Luftverkehrsgesetzes

1. Änderungsvorschläge der Reichsregierung zur ersten und zweiten Lesung[1987]

Zu § 2: Es wurde vorgeschlagen, in Abs. 1 S. 2 den Einschub „(§ 5)" durch „(§§ 5 und 6)" zu ersetzen. Außerdem sollten die Worte „zum Betriebe [...] erforderliche Personen" durch „für den Betrieb [...] bestimmte Personen" ersetzt werden. Damit sollte verhindert werden, daß jedesmal überprüft werden müsse, ob die einzelnen mitgeführten Personen auch wirklich erforderlich seien. Im übrigen wurde vorgeschlagen die Worte „Das gilt nicht von" durch die Worte „Das gilt nicht für" zu ersetzen.

Zu § 3: In Abs. 1 S. 1 sollten die Worte „Wer in der Luft ein Luftschiff" durch die Worte „Wer ein Luftschiff" ersetzt werden. Zur Begründung wurde angeführt, der Begriff in der Luft könne zweifelhaft sein, wenn z. B. ein aus der Halle genommenes und auf dem Erdboden festgehaltenes Luftschiff aufgestiegen sei.
Es wurde vorgeschlagen, in Abs. 1 S. 1 hinter dem Wort „Wer" das Wort „bestimmungsgemäß" einzufügen und zusätzlich hinter dem Wort „oder" das Wort „bestimmungsgemäß" zu streichen.
In Abs. 1 S. 2 sollten die Worte „Das gilt nicht bei solchen Flügen" durch die Worte „Das gilt nicht für solche Flüge" ersetzt werden.
In § 3 Abs. 1 S. 2 sollten wie in § 1 Abs. 1 S. 2 die Worte „zum Betriebe [...] erforderliche Personen" durch „für den Betrieb [...] bestimmte Personen" ersetzt werden.
Ferner sollte Abs. 1 S. 4 gestrichen werden. Er sei überflüssig, da inzwischen der Abs. 1 S. 1 die Definition des Luftfahrers erhalten habe[1988].
Der Abs. 2 sollte im Hinblick auf § 27 folgende Fassung erhalten: „Bei Uebungs- und Prüfungsfahrten in Begleitung von Lehrern gelten die Lehrer als diejenigen, die das Luftfahrzeug führen oder bedienen."

Zu § 5: Es wurde vorgeschlagen, den Abs. 2 dem § 9 Abs. 2 anzupassen und folgende Fassung zu geben: „Die Genehmigung ist zu versagen, wenn Tatsachen dafür vorliegen, daß der Flughafen oder der in Aussicht genommene Platz ungeeignet ist oder dafür, dass der Betrieb unzuverlässig geführt wird oder geführt werden kann; ergeben sich später solche Tatsachen, so ist die Genehmigung zurückzuziehen."
In Abs. 3 sollten die Worte „finden auf [...] keine Anwendung" durch die Worte „gelten nicht für" ersetzt werden.

Zu § 7: Hinter das Wort „bereitzustellen" sollten die Worte „und zu unterhalten" gesetzt werden.

Zu § 8: Die Worte „finden auf" sollten durch die Worte „gelten für" ersetzt werden.

Zu § 9: In Abs. 4 sollten die Worte „finden auf" durch die Worte „gelten für" ersetzt werden.

[1987] BA Berlin-Li., R 01.01, Nr. 2993, Bl. 57 ff..
[1988] BA Berlin-Li., R 01.01, Nr. 2993, Bl. 57.

Zu § 10: Der Abs. 2 sollte folgende Fassung erhalten: „Die Besatzung ist verpflichtet, über die Persönlichkeit des Halters und Führers des Luftfahrzeugs dem Berechtigten Auskunft zu geben. Nach Feststellung der Persönlichkeiten darf der Berechtigte die Weiterfahrt oder die Beförderung des Luftfahrzeugs nicht verhindern."

Zu § 12: Das Wort „Funkgerät" sollte durch das Wort „Gerät zur drahtlosen Nachrichtenübermittlung" ersetzt werden. Die Worte „der jeweils zuständigen Behörde" sollten gestrichen werden, da sie für formell und materiell inhaltslos gehalten wurden und da auch sonst nicht (abgesehen von § 9 Abs. 2) auf Behörden verwiesen wurde.

Zu § 13: In Abs. 1 sollten statt „Eigentum sowie sonstige Rechte" die Worte „Eigentum und sonstige Rechte" gesetzt werden.

Zu § 16: Es wurde vorgeschlagen, statt „Bei der Entstehung" die Worte „Bei Entstehung" zu setzen. Die Worte „so finden die Vorschriften des § 254 des Bürgerlichen Gesetzbuchs [...] Anwendung" sollten durch die Worte „so gilt § 254 des Bürgerlichen Gesetzbuchs" ersetzt werden. Die Worte „im Falle der Beschädigung einer Sache das Verschulden desjenigen, der die tatsächliche Gewalt darüber ausübt, dem Verschulden des Verletzten gleichsteht" sollten durch die Worte „bei Beschädigung einer Sache steht das Verschulden desjenigen, der [...] ausübt dem Verschulden des Verletzten gleich" ersetzt werden.

Zu § 17: In Abs. 1 sollte statt „im Falle der Tötung" „bei Tötung" gesetzt werden. Außerdem sollte im ersten Absatz statt „demjenigen zu ersetzen" „dem zu ersetzen" gesetzt werden.

Zu § 18: Statt der Worte „Im Falle der" sollte das Wort „Bei" gesetzt werden.

Zu § 19: Es wurde vorgeschlagen, in Abs. 1 statt der Worte „wegen Aufhebung" und „wegen Vermehrung" die Worte „für Aufhebung" und „für Vermehrung" zu gebrauchen. In Abs. 1 sollte statt der Worte „durch Entrichtung einer Geldrente" nur das Wort „Geldrente" gesetzt werden. In Abs. 2 sollten die Worte „Die Vorschriften des" gestrichen werden. Im zweiten Absatz sollte das Wort „des" vor § 708 Nr. 6 gestrichen werden.

Zu § 21: In Abs. 1 sollte der Druckfehler „§§ 12 bis 16" beseitigt werden durch den Einschub „§§ 15 bis [20]". In Abs. 2 sollten die Worte „bis der eine oder andere Teil sich weigert" durch die Worte „bis ein Teil die Fortsetzung der Verhandlungen verweigert" ersetzt werden.

Zu § 22: In Abs. 2 sollte es statt „Dieser Rechtsverlust" „Der Rechtsverlust" heißen.

Zu § 24: Hinter die Worte „beim Betrieb" sollten die Worte „eines Luftfahrzeugs" gesetzt werden. Hinter die Worte „der Halter" sollten die Worte „oder Benutzer (§ 15 Abs. 2)" gesetzt werden.

Zu § 25: In Abs. 1, 2, 3 und 4 sollte übereinstimmend das Wort „Schadensersatzforderungen" gebraucht werden. In Abs. 1 sollte das Wort „Dritter" gestrichen werden, da es für irreführend gehalten wurde.

Zu § 26: Es wurde der Zusatz vorgeschlagen: „soweit nicht nach anderen Strafgesetzen eine höhere Strafe verwirkt ist."

Zu § 27: Zur Verbesserung der Formulierung des Abs. 1 Nr. 4 wurde vorgeschlagen, folgenden Nebensatz aufzunehmen: „die nicht im Besitz des Luftfahrerscheins ist oder der die Erlaubnis entzogen ist“. In Abs. 1 Nr. 5 sollten die Worte „oder nach Zurückziehung der Genehmigung“ als überflüssig gestrichen werden, da diese Alternative von der Formulierung „ohne Genehmigung“ bereits erfaßt sei.

Zu § 29: In Abs. 1 sollten die Worte „in denen“ durch das Wort „wo“ ersetzt werden. In Abs. 1 sollten statt der Worte „geltend gemacht wird“ die Worte „geltend gemacht ist“ gesetzt werden. In Abs. 1 sollten hinter die Worte „die Verhandlung“ die Worte „und Entscheidung“ gesetzt werden. Der Abs. 2 sollte mit den Worten beginnen: „Für Klagen, die auf Grund des 2. Abschnitts dieses Gesetzes [...]“. Die Worte „das schädigende Ereignis stattgefunden hat“ sollten durch die Worte „der Unfall eingetreten ist“ ersetzt werden. Zur Begründung wurde angeführt, regelmäßig sei nur schwer feststellbar, wo das Betriebsereignis stattgefunden habe. Ein Unfall sei dagegen überall da eingetreten, wo sich der zum Schadensersatz verpflichtende Tatbestand verwirklicht habe, also auch dort, wo die schädigende Einwirkung stattgefunden habe.

Es wurde vorgeschlagen, in der Unterüberschrift des 3. Abschnitts das Wort „Schlußbestimmung“ durch „Schlußbestimmungen“ zu ersetzen.

Zu § 30: Es wurde vorgeschlagen, eine Vorschrift über das Inkrafttreten des Gesetzes mit folgender Fassung aufzunehmen: „Das Gesetz tritt mit dem [...], sein zweiter Abschnitt - Vorschriften über die Haftpflicht - aber schon mit dem [...] in Kraft.“

2. *Die Sitzungen des 33. Ausschusses in erster Lesung*[1989]

- 1. Sitzung vom 28. September 1921

In der 1. Sitzung konstituierte sich der Ausschuß und wählte den Abgeordneten *Weiß* (DDP) zum Vorsitzenden, den Abgeordneten *von Kemnitz* (DVP) zum stellvertretenden Vorsitzenden sowie den Abgeordneten *Reyfes* (Z) zum Schriftführer.

- 2. Sitzung vom 11. November 1921

Unter dem Vorsitz des Abgeordneten *Weiß* (DDP) wurde in der Sitzung vom 11. November 1921[1990] in erster Lesung beraten. Es lagen folgende schriftliche Anträge vor:
Antrag Nr. 1 der Abgeordneten *Weiß* (DDP) und *Gildemeister* (DVP) lautete: „Der Ausschuß wolle beschließen, im § 2 die Einleitungsworte als Absatz 1 aufzunehmen: Der Betrieb von Luftfahrtunternehmungen in Deutschland ist den deutschen Staatsangehörigen und deutschen Gesellschaften vorbehalten, die Zulassung von Ausländern und ausländischen Gesellschaften zum Betriebe von Luftfahrtunternehmungen bedarf einer besonderen Genehmigung.“[1991]

[1989] Die separat gefundenen Anträge und die Parteizugehörigkeit wurden von der Verfasserin eingefügt.
[1990] BA Berlin-Li., R 01.01, Nr. 2993, Bl. 4 ff..
[1991] BA Berlin-Li., R 01.01, Nr. 2993, Bl. 8.

Antrag Nr. 2 der Abgeordneten *Steinkopf* (S), *Schumann* (S) und *Lübbring* (S) lautete: „Der Ausschuß wolle beschließen: im § 14 Satz 1 nach dem Wort "Reichsrats" einzufügen "und eines vom Reichstag bestimmten Ausschusses"."[1992]

Eine Abstimmung über diese Anträge wurde ausgesetzt. Die Sitzung endete mit folgenden Ergebnissen:
§ 1 wurde angenommen, über § 2 wurde die Abstimmung ausgesetzt. § 3 wurde angenommen. *Bredow* erklärte dazu, daß die Regelung eines Rechtsmittelverfahrens gegen die nach § 3 zu treffenden Entscheidungen in den Ausführungsvorschriften beabsichtigt sei[1993].
§ 4 wurde in der Fassung des Regierungsentwurfs mit einer Änderung des zweiten Absatzes, in dem die Worte „wird versagt" durch die Worte „ist zu versagen" ersetzt wurden, angenommen.

- 3. Sitzung vom 18. November 1921

Die Beratungen der 3. Sitzung wurden nicht überliefert.

- 4. Sitzung vom 27. Januar 1922

Unter dem Vorsitz des Abgeordneten *Weiß* (DDP) wurde die erste Lesung in der Sitzung vom 27. Januar 1922[1994] fortgesetzt. Zusätzlich lagen folgende schriftliche Anträge vor:
Antrag Nr. 4[1995] der Abgeordneten *Gildemeister* (DVP) und *Deermann* (CP) lautete: „Der Ausschuß wolle beschließen, im § 9 letzter Absatz hinter dem Wort "Postverwaltung" einzuschalten: nach Maßgabe des regelmäßig für diesen Zweck verfügbaren Raumes."[1996]
Antrag Nr. 5 der Abgeordneten *Schumann* ((S) und *Lübbring* (S) lautete: „Der Ausschuß wolle beschließen, im § 10 Abs. 1 dem Satz 1 folgende Fassung zu geben: Luftfahrzeuge dürfen, außer in Notfällen, nur in Flughäfen und außerhalb geschlossener Ortschaften nur auf nicht eingefriedigten Grundstücken oder Wasserflächen landen usw."[1997]
Antrag Nr. 6 der Abgeordneten *Weiß* (DDP), *Deermann* (CP), *Barth* (DNV) und *Sievers* (DH) lautete: „Der Ausschuß wolle beschließen,
1. hinter § 1 als § 1 a einzufügen: § 1 a.
Luftfahrzeuge sind in ein Verzeichnis einzutragen (Luftfahrzeugrolle) und haben die deutsche Flagge zu führen. Ausnahmen sowie Form und Art der Führung der Flagge bestimmt der Reichsverkehrsminister.
Die Eintragung erfolgt nur, wenn das Fahrzeug im ausschließlichen Eigentum von Reichsangehörigen steht. Ihnen werden gleichgeachtet offene Handelsgesellschaften und Kommanditgesellschaften, wenn die persönlich haftenden Gesellschafter sämtlich Reichsangehörige sind: andere Handelsgesellschaften, eingetragene Genossenschaften und juristische Personen, wenn sie im Inland ihren Sitz haben, Kommanditgesellschaften auf Aktien jedoch nur dann, wenn die persönlich haftenden Gesellschafter sämtlich Reichsangehörige sind.

[1992]BA Berlin-Li., R 01.01, Nr. 2993, Bl. 8.
[1993]BA Berlin-Li., R 01.01, Nr. 2993, Bl. 4.
[1994]BA Berlin-Li., R 01.01, Nr. 2993, Bl. 15 ff..
[1995]Antrag Nr. 3 wurde nicht überliefert.
[1996]BA Berlin-Li., R 01.01, Nr. 2993, Bl. 18.
[1997]BA Berlin-Li., R 01.01, Nr. 2993, Bl. 18.

2. im § 9 dem Abs. 3 folgenden Satz 2 hinzuzufügen: Sie kann versagt werden, wenn der Unternehmer oder der Veranstalter Ausländer ist oder Luftfahrzeuge verwenden will, die nicht in die deutsche Luftfahrzeugrolle eingetragen sind."[1998]

Der Ausschuß faßte folgende Beschlüsse:
Die §§ 5 bis 8 wurden angenommen. § 9 wurde unter Berücksichtigung des Antrags Nr. 4 beschlossen.
§ 10 Abs. 1 wurde in der Fassung des Antrags Nr. 5 beschlossen.
§ 10 Abs. 2 wurde unverändert angenommen.
Über den Antrag Nr. 6 wurde eine Beratung bis zur nächsten Sitzung ausgesetzt.

- 5. Sitzung vom 11. Februar 1922

Unter dem Vorsitz des Abgeordneten *Weiß* (DDP) wurde die erste Lesung in der Sitzung vom 11. Februar 1922[1999] fortgesetzt.
Zusätzlich lagen folgende schriftliche Anträge vor:
Antrag Nr. 7 des Abgeordneten *Schumann* (S) lautete: „Der Ausschuß wolle beschließen: im § 12 Zeile 2 hinter dem Wort "Sprengstoffe" einzufügen "giftige Gase"."[2000]
Antrag Nr. 8 des Abgeordneten *Schumann* (S) lautete: „Der Ausschluß wolle beschließen: im § 14 Abs. 4 Ziffer 4 das Wort "Reichsausschusses" zu streichen und dafür zu setzen "Beirats"."[2001]
Antrag Nr. 9 des Abgeordneten *von Kemnitz* (DVP) lautete: „Der Ausschuß wolle beschließen: im § 15
a) im Abs. 1 hinter dem Wort "Luftfahrzeugs" einzufügen "infolge eines Unfalls",
b) im Abs. 2 hinter dem Wort "Fahrzeughalters" einzufügen "oder wird es mit seinem Wissen und Willen von einer Behörde benutzt, so sind diese",
c) im Abs. 2 die Worte "so ist er" zu streichen."[2002]
Antrag Nr. 10 des Abgeordneten *Weiß* (DDP) lautete: „Der Ausschuß wolle beschließen:
1. im § 19 (jetzt § 20) Abs. 2 Satz 1 hinter den Worten „gelten entsprechend" einzufügen: "mit der Maßgabe, daß auch der nach § 17 Abs. 2 berechtigte Dritte beim Vorliegen eines wichtigen Grundes Kapitalabfindung statt der Rente verlangen kann".
2. Im § 20 (jetzt § 19) Abs. 2 hinter den Worten "Abs. 1 Nr. 1 und 3" zu setzen: "oder die Entschädigung, die im Falle des § 17 Abs. 2 mehreren Unterhaltsberechtigten nach Abs. 1 Nr. 1"."[2003]
Antrag Nr. 11 der Abgeordneten *Esser* (Z), *Weiß* (DDP), *Schumann* (S) und *Deermann* (CP) lautete: „Der Ausschuß wolle beschließen: im § 20
a) in Ziffer 1 statt der Worte "300 000 Mark Kapital oder bis zu 20 000 Mark Jahresrente" zu setzen "1 000 000 Mark Kapital oder bis zu 50 000 Mark Jahresrente".
b) in Ziffer 2 statt der Worte "1 000 000 Mark Kapital oder bis zu 100 000 Mark Jahresrente" zu setzen "2 500 000 Mark Kapital oder bis zu insgesamt 250 000 Mark Jahresrente".
c) in Ziffer 3 statt der Worte "insgesamt 100 000 Mark" zu setzen "500 000 Mark"."[2004]

[1998] BA Berlin-Li., R 01.01, Nr. 2993, Bl. 18.
[1999] BA Berlin-Li., R 01.01, Nr. 2993, Bl. 19 ff..
[2000] BA Berlin-Li., R 01.01, Nr. 2993, Bl. 22.
[2001] BA Berlin-Li., R 01.01, Nr. 2993, Bl. 23.
[2002] BA Berlin-Li., R 01.01, Nr. 2993, Bl. 23.
[2003] BA Berlin-Li., R 01.01, Nr. 2993, Bl. 22.
[2004] BA Berlin-Li., R 01.01, Nr. 2993, Bl. 22.

Antrag Nr. 12 des Abgeordneten *Weiß* (DDP) lautete: „Der Ausschuß wolle beschließen in § 17
a) in Abs. 1 statt der Worte "der Beerdigung" zu setzen "der Bestattung".
b) Im Abs. 2 vorletzte Zeile statt der Worte "der Verletzung" zu setzen "des Unfalls"."[2005]

Der Ausschuß kam zu folgenden Beratungsergebnissen:
§ 11 wurde angenommen.
§ 12 wurde unter Berücksichtigung des Antrags Nr. 7 angenommen.
§ 13 wurde angenommen.
§ 14 wurde unter Berücksichtigung des Antrags Nr. 8 angenommen.
Der Antrag Nr. 2 wurde abgelehnt.
§ 15 wurde unter Berücksichtigung des Antrags Nr. 9 a angenommen. Die Anträge Nr. 9 b und c wurden zurückgezogen.
§ 16 wurde angenommen.
§ 17 wurde unter Berücksichtigung des Antrags Nr. 12 angenommen.
§ 18 wurde mit einer geringfügigen Änderung angenommen. Danach hieß es nicht mehr: „seine Bedürfnisse vermehrt oder sein Fortkommen erschwert sind", sondern „sein Fortkommen erschwert ist oder seine Bedürfnisse vermehrt sind".
Die §§ 19 und 20 wurden in der Reihenfolge umgestellt.
§ 19 (früher 20) wurde unter Berücksichtigung der Anträge Nr. 10 Nr. 2 und Nr. 11 angenommen.
§ 20 (früher 19) wurde unter Berücksichtigung des Antrags Nr. 10 Nr. 1 und mit einer weiteren Änderung in der 2. Zeile des Abs. 3, die das Wort „auch" durch das Wort „noch" ersetzte, angenommen.

- 6. Sitzung vom 16. Februar 1922

Unter dem Vorsitz des Abgeordneten *Weiß* (DDP) wurden die Beratungen in der Sitzung vom 16. Februar 1922[2006] fortgesetzt. Zusätzlich lagen folgende schriftliche Anträge vor:
Antrag Nr. 13 der Abgeordneten *Weiß* (DDP), *Esser* (Z), *Deermann* (CP), *von Kemnitz* (DVP), *Schumann* (S) und *Maxin* (DNV) lautete: „Der Ausschuß wolle beschließen:
1. hinter § 1 folgende Vorschrift einzustellen: § 1 a.
Luftfahrzeuge dürfen in Deutschland nur verkehren, wenn sie in das Verzeichnis der deutschen Luftfahrzeuge (Luftfahrzeugrolle) eingetragen sind. Die Eintragung erfolgt nur, wenn das Luftfahrzeug zugelassen (§ 2) ist und im ausschließlichem Eigentum von Reichsangehörigen steht. Ihnen werden gleichgeachtet offene Handelsgesellschaften und Kommanditgesellschaften, wenn die persönlich haftenden Gesellschafter sämtlich Reichsangehörige sind; andere Handelsgesellschaften, eingetragene Genossenschaften und juristische Personen, wenn sie im Inland ihren Sitz haben, Kommanditgesellschaften auf Aktien jedoch nur dann, wenn die persönlich haftenden Gesellschafter sämtlich Reichsangehörige sind. Eingetragene Luftfahrzeuge haben ein deutsches Hoheitszeichen zu führen. Ausnahmen von der Vorschrift des Abs. 1 sowie Form und Art der Führung des Hoheitszeichens bestimmt die Reichsregierung.
2. im § 2 Abs. 1 den Satz 2 durch folgende Bestimmungen zu ersetzen: Die Zulassung erfolgt nur, wenn das Luftfahrzeug den Anforderungen der Verkehrssicherheit genügt. Der Zulassung bedarf es nicht für Flüge innerhalb eines Flughafens (§§ 5 und 6), bei denen nur zum Betriebe des Luftfahrzeugs erforderliche Personen mitgeführt werden.

[2005] BA Berlin-Li., R 01.01, Nr. 2993, Bl. 24.
[2006] BA Berlin-Li., R 01.01, Nr. 2993, Bl. 25 ff..

3. im § 9 dem Abs. 3 folgende Fassung zu geben: Die Genehmigung ist zu versagen, wenn kein Bedürfnis besteht oder Tatsachen dafür vorliegen, daß die öffentliche Sicherheit oder Ordnung gefährdet werden kann; ergeben sich später solche Tatsachen, so ist die Genehmigung zurückzuziehen."[2007]
Antrag Nr. 14 des Abgeordneten *von Kemnitz* (DVP) lautete: „Der Ausschuß wolle beschließen: dem Gesetz einen § 30 folgenden Wortlauts hinzuzufügen: § 30.
Die Einrichtung von Arbeitnehmervertretungen für die Betriebe des Luftverkehrs wird durch besonderes Gesetz geregelt."[2008]

Als Ergebnis der Ausschußberatung ist festzuhalten:
Der Antrag Nr. 13 wurde angenommen.
Der Antrag Nr. 14 wurde zur zweiten Lesung zurückgestellt.
Die §§ 21, 22, 24, 25, 26, 27 und 29 wurden unter Berücksichtigung der Vorschläge der Reichsregierung (zu §§ 21, 22, 24, 25, 26 und 27) angenommen. Darüber hinaus wurden die §§ 23 und 28 angenommen.

3. *Ergebnis der ersten Lesung*

Erwähnenswert waren die gesetzliche Regelung einer Eintragungspflicht für Luftfahrzeuge in eine Luftfahrzeugrolle (§ 1 a), die Erhöhung der Haftungshöchstsummen in § 19 Abs. 1 entsprechend dem Antrag Nr. 11 und die Ergänzungen der §§ 9 Abs. 3 und 20 Abs. 2 [2009].

4. *Die Sitzungen des 33. Ausschusses in zweiter Lesung*

- 7. Sitzung vom 23. Februar 1922

Unter dem Vorsitz des Abgeordneten *Weiß* (DDP) wurde in der Sitzung vom 23. Februar 1922[2010] mit der zweiten Lesung begonnen. Es lagen zusätzlich folgende schriftliche Anträge vor:
Antrag Nr. 15 des Abgeordneten *Gildemeister* (DVP) lautete: „Der Ausschuß wolle beschließen:
1. im § 4 den Abs. 2 wie folgt zu fassen: Die Erteilung der Genehmigung ist davon abhängig, daß der Bewerber seine Befähigung zur Ausübung des Gewerbes nachgewiesen hat.
2. im § 9 Abs. [3] hinter den Worten "gefährdet werden kann" einzuschalten: "sie kann versagt werden, wenn der Unternehmer Luftfahrzeuge verwenden will, die nicht als sein Eigentum in die Luftfahrzeugrolle (§ 1 a) eingetragen sind".
3. die §§ 15, 16, 17, 18, 20, 21, 22, 23, 24 durch folgende Bestimmung zu ersetzen: Auf die Haftpflicht des Fahrzeughalters und des Flugzeugführers finden die Bestimmungen der §§ 7, 8 Abs. 1, 9, 10, 11, 13, 14, 15, 16, 17, 18, 19 und 20 des Gesetzes über den Verkehr mit Kraftfahrzeugen vom 3. Mai 1909 (Reichsgesetzblatt Nr. 26 S. 437 ff.) entsprechende Anwendung; im übrigen gelten die folgenden Bestimmungen: usw.

[2007]BA Berlin-Li., R 01.01, Nr. 2993, Bl. 34.
[2008]BA Berlin-Li., R 01.01, Nr. 2993, Bl. 34.
[2009]Vgl. auch Zusammenstellung des Entwurfs eines Luftverkehrsgesetzes - Nr. 2504 der Drucksachen - mit den Beschlüssen des 33. Ausschusses in erster Lesung, zit. nach BA Berlin-Li., R 01.01, Nr. 2993, Bl. 35 ff..
[2010]BA Berlin-Li., R 01.01, Nr. 2993, Bl. 39/39 v.

(Es folgen dann die Bestimmungen der jetzigen §§ 19 und 25 der ersten Lesung.).“[2011]
Antrag Nr. 16 des Abgeordneten *Weiß* (DDP) lautete: „Der Ausschuß wolle beschließen:
1. im § 1 a statt der Absätze 3 und 4 zu setzen: Eingetragene Luftfahrzeuge haben ein deutsches Hoheitszeichen zu führen. Form und Art der Führung bestimmt die Reichsregierung.
2. den § 2 wie folgt zu fassen: § 2.
Luftschiffe, Flugzeuge, Freiballone, bemannte Fesselballone und bemannte Drachen dürfen nur in Betrieb genommen werden, wenn sie zum Luftverkehre zugelassen sind. Die Zulassung erfolgt nur, wenn das Luftfahrzeug den Anforderungen der Verkehrssicherheit genügt. Die Zulassung eines Luftfahrzeugs gilt für das ganze Reichsgebiet; sie wird durch einen Zulassungsschein nachgewiesen. Sie ist zurückzuziehen, wenn ein Luftfahrzeug den Anforderungen der Verkehrssicherheit nicht mehr genügt; der Zulassungsschein ist in diesem Falle einzuziehen.
3. den § 3 wie folgt zu fassen: § 3.
Wer bestimmungsgemäß in der Luft ein Luftschiff, ein Flugzeug, einen Freiballon, einen bemannten Fesselballon oder einen bemannten Drachen führt oder bedient (Luftfahrer), bedarf der Erlaubnis. Der Nachweis der Erlaubnis ist durch eine Bescheinigung (Luftfahrerschein) zu erbringen. Bei Übungs- und Prüfungsfahrten in Begleitung von Lehrern gelten die Lehrer als diejenigen, die das Luftfahrzeug führen oder bedienen. Der Luftfahrerschein ist zu erteilen, wenn der Bewerber seine Befähigung nachgewiesen, das 21. und, soweit es sich um Führer von Luftschiffen handelt, das 25. Lebensjahr vollendet hat und ferner keine Tatsachen vorliegen, die den Bewerber zur Führung oder Bedienung eines Luftfahrzeugs ungeeignet erscheinen lassen. Mit Zustimmung des gesetzlichen Vertreters kann auch Bewerbern, die das 19. Lebensjahr vollendet haben, die Erlaubnis erteilt werden, wenn besondere Umstände dies rechtfertigen. Die Erlaubnis gilt für das ganze Reichsgebiet. Sie ist zu entziehen, wenn sich Tatsachen dafür ergeben, daß der Inhaber zur Führung oder Bedienung eines Luftfahrzeugs ungeeignet ist; der Luftfahrerschein ist in diesem Falle einzuziehen.
4. einen § 3 a folgenden Inhalts einzufügen: § 3 a.
Die Vorschriften § 1 a Abs. 1, §§ 2 und 3 gelten nicht für solche Flüge innerhalb eines Flughafens, bei denen nur zum Betriebe des Luftfahrzeugs bestimmte Personen mitgeführt werden. Weitere Ausnahmen kann die Reichsregierung zulassen.“[2012]
Antrag Nr. 17 des Abgeordneten *Deermann* (CP) lautete: „Der Ausschuß wolle beschließen: im § 3 Zeile 1 die Worte “in der Luft“ zu streichen.“[2013]
Antrag Nr. 18 der Abgeordneten *Deerman* (CP), *Gildemeister* (DVP) und *Barth* (DNV) lautete: „Der Ausschuß wolle beschließen: im § 3 a den Satz 2 wie folgt zu fassen: Weitere Ausnahmen von den Vorschriften § 1 a Abs. 1, §§ 2 und 3 kann die Reichsregierung zulassen.“[2014]
Antrag Nr. 19 des Abgeordneten *Gildemeister* (DVP) lautete: „Der Ausschuß wolle beschließen: im § 3 hinter Abs. 2 die Bestimmung aufzunehmen: Die Reichsregierung erläßt die Vorschriften über den Nachweis der Befähigung.“[2015]
Antrag Nr. 20 des Abgeordneten *Barth* (DNV) lautete: „Der Ausschuß wolle beschließen: im § 4 den Abs. 2 wie folgt zu fassen: Die Erteilung der Genehmigung ist davon abhängig, daß der Bewerber nachgewiesen hat, daß er zur Ausübung des Gewerbes geeignet ist.“[2016]

[2011] BA Berlin-Li., R 01.01, Nr. 2993, Bl. 43.
[2012] BA Berlin-Li., R 01.01, Nr. 2993, Bl. 44.
[2013] BA Berlin-Li., R 01.01, Nr. 2993, Bl. 44.
[2014] BA Berlin-Li., R 01.01, Nr. 2993, Bl. 44.
[2015] BA Berlin-Li., R 01.01, Nr. 2993, Bl. 44 v.
[2016] BA Berlin-Li., R 01.01, Nr. 2993, Bl. 44 v.

Antrag Nr. 21 der Abgeordneten *Weiß* (DDP) und *Schwarz* (Z) lautete: „Der Ausschuß wolle beschließen: im § 5 die Absätze 2 und 3 wie folgt zu fassen: Die Genehmigung ist zu versagen, wenn Tatsachen dafür vorliegen, daß der Flughafen oder der in Aussicht genommene Platz ungeeignet ist, oder dafür, daß der Betrieb unzuverlässig geführt wird oder geführt werden kann; ergeben sich später solche Tatsachen, so ist die Genehmigung zurückzuziehen. Die vorstehenden Vorschriften gelten nicht für Reichs- und Staatsbetriebe, die im öffentlichen Interesse beibehalten oder angelegt werden."[2017]
Antrag Nr. 22 der Abgeordneten *Weiß* (DDP) und *Schwarz* (Z) lautete: „Der Ausschuß wolle beschließen:
1. im § 7 hinter dem Wort "bereitzustellen" fortzufahren: „und zu unterhalten".
2. im § 8 statt der Worte "finden auf Flughäfen entsprechende Anwendung" zu setzen: "gelten für Flughäfen entsprechend"."[2018]

Antrag Nr. 23 des Abgeordneten *von Kemnitz* (DVP) lautete: „Der Ausschuß wolle beschließen: im § 9 dem letzten Absatz folgende Fassung zu geben: Luftfahrtunternehmen mit einem fahrplanmäßigen öffentlichen Betriebe müssen auf Verlangen der Postverwaltung mit jeder fahrplanmäßigen Luftfahrt Postsendungen gegen angemessene Vergütung befördern. Der Umfang der Verpflichtung bemißt sich nach den Bedürfnissen des Luftfahrtunternehmens und der Postverwaltung; die regelmäßig aufzunehmende Höchstladung ist bei der Aufnahme des Betriebes zwischen Postverwaltung und Unternehmen zu vereinbaren."[2019]
Antrag Nr. 24 der Abgeordneten *Deermann* (CP) und *Gildemeister* (DVP) lautete: „Der Ausschuß wolle beschließen: im § 9 dem Abs. 5 folgenden Satz hinzuzufügen: Die Höhe der Vergütung ist im Streitfalle im ordentlichen Rechtswege durch das Gericht festzusetzen."[2020]
Antrag Nr. 25 des Abgeordneten *Weiß* (DDP) lautete: „Der Ausschuß wolle beschließen: im § 9 Abs. 4 die Worte "finden auf [...] keine Anwendung" zu ersetzen durch "gelten nicht für"."[2021]

Der Ausschuß faßte folgende Beschlüsse:
§ 1 wurde angenommen.
§ 1 a wurde in der Fassung der ersten Lesung und unter Berücksichtigung des Antrags Nr. 16 Nr. 1 angenommen.
In § 2 Abs. 1 wurde der letzte Satz gestrichen.
§ 2 wurde dann in der Fassung des Antrags Nr. 16 Nr. 2 angenommen.
§ 3 wurde in der Fassung des Antrags Nr. 16 Nr. 3 und unter Berücksichtigung des Antrags Nr. 17 angenommen. Antrag Nr. 19 war zuvor zurückgezogen worden.
§ 3 a wurde neu in den Entwurf aufgenommen. Seine Fassung entsprach den Anträgen Nr. 16 Nr. 4 und Nr. 18.
§ 4 wurde in Übereinstimmung zu Antrag Nr. 20 angenommen. Antrag Nr. 15 Nr. 1 wurde abgelehnt.
§ 5 wurde übereinstimmend mit Antrag Nr. 21 angenommen.
§ 6 wurde angenommen.
§ 7 wurde unter Berücksichtigung des Antrags Nr. 22 Nr. 1 angenommen.
§ 8 wurde unter Berücksichtigung des Antrags Nr. 22 Nr. 2 angenommen.

[2017] BA Berlin-Li., R 01.01, Nr. 2993, Bl. 44 v.
[2018] BA Berlin-Li., R 01.01, Nr. 2993, Bl. 44 v.
[2019] BA Berlin-Li., R 01.01, Nr. 2993, Bl. 44 v.
[2020] BA Berlin-Li., R 01.01, Nr. 2993, Bl. 44 v.
[2021] BA Berlin-Li., R 01.01, Nr. 2993, Bl. 44 v.

§ 9 wurde unter Berücksichtigung der Beschlüsse der ersten Lesung und der Anträge Nr. 15 Nr. 2, Nr. 23, Nr. 24 und Nr. 25 angenommen. Antrag Nr. 15 Nr. 3 wurde nicht angenommen.

- 8. Sitzung vom 9. März 1922

Unter dem Vorsitz des Abgeordneten *Weiß* (DDP) wurde die zweite Lesung am 9. März 1922[2022] fortgesetzt. Es lagen folgende weitere schriftliche Anträge vor:
Antrag Nr. 26 der Abgeordneten *von Kemnitz* (DVP) und *Schumann* (S) lautete: „Der Ausschuß wolle beschließen: im § 14 hinter dem Wort "Reichsrats" einzufügen: "und eines Ausschusses des Reichstags"."[2023]
Antrag Nr. 27 des Abgeordneten *Gildemeister* (DVP) lautete: „Der Ausschuß wolle beschließen: folgenden § 14 a einzufügen: 14 a.
Gegen die auf Grund des Gesetzes und der Ausführungsverordnungen von den Behörden getroffenen Anordnungen und Entscheidungen steht in allen Fällen der Rechtsweg im Verwaltungsstreitverfahren offen."[2024]

Der Ausschuß faßte folgende Beschlüsse:
§ 10 wurde in der in erster Lesung beschlossenen Fassung und unter Berücksichtigung des Vorschlags der Reichsregierung (zu § 10) angenommen.
§ 11 wurde angenommen.
Zu § 12 wurde beschlossen zu setzen: „nur mit behördlicher Erlaubnis." Die Vorschrift wurde dann entsprechend den Beschlüssen der ersten Lesung angenommen.
§ 13 wurde unter Berücksichtigung des Vorschlags der Reichsregierung (zu § 13) angenommen.
§ 14 wurde unter Berücksichtigung des Antrags Nr. 26 in der Fassung, die er in erster Lesung erhalten hatte, angenommen. Die Reichsregierung behielt sich eine weitere Stellungnahme vor. § 14 a wurde in einer dem Antrag Nr. 27 entsprechenden Fassung neu aufgenommen.
§ 15 wurde in der in erster Lesung beschlossenen Fassung angenommen.

- 9. Sitzung vom 30. März 1922

Unter dem Vorsitz des Abgeordneten von *Kemnitz* (DVP) wurde die zweite Lesung am 30. März 1922[2025] über die §§ 16 ff. fortgesetzt. Es wurde mit der Beratung des § 16 begonnen. Aufgrund des engen Zusammenhangs aller Paragraphen des zweiten Abschnitts wurde noch einmal über § 15 verhandelt. Der Abgeordnete *Schumann* (S) beantragte Aussetzung der Beratung, da die Anträge nicht in gedruckter Form vorlagen. Dem Antrag wurde stattgegeben.

- 10. Sitzung vom 5. April 1922

Unter dem Vorsitz des Abgeordneten *Weiß* (DDP) wurden die Beratungen am 5. April 1922[2026] fortgesetzt. Folgende weitere schriftliche Anträge lagen vor:
Antrag Nr. 28 des Abgeordneten *Barth* (DNV) lautete: „Der Ausschuß wolle beschließen: dem § 15 Abs. 1 folgende Bestimmung hinzuzufügen: die Ersatzpflicht tritt insoweit nicht

---

[2022]BA Berlin-Li., R 01.01, Nr. 2993, Bl. 45/46.
[2023]BA Berlin-Li., R 01.01, Nr. 2993, Bl. 50.
[2024]BA Berlin-Li., R 01.01, Nr. 2993, Bl. 50.
[2025]BA Berlin-Li., R 01.01, Nr. 2993, Bl. 51.
[2026]BA Berlin-Li., R 01.01, Nr. 2993, Bl. 55/56.

ein, als zur Zeit des Unfalls der Verletzte oder die geschädigte Sache durch das Luftfahrzeug befördert wurde, oder der Verletzte bei dem Betriebe des Luftfahrzeugs tätig war und der Unfall weder durch Verschulden des Fahrzeughalters oder einer bei dem Betrieb beschäftigten Person noch durch einen Fehler in der Beschaffenheit des Fahrzeugs oder durch ein Versagen seiner Vorrichtungen verursacht worden ist."[2027]

Antrag Nr. 29 des Abgeordneten *von Kemnitz* (DVP) lautete: „Der Ausschuß wolle beschließen: hinter § 15 einen § 15 a folgenden Inhalts einzuschalten: § 15 a.

Die Vorschriften des § 15 finden keine Anwendung, wenn der Verletzte oder die geschädigten Sachen durch das Luftfahrzeug im Passagierverkehr befördert wurden. Sie finden Anwendung auf solche Verletzte, die bei dem Betriebe des Luftfahrzeugs tätig waren, es sei denn, daß sie ein Verschulden trifft, oder daß die Verletzung durch höhere Gewalt verursacht wurde."[2028]

Antrag Nr. 30 des Abgeordneten *Gildemeister* (DVP) lautete: „Der Ausschuß wolle beschließen: hinter § 15 einen § 15 a neu einzufügen: § 15 a.

Die Vorschrift des § 15 findet auf Personen, die selbst oder deren Güter durch das Fahrzeug befördert wurden oder bei dem Betriebe des Fahrzeugs tätig waren, mit der Maßgabe Anwendung, daß die Haftpflicht ausgeschlossen ist, wenn der Beweis erbracht wird, daß der Unfall durch höhere Gewalt verursacht wurde oder auf einem Verschulden des Geschädigten beruht."[2029]

Antrag Nr. 31 der Abgeordneten *Deermann* (CP), *Schumann* (S), *Hünlich* (S), *Weiß* (DD), *Allekotte* (Z) lautete: „Der Ausschuß wolle beschließen: im Falle der Annahme des Antrages Nr. 30 dem § 15 a folgenden neuen Absatz anzufügen: Der Ausschluß der Haftpflicht nach diesem Gesetz im Wege der Vereinbarung ist unzulässig."[2030]

Antrag Nr. 32 des Abgeordneten *Deermann* (CP) lautete: „Der Ausschuß wolle beschließen: im Falle der Ablehnung des Antrags Nr. 30 dem § 15 folgenden neuen Absatz hinzuzufügen: Der Ausschluß der Haftpflicht nach diesem Gesetz im Wege der Vereinbarung ist unzulässig."[2031]

Antrag Nr. 33 des Abgeordneten *von Kemnitz* (DVP) lautete: „Der Ausschuß wolle beschließen: im § 19 die Entschädigungshöchstgrenzen des Entwurfs wiederherzustellen."[2032]

Antrag Nr. 34 der Abgeordneten *Deermann* (CP), *Allekotte* (Z) *Schumann* (S), *Hünlich* (S) lautete: „Der Ausschuß wolle beschließen: im § 19 hinter Abs. 1 folgenden neuen Absatz einzufügen: Diese Entschädigungssätze können durch Verordnung der Reichsregierung mit Zustimmung des Reichsrats nach Anhörung des Beirats (§14) wegen der Aenderung der allgemeinen wirtschaftlichen Verhältnisse geändert werden."[2033]

Antrag Nr. 35 des Abgeordneten *Deermann* (CP) lautete: „Der Ausschuß wolle beschließen: im § 25 Abs. 3 die Worte "auf Verlangen" zu streichen und hinter den Worten "eines Monats" einzufügen "nach Aufforderung"."[2034]

Antrag Nr. 36 des Abgeordneten *von Kemnitz* (DVP) lautete: „Der Ausschuß wolle beschließen: dem Gesetz einen § 30 folgenden Inhalts hinzuzufügen: § 30.

[2027] BA Berlin-Li., R 01.01, Nr. 2993, Bl. 54.
[2028] BA Berlin-Li., R 01.01, Nr. 2993, Bl. 54.
[2029] BA Berlin-Li., R 01.01, Nr. 2993, Bl. 54.
[2030] BA Berlin-Li., R 01.01, Nr. 2993, Bl. 60.
[2031] BA Berlin-Li., R 01.01, Nr. 2993, Bl. 60.
[2032] BA Berlin-Li., R 01.01, Nr. 2993, Bl. 60.
[2033] BA Berlin-Li., R 01.01, Nr. 2993, Bl. 60.
[2034] BA Berlin-Li., R 01.01, Nr. 2993, Bl. 60.

Die Einrichtung von Arbeitnehmervertretungen für die Betriebe des Luftverkehrs wird durch besonderes Gesetz geregelt."[2035]

Antrag Nr. 37 des Abgeordneten *Gildemeister* (DVP) lautete: „Der Ausschuß wolle beschließen: der Reichstag wolle beschließen: die Reichsregierung zu ersuchen, eine Vorlage zur Einrichtung eines Luftamtes zur Untersuchung von Luftunfällen einzubringen."[2036]

Der Ausschuß kam zu folgenden Ergebnissen:

Die Anträge Nr. 28, Nr. 29 und Nr. 30 wurden abgelehnt. Damit erledigte sich Antrag Nr. 31. Antrag Nr. 32 wurde bis zur 3. Lesung, die man für notwendig erachtet und beschlossen hatte, zurückgestellt.

§ 16 wurde unter Berücksichtigung der Vorschläge der Reichsregierung (zu § 16) angenommen.

Die §§ 17 und 18 wurden mit sprachlichen Änderungen entsprechend den Vorschlägen der Reichsregierung (zu § 17 und 18) angenommen.

§ 19 wurde unter Berücksichtigung der Beschlüsse der ersten Lesung angenommen. Antrag Nr. 33 wurde abgelehnt. Antrag Nr. 34 wurde zurückgestellt.

§ 20 wurde unter Berücksichtigung der Vorschläge der Reichsregierung (zu § 19) und der in erster Lesung zu Abs. 3 beschlossenen Änderung angenommen.

Die §§ 21, 22, 23, 24 wurden entsprechend den Beschlüssen in der erster Lesung angenommen.

§ 25 wurde in der in erster Lesung beschlossenen Fassung mit der Änderung angenommen, daß Abs. 3 2. Hs. folgende Fassung erhielt: „so ist sie innerhalb eines Monats nach Aufforderung wieder auf den ursprünglichen Betrag zu bringen." Diese Änderung entsprach dem Antrag Nr. 35.

Zu § 25 a wurde der Antrag Nr. 37 über die Errichtung eines Reichsluftamts angenommen.

Zu § 26 wurde beschlossen, die Geldstrafe von 3 000 M auf 15 000 M heraufzusetzen.

Zu § 27 wurde beschlossen, in Abs. 1 und Abs. 3 die Geldstrafe von 50 000 M auf 100 000 M heraufzusetzen und das Wort „nur" im dritten Absatz zu streichen.

Zu § 28 wurde beschlossen in Abs. 4 die Geldstrafe von

3 000 M auf 100 000 M heraufzusetzen. Im übrigen wurden die §§ 26 bis 28 unter Berücksichtigung der Beschlüsse der ersten Lesung angenommen.

5. *Ergebnis der zweiten Lesung*

Von den beschlossenen Änderungen[2037] ist vor allem die Erhöhung der Geldstrafen in den §§ 26, 27 und 28 erwähnenswert. Wie bereits in den Sitzungen der Reichsratsausschüsse IV und VII wurde eine Haftungserleichterung des Luftfahrzeughalters gegenüber Mitfahrenden, beim Betrieb Tätigen und im Falle der Beschädigung von beförderten Sachen diskutiert, ohne daß eine Änderung beschlossen wurde. Auch wurde die Regelung über die Haftungshöchstsummen (§ 19) trotz verschiedener Änderungsvorschläge beibehalten.

2035 BA Berlin-Li., R 01.01, Nr. 2993, Bl. 60.

2036 BA Berlin-Li., R 01.01, Nr. 2993, Bl. 60.

2037 Vgl. auch Zusammenstellung des Entwurfs eines Luftverkehrsgesetzes - Nr. 2504 der Drucksachen - mit den Beschlüssen des 33. Ausschusses in zweiter Lesung, zit. nach BA Berlin-Li., R 01.01, Nr. 2993, Bl. 61 ff..

6. *Die Sitzungen des 33. Ausschusses in dritter Lesung*

Änderungsvorschläge für die dritte Lesung:

Von der Reichsregierung lag folgender Vorschlag vor:
Zu § 2: Es wurde vorgeschlagen, dem § 2 folgende Fassung zu geben: „Luftschiffe, Flugzeuge, Freiballone, bemannte Fesselballone und bemannte Drachen dürfen nur in Betrieb genommen werden, wenn sie zugelassen sind. Die Zulassung erfolgt nur, wenn das Luftfahrzeug den Anforderungen der Verkehrssicherheit genügt. Die Zulassung gilt für das ganze Reichsgebiet; sie wird durch einen Zulassungsschein nachgewiesen. Sie ist zurückzuziehen, wenn ein Luftfahrzeug den Anforderungen der Verkehrssicherheit nicht mehr genügt; der Zulassungsschein ist in diesem Falle einzuziehen."[2038]

Im übrigen lagen folgende redaktionelle Änderungsvorschläge[2039] vor:
Zu § 2: Im Hinblick auf die Einführung der §§ 1 a und 3 a wurde folgende Fassung vorgeschlagen: „Luftfahrzeuge dürfen nur in Betrieb genommen werden, wenn sie zugelassen sind. Die Zulassung erfolgt nur, wenn das Luftfahrzeug den Anforderungen der Verkehrssicherheit genügt. Die Zulassung gilt für das ganze Reichsgebiet; sie wird durch einen Zulassungsschein nachgewiesen. Sie ist zurückzuziehen, wenn ein Luftfahrzeug den Anforderungen der Verkehrssicherheit nicht mehr genügt; der Zulassungsschein ist in diesem Falle einzuziehen".

Zu § 3: In § 3 Abs. 1 sollten die Eingangsworte wie folgt lauten: „Wer bestimmungsgemäß ein Luftfahrzeug führt oder [...]." In Abs. 3 sollte das Wort „soweit" das Wort „wenn" ersetzen.

Zu § 3 a: Es wurde folgende Fassung vorgeschlagen: „§ 1a Abs. 1, § 2 Abs. 1 und § 3 Abs. 1 gelten nicht innerhalb eines Flughafens, wenn nur zum Betriebe eines Luftfahrzeugs bestimmte Personen beteiligt sind. Weitere Ausnahmen von den Vorschriften des § 1a Abs. 1, § 2 Abs. 1 und des § 3 Abs. 1 kann die Reichsregierung zulassen."

Zu § 5: In Abs. 2 sollten die Worte „geführt wird oder geführt werden kann" durch die Worte „geführt werden wird" ersetzt werden. In Abs. 3 sollte die in der zweiten Lesung beschlossene Fassung geändert werden und die Worte „beibehalten oder angelegt werden" sollten durch das Wort „liegen" ersetzt werden.

Zu § 9: Der Abs. 3 sollte folgende Fassung erhalten: „Die Genehmigung ist zu versagen, wenn kein Bedürfnis besteht oder Tatsachen dafür vorliegen, dass die öffentliche Sicherheit oder Ordnung gefährdet werden kann; ergeben sich später solche Tatsachen, so ist die Genehmigung zurückzuziehen. Die Genehmigung kann versagt werden, wenn der Unternehmer Luftfahrzeuge verwenden will, die nicht als sein Eigentum in die Luftfahrzeugrolle eingetragen sind." In Abs. 4 sollten die Worte „eingerichtet werden" durch das Wort „liegen" ersetzt werden. Der Abs. 5 sollte folgende Fassung erhalten: „Luftfahrzeugunternehmen mit einem flugplanmässigen öffentlichen Betriebe müssen auf Verlangen der Postverwaltung mit jeder flugplanmässigen Luftfahrt Postsendungen gegen angemessene Vergütung befördern. Der Umfang der Verpflichtung bemisst sich nach den Bedürfnissen des Luftfahrtunternehmens und

---

[2038] BA Berlin-Li., R 01.01, Nr. 2993, Bl. 59.
[2039] BA Berlin-Li., R 01.01, Nr. 2993, Bl. 70 ff..

fang der Verpflichtung bemisst sich nach den Bedürfnissen des Luftfahrtunternehmens und der Postverwaltung. Er ist im Streitfalle vom Reichsverkehrsminister und Reichspostminister festzusetzen; das gleiche gilt für die Höhe der Vergütung."

Zu § 12: Das Wort „Funkgerät" sollte durch das Wort „Gerät zur drahtlosen Nachrichtenübermittlung" ersetzt werden.

Zu § 14 a: Der § 14 a sollte folgende Fassung erhalten: „Die Entscheidung der Verwaltungsbehörden auf Grund des § 1a und der §§ 3 bis 5, 7 und 9 können im Wege des Verwaltungsstreitverfahrens oder, wo ein solches nicht besteht, im Wege des Rekurses nach den §§ 20, 21 der Gewerbeordnung angefochten werden."

Zu § 15: Im Abs. 1 sollten die Worte „infolge eines Unfalls" durch die Worte „durch Unfall" ersetzt werden. Im Abs. 2 sollten die Worte „zum Ersatz" durch „zum Ersatze" ersetzt werden.

Zu § 17: In Abs. 1 sollten die Worte „einer versuchten Heilung" durch die Worte „versuchter Heilung" ersetzt werden. In Abs. 2 1. Zeile sollte das Wort „Verletzung" durch das Wort „Unfall" ersetzt werden. Eine derartige Änderung war bereits in erster Lesung für den zweiten Satz beschlossen worden[2040].

Zu § 18: In der letzten Zeile sollte das Wort „ist" gestrichen werden.

Zu § 19: Die Beträge sollten in Buchstaben geschrieben werden.

Zu § 23: Das Wort „inwieweit" sollte durch das Wort „wieweit" ersetzt werden. Der Abs. 2 sollte mit folgenden Worten beginnen: „Absatz 1 gilt entsprechend, wenn [...]."

Zu § 25: In Abs. 2 die Nr. 2 zu streichen und die Nr. 3 als Nr. 2 zu beziffern. In Abs. 3 sollte das Wort „die" vor „Befriedigung" gestrichen werden. In Zeile 1 des Abs. 4 sollte das Wort „dann" gestrichen werden.

Zu § 27: Im Hinblick auf den neu eingeführten § 1 a sollten Nr. 1 und Nr. 2 des Abs. 1 folgende Fassung erhalten:
„1. ein Luftfahrzeug führt, das eintragungspflichtig (§ 1 a), aber nicht oder nicht mehr eingetragen ist;
2. als Halter ein eintragungspflichtiges (§ 1 a), aber nicht oder nicht mehr eingetragenes Luftfahrzeug durch Dritte gebrauchen lässt."
ferner sollte in Abs. 2 das Wort „hunderttausend" durch das Wort „einhunderttausend" ersetzt werden.

Zu § 30: Es sollte ein neuer Paragraph mit folgender Fassung aufgenommen werden:
„Es treten in Kraft die Vorschriften des zweiten Abschnitts dieses Gesetzes mit dem [...] (6 Wochen nach Reichstagsbeschluss),
die übrigen Vorschriften mit dem 1. Juli 1923, jedoch kann die Reichsregierung diese schon zu einem früheren Zeitpunkt in Kraft setzen; mit diesem Zeitpunkt treten alle auf Grund der

---

[2040] Vgl. Antrag Nr. 12.

Verordnung, betreffend die vorläufige Regelung der Luftfahrt, vom 26. November 1918 (Reichsgesetzbl. S. 1337) erlassenen Vorschriften ausser Kraft."

- 11. Sitzung vom 11. Mai 1922

Unter dem Vorsitz des Abgeordneten *Weiß* (DDP) wurde die dritte Lesung am 11. Mai 1922[2041] begonnen. Beraten wurden die §§ 1 ff.. Zusätzlich lagen folgende schriftliche Anträge vor:
Antrag Nr. 38 des Abgeordneten *Gildemeister* (DVP) lautete: „Der Ausschuß wolle beschließen:
1. im § 4 den Abs. 2 wie folgt zu fassen: Die Genehmigung ist zu erteilen, wenn der Bewerber seine Befähigung durch eine Prüfung nachgewiesen hat und keine Tatsachen dafür vorliegen, daß er für den Lehrbetrieb ungeeignet ist.
2. dem § 14 a folgenden Abs. 2 hinzuzufügen: Die Höhe der Vergütung im Falle des § 9 im Schlußsatz wird im Streitfall von einem Schiedsgericht festgesetzt, zu dem der Reichspostminister und der Luftfahrtunternehmer je einen Schiedsrichter ernennt und der Obmann vom Präsidenten des Reichswirtschaftsgerichts ernannt wird."[2042]
Antrag Nr. 39 der Abgeordneten *Schumann* (S), *Lübbring* (S), *Hünlich* (S), *Schirmer* (US) und *Hoffmann* (US) lautete: „Der Ausschuß wolle beschließen: hinter § 13 einen neuen Paragraphen folgenden Wortlauts einzufügen: Das Reich kann das Eigentum oder das Recht der Ausnutzung von Anlagen, die der Beförderung von Personen oder Gütern mit Luftfahrzeugen dienen, gegen angemessene Entschädigung übernehmen. Das Nähere regelt ein Reichsgesetz. Nach dem 1. April 1922 getroffene Vereinbarungen oder abgeschlossene Rechtsgeschäfte, durch die das Übernahmerecht des Reiches aufgehoben oder in seinem Umfange beschränkt oder wirtschaftlich beeinträchtigt wird, sind dem Reich gegenüber unwirksam."[2043]
Antrag Nr. 40 des Abgeordneten *Deermann* (CP) lautete: „Der Ausschuß wolle beschließen: dem § 14 a folgenden Abs. 2 hinzuzufügen: Die endgültige Entscheidung über die Höhe der Vergütung (§ 9 Abs. 5) wird im Streitfalle von einem dreigliedrigen Ausschuß getroffen, für den je ein Mitglied von dem betroffenen Luftfahrtunternehmen und von dem Reichspostministerium benannt, der Obmann vom Präsidenten des Reichswirtschaftsgerichts bestimmt wird."[2044]
Der Ausschuß verständigte sich auf folgende Änderungen:
Von den redaktionellen Änderungen wurden die Vorschläge zu den §§ 2, 3a, 5, 9[2045], 12, 15, 17, 19, 23, 25, 27 angenommen.
Zu § 4 Abs. 2 wurde dem Antrag Nr. 38 Nr. 1 zugestimmt.
Die §§ 1 bis 9 wurden unverändert entsprechend den Beschlüssen der zweiten Lesung übernommen.
§ 10 wurde unter Berücksichtigung der Fassung, die er in zweiter Lesung erhalten hatte, und unter Ergänzung des Wortes „auf" hinter dem Wort „oder" des Abs. 1 S. 1 angenommen.
Die Beschlüsse zu den §§ 11, 12, 13 und 14 entsprachen denen der zweiten Lesung.

- 12. Sitzung vom 18. Mai 1922

[2041] BA Berlin-Li., R 01.01, Nr. 2993, Bl. 66/66 v.
[2042] BA Berlin-Li., R 01.01, Nr. 2993, Bl. 72.
[2043] BA Berlin-Li., R 01.01, Nr. 2993, Bl. 72.
[2044] BA Berlin-Li., R 01.01, Nr. 2993, Bl. 72.
[2045] § 9 Abs. 5 ohne den letzten Satz.

Unter dem Vorsitz des Abgeordneten *Weiß* (DDP) wurde die dritte Lesung vom 18. Mai 1922[2046] fortgesetzt. Zusätzlich lagen folgende schriftliche Anträge vor:
Antrag Nr. 41 des Abgeordneten *Gildemeister* (DVP) lautete: „Der Ausschuß wolle beschließen: im § 16 als Abs. 1 einzuschalten: Die Vorschrift des § 15 findet auf Personen, die selbst oder deren Güter durch das Luftfahrzeug befördert werden, nur mit der Maßgabe Anwendung, daß die Haftung ausgeschlossen ist, wenn der Beweis erbracht wird, daß der Unfall ausschließlich durch das Verschulden des Geschädigten oder durch solche Gefahren der Luftschiffahrt herbeigeführt wurde, welche mit der Sorgfalt eines ordentlichen Luftfahrers nicht abgewendet werden konnten."[2047]
Antrag Nr. 42 der Abgeordneten *Schumann* (S), *Lübbring* (S), *Hünlich* (S), *Hoffmann* (US) und *Schirmer* (US) lautete: „Der Ausschuß wolle beschließen: im Antrag Nr. 39 Zeile 1 hinter dem Wort "kann" einzuschalten: "Luftfahrtunternehmen oder"."[2048]
Antrag Nr. 43 des Abgeordneten *von Kemnitz* (DVP) lautete: „Der Ausschuß wolle beschließen: hinter § 15 einen § 15 a folgenden Inhalts einzuschalten: 15 a.
Die Vorschriften des § 15 finden keine Anwendung, wenn der Verletzte als Passagier oder die beschädigten Sachen als Passagiereigentum durch das Luftfahrzeug befördert wurden. Sie finden Anwendung auf solche Verletzte, die bei dem Betriebe des Luftfahrzeugs tätig waren, es sei denn, daß sie ein Verschulden trifft oder daß die Verletzung durch solche Gefahren herbeigeführt wurde, welche mit der Sorgfalt eines ordentlichen Luftfahrers nicht angewendet werden konnten."[2049]

Der Ausschuß beschloß, zu § 15 die Anträge Nr. 30 und Nr. 31 anzunehmen und § 16 unter Berücksichtigung der Beschlüsse der zweiten Lesung zu bestätigen. Antrag Nr. 41 wurde abgelehnt.

- 13. Sitzung vom 14. Juni 1922

Unter dem Vorsitz des Abgeordneten *Weiß* (DDP) wurde die dritte Lesung vom 14. Juni 1922[2050] über die §§ 15 ff. fortgesetzt.
Es wurde beschlossen eine Erörterung über die Haftpflichtbestimmungen wieder aufzunehmen. Außerdem wurde vorgeschlagen, § 15 Abs. 1 um einen Abs. 2 zu ergänzen und eine weitere Regelung hinter den § 15 zu stellen:
„§ 15 Abs. 1 S. 2 (neu)
Wurde der Verletzte oder die beschädigte Sache von dem Fahrzeuge befördert, so gilt dies nicht, wenn der Unfall durch höhere Gewalt verursacht wurde.
§ ...
Die Haftung nach diesem Gesetz kann im voraus nicht erlassen und beschränkt werden, es sei denn, daß der Verletzte oder die beschädigte Sache unentgeltlich befördert wird."[2051]

Die Beratung über § 19 wurde ausgesetzt.

Der Ausschuß kam zu folgenden Ergebnissen:

[2046] BA Berlin-Li., R 01.01, Nr. 2993, Bl. 74.
[2047] BA Berlin-Li., R 01.01, Nr. 2993, Bl. 73.
[2048] BA Berlin-Li., R 01.01, Nr. 2993, Bl. 78.
[2049] BA Berlin-Li., R 01.01, Nr. 2993, Bl. 78.
[2050] BA Berlin-Li., R 01.01, Nr. 2993, Bl. 79 ff..
[2051] BA Berlin-Li., R 01.01, Nr. 2993, Bl. 83.

Die §§ 17 bis 18 und 20 bis 24 wurden unter Berücksichtigung der redaktionellen Änderungen und den Beschlüssen der zweiten Lesung angenommen.
Eine Beratung über §§ 19 und 25 wurde ausgesetzt. Im übrigen wurde der zweiten Abschnitt angenommen.
Die Strafbestimmungen der §§ 26 bis 29 wurden unter Berücksichtigung der redaktionellen Änderungen und der Beschlüsse der zweiten Lesung angenommen.
Zu § 1 a wurde ein Abs. 4 mit folgender Fassung angenommen: „Die Eintragung ist zu löschen, wenn die Voraussetzungen nach Abs. 2 nicht mehr vorliegen."
§ 9 wurde unter Berücksichtigung der Beschlüsse der zweiten Lesung und der redaktionellen Änderungsvorschläge (zu § 9) angenommen.
§ 14 a wurde mit folgender Fassung beschlossen: „Die Entscheidungen der Verwaltungsbehörden auf Grund des § 1 a und der §§ 3 bis 5, 7 und 9 Abs. 1 bis 8 können, unbeschadet der Befugnis der Behörde zur vorläufigen Durchführung der Maßnahme, im Wege des Verwaltungsstreitverfahrens oder so ein solches nicht besteht, im Wege des Rekurses nach den §§ 20, 21 der Gewerbeordnung angefochten werden. Gegen die Entscheidung nach § 9 Abs. 5 Satz 8 kann innerhalb zweier Wochen seit Zustellung das Reichswirtschaftsgericht angerufen werden."[2052]
Der Antrag des Abgeordneten *Weiß* (DDP), den Antrag Nr. 39 zu § 13 a dahingehend zu ändern, daß in Abs. 2 die Worte „oder in seinem Umfange beschränkt" und ferner das Wort „wirtschaftlich" gestrichen würden, wurde angenommen. Im übrigen wurde § 13 a angenommen. Die Anträge 39 und 42 wurden angenommen.

- 14. Sitzung vom 22. Juni 1922

Unter dem Vorsitz des Abgeordneten *Weiß* (DDP) wurde in dritter Lesung vom 22. Juni 1922[2053] beraten. Folgende schriftliche Anträge lagen zusätzlich vor:
Antrag Nr. 44 der Abgeordneten *Deermann* (CP), *Gildemeister* (DVP), *Allekotte* (Z), *Reyfes* (Z), *Weiß* (DDP) und *Schumann* (S) lautete: „Der Ausschuß wolle beschließen: dem § 19 folgenden Abs. 3 hinzuzufügen: Tritt eine wesentliche Änderung des Geldwertes ein, so kann die Reichsregierung mit Zustimmung des Reichsrats und des Ausschusses des Reichstags (§ 14) die im Abs. 1 Ziffer 1 bis 3 genannten Summen entsprechend ändern."[2054]
Antrag Nr. 45 der Abgeordneten *von Kemnitz* (DVP) und *Barth* (DNV) lautete: „Der Ausschuß wolle beschließen: anstelle der Summe des § 19 das doppelte der Summe des Regierungsentwurfs zu setzen."[2055]

In der Sitzung wurde fast ausschließlich über die Haftpflichtbestimmungen beraten:
§ 15 wurde entsprechend dem Beschluß der zweiten Lesung mit der Änderung, daß in Abs. 1 die Worte „infolge eines Unfalls" durch die Worte „durch Unfall" ersetzt wurden, beschlossen.
§ 19 wurde unter Berücksichtigung des Antrags Nr. 44 und in Übereinstimmung mit den Beschlüssen der zweiten Lesung angenommen. Der Antrag Nr. 45 wurde abgelehnt.
§ 25 wurde nach Streichung der Nr. 2 des Abs. 2 und unter Bezifferung der Nr. 3 als Nr. 2 des Abs. 2 angenommen.

[2052] BA Berlin-Li., R 01.01, Nr. 2993, Bl. 82; vgl. BA Berlin-Li., R 01.01, Nr. 2993, Bl. 79.
[2053] BA Berlin-Li., R 01.01, Nr. 2993, Bl. 85/85 v.
[2054] BA Berlin-Li., R 01.01, Nr. 2993, Bl. 87.
[2055] BA Berlin-Li., R 01.01, Nr. 2993, Bl. 87.

§ 30 wurde mit folgender Fassung angenommen: „Es treten in Kraft die Vorschriften des zweiten Abschnitts dieses Gesetzes mit dem 1. September 1922,
die übrigen Vorschriften mit dem 1. Juli 1923, jedoch kann die Reichsregierung sie schon zu einem früheren Zeitpunkt in Kraft setzen; mit diesem Zeitpunkt treten alle auf Grund der Verordnung vom 26. November 1918 - RGBl. S. 1337 - erlassenen Vorschriften ausser Kraft.“[2056]

7. *Ergebnis der dritten Lesung*

Bei den Haftpflichtregelungen wurde erneut eine Haftungserleichterung gegenüber Mitreisenden und den bei dem Luftfahrtbetrieb tätigen Personen sowie im Falle der Beschädigung von beförderten Sachen diskutiert, ohne daß eine Neuregelung beschlossen wurde. Diskutiert wurde außerdem eine Änderung der Regelung über die Haftungshöchstsummen (§ 19). Man einigte sich darauf, einen neuen § 19 Abs. 3 aufzunehmen, nach dem die Reichsregierung bei einer wesentlichen Änderung des Geldwerts mit Zustimmung des Reichsrats und eines Ausschusses des Reichstags die Haftungssummen ändern konnte.
Von den beschlossenen Änderungen der Verkehrsregelungen waren die grundsätzliche Regelung einer Betriebs- und Führererlaubnis für alle Luftfahrzeuge und ihre Führer (§§ 2 Abs. 1/ 3 Abs. 1), die Aufnahme eines Übernahmerechts des Reichs gegen Entschädigung (§ 13 a) und die Ergänzungen des § 14 a, die die Rechtsschutzmöglichkeiten klarstellten und erweiterten, von Bedeutung.

8. *Ergebnis der Beratungen des 33. Ausschusses*

- Inhaltliche Änderungen

Die inhaltlichen Änderungen sind oben auf S. 274 ff. zusammengestellt.

- Redaktionelle Änderungen

- § 2 Abs. 2 wurde neu in den Entwurf aufgenommen. Er stellte klar, daß die Zulassung nur für verkehrssichere Fahrzeuge erteilt wurde. Seine Fassung entsprach dem Antrag Nr. 16 Nr. 2 des Abgeordneten Weiß (DDP)[2057].
- § 3 Abs. 3 entsprach dem Antrag Nr. 16 Nr. 3 des Abgeordneten Weiß (DDP) und den redaktionellen Änderungsvorschlägen zur dritten Lesung (zu § 3 Abs. 3). § 3 Abs. 4 wurde entsprechend dem Antrag Nr. 16 Nr. 3 des Abgeordneten Weiß (DDP) geändert.
- § 3 a wurde neu in den Entwurf aufgenommen. Er entsprach den redaktionellen Änderungsvorschlägen zur dritten Lesung (zu § 3 a).
- § 5 Abs. 2 erhielt neben redaktionellen Änderungen zusätzlich einen Versagungstatbestand. Geringfügige Änderungen wurden auch in § 5 Abs. 3 vorgenommen. Alle Änderungen entsprachen dem Antag Nr. 21 des Abgeordneten Weiß (DDP) und den redaktionellen Änderungsvorschlägen zur dritten Lesung (zu § 5 Abs. 2 und Abs. 3).
- § 7 wurde entsprechend dem Antrag Nr. 22 Nr. 1 der Abgeordneten Weiß (DDP) und Schwarz (Z) ergänzt.

[2056] BA Berlin-Li., R 01.01, Nr. 2993, Bl. 85 a.
[2057] Wiedergabe dieses und aller folgenden Anträge der Abgeordneten: Anhang C. II. 2. bis 7..

- § 8 S. 1 wurde unter Berücksichtigung des Antrags Nr. 22 Nr. 2 der Abgeordneten Weiß (DDP) und Schwarz (Z) geändert.
- § 9 Abs. 4 erhielt zwei Formulierungsänderungen, die dem Antrag Nr. 25 des Abgeordneten Weiß (DDP) und den redaktionellen Änderungsvorschlägen zur dritten Lesung (zu § 9 Abs. 4) entsprachen. § 9 Abs. 5 S. 1 wurde entsprechend den redaktionellen Änderungsvorschlägen zur dritten Lesung (zu § 9 Abs. 5) geändert.
- § 10 Abs. 1 S. 1 wurde entsprechend dem Antrag Nr. 5 der Abgeordneten Schumann (S) und Lübbring (S) geändert. § 10 Abs. 2 wurde entsprechend den Regierungsvorschlägen zur ersten und zweiten Lesung (zu § 10) und unter Berücksichtigung des Beschlusses der 11. Sitzung vom 11. Mai 1922 geändert.
- § 12 wurde um das Wort „giftige Gase" entsprechend dem Antrag Nr. 7 des Abgeordneten Schumann (S) ergänzt. Die übrigen Änderungen entsprachen den Regierungsvorschlägen zur ersten und zweiten Lesung (zu § 12).
- § 13 wurde entsprechend den Regierungsvorschlägen zur ersten und zweiten Lesung (zu § 13) geändert.
- § 14 Ziff. 4 wurde entsprechend dem Antrag Nr. 8 des Abgeordneten Schumann (S) geändert.
- § 16 erhielt geringe sprachliche Vereinfachungen nach den Regierungsvorschlägen zur ersten und zweiten Lesung (zu § 16).
- § 17 erhielt verschiedene redaktionelle Änderungen, die dem Antrag Nr. 12 des Abgeordneten Weiß (DDP), den Regierungsvorschlägen zur ersten und zweiten Lesung (zu § 17) und den redaktionellen Änderungsvorschlägen (zu § 17 Abs. 1 und Abs. 2) entsprachen.
- § 18 wurde entsprechend zu den Regierungsvorschlägen zur ersten und zweiten Lesung (zu § 18) redaktionell geändert.
- Die § 19 und 20 wurden umgestellt.
- § 19 Abs. 2 wurde nach dem Antrag Nr. 10 Nr. 2 des Abgeordneten Weiß (DDP) ergänzt.
- § 20 wurde unter Berücksichtigung der Regierungsvorschläge zur ersten und zweiten Lesung (zu § 19) und eines Beschlusses der 5. Sitzung vom 11. Februar 1922 redaktionell geändert.
- Die §§ 21 und 22 wurden entsprechend den Regierungsvorschlägen zur ersten und zweiten Lesung (zu § 21 und 22) redaktionell geändert.
- § 23 wurde entsprechend den Änderungsvorschlägen zur dritten Lesung (zu § 23) redaktionell geändert.
- § 24 wurde entsprechend den Regierungsvorschlägen zur ersten und zweiten Lesung (zu § 24) geringfügig geändert.
- § 25 wurde unter Berücksichtigung der Regierungsvorschläge zur ersten und zweiten Lesung (zu § 24), der Änderungsvorschläge zur dritten Lesung (zu § 25) und des Antrags Nr. 35 des Abgeordneten Deermann (CP) unwesentlich geändert.
- § 25 a war aus § 29 des Vorentwurfs hervorgegangen. Die redaktionellen Änderungen entsprachen den Regierungsvorschlägen zur ersten und zweiten Lesung (zu § 29).
- In § 26 wurde die Geldstrafe nach dem Beschluß der 10. Sitzung vom 5. April 1922 auf 1500 M herabgesetzt. Im übrigen wurde die Vorschrift entsprechend den Regierungsvorschlägen zur ersten und zweiten Lesung (zu § 26) ergänzt.
- In § 27 Abs. 1 und Abs. 2 wurden die Geldstrafen jeweils auf 100 000 M heraufgesetzt. Dies entsprach den Beschlüssen der 10. Sitzung vom 5. April 1922. Die weiteren Änderungen entsprachen den Regierungsvorschlägen zur ersten und zweiten Lesung (zu § 27) und den redaktionellen Änderungsvorschlägen zur dritten Lesung (zu § 27).
- In § 28 Abs. 3 wurde die Geldstrafe nach dem Beschluß der 10. Sitzung vom 5. April 1922 auf 100 000 M heraufgesetzt.

- § 30 wurde neu in den Entwurf eingefügt. Er regelte das Inkrafttreten der einzelnen Bestimmungen. Seine Fassung entsprach den redaktionellen Änderungsvorschlägen zur dritten Lesung (zu § 30).

D. Das Luftverkehrsgesetz vom 1. August 1922[2058]

Erster Abschnitt

Luftverkehr

A. Luftfahrzeuge und Luftfahrer

§ 1. Die Benutzung des Luftraums durch Luftfahrzeuge ist frei, soweit sie nicht durch dieses Gesetz und die zu seiner Ausführung erlassenen Anordnungen beschränkt ist.
Luftfahrzeuge im Sinne dieses Gesetzes sind Luftschiffe, Flugzeuge, Ballone, Drachen und ähnliche für eine Bewegung im Luftraum bestimmte Geräte.

§ 2. Luftfahrzeuge dürfen in Deutschland nur verkehren, wenn sie in das Verzeichnis der deutschen Luftfahrzeuge (Luftfahrzeugrolle) eingetragen sind.
Die Eintragung erfolgt nur, wenn das Luftfahrzeug zugelassen (§ 3) ist und im ausschließlichen Eigentume von Reichsangehörigen steht.
Ihnen werden gleichgeachtet offene Handelsgesellschaften und Kommanditgesellschaften, wenn die persönlich haftenden Gesellschafter sämtlich Reichsangehörige sind; andere Handelsgesellschaften, eingetragene Genossenschaften und juristische Personen, wenn sie im Inland ihren Sitz haben, Kommanditgesellschaften auf Aktien jedoch nur dann, wenn die persönlich haftenden Gesellschafter sämtlich Reichsangehörige sind.
Eingetragene Luftfahrzeuge haben ein deutsches Hoheitszeichen zu führen. Form und Art der Führung bestimmt die Reichsregierung.
Die Eintragung ist zu löschen, wenn die Voraussetzungen nach Abs. 2 nicht mehr vorliegen.

§ 3. Luftfahrzeuge dürfen nur in Betrieb genommen werden, wenn sie zugelassen sind.
Die Zulassung erfolgt nur, wenn das Luftfahrzeug den Anforderungen der Verkehrssicherheit genügt.
Die Zulassung gilt für das ganze Reichsgebiet; sie wird durch einen Zulassungsschein nachgewiesen. Sie ist zurückzuziehen, wenn ein Luftfahrzeug den Anforderungen der Verkehrssicherheit nicht mehr genügt; der Zulassungsschein ist in diesem Falle einzuziehen.

§ 4. Wer bestimmungsgemäß ein Luftfahrzeug führt oder bedient (Luftfahrer), bedarf der Erlaubnis. Der Nachweis der Erlaubnis ist durch eine Bescheinigung (Luftfahrerschein) zu erbringen.
Bei Übungs- und Prüfungsfahrten in Begleitung von Lehrern gelten die Lehrer als diejenigen, die das Luftfahrzeug führen oder bedienen.
Der Luftfahrerschein ist zu erteilen, wenn der Bewerber seine Befähigung nachgewiesen, das 21. und, wenn es sich um Führer von Luftschiffen handelt, das 25. Lebensjahr vollendet hat

[2058] RGBl. 1922 I, S. 681 ff..

und ferner keine Tatsachen vorliegen, die den Bewerber zur Führung oder Bedienung eines Luftfahrzeugs ungeeignet erscheinen lassen.
Mit Zustimmung des gesetzlichen Vertreters kann auch Bewerbern, die das 19. Lebensjahr vollendet haben, die Erlaubnis erteilt werden, wenn besondere Umstände dies rechtfertigen.
Die Erlaubnis gilt für das ganze Reichsgebiet. Sie ist zu entziehen, wenn sich Tatsachen dafür ergeben, daß der Inhaber zur Führung oder Bedienung eines Luftfahrzeugs ungeeignet ist; der Luftfahrerschein ist in diesem Falle einzuziehen.

§ 5. § 2 Abs. 1, § 3 Abs. 1 und § 4 Abs. 1 gelten nicht innerhalb eines Flughafens, wenn nur zum Betriebe des Luftfahrzeugs bestimmte Personen beteiligt sind. Weitere Ausnahmen von den Vorschriften des § 2 Abs. 1, des § 3 Abs. 1 und des § 4 Abs. 1 kann die Reichsregierung zulassen.

§ 6. Wer gewerbsmäßig Personen zu Luftfahrern ausbilden will, bedarf der Genehmigung.
Die Genehmigung ist zu erteilen, wenn der Bewerber seine Befähigung durch eine Prüfung nachgewiesen hat und keine Tatsachen dafür vorliegen, daß er für den Lehrbetrieb sonst ungeeignet ist.
Die Genehmigung ist zurückzuziehen, wenn sich Tatsachen dafür ergeben, daß der Lehrbetrieb unzuverlässig ist.

B. Flughäfen

§ 7. Flughäfen dürfen nur mit gemeinsamer Genehmigung der Reichsregierung und der Landeszentralbehörde oder der von diesen zu bestimmenden Behörden beibehalten oder angelegt werden.
Die Genehmigung ist zu versagen, wenn Tatsachen dafür vorliegen, daß der Flughafen oder der in Aussicht genommene Platz ungeeignet ist, oder dafür, daß der Betrieb unzuverlässig geführt werden wird; ergeben sich später solche Tatsachen, so ist die Genehmigung zurückzuziehen.
Die vorstehenden Vorschriften gelten nicht für Reichs- und Staatsbetriebe, die im öffentlichen Interesse liegen.

§ 8. Als Flughafen gilt auch die festgesetzte Flughafenzone.

§ 9. Die zur Errichtung von Polizeiflugwachen in Flughäfen erforderlichen Räumlichkeiten hat der Unternehmer unentgeltlich bereitzustellen und zu unterhalten.

§ 10. Die Vorschriften des § 26 der Gewerbeordnung gelten für Flughäfen entsprechend. Dies gilt auch dann, wenn der Flughafen nicht gewerblichen, sondern öffentlichen Zwecken dient.

C. Luftfahrtunternehmen und -veranstaltungen

§ 11. Unternehmen, die gewerbsmäßig Personen oder Sachen durch Luftfahrzeuge befördern (Luftfahrtunternehmen), und öffentliche Veranstaltungen im Dienste des Wettbewerbs oder der Schaulust, woran Luftschiffe, Flugzeuge oder Ballone beteiligt sind (Luftfahrtveranstaltungen), bedürfen der Genehmigung.
Die Genehmigung wird erteilt:

1. bei Luftfahrtunternehmen und Luftfahrtveranstaltungen, deren Luftfahrtbereich sich auf ein Land beschränkt, von der Zentralbehörde des Landes oder der von dieser zu bestimmenden Behörde nach Anhörung der Reichsregierung;
2. bei Luftfahrtunternehmen oder Luftfahrtveranstaltungen, deren Luftfahrtbereich mehrere Länder oder das Ausland berührt, von der Reichsregierung nach Anhörung der Zentralbehörden der berührten Länder;
3. bei Ballonveranstaltungen von der Zentralbehörde des Landes, von dem aus die Fahrt veranstaltet wird.

Die Genehmigung ist zu versagen, wenn kein Bedürfnis besteht oder Tatsachen dafür vorliegen, daß die öffentliche Sicherheit oder Ordnung gefährdet werden kann; ergeben sich später solche Tatsachen, so ist die Genehmigung zurückzuziehen. Die Genehmigung kann versagt werden, wenn der Unternehmer Luftfahrzeuge verwenden will, die nicht als sein Eigentum in die Luftfahrzeugrolle eingetragen sind.
Die vorstehenden Vorschriften gelten nicht für Reichs- und Staatsbetriebe, die im öffentlichen Interesse liegen.
Luftfahrtunternehmen mit einem flugplanmäßigen öffentlichen Betriebe müssen auf Verlangen der Postverwaltung mit jeder flugplanmäßigen Luftfahrt Postsendungen gegen angemessene Vergütung befördern. Der Umfang der Verpflichtung bemißt sich nach den Bedürfnissen des Luftfahrtunternehmens und der Postverwaltung. Er ist im Streitfall vom Reichsverkehrsminister und Reichspostminister festzusetzen; das gleiche gilt für die Höhe der Vergütung.

D. Verkehrsvorschriften

§ 12. Luftfahrzeuge dürfen, außer in Notfällen, nur in Flughäfen und außerhalb geschlossener Ortschaften nur auf nichteingefriedeten Grundstücken oder auf Wasserflächen landen. Für einzelne Gebiete, Grundstücke oder Wasserflächen kann ein Landungsverbot erlassen werden. Die Besatzung ist verpflichtet, über die Persönlichkeit des Halters und Führers des Luftfahrzeugs dem Berechtigten Auskunft zu geben. Nach Feststellung der Persönlichkeiten darf der Berechtigte die Weiterfahrt oder die Abbeförderung des Luftfahrzeugs nicht verhindern.

§ 13. Bestimmte Gebiete können vorübergehend oder dauernd für den Luftverkehr ganz oder unter einer bestimmten Flughöhe gesperrt werden (Luftsperrgebiete).

§ 14. Luftfahrzeuge dürfen im Luftverkehre Waffen, Schießbedarf, Sprengstoffe, giftige Gase, Brieftauben, Lichtbildgerät und Gerät zur drahtlosen Nachrichtenübermittlung nur mit behördlicher Erlaubnis mitführen.

E. Enteignung

§ 15. Bei öffentlichem Bedürfnis können Eigentum und sonstige Rechte an Grundstücken für Zwecke der Luftfahrt durch Enteignung gegen angemessene Entschädigung entzogen oder beschränkt werden, wenn keine Einigung zwischen dem Unternehmer und dem Berechtigten zustande kommt. Die Beschränkung kann auch in der Kennzeichnung von Orten für die Luftfahrt bestehen.
Bis zur Erlassung eines Reichsgesetzes bestimmt sich das Verfahren nach den Landesgesetzen.

§ 16. Das Reich kann Luftfahrtunternehmen oder das Eigentum oder das Recht der Ausnutzung von Anlagen, die der Beförderung von Personen oder Gütern mit Luftfahrzeugen dienen, gegen angemessene Entschädigung übernehmen. Das Nähere regelt ein Reichsgesetz.
Nach dem 1. April 1922 getroffene Vereinbarungen oder abgeschlossene Rechtsgeschäfte, durch die das Übernahmerecht des Reichs aufgehoben, beschränkt oder beeinträchtigt wird, sind dem Reiche gegenüber unwirksam.

F. Gemeinsame Bestimmungen

§ 17. Die Reichsregierung erläßt mit Zustimmung des Reichsrats und eines Ausschusses des Reichstags:
1. Vorschriften zur Ausführung der §§ 2 bis 15 und des § 29,
2. Vorschriften für das Überfliegen der Reichsgrenze oder Zollgrenzen,
3. die sonstigen zur Wahrung der öffentlichen Ordnung und Sicherheit erforderlichen Vorschriften über Verkehr und Betrieb von Luftfahrzeugen,
4. Vorschriften über die Bildung eines zur Mitwirkung in Angelegenheiten des Luftfahrwesens berufenen Beirats.

Der Beirat ist vor Erlassung der in Nr. 1 bis 3 erwähnten Vorschriften zu hören. Auch die Landesregierungen können sich durch Vermittlung der Reichsregierung des Beirats bedienen.

§ 18. Die Entscheidungen der Verwaltungsbehörden auf Grund des § 2 und der §§ 4 bis 7, 9 und 11 Abs. 1 bis 3 können, unbeschadet der Befugnisse der Behörde zur vorläufigen Durchführung der Maßnahme, im Wege des Verwaltungsstreitverfahrens oder, wo ein solches nicht besteht, im Wege des Rekurses nach den §§ 20, 21 der Gewerbeordnung angefochten werden.
Gegen die Entscheidung nach § 11 Abs. 5 Satz 3 kann innerhalb zweier Wochen seit Zustellung das Reichswirtschaftsgericht angerufen werden.

Zweiter Abschnitt

Haftpflicht

§ 19. Wird beim Betrieb eines Luftfahrzeugs durch Unfall jemand getötet, sein Körper oder seine Gesundheit verletzt oder eine Sache beschädigt, so ist der Halter des Fahrzeugs verpflichtet, den Schaden zu ersetzen.
Benutzt jemand das Fahrzeug ohne Wissen und Willen des Fahrzeughalters, so ist er an Stelle des Halters zum Ersatze des Schadens verpflichtet. Daneben bleibt der Halter zum Ersatze des Schadens verpflichtet, wenn die Benutzung des Fahrzeugs durch sein Verschulden ermöglicht worden ist.

§ 20. Hat bei Entstehung des Schadens ein Verschulden des Verletzten mitgewirkt, so gilt § 254 des Bürgerlichen Gesetzbuchs; bei Beschädigung einer Sache steht das Verschulden desjenigen, der die tatsächliche Gewalt darüber ausübt, dem Verschulden des Verletzten gleich.

§ 21. Bei Tötung umfaßt der Schadenersatz die Kosten versuchter Heilung sowie den Vermögensnachteil, den der Getötete dadurch erlitten hat, daß während der Krankheit seine Erwerbsfähigkeit aufgehoben oder gemindert oder sein Fortkommen erschwert oder seine Bedürfnisse vermehrt waren. Außerdem sind die Kosten der Bestattung dem zu ersetzen, der sie zu tragen verpflichtet ist.

Stand der Getötete zur Zeit des Unfalls zu einem Dritten in einem Verhältnis, vermöge dessen er diesem gegenüber kraft Gesetzes unterhaltspflichtig war oder werden konnte, und ist dem Dritten infolge der Tötung das Recht auf Unterhalt entzogen, so hat der Ersatzpflichtige ihm soweit Schadenersatz zu leisten, wie der Getötete während der mutmaßlichen Dauer seines Lebens zur Gewährung des Unterhalts verpflichtet gewesen sein würde. Die Ersatzpflicht tritt auch dann ein, wenn der Dritte zur Zeit des Unfalls erzeugt aber noch nicht geboren war.

§ 22. Bei Verletzung des Körpers oder der Gesundheit umfaßt der Schadenersatz die Heilungskosten sowie den Vermögensnachteil, den der Verletzte dadurch erleidet, daß infolge der Verletzung zeitweise oder dauernd seine Erwerbsfähigkeit aufgehoben oder gemindert oder sein Fortkommen erschwert ist oder seine Bedürfnisse vermehrt sind.

§ 23. Der Ersatzpflichtige haftet:
1. wenn jemand getötet oder verletzt wird, nur bis zu einer Million Mark Kapital oder bis zu fünfzigtausend Mark Jahresrente,
2. wenn mehrere durch dasselbe Ereignis getötet oder verletzt werden, unbeschadet der Grenze in Nr. 1 nur bis zu insgesamt zweiundeinhalb Millionen Mark Kapital oder bis zu insgesamt zweihundertfünfzigtausend Mark Jahresrente,
3. wenn Sachen beschädigt werden, nur bis zu insgesamt fünfhunderttausend Mark.

Übersteigen die Entschädigungen, die mehreren auf Grund desselben Ereignisses nach Abs. 1 Nr. 1 und 3 oder die Entschädigungen, die im Falle des § 21 Abs. 2 mehreren Unterhaltsberechtigten nach Abs. 1 Nr. 1 zu leisten sind, insgesamt die Höchstbeträge in Nr. 2 und 3, so verringern sich die einzelnen Entschädigungen in dem Verhältnis, wie ihr Gesamtbetrag zum Höchstbetrage steht.

Tritt eine wesentliche Änderung des Geldwerts ein, so kann die Reichsregierung mit Zustimmung des Reichsrats und des Ausschusses des Reichstags (§ 17) die im Abs. 1 Ziffer 1 bis 3 genannten Summen entsprechend ändern.

§ 24. Der Schadenersatz für Aufhebung oder Minderung der Erwerbsfähigkeit, für Erschwerung des Fortkommens oder für Vermehrung der Bedürfnisse des Verletzten und der nach § 21 Abs. 2 einem Dritten zu gewährende Schadenersatz ist für die Zukunft durch Geldrente zu leisten.

§ 843 Abs. 2 bis 4 des Bürgerlichen Gesetzbuchs und § 708 Nr. 6 der Zivilprozeßordnung gelten entsprechend. Für die dem Verletzten zu entrichtende Geldrente gilt entsprechend § 850 Abs. 3 und für die dem Dritten zu entrichtende Geldrente § 850 Abs. 1 Nr. 2 der Zivilprozeßordnung.

Bei Verurteilung zu einer Geldrente kann der Berechtigte noch nachträgliche Sicherheitsleistung oder Erhöhung einer solchen verlangen, wenn sich die Vermögensverhältnisse des Verpflichteten erheblich verschlechtert haben. Diese Bestimmung gilt bei Schuldtiteln des § 794 Nr. 1, 2 und 5 der Zivilprozeßordnung entsprechend.

§ 25. Die Schadenersatzansprüche nach §§ 19 bis 24 verjähren in zwei Jahren, nachdem der Ersatzberechtigte von dem Schaden und der Person des Ersatzpflichtigen Kenntnis erhalten hat, ohne Rücksicht auf diese Kenntnis in dreißig Jahren vom Unfall an.

Schweben zwischen dem Ersatzpflichtigen und dem Ersatzberechtigten Verhandlungen über den Schadenersatz, so ist die Verjährung gehemmt, bis ein Teil die Fortsetzung der Verhandlungen verweigert.

Im übrigen richtet sich die Verjährung nach den Vorschriften des Bürgerlichen Gesetzbuchs.

§ 26. Der Ersatzberechtigte verliert die Rechte, die ihm nach diesem Gesetze zustehen, wenn er nicht spätestens drei Monate, nachdem er von dem Schaden und der Person des Ersatzpflichtigen Kenntnis erhalten hat, diesem den Unfall anzeigt. Der Rechtsverlust tritt nicht ein, wenn die Anzeige infolge eines Umstandes unterblieben ist, den der Ersatzberechtigte nicht zu vertreten hat, oder wenn der Ersatzpflichtige innerhalb der Frist auf andere Weise vom Unfall Kenntnis erhalten hat.

§ 27. Wird ein Schaden durch mehrere Luftfahrzeuge verursacht, und sind die Fahrzeughalter einem Dritten kraft Gesetzes zum Schadenersatze verpflichtet, so hängt im Verhältnis der Fahrzeughalter untereinander Pflicht und Umfang des Ersatzes von den Umständen, insbesondere davon ab, wieweit der Schaden überwiegend von dem einen oder anderen verursacht worden ist. Dasselbe gilt, wenn der Schaden einem der Fahrzeughalter entstanden ist, bei der Haftpflicht, die einen anderen von ihnen trifft.
Abs. 1 gilt entsprechend, wenn neben dem Fahrzeughalter ein anderer für den Schaden verantwortlich ist.

§ 28. Unberührt bleiben die reichsgesetzlichen Vorschriften, wonach für den beim Betrieb eines Luftfahrzeugs entstehenden Schaden der Halter oder Benutzer (§ 19 Abs. 2) in weiterem Umfang oder der Führer oder ein anderer haftet.

§ 29. Zur Sicherung der Schadenersatzforderungen muß der Halter eines Luftfahrzeugs vor der Zulassung (§ 3) sowie der Unternehmer eines Flughafens (§ 7), eines Luftfahrtunternehmens und einer öffentlichen Flugveranstaltung (§ 11) vor Erteilung der Genehmigung nachweisen, daß er in einer ihm bekannt zu gebenden Höhe eine Haftpflichtversicherung abgeschlossen oder durch Hinterlegung von Geld oder Wertpapieren Sicherheit geleistet hat. Dies gilt nicht, wenn Halter oder Unternehmer das Reich oder ein Land ist.
Die Sicherheit kann zur Befriedigung von Schadenersatzforderungen verwandt werden:
1. wenn das Konkursverfahren über das Vermögen des Hinterlegers eröffnet wird, oder wenn er seine Zahlungen eingestellt hat;
2. wenn der Hinterleger sein Unternehmen aufgibt.
Ist die Sicherheit durch Befriedigung von Schadenersatzforderungen verringert oder erschöpft, so ist sie innerhalb eines Monats nach Aufforderung wieder auf den ursprünglichen Betrag zu bringen.
Die Rückgabe der Sicherheit kann erst verlangt werden, wenn das Unternehmen aufgegeben worden ist und seitdem vier Monate verstrichen sind. Der Anspruch beschränkt sich auf den Rest nach Deckung der Schadenersatzforderungen. Schon vor Ablauf der Frist kann die Rückgabe verlangt werden, wenn glaubhaft gemacht wird, daß keine Schadenersatzforderungen bestehen.

§ 30. In bürgerlichen Reichtsstreitigkeiten, wo durch Klage und Widerklage ein Anspruch auf Grund dieses Gesetzes geltend gemacht ist, wird die Verhandlung und Entscheidung letzter Instanz im Sinne des § 8 des Einführungsgesetzes zum Gerichtsverfassungsgesetze dem Reichsgerichte zugewiesen.
Für Klagen, die auf Grund dieses Gesetzes erhoben werden, ist auch das Gericht zuständig, in dessen Bezirk der Unfall eingetreten ist.

Dritter Abschnitt

Strafvorschriften und Schlußbestimmung

§ 31. Wer den zur Wahrung der öffentlichen Ordnung und Sicherheit in diesem Gesetz oder sonst erlassenen Vorschriften über Verkehr und Betrieb von Luftfahrzeugen zuwiderhandelt, wird mit Geldstrafe bis zu fünfzehnhundert Mark oder mit Haft bestraft, soweit nicht nach anderen Strafgesetzen eine höhere Strafe verwirkt ist.

§ 32. Mit Gefängnis bis zu zwei Jahren und Geldstrafe bis zu einhunderttausend Mark oder mit einer dieser Strafen wird bestraft, wer vorsätzlich
1. ein Luftfahrzeug führt, das eintragungspflichtig (§ 2), aber nicht oder nicht mehr eingetragen ist;
2. als Halter ein eintragungspflichtiges (§ 2), aber nicht oder nicht mehr eingetragenes Luftfahrzeug durch Dritte gebrauchen läßt;
3. ein Luftfahrzeug führt oder bedient, ohne die Erlaubnis (§ 4) zu haben, oder nachdem sie zurückgezogen ist;
4. als Halter ein Luftfahrzeug durch eine erlaubnispflichtige Person (§ 4) führen oder bedienen läßt, die nicht im Besitze des Luftfahrerscheins ist oder der die Erlaubnis entzogen ist;
5. ohne Genehmigung oder entgegen den Bedingungen gewerbsmäßig Personen zu Luftfahrern ausbildet (§ 6), Flughäfen (§ 7) anlegt oder unterhält, Luftfahrtunternehmen (§ 11) betreibt oder Luftfahrtveranstaltungen (§ 11) unternimmt;
6. sich der Verpflichtung nach § 12 Abs. 2 Satz 1 entzieht.

Wer in den Fällen der Nr. 1 bis 5 fahrlässig handelt, wird mit Gefängnis bis zu drei Monaten oder Geldstrafe bis zu einhunderttausend Mark oder Haft bestraft.

§ 33. Wer Menschenleben dadurch gefährdet, daß er vorsätzlich ein Luftfahrzeug beschädigt, zerstört oder sonst unbrauchbar oder unzuverlässig macht oder vorsätzlich die Fahrt eines Luftfahrzeugs durch falsche Zeichen oder sonst stört, wird mit Gefängnis nicht unter drei Monaten bestraft.
Der Versuch ist strafbar.
Ist infolge der Handlung eine schwere Körperverletzung (§ 224 des Reichsstrafgesetzbuchs) oder der Tod eines Menschen eingetreten, so ist die Strafe Zuchthaus, bei mildernden Umständen Gefängnis nicht unter sechs Monaten.
Ist eine dieser Handlungen fahrlässig begangen, so ist die Strafe Gefängnis bis zu sechs Monaten und Geldstrafe bis zu einhunderttausend Mark oder eine dieser Strafen, und wenn infolge der Handlung der Tod eines Menschen eingetreten ist, Gefängnis nicht unter einem Monat.

§ 34. Es treten in Kraft
die Vorschriften des zweiten Abschnitts dieses Gesetzes mit dem 1. September 1922,
die übrigen Vorschriften mit dem 1. Oktober 1923, jedoch kann die Reichsregierung diese schon zu einem früheren Zeitpunkt in Kraft setzen; mit diesem Zeitpunkt treten alle auf Grund der Verordnung, betreffend die vorläufige Regelung der Luftfahrt vom 26. November 1918 (Reichsgesetzbl. S. 1337) erlassenen Vorschriften außer Kraft.
Berlin, den 1. Auguste 1922.

Der Reichspräsident	Der Reichsverkehrsminister
Ebert	Groener

E. Biographische Daten und Luftfahrtinstitutionen

Comité juridique international de l'aviation (CJIA) wurde im Dezember 1909 in Paris gegründet. Es handelte sich dabei um eine internationale Vereinigung von Juristen, die sich zur Aufgabe gestellt hatte, die durch den Luftverkehr aufgetretenen neuartigen Rechtsfragen zu untersuchen und für eine spätere Gesetzgebung vorzubereiten. Aus der Überlegung heraus, daß der Luftverkehr mehr als jeder andere internationaler Natur sei, stellte es sich zur Aufgabe, einen „Code de l'air" auf internationaler Grundlage zu erarbeiten, der in fünf Teilen (öffentliches Recht, Privatrecht, Verwaltungsrecht, Zollrecht, Strafrecht) alle die Luftfahrt betreffende Fragen erörtern und den Gesetzgebungen als Vorbild und Unterstützung dienen sollte. Außerdem machte es sich zur Aufgabe, alle für das Luftrecht juristisch bedeutende Fälle und Dokumente zu sammeln und die Zeitschrift „Revue juridique internationale de la locomotion aèrienne" herauszugeben, die geplanten gesetzlichen Regelungen zu diskutieren und Vereine und Einzelpersonen zu beraten. Es führte außerdem verschiedene Kongresse durch. Der erste Kongreß fand 1911 (Paris), der zweite 1912 (Genf) der dritte 1913 (Frankfurt am Main), der vierte 1921 (Monaco), der fünfte 1922 (Prag) und der sechste fand 1924 (Rom) statt. Bis zum Jahre 1911 befaßte sich ausschließlich das CJIA mit luftrechtlichen Fragen. Die Spitze der Vereinigung bildete das Comité directeur in Paris. In den verschiedenen europäischen und außereuropäischen Staaten wurden verschiedene Landesgruppen gegründet, an deren Spitze jeweils ein délégué nationale stand, der zugleich Vorsitzender der Landesgruppen war. Bis zum Ausbruch des ersten Weltkriegs vertrat Justizrat Niemeyer die deutsche Gruppe in Paris. An dem im Jahre 1913 abgehaltenen internationalen Kongreß nahmen außerdem verschiedene deutsche Behörden und als Vertreter des Reichskanzlers Geh. Regierungsrat Dronke vom Reichsjustizamt teil. Niemeyer war Vizepräsident im Comité directeur in Paris. Das Amt des délégué nationale übte Alex Meyer aus. Nach dem ersten Weltkrieg wurden erst 1925 die Beziehungen zwischen deutschen Vertretern und dem CJIA fortgesetzt. Nach Wiederaufnahme der Beziehungen bekleidete Geheimrat Schreiber das Amt des délégué national. An den später durchgeführten Kongressen nahmen auch Vertreter der deutschen Regierung teil. Neben ihrer Tätigkeit im Comité juridique international de l'aviation waren Meyer und Niemeyer außerdem an verschiedenen vor dem ersten Weltkrieg durchgeführten Beratungen zur Erstellung des Regierungsentwurfs eines nationalen Luftverkehrsgesetzes beteiligt. Nach dem ersten Weltkrieg war Niemeyer als Vertreter des Reichsausschusses für die Luftfahrt beratend an den das Gesetzgebungsverfahren vorbereitenden Tätigkeiten der Verwaltung weiter beteiligt.

(Quellen: Vgl. Alex Meyer, Luftrecht in fünf Jahrzehnten, S. 28 ff., 43, 49, 437; die ersten Artikel des „Code de l'air" sind abgedruckt in: Alex Meyer, Der erste internationale Kongreß für Luftrecht, in: JW 1911, S. 670 (671/672); Alex Meyer, Der zweite internationale Kongreß für Luftrecht, in: JW 1912, S. 702 (703); Alex Meyer, Der dritte internationale Kongreß für Luftrecht, in: JW 1913, S. 971 (971/972); Premier congrès du Comité juridique international de l'aviation, Paris 1912, S. 89 ff.; Deuxième congrès du Comité juridique international de l'aviation, Paris 1912, S. 151 ff.)

Dammann, Bruno, (geb. 6. April 1869 Potsdam Proskau bei Oppeln), Dr. jur. h. c., Dr. med. h. c., Ministerialdirektor, studierte Rechts- und Staatswissenschaften in Tübingen, Marburg, Berlin und Göttingen. 1890 Referendar, 1895 Regierungsassessor, 1896/01 Stellvertreter bei verschiedenen Landesämtern in Ostpreußen, 1901 im Reichsamt des Innern tätig, 1905 Vortragender Rat daselbst, 1908 Geheimer Oberregierungsrat, 1917 Ministerialdirektor dann

Leiter der Abt. II für Volksgesundheit, Wohlfahrt und Deutschtum im Reichsministerium des Innern und Ehrensenator der Universität Freiburg und Tübingen, Präsident des Reichsausschusses für Krebsforschung, Präsident der chemisch-technischen Reichsanstalt.
(Quelle: Cuno von Horkenbach (Hrsg.), Deutsches Biographisches Archiv, Neue Folge II 251, 142 (Fiche), Das Deutsche Reich von 1918 bis heute, Jahrg. 1931, S. 511.)

Deutscher Luftfahrerverband[2059] wurde 1902 als der Deutsche Luftschiffer-Verband gegründet. Er war in Deutschland der erste Verband von Vereinen, die sich die Förderung der Luftfahrt zur Aufgabe gesetzt hatten. Sein Hauptinteresse war zunächst auf die Pflege des Ballonsports gerichtet. Später waren in ihm Vereine des Ballon-, Luftschiff- und Flugsports organisiert. 1911 gehörten dem Verband 75 Vereine an. Die damalige Mitgliederzahl betrug 66 000. Bis 1912 war der Deutsche Luftfahrer-Verband ein reiner Sportverband. Danach erfolgte eine Angliederung der gesamten Luftfahrtindustrie und technischer aber auch wissenschaftlicher Vereinigungen. Auf diese Weise wurde er zur zentralen Organisation der deutschen Luftfahrt. Entsprechend der Satzung bestand seine Aufgabe in:

- der Pflege der Technik und Wissenschaft, Förderung der deutschen Luftfahrtindustrie und des Luftverkehrs, Mitarbeit an der Ausgestaltung des deutschen und des internationalen Luftrechts (später wurde für diese Aufgabe das Institut für Luftrecht an der Universität Königsberg gegründet);
- Veranstaltung, Leitung und Förderung heimatlicher und internationaler Luftsportunternehmungen;
- Aufstellung und Durchführung der dafür nötigen einheitlichen Bestimmungen;
- Förderung der Jugendbewegung in der Luftfahrt;
- Werbetätigkeit;
- Vertretung bei den zuständigen Zentralbehörden und dem Ausland, insbesondere den jeweilig maßgebenden internationalen Luftfahrt- und Luftsportvereinigungen.

Der Verband arbeitete intensiv mit staatlichen Stellen zusammen. An den Vorstandssitzungen nahmen Vertreter der Reichs-, der preußischen Zentralbehörden und gegebenenfalls auch der anderen Bundesstaaten teil. Von staatlicher Seite wurde der Verband bei der Ausarbeitung rechtlicher Regelungen konsultiert. Teilweise wurden ihm mit der Befugnis zur Ausstellung von Führerzeugnissen öffentliche Aufgaben übertragen.
Die Sportkommission des deutschen Luftsports im Deutschen Luftfahrer-Verband war bis zum ersten Weltkrieg Mitglied der Fédération Aéronautique Internationale.

(Quellen: Ernst Kredel, Die deutsche Handelsluftfahrt, Hannover 1929, S. 42 ff. Hans-Waldemar von Herwarth, Unser Luftreich - Unsere Zukunft, Berlin 1912, Anhang Tabelle II; F. Rasch, Die deutsche Luftfahrt und der deutsche Luftfahrer-Verband, in: Sonderausgabe der Deutschen Luftfahrer-Zeitschrift, S. 1/2, zit. nach: BA Berlin-Li., R 5, Nr. 3845)

Dronke, Ernst, (geb. 7. Januar 1865, Koblenz, gest. 1933), Dr. jur. h. c. der Universität Frankfurt a. M., Oberlandesgerichtspräsident i. R. Nach Ablegung der Reifeprüfung am Gymnasium in Trier studierte Dronke an der Universität Bonn die Rechte, 1890 wurde er Gerichtsassessor in Trier, Koblenz und Elberfeld. 1895 Amtsrichter in Sulzbach a. d. Saar. 1901 Landrichter und 1906 Landgerichtsdirektor in Köln. 1909 Kammergerichtsrat, hauptamtliches Mitglied des Landesprüfungsamts Berlin und 1910 Geheimer Oberregierungsrat und Vortragender Rat im Reichsjustizministerium. Von 1920 bis 1930 wirkte er als Präsident des Ober-

[2059] Auch Deutscher Luftfahrer-Verband.

landesgerichts in Frankfurt a. M.. Dronke war viele Jahre hindurch stellvertretender und 1921 bis 1926 1. Vorsitzender des Deutschen Sprachvereins. Er verfaßte zahlreiche Aufsätze in juristischen Fachzeitschriften und in der Zeitschrift des Deutschen Sprachvereins. Er erhielt den Orden: F. K. II. Kl. am weißschwarzen Bande.

(Quelle: Deutscher Wirtschaftsverlag Aktiengesellschaft Berlin (Hrsg.), Reichshandbuch der Deutschen Gesellschaft, Das Handbuch der Persönlichkeiten in Wort und Bild, 1. Bd., Magdeburg ca. 1930, S. 350; K. G. Saur, Deutscher Biographischer Index, Bruck-Fucker, 2. Aufl., München 1998, S. 717)

Eckener, Hugo, (geb. 10. August 1868, Flensburg, gest. 14. August 1954, Friedrichshafen/Bodensee) begann nach abgeschlossenem Studium der Philosophie und der Volkswirtschaftslehre als freier Schriftsteller. Ende der 90er Jahre ließ er sich aus gesundheitlichen Gründen am Bodensee in Friedrichshafen nieder und kam durch Veröffentlichungen in der „Frankfurter Zeitung" über die ersten Versuche des Grafen von Zeppelin mit den lenkbaren Starrluftschiffen in Berührung. Das führte dann, etwa um die Jahreswende 1905/1906, unter Abkehr von der bisherigen publizistischen Betätigung Eckeners als Philosoph und Nationalökonom zu einer engen Verbindung mit dem Grafen zwecks Zusammenarbeit an der Weiterentwicklung der Zeppelin-Luftschiffe. Eckener und seine Mitarbeiter führten in der Zeit von 1910 bis 1914 über 2000 Fahrten durch. Zu Beginn des ersten Weltkriegs wurde Eckener als Instrukteur zur Ausbildung von Marineluftschiff-Führern verpflichtet. 1920 trat er in den Vorstand der Zeppelin-Stiftung ein und wurde schließlich Vorsitzender des Vorstands. 1924 wurde er Direktor der Verkehrsabteilung der Luftschiffbau Zeppelin GmbH und Vorsitzender der Gesellschafter der Werke. 1935 wurde er Vorsitzender der Zeppelin-Reederei.
Als es im Jahre 1932 vorübergehend ungewiß war, ob Hindenburg wieder als Reichspräsident kandidieren würde, sagte Eckener auf Sondierung aus dem Preußischen Innenministerium einer etwaigen Gegenkandidatur gegen Hitler bedingt zu; Brüning freilich erhob Einwendungen gegen Eckeners „unpolitische" Person.
Als Luftschiffpionier unternahm Eckener zahlreiche Fahrten, z. B. eine Weltfahrt 1929 und eine Nordpolfahrt 1931. In den Jahren 1936/37 führte er fahrplanmäßige Fahrten mit dem Luftschiff „Hindenburg", das 1937 in Lakehurst (N.Y) durch eine Explosion zerstört wurde, durch. Er war vielfacher Ehrendoktor, Ehrensenator und Ehrenbürger.

(Quelle: Walther Reimer (Bearb.), Historische Kommission bei der Bayerischen Akademie der Wissenschaften (Hrsg.), Neue Deutsche Biographie, Bd. 4, Berlin 1959, S. 287/288; Deutscher Tachenbuch Verlag (Hrsg.), dtv-Lexikon, Deut-Einq, Bd. 4, München 1966, S. 256; Reichshandbuch der deutschen Gesellschaft, Bd. 1, 1930, zit. nach K. G. Saur, Deutscher Biographischer Index, Bruck-Fucker, 2. Aufl., München 1998, II 308, Nr. 129 (Fiche)).

Euler, August, (geb. 20. November 1868, gest. 1. Juli 1957), Dr. Ing. e. h., Unterstaatssekretär a. D. - Feldberg/Schwarzwald - Oelde/W. -, war Radrennfahrer, Automobilist, Flugzeugführer, Flugzeugfabrikant und Fluglehrer von Prinz Heinrich. Er gründete 1908 die erste deutsche Flugzeugfabrik in Darmstadt-Griesheim. 1909 legte er als erster im Deutschen Reich die Flugzeugführerprüfung ab. 1910 organisierte er die ersten Luftpoststrecken in Deutschland. Er war Gründer und Vorsitzender des Verbandes Deutscher Flugzeug-Industrieller GmbH. Während des ersten Weltkriegs war er Konstrukteur und Ausbilder. Von 1918 bis 1920 war er Unterstaatssekretär und Leiter des Reichsamts für Luft- u. Kraftfahrwesen, Berlin. Außerdem schaffte er die Grundlagen für eine deutsche Luftverkehrsgesellschaft. 1938 (anläßlich des 70. Geburtstags) erhielt er den Ehrendoktortitel der TH Hannover. Er war Ehrenmitglied des Aero-Clubs von Deutschland und der Wissenschaftlichen Gesellschaft für Luftfahrt. 1952 erhielt er das Bundesverdienstkreuz.

(Quelle: Walter Habel (Hrsg.), Wer ist wer?, Bd. 12, 12. Aufl., Berlin 1955, S. 254, Friedrich Everling, Die vorläufige Regelung der Luftfahrt, in: Deutsche Zeitschrift für Luftschiffahrt 1919, XXIII. Jahrg., Nr. 1/2 S. 16 (16))

Fédération Aéronautique Internationale wurde 1905 in Paris gegründet. Sie war eine internationale Vereinigung nationaler Luftfahrtorganisationen. Bereits 1911 gehörten ihr 17 Vereinigungen Europas, Nord- und Südamerikas, Australiens und Afrikas an. Sie vertrat die Interessen des Ballon-, Luftschiff- und Flugsports. Die Gründung erfolgte mit dem Ziel:
- die internationale Regelung des Luftsports zu gewährleisten,
- die internationale Lufttouristik zu fördern und
- die Einheitlichkeit der Luftsportbewegung in allen Ländern sicher zu stellen und die materiellen und moralischen Interessen des Luftsports zu wahren.

Die Vereinigung war mehrfach mit Fragen des Luftrechts befaßt. So hatte sie beispielsweise 1913 den Entwurf einer Luftverkehrsordnung ausgearbeitet. Über den Deutschen Luftfahrer-Verband war das Deutsche Reich bis zum ersten Weltkrieg in der Fédération Aéronautique Internationale vertreten. Eine Wiederaufnahme nach dem Krieg erfolgte erst 1926.

(Quellen: Hans-Waldemar von Herwarth, Unser Luftreich - Unsere Zukunft, Berlin 1912, Anhang Tabelle I; Ernst Kredel, Die deutsche Handelsluftfahrt, Hannover 1929, S. 42 ff.; Jahrbuch der WGL 1936, S. 44 ff., zit. nach Alex Meyer, Luftrecht in fünf Jahrzehnten, Köln u. a. 1961, S. 50)

Flugplatz Johannisthal war das bedeutendste Zentrum der Flugsportbewegung vor dem ersten Weltkrieg. Um einen Ansporn für den deutschen Flugzeugbau zu erbringen, spendete 1908 der Mannheimer Fabrikant Karl Lanz einen Preis von 40 000 Mark für den ersten Konstrukteur, der seine Maschine in Deutschland gebaut und geflogen hatte. Zur damaligen Zeit fehlten in Deutschland geeignete Flugplätze, um diesen Wettkampf vorführen zu können. Nach einer langen Suche entschied man sich 1908 für ein Gelände zwischen den damaligen Landgemeinden Adlershof und Johannisthal. Das Gelände befand sich im heutigen Ortsteil Johannisthal, Stadtbezirk Treptow-Köpenick, Berlin.
Der Ortsteil Johannisthal war aus einer Ansiedlung von zehn Kolonistenfamilien unter der Regierung Friedrichs des Großen entstanden. Zur Zeit der Flugplatzgründung lebten dort bereits 4000 Menschen. Der Flugplatz umfaßte am Anfang eine Fläche von 2,1 Quadratkilometern und wurde duch einen drei bis vier Meter hohen Zaun umschlossen, der vor zahlungsunwilligen Besuchern schützen sollte. Das Rollfeld war zuerst nur 800 Meter breit, 500 Meter lang und im Westen errichtete man die ersten Flugzeugschuppen einschließlich Startplatz und Zielrichterhäuschen.
Der Flugplatz wurde am 26. September 1909 offiziell in Betrieb genommen. Als Träger wurde zuerst die Deutsche Flugplatz-Gesellschaft eingetragen, die dann später in Flug- und Sportplatz-Gesellschaft Berlin-Johannisthal umbenannt wurde. Trotz einiger aufsehenserregender Veranstaltungen konnten die Kosten nicht gedeckt werden. Der erste Direktor Arthur Miller, ein Bauunternehmer aus Charlottenburg, der den Flugplatz auch gebaut hatte, wurde im Januar 1910 von Georg von Tschudi abgelöst.
In Johannisthal fanden verschiedene bedeutende Flugveranstaltungen und Wettbewerbe mit nationaler und internationaler Beteiligung statt, z. B. Überlandflüge, Kunstflüge und Flugren-

nen. Es kam bereits zu den ersten Auslandsflügen. Ein besonderes Ereignis stellte beispielsweis die Landung des Schweizers Audemars im August 1912 dar. Ihm gelang es erstmals, die Strecke von Paris nach Johannisthal zu überwinden.
Für die Veranstaltungen wurden häufig hohe Preisgelder gestiftet. Damit wollten die Spender vielfach einen Anreiz zur Verbesserung der Leistungsfähigkeit der deutschen Luftfahrt schaffen. Bei den Wettbewerben und Veranstaltungen wurden wiederholt nationale und internationale Rekorde aufgestellt.
Bei den Veranstaltungen blieben Unfälle nicht aus. Zum Teil hatten sie einen tödlichen Ausgang.
Die Veranstaltungen hatten nicht nur zivilen Charakter. So wurden in Joahnnisthal auch militärische Wettbewerbe durchgeführt, z. B. bei der Herbstflugwoche vom 29. September bis 6. Oktober 1912.
Im Jahre 1910 interessierte sich auch der Luftschiffbau für den Flugplatz. Ein Parsevalluftschiff, das überwiegend zu Passagier- und Lichtreklamefahrten nachts über Berlin eingesetzt wurde, erhielt seinen Platz in einer Luftschiffhalle auf der Nordseite des Flugplatzes (82,5 Meter lang, 25, 3 Meter breit und 25 Meter hoch).
Am 20. April 1912 wurde die Deutsche Versuchsanstalt für Luftfahrt gegründet und siedelte sich auf der Adlershofer Seite des Flugplatzes an. Sie hatte die Aufgabe, Flugzeuge und Zubehör zu prüfen.
Johannistahl war nicht nur für seine Sensationen berühmt, sondern es entwickelte sich auch zu einem bedeutenden Ausbildungszentrum für Piloten. So wurden 1913 etwa die Hälfte aller deutschen Piloten dort ausgebildet. Es konnte sogar der Nachtflug geübt werden, für den extra Kennungen und Leuchtfeuer aufgestellt wurden.
Hatten sich in der Anfangszeit in Johannisthal verschiedene Individualisten mit ihren Werkstätten niedergelassen, so verging nicht viel Zeit, bis die ersten Fabriken errichtet wurden. Das zeigen die Namen der Firmen, die im August 1914 auf dem Flugplatz vertreten waren: Albatros, Rumpler, AGO (Aviatiker Gustav Otto), Jeannin, LVG und LFG (Luftfahrzeug-Gesellschaft).
Die politische Lage führte zur zunehmenden Militarisierung der Forschung und Entwicklung: Anfangs galt das Interesse der Flugaufklärung, bald auch schon den Möglichkeiten eines Kampfeinsatzes. Pilotenschulungen, technische Produktionen und die gesamte technische Anlage wurden darauf abgestimmt. Fast die Hälfte der deutschen Militärflugzeuge des ersten Weltkriegs wurden in Johannisthal gebaut. Nachdem im Jahre 1923 Tempelhof zum offiziellen Berliner Flugplatz wurde, diente das Areal in Johannisthal bis 1945 nur noch als Werksflugplatz der Albatros-Flugzeugwerke und der Henschel Flugzeugwerke AG, die im Rahmen von Hitlers Rüstungsprogrammen Kampfflugzeuge produzierten.
In den späten zwanziger Jahren wurde die Flugforschung in Johannistahl intensiviert: 1932 wurde die Deutsche Versuchsanstalt für Luftfahrt zu einer Großforschungsanstalt ausgebaut.
Heute ist eine Nutzung des ehemaligen Flugplatzes im Rahmen des Großprojekts „WISTA" (Wissenschafts- und Wirtschaftsstandort (Berlin-Adlershof)) in Planung. Auf einer 70 Hektar großen Fläche des ehemaligen Fliegergeländes entsteht jetzt ein Natur- und Landschaftspark.

(Quellen: Peter Supf, Das Buch der deutschen Fluggeschichte, Berlin 1935, S. 263 ff.; ders., Das Buch der deutschen Fluggeschichte II, Berlin 1935, S. 18; Johannisthal Flugplatz und Wiege der deutschen Luftfahrt, Teil 1, in: Berliner Stadtführer 1912, zit. nach http://www.luftfahrtgeschichte.com/johanis1.htm; Johannisthal Flugplatz und Wiege der deutschen Luftfahrt, Teil 2, zit. nach http://www.luftfahrtgeschichte.com/johanis2.htm; http://home.t-online.de/home/mercedes-druck/mdflie.htm; http://www.berlinews.de/wista/archiv/192.shtml)

Hoffmann, Eduard, (geb. 1848 als Sohn des Frankfurter Arztes Heinrich Hoffmann, des Autors des Struwelpeters, gest. 21. August 1920 in Frankfurt a. M.) Dr., war zu dieser Zeit vortragender Rat im Reichsjustizamt. Nach dem Studium der Rechtswissenschaften in Berlin, Heidelberg und Göttingen legte er 1872 die erste, 1876 die zweite juristische Staatsprüfung ab. 1878 Hilfsarbeiter im Reichsjustizamt mit anschließender kurzer Tätigkeit als Richter am Amtsgericht Kassel und am Landgericht Frankfurt am Main. Von 1883 an war er erneut im Reichsjustizamt tätig; hier 1888 vortragender Rat, 1903 Direktor. 1913 trat er in den Ruhestand. Hoffmann war im Reichsjustizamt für alle mit dem Handelsrecht zusammenhängenden Fragen zuständig und hat die handels- und wirtschaftsrechtliche Gesetzgebung seit Ende der achtziger Jahre maßgeblich mitgeprägt.

(Quelle: Werner Schubert, Die GmbH von 1888 bis 1902, in: Marcus Lutter u. a. (Hrsg.), Festschrift 100 Jahre GmbH-Gesetz, Köln 1992, S. 22 Fn. 59)

Lewald, Theodor, (1860-1947), Dr., Geheimer Oberregierungsrat, vortragender Rat im Reichsamt des Innern, studierte in Berlin, ferner in Leipzig und Heidelberg Rechts- und Staatswissenschaften, trat 1885 in den Verwaltungsdienst ein und wurde 1888 Regierungsassessor beim Oberpräsidium der Provinz Brandenburg. 1891 folgte er einem Rufe in das Reichsamt des Innern, ging 1893 zur Beteiligung an den Auflösungsarbeiten der deutschen Abteilung der Weltausstellung nach Chicago und wurde 1894 Regierungsrat. 1896 erfolgte seine Ernennung zum stellvertretenden Reichskommissar der Pariser Weltausstellung, 1898 zum Geheimen Regierungs- und vortragenden Rat im Reichsamt des Innern und 1901 zum Geheimen Oberregierungsrat.

(Quelle: Franz Neubert (Hrsg.), Deutsches Zeitgenossenlexikon, Leipzig 1905, S. 869; Kurt G. A. Jeserich u. a. (Hrsg.), Deutsche Verwaltungsgeschichte, Bd. 6, Stuttgart 1988, S. 124)

Meyer, Alex, (geb. 15. Dezember 1879, gest. 21. August 1978) Dr. jur., Regierungsvizepräsident, Honorarprofessor und Direktor des Instituts für Luft- und Weltraumrechtsfragen der Universität Köln, Vorsitzender des Rechts- und Unterausschusses für Weltraumfragen, Luftfahrtrat beim Bundesverkehrsministerium, Ausschuß für Luft- und Weltraumrecht der Deutschen Gesellschaft für Luft- und Raumfahrt, Ausschuß für Luft- und Weltraumrecht der Deutschen Landesregierungen International, Law Association, besuchte Gymnasien in Köln und Elberfeld. Er studierte in Genf, München, Berlin, Bonn und war Herausgeber der Zeitschrift für Luftrecht (1952 ff.), die heute als Zeitschrift für Luftrecht und Weltraumrechtsfragen (ZLW) von Prof. Dr. Karl-Heinz Böckstiegel, Direktor des Instituts für Luft- und Weltraumrechtsfragen der Universität Köln, herausgegeben wird. 1953 erhielt er das Große Bundesverdienstkreuz, 1969 erhielt er den Stern dazu. Ehrenmitglied der Wissenschaftlichen Gesellschaft für Luft- und Raumfahrt (Köln) und des Instituts de Derecho Aeronautica Interplanetario (Buenos Aires).

(Quelle: Walter Habel (Hrsg.), Wer ist wer? Bd. 2, Berlin 1969/70, S. 846)

Niemeyer, Theodor, Hugo, Edwin, (geb. 5. Februar 1857 Bad Boll, Kreis Göppingen, gest. 23. Oktober 1939 Berlin) Jurist, Geheimer Justizrat (1912), Vorsitzender (1912) und Ehrenvorsitzender (1929) der Deutschen Vereinigung für Internationales Recht, Vizepräsident der International Law Association (1912), Associé (1913), Membre (1921) des Institut de Droit International, Mitglied der Academia Scientiarum Instituti Bononiensis (1922), Dr. h. c. (Halle 1922), legte sein Abitur 1875 in Warburg ab. Von 1875 bis 1878 studierte er Rechtswissenschaften und Nationalökonomie in Leipzig, Heidelberg und Berlin, wo er 1878 das Referendarexamen bestand. Aufgrund seiner familiären Beziehungen fand er engen Kontakt zu zahlreichen Repräsentanten des geistigen und kulturellen Lebens in Berlin, z. B. Max Planck. Nach der nur kurz durch den Militärdienst unterbrochenen Referendarzeit und dem Assessorexamen (1883) trat Niemeyer in den preußischen Staatsdienst, ließ sich aber bereits 1887 beurlauben und ging nach Halle, wo er 1888 promoviert und habilitiert wurde. Im Februar 1893 erhielt er einen Ruf an die Universität Kiel, wo er seit 1894 ein Ordinariat für Röm. Recht und Reichszivilrecht wahrnahm. Angeregt durch die ihm von Großadmiral von Tirpitz übertragenen Vorlesungen über Völker- und Seerecht in der Kaiserichen Marineakademie, wandte er sich dann dem internationalen Recht zu. 1912 wurde sein Lehrstuhl in eine Professur für das gesamte internatioNale Recht, die Rechtsvergleichung und das Kolonialrecht umgewandelt. 1914 gründete Niemeyer das erste deutsche „Seminar für Internationales Recht", (seit 1918 „Institut für internationales Recht, seit 1995 „Walther-Schücking-Institut für Internationales Recht"), dem er bis zu seiner Emeritierung (1925) vorstand. Während des 1. Weltkrieges war Niemeyer völkerrechtlicher Sachverständiger für das Reichsmarineamt und das Auswärtige Amt. Nach dem Krieg galt sein zentrales Interesse der Frage einer neuen internationalen Friedensordnung. Er begründete damit eine von seinem Nachfolger Walther Schücking (1875-1935) fortgeführte und bis heute gepflegte Forschungstradition des Instituts. Neben einer Fülle breitgefächerter Veröffentlichungen zeugt von seiner Publikationsleistung u. a. die 1896 übernommene Herausgabe der bis 1935 erschienenen, seit 1915 als „Niemeyers Zeitschrift für Internationales Recht" geführte Fachzeitschrift sowie des „Jahrbuchs für Öffenliches Recht" (mit Karl Strupp). Auch er war Mitbegründer der „Deutschen Gesellschaft für Völkerrecht" (1917).

(Quelle: Jost Delbrück (Bearb.), Historische Kommission bei der Bayerischen Akademie der Wissenschaften (Hrsg.), Neue Deutsche Biographie, Bd. 19, Berlin 1999, S. 235/236)

Simons, Walter, (geb. 24. September 1861 in Elberfeld, gest. 14. Juli 1937 in Babelsberg), Richter. Aus einer alten Seidenweberfamilie stammend, studierte Simons Rechtswissenschaften und Geschichte und absolvierte seine juristische Laufbahn in preußischen Diensten, die ihn 1905 als Oberlandesgerichtsrat nach Kiel brachte. Noch im gleichen Jahr wurde er ins Reichsjustizamt nach Berlin berufen und 1911 als Geheimer Legationsrat und Justitiar in die Rechtsabteilung des Auswärtigen Amtes versetzt. Hier suchte er Maßstäbe des Rechts in der Politik durchzusetzen, so hinsichtlich einer Beschränkung des U-Boot-Kriegs. Er nahm 1918 an den Friedensverhandlungen in Brest-Litowsk und Bukarest teil. Prinz Max von Baden, mit dem ihn ein enges Vertrauensverhältnis verband, berief Simons am 4. November 1918 als Ministerialdirektor in die Reichskanzlei. Um die Monarchie zu retten, strebte Simons eine Abdankung des Kaisers und des Kronprinzen zugunsten einer Regentschaft eines anderen Prinzen an; als der Kaiser zögerte, ließ Simons selbständig den Thronverzicht bekanntgeben, um der Revolution zuvorzukommen, konnte den Sturz der Monarchie damit aber nicht mehr verhindern.
Im Dezember 1918 übernahm Simons die Leitung der Rechtsabteilung des Auswärtigen Amts und nahm als Generalsekretär der deutschen Delegation an den Versailler Friedensverhandlungen teil. Aus Protest gegen das „Diktat" des Friedensvertrags legte er wie Außenminister Graf Brockdorff-Rantzau sein Amt nieder. 1919/20 geschäftsführender Präsident des Reichsverbandes der Deutschen Industrie, wurde er am 20. Juni 1920 vom neuen Reichskanzler Fehrenbach (Zentrum) zum Außenminister berufen; liberal-konservativ orientiert, aber weiterhin nicht parteigebunden, war er inzwischen zum „Vernunftrepublikaner" geworden. Er vertrat die deutschen Interessen bei den Konferenzen in Spa (1920) und London (1920), widersetzte

sich den alliierten Reparationsforderungen und trat mit dem ganzen Kabinett am 4. Mai 1921 zurück, nachdem eine Bitte um Vermittlung an die USA erfolglos geblieben war.
Am 16. Oktober 1922 wurde Simons zum Präsidenten des Reichsgerichts und des Staatsgerichtshofes ernannt; er war als solcher mit Erfolg bemüht, das „richterliche Prüfungsrecht" dieser obersten Rechtsinstanzen der Republik hinsichtlich etwaiger Verfassungsverstöße in der Gesetzgebung auszubauen und damit den Rechtsstaat in Deutschland zu vollenden. Sein Ansehen war so gestiegen, daß ihm die Wahrnehmung der Amtsbefugnisse des Reichspräsidenten während des durch den Tod Eberts eingetretenen Interregnums übertragen wurde (10. März bis 12. Mai 1925). Als 1928 in einem vor dem Staatsgerichtshof anhängigen Konflikt zwischen Reich und Preußen die Reichsregierung das Gericht mißachtete und vor vollendete Tatsachen stellte, appellierte Simons an den Reichspräsidenten; da sich Hindenburg einer Entscheidung entzog, legte Simons aus Protest alle seine Staatsämter nieder. Er wirkte fortan als Honorarprofessor für Völkerrecht in Leipzig.

(Quelle: Hellmuth Auerbach (Bearb.), Wolfgang Benz, Hermann Graml (Hrsg.), Biographisches Lexikon zur Weimarer Republik, München 1988, S. 314/315)

Tschudi, Georg, von (geb. am 29. Januar 1862 in Wiesbaden; gest. am 8. Oktober 1928 in Berlin) wurde entsprechend der Familientradition Offizier. Auf eine Anfrage des Kommandeurs der Luftschifferabteilung, bei der es sich um eine Ballonfahrerabteilung handelte, im Jahre 1894 trat er in die Luftschifferschule ein. Von 1906 bis 1908 hielt er sich im Ausland auf. Nach seiner Rückkehr wurde er der erste Geschäftsführer der Ila (Internationalen Luftfahrtausstellung). Ende 1909 wurde er Direktor der Deutschen Flugplatzgesellschaft in Johannisthal, der späteren Flug- und Sportplatz-Gesellschaft Berlin-Johannisthal. Darüber hinaus betätigte er sich in der Fédération Aéronautique Internationale und war Vizepräsident des Aero-Clubs von Deutschland. Die Ausarbeitung luftrechtlicher Regelungen wurde von ihm maßgeblich beeinflußt. Die ersten Bestimmungen in Preußen sind vielfach auf seine Vorschläge und Anregungen zurückzuführen. Nach dem ersten Weltkrieg wirkte er als Mitglied des Reichsausschusses für die Luftfahrt an der Ausarbeitung des Luftverkehrsgesetzes von 1922 mit.

(Quellen: Deutsches Biographisches Jahrbuch, 1928, Sonderdruck, zit nach: Peter Supf, Das Buch der deutschen Fluggeschichte, Berlin 1935, S. 262 Fn. 8;
ders., Das Buch der deutschen Fluggeschichte, Berlin 1935, S. 262; www.tempelhof.citymap.de/city/db/070802010100.html)

Literaturverzeichnis

Abraham, Hans Jürgen, Das Luftrecht als Sonderrecht, als Bestandteil des gemeinen Rechts und eines allgemeinen Verkehrsrechts, in: Brandt (Hrsg.), Verkehrswissenschaftliche Veröffentlichungen, Ministerium für Wirtschaft und Verkehr des Landes Nordrhein-Westfalen, Beiträge zum internationalen Luftrecht, Festschrift zu Ehren von Prof. Dr. jur. Alex Meyer aus Anlaß seines 75. Geburtstages am 15. Dezember 1954, Heft 32, Düsseldorf 1954, S. 9-13

Abraham, Hans Jürgen / Schleicher, Rüdiger (Begr.) / Reymann, Friedrich (Begr.), Das Recht der Luftfahrt. Kommentar und Quellensammlung, 1. Bd., 3. Aufl., Köln/Berlin 1960 (zit. Abraham/Schleicher/Reymann)

Achtnich, Hans, Alte Luftrechtsdokumente, in: ZLW 1965, S. 97-102

Adler, Arthur, Die Spionage, Marburg 1906

Andreae, Carlo, Zur Haftpflicht des Luftfahrers im Entwurf des Luftverkehrsgesetzes, in: JW 1914, S. 275-277

Angelucci Enzo (Hrsg.) / Schliephake, Hanfried, Weltenzyklopädie der Flugzeuge, Bd. 2, München 1982 (zit. Angelucci-Bearb.)

Arndts, Karl Ludwig, Lehrbuch der Pandekten, 8. Aufl., Stuttgart 1874

von Bar, Ludwig, Lehrbuch des internationalen Privat- und Strafrechts, Stuttgart 1892

Baunach, Max, Die Entwicklung der Luftschiffahrt, Innsbruck u. a. [1926]

Bélafi, Michael, Graf Ferdinand von Zeppelin, in: D. Goetz/I. Jahn/E. Wächtler/H. Wußing (Hrsg.), Biographien hervorragender Naturwissenschaftler, Techniker und Mediziner, 86. Bd., 1. Aufl., Leipzig 1987

Bielenberg, Johannes, Die Freiheit des Luftraums, Merseburg 1911

Bluntschli, Johann Casper, Das moderne Völkerrecht, 3. Aufl., Nördlingen 1878

Bodenheim, Georg, Zur Haftpflicht des Luftfahrers, in: DJZ 1922, 27. Jahrg., Heft 13/14, Sp. 434-436

Bodenheim, Georg, Zur Haftpflicht im Luftverkehr, in: Deutsche Zeitschrift für Luftschiffahrt 1914, XVIII. Jahrg., Nr. 17/18, S. 389-392

Bodenheim, Georg, Das Privatrecht der Luftschiffahrt, Hannover 1910

Bodenschatz, Manfred, Das Luftrecht in Deutschland, in: Brandt (Hrsg.), Verkehrswissenschaftliche Veröffentlichungen, Ministerium für Wirtschaft und Verkehr des Landes Nordrhein-Westfalen, Beiträge zum internationalen Luftrecht, Festschrift zu Ehren von Prof. Dr. jur. Alex Meyer aus Anlaß seines 75. Geburtstages am 15. Dezember 1954, Heft 32, Düsseldorf 1954, S. 31-40

Bollweg, Hans-Georg, Das Montrealer Übereinkommen. Rückblick-Überblick-Ausblick, in: ZLW 2000, S. 439-466

Bredow, Traugott / Müller, Fritz, Das Luftverkehrsgesetz, Berlin 1922
Brockhaus Enzyklopädie, Lah-Maf, 13. Bd., 19. Aufl., Mannheim 1990 (zit. Brockhaus)
Bröckelmann, Carl, Zwei Kaiserpreise, in: Carl Bröckelmann (Hrsg.), Wir Luftschiffer. Die Entwicklung der modernen Luftschiffertechnik in Einzeldarstellungen, Berlin/Wien 1909, S. 34-47
Buhrbanck, Rudolf-Lukas, Die privatrechtliche Haftung im Luftverkehr, Diss. jur., Bad Landeck 1919
Bundesanstalt für Flugsicherung, Luftverkehrsgesetzgebung. Luftverkehrsverwaltung. Luftverkehrsorganisation, 3. Aufl., 1969
Busse, Rudolf, Luftrecht einschließlich Luftverkehrsgesetz und Pariser Luftverkehrsabkommen, Berlin/Leipzig 1928

Cooper, John Cobb, Luft-Weltraumrecht. Gegenstand und Begriffsbestimmung, in: ZLW 1964, S. 1-8
Cosack, Konrad, Lehrbuch des deutschen bürgerlichen Rechts, 2. Aufl., Jena 1903/04
Crome, Karl, System des deutschen bürgerlichen Rechts, 3. Bd., Tübingen 1905

Dernburg, Heinrich, Pandekten, 1. Bd., 7. Aufl., Berlin 1902
Deutsch, Erwin, Haftungsrecht. Allgemeine Lehren, 1. Bd., Köln u. a. 1976
Deutsch, Erwin, Das Recht der Gefährdungshaftung, in: Jura 1983, S. 617-628
Deutschland in Erfüllung des Luftfahrt-Ultimatums, Luftfahrt 1921, XXV. Jahrg., Nr. 7, S. 117-118
Dörr, W. E., Beschreibung der Zeppelin-Luftschiffe der Delag, in: Gustav Eyb (Hrsg.), Im Luftschiff über Berlin und Umgebung. Eyb's Delag-Führer, Stuttgart 1914, S. 21-25
Donalis, Im Fluge durch die Jahrhunderte, in: Carl Bröckelmann (Hrsg.), Wir Luftschiffer. Die Entwicklung der modernen Luftschiffertechnik in Einzeldarstellungen, Berlin/Wien 1909, S. 194-238
Eckener, Hugo, Mit Graf Zeppelin 1900-1908, in: Carl Bröckelmann (Hrsg.), Wir Luftschiffer. Die Entwicklung der modernen Luftschiffertechnik in Einzeldarstellungen, Berlin/Wien 1909, S. 269-284

Endemann, Friedrich, Lehrbuch des Bürgerlichen Rechts, 8. u. 9. Aufl., Berlin 1905
Erythropel, Hermann, Rechtsfragen der Luftfahrt, in: Jahrbuch der Wissenschaftlichen Gesellschaft für Flugtechnik, 11. Bd., Berlin 1914, S. 81-91
Esser, Josef, Hundert Jahre Gefährdungshaftung, in: RVerwBl. 1938, S. 999-1004
Eswein, Friedrich Ludwig, Das Recht der Luftschiffahrt, Diss. jur., Frankenthal 1910

Everling, Friedrich, Die vorläufige Regelung der Luftfahrt, in: Deutsche Zeitschrift für Luftschiffahrt 1919, XXIII. Jahrg., Nr. 1/2, S. 16-18

Everling, Friedrich, Die vorläufige Regelung der Luftfahrt (Schluß), in: Deutsche Zeitschrift für Luftschiffahrt 1919, XXIII. Jahrg., Nr. 3/4, S. 12-15

Fackeldey, Ferdinand, Luftschiffahrt und Schadenshaftung, Diss. jur., Borna-Leipzig 1915

Fauchille, Paul, Le domaine aérien et le régime juridique des aérostats, in: Revue générale de droit international public 1901, t. VIII, S. 414-485

Fauchille, Paul, Régime juridique des aérostats, in: Annuaire de l'institut de droit international 1902, XIX. vol., S. 19-114

Fikentscher, Wolfgang, Schuldrecht, 9. Aufl., Berlin/New York 1997

Fischer, Albert, Luftverkehr zwischen Markt und Macht (1919-1937), in: Günther Schulz u. a. (Hrsg.), VSWG, Nr. 167, Beihefte, Wiesbaden 2003

Fleischmann, Maximilian, Grundgedanken eines Luftrechts, München 1910

Fölz, Gerhard, Luftfahrt zwischen Nord- und Ostsee, Neumünster 1975

Gareis, Karl, Institutionen des Völkerrechts, 2. Aufl., Giessen 1901

Gesterding, Franz, Ausbeute von Nachforschungen über verschiedene Rechtsmaterien, 3. Teil, Greifswald 1830

Giemulla, Elmar / Schmid, Ronald / Müller-Rostin, Wolf / Gansfort, Guy Frankfurter Kommentar zum Luftverkehrsgesetz, Bd. 1.1, §§ 1-32 c, Stand: März 2003, Neuwied/München 2003 (zit. Giemulla-Bearb.), Bd. 1.2, §§ 32 ff., Stand: März 2003, Neuwied/München 2002 (zit. Giemulla-Bearb.)

von Gizycki, Richard, Einige wichtige Fragen aus dem Gebiete des Rechtes der Luftschiffahrt, Diss. jur., Borna-Leipzig 1912

Goeke, Ulf, Das Grundeigentum im Luftraum und im Erdreich, Diss. jur., Köln, 1998

Le Goff, Marcel, Manuel de droit aérien, Paris 1954 (zit. Le Goff, Manuel de droit aérien)

Le Goff, Marcel, Traité théorique et pratique de droit aérien, Paris 1934

Goldfeld, Julius, Ist der Grundeigentümer berechtigt, das Überfliegen seines Grundstücks zu verbieten?, in: JW 1911, S. 565-566

Groß, Karl, Privatrechtliche Tatbestände des Luftschiffahrtsbetriebes, Diss. jur., Erlangen 1910

Grünwald, L., Der Luftraum in rechtlicher Beziehung zu den Teilen der Erde, über denen er sich befindet, in: Archiv des öffentlichen Rechts 1909, 24. Bd., S. 190-201

Grünwald, L., Das Luftschiff in völkerrechtlicher und strafrechtlicher Beziehung, Hannover 1908

Guldimann, Werner, Begriff, System und Autonomie des Luftrechts, in: Studi in onore di Antonio Ambrosini, Mailand 1957, S. 539-561

Haaland, Dorothea, Der Luftschiffbau Schütte-Lanz Mannheim-Rheinau (1909-1925). Die Geschichte einer innovativen Idee als zeitlich-räumlicher Prozeß, Diss., Mannheim 1987

Hackstetter-Werthheim, K., Die Geschichte der Luftschiffahrt, in: Ferdinand Graf von Zeppelin (Hrsg.), Die Luftschiffahrt, Stuttgart 1908, S. 11-49

Hartmann, Siegfried, Das halbstarre System, in: Ferdinand Graf von Zeppelin (Hrsg.), Die Luftschiffahrt, Stuttgart 1908, S. 140-143

Haucke, Richard, Die zivilrechtliche Haftung des Luftfahrers de lege lata und de lege ferenda, Diss. jur., Borna-Leizig 1915

Heilborn, Paul, Das System des Völkerrechts entwickelt aus den völkerrechtlichen Grundbegriffen, Berlin 1896

Heimann, Erich H., Vom Zeppelin zum Jumbo-Jet, Oldenburg/Hamburg 1971

Hermann, Ursula (Hrsg.), Knauers Grosses Wörterbuch der deutschen Sprache, München 1985

von Herwarth, Hans-Waldemar, Unser Luftreich - Unsere Zukunft, Berlin 1912

Hildebrandt, A., Die Begriffsbestimmungen für die Luftfahrt, in: Fischer von Poturzyn/Josef M. Jurinek in Verbindung mit dem Aero-Club von Deutschland (Hrsg.), Jahrbuch für Luftverkehr 1924, München, S. 129-138

Hildebrandt, A., Die Luftschiffahrt nach ihrer geschichtlichen und gegenwärtigen Entwicklung, 2. Aufl., München/Berlin 1910

Hilsmann, Otto, Das Recht der Luftfahrt, Diss. jur., Telgte 1914

Hilty, Carl, Die völkerrechtlichen Gebräuche in der atmosphärischen Zone, in: Archiv des öffentlichen Rechts 1905, 19. Band, S. 87-94

Hofmann, Max / Grabherr, Edwin, Luftverkehrsgesetz. Kommentar, 2. Aufl., München 1992

Hofstaetter, Walther, Geschichte der Luftfahrt, Berlin 1938

Hollatz, Harry, Rechtsprobleme der Luftfahrt in alter und neuer Zeit, Darmstadt 1924

von Holtzendorff, Franz, Handbuch des Völkerrechts, 2. Bd., Hamburg 1887

Huber, Ernst Rudolf (Hrsg.), Dokumente zur deutschen Verfassungsgeschichte 1918-1933, 4. Bd., 3. Aufl., Stuttgart u. a. 1992

Jurisch, Konrad W., Luftrecht, in: Zeitschrift für angewandte Chemie 1902, Heft 36, S. 893-898

Jurisch, Konrad W., Über die Zweckmäßigkeit, das Luftrecht als besondere Disziplin zu pflegen, in: Zeitschrift für angewandte Chemie 1903, Heft 27, S. 641-644

Juristische Kommission des Aero-Clubs von Deutschland, Gesetze betreffend die Luftfahrt, 1. Bd., Berlin 1919

Kayser, Walter, Das Landungs- und Abflugsrecht im deutschen Luftrecht, Diss. jur., Königsberg i. Pr. 1928

Kettel, Paul, Kampf um das Luftmeer, München 1937
Kipp, Theodor, Luftschiffahrt und Grundeigentum, in: JW 1908, S. 643-644
von Kleist, Ewald, Militär und Luftschiffahrt, in: Carl Bröckelmann (Hrsg.), Wir Luftschiffer. Die Entwicklung der modernen Luftschiffertechnik in Einzeldarstellungen, Berlin/Wien 1909, S. 285-306
Knäusel, Hans G., Unternehmen Zeppelin. Geschichte eines Konzerns, Bonn 1994
Knäusel, Hans G. (Hrsg.) / von Schiller, Hans, Zeppelin Aufbruch ins 20. Jahrhundert, Bonn 1988 (zit. Knäusel-Bearb.)
Köbler, Gerhard, Juristisches Wörterbuch, 8. Aufl., München 1997
König, Wolfgang (Hrsg.) / Braun, Hans-Joachim / Kaiser Walter, Propyläen Technikgeschichte. Energiewirtschaft Automatisierung Information seit 1914, Bd. 5, Berlin u. a. 1992 (zit. König-Bearbeiter)
Kohler, Josef, Luftfahrtrecht, in: Joseph Sticker (Hrsg.), Luftfahrt und Wissenschaft, 1. Heft, Berlin 1912
Kopp, Erich, Grundfragen des internationalen Luftverkehrsrechts, Diss. jur., Heidelberg/Offenburg 1932
Kündelt, 0., Vor 50 Jahren: Erste Postluftfahrt, in: Archiv für deutsche Postgeschichte 1962, Heft 1, S. 3-12

Lange, Kurth, Grundeigentum und Luftschiffahrt unter besonderer Berücksichtigung des Luftschiffers, Diss. jur., Osnabrück 1913
Larenz, Carl / Canaris, Claus-Wilhelm, Lehrbuch des Schuldrechts, Besonderer Teil, 2. Bd., 2. Halbbd., 13. Aufl., München 1994
Leberecht, Gerd Fritz, Luftfahrten im Frieden und im Kriege, Berlin 1913
Linckelmann, Karl, Luftschiffahrt und Grundeigentum, in: JW 1909, S. 8-9
von Liszt, Franz, Das Völkerrecht, 5. Aufl., Berlin 1907
Ludowieg, Zur Schadensersatzpflicht des Luftschiffers, in: JW 1908, S. 705
Luttenberger, Karl, Die Luftfahrschaden-Versicherung vor und während des gegenwärtigen Krieges. (Schluß), in: Deutsche Zeitschrift für Luftschiffahrt 1916, XX. Jahrg., Nr. 23/24, S. 370
von Lyncker, Alfred, Das Recht der Luftschiffahrt in privatrechtlicher Beziehung auf Grund der heutigen Gesetzesquellen, Diss. jur., Borna-Leipzig 1909

Mackensen, Lutz, Deutsches Wörterbuch, 12. Aufl., München 1986
Matthiaß, Bernhard, Luftrechtliche Fragen, in: DJZ 1905, X. Jahrg., Nr. 9, Sp. 431-435
Mellwitz, Frauke, Voraussetzungen einer rechtswissenschaftlichen Disziplin angewandt auf das Luftrecht, Diss. jur., Göttingen 1965
Meurer, Christian, Luftschiffahrtsrecht, München/Berlin 1909
Meyer, Alex, Die Erschließung des Luftraums in ihren rechtlichen Folgen, Frankfurt a. M. 1909

Meyer, Alex, Der erste internationale Kongreß für Luftrecht, in: JW 1911, S. 670-672

Meyer, Alex, Der dritte internationale Kongreß für Luftrecht, in: JW 1913, S. 971-972

Meyer, Alex, Luftrecht in fünf Jahrzehnten, Berlin u. a. 1961 (zit. Meyer, Luftrecht in fünf Jahrzehnten)

Meyer, Peter, Luftschiffe. Die Geschichte der deutschen Zeppeline, 1. Aufl., Bonn 1996 (zit. Meyer, Luftschiffe)

Meyers Enzyklopädisches Lexikon, Let-Meh, Bd. 15, 9. Aufl., Mannheim 1975

Moedebeck, Hermann W. L., Die Luftschiffahrt in ihrer neuesten Entwicklung, Berlin 1887

Moedebeck, Hermann W. L., Fliegende Menschen! Das Ringen um die Beherrschung der Luft mittels Flugmaschinen, Berlin 1909 (zit. Moedebeck, Fliegende Menschen)

Mommsen, Theodor / Paul, Krüger, Corpus iuris civilis. Institutiones, 1. vol., 24. Aufl., Berlin 1963

Monich, W., Der Umfang des Gegenstandes des Grundeigentums und die befugte Einwirkung nach dem BGB, in: R. Jhering/G. F. von Gerber (Hrsg.), Jherings Jahrbücher für die Dogmatik des heutigen römischen und deutschen Privatrechts 1898, 38. Bd., 2. Folge, II. Bd., S. 155-190 (zit. Monich, Jherings Jahrb. 1898, 38. Bd.)

Motive zu dem Entwurfe eines Bürgerlichen Gesetzbuches für das Deutsche Reich, Bd. 3, Sachenrecht, Berlin/Leipzig 1888

von der Mühll, Peter, Voraussetzungen und Umfang der Lufthaftpflicht gegenüber Drittpersonen, Diss. jur., Basel 1950

Münchener Kommentar zum Bürgerlichen Gesetzbuch, Franz Jürgen Säker/Kurt Rebmann/Roland Rixecker (Hrsg.), Bd. 6, Sachenrecht, §§ 854-1296, 3. Aufl., München 1997 (zit. Müko-Bearb.)

Mugdan, Benno, Die gesamten Materialien zum Bürgerlichen Gesetzbuch, 2. Bd., Sachenrecht, Berlin 1899

Mutschler, Annette, Die Haftung für Unfälle im internationalen Luftverkehr, Diss. jur., Konstanz 2002

Neidhardt-Jensen, Elske / Berninger, Ernst H., Katalog der Ballonhistorischen Sammlung Oberst von Burg in der Bibliothek des Deutschen Museums (Katalogbearbeitung), Nürnberg 1985

Niehuus, Mark, Die europäische Neuordnung des Warschauer Haftungssystems, Diss. jur., Bonn 2000

Niemeyer, Victor, Gutachten des Herrn Justizrats Dr. Victor Niemeyer in Essen, in: Schriftführer-Amt der ständigen Deputation (Hrsg.), Verhandlungen des 31. Deutschen Juristentages, 2. Bd., Berlin 1912, S. 29-61

Niemeyer, Victor, Das Luftverkehrsgesetz, in: DJZ 1914, XIX. Jahrg., Nr. 7, Sp. 466-472
Nimführ, Raimund, Leitfaden der Luftschiffahrt und Flugtechnik, Wien/Leipzig 1909

Oppikofer, Hans, Vorbemerkung des Herausgebers, in: ALR 1931, S. 3-5

von Parseval, August, Graf Zeppelin und die deutsche Luftfahrt, Berlin 1925
Peucker, Franz, Luftschiffahrtsrecht, Diss. jur., Leipzig 1910
Planck's Kommentar zum Bürgerlichen Gesetzbuch nebst Einführungsgesetz, E. Strohal (Hrsg.), 3. Bd., Sachenrecht, 4. Aufl., Berlin/Leipzig 1920 (zit. Planck-Bearb.)
Premier congrès du Comité juridique international de l'aviation, Paris 1912
Protokolle der Kommission für die zweite Lesung des Entwurfs des Bürgerlichen Gesetzbuches, Bd. 3, Sachenrecht, Berlin 1899

Reichsverkehrsministerium (Luftfahrtabteilung) (Hrsg.), Deutsche Luftverkehrsstatistik 1926. Sonderdruck aus den „Nachrichten für Luftfahrer" nebst einer Uebersicht über die deutsche Luftfahrt nach dem Stande vom 31. Dezember 1927, Berlin
Reuss, Karl-Ferdinand, Luftrecht. Gesammelte Gesetzes-Vorschriften für Luftfahrer, insbesondere für Motor- und Segelflieger, Bordwarte und Flugfunker, 2. Aufl., Berlin 1937
Riese, Otto, Luftrecht, Stuttgart 1949
Riese, Otto, Ueber die Autonomie des Luftrechts und die Vereinheitlichung des Verkehrsrechts, in: Studi in onore di Antonio Ambrosini, Mailand 1957, S. 155-166
Rinck, Gerd, Luftrecht, in: Hans-Jürgen Schlochauer (Hrsg.), Wörterbuch des Völkerrechts, 2. Bd., Berlin 1961, S. 442-445
Rivier, Alphons, Lehrbuch des Völkerrechts, 2. Aufl., Stuttgart 1899
Rönnefarth, Helmuth K. G. / Euler, Heinrich, Konferenzen und Verträge, Teil II, Bd. 4 A, 2. Aufl., Würzburg 1959
Rolland, L., La télégraphie sans fil et le droit des gens, in: Revue générale de droit international public 1906, t. XIII, S. 58-92
Rumpler, Edmund, Flugmaschinen, in: Carl Bröckelmann (Hrsg.), Wir Luftschiffer. Die Entwicklung der Modernen Luftschiffertechnik in Einzeldarstellungen, Berlin/Wien 1909, S. 326-341
Runkel, Peter, Die außervertragliche Haftung des Luftschiffers, Diss. jur., Berlin 1913

Sand, Peter H., Internationaler Umweltschutz und neue Rechtsfragen der Atmosphärennutzung, in: ZLW 1971, S. 109-133

Scherz, Walter, Einige Zahlenangaben aus der Entwicklungsgeschichte des Zeppelin-Luftschiffes, in: Illustrierte Flug-Woche 1928, Heft 2, S. 34-40
Scherz, Walter, Einige Zahlenangaben aus der Entwicklungsgeschichte des Zeppelin-Luftschiffes, in: Illustrierte Flug-Woche 1928, Heft 3, S. 81-83
Scherz, Walter, Das Zeppelin-Luftschiff als Verkehrsmittel, in: Industrie-Bibliothek. Deutschlands Grossbetriebe. Die illustrierte Zeitschrift der deutschen Wirtschaft Berlin-Halensee 1926, Nr. 6, S. 101-124 (zit. Scherz, Industrie-Bibliothek 1926, Nr. 6)
von Schiller, Hans, Zeppelin Wegbereiter des Weltluftverkehrs, Bad Godesberg 1966
Schleicher, Rüdiger, Luftverkehrsgesetz. Kommentar, 2. Aufl., Berlin 1933
Schleicher, Rüdiger / Reymann, Friedrich, Das Recht der Luftfahrt. Kommentar zur deutschen Luffahrtgesetzgebung, 2. Aufl., Berlin 1937
Schmid, Ronald, Neues Haftungsregime für internationale Luftbeförderungen, in: RRa 1999, Heft 7, S. 131-132
Schreiber, Otto, Die moderne Entwicklung des Luftfahrtrechts, in: Weltwirtschaftliches Archiv 1927, Bd. 25, Heft 1, Abhandlungen, S. 198-210
Schroeder, Ferdinand, Die Haftpflicht im Luftflug und der Vorschlag zu einem Luftgrundgesetz, Berlin 1913
Schroeder, Ferdinand, Der Luftflug. Geschichte und Recht, Berlin 1911 (zit. Schroeder, Der Luftflug)
Schubert, Werner (Hrsg.), Die Vorlage der Redaktoren für die erste Kommission zur Ausarbeitung des Entwurfs eines Bürgerlichen Gesetzbuches, Teil 1, Sachenrecht, Allgemeine Bestimmungen, Besitz und Eigentum, (Verfasser: Reinhold Johow), Berlin/New York 1982
Schwenk, Walter, Zum Begriff des Luftrechts, in: ZLW 1971, S. 260-263
Schwenk, Walter, Grundlagen des Luftrechts, in: ZLW 1977, S. 103-117
Schwenk, Walter, Handbuch des Luftverkehrsrechts, 2. Aufl., Köln u. a. 1995
Schwipps, Werner, Kleine Geschichte der deutschen Luftfahrt, Berlin 1968
Schwipps, Werner, Riesenzigarren und fliegende Kisten, in: Schriftenreihe des Museums für Verkehr und Technik Berlin, 3. Bd., Berlin 1984 (zit. Schwipps, Riesenzigarren und fliegende Kisten)
Société des nations, Recueil des Taités, 1922, vol. 11, S. 173-309 (zit. Société des nations 1922)
Soergel, Hans Theodor, Kommentar zum Bürgerlichen Gesetzbuch, Bd. 6, Sachenrecht, §§ 854-1296, Stand: 1989, Stuttgart u. a. 1990 (zit. Soergel-Bearb.)
Sperl, Hans, Gutachten des Herrn Universitäts-Professors Dr. Hans Sperl, Wien, in: Schriftführer-Amt der ständigen Deputation (Hrsg.), Verhandlungen des 31. Deutschen Juristentages, 2. Bd., Berlin 1912, S. 62-97
von Staudinger, Julius, Kommentar zum Bürgerlichen Gesetzbuch mit Einführungsgesetz und Nebengesetzen, 3. Buch, Sachenrecht, §§ 903-924, Neu-

bearbeitung Berlin 2002 (zit. Staudinger-Bearb.), 3. Buch, Sachenrecht, §§ 985-1011, Neubearbeitung Berlin 1999 (zit. Staudinger-Bearb.)

Straub, Heinz, Fliegen mit Feuer und Gas, Aarau (Schweiz) 1984

Sturm, August, Das Luftschiffahrtsrecht, in: J. A. Gruchot (Begr.), Beiträge zur Erläuterung des Deutschen Rechts, Bd. 55, Berlin 1911, S. 522-534

Supf, Peter, Das Buch der deutschen Fluggeschichte. Vorzeit Wendezeit Werdezeit, Berlin 1935

Supf, Peter, Das Buch der deutschen Fluggeschichte II. Vorkriegszeit Kriegszeit Nachkriegszeit, Berlin 1935 (zit. Supf Bd. II)

Tanus, Die Luftschiffahrt, in: Josef Luitpold Stern (Hrsg.), Die junge Welt, Bd. 5, Wien 1911

Tauber, Ernst, Zum § 16 des Entwurfes eines Reichsgesetzes zum Luftverkehr, in: Deutsche Zeitschrift für Luftschiffahrt 1914, XVIII. Jahrg., Nr. 10, S. 227

Tauber, Ernst, Äusserung zum Entwurf eines Reichsgesetzes für den Luftverkehr, in: Deutsche Zeitschrift für Luftschiffahrt 1914, XVIII. Jahrg., Nr. 6, S. 128

Tauber, Ernst, Zur Kritik des Entwurfs eines Luftverkehrsgesetzes, in: JW 1914, S. 277-279

Tauber, Ernst, Ueber luftfahrtrechtliche Fragen. Vortrag gehalten am 17. Oktober 1912 im Berliner Anwaltsverein, Berlin

Ter-Nedden, Wilhelm, Das internationale Luftverkehrsrecht nach den von Deutschland geschlossenen Abkommen, Diss. jur., Quakenbrück 1931

Thibaut, Anton Friedrich Justus, System des Pandektenrechts, Bd. 2, Jena 1828

Tilch, Horst (Hrsg.), Deutsches Rechts-Lexikon, G-Q, Bd. 2, 2. Aufl., München 1992 (zit. Tilch-Bearb.)

Troitzsch, Wilhelm, Das Flugwesen als Quelle neuer Rechtsfragen, in: ALR 1940, S. 113-134

Troitzsch, Wilhelm, Grundzüge des Luftrechts, in: RVerwBl. 1937, S. 329-331

von Ullmann, Völkerrecht, Bd. 3, 2. Aufl., Tübingen 1908

Verbot der Ueberstadtflüge, in: Deutsche Zeitschrift für Luftschiffahrt 1910, XIV. Jahrg., Nr. 16, S. 10

Verein zur Bewahrung von Stätten deutscher Luftfahrtgeschichte e. V., Luftfahrt in Berlin-Brandenburg, Berlin

Verhandlungen des 31. Deutschen ständigen Juristentages (Wien 1912), Schriftführer-Amt der ständigen Deputation (Hrsg.), 3. Bd., Berlin 1913 (zit. Verh. d. 31. DJT)

Volkmann, Kurt, Internationales Luftrecht, in: Heinrich Pohl/Max Wenzel (Hrsg.), Völkerrechtsfragen. Eine Sammlung von Vorträgen und Studien, Heft 31, Berlin 1930

Vorreiter, Ansbert, Jahrbuch über die Fortschritte auf allen Gebieten der Luftschiffahrt, München 1911

Wahrig-Burfeind, Renate (Hrsg.), Deutsches Wörterbuch, Gütersloh 1994

Warschauer, Erich, Luftrecht, Kattowitz O.-S. 1910

Waßermann, Michael, Otto Lilienthal. Ein Leben für einen Menschheitstraum, in: Museum für Verkehr und Technik Berlin (Hrsg.), Hundert Jahre deutsche Luftfahrt, München 1991, S. 9-19

Weck, Hermann, Deutsches Luftrecht, Berlin 1913

Wegerdt, Alfred, Deutsche Luftfahrtgesetzgebung. Reichsrechtliche Vorschriften, 3. Aufl., Berlin 1936, (zit. Wegerdt, Deutsche Luftfahrtgesetzgebung)

Wegerdt, Alfred / Reuss, Karl-Ferdinand, Deutsche Luftfahrtgesetzgebung einschließlich der wesentlichen internationalen Abkommen für den Bereich der Luftfahrt, 5. Aufl., Mannheim 1970

Wegerdt, Alfred, Die Entwicklung des deutschen Luftrechts, in: Zeitschrift für Verkehrssicherheit 1952/53, S. 482-496

Wegerdt, Alfred, Luftrecht, in: Flugzeugbau und Luftfahrt, Heft 27, Berlin 1936 (zit. Wegerdt, Luftrecht)

Wegerdt, Alfred, Die Rechtslage der Luftfahrt in Deutschland seit dem Untergang der deutschen Lufthoheit und die innerstaatlichen Aufgaben bei ihrer Rückgabe, in: Alfred Wegerdt/Hermann Diehl (Hrsg.), Verkehrswissenschaftliche Veröffentlichungen, Ministerium für Wirtschaft und Verkehr des Landes Nordrhein-Westfalen, Probleme des deutschen Luftrechts, Heft 16, Düsseldorf 1951, S. 3-30

Weitz, P., Die Luftfahrzeug-Industrie und das neue Luftverkehrsgesetz, in: Deutsche Luftfahrer-Zeitschrift 1922, XXVI. Jahrg., Nr. 1, S. 10

Wember, Gustav, Die zivilrechtliche Haftpflicht in der Luftschiffahrt, Diss. jur., Würzburg 1921

Wentscher, Bruno, Deutsches Flugwesen vor dem Kriege, in: Wentscher (Hrsg.), Deutsche Luftfahrt, Berlin 1925, S. 16-30

Werenberg, Wilhelm, Über die Kollision der Rechte verschiedener Grundeigentümer, in: R. Jhering/G. F. von Gerber (Hrsg.), Jahrbücher für die Dogmatik des heutigen römischen und deutschen Privatrechts 1863, 6. Bd., S. 1-80 (zit. Werenberg, Jahrb. für die Dogmatik, 1863, 6. Bd.)

Windscheid, Bernhard, Lehrbuch des Pandektenrechts, 1. Bd., 9. Aufl., Frankfurt a. M. 1906 (zit. Windscheid-Bearb.)

Wissmann, Gerhard, Geschichte der Luftfahrt von Ikarus bis zur Gegenwart, 5. Aufl., Berlin 1979

Wolff, Eugen, Das Recht am Luftraum im Privatrecht und die außervertragliche Haftung des Luftfahrers, Diss. jur., Berlin 1914

Wüstendörfer, Hans, Wege und Ziele des kommenden Weltluftrechts, namentlich im Hinblick auf den überseeischen Luftverkehr, in: Nr. 16, 17 und 18 der Deutschen Schiffahrtszeitschrift "Hansa", Jahrgang 1930

Wustrack, Michael K., Ballone in Forschung und Wissenschaft, in: Luft-Ballone. Blanchards Ballonfahrt am 3. Oktober 1785 in Frankfurt. Eine Ausstellung der Flughafen Frankfurt Main AG und der Stadt Frankfurt am Main zur Ballonfahrt in Geschichte und Gegenwart, Frankfurt a. M. 1985, S. 68-69

Zastrow, Dieter, Entstehung und Ausbildung des französischen Vokabulars der Luftfahrt mit Fahrzeugen „leichter als Luft" (Ballon, Luftschiff) von den Anfängen bis 1910, in: Kurt Baldinger (Hrsg.), Beiheft zur Zeitschrift für romanische Philologie, 105. Heft, Tübingen 1963

(Graf) von Zeppelin, Ferdinand jr., Das starre lenkbare Luftschiff des Grafen Zeppelin, in: Ferdinand Graf von Zeppelin (Hrsg.), Die Luftschiffahrt, Stuttgart 1908, S. 93-110 (zit. von Zeppelin jr.)

Zimmerling, Dieter / Blase, Dieter, Leichter als Luft. Ballonfahrer - Geschichten und Geschichte, Braunschweig 1988

Zitelmann, Ernst, Luftschiffahrtsrecht, Leipzig 1910

Verzeichnis der archivalischen Quellen

I. Bayerisches Hauptstaatsarchiv (BayHStA)

MJu: Akten des Bayerischen Staatsministeriums der Justiz

16713: Bayerisches Staatsministerium der Justiz

II. Bundesarchiv Berlin-Lichterfelde (BA Berlin-Li)

1. R 01.01.: Reichstag

- Über die Förderung der Luftschiffahrt und Flugtechnik sowie über die Regelung des Luftrechts
  Akte 2989 Bd. 1: April 1906-Juli 1921

- Ausschußverhandlungen, betr. Luftschiffahrt
  Akte 2993 Bd. 1: September 1921-Oktober 1923

2. R 15.01.: Reichsamt des Innern/Reichsministerium des Innern

- Luftfahrtwesen, Polizeiwesen
  Akte 14148 Bd. 1: Oktober 1919-Oktober 1921

3. R 30.01.: Reichsjustizamt/Reichsjustizministerium

- Das Luftschiffsrecht
  Akten 7001 Bd. 1: Januar 1909-Juli 1912
  7002 Bd. 2: August 1912-Februar 1914
  7003 Bd. 3: Januar 1914-Juni 1919
  7004 Bd. 4: Juni 1919-Oktober 1920
  7005 Bd. 5: Dezember 1920-April 1927

- Äußerungen der Presse über das Luftfahrtrecht
  Akte 7009 Bd. 1: August 1908-Februar 1928

4. R 5: Reichsverkehrsministerium

- Die Luftschiffahrt und das Flugwesen in fremden Staaten
  Akte 3845 Bd. 2: Januar 1917-Dezember 1918

- Das Deutsch-Französiche Luftfahrt-Abkommen
  Akten 3852 Bd. 1: 30. April 1913-18. April 1914
  3852 a

- Nationalflugspende
  Akte 3859 Bd. 1: 1912-1913

5. R 43 I: Reichskanzlei (Fiche)

- 731
  (Akte Flugwesen, Allgem., R 43 I/731 Bd. 1: März 1919-21. Juni 1919)

- 732
  (Akte Flugwesen, Allgem., R 43 I/732 Bd. 2: 5. Juli 1919-29. Dezember 1920)

- 1360
  (Akte Kabinettsprotokolle, R 43 I/1360 Bd. 13: Oktober 1920)

6. R 601: Büro des Reichspräsidenten (Fiche)

- 825
  (Akte Luftfahrtwesen, Allgem., R 06.01 Bd. 1: 1. August 1920-31. Dezember 1925)

III. Geheimes Staatsarchiv Preußischer Kulturbesitz (GStA)

1. Repositur 77: Akten des Ministeriums des Innern

- Die allgemeinen Anordnungen hinsichtlich der Luftschiffahrt und des Flugwesens
  Tit. 863 Nr. 1 Bd. 2: 1909-1917

2. Repositur 84 a: Preußisches Justizministerium

- Luftfahrt
  Akten 1987 Bd. 1: 1909-1913
  1988 Bd. 2: 1913-1920
  1989 Bd. 3: 1920-1926

- Äußerungen der Presse betr. die Luftfahrt
  Akte 1993: 1914-1930

3. Repositur 120 Tn: Akten des Ministeriums für Handel und Gewerbe

- Luftschiffahrt Generalia
  Akten 1 Bd. 1: 1909-1910
  1 Bd. 2: 1910-1912
  1 Bd. 3: 1912-1913
  1 Bd. 4: 1913-1914
  1 Bd. 5: 1914-1919
  1 Bd. 7: 1921-1926

IV. Brandenburgisches Landeshauptarchiv (BLHA)

1. Rep. 30 Berlin C: Akten des Poizei-Präsidiums zu Berlin

20710: Luftfahrtwesen 1 Vol. 2, 1910-1914
20713: Luftfahrtwesen 3 Vol. 1, 1910-1919

2. Rep. 3B I Pol: Akten der Regierung Frankfurt (Oder)

1937: Luftschiffahrt und Flugwesen sowie Genehmigung funktechnischer Anlagen 1910-1913

Parlamentaria

I. Stenographische Berichte über die Verhandlungen des Reichstags

- 12. Leg.-Per. 1. Session 1907/09, Bd. 248: Anl. zu den Sten. Ber. Nr. 986 bis 1021, Berlin 1909

- 13. Leg.-Per. 1. Session 1912/14, Bd. 287: Sten. Ber. von der 92. Sitzung am 16. Januar 1913 bis zur 110. Sitzung am 12. Februar 1913, Berlin 1913

- 13. Leg.-Per. 1. Session, 1912/14, Bd. 294, Sten. Ber. von der 230. Sitzung am 12. März 1914 bis zur 251. Sitzung am 7. Mai 1914, Berlin 1914

- 13. Leg.-Per. 1. Session, 1912/14, Bd. 296, Sachregister, Berlin 1914

- 13. Leg.-Per. 1. Session 1912/14, Bd. 303: Anl. zu den Sten. Ber. Nr. 1171 bis 1397, Berlin 1914

II. Verhandlungen des Reichstags:

- Wahlperiode 1920/21, Bd. 351: Sten. Ber. von der 134. Sitzung am 27. September 1921 bis zur 150. Sitzung am 15. Dezember 1921, Berlin 1922

- Wahlperiode 1920/22, Bd. 356: Sten. Ber. von der 236. Sitzung am 25. Juni 1922 bis zur 256. Sitzung am 18. Juli 1922, Berlin 1922

- Wahlperiode 1920/22, Bd. 368: Anl. zu den Sten. Ber. Nr. 2254 bis 2628, Berlin 1924

- Wahlperiode 1920/22, Bd. 374: Anl. zu den Sten. Ber. Nr. 4398 bis 4920, Berlin 1924

- Wahlperiode 1920/22, Bd. 375: Anl. zu den Sten. Ber. Nr. 4921 bis 5403, Berlin 1924

III. Protokolle über die Verhandlungen des Bundesrats des Deutschen Reichs

- Protokolle über die Verh. des BR, 1913, Berlin

- Protokolle über die Verh. des BR, 1914, Berlin

IV. Drucksachen zu den Verhandlungen des Bundesrats des Deutschen Reichs

- Drucksachen zu den Verh. des BR, 1913, Bd. 2,2 Nr. 136 bis 175, Berlin

V. Verhandlungen der verfassungsgebenden Deutschen Nationalversammlung

- Verhandlungen der verfassungsgebenden Deutschen Nationalversammlung, Anlage zu den Sten. Ber. Nr. 1524 bis 1858, Bd. 340, Berlin 1920

VI. Niederschriften über die Verhandlungen des Reichsrats

- Niederschriften über die Verh. des RR, 1920, Berlin

- Niederschriften über die Verh. des RR, 1921, Berlin

VII. Drucksachen zu den Verhandlungen des Reichsrats

- Drucksachen zu den Verh. des RR, 1920, Band II, Nr. 189 bis 341, Berlin

VIII. Niederschriften über die Vollsitzungen des Reichsrats

- Niederschriften über die Vs. des RR, 1922, Berlin

RECHTSHISTORISCHE REIHE

Band 1 Studien zu den germanischen Volksrechten. Gedächtnisschrift für Wilhelm Ebel. Vorträge gehalten auf dem Fest-Symposion anläßlich des 70. Geburtstages von Wilhelm Ebel am 16. Juni 1978 in Göttingen. Götz Landwehr (Hrsg.) 1982.

Band 2 Hans Poeschel: Die Statuten der Banken, Sparkassen und Kreditgenossenschaften in Hamburg und Altona von 1710 bis 1889. 1978.

Band 3 Thomas Kolbeck: Juristenschwemmen, Untersuchungen über den juristischen Arbeitsmarkt im 19. und 20. Jahrhundert. 1978.

Band 4 Norbert Hempel: Richterleitbilder in der Weimarer Republik. 1978.

Band 5 Rolf Stratmann: Die Scheinbußen im mittelalterlichen Recht. 1978.

Band 6 Martin C. Lockert: Die niedersächsischen Stadtrechte zwischen Aller und Weser. Vorkommen und Verflechtungen. Eine Bestandsaufnahme. 1979.

Band 7 Joachim Rückert/Wolfgang Friedrich: Betriebliche Arbeiterausschüsse in Deutschland, Großbritannien und Frankreich im späten 19. und frühen 20. Jahrhundert. Eine vergleichende Studie zur Entwicklung des kollektiven Arbeitsrechts. 1979.

Band 8 Peter Bender: Die Rezeption des römischen Rechts im Urteil der deutschen Rechtswissenschaft. 1979.

Band 9 Friedrich Karl Alsdorf: Untersuchungen zur Rechtsgestalt und Teilung deutscher Ganerbenburgen. 1980.

Band 10 Dietmar Willoweit/Winfried Schich (Hrsg.): Studien zur Geschichte des sächsisch-magdeburgischen Rechts in Deutschland und Polen (Sammelband). 1980.

Band 11 Brigitte Hempel: Der Entwurf einer Polizeiordnung für das Herzogtum Sachsen-Lauenburg aus dem Jahre 1591. 1980.

Band 12 Klaus-Detlev Godau-Schüttke: Rechtsverwalter des Reiches. Staatssekretär Dr. Curt Joël. 1981.

Band 13 Rainer Polley: Anton Friedrich Justus Thibaut (AD 1772-1840) in seinen Selbstzeugnissen und Briefen. Teil 1: Abhandlung. Teil 2: Briefwechsel. Teil 3: Register zum Briefwechsel. 1982.

Band 14 Michael Wettengel: Der Streit um die Vogtei Kelkheim 1275-1276. Ein kanonischer Prozeß.1981.

Band 15 Otto Wilhelm Krause: Naturrechtler des sechzehnten Jahrhunderts. Ihre Bedeutung für die Entwicklung eines natürlichen Privatrechts. 1982.

Band 16 Helga Spindler: Von der Genossenschaft zur Betriebsgemeinschaft. Kritische Darstellung der Sozialrechtslehre Otto von Gierkes. 1982.

Band 17 Holger Otte: Gustav Radbruchs Kieler Jahre 1919 - 1926. 1982.

Band 18 Rüdiger Teuner: Die fuldische Ritterschaft 1510 - 1656. 1982.

Band 19 Gerhard Dilcher/Rudolf Hoke/Gian Savino Pene Vidari/Hans Winterberg (Hrsg.): Grundrechte im 19. Jahrhundert. 1982.

Band 20 Karl-Hans Schloßstein: Die westfälischen Fabrikengerichtsdeputationen - Vorbilder, Werdegang und Scheitern. 1982.

Band 21 Birger Schulz: Der Republikanische Richterbund (1921-1933). 1982.

Band 22 Engelbert Krause: Die gegenseitigen Unterhaltsansprüche zwischen Eltern und Kindern in der deutschen Privatrechtsgeschichte. 1982.

Band 23 Meent W. Francksen: Staatsrat und Gesetzgebung im Großherzogtum Berg (1806-1813). 1982.

Band 24 Gerd von Sonnleithner: Bearbeitung des Handelsrechts durch Ignaz von Sonnleithner in seinem "Leitfaden über das österreichische Handels- und Wechselrecht". 1982.

Band 25 Rudolf Palme: Rechts-, Wirtschafts- und Sozialgeschichte der inneralpinen Salzwerke bis zu deren Monopolisierung. 1983.

Band 26 Helen Bosshard: Pestalozzis Staats- und Rechtsverständnis und seine Stellung in der Aufklärung. 1983.

Band 27 Jens Jessen: Die Selbstzeugnisse der deutschen Juristen. Erinnerungen, Tagebücher und Briefe. Eine Bibliographie. 1983.

Band 28 Günter Martin Jensen: Das Domanium Waldeck. Die rechtliche Zuordnung eines Fürstenvermögens. 1984.

Band 29 Johann Heinrich Kumpf: Petitionsrecht und öffentliche Meinung im Entstehungsprozeß der Paulskirchenverfassung 1848/49. 1983.

Band 30 Sabine Frey: Rechtsschutz der Juden gegen Ausweisungen im 16. Jahrhundert. 1983.

Band 31 Dietrich Joswig: Die germanische Grundstücksübertragung. 1984.

Band 32 Andreas Baryli: Konzessionssystem contra Gewerbefreiheit. Zur Diskussion der österreichischen Gewerberechtsreform 1835 bis 1860. 1984.

Band 33 Gerhard Oberkofler: Studien zur Geschichte der österreichischen Rechtswissenschaft. 1984.

Band 34 Rudolf Lauda: Kaufmännische Gewohnheit und Burgrecht bei Notker dem Deutschen. Zum Verhältnis von literarischer Tradition und zeitgenössischer Realität in der frühmittelalterlichen Rhetorik. 1984.

Band 35 Jens Jensen: Die Ehescheidung des Bischofs Hans von Lübeck von Prinzessin Julia Felicitas von Württemberg-Weiltingen AD 1648-1653. Ein Beitrag zum protestantischen Ehescheidungsrecht im Zeitalter des beginnenden Absolutismus. 1984.

Band 36 Horst Schröder: Friedrich Karl von Savigny. Geschichte und Rechtsdenken beim Übergang vom Feudalismus zum Kapitalismus in Deutschland. 1984.

Band 37 Andreas Hatzung: Dogmengeschichtliche Grundlagen und Entstehung des zivilrechtlichen Notstands. 1984.

Band 38 Matthias Klasen: Das Billwerder Landrecht. Landrecht und Landgericht in den Hamburger Elbmarschen. 1985.

Band 39 Rainer Jamin: Aufbau, Tätigkeit und Verfahren der Auseinandersetzungsbehörden bei der Durchführung der preußischen Agrarreformen. 1985.

Band 40 Henry Winter: Teilschuld, Gesamtschuld und unechte Gesamtschuld. Zur Konzeption der §§ 420 ff. BGB - Ein Beitrag zur Entstehungsgeschichte des BGB. 1985.

Band 41 Hermann Eichler: Verfassungsbewegung in Amerika und Europa. 1985.

Band 42 Dagmar Bandemer: Heinrich Albert Zachariae. Rechtsdenken zwischen Restauration und Reformation. 1985.

Band 43 Eva-Christine Frentz: Das Hamburgische Admiralitätsgericht (1623-1811). Prozeß und Rechtsprechung. 1985.

Band 44 Karl Lillig: Rechtsetzung im Herzogtum Pfalz-Zweibrücken während des 18. Jahrhunderts. Ein Beitrag zur Geschichte der territorialen Rechtsbildung. 1985.

Band 45 Walter Weber: Die Entwicklung der Sparkassen zu selbständigen Anstalten des öffentlichen Rechts. Ein Beitrag zur Entwicklung des Anstaltsbegriffs im 19. Jahrhundert. 1985.

Band 46 Bärbel Baum: Der Stabreim im Recht. Vorkommen und Bedeutung des Stabreims in Antike und Mittelalter. 1986.

Band 47 Hans Popp: Die nationalsozialistische Sicht einiger Institute des Zivilprozeß- und Gerichtsverfassungsrechts. 1986.

Band 48 John Karl-Heinz Montag: Die Lehrdarstellung des Handelsrechts von Georg Friedrich von Martens bis Meno Pöhls. Die Wissenschaft des Handelsrechts im ersten Drittel des 19. Jahrhunderts. 1986.

Band 49 Volker D. Anhäusser: Das internationale Obligationenrecht in der höchstrichterlichen Rechtsprechung des 19. Jahrhunderts. 1986.

Band 50 Udo Beer: Die Juden, das Recht und die Republik. Verbandswesen und Rechtsschutz 1919-1933. 1986.

Band 51 Herbert Grziwotz: Der moderne Verfassungsbegriff und die "Römische Verfassung" in der deutschen Forschung des 19. und 20. Jahrhunderts. 1986.

Band 52 Ralf Conradi: Karl Friedrich Eichhorn als Staatsrechtslehrer. Seine Göttinger Vorlesung über "Das Staatsrecht der deutschen Bundesstaaten" nach einer Kollegmitschrift aus dem Wintersemester 1821/22. 1987.

Band 53 Dieter Dannreuther: Der Zivilprozeß als Gegenstand der Rechtspolitik im Deutschen Reich 1871 - 1945. Ein Beitrag zur Geschichte des Zivilprozeßrechts in Deutschland. 1987.

Band 54 Stephan Felix Pauly: Organisation, Geschichte und Praxis der Gesetzesauslegung des (Königlich) Preußischen Oberverwaltungsgerichtes 1875 - 1933. 1987.

Band 55 Rüdiger Schulz: Die Entstehung des Seerechts des Allgemeinen Deutschen Handelsgesetzbuches unter besonderer Berücksichtigung der Bestimmungen über die Reederei, den Schiffer und die Schiffsmannschaft. 1987.

Band 56 Reinhold Reis: Deutsches Privatrecht in den Weistümern der Zenten Schriesheim und Kirchheim. 1987.

Band 57 Jürgen Christoph: Die politischen Reichsamnestien 1918 - 1933. 1987.

Band 58 Gerhard Oberkofler/Eduard Rabofsky: Hans Kelsen im Kriegseinsatz der k.u.k.-Wehrmacht. Eine kritische Würdigung seiner militärtheoretischen Angebote. 1988.

Band 59 Arne Wulff: Staatssekretär Prof. Dr. Dr. h.c. Franz Schlegelberger. 1876-1970. 1991.

Band 60 Gerhard Köbler (Hrsg.): Wege europäischer Rechtsgeschichte. Karl Kroeschell zum 60. Geburtstag. 1987.

Band 61 Rüdiger Hütte: Der Gemeinschaftsgedanke in den Erbrechtsreformen des Dritten Reichs. 1988.

Band 62 Markus Göldner: Politische Symbole der europäischen Integration. Fahne, Hymne, Hauptstadt, Paß, Briefmarke, Auszeichnungen. 1988.

Band 63 Wolfgang Kröner: Freiheitsstrafe und Strafvollzug in den Herzogtümern Schleswig, Holstein und Lauenburg von 1700 bis 1864. 1988.

Band 64 Werner Gaile: Die Norder Theelacht. 1988.

Band 65 Karl v. Kempis: Andreas Gaill (1526 - 1587). Zum Leben und Werk eines Juristen der frühen Neuzeit. 1988.

Band 66 Wolf-Rüdiger Osburg: Die Verwaltung Hamburgs in der Franzosenzeit. 1811-1814. 1988.

Band 67 Christian Schudnagies: Hans Frank. Aufstieg und Fall des NS-Juristen und Generalgouverneurs. 1988.

Band 68 Otmar Jung: Senatspräsident Freymuth. Richter, Sozialdemokrat und Pazifist in der Weimarer Republik. Eine politische Biographie. 1989.

Band 69 Joachim Lohner: Das landeshauptmannschaftliche Gericht in Oberösterreich zu Beginn der Neuzeit. Eine Darstellung des oberösterreichischen Prozeßrechts am obersten Territorialgericht des Landes anhand der oberösterreichischen Landtafel.1989.

Band 70 Bernd Klemann: Rudolf von Jhering und die Historische Rechtsschule. 1989.

Band 71 Adalbert Langer: Männer um die österreichische Zivilprozeßordnung 1895. Zusammenspiel / Soziales Ziel. 1990.

Band 72 Robert-Dieter Klee: Die Landessuperintendentur Lauenburg. Ursprung und Entwicklung sowie Ende der Sonderstellung des Kirchenkreises Herzogtum Lauenburg durch die nordelbische Kirchenvereinigung. 1989.

Band 73 Heinrich Herrmann: Die Gehöferschaften im Bezirk Trier. 1989.

Band 74 Wilhelm Brauneder, Franz Baltzarek (Hrsg.): Modell einer neuen Wirtschaftsordnung. Wirtschaftsverwaltung in Österreich 1914 - 1918. 1991.

Band 75 Thomas Dreyer: Die "Assecuranz- und Haverey-Ordnung" der Freien und Hansestadt Hamburg von 1731. 1990.

Band 76 Bernhard Sendler: Die Rechtssprache in den süddeutschen Stadtrechtsreformationen. 1990.

Band 77 Brigitte Lehmann: Ehevereinbarungen im 19. und 20. Jahrhundert. 1990.

Band 78 Michael Sunnus: Der NS-Rechtswahrerbund (1928-1945). Zur Geschichte der nationalsozialistischen Juristenorganisation. 1990.

Band 79 Stefan Schulz: Die historische Entwicklung des Rechts an Bienen. (§§ 961 - 964 BGB). 1990.

Band 80 Gerhard Lingelbach, Heiner Lück (Hrsg.): Deutsches Recht zwischen Sachsenspiegel und Aufklärung. Rolf Lieberwirth zum 70. Geburtstag dargebracht von Schülern, Freunden und Kollegen, herausgegeben von Gerhard Lingelbach und Heiner Lück. 1991.

Band 81 Manfred Krohn: Die deutsche Justiz im Urteil der Nationalsozialisten 1920 - 1933. 1991.

Band 82 Angelika Kühn: Privilegierung nationaler Minderheiten im Wahlrecht der Bundesrepublik Deutschland und Schleswig-Holsteins. 1991.

Band 83 Georg Brun: Leben und Werk des Rechtshistorikers Heinrich Mitteis unter besonderer Berücksichtigung seines Verhältnisses zum Nationalsozialismus. 1991.

Band 84 Wolfgang Simon: Claudius Freiherr von Schwerin. Rechtshistoriker während dreier Epochen deutscher Geschichte. 1991.

Band 85 Friedrich-Carl Wachs: Das Verordnungswerk des Reichsdemobilmachungsamtes. Stabilisierender Faktor zu Beginn der Weimarer Republik. 1991.

Band 86 Jens-Uwe Petersen: Die Vorgeschichte und die Entstehung des Mieterschutzgesetzes von 1923 nebst der Anordnung für das Verfahren vor dem Mieteinigungsamt und der Beschwerdestelle. 1991.

Band 87 Ulrike Haibach: Familienrecht in der Rechtssprache. Die historische Entwicklung zentraler Ausdrücke des geltenden Familienrechts. 1991.

Band 88 Joern Christian Nissen: Die Beratungen des Seeversicherungsausschusses der Akademie für Deutsches Recht zu einem neuen Seeversicherungsgesetz (1934-1939). Ein Beitrag zur Entwicklung der allgemeinen Lehren des Seeversicherungsrechts unter besonderer Berücksichtigung des Handelsgesetzbuchs und der Allgemeinen Deutschen Seeversicherungs-Bedingungen 1919. 1991.

Band 89 Diethard Bühler: Die Entstehung der allgemeinen Vertragsschluß-Vorschriften im Allgemeinen Deutschen Handelsgesetzbuch (ADHGB) von 1861. Ein Beitrag zur Kodifikationsgeschichte des Privatrechts im 19. Jahrhundert. 1991.

Band 90 Gerhard Oberkofler: Die Vertreter des Römischen Rechts mit deutscher Unterrichtssprache an der Karls-Universität in Prag. Vom Vormärz bis 1945. 1991.

Band 91 Ulrich Andermann: Ritterliche Gewalt und bürgerliche Selbstbehauptung. Untersuchungen zur Kriminalisierung und Bekämpfung des spätmittelalterlichen Raubrittertums am Beispiel norddeutscher Hansestädte. 1991.

Band 92 Heinz Marcus Hanke: Luftkrieg und Zivilbevölkerung. Der kriegsvölkerrechtliche Schutz der Zivilbevölkerung gegen Luftbombardements von den Anfängen bis zum Ausbruch des Zweiten Weltkrieges. 1991.

Band 93 Kirsten Kraglund: Familien- und Erbrecht. Materielles Recht und Methoden der Rechtsanwendung in der Rechtsprechung des Oberappellationsgerichts der vier Freien Städte Deutschlands zu Lübeck. 1991.

Band 94 Reinhard Lorenz: Die politische und rechtliche Stellung des Proletariats in Preußen in der Zeit zwischen den Reformen und der Revolution 1848/49. 1991.

Band 95 Eric Hilgendorf: Die Entwicklungsgeschichte der parlamentarischen Redefreiheit in Deutschland. 1991.

Band 96 Hans J. Reiter: Die Handelsgesellschaft Villeroy & Boch von der Gründung 1836 bis zum Jahr 1878. 1992.

Band 97 Martin Johannes Heller: Reform der deutschen Rechtssprache im 18. Jahrhundert. 1992.

Band 98 Michael Kotulla: Die Tragweite der Grundrechte der revidierten preußischen Verfassung vom 31.01.1850. 1992.

Band 99 Michael Siefener: Hexerei im Spiegel der Rechtstheorie. Das crimen magiae in der Literatur von 1574 bis 1608. 1992.

Band 100 Andreas Ebert-Weidenfeller: Hamburgisches Kaufmannsrecht im 17. und 18. Jahrhundert. Die Rechtsprechung des Rates und des Reichskammergerichtes. 1992.

Band 101 Enno Bommel: Die Entstehung der Verwirkungslehre in der Krise des Positivismus. 1992.

Band 102 Ralph Steppacher: Die Berücksichtigung der bäuerlichen Postulate bei der Entstehung des ZGB und der Revision des OR. Ein Beitrag zur schweizerischen Kodifikationsgeschichte (1893 - 1912). 1992.

Band 103 Martin Fleckenstein: Die Todesstrafe im Werk Carl Joseph Anton Mittermaiers (1787 - 1867). Zur Entwicklungsgeschichte eines Werkbereichs und seiner Bedeutung für Theorie- und Methodenbildung. 1992.

Band 104 Jörn Eckert: Der Kampf um die Familienfideikommisse in Deutschland. Studien zum Absterben eines Rechtsinstitutes. 1992.

Band 105 Jörg Grotkopp: Beamtentum und Staatsformwechsel. Die Auswirkungen der Staatsformwechsel von 1918, 1933 und 1945 auf das Beamtenrecht und die personelle Zusammensetzung der deutschen Beamtenschaft. 1992.

Band 106 Andreas Rohde: Die Garantiehaftung des Vermieters und ihr Verhältnis zum Unmöglichkeitsrecht in dogmengeschichtlicher und modernrechtlicher Sicht. 1992.

Band 107 Tjark Siefke Kunstreich: Gesamtvertretung. Eine historisch-systematische Darstellung. 1992.

Band 108 Jürgen Krüger: Blindheit und Königtum. Die Blindheit des Königs Georg V. von Hannover als verfassungsrechtliches Problem. 1992.

Band 109 Wolfgang Putschek: Ständische Verfassung und autoritäre Verfassungspraxis in Österreich 1933-1938 mit Dokumentenanhang. Verfassung und Verfassungswirklichkeit. Mit einem Anhang: Denkschriften von Rechtsanwalt Dr. Erich Führer 1936/37. 1993.

Band 110 Klaus Hofmann: Die Verdrängung der Juden aus öffentlichem Dienst und selbständigen Berufen in Regensburg 1933-1939. 1993.

Band 111 Franz Kilger: Die Entwicklung des Telegraphenrechts im 19. Jahrhundert mit besonderer Berücksichtigung der technischen Entwicklung. Telegraphenrecht im 19. Jahrhundert. 1993.

Band 112 Wilhelm Brauneder (Hrsg.): Heiliges Römisches Reich und moderne Staatlichkeit. 1993.

Band 113 Thomas Heinrich: Das preußische Nichtehelichenrecht: Von der Aufklärung zur Reaktion. 1993.

Band 114 Gerald Kohl: Jagd und Revolution. Das Jagdrecht in den Jahren 1848 und 1849. 1993.

Band 115 Christian Schudnagies: Der Kriegs- oder Belagerungszustand im Deutschen Reich während des Ersten Weltkrieges. Eine Studie zur Entwicklung und Handhabung des deutschen Ausnahmezustandsrechts bis 1918. 1994.

Band 116 Elisabeth Bellmann: Die Internationale Kriminalistische Vereinigung (1889-1933). 1994.

Band 117 Julia Pfannkuch: Volksrichterausbildung in Sachsen 1945-1950. 1993.

Band 118 Jörg Offen: Von der Verwaltungsgemeinschaft des BGB von 1896 zur Zugewinngemeinschaft des Gleichberechtigungsgesetzes von 1957. 1994.

Band 119 Dorothee Kohlhas-Müller: Untersuchungen zur Rechtsstellung Theoderichs des Großen. 1995.

Band 120 Monika Rose: Das Gerichtswesen des Herzogtums Pfalz-Zweibrücken im 18. Jahrhundert. Ein Beitrag zur territorialen Gerichtsbarkeit im Alten Reich. 1994.

Band 121 Jörn Eckert / Hans Hattenhauer (Hrsg.): Bibel und Recht. Rechtshistorisches Kolloquium 9. - 13. Juni 1992 an der Christian-Albrechts-Universität zu Kiel. 1994.

Band 122 Robert Martin Mizia: Der Rechtsbegriff der Autonomie und die Begründung des Privatfürstenrechts in der deutschen Rechtswissenschaft des 19. Jahrhunderts. 1995.

Band 123 Walther Graf von Plettenberg: Das Fortleben des Liber Iudiciorum in Asturien/León (8. - 13. Jh.). 1994.

Band 124 Wolfgang Schulz: Das deutsche Börsengesetz. Die Entstehungsgeschichte und wirtschaftlichen Auswirkungen des Börsengesetzes von 1896. 1994.

Band 125 Frank Hagemann: Der Untersuchungsausschuß Freiheitlicher Juristen. 1949 – 1969. 1994.

Band 126 Andreas Rethmeier: "Nürnberger Rassegesetze" und Entrechtung der Juden im Zivilrecht. 1995.

Band 127 Edith Grether: Die Poesie der Throne. Die Juristen in der Fruchtbringenden Gesellschaft. 1995.

Band 128 Anna Bartels-Ishikawa: Der Lippische Thronfolgestreit. Eine Studie zu verfassungsrechtlichen Problemen des Deutschen Kaiserreiches im Spiegel der zeitgenössischen Staats. 1995.

Band 129 Jörg Schmidt: Otto Koellreutter 1883-1972. Sein Leben, sein Werk, seine Zeit. 1995.

Band 130 Christian Hattenhauer: Wahl und Krönung Franz II. AD 1792. Das Heilige Reich krönt seinen letzten Kaiser - Das Tagebuch des Reichsquartiermeisters Hieronymus Gottfried von Müller und Anlagen. 1995.

Band 131 Jutta v. der Decken: Das Seearbeitsrecht im Hamburger Stadtrecht von 1301 bis 1603. 1995.

Band 132 Detlev Schmidt: Die Reform des Rechts der Handelsvertreter von 1953. 1995.

Band 133 Gabi Roßdeutscher: Privatautonomie im Scheidungsrecht. Scheidungsbezogene Vereinbarungen in den letzten 200 Jahren. 1995.

Band 134 Harald Kahlenberg: Leben und Werk des Rechtshistorikers Walther Merk. Ein Beispiel für das Verhältnis von Rechtsgeschichte und Nationalsozialismus. 1995.

Band 135 Michael Steitz: Adelbert Düringer am Reichsgericht (1902-1915). Seine aktienrechtlichen Entscheidungen und sein Einfluß auf das Aktienrecht in Deutschland. 1995.

Band 136 Christian Becker: Beata Justorum Translatio. Juristen in schleswig-holsteinischen Leichenpredigten. 1996.

Band 137 Christoph Seiler: Vom Allgemeinen Landrecht zum Bürgerlichen Gesetzbuch. Dargestellt am Beispiel der höchstrichterlichen Judikatur zum kaufrechtlichen Sachmängelgewährleistungsrecht. 1996.

Band 138 Bernd Mayer: Die Vertrauensmännerausschüsse auf den preußischen Steinkohlegruben an der Saar. Entstehung und Wirken. Eine rechtshistorische Untersuchung. 1996.

Band 139 Rochus Scholl: Juden und Judenrecht im Herzogtum Pfalz-Zweibrücken. Ein Beitrag zur Rechtsgeschichte eines deutschen Kleinstaates am Ende des alten Reiches. 1996.

Band 140 Meike Bursch: Judentaufe und frühneuzeitliches Strafrecht. Die Verfahren gegen Christian Treu aus Weener/Ostfriesland 1720-1728. 1996.

Band 141 Markus Hillenbrand: Fürstliche Eheverträge. Gottorfer Hausrecht 1544 - 1773. 1996.

Band 142 Ulf Häder: Das gemeinschaftliche Oberappellationsgericht thüringischer Staaten in Jena. Ein Beitrag zur Geschichte des Gerichtswesens im 19. Jahrhundert. 1996.

Band 143 Andreas Bauer: Das Gnadenbitten in der Strafrechtspflege des 15. und 16. Jahrhunderts. Dargestellt unter besonderer Berücksichtigung von Quellen der Vorarlberger Gerichtsbezirke Feldkirch und des Hinteren Bregenzerwaldes. 1996.

Band 144 Christian Wirth: Der Jurist Johann Andreas Georg Friedrich Rebmann zwischen Revolution und Restauration. 1996.

Band 145 Stefanie Müller: Die Rechtsprechung des Hanseatischen Oberlandesgerichts zum persönlichen Eherecht in Hamburgischen Gerichtsfällen von 1879 -1900. 1996.

Band 146 Jean-Nicolas Morisset: Der Frachtvertrag in der *Ordonnance de la marine* von 1681. 1996.

Band 147 Dirk Lentfer: Die Glogauer Landesprivilegien des Andreas Gryphius von 1653. 1996.

Band 148 Wencke Mull: Die Haftung für Einsturzschäden nach den §§ 836-838 BGB in der Rechtsprechung des Reichsgerichts. 1996.

Band 149 Renate Zelger: Teufelsverträge. Märchen, Sage, Schwank, Legende im Spiegel der Rechtsgeschichte. 1996.

Band 150 Guido Kraß: Das Arrestverfahren in Frankfurt am Main im Spätmittelalter. 1996.

Band 151 F. Benedict Heyn: Die Entwicklung des Eisenbahnfrachtrechts von den Anfängen bis zur Einführung des Allgemeinen Deutschen Handelsgesetzbuches (ADHGB). 1996.

Band 152 Thomas Lang: Die Staats- und Verfassungslehre Carl Salomo Zachariaes. 1996.

Band 153 Michael Hebeis: Karl Anton von Martini (1726-1800). Leben und Werk. 1996.

Band 154 Gerald Hubert: Die Diskussion um die rechtliche Natur der Bizone in den Jahren 1947-1949. 1996.

Band 155 Christof Horn: Die Rechtsprechung des Reichsgerichts in Ehescheidungssachen der Jahre 1900 bis 1905. 1996.

Band 156 Hermann Nehlsen / Georg Brun (Hrsg.): Münchener rechtshistorische Studien zum Nationalsozialismus. 1996.

Band 157 Jan Otto Clemens Kehrberg: Die Entwicklung des Elektrizitätsrechts in Deutschland. Der Weg zum Energiewirtschaftsgesetz von 1935. 1997.

Band 158 Johannes Tradt: Der Religionsprozeß gegen den Zopfschulzen (1791-1799). Ein Beitrag zur protestantischen Lehrpflicht und Lehrzucht in Brandenburg-Preußen gegen Ende des 18. Jahrhunderts. 1997.

Band 159 Dietmar Olsen: Das kaufrechtliche Sachmängelgewährleistungsrecht des Code civil in der Rechtsprechung deutscher Gerichte im 19. Jahrhundert. Ein Beitrag zur Ablösung der Partikularrechte durch das BGB. 1997.

Band 160 Ulrich Bernhardt: Die Deutsche Akademie für Staats- und Rechtswissenschaft „Walter Ulbricht" 1948-1971. 1997.

Band 161 Claudia Susan Hoppe: Die Bürgschaft im Rechtsleben Hamburgs von 1600 bis 1900. 1997.

Band 162 Franz-Rudolf Ecker: Die Entwicklung des Bergrechts im Saarbrücker Steinkohlenrevier bis zum Ende des 18. Jahrhunderts. Ein Vergleich mit dem älteren deutschen Bergrecht. 1997.

Band 163 Anne Katrin Rückert: Politik und Privatrecht in der „konservativen Revolution". 1997.

Band 164 Gisbert Laube: Der Reichskunstwart. Geschichte einer Kulturbehörde 1919-1933. 1997.

Band 165 Nicolas Lührig: Die Diskussion über die Reform der Juristenausbildung von 1945 bis 1995. 1997.

Band 166 Regula Gerber Jenni: Die Emanzipation der mehrjährigen Frauenzimmer. Frauen im bernischen Privatrecht des 19. Jahrhunderts. 1997.

Band 167 Mischa A. Färber: Das gemeinschaftliche Testament in der höchstrichterlichen Rechtsprechung zum Allgemeinen Preußischen Landrecht und zum BGB. Ein Beitrag zur Ablösung der Partikularrechte durch das BGB. 1997.

Band 168 Catherine Antoinette Gasser: Philipp Lotmar 1850-1922. Professor der Universität Bern. Sein Engagement für das Schweizerische Arbeitsrecht. 1997.

Band 169 Lars Immisch: Der sozialistische Richter in der DDR und seine Unabhängigkeit. Der Versuch eines Rechtsvergleiches zum Unabhängigkeitsbegriff in der bundesdeutschen Rechtsordnung. 1997.

Band 170 Jessica Jacobi: Besitzschutz vor dem Reichskammergericht. Die friedenssichernde Funktion der Besitzschutzklagen am Reichskammergericht im 16. Jahrhundert, dargestellt anhand von Kameralisten. 1998.

Band 171 Ewald Hügemann: Die Geschichte des öffentlichen und privaten Mietpreisrechts vom Ersten Weltkrieg bis zum Gesetz zur Regelung der Miethöhe von 1974. 1998.

Band 172 Lutz Rentzow: Die Entstehungs- und Wirkungsgeschichte der Vernewerten Landesordnung für das Königreich Böhmen von 1627. 1998.

Band 173 Sabine Stürmer: Mühlenrecht im Herzogtum Pfalz-Zweibrücken während des 18. Jahrhunderts. Ein Beitrag zum Wirtschaftsrecht eines deutschen Kleinstaates im Alten Reich. 1998.

Band 174 Mario Bogisch: *Nemo testis in re sua*. Das Problem der Zeugnisfähigkeit bei der Anwendung der deutschen Zivilprozeßordnung von 1877. 1998.

Band 175 Rainer Oßwald: Pactane sunt servanda? Freiwilligkeit, Zwang und Unverbindlichkeitserklärungen im islamischen Vertragsrecht malikitischer Schule. 1998.

Band 176 Bettina Kern: Der preußische BGB-Entwurf von 1842. 1998.

Band 177 Inken Fuhrmann: Die Diskussion über die Einführung der fakultativen Zivilehe in Deutschland und Österreich seit Mitte des 19. Jahrhunderts. 1998.

Band 178 Annette Rieck: Der Heilige Ivo von Hélory (1247-1303). Advocatus pauperum und Patron der Juristen. 1998.

Band 179 Frank Bottenberg: Die Hamburgische Strafprozeßordnung von 1869. 1998.

Band 180 Matthias Krauß: Das kursächsische Postrecht von seinen Anfängen bis zum Ende des Alten Reichs. 1998.

Band 181 Torsten Schmidt: Die Entmündigung von den Anfängen des BGB bis zu ihrer Ablösung durch das Institut der Betreuung. 1998.

Band 182 Christian Nunn: Rudolf Müller-Erzbach. 1874-1959. Von der realen Methode über die Interessenjurisprudenz zum kausalen Rechtsdenken (Leben und Werk). 1998.

Band 183 Christian Ortloff: Das staatskirchenrechtliche System Wilhelm Traugott Krugs. Glaubens- und Gewissensfreiheit – eine Forderung der Vernunft. 1998.

Band 184 Christian Hattenhauer: Schuldenregulierung nach dem Westfälischen Frieden. Der sog. § *de indaganda* und seine Umsetzung im Jüngsten Reichsabschied (AD 1648 und 1654). 1998.

Band 185 Werner Schubert: Preußen im Vormärz. Die Verhandlungen der Provinziallandtage von Brandenburg, Pommern, Posen, Sachsen und Schlesien sowie – im Anhang – von Ostpreußen, Westfalen und der Rheinprovinz (1841-1845). 1998.

Band 186 Silvia Schumacher: Das Rechtsverhältnis zwischen Eltern und Kindern in der Privatrechtsgeschichte. 1999.

Band 187 Kai Sommer: Die Strafbarkeit der Homosexualität von der Kaiserzeit bis zum Nationalsozialismus. Eine Analyse der Straftatbestände im Strafgesetzbuch und in den Reformentwürfen (1871-1945). 1998.

Band 188 Jan Erik Backhaus: Volksrichterkarrieren in der DDR. 1999.

Band 189 Ralf Ruhnau: Die Fürstlich Thurn und Taxissche Privatgerichtsbarkeit in Regensburg. Ein Kuriosum der deutschen Rechtsgeschichte. 1999.

Band 190 Antonio Grilli: Die französische Justizorganisation am linken Rheinufer 1797-1803. 1999.

Band 191 Stephanie Kammerloher-Lis: Die Entstehung des Gesetzes über die religiöse Kindererziehung vom 15. Juli 1921. 1999.

Band 192 Jan Telp: Ausmerzung und Verrat. Zur Diskussion um Strafzwecke und Verbrechensbegriffe im Dritten Reich. 1999.

Band 193 Kurt von Pannwitz: Die Entstehung der Allgemeinen Deutschen Wechselordnung. Ein Beitrag zur Geschichte der Vereinheitlichung des deutschen Zivilrechts im 19. Jahrhundert. 1999.

Band 194 Sylvia Busch: Die Entstehung der Allgemeinen Gerichtsordnung für die Preussischen Staaten von 1793/95. Ein Beitrag zur Geschichte der Kodifikationsbewegung und der Reform des Zivilprozesses in Preußen im 18. Jahrhundert. 1999.

Band 195 Dirk Bieresborn: Klage und Klageerwiderung im deutschen und englischen Zivilprozeß. Eine rechtshistorische und rechtsvergleichende Untersuchung unter besonderer Berücksichtigung der Beeinflussung durch das römisch-kanonische Verfahren. 1999.

Band 196 Andreas Thier / Guido Pfeifer / Philipp Grzimek (Hrsg.): Kontinuitäten und Zäsuren in der Europäischen Rechtsgeschichte. Europäisches Forum Junger Rechtshistorikerinnen und Rechtshistoriker München 22.-24. Juli 1998. 1999.

Band 197 Franz Smola: Die Fürstlich Liechtenstein'sche Kunstsammlung. Rechtsfragen zur Verbringung der Sammlung von Wien nach Vaduz in den Jahren 1944/45. 1999.

Band 198 Frank Martin Krauss: Das geteilte Eigentum im 19. und 20. Jahrhundert. Eine Untersuchung zum Fortbestand des Teilungsgedankens. 1999.

Band 199 Matthias Frey: Die spanische Aktiengesellschaft im 18. Jahrhundert und unter dem Código de Comercio von 1829. 1999.

Band 200 Alexandra Gilde: Die Stellung der Frau im Reichsstrafgesetzbuch von 1870/71 und in den Reformentwürfen bis 1919 im Urteil der bürgerlichen Frauenbewegung. Eine Analyse ausgewählter Straftatbestände. 1999.

Band 201 Malte Dießelhorst / Arne Duncker: Hans Kohlhase. Die Geschichte einer Fehde in Sachsen und Brandenburg zur Zeit der Reformation. 1999.

Band 202 Jörg Hillmann: Territorialrechtliche Auseinandersetzungen der Herzöge von Sachsen-Lauenburg vor dem Reichskammergericht im 16. Jahrhundert. 1999.

Band 203 Carsten Engler: Die Kommanditgesellschaft (KG) und die stille Gesellschaft im Allgemeinen Deutschen Handelsgesetzbuch (ADHGB) von 1861. 1999.

Band 204 Vesta Hoffmann-Steudner: Die Rechtsprechung des Reichsgerichts zu dem Scheidungsgrund des § 49 EheG (EheG 1938) in den Jahren 1938-1945. 1999.

Band 205 Michaela Thiele: Die Auflösung von Arbeitsverhältnissen aufgrund Anfechtung und außerordentlicher Kündigung nach der Rechtsprechung des Reichsarbeitsgerichts (1927-1945). 2000.

Band 206 Peter Landau / Hermann Nehlsen / Mathias Schmoeckel (Hrsg.): Karl von Amira zum Gedächtnis. 1999.

Band 207 Marcus Flinder: Die Entstehungsgeschichte des Zivilgesetzbuches der DDR. 1999.

Band 208 Boris Franz Leo Bromm: Die Entstehungsgeschichte des Berufs des Handelsvertreters. Unter besonderer Berücksichtigung der Sozialgesetzgebung in den Jahren von 1871-1933. 2000.

Band 209 Winfried C. J. Eberstein: Das Tierschutzrecht in Deutschland bis zum Erlaß des Reichs-Tierschutzgesetzes vom 24. November 1933. Unter Berücksichtigung der Entwicklung in England. 1999.

Band 210 Patrick Deller: Der „nach dem Vertrage" vorausgesetzte Gebrauch (§ 459 Absatz 1 Satz 1 BGB). Eine kaufrechtliche Untersuchung unter Berücksichtigung rechtshistorischer wie rechtsvergleichender Grundlagen. 2000.

Band 211 Eckard Freiherr von Bodenhausen: Haftung des Geschäftsherrn für Verrichtungsgehilfen im Straßen- und Schienenverkehr. Eine Analyse der Entscheidungen des Reichsgerichts zu § 831 BGB (1900-1945). 2000.

Band 212 Birte Gast: Der Allgemeine Teil und das Schuldrecht des Bürgerlichen Gesetzbuchs im Urteil von Raymond Saleilles (1855-1912). 2000.

Band 213 Hansjörg Michael Huber: Koloniale Selbstverwaltung in Deutsch-Südwestafrika. Entstehung, Kodifizierung und Umsetzung. 2000.

Band 214 Ulf Björner: Die Verfassungsgerichtsbarkeit im Norddeutschen Bund und Deutschen Reich (1867-1918). Eine rechtshistorische Untersuchung über Gerichtsbarkeit im Spannungsfeld von Politik und Recht innerhalb der von Bismarck geschaffenen deutschen Bundesstaaten. 2000.

Band 215 Mathias Freiherr von Rosenberg: Friedrich Carl von Savigny (1779-1861) im Urteil seiner Zeit. 2000.

Band 216 Reinhard Binder-Krieglstein: Österreichisches Adelsrecht 1868-1918/19. Von der Ausgestaltung des Adelsrechts der cisleithanischen Reichshälfte bis zum Adelsaufhebungsgesetz der Republik unter besonderer Berücksichtigung des adeligen Namensrechts. 2000.

Band 217 Claudia-Regine Nerius: Johannes Lehmann-Hohenberg (1851-1925). Eine Studie zur völkischen Rechts- und Justizkritik im Deutschen Kaiserreich. 2000.

Band 218 Ludger Meuten: Die Erbfolgeordnung des Sachsenspiegels und des Magdeburger Rechts. Ein Beitrag zur Geschichte des sächsisch-magdeburgischen Rechts. 2000.

Band 219 Christoph Alexander von Wilcken: Die Reformbestrebungen zum Genossenschaftsgesetz in der Frühzeit der Bundesrepublik. Die Beratungen der Sachverständigenkommission zur Überprüfung des Genossenschaftsrechts 1954 bis 1958 und der Referentenentwurf von 1962. 2000.

Band 220 Verein Junger RechtshistorikerInnen Zürich (Hrsg.): ¿Rechtsgeschichte(n)? ¿Histoire(s) du droit? ¿Storia/storie del diritto? ¿Legal Histori(es)? Europäisches Forum Junger Rechtshistorikerinnen und Rechtshistoriker Zürich 28.-30. Mai 1999. 2000.

Band 221 Hans Christian Schüler: Die Entstehungsgeschichte der Bundesnotarordnung vom 24. Februar 1961. 2000.

Band 222 Nils-Eberhard Schramm: Die Vereinigung demokratischer Juristen (1949-1999). 2000.

Band 223 Silke Anke Torp: Das Rechtsverhältnis zwischen den Eltern und ihren Kindern. Dienstleistungspflicht, Aussteuer und Ausstattung. Eine Analyse der Rechtsprechung des Reichsgerichts und des Reichsarbeitsgerichts zu den Vorschriften der §§ 1616 bis 1625 des Bürgerlichen Gesetzbuches in der Zeit von 1900 bis 1945. 2000.

Band 224 Martin Jürgen Maaß: Die Geschichte des Eigentumsvorbehalts, insbesondere im 18. und 19. Jahrhundert. 2000.

Band 225 Stefanie Langer: Rechtswissenschaftliche Itinerarien. Lebenswege namhafter europäischer Juristen vom 11. bis zum 18. Jahrhundert. 2000.

Band 226 Ulrich Schmitz: Der Unterhaltsanspruch des nichtehelichen Kindes gegen seinen Erzeuger. Die rechtsgeschichtliche und dogmatische Entwicklung im deutschen Recht. 2000.

Band 227 Sebastian Günther: Friedrich Carl von Savigny als Grundherr. 2000.

Band 228 Henning Ibs: Hermann J. Held (1890-1963). Ein Kieler Gelehrtenleben in den Fängen der Zeitläufe. 2000.

Band 229 Matthias Rücker: Wirtschaftswerbung unter dem Nationalsozialismus. Rechtliche Ausgestaltung der Werbung und Tätigkeit des Werberats der deutschen Wirtschaft. 2000.

Band 230 Hendrik Sandmann: Die Entwicklung von Begriff und Inhalt des Wirtschaftsrechts durch die Rechtswissenschaft in der Weimarer Republik. 2000.

Band 231 Sibylle Müller: Gibt es Menschenrechte bei Samuel Pufendorf? 2000.

Band 232 Karin Olechowski-Hrdlicka: Die gemeinsamen Angelegenheiten der Österreichisch-Ungarischen Monarchie. Vorgeschichte – Ausgleich 1867 – Staatsrechtliche Kontroversen. 2001.

Band 233 Johannes Mierau: Die juristischen Abschluß- und Diplomprüfungen in der SBZ/DDR. Ein Einblick in die Juristenausbildung im Sozialismus. 2001.

Band 234 Jörg Wolff (Hrsg.): Stillstand, Erneuerung und Kontinuität. Einsprüche zur Preußenforschung. 2001.

Band 235 Friedo Schröder: Die anwaltliche Tätigkeit während der nationalsozialistischen Herrschaft. Eine Analyse der anwaltlichen Argumentation in Zivilprozessen anhand der vorhandenen Prozeßakten der Landgerichte Frankenthal, Wiesbaden, Limburg und Frankfurt und der Handakten der *jüdischen Konsulenten* des OLG-Bezirks Frankfurt. 2001.

Band 236 Der Code pénal des Königreichs Westphalen von 1813 mit dem Code pénal von 1810 im Original und in deutscher Übersetzung. Herausgegeben und mit einer Einleitung versehen von Werner Schubert. 2001.

Band 237 Klaus Richter: Deutsches Kolonialrecht in Ostafrika 1885-1891. 2001.

Band 238 Kai von Lewinski: Deutschrechtliche Systembildung im 19. Jahrhundert. 2001.

Band 239 Alexander Herzog: Sittenwidrige Rechtsgeschäfte in der höchstrichterlichen Rechtsprechung aus den Jahren 1948-1965. 2001.

Band 240 Claudia Rönnau: Die Beratungen des Wasserrechtsausschusses der Akademie für Deutsches Recht zu einem Reichswassergesetz (1934-1941). Ein Beitrag zur Dogmatik der Begriffe *Gemeingebrauch* und *Sondergebrauch* in der Zeit des Nationalsozialismus. 2001.

Band 241 Momme Rohlack: Kriegsgesellschaften (1914-1918). Arten, Rechtsformen und Funktionen in der Kriegswirtschaft des Ersten Weltkrieges. 2001.

Band 242 Rolf Geyer: Der Gedanke des Verbraucherschutzes im Reichsrecht des Kaiserreichs und der Weimarer Republik (1871-1933). Eine Studie zur Geschichte des Verbraucherrechts in Deutschland. 2001.

Band 243 Felix Lorenz Benjamin Lehmann: Der Rote Adlerorden. Entstehung und rechtliche Grundlagen (1705-1918). 2002.

Band 244 Marc Ludwig: Der Pfändungsschutz für Lohneinkommen. Die Entstehungs- und Entwicklungsgeschichte der Vorschriften zum Schutz vor Lohnpfändung in Deutschland. 2001.

Band 245 Alexander Wachter: Dorfschule zwischen Pastor und Schulmeister. Zur Säkularisierung des niederhessischen Schulwesens im 19. Jahrhundert. 2001.

Band 246 Richard Scholz: Analyse der Entstehungsbedingungen der reichsgerichtlichen Aufwertungsrechtsprechung. Untersuchung unter besonderer Berücksichtigung der konservativen Geldpolitik der Reichsbank und der Inflationspolitik der Reichsregierung. 2001.

Band 247 Judith Laeverenz: Märchen und Recht. Eine Darstellung verschiedener Ansätze zur Erfassung des rechtlichen Gehalts der Märchen. 2001.

Band 248 Christina Schenk: Bestrebungen zur einheitlichen Regelung des Strafvollzugs in Deutschland von 1870 bis 1923. 2001.

Band 249 Nils Werner: Die Prozesse gegen die Landvolkbewegung in Schleswig-Holstein 1929/32. Ein Beitrag zur Justizkritik in der späten Weimarer Republik. 2001.

Band 250 Wolfgang Walter: Das Duell in Bayern. Ein Beitrag zur bayerischen Strafrechtsgeschichte. 2002.

Band 251 Jörn Eckert / Kjell Å. Modéer (Hrsg.): Geschichte und Perspektiven des Rechts im Ostseeraum. Erster Rechtshistorikertag im Ostseeraum 8.–12. März 2000. 2001.

Band 252 Jan Könighaus: Die Inauguration der Christian-Albrechts-Universität zu Kiel 1665. Symbolgehalt und rechtliche Bedeutung des Universitätszeremoniells. 2002.

Band 253 Andreas Görgen: Rechtssprache in der Frühen Neuzeit. Eine vergleichende Untersuchung der Fremdwortverwendung in Gesetzen des 16. und 17. Jahrhunderts. 2002.

Band 254 Ralf Schäfer: Die Rechtsstellung der Haigerlocher Juden im Fürstentum Hohenzollern-Sigmaringen von 1634-1850. Eine rechtsgeschichtliche Untersuchung. 2002.

Band 255 Regine Schmalhorst: Die Tierhalterhaftung im BGB von 1896. Die Entstehung und Änderung des § 833 BGB sowie eine Analyse der Rechtsprechung des Reichsgerichts bis 1908. 2002.

Band 256 Thomas Hense: Konrad Beyerle. Sein Wirken für Wissenschaft und Politik in Kaiserreich und Weimarer Republik. 2002.

Band 257 Christian Mahlmann: Die Strafrechtswissenschaft der DDR. Klassenkampftheorie und Verbrechenslehre. 2002.

Band 258 Henning Kahmann: Die Bankiers von Jacquier & Securius 1933–1945. Eine rechtshistorische Fallstudie zur "Arisierung" eines Berliner Bankhauses. Mit einem Geleitwort von John Kornblum. 2002.

Band 259 Volker Friedrich Drecktrah: Die Gerichtsbarkeit in den Herzogtümern Bremen und Verden und in der preußischen Landdrostei Stade von 1715 bis 1879. 2002.

Band 260 Andreas Klass: Standes- oder Leistungselite? Eine Untersuchung der Karrieren der Wetzlarer Anwälte des Reichskammergerichts (1693-1806). 2002.

Band 261 Wolfgang Eder: Das italienische Tribunale Speciale per la Difesa dello Stato und der deutsche Volksgerichtshof. Ein Vergleich zwischen zwei politischen Gerichtshöfen. 2002.

Band 262 Albrecht Cordes / Bernd Kannowski (Hrsg.): Rechtsbegriffe im Mittelalter. 2002.

Band 263 Thomas Hildebrandt: Die Brandenburgischen Provinziallandtage von 1841, 1843, und 1845 anhand ausgewählter Verhandlungsgegenstände. 2002.

Band 264 Jan Finzel: Georg Adam Struve (1619–1692) als Zivilrechtler. 2003.

Band 265 Björn Carsten Frenzel: Das Selbstverständis der Justiz nach 1945. Analyse der Rolle der Justiz unter Berücksichtigung der Reden zur *Wiedereröffnung* der Bundes- und Oberlandesgerichte. 2003.

Band 266 Nils Reichhelm: Die marxistisch-leninistische Staats- und Rechtstheorie Karl Polaks. 2003.

Band 267 Raik Schneider: Altrechtliche Personenzusammenschlüsse. Ihre Entwicklung unter besonderer Berücksichtigung des Rechts des Großherzogtums Sachsen-Weimar-Eisenach sowie der Herzogtümer Sachsen-Meiningen und Sachsen-Gotha. 2003.

Band 268 Anke Meier: Die Geschichte des deutschen Konkursrechts, insbesondere die Entstehung der Reichskonkursordnung von 1877. 2003.

Band 269 Stefan Jens Jordan: Leben und Werk des Tübinger Rechtsprofessors Wilhelm Gottlieb Tafinger 1760–1813. 2003.

Band 270 Stefanie Hubig: Die historische Entwicklung des § 23 ZPO. Zum Ursprung und Fortleben des Vermögensgerichtsstandes im deutschen Prozeßrecht des 19. Jahrhunderts. 2003.

Band 271 Michael G. Perband: Der Grundsatz der freien Beweiswürdigung im Zivilprozeß (§ 286 ZPO) in der Rechtsprechung des Reichsgerichts. 2003.

Band 272 Mathias Bouveret: Die Stellung des Staatsoberhauptes in der parlamentarischen Diskussion und Staatsrechtslehre von 1848 bis 1918. 2003.

Band 273 Barbara Széchényi: Rechtliche Grundlagen bayerischer Zensur im 19. Jahrhundert. 2003.

Band 274 Sylvia Scharfenberg: Die Entstehungsgeschichte des Beurkundungsgesetzes vom 28. August 1969. 2003.

Band 275 Urte Nesemann: Die schwedische Familiengesetzgebung von 1734 bis zu den Reformgesetzen von 1915 bis 1920 und deren Einfluss auf die Gesetzgebungsprojekte der Weimarer Republik. Unter besonderer Berücksichtigung der Rechtsstellung der Frau und des unehelichen Kindes. 2003.

Band 276 Alexandra Brück: Die Polizeiordnung Herzog Christians von Braunschweig-Lüneburg vom 6. Oktober 1618. 2003.

Band 277 Torsten Landwehr: Das Kommissionsgeschäft in Rechtswissenschaft, Gesetzgebung und Rechtspraxis vom 16. bis zum Ende des 18. Jahrhunderts. 2003.

Band 278 Tassilo Wilhelm Maria Englert: Deutsche und italienische Zivilrechtsgesetzgebung von 1933–1945. Parallelen in der Rechtsetzung und gegenseitige Beeinflussung unter besonderer Berücksichtigung des Familien- und Erbrechts. 2003.

Band 279 Tobias Prang: Der Schutz der Versicherungsnehmer bei der Auslegung von Versicherungsbedingungen durch das Reichsgericht. 2003.

Band 280 Thorsten Lieb: Privileg und Verwaltungsakt. Handlungsformen der öffentlichen Gewalt im 18. und 19. Jahrhundert. 2004.

Band 281 Michael Rühling: Das Ladenschlussgesetz vom 28. November 1956. Vorgeschichte, Entstehung des Gesetzes und weitere Entwicklung. 2004.

Band 282 Kathrin Nawotki: Die schleswigsche Deichstavengerechtigkeit. Vom 17. Jahrundert bis in die Gegenwart. Eine gewohnheitsrechtliche Superfizies an nordfriesischen Deichgrundstücken und ihre Entwicklung. 2004.

Band 283 Erik Nils Voigt: Die Gesetzgebungsgeschichte der militärischen Ehrenstrafen und der Offizierehrengerichtsbarkeit im preußischen und deutschen Heer von 1806 bis 1918. 2004.

Band 284 Dorothea Riedi Hunold: Die Einführung der allgemeinen Wechselfähigkeit in der Schweiz in der zweiten Hälfte des 19. Jahrhunderts. Unter besonderer Berücksichtigung der politischen, wirtschaftlichen und sozialen Verhältnisse. 2004.

Band 285 Thomas Gergen: Pratique juridique de la paix et trêve de Dieu à partir du concile de Charroux (989–1250). Juristische Praxis der Pax und Treuga Dei ausgehend vom Konzil von Charroux (989–1250). 2004.

Band 286 Kathrin Bethkenhagen: Die Entwicklung des Luftrechts bis zum Luftverkehrsgesetz von 1922. 2004.

www.peterlang.de

FSC
www.fsc.org
MIX
Papier | Fördert gute Waldnutzung
FSC® C083411

Kolibri 360 GmbH
Ferdinand-Jühlke-Straße 7
99095 Erfurt, Deutschland
produktsicherheit@kolibri360.de

Druck:
CPI Druckdienstleistungen GmbH
im Auftrag der
Kolibri 360 GmbH
Ferdinand-Jühlke-Str. 7
99095 Erfurt